DIE
KRETINISCHE ENTARTUNG

NACH ANTHROPOLOGISCHER METHODE

BEARBEITET

VON

DR. ERNST FINKBEINER

PRAKT. ARZT

MIT EINEM GELEITWORT

VON

PROFESSOR DR. KARL WEGELIN

DIREKTOR DES PATHOLOGISCHEN INSTITUTS DER UNIVERSITÄT BERN

MIT 17 TEXTABBILDUNGEN UND
6 TAFELN IN ZWEIFACHER
AUSFÜHRUNG

SPRINGER-VERLAG BERLIN HEIDELBERG GMBH
1923

ISBN 978-3-642-89673-6   ISBN 978-3-642-91530-7 (eBook)
DOI 10.1007/978-3-642-91530-7

Vorwort.

Der Bitte des Verfassers, ein kurzes Geleitwort zu seinem Werke zu schreiben, komme ich hiermit gerne nach. Ist doch in diesem Buche beträchtliches Material des Berner pathologischen Instituts verarbeitet, in dessen Tradition seit KLEBS' und LANGHANS' Zeiten die Kretinenforschung liegt. Ich möchte jedoch ausdrücklich bemerken, daß Herr Dr. FINKBEINER seine Arbeit ganz aus eigenem Antrieb unternommen und völlig selbständig durchgeführt hat.

Wer sich je einmal eingehender mit dem Problem des Kretinismus abgegeben hat, wird zu der Einsicht gekommen sein, daß sich die Frage nach dem Wesen und der Ätiologie dieses geistigen und körperlichen Entartungszustandes immer komplizierter gestaltet, je tiefer man in die Materie eindringt. Durchgeht man die reichhaltige Literatur des vorigen Jahrhunderts, so hat man trotz der zahlreichen und zum Teil ausgezeichneten Beobachtungen, die dort niedergelegt sind, das Gefühl, daß man sich in einem Labyrinth bewegt. Der Ausweg, der sich durch die Aufstellung der Hypothyreosetheorie zu eröffnen schien, hat leider auch nur eine kurze Strecke weit geführt, um dann vor neuen Hindernissen vorläufig zu enden. Als früherer Verfechter dieser Theorie muß ich heute bekennen, daß mir ihre Formel zu einfach erscheint und daß zum mindesten andere endokrine Drüsen dieselbe Beachtung verdienen wie die Schilddrüse. Leider liegt hier noch sehr wenig genau verarbeitetes Material vor. Aber auch bei den übrigen Organen der Kretinen sind unsere Kenntnisse noch sehr rückständig und mangelhaft, ich erinnere bloß daran, daß das Gehirn der Kretinen mit den neueren Methoden der mikroskopischen Technik noch gar nicht erforscht ist und daß hier die neurologischen Spezialinstitute eine dankbare Aufgabe zu erfüllen hätten.

Mit seiner Bearbeitung der Osteologie der Kretinen, die schon von LANGHANS, SCHOLZ, E. BIRCHER u. a. in Angriff genommen worden war, hat sich nun der Verfasser unbestreitbar ein großes Verdienst erworben, das um so höher zu bewerten ist, als er die ganze zeitraubende und mühevolle Aufgabe neben einer ausgedehnten landärztlichen Praxis zu Ende geführt und sich fern von einer Universitätsstadt und ihren Hilfsmitteln die Lust und die Energie zu wissenschaftlicher Arbeit bewahrt hat. Ein umfangreiches Tatsachenmaterial, sorgfältig nach den heute geltenden anthropologischen Methoden gemessen und berechnet, wird hier vorgelegt, und es ist begreiflich, daß die Ergebnisse der Messungen, zusammen mit der vergleichenden Ergologie der Kretinen, den Verfasser dazugeführt haben, den Kretinismus in

IV

seinen wesentlichen Punkten als Rassenproblem aufzufassen, eine Ansicht, zu der sich schon VIRCHOW bekannt hat. Ob nun freilich die Häufung primitiver Merkmale im Kretinenskelett genügt, um im Sinne des Verfassers die Kretinen mit gewissen Polarvölkern, mit den neolithischen Pygmäen und mittelbar mit der Neandertalrasse in Verbindung zu bringen und sie als Rückschläge in den Typus einer Urbevölkerung aufzufassen, muß die Zukunft lehren. Es wäre zunächst die Aufgabe der Anthropologen, sich zu dieser Frage zu äußern und festzustellen, ob hier mehr als eine reine Konvergenzerscheinung vorliegt. Vor allem halte ich es für wichtig und notwendig, an einem größeren Material zu prüfen, wie oft primitive Merkmale bei der nichtkretinischen Bevölkerung des Endemiegebietes anzutreffen sind, denn erst, wenn durch diese ergänzende Untersuchung die Seltenheit primitiver Merkmale bei Nichtkretinen dargetan wäre, würde die Theorie des Verfassers auf einen ganz sicheren Boden gestellt. Ferner erscheint es mir unbedingt notwendig, durch Familienforschung den hereditären Verhältnissen der Kretinen in viel größerem Umfange nachzugehen, als dies bisher geschehen ist.

Anerkennenswert ist es, daß der Verfasser nicht das Kind mit dem Bade ausschüttet, sondern als Konditionalist neben der rassenmäßigen Entartung auch der Hypothyreose einen Einfluß auf die Entstehung des Kretinismus einräumt. Den kritischen Auseinandersetzungen über das Kropfproblem, die Herr Dr. FINKBEINER in seiner temperamentvollen Weise entwickelt, vermag ich freilich in manchen Punkten nicht beizupflichten. Z. B. halte ich die Schülerstatistiken nicht für wertlos, und dann scheint mir der Ausspruch, daß die Hauptmasse der endemischen Kröpfe mit dem Geschlechtsleben in Zusammenhang stehe, trotz seiner Einfachheit nicht richtig.

Im übrigen ist es dem Verfasser zweifellos gelungen, durch die Anwendung seiner reichen anthropologischen Kenntnisse auf die körperlichen und geistigen Eigentümlichkeiten der Kretinen die Lektüre seines Buches in vieler Beziehung sehr interessant zu gestalten. Ich verweise hier namentlich auf die Abschnitte über die Körperproportionen, die Osteologie und die Ergologie der Kretinen. In dem letztern Kapitel wird die kulturelle Stellung der Kretinen und ihr Einfluß auf die Volkspsychologie geschildert, eine Untersuchung, die der tragischen und komischen Züge nicht entbehrt und wertvolle Streiflichter auf Volksmedizin und Aberglauben wirft.

So wünsche ich dem Buche die Verbreitung, die es verdient, und spreche namentlich die Hoffnung aus, daß es der Kretinenforschung nach mancher Richtung einen neuen Anstoß geben wird. Auf alle Fälle müssen wir dem Verfasser dankbar sein, daß er uns den Kretinismus einmal in rassenbiologischer Beleuchtung gezeigt hat.

Bern, im November 1922.

Wegelin.

Inhaltsverzeichnis.

Dritter Abschnitt.

Einleitung.

Die heute geltenden Anschauungen über Kretinismus.

Die Entwicklung der Lehre vom Kretinismus ist auch heute noch eins der
instruktivsten Kapitel aus der Geschichte menschlicher Irrtümer. Seit mehr
als 100 Jahren haben sich zahlreiche Autoren mit der Erforschung dieses Zustandes beschäftigt und haben eine bald unübersehbare Literatur hervorgebracht, ohne aber auch nur über die Diagnose, noch viel weniger über die
Ätiologie oder gar über die Behandlung sich einigen zu können; dies ist um
so erstaunlicher, als eine Durchsicht der Literatur bald ergibt, daß in sehr
weitem Umfang ein Autor immer wieder die andern aus- und abgeschrieben
hat. KOLLE (155) bemerkt mit Bezug auf unser Thema ganz richtig: „Zu in-
tensives Studium der Geschichte medizinischer Probleme kann auch ver-
wirrend und ablenkend wirken"; der Forscher läßt sich beeinflussen und verliert den Blick für das Wirkliche und für das Wesentliche. Es gab eine Zeit, wo
man sich fast ganz auf eine allerdings sehr sorgfältige Kasuistik beschränkte
(und das war nicht die schlechteste Periode!); dann begann alle Welt Statistik
zu treiben und die geographische Ausbreitung des Kretinismus zu studieren,
um wenn möglich irgend eine Abhängigkeit von der chemischen oder geologischen Struktur des Endemiegebietes aufzufinden (Trinkwassertheorien
in allen nur denkbaren Schattierungen). Hatte schon immer ein gewisser
Zusammenhang zwischen Kretinismus und Kropfendemie wahrscheinlich ge-
schienen, so nahm zeitweise diese Kombination die Geister dermaßen in Be-
schlag, daß lange Jahre kein Forscher mehr imstande war, ein Buch über
den Kretinismus und wirklich nur darüber zu schreiben: unter der Hand entstand allemal ein Buch über den Kropf daraus[1])! In neuerer Zeit kam dann
die Mode der sogenannten Tränkversuche: Man suchte (meistens bei Ratten)
experimentell Kropf zu erzeugen und schmeichelte sich, damit für die Erklärung des Kretinismus beim Menschen etwas gewonnen zu haben. Natürlich gibt es seit 40 Jahren auch eine ganze Reihe von Infektionstheorien; denn
wo findet sich eine Krankheit, welche man nicht schon als Infektion zu deuten
versucht hätte? — Und alle diese voreiligen Erklärungsversuche erfolgten zu
einer Zeit, als man über die Anatomie der Kretinen (mit Ausnahme von Schilddrüse und Gehirn derselben) noch völlig im Dunkeln war. Man bemühte sich
um die Dachkonstruktion eines Hauses als dessen Fundament noch kaum
abgesteckt und markiert, aber noch lange nicht ausgemauert war. Da ist es
nun gewiß nicht verwunderlich, daß auch heute noch alles kontrovers und

---

[1]) Um nicht selbst in diesen Fehler zu verfallen, habe ich einen größeren Abschnitt
über Kropf (etwa von S. 16 hinweg) gestrichen; die darauf bezüglichen Teile des
Literaturverzeichnisses (A IX, S. 415ff.) sind belassen worden.

problematisch ist; alles kann man aus der Kretinenliteratur beweisen, und auch ebenso von allem das Gegenteil. Ich weiß wohl, daß sich auch über andere Krankheiten, es sei nur an die Tuberkulose, an die Neurosen, an die Wundbehandlung usw. erinnert, die wissenschaftlichen Anschauungen im Laufe der Jahrzente wandeln und verbessern; aber gar so schlimm, wie beim Kretinismus ist die Verwirrung doch eigentlich nirgends. Schon um die Mitte des vorigen Jahrhunderts konnte St. Lager (38) mehr als 40 Kretinentheorien zusammenstellen und widerlegen; wie viele mögen es bis heute sein? Jeder Autor hat seine eigne Theorie, und die allermeisten sind immer wieder in den Fehler verfallen, einen einzelnen Umstand, den sie zufällig zu beobachten Gelegenheit hatten, nicht etwa als den wichtigsten, sondern geradezu als den einzig überhaupt maßgebenden anzusehen. Es war das die ältere materialistische Richtung in der Medizin und in der Naturforschung, die sich alle natürlichen Beziehungen und alle Naturgesetze viel zu einfach und schematisch vorstellte. Während noch St. Lager behauptete: »la doctrine des causes multiples n'explique rien«, so wissen wir heute im Gegenteil, daß kein noch so simpler Vorgang des alltäglichen Lebens auf eine einzige Ursache zurückzuführen ist, sondern immer haben wir es mit »causes multiples«, mit einer ganzen Konstellation von unzähligen und im Einzelfall gar nicht zu überblickenden Umständen zu tun; warum sollte es allein beim Kretinismus anders sein?

Ich muß mich mit diesen Andeutungen begnügen; ein weiteres Eingehen auf die Kretinenliteratur verbietet sich einmal mit Rücksicht auf Zweck und Umfang dieser Arbeit, ist aber auch darum unnötig, weil es keinen Nutzen verspricht und weil jeder, der sich dafür interessiert, in folgenden Werken ausgezeichnete Referate findet: St. Lager (38) bringt sehr ausführlich die älteren Autoren; eine vorzügliche, obschon subjektiv gefärbte Übersicht findet sich bei Bayon (3); und alles irgendwie Bemerkenswerte aus der gesamten Literatur hat Scholz (39) zusammengetragen. Ich kann mich hier darauf beschränken, jene (wie mir scheint: irrtümlichen) Ansichten zu referieren und als unbefriedigend darzustellen, welche heute noch einigermaßen Geltung und Anhänger haben, nämlich die Trinkwassertheorie, die Hypothyreosetheorie und die Lehre von der Kontaktinfektion. An eine erschöpfende Darstellung ist auch bei dieser Beschränkung nicht zu denken, sondern ich will in erster Linie die neuere Literatur berücksichtigen.

1. **Die Birchersche Trinkwassertheorie** (119) erfreute sich lange Zeit wohl nicht zum mindesten dank der eifrigen Propaganda von Ewald (11) einer großen Verbreitung und ist auch heute noch von ihren Urhebern nicht aufgegeben. Es verlohnt sich wohl, des näheren darauf einzugehen, schon darum, weil dabei auf allerlei methodische Fehler hingewiesen werden kann; und zwar auf Fehler, welche sehr weit verbreitet und noch lange nicht als solche erkannt sind.

Die Grundlagen der Bircherschen Theorie sind erstens statistische Erhebungen über das Vorkommen des Kropfes und zweitens geologische Studien. Dabei ist es für den Autor von vornherein ausgemacht, daß sich die Idioten mitten im Kropfgebiet finden, dort wo die Endemie am stärksten. Man muß sich darüber klar sein, daß diese Annahme schon von den meisten Autoren **vor Bircher** als richtig anerkannt war; es handelt sich aber hier mehr um eine

gefühlsmäßige und oberflächliche Schätzung, als um eine zahlenmäßig be-
wiesene Tatsache. Man kann mit vollem Recht in diesem präsumptiven Zusammenhang einen jener verhängnisvollen Irrtümer erkennen, welche die Lehre
vom Kretinismus durch das Bleigewicht der ihr ohne allen Grund angehängten
Kropftheorie von Anfang an in eine falsche Richtung drängten. Man verstehe
mich nicht falsch: ich behaupte nicht, daß die Ausbreitung des Kretinismus
eine ganz andere sei als die Ausbreitung des Kropfes; aber ich bestreite mit
aller Entschiedenheit, daß der behauptete Zusammenhang wirklich zahlenmäßig bewiesen sei; vielleicht besteht er wirklich, das weiß aber heute mit
Sicherheit niemand. Sicher ist nur, daß gerade die BIRCHERschen Zahlen in
diesem Sinne nicht beweisend sind; nirgend besteht ein strenger Parallelismus
in der Art, daß alle Orte mit hoher Kropfzahl nun auch eine maximale Kre-
tinenziffer aufwiesen. Davon ist ebenso wenig die Rede, wie etwa von einem
streng bewiesenen Parallelismus zwischen Kropf und Taubstummheit (oder
auch zwischen Kretinismus und Taubstummheit). Es wäre allerdings Unrecht,
diesen Grundirrtum einzig BIRCHER anrechnen zu wollen; sein Fehler besteht
vielmehr darin, daß er diesen Irrtum unbesehen übernommen hat, da er ihn
ja bei fast allen seinen Vorläufern ebenfalls vorfand.

Was nun speziell die BIRCHERsche Statistik anbelangt, so verwertet sie
die Ergebnisse der Schweizerischen Rekrutenuntersuchungen der Jahre 1875
bis 1880 und es ist darin jedenfalls eine sehr achtungswerte Arbeit enthalten.
BIRCHER war sich darüber klar, daß er auf diese Weise bloß über die relative
Kropfhäufigkeit unseres Territoriums, nicht aber über die absolute Stärke der
Endemie orientiert werde; er legte aber auf die Genauigkeit seiner Resultate
um so größern Wert, als dieselben wenigstens im Bezirk Aarau mit dem Ergebnis einer früher durchgeführten Schülerstatistik übereinzustimmen schienen.
Er hat jedoch nicht verhindern können, daß andere seine Prozentzahlen später
so zitierten, wie wenn es sich um absolute, nicht um relative Häufigkeits-
ziffern handle. Und ich bestreite, daß die Rekrutenstatistik wie die Schüler-
untersuchungen überhaupt auch nur einigermaßen ein Bild von der wirklichen Kropfhäufigkeit geben könnten; denn das Hauptkontingent der Kropfträger stellt das weibliche Geschlecht im Alter der Fortpflanzungsperiode,
und gerade dieses enorm wichtige Element entgeht beiden Arten von Statistik.
Über die Kropfhäufigkeit vermag nur eine Untersuchung der Gesamtbevölkerung zu orientieren[1]); ist die Gesamtbevölkerung nicht zugänglich, so verzichte man lieber ganz auf eine notwendigerweise fehlerhafte Statistik. Ich
weiß wohl, daß schon vor BIRCHER allenthalben Rekrutenstatistik getrieben
wurde mit der Entschuldigung, daß selbige immer noch bessere Resultate
gebe, als jede andere; aber ein Irrtum wird durch noch so häufige Wiederholung nicht zur Wahrheit! Die Rekrutenstatistik kann uns nicht einmal
sagen, wie viel Kröpfe unter den Burschen von 20 Jahren vorkommen[2]),

---

[1]) Versuche dieser Art liegen vor in den Arbeiten der Züricher Autoren (123/5) und
in meinem Aufsatz über Kretinismus im Nollengebiet.

[2]) Nur ein Beispiel: Für 1911 werden unter 33 324 Stellungspflichtigen 536 = 1,6%
wegen Kropf untauglich befunden; 1914 fand FREY unter 650 tauglich erklärten und
ausgebildeten Rekruten immer noch 46, deren Kropf einer Jodbehandlung zu unterziehen war (also noch einmal 7,1%) (Korr.Bl. 1914. S. 1517.)

sondern höchstens: wie viele junge Leute wegen dieses Defektes dienstuntauglich befunden wurden. Gerade die Struma ist nun aber ein Leiden, welches bei geringem Rekrutenbedarf als Dienstbefreiungsgrund zugelassen wird, bei großem Bedarf aber die Tauglichkeit nicht aufhebt; der Praktiker sieht manchen Untauglichen in seiner Sprechstunde, der wegen angeblichen Kropfes befreit wurde, aber einen ganz normalen Hals besitzt. Nur so sind die auffallenden zeitlichen und gewiß auch ein guter Teil der örtlichen Schwankungen der Kropfzahlen in der Tauglichkeitsstatistik zu erklären. Also behaupte ich: eine Kropfstatistik, welche auf Rekrutenuntersuchungen basiert, ist ungeeignet, uns anzugeben, wie die Kropfhäufigkeit sich in den einzelnen Landesteilen verhält; daraus aber gar auf die Verteilung des Kretinismus schließen zu wollen, dazu hat man wirklich kein Recht!

Ein weiterer Kapitalfehler der Bircherschen Statistik liegt darin, daß sie wenigstens in betreff der kleinern Ortschaften nur mit sehr kleinen Zahlen zu operieren vermag; die allermeisten Prozentberechnungen basieren auf weniger als 100 Beobachtungen und es ist mir besonders aufgefallen, daß alle abnorm hohen Kropfprozente[1]) (solche über 10%) durchweg aus sehr kleinen Rekrutenkontingenten (von kaum 10 bis 20 Mann) berechnet sind. So kommt es, daß 1 Mann mit Kropf bald 1%, bald 10%, 12, 13, sogar 20, 23 und 30 % bedeutet!

Außer seinen eigenen Zahlen hat Bircher ferner alles Material früherer Autoren mitverwertet; es ist klar, daß alle diese früheren Statistiken unter sich höchst ungleichartig und ungleichwertig sind und eine Vergleichung jedenfalls nicht ohne weiteres zulässig sein kann. Wenn auf Grund dieser so ganz verschiedenen Statistiken das eine Land als mehr verseucht erklärt wird als ein anderes, so erlaube ich mir, zu allen derartigen Feststellungen ein sehr dickes Fragezeichen zu machen. Immerhin kann man aus allen Statistiken zwei sehr wichtige Tatsachen herauslesen: erstens beim Kropf sind immer und in allen Ländern die Weiber in einem vielfach höheren Prozentsatz befallen als die Männer; und zweitens ist umgekehrt bei Kretinismus und Taubstummheit gerade das männliche Geschlecht mehr gefährdet. Daraus folgt einmal, daß Kropf und Kretinismus direkt miteinander nichts zu tun haben, und ferner sprechen auch schon diese Tatsachen deutlich genug gegen irgendwelche ätiologische Bedeutung des Trinkwassers.

Die Rekrutenstatistik ist also für die Lehre vom Kropf wertlos; fast ebenso gut könnte man versuchen, Wesen und Vorkommen des Brustkrebses mit Hilfe dieser selben Methode zu erforschen. Wohl aber vermöchte uns die Rekrutenuntersuchung nicht allein über die relative, sondern sogar einigermaßen über die absolute Zahl und Ausbreitung der Kretinen Auskunft zu geben, — wenn bloß das Schema, nach welchem die Rekrutenprüfung publiziert wird, auf den Kretinismus Rücksicht nähme[2]). Das ist bis heute bei uns

---

[1]) Freilich bevorzugt die Endemie immer die kleinen Orte! Vgl. S. 33.

[2]) Die Neuausgabe 1915 unserer schweizerischen I. B. W. nennt (im Anhang a, S. 179) bei der Spezifikation der Dienstbefreiungsgründe als deren Ziffer 9 „Kretinismus"; damit ist die Basis gegeben, auf der einmal eine schweizerische Kretinenstatistik sich erheben kann. Dieselbe wird aber, da alle bloß kretinoiden Individuen (wie bisher) auch in Zukunft nicht als solche, sondern wegen ungenügender Größe (Z. 1), geistiger

in der Schweiz nicht der Fall, sondern es verstecken sich die Kretinen vermutlich unter Z. 1 (zu geringe Körperlänge), Z. 12 (geistige Beschränktheit), Z. 16 (Taubheit, Stummheit) und vielleicht unter noch andern (Z. 11, 13, 15, 17, 23, 24, 25, 38, um nur einige zu nennen). Es wäre sehr leicht, die Rekrutenprüfung in den Dienst der Kretinenstatistik zu stellen, denn im Laufe von 10 Jahren müßten mit Sicherheit alle männlichen Kretinen der Altersklasse von 20 bis 30 Jahren, somit etwa 22% aller männlichen Kretinen überhaupt vor den sanitarischen U. C. erscheinen (ich glaube nicht, daß ein erheblicher Prozentsatz der Kretinen vor diesem Alter stirbt); da das Verhältnis der männlichen zu den weiblichen Kretinen (nach SCHOLZ) konstant etwa 55% zu 45% ist, so ließe sich mit genügender Sicherheit auch die Zahl der Weiber berechnen. Die Schwierigkeiten der Diagnose sind nicht so groß, daß eine ärztliche Kommission ihrer nicht Herr zu werden vermöchte; praktisch könnte jeder Stellungspflichtige, der das Militärmaß nicht erreicht (oder der es nur wenig überschreitet), geistig beschränkt ist und die typische Körperhaltung wie auch den typischen Gesichtsausdruck der Kretinen darbietet, ohne weiteres zum Kretinismus gezählt werden.

Was nun die geologische Unterlage der Kretinentheorie anbelangt, so war BIRCHER weder der erste, noch der einzige, welcher eine solche formuliert und postuliert hat. ST. LAGER (38) z. B. betrachtet den Menschen ebenso als Produkt der Scholle, auf welcher er wohnt, wie etwa die Pflanze je nach ihrem Standort sich verschieden entwickelt, und er verweist darauf, daß man am Rhein weder Kognak noch Bordeaux, sondern eben bloß den typischen Rheinwein hervorbringen kann. Er übersieht dabei, daß denn doch die Pflanze in ganz anderer Art von ihrem Standort abhängig ist, als das freibewegliche Tier; insbesondere zeigt die Erfahrung, daß der Mensch in allen Erdteilen sich anzupassen vermag und seine Rasseneigenschaften nicht verliert, wobei nur an die Neger in Amerika und an die Europäer in arktischen und in tropischen Ländern erinnert zu werden braucht. Sobald aber die Bodentheorie nun genau angeben soll, welches geologische Territorium immer und überall bei den Bewohnern Kretinismus verursache, so gehen die Meinungen weit auseinander. Während bekanntlich BIRCHER die Meermolasse „behaftet" sein läßt, so fand FREY (119) im gleichen Gebiet (Aargau) gerade die Süßwassermolasse von der Endemie bevorzugt, ähnliches konstatierte ich im Nollengebiet; und ähnlich verhält es sich mit dem Jura: nach BIRCHER ist er kropffrei, während KOCHER auch im Jura die Endemie nachweisen konnte. Auch das Urgestein ist nach WEICHARDT und SCHITTENHELM (138) nicht verschont[1]); in der Schweiz allerdings ist das Urgestein kaum bewohnt und kann daher wohl der Eindruck entstehen, als ob diese Formation an sich der Entstehung des Kretinismus feindlich sei: wenn das Urgebirge überhaupt nicht (oder nur sehr wenig) bewohnt ist, so gibt es dort natürlich auch keine Kre-

─────────

Beschränktheit (17), Taubstummheit (31) usw. ausgemustert werden, uns höchstens die Zahl der schwersten Kretinen anzugeben vermögen. Aber auch das wird schon ein wertvolles Resultat sein und über die absolute Zahl und die örtliche Verteilung der Kretinen wichtige Aufschlüsse liefern

[1]) Vgl. Hospental, Korr.Bl. S. 531. 1915.

tinen. Wenn Bircher die marinen Ablagerungen aller geolog. Zeitalter im allgemeinen als „behaftet" erklärt, so muß das grosso modo stimmen: denn einerseits ist der Kretinismus in Mitteleuropa fast überall anzutreffen, und andererseits nehmen marine Sedimente hier weitaus den größten Raum ein, besonders wenn man auch Nagelfluh und Diluvium dazu rechnet, „da wenigstens einzelne Bestandteile der Nagelfluh und des Gletscherschuttes aus marinen Ablagerungen herstammen". Es hat freilich für mich etwas Komisches, wenn Bircher sagt (S. 31): „Da die obere und untere Süßwassermolasse frei ist, so können wir nicht annehmen, daß der Kitt der Nagelfluh, der im gleichen Wasser entstand, die kropfmachende Eigenschaft der Nagelfluh bedingt; sondern wir müssen diese im Gerölle suchen, das wenigstens zum Teil aus behafteten Formationen stammt. Darum ist Juranagelfluh frei." Ich muß hier eher Kocher (129) beipflichten, der die Ursache der Endemie im Kitt der Nagelfluh (bzw. in organischen Verunreinigungen desselben) sucht. Man kann sich eventuell vorstellen, daß eine Verunreinigung im Kocherschen Sinne sich dem Trinkwasser beimische; aber die faustgroßen Gerölle gehen doch nicht ins Wasser und in die Thyreoidea über? Oder sind etwa Kieselsteine ein besonders guter Nährboden für Bakterien? — Gewiß hat die Theorie von E. Bircher etwas Bestechendes, wenn er erklärt, die Endemie werde durch eine „Noxe" bedingt, die uns zwar unbekannt sei, von der wir aber wissen, daß sie sich nur auf marinen Sedimenten entwickle; die Sache hat aber einen bösen Haken: warum sind dann gerade die jüngsten marinen Dünenbildungen in Norddeutschland, Holland usw. frei von der Endemie? Hier müßte sich doch die „Noxe" trefflich ausbilden können. Tatsächlich ist es aber eine der wenigen gesicherten Tatsachen, daß fast nirgends die Endemie in der Nähe des Meeres vorkommt. Für mich ist das ein unlösbarer Widerspruch: heute schließen sich Meer und Endemie völlig aus; aber alte marine Ablagerungen sollen den besten Nährboden der Endemie abgeben! Das paßt nicht zusammen.

Bei sorgfältiger Kontrolle findet man sogar in Birchers Karten manche Ausnahmen von seinen Regeln; sehr auffallend ist, daß direkt neben stark befallenen Ortschaften auf gleichem Boden auch freigebliebene genug vorkommen. Und es gibt genug Ausnahmen von der Regel: so ist Trias bei Lugano frei, Meeresmolasse bei St. Gallen, bei Schaffhausen, bei Luzern frei, Urgestein im Engadin befallen, im Kanton Tessin (fast nur Urgestein!) ist der Kretinismus keineswegs selten usw.; das alles NB. nach Birchers Karte. Ein sehr interessantes Beispiel sind die Judendörfer Lengnau und Endingen auf Süßwassermolasse, beiderseits aber von Meermolasse umgeben; beide Dörfer sind frei, obschon doch vielleicht das Trinkwasser aus der Meermolasse herkommt. Sollte dies der Fall sein, so würde ich allerdings das Freibleiben unbedenklich dem Umstand zuschreiben, daß es sich hier eben um Juden handelt, die von der umgebenden Aargauer Bevölkerung rassenmäßig streng geschieden sind. Ich empfehle das Beispiel den lokalen Kropfforschern.

Uninteressierte geologische Fachmänner von anerkanntem Ruf, wie Prof. Lepsius (397) und Prof. Heim (125, S. 623) haben die geologischen Grundlagen der Bircherschen Theorie mit aller Entschiedenheit abgelehnt. Und die müssen schließlich auch etwas davon verstehen!

Namentlich die älteren Autoren behaupten, Kenntnis von Beispielen zu haben, daß dem Kretinismus verfallene Kinder nicht erkrankten oder gar, wenn schon erkrankt, wieder gesundeten, falls sie aus dem Endemiegebiet genommen und in gesunder Umgebung auferzogen wurden. Allen solchen Behauptungen gegenüber ist größte Skepsis angezeigt; Irrtum und wirklicher Schwindel spielen in solchen Fragen eine große Rolle. Auch das Umgekehrte wird berichtet, nämlich daß bisher gesunde Familien nach Übersiedelung ins Endemiegebiet hier kretinöse Kinder bekommen hätten; die meisten Autoren geben allerdings zu, daß dies erst nach einigen Generationen eintreffe und daß ein vorher gesunder Mensch im Endemiegebiet vielleicht Kropf (warum auch nicht? so gut wie im kropffreien Gebiet!), niemals aber selbst Kretinismus erwerbe. Wenn aber schon einige Generationen erforderlich sind, bis Kretinismus auftritt, so ist wohl die früher angeblich gesunde Familie inzwischen mit den Ortsansässigen verwandtschaftliche Beziehungen eingegangen, so daß allemal auch schon durch bloße Vererbung, ohne Mitwirkung des Bodens oder des Trinkwassers, die Degeneration in die bisher immune, gesunde Familie eindringen konnte; — vorausgesetzt, daß überhaupt die Angaben richtig und nicht tendenziös entstellt sind! Tatsächlich sind überall die Bürger mehr von der Endemie ergriffen als die Fremden, siehe S. 24.

Wenn der Standort von so tiefgehendem Einfluß ist, so dürften im Endemiegebiet überhaupt keine andern als kretinische Individuen anzutreffen sein, — was denn doch nirgends der Fall ist. Und noch etwas! Wie will man sich dann das Vorkommen von Hyperthyreosen mitten im Endemiegebiet erklären? Ist die Hypothyreose der ständige Begleiter des Kretinismus und durch eine spezifische Noxe bedingt, so müßte logischerweise, wenn wirklich (wie allgemein behauptet und fast allgemein geglaubt wird) Basedow und Kretinismus sich in allem gegensätzlich verhalten, auch die Hyperthyreose durch eine tellurische Noxe bedingt sein und es kann nicht angenommen werden, daß diese beiden gegensätzlichen „Noxen" friedlich nebeneinander im gleichen Gestein vor- und fortkommen. An diese theoretische Schwierigkeit hat anscheinend noch niemand gedacht.

Wozu auch so viele Worte machen! Der Gedanke, daß es sich beim Kretinismus um tellurische Einflüsse handle, mag freilich die Eigenliebe der Befallenen mehr schonen, als die brutale Annahme einer Degeneration infolge schlechter Rasseneinflüsse; aber jener Gedanke ist so wenig mit den tatsächlichen Beobachtungen in Übereinstimmung, daß es an der Zeit wäre, ihn endgültig aufzugeben.

Halten somit die statistischen und geologischen Grundlagen der BIRCHERschen Theorie einer ernsthaften Kritik nicht stand, so ist es um die darauf basierte Trinkwassertheorie nicht besser bestellt. Wollte H. BIRCHER im Kropfwasser stäbchenförmige Gebilde gefunden haben und dieselben als Krankheitsursache angesehen wissen, so verwahrt sich heute E. BIRCHER (7) gegen die Unterstellung, daß er jemals eine Infektionshypothese verfochten habe; er spricht nur ganz allgemein von einer „kretinogenen Noxe", von einem „Agens". Diese unbestimmte Fassung bedeutet zweifellos im taktischen Sinne eine Stärkung der BIRCHERschen Position; denn noch jeder Versuch, einen bestimmten Bestandteil des Trinkwassers (sei dies nun ein Bestandteil mineralischer oder organischer Natur) für die Entstehung der Endemie verantwortlich zu machen, hat bisher unfehlbar mit einem Fiasko geendigt. Wird dagegen nur ganz allgemein das Trinkwasser beschuldigt, so ist es viel schwerer, die Unrichtigkeit einer solchen Annahme nachzuweisen. Beweispflichtig wäre allerdings derjenige, der die Trinkwasserhypothese aufstellte, nicht der, welcher sie anzweifelt; und in diesem Sinne muß mit aller Schärfe hervorgehoben werden, daß weder BIRCHER, noch irgend ein anderer Autor jemals in der Lage war, die postulierte „Noxe" zu demonstrieren. Da die „Noxe" das Berkefeldfilter passiert, so wird sie als „Kolloid" ausgegeben; aber gesehen hat dieses angebliche „Kolloid" noch niemand. Und wenn etwa behauptet werden sollte, trotzdem sei die reelle Existenz dieses unsichtbaren „Kolloids" durch die positiven Ergebnisse der bekannten Rattenversuche bewiesen, so hat der Kenner der Verhältnisse für diese Art von „Beweis" nur ein resigniertes Lächeln; denn auch die „Kontagionisten" nehmen diese selben Rattenversuche für ihre Anschauungen als „Beweis" in Anspruch. Und es muß noch einmal ausgesprochen werden: sogar wenn wirklich bewiesen wäre, daß durch das Trinkwasser Kropf verursacht wird, so wäre immer noch nicht bewiesen, daß das Trinkwasser (und zwar das gleiche Wasser aus dem gleichen Brunnen!) nun auch den Kretinismus verschuldet. Die aprioristische Annahme, daß Kropf und Kretinismus aus einer und derselben Ursache entstehen, muß bei jeder Gelegenheit als unbewiesen hingestellt werden.

Wie kamen die Autoren überhaupt auf den Gedanken, daß das Trinkwasser die Ursache der Endemie sei? Das ist gar nicht so leicht zu sagen; man verweist auf die „vox populi"[1]), die seit der alten Römer Zeiten das Trinkwasser beschuldige, man folgert „per exclusionem" und „ex juvantibus". Das alles wären höchstens Indizienbeweise, auf die hin bekanntlich eine Verurteilung immer bedenklich bleibt. Per exclusionem sagt man etwa, da Nah-

---

[1]) Die Vox populi ist übrigens keineswegs einstimmig darin, daß die Endemie vom Wasser komme. In den „Sagen aus dem Unterwallis" (627) findet sich auf S. 61 die Geschichte vom „désastre de Fully" und darin wird erzählt, daß die ehemals reiche Gemeinde infolge ihres Übermutes sich der Faulheit, Völlerei, Ausschweifung und Gottlosigkeit überließ, und dafür mit einem Bergsturz bestraft wurde, der in einer Nacht den ganzen Wohlstand vernichtete. Dann fährt der Bericht fort: „Comme ils étaient habitués à la mollesse, ils n'eurent pas le courage de surmonter leur indolence et de travailler énergiquement, la plupart restèrent misérables. Une partie d'entre eux, privés de soins, devinrent goitreux et idiots." — Wo bleibt da die Wasserätiologie?

Ein anderes Zeugnis von der „Vox populi":

In der „Appezeller Naregmäänd" von ALFRED TOBLER (626) tritt (auf S. 49) der „Chnollebisch" als Bewerber um die Stelle eines Landweibels auf und um die ehrsame Rhodsversammlung seiner Bewerbung geneigt zu machen, verweist er auf seine Schar von 15 Kindern, von denen das älteste kaum 10 Jahre alt sei „ond hett all no nüd zahnet ond cha gad efange e betzeli statzge ond stottere ond gsied uf-ond-aa 'em Götti ond am-e-n-Äffli glych" (drei Geschwister werden als „oogehnti", vier als „vewachsni" und drei als „Stömm', bezeichnet). Höchst merkwürdig ist hier der Vergleich des Kindes mit einem Äffchen!

Diese Beispiele der Vox populi beziehen sich allerdings nicht auf die Kropfendemie, sondern auf Kretinen; das tut aber wenig zur Sache. Wo die Vox populi wirklich auf die Wasserätiologie Bezug nimmt, geschieht das etwa in der Form: „Man sagt ja, der Kropf komme vom Wasser; oder nicht?" Fragt man dann: „Trinkt ihr denn viel Wasser?" — so heißt die Antwort: „Ach nein! wir haben Gott sei Dank Most genug!"

rung, Wohnung, Höhenlage, Temperatur, Feuchtigkeit usw. sich als belanglos herausgestellt hätten und da ferner miasmatische Exhalationen des Bodens unsern modernen Anschauungen nicht mehr entsprechen, so könne schließlich der Boden, dessen Einfluß man irrtümlicherweise als festgestellt ansieht, bloß noch durch das Medium des Trinkwassers auf die Bewohner einwirken. Aber alle sorgfältigen Analysen des Wassers blieben immer ergebnislos und es steht gar nicht einmal fest, daß im Endemiegebiet die Befallenen mehr Wasser trinken als die Gesunden. Sehr eingehende Untersuchungen schwer verseuchter Ortschaften ergaben, daß zwar einzelne Häuser (richtiger: einzelne Familien) in auffallender Weise von der Endemie bevorzugt werden, es ergab sich aber nie ein sicherer Zusammenhang mit einer bestimmten Quelle oder Wasserleitung, und zum allermindesten muß anerkannt werden, daß auch unabhängig vom Wasser eine Endermie autreten kann. Es ist das Verdienst der „Kontagionisten" (vor allem von KUTSCHERA (25 bis 29) und seinen Anhängern) durch sehr eingehende kritische Nachforschungen diese Frage aufgeklärt zu haben. KUTSCHERA (28) hat auch nachgewiesen, daß die überall kolportierte Erzählung von den Kropfbrunnen, durch deren Wasser sich die Stellungspflichtigen absichtlich und willkürlich Kröpfe antrinken sollten, um dienstfrei zu werden, nichts ist als Schwindel; je näher man den angeblichen Kropfbrunnen kommt, um so weniger wissen die Landesbewohner und die dortigen Ärzte davon. Die von BREITNER (120) beschriebene Bahnwärterfamilie steht mit ihrem angeblichen Kropfbrunnen so vereinzelt, daß auch in diesem Falle größte Skepsis erlaubt scheint.

„Ex juvantibus" glaubte man auf die Wirksamkeit des Trinkwassers schließen zu dürfen, und hier stehen die drei berühmten „klassischen" Beispiele Rupperswil, Asp und Densbüren im Vordergrund des Interesses. Die ersten beiden Ortschaften sollen nach BIRCHER durch Änderung der Wasserversorgung kropffrei geworden sein, während umgekehrt Densbüren früher gesund (angeblich Jurawasser) nach Einführung einer neuen Wasserleitung (aus Trias) der Degeneration verfalle. Diese Beispiele galten zum Teil jahrzentelang als unanfechtbare Beweise für die BIRCHERschen Anschauungen, — bis im Jahre 1912/13 einige junge Züricher Ärzte (123/5) eine sehr gründliche Nachuntersuchung „hinter dem Rücken von BIRCHER" (wie sich dieser vorwurfsvoll ausdrückt; als ob ohne seine Genehmigung in seinem Gebiet niemand zu wissenschaftlichen Arbeiten ermächtigt wäre!) vornahmen und dabei zu sehr merkwürdigen Ergebnissen gelangten. In Rupperswil ergab sich:

a. die neue, angeblich kropffreie „Jura"quelle ist im geologischen Sinne von der alten, angeblich kropferzeugenden Molassequelle nur wenig verschieden;

b. von einem Erlöschen der Endemie kann nicht gesprochen werden, da immer noch fast 30% der gesamten Einwohnerschaft Kröpfe haben;

c. bei dem letzten noch bestehenden Sod(„Kropf"-)brunnen ließ sich eine besondere Schädlichkeit dieses Wassers nicht finden.

In Asp fanden sich noch 40% Kropf, so daß von einem Rückgang der Endemie auch hier nicht gesprochen werden kann; zwischen dem Oberdorf (Jurawasser) und dem Unterdorf (alte Triasbrunnen) fand sich kein erheblicher Unterschied. Und in Densbüren fand sich, daß die alte, angeblich ge-

sunde „Jura"wasserleitung ebensolches Triaswasser führte wie die neue, vor
deren Gebrauch BIRCHER gewarnt hatte, und daß die dort konstatierten Kröpfe
schon aus der früheren Zeit mit der „gesunden" Wasserleitung datierten. —
Wer sich dafür interessiert, mag die sehr unerquickliche Diskussion zwischen
den Züricher Autoren (123/5; 170/3) und dem sehr gereizt replizierenden BIR-
CHER (145/6) im Original nachlesen. Die unleugbare Tatsache, daß die lange
Zeit kolportierte Wahrheit von den „Schulbeispielen" für die Trinkwassertheorie jetzt als unhaltbar und erledigt angesehen werden kann, verdient mit
allem Nachdruck bekannt gemacht zu werden; denn allzulange wurden diese
Irrtümer für wahr ausgegeben. Wir können nichts Besseres tun, als auf den
Standpunkt der alten Autoren aus den 40ger Jahren des vorigen Jahrhunderts zurückkehren; der alte MAFFEI (33) hat immer noch recht, wenn er sagt:
„Ich bin der vollsten Überzeugung, daß es nirgends ein Wasser gebe und nie
eines gegeben habe, dessen Gebrauch den Kretinismus erzeuge oder erzeugt
habe, oder erzeugt haben konnte"; und wir müssen auch TAUSSIG (42) beipflichten, welcher bekannte: „Es ist wohl der größte Irrtum in der Erforschung
des Kretinismus gewesen, daß die meisten Forscher sich nicht vom Wasser
loslösen konnten. Wenn man BIRCHER Dank wissen muß, daß er sich in der
Erforschung dieser Krankheit gewiß große Verdienste erworben hat, so hat
seine Beharrlichkeit auf diesem falschen Wege die Erforschung der Ätiologie
erheblich beeinträchtigt."
Wir wollen aber gerecht sein und anerkennen, daß E. BIRCHER zur Entstehung des Kretinismus ohne das Trinkwasser noch eine spezielle Disposition
annimmt; auf diesem Boden scheint mir eine Verständigung wohl möglich.
Es wäre sehr verdienstvoll von E. BIRCHER, wenn er sich nunmehr die Erforschung dieser Disposition zur Aufgabe stellte; ich glaube ihm um so bessere
Ausbeute in Aussicht stellen zu können, je mehr er sich auf den Kretinismus
allein und vorläufig ganz ohne Rücksicht auf den Kropf wirklich nur auf die
Kretinen beschränken wollte. Bei seinem Fleiß, seiner stupenden Belesenheit
und seinem großen Material sind ihm sicher schöne Ergebnisse beschieden. —
Schon heute verdanken wir E. BIRCHER eine große Zahl schöner und einwandfreier Einzelbeobachtungen. Wenn ich im vorstehenden nachweisen mußte,
daß seine Theorie im Prinzip verfehlt und unhaltbar sei, so will das nicht
heißen, daß seine ganze Arbeit keinen Wert habe; der Wert einer wissenschaftlichen Arbeit bemißt sich nicht allein nach ihren objektiven Ergebnissen.

2. Die Schilddrüsentheorie des Kretinismus geht in ihrer entschiedenen
und klaren Fassung auf den Chirurgen TH. KOCHER zurück; dieser hatte Anfang
der 80ger Jahre nach totalen Kropfexstirpationen eine chronische unheilbare Entartung der Operierten, die Cachexia strumipriva, beobachtet und
es war ihm die Ähnlichkeit dieses Krankheitsbildes mit der Cachexia thryreo-
priva, dem Myxödem der Erwachsenen oder dem sogenannten „sporadischen
Kretinismus" nicht entgangen. Die neue Lehre wurde alsbald experimentell
nachgeprüft, und heute gilt die restlose Entfernung der Thyreoidea als schwerer
Kunstfehler. Ebenso hat die Annahme, daß auch der endemische (ganz ähnlich
wie der sporadische) Kretinismus auf einem wenigstens partiellen Ausfall
der Schilddrüsenfunktion beruhe, fast allgemeine Anerkennung gefunden.

Kocher sagt (zit. nach Bayon): „Die Schädlichkeiten, welche den Kropf erzeugen, führen niemals und wenn sie auch noch so mächtig einwirken, direkt zum Kretinismus, nicht einmal in seinen gelindesten Graden; erst dann und nur dann entsteht Kretinismus, wenn durch die kropfige Entartung der Schilddrüse, aber ganz ebenso gut durch jede andere Schädlichkeit die Funktion der Schilddrüse aufgehoben oder schwer beeinträchtigt ist." Nicht viel anders ist es, wenn Taussig (42) sagt: „Ohne Kropf der Mutter gibt es keinen Kretinismus"; ein Satz, auf den weiterhin noch zurückzukommen sein wird.

Auch Kocher (129) hat für die Entstehung des Kropfes (und mittelbar also auch für den Kretinismus) das Trinkwasser wesentlich mitverantwortlich gemacht; als „Noxe" nimmt er organische, bzw. organisierte (also lebende) Beimengungen an. Grundwasser (Sodbrunnen), lange und offene Leitungen, Bach- und Flußwasser: all das ist gefährlicher als Quellwasser, aber auch reine Quellen können Kropfbrunnen sein. Diese Ansichten Kochers haben den Vorzug großer Klarheit und imponierender Konsequenz: der Kropf ist eine Infektion und der Kretinismus ist eine Folge des Schilddrüsenausfalls, — nichts Einfacheres kann man sich denken; aber entspricht diese Theorie auch den Tatsachen?

Das außerordentliche Ansehen, dessen sich Kocher (und mit Recht!) als Chirurg erfreute, brachte es mit sich, daß auch seine Schilddrüsentheorie des Kretinismus fast unangefochtene Aufnahme fand. Ob als Ursache des Kropfes eine Trinkwasserinfektion, oder mit (Kutschera) eine Kontaktinfektion angenommen wurde, oder ob (wie in neuerer Zeit wieder sehr verbreitet) Jodmangel der Nahrung als Ursache beschuldigt wird, gleichviel, darüber sind stillschweigend alle einig und betrachten es als eine längst ausgemachte Sache, daß der Kropf, ein exogenes, vermeidbares Übel, so oder so die Ursache des Kretinismus, die größte Gefahr für unser Volk und seine Bekämpfung die dringendste Aufgabe der Gegenwart sei. Gelingt es (z. B. durch prophylaktische Joddarreichung mit dem Kochsalz) unser Volk kropffrei zu machen, so muß nicht allein der Kretinismus sondern auch das große Heer der Herzkrankheiten, Entwicklungshemmungen auf körperlichem und geistigem Gebiet, Gebärschwierigkeiten infolge engen Beckens und wer weiß, was nicht sonst noch alles, automatisch verschwinden. Es wird sich aber leider herausstellen, daß das alles bloß wohlgemeinte Illusionen sind; man darf sich diese Zusammenhänge doch nicht gar so einfach und primitiv vorstellen.

Wenn der Kretinismus nichts weiter ist, als eine Schilddrüsenstörung, so wäre es an der Zeit, diesen unklaren Ausdruck durch die Bezeichnung „A- bzw. Hypothyreose" zu ersetzen, — gerade so wie die alte unklare Skrofulose vor der wohldefinierten Tuberkulose das Feld hat räumen müssen. Aber jeder Kenner weiß, daß das hier nicht angeht. Es ist wohl bei den meisten (besonders bei den jugendlichen) Kretinen eine „hypothyreotische Quote" unverkennbar vorhanden; sie darf aber in ihrer Bedeutung nicht überschätzt werden. Einmal kann sie ganz fehlen, und dann ergibt die Lehre von den inneren Sekretionen immer deutlicher die Tatsache, daß bei allen Störungen auf diesem Gebiete es sich nie bloß um eine einzige Drüse, sondern immer um einen komplizierten Synergismus handelt. So wenig sympatisch dem Medi-

ziner heute noch die Annahme konstitutioneller Minderwertigkeit sein mag, so
kommt man doch gerade auf dem Gebiete der inkretorischen Störungen mit
äußeren Ursachen allein sicher nicht aus; es ist allzu schematisch und willkürlich, aus dem ganzen Komplex eine einzelne Drüse herauszugreifen und
von einem Punkt aus alles erklären zu wollen. Mag auch der Kretinismus
einzelne Züge mit dem Myxödem gemeinsam haben, so gibt uns das noch
kein Recht, diese interessante Degenerationsform restlos im Kapitel „Schilddrüsenstörungen" auf- oder untergehen zu lassen.

Hier will ich nur ganz summarisch die gemeinsamen und die trennenden
Merkmale von Kretinismus und Athyreose aufzählen. Gemeinsam sind vor
allem gewisse Veränderungen der Haut (Trockenheit, Desquamation, mangelhafte Schweißbildung, spärlicher Haarwuchs), jedoch ist das richtige Myxödem
bei Kretinen eine große Seltenheit; gemeinsam ist die Verspätung der Epi-
physenossifikation, ferner mag die Salivation hierher gehören, vielleicht auch
die dicke Zunge. Zweifelhaft ist aber, ob auch die Anämie der Kretinen
und ihre niedere Temperatur (verlangsamter Stoffwechsel) hierher gehören,
der große Bauch, die Hernien, ferner die Idiotie und dadurch bedingte
Sprachstörungen. Auch die Hypoplasie der Genitalorgane ist zwar Kretinen
und Myxödem gemeinsam, ohne deshalb auch bei den Kretinen durch
Schilddrüsenmangel direkt bedingt sein zu müssen. Denn außer der Thyreoidea sind sicher auch noch andere Organsysteme bei den Kretinen durch
Degeneration geschädigt. Bevor ich hierauf eingehe, will ich bloß noch
hervorheben, daß zwischen Athyreose und Kretinismus auch wesentliche Unterschiede bestehen: befällt der Kretinismus mehr das männliche Geschlecht,
so überwiegen bei der Athyreose weitaus weibliche Individuen. Daß das
typische Myxödem bei Kretinen recht selten ist, habe ich schon gesagt;
ebenso selten ist aber auch der vollständige Schilddrüsenmangel, und auch
in schwer degenerierten Schilddrüsen sind immer noch Reste von normalem
Gewebe. Es ist deshalb auch nicht verwunderlich, daß E. BIRCHER (5) echte
Kretinen nach totaler Thyreoidektomie an Cachexia strumipriva erkranken
sah; der gleiche Autor beschrieb bei einem Kretinen eine im anatomischen
Sinne typische Basedowschilddrüse[1]). Weitere Unterschiede zwischen Athyreose und Kretinismus finden sich in deren Stoffwechsel (SCHOLZ 39) und im
Verhalten gegen die Thyreoidintherapie, welche bei Kretinen wohl die auf
Schilddrüsenausfall beruhenden Symptome, nicht aber den Kretinismus als
solchen zu beeinflussen vermag. Und endlich verhält sich das Extremitätenskelett bei Athyreose in fast allen Einzelheiten gerade entgegengesetzt wie
das Kretinenskelett; das geht aus dem osteologischen Teil der vorliegenden
Arbeit klar hervor. DIETERLE (9) hat nicht ohne Ironie bemerkt, daß auf einer
ad hoc unternommenen Studienreise WEYGANDT (49), welcher den Kretinismus
nach der in der Schweiz von KOCHER aufgestellten Difinition als thyreoideale
Krankheit diagnostiziert, gar keine Endemie echter Kretinen in der Schweiz
aufzufinden vermochte! das kommt daher, daß es sich beim Kretinismus eben
um eine allgemeine Degeneration handelt, bei welcher nicht allein die Thyre-

---

[1]) In letzter Zeit hat HOTZ (645) sogar eine richtige Hyperthyreosetheorie des Kretinismus aufgestellt, s. darüber S. 363 hiernach. Wenn das KOCHER noch erlebt hätte...!

oidea[1]), sondern noch eine ganze Reihe anderer Organe mangelhaft entwickelt sind oder sein können; es sei nur an die Thymusdrüse erinnert (Idiotia thymica Klose (340); Störungen des Kalkstoffwechsels!), ferner an die Hypophyse und namentlich an die Geschlechtsdrüsen. Schematisch könnte man die einzelnen Störungen und ihre Folgen etwa so zusammenstellen:

I. Hypothyreose.
Myxödem (wenn überhaupt vorhanden).
Andere Schädigungen der Haut und der Haare?
Salivation?
Verspätete Ossifikation der Epiphysen.
Anämie?

II. Mangelhafte Hirnentwicklung („Hypencephalismus“).
Idiotie.
Sprachstörungen motorischer und sensorischer Art.
Störungen im Gebiet der Sinnesorgane (Taubheit! usw.).
Nervöse Störungen (vielleicht auch die typ. Gangstörung?)
Muskelschwäche.

III. Hypoplasie im Gebiet der Zirkulation.
Herzstörungen aller Art, oft fälschlich als Kropfherz gedeutet.
Stoffwechselstörungen im weitesten Sinne.
Niedrige Körpertemperatur.
Konstitutionelle Achylie, endemische Hypochlorhydrie?
Störungen der Schweißsekretion?

IV. Genitale Hypoplasie („Infantitismen“ aller Art).
Mangelhafte Geschlechtsentwicklung.
(Störungen der Menstruation und Gestation, Impotenz).
Fehlen der sekundären Geschlechtscharaktere (Bartwuchs!).
Hernien aller Art.

V. Hypothymie.
Störungen des Kalkstoffwechsels (Arthritis deformans!) und der Dentition?
Vielleicht: Idiotie?

Es mögen außerdem im Laufe der Zeit noch andere Gruppen von Störungen gefunden werden, sicher ist heute nur das eine, daß nämlich die Störungen in der Schilddrüsenfunktion weder das primäre noch das dominierende Element im Wesen des Kretinismus darstellen. Alle die verschiedenen Störungen sind gleicherweise die Folgen einer nicht äußerlich, durch Trinkwasser oder Infektion bedingten Entartung; sondern diese Entartung entspringt einer inneren oder konstitutionellen Minderwertigkeit des ganzen Organismus in allen seinen Teilen. Dabei müssen sich einzelne Störungen kumulieren und es bildet sich in mehrerer Hinsicht ein Circulus vitiosus. Nicht immer finden sich in einem Kretin sämtliche Hypoplasien vereinigt; es kann aber auch jede Störung isoliert auftreten bei Individuen, welche im übrigen wenig oder nichts mit dem Kretinismus gemein haben. Ist dies richtig, so erklärt sich ungezwungen, warum im Endemiegebiet der Kropf so gemein ist, es erklärt sich die große Zahl der Idioten (die im übrigen keine Kretinen zu sein brauchen); und wir verstehen dann auch, warum im Endemiegebiet die Myodegeneratio cordis

---

[1]) Findet man bei Kretinen eine positive Abderhaldenreaktion mit Strumagewebe, so beweist das höchstens, was wir schon wissen, nämlich daß die Thyreoidea bei den Kretinen nicht normal ist, aber keineswegs, daß die Struma an allen Symptomen des Kretinismus schuld ist.

nicht minder als achylische Magenbeschwerden und Hernien, Plattfüße so außerordentlich verbreitet sind, — Leiden, die vom Standpunkt der bloßen Schilddrüsenstörung gar nicht erklärt werden können.

Bei dieser Auffassung von der kretinischen Degeneration ist die Frage, ob sich bei allen Kretinen Störungen der Schilddrüse vorfinden, von recht untergeordneter Bedeutung; und die Frage, ob alle Erscheinungen des Kretinismus durch Hypothyreose zu erklären seien, ist dann (und zwar im verneinenden Sinne) auch schon gelöst. Prinzipiell sehr wichtig für die Beurteilung des Wesens dieser Degeneration ist die zuerst von mir hervorgehobene und in dieser Arbeit (im osteologischen Abschnitt derselben) eingehend nachgewiesene Tatsache, daß sich im Skelett der Kretinen eine Unzahl altertümlicher Merkmale finden, die wir ähnlich nur bei gewissen primitiven Naturvölkern und bei fossilen Vertretern des Menschengeschlechts antreffen. Diese unbestreitbare Tatsache bleibt absolut unverständlich, wenn wir im Kretinismus nur eine A- oder Hypothyreose erblicken; denn primitive Merkmale fehlen der Athyreose fast vollständig und bei den heute lebenden Primitiven ist von Störungen der Schilddrüsenfunktion nichts bekannt. Ich bin allerdings der (übrigens rein subjektiven und unmaßgeblichen) Meinung, daß für die Beurteilung der zoologischen (höflicher gesagt: anthropologischen) Stellung der Kretinen (und damit unseres ganzen Volkes, für das die Kretinen so charakteristisch sind) die Tatsache dieser primitiven Skelettmerkmale wichtiger ist, als eine noch so sicher nachgewiesene Schilddrüsenstörung. Allzulange hat die Wissenschaft nur die letztere ins Auge gefaßt; es ist nun an der Zeit, daß nicht mehr eine „pars pro toto", sondern die Degeneration insgesamt studiert werde.

Alle diese Tatsachen sollen im Verlauf dieser Studie noch näher begründet werden; ich führe sie in der Einleitung hier bloß auf um darzutun, wie wenig gesichert die reine Schilddrüsentheorie des Kretinismus wirklich ist und wie wenig sie bei kritischer Betrachtung zu befriedigen vermag. Es scheint mir an dieser Stelle ferner der Hinweis auf neuere Beobachtungen an Amphibienlarven von großer theoretischer Bedeutung und ich will zum Schluß noch ganz kurz darauf eingehen.

Für den Zusammenhang zwischen Schilddrüse und Körperwachstum sind die Forschungen von W. Schulze (aus der anatom. Anstalt Heidelberg) über die **Neotenie** von fundamentaler Bedeutung. Larven von Rana fusca (Kaulquappen) wurden die Schilddrüsen entfernt, und wenn die Exstirpation restlos gelang, so ergab sich sehr starkes Wachstum der Larven, aber die Metamorphose blieb aus (Neotenie); bei bloß partieller Exstirpation, wie auch bei Verfütterung von Rinderthyreoidea an thyreoidektomierte Larven erfolgte prompte Metamorphose. Das gleiche Resultat, nämlich Neotenie, läßt sich aber auch durch Exstirpation der Hypophysen-, Thymus- und Epiphysenanlagen erzielen. Und umgekehrt ergab Implantation von (eigener oder fremder) Schilddrüse auf Unkenlarven beschleunigt einsetzende Metamorphose und Wachstumsstillstand, also Zwergunken von im übrigem normalem Körperbau, gelegentlich auch Mißbildungen. Während wir also in der humanen Pathologie hypothyreotischen Zwergwuchs und hyperthyreotische Riesen (große, blonde Basedowkranke nach Holmgren!) kennen, scheint bei Amphibien die Schilddrüsenwirkung gerade entgegengesetzt zu sein. Es erscheint aber trotz-

dem nicht ungereimt, auch für die Metamorphosen des Wirbeltieres innere
Sekretionen als notwendig zu postulieren, und es ist wohl nicht lediglich Zufall,
wenn diese Metamorphosen (früheste Stadien der Embryonalentwicklung,
Pubertät, Gravidität) mit Anschwellung der Thyreoidea einhergehen. Es
liegt nicht im Plane dieser Studie, auf die ganze Schilddrüsenpathologie und
die Kropffrage überhaupt einzugehen, aber da neuerdings von F. Sarasin
die Neotenie zur Erklärung des rassenmäßigen Zwergwuchses herangezogen
wird, so gewinnen die Experimente an Amphibienlarven hohe prinzipielle
Bedeutung. Die Schilddrüsentheorie des Kretinismus in der konsequenten
Fassung nach Kocher dürfte an diesen Experimenten jedoch kaum eine Stütze
finden und nur schwer darüber hinwegkommen, daß

a. nur die totale Exstirpation, nicht aber die partielle zur Neotenie führt;

b. das gleiche Resultat auch von anderen Angriffspunkten aus und nicht
bloß von der Schilddrüse her zu erreichen ist; und

c. Implantation von Schilddrüse zu Zwergwuchs führt. Ich werde auf
die Neotenie an anderer Stelle (vgl. S. 77) zurückkommen und betone hier
lediglich, daß wohl einzelne, aber lange nicht alle und nicht einmal die wichtigsten Symptome des Kretinismus im Sinne der Neotenie (des athyreot. Infantilismus) gedeutet werden können.

3. Wenn wir uns nunmehr noch kurz der Frage zuwenden, inwiefern man
berechtigt sei, die **Endemie als Folge einer Infektion** aufzufassen, so gilt es,
zwei Dinge genau zu unterscheiden: nämlich Kropf und Kretinismus. Denn
da wir im vorigen Abschnitt gesehen haben, daß Kropf und Kretinismus durchaus nicht in dem engen, unlösbaren Zusammenhang stehen, wie noch vielfach
angenommen wird, so könnte sehr wohl der Kropf auf Infektion beruhen,
ohne daß deswegen nun auch der Kretinismus die gleiche Ursache haben müßte.

Daß zunächst der Kretinismus keine Infektionskrankheit sei, ist
unschwer nachzuweisen. Es ist mir zwar schon gesprächsweise die Vermutung
ausgesprochen worden, der Kretinismus könnte ebenso auf einer Infektion
beruhen, wie etwa chronische Malaria, Tuberkulose, Syphilis, oder am ehesten
wie Lues congenita; auch Infektionen wie das Chagasfieber (Schizotrypanum
Cruzi) oder die Coccidiose werden zum Vergleich herangezogen, da es auch
hier im Gefolge einer Infektion zu degenerativen Prozessen komme. Alle
solche Ideen stammen von intelligenten, bakteriologisch gut geschulten Leuten,
und eine gewisse, entfernte Analogie mit Kretinismus mag ja vorhanden sein.
Die prinzipiellen Bedenken, welche einer solchen Auffassung entgegenstehen,
sind aber m. E. doch wichtiger, als solch vage Analogien. Bei jeder Infektion
muß doch wenigstens einigermaßen der Zeitpunkt anzugeben sein, wann die
Ansteckung erfolgt sein könnte; beim Kretinismus ist das unmöglich. Jede
Infektion ist ferner als eine Krankheit mit irgendwie typischem Verlauf anzusehen; die Kretinen sind aber überhaupt nicht Kranke, sondern Degenerierte
mit zahlreichen Merkmalen einer niedrigen Organisation. Und wie soll bei
einer Infektion das leichte, aber konstante Überwiegen des männlichen Geschlechts zu erklären sein? Auch die Art und Weise der geographischen Ausbreitung des Kretinismus stimmt ganz und gar nicht zur Annahme einer Infektion, wie ich noch weiterhin zu zeigen haben werde; sehr wesentliche Züge

aus der äußeren Erscheinung, aus der Osteologie der Kretinen können ganz
unmöglich als entzündliche Reaktion auf einen Infekt gedeutet werden, ebensowenig die Gehirnveränderungen. Und die Hauptsache: irgend ein ♮„Erreger‘‘
ist bisher weder morphologisch, noch experimentell nachgewiesen worden;
sobald man uns den Erreger zeigt, so glauben wir an die Infektion, aber nicht
vorher.

Ich habe die ganze mir zugängliche Kretinenliteratur speziell daraufhin
durchgesehen, ob irgend ein Autor es wagt, den Kretinismus schlechthin als
eine Infektionskrankheit zu erklären, und habe sehr wenig positives gefunden.
Die alten Autoren natürlich denken nicht einmal daran; für sie ist der Kretinismus eine Form der Degeneration. Die modernen Autoren nehmen freilich
an, daß der Kropf infektiöser Natur sei, aber für sie ist der Kretinismus Folge
des Kropfes, nicht etwa eine direkte Wirkung einer Infektion (so die KOCHER-
sche Schule, Mac CARRISON, die österreichischen Kontagionisten). Die seiner-
zeit von KLEBS (24) angeschuldigten Navikeln und die von H. BIRCHER (119)
entdeckten Diatomeen und Kokken können doch wohl ernsthaft nicht mehr
in Frage kommen. Einzig EWALD (11) hat sich zu dem Satz verstiegen: (S. 164)
„Daß die kretinische Degeneration ... den chronischen Infektionskrankheiten
zugehört, kann so wenig bezweifelt werden wie die weitere Tatsache, daß das
spezifische Agens dem Organismus mit dem Wasser zugeführt wird.‘‘ (Setzt
man „bewiesen‘‘ statt „bezweifelt‘‘, so ist der Satz richtig.) EWALD selbst
war freilich seiner Sache so wenig sicher, daß er nach diesem zwar unrichtigen,
aber doch wenigstens klaren Satze in merkwürdig verklausulierter Weise außer
der „Infektion‘‘ eine Mitwirkung der Thyreoidea und eine besondere, nicht
näher charakterisierte Disposition annimmt; damit ist natürlich der „Infektion‘‘, sogar wenn sie tatsächlich nachgewiesen wäre, die ätiologische Bedeutung in der Hauptsache wieder abgesprochen. Man kann im Gegenteil sagen:
es ist im höchsten Grade unwahrscheinlich, daß wir es beim Kretinismus mit
einer Infektion und nichts als einer Infektion zu tun haben. Gegen diese Annahme sprechen: der ganze Verlauf, die geographische Verbreitung, die Heredität, das Fehlen von entzündlichen Erscheinungen, das Vorherrschen von
altertümlichen Rassenmerkmalen und der Umstand, daß trotz intensiver Bemühungen bis heute noch nicht der mindeste tatsächliche Anhaltspunkt für
die Existenz eines spezifischen Erregers gefunden werden konnte. — Ich muß
mich vorläufig mit dieser summarischen Aufzählung begnügen; die Begründung aller dieser Punkte wird im weitern Verlauf meiner Darlegungen zur
vollen Evidenz gelangen.

Kann somit für den Kretinismus eine Infektion als direkte Ursache kaum
in Frage kommen, so müssen wir uns bezüglich einer Infektion als Kropfursache
etwas reservierter aussprechen. Da ich hier eine Abhandlung über Kretinismus schreibe und schon zu zeigen in der Lage war, daß der Kropf für die Entstehung des Kretinismus nur untergeordnete Bedeutung haben kann, so habe
ich keine Veranlassung, hier des langen und breiten auf die Kropfätiologie
einzutreten. Immerhin darf ich mir vielleicht die Bemerkung gestatten, daß
die Lehre vom Kropf (ganz ähnlich wie wir es beim Kretinismus gesehen haben)
auf einem falschen Wegen in Angriff genommen wurde; Statistik, sei es dann
Rekruten- oder sei es Schülerstatistik, muß aus naheliegenden Gründen hier

so wertlos sein, wie die berühmten Tierversuche. Der einzig sichere Weg führt auch hier, genau wie beim Kretinismus über die pathologische Anatomie und es ist unbegreiflich, daß dieser klar vorgezeichnete Weg so lange vernachlässigt werden konnte (neuerdings haben allerdings namentlich Arbeiten aus der Berner Schule sehr wertvolle Aufklärung gebracht). *Das einzig brauchbare Ergebnis aller der vielen Kropfstatistiken scheint mir die Tatsache, daß der Kropf sichere Beziehungen zum Geschlechtsleben besitzt* (besonders beim weiblichen Geschlecht; Menstruation, Pubertät, Gravidität, Klimax); *und wichtig ist das unverkennbare degenerative Moment, welches sich in der Histologie wie auch im ganzen übrigen Verhalten der Kropfträger ausspricht.* Es mag wohl schmerzlich sein, diese Tatsachen anzuerkennen, zumal bei einer Kropfverbreitung von beispielsweise 80 bis 90% ganzer Schulklassen; aber Tatsachen lassen sich auf die Dauer nicht ignorieren.

Rekapitulation.

Überblicken wir nun die heutige Situation in der Lehre vom Kretinismus, so sehen wir eine Anzahl sich widersprechender Theorien; jede betont in einseitiger Weise eine an sich bis zu einem gewissen Grade richtige Einzeltatsache, erhebt sie zur allein richtigen Panazee — und führt sie dadurch ad absurdum.

Als sichere Tatsachen kann man folgendes ansehen:

Die bisherigen Statistiken über (das Vorkommen von Kropf und) Kretinismus sind wertlos; wir wissen tatsächlich nicht, ob und inwiefern einzelne Länder oder einzelne Landesgegenden mehr „verseucht" sind, als andere. Die Rekrutenuntersuchung vermöchte uns im Laufe der Jahre wohl über die Ausbreitung des Kretinismus, nicht aber über den Kropf zuverlässige Angaben zu liefern.

Der Kretinismus ist keine Infektionskrankheit und nicht bloß durch Störungen der Schilddrüsenfunktion allein zu erklären, sondern der Kretinismus stellt eine schwere Degeneration des gesamten Organismus dar; die hypothyreotische Quote bildet nur einen einzelnen Zug im Bild dieser Entartungsform.

(Der Kropf mag in einzelnen jedenfalls seltenen Fällen auf Infektion beruhen; die Hauptmasse der endemischen Strumen steht aber mit dem Geschlechtsleben im weitesten Sinne des Wortes im Zusammenhang und zwar bei beiden Geschlechtern. Er ist letzten Endes ein Ausdruck für die körperliche Minderwertigkeit seines Trägers.)

Weder Kropf noch Kretinismus haben mit der geologischen Bodenbeschaffenheit etwas zu tun; das Trinkwasser kommt ätiologisch nicht in Frage.

Rattenversuche können uns über (Kropf und) Kretinismus beim Menschen keine Auskunft liefern.

Erster Teil.

Bedeutung der Rasse für Vorkommen und geographische Verbreitung des Kretinismus.

Betrachten wir den Kretinismus möglichst ohne vorgefaßte Meinungen, also ohne vorschnell eine Infektion oder eine innersekretorische Störung als seine Ursache anzunehmen, so gelangen wir ganz von selbst auf den Standpunkt, von dem aus die naive Forschung längst vergangener Zeiten an dieses Problem herantrat. Es ist dann der Kretinismus eine endemische Form der Entartung des europäischen Menschen und es sind die Kretinen nicht eigentlich Kranke, wie etwa Schwindsüchtige oder auch Psychopathen, sondern es sind merkwürdige Geschöpfe, die der normale Mensch als etwas wesensfremdes empfindet, Geschöpfe, die, je nachdem, Gefühle der Furcht, des Abscheus — oder dann zoologisches Interesse erwecken! Eine kursorische Durchsicht der älteren Literatur liefert dafür Belege in großer Zahl.

Bekanntlich findet sich in den Schriften der griechischen und römischen Ärzte so gut wie nichts von dem, was wir heute als Kretinismus bezeichnen. Indessen scheint doch schon HIPPOKRATES anzugeben, daß die Bewohner tiefgelegener, sumpfiger, dabei warmer Gegenden schwächlich, schlaff, fett und träge, die Bergbewohner dagegen kräftig, lebhaft, körperlich und geistig tüchtig sind; und aus VITRUVIUS wird eine Stelle angeführt, die hierher gehören könnte: es ist nämlich die Rede von einem Quellwasser auf der zu Athenäus' Zeiten waldigen, jetzt kahlen Insel Skio, welches angenehm zu trinken sei, aber den Verstand versteinere. Viel wichtiger als diese Angaben scheint mir die Stelle beim jüngern PLINIUS (VIII, 23) zu sein, wo er von den Gebirgsbewohnern spricht: „*Summae et praecipites Rhaeticarum alpium vertices partim indigenis incoluntur numquam conubiis aliarum gentium mixtis. Parvuli sunt, ignari et imbelles, fugaces velocesque veluti rupicaprae quia infantes illarum uberibus aluntur. Subterraneas specus aperire solent veluti mures alpini, suffugia hiemi et receptacula cibis.*" Hier ist offenbar nicht von Kranken, sondern von einem kleinwüchsigen, unkultivierten Volk von häßlichem Aussehen die Rede und es scheint mir kaum zweifelhaft, daß es sich hier um die gleichen Menschen handelt, welche später als Feen, Dialen, Fenggen und ähnliche Fabelwesen in den Sagen der Gebirgler eine Rolle spielen. Ich werde in einem spätern Kapitel noch darauf zurückkommen (vgl. S. 353 u. folgende). Etwas ähnliches hat sich wohl auch RÖSCH (37) gedacht, als er schrieb: Über Kretinismus im Mittelalter wissen wir nichts, „wenn wir nicht etwa die in den Gebirgen hausenden Zwerge und Kobolde und die Wechselbälge hierher rechnen wollen". (Natürlich gehören sie hierher !)

Die ersten Schilderungen des Kretinismus stammen aus der Schweiz, und zwar von FELIX PLATER (Medizinprofessor in Basel), P. FOREEST (1660; Arzt), JOSIAS SIMLER (1574; Historiker), WAGNER (1680; Naturgeschichte der Schweiz); ich kenne sie alle nicht aus eigner Anschauung, weiß also nicht, ob darin die Kretinen vom medizinischen Standpunkt aus oder (dem Charakter jener Zeiten entsprechend) mehr nur als Kuriositäten betrachtet wurden. Jedenfalls aber scheint H. DE SAUSSURE, der berühmte Erforscher der Geologie und Klimatologie des Montblanc-Gebietes, für den Kretinismus ein vorwiegendes naturwissenschaftliches Interesse gehabt zu haben; er fand in den von der Entartung heimgesuchten Tälern am Montblanc bei der ganzen Bevölkerung einen gemeinsamen Zug von geistiger und körperlicher Minderwertigkeit zum Unterschied von normalen Nachbartalschaften. Diese Beobachtung ist nachher noch sehr oft gemacht worden (RAMOND DE CARBONIÈRES, VIRCHOW, KOCHER, BIRCHER usw.). Und ACKERMANN (1) schrieb 1790 ein Buch „Über die Kretinen, eine besondere Menschenabart (!) in den Alpen", — ein Buch freilich, welches leider die durch seinen Titel erweckten Hoffnungen ganz und gar nicht erfüllt und sich damit begnügt, den Kretinismus mit der Rachitis zusammenzuwerfen.

Am entschiedensten hat der schon erwähnte RAMOND DE CARBONIÈRES (36) das ethnologische Prinzip in der Erklärung des Kretinismus betont (er wird auch von ACKERMANN zitiert). Für RAMOND waren die Cagots, die Vertreter des Kretinismus in den Pyrenäen und an der atlantischen Küste von Frankreich, nichts anderes als die verkommenen Nachfahren der arianischen Westgoten. Diese Ansicht ist von späteren Autoren verlassen und heftig bekämpft worden (St. LAGER [38] will in den Cagots nicht Kretinen, sondern Lepröse sehen !), aber die Frage ist so interessant und wichtig, daß ich ihr hier einige Worte widmen möchte. Ich zitiere wörtlich (Chapitre XI. Goîtreux de la vallée de Luchon; histoire des cagots): „L'observateur . . . y fut frappé par le nombre de personnes affligées de goîtres considérables, à la difformité desquelles se joint un air de stupidité, encore augmenté par une articulation peu distincte. Il remarqua dans ces êtres dégradés un teint livide et basané, une complexion faible et une telle nonchalance qu'ils ne paraissent avoir aptitude que pour le repos. Décrire ces malheureux c'est décrire des crétins." „. . . plus écartés des regards les crétins présentent dans les lieux rarement fréquentés l'affligeant exemple d'une dégradation, d'un assoupissement, d'une stupidité que l'imbécillité des crétins du Valais ne surpasse point." . . . „J'étais forcé de considérer comme un appanage des races plutôt que une production du sol les divers degrés de vivacité, de force et d'agilité qui me paraissent distinguer les peuples des Pyrénées." . . . „Ce fut avec une pudeur dont il me fut difficile de triompher que les habitants de cette contrée m'avouèrent que leurs vallées renferment un certain nombre de familles qui de temps immémorial étaient regardées comme faisant partie d'une race infame et maudite; qu'on n'avait jamais comptés au nombre des citoyens ceux qui les composent; que partout ils étaient désarmés; et que nulle profession ne leur était permise hormis celle de bûcheron et de charpentier qui en est devenue ignoble comme eux . . .; que charpentiers ils sont obligés de marcher les premiers au feu; qu'ésclaves ils doivent rendre aux communautés tous les services réputés honteux; que la misère et les maladies sont leur constant appanage; que les goîtres appartiennent ordinairement à leur race . . . que leurs misérables habitations sont ordinairement reléguées dans des lieux écartés; et que si les francs habitants du pays ont maintenant un peu moins d'aversion pour ces infortunés et si des mœurs plus douces tempèrent un peu la rigueur de leur ancienne condition, il n'y a encore entre les deux races nul commerce et nulle alliance qui ne soit dans les villages qui en sont témoins, un objet de scandale." „. . . dans le XI siècle je les vois donner, léguer et vendre comme ésclaves"; ils n'étaient pas lépreux: „on a chassé et enfermé les lépreux, mais on ne les a ni vendus, ni légués, ni donnés." . . . „Le refus des sacrements de l'église et de la sépulture fut la suite naturelle du retentissement du clergé longtemps persécuté. On éloigna ces ariens des communautés parcequ'ils étaient schismatiques, non parcequ'ils étaient lépreux. Ils devinrent lépreux quand une dégénération successive, appanage naturel d'une race vouée à la pauvreté et qui ne pouvait se mêler avec d'autres races, y eut naturalisé les maladies héréditaires. Peu à peu, sans doute, ils acquiescèrent à la foi de l'église; mais ils ne purent se régénérer. Ils cessèrent d'être ariens sans cesser d'être lépreux, et cessèrent d'être lépreux sans cesser d'être livrés à tous les maux qu'engendre la viciation du sang et de la lymphe." — Ich will mich mit diesen Beispielen begnügen; sie lassen bei diesem alten französischen Edelmann eine erstaunlich moderne Betrachtungsweise erkennen, und es ist ohne allen Zweifel schon sehr viel Dümmeres über den Kretinismus geschrieben worden, als wir es bei RAMOND finden. Zur Vervollständigung des Bildes der Cagots führe ich an, daß sie durch eine besondere Türe in die Kirche gehen mußten und auch bei der Beichte besondere Schwierigkeiten hatten; sie konnten vor Gericht nicht als Zeugen auftreten und trugen auf ihren Kleidern einen Gänse- oder Entenfuß aus farbigem Tuch als Abzeichen. Es war ihnen verboten, auf der Straße zu gehen; bei Übertretung dieser Vorschrift war ihnen angedroht, ihre

Füße sollten mit dem Glüheisen durchbohrt werden. Man wollte sie an ihrem stinkenden Atem und am Fehlen des Ohrläppchens (!) erkennen. Bei allen diesen Angaben erinnere ich mich unwillkürlich an die Stellung der Parias, wie sie EMIL SCHMIDT (601) in seinen Beiträgen zur Anthropologie Südindiens geschildert hat; jeder Arier stand (und steht) dort hoch über dem Outcast, dem Ureinwohner; „diese durften nicht an religiösen Festen und Opfern der Bevorzugten teilnehmen, ihnen wurden die niedrigsten und schmutzigsten Arbeiten (z. B. Lederarbeiten) aufgebürdet, ihre Berührung, ja schon ihr Hauch brachte Befleckung". Auch wenn die Cagots keine arianischen Westgoten waren und sogar wenn sie nicht einmal zu den Kretinen gezählt werden dürften, so ist ihre Besprechung im Rahmen dieser Arbeit doch von Bedeutung; denn, und darin hat der alte RAMOND sicher recht, wir haben es hier offenbar mit einem aus ältesten Zeiten sozusagen unvermischten und eben darum degenerierten traurigen Überrest eines ureingesessenen Volkes zu tun. Eine sorgfältige anthropologische Bearbeitung dieser Cagots wäre gewiß eine wichtige Aufgabe.

In diesem Zusammenhang ist auch die Arbeit von DAMEROW zu erwähnen, der 1834 in der Zeitung des Vereins für Heilkunde in Preußen (Nr. 9 und 10, zitiert nach RÖSCH) „den substantiellen Grund des Kretinismus, wie bei den Rassen, prästabiliert ab ovo et in ovo suchte. Er parallelisiert die Kretinen mit den niedrigsten Menschenrassen, namentlich den Ab- und Ausartungen der malaiischen Rasse in den Wildnissen Borneos, Sumatras und Polynesiens, den sogenannten Papus, und mit den Affen (!!), betrachtet sie als Übergangsstufen zu den niedrigsten Rassen des Menschengeschlechts und begreift sie so unter der Reihe der notwendigen Naturphänomene."

Die Autoren, welche die Kretinen mit den Affen zusammen nannten, sind erstaunlicherweise schon sehr früh, lange vor DARWIN, auf dem Plan, und man würde sehr irren, wenn man KARL VOGT mit seinen bekannten Theorien hier als etwas vollständig Neues, noch nie Dagewesenes betrachten wollte. Ohne irgendwie auf Vollständigkeit Anspruch zu machen, nenne ich als Vertreter dieser Anschauung JÄGER (im Vorwort zu RÖSCH [37), nach welchem Autor drei Schädel von hirnarmen Kindern (im Königl. Naturalienkabinett Stuttgart), mit Ausnahme der Zähne, große Ähnlichkeit des Schädelgewölbes und der Gesichtsteile mit dem danebenstehenden Schädel eines jungen Orang-Utan darbieten; „wenn somit in der Hirnarmut des Menschen eine Tierähnlichkeit ausgedrückt ist, welche als ein Beharren auf einer früheren Entwicklungsstufe gedeutet werden wollte, und welche einer normalen Bildungsstufe in der Tierreihe entspräche, so ist letztere weniger von dem erwachsenen als von dem jüngeren Tier zu verstehen." Ähnlich, wenn auch nicht so prägnant, sagt TRÜMPY (1839; Arzt in Glarus, zitiert nach RÖSCH [37]): „Der Kretinismus ist ein Stehenbleiben des Menschen auf einer niedern Stufe der Entwicklung, der Kretin ist ein Wesen teilweise von menschlicher Gestalt, aber dabei nicht auf die Entwicklungsstufe des Menschen namentlich in geistiger Beziehung gehoben." — GUGGENBÜHL (21) spricht von einer „völligen tierischen Mißbildung im menschlichen Leibe" der Kretinen und an anderer Stelle (23) sagt er: „... wenn man diese Unglücklichen früher ins Tierreich verwies und ihnen die Menschenrechte absprach, ..." (so begann er an ihre Rettung zu denken). Er zitiert ferner (23) einen Autor namens KOHL: „... daß nicht die Kretinen eine Gattung von Wesen sind, die einer andern Ordnung der Dinge angehören, daß sie vielmehr unseres Fleisches und Blutes sind." Diese Wesen „sahen sich früher von der einen Hälfte der Menschen den Heiligen, von den andern den Dämonen beigezählt, von keiner Partei als Menschen betrachtet, denen man helfen müsse und helfen könne". Und wenn noch heute das Volk die Kretinen als Heilige (seltener als Besessene) klassifiziert, so verfährt es seinem Bildungsgrad entsprechend genau so wie Gelehrte, wenn sie im Kretinismus eine Tierähnlichkeit finden. Die „tierische Wildheit" des Kretinengesichts spielt auch noch bei späteren Autoren, wie ich in einem andern Abschnitt nachweisen werde, eine große Rolle; und sie ist ja auch unverkennbar. Aus neuerer Zeit erwähne ich noch die osteometrischen Untersuchungen von TESTUT (70), welcher an einem kongenitalen Idioten „des caractères simiens" konstatierte; eine sehr wichtige Arbeit!

Selbstverständlich ist in diesem Zusammenhang auch an KARL VOGT zu erinnern, dessen Werke mir freilich leider nicht im Original bekannt geworden sind, was ich lebhaft bedauern muß; ich kenne seine Ideen bloß aus deren Widerlegung durch A. SCHUMANN

(464) (1868; Arzt in Dresden). Der wichtigste Fehler von VOGT scheint der gewesen zu sein, daß er mit Mikrozephalen, also mit sicher schwer pathologisch verkümmerten Individuen operierte; hätte er echte Kretinenschädel von rassenhaftem Aussehen benützt, so wäre er vermutlich nicht so leicht zu widerlegen gewesen. Außerdem war seine Methodik im heutigen Sinne allerdings sehr primitiv und anfechtbar; woraus ihm aber kein Vorwurf zu machen ist. Im Prinzip hatte er trotzalledem eine zweifellos richtige Idee; würde die Untersuchung mit modernen Hilfsmitteln wieder aufgenommen, so möchte sie wohl bessere Ergebnisse liefern. Ich darf vielleicht in dieser Hinsicht eine Stelle aus einem Brief von Herrn Prof. KLAATSCH anführen, welcher mir schrieb: „Die Untersuchung mikrozephaler Schädel scheint auch mir sehr wichtig, da mir Beziehungen zu Neandertalcharakteren vorzuliegen scheinen." Leider ist dieser geistreichste und originellste der modernen Anthropologen viel zu früh aus dem Leben geschieden; er hatte keine Zeit mehr, sich dem vorliegenden Problem zuzuwenden.

Wenn wir die ganze Reihe dieser Zitate überblicken, so erscheint es uns gewiß nicht mehr als ein belangloses Wortspiel, wenn KLEBS (zitiert nach LANGHANS [30]) durch die eigentümlich plumpen Formen der Kretinenknochen an eine fremde niedere Menschenrasse erinnert wurde und meinte, sie könnten nicht leicht von jemand verkannt werden, der nur einigen Formensinn besitzt. Und ebenso bedeutungsvoll muß es sein, wenn RUDOLF VIRCHOW (46, S. 355), der Begründer der modernen deutschen Pathologie nicht minder als der deutschen prähistorischen Wissenschaft, schreiben konnte: *„Die echten Kretinen lassen inmitten der verschiedensten Völkerschaften eine tiefe Verwandtschaft der ganzen Organisation erkennen, so daß man versucht sein kann, sie für sitzengebliebene Reste eines verschwundenen, niedriger organisierten oder degenerierten Volksstammes zu halten."* Dieses Zugeständnis ist um so wichtiger, wenn wir uns er innern, daß VIRCHOW, der durchaus kein Phantast war, mit seiner Kretinentheorie kein Glück hatte, wie auch seine Beurteilung der Neandertalfunde verfehlt war. Wäre er nicht in den Irrtum verfallen, in einem typischen Fall von Chondrodystrophie den „Crétin étalon" zu sehen und hätte er die Bedeutung des Neandertalfundes richtig erkannt, so wäre er vielleicht nicht bloß „versucht" gewesen, im Kretin eine altertümliche Rasse zu erkennen, sondern hätte sich vermutlich darüber viel positiver aussprechen können. Dennoch lege ich auf den oben angeführten Ausspruch hohen Wert. Auch VIRCHOW selbst scheint den Satz für bedeutungsvoll gehalten zu haben, denn er hat ihn unverändert in seine Ges. Abhdlg. übernommen, wo er auf S. 969 zitiert ist.

Aus neuerer Zeit kann ich in diesem Zusammenhang noch das Kretinenwerk von SCHOLZ (39) anführen; bei diesem Autor finden sich anthropologische Messungen an Kretinen in großer Zahl und daneben auch Vergleichszahlen von normalen und exotischen Völkern. Der verehrte und hochverdiente Forscher scheint aber auf diesen speziellen Punkt nicht allzuviel Nachdruck zu legen und ihn nicht etwa zum Ausgangspunkt einer ganz neuen Betrachtungsweise des Kretinismus zu machen; jedenfalls hat keiner der neueren Autoren das Werk von SCHOLZ in diesem Sinne zitiert oder verwertet.

Und doch lassen sich aus der neuern Literatur eine ganze Anzahl Stellen zusammentragen, aus denen die Bedeutung der Rasse für die Entstehung des Kretinismus hervorgeht. Ich möchte zunächst an die Ergebnisse der KOCHERschen Statistik erinnern, wonach im Bernischen Mittelland die Endemie die beiden Ufer der Aare sehr verschieden befällt, obschon die Bodenbeschaffenheit links und rechts vom Fluß die gleiche ist. Es ist jedoch daran zu erinnern, daß im Mittelalter die Aarelinie (verstärkt durch eine ausgedehnte Grenzwüste) das Gebiet der Alemannen von dem der Burgunder trennte und daß sie noch viele Jahrhunderte später die Grenze des Bistums Konstanz bildete. Darum war (und ist heute noch) die Bevölkerung der beiden Ufer nicht die gleiche und erscheint demnach ein verschiedenes Verhalten der Endemie gegenüber nicht verwunderlich; Karte 22 bei KOLMANN (591) zeigt westlich der Aare mehr brünette, östlich dagegen mehr blonde Menschen, ähnliches lehren die Karten von SCHWERZ (602). Weiterhin fand KOCHER ganz abweichendes Verhalten im Jura und in gewissen stark befallenen Tälern des Oberlandes, obschon beide, Jura und Oberland, auf Kreide liegen. Er macht dafür einen „Faziesunterschied" verantwortlich: der Jurakalk sei Tiefseebildung und weniger verwittert und mit Detritus versetzt als der Alpenkalk (eine litorale Ablagerung). Liegt aber nicht viel mehr auch hier ein Bevölkerungsunterschied vor: im Jura französisch redende brünette Burgunder mit stark keltischem Einschlag, im Oberland Alemannen untermischt mit uralten rätischen Elementen (siehe Simmental bei ZBINDEN [606]). Im gleichen Sinne ist bedeutungsvoll die Beobachtung von KUTSCHERA, daß im österreichischen Alpenland die Romanen der Gebirgstäler und die Nachkommen der vor 500 Jahren eingewanderten Walliser eine besondere Disposition zeigen, während andere, z. B. die Abkömmlinge der Goten, verschont bleiben. Ebenso fand TAUSSIG (43) in Bosnien den mohammedanischen Teil der Bevölkerung, welcher streng abgesondert für sich und in traurigen sozialen und hygienischen Verhältnissen lebt, hauptsächlich als Träger der Endemie, welche die eingewanderten Beamten, Gensdarmen und Militärs auffallend verschont. Ähnliches sah, wenn ich nicht irre, MAC CARRISON in Indien, wo die Europäer und die höhern Kasten (Brahmanen usw.) weit weniger unter der Entartung leiden, als die niedern Kasten (zitiert nach SCHITTENHELM und WEICHARDT [138]). Sodann ist an die Arbeiten von BAUER (141 u. a.) zu erinnern; dieser Autor hat immer wieder darauf hingewiesen, daß im Gebiet der kretinischen Degeneration allgemein eine körperlich minderwertige Bevölkerung anzutreffen ist (endemische Verbreitung der Myodegeneratio, der konstitutionellen Hypochlorhydrie usw.). Und wie die kretinische Degeneration gewisse Rassen bevorzugt, so fand in Schweden HOLMGREN (269) blonde Komplexion und großen Wuchs gern mit Basedow verbunden. SITTMANN hat (in der Diskussion zu einem Vortrag von KUTSCHERA [28]) dieselbe Beobachtung aus den Baltischen Provinzen berichtet: dort kommt Basedow familiär vor, aber nur in der germanischen Oberschicht, die seit bald 800 Jahren durch Inzucht ihre Rasse befestigt und rein gehalten hat, so daß die dortigen Geschlechter alle blutsverwandt sind. Etwas ähnliches findet sich bekanntlich auch bei den Juden; auch sie sind (wenigstens in unsern Gegenden) durch Inzucht rein gehalten und stark dem Basedow tributpflichtig. Dafür ist nach übereinstimmenden Zeugnissen aller Autoren der Kretinismus bei ihnen eine große Seltenheit. FLINKER (19) hatte in der Bukowina Gelegenheit, die Entartung unter den einheimischen Ruthenen, wie auch unter den seit ca. 100 Jahren dort ansässigen Juden nicht allzu selten zu beobachten. Die Juden führen dort die gleiche traurige Existenz wie die Eingeborenen, meiden aber angeblich innige Berührung mit denselben. Die Einwanderer werden nie Kretinen, wohl aber ihre Nachkommen manchmal schon in der ersten Generation. Die physischen und psychischen Rasseneigentümlichkeiten werden bei den von Kretinismus befallenen Juden ganz verwischt! Persönlicher Kontakt kann als Ursache nicht in Frage kommen, da jüngere Geschwister, welche mit ältern Kretinen im gleichen schmutzigen Bett schlafen, gesund bleiben. Wenn auch FLINKER angibt, daß zwischen Juden und Ruthenen wenig Verkehr bestehe, so möchte ich doch die Möglichkeit, daß auch in diesen Fällen der Kretinismus rassenmäßig vererbt sei, als gegeben betrachten; wenn man weiß, eine wie große Rolle polnische und galizische Jüdinnen in der Prostitution in allen Weltteilen tatsächlich spielen, so fällt es sehr schwer, zu glauben, daß dieselben nun gerade in ihrer Heimat jede Berührung mit andersgläubigen Einheimischen streng meiden. Und warum tritt denn der Kretinismus nie bei den Einwanderern, sondern immer erst bei deren Nachkommen auf?

Überblicken wir nun rückschauend den Gang der Untersuchung, so läßt sich sagen, daß den älteren Autoren der Kretinismus nicht eine Krankheit war, sondern daß sie darin den Ausdruck einer niedrigen Rasse oder eine durch Entartung bedingte Rückschlagsbildung sahen. Diese Auffassung haben spätere Schriftsteller ohne alle Not zugunsten von mehr oder weniger ungenau formulierten Boden-, Trinkwasser- und Infektionstheorien verlassen, ohne aber jemals für ihre neueren Anschauungen bessere oder auch nur gleich gute Argumente beibringen zu können. Man findet zwar öfter die Behauptung, „Rasseneinflüsse seien beim Kretinismus nicht nachweisbar", — ohne daß aber dieses absprechende Urteil irgend wie ernstlich begründet wäre. Gewiß hat den alten Autoren das nötige anthropologische Rüstzeug großenteils gefehlt; das ist jedoch kein Grund, warum wir nicht mit verbesserter Methodik die Untersuchungen über die Anthropologie und Ethnologie der Kretinen wieder aufnehmen sollten. Und eben das ist die Aufgabe, die ich mir in vorliegender Arbeit gestellt habe.

Es soll nun geprüft werden, ob die Verbreitung und das Vorkommen des Kretinismus mit einer anthropologischen Auffassung vereinbar sei.

Zunächst ist zu untersuchen, welchen Schwankungen das Vorkommen des Kretinismus unterworfen ist nach dem

> Geschlecht der Befallenen,
> Alter und Heimat,
> zeitlichen (historischen) Auftreten,
> räumlichen Gebiet der Endemie.

Es sollen die in der Literatur verstreuten Angaben zusammengestellt und dabei überlegt werden, ob das Vorkommen des Kretinismus eine infektiöse oder innersekretorische Ursache anzunehmen zwinge, oder ob es vielleicht besser mit rassenmäßigen Elementen übereinstimme.

I. Geschlecht der Kretinen.

Sowohl bei den Taubstummen, wie bei den endemischen Idioten überwiegen nach H. Birchers (119) Angaben die Männer beträchtlich; auf zehn taubstumme Männer kommen acht ebensolche Weiber und von der Gesamtzahl der Idioten sind 52% männlichen Geschlechts. Scholz (39) fand unter den steirischen Kretinen in nahezu konstantem Verhältnis 55,4% Männer und 44,6% Weiber. Die Enquête von 1897 (72) erwähnt im zweiten Teil auf S. 16 unter 156 kretinischen Kindern 84 Knaben und 72 Mädchen, somit wieder 54 und 46%. Dieses typische Geschlechtsverhältnis wäre höchst auffallend und ohne Analogon, wenn der Kretinismus nichts als eine chronische Infektionskrankheit sein soll (denn die Infektion kann unmöglich das eine Geschlecht dermaßen bevorzugen!) und es wäre ganz und gar unerklärlich, wenn wirklich der Kretinismus lediglich eine Form der Hypothyreose sein sollte, denn sowohl beim Kropf als auch ganz besonders beim wirklichen, auf Schilddrüsenausfall beruhenden Myxödem überwiegen nach einhelliger Angabe aller Autoren die Weiber in bedeutendem Maße.

Das typische Geschlechtsverhältnis der Kretinen verliert aber viel von seiner Merkwürdigkeit, wenn wir die Ursache des Kretinismus vorzugsweise in hereditären Rasseneinflüssen suchen. Eine ganz präzise Antwort auf die Frage, warum das männliche Geschlecht mehr Kretinen liefert, als das weibliche, kann ich natürlich auch nicht geben, — ebensowenig als jemand zu sagen vermöchte, warum auch normaler Weise auf 100 Mädchen immer 106 Knaben geboren werden. Aus Kapitel 6 bei Gruber und Rüdin (489) geht hervor, daß überhaupt fast alle krankhaften Zustände, deren erbliche Übertragung sichergestellt ist, regelmäßig das eine Geschlecht mehr befallen als das andere. Am bekanntesten ist in dieser Hinsicht das Beispiel von der Hämophilie; aber auch Brachydaktylie, Spaltfuß, Vielfingrigkeit, Polyurie, Muskelatrophie, Nachtblindheit verhalten sich in diesem Punkt prinzipiell ganz ähnlich; und auf S. 118 ihres Buches erwähnen die Autoren die sehr bedeutsame Tatsache, daß in Familien, welche dem Aussterben nahe sind, das Geschlechtsverhältnis merkwürdige gesetzmäßige Störungen erleide.

II. Heimat der Kretinen.

Bei meinen Studien über „Kretinismus im Nollengebiet" ist mir die Tatsache aufgefallen, daß sich unter den Ortsbürgern, obschon diese immer nur einen kleinen Teil der Gesamteinwohnerschaft ausmachen, doch allenthalben etwa zwei- bis dreimal mehr Kretinen und Kretinoide fanden, als unter den Fremden. Das ist um so merkwürdiger, als ja die Lebensbedingungen der Bürger im allgemeinen eher besser sind, als die der fremden Niedergelassenen. Es ist mir nicht bekannt, inwiefern sich an andern Orten ähnliche Verhältnisse finden[1]. Bevorzugt aber überall die Entartung die Bürger vor den Fremden, so wäre dies eine prinzipiell sehr wichtige Erscheinung, welche an sich schon jeden Gedanken an eine innersekretorische, miasmatische oder gar geologische Ätiologie des Kretinismus ausschlösse, denn unter den Ortsfremden finden sich in meinem Material Leute, die schon seit Jahrzehnten und Generationen sich im Endemiegebiet akklimatisiert hatten und doch verschont geblieben sind. Kretinismus war bei Fremden zwar nicht allzuselten, aber nur bei Familien aus anderweitigen Endemiegebieten und mit auch sonst unverkennbaren Degenerationsmerkmalen. Wegzug aus einem Endemieorte schützt also keineswegs (wie etwa früher behauptet werden wollte) gegen die Entartung (auch unsere Bürger erzeugten nicht nur in der Heimat, sondern ebensosehr im Ausland einzelne kretinische Nachkommen!); und ich konnte andererseits kein Beispiel dafür erfahren, daß wirklich gesunde Eltern aus gesunder Ortschaft stammend im Endemiegebiet dem „genius loci" tributpflichtig geworden wären und etwa kretinische Kinder erzeugt hätten.

III. Alter der Kretinen.

Wenn wir den Kretinismus rassenmäßig verstehen und darin ein altertümliches, fremdes Bevölkerungselement sehen wollen, so müssen wir erwarten, ihn unter allen Altersklassen gleichmäßig verbreitet zu finden. Nach einer bei BIRCHER (119) mitgeteilten Statistik wäre dies im Kanton Bern bei der Zählung von 1871 tatsächlich der Fall:

Alter	Idioten		Bevölkerung
	Zahl	%	
0—10	80	0,8	90542
10—20	272	3,1	85263
20—30	398	4,7	80136
30—40	314	4,2	73224
40—50	257	3,9	64889
50—60	127	2,3	54153
60—70	44	1,1	38022
70—80	2	0,1	17073

Wenn man bedenkt, daß der Kretinismus in den ersten Lebensjahren nur schwer zu erkennen ist, und daß diese Klasse von Entarteten sehr wahrschein-

---

[1] Die Enquête von 1897 (72) ergab ebenfalls für die Fremden in der Schweiz eine auffallend niedrige Zahl von abnormen und schwachsinnigen Kindern. Von 156 kreti-

lich nicht ein ebenso hohes Alter erreicht, wie die Normalen, so ist die Konstanz des Zahlenverhältnisses wenigstens in den Altersklassen von 10 bis zu etwa 60 Jahren recht befriedigend. Man darf auch nicht vergessen, daß eine ansehnliche Zahl von Individuen, die mit 20 Jahren den Eindruck von vollkommenen Kretinen gemacht haben, 10 oder 20 Jahre später, wenn man sie wieder zu sehen bekommt, gegen früher bedeutend besser aussehen und zu relativ brauchbaren Mitgliedern der Gesellschaft geworden sind[1]). Im Kapitel „Prognose des Kretinismus" wird davon noch die Rede sein. — Die Morbididätskurven der Infektionskrankheiten sehen ganz anders aus; es sei z. B. an die Tuberkulose erinnert, die vom Säuglingsalter bis gegen das 20. Jahr von 0 auf fast 100% ansteigt und so bleibt bis zum höchsten Alter. Die meisten ansteckenden Krankheiten zeigen eine ausgesprochene Prädilektion für gewisse Altersstufen, was nun also beim Kretinismus nicht der Fall ist. Auch die Kurve der Kropfhäufigkeit hat einen typischen, aber total andern Verlauf, als die Alterskurve des Kretinismus. Ich glaube mich also zu der Behauptung berechtigt, daß die Häufigkeit des Kretinismus in den verschiedenen Altersklassen weder zur Annahme einer Infektion, noch auch einer innersekretorischen Störung als Ursache dieser Degenerationsform zwingen kann.

Es sind freilich nicht alle Alterskurven so schlüssig, wie die oben mitgeteilte Berner Statistik. Rösch (37) fand unter 2901 Kretinen

769 im Alter von 0 bis 15 Jahre alt,
1193 „   „   „   15 „ 30   „   „
939 „   „   „   über 30   „   „

die ältern Jahresklassen also verhältnismäßig schwach vertreten. Scholz (39) macht über das Alter von 2507 steirischen Kretinen folgende Angaben:

Alter	Männer	Weiber	Total	
			Zahl	%
0—10	57	53	110	4,38
10—20	217	164	381	15,19
20—30	290	206	496	19,79
30—40	277	218	495	19,74
40—50	215	195	410	16,34
über 50	313	302	615	24,53

In dieser Statistik ist die Zahl der Kretinen über 50 Jahre abnorm hoch; vielleicht rührt das davon her, daß die steirische Statistik, welche zur Hauptsache auf Angaben der Gemeindevorsteher basiert, in erster Linie die schweren

---

nischen Kindern waren Ortsbürger 75, Kantonsbürger 63, andre Schweizer 10 und Ausländer 8. Insgesamt kamen auf

1276994 (38,5%) Ortsbürger   901 = 37,5% schwachsinnige Kinder
1045112 (31,5%) Kantonsbürger 1015 = 42,2%   „   „
609913 (18,4%) andre Schweizer 383 = 15,9%   „   „
383424 (11,6%) Ausläuder   106 = 4,4%   „   „

(Einwohnerzahlen nach der Volkszählung von 1900).

[1]) Wenig später scheint allerdings die soziale Brauchbarkeit der Kretinen wieder abzunehmen, und es scheinen die Kretinen früh als Invalide der öffentlichen Fürsorge zur Last zu fallen.

versorgungsbedürftigen Fälle umfaßt, und darunter mögen viele alte Leute sein, die früher, weil nicht versorgungsbedürftig, der Statistik entgangen sind. Die lombardische Kommission (zit. nach BIRCHER) fand im Alter von

1	bis	5	Jahren	19 Kretinen
5	„	10	„	83 „
10	„	15	„	128 „
15	„	20	„	150 „
20	„	25	„	292 „
25	„	30	„	201 „
30	„	40	„	69 „
40	„	50	„	50 „

Hier sind nun im Gegensatz zur steirischen Zählung die alten Kretinen schon vom 30. Jahr ab nur spärlich vertreten; aus welchem Grunde vermag ich nicht zu erraten. In Anbetracht all dieser Widersprüche bin ich versucht, die oben zitierte Berner Statistik für den Ausdruck eines typischen, normalen Verhaltens anzusehen.

IV. Zeitliche (historische) Schwankungen im Auftreten des Kretinismus.

Wir wissen nichts zuverlässiges darüber, ob es zu allen Zeiten kretinische Degeneration gegeben hat; es muß dies aber angenommen werden. Ist der Kretinismus nichts weiter als ein Funktionsausfall der Schilddrüse, so besteht nicht ein einziger vernünftiger Grund gegen die Annahme, daß eine solche Störung ab und zu nicht zu allen Zeiten hätte vorkommen können, nachdem doch das Vorkommen des Kropfes schon im Altertum sicher konstatiert ist. Und wenn wir im Kretinismus eine chronische Infektion sehen, so zwingt uns die Analogie mit andern Infektionskrankheiten, der „kretinischen Infektion" ein sehr hohes Alter zuzuweisen. Jede wirklich neue Infektionskrankheit tritt im Anfang äußerst stürmisch und verheerend auf; im Laufe vieler Generationen kommt es zu einer Anpassung, zu einer ererbten teilweisen Immunität. Wenn wir also sehen, daß heute der Kretinismus schleichend und im Endemiegebiet fast universell auftritt, so spricht dies für ein sehr hohes Alter dieser „Infektion", — wenn überhaupt der Kretinismus eine Infektion wäre oder nur auch sein könnte.

Wenn der Kretinismus, wie ich anzunehmen geneigt bin, eine Alterserscheinung nicht des Individuums, sondern des Stammes bedeutet, so ist sein Auftreten allemal dann zu gewärtigen, wenn bei einem unter schlechten hygienischen und sozialen Bedingungen lebenden Volksteil während längerer Zeit die Zufuhr frischen Blutes ausgeblieben ist und infolgedessen minderwertige ältere Rassenerbteile die Oberhand gewinnen können. Diese Annahme würde uns dann auch das Verschwinden und Wiederauftreten des Kretinismus erklärlich machen, was beides weder die Infektion, noch die Hypothyreosetheorie vermögen, wie nach dem vorhergehenden wohl nicht näher ausgeführt zu werden braucht. Auch die Bodentheorie, um auch diese noch einmal zu erwähnen, setzt voraus, daß die Endemie zu allen Zeiten gleich stark herrschte; denn es ist kaum anzunehmen, daß ein kolloidales Toxin an der gleichen Örtlichkeit bald eine größere, bald eine geringere Wirksamkeit (oder Virulenz) darbiete. Wenn, wie nach EWALD (11) anscheinend sicher nachgewiesen, in einzelnen Distrikten von Baden, Thüringen, dem Harz usw. die Endemie verschwunden ist, so kann das sehr wohl die Folge besserer hygienischer Verhältnisse und einer bessern Rassemischung sein.   Und wenn, wie uns LOMBROSO sagt, in den durch die Aushebungen und Kriege von 1789 bis 1873 ihrer felddienstfähigen Jugend beraubten französischen Departementen und Distrikte von Rheims, Gisoul, Hautes-Alpes, Worms und am Niederrhein der Kretinismus erst nach dieser Zeit, als Produkt der Ehen der zurückgebliebenen dienstuntauglichen Individuen und der durch die Kriege verschlechterten sozialen und hygienischen Zustände aufgetreten ist, — so ist auch diese Entartung für mich wohl verständlich, ohne daß ich eine Infektion oder einen Schilddrüsenausfall anzunehmen nötig hätte.   Wir haben im vorhergehenden gesehen, daß die Literatur vom Kretinismus in der Schweiz erst seit etwa dem XVI. Jahrhundert spricht; es wäre gar nicht unlogisch, anzunehmen, daß durch die unaufhörlichen Kriege der Eidgenossen in den beiden vorausgegangenen Jahrhunderten hier (wie im eben genannten Beispiel des republikanischen Frankreichs) ein wertvolles Menschenmaterial zugrunde gegangen sei und darum notwendigerweise eine Rassenverschlechterung resultieren mußte (wenn das richtig ist, so würde ich nicht zögern, zu behaupten, daß die Eidgenossen ihre politische Freiheit mit dem Verlust ihrer besten Rasseelemente allzu teuer bezahlt haben).   Um dieselbe Zeit kam der größte Teil des schweizerischen Mittellandes als ,,Untertanenländer" und ,,gemeine Herrschaften" unter ein kurzsichtiges Regiment, unter welchem sie in drückender Unfreiheit von geldgierigen Vögten darniedergehalten und in jeder Hinsicht eingeengt wurden.   Es wäre nicht verwunderlich, als Folge aller dieser Umstände eine Vermehrung des Kretinismus eintreten zu sehen.   Auf alle Fälle ist es eine ganz sichere Tatsache, auf die vor allem SCHWERZ (567; 602) bei mehreren Gelegenheiten hinwies, daß seit dem Mittelalter der Längenbreiten-Index des Schädels in der Schweiz beständig und beträchtlich zugenommen hat; da eine irgendwie erhebliche Zuwanderung brachyzephaler Elemente in dieser Zeit nicht stattgefunden hat, so muß man annehmen, daß die dolichozephalen, alemannischen Elemente allmählich ausgestorben sind und daß ältere Rassenbestandteile wieder durchschlagen.   Es ist natürlich sehr wohl möglich, daß ähnliche Vorgänge schon früher und in prähistorischen Zeiten periodische Exazerbationen und (bei frischer Blutzufuhr) auch wohl Remissionen der Rassendegeneration mit sich brachten; infektiöse und innersekretorische Momente kommen dabei höchstens sekundär und akzessorisch in Frage.

V. Räumliche Ausbreitung des Kretinismus.

Das Studium des Vorkommens der Kretinen in Hinsicht auf die geographische Verbreitung derselben hat die Autoren früher sehr stark, ja man kann fast sagen: ausschließlich interessiert; denn man versprach sich davon in erster Linie Aufschluß über Wesen und Ursache des Kretinismus.   Leider haben alle diese Bemühungen nicht das gewünschte Resultat gezeitigt, und mir will scheinen, als ob sich die Forschung hier auf einem falschen Weg bewegt habe und als ob die so lange vernachlässigte Anatomie und Anthropologie der Kretinen mehr Erfolg verspreche.   Nichtsdestoweniger will ich kurz referieren, an welchen Orten unserer Erde Kretinen nachgewiesen worden sind.

1. Kretinismus in außereuropäischen Ländern.

Alle Angaben über Kretinismus in fremden Erdteilen sind nur mit großer Vorsicht aufzunehmen. SCHOLZ (39) macht darauf aufmerksam, daß diese Berichte zum Teil schon mehr als 100 Jahre alt (!) sind und von Autoren stammen, die darüber stark divergierende Ansichten hatten, wenn sie nicht sogar gewöhnliche Laien waren; „inwieweit diese Angaben modernen Anschauungen bzw. verfeinerter Differentialdiagnostik Rechnung tragen, ist allerdings schwer nachweisbar". Das sehr berechtigte Mißtrauen gegen alle Angaben von exotischem Kretinismus finden wir schon bei dem alten DEMME(8); er ließ sich die Mühe nicht verdrießen, selbst nach Amerika zu fahren, um den Tatbestand zu verifizieren, er kam aber zu dem Ergebnis, daß sich die eigentliche Kretinenheimat vorzüglich auf Mitteleuropa beschränke.

Australien scheint nach allen Berichten frei von Kretinen zu sein.

Afrika scheint unter den Marokkanern in Er-Rif und unter den Berbern im Atlas, wie auch in Oran, sowie bei den Arabern der Oasen Spuren von Kretinismus zu bieten; ferner nennt man die Mandingo in Bambuk und andere Negerstämme am Kong-Gebirge, endlich Madagaskar und Azoren.

Amerika hat angeblich ziemlich verbreiteten Kretinismus unter den Indianern am Ontario-See, in der Sanduski-Bay (am Erie-See), am Lorenzstrom, in Pennsilvanien, Ohio, Michigan, Kentucky, Illinois und Virginia, also in den nordöstlichen Staaten der Union, wo überhaupt die Eingeborenen auf dem Aussterbe-Etat sind; ferner in Kalifornien und den Rocky-Mountains. Ich kann es mir aber nicht versagen, hierzu noch einmal DEMME (8) reden zu lassen: „Sehr gebildete amerikanische Ärzte konnten mir keine Nachweisungen über endemischen Kretinismus ihres Landes geben. Die gelehrte Fernsicht Europas hatte mich auf die Staaten New York und Pennsilvanien, und hier namentlich auf das Becken von Pittsburg als Kretinengegend aufmerksam gemacht. Ich durchreiste jene beiden Staaten ihrer ganzen Ausdehnung nach; ich verweilte mehrere Tage in Pittsburg, die Täler des Alleghany und Monongahela, sowie des von ihnen hier gebildeten Ohio durchstreifend, — und sah wohl sehr viele Kröpfe, einige gewöhnliche Idioten, aber keine Kretinen." — Weiterhin soll Kretinismus bei den Indios von Mejico bis nach Peru vorkommen, auch in Nicaragua und Quito, sodann in Brasilien (Minas Geraes, Goyaz, Rio grande do Sul); mit welchem Recht, bleibe dahingestellt.

Asien soll Kretinen in Indien, Birma, Cochinchina, Borneo, Sumatra, Java, Ceylon, Kashgar, Butan, Assam, Nepal und im nördlichen Teil von China beherbergen. Für die Theorie, welche bei den Kretinen Anklänge an gewisse mongoloide Polarvölker auffindet, wichtiger ist das Vorkommen von Kretinen bei den Tungusen (zwischen Lena und Amur), an beiden Abhängen des Ural, nördlich vom Baikal-See, in Nertschinsk, Kengur, Tomsk, Irkutsk, Nischni Odinsk und Olonetz.

Alle diese Angaben habe ich aus BIRCHER (119), ALLARA (2) und SCHOLZ (39) zusammengetragen; sie ihrerseits haben zum Teil, wie schon erwähnt, aus sehr alten und wenig vertrauenswürdigen Quellen geschöpft. Aus neuerer Zeit sind mir außer MacCarrison keine Berichte bekannt, welche exotischen Kretinismus bezeugten; und jedenfalls ist merkwürdig, daß anscheinend niemand etwas von Kretinismus bei Europäern in Übersee weiß. An sich kann und will ich die Möglichkeit kretinischer Entartung bei exotischen Völkern absolut nicht leugnen. Es besteht nicht ein einziger Grund, warum solche nicht ebenso der Degeneration anheimfallen sollten, so gut wie unsere alpenländische Bevölkerung. Aussterbende Stämme leben unter so mißlichen Verhältnissen und ermangeln naturgemäß frischer Blutzufuhr in solchem Grade, daß es geradezu erstaunlich wäre, wenn sie von der Entartung verschont blieben. In Anbetracht der ganz andern Rassenkomposition darf jedoch nicht erwartet werden, daß der Kretinismus bei exotischen Völkerschaften genau die gleiche Osteologie bieten werde, wie die Alpenländischen Kretinen; gewiß werden auch dort altertümliche Züge nicht fehlen, es können aber nur Anklänge an Völker auftreten, mit welchen eine Verwandtschaft wirklich bestand. Die prähistorischen Beziehungen der Naturvölker untereinander sind aber noch kaum in ihren dürftigsten Umrissen bekannt.

2. Kretinen in Europa.

Dank den amtlichen Enquêten sind wir wenigstens über die Verhältnisse in Frankreich, Ober-Italien und Österreich, somit über das gesamte Alpengebiet (mit Ausnahme der Schweiz) einigermaßen orientiert; ALLARA (2) hat alle diese offiziellen Statistiken in seinem Buch vereinigt, und bei RÖSCH (37) mag man sich über die Entartung in Württemberg informieren. Von den übrigen Ländern Europas haben wir zwar keine zahlenmäßigen Statistiken, aber doch Angaben darüber, welche Gegenden befallen und welche verschont sind. Gar viel mehr sagen uns freilich die amtlichen Zahlen auch nicht, denn sie fußen zum größten Teil auf Angaben von Laien und sind jedenfalls unter sich kaum vergleichbar. Ich halte es für ganz und gar unzulässig, auf Grund des vorliegenden Zahlenmaterials das eine Land für mehr „verseucht" zu erklären, als ein anderes. Immerhin dürften die vorhandenen Angaben genügen, um angeben zu können, wo überhaupt Kretinismus vorkommt, — und mehr zu wissen ist uns gar nicht nötig! Eine Rangordnung aufzustellen, hat keinen Sinn.

Betrachten wir nun die einzelnen Länder.

Über **Spanien** weiß man nur sehr wenig; in Alemtejo, ferner in der Nähe der Pyrenäen, in Asturien, Galicien, Estremadura und Neukastilien scheinen Kretine vorzukommen. Bei gewissen realistischen Malern aus Spanien sind Zwerge und Mißbildungen beliebte Darstellungsgegenstände.

In **Frankreich** kommen die Provinzen am Fuße der Pyrenäen und der Alpen in erster Linie in Betracht, sodann die Departements an der Nord- und Ostgrenze (Vogesen!) wie namentlich auch die als klassische Fundstelle des paläolithischen Menschen berühmte Dordogne und Auvergne. Im übrigen sei auf die Karte von BIRCHER verwiesen. Die stärkste Belastung fand sich in den beiden Départements Savoie und Hautes-Alpes mit 16,0 bzw. 22,3 Kretinen auf je 1000 Einwohner! Über die Schwankungen der Endemie vgl. S. 44 (LOMBROSO). — An der atlantischen Südwest-Küste von Frankreich finden sich die Cagots. — Das gesamte Becken von Paris, d. h. der Nordwestteil des Landes, wird als frei von Kretinismus angegeben.

In Italien wird namentlich der nördliche Landesteil im ganzen Alpengebiet als kretinös angeführt und zwar haben mehrere amtliche und halbamtliche Statistiken gut übereinstimmende Resultate ergeben.

1848 fand die „piemontesische Kommission" in den Provinzen Turin, Novara, Alessandria, Cuneo, Oneglia 2618 Kretinen auf 1946781 Einwohner und in Savoyen samt Nizza 3305 auf 702179 Einwohner (also fast viermal mehr).

1864 konstatierte das „Istituto Lombardo" in der Lombardei 3156 Kretinen; auf 10 000 Einwohner kamen in Sondrio 47, Brescia 14, Milano 11, Cremona 10, Bergamo 7, Pavia 8, Como 7 Kretinen.

Idioten und Kretinen (wie auch Kropfträger) sind aus den Listen der Dienstuntauglichen, wie auch aus den Volkszählungen 1871 und 1881 ersichtlich; die Resultate sind verdächtig, Piemont, Lombardei, dann Basilicata (! im Süden) zeigen sich am stärksten belastet.

1883 unternahm das Ackerbau-Ministerium eine anscheinend sehr sorgfältige Zählung der Kröpfe und Kretinen in Oberitalien; es fand

Provinz	Einwohner	Kretinen	⁰/₀₀
Piemont . .	3070250	4718	1,53
Lombardei .	3680615	7506	2,04
Venetien . .	2814173	658	0,23

Ganz frei von Kropf und Kretinismus waren Mantua, Verona, Vicenza und Padua; bloß wenig Kretinen aber keine Kröpfe lieferten Cremona, Venedig und Rovigo. Weitaus die größte Kretinenzahl ergaben Turin (3337) und Mailand (3957), aber hier fanden sich bloß 2708 bzw. 985 Kröpfe! Erhebliche Kretinenzahlen gaben Cuneo, Bergamo und Brescia mit je 800 bis 900. In der Regel fanden sich fünf bis zehnmal soviel Kröpfe wie Kretinen.

Unverkennbar ist die Übereinstimmung zwischen Kretinengebieten und Gebieten mit hohem Längenbreitenindex (Alpengebiet, Emilia, Marken). Die Basilicata ist das Gebiet mit der geringsten durchschnittlichen Körpergröße (155 bis 158); gegen Süden hin nimmt in Italien die Körpergröße ab und der Prozentsatz der Brunetten nimmt zu. Während Oberitalien auch heute noch einen bedeutenden germanischen Einschlag in seiner Bevölkerung aufweist, findet sich im Süden die kleinwüchsige, schmalköpfige Mittelmeerrasse, die noch reiner allerdings auf den Inseln vorkommt. Dieser Rassenunterschied erklärt wohl auch das verschiedene Verhalten gegen die Endemie.

In Österreich bilden, wie längst bekannt, vor allem die Alpenländer, etwas weniger Mähren, Schlesien, Galizien und die Bukowina die Hauptherde der Endemie; in Ungarn scheint bloß das Drautal, dann die Gegend um Neutra und Sohl, wie überhaupt das Karpatengebiet in Betracht zu kommen. Nach Allara (2) finden sich auf 100 000 Einwohner in Salzburg 323, Kärnten 319, Steiermark 242, Oberösterreich 149, Tirol 117, Schlesien 90, Niederösterreich 81, Görz und Gradiska 73, Mähren 59, Krain 52, Vorarlberg und Galizien je 48, Bukowina 45, Böhmen 32, Istrien 26 und in Dalmatien 16 Kretinen. Alle diese Zahlen stammen wohl noch aus früherer Zeit; heute scheint auch in Österreich (nach Taussig 42) die Zahl der Kretinen erheblich geringer zu sein, woran weder eine veränderte Wasserversorgung, noch auch die staatliche Schilddrüsenbehandlung, sondern wesentlich der gesteigerte Verkehr schuld sein soll. Sehr merkwürdig ist die Angabe von Bayon (3), daß die typische kretinische Gesichtsbildung mit der eingezogenen Nasenwurzel (wie auch mit einem etwas reduzierten Geisteszustand) in Böhmen, wo keine Endemie herrscht, als Durchnittstyp vorkomme, daher also für die Diagnose nicht verwertbar sei! — Am stärksten belastet ist mit 1045 Kretinen auf je 100 000 Einwohner der Bezirk Murau.

Über **Deutschland** existiert meines Wissens keine Kretinenstatistik (bloß Württemberg ist von Rösch (37) bearbeitet worden, soll aber zurzeit viel weniger Kretinen darbieten, als damals). Als sicher kann die Tatsache gelten, daß die ganze norddeutsche Tiefebene, wie auch Schwaben und das bayrische Flachland von der Endemie verschont sind. Nach den Angaben welche H. Bircher (119) (allerdings schon vor längerer Zeit) zusammengestellt hat, kommt hauptsächlich Südwestdeutschland (Rheintal) und das gesamte deutsche Mittelgebirge für Kretinismus in Frage. Er nennt speziell Schwarzwald und Vogesen, Odenwald, Spessart, Rhön, Jagst, Hundsrück und Eifel, Hessenland mit Thüringer- und Frankenwald, die Täler der Ahr, Sieg, Saar, Suhr, Mosel, dann das Bodenseegebiet, Waldeck, große Teile der Rheinprovinz, das Riesengebirge mit den sächsischen und böhmischen Hochtälern, endlich (angrenzend an das berühmte Salzburger Kretinengebiet!) Reichenhall und Berchtesgaden. Es ist evident, daß auch in Deutschland das behaftete und das immune Gebiet sich durch eine total differente Bevölkerung unterscheiden und zwar nicht etwa erst seit der Völkerwanderungszeit; im Norden haben wir Germanen (je weiter nach Osten, um so stärker mit Slaven durchsetzt), blond, groß und schmalköpfig, — die Nachkommen der alten Megalithleute; während südlich vom Main der Schädelindex höher, der Teint dunkler und die Statur kleiner ist, weil hier die Germanen mit Kelten und (durch diese?) mit sehr alten brachyzephalen Elementen durchsetzt sind. Schon im Neolithikum hatte Süddeutschland in seiner donauländischen Bandkeramik eine von der nordischen wesentlich abweichende Kultur und noch früher in seinen Pfahlbauern und Michelsberger-Leuten eine breitköpfige Bevölkerung, die zwar dem Norden auch nicht vollständig fremd war, dort aber, wie es scheint. von den germanischen Stämmen nicht assimiliert, sondern ausgerottet oder in arktische Gebiete abgedrängt wurde.

In den nordischen Ländern scheint Kretinismus nur in beschränktem Umfang vorzukommen, dagegen scheinen sie alle relativ reich zu sein an Basedow und an Myxödem. Auch Idioten (worunter nicht wenige vom mongoloiden Typus) sind nicht selten. In **England** soll Somerset, Fife und die Insel Arran Kretinen aufweisen; aus **Norwegen** berichten in neuerer Zeit Schiötz (136/7), wie auch Dedichen (122) über lokale Endemien von geringem Umfang. Wichtig ist ferner auch die Familienforschung von Lundborg (491), der zwar keinen echten Kretinismus, aber in einem schwer degenerierten Geschlecht dunkle, brachyzephale fremdartige Elemente mit hoher Kriminalität nachweisen konnte; es dürfte sich fragen, ob sich hierin vielleicht nicht doch die Nähe und der Einfluß der Lappen geltend macht?

Für die Theorie, wie ich sie verstehe, ist natürlich das Vorkommen der

Endemie in skandinavischen Ländern von der allergrößten Bedeutung; bieten schon in unsern Breiten die Kretinen Anklänge an gewisse arktische Stämme, so muß dies im Nordland noch viel mehr ausgesprochen sein. Rassenkreuzungen zwischen Lappen und Gothen sind ganz sicher vorgekommen; es wäre mehr als merkwürdig, wenn nun nicht wenigstens vereinzelt bei Degenerierten (Kretinen!) die typischen Merkmale der kleinwüchsigen nordischen Urbevölkerung zutage träten. Einzelne Abbildungen bei DEDICHEN sprechen deutlich dafür, daß dem tatsächlich so ist. Der Schlüssel zum Kretinenproblem liegt nicht im Alpengebiet, sondern im Norden!

Über **Rußland** und die **Balkanländer** wissen wir so gut wie gar nichts, was das Vorkommen von Kretinismus daselbst anbelangt. Wenn die Beobachtungen von FLINKER (16 bis 19) (Bukowina) und von TAUSSIG (42/3) (Bosnien) eine Verallgemeinerung zulassen, so müßte auch in slavischen und türkischen Landen Kretinismus vermutet werden dürfen.

Soweit die tatsächlichen Beobachtungen.

Welche Schlüsse lassen sich nun aus dem Vorkommen des Kretinismus ableiten? Welche Lokalitäten werden von der Endemie bevorzugt?

Nachdem die Wissenschaft sich ohne ersichtlichen Nutzen lange Zeit damit geplagt hat, alle die Orte aufzufinden, an denen die Endemie heimisch ist. so wäre es vielleicht am Platze, sich nunmehr einmal zu überlegen: *wo kommt denn die Endemie nicht vor?* Ohne auf diese Frage eine erschöpfende Antwort zu haben, möchte ich doch einige Punkte namhaft machen, welche hierbei möglicherweise eine Rolle spielen könnten. Ich sage also: die Endemie kommt nicht oder nur in sehr abgeschwächter Form vor:

a) im **Gebirge**; das mag manchem überraschend klingen und ist doch so Freilich folgt die Endemie im großen und ganzen den Gebirgszügen (Pyrenäen, Alpen, Vogesen, Schwarzwald, Karpathen usw.), aber innerhalb dieses Gebietes bleiben die höhern Erhebungen frei und die Kretinen findet man nach Aussage fast aller Autoren in Tälern viel zahlreicher als auf den Bergen. So ist z. B. in der Schweiz namentlich das Mittelland die Heimat des Kretinismus, was aber nicht ausschließt, daß ich in St. Luc (Wallis) noch auf 1675 m über dem Meere Kretinen fand. Der Grund, weshalb im allgemeinen auf den Bergen keine Kretinen angetroffen werden, ist unbekannt; es dürfte vor allem der Umstand in Betracht kommen, daß auch im Gebirge die Dörfer in der Regel im Tale und nicht auf der Höhe zu finden sind. Auf den Bergen (in den „Alpen") lebt nur das notwendige Arbeitspersonal, wozu natürlich Kretine nicht zu rechnen sind.

b) in den **Städten**; man kann mit Sicherheit sagen, „je größer der Ort, um so weniger Kretinen". Auch über diese Tatsache sind alle Autoren einig. Diese Tatsache ist völlig unerklärlich, wenn der Kretinismus nur eine Infektion oder lediglich eine Form der Hypothyreose ist. Man muß annehmen, daß in den Städten, welchen ja immer wieder von allen Seiten frisches und in der Regel wertvolles Menschenmaterial zuströmt (die minderbegabten bleiben draußen!), im ganzen eine gesündere Rasse lebt, als auf dem Lande. Dazu kommt bessere Körperpflege (Sport), bessere Ernährung, bessere Ausbildungsgelegenheit, größere Reinlichkeit. Man frage unsere Offiziere: alle werden bezeugen, daß mit einem Stadtbataillon mehr geleistet werden kann, als mit einer Truppe vom Lande.

Schwerz (602) hat zahlenmäßig nachgewiesen, daß die Rekruten der Schweizerstädte erheblich größer sind, als die aus den zugehörigen Landesbezirken (vgl. S. 283 seines Buches).

Bei der Durchsicht der Tabellen der Enquete von 1872 ist mir aufgefallen, daß kleine, sonst ganz unbekannte Orte und Gemeinden relativ viele schwachsinnige Kinder aufwiesen. Ich habe mir die Mühe genommen, zu jeder Ortschaft die Einwohnerzahl nachzuschlagen und für alle Orte mit weniger als 1000 Einwohner die Zahl der Schwachsinnigen in Prozent der gesamten Einwohnerzahl auszurechnen; dabei ergab sich folgende höchst instruktive Tabelle (s. S. 34; I).

Und genau die gleiche erstaunliche Gesetzmäßigkeit ergibt sich, wenn man in H. Birchers (119) Tabellen zu jedem Ort die Einwohnerzahl notiert und dann berechnet, wieviel wegen Kropf untaugliche Rekruten die Ortschaften jeder Größe geliefert haben. Und sogar die bei der Volkszählung 1870 erhobenen Prozentzahlen der Taubstummen fügen sich streng gesetzmäßig in diesen Rahmen. Die Kurve veranschaulicht dies am besten. Es ist zu beachten, daß in der II. Kategorie die Ausländer außer Betracht fallen (sie sind aber in kleinen Orten wenig·zahlreich), und es ist zu vermuten, daß die Enquete von 1897 relativ die zuverlässigsten Resultate ergeben hat. Immerhin, wenn einmal drei unter sich so verschiedene Ergebungen wie die Enquete von 1897, die Rekrutierungslisten und die Volkszählung von 1870 so genau übereinstimmende Resultate liefern, so kann von Zufall oder gar von Irrtum doch wohl im Ernst nicht mehr gesprochen werden.

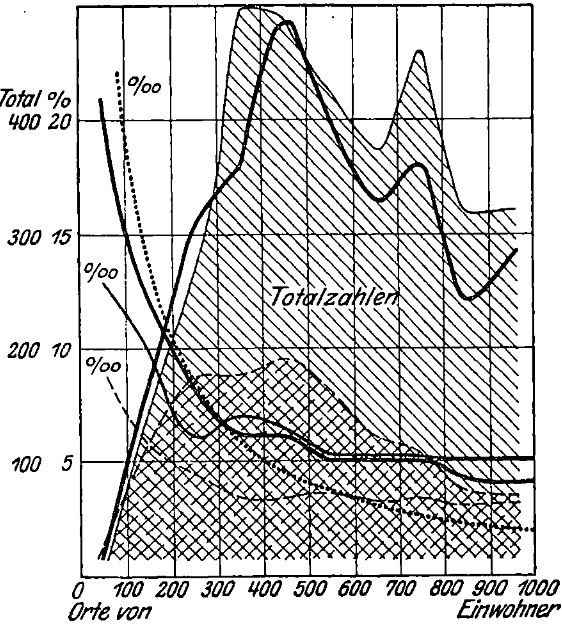

Abb. 1. Belastung der kleinsten Orte mit: ▬ schwachsinnigen Kindern 1897. ▬▬ kropfuntauglichen Rekruten 1875—1880. - - - Taubstummen 1870. .... Normalkurve für konstant 2 Degenerierte.

Einwohner-zahl	I Schwachsinnige Kinder				II Kropfige Rekruten 1875—1880				III Taubstumme 1870	
	a Orte	b Total Kinder	c In jedem Ort	d %	a Orte	b Total	c In jedem Ort	d %	a Orte	d %
50— 100	14	24	2	2,1	23	24	1,05	1,3	26	9,16
100— 200	95	175	2	1,2	122	155	1,3	1,0	120	5,74
200— 300	160	311	2	0,8	178	273	1,5	0,6	175	4,48
300— 400	185	361	2	0,6	180	494	2,7	0,7	177	3,39
400— 500	174	488	2.5	0,6	189	484	2,6	0,6	192	3,40
500— 600	142	400	3	0,5	163	437	2,7	0,5	161	3,64
600 — 700	103	335	3	0,5	121	378	3,1	0,5	122	3,32
700— 800	99	365	4	0,5	110	465	4,1	0,5	109	3,55
800 — 900	73	241	3	0,4	73	320	4,4	0,5	74	3,15
900—1000	71	282	4	0,4	70	328	4,7	0,5	69	3,25

Anmerkungen zur Tabelle und zur Kurve:

1. Obwohl die Zahl der Ortschaften in allen drei Kategorien annähernd gleich groß ist, so handelt es sich doch tatsächlich kaum in der Hälfte aller Fälle jeweilen um die gleichen Dörfer und Weiler.

2. Bei der ersten Kategorie sind die Ortschaften, welche keine in den Rahmen der Erhebung gehörigen Kinder vermeldeten, bei Ausmittlung der Prozente nicht berücksichtigt worden; wohl aber geschah dies bei der Verwertung der BIRCHERschen Zahlen.

3. Es ist ferner zu bedenken, daß für mehrere Kantone (z. B. Thurgau, St. Gallen, Zürich usw.) nur die Einwohnerzahlen der politischen oder Munizipalgemeinden zur Verfügung standen. Diese setzen sich aber aus einer Anzahl Ortsgemeinden oder Fraktionen znsammen. Die Zahl der in ganz kleinen Ansiedlungen hausenden Degenerierten wäre also de facto viel größer.

4. Es kann Bedenken erregen, die Ergebnisse all dieser Zählungen auf die Einwohnerzahl von 1910 zu beziehen; aber in den Ortschaften mit weniger als 1000 Einwohnern hat sich seit 1870 kaum etwas geändert.

Die auf den ersten Blick unerklärliche Kurve wird leichter verständlich durch den Vergleich mit der theoretischen Kurve, die wir erhalten, wenn wir in jeder Ortschaft unabhängig von der Größe eine absolut gleichbleibende Zahl von Entarteten annehmen, z. B. 2; Tabelle I c und II c ergeben nun tatsächlich für alle untersuchten Gemeinden nahezu konstante Werte, besonders wenn wir bedenken, daß die größeren Gemeinden (von 500 Einw. aufwärts) zu einem beträchtlichen Teil aus einzelnen Ortsgemeinden bestehen, auf welche sich dann die anscheinend etwas größere Zahl Degenerierter verteilt. Die fast mystische Konstanz der Anzahl der Kretinen (unabhängig von der sonstigen, später hinzugekommenen Bevölkerung) ist schwer zu erklären, aber schon der Volkssage bekannt, cf. JEGERLEHNER (627) S. 60.

c) am **Meer**[1]); zur Erklärung dieser Tatsache hat man auf den etwas höhern Jodgehalt der Atmosphäre auf dem Meere und in der Nähe des Meeres

---

[1]) Gilt natürlich nur cum grano salis; sogar Holland ist nicht ganz frei von Kropf; vgl. Korr.Bl. S. 547. 1918.

verwiesen. Dieser Umstand allein löst das Rätsel aber noch nicht: nach CHA-TIN [zit. nach SCHOLZ (39), S. 520] sind die Gewässer der Poebene erheblich jodhaltig, und doch ist dort die Endemie heimisch; die Jodmenge nimmt ab von den Tälern gegen die Berghöhen, und doch finden sich die meisten Kretinen nicht auf der Höhe, sondern im Tal. Nicht das Jod ist ausschlaggebend, sondern einfach das Meer als solches. Ich erinnere mich, daß einer unserer Lehrer uns die auf den ersten Blick unverständliche Sprachgleichung: pontos (griechisch, = Meer) und pons (lateinisch, = Brücke) dadurch begreiflich machte, daß er uns Landratten, denen diese Auffassung neu war, auf die Länder verbindende Macht des Meeres hinwies. Berge trennen, Meere verbinden und einigen die Völker (wenigstens da, wo der Überlandverkehr mühsam und schwach entwickelt ist); am Strand erscheint der fremde Kaufmann nicht minder als der gefürchtete Seeräuber und Eroberer, beide verhindern die Stagnation und bringen immer neue belebende Elemente ins Dasein der Küstenvölker. Ganz ähnlich findet man sogar im weit von unsern Kretinengebiet abliegenden Neuguinea, daß die Körpergröße von der Küste gegen das gebirgige Landesinnere abnimmt. während der LBr-Index des Schädels höher wird [SCHLAGINHAUFEN (578/9), NEUHAUSS (574), MOSZKOWSKI (573)]; daß sich hierin nicht eine gesetzmäßige, geographische oder mechanische Einwirkung der. Umwelt geltend macht, sondern daß es sich um Ergebnisse der Rassenmischung handelt, geht daraus hervor, daß F. von LUSCHAN (593) in den kretischen Bergen die schmalsten Schädel in abgelegenen Bergen und Tälern antraf. — Es wäre hier der Ort, sich über den therapeutischen Wert einer fortgesetzten Jodbehandlung auszusprechen, wie solche schon von den alten Autoren [z. B. von GUGGENBÜHL (23)], dann aber besonders in neuerer Zeit von schweizerischen Kollegen (ich nenne bloß die Vorkämpfer BAYARD (650) und namentlich H. HUNZIKER (127) gefordert wurde. Es liegt mir ganz ferne, diese Bewegung kritisieren oder gar aufhalten zu wollen, ich halte sie sogar zur Abklärung der Sachlage für nötig. Aber freilich ist es mir sehr fraglich, ob der Jodmangel wirklich allein den großen Rassenunterschied zwischen Binnenländern und Küstenvölkern zu erklären imstande sei.

d) bei lebhaftem **Verkehr**; der ist ja schließlich auch schuld, daß große Städte und die Meeresküste von der Endemie verschont sind. Daß die Endemie verschwindet, wenn abgelegene Gebiete dem Verkehr erschlossen werden, ist allbekannt; vgl. weiterhin S. 409. Ein prägnantes Beispiel für die Bedeutung des Verkehrs liefert das mitten im Endemiegebiet gelegene Dorf Selztal in Steiermark; dieser wichtige Eisenbahnknotenpunkt ist erst in den letzten Jahrzehnten entstanden, hat eine fast ausschließlich ortsfremde Bevölkerung (faßt ohne Berührung mit der Bauersame) und sozusagen keine Kretinen (TAUSSIG). Als Gegenstück wollen wir sehen, welche Orte vom Kretinismus bevorzugt sind; „in kleinen, durch politische und religiöse Scheidewände getrennten und isolierten Dörfern und Städten (sagt RÖSCH), deren Familien seit Jahrhunderten fast nur unter sich geheiratet haben, fand sich die Entartung. So in kleinen abgelegenen Dörfchen, in den früheren Reichsstädten und isolierten Herrschaften, in Gemeinden, ‚Kretinoasen‘ nach TAUSSIG (42), die eine andere Religion haben als die Umgebung (katholische oder jüdische Enklaven in protestantischem Gebiet usw.)“. Weiter nennt RÖSCH als Herde des Kretinismus Ortschaften in engen Talkrümmungen, Buchten und Winkeln, in Kesseln mit engem Ausgang, in kleinen und tiefen Nebentälchen und Bergspalten, Orte die an den Hang hinauf geschoben oder auf Vorsprüngen und Absätzen des Gebirges unmittelbar über dem Rand des Tals erbaut sind, Orte in sumpfigem Gelände. Liegt ein Dorf frei in trockenem weitem Talgrund, so sei es in der Regel frei von Kretinismus. Alles das mag die Bedeutung des Verkehrs für die Entstehung der Endemie illustrieren.

e) Frei von Kretinismus war schließlich noch das königliche Haus von Frankreich, und den alten Bourbonenkönigen wurde die Macht nachgerühmt, sie könnten durch Handauflegen Kretinismus heilen. In der Tat scheint eine sorgfältige Auslese die Entstehung des Kretinismus zu verhüten. Und wieder ist es Rösch, der mit vollem Recht bemerkt, daß unter den sogenannten „Honoratioren" sich wenig Kretinen finden, und diesen Umstand mit der Möglichkeit in Zusammenhang bringt, den Aufenthaltsort ab und zu wechseln und sich den Gatten aus guten Familien und aus anderen Landesgegenden wählen zu können.

Um nicht zu weitschweifig zu werden, verzichte ich darauf, an dieser Stelle alle die Zeugnisse anzuführen, welche eine fortgesetzte strenge Endogamie als Ursache der Entartung bezeichnen; ich werde in einem späteren Kapitel noch darauf zurückkommen und begnüge mich hier mit dem Hinweis auf die Tatsache, daß sowohl das Vorkommen, wie das Fehlen der Endemie durch Rassenmischung und ähnliche Einflüsse verständlich gemacht werden kann.

Als eine hochbedeutsame Tatsache erscheint mir endlich die weitgehende Übereinstimmung der paläolithischen Fundstellen mit der Ausbreitung der Endemie. Davon kann sich Jedermann leicht überzeugen, wenn er z. B. an Hand des Lehrbuches von MARTIN (448) oder mit Hilfe der OBERMAIERschen Monographie (529) die Wohnplätze des N-menschen in die BIRCHERsche Kropfkarte einzeichnet; ich habe selbst eine solche Karte im Jahrgang 1912 der Zeitschrift für Khk. publiziert. Die Übereinstimmung erscheint mir auch heute noch, trotz der Einwände von E. BIRCHER (7), so schlagend, daß Zufall auszuschließen ist.

3. Kretinen in der Schweiz.

Nachdem die ersten Beschreibungen des Kretinismus aus der Schweiz stammen und schon mehr als 300 Jahre zurückliegen und in Anbetracht des Umstandes, daß seither das wissenschaftliche Interesse an diesem Thema in unserm Lande nie mehr ganz eingeschlafen ist, sollte man erwarten dürfen, daß über das Vorkommen der Endemie in der Schweiz im Laufe der Jahrhunderte mustergültige exakte Erhebungen angesammelt worden seien. Tatsächlich ist dies aber nicht der Fall.

Um 1840 studierten den Kretinismus in ihren Heimatkantonen mehrere tüchtige Lokalforscher: SCHNEIDER in Bern, BEYELER in Schwarzenburg, ZSCHOKKE in Aarau, TRÜMPY in Glarus, EBLIN in Graubünden; auch TROXLER und DEMME sollen nicht vergessen werden. Neue Bestrebungen machten sich geltend, als H. J. GUGGENBÜHL die Forderung erhob, es solle nunmehr an die Behandlung („Rettung") der armen Kretinen herangegangen werden; als er dazu die Mitwirkung der Schweizer Naturforschenden Gesellschaft erbat und als er seine Ideen in seiner Anstalt auf dem Abendberg bei Interlaken in die Tat umsetzte. Die Naturf. Gesellschaft unterstützte anfangs das philanthropische Werk von GUGGENBÜHL wenigstens moralisch, ernannte Kommissionen und hörte Referate darüber an; 15 Jahre später sagte sie sich aber in einem regelrechten „Verdammungsurteil" von ihm los, da sie ihn (übrigens mit Unrecht!) für einen Scharlatan hielt. Ob die Naturf. Gesellschaft selbst eine Kretinenstatistik veranlaßt hat, ist mir nicht bekannt. — In einzelnen Kantonen (Bern, Aargau) scheinen wiederholt (in Verbindung mit Volkszählungen?) Taubstumme und Idioten gezählt worden zu sein, was natürlich aus den schon mehr als einmal betonten Gründen eine wirkliche Kretinenstatistik nicht ersetzen kann, ebensowenig wie die Erhebungen über das Vorkommen von Kropf bei Schülern [FREY (119) 1875, KOCHER (129) 1883 u. a.) oder bei Rekruten (BIRCHER (119) 1875—1880; SCHWERZ (602) 1891; HUNZIKER (127) 1917]. 1897 veranstaltete das eidg. Statistische Bureau (auf Anregung der pädagogischen Gesellschaften) eine Enquete über die schwachsinnigen Kinder im Primarschulalter (72); obwohl dabei auch auf Kretinismus geachtet wurde, so ist doch auch dies keine echte Kretinenstatistik geworden, denn das Hauptaugenmerk wurde nicht auf die medizinische Seite des Problems gerichtet, sondern auf die Fürsorgebedürftigkeit, also ein soziales und pädagogisches Motiv. Immerhin habe ich auf Grund der Zahlen dieser Enquete und der Volkszählungen versucht, eine Karte zu zeichnen, in welcher die Ausbreitung der Schwachsinnigkeit bezirks- und gemeindeweise veranschaulicht sein sollte. Sie stimmt mit denen früherer Autoren ordentlich überein.

In neuester Zeit haben einige Züricher Ärzte (123/4) den Versuch unternommen, die Ausbreitung der Endemie in einigen aargauischen und züricherischen Dörfern zu studieren; zum ersten Male wurde hierbei in einzig richtiger Weise die gesamte Einwohnerschaft methodisch untersucht. Leider aber erstreckten sich diese Aufnahmen nur auf den Kropf; sind also für die Kretinenstatistik nicht verwertbar. Ich selbst (15) habe es dann gewagt, in dem mir ziemlich vollständig bekannten Nollengebiet Kretine, Kretinoide und Verdächtige zu zählen; seit den oben zitierten Arbeiten älterer Schweizer Ärzte, welche aber ganz in Vergessenheit gefallen sind, dürfte dies der erste Versuch einer wirklichen Kretinenstatistik in der Schweiz gewesen sein, aber er bezieht sich nur auf ein beschränktes Gebiet und hat daher nur beschränkten Wert. Wir haben also heute[1]) in der Schweiz ein „Nationalkomitee zum Studium der Kropffrage" [mit Bundessubvention (155)], wir haben zahlreiche Anstalten für schwachsinnige Kinder (71) nebst zugehörigen Patronatsvereinen (die übrigens sehr viel gutes wirken), wir haben in allen größern Ortschaften Spezial- und Förderklassen für Schwachsinnige, wir haben endlich seit vielen Jahren eine sanitarische Untersuchung und bis zum Jahr 1914 eine pädagogische Prüfung sämtlicher Stellungspflichtigen, — aber über die wirkliche Zahl und über die Verbreitung der Kretinen in der Schweiz wissen wir nichts auch nur einigermaßen zuverlässiges! Die Verquickung der Kretinenfrage mit dem Kropfproblem hat für die Aufhellung der ersteren nicht nur nichts geleistet, sondern sie war ihr ein schwerer Hemmschuh; dies um so mehr, als sich überdies zwei

---

[1]) Geschrieben 1916.

Theorien (nämlich die BIRCHERsche und die KOCHERsche) feindlich gegenüberstanden. Möchte man doch endlich dazukommen, den Kretinismus für sich allein, ohne Rücksicht auf Kropf, Taubstummheit, und wer weiß was sonst noch alles, zu studieren.

Ich verhehle mir die enormen Schwierigkeiten einer Nur-Kretinenstatistik durchaus nicht. Es ist klar, daß auch Laien schließlich in ausgesprochenen Fällen sagen können: der hat einen Kropf, der ist taubstumm, der ist Idiot; aber die Erkennung des Kretinismus muß den Ärzten vorbehalten bleiben und erfordert auch für diese noch eine spezielle Instruktion. Es ist ausgeschlossen, daß eine Kommission das ganze Land bereisen und die Erhebungen vornehmen könnte; die Kretinen trifft man nicht auf der Straße und auf freiwillige Mitarbeit der Angehörigen oder der Gemeindebehörden ist kaum zu zählen, da man sich der Kretinen schämt und dieselben verheimlicht. Den Hausärzten aber sind sie bekannt und auf die Mitarbeit der Kollegen darf man wohl abstellen. Man könnte etwa so vorgehen: man muß unterscheiden zwischen den Kretinen in Anstalten und denjenigen in Familien. Erstere können und sollen möglichst genau mit Hilfe des anthropologischen Beobachtungsblattes von MARTIN (448) in allen schweizerischen Armenhäusern, in Anstalten für Schwachsinnige, Irren- und Waisenanstalten, Asylen, Spitälern usw., wo sie in großer Zahl vorhanden sind, gemessen werden. Ich bin überzeugt, daß die Ärzte, welche die betreffenden Anstalten betreuen, sich dieser Arbeit gern unterziehen würden. Auf diese Art erhalten wir mit einem Schlage in kurzer Zeit ein Material, das alles bisherige weit übertrifft an Qualität und auch schon an Quantität, und das sehr viele jetzt noch umstrittene Fragen aus der Lehre vom Kretinismus zu klären vermöchte. Behufs Zählung der in Familien befindlichen Kretinen wäre ein Fragebogen mit nicht allzuvielen Rubriken an die Schweizer Ärzte auszuteilen; eine Anleitung über einheitliche Grundsätze in der Beurteilung dürfte natürlich nicht fehlen und wäre eventuell durch orientierende Vorträge und Demonstrationen (in Spitälern usw.) zu ergänzen. Dabei wären aber auch Kretinoide und Verdächtige zu berücksichtigen. Diejenigen, die gern das volle Fragenschema nach MARTIN ausfüllen wollen, müßten natürlich hierzu Gelegenheit erhalten. Der Zweck der Enquete wäre aber nicht ein anthropologischer (dieser bliebe den Anstaltserhebungen vorbehalten) sondern ein epidemiologischer: es sollte lediglich die Ausbreitung des Kretinismus in der Schweiz festgestellt werden. Allzu hoch würden die Kosten nicht kommen; zur Verarbeitung des so gesammelten Materials würden sich gewiß mehr als genug Kräfte zur Verfügung stellen.

Man könnte auch, wie ich in der Einleitung S. 5 andeutete, die Rekrutenstatistik in den Dienst der Lehre vom Kretinismus stellen und erhielte dann im Laufe von etwa 10 Jahren ebenfalls ein gut brauchbares Material.

Ob aber die Ergebnisse aller solcher statistischen Arbeiten der aufgewendeten Mühe entsprächen, ist nicht sicher; es würde sich vermutlich herausstellen, daß der Kretinismus ziemlich gleichmäßig über die ganze Schweiz verbreitet ist. Auch die absolute Zahl der Kretinen wäre wohl ziemlich hoch, ein Vergleich mit andern Ländern jedoch auch dann noch (und dann erst recht!) ausgeschlossen, denn aus andern Ländern liegen nur ältere Erhebungen und zwar solche nach ganz andersartiger Methode vor. *Das wichtigste und auch am leichtesten zu lösende Problem ist die anthropometrische Aufnahme der Anstaltskretinen.*

Die Aufgabe der Statistik ist eine doppelte; einmal soll sie uns die absolute Zahl der Kretinen für das ganze Land bekannt machen und dann soll sie uns über die räumliche Verteilung und Intensität der Endemie aufklären. Über beide Punkte wollen wir uns an Hand des bisher bekannten Materials ein Bild zu machen versuchen.

A. Um eine Anschauung darüber zu gewinnen, wie die Endemie sich über die ganze Schweiz verteilt, wollen wir die Karten von BIRCHER und von SCHWERZ über die Ausbreitung des Kropfes mit den (ebenfalls karthographisch dargestellten) Angaben der Enquete von 1897 vergleichen und kombinieren. Alle drei Darstellungen zeigen übereinstimmend eine starke Endemie im ganzen Mittelland (von der Gegend von Oron an über das Greyerzerland, Schwarzenburg, Emmental, und das Südufer der Aare hinweg bis in die Gegend von Zürich) und ebenso kommt die relative Immunität des ganzen Juragebietes (von Genf an über Neuenburg, Solothurn, Basel bis in die Gegend von Schaffhausen) auf sämtlichen Karten prägnant zum Ausdruck. Hier wird wohl auch eine neue und bessere Statistik keine großen Überraschungen mehr zeitigen. Dagegen kommt die Endemie von Appenzell (wie überhaupt die ganze Ostschweiz) und das ganze Alpengebiet (die Kantone Wallis, Tessin und Graubünden) bei BIRCHER viel zu gut weg. Die andern beiden Karten weisen im Wallis besonders in der Gegend von Martigny, Sierre, Visp, Brig (und zugehörigen Talschaften), — im Tessin namentlich in gewissen weltabgeschiedenen Seitentälern des Bezirks Locarno, — und in Graubünden hauptsächlich im Misox, Puschlav, Heinzenberg und bei Chur deutliche Endemiebezirke auf. Daß im ganzen Alpsteingebiet der Kretinismus heimisch ist, erscheint als gesicherte Tatsache; sowohl das Appenzellerland, wie die angrenzenden Teile des Toggenburgs und des Rheintals weisen zahlreiche Kretinen auf, obschon die Kropfhäufigkeit hier auch nach SCHWERZ nicht abnorm groß ist. Schwachsinn und Kropf gehen eben nicht parallel.

Suchen wir nun die Endemie mit der Ausbreitung der Menschenrassen in der Schweiz in Beziehung zu setzen, so fällt zunächst auf, daß jede einzelne Rasse dort, wo sie annähernd rein vorkommt, von der Endemie nur wenig zu leiden hat. Das trifft ebensowohl zu für die rätoromanische (großgewachsene, dunkelhaarige) Bevölkerung von Graubünden (Disentis und Albulagebiet), wie für die fast rein lombardischen Bewohner des Sotto-Cenere; die Welschen der Genferseegegend (Genf, Waadt, Unterwallis) und des Jura (la Vallée, Neuchâtel) (ein dunkler, großer Menschenschlag) sind um so mehr von der Endemie verschont, je weniger sie mit Alemannen vermischt sind. Aber auch der alemannische Stamm (großwüchsig, weniger brünett, aber freilich nicht dolichozephal) weist in Unterwalden, im Niedersimmental, in Basel und Schaffhausen, am Bodensee, wo überall er sich einigermaßen rein erhalten konnte, fast keine Endemie auf. Es braucht sich also kein Stamm vor dem andern a priori für benachteiligt zu halten; die Endemie ist nicht etwa in diesem Sinn ein Attribut der Rasse, daß nun ein und dieselbe Komponente bei der Rassenmischung immer die Entartung nach sich zöge. — Die meisten der von der Endemie verschonten Gebiete sind dann ferner durch lebhaften Verkehr und eine starke Ausländerbevölkerung ausgezeichnet; — die meisten, aber nicht alle.

Im Gegensatz zu den reinrassigen, endemiefreien Gebieten sind nun, wie mir scheinen will, die eigentlichen, klassischen Endemieherde einmal durch ihre Lage an der Grenze zweier Stämme, sodann durch einen ausgesprochenen Mangel an Verkehr gekennzeichnet. Im einzelnen Fall mag es freilich schwer sein, zu sagen, welcher dieser beiden Faktoren der maßgebende ist. So konnte ich z. B. für das mir genau bekannte Nollengebiet eine Mischbevölkerung nachweisen, insofern wir es hier mit deutschredenden Rätoromanen zu tun haben; und zugleich ließ sich zeigen, daß das ganze verkehrsarme Bergland bei jeder fremden Okkupation als Refugium diente und heute noch durch eine gewisse kulturelle Rückständigkeit ausgezeichnet ist. Ähnliche Verhältnisse dürften auch in den übrigen Endemiebezirken des schweizerischen Mittellandes nachzuweisen sein, jedenfalls soweit wenigstens die Rassemischung in Frage kommt. Denn diese angeblich alemannischen Schweizer unterscheiden sich schon von ihren Nachbarn in Baden und Elsaß sehr deutlich durch größere Häufigkeit brünetter, grau- und dunkeläugiger Menschen, durch geringere durchschnittliche Körpergröße der Rekruten und durch fast völliges Fehlen der dolichozephalen Schädel (wenigstens in der Gegenwart; noch im Mittelalter finden sich Schmalköpfe nicht selten). Haben wir es in der Ostschweiz vorwiegend mit Mischlingen aus Rätoromanen und Alemannen zu tun, so handelt es sich vermutlich im Freiburger und Bernerbiet eher um Mischung von Kelten und Germanen, bzw. um Mischung von Alemannen und Burgundern. Das ganze Alpenland der Zentralschweiz, Berneroberland und Wallis war allerdings in nicht allzuweit zurückliegender Zeit von Rätoromanen bewohnt (diese, nicht etwa die Alemannen, sind als der wesentliche Bestandteil des heutigen Schweizervolkes anzusehen), und wie bei Besprechung der Brachyzephalie und der Ergologie der Kretinen näher ausgeführt ist, können wir mit gutem Grund im ganzen Alpengebiet außerdem ein kleinwüchsiges, niedriges, den heutigen Lappen nahestehendes Bevölkerungselement annehmen. So kompliziert sich die Sache immer mehr, es erklärt sich aber auch, warum heute die Schweizer ein so wenig einheitliches Gepräge darbieten und warum manchmal in eng benachbarten Talschaften (Val d'Hérens nach PITTARDT, Safiental nach WETSTEIN), nach Körperbau und Temperament ganz verschiedene Menschen wohnen. Sollte dies nicht auch zu erklären vermögen, warum manchmal nahbeisammen liegende Orte sich der Endemie gegenüber ganz verschieden verhalten?

Soviel über die Endemie im Mittelland. Wenn wir dann sehen, daß allgemein die kleinsten Orte relativ die höchsten Anteile an Kretinen und Idioten aufweisen, so ist dafür wohl in erster Linie der Mangel an Verkehr, die allgemeine Stagnation verantwortlich. Das gleiche trifft wohl zu, wenn (im Oberwallis, im Oberhasle, im Misox, im Verzasca- und Maggiatal, im Glarnerland, in Appenzell usw.) immer die höchsten Talstufen am stärksten betroffen sind. Dasselbe mag vom Saanen- und obern Simmental gelten, wenn nicht hier schon die Nähe der Sprachgrenze von Bedeutung ist. Weitere Endemieherde in der Nähe von Sprachgrenzen sind Misox, Puschlav und Heinzenberg; ferner das obere Maggiatal; sodann das ganze Freiburgerland und die

Gegend am Bielersee. Genaueres läßt sich darüber vorläufig nicht sagen. Ich verweise nochmals auf früher bemerktes (vgl. S. 35) und empfehle jedem, der sich für die Ausbreitung des Kretinismus interessiert, eifriges Studium der Geschichte und Anthropologie unseres Volkes; dann aber weg vom grünen Tisch! Ausgedehnte Fußwanderungen geben bessere Aufschlüsse als einseitige Literaturstudien.

Betonen muß ich die sehr merkwürdige Tatsache, daß Kretinismus vorzugsweise dort aufzutreten pflegt, wo verschiedene Stämme und Rassen zusammentreffen und sich mischen, während andere, verhältnismäßig reinrassige Gebiete viel weniger unter der Entartung zu leiden scheinen. Merkwürdig ist diese Tatsache darum, weil sich die Dinge im Kleinen, auf dem Gebiete der Familie, gerade umgekehrt verhalten: hier begünstigt eine allzu strenge Endogamie (dörfliche Inzucht) die Degeneration und Zufuhr frischen Blutes bringt Besserung. Ich begnüge mich vorläufig mit der Konstatierung dieses scheinbaren Widerspruchs.

B. Die absolute Zahl der Kretinen in der Schweiz versuche ich auf Grund der mir bekannten Rekrutierungsergebnisse 1910 bis 1912 (publiziert im Korr. Bl. f. Schw. Ärzte) wie folgt zu schätzen: es wurden ausgemustert wegen

		1910	1911	1912
1.	zu geringer Körperlänge	1298	1405	1250
	davon hilfsdiensttauglich	249	299	260
	definitiv untauglich	90	105	86
	zusammen	339	405	346
12.	geistiger Beschränktheit	268	295	339
16.	Taubstummheit	57	68	80
(25.	Kropf	1010	1066	536)

Die wegen Z. 1 untauglichen rechne ich sämtlich, von den wegen Z. 1 hilfsdiensttauglichen 30% als Kretinen; von Z. 12 mögen je 50% Kretinen und gewöhnliche Idioten sein, von den Taubstummen nehme ich mit BIRCHER 80% zum Kretinismus. Unter diesen freilich zum Teil etwas willkürlichen Annahmen komme ich zu dem Schlusse, daß in der Schweiz jedes Jahr durchschnittlich

100	Kretinen	wegen zu geringer Körperlänge untauglich,
80	„	wegen „ „ „ hilfsdiensttauglich,
150	„	wegen geistiger Beschränktheit und
70	„	wegen Taubstummheit ausgemustert werden.

Das macht also zusammen pro Jahr etwa 400 Kretinen, somit für die Altersklasse vom 20. bis 30. Jahr etwa 4000, woraus nach Tabelle S. 24 sich eine Gesamtzahl von etwa 15 000 männlichen Kretinen berechnen läßt. Nimmt man an, daß die Zahl mit Inbegriff der leichteren Fälle und der weiblichen etwas mehr als doppelt soviel ausmacht, so ergibt sich für die ganze Schweiz eine Kretinenhäufigkeit von etwa 1000 auf je 100 000 Einwohner. Nach dieser, wie ich wiederhole, etwas willkürlichen Berechnung hätte man kein Recht mehr, die Schweiz als das am meisten mit Kretinen gesegnete Land Europas zu bezeichnen.

Dieses Resultat stimmt sehr gut überein mit einer örtlichen Kretinenstatistik im Nollengebiet, allwo ich imstande war, mit Leichtigkeit für jede einzelne

Gemeinde etwa 1% Kretine und Kretinoide, sowie ein weiteres Prozent Verdächtige nachzuweisen.

In ihrer Eingabe vom 1. Novbr. 1896 schätzten die schweizer. pädagogischen Gesellschaften ebenfalls die Zahl der schwachsinnigen oder doch äußerst schwach befähigten Kinder auf 1 bis 2% der normal beanlagten Kinder, und die auf diese Eingabe hin vom eidg. Statistischen Bureau veranstaltete Enquete ergab auf etwa 480 000 Primarschüler im ganzen etwa 13 000 Fürsorgebedürftige, nämlich

1. Kinder, in geringem Grad schwachsinnig 5052
2. Kinder, in höherm Grad schwachsinnig 2615
3. Kinder, mit körperlichen Leiden behaftet 1848
4. von der Schule ausgeschlossene Idioten, Taubstumme, Blinde usw. 2405
5. Verwahrloste 1235

Wir finden also auch hier, wenn wir die Gruppen 3 und 5 außer acht lassen, je etwa 1% leicht und schwer Schwachsinnige. Gruppe 4 umfaßte im einzelnen: 920 Blödsinnige, 156 Kretinen, 889 Taubstumme usw. (also etwa 2000 Endemische) außerdem 108 Blinde, 129 Epileptiker und 203 mit andern Gebrechen. Für weitere Einzelheiten sei auf die Publikationen selbst verwiesen.

Da so total verschiedene Berechnungsarten wie: eine lokal begrenzte Kretinenzählung, Schätzung und Zählung schwachsinniger Schulkinder, und Schätzung der Kretinen auf Grund der Aushebungsstatistik übereinstimmend eine Intensität von je 1% leichten und schweren Fällen ergeben oder doch wenigstens vermuten lassen, so darf wohl angenommen werden, daß diese Standardzahl immerhin der Wirklichkeit sehr nahe komme.

Wenn jedoch wirklich bei uns in der Schweiz, was ich allerdings einstweilen noch für ganz ungenügend bewiesen ansehe, die Zahl der Kretinen, Taubstummen, Kropfigen und Degenerierten überhaupt größer wäre, als in irgend einem andern Lande (nicht von der ganzen Erde, aber wenigstens soweit Europa in Frage kommt), so vermöchte ich mich darüber nicht einmal stark zu verwundern. Das Alpengebiet und das nördliche Vorland der Alpen ist ja wohl reich an malerischen Schönheiten (wenigstens kommt es dem modernen Stadtmenschen so vor!); aber es ist ein unwirtlicher und armseliger Landstrich; die Sagen der Gebirgsleute reden darüber eine andere Sprache als die Zeitungen der Städte. Felsige Einöden wechseln mit Wäldern und Sümpfen; neblige und windige Witterung sind der Bodenkultur heute noch nachteilig und waren es früher, vor der systematischen Trockenlegung des Landes zweifellos noch viel mehr. Die Höhenlage ist auch im sogenannten Hügelland auf weite Strecken derart, daß Ackerbau und Gemüse nicht oder nur schwer fortkommt. Es ist eine Tatsache, welche der große Krieg jedem Idioten verständlich und spürbar machte: daß nämlich auch heute der Schweizerboden seine Bewohner nicht zu ernähren vermag (vgl. SGU. 1912, S. 12). Das Defizit der Volkswirtschaft deckten in früherer Zeit die Auswanderung und das Söldnerwesen (Pensionen!), heutzutage erfüllt diese Aufgabe eine fragwürdige „Fremdenindustrie". Es soll zwar der Kampf mit einer strengen Natur den Menschen stählen und vorwärts bringen; er tut dies aber nur dann, wenn er erfolgreich ist. Ein erfolgloser, hoffnungsloser Kampf reibt den Menschen geistig und körperlich (Herz!) auf; er muß chronische Unterernährung und damit Degeneration nach sich ziehen. Man braucht nicht einmal an die üppige Behaglichkeit tropischer Gegenden zu denken; schon im Rheinland, in Frankreich, ferner im Osten von Europa finden sich Landstriche, welche dem Menschen unendlich viel mehr bieten, als das Gebirge mit seinen sterilen „Schönheiten". Es ist ganz gewiß kein Zufall, wenn allenthalben das Gebirge reich an Kretinen gefunden wird; und wie gut verstehe ich die Sehnsucht der Helvetier nach einem bessern Lande, welche sie zum Auszug nach Gallien und Italien verleitete!

Im Alpengebiet erhielt sich die Glazialperiode am längsten und es wurde das Alpenland erst zuletzt bewohnbar und bewohnt. Es ist wohl selbstverständlich, daß nicht die Satten, denen es gut ging, aus lauter Übermut ins Gebirge verzogen. Dieses blieb wohl zu allen Zeiten den Verstoßenen, den Enterbten des Glücks als letzte Zuflucht, von wo sie niemand vertrieb. Mit vollem Recht nennt Schliz (541) die Westschweiz und das Gebiet der Alpenseen „das allgemeine Refugium aller Wandervölker". Aus allen Epochen hat die Schweiz bloß immer armseliges Kulturmaterial· geliefert, das mit dem Material aus bevorzugten Provinzen gar nicht zu vergleichen ist.

Nehmen wir als Beispiel die Alemannen! War es wohl etwas anderes, als bitterste Not, was Vargionen, Kurionen und Chaitvoren, dazu Bucinobanten, Brisigawer und Lentienser mit dem iranischen (vielleicht schon fast mongoloiden?) Reitervolk·der Alanen zu einem Völkerbund zusammenzwang und auf Eroberung austrieb? (Vgl. Brunnhofer, die Schw. Heldensage, S. 26.) Nach welchen Irrfahrten und Drangsalen mögen die keltischen Helvetier im Alpengebiet gestrandet sein? (Vgl. SGU. 1912, S. 11.) Sie blieben hier übrigens nicht allzulange (etwa 450 v. Chr., bis zur Völkerwanderung). Daß auch die Pfahlbauer nicht auf Rosen gebettet waren und vor den übrigen neolithischen Völkern keinerlei Vorzüge voraus hatten, das beweist ihre armselige Keramik und der bei ihnen weit verbreitete Zwergwuchs. Und ich bin fest überzeugt: wenn eines Tages der Wildkirchlimensch gefunden wird, so wird wohl auch er sich vom wohlgenährten, behäbigen Neandertaler und paläolithischen Südfranzosen durch einzelne Züge von besonderer „Verelendung" auszeichnen. Auch was heute noch aus Deutschland, Italien usw. zu uns kommt und nach einigen Generationen sich bei uns naturalisieren läßt, sind wohl meistens anständige, aber fast ausnahmslos bitter arme und oft genug politisch verfolgte Leute. Die Einwanderungssagen beweisen, daß das immer und in grauer Vorzeit schon so gewesen ist. Damit steht auch der von alters her bekannte Unabhängigkeitssinn der Schweizer im Zusammenhang, ihr rauher, oft grober Charakter, ihre geringe Neigung zu den Künsten; die Armut des Landes macht den Schweizer sparsam und kleinlich. Die Vereinigung aller dieser Eigenschaften bedingt und erklärt letzten Endes auch zum Teil wenigstens die Schweizerische Neutralität; es ist die Politik der Enttäuschten, die Staatsklugheit der Armen. Es fehlt darin auch nicht ein Zug von Eigennutz.

Ich sage also: wenn bei uns der Kretinismus mehr verbreitet ist als anderswo, so kann das durch die Armut des Landes, durch die erschwerte Mühsal der Bodenbearbeitung, durch die Herkunft und besondere Auslese seiner Bewohner bis zu einem gewissen Grade schon erklärt werden. Weiter vergegenwärtige man sich, daß der größte Teil des Landes während langen Jahrhunderten unter Unfreiheit seufzte und ausgesogen wurde; zu gleicher Zeit schlossen sich die „Herren" in den Städten kastenartig ab und begünstigten auch hier freiwillig eine verderbliche Inzucht (auf dem Lande war von Freizügigkeit ohnehin keine Rede!) — dann wird man zur Erklärung des Kretinismus in diesem Lande weder ein Miasma, noch eine besondere Infektion benötigen und man wird nicht daran denken, das Trinkwasser dafür verantwortlich zu machen.

All das trifft wohl auch für andere Kretinengebiete zu.

Vergessen wir aber nicht: wenn im sogenannten Endemiegebiet die Zahl der Minusvarianten (eben der „Endemischen") relativ groß ist, so muß aus rein mathematischen Gründen ursprünglich auch die Zahl der Plusvarianten entsprechend groß gewesen sein (vgl. S. 373). Die Frage nach der Ursache des Kretinismus ist also eine doppelte:

1. warum ist im Endemiegebiet die Variationsbreite der Bevölkerung körperlich und geistig so bedeutend?

2. welche Umstände mögen im Laufe der Zeit die Zahl der Plusvarianten eingeschränkt und die Entstehung der Minusvarianten begünstigt haben? Ohne hier schon auf diese Fragen eine präzise Antwort zu geben, sei doch die naheliegende Bemerkung erlaubt, daß Rassenmischung und Auslese hierfür wohl wichtiger waren, als Kropf oder Trinkwasser.

VI. Kretinismus bei Tieren.

Nur anhangsweise will ich hier erwähnen, daß verschiedene Autoren auch bei Tieren kretinische Individuen gesehen haben wollen. Während aber das Vorkommen von Kropf bei Tieren sicher nachgewiesen zu sein scheint, so verhalten sich ST. LAGER (38), SCHOLZ (39), ALLARA (2) und andere gegen angeblichen Kretinismus bei Tieren mit Recht sehr skeptisch. Daß in Gegenden, wo die Menschen der Entartung anheimfallen, ein unansehnliches, kraftloses Vieh herangezüchtet wird, wäre mir keineswegs verwunderlich. Eine rationelle Viehzucht ist nicht so einfach, als der Unkundige sich etwa vorstellen mag; heute bestehen ja strenge Gesetze, welche die Zucht für das ganze Land regeln; früher war dagegen eine planvolle Züchtung das Vorrecht einiger weniger, besonders begabter und begüterter Landwirte. Es mag also früher wohl so gewesen sein: wo die Menschen verkommen, da gedeiht auch kein rechter Viehstand; ob aber auch heute noch, unter der Herrschaft der erwähnten Viehzuchtgesetze, im Endemiegebiet Kretinismus bei Tieren vorkommt, das ist doch vollständig unbekannt.

Theoretisch ist anzunehmen, daß die gleichen Umstände, die beim Menschen zur Entartung führen, nämlich Abstammung von minderwertigen Eltern, lange fortgesetzte Inzucht in Verbindung mit schlechten Existenzbedingungen usw., auch die Tiere degenerieren lassen. Stallhaltung führt bekanntlich zu Rachitis und zu vermehrter Fettbildung („Frühreife", vgl. BORMANN (408)); frei lebende Tiere scheinen weder rachitisch, noch kretinisch zu werden, hier wirkt offenbar der Kampf ums Dasein als Korrektiv.

Experimentellen Kretinismus bei Tieren gibt es nicht und kann es nicht geben, wenn meine Auffassung zutrifft. Tränkversuche haben keine Resultate ergeben, und Exstirpation der Thyreoidea gibt wohl Myxoedem, aber nie Kretinismus.

Rekapitulation.

Versuchen wir, das Ergebnis der vorliegenden Untersuchung über Vorkommen und Verbreitung des Kretinismus in wenige Worte zusammenzu fassen, so ist zunächst hervorzuheben, daß keine der sicher bekannten Tatsachen epidemiologischer Natur zu der Annahme zwingt, etwa im Trinkwasser, in der Bodenbeschaffenheit oder gar in einer Infektion sei die Ursache der Entartung zu suchen; keine der erwähnten Tatsachen wird durch eine solche Annahme besser verständlich und keine ist im Widerspruch mit der Annahme, daß für die kretinische Degeneration wesentlich rassenmäßige Momente in Frage kommen. Ich behaupte nicht, daß allein schon Vorkommen und Verbreitung des Kretinismus genügen, um neue Anschauungen über die Ätiologie dieses Zustandes als richtig zu erweisen (dazu gehört wesentlich die anatomische, anthropologische Betrachtung der Kretinen); aber im Rahmen des Ganzen ist freilich auch dieses Kapitel von ziemlicher Bedeutung.

Mit allem Nachdruck möchte ich hier noch einmal betonen, daß wir über das Vorkommen der Endemie heute nur sehr mangelhaft unterrichtet sind; daß die Angaben über Kretinismus in fremden Erdteilen und im Tierreich unbestimmt und unkontrolliert, und daß sogar die amtlichen Statistiken über die Endemie in Frankreich, Italien und Österreich (das beste, was überhaupt existiert!) schon recht alt, zum guten Teil von kritiklosen Laien aufgenommen und ganz sicher untereinander nicht direkt vergleichbar sind. Eine Zählung der Kröpfe bei Schülern oder Rekruten, eine Zählung der Taubstummen oder eine unterschiedslose Zählung aller Idioten kann uns niemals eine wirkliche Kretinenstatistik ersetzen, nicht einmal dann, wenn eine solche Zählung an sich in einwandfreier Art und Weise durchgeführt worden wäre (meist ist aber nicht einmal dieses selbstverständliche Postulat erfüllt). Eine Kretinenstatistik gibt es bis heute überhaupt nicht; alles ist auf diesem Gebiete noch zu tun. Alle Schlußfolgerungen aus dem bis heute vorhandenen epidemiologischen Material (NB. auch meine!) sind unsicher wie das Material, auf dem sie fußen.

Ich habe gezeigt, daß bei ältern und modernen Schriftstellern sich viele Belege für die hohe Bedeutung des Rassenelements beim Kretinismus finden lassen. Ich habe gezeigt, daß die Geschlechts- und Altersprädisposition, wie auch die Heimats- und Wohnortsverhältnisse beim Kretinismus nur bei Annahme hereditärer Einflüsse befriedigend zu erklären sind. Ich habe im einzelnen zu zeigen versucht, inwiefern sich Kretinenbezirke rassenmäßig von ihrer Umgebung unterscheiden, und daß allgemein die Endemie die kleinsten Ansiedlungen der Menschen bevorzugt und in Gebieten mit kleinwüchsiger Bevölkerung vorkommt; in Gebieten, die sich schon in prähistorischer Zeit durch gewisse Besonderheiten ihrer Besiedlung ausgezeichnet haben. Als ziemlich wichtig möchte ich die Tatsache bezeichnen, daß die Entartung weniger dort vorzukommen scheint, wo große Völker verhältnismäßig rein und unvermischt wohnen, sondern daß sie offenbar die Grenzgebiete mit stark gemischter Bewohnerschaft bevorzugt; dies scheint nicht bloß in der Schweiz der Fall zu sein (hier ist diese Verbreitungsweise der Degeneration allerdings bis ins einzelne nachweisbar), sondern im ganzen Endemiegebiet. Norddeutschland, Holland, Nordfrankreich, Ungarn mit großenteils einheitlicher Bevölkerung kennen den Kretinismus kaum; er ist aber sehr gemein in den Grenzgebirgen: Pyrenäen, Alpen, Vogesen, deutsche Mittelgebirge, Karpathen, Ural.

Man kann nicht sagen, daß eine bestimmte Rasse, etwa die blonde (in der Schweiz erscheint diese allerdings vorzugsweise gefährdet), immer und überall Träger der Endemie sei. Aber man kann sich recht wohl vorstellen, daß beim Zusammentreffen und bei intensiver Durchmischung verschiedener Rassen in gewissen Fällen Rückschläge auf alte, längst vergangene Zustände zutage treten. So viel wissen wir heute bereits mit genügender Sicherheit, daß das Produkt der Mischung zweier Rassen niemals eine einheitliche Rasse ist, in der nun die Eigenschaften beider Stammrassen vereinigt wären; sondern es scheint bei einem Teil eine Weiterentwicklung der elterlichen Eigenschaften vorzukommen (vgl. Epikrise des osteolog. Teils), während bei andern Teilen des Mischvolks die Rassenmerkmale beider Elternrassen mehr oder weniger rein und getrennt vererbt werden (Rassenentmischung nach v. LUSCHAN). Daß bei einer solchen Aufspaltung einer Mischrasse nun auch viel ältere Erbeigenschaften wieder hervortreten können, ist doch wenigstens denkbar. An dieser Stelle mag das Gesagte genügen; es wird im weitern Verlauf dieser Studie noch oft genug Gelegenheit sein, auf Rassen- und Vererbungsprobleme zurückzukommen.

Die Tatsache, daß Kretinismus vorzugsweise in Gebieten mit gemischter Bevölkerung beobachtet wird, ist nur scheinbar im Widerspruch mit der anderen Tatsache: daß Zufuhr frischen Blutes die Endemie einschränkt. Denn die Bevölkerungsmischung ist nicht die Ursache der Entartung, wohl aber kann sie als logische Vorbedingung für das Auftreten von Rückschlagsbildungen angesehen werden. Die Kurve der fluktuierenden Variation hat bekanntlich in reinen Linien für irgend ein beliebiges Merkmal die Form der sogenannten binomialen oder GAUSSschen Fehlerkurve. Je weniger einheitlich nun das Material (die Population) ist, um so flacher wird diese Kurve, und bei Gemengen aus zwei oder mehr reinen Linien (reinen Rassen) kann sie sogar mehrere Gipfel aufweisen; dies besonders dann, wenn die einzelnen Linien (oder Rassen) sich ursprünglich in dem zu untersuchenden Merkmal stark unterschieden. Die Rassenentmischung (nach von LUSCHAN) oder die sogenannte Spaltungsregel bewirkt, daß im Laufe der Generationen die einzelnen Gipfel der Gesamtkurve immer deutlicher hervortreten müssen; und daß familiäre oder dörfliche Inzucht (wegen der hier bedeutend größeren Wahrscheinlichkeit der Vereinigung von Homozygoten) diese Aufspaltung des Gemenges begünstigen muß, ist evident. Es läßt sich zeigen, daß nun gerade für das Verständnis des Kretinenproblems die ganze Bevölkerung nach den statistischen Gesetzen der Variabilität ins Auge gefaßt werden muß. Bei solcher Betrachtungsweise ist es nicht mehr überraschend, daß Kretinismus einerseits vorzugsweise unter Mischvölkern, dort aber namentlich bei fortgesetzter Endogamie in die Erscheinung tritt.

Zweiter Teil.

Erscheinungen und Komplikationen des Kretinismus.
Versuch einer Anthropologie der Kretinen.

Definition des Kretinismus.

Bevor ich daran gehe, die Erscheinungen des Kretinismus[1]) zu schildern, scheint es mir nötig, eine Begriffsbestimmung vorauszuschicken; dabei muß ich die Ergebnisse der vorliegenden Untersuchung vorwegnehmen und ich sage: Kretinismus ist eine endemische Degenerationsform des europäischen Menschen. Diese Entartung beruht auf innern Ursachen und ist durch das Auftreten von zahlreichen primitiven Merkmalen ebenso ausgezeichnet, wie durch Minderwertigkeit fast aller einzelnen Organe und Systeme (Störungen der innern Sekretionen) und durch konkomitierende krankhafte Prozesse aller Art.

Formen des Kretinismus.

Schon vor der Mitte des letzten Jahrhunderts finden wir in der Literatur die Unterscheidung in angeborenen („endemischen") und erworbenen („sporadischen") Kretinismus. Beim sporadischen Kretinismus, welcher immerhin recht selten ist, handelt es sich, wie wir heute wissen, fast immer in erster Linie um eine mangelhafte Entwicklung der Schilddrüse, sei es, daß dieselbe gar nicht angelegt wurde (echte Athyreose; sehr selten!) oder daß sie durch Krankheit (Myxödem), eventuell durch eine allzu radikale Operation

------

[1]) Die Etymologie von Crétin und Kretinismus ist noch nicht befriedigend erklärt. Die Ableitung von „chrétien" (Christ) oder von „creta" (Kreide) hat etwas Gezwungenes. Man muß jedenfalls davon ausgehen, daß crétin ursprünglich eine rein lokale Bezeichnung solcher Elenden war, wie sie in gewissen Bezirken der welschen Schweiz vorkommen. Zur Erklärung hätte man also in erster Linie den Wortschatz welsch-schweizerischer Dialekte durchzusehen. Dabei ist mir nun (übrigens rein zufällig) im Glossaire du Patois de Blonay von LOUISE ODIN (Lausanne 1910) in nächster Nähe vom „kretê" das Wort „kreto" aufgestoßen; kreto bedeutet einen Tragkorb und ist nichts anderes als das gemeinschweizerische Kratten (von derselben Bedeutung), dessen Ableitung nach LUCH-SINGER („das Molkereigerät in den romanischen Alpendialekten der Schweiz"; Schweiz. Arch. f. Volksk. 1905) allerdings noch dunkel ist. Von diesem Wort Kratten bildet der Schweizer allenthalben eine Ableitung „Krätti" mit der Bedeutung eines Trag-korbträgers (oder eines Buckligen?) und versteht darunter in erster Linie verhutzelte und verwachsene ältere Mannli (ein armer Krätti, ein alter Krätti usw.). Ich vermute nun und wohl nicht ohne Grund, daß der Crétin nichts anderes ist als die Patoisform unseres schweizerdeutschen Wortes Krätti; wenn der Kratten als kreto ins Patois über-ging, warum dann nicht auch der Krätti als kretê?
Ähnlich verhält es sich wohl mit der Etymologie von Fex und Fexismus.

(Cachexia strumipriva) zerstört wurde. — Vom endemischen Kretinismus wurden später jene mikromelen Zwerge mit normaler Intelligenz abgesondert, welche man seit KAUFMANN (88) als Fälle von Chondrodystrophie bezeichnet und die noch VIRCHOW (45) und ihm folgend der ältere BIRCHER (86) zu den echten Kretinen gezählt hatten; daß dieselben mit Rachitis, auch mit „fötaler" Rachitis, so wenig etwas zu tun haben, als die echten Kretinen, gilt heute als ausgemacht, wenn auch ganz sicher Kombinationsformen vorkommen können.   Ob und inwiefern die sogenannten „mongoloiden" Idioten zum endemischen Kretinismus gehören, muß so lange fraglich erscheinen, als exakte Körper- und Skelettmessungen von solchen „mongoloiden" Idioten fehlen, und ganz das gleiche gilt betreffs der sogenannten „Nanosomie" (Zwergwuchs mit normaler Intelligenz und angeblich normalen Körperproportionen). Dagegen scheint der PALTAUFsche (9) Zwergwuchs (mit normaler Intelligenz und offenen Epiphysenfugen) doch trotz anscheinend normaler Schilddrüse der Hypothyreose nahe zu stehen[1]). Vom endemischen Kretinismus kann man nun die schwersten Fälle, welche total dement sind, überhaupt weder reden noch gehen können (und bei denen es sich möglicherweise um hochgradige Schilddrüsenstörungen handelt), als „Vollkretinen", und die leichtesten Fälle, welche bei ordentlicher Intelligenz, aber Herkunft aus Kretinenfamilien, fast nur körperlich einzelne Merkmale primitiver Natur darbieten, als „Halbkretinen" jeweils zu einer besonderen Gruppe zusammenfassen; als „echte rassenhafte Kretinen" wäre dann die große Masse der mittelschweren Fälle zu bezeichnen; auf sie bezieht sich vornehmlich alles, was ich im folgenden beizubringen in der Lage sein werde.

Näheres über Definition und Formen des Kretinismus findet sich im Abschnitt über „Diagnose des Kretinismus"; hier will ich bloß das eben Gesagte noch einmal schematisch in Form einer Tabelle darstellen:

Endemischer Kretinismus:

1. echte rassenhafte Kretinen,
2. Halbkretinen,
3. Vollkretinen (Komplikation mit Athyreose).

Als mit endemischem Kretinismus verwandte Degenerationsformen sind anzuführen (und wurden früher hier und da zum Kretinismus gerechnet):

Idiotie (ohne körperliche Stigmata).

Sporadischer Kretinismus:

Athyreose;
Hypothyreose (Myxödem); PALTAUFscher Zwergwuchs?[1])
Cachexia strumi-(thyreo-)priva.

Mikromelie-Formen (fötale Skeletterkrankungen):

a) Chondrodystrophie,
b) Osteogenesis imperfecta.

Nanosomie?

Infantilismen?

Mongoloide Idiotie?

____

[1]) Der PALTAUFsche Zwergwuchs wird in letzter Zeit eher als Nanosomia pituitaria aufgefaßt und auf Ausfall der Hypophysenfunktion bezogen.

Außer den hier aufgezählten Degenerationsformen gibt es noch eine ganze Reihe von Minusvarianten des Menschen, welche aber mit Kretinismus nichts zu tun haben; es sei an die Mißbildungen und Monstrositäten erinnert, ferner an nervöse, psychische und moralische Entartungsformen, welche in der Psychiatrie und in der gerichtlichen Medizin bekanntlich eine hervorragende Rolle spielen. Deren Verhältnis zum Kretinismus ist bisher noch kaum untersucht worden und kann auch in vorliegender Arbeit nicht berücksichtigt werden. Es genügt aber die bloße Erwähnung aller dieser Zustände, um uns die (wenn ich so sagen darf:) rassenmäßige Sonderstellung der echten kretinischen Degeneration zum Bewußtsein zu bringen.

Gang der Untersuchung.

Für die Anlage und Ausarbeitung medizinischer Monographien hat sich im Laufe der Zeit ein ganz bestimmtes und im allgemeinen auch sehr bewährtes Schema herausgebildet; es bespricht der Reihe nach:

>Geschichtliches und Vorkommen;
>
>Pathologische Anatomie und Ätiologie;
>
>Krankheitsbild und Symptome;
>
>Verlauf und Prognose;
>
>Diagnose;
>
>Therapie.

An diesem Schema soll auch in der vorliegenden Abhandlung über den Kretinismus festgehalten werden. Bloß möchte ich die Erörterung der Ätiologie (Ursache und Wesen des Kretinismus) auf ein späteres Kapitel verschieben und statt der sonst üblichen Schilderung der Krankheit (welche aber nach meiner Auffassung gar keine Krankheit im eigentlichen Sinne des Wortes ist) will ich versuchen, den Kretinismus nach anthropologischen Gesichtspunkten durchzuarbeiten. Es werden also zum Teil alte, längst bekannte Tatsachen in neuer Beleuchtung erscheinen; zu einem wesentlichen Teil (namentlich im osteologischen Abschnitt) werde ich aber auch in der Lage sein, neues Material beibringen zu können.

Schon allein die Tatsache, daß es überhaupt möglich ist, eine anthropologische Betrachtung der Kretinen konsequent durchzuführen (und ich hoffe, der Leser werde mir mindestens zugeben, daß dies möglich ist), — schon diese Tatsache spricht dafür, daß wir es beim Kretinismus nicht mit einer richtigen Krankheit im gewöhnlichen Sinne des Wortes zu tun haben. Eine anthropologische Betrachtung der Leute mit Pneumonie, mit tertiärer Lues, mit Oberschenkelfraktur, — welch ein Unsinn! Wenn die Methode auf den Kretinismus in ernsthafter Weise anwendbar ist, so ist allein dieser Umstand schon bedeutungsvoll.

Die anthropologische Bearbeitung, der zweite Teil dieses Buches, zerfällt in folgende Abschnitte:

>I. Äußere Erscheinung der Kretinen;
>
>II. Osteologie;
>
>III. Ergologie;
>
>IV. Krankheiten der Kretinen.

Unter letzterem Titel soll das besprochen werden, was sonst etwa als „Komplikationen" des Kretinismus bezeichnet wird.

Erster Abschnitt.

Äußere Erscheinung der Kretinen.

Die Kretinenliteratur enthält eine recht gute und sorgfältige Kasuistik, in welcher auch anthropologisch verwertbare Angaben über die äußere Erscheinung der Kretinen ziemlich reich vertreten sind; ich nenne vor allem die Werke von MAFFEI (33) und von SCHOLZ (39), welch letzterer ein riesiges Zahlenmaterial über Körpergröße, Rumpf, Extremitäten, Schädel und Gesicht zusammengebracht und gründlich verarbeitet hat. Wenn auch seine Methodik gelegentlich von der des Lehrbuchs abweicht, so bilden doch heute noch seine Tabellen eine unerschöpfliche Fundgrube von bleibendem Wert. Es erhob sich für mich die Frage: soll ich mich darauf beschränken, im Rahmen meiner Arbeit die anthropologisch brauchbaren Angaben anderer Autoren (in erster Linie diejenigen von SCHOLZ) auszugsweise mitzuteilen? oder soll ich versuchen, auch über die Somatologie der Kretinen ein neues und völlig eigenes Material beizubringen? Ich habe mich für die erstgenannte Modalität entschieden und zwar aus folgenden Gründen: neues Material schien mir entbehrlich, weil das alte, SCHOLZsche, dessen Verwendung mir in liebenswürdigster Weise vom Autor zugestanden wurde, tatsächlich allen berechtigten Ansprüchen genügt und jetzt schon bündige Schlüsse zuläßt. Eine neue Materialaufnahme (mit Hilfe des MARTINschen Beobachtungsblattes) hätte die Fertigstellung meiner Arbeit ins Unabschbare verzögert. Den Beweis für die Richtigkeit meiner neuen Anschauungen über das Wesen und die Natur der kretinischen Entartung glaube ich durch den Abschnitt von der Osteologie der Kretinen so gut das überhaupt möglich ist, erbracht zu haben, und es genügt mir, wenn das Studium der äußern Erscheinung der Kretinen keine Ergebnisse zeitigt, die mit meinen osteologischen Untersuchungsergebnissen im Widerspruch stehen. Ergeben sich dabei übereinstimmende Schlußfolgerungen, so bedeutet der Umstand, daß Osteologie und Somatologie nicht vom gleichen Untersucher bearbeitet wurden, an und für sich wieder ein Argument von etwelcher Beweiskraft.

Ich werde also in diesem Abschnitt den Versuch unternehmen, im Anschluß an das Lehrbuch von MARTIN (448) die in der Literatur verstreuten Angaben über das äußere Aussehen der Kretinen zu sammeln, einige eigene Beobachtungen einfügen und nach Möglichkeit überall in der Somatologie der Kretinen den „roten Faden" der phylogenetischen Entwicklung verfolgen. Liegt einmal eine Sammelforschung über die Anstaltskretinen der Schweiz abgeschlossen vor (vgl. S. 38), so werden die meisten der jetzt noch unentschiedenen Fragen glatt erledigt werden können.

A. Körpermessungen; Wuchs und Wachstum.

Um für meine Zwecke verwertbar zu werden, mußte die große Tabelle 10 aus dem Werk von SCHOLZ einmal nach Geschlechtern und dann nach dem Alter getrennt werden; es ist dies unumgänglich nötig, wenn man Mittelzahlen erhalten will. Ich habe, wie auch schon SCHOLZ, die Grenze der kindlichen und der erwachsenen Kretinen bei einem Alter von 20 Jahren gezogen, obschon man nicht vergessen darf, daß die Entwicklung um diese Zeit bei den Kretinen noch weniger als abgeschlossen gelten kann, als bei den normalen Menschen.

1. **Die Körpergröße** ergab sich im Mittel bei 14 männlichen Kretinen zu 1467 und bei 27 weiblichen Individuen zu 1400; beide Gruppen standen im Alter von 20 bis etwa 60 Jahren. Die absoluten Zahlen bewegen sich bei den Männern von 1030 bis 1680 und bei den Weibern von 1150 bis 1595. Das Frequenzpolygon zeigt eine sehr langgestreckte Form ohne charakteristische Gipfel. Unter 31 Fällen haben bei MAFFEI (33) nicht weniger als 9 eine Größe von etwa 4 Fuß; auffallend sind bei diesem Autor einige Burschen von 5 bis 6 Pariser Fuß, also über 1800 mm. Hochgewachsene Kretinen sind sicher eine große Seltenheit; fast alle Autoren sind darin einig, daß sie für diese Menschenklasse mittlere und zwerghafte Größen angeben. Von Zwergwuchs kann freilich im Sinne des Lehrbuchs erst gesprochen werden, wenn die Männer durchschnittlich unter 1300 und die Weiber unter 1210 messen; die Kretinen sind somit als „sehr klein", aber nicht als richtige „Zwerge" zu bezeichnen. Es gibt in Afrika und Ozeanien Pygmäenstämme, deren mittlere Körpergröße noch unter den Kretinenzahlen zurückbleibt.

In Europa messen die kleinsten Leute, nämlich die norwegischen Lappen, immer noch 1523 im männlichen und 1450 im weiblichen Geschlecht. Die sexuelle Differenz ist auch bei den Kretinen deutlich ausgesprochen; sie bewegt sich ganz in normalen Grenzen.

Warum bleiben die Kretinen kleiner als ihre normalen Mitmenschen? Die Antwort auf diese Frage wird manchem einfach scheinen: er wird die Kleinheit als Folge des Schilddrüsenmangels ansprechen. Ist aber wirklich bei den kleinsten Kretinen eine Störung in der Schilddrüsenfunktion sicher nachgewiesen? Keineswegs! Unter den 31 Musterkretinen von MAFFEI finden sich Zwerge und große Burschen mit Kröpfen neben ebensolchen ohne Kropf. Es ist ja auch sonst bekannt genug, daß gerade die höchsten Grade der Entartung ohne Kropf anzutreffen sind, ohne daß nun etwa in diesen Fällen gänzlicher Schilddrüsenausfall angenommen werden dürfte. Ist Schilddrüsenmangel überhaupt die einzige denkbare Ursache von kleinem Wuchs? Die Lehre von der

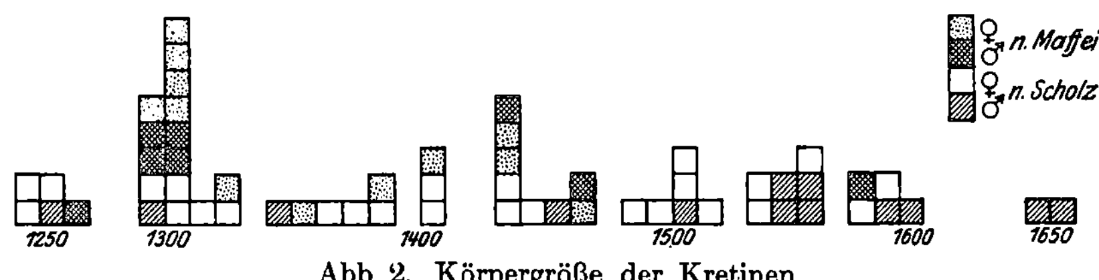

Abb. 2. Körpergröße der Kretinen.

Neotenie besagt das Gegenteil und davon, daß überall auf Erden Zwergwuchs durch A- oder Hypothyreose bedingt sei, ist gar keine Rede; abgesehen von Chondrodystrophie und infantilistischer Nanosomie (PALTAUFschem Zwergwuchs) bei sicher normaler Schilddrüse, gibt es einen rassenmäßigen Kleinwuchs, der mit Hypothyreose ganz und gar nichts zu tun hat. Es mag wohl der Zustand der Schilddrüse (wie übrigens auch allgemein hygienische Verhältnisse, Ernährung, Sport usw.) die Wachstumsgeschwindigkeit beeinflussen, die definitive Körpergröße scheint aber im wesentlichen ein unverlierbares Attribut der Rasse zu sein. In diesem Sinne scheint mir von größter Bedeutung die Tatsache zu sein, daß Kretinismus vorzugsweise in kleinwüchsiger Bevölkerung beobachtet wird. Auch wenn wir darunter $10^0/_{00}$ Kretinen annehmen, so genügt dieser Anteil doch nicht, um die Kleinwüchsigkeit der Gesunden zu erklären. Daß territoriale Ursachen die geringe Körpergröße verschuldet hätten, dagegen sprechen sehr viele Tatsachen (große und kleine kommen abwechselnd in allen Klimaten und in jeder Meereshöhe usw. vor); diese Idee ist nicht diskutierbar. Ich fürchte keinen Widerspruch, wenn ich sage: die geringe Körpergröße unserer Kretinen ist rassenmäßig bedingt oder dann ein Merkmal der Degeneration.

Das Wachstum der Kretinen ist bisher noch kaum ernsthaft studiert worden und es scheint tatsächlich Leute zu geben, welche eine spontane Entwicklung von Kretinenkindern für ausgeschlossen halten, wie auch leider einem großen Teil der Ärzte die Gesetzmäßigkeit der Längen- und Gewichtszunahme des normalen Kindes nicht genügend bekannt sind. Zweifellos ist die Entwicklung des Kretinenkindes im Vergleich zu normalen Altersgenossen mehr oder weniger, manchmal um 2 bis 5 Jahre und mehr im Rückstand. Ich habe nun versucht, eine der normalen entsprechende Wachstumskurve für Kretinenkinder zu konstruieren und will über das Resultat berichten. Der normale Wachstumsrhythmus wechselt bekanntlich beim Menschen in der Art, daß auf eine kurze Periode gesteigerten Längenwachstums jeweilen eine etwas längere Periode folgt, die bei fast gleichbleibender Länge durch eine erheblichere Gewichtszunahme gekennzeichnet ist. Die Perioden sind für Knaben und Mädchen nicht ganz übereinstimmend, indem sich die Mädchen erheblich rascher fertig entwickeln. Für europäische Kinder unterscheidet man (Lehrbuch, S. 229)

Periode	Wachstum	Knaben	Mädchen
Ia	sehr rasch	von der Geburt bis zum 2. Jahr	
Ib	rasch	vom 2. bis zum 6. Jahr bei beiden Geschlechtern	
II	langsam	„ 5./6. bis 10./12. Jahr	vom 5./6. bis 10. Jahr
III	beschleunigt	„ 12. „ 16./18. „	„ 10. „ 14./15. Jahr
IV	langsam	„ 18. „ 25. Jahr	„ 15. „ 18./20. „

Ganz ähnlich ist das Schema von STRATZ (470):
1. erste Fülle (Turgor primus) vom 2. bis 5. Jahr (vgl. Ib oben),
2. erste Streckung (Proceritas I) vom 5. bis 7. Jahr (vgl. II oben),
3. zweite Fülle vom 8. bis 10. Jahr (fällt ebenfalls in die II. Periode),
4. zweite Streckung vom 11. bis 15. Jahr (vgl III. Periode),
5. die Reifung (nach Eintritt der Pubertät).

Vom 11 b.is 14. Jahr sind die normalen Mädchen den Knaben an Körpergröße überlegen, in allen andern Jahren stehen sie ihnen an Länge nach. An Gewicht sind beide Geschlechter bis zum 9. Jahre gleich; hierauf pflegen die Knaben etwas schwerer zu sein, vom 13. bis 16. Jahr überwiegen aber auch an Gewicht die Mädchen, nachher wieder endgültig die Knaben. Es ist kaum nötig, auf die maßgebende Rolle der Sexualentwicklung hinzuweisen; sie tritt in all diesen Gesetzmäßigkeiten handgreiflich zutage. Es ist wichtig zu wissen, daß die Geschwindigkeit der Entwicklung unter günstigen äußeren Verhältnissen und bei guter Ernährung (was jeder Tierzüchter auch weiß!) gesteigert werden kann; es sind darum allgemein die Kinder höherer Stände größer als die Proletariersprößlinge, und die Stadtkinder sind immer größer als gleichaltrige Landkinder. (Das dürfte schließlich auch der Grund sein, warum die Rekruten der Städte die vom Land an Größe übertreffen; sie sind eben rascher gewachsen. Es muß daraus nicht unbedingt geschlossen werden, daß auch die definitive Körpergröße erwachsener Städter beträchtlicher sein müsse, als bei den Landbewohnern.) Inwiefern auch die Wachstumsgeschwindigkeit eine Funktion der Rasse ist, ist noch dunkel; O. RECHE (455) konnte die Entwicklung der Matupikinder in Neupommern studieren und fand dabei sehr interessante Abweichungen vom Typus, wie er bei uns die Regel bildet. Er fand die erste Streckung zwar wie bei uns vom 5. bis 7. Jahr, die zweite aber viel früher (schon im 9. bis 13. statt 12. bis 16. Jahr bei Knaben, im 9. bis 11. statt 11. bis 14. Jahr bei den Mädchen) und außerdem fand er, was bei uns nicht vorkommt, eine dritte Streckung (vom 16. bis 18. Jahr); die Mädchen fand er in allen Altersstufen größer als die Knaben, welche erst in der dritten Streckung über die Mädchen hinauswachsen. Das gleiche sah BAELZ bei den Japanerkindern (allerdings ohne dritte Streckung!), denen die Matupimädchen auch darin glichen, daß die Menarche erst nach Vollendung des ganzen Längenwachstums auftritt (in Europa fällt sie mit der zweiten Streckung zusammen). Auch die sekundären Geschlechtsmerkmale treten erst verhältnismäßig spät hervor, während die Dentition früher auftritt als in Europa. Diese Beobachtungen an Matupi- und Japanerkindern sind mit den landläufigen Anschauungen über die angebliche Frühreife der Naturvölker im Widerspruch. Ungenügende Ernährung kann nicht zur Erklärung herangezogen werden; es muß sich um eine Rasseneigenschaft handeln, und darum ist die verzögerte Entwicklung als Primitivmerkmal für die vorliegende Arbeit von einer gewissen Bedeutung.

Das Wachstum kann nach zwei verschiedenen Methoden studiert werden; einmal kann das gleiche Kind in periodischen Abständen der Messung (und Wägung! nicht zu vergessen) unterzogen werden und es kann für jedes Kind eine besondere Wachstumskurve angelegt werden: individuelle Methode. Die so erhaltenen Resultate sind unbedingt zuverlässig, aber sie erfordern lange Zeiträume, bis die ganze Entwicklung abgeschlossen ist und überschaut werden kann. Die andere, die generelle Methode, mißt eine möglichst große Anzahl Kinder jeder Altersstufe und berechnet für jede Altersklasse die Durchschnittsgröße; sie ist nur zuverlässig, wenn sie auf einem sehr großen Material fußt, in welchem die Individualschwankungen untergehen. Ich versuchte bei den Kretinen alle beiden Methoden anzuwenden.

Die individuelle Methode wurde bei den Insassen der Anstalt für bildungsfähige Schwachsinnige in Mauren (Thurgau) angewandt, an denen ich dank dem freundlichen und sehr dankenswerten Entgegenkommen des Hausarztes, Herrn Dr. MAX HAFFTER in Berg, Messungen teils selbst vornehmen, teils durch den Hausvater, Herrn OBERHÄNSLI, vornehmen lassen konnte; beiden Herren sei auch an dieser Stelle für ihre wertvolle Mitarbeit bester Dank ausgesprochen. Unter den Kindern finden sich etwa die Hälfte Kretinen und Kretinoide, die übrigen sind Idioten und Schwachsinnige. Gemessen wurde im Juni 1913, dann im März und im Oktober 1915 und im April 1916. Mit Ausnahme von zwei oder drei Kindern wurde keinerlei Thyreoidinbehandlung durchgeführt. Es ergab sich trotzdem bei allen Kindern eine z. T. sehr ansehnliche Längenzunahme; zwischen Kretinen und Idioten besteht kein großer Unterschied. Es sind nur die Altersklassen von 8 bis 15 Jahren vertreten und hier zeigt sich nun, wie aus den folgenden Zusammenstellungen hervorgeht, daß die jährliche Zunahme ein deutliches Maximum in der Altersklasse von etwa 10 oder 11 bis 13 Jahre aufweist und daß in dieser Periode die Zunahme nicht viel geringer ist, als bei normalen Kindern.

Bei der jetzt folgenden Zusammenstellung der Resultate ist auf Trennung der Geschlechter und Scheidung von Kretinen und Idioten keine Rücksicht genommen; die einzelnen Gruppen würden sonst zu klein, auch bestehen zwischen ihnen keine gesetzmäßigen Unterschiede. Die Vergleichszahlen sind der Tabelle Lehrbuch S. 231 entnommen. Die Zunahme betrug

A. In 2 Jahren (1913 bis 1915) bei den

| | Insassen der Anstalt Mauren | | Pariser | | Schaffhauser | |
	Individuell	Mittel	♂	♀	♂	♀
8jährigen .	15 cm	15	10,6	10,5	11,3	9,4
9 „ .	11, 9, 11	10,3	10,6	10,0	11,2	7,2
10 „ .	13, 11, 12, 10, 11	11,4	8,6	10,1	7,7	10,1
11 „ .	16, 8, 16, 7	12	7,3	12,0	7,5	11,2
12 „ .	11, 10, 0, 8, 11, 13, 9	9	11,5	14,2	9,2	9,7
13 „ .	6, 2, 6, 0, 11, 12, 4	6	16,2	11,4	11,7	9,4
14 „ .	6	6	14,5	5,6	8.9	9,9
15 „ .	0, 8	4	—		—	

B. In 1 Jahr (1915 auf 16)

	Individuell	Mittel	♂	♀	♂	♀
8jährigen .	4, 2, 1 cm	2,3	5,3	5,7	9,5	7,3
9 „ .	1, 4, 3	2,6	5,3	4,8	8,7	2,1
10 „ .	4, 3, 3, 2, 3	3	5,3	5,2	8,8	5,0
11 „ .	5, 3, 2, 0, 7	3,5	3,3	4,9	8,8	5,0
12 „ .	4, 5	4,5	4,0	7,1	9,4	6,2
13 „ .	2, 2, 8, 9, 9	6	7,5	7.1	8,7	3,5
14 „ .	11, 3, 3, 4, 4, 3	4,5	8,7	4,3	7,2	5,9
15 „ .	1, 1, 8, 6, 2, 0	2,5	5,8	1,3	4,4	4,0

Aus diesen Tabellen geht klar hervor, daß bei den Kretinen eine regelmäßige, und zwar absolut nicht unbeträchtliche Zunahme der Körpergröße besteht und daß diese genau wie bei normalen Kindern eine ganz bestimmte Periodizität aufweist, daß aber das Maximum des jährlichen Zuwachses (wenigstens in Tabelle A) deutlich früher eintritt, als bei normalen Kindern; die Wachstumskurve der Kretinen hat größere Ähnlichkeit mit der bei Schaffhauser, als bei Pariser Kindern; besonders bei den Schaffhauser Mädchen scheint ebenfalls das Zuwachsmaximum recht frühe zu liegen.

Für die generelle Methode habe ich die Längenangaben der Maurer Kinder mit den Zahlen von Scholz und von Wagner (zitiert nach Scholz; leider nicht nach Geschlechtern getrennt) vereinigt; Kinder, welche mehrfach gemessen wurden, finden sich auch mehrfach in der Tabelle aufgeführt, es ist also gewissermaßen (für die Kinder aus Mauren) die individuelle mit der generellen Methode kombiniert worden. Die Resultate wurden in Kurvenform aufgezeichnet und das Studium dieser Kurve scheint mir allerdings sehr interessant. Die Perioden stärkerer Streckung heben sich sehr deutlich darin ab. Es scheint aber die erste Streckung noch stärker getrennt zu sein, als bei normalen Kindern; normaliter folgt auf Ia sofort das etwas schwächer geneigte Teilstück Ib, bei den Kretinen schiebt sich aber zwischen Ia und Ib eine Periode von mehreren Jahren ein, wo das Wachstum fast völlig stillsteht. Es dürfte dies die Zeit sein, in welcher unter allerlei noch unbestimmten Erscheinungen (z. T. rachitischer Natur) die Kinder ihrer Umgebung zuerst als abnorm und unentwickelt auffallen. Der Kurventeil Ib kommt dann auf das 7. und 8., statt auf das 5. und 6. Jahr zu fallen. Es geht dann aber nicht gar lange bis zum Eintritt der zweiten Streckung, welche bei den Kretinen verfrüht (schon etwa zwischen dem 11. und 13. Altersjahr, statt ums 14. bei den Mädchen und ums 17. bei den Knaben) zu konstatieren ist. Das gleiche Resultat hat ja auch die individuelle Methode schon angezeigt. Da im allgemeinen die Mädchen größer sind als die Knaben und weiter die Periode der zweiten Streckung bei den Kretinen nicht mit der Pubertät zusammentrifft (die Pubertät kommt, wenn überhaupt, erst später), so besteht rein äußerlich betrachtet eine unverkennbare Ähnlichkeit mit der schon erwähnten Kurve von den Matupikindern. Und ich bin sogar geneigt, bei einer ziemlichen Anzahl Kretinen eine dritte Streckung (sehr spät; meist erst nach dem 20. Jahr) anzunehmen. Aus der Kurve ist sie freilich nicht ohne weiteres ersichtlich; es sind mir aber eine ganze Anzahl Kretinen bekannt, welche, früher von fast zwergartiger Kleinheit und lange Zeit fast gar nicht gewachsen, als Rekruten weit unter dem Militärmaß standen, aber dieses

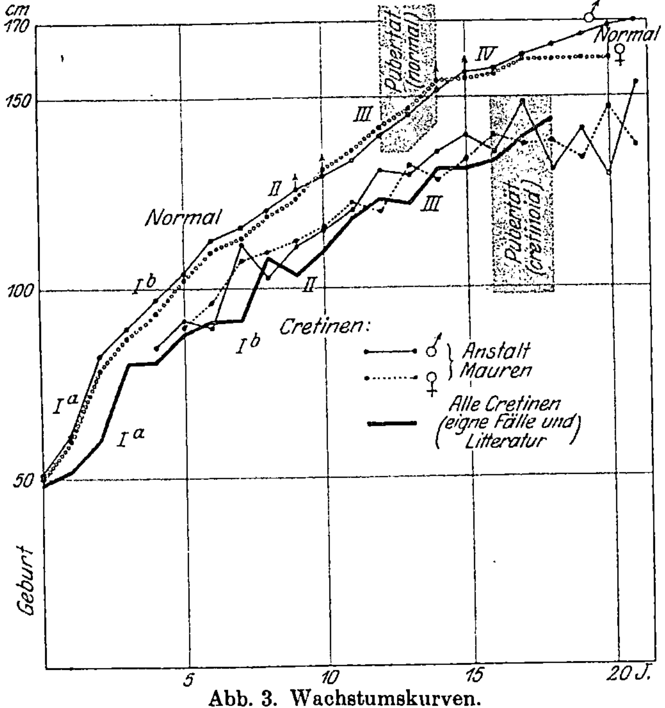

Abb. 3. Wachstumskurven.

doch später noch erreicht oder gar überschritten haben[1]. Auch in den Kurven von Schwerz (567) finde ich die dritte Streckung deutlich markiert, am schönsten in Fig. 53. Der Gedanke, ob es sich dabei nicht vielleicht doch um eine Rasseneigentümlichkeit handeln möchte, will mir daher als nicht ungereimt erscheinen. — Wenn man das Wachstum, wie es unter abnormen Verhältnissen sich abwickelt, verstehen will, darf man die Sätze von Boas (405/6) nicht übersehen. Boas fand, daß die Gesamtenergie, die für das Wachstum nötig ist, in sehr kurzer Zeit verbraucht wird; daß Individuen, deren Wachstum verspätet einsetzt, eine noch größere Wachstumsgeschwindigkeit aufweisen, als normale; daß die Körperentwicklung um so disharmonischer ist, je größer die Verzögerung (oder Beschleunigung) in der Entwicklung eines bestimmten Organs ist, da nicht alle Organe gleicherweise von der Verzögerung (bzw. Beschleunigung) betroffen

---

[1] Ob es sich dabei um eine rassenmäßige oder lediglich um eine pathologische Erscheinung handelt (verspätetes Erwachen einer innersekretorischen Tätigkeit?), das muß einstweilen noch dahingestellt bleiben.

werden. Diese Sätze gelten natürlich auch für Kretinen. Kommt ein bisher schwer vernachlässigter und im Wachstum zurückgebliebener Kretin plötzlich unter Verhältnisse, die das Wachstum begünstigen (z. B. Thyreoidinbehandlung, aber auch Anstaltspflege, bessere Ernährung usw.), so braucht man sich nicht zu verwundern, ihn eine Zeitlang sehr rasch wachsen zu sehen, darf aber auf diesen Umstand nicht allzu optimistische Hoffnungen gründen; ist der Wachstumsrückstand eingeholt, so stockt die Entwicklung neuerdings. Und die Kleinheit ist nicht das einzige, nicht einmal das wichtigste Symptom des Kretinismus.

Nach den Ergebnissen der experimentellen Neotenie muß man beim tierischen Wachstum unterscheiden

    1. die Massenzunahme (an Länge und Gewicht);

    2. die Metamorphose (Veränderung der Proportionen, der Ossifikation, der Behaarung und Bezahnung; Involution von Thymus, Tonsillen usw.; Pubertät;
       Stimmbruch usw.).

Die Metamorphose steht unter hormonalen Einflüssen, wobei aber nicht bloß die Schilddrüse in Betracht kommt. Da bei unsern Kretinen eine wenn auch verspätete Metamorphose stattfindet, so kann Insuffizienz der innern Sekretion bei ihnen keine große Rolle spielen. Auf alle Fälle verdient das Wachstum der Kretinen eine vermehrte Aufmerksamkeit.

Die Wachstumsänderungen in den Proportionen der einzelnen Abschnitte des Kretinenkörpers sollen im folgenden Alinea besprochen werden.

Über **das Körpergewicht** der Kretinen existieren meines Wissens in der Literatur keine Angaben und auch ich weiß darüber nichts zu berichten; für eine anthropologische Betrachtung ist Kenntnis des Gewichts unumgänglich notwendig.

Die Proportionen des lebenden Kretinenkörpers haben bei Scholz eine liebevolle Darstellung gefunden ,welche ich im folgenden mit gütiger Erlaubnis des Autors in ihren Hauptzügen mitteilen werde. Das wenige, was außer dem Werk von Scholz (39) in der Literatur enthalten ist, habe ich in der Einleitung zum Kapitel „Proportionen" im osteologischen Teil referiert; ebendort finden sich auch einige allgemeine Erwägungen über Aufgabe und Methoden der Proportionenlehre, so daß ich also hier sofort in medias res eintreten kann.

Rumpf.

Die Rumpflänge (mit dem Bandmaß gemessen) wird bei 14 Männern im Mittel zu 469 (400 bis 570) und bei 27 Weibern zu 434 (275 bis 555) mm angegeben; das macht in Prozent der Körpergröße bei den Männern 32,1 (26,4 bis 40,3) und bei den Weibern 31,0 (22,9 bis 46,6). Das ist entschieden eine größere relative Rumpflänge, als sie sonst bei normalen Europäern vorkommt (etwa 29,5 für ♂ und etwas über 31 bei ♀). Nach dem Lehrbuch findet sich eine beträchtliche Rumpflänge beim Föten und beim Neugeborenen, ferner bei mongoloiden Gruppen und beim Eskimo. Beim Kind nimmt sie bis zum 13. bzw. 15. Jahre ab und steigt dann wieder langsam an; ein ganz ähnliches Verhalten zeigt die nach Scholz gezeichnete Kurve bei den Kretinenkindern. Sie ist besonders beim weiblichen Geschlecht von großer Regelmäßigkeit.

Der Halsumfang mißt im Mittel bei den Männern 359 (290 bis 410) und bei den Weibern 348 (275 bis 470), d. h. 24,4 bzw. 24,8% der Körpergröße, während normalerweise der Halsumfang etwa ein Fünftel der Länge ausmacht. Es kommt hier in in erster Linie Struma in Frage.

Den Brustumfang fand Scholz bei zwei Kretinen klein, bei einem andern dagegen groß.

Die Länge des Brustbeins, welche nach Dwight 9,59 bzw. 9,08% der Körpergröße beträgt, fand Scholz sehr viel größer, nämlich 13,1% beim Mann und 12,3% beim Weib.

Der Bauchumfang ist mit 765 (590 bis 890) beim Mann und 772 (590 bis 970) beim Weib erheblich größer als normal. Bei den kindlichen Kretinen ist das Mißverhältnis (wie übrigens nicht anders zu erwarten) noch beträchtlicher; das ist auch von anderen Autoren schon oft berichtet worden.

Die Cristalbreite ist nach Scholz sehr gering.

Die Hüftbreite zwischen den Rollhügeln ist bei den Männern 298 und bei den Weibern 293, also 20,9 bzw. 20,3% der Körpergröße; das ist etwas mehr, als man bei normalen Menschen findet und dürfte wohl weniger auf Breite des Beckens, als auf ziemlicher Länge und abnormer Stellung der Schenkelhälse beruhen (Coxa vara.).

Die Conjugata externa ist klein; sie beträgt beim Mann 160 (= 10,9%) und beim Weib 167 (= 11,8%), während sie bei normalen Menschen etwa 12,6% der Körpergröße ausmacht. Etwas der extremen Lendenlordose der Buschleute Vergleichbares scheint auch bei Kretinen vorzukommen; MAFFEI (33) sagt darüber: „Das Becken traf ich häufig mit Neigung nach vorne, und mit verkürztem geradem Durchmesser an. Den Bug der Rückenwirbelsäule am heiligen Bein und in der Lendengegend traf ich meist größer an, als im normalen Zustand, so daß, namentlich im weiblichen Geschlecht, der untere Teil des heiligen Beins steißartig nach rückwärts steht und die ganze vergrößerte Gesäßpartie wie aufgeworfen hinaussteht, daher auch die Pfannengelenke weiter nach rückwärts gestellt sind und oft wegen der Haltung des Körpers gestellt scheinen." Damit steht im Einklang, wenn der Autor „die äußeren Genitalien und den Eingang zur Scheide etwas weiter nach rückwärts liegend" fand.

Schulterbreite, Nabelhöhe, Spannweite sind leider nicht bekannt.

Obere Extremität.

47b. Oberarmlänge „vom höchsten tastbaren Punkt des Caput humeri bis zum Condylus lateralis" muß als ein zu kurzes Maß bezeichnet werden. Trotzdem maß der Oberarm bei den so untersuchten Männern 273 (195 bis 320) und bei den Weibern 262 (190 bis 315) mm, somit erheblich mehr als bei meinen Skelettmessungen, wo ich als „größte Länge" 258 und als „ganze Länge" 256 mm erhoben hatte.

Die relative Oberarmlänge bestimmte SCHOLZ bei den Männern zu 18,6 (15,8 bis 20,3) und bei den Weibern zu 18,7 (16,0 bis 21,4); am Skelett berechnete ich 18,2 was mit den genannten Resultaten gut übereinstimmt, wenn man bedenkt, daß in meinen Fällen die Körpergröße nur ungenügend bekannt war. Normale Europäer haben in der Regel einen höheren Index (19 bis 20); eine geringe Oberarmlänge scheint für mongoloide Gruppen kennzeichnend zu sein, normale Kinder scheinen sich ähnlich zu verhalten. Bei den wachsenden Kretinen scheint dagegen der Index im Lauf der Jahre eher zu fallen, der Oberarm also im Wachstum etwas zurückzubleiben (vgl. Kurve); einigermaßen normal ist die Tatsache, daß auch bei den Kretinen die Mädchen einen etwas längeren Oberarm haben, als die Knaben gleichen Alters.

Den Vorderarm hat SCHOLZ nicht isoliert, sondern in Verbindung mit der Hand (bei flektiertem Arm vom Olekranon bis zur Spitze des Mittelfingers; mit dem Bandmaß) gemessen (vgl. Maß 48 [3] des Lehrbuchs); nach TOPINARD soll diese Länge 25,5% der Körpergröße sein. Bei den Kretinen fand sich im männlichen Geschlecht Vorderarm + Hand 418 (290 bis 460), im weiblichen Geschlecht 376 (320 bis 425) mm lang, somit 29,2 bzw. 26,9% der Körperlänge. Wenn man bedenkt, daß (wie auch SCHOLZ angibt) die Hand der Kretinen kurz („maulwurftatzenförmig") ist, so ist anzunehmen, daß der kretinische Vorderarm eine übernormale Länge haben muß. Meine Skelettmessungen haben in bezug auf dieses Merkmal kein eindeutiges Resultat geliefert. — Bei Kindern ist der Vorderarm verhältnismäßig lang, bleibt aber im Wachstum allmählich etwas zurück; auch soll eine bedeutende sexuelle Differenz bestehen, indem der weibliche Vorderarm wesentlich kürzer ist als der männliche. Das scheint auch bei Kretinen der Fall zu sein.

Die ganze Armlänge habe ich durch Addition der beiden Maße 47b und 48(3) zu berechnen gesucht. Dies scheint zulässig, da bei gestrecktem Arm die Olekranonkuppe etwa in gleicher Höhe mit dem Condyl. lat. hum. steht, wie an Röntgenbildern deutlich zu sehen. Wenn 47b den Oberarm etwas zu kurz angibt, so liegt die Korrektur darin, daß bei 48(3) ja die Haut usw. über dem Olekranon mitgemessen wird. Nach dieser Berechnung hat der ganze Arm bei den männlichen Kretinen eine Länge von 691 (610 bis 775) und bei den Weibern 638 (545 bis 735) mm, was 47,1 (42,1 bis 53,2) bzw. 45,6 (41,5 bis 47,8) % der Körpergröße ausmacht. Verglichen mit Tabelle S. 293 Lehrbuch haben also die Kretinen lange Arme, wie sie für primitive Völkerschaften so charakteristisch sind. Bei meinen Skelettmessungen habe ich die relative ganze Armlänge bei den Kretinen entschieden kurz gefunden; dieser Widerspruch verdient noch näher untersucht und aufgeklärt zu werden.

Langarmige Gruppen (Index über 45) sind Weddah, Tamilen, Aino, ferner australoide und negroide Stämme, kurzarmig sind dagegen vorwiegend Amerikaner, Mongoloide und Eskimo.

Während der Wachstumsperiode steigt regelmäßig bei normalen Menschen die relative ganze Armlänge besonders bei den Knaben (von 42 auf etwa 45); bei den Kretinen scheint das weniger zuzutreffen und in der Tabelle von Scholz scheinen die höchsten Indexzahlen auf jugendliche Kretinen zu fallen.

Die Hand bezeichnet Scholz als kurz, klein und maulwurfstatzenförmig; die Länge des Mittelfingers betrug in einigen daraufhin untersuchten Fällen zwischen 8 und 9 cm.

Untere Extremität.

55 (1a). Die Oberschenkellänge mißt Scholz von der Spitze des Trochanters bis zur Tuberositas epicondyli lat., was etwas weniger als die „größte Trochanterlänge" ergeben muß, und, wie ich im osteologischen Teil zeigen konnte, bei den Kretinen mit

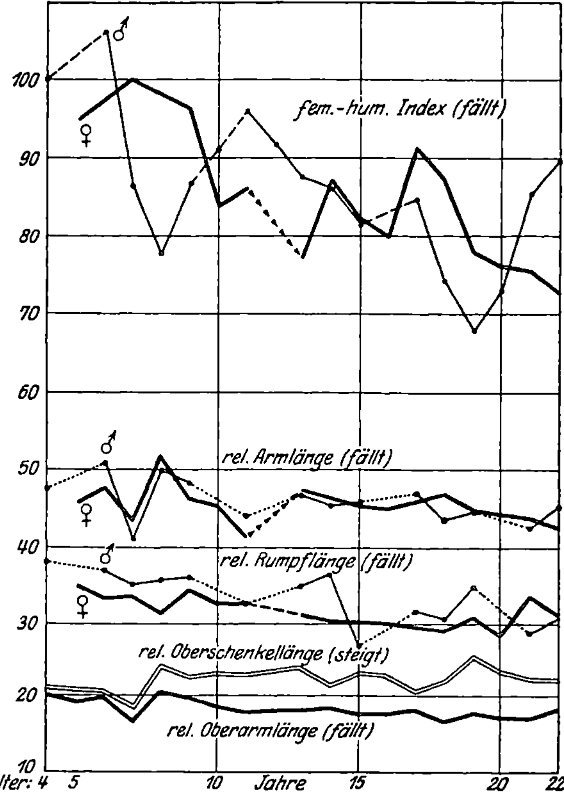

Abb. 4. Wachstumsänderungen der Körperproportionen bei Kretinen (nach Scholz).

der Femurlänge „in natürlicher Stellung" fast identisch ist. Scholz fand dieses Maß bei den männlichen Kretinen im Mittel zu 316 (200 bis 360) und bei den weiblichen zu 322 (270 bis 380) mm, somit sehr viel geringere Werte, als ich sie am Skelett erhoben habe (etwa 348 links; Scholz hat auch links gemessen). Diese Diskrepanz ist mir um so unbegreiflicher, als (wie erwähnt wurde) Scholz bei seinen lebenden Kretinen die Oberarmlänge wesentlich größer fand, als ich am Skelett. Es wäre denkbar, daß außer abweichender Technik rachitische Einflüsse die auffallende Kürze des Femur mitverschuldet hätten. Es ist unter diesen Umständen nicht zu verwundern, daß

die relative Oberschenkellänge, für die ich am Skelett Werte von etwa 25% der Körpergröße gefunden hatte, bei den lebenden Kretinen nur 21,6 (19,0 bis 24,2) bzw. 22,9 (20,6 bis 26,9) erreichte. An Vergleichsmaterial für Maß 55 (1a) bringt das

Lehrbuch u. a. Badener mit einem Index von 26,0; Japaner mit 22 bis 23; lange Oberschenkel haben auch Wedda, Tungusen, Buschmänner. Bei jungen Kindern ist der Index um 3 bis 4 Einheiten niedriger als zur Pubertätszeit; ein ähnliches Verhalten ergibt die nach Scholz' Zahlen gezeichnete Kurve bei Kretinenkindern.

Der Oberschenkel - Oberarmindex ist, wie nach dem schon Gesagten nicht anders zu erwarten, beim lebenden Kretinen abnorm hoch: 86,4 (68,7 bis 100) beim Mann und 81,3 (66,6 bis 96,2) bei der Frau; ähnliche Zahlen finden sich bei keiner Menschenrasse, man muß schon bis zu den Simiern hinuntersteigen, um vergleichbare Indexwerte zu bekommen. Am Skelett habe ich den Femoro-Humeral-Index auf 73,7 bestimmt, also auch noch höher als alle normalen Rassenmittel (Europa 71 bis 73, Neger um 69). Es kann sonach sicher der Oberarm der Kretinen als lang bezeichnet werden im Vergleich zum Oberschenkel, — wenn auch vermutlich der Index von 86 bzw. 81 bei einer Nachprüfung eine gewisse Korrektur nach unten erfahren wird. — Während der Entwicklungsperiode scheint bei den Kretinenkindern der Oberschenkel-Oberarmindex zu fallen; anfänglich liegt er (wie bei den Affen) um 100, d. h. Oberarm und Oberschenkel sind fast gleich lang; im Lauf der Jahre verschiebt sich aber das Verhältnis, indem sich der Oberschenkel relativ mächtiger entwickelt. Man kann daher den hohen Oberschenkel-Oberarmindex der erwachsenen lebenden Kretinen auch als Anklang an infantile Zustände auffassen.

Die Unterschenkellänge ist aus den Angaben von Scholz nicht klar ersichtlich, da leider keine Einzelzahlen mitgeteilt, sondern nur angegeben wird, sie betrage 20,7 bis 24,1% der Körpergröße (das wäre ungefähr normal). Nach meinen Skelettmessungen darf ich aber mit aller Sicherheit behaupten, daß der Unterschenkel bei den Kretinen auffallend kurz ist.

Über den Fuß der Kretinen fehlen leider die Angaben fast vollständig; einzelne Autoren schreiben ihnen Plattfüße zu, mit welchem Recht entzieht sich meiner Beurteilung. Abstehende Großzehe bei Scholz Fig. 5, 8 (!), 12, 16 (l.?), 32.

Es scheint also die Proportionenlehre zu ergeben, daß der lebende Kretinenkörper durch einen langen Rumpf, durch lange Arme und durch kurze Beine gekennzeichnet ist; weitere Erhebungen sind aber dringend wünschbar, um noch bestehende Zweifel zu beheben. Nachdem das Längenwachstum der Extremitäten (und damit des Körpers und seiner Proportionen als Ganzes) in weitgehendem Maße vom Zustande der Ossifikation in den Epiphysenlinien abhängig ist und da die Schilddrüse auf die Verknöcherung nachgewiesenermaßen von einigem Einfluß ist, so wäre es nicht ungereimt, zur Erklärung der abweichenden Proportionen bei den Kretinen an thyreoidale Störungen zu denken. Die eingehende Analyse eines Athyreoseskelettes hat mir aber ein annähernd normales Verhalten mit sehr kurzen Armen und langen Beinen ergeben, so daß ich nicht zögere, zu behaupten, daß nicht eine Störung der inneren Sekretion die maßgebende Ursache der charakteristischen Proportionen der Kretinen sein könne, daß diese vielmehr in rassenmäßigen Einflüssen gesucht werden müsse. Eine Infektion, sei's durch Trinkwasser oder durch Kontakt, kann schon gar nicht in Frage kommen.

Die Wachstumsänderungen der Proportionen, die wir in typischer Weise auch beim kindlichen Kretin beobachten, bestätigen das was wir auch sonst, z. B. am Schädel und am Becken, konstatieren, nämlich den Übergang der kindlichen Formen in die des geschlechtsreifen Individuums; *der Kretin wächst nicht allein, er metamorphosiert auch.* Es kann sich also hier nicht bloß um Neotenie handeln.

B. Kephalometrie.

Während die Kraniometrie sich mit Messung und Beschreibung der skelettierten Schädel abgibt, so ist Gegenstand der Zephalometrie das Studium des mit Weichteilen umgebenen Kopfes am lebenden Menschen. In dem Werk von Scholz (39) hat gerade dieses Kapitel eine ausgezeichnete und sehr minutiöse Bearbeitung gefunden, auf welche ich hiermit Interessenten verweise. Ich beschränke mich darauf, aus den Angaben von Scholz auszugsweise das mitzuteilen, was mir für die Rassenzugehörigkeit der Kretinen wichtig und bezeichnend zu sein scheint. Scholz hat seine Kretinen sowohl mit normalen Deutschen, wie auch mit Geisteskranken und Verbrechern verglichen, jedoch nur vereinzelt mit entsprechenden Angaben über Messungen an primitiven Völkerschaften. Man wird es mir also hoffentlich nicht als Plagiat auslegen, wenn ich die musterhaften Zahlen und Tabellen von SCHOLZ nach dieser Richtung hin soweit möglich ergänze.

I. Gehirnschädel.

a) Durchmesser:

1. Die größte Länge des Kopfes war bei 13 männlichen Kretinen über 20 Jahren im Mittel 178 (165 bis 190) und bei 29 weiblichen Individuen 170 (145 bis 190) mm, was mit der größten Schädellänge von 173 bzw. 166 gut übereinstimmt. Noch geringer als bei den Kretinen ist laut Lehrbuch bloß die Kopflänge der Andamanen; etwa ebenso groß ist dieses Maß bei den Großrussen mit 179 und 172 mm; Buschleute und ozeanische Pygmäen haben schon längere Köpfe.

3. Die größte Breite war bei den Männern 154 (143 bis 161) und bei den Weibern 146 (126,5 bis 159) mm (gegen 143 bzw. 139 am Skelett). Das ist gar nicht so sehr wenig; an Breite übertreffen die Kretinen ein wenig die schon erwähnten Großrussen und stehen etwa auf gleicher Stufe wie Tschuktschen, Tungusen und Eskimos (bei welchen allen aber das zugehörige Längenmaß erheblich größer ist). Ob die relativ ansehnliche Kopfbreite der Kretinen (im Vergleich zur Schädelbreite) auf beträchtliche Dicke der Weichteile oder auf abweichende Technik zurückzuführen ist, das vermag ich nicht zu entscheiden.

15. Die Ohrhöhe wurde von SCHOLZ bei 13 Männern zu 117 (100 bis 127; in einem exzessiven Fall 143,5) und bei 26 Weibern zu 109 (96 bis 122; in je einem Fall 133 und 160) mm bestimmt; läßt man die erwähnten exzessiven Maxima aus der Berechnung weg, so erniedrigen sich die Mittelzahlen um etwa 2 bis 3 mm. Am Skelett fand sich nach Tabelle 150 von SCHOLZ eine Ohrhöhe von 112 bzw. 106 mm, somit eine erfreuliche Übereinstimmung. Sieht man von vereinzelten abnorm hohen Köpfen (Turmschädeln?) ab, so kann man mit großer Sicherheit sagen, daß die Ohrhöhe der Kretinen überaus gering ist; alle vom Lehrbuch angeführten Rassenmittel dieses Maßes stehen höher als die für Kretinen berechneten Werte. Sehr geringe Ohrhöhe scheinen allgemein die mongoloiden Stämme, dann aber auch die alpine Rasse (Schweizer) darzubieten. Auch bei fossilen Menschenrassen und bei den Simiern ist die Höhe des Kopfes nur unbedeutend.

Länge, Breite und Ohrhöhe sind naturgemäß bei jugendlichen Kretinen etwas geringer als bei erwachsenen; die Unterschiede schwanken jedoch (in Anbetracht der nicht sehr zahlreichen Individuen jeder Altersstufe) so unregelmäßig, daß sich Alterskurven nicht bilden lassen. Bekanntlich ist das Wachstum des Kopfes schon sehr früh abgeschlossen; vom zweiten Jahr an nimmt der Umfang nur noch wenig zu. Mindestens vom 10. Jahr ab liegen die Schädelmaße von Kretinenkindern durchaus innerhalb der Variationsbreite der erwachsenen Kretinen, könnten somit unbedenklich zur Berechnung von Mittelzahlen mitverwertet werden.

b) Umfänge:

45. Der Horizontalumfang beträgt bei 14 männlichen Kretinen im Mittel 548 (520 bis 585) und bei 28 Frauen 512 (440 bis 550) mm, d. h. also etwas mehr als bei Pygmäenrassen, aber doch weniger als bei den Russen, Mongolen oder Deutschen; am Skelett waren die entsprechenden Werte 516 bzw. 499. Die Kretinen haben sicher keinen auffallend geringen Kopfumfang; man darf daraus aber nicht auf eine bedeutende Entwicklung des Gehirns schließen!

48. Der Sagittalumfang betrug nach den Angaben von SCHOLZ bei 13 Männern 303 (280 bis 330) und bei 22 Weibern 300 (230 bis 340) mm (die Skelettmaße sind in diesem Punkt nicht vergleichbar; vgl. S. 127). Das sind extrem niedrige Werte, die einzig von den Buschleuten noch unterboten werden. Wenn man aber weiß, daß Länge und Höhe des Kopfes bei den Kretinen gering sind, so muß selbstverständlich auch der Sagittalbogen klein sein. — SCHOLZ berechnet aus der größten Länge und dem Sagittalumfang einen „Krümmungsindex des Sagittalbogens", der bei den erwachsenen Männern 58,7 (52,9 bis 66,7) und bei den Frauen 56,6 (48,8 bis 64,2) beträgt; nach BENEDIKT wird 53,8 als normal bezeichnet. Ein hoher Index bedeutet flache Kurvenform.

49. Der Transversalumfang erreicht bei 13 Männern 257 (230 bis 290) und bei 22 Weibern 249 (205 bis 270) mm; normalerweise soll er den Mediansagittalbogen um

etwa 10% übertreffen, während umgekehrt für die Simier ein relativ größerer Sagittalumfang charakteristisch zu sein scheint. Sind die Zahlen von SCHOLZ nicht etwa durch abweichende Technik bedingt, so hätten wir bei den Kretinen in diesem Punkt eine anscheinend sichere Tierähnlichkeit vor uns, denn sowohl im Mittel wie auch in allen Einzelwerten ist bei ihnen der Sagittalumfang größer als der Transversalbogen (dies trifft gleicherweise auch für den skelettierten Schädel zu). Es sei dieses Merkmal Nachuntersuchern dringend empfohlen. Der Krümmungsindex des Transversalbogens ist bei den kretinischen Männern 60,0 (55,0 bis 64,3) und bei den Weibern 58,6 (51,9 bis 64,6), ist also, wie SCHOLZ hervorhebt, nur wenig höher als der Sagittalbogen; Vergleichszahlen fehlen.

c) Schädelkapazität beim Lebenden:

Es gibt (vgl. Lehrbuch S. 174) mehrere nicht allzu zuverlässige Methoden, aus Länge, Breite, Höhe, — oder aus dem Horizontalumfang die Schädelkapazität (und sogar das Gehirngewicht!) wenigstens annähernd zu bestimmen. Ich unterlasse aber solche Berechnungen, einmal weil über die Dicke der Weichteile des kretinischen Kopfes (deren Kenntnis zur Berechnung unerläßlich ist) keinerlei Anhaltspunkte vorliegen, und dann aus dem Grunde, weil ich für die skelettierten Schädel schon Kapazitätsberechnungen gemacht habe, diese Frage daher als erledigt betrachten darf.

d) Indizes:

Der Längenbreitenindex des Kopfes ist bei den männlichen Kretinen im Mittel 86,5 (sämtliche sind brachy- und hyperbrachyzephal), bei den weiblichen etwas geringer, nämlich 85,9 (2 Dolicho- und 1 Mesocephale, alle übrigen brachy- und hyper- bis ultrabrachyzephal). Für Details sei auf das Werk von SCHOLZ mit seinen überaus sorgfältigen Zusammenstellungen verwiesen. Schon SCHOLZ hebt die exzessive Brachy

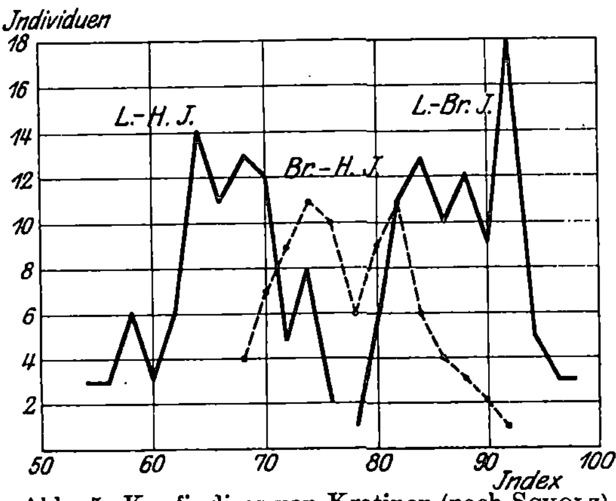

Abb. 5. Kopfindizes von Kretinen (nach SCHOLZ).

zephalie der Kretinen hervor, wodurch sich dieselben sowohl vom normalen Deutsch-Österreicher (mit einem Index von 76 bis 83) wie auch ganz besonders von den in der Regel exzessiv dolichozephalen Geisteskranken und Verbrechern unterscheiden. Es entspricht durchaus der allgemeinen Regel, wenn an den lebenden Kretinen der Index ziemlich höher angetroffen wird, als am Skelett (vgl. S. 130). Ich habe auch diese Indexreihe in einem Frequenzpolygon dargestellt und dazu ohne Bedenken auch die jugendlichen Kretinen mitverwertet; die so erhaltene Kurve zeigt (genau wie die vom skelettierten Schädel) ein unverkennbares Maximum bei einem Indexwert von 81 bis 83, außerdem aber ein zweites Maximum beim Index 91. Nimmt man nach dem bekannten statistischen Kunstgriff je zwei Indexklassen zusammen, so gewinnt die Kurve eine gleichmäßigere Form mit besserem Zusammenhang.

Über die Bedeutung der kretinischen Brachyzephalie kann ich mich an dieser Stelle kurz fassen, da ich beim Kapitel „Schädel" näher darauf eingetreten bin. Wenn man sieht, wie allgemein die sogenannte „Endemie" überall dort vorkommt, wo auch die gesunden Menschen hochgradig brachyzephal sind (es sei nur an Oberitalien, die Schweiz und Österreich erinnert), so verbietet sich schon dadurch die Annahme, als ob etwa eine innersekretorische Störung die Ursache dieser Kopfform wäre. Die Kopfform ist sicher eins der wichtigsten, unverlierbar vererbten Rassenkennzeichen. Besonders bemerkenswert sind unter den sonst durchweg rundköpfigen Kretinen eine Anzahl „weißer Raben" mit langer Kopfform, namentlich wenn diese zugleich (wie z. B. in Beobachtung 66 von SCHOLZ) von geringer Höhe ist. — Will man Rassenmittel von ähnlicher Höhe wie bei den Kretinen finden, so muß man schon bis zu den Armeniern (bzw. Dalmatinern) oder nach Norden zu den Lappen (83,4), Samojeden, Burjäten und deren Verwandten gehen. Erinnern wir uns, daß nach v. Luschan Brachyzephalie immer auf asiatischen Ursprung, auf armenoide oder mongoloide Verwandtschaft deutet; es besteht nicht ein einziger zwingender Grund, die kretinische Brachyzephalie anders aufzufassen.

Der Längenohrhöhenindex des Kopfes bleibt an der unteren Grenze der Hypsizephalie; er erreicht bei 12 erwachsenen männlichen Kretinen 65,7 (56,1 bis 75,5) und bei 26 Weibern 64,1 (55,6 bis 86,4; letzteres ganz vereinzelt stehend). Das Frequenzpolygon, auch dieses unter Mitverwertung der Jugendlichen, zeigt in der Höhenlage von etwa 60 bis 75 eine ziemlich kompakte Anhäufung; ein Blick auf die entsprechende Figur vom skelettierten Schädel zeigt, daß beim Skelett dieser Index etwas tiefer liegt und sein Maximum um 64 hat. — Es ist kein Widerspruch, wenn ich sage, daß die Kretinen im allgemeinen niedrige Köpfe haben, obschon sie doch noch zur Gruppe der Hypsizephalen gehören. Man muß bedenken, daß nicht nur die Ohrhöhe, sondern auch die Länge absolut sehr gering ist und daß einzelne pathologische Schädelformen (Turm-

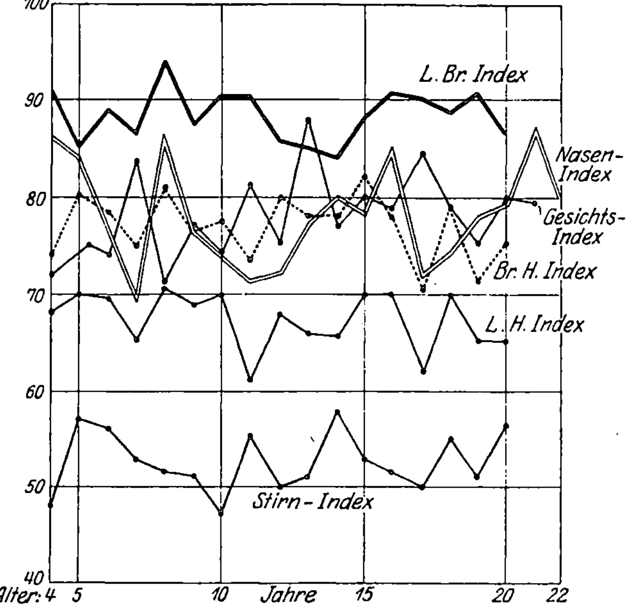

Abb. 6. Wachstumsänderungen der Kopfindizes bei Kretinen (nach Scholz).

schädel) den Durchschnitt nach der Höhe zu verschieben, ferner daß überhaupt die meisten Rassenmittel im Bereich der Hypsizephalie liegen (chamäzephale Gruppen sind gar keine bekannt, orthozephale nur sehr wenige: Letten, Russen, Schweizer, mit 60 bis 61 im Mittel). Flache Kopfform findet sich nach Lehrbuch besonders bei den reinen Mongolen, Ostjaken, frühhistorischen Europäern, Guanchen, Australiern, auch bei der Neandertalrasse; hohe Köpfe haben Eskimo, Japaner, Chinesen, gewisse Amerikaner und zweifellos auch zahlreiche alpenländische Rundköpfe vom planokzipitalen armenoiden Typus; Lappen 75,6.

Der Breitenohrhöhenindex zeigt die extrem niedrige Kopfform der Kretinen sehr deutlich an; natürlich! die Breite ist bei den Kretinen lang nicht in dem Maße vermindert, wie die Länge des Kopfes. Der fragliche Index ist im Mittel bei 12 Männern 76,0 (64,5 bis 89,1) und bei 26 Frauen 74,6 (64,7 bis 106,6; dies ganz aus der Reihe fallend). Ganz ähnliche Werte weist er am Schädel auf, und auch die Frequenzkurven sind übereinstimmend von etwa 70 bis 82 am höchsten. Für die Schweizer gibt das Lehrbuch (im Anschluß an Wettstein) ein Mittel von 75,3, welches niedriger ist als alle andern Rassendurchschnittszahlen; bei einigen, z. B. bei den Eskimo, erreicht dieser Index eine Höhe von über 95.

Wachstumsveränderungen der Kopfindizes können aus den Tabellen von SCHOLZ, da sie für jede Altersklasse nur wenige Individuen umfassen, kaum mit Sicherheit nachgewiesen werden. Der Längenbreitenindex, der normalerweise vom 6. bis 20. 20. Jahr um etwa 2 Einheiten abnimmt, scheint auch bei den Kretinen in jungen Jahren eher etwas höher zu liegen; es wäre demnach die geringe „größte Länge" der Kretinen nicht lediglich als Persistenz eines infantilen Zustandes zu deuten. Der Breiten- (und weniger deutlich auch der Längen-)höhenindex steigt bei normalen Kindern in der Wachstumsperiode um etwa 2 Einheiten; bei den Kretinen zeigt die entsprechende Kurve bloß vom 9. bis 15. Jahr ein einigermaßen ähnliches Verhalten (vgl. Abb. 6).

Im ganzen läßt sich also sagen, daß der mit Weichteilen umgebene Kopf der Kretinen durch geringe Länge und sehr geringe Höhe bei ordentlicher Breite ausgezeichnet ist; daß der Horizontalumfang zwar nicht groß, aber sicher auch nicht abnorm klein, und daß der Transversalbogen (wie bei den Simiern !) kleiner als der Mediansagittalbogen ist. Die Kretinen gehören zu den Hyperbrachyzephalen, und stehen unter Berücksichtigung ihrer Ohrhöhe an der untern Grenze der Hypsizephalie (Längenohrhöhenindex); in bezug auf den Breitenohrhöhenindex sind sie aber ausgesprochen tapeinozephal zu nennen. Ziemlich selten findet sich eine exzessive Höhenentwicklung (Turmschädel?), sehr häufig jedoch beobachtet man Asymmetrien.

II. Gesichtsschädel.

a) Gesichtsmaße im ganzen.

18. Die morphologische Gesichtshöhe mißt bei 13 erwachsenen Kretinen im Mittel 115, 4 (90 bis 150) und bei 27 Weibern 100 (81 bis 121) mm. Das Gesicht der Kretinen ist somit nicht abnorm niedrig; das Lehrbuch nennt eine ganze Reihe von Stämmen mit noch geringeren Werten, und es stehen die Kretinen etwa den Kirgisen am nächsten (114). Diese Tatsache ist nicht ohne Bedeutung; ich werde zeigen, daß die physiognomische Gesichtshöhe (welche bekanntlich die Stirn mitinbegreift) äußerst niedrig ist, und daraus ist zu schließen, daß das Gesicht der Kretinen wohl in seinem oberen, nicht aber in seinem unteren Abschnitt verkürzt erscheint, daß es sich also bei ihnen in diesem Punkt keinesfalls um ein infantiles Verhalten handeln kann, denn beim Kind findet sich eine relativ hohe Stirn über einem unentwickelten Untergesicht.

17. Die physiognomische Gesichtshöhe, von der eben die Rede war, hat SCHOLZ zwar nicht direkt gemessen, sie läßt sich aber aus der vorigen und der Stirnhöhe (vgl. Lehrbuch S. 167, Ziffer 24) durch Addition mit genügender Genauigkeit berechnen. Es ergibt sich dann für kretinische Männer ein Mittelwert von 168,7 (153 bis 217) und für Weiber 156,9 (122,5 bis 181,5) mm; wie schon bemerkt, sind alle vom Lehrbuch mitgeteilten Rassenmittelzahlen höher (sogar die Mawambipygmäen erreichen 170) und beruht die extrem niedere Zahl der Kretinen auf deren besonders geringer Stirnhöhe. Dadurch unterscheidet sich das Gesicht der Kretinen auch sehr deutlich von demjenigen der Chondrodystrophie; die Einziehung der Nasenwurzel ist beiden gemein und bedingt ohne weiteres eine gewisse Ähnlichkeit zwischen Chondrodystrophie und Kretinismus, aber die Entwicklung der Stirn unterscheidet die beiden Zustände doch mit aller Schärfe.

24. Die Stirnhöhe erreicht bei den männlichen Kretinen im Mittel 61,1 (45 bis 76) und bei den Frauen 56,8 (36 bis 78) mm; Normalzahlen zum Vergleich sind mir nicht bekannt, ich muß aber aus den oben genannten Gründen annehmen, daß die Stirn bei den Kretinen niedrig ist.

6. Die Jochbogenbreite fand SCHOLZ bei seinem Material zu 140 (122 bis 175) im männlichen und zu 129 (119 bis 141) im weiblichen Geschlecht, also ungefähr ebenso groß, wie sie vom Lehrbuch für normale Deutsche angegeben wird. Große Gesichtsbreite ist bekanntlich für Eskimo, Mongolen und Amerikaner so charakteristisch; die Jochbogenbreite der Kretinen ist nicht exzessiv. Das Lehrbuch hebt hervor, daß Mischlinge von Indianern und Weißen sofort an ihrer kleinern Gesichtsbreite kenntlich sind und ich neige zu der Ansicht, daß die relativ nicht allzu hohe Gesichtsbreite unserer Kretinen ähnlich (nämlich durch Rassenmischung) zu erklären sei. Auch am Skelett ergeben sich für Höhe und Breite des Kretinengesichts keine extremen Werte; vgl. dagegen ALLARA S. 44, MAFFEI S. 66. Die Berner Sektionsprotokolle (vgl. S. 85

hiernach) heben fast regelmäßig die große Jochbogenbreite hervor (ebenso die breite Nase).

Als Stirnbreite bezeichnet SCHOLZ den größten Abstand der Lineae semicirculares; wenn das nicht etwa ein Druckfehler und der kleinste Abstand (Maß 4 nach Lehrbuch, „kleinste Stirnbreite") gemeint ist, so würde diese „größte Stirnbreite" vielleicht der „temporalen Kopfbreite" (nach BROCA; Lehrbuch Maß 3a) oder vielleicht der Breite zwischen den äußern Augenhöhlenrändern (Maß 10) entsprechen. Diese Stirnbreite war im Mittel bei den Männern 114,1 (107 bis 121) und bei den Weibern 107,6 (89,5 bis 125), d. h. etwa 9 bis 10 mm größer als die Entfernung der äußeren Augenwinkel. Aus Breite und Höhe der Stirn ergibt sich ein Index von 53,6 im männlichen und 52,8 im weiblichen Geschlecht (mit einer Schwankungsbreite von 38,4 bis 67,1). SCHOLZ sagt: „In ähnlicher Weise wie die Malaien- und Chinesenschädel die Europäerschädel an größter Breite des Gesichtsskelettes übertreffen, zeigen auch meine Kretinengesichter größere Gesichtsbreite und geringere Stirnbreite." Normale Vergleichszahlen sind mir nicht bekannt. Die Stirnbreite beträgt 81,5 bzw. 83,4% der Jochbogenbreite (Jugo-frontalindex) und 74,1 bzw. 73,7% der größten Kopfbreite (transversaler Fronto-parietalindex); vergleichbare Normalzahlen sind mir nicht bekannt. Am Skelett fand SCHOLZ im Mittel

	♂	♀
Stirnhöhe	56,2	52,2
Stirnbreite, kleinste	97,4	91,6
„ größte	122,4	119,0

Von größerer Bedeutung sind die beiden folgenden Verhältniszahlen:

Der morphologische Gesichtsindex (morphologische Gesichtshöhe in Prozenten der Jochbogenbreite; hoher Index = schmales Gesicht) ist im Mittel bei 13 kretinischen Männern 82,4 (65,4 bis 122,9) und bei 27 Weibern 77,5 (61,1 bis 100,0); bevorzugt sind anscheinend die Werte von 74 bis 84 oder 89, also eury- und hypereuryprosope Gesichts-bildungen. In Anbetracht der hochgradigen Brachyzephalie der Kretinen ist diese Tat-sache nicht verwunderlich; auch am mazerierten Schädel findet sich ein Gesichtsindex von etwa 82. Der niedrige Index dürfte mehr auf einer bedeutenden Jochbreite, als auf geringer Gesichtshöhe beruhen. SCHOLZ sagt: je breiter der Schädel des Kretinen, um so breiter auch sein Gesicht; auch unter den Flachschädeln fand er relativ viele Breit-gesichter, und mit dem Höherwerden des Schädels wächst auch die Gesichtshöhe.

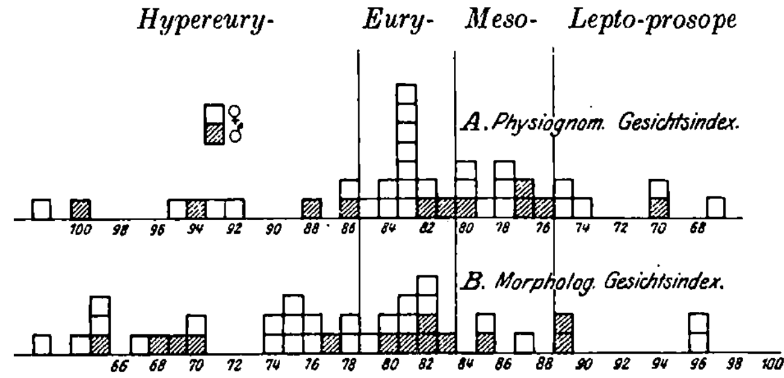

Abb. 7. Gesichtsindizes der Kretinen (nach SCHOLZ).

Der physiognomische Gesichtsindex (Jochbogenbreite in Prozenten der phys. Gesichtshöhe; hoher Index = breites Gesicht) kann zu 83,0 (56,2 bis 100,6) bzw. 82,2 (66,3 bis 102,5) berechnet werden; steht somit etwa ebenso hoch wie bei den Mongolen. Die verschiedenen Indexwerte dürften etwa nach folgendem Schema entsprechen

	A	B	C
Leptoprosope	bis 75	88 bis 93	90 bis 95
Mesoprosope	75 bis 80	84 bis 88	85 bis 90
Euryprosope	80 bis 95	79 bis 84	80 bis 85
Hypereuryprosope . .	über 95	bis 79	bis 80

wobei A den physiognomischen, B den morphologischen Gesichtsindex des Kopfes und C den Gesichtsindex des Schädels bedeutet. Es sind von den Kretinen

	nach A	nach B
Leptoprosope	6	5
Mesoprosope	9	3
Euryprosope	13	12
Hypereuryprosope	10	20

Es finden sich bei SCHOLZ auch für wachsende Kretinen brauchbare Gesichtsmaße; dieselben verzeichnen sämtlich mit den Jahren eine ziemlich regelmäßige Zunahme. Ich verzichte darauf, sie im einzelnen anzuführen und beschränke mich auf die Beschreibung des morphologischen Gesichtsindex, welcher bei den Kretinen im Lauf der Entwicklung deutlich ansteigt; in den ersten Jahren (etwa bis zum Alter von 12 Jahren) bevorzugt dieser Index hypereuryprosope Werte, während später Euryprosopie vorherrschend wird. Dieser typische Entwicklungsgang, der demjenigen gesunder Kinder durchaus entspricht, ist von großer prinzipieller Bedeutung, zeigt er doch, daß wir es bei den Kretinen keineswegs bloß um ein Stehenbleiben auf kindlicher Entwicklungsstufe zu tun haben, sondern daß offenbar auch die kretinische Gesichtsbildung durch ganz bestimmte Rassenmerkmale bedingt ist. Auch der Stirnindex nimmt mit den Jahren zu, die Stirn wird also höher (vgl. Abb. 6).

Über die Obergesichtshöhe liegen keine Messungen vor; SCHOLZ teilt das Gesicht in eine Nasen- und eine Mundregion (erstere beträgt etwa 40, letztere etwa 60% der morphologischen Gesichtshöhe), da mir aber Vergleichszahlen nicht zur Hand sind, so gehe ich darauf nicht weiter ein.

Die Bigonialbreite der Kretinen ist ebenfalls am Lebenden noch nie gemessen worden; sie ist aber jedenfalls bedeutend, denn schon am mazerierten Unterkiefer wurde sie von SCHOLZ zu 98,4 bzw. 93,6 (Mittel bei Männern und Weibern) bestimmt. Normale Deutsche haben nach Lehrbuch 102, Chinesen 101, Melanesier 96, Neger 93; all das sind Leute, welche die Kretinen an Körpergröße gehörig übertreffen. ALLARA meint: „Der dicke und schwere Unterkiefer schiebt sich unter dem Oberkiefer hervor und verleiht dem Gesicht einen tierischen Charakter.“ Nach MAFFEI ist „der Unterkiefer in der Regel roh und stark gebaut, der vordere Winkel stumpf und somit der Kiefer breit; nicht selten ist er etwas vorragend und im ruhigen Gemütszustand des Kretinen etwas hängend. Feines zartes Kinn fand sich nirgends.“

Hier wäre nun auch über die vertikale (und horizontale) Profilierung des Gesichtes der Cretinen zu reden; leider liegen Winkelbestimmungen nicht vor[1]), und das wenige, was über die sicher vorhandene typische Prognathie bekannt ist, habe ich im Kapitel „Schädel“ zusammengestellt. Ich will bloß noch über die einzelnen Regionen des Gesichts anführen, was ich in der Literatur darüber finden konnte, und soweit es nicht schon an der eben erwähnten Stelle meiner Arbeit verwertet wurde. Daraus, daß der Kopf (bzw. Schädel) bei der „äußeren Erscheinung“ und bei der „Osteologie“ abgehandelt werden muß, ergibt sich leider eine gewisse, unvermeidliche Doppelspurigkeit, für die ich um Nachsicht bitten muß; der Leser mag beide Abschnitte fortlaufend vergleichen.

b) Augenregion.

Zunächst einige deskriptive Angaben !

MAFFEI (33) fand die Augen der Kretinen matt, trübe, schläfrig, fast nie fest blickend (es gibt übrigens weite Gebiete in der Schweiz, wo die Gewohnheit, dem Fremden fest ·in die Augen zu blicken, fast unbekannt ist !), in gehöriger Entfernung tiefliegend („wie unter den polsterigen Lidern versteckt“), meist von brauner, blaßbrauner oder in einzelnen Fällen von blaugrauer Farbe; die Lider mehr oder weniger groß, dick und wulstig. In 4 von 25 Fällen schwaches Sehvermögen.

ALLARA (2) sagt: „Die kleinen, ziemlich weit voneinander abstehenden, schiefen Augen liegen tief in ihren Höhlen und werden von übermäßig buschigen Augenbrauen fast verborgen. Oft findet sich Strabismus, grauer Star ... Die Augen sind völlig ausdruckslos, die Lider ödematisch und entzündet; die Iris ist braun.“ MAFFEI hat dagegen weder Schielen, noch irgendwelche stärkere Behaarung beobachtet.

---

[1]) Solche wären vielleicht an den Skiagrammen von SCHOLZ nachzumessen.

Scholz (39) nennt die Augen klein, tief und weit auseinander liegend, versteckt unter geschwollen erscheinenden Lidern, die Lidspalte enge, zuweilen schief geschlitzt (!)[1]. — Aus diesen wenigen Angaben geht doch schon hervor, daß wir es an den Weichteilen der Augen bei den Kretinen mit Verhältnissen zu tun haben, die nur durch eine anthropologische Betrachtung verständlich werden, — mag immerhin die Schwellung der Lider gelegentlich einmal durch Myxödem bedingt sein. Soweit die größeren Abbildungen in dem Scholzschen Werk ein Urteil zulassen (Abb. 19, 24, 34), scheint bei den Kretinen (wie bei den Mongolen) die obere Begrenzung der Lidspalte nicht durch den Lidrand, sondern durch die den Lidrand überragende Deckfalte gebildet zu werden. Ob Epikanthus bei Kretinen häufig vorkommt, ist mir nicht bekannt, auch über das Vorkommen einer Plica semilunaris conjunctivae (= Rudiment einer Nickhaut; bei Negern und Hottentotten häufig mit besonderer Knorpeleinlage) bin ich nicht orientiert; es wäre aber bei späteren Untersuchungen auf diese Dinge zu achten.

Zahlenmäßig hat Scholz bei 13 Männern und 27 Weibern folgendes erhoben:

Abb. 8.

	beim ♂	beim ♀
äußere Augenwinkeldistanz	105 (97 bis 111)	97,8 (89 bis 113)
innere „	37,5 (30,5 bis 42)	33,4 (28 bis 40)
Breite der Lidspalte	34,0 (28 bis 39)	32,2 (27 bis 35,5)

Die Lidspalte wurde als halbe Differenz der Augenwinkelabstände berechnet. Ein Vergleich mit den Tabellen auf S. 422 und 430 des Lehrbuchs ergibt, daß alle Mittelzahlen ungewöhnlich hoch sind; ähnliche Werte finden sich nur bei den Kalmücken. Enge Lidspalten sind typisch für Mongolen wie auch für Buschmänner („eng" hier im Sinn der vertikalen wie der horizontalen Ausdehnung).

c) Nasenregion (vgl. Abb. 8 bis 10).

Die Nase der Kretinen beschreibt Scholz als eine kleine, häßliche Stumpfnase mit tiefer breiter Wurzel, breitem, wenig vorspringendem Rücken, breiten derben Flügeln und nach vorn oben sehenden großen Löchern. Andere Autoren haben sich ähnlich ausgesprochen; das Profil des Nasenrückens ist ausgesprochen konkav. Die typische Einziehung an der Nasenwurzel wird von allen Beobachtern geradezu als Stigma des Kretinengesichtes angesehen und ist auch in der Tat in hohem Grade charakteristisch. Sie galt lange Zeit (nach Virchow) als eine Folge der angeblichen „prämaturen Synostose der Schädelbasis" und es mag zugegeben werden, daß diese Erklärung für die Chondrodystrophie (bei der die eingezogene Nasenwurzel ebenfalls regelmäßig angetroffen wird) richtig sein kann. Da man diese angebliche „prämature Synostose" auf Rechnung eines Schilddrüsenausfalles setzte (übrigens mit Unrecht! denn beim wirklichen Schilddrüsenmangel bleibt die Synchondrose abnorm lang offen), so glaubte man, den typischen Gesichtsausdruck der Kretinen auf diese Art mit der „thyreogenen Ätiologie" in Einklang gebracht zu haben. Heute wissen wir, daß alle solche Theorien falsch sind; Stoccada (41) hat nachgewiesen, daß es eine „prämature Synostose" bei den Kretinen nicht gibt, daß diese hierin sich ähnlich verhalten, wie die Athyreose. Daß die ein-

---

[1] Auch Virchow schildert einen Kretin mit deutlichem Prognathismus, eingedrückter Nasenwurzel und „schief geschlitzten Augenlidern", wodurch das Gesicht etwas Niedrig-Komisches erhielt [vgl. Kassowitz (77) S. 38].

Finkbeiner, Entartung.

gezogene Nasenwurzel der Kretinen auf Schilddrüsenausfall beruht, könnte ich erst dann annehmen, wenn bewiesen wäre, daß auch die rassenhafte Einsenkung es Nasenrückens bei Buschleuten, Pygmäen usw. die gleiche Ursache habe; daran ist aber gar nicht zu denken. BAYON (3) hat die Beobachtung gemacht, daß die Kretinennase (die er eben deshalb nicht für pathognomonisch, also nicht für thyreogen bedingt ansieht) in Böhmen als Durchschnittstyp vorkomme. Und schließlich will ich daran erinnern, daß auch beim Neonat eine übereinstimmende Bildung der Nase anzutreffen ist; dieselbe auf Schilddrüsenmangel zu beziehen, verbietet sich schon in Rücksicht auf die mütterliche Thyreoidea.

Betrachten wir nun die Maße der Weichteilnase !

22. Die H ö h e wurde nicht gemessen.

13. Die B r e i t e der Nase war bei 13 Männern 37,1 (28 bis 40) und bei 26 Frauen 33,7 (30 bis 39) mm; für normale Europäer dürften 35 und 31 mm die Regel sein, es haben die Kretinen also auch zahlenmäßig breite Nasen. Bei der Buschmannrasse kommen aber noch viel höhere Mittelzahlen in Betracht (47 bzw. 44).

21. Die L ä n g e der Nase bestimmte SCHOLZ zu 45,3 (28 bis 59) bzw. 44,1 (30 bis 52) mm. Um zwei Extreme anzuführen, sei erwähnt, daß beim Europäer die entsprechenden Zahlen 52 und 49 sind, beim Buschmann dagegen 50 und 46 [nach KUHN (570)].

Der N a s e n i n d e x läßt sich daraus zu 81,9 (47,4 bis 135,7 !) im männlichen und zu 76,4 (56,4 bis 112,5) im weiblichen Geschlecht berechnen, ist also nicht exzessiv. Der Index dürfte bei den Kretinen mehr durch die Kürze, als durch eine abnorme Breite der Nase auf diesen Wert gebracht werden. Man kann die Kretinen noch an die obere Grenze der Mesorhinie setzen, welche laut Lehrbuch von 70 bis 85 reicht. Immerhin ist dieser Nasenindex inmitten einer sonst rein leptorhinen Bevölkerung auffallend genug; nicht nur die Europäer, sondern auch Tungusen und Eskimos sind leptorhin, Tataren und Kalmücken sind mesorhin (etwas weniger als unsere Kretinen); chamärhin sind eigentlich nur gewisse tiefstehende Ostasiaten, Neger, Buschmänner und Pygmäen. Es scheint also (mit aller Reserve natürlich !) die breite Nase der Kretinen ein sehr altertümliches Merkmal zu sein. SCHOLZ betont, daß seine Leptorhinen zumeist Individuen seien, die dem Idiotismus näherstehen, als dem echten Kretinismus. — Aus den für wachsende Kretinen angegebenen Indexzahlen läßt sich ein Niedrigerwerden des Index im Lauf der Entwicklung nicht erkennen.

F. VON LUSCHAN hat bei etwa 100 Engländern höherer Stände gefunden, daß die Entfernung der inneren Augenwinkel etwa 70 bis 109% der Nasenbreite ausmacht. Bei 39 Kretinen war die Nasenbreite bloß in 17 Fällen größer als die erwähnte Distanz, viermal bestand Gleichheit und in 18 Fällen überwog die innere Augenwinkeldistanz (um 1 bis 7 mm). Der VON LUSCHANsche Index wäre somit 101,1 bei den Männern und 99,1 bei den Weibern mit einer Limite von 83,3 bis 121,8.

d) M u n d g e g e n d (vgl. Abb. 8 bis 10).

ALLARA behauptet, die Lippen der Kretinen seien dick, groß, wulstig und vorspringend ,,wie bei den Negern‘‘; die Unterlippe hängt schlaff herab, der Mund wird halb geöffnet gehalten und läßt eine zu große Zunge erkennen. Dazu kommt dann noch eine widerliche Salivation. Andere Autoren haben sich ähnlich ausgesprochen (MAFFEI. SCHOLZ). Aufmerksame Betrachtung der Bilder bei SCHOLZ u. a. ergibt, daß die Mundspalte bei den Kretinen meistens sehr breit ist (Messungen liegen leider nicht vor); die Lippen können ganz normal ausschauen, dünn und gerade sein, mit richtigem Philtrum. In typischen Fällen mit charakteristischen Kretinengesichtern (breiten Nasen und verschwollenen Augen) findet sich aber auch die von den Autoren geschilderte fremdartige Lippenbildung: die Schleimhautlippen erscheinen dick, besonders die untere wird vorgestülpt, und die Integumentaloberlippe kann wohl einmal konvex sein (diese Form gilt bekanntlich als bezeichnend für exotische Pygmäen). Besteht zugleich, wie so häufig bei Kretinen, eine hochgradige Runzelung der Haut (besonders an der sorgenvoll gerümpften Stirn), so entstehen Bilder, die man ohne weiteres mit den bekannten Porträts von Buschmännern vergleichen kann (vgl. Fig. 19 bei SCHOLZ). Inwieweit es sich bei den beschriebenen Veränderungen um Myxödem handelt, vermag ich nicht zu sagen. Bemerkenswert scheint mir die Angabe von MARTIN (Lehrbuch S. 444): ,,Bei der Mischung von Europäern mit irgendwelchen dicklippigen farbigen

Rassen pflegen die dicken Lippen sich in höherem Maße zu vererben, als die feinen des europäischen Typus." Es dürften demnach dicke Lippen als Beweis für eine stattgehabte, wenn auch weit zurückliegende Rassenmischung angesehen werden.

SCHOLZ fand bei 11% seiner Fälle Mundatmung und bei 12% Speichelfluß; da bisher Salivation nicht als Rassenkennzeichen beschrieben worden zu sein scheint, so mag sie vielleicht durch eine thyreoidale Störung bedingt sein.

e) Das äußere Ohr.

Die Ohrmuschel des Menschen ist bekanntlich ein rudimentäres Organ, welches großen individuellen Schwankungen unterliegt und auffallend häufig atavistische Bildungen darbietet (sogenannte „Degenerationszeichen"). GANTER (63) fand Anomalien des Ohres (und der Irisfärbung) bei Epileptikern, Idioten und Geisteskranken sechs- bis zehnmal so oft wie bei Gesunden. v. WAGNER hielt diese Degenerationszeichen bei echten Kretinen für selten; SCHOLZ hebt demgegenüber jedoch ausdrücklich hervor, daß 40% seiner Kretinen mit solchen Anomalien behaftet gewesen seien. Er fand „beide Ohrmuscheln oft ungleich und unschön geformt. Die Ohrläppchen waren meist sehr klein, oft kaum angedeutet, häufig angewachsen. DARWINsches Spitzohr mit Knötchen im Helix, aufgerollter Helix, Cercopithecusohr, stark vorspringender Antihelix (WILDERMUTHsches Ohr), Fehlen der Fossa triangularis, wenig ausgebildeter Tragus und Mikrotie" waren die am meisten vermerkten Beobachtungen. Es sei daran erinnert, daß auch die Cagots an dem Fehlen des Ohrläppchens kenntlich waren[1]. Andere Autoren (MAFFEI, ALLARA) haben sich ähnlich, wenn auch lang nicht so klar und prägnant ausgesprochen wie SCHOLZ. Es hat aber noch niemand gewagt, diese Anomalien auf eine thyreoidale Ursache zurückzuführen zu wollen, und ist ja auch der bloße Gedanke an eine solche Erklärung etwas Absurdes. Hier handelt es sich ganz zweifellos um Atavismen. Ich betone das mit aller Schärfe; denn wenn an der Ohrmuschel Atavismen in gehäufter Zahl vorkommen, so hat man keinen Grund, der Annahme von Atavismen in anderen Körperteilen der Kretinen (z. B. am Skelett) besonders skeptisch und ablehnend gegenüberzustehen.

An 14 männlichen und 24 (bzw. 22) weiblichen Kretinenohren hat SCHOLZ folgende Maße erhoben:

	Männer	Weiber
29. Größte Länge	62,7 (58,0 bis 70,0)	57,8 (50,0 bis 65,0)
30. größte Breite	30,0 (24,0 bis 35,0)	28,5 (22,5 bis 35,5)
physiognomischer Ohrindex .	47,7 (38,8 bis 58,3)	49,3 (40,9 bis 59,3)
31. wahre Länge	31,6 (24,0 bis 38,5)	29,6 (25,0 bis 33,0)
32. Ohrbasis	47,2 (38,0 bis 52,0)	42,2 (25,0 bis 54,0)
morphologischer Ohrindex .	149,3 (129 bis 237)	142,6 (64 bis 230)
Ohrmodulus	46,3 (41,0 bis 52,0)	43,1 (36 7 bis 50,2)

SCHOLZ bezeichnet auf Grund seiner Messungen sämtlicher linearen Ohrmasse der Kretinen das Ohr derselben als wesentlich kleiner wie bei normalen Individuen und hebt den Gegensatz dieser zahlenmäßigen Kleinheit zum Eindruck der unbefangenen Beobachtung hervor, wonach es scheine, als ob die Kretinen auffallend große Ohren hätten; er erklärt diesen Widerspruch durch das Abstehen der Ohren und die angewachsenen, obzwar wesentlich verkleinerten Ohrläppchen. Die wahre Ursache der Unstimmigkeit dürfte aber darin liegen, daß der Autor die großen Ohren kleingewachsener Kretinen mit den Ohren von großwüchsigen Deutschen verglichen und auf den Unterschied der Körpergröße nicht genug geachtet hat. Im Verhältnis zur Körpergröße beträgt nämlich die „relative Ohrlänge" der Kretinen 4,27 im männlichen und 4,12 im weiblichen Geschlecht (bei normalen Norddeutschen 2,65, bei Russen 3,72); und die „relative Ohrbreite" beträgt (in beiden Geschlechtern) 2,03 (gegen 2,0 beim Deutschen und 1,78 beim Russen; vgl. Lehrbuch S. 469). In diesem Sinne muß man also sagen, daß die Ohren der Kretinen eher gößer sind, als ihrer Körpergröße entspricht. SCHOLZ hat aber wohl recht, wenn er in dem relativ wenig reduzierten Ohr seiner Kretinen (ausgedrückt in einem abnorm niedern morphologischen Ohrindex) eine größere Tierähnlichkeit erblickt. Sehr auffallend ist ferner der abnorm niedrige physiognomische Ohrindex. —

[1] Für Lappländer und Mongolen wird die gleiche Anomalie notiert, ebenso für Pygmäen und Buschmänner.

Gleich wie der Gehirnteil des Kretinenkopfes trotz aller individuellen Verschieden-heiten im ganzen doch „durch seine auffallend kurze, niedere und platyzephale Form, sowie durch die flachere Krümmung aller Bögen" (Scholz) ziemlich einheitlich gebildet ist, — so kann man zweifellos auch von einer typischen Gesichtsbildung bei den Kretinen reden. Dieselbe läßt sich etwa wie folgt kennzeichnen: das Gesicht ist nicht abnorm klein, aber breit und besitzt eine niedrige und schmale Stirn; durch die großen Kiefer bekommt es im ganzen eine viereckige Form und von der Seite gesehen deutliche Pro-gnathie. Die runzlige Haut, die gedunsenen Augenlider mit enger Lidspalte (gelegent-lich schief gestellt), die breite Nase mit eingesunkenem Rücken, der große Mund mit dicken, vorgestülpten Lippen und schließlich die vielfach mißgebildeten Ohren, — das gibt denn doch ein Gesamtbild, das jeder auf den ersten Blick wiedererkennt, wenn er

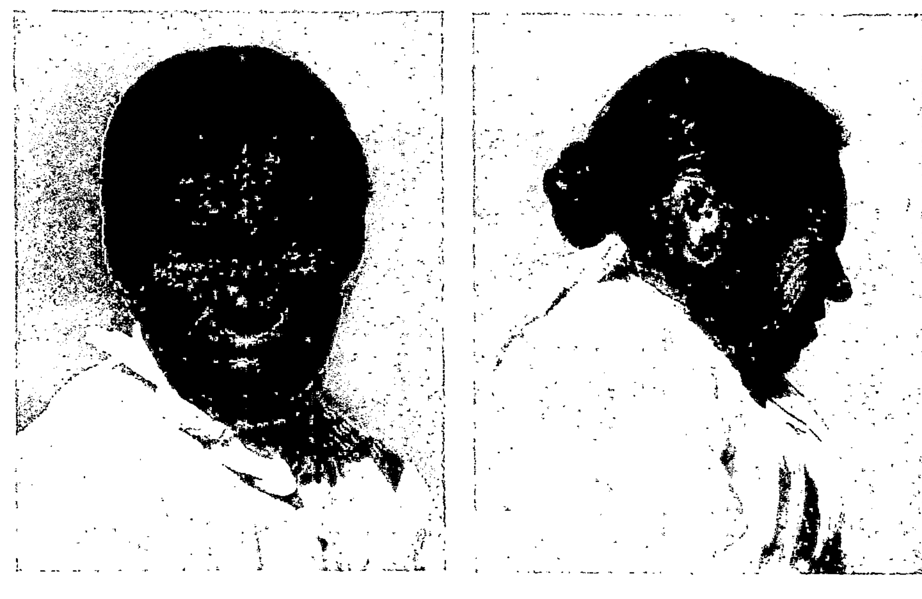

Abb. 9.   Abb. 10.

einmal darauf achtet[1]). Ich muß in diesem Punkt meinem verehrten Freund Dieterle (9) widersprechen, da er an Hand von Photographien zu zeigen versucht, daß die Ähnlich-keit sogar unter kretinischen Geschwistern geringer ist, als unter Myxödemfällen, die aus aller Herren Ländern aufs Geratewohl zusammengesucht und nebeneinander gestellt wurden. Gewiß ist die typische Ähnlichkeit der Myxödemkranken (wie übrigens auch der Mikromelen und der sogenannten Mongoloiden) unter sich noch ausgesprochener, als unter Kretinen verschiedener Provenienz; aber mir scheint, es heißt das Kind mit dem Bade ausschütten, wenn man eine „kretinoide Gesichtsbildung" überhaupt leugnet. Selbst-verständlich gibt es unter den Kretinen (entsprechend ihrer ganz verschiedenen Rassen-zugehörigkeit und Rassenmischung) recht verschiedene Typen, und auch das sehr wechselvolle Hervortreten der hypothyreotischen (oder myxödematischen) Quote und Komponente mag zu dem nicht ganz einheitlichen Ergebnis wesentlich beitragen. Aber trotz alledem scheint mir, man kann recht wohl aus der Zahl der Kretinen eine besondere (und zwar durchaus nicht etwa kleine) Gruppe herauslesen, bei der die oben geschil-derte typische „kretinoide Gesichtsbildung" mehr als bei den übrigen ausgesprochen und deren rassenhafte Ähnlichkeit z. B. mit dem Gesicht der Buschmänner (oder auch der Lappländer, Eskimos usw.; vgl. Ewald !) ganz unverkennbar ist. Es dürften dies

---

[1]) Die Ähnlichkeit ist bei Kretinenkindern vielleicht nicht allzu deutlich, prägt sich aber mit dem Alter immer mehr aus.

gerade die Individuen sein, bei welchen die myxödematöse Schwellung der Haut am wenigsten in die Erscheinung tritt. Sicher gibt es auch Kretinen (und echte Kretinen!) ohne diese typische Gesichtsbildung, wie ja überhaupt kein einziges Symptom des Kretinismus bei allen Kretinen ausnahmslos anzutreffen ist; aber nichts hindert uns, behufs besserer Definition und Abgrenzung eine bestimmte Gruppe als Musterkretinen hinzustellen. —

Wenn wir uns die gesamte erwachsene Bevölkerung unserer Alpenländer der Größe nach militärisch aufgestellt denken, so finden wir Kranke und Elende, wie auch Idioten und Kropfträger über die ganze Front verteilt[1]). Es will mir aber doch scheinen, als ob die Minusvarianten und die „Fehlschläge der Zucht" gegen den linken Flügel der Abteilung hin mehr gehäuft auftreten. Am weitesten links (oder am Schwanz der Kolonne) treffen wir zwerghafte Individuen mannigfacher Art. Diejenigen, welche bloß klein, aber sonst in Proportionen, Ossifikation und Morphologie des Skelettes ganz genau den Großen entsprechend gebildet sind, werden immer seltener und an ihre Stelle treten mehr und mehr andere, deren Kleinheit durch Infantilismen, glanduläre Insuffizienz oder durch Verkrüppelung (Rachitis) und durch Mikromelie (Chondrodystrophie, Osteogenesis imperfecta usw.) bedingt ist. Es mehren sich auch die Idioten und unter diesen fallen uns struppige Burschen von seltsamer Gesichtsbildung auf, die offenbar einer anderen Rasse angehören, als die große Mehrzahl der normalen Individuen; oder besser gesagt: bei denen allerlei primitive Rassemerkmale, welche den Großen auch nicht vollständig fehlen, in unverkennbarer Häufung auftreten. Das sind die Kretinen. Als solche kommt also nicht etwa der ganze linke Flügel von einer bestimmten Größe weg in Betracht, auch gibt nicht etwa der Zustand der Intelligenz oder der Grad von Funktionstüchtigkeit der Schilddrüse das Kriterium der Zugehörigkeit zum Kretinismus, sondern zu alledem kommt, was mehr oder minder deutlich alle Autoren gefühlt und ausgesprochen haben, als wesentliches Requisit das Vorhandensein von altertümlichen Rassenelementen und Rassenmerkmalen. Damit stellt sich der Kretinismus dar als eine unerläßliche Begleiterscheinung der Rassenmischung und als ein biologisches Problem im Sinne von AD. STEIGER (vgl. S. 372).

C. Integument.

I. Haut.

Die Hautfarbe der Kretinen gilt im allgemeinen als fahl, schmutzig wachsgelb, sogar als „kreidig" (woher ihr Name „Kretinen" [von creta = Kreide] stammen soll); auf den Wangen sitzt (nach MAFFEI) statt dem frischen Rot meistens eine gelbbraune Schattierung, die sich bis zu den Backen fortzieht. Aber nicht alle hierher gehörigen Individuen sind bleich; ALLARA berichtet: „In anderen Fällen trifft man dunklen, bräunlichen Teint, der an die Farbe von der Pellagra befallener Individuen erinnert, woher denn auch der Name ‚Marrone' (Kastanie) stammt, den man den Kretinen in einigen Gegenden beilegt." Auch VIRCHOW kennt diese Unterscheidung in Crétins und Marrons aus Savoyen; nach seiner Angabe sind die Marrons groß, mager, trocken, die Crétins klein und pastös. Ich halte es für wahrscheinlich, daß rassenmäßig den Kretinen eine bräunliche Hautfarbe zukommt; dafür spricht das Überwiegen der dunklen Augen und Haare, sowie die Abstammung dieser Geschöpfe. Nun scheint allerdings dieses ursprüngliche dunkle Kolorit nur bei denjenigen Kretinen erhalten zu bleiben, welche viel in frischer Luft leben und körperlich sich einer ordentlichen Gesundheit erfreuen; allen Zweifeln gegenüber betone ich: es gibt solche relativ gesunde Burschen auch unter echten Kretinen. Es muß aber zugegeben werden, daß unter den Kretinen, namentlich unter denjenigen der höheren Grade der Entartung, welche selten ihre Wohnung (und was für eine Wohnung! schmutzig, finster und schlecht gelüftet) verlassen, eine hochgradige Anämie beobachtet wird; inwiefern diese Anämie auf Hypothyreose beruht, interessiert uns bei dieser anthropologischen Darstellung wenig, — genug, daß sie als krankhaft, nicht rassenmäßig anzusehen ist; vgl. MAFFEI S. 155. Eine dunkle Haut-

---

[1]) Schon dies zeigt die wesentliche Verschiedenheit zwischen Kropf und Kretinismus; Kropf ist eine pathologische, Kretinismus eine biologische Erscheinung.

farbe ist für die meisten Primitiven kennzeichnend; es kommt aber auch das Gegenteil vor: so sind die Buschleute (gewiß eine sehr tiefstehende Menschenrasse) von ihrer Umgebung durch eine hellere Hautfarbe unterschieden. Es würde zu weit führen, auf alle Theorien über die Pigmentlosigkeit des Europäers [des H. africanus „pallidus" nach Schmey (610)], über Leukismus und Melanismus [Ed. Hahn (554)], über die dunkle Hautfarbe der Mulattenkinder (statt der zu erwartenden rein weißen bei mindestens einem Viertel der Nachkommen; angeblich ein Beweis für afrikanische Abstammung des Europäers) usf. hier näher einzutreten. Ich will bloß noch daran erinnern, daß man früher den Kretinismus mit dem Albinismus [Leukäthiopie nach Troxler (44)] in Beziehung brachte; man stützte sich darauf, daß auch die albinotischen Tiere oft schwach, blind oder taubstumm sind.

In Anbetracht der ethnologischen Stellung der Kretinen wäre es von erheblichem Interesse, zu wissen, ob der sogenannte „Geburtsfleck" oder „Mongolenfleck" bei ihnen häufig beobachtet wird; leider ist darüber gar nichts bekannt. Die von Scholz erwähnten Pigmentflecke, mit denen die Haut der Kretinen übersät ist, dürften auf mykotischen Erkrankungen der Haut beruhen.

Keiner der Autoren berichtet über Tätowage bei Kretinen und nach meiner Erfahrung ist dieselbe bei Kretinen unbekannt; diese verhalten sich also in dem Punkt (wie noch in manchem andern!) gerade entgegengesetzt zu den Verbrechern, bei denen bekanntlich eine phantastische Tätowierung sich unbegreiflicher Beliebtheit erfreut.

Der Ernährungszustand der Haut ist bei den Kretinen im allgemeinen sehr mangelhaft. Nach Angabe aller Autoren ist das Zellgewebe fettarm, die Haut daher gleichsam zu weit für den schmächtigen Körper und infolgedessen (namentlich am Kopf, im Gesicht, an Vorderarmen und Händen) stark gerunzelt. Die gleiche Erscheinung wird übrigens auch von den Negritos, den Buschleuten und afrikanischen Pygmäen berichtet, kann also wohl nicht einzig auf eine innersekretorische Störung bezogen werden, sondern dürfte für die Rassendiagnose verwertbar sein.

Hier ist auch über das Myxödem kurz zu sprechen, das (freilich nicht in der typischen Form) nach Scholz in etwa 35% aller Fälle zur Beobachtung kommt. Es handelt sich dabei um polsterartige Schwellung der Hand- und Fußrücken, in den Supraklavikulargruben (man hüte sich vor Verwechslung mit emphysematöser Auffüllung dieser Gruben, mit erweiterten Venen und vaskulösen Strumen daselbst!), endlich auch im Gesicht (an den Augenlidern); außerdem soll myxödematöse Infiltration der Rachengebilde (Zäpfchen, Gaumen) beobachtet worden sein. Es ist unbestritten, daß das Myxödem, wo es vorkommt, auf Ausfall der Schilddrüse beruht; wesentlich ist aber nicht die Tatsache, daß in etwa einem Drittel aller Fälle bei Kretinen Myxödem sich findet, sondern viel wichtiger ist für die Theorie und für die Auffassung vom Wesen dieses Zustandes die Tatsache, daß in zwei Dritteln aller Fälle das Myxödem fehlt! Wäre der Kretinismus nichts anderes als eine Erscheinungsform der A- oder Hypothyreose, so müßten ausnahmslos alle Kretinen mit dem typischen Myxödem behaftet sein.

Weiter wird berichtet, daß die Haut der Kretinen stark abschilfere und man scheint geneigt, auch diese Erscheinung (wie das Myxödem) für eine Folge des Schilddrüsenmangels zu halten. Diese Auffassung ist voreilig und unhaltbar. Das Abschilfern beruht auch bei den Kretinen nur auf einer mangelhaften Hautpflege. Ich habe unter den sehr reinlich gehaltenen Insassen der Anstalt Mauren die fragliche Desquamation nie gesehen, wohl aber ist sie in hiesiger Gegend etwas Alltägliches bei all den (gar nicht so seltenen) Menschen, welche sich in ihrem ganzen Leben überhaupt niemals baden und kaum regelmäßig waschen; daß nun auch schlecht gehaltene Kretinen abschilfern, ist selbstverständlich und dafür eine besondere „thyreogene Ätiologie" nicht nötig!

Auch die kritiklose Angabe, daß Kretine nicht schwitzen, bin ich nicht gewillt, unbesehen hinzunehmen. Einmal ist sie überhaupt nicht so ganz allgemein gültig (vgl. Scholz; Rösch-Krais; ich selbst sah in der Anstalt Mauren unter 23 sichern Kretinen mindestens 2, welche an einem nicht allzu warmen Tag ohne besondere Ursache erheblich schwitzten), und dann macht mich die Angabe stutzig [Kassowitz (77), S. 31], daß sogar beim infantilen Myxödem die mangelnde Transspiration durch Schilddrüsenmedikation angeregt werden könne! Es sind doch offenbar nur 2 Fälle denkbar: entweder die Haut enthält (auch beim Myxödem) Schweißdrüsen, oder sie enthält keine;

im ersten Fall muß unbedingt eine mehr oder weniger bedeutende Wasserabsonderung durch die Haut stattfinden (auch bei den Kretinen), im andern Fall aber (wenn eine solche totale Bildungsanomalie[1]) überhaupt vorkommt) ist unter allen Umständen die Schweißbildung und damit jede Wärmeregulation überhaupt unmöglich und das unglückliche Geschöpf muß elend zugrunde gehen. Aber es wird doch niemand glauben, ein paar Schilddrüsentabletten vom Schaf vermöchten Schweißdrüsen dort zu erschaffen, wo sie von Natur fehlen !

Infolge ihrer geringen Vitalität (in Verbindung mit geringer Reinlichkeit) mag die Haut der Kretinen mehr zu ekzematösen Erkrankungen geneigt sein, als bei gesunden. Ich möchte in diesem Zusammenhang noch anführen, daß das einzige Röntgenekzem, das ich in 12jähriger Röntgenpraxis erlebt habe, einen Kretin betraf; es waren demselben in einer Sitzung vom Knie zwei Aufnahmen gemacht worden. Diese Erfahrung mag immerhin zur Vorsicht mahnen, wenn sie auch vereinzelt steht (ich habe mindestens vier Dutzend Röntgenbilder von Kretinen aufgenommen, jedoch bloß diese eine Röntgenschädigung erlebt).

II. Haare.

a) Kopfhaare.

Die Haarfarbe der Kretinen fand MAFFEI mit sehr wenigen Ausnahmen mehr oder minder braun und er bringt sie in Beziehung zur starken slawischen Beimischung, welche die Germanen besonders im nördlichen Alpengebiet aufweisen; südlich der Tauern (in Steiermark) fand er eine im ganzen mehr blonde Bevölkerung und darunter auch zwei blonde Kretinen. Jeder Kenner des Kretinismus wird ihm darin beipflichten, daß blonde Kretinen eine große Seltenheit sind; sie dürften noch am ehesten unter Kindern anzutreffen sein, wie ja überhaupt die Haarfarbe der Kinder in unseren Gegenden bedeutend heller ist, als bei den Erwachsenen. Dieses gesetzmäßige Nachdunkeln der Haare muß man wohl mit EUGEN FISCHER (588) als Reminiszenz an eine weit zurückliegende Rassenmischung auffassen, — bei den Kretinen nicht anders als bei den Normalen. Zwar hat STRÜMPELL (206) über einen im Puerperium entstandenen Fall von Myxödem berichtet, bei dem das früher blonde Haar fast schwarz geworden ist; das ist aber eine solche Seltenheit (— wenn kein Beobachtungsfehler vorliegt), daß daraufhin wohl niemand wagen wird, allgemein für die dunkle Haarfarbe eine „thyreoidale Ätiologie" anzunehmen. Die Haarfarbe ist ein Rassenmerkmal. Viel eher ist an einen Einfluß der Hypophyse zu denken; (Med. Klinik. 1917, S. 111).

Nachdem wir nun wissen, daß den Kretinen eine braune Farbe von Haar und Augen, wie auch ein brünetter Teint (dies wenigstens wahrscheinlich bei körperlich gesunden Individuen) zukommt, so können die Kretinen allgemein als zur dunklen Komplexion gehörig klassifiziert werden.

Bezüglich Wuchs und Gestaltung der Haare ist folgendes zu bemerken: 1. Der Stand der Haare bei Kretinen ist als spärlich und dünn zu bezeichnen, ein dichter Haarschopf kommt wohl kaum vor. ALLARA macht die merkwürdige Beobachtung: „das Haar sei manchmal büschelförmig angeordnet, wie bei den Hottentotten (!)"; ich habe selbst etwas ähnliches nur selten beobachten können, jedoch will mir scheinen, als ob man an den Abbildungen 6, 19 und vielleicht auch 24 bei SCHOLZ den Eindruck haben könnte, es handle sich um büschelständigen Haarwuchs.

2. Über Länge und Dicke der Haare spricht sich MAFFEI sehr klar aus; er schreibt den Kretinen kurze Haare zu und sagt, das einzelne Haar sei stark, steif, struppig und wie zerrauft, was nicht allein auf mangelhafter Kosmetik beruhe.

3. Eine Krümmung der Haare ist in der Regel nicht vorhanden, sondern die Kretinen gehören zur schlichthaarigen (straffhaarigen) Menschengruppe; MAFFEI fand allerdings bei männlichen Individuen das Haar manchmal leicht gekräuselt.

Schließlich kommen noch Alterserscheinungen in Frage. Daß auch bei den Kretinen, soweit sie nicht von Geburt an braunhaarig sind, die Haare in typischer Weise nachdunkeln, wurde schon bemerkt. Ferner bemerkt ALLARA (und meine eigenen Beob-

---

[1]) Vgl. W. SIEBERT, Beobachtungen und Untersuchungen am schweißlosen Individuum. Zeitschr. f. klin. Med. Bd. 94 S. 317, 1922.

achtungen stimmen damit völlig überein), daß Kahlheit bei ihnen selten (ich würde sagen: nie) vorkommt, auch ergraue ihr Haar nicht leicht vollständig.

b) Augenhaare.

Brauen und Wimpern sind bei Kretinen nach übereinstimmendem Urteil aller Autoren schwach entwickelt; „Räzel" (Synophrys) kommen wohl kaum vor.

c) Bart.

Auch darüber herrscht Einigkeit bei den Autoren, daß der Bart bei den Kretinen, wenn überhaupt, dann erst in höheren Jahren und nur spärlich auftrete. Ich zweifle nicht, daß es Leute gibt, welche diesen Mangel auf das Konto der Schilddrüse setzen, — aber mit Unrecht! Der Bart gehört zu den sekundären Geschlechtsmerkmalen, und wenn er von innersekretorischen Einflüssen abhängig ist, so könnten hierfür höchstens Hormone in Betracht kommen, die von der Genitaldrüse ausgehen, nicht aber die Schilddrüse. Aber auch diese Annahme fällt dahin, wenn wir sehen, daß eine ganz ähnliche, spärliche Gesichtsbehaarung in typischer Weise auch bei vielen niedrigstehenden Primitiven (es sei nur an die Weddah, Eskimos und Mongolen erinnert) beobachtet wird; hier fallen doch Störungen der innern Sekretion ohne weiteres außer Betracht.

d) Terminal- und Körperbehaarung.

Sowohl die Entwicklung der Pubes, der Achselhaare und der Lanugo ist (gleichwie der Bart) im allgemeinen bei den Kretinen nur unbedeutend; auch hierfür dürften Thyreoidea oder Genitale kaum bestimmend sein, sondern auch hier haben wir es wohl mit einem nicht unwichtigen Rassenmerkmal zu tun. Als haararme Rassen können z. B. Wedda und Mongolen bezeichnet werden.

III. Geschlechtsteile.

Die genitale Entwicklung der Kretinen beider Geschlechter[1]) verharrt meistens auf kindlicher Stufe und bietet anthropologisch nicht viel Interesse. Scholz konnte 42 weibliche Kretinen durch einen gynäkologischen Spezialisten untersuchen lassen; aus seinen detaillierten Ergebnissen erwähne ich bloß 7 Fälle mit schlaffen und schürzenförmig verlängerten kleinen Labien. von Luschan sah bei den Buschleuten eine halberigierte, wagrechte Penishaltung im männlichen und eine nach vorn gerichtete Rima pudendi im weiblichen Geschlecht; bei Kretinen kommt ähnliches anscheinend nicht vor. Ich verstehe übrigens nicht, wie die erwähnte weit ventrale Lage des weiblichen Genitals mit der behaupteten extremen Lendenlordose (welche, wenn auch nicht gar so extrem, sich auch bei den Kretinen findet) vereinbar sein kann. Wenn das Sakrum fast rechtwinklig nach hinten schaut, so muß auch die Symphyse tiefer treten, und das Genitale kann doch nicht oberhalb der Symphyse zu liegen kommen! (Vgl. Maffei S. 72, Anmerkung.)

Es gehört zwar nicht eigentlich zum Genitalsystem, mag aber doch hier erwähnt werden: nämlich einmal die meistens nur unbedeutende Ausbildung der weiblichen Brust (von normaler kindlicher Form; oft hängend) und dann die große Häufigkeit von Hernien bei den Kretinen.

Rekapitulation.

Zusammenfassend kann die äußere Erscheinung der Kretinen folgendermaßen geschildert werden: sie sind von geringer, manchmal von abnorm geringer Körpergröße; der Kopf ist absolut genommen sehr klein (in allen Dimensionen), relativ zur Körpergröße jedoch nicht unbeträchtlich; der Rumpf ist relativ groß, die Arme (namentlich Vorderarme) ziemlich lang und die Beine sehr kurz (besonders die Unterschenkel); Hände und Füße sind (wie bei allen echten Zwergen) klein, wenn auch nicht besonders zierlich. Die Komplexion ist vorwiegend dunkel; anämische, kreidige Blässe dürfte krankhaft bedingt sein. Der Haarwuchs ist allgemein (in bezug auf Kopf-, Augen-,

---

[1]) Über „auffallende Länge und Stärke der Rute bei Kretinen" berichtet einzig Hyrtl (Topogr. An., II. 70).

Bart- und Körperbehaarung) spärlich und vielfach von primitivem Charakter; die Sexualentwicklung bleibt häufig auf kindlicher Stufe und ist in allen Fällen verspätet und mangelhaft. Die Haut ist fettarm, abnorm verschieblich und gerunzelt, Myxödem ist keineswegs etwas Gewöhnliches bei den Kretinen. Ist auch von einer durchaus einheitlichen Schädel- und Gesichtsbildung naturgemäß keine Rede, so läßt sich doch sagen, daß in der Regel der Kopf der Kretinen durch große Breite, geringe Höhe und durch ein niederes Gesicht ausgezeichnet ist und daß es trotz allen Ausnahmen, die im einzelnen vorkommen mögen, erlaubt und richtig ist, von einer typischen „kretinoiden Gesichtsbildung" zu reden; charakteristisch für dieselbe ist eine schmale, auch niedere (und fliehende) Stirn, welche durch ihre vielen Falten dem ganzen Gesicht einen sorgenvollen, verdrossenen Ausdruck verleiht; matte Augen mit gedunsenen, wenig geöffneten Lidern und großer Breite zwischen den Augenwinkeln; große Ohren; eine häßliche, breite Nase mit tief eingesatteltem Rücken; ein breiter, dicklippiger Mund; „Degenerationszeichen" an den Ohren; ferner muß die bedeutende Jochbogenbreite und die Prognathie notiert werden, wie auch das Mißverhältnis zwischen dem verhältnismäßig großen Gesicht und dem geringen Hirnschädel.

Ich habe mich bemüht, im einzelnen nachzuweisen, daß eigentlich bloß die myxödematöse Pachydermie, welche überdies bei den Kretinen selten und noch dazu atypisch entwickelt ist, mit einiger Sicherheit auf Schilddrüsenausfall bezogen werden kann; schon bei dem retardierten Wachstum und der geringen Körpergröße ist neben innersekretorischen Einflüssen (wofür durchaus nicht allein die Schilddrüse[1]) in Frage kommt) mindestens ebensosehr an Rasse und Heredität zu denken, — und daß etwa die genitale Hypoplasie ausschließlich thyreogen bedingt sei, das scheint mir eine ganz überflüssige Annahme. Das spärliche Haarkleid der Kretinen könnte wohl durch Ausfall von Hormonen, die der genitalen oder thyreoidalen Sphäre entstammen, verständlich gemacht werden; mit mindestens ebensoviel Recht kann es jedoch auch als Rassenmerkmal aufgefaßt werden. Sicher unzulänglich ist die Schilddrüsentheorie zur Erklärung der kretinischen Schädel- und Gesichtsbldung, der höchst charakteristischen Körperproportionen, der dunklen Komplexion und wohl auch der Wachstumskurve.

Anhang.

Auf die verwandtschaftlichen Beziehungen der Kretinen zu rezenten und fossilen Primitivvölkern soll in der Epikrise zum osteologischen Teil eingetreten werden. Hier drängt sich aber **ein Vergleich unserer Kretinen mit exotischen Pygmäen** und mit Buschleuten auf; über die Osteologie dieser Leute ist noch zu wenig bekannt, als daß eine Vergleichung auf solcher Basis durchführbar wäre; sehen wir zu, ob uns das Äußere eine Ähnlichkeit zu erkennen gestattet. Relativ am besten sind wir über die südafrikanischen Buschmänner orientiert, für welche FELIX VON LUSCHAN (572) nachstehende 15 Merkmale als besonders bezeichnend anführt:

1. Körpergröße von etwa 1400; über 1460 nur bei Mischlingen.
2. Sehr kurze Hände und Füße, kurze Beine, langer Rumpf.
3. Extreme Lendenlordose, Kreuzbein wagrecht nach hinten abstehend.
4. Relativ helle Hautfarbe (wie neuer Reitsattel).
5. Greisenhafte Runzeln schon bei jungen, gesunden Leuten.
6. Büschelständiges Kopfhaar in richtigen Spirallocken.
7. Sehr enge Lidspalten (Anpassung an die grelle Wüstensonne).
8. Sehr dünne Lippen; obere konvex.
9. Kurze, breite Ohren ohne Läppchen.
10. Steatopygie selten (nur bei Mischung mit Hottentottenblut).
11. Wagrechte Penishaltung (halberigiert); Rima pud. nach vorn gerichtet.
12. Kurze, breite Schädel.
13. Orthognathie.
14. Ausgesprochen viereckiges Gesicht (große Bigonialbreite).
15. Breite, flache Nasenwurzel, geringe Nasenhöhe, große Apert. pyriform.

---

[1]) Sogar der total athyreotische Zwerg von BOURNEVILLE ist ja gewachsen!

Hiervon können nun freilich die meisten Merkmale auch den Kretinen zugesprochen werden mit Ausnahme von Nr. 6, 7, 8 und 11.   Und auch diese wenigen Ausnahmen wiegen nicht allzu schwer; Spirallocken kommen bei Kretinen wohl nie vor, in einzelnen Fällen aber doch krauses oder gar büschelständiges Kopfhaar; enge Lidspalten sind bei Kretinen keineswegs selten und überdies bei den Buschleuten nur eine sekundäre Anpassung; dünne Lippen mögen wohl auch ab und zu bei Kretinen sich vorfinden, wie auch zwar kaum die halberigierte Penisform, wohl aber eine weit ventrale (infantile) Lage des Pudenum muliebre.   Angesichts dieser weitgehenden Übereinstimmung in der Mehrzahl der als typisch bezeichneten Merkmale, die sich in gleicher Weise auch bei den mittelafrikanischen Pygmäen antreffen und hier im Sinne einer Rassenverwandtschaft gedeutet werden, erhebt sich die Frage: können auch unsere Kretinen verwandtschaftlich hierhergehören? — eine Frage, die manchem unbedingten Parteigänger einer Inektions- oder Hypothyreosetheorie geradezu sinnlos erscheinen muß!   Auch ich bin der Meinung, daß diese Frage nicht ohne weiteres bejaht werden kann; aber wenn es gelingt, unsere Kretinen an die frühneolithischen europäischen Pygmäen anzuschließen, so ist die Sache schon lange nicht mehr gar so unsinnig: diese Pygmäen trugen Schmucksachen aus Mittelmeermuscheln, und die gleichalterige Grimaldirasse soll negroide Züge aufgewiesen haben; andererseits sind die Buschleute wahrscheinlich aus Norden her in Südafrika eingedrungen und haben zur weitverbreiteten Pygmäenrasse gehört; was sie heute von diesen trennt, beruht nach VON LUSCHAN auf Bastardierung mit Hottentotten.   Gewiß ist vieles (allzuvieles !) in dieser Kette noch problematisch, aber diese bloße Möglichkeit einer Stammverwandtschaft ist keineswegs von der Hand zu weisen. Nähere und wichtigere Beziehungen dürften m. E. zwischen den Kretinen und gewissen kleinwüchsigen arktischen Völkern bestehen; aber auch diese könnten in prähsitorischer Zeit bis nach Mitteleuropa herabgereicht und hier Anschluß an eine allgemein verbreitete Pygmäenbevölkerung gefunden haben.

Nur der Vollständigkeit halber will ich hier kurz anschließen, was über Pygmäenstämme im fernen Osten (Melanesien usw.) bekannt ist; es ist wenig genug.   Für manche der in Betracht kommenden „Pygmäen" ist nachgewiesen, daß sie (wie unsere neolithischen Pygmäen) neben großen Menschen von ähnlicher Körperbeschaffenheit leben; es drängt sich gelegentlich die Frage auf, ob statt von „Pygmäenstämmen" oder „Pygmäenvölkern" nicht besser von Stämmen mit zahlreichen kleingewachsenen Angehörigen zu reden wäre? — Ich will nun auszugsweise mitteilen, was neuere Reiseberichte (größtenteils in der Ztschr. f. Ethnol. erschienen) über „Pygmäen" zu berichten wissen.

1908 berichtete MOSZKOWSKI (573) auf dem Anthropologenkongreß in Frankfurt über die Urstämme Ostsumatras, bei denen er eine wirklich primitive „Facies weddaica" (SARASIN) und eine auf Degeneration beruhende „Negritoschicht" unterscheidet.   Beide sind von zwerghaftem Wuchs, die erstere langschädlig, die Negrito brachyzephal, die einen schlichthaarig, die Negrito wollhaarig.   Die dolichozephalen Orang-Sakai (was „Diener" bedeutet) haben breite, eckige Gesichter, Nase breit, Mund breit und flach, starke Prognathie, fliehendes Kinn und fliehende Stirn, fast keinen Bartwuchs, lange Arme, Plattfüße, abstehende Großzehe, grazile Knochen; sie sind im Mittel 156 cm hohe (148 bis 168), hellbraun-olive Nomaden, welche bloß Hund, Grabstock und Pfahlbauten kennen und deren „geradezu unglaublicher Mangel an Phantasie", „auf das Allernächste beschränktes Kausalitätsbedürfnis" besonders hervorgehoben wird. — Bei den Negritos ist die Stirn noch niedriger, aber weniger fliehend, die Prognathie geringer, die Nase etwas höher; sie unterscheiden sich durch mürrisches, greisenhaftes Wesen von den mehr kindlichen Sakai.   Die Erinnerung an die kleinwüchsigen Neolithiker, neben welchen SCHENK (563/6) und PITTARD auch Spuren der negroiden Grimaldirasse gefunden haben wollen, drängt sich mir hier doch ganz mechanisch und unabwendbar auf.

1910 beschrieb THURNWALD (581) die Küstenbewohner der Salomonsinseln als ziemlich große Leute; die Bergstämme fand er dagegen klein, kurzbeinig, breitgesichtig, kurzschädlig, breitnasig, stärker behaart, mit starken Augenwülsten.   Es besteht neben häufigen Raubzügen auch eine friedliche Vermischung, so daß große Leute vom Salomoniertypus unter den Bergvölkern, vereinzelte kleine aber auch an der Küste vorkommen. Ein solcher „Zwerg" (139 cm groß) in Bambatana machte einen etwas idiotischen Eindruck; ob es sich wohl hier um eine mit Kretinismus verwandte Degenerationsform gehandelt hat?

1911 referierte NEUHAUSS (574) über die Pygmäen in Deutsch-Neuguinea, allwo er deren Hauptzentrum am Sattelberg fand, bloß an einer steilen Küste (wo fremde Eroberer nicht landen können) ausnahmsweise auch am Meer. Es waren kräftige Menschen mit langem Rumpf und kurzen Gliedern, brachyzephal (78 bis 84; übrige Papua 76); sie hatten kurze, breite Ohren ohne freies Läppchen, kleine zierliche Hände und Füße, und in jeder Richtung konvexe Oberlippe. Er fand sie nirgends in reiner Rasse, sondern sie machten etwa 3 bis 4% der ganzen Papuabevölkerung aus und zeigten eine „außerordentlich große Neigung zu Rückschlägen". Die Pygmäen spielen auch in der dortigen Sagenwelt eine große Rolle, — wirklich ganz wie bei uns ! MOSZKOWSKI (573) stellte sich zwar ebendort in scharfen Gegensatz zu NEUHAUSS; aber was er von den zierlichen Pareido (am Mamberano) berichtet (kurze Extremitäten bei großem Rumpf, feine Hände und Füße, konvexe Oberlippe, oft rote Haare, schwache Muskulatur, tiefe Augen mit starken Arcus superciliares) — das alles ist doch tatsächlich ganz ähnlich wie die Schilderung von NEUHAUSS und findet NB. auch bei unseren Kretinen unverkennbare Parallelen. Es gehört ja nicht in den somatologischen Teil, ich führe es aber hier an, um nicht mehr auf diese Pygmäen zurückkommen zu müssen, nämlich die von MOSZKOWSKI beobachtete Neigung zum Lügen und zu Versprechungen, welche nie gehalten werden; gibt es so was nicht auch in Kretinengegenden? Wenn sie beisammen hocken, so erzählt einer und die andern wiederholen im Chorus Wort für Wort im gleichen Tonfall und mit den gleichen Gebärden; sie singen zu allem den ganzen Tag; sie verständigen sich durch Musik auf große Entfernungen (vgl. das Jodeln in den Alpen), — alle diese Züge sind auch in Kretinengegenden anzutreffen.

1913 brachte V. D. BROEK (569) eine Arbeit über Pygmäen vom Goliatberg (Holländisch-Neuguinea) mit genauen Messungen. Die Spannweite war immer größer als die Körperllänge (wie bei allen Papua) (Index 101 bis 108); Zephalindex 79,1 bis 88,5. In Prozenten der Körperlänge war die

Rumpflänge . . 34,1 (Papua 29,1)
Nabelhöhe. . . 59,6 (,,   61,0)
Mamilla   . . . 75,0 (,,   73,1)
Armlänge . . . 48,5 (,,   47,8)

Der Oberschenkel wurde nicht gemessen, war aber anscheinend ebenfalls kurz. Weiber hat der Reisende nicht gesehen.

SCHLAGINHAUFEN (578/9), welcher als Entdecker einer kleinwüchsigen Gruppe im Torricelligebirge (Kaiser-Wilhelms-Land) aus eigener Erfahrung und mit um so größerer Autorität sich auszusprechen in der Lage ist, hat in mehreren zusammenfassenden Publikationen den Versuch unternommen, zu zeigen, daß Kleinwuchs und Brachyzephalie mit zunehmender Entfernung von der Meeresküste und mit steigender Höhenlage stärker hervortreten; er bezieht dies weniger auf Rassenmischung (solche anerkennt er nur, wo sie ganz sicher nachgewiesen ist), als auf den Einfluß geographischer Faktoren und er spricht von einer „selektorischen Pygmäogenese" z. B. als Folge besonderer Ernährungsverhältnisse: steht einem Stamm nur wenig Nahrung zur Verfügung, so haben kleine Individuen mit geringem Nahrungsbedarf mehr Aussicht, am Leben und bei Kräften zu bleiben, als große Leute. Wer wollte leugnen, daß etwas Richtiges an diesem Gedanken ist ! Gewiß hängt die Körpergröße (vielleicht richtiger: die Wachstumsgeschwindigkeit) unter anderem auch von der Nahrungsmenge ab. Aber einmal ist nicht sicher, daß wirklich solche Pygmäen Mangel leiden (bezüglich Weddah wird diese Frage von SARASIN entschieden und ausdrücklich verneint); und dann sind durchaus nicht alle Gebirgsbewohner klein und breitköpfig: es sei nur an die großwüchsigen Bergschotten, Norweger (beides schmale Köpfe) und Balkanslawen (allerdings brachyzephal), wie auch an die Insel Kreta erinnert, wo F. VON LUSCHAN die längsten Köpfe in abgelegenen Bergen und Tälern antraf. Und je mehr unsere Kenntnisse von den Pygmäen zunehmen, so mehr erkennen wir, daß außer Körpergröße und Kopfindex noch sehr viele andere Merkmale in Betracht kommen. —

Soweit die Berichte der Reisenden. Nach den Angaben von Schlaginhaufen und mit Verwendung der Sarasinschen Einteilung nach den Haarformen lassen sich die exotischen, jetzt lebenden Kleinstämme folgendermaßen rubrizieren:

	K.-Größe ♂ ♀	LBr-I.	
I. Schlichthaarige:			
Lappländer	1500	83,4	Europa
Wedda (Ceylon)	1533	71,6	
Senoi (Malakka)	1500	78,5	
Toala (Celebes).	1561 1454	81,7	
II. Kraushaarige			Asien
a) mit dunkler Haut:			
Andamanen (Bengalen)	1480 1390	82—83	
Semang (Malakka)	1520	78—79	
Negrito (Philipinen)	1463 1378	82—86	
Tapiro (holl. N. Guinea).	1449	79,5	
Kamaweka (brit. N. Guinea)	1487	78,0	
Goliathberg (holl. N. G.)	1492	83,4	Mela-
Toricelligebirge (deutsch N. G.) . . .	1509	77,7	nesien
Morup, Pesechem (holl. N. G.). . . .	1505	82,1	
Kai (Sattelberg)	1525	78,6	
b) mit etwas hellerer Haut:			
1. in Gabun (Westafrika): OBongo .	1430 1370	83,0	
2. am Kongo: Mawambi	1408	79,5	
Batwa	1590	75,1	
(am Sanga) Babinga	1526	79,5	Afrika
Batua	1522	78,0	
III. Spiralhaarige:			
Buschmänner	1440	76,3	

Bei einer durchschnittlichen Körpergröße von über 1500 kann von „Pygmäen" eigentlich schon nicht mehr gesprochen werden. Mit Ausnahme der Wedda handelt es sich durchwegs um Meso und Brachyzephale. Ihre Stellung im System ist immer noch strittig. Der Versuch von P. Schmidt (580), der die Pygmäenvölker als unter sich verwandt und rassenmäßig zusammengehörig angesehen wissen will, hat wenig Anklang gefunden. Wenn aber auch heute infolge von Bastardierung mit großwüchsigen Nachbarn die Pygmäen an verschiedenen Orten eine ganz verschiedene Entwicklungsbahn eingeschlagen haben, so hatte die ältere Sarasinsche Annahme einer gemeinsamen prähistorischen Facies weddaica, welcher die heutigen großen Rassen ebenso entsprossen sind, wie die kleinen, doch viel Bestechendes. Auf dem Kontinent, wie auf den Inseln, finden sich allenthalben zerstreute Gruppen kleinwüchsiger Stämme „wie die Fetzen eines zerrissenen Schleiers" ausgebreitet: Reste einer Urbevölkerung. „Hauptmasse ist sicher vernichtet worden, ein weiterer Teil hier wie dort in höheren Stämmen aufgegangen, bei denen dann immer wieder niedere Typen zum Vorschein kommen, und zwar in verschieden großem Verhältnis je nach der Menge des aufgenommenen Blutes." Als gemeinsame Eigenschaften der „Primärvarietäten" nennt Fritz Sarasin (577) den auffallend spärlichen Bart, breites, niedriges und eckiges Gesicht mit knöchernem Superziliarschirm, vortretender Glabella, breiter, konkaver Nase, Prognathie und Kinnlosigkeit; ferner die kleinen Hände und Füße (Lücke zwischen 1. und 2. Zehe!), Lendenlordose, lange Vorderarme usw. usw., also Dinge, die uns schon von den Kretinen her gut bekannt sind.

Bis hierher stimmt die Sache ganz ordentlich, bloß hat leider Herr Dr. Sarasin auf der Jahresversammlung 1921 der S. N. G. die Lehre von den kleinwüchsigen Primärvarietäten ausdrücklich zurückgenommen und er erklärt nunmehr die Pygmäen als Erscheinungen der Neotenie; an eine gemeinsame Abstammung all der melanesischen, indischen und afrikanischen Zwerge sei nicht zu denken, sie sollen sich vielmehr durch Neotenie immer wieder aus den begleitenden großen Rassen, mit denen sie allerwärts große Ähnlichkeit und viel gemeinsame Merkmale verbinden, herausgebildet haben. Das Wesen der Neotenie war damals noch durchaus im Dunkel; heute wissen wir allerdings, daß dieselbe durch Exstirpation innersekretorischer Organe (wobei aber nicht bloß die Schilddrüse in Frage kommt) erzeugt werden kann; wer also „Neotenie" sagt, meint in Tat und Wahrheit „Infantilismus durch innersekretorische Insuffizienz". Es würde sich damit die Geltung der KOCHERschen Schilddrüsentheorie nicht bloß auf die Kretinen beschränken, sondern auf sämtliche normalen Rassenzwerge ausdehnen, — ein Gedanke, den wohl niemand im Ernst aufrecht erhalten wird. Mit den namhaftesten andern Forschern haben sich auch die Herren SARASIN zu wiederholten Malen gegen die Annahme einer Degeneration bei den Pygmäen ausgesprochen und es müßte das Vorliegen einer glandulären Insuffizienz bei denselben nicht bloß supponiert, sondern anatomisch bewiesen werden, bevor der Zwergwuchs darauf zurückgeführt werden darf; davon ist heute noch keine Rede. — Überall scheinen die Pygmäen durch Anzeichen von niedriger Organisation von ihren Nachbarn unterschrieben zu sein, und es dürfte schwer fallen, hier mit Neotenie als Erklärung auszukommen.

Primitivmerkmale sind wohl immer, beim Kind, wie beim Kretin und beim Pygmäen, als Zeugnisse einer rassenmäßigen Abstammung zu würdigen und zwar sogar dann, wenn als Ursache des Stehenbleibens auf der unentwickelten Larvenform eine Störung der innern Sekretion nachgewiesen (bitte: nachgewiesen! nicht bloß vermutet) wäre. Es will mir aber scheinen, daß die Annahme einer Bastardierung von zwei oder mehr ungleich großen Stämmen (in weit zurückliegender Zeit) mit nachfolgender Rassenentmischung das Auftreten von kleinwüchsigen Menschen neben großwüchsigen von ähnlicher Rasse durchaus verständlich erscheinen läßt und den Begriff der Neotenie entbehrlich macht. Auch wenn die Pygmäen als Rückschlagsbildungen auf Grund mannigfacher Rassendurchkreuzung aufgefaßt werden, so sind wir durchaus nicht genötigt, für sie eine streng monophyletische Entstehung anzunehmen.

Ich denke nicht daran, unsere Kretinen jetzt schon in nähere verwandtschaftliche Beziehungen zu all den Pygmäenstämmen bringen zu wollen; wenn aber in jenen exotischen Gegenden echte Kretinen gefunden werden sollten, und man, um mich in Verlegenheit zu bringen, mich fragen wollte, wie nun solche mit unseren mitteleuropäischen Kretinen verwandt seien, so würde ich allerdings nicht zögern, zur Erklärung die jetzt noch vorkommenden Pygmäen heranzuziehen. Und es scheint mir a priori nicht unsinnig, zu erwarten, daß bei irgendwelchen Degenerierten, Idioten usw. unter malaiischen und Papuavölkern sich Anklänge an die dortigen Pygmäen finden sollten, gerade wie bei unseren Kretinen, welche ja auch Degenerierte sind, sich Anklänge an altertümliche, hier gar nicht mehr rein vorkommende Typen erhalten haben. Insofern ist also das Studium der exotischen Pygmäen auch für die Theorie unserer Kretinen nicht ohne alle Bedeutung; und von großer Bedeutung ist die Tatsache, daß bei diesen Pygmäen von Kropf oder von glandulärer Insuffizienz nirgends die Rede ist. Diese kann also auch bei den echten Kretinen höchstens sekundär und akzessorisch in Frage kommen.

Wenn es sich darum handelt, für unsere Kretinen den Anschluß an Pygmäenrassen zu gewinnen, so fallen als mögliche Verwandte selbstverständlich nicht in erster Linie dunkelhäutige, kraushaarige Afrikaner oder Melanesier in Betracht, sondern wir haben uns vor allem in der schlichthaarigen Gruppe umzusehen; und auch hier denken wir naturgemäß nicht sowohl an die braunen, dolichozephalen Wedda, als vielmehr an die hellhäutigen, rundköpfigen und überdies räumlich nicht allzuweit entfernten Lappen. Näheres über diese Verwandtschaft habe ich in der Epikrise zum osteologischen Teil darzulegen versucht; es sei hiermit auf jene Ausführungen verwiesen.

Dürfen wir überhaupt auf die bloße Ähnlichkeit der äußern Erscheinung hin zwei Rassen oder Stämme als „verwandt" erklären? Der gesunde Menschenverstand sagt: ja! und eine hyperkritische Forschung sagt: nein! Nach der strengeren Auffassung darf von wirklicher Verwandtschaft bloß dann gesprochen werden, wenn die Blutmischung historisch nachgewiesen ist. Damit kommen wir allerdings nicht sehr weit; und es besteht doch wirklich kein logischer Zwang, das, was wir in historischer Zeit und heute noch bei primitiven Völkern überall antreffen (nämlich eine sehr weitgehende gegenseitige

Durchdringung benachbarter Rassen) für prähistorische Zeiten nur darum nicht anzunehmen, weil aktenmäßig dafür kein Beweis vorhanden ist. HANS FRIEDENTAL (488)
hat in neuerer Zeit in einem Vortrag „über die Anwendung des Gesetzes von der Massenwirkung in der Erbforschung" dargelegt, daß die menschliche Erscheinung der Massenwirkung des Erbgutes entspreche; trotz Spaltung der einzelnen Merkmale und trotz
gelegentlichen Dominierens einzelner Merkmale überwiegt beim Menschen doch die
intermediäre Vererbung. FRIEDENTAL spricht von „Herkunftsdiagrammen", welche
für die einzelnen Menschenrassen die Masse an Erbgut aus den verschiedenen Urrassen
aus der Durchschnittserscheinung ableiten sollen, unbekümmert um die Mendelregeln,
und er sagt: „Vereinigt ein Stamm z. B. ostasiatische Merkmale in großer Zahl, so besitzt
er wahrscheinlich mehr Ahnen mit ostasiatischem Blut, als ein anderer Stamm, der mehr
Negermerkmale aufweist." Für die Ähnlichkeit verlangt er eine bessere d. h. zahlenmäßige Definition; in diesem Punkte halte ich meine eigenen Untersuchungen für praktisch einwandfrei, denn wo ich von Ähnlichkeit (oder Verwandtschaft) rede, stütze
ich mich durchweg auf zahlenmäßige Übereinstimmung von Durchschnitts- und Indexwerten, und zwar nicht für beliebige und wenige Merkmale, sondern nur für solche, die
anerkanntermaßen rassendiagnostisch wichtig sind.

In der anthropologischen (mehr noch in der ethnologischen) Literatur trifft man
immer noch auf die alte KOLLMANNSche (556) Unterscheidung von Rassenzwergen und
Kümmerzwergen, ohne daß damit aber immer klare Vorstellungen verbunden wären.
Als Kümmerzwerge scheinen ganz allgemein alle sporadisch auftretenden Formen von
pathologischem Habitus bezeichnet zu werden, also chondrodystrophische Individuen
nicht minder als infantilistische mit offenen Epiphysen, und dergleichen. Diese Unterscheidung kann einer sorgfältigen Kritik aber nicht standhalten. Bei allen „Rassen"-
zwergen dürften wohl auch degenerative Momente mitspielen (so hielt VIRCHOW[1]) z. B.
die Lappen und Buschmänner für pathologische Stämme, deren Natur ganz im biblischen
Sinne entartet sei); und daß auch bei den „Kümmer"zwergen primitive Rassenmerkmale in erstaunlicher Menge aufzufinden sind, das hoffe ich im osteologischen Teil genügend nachgewiesen zu haben.

Zweiter Abschnitt.

Osteologie der Kretinen.

Einleitung.

I. Aufgabe.

Es soll in diesem Abschnitt vorliegender Studie der Versuch unternommen
werden, durch osteometrische Bearbeitung nach anthropologischen und pathologischen Gesichtspunkten das Skelett der Kretinen und verwandter Zustände
(in erster Linie Chondrodytrophie, ferner Rachitis und Athyreose) zu studieren, und es soll bei jeder Formveränderung überlegt und kritisch geprüft
werden, ob und inwiefern sie an primitive Formen niederer rezenter und fossiler
Menschenrassen oder der Anthropoiden sich anschließt.

Sind schon ganz allgemein Beobachtungen über die Osteologie der Kretinen
in der Literatur recht spärlich vertreten [in Betracht kommen eigentlich nur
LANGHANS (30), SCHOLZ (39), und für die Ossifikationsvorgänge VON WYSS,
E. BIRCHER (4; 5)], so muß vollends in der soeben umschriebenen Fassung
das Thema als ein fast völlig neues gelten, bei dessen Ausarbeitung ich mich
wesentlich nur auf eigene Messungen stützen konnte.

---

[1]) Zitiert nach Lehrbuch S. 224.

Ich war mir von vornherein darüber klar, daß es mir nicht möglich sein werde, die gesamte Osteologie der Kretinen mit gleicher Ausführlichkeit und annähernden Vollständigkeit zu bearbeiten. Ich habe mich bewußt und absichtlich darauf beschränkt, vor allem die langen Extremitätenknochen so eingehend wie möglich zu studieren und alles übrige (Hände, Füße, Becken, Wirbelsäule, auch das Kopfskelett) mehr kursorisch und zum Teil an Hand der in der Literatur zerstreuten Angaben durchzugehen. Diese Beschränkung auf das Extremitätenskelett ergab sich dadurch, daß meine Zeit und meine Mittel leider eng begrenzt waren; die Bearbeitung der langen Röhrenknochen erschien mir verhältnismäßig einfach und leicht, meinen Vorkenntnissen angemessen und versprach doch genug Gewinn. Aussichtsreich erschien die Betrachtung der Extremitätenknochen besonders darum, weil auf diesem Gebiet schon ein recht ansehnliches anthropologisches Vergleichsmaterial vorhanden ist. Außer diesen rein praktischen Gründen waren es aber auch prinzipielle Erwägungen, welche mir diese Beschränkung wesentlich erleichterten; ich habe mich in der Einleitung zum Kapitel „Schädel" darüber ausgesprochen.

II. Methode.

Eine vergleichende Betrachtung, welche die Kretinen einerseits mit verwandten pathologischen Typen, andererseits mit niederen Vertretern der Hominiden in Beziehung setzen wollte, erforderte zunächst ein literarisches Einarbeiten in verschiedene mir bisher fremde Gebiete, wollte ich nicht den Vorwurf mangelhafter Berücksichtigung der Literatur (7) auf mich laden. Inwiefern ein solcher Vorwurf heute berechtigt wäre, das mag ein Blick in mein Literaturverzeichnis dartun. Vor allem studierte ich die Arbeiten von KLAATSCH, KOLLMANN, SARASIN, MARTIN, SCHLIZ und von den Pathologen VIRCHOW, KOCHER, MAFFEI, LANGHANS, BIRCHER, einige französische Autoren. Weitaus am meisten aber verdanke ich einmal dem Kretinenwerk von SCHOLZ (39), zu welchem die vorliegende Arbeit recht eigentlich eine Ergänzung und Fortsetzung ist, und in methodischer Beziehung dem Lehrbuch der Anthropologie von R. MARTIN (448). Ohne diese beiden Führer hätte ich gar nie daran denken dürfen, eine so weitschichtige Arbeit zu unternehmen; sowohl Herr Prof. SCHOLZ in Graz, als die Herren Prof. SCHLAGINHAUFEN (der Mitverfasser des MARTINschen Lehrbuches) und Prof. WEGELIN in Bern haben mich in meiner Arbeit persönlich aufs Liebenswürdigste unterstützt, wofür den Herren allen herzlich gedankt sei. Leider kam das Lehrbuch erst kurz vor Antritt meiner Studienreise in meine Hände, so daß ich zu gehörigem Durchstudieren erst bei der Ausarbeitung meiner Resultate (statt schon vor Beginn der Messungen) gekommen bin; daraus erklären sich allerlei methodische Inkonsequenzen, die nachträglich nicht mehr auszumerzen waren. — Wo in dieser Arbeit das „Lehrbuch" zitiert wird, da ist allemal das Werk von MARTIN gemeint.

In den Museen und Sammlungen von St. Gallen (Wildkirchlifund), Zürich (Landesmuseum; Pfahlbaufunde), Basel, Graz (Johanneum; Peggaufund), Wien und München hatte ich Gelegenheit, ein ansehnliches anthropologisches und archäologisches Material zu besichtigen. Ich habe mich damit aber nicht begnügt, sondern habe mir bei Dr. F. KRANTZ in Bonn die Gipsmodelle der langen

Knochen vom Neandertalmenschen, Spy-Tibia und Femur, ferner die Mousteriensis- und Aurignacensismodelle gekauft. Kritische Bemerkungen über alle diese Modelle finden sich am Schluß der betreffenden Abschnitte.

Es war von Anfang an meine Absicht, die Pygmäenfunde aus den neolithischen Stationen der Schweiz möglichst eingehend heranzuziehen. Durch die Arbeiten von KOLLMANN, SCHENK, SCHWERZ, SCHLAGINHAUFEN sind wir ja über die Osteologie der Pygmäen recht gut unterrichtet; die Extremitätenknochen eines Pygmäen aus der Josephinengrotte bei Peggau (also ebenfalls aus einer Kretinengegend!) durfte ich im Grazer Johanneum dank der großen Liebenswürdigkeit des Herrn Prof. HILBER selbst den nötigen Messungen unterziehen. Es liegt also von diesen Menschen doch schon ein recht ansehnliches Material vor, so daß man sich wohl bald ein Urteil erlauben darf; es soll später noch davon die Rede sein (vgl. S. 316).

Außer dem fossilen Vergleichsmaterial wollte ich ursprünglich auch rezentes heranziehen; dieser Aufgabe, welche mich übrigens viel zu weit von meinem Thema abgelenkt hätte, enthob mich das Erscheinen des MARTINschen Lehrbuches; da fand ich in schönster Ordnung alles das beisammen, was die Arbeit eines Einzelnen niemals in gleicher Reichhaltigkeit aufgebracht hätte. Es bleibt auf diesem Gebiete aber noch viel zu tun; noch viel wertvolles Knochenmaterial liegt unverwertet in den Sammlungen. Allzulange hat sich die Wissenschaft fast ausschließlich um die Kranien bekümmert; es wäre eine mindestens ebenso dankbare Aufgabe, wenn die langen Röhrenknochen einmal mit der gleichen aufopferungsvollen Gründlichkeit revidiert würden.

Man wird geneigt sein, mir Übertreibung vorzuwerfen, und doch ist es leider tatsächlich richtig, wenn ich sage, daß nicht einmal das normale, europäische Vergleichsmaterial, soweit es sich um Extremitätenknochen handelt, einer ernsthaften Kritik standhält. Daß eine Mittelzahl für „Europäer" schlechthin eine nichtssagende Zweideutigkeit ist, das leuchtet ein; denn wir haben in Europa allzu viele und unter sich allzu verschiedene Menschenrassen, sogar richtige Asiaten. Aber steht es etwa besser, mit der Angabe: „Franzosen", „Pariser", u. ä.? Was in einer Großstadt auf die Anatomie kommt, sind wohl zum kleinsten Teil Stadtbürger, und auch eine Nation (wie etwa die Franzosen) besteht aus so vielen und so heterogenen Elementen (speziell in Frankreich u. a. Normannen, Belgier, Basken, Südfranzosen, Elsässer, naturalisierte Ausländer aller Art), daß die Berechnung von anthropologischen Mittelzahlen jeden Sinn verliert. Und dann jene Mittelzahlen für „Badener", „Schwaben und Alemannen", „Alemannen der Schweiz", „Tiroler" usw., sie gründen sich ebenfalls auf politische Begriffe, welche alle ausnahmslos mit reinen Rassen nichts zu tun haben. — Es wäre unbedingt an der Zeit, daß endlich einmal (im Wege einer sich über mehrere Jahre erstreckenden Sammelforschung aller deutschsprachigen Anatomien) für jede der wirklichen drei europäischen Rassen (nordischer, alpiner und mittelländischer Typus) und für ihre Mischlinge eine gesonderte Osteologie durchgeführt würde. Vielleicht würde sich tatsächlich bei allen drei Typen völlige Formengleichheit ergeben; wahrscheinlich ist das zwar nicht, aber auch dann wäre die Arbeit nicht verloren und nutzlos gewesen, denn erst dann hätten wir ein absolut sicheres und (weil mit einheitlicher Methode gemessenes) wirklich vergleichbares Material, und dann erst könnten wir beurteilen, in welchem Umfang primitive Merkmale auch bei normalen Menschen vorkommen, und erst dann könnten wir das Vorkommen von primitiven Merkmalen bei degenerierten und pathologischen Typen richtig bewerten. Bevor man an eine solche Sammelforschung gehen kann, müßte man auf einer Konferenz sich zuerst über die Methodik einigen, so wie es in bezug auf die Kraniometrie längst geschehen ist.

Bei dieser Sachlage hielt ich es für nützlich, mir eine Sammlung von normalen Röhrenknochen von Individuen aller Altersstufen und beider Geschlechter anzulegen. Ich habe diese Objekte mit genau der gleichen Methodik gemessen, wie ich sie bei den pathologischen Typen anwandte, und es sind daher meine Resultate wenigstens unter sich ohne weiteres vergleichbar. Gewiß wäre es besser gewesen, von jeder Altersklasse nicht nur einen einzigen Vertreter zu haben; aber doch lieber nur einen einzigen, wenn möglich typischen Repräsentanten, als Mittelzahlen aus Serien von ungenügender Homogenität. Über die Herkunft meiner Sammlungsobjekte kann ich folgendes mitteilen:

der Neonat war ein im Kinderspital verstorbenes, völlig normales Kind aus Zürich; ich verdanke diese Knochen Herrn Dr. DIETERLE;

das Kind von 130 cm Länge stammt aus dem Anthropologischen Institut der Universität Zürich (Nr. 943 AI 17, aus einem Tiroler Grab).

Die folgenden Objekte habe ich vom Anatomiediener in Bern gekauft und darüber folgende Angaben erhalten:

Knabe von 14 Jahren; Arm- und Beinknochen brachte ein russischer Student aus Lyon mit nach Bern (Rasse unsicher, der Knabe muß aber ungewöhnlich groß gewesen sein.)

Frau von 30 Jahren; aus dem Bieler See. (Außerordentlich schöne, lange und vollständig normale, gerade Knochen; vermutlich war die Ertrunkene eine Fremde.) Körperlänge 185 cm.

Mann von 33 Jahren; Maurer aus Italien (Typus eines kräftigen Arbeiters.); Länge 170 cm.

Mann von 77 Jahren; Schneider aus Langnau, Bern. (Von Altersatrophie ist hier kaum zu reden, dagegen scheint dieser Mann mit seiner typischen Oberschenkelkrümmung dem Kretinismus nahegestanden zu sein.) Er war 165 cm lang.

Daß ich aber meine Kretinen nicht bloß mit normalen, sondern nach Möglichkeit auch mit andern pathologischen Objekten vergleichen müsse, darüber war ich von Anfang an im klaren, wenn ich auch nicht wußte, wo ich pathologisches Material finden könnte. Es ergab sich nun aber, daß das Grazer pathologisch-anatomische Museum auch in dieser Hinsicht, nicht allein bezüglich des Kretinismus, ganz ungeahnte Reichtümer barg, und ich kann Herrn Prof. ALBRECHT †, dem Vorsteher des Institutes, nicht genug dafür danken, daß er mir mit größter Liberalität die Benützung seiner reichen Schätze freistellte. Auf diese Weise ist es mir gelungen, ein sehr befriedigendes Vergleichsmaterial zusammenzubringen, wie es jedenfalls bisher noch nirgends von einem einzelnen Autor und nach einheitlicher Methode bearbeitet werden konnte.

Ich hatte mich früher schon durch röntgenologische Untersuchungen mit der Osteologie der Kretinen beschäftigt; dabei war mir aber klar geworden, daß das Röntgenverfahren wohl zum Studium der Ossifikationsvorgänge die unübertroffene Methode der Wahl darstelle und auch im anthropologischen Sinne einen ersten orientierenden Überblick geben könne. Zu weitern Detailstudien ist das Röntgenbild aber kaum zu verwerten. Die anthropologische Untersuchung muß den ganzen Knochen vor Augen haben, was in bezug auf Femur, Humerus usw. kein Röntgenbild zu bieten vermag, denn beim Röntgenbild sind immer die von der Strahlenquelle entfernten Gelenkteile undeutlich und verzerrt, falls auf die Diaphyse eingestellt wurde. Das Röntgenbild besagt auch nichts über die absoluten Masse, nichts Rechtes über die Durchmesser, und es kann in betreff der Krümmungen und Winkel merkwürdige Irrtümer entstehen lassen. Das Röntgenbild vermag also wohl die klinische Diagnose sichern zu helfen, für die anthropologische Betrachtung ist es aber ziemlich wertlos.

Aus diesen Gründen entschloß ich mich, meinen Untersuchungen Skelettmaterial zugrunde zu legen. Aus den Arbeiten von LANGHANS (30) und von SCHOLZ (39) war zu schließen, daß sowohl in Bern wie in Graz Kretinenskelette vorhanden sein müßten. Ich tat an beiden Orten keine Fehlbitte; sowohl Herr Prof. WEGELIN wie Herr Prof. ALBRECHT waren ohne weiteres bereit, mir das Material ihrer Sammlungen zur Bearbeitung zu überlassen, wofür ich auch an dieser Stelle den beiden Herren meinen herzlichsten Dank sage. Das Material steht an beiden Orten wohl jedem, der es ernsthaft wünscht, zur Kontrolle und zur Nachuntersuchung zur Verfügung; wenn man bedenkt, wieviel kritiklos von einer Arbeit in die andere hinüberkolportierter Schwindel (man verzeihe dieses harte Wort; vgl. darüber KUTSCHERA (28)) sich in der Kretinenliteratur immer noch breit macht, so wird man die Möglichkeit objektiver Nachuntersuchung gewiß nicht gering anschlagen. Selbstverständlich unterliegt jede Messung kleinen individuellen Fehlern, auch sind Irrtümer nicht ausgeschlossen; aber im ganzen glaube ich, so objektiv wie möglich vorgegangen zu sein.

Mein Arbeitsgang war der folgende: Schon vor Beginn der Untersuchung hatte ich mir ein Heft angelegt, in welchem für jeden Knochen ein oder mehrere Seiten vorgesehen waren. Die Reihenfolge der Messungen und die Technik entspricht, wo nichts andres bemerkt, den Ziffern des Lehrbuches. Bei der osteometrischen Aufnahme erledigte ich jeden Tag etwa ein vollständiges Skelett, messend und zeichnend; die Gipsmodelle von A, N und Spy lagen dabei fortwährend zum Vergleich bereit; nach Erledigung der Messungen suchte ich jedes Skelett mit wenig Worten in seinen typischen Eigentümlichkeiten zu kennzeichnen. Die Hauptarbeit mußte aber zu Hause geleistet werden, fern von den Sammlungen, was ich oft genug, wenn mir Bedenken und Zweifel aufstiegen, wegen der Unmöglichkeit der Kontrolle bedauerte. Es wurden also zu Hause die Tabellen ins reine geschrieben, Mittelzahlen und Indices berechnet, Zahlenangaben soviel wie möglich am Diagramm nachgemessen, und dann der erklärende Text, so wie er hier vorliegt, verfaßt. Da ich daneben meine alltägliche Praxis zu besorgen hatte, auch wiederholt durch mehrmonatigen Militärdienst in Anspruch genommen war, so schritt leider die Arbeit nur langsam vorwärts.

Es ist bei jeder anthropologischen Arbeit unerläßlich, nur wirklich Zusammengehöriges in Gruppen zu vereinigen und zu vergleichen; so lang man

Männer und Weiber nebst unreinen, mit andern Leiden komplizierten Fällen wahllos in Tabellen aufführt, so ist es sehr schwer, irgendwelche Gesetzmäßigkeit zu erkennen; die Variationsbreiten sind dann viel zu groß. Das erwies sich auch bei der vorliegenden Arbeit.

An mehr als einer Stelle bin ich in die Lage gekommen, die im „Lehrbuch" vertretenen Meßmethoden, Winkelbestimmungen usw. zu kritisieren, und ich muß hier ausdrücklich bitten, mir das nicht als Unbescheidenheit auszulegen. Niemand weiß besser als ich selbst, wieviel ich der Methode des Lehrbuchs verdanke, und wenn ich mir hie und da eine Abweichung oder einen Vorschlag zur Verbesserung gestattet habe, so wolle man darin nur den Ausdruck des regen Interesses für die noch jungen Lehren der anthropologischen Wissenschaft erblicken. Nichts könnte mich mehr erfreuen, als wenn die Anthropologen vom Fach vielleicht in meiner Arbeit hier und da eine Anregung oder einen kleinen Beitrag zu den noch vielfach kontroversen Fragen der Statik und Mechanik des Extremitätenskelettes fänden. Sind auch die Methoden der Anthropologie in erster Linie zur Untersuchung normaler Knochen erdacht worden, so scheint mir doch, daß durch das Studium der pathologischen Knochenformen viele Probleme der normalen Anatomie recht lehrreich illustriert werden. Jedenfalls sollte jeder, der zwerghafte Menschenformen studiert, auch die pathologischen Formen des Zwergwuchses (Kretinismus, Chondrodystrophie, Athyreose, Rachitis, usw.) gründlich in Betracht ziehen.

III. Technik.

Die zur Verwendung gekommene Technik ist im allgemeinen die des MARTINschen Lehrbuches; die Ordnungszahlen korrespondieren; Abweichungen sind jeweilen besonders beschrieben und begründet.

Instrumentarium:

Bandmaß (von Stahl);

Tasterzirkel;

Gleitzirkel;

Meßbrett, nach Angabe des Lehrbuchs vom Tischler hergestellt und mit Millimeterpapier beklebt; das Papier darf nicht in einem Stück aufgezogen werden, da es sich, wenn mit Leim befeuchtet, verzieht; man muß es in handbreite Streifen zerlegen. Außerdem habe ich im Meßbrett zwei Meterstäbe aus Holz einlegen lassen.

Diagramme:

Zur Anfertigung von orthogonalen Umrißzeichnungen habe ich mir aus einem handlichen, keilförmigen Stück Holz nach Art des COHAUSENschen Perigraphen ein sehr einfaches Zeichnungsinstrument machen lassen. Die schreibende Kante desselben steht nicht genau rechtwinklig zur Unterlage, sondern die Unterlage ist nach vorn hin etwas abgeschrägt, so daß erst die aus einer Durchbohrung hervorragende Bleistiftspitze dann den Scheitel des rechten Winkels bildet. — Mit diesem Apparat erhält man sehr rasch eine Umrißzeichnung, welche alle seitlichen Vorsprünge des betreffenden Knochens, nicht bloß die in einer bestimmten Niveauebene gelegenen, abzeichnet. Das unterscheidet meine Diagramme von den mit dem MARTINschen Diagraphen aufgenommenen. Ich habe dann diese Bleistiftumrisse sofort mit Tusche nachgezeichnet, wobei das Original sorgfältig immer wieder zur Kontrolle betrachtet wurde. Eine Auswahl so hergestellter Umrißzeichnungen finden sich auf den Tafeln I bis VI vereinigt: sämtliche Figuren sind im gleichen Verhältnis, nämlich 1 zu 5 verkleinert.

Winkelmessung:

Eine exakte Winkelbestimmung an einem osteologischen Objekt ist durchaus keine leichte Aufgabe. Die größte Schwierigkeit liegt in der zweifelsfreien Definition der den Winkel einschließenden Achsen; hier ist für eine Kommission, welche in die bisherige Verwirrung Ordnung bringen soll, noch sehr viel, ja, man kann wohl sagen, noch alles neu zu bearbeiten. Es sind ja auch tatsächlich sehr komplizierte Fragen, die hier in Betracht fallen. Soll man die physiologische oder die morphologische Achse zugrunde legen? Gewiß wäre prinzipiell die physiologische Achse vorzuziehen; aber die meisten der großen Gelenke sind für so komplizierte Bewegungen eingerichtet und deren Achsen wohl auch noch nicht alle genügend studiert, so daß praktisch eben doch die Osteometrie nach morphologischen Achsen suchen muß. Die morphologische Achse ist ein konventioneller Begriff, den man nach Zweckmäßigkeitsrücksichten so oder so bestimmen kann. Die Hauptsache scheint mir die Forderung zu sein, daß die Achse immer als Verbindungslinie von zwei ganz genau bestimmten Knochenpunkten, am besten einer höchsten Vorragung oder einer tiefsten Einziehung, definiert wird. Eine Achse „nach dem Augenmaß", „welche der Hauptrichtung des Knochens folgt", oder „welche einen Knochenteil in zwei annähernd symmetrische Hälften teilt", scheint mir der Willkür allzuviel Spielraum zu lassen. Die Achse eines gebogenen Knochens kann niemals eine Gerade sein, außer wenn man ohne Rücksicht auf die Krümmung willkürlich, so wie ich vorschlage, zwei genau bestimmte Endpunkte angibt. Die normale Anthropologie, welche nur mit meist geraden Knochen zu tun hat, wird naturgemäß diese Schwierigkeiten weniger empfinden, als wenn pathologisch verkrümmtes Material zu messen ist. Und doch soll von der Methode verlangt werden, daß sie auf alle Fälle anwendbar ist. Es ist hier nicht der Ort, für alle langen Knochen die Achsen anzugeben; ich habe im speziellen Teil mir einzelne Vorschläge zu machen erlaubt.

Je ungenauer ein Winkel definiert ist, um so weniger Sinn hat es, ihn bis auf Zehntelgrade genau zu bestimmen. Ich habe den Eindruck, daß es zurzeit vielfach genüge, wenn nur von einem Winkel mit einiger Sicherheit gesagt werden kann, ob er abnorm klein oder groß ist. Man vermeidet dadurch jene Pseudoexaktheit, welche ja doch nur zu Täuschung führt. Im einzelnen habe ich es vielfach leichter gefunden, den Winkel am Diagramm, als am Objekt selbst zu bestimmen; es werden die Achsen in die Zeichnung eingetragen und die Winkel abgelesen.

Zur Winkelbestimmung am Objekt selbst habe ich mich eines höchst einfachen Instrumentes bedient; es besteht aus zwei durch ein möglichst scharfgehendes Scharnier verbundenen Streifen aus Eisenblech. Man markiert sich am Knochen die Achsen (oder auch nur deren Endpunkte), bringt die beiden Schenkel des Blechwinkels in die Richtung der Achsen und liest den Winkel mit Hilfe des Transporteurs ab. Auch die Bestimmung der Torsion gelingt

mit dem Instrument in befriedigender Weise; wieder markiert man die Endpunkte der Achsen und legt dann den Knochen fest in der Art auf den Tisch,
daß die eine der zu bestimmenden Achse parallel zur Unterlage gerichtet ist.
Durch Unterstützung mit Wachsklötzchen ist das leicht zu bewerkstelligen.
Nun legt man am entgegengesetzten Ende des Knochens den Blechwinkel so
auf den Tisch, daß sein einer Schenkel der Unterlage fest anliegt und also mit
der erstgenannten Achse gleichläuft, und daß sein Scharnier in die Richtung
des Knochens kommt. Man öffnet den Winkel so weit, bis sein freier Schenkel
in die Richtung der schräg stehenden Achse kommt und liest den Winkel wieder
mit dem Transporteur ab. Das geht viel rascher, als diese Beschreibung; das
Verfahren gibt recht genaue Resultate. Das Scharnier muß darum hart gehen,
damit der Winkel in jeder beliebigen Öffnung unverändert stehen bleibt.

Krümmungen:

Über die Messung von Krümmungen habe ich mich bei Anlaß der Radiuskrümmung mit aller mir möglichen Ausführlichkeit ausgesprochen; ich will
mich nicht wiederholen, sondern verweise darauf.

IV. Material.

Das hier verarbeitete Knochenmaterial entstammt, wie schon oben bemerkt, den pathologisch-anatomischen Sammlungen in Bern und in Graz,
welche mir bereitwillig geöffnet wurden. Sowohl Bern wie Graz liegen im
Endemiegebiet, es ist also ohne weiteres anzunehmen, daß an beiden Orten
die Diagnose Kretinismus unbesehen akzeptiert werden darf. Nichtsdestoweniger habe ich es für notwendig erachtet, die betreffenden Sektionsprotokolle
hier mitzuteilen, damit sich jeder über die Diagnose selbst ein Urteil bilden
kann; und es sind ja auch genaue Sektionsprotokolle von Kretinen bisher in
nicht allzu großer Zahl in der Literatur vorhanden. Die Berner Protokolle
war Herr Prof. WEGELIN so freundlich, für mich kopieren zu lassen, wofür
ich ihm auch hier ergebenst danke. Die Grazer Protokolle sind zum Teil schon
in dem Werk von Herrn Prof. SCHOLZ enthalten, die übrigen habe ich selbst mit
Erlaubnis des Herrn Prof. ALBRECHT aus dem Protokollbuch abgeschrieben;
beiden Herren sei für die bereitwillig gestattete Benützung bestens gedankt.

A. Berner Kretinen.

Sektionsprotokoll Nr. 345, 1894.

Peter Ledermann von Madiswyl, 60 Jahre alt. Gestorben am 8. XII. Sektion
10. XII., 9.30 vormittags.

Kurzer, sehr breiter Körper. Sehr starkes Ödem an den untern Extremitäten,
auch am Stamm, an den Armen und am Skrotum. Livores mäßig ausgedehnt. Totenstarre vorhanden. Knochenbau sehr kräftig, Brust stark gewölbt, sehr breit. In der
Gegend des Processus xiphoideus eine dellenförmige Einsenkung. Unterhalb der rechten
Leistengegend braune Pigmentierung der Haut, daneben ein intensiv weißer Fleck
von etwa 3 cm Durchmesser. Am rechten Daumen eine Blase mit trübem Serum. Haut
dünn. Panniculus sehr spärlich, dunkelgelb.

Pectoralis etwas blaß, wenig transparent.

Zwerchfell rechts 6. Interkostalraum, links unterer Rand der 2. Rippe.

Leberrand in der rechten Mamillarlinie 6 cm unter dem Rippenbogen.

Folgt eine genaue Beschreibung einer linkseitigen Zwerchfellhernie.

Herz nach rechts verlagert.

Rechte Lunge wenig retrahiert, in der Mitte adhärent. In der rechten Pleurahöhle 50 ccm trübe Flüssigkeit, mit Fibrinflocken. Auf der Pleura lockere, fibrinöse Membranen. Linke Lunge liegt der Wirbelsäule an, unten hochgradig komprimiert.

Im Herzbeutel fast 100 ccm gelbes, klares Serum.

Herz außerordentlich breit, Spitze stumpf. Konsistenz fest. An den Aortenklappen leichte Fensterung, übrige Klappen normal. Wanddicke links 11, rechts 4 mm. Arteria coronaria sinistra stark atheromatös. In der Aorta ascendens nur geringe Trübungen. Rechter Ventrikel sehr weit. In der hintern Wand des linken Ventrikels eine gelbliche Stelle, ziemlich scharf begrenzt.

Die Brustwirbelsäule zeigt im obern Teil leichte Skoliose nach links. An der Zungenbasis einige Varizen. Ösophagus, Larynx, Trachea ohne Besonderheiten. Kehlkopfknorpel zum Teil verknöchert.

In der Aorta thoracica hie und da geringe Verdickungen der Intima.

Rechter Lappen der Thyreoidea klein, auf der Schnittfläche fast ausschließlich Knoten, ein größerer von $1\frac{1}{2}$ cm Durchmesser fast ganz verkalkt, ein kleinerer von $\frac{1}{2}$ cm Durchmesser gelblich, gallertig, ein dritter kleiner Knoten verkalkt. Am Isthmus nur kleine Knoten und etwas feinkörniges Schilddrüsengewebe. Linker Lappen etwas größer als der rechte, besteht aus einem größeren, in der Mitte verkalkten Knoten von 4 : 3,5 cm, oben ein kleinerer verkalkter Knoten, der nur durch wenig feinkörniges Schilddrüsengewebe mit dem andern verbunden ist.

Linke Lunge in den untern Partien luftleer, sonst lufthaltig. Auf der Schnittfläche schaumige, blutig gefärbte, klare Flüssigkeit. Gewebe glatt und glänzend, völlig zu komprimieren. In den luftleeren Teilen sehr viel Flüssigkeit, einige Kalkknoten.

Rechte Lunge vorn emphysematös, hinten Ekchymosen in der Pleura. Schnittfläche wie links.

Aus den kleinen Bronchien lassen sich Eiterpfröpfe auspressen.

Milz normal groß, fest und steif. Pulpa dunkelrot. Follikel nicht deutlich.

Nebennieren unverändert; braune Schicht erweicht.

Aorta abdominalis ohne Besonderheiten.

Nieren groß. Kapsel leicht abziehbar. Oberfläche dunkel. Konsistenz steif. Brüchigkeit normal. Schnittfläche blutreich, dunkel.

Magen: Innenfläche von dickem Schleim bedeckt.

Starke Hyperämie. An der kleinen Kurvatur, nahe der Cardia zwei vernarbte Ulzera, von runder Form, deutlich eingesunken, von grauweißlicher Farbe, Durchmesser 3—4 mm. Begrenzung von stark injizierter Schleimhaut gebildet.

Duodenum ohne Besonderheiten.

Leber: Oberfläche glatt. Schnittfläche blutreich. Zentra dunkelgraurot, etwas groß, nur an wenigen Stellen zusammenfließend. Gewicht 1750 g.

Harnblase: Schleimhaut ziemlich stark injiziert. Beide Prostatalappen vergrößert.

Darm: Schleimhaut im Dünndarm hyperämisch, in den weitesten Stellen des Dickdarms anämisch. Inhalt zeigt nichts besonderes.

Schädelmasse:

a) Glabella — vorspringendster Punkt des Occiput: 18 cm.

b) Größte Breite 15,4 cm.

c) Horizontalumfang 54,5 cm.

d) Vertikalumfang Gehörgang — Gehörgang 35,0 cm.

e) Höhe des Schädels vom obern Rand des Gehörgangs bis zum höchsten Punkt des Scheitels 12,7 cm.

Schädel kurz, ziemlich breit. Rechte Hälfte vorn stark vorspringend. Nähte synostotisch, zum Teil verstrichen. Dicke mäßig. Viel blutreiche Diploe.

Dura stark gespannt, wenig transparent. Innenfläche feucht, glänzend.

Weiche Hirnhäute mäßig bluthaltig. Liquor reichlich, klar. Ziemlich viele Pacchionische Granulationen. In den Sinus der Dura ziemlich viel flüssiges und geronnenes Blut.

Hypophysis ziemlich groß, von dunkelgrauroter Farbe. Gewicht 0,725 g.

Gehirn normal groß. Gewicht 1411 g Windungen sehr breit. Am vorderen Ende der 3. linken Schläfenwindung ein länglicher Defekt mit gelblichem Grund 1,5 cm lang, 3—5 m breit. Die weichen Hirnhäute ziehen über den Defekt hinweg, in der Tiefe sehimmert die weiße Substanz durch. Geringes Atherom der Arteria basilaris. Seitenventrikel normal weit, wenig Liquor. Ependym fest. Plexus blutreich. 3. und 4. Ventrikel ohne Besonderheiten. Hirnschenkel normal.

Großhirnhemisphären auf Querschnitten stark bluthaltig. Auf einem Schnitt durch das Tuberculum anterius des linken Thalamus opt. ist das linke Klaustrum etwas unregelmäßig gestaltet, am medialen Rand etwas verbreitert und in feine Streifen aufgelöst. In der angrenzenden weißen Substanz unten und medial vom Putamen 3—5 graue Streifen von 1—2 mm Durchmesser, ohne Niveau- und Konsistenzveränderungen. Auf einem Schnitt durch das hintere Ende des Thalamus erscheint die Mitte des Centrum semiovale eigentümlich rissig und etwas eingesunken, unter dem Wasserstrahl sich deutlich auffasernd und bedeutend weicher als die Umgebung, in der Farbe jedoch nicht verändert. 4 mm weiter hinten ein scharf umschriebenes, graues, eingesunkenes, transparentes Feld von 3 : 2 cm, das in der weißen Substanz an der Grenze zwischen oberen und unteren Scheitellappen liegt, dem Seitenventrikel nähert sich diese Stelle auf 2 mm. Hier ist die angrenzende Hirnsubstanz stark sklerotisch, das graue Feld weich. Die nach dem Ventrikel hin gelegene Partie fasert sich unter dem Wasserstrahl auf. Am hinteren Ende des Thalamus wird das graue Feld etwas kleiner.

Rechts unter der Cauda des Nucleus caudatus, seitlich vom Thalamus, ein kleiner Fleck von Farbe und Konsistenz der grauen Substanz, in der weißen Substanz gelegen.

Kleinhirn und Medulla oblongata ohne Besonderheiten.

Anatomische Diagnose: Hernia diaphramatica sinistra. Schlaffe Pneumonie der rechten Lunge. Lungenödem. Kompressionsatelektase des linken Unterlappens. Pleuritis serofibrinosa dextra. Exzentrische Hypertrophie des rechten Ventrikels. Vernarbte Ulcera ventriculi. Erweichungsherde im Großhirn. Atrophie der Schilddrüse mit Adenomen. Kretinismus.

Von diesem, dem massiven Typus zugehörigen Fall lagen Skapula, Klavikula, Humeri, beide Vorderarmknochen beiderseits, beide Femora und beide Tibiae zur Messung vor. Die sämtlichen Knochen machten auf den ersten Blick den Eindruck, als ob sie zwar schwer und dick, jedoch fast normal gebaut wären. Bei genauer Messung und Vergleichung ergab sich aber eine weitgehende Übereinstimmung mit den im Neandertal gefundenen Extremitätenknochen, und zwar sowohl in den absoluten Dimensionen wie auch in zahllosen deskriptiven Einzelheiten. Ich stehe nicht an, zu erklären, daß wir es hier mit einem exquisiten Vertreter derjenigen Unterart des Kretinismus zu tun haben, welche unter fast vollständigem Ausschluß nur pathologischer Veränderungen in typischer Weise rassenhaft-atavistisch erscheint.

Leider ist gerade dieser Fall „Ledermann", was die klinische Diagnose anbelangt, nicht mit absoluter Sicherheit als Kretinismus erwiesen. Herr Prof. WEGELIN teilt mir darüber mit:

„Bei Ledermann fehlt auch die Körpergröße und die Angaben über kretinistische Merkmale sind in dem Protokoll äußerst spärlich, so daß man sich über diesen Fall leider kein objektives Urteil bilden kann und sich auf die Sektionsdiagnose verlassen muß. Eine Krankengeschichte ist leider auch nicht vorhanden."

Es dürfte jener Fall Ledermann vorliegen, den schon Herr Prof. LANGHANS (30) bei seinen 1897 in VIRCHOWS Archiv Bd. 149 veröffentlichten „Anatomischen Beiträgen zur Kenntnis der Kretinen" verwendet hat; es wurden damals besonders die Knochenbalken oben an Femur, Tibia und Fibula, sowie unten am Radius hervorgehoben. An allen diesen Knochen fand ich die Epiphysenteile aufgesägt, so daß ich an der Identität nicht zweifle. Dadurch scheint mir die Diagnose gesichert.

Sektionsprotokoll Nr. 160, 1895.

Rindlisbacher, Jakob, von Lützelfrüh, 51 Jahre alt. Gestorben am 4. VI. 4 Uhr nachmittags. Sektion 6. VI. 11 Uhr vormittags.

Kleiner, kretinenhaft gebauter Körper. Körperlänge 135 cm, Länge der Arme 55 cm, Länge der Beine (von der Spina ilei ant. sup. gemessen) 75 cm. Ernährung mäßig. Muskulatur ziemlich gut entwickelt. Schwache Totenstarre. Wenig Livores. Bauch stark aufgetrieben, grünlich verfärbt. Rechte Hälfte des Skrotums gewaltig vergrößert, grün verfärbt. Links hinten neben dem Anus eine Fistel, welche in eine walnußgroße Abszeßhöhle führt, dieselbe liegt zum Teil in der Haut, zum Teil im linken Glutaeus maximus, sie hat eine zerfetzte, schiefrig verfärbte Wand und ist mit schwärzlichem, stinkenden Brei ausgefüllt. In der rechten Hinterbacke eine 3 cm lange Schnittwunde in der Faserrichtung des Musc. glut. max. Sie liegt im innern Drittel der Verbindungs-linie zwischen Spina ilei post. sup. und Anus und führt in eine ausgedehnte Abszeß-höhle, teils unter der Haut, teils in der Muskulatur gelegen, sie reicht vom Anus bis in die Höhe der Spina ilei post. inf., seitlich bis etwa in die Mitte der rechten Hinterbacke.

Der Kopf ist im Verhältnis zum Rumpf auffällig groß, Stirn hoch, stark zurück-stehend. Arcus supercil. vorspringend. Nase leicht abgeplattet, Lippen dick. Ge-sichtshaut etwas runzlig.

Schädel kurz und breit. Linke Hälfte nach vorn verschoben. An den Nähten fast überall Nahtsubstanz erhalten. Schädel sehr dick, wenig Diploe. Sägefläche vorn 11 mm dick, an der Sutura coron. 5 mm, am Occiput 10 mm. Gefäßfurchen und Pac-chionische Granulationen an der Innenfläche sehr tief. Innenfläche trüb, weißlich oder gelblich.

Dura: Spannung und Transparenz normal. Im Sinus long. sup. wenig Speckhaut. Innenfläche der Dura glatt und glänzend, etwas trocken.

Weiche Häute leicht anämisch, keine Trübung. Liquor klar, in mäßiger Menge. Furchen ungewöhnlich breit. Windungen schmal. Stirnlappen im Verhältnis zum übrigen Gehirn klein. In den basalen Sinus wenig flüssiges und geronnenes Blut. Seiten-ventrikel normal weit. Liquor klar. Ependym fester als normal.

Gewicht des Gehirns 1210 g. Schnittfläche ohne Besonderheiten. Blutgehalt und Durchfeuchtung normal.

An der Schädelbasis ist der Knochen stellenweise ebenfalls weißlich und trüb. Crista galli und Alae parvae ossis sphen. sehr dick. Dorsum ephippii springt weit nach vorn vor, so daß die Sattelgrube vertieft erscheint. Dorsum ephippii gegen den Clivus Blumen-bachii durch eine Furche abgesetzt. An der Stelle der Synchondrosis basilaris kein Knorpel.

Pannikulus hellgelb, mäßig dick.

Pectoralis ziemlich kräftig, dunkel, transparent.

Zwerchfell rechts 5. Rippe, links 4. Interkostalraum.

Leberrand in der Mamillarlinie am Rippenbogen, verläuft horizontal.

Därme sehr stark aufgetrieben, namentlich der Dickdarm. S. Romanum besitzt eine lange Mesoflexur und bildet eine gewaltige Schlinge. Die untersten 16 cm des Colon ascendens, Coecum und Ende des Ileums liegen im Skrotum. Coecum sehr stark aufgetrieben. Mesenterium des im Bruchsack liegenden Colon ascendens und Coecum sehr lang ausgezogen (bis 12 cm lang). Bruchsack glattwandig, ohne entzündliche Er-scheinungen. Harnblase stark gefüllt, reicht noch weit über das Becken hinaus. Da-durch und durch die Verlagerung der Därme im Brucksack wird das Beckenperitoneum so sehr emporgezogen, daß der DOUGLASsche Raum zu einer seichten Furche reduziert ist, dessen Grund nur etwa 2 cm unterhalb des Promontoriums liegt. In der Bauch-höhle 50 ccm trübe, rotbräunliche Flüssigkeit, Serosa glatt, glänzend.

Etwas Schusterbrust. Rippenknorpel nicht verknöchert.

Lungen ziemlich stark retrahiert. Keine Adhäsionen, keine Flüssigkeit in den Pleurahöhlen.

Im Perikard etwa 5 ccm klares Serum.

Herz breit. Spitze zu gleichen Teilen von beiden Ventrikeln gebildet. Konsistenz beiderseits normal. Mitralis für zwei, Tricuspidalis für drei Finger durchgängig. In den Herzhöhlen viel flüssiges und geronnenes Blut. An der Mitralis starke bindegewebige Verdickungen des freien Randes. Sehnenfäden am langen Segel verkürzt und verdickt. Übrige Klappen ohne Besonderheiten. Wanddicke links 12, rechts 4 mm. Muskulatur dunkelbraunrot, mit helleren, trüben Flecken. Rechter Ventrikel erweitert.

Ösophagus zyanotisch.

In der Trachea viel dünner Schleim. Schleimhaut hyperämisch.

Aorta normal.

Thyreoidea: Beide Lappen durch einen schmalen Isthmus verbunden. Proc. pyram. fehlt, ebenso die Unterhörner. Die ganze Thyreoidea ist etwas kleiner als normal. Schnittfläche glatt, graugelb bis graurot, stark transparent. Einige dickere, bindegewebige Streifen, doch keine deutliche Lappung.

Lungen zeigen starken Blutgehalt und geringes Ödem, sonst nichts Besonderes.

Milz klein. Schnittfläche blaß, Follikel undeutlich, Trabekel sehr deutlich. Konsistenz vermehrt. Gewicht 60 g.

Nebennieren fettarm.

Nieren von dickem Fettgewebe umhüllt, etwas klein. Kapsel stellenweise schwer abziehbar. An der Oberfläche eine kirschkerngroße Zyste mit wasserheller Flüssigkeit. Arteriosklerotische Narben, an welchen die Kapsel adhärent war. Oberfläche sonst glatt. Schnittfläche anämisch, namentlich die Rinde. Rindenbreite 5—7 mm. Brüchigkeit etwas vermindert.

Magen mit viel dünnem, gelbem Brei. Schleimhaut anämisch. Duodenum ohne Besonderheiten.

Leber normal groß. An der Serosa bindegewebige Verdickungen. Schnittfläche: Zeichnung stellenweise undeutlich, sondern nur gleichmäßig graurotes Gewebe, in dem man die GLISSONschen Scheiden sieht. An andern Stellen normale Zeichnung. Schnittfläche im ganzen anämisch. Keine Trübung.

Gallenblase mit der Leber durch eine 4 cm breite flottierende Membran verbunden (eine Art Mesenterium). Enthält nur wenig hellgelbe Galle, ferner über ein Dutzend Gallensteine verschiedener Größe, mit glatter, hellgelber oder grünlicher Oberfläche. Schnittfläche braun, geschichtet, mit schwarzem Zentrum.

Harnblase mit viel klarem Urin. Die Wand zeigt mäßige trabekuläre Hypertrophie. Keine Prostatahypertrophie.

Im Dünndarm ziemlich viel dünner, gelblicher Brei, ebenso im Dickdarm. Im untern Teil des Rektums schiefrige Verfärbung der Schleimhaut und einige seichte, rundliche Geschwüre mit glattem, gelbem Grund. Sie sind auf die Schleimhaut beschränkt. Nirgends tiefere Geschwüre oder Perforation. Am Anus zahlreiche große Hämorrhoiden, die meisten thrombosiert. Darmschleimhaut anämisch keine Schwellung der Follikel.

Anatomische Diagnose: Kretinismus. Atrophie der Schilddrüse. Perirektale Abszesse. Hämorrhoiden. Herzverfettung. Dilatation des rechten Ventrikels. Gallensteine. Trabekuläre Hypertrophie der Harnblase. Hernia inguinalis ext. dextra. Milzatrophie.

Von diesem Fall habe ich beide Oberarme und den rechten Oberschenkel untersucht, sondern bloß die distalen Gliederabschnitte. Diese Knochen zeigen im allgemeinen einen grazilen Bau ohne nennenswerte Abnormitäten, jedoch im einzelnen mit ziemlich vielen Merkmalen von altertümlichem Charakter (Radiuskrümmung, Retroversion der Tibia usw.).

Dieser Fall „Rindlisbacher" wurde auch schon von Herrn Prof. LANGHANS (30) in seinen „Anatomischen Beiträgen zur Kenntins der Kretinen" bearbeitet und die Knochenbalken unten am Vorderarm, unten und oben am Unterschenkel, hervorgehoben; auch wurden vom Femur die wichtigsten Maße angegeben, — damit war zum ersten Male die anthropologische Methode in die Erforschung der langen Röhrenknochen beim Kretinismus eingeführt!

Sektionsprotokoll Nr. 278, 1903.

Bucher, Samuel, 47 Jahre alt. Gestorben 15. IX., 5.45 vormittags. Sektion 15. IX. 10 Uhr vormittags.

Länge 123,5 cm Handtellergroßer Dekubitus über dem Sakrum.

Rückenmark: Dura glatt und glänzend, von guter Transparenz. Weiche Häute mit gutem Blutgehalt. In der Pia an der Hinterfläche multiple gelbe, fleckige Trübungen. Ventrale Fläche: Häute ohne Besonderheiten. Durchschnitt: Im Lumbal- und untern Dorsalmark Substanz auf der Schnittfläche vorquellend, breiig, von grau-braunroter Farbe. Graue und weiße Substanz nicht differenziert. Im oberen Dorsalmark Schnittfläche weiß, dorsal vom Zentralkanal weich. Auf dem Zervikalmark ist die Schnittfläche blaß, Zeichnung normal. Konsistenz gut.

Schädel: Dach klein. Sutura frontalis unsichtbar. Sutura coronaria zeigt beginnende Synostose, oben deutlich sichtbar. Sutura sagittalis vorn auf 2 cm deutlich, weiter nach hinten synostotisch.

Linker Parietalhöcker etwas nach hinten verschoben. Diploe spärlich. Blutgehalt gut. Schädeldicke im Mittel 4 mm, vorn median 6 mm.

Dura: Spannung gering, Transparenz etwas vermindert. Oberfläche glatt und glänzend. Sinus longitudinalis superior leer. Dura innen links mit einigen kleinen pachymeningitischen Auflagerungen, ebenso rechts. Liquor mäßig reichlich. Blutgehalt der weichen Häute mäßig. Arachnoidea etwas getrübt, rechts wie links.

Dura der Schädelbasis glatt und glänzend. In den basalen Sinus flüssiges Blut, und Kruor.

Sella turcica 23 mm breit.

Hirnbasis: Basalgefäße fleckig getrübt. In der Wand der Carotis interna beiderseits Kalkplatten. Fossae Sylvii ohne Besonderheiten. Gewicht des Gehirns mit den weichen Häuten 1075 g. Windungen im Frontallappen beiderseits namentlich vorn schmal, 4—5 mm. Furchen breit. Linker Seitenventrikel normal weit, mit wenig klarem Liquor. Tela chorioidea blaß, kleine Trübungen, kleine Zystchen mit klarem Inhalt. Ependym vorn etwas derb. 3. Ventrikel weit, mittlere Kommissur vorhanden. Abstand zwischen vorderer und mittlerer Kommissur 5 mm. 4. Ventrikel ebenfalls weit.

Hirnsubstanz links: Konsistenz gut, Blutgehalt mäßig, gute Durchfeuchtung. Rinde etwas schmal. Rindengrau meist 2 mm dick. Rechts im Sulcus callosomarginalis auf der Schnittebene durch das vordere Ende des Thalamus opticus eine 1,5 : 1 : 1 cm große, verhärtete Partie, auf der Schnittfläche weißgrau, an der Grenze zwischen Rinde und Mark liegend. Grenze zwischen Rinde und Mark unscharf. Konsistenz fest, glatt, nichts abstreifbar. In der hinteren Hälfte des Thalamus opticus eine erweichte, unter dem Wasserstrahl zerfasernde, weiße Partie. Im übrigen Großhirn ohne Besonderheiten.

Pons, Kleinhirn, Medulla oblongata ohne Besonderheiten.

Schädelmasse:

a) Glabella — vorspringendster Teil des Occiput 18 cm.

b) Größte Breite 14 cm.

c) Horizontalumfang 48 cm.

d) Vertikalumfang (Gehörgang — Gehörgang) 28 cm.

e) Von der Mitte der Verbindungslinie bis zum vorspringenden Punkt des Occiput 10,1 cm (Stangenzirkel).

f) Höhe des Schädels (oberer Rand des Gehörganges bis höchste Scheitelhöhe) (Stangenzirkel) 12,2 cm.

Kleine männliche Leiche. Haut an den Knöcheln leicht ödematös. Haut dick und derb, von blasser Farbe, gelblich. Keine Livores. Totenstarre nicht vorhanden. Leiche noch warm. Spärliche Behaarung an den Genitalien. Spärliche Barthaare, Kopfhaar dunkel, spärlich, borstig.

Muskulatur schwach. Knochenbau kretinistisch.

Pectoralis blaß, Transparenz gut.

Pannikulus 1,5 cm dick, blaßgelb.

Zwerchfell rechts 4., links 5. Interkostalraum.

Leberrand in der Mamillarlinie am Rippenbogen, in der Mittellinie 10 cm unter dem Ende des Corpus sterni.

Magen sehr klein, Fundus 17 cm unter dem Corpus sterni, 6 cm über dem Nabel. Das große Netz reicht bis zur Symphyse, fettreich. Colon transversum sehr stark gebläht, mit Zwerchsackeinschnürungen. Umfang an der weitesten Stelle 18 cm. Dünndarm mäßig aufgetrieben, stark injiziert. Flexura sigmoidea stark aufgetrieben. Serosa glatt und glänzend. Im kleinen Becken wenig trübe Flüssigkeit. Harnblase klein.

Thorax etwas schmal, hühnerbrustartig.

Brustsitus: In der linken Pleurahöhle wenig klare, rötliche Flüssigkeit. Unterlappen fest mit der Pleura costalis verwachsen. Rechte Lunge an der Spitze verwachsen. In der rechten Pleurahöhle ganz wenig klarer Inhalt. Lungen gut retrahiert.

Im Herzbeutel 20 ccm gelber, mit Flocken untermischter Flüssigkeit.

Herz ziemlich groß, breit. Spitze vom linken Ventrikel gebildet. Konsistenz weich. Mitralis und Tricuspidalis für zwei Finger durchgängig. Im Herzen flüssiges Blut, Kruor und Speckhaut. Rechter Vorhof stark erweitert. In den Segeln der Mitralis einige trübe Partien. In der Aorta ascendens einige trübe, verdickte, prominente Flecken an den Abgangsstellen der Koronararterien und dem freien Rande der Klappen gegenüber. Tricuspidalis und Pulmonalis ohne Besonderheiten. Wanddicke links 10, rechts 4 mm. Muskulatur blaß, fleckig getrübt. Koronararterien stark sklerotisch. Subepikardiales Fett nicht entwickelt. Gewicht 235 g.

Zunge ohne Belag, sehr groß. Tonsillen klein. Balgdrüsen an der Zungenbasis reichlich entwickelt. Ösophagus in den untern Partien mazeriert. Schleimhaut von Larynx und Trachea sehr blaß.

Thyreoidea: Auf der Vorderfläche der Trachea eine ganz kleine Partie schilddrüsenähnlichen Gewebes, in toto eingelegt und fixiert.

Thymus mit ziemlich reichlichem Fettgewebe.

Linke Lunge: klein. Pleura, abgesehen von den Adhäsionen, glatt und glänzend. Konsistenz flaumig. Schnittfläche grau-braunrot, nach dem Abstreifen glatt und glänzend, abstreifbar ist überall klare, lufthaltige Flüssigkeit. Am untern Rand Luftgehalt gering.

Rechte Lunge klein. Pleura wie links. Schnittfläche grau-braunrot, feucht, nach dem Abstreifen Gewebe überall glatt, Konsistenz weich, aber wenig elastisch. Abstreifbar ist sehr reichlich Flüssigkeit, wenig Luftblasen.

In den Bronchien reichlich schleimiger Eiter. Schleimhaut gerötet. Bronchialdrüsen anthrakotisch.

Milz klein. Oberfläche runzelig. Konsistenz weich. Follikel ziemlich groß, Trabekel deutlich, Gewebe nicht vorquellend. Gewicht 67 g.

Linke Nebenniere von reichlich Fett umgeben. Rindenschicht fettarm, 1 cm dick, die ganze Dicke 4 cm. Im Fett ein kleiner versprengter Nebennierenkeim. 4 g.

Linke Niere: Kapsel fettreich, etwas schwer abziehbar. Oberfläche feinhöckerig. Schnittfläche: Rinde 4—8 mm breit, Zeichnung deutlich. Vasa recta etwas injiziert. Markpyramiden ohne Besonderheiten. Brüchigkeit normal. Linkes Nierenbecken stark injiziert. Gewicht 148 g.

Rechte Nebenniere: Gewicht 4,5 g.

Rechte Niere wie links. Oberfläche höckerig, mehrere gelbe Punkte, die auf der Schnittfläche als Brei abgestreift werden können (Eiter). Gewicht 135 g.

Aorta abdominalis und thoracica starkes Atherom mit Verkalkung.

Im Magen flüssiger, schleimiger Inhalt. Schleimhaut mit dickem Schleim bedeckt. Duodenum injiziert. Choledochus durchgängig.

Leber: Einige Adhäsionen mit der Zwerchfellfläche. Schnittfläche dunkelbraun. Acini groß, Zentra vielfach konfluierend, in der Nähe der GLISSONschen Scheiden hie und da leichte Trübung. Gewicht 1240 g.

Gallenblase klein, mit wenig hellgrüner Galle.

Pankreas ohne Besonderheiten.

In der Harnblase trüber, flockiger Urin, zum Teil mit Eiter vermengt. Schleimhaut mit trabekulärer Hypertrophie, starke Injektion, vereinzelte kleine Blutungen.

Prostata klein, die Urethra nicht komprimierend. Urethra stark hyperämisch, stellenweise fibrinöser Belag, an einer Stelle ein falscher Weg im periurethralen Gewebe.

Hoden links sehr klein, mit Nebenhoden ohne Tunica vaginalis, 11 g. Hoden rechts wie links 12,5 g.

Darm mit gutem Blutgehalt. Solitärfollikel und PEYERsche Plaques deutlich. Knochen: Länge des Femur 32 cm. Dicke des Schenkelkopfes 47 mm. Breite der Epikondylen 76 mm. Dicke in der Mitte der Diaphyse 16 mm. Knochenmark im Bereiche des Femurkopfes: Zwei 5 mm große Herde, von rotem Knochenmark eingenommen, daneben vereinzelte rote Punkte. Dicht unterhalb des Kopfes befindet sich eine 5 cm lange Zone von Mark, das bräunlich-rötlich gefärbt ist. Breite derselben 5—15 mm. Dicht unterhalb dieser Zone befindet sich eine zweite 4 cm lange Zone, hier im gelben Knochenmark streifenförmige und rundliche, kleine Herde von deutlich roter Farbe. Im Bereiche der Kondylen, sowie im übrigen Teil der Diaphyse vereinzelte rote Punkte. Im übrigen gelbes Mark. Im Bereich des Humerus rotes Knochenmark.

Anatomische Diagnose: Myelitis des Lumbal- und Dorsalmarks. Weißer Erweichungsherd im Großhirn. Pachymeningitis interna. Cystitis und Urethritis purulenta. Klappensklerose. Arteriosklerose. Eiterige Bronchitis. Lungenödem. Abszesse in der rechten Niere. Hypoplasie der Schilddrüse und der Hoden. Kretinismus.

Gemessen wurden beide Humeri und beide Oberschenkel; alle sind in der Längsrichtung aufgesägt. Ich möchte diese Knochen nicht als besonders typisch kretinistisch ansehen, sondern bin geneigt, hier an Komplikation mit Rachitis zu denken.

Am Humerus fällt auf, wie die Pectoralis -und Deltoidesinsertion anscheinend viel Material aus dem Knochen herausgerissen und dadurch denselben verbogen haben. Die Epiphysen sind sehr breit.

Die Femora sind sehr kurz und haben breite, sklerosierte Kondylen von fast juveniler Form und niedergebeugte Köpfe; eine Transversalkrümmung fehlt sozusagen ganz, dafür ist die Sagittalkrümmung sehr stark ausgesprochen. Damit dürfte die groteske Entwicklung des Pilasters in diesen Objekten zusammenhängen; die Linea aspera ist durch eine feine, 7 mm hohe und an ihrer Basis durchscheinend dünne Crista mit unebenem verdicktem Rand ersetzt. Bei beiden liegt der stark entwickelte Troch. III weit nach hinten und an der innern Seite. Die Köpfe dieser Oberschenkel sind riesig groß, verdrückt und schnabelförmig ausgezogen.

Sektionsprotokoll Nr. 353, 1906.

Christener, Johann, 44 Jahre alt. Gestorben am 14. XII. 2,15 nachmittags. Sektion 15. XII. 12.30 nachmittags.

Klinische Angaben: Vor 15 Tagen komplizierte Unterschenkelfraktur. Vor 2 Tagen Ileus. Operation: Lösen einer Bride am Dickdarm.

140 cm langer, männlicher Körper mit typisch kretinoidem Aussehen. Pannikulus und Muskulatur gut entwickelt. Der linke Unterschenkel ist in der Mitte frakturiert. An der Frakturstelle ist die Haut ausgedehnt in eine eitrig belegte Wundfläche umgewandelt. Tibia und Fibula sind beide zersplittert. Die umgebende Muskulatur stark eitrig infiltriert. Im linken Kniegelenk reichlich blutig eitrige Flüssigkeit, ebenso im linken Ellbogengelenk. In der linken Vena femoralis ein mit der Wand leicht verklebter, gerippter, langer Thrombus. In der rechten Vena femoralis ein ähnlicher, das Lumen nicht obturierender Thrombus.

Pectoralis kräftig von guter Farbe und Transparenz.

Subkutanes Fett ziemlich reichlich, hellgelb.

Zwerchfell rechts 4., links 5. Rippe.

Omentum majus kurz, fettarm. Dünndärme eng. Serosa glatt und glänzend. In der Mittellinie des Abdomens vom Nabel abwärts eine lineäre, durch fortlaufende Naht vereinigte Operationswunde, über dem rechten Ligamentum Pouparti eine 2 cm lange Operationswunde, durch die ein Gummidrain in das mit der Operationswunde vernähte Zökum geführt ist. Zökum mit dem Kolon ascendens und dem Kolon transversum leicht verwachsen. Flexur stark gebläht, mit langer Mesoflexur. An einer Stelle der Flexur eine etwa 4—5 cm lange, quer verlaufende, frisch vernähte Operationswunde. Im kleinen Becken keine Flüssigkeit. Harnblase wenig gefüllt, schlaff. Appendix ohne Besonderheiten.

Innenfläche des Sternums ohne Besonderheiten.

Lungen wenig retrahiert, frei. In den Pleurahöhlen keine Flüssigkeit.

Im Herzbeutel etwa 20 ccm klares Serum.

Herz etwas klein. Spitze vom linken Ventrikel gebildet. Konsistenz etwas herabgesetzt. Klappen außer geringem Atherom an der Mitralis ohne Besonderheiten. Aorta ascendens mit geringem Atherom. Umfang 65 mm. Umfang der Aorta an der Abgangsstelle 65 mm, Aorta thoracica 55 mm. Wanddicke links 10, rechts 3 mm. Muskulatur von mittlerem Blutgehalt, streifig trüb. Foramen ovale geschlossen. Koronargefäße ohne Besonderheiten. Gewicht 230 g.

Zunge mit geringem Belag. Tonsillen etwas atrophisch, ebenso Balgdrüsen. Pharynx, Ösophagus ohne Besonderheiten. Larynx, Trachea auffallend infantil.

Aorta thoracica mit geringem Atherom und sehr starker Imbibition der Intima.

Lungen von mittlerem Volumen, in den abhängigen Partien Luftgehalt mäßig herabgesetzt. Pleura glatt und glänzend. In den abhängigen Partien mäßige Hypostase und starker Ödem. Die auspreßbare Flüssigkeit im linken Unterlappen ganz leicht trüb.

Bronchien ohne Besonderheiten. Bronchialdrüsen anthrakotisch.

Milz mit kleinen Follikeln. In der Pulpa mittlerer Blutgehalt. Konsistenz gut. Trabekel deutlich. Gewicht 75 g.

Nebennieren fettarm, im Zentrum etwas erweicht.

Nieren: Kapsel gut abziehbar. Oberfläche mit vereinzelten embryonalen Furchen. Blutgehalt gut. Schnittfläche: Zeichnung normal. In der Rinde und namentlich in den Markpyramiden vereinzelte teils punktförmige, teils streifige Abszeßchen. Im übrigen ist das Gewebe gut bluthaltig, Transparenz gut, Brüchigkeit normal. Nierenbecken ohne Besonderheiten. Gewicht 300 g.

In der Harnblase wenig klarer Urin. Schleimhaut ohne Besonderheiten. In geringem Grade Wand trabekulär hyperplastisch.

Prostata etwas groß. Samenblasen und Vas deferens dickwandig.

Hoden klein. Nebenhoden ohne Besonderheiten.

Magen und Duodenum ohne Besonderheiten. Ductus choledochus mit einem Schleimpfropf.

Leber: Oberfläche glatt. Schnittfläche gleichmäßig wenig trüb. Zentra hie und da konfluierend. Peripherie stellenweise stärker trüb. Brüchigkeit vermehrt. Gewicht 1700 g.

In der Gallenblase ziemlich viel helle Galle. Schleimhaut ohne Besonderheiten. In der Vena cava inferior flüssiges Blut.

Im Dünndarm ziemlich viel dünner Inhalt. Schleimhaut ohne Besonderheiten. Im Dickdarm reichlich dicke Kotballen. Schleimhaut ohne Besonderheiten.

Mesenterial- und Retroperitonealdrüsen ohne Besonderheiten.

Schädel: Parietaldurchmesser 15 cm. Kinn-Hinterhaupt 22 cm. Stirn-Hinterhaupt 19 cm. Umfang 54 cm.

Schädeldach symmetrisch. Nahtsubstanz in Koronar- und Sagittalnaht gut ausgebildet. Mittlere Schädeldicke 4 mm. Diploe ziemlich reichlich, von mittlerem Blutgehalt. Synchondrosis sphenobasilaris erhalten.

Dura von geringer Spannung. Transparenz etwas herabgesetzt. Blutgehalt gut. Innenfläche der Dura ohne Besonderheiten.

In den basalen Sinus wenig flüssiges Blut. Die weichen Häute sind an der Konvexität etwas ödematös, wenig bluthaltig, Liquor reichlich. Basale Hirngefäße ohne Besonderheiten.

Anatomische Diagnose: Kretinismus mit erhaltener Synchondrosis sphenobasilaris. Komplizierte, infizierte, linkseitige Unterschenkelfraktur. Gonitis und Olenitis sinistra purulenta.

Multiple Nierenabszesse. Thrombose der Venae femoralis. Trübe Schwellung in der Leber. Status nach Laparotomie.

Am Humerus ist der proximale, am Femur namentlich der distale Teil sehr massiv ausgebildet; die Pectoralisinsertion springt weit vor. Neben der starken Sagittalkrümmung erinnert besonders die distale Epiphyse des Femur an Spy: Bei viel geringerer Gesamtlänge ist die Kondylenbreite und die Form des untern Schaftteiles fast genau gleich wie bei dem bekannten Fossil. Im Vergleich dazu ist das Caput ziemlich klein, die obere Epiphyse zwar in der Trochantergegend recht massiv, aber in der größten Breite doch weit hinter Spy zurückgeblieben.

Sektionsprotokoll Nr. 343, 1910.

Zwygart, Christian, 57 Jahre alt. Gestorben 15. X. 1.20 nachmittags. Sektion 15. X. 4 Uhr nachmittags.

Klinische Angaben: Geboren und wohnhaft in Krauchtal, konnte lesen, jedoch nicht schreiben, war in der Schule nicht bildungsfähig, nachher mit Holzhacken beschäftigt. Intelligenz gering, zuletzt totale Verblödung.

Auffallend kleiner, männlicher Körper, 138 cm lang, 37 kg schwer, schmächtig gebaut, Pannikulus gering. Muskulatur schwach. Im Gesicht ausgesprochen kretinischer Ausdruck. Stirn ziemlich niedrig, Nasenwurzel etwas eingezogen, etwas zyanotisch. Nase mäßig breit. An der Oberlippe und am Kinn nur vereinzelte kurze Barthaare, ebenso ist die Behaarung an den Genitalien äußerst spärlich. Skrotum von infantilem Habitus. Hoden sehr klein. In den Axillae und an der Brust fehlt die Behaarung vollständig. Der Rumpf erscheint gegenüber den Extremitäten auffallend lang. Besonders kurz erscheinen die Beine. An den Knien springen die Condyli stark vor. Totenstarre an den Beinen noch vorhanden. Livores mäßig ausgedehnt. Über dem rechten Trochanter ein kleiner Dekubitus. An den Vorderarmen und am Handrücken leichtes Ödem; ziemlich starkes Ödem am ganzen Rücken, an der Hinterseite der Oberschenkel, an Unterschenkeln und Füßen. Der linke Fuß zeigt mäßige Equinovarusstellung.

Pannikulus sehr spärlich, von dunkelroter Farbe. Pectoralis dünn, braunrot, gut transparent.

Zwerchfell rechts und links 5. Rippe.

Leberrand in der rechten Mamillarlinie 4 cm unter dem Rippenbogen, in der Mittellinie 6,5 cm unter dem Ende des Corpus sterni.

Magen wenig gebläht. Omentum majus kurz, fettarm. Dünndarme mittelweit, Serosa glatt und glänzend. Zökum frei beweglich. Processus vermiformis frei. In der Abdominalhöhle etwa 250 ccm klares, dunkelgelbes Serum. Harnblase sehr stark gefüllt.

Lungen stark retrahiert. Rechte Lunge oben und hinten sehr fest adhärent. Im untersten Teil der Pleura 185 ccm klares, gelbes Serum. Linke Lunge ebenfalls zum größten Teil adhärent, in der Pleurahöhle etwa 100 ccm klares Serum.

Herz nach beiden Seiten stark verbreitert, besonders rechts. Spitze von beiden Ventrikeln gebildet. Konsistenz beiderseits stark vermehrt. Mehrere subepikardiale Blutungen. Mitralis für zwei Finger kaum durchgängig. Tricuspidalis für drei Finger durchgängig. In den Herzhöhlen reichlich flüssiges Blut und Kruor. Arterielle Ostien suffizient. Mitralis am freien Rand ziemlich stark verdickt. Sehnenfäden auffallend kurz und am Ansatz zum Teil verdickt. Papillarmuskeln an der Spitze fibrös, zum Teil mit stark injiziertem, oberflächlichem Gefäßnetz. Linker Ventrikel ziemlich stark dilatiert. Trabekel abgeplattet, Endokard fibrös verdickt. Rechter Vorhof ziemlich stark dilatiert, im rechten Herzohr ein kleiner Thrombus. Tricuspidalis ohne Besonderheiten. Rechter Ventrikel stark dilatiert. Papillarmuskeln und Trabekel hypertrophisch. Aortenklappen am Ansatz sklerotisch. In der Aorta ascendens zahlreiche trübe, gelblich-weißliche Flecken. Pulmonalis ohne Besonderheiten. Wanddicke links oben 13 mm, an der Spitze nur 3—4 mm, rechts 4 mm. Muskulatur etwas bräunlich, gut transparent, nach der Herzspitze hin und in der vordern Wand des linken Ventrikels zahlreiche sehnige Schwielen. Linke Arteria coronaria nach ihrem Abgang aus der Aorta in ihrem Ramus descendens vollkommen obliteriert, das Lumen durch derbe weißliche Massen verstopft. Rechte Arteria coronaria ohne Besonderheiten. Foramen ovale geschlossen. Gewicht 385 g.

Zunge mäßig groß, Länge von der Spitze bis zum Foramen coecum 5,5 cm, größte Breite 5 cm, größte Dicke 2,5 cm. Tonsillen klein. In der rechten Tonsille ein kleiner Abszeß. Uvula und weicher Gaumen ödematös. Ösophagus ohne Besonderheiten. Ligamenta aryepiglottica stark ödematös. Kehlkopf klein, Länge der Stimmbänder 15 mm. Umfang der Trachea in der Mitte 5 cm, in der Schleimhaut einige kleine Blutungen.

In der Aorta thoracica sehr starkes Atherom mit Kalkplatten und Geschwüren, in deren Ränder reichlich Cholestearinkristalle.

Thyreoidea sehr klein. Rechts im obern Pol ein verkalkter Knoten von 3 : 2,5 : 1,5 cm.

Linke Lunge klein. Vordere Ränder leicht emphysematös. Pleura mit bindegewebigen Auflagerungen. Luftgehalt gut. Schnittfläche im Unterlappen etwas hyperämisch und leicht ödematös. Oberlappen nur wenig ödematös. Gewebe überall völlig kompressibel.

Rechte Lunge ebenfalls klein. Luftgehalt vermindert. Pleura mit dicken fibrösen Auflagerungen. Schnittfläche sehr blutreich, mäßig lufthaltig, etwas ödematös. In der Arterie des rechten Unterlappens ein kleiner Thrombus, fest adhärent, ebenso ein wandständiger Thrombus im Stamm der rechten Lungenarterie. Im Mittellappen ein kleiner, keilförmiger, braunroter Infarkt. Oberlappen auffallend blutreich, zum Teil ebenfalls hämorrhagisch infarziert.

In den Bronchien wenig blutig-schaumige Flüssigkeit. Schleimhaut ohne Besonderheiten. Bronchialdrüsen ziemlich groß, stark anthrakotisch.

Milz auffallend klein. 6,5 : 4 : 3 cm. Oberfläche glatt. Pulpa dunkelrot. Follikel ziemlich groß, Trabekel reichlich. Gewicht 41 g.

Nebennieren klein. Mark und Rinde deutlich. Gewicht 5,2 g.

Linke Niere sehr klein. Kapsel leicht abziehbar. Oberfläche mit fötalen Furchen. Schnittfläche mäßig bluthaltig. Rinde mit feinen Trübungen, 5—6 mm breit. Markpyramiden gut transparent. Konsistenz und Brüchigkeit vermehrt. Nierenbecken ohne Besonderheiten.

Vena cava inferior ohne Besonderheiten.

Rechte Niere wie die linke. Gewicht der Nieren 160 g.

Im Magen wenig flüssiger, gelber, stark sauer riechender Inhalt. Schleimhaut stark hyperämisch, mit zahlreichen kleinen Hämorrhagien. Choledochus durchgängig.

Leber klein. Oberfläche glatt. Serosa stellenweise etwas verdickt. Konsistenz vermehrt. Acini deutlich. Zentra etwas eingesunken, braunrot, meist konfluierend, Peripherie graurot, transparent. Inmitten der Zentra hie und da intensiv trübe, gelbliche Flecken. Brüchigkeit etwas vermindert. Gewicht 730 g.

In der Gallenblase ziemlich viel schleimige, gelbe Galle. Schleimhaut ohne Besonderheiten.

Aorta abdominalis stark atheromatös. In der Nähe der Teilungsstelle große Geschwüre.

Pankreas klein. Schnittfläche ohne Besonderheiten, Gewicht 41 g.

Mesenterialdrüsen nicht vergrößert.

In der Harnblase sehr reichlich dunkelgelber, klarer Urin. Leichte trabekuläre Hypertrophie. Prostata klein, ebenso die Samenblasen.

Hoden sehr klein, Gewicht 19 g. Nebenhoden ohne Besonderheiten.

Im Dünndarm reichlich dünner, bräunlicher Inhalt. Im Dickdarm sehr feste Kotballen, besonders im Rektum. Dickdarm 2,30 m lang. Schleimhaut des Dünndarms stark hyperämisch. Dünndarm 6,85 m lang. Processus vermiformis vollkommen durchgängig. Schleimhaut des Dickdarms ebenfalls hyperämisch.

Schädel: Größter Längsdurchmesser 173 mm, vorderer Querdurchmesser 119 mm, hinterer Querdurchmesser 140 mm. Horizontalumfang 50,5 cm, querer Umfang frontal (2,5 cm hinter dem Bregma) 23,5 cm. Rechtes Tuber parietale und frontale weiter nach vorn stehend als das linke. Schädelkalotte etwas flach. Nahtsubstanz überall erhalten. Frontalnaht nicht vorhanden. Squama occipitalis stark vorstehend.

Dura wenig gespannt. In dem Sinus longitudinalis superior wenig flüssiges Blut. Transparenz der Dura leicht vermindert.

Blutgehalt gering. Auf der Innenfläche beiderseits sehr zahlreiche kleine, punktförmige Blutungen, keine Membranen. Weiche Häute etwas verdickt, leicht getrübt. Blutgehalt gering. Liquor ziemlich reichlich, wasserklar. Im Sinus transversus und sigmoideus wenig Kruor und flüssiges Blut.

Hypophysis sehr groß, Gewicht 1,7 g, weich, von braunroter Farbe. Die Sella turcica außerordentlich vertieft, Breite 20 mm, Länge 14 mm, Tiefe 12 mm.

Basale Hirnarterien sehr stark sklerotisch, besonders die Karotiden, mit stark verdickter Wandung.

Gehirn 1065 g schwer.

Seitenventrikel ziemlich stark erweitert, mit viel klarem Liquor gefüllt. Plexus blutarm. Ebendym leicht granuliert, von etwas vermehrter Konsistenz. 3. und 4. Ventrikel ohne Besonderheiten.

Hirnsubstanz mäßig durchfeuchtet, wenig bluthaltig.

Kleinhirn und Medulla oblongata ohne Besonderheiten.

Humerus 25 cm lang. Femur 35 cm lang, auffallend kurzer Oberschenkel. Auf dem Durchschnitt des Humerus ist in der obern Epiphyse noch eine feine, weiße Linie sichtbar, welche in ihrem Verlauf der Epiphysenscheibe entspricht.

Auf dem Durchschnitt des Femur keine Epiphysenlinie, hingegen etwas Knochenmark.

Anatomische Diagnose: Mitralstenose. Exzentrische Hypertrophie beider Ventrikel. Myokardschwielen. Obliteration des Ramus descendens arteriae coronariae sinistrae Thrombose im rechten Herzohr. Arteriosklerose. Lungenembolie. Hämorrhagische Lungeninfarkte. Lungenödem. Zentrale Leberverfettung und Stauung. Hochgradige Atrophie der Schilddrüse. Struma nodosa calcarea des rechten Lappens. Hypoplasie von Milz, Leber, Nieren, Genitalien. Hyperplasie der Hypophysis. Kretinismus. Klumpfuß.

Dieser Fall ist als vollständiges Skelett präpariert und montiert worden. Er gehört zum grazilen Typus wie Graz 3235 und 4595 und zeigt sogar trotz seiner 57 Jahre noch Andeutungen von Knorpel. Primitive Merkmale fehlen nicht vollständig, besonders Femur, Tibia und Humerus bieten solche; sie sind jedoch nicht so charakteristisch wie etwa bei 1894. 345.

Ich habe von diesem Fall Schultergürtel, Ober- und Unterarme, Ober- und Unterschenkel sämtlich links und rechts gemessen, ferner das Becken und einige Maße der Wirbelsäule berücksichtigt. Der rechte Femur ist durch einen Transversalschnitt in eine vordere und eine hintere Hälfte zerlegt; die übrigen Knochen sind ganz. Das Skelett ist denen, welche ich in Graz untersuchte, sehr ähnlich.

Sektionsprotokoll Nr. 33, 1913.

Röthlisberger, Elisabeth, 63 Jahre alt. Gestorben am 7. II. 12.10 vormittags, Sektion 7. II. 2 Uhr nachmittags.

Klinische Angaben: Kretinismus, war völlig idiotisch.

Sehr kleiner, 147 cm langer Körper, mäßig kräftig gebaut. Beine etwas kurz. Pannikulus gering. Muskulatur schwach. Keine Ödeme. Gesicht von kretinischem Typus. Nasenwurzel tiefliegend. Im Gesicht sehr zahlreiche Hautfalten. Haut der Wangen etwas gedunsen. Übrige Haut dünn und schlaff, am Halse etwas braun pigmentiert. In den Achselhöhlen gar keine Haare, an den Genitalien nur ganz spärliche Haare. Abdomen aufgetrieben.

Pectoralis mäßig kräftig, von guter Farbe und Transparenz.

Pannikulus hellgelb.

Zwerchfell rechts 4., links 5. Rippe.

Leberrand in der Mamillarlinie 2 cm über dem Rippenbogen, in der Mittellinie 7 cm unter dem Ende des Corpus sterni.

Omentum majus mäßig lang. Dünndarm etwas gebläht. Serosa glatt und glänzend. Processus vermiformis frei. Im Abdomen keine Flüssigkeit. Das ganze kleine Becken wird von einem großen Tumor ausgefüllt, der aus dem Becken 7 cm über die Symphyse herausragt.

Lungen wenig retrahiert. Rechte Lunge total adhärent. Linke Lunge im Bereich des Oberlappens adhärent. Linke Pleurahöhle leer.

Im vordern Mediastinum kein Thymusgewebe.

Im Herzbeutel wenig klares Serum.

Herz nach beiden Seiten verbreitert, besonders links. Spitze vom linken Ventrikel gebildet. Konsistenz links stark vermehrt, rechts etwas herabgesetzt. In den Herzhöhlen wenig flüssiges Blut. Mitralis am freien Rand verdickt. Linker Ventrikel normal weit. Papillarmuskel und Trabekel stark verdickt. Rechter Vorhof und Ventrikel stark erweitert. Klappen des rechten Herzens ohne Besonderheiten. Aortenklappen am Ansatz und an den Noduli etwas verdickt. Wanddicke links 12—13, rechts 3 mm. Myokard bräunlich, transparent. Foramen ovale offen. In den Koronararterien und Aorta ascendens spärliche gelbe Flecken und Streifen. Gewicht 330 g.

Zunge mit dickem, braunem Belag. Baldgrüsen klein, Tonsillen klein, mit einigen kleinen Abszessen. Pharynx, Ösophagus, Larynx, Trachea ohne Besonderheiten.

Schilddrüse: An Stelle des rechten Lappens ein großer Knoten von 11 : 3 : 2,5 cm. Auf der Schnittfläche weißlich, zum Teil grau, gallertig, zystisch erweicht, mit derber, weißer Kapsel. Im Isthmus ebenfalls ein Knoten von 2 cm Durchmesser, mit bräunlicher, leicht trüber Schnittfläche. Im linken Lappen mehrere kleine, bräunliche, transparente Knoten, von $1/2$—1 cm Durchmesser, der größte mit weißlichem hyalinen Zentrum. Daneben nur noch spärliches, feinlappiges, bräunliches Schilddrüsengewebe.

Aorta thoracica und abdomnalis mit spärlichen trüben, weißen Platten, am Isthmus eine Kalkplatte mit Geschwür.

Lungen normal groß. Luftgehalt in den Unterlappen vermindert. Auf der Pleura bindegewebige Auflagerungen. Schnittfläche glatt, in den hintern Partien mäßig bluthaltig. Rechter Mittellappen stark ödematös. Übrige Lungenpartien leicht ödematös. Gewebe nirgends brüchig, völlig kompressibel.

In den Bronchien schaumige Flüssigkeit. Bronchialdrüsen klein, anthrakotisch.

Milz sehr klein. Konsistenz gut. Pulpa mäßig bluthaltig. Follikel klein. Trabekel zahlreich. Gewicht 35 g.

Nebennieren normal groß. Rinde bräunlich mit gelben, trüben Flecken und Streifen. Mark reichlich.

Nieren: etwas klein. Kapsel fest adhärent. Schnittfläche weißlich. Rinde sehr schmal. Markpyramiden hochgradig abgeplattet, rechts stark ausgehöhlt, so daß nur noch ein 5 mm breiter Saum von Nierengewebe vorhanden ist. Konsistenz derb. Brüchigkeit vermindert. Nierenbecken mit Calyces sehr stark erweitert, besonders rechts große Säcke bildend, mit klarem, hellgelbem Inhalt. Ureteren ebenfalls sehr stark erweitert und geschlängelt. Wandung verdünnt. Gewicht der Nieren 150 g.

Im Magen reichlich bräunlicher Inhalt. In der Schleimhaut des Pylorus zahlreiche bräunliche, rundliche Defekte von 1—3 mm Durchmesser. Duodenum gallig imbibiert. Choledochus durchgängig.

Leber normal groß. Oberfläche glatt. Konsistenz fest. Schnittfläche: Acini deutlich. Zentra dunkelbraun, hie und da konfluierend. Peripherie grau, transparent. GLISSONsche Scheiden deutlich, nicht verbreitert. Brüchigkeit normal. Gewicht 1200 g.

Gallenblase wenig gefüllt, mit dünner, gelber Galle. Schleimhaut ohne Besonderheiten.

Pankreas normal groß. Schnittfläche ohne Besonderheiten.

Mesenterialdrüsen klein.

In der Harnblase findet sich ein sehr großer Tumor von 20 : 15 : 15 cm, den ganzen untern Teil der Harnblase zirkulär einnehmend. Der Tumor besteht zum großen Teil aus einem gelblichen, nekrotischen, zum Teil breiig erweichten Gewebe, das das ganze Lumen der Harnblase ausfüllt und oberflächlich einen braunen Belag zeigt, nach außen von den nekrotischen Massen, gegen das Beckenbindegewebe hin, findet sich eine schmale Zone von weißlichem Gewebe mit reichlichem Krebssaft. Die Uretermündungen sind durch Tumorgewebe verlegt. Nur oben ist noch ein Teil der Harnblasenwand erhalten, die Muskelbündel springen hier sehr stark vor.

Uterus sehr klein, besonders das Korpus von infantilem Habitus. Zervix lang. Kavum ohne Besonderheiten. Ovarien sehr klein, derb, mit größtenteils glatter Oberfläche, nur rechts eine kleine Narbe. Tuben und Vagina ohne Besonderheiten.

Im Darm sehr reichlich dünner, breiiger Inhalt. Schleimhaut des Dünndarms und des Processus vermiformis ohne Besonderheiten. Im mittleren und untern Teil des Dickdarms ist die Schleimhaut ausgedehnt nekrotisch, gelblich, trüb, zum Teil fetzig, am Rande der Nekrosen starke Hyperämie.

Schädel: 8—9 mm dick. Diploe spärlich, wenig bluthaltig. Innenfläche ohne Besonderheiten.

Dura mäßig gespannt, etwas verdickt, Innenfläche glatt und glänzend. Weiche Häute wenig bluthaltig, leicht verdickt. Liquor spärlich, klar. Fossae Sylvii ohne Besonderheiten.

Ventrikel ohne Besonderheiten.

Hirnsubstanz mäßig durchfeuchtet, wenig bluthaltig. In der weißen Substanz beider Großhirnhemisphären und im Kleinhirn spärliche punktförmige Blutungen. Zahlreiche Blutungen im Pons und Medulla oblongata.

Epiphyse sehr klein.

Hypophyse vergrößert, ungefähr auf das $1^1/_2$fache. Sella turcica weit.

In der Schädelbasis kein Knorpelrest, ebenso im Humerus keine Reste der Epiphysenscheibe, ferner kein Knorpel an der Crista ilei. Knochenmark überall gelb, aus Fettgewebe bestehend.

Anatomische Diagnose: Karzinom der Harnblase. Beidseitige Hydronephrose. Hydronephrotische Schrumpfniere. Hypertrophie des linken Ventrikels. Dilatation des rechten Ventrikels und Vorhofs. Lungenödem. Tonsillarabszesse. Milzatrophie. Urämische Nekrosen des Kolons. Hämorrhagische Erosionen des Magens. Blutungen im Gehirn. Struma nodosa. Kretinismus.

Der Humerus ist in der Längsrichtung des Caput durch einen Transversalschnitt in zwei Teile zerlegt; es ist jedoch nur die eine Hälfte vorhanden, daher können nur einige wenige Längenmaße genommen werden.

Beide Knochen sind sehr leicht und grazil, mit eleganter Biegung und geringen Muskelmarken, Spongiosa sehr zart. Es ist dazu auch eine Schädelbasis vorhanden, sehr fein und leicht wie Papier.

Sektionsprotokoll Nr. 141, 1913.

Boßhard, Albert, 30 Jahre alt. Gestorben am 27. IV. 3.15 vormittags, Sektion am 28. IV. 11.30 vormittags.

Klinische Angaben: Stammte aus Burgdorf, konnte Haushaltungsarbeiten verrichten.

Auffallend kleiner, 132 cm langer, kräftig gebauter Körper. Arme und Beine relativ kurz im Verhältnis zum Rumpf. Gesicht breit, Backenknochen vorspringend, Nasenwurzel breit und eingesunken. Haut dick. Hals auffallend dick. Pannikulus gering. Muskulatur kräftig. Totenstarre vorhanden. Livores ausgedehnt. Behaarung im Gesicht äußerst gering, nur spärliche feine Bart- und Schnurrbarthaare. Behaarung der Axillae fehlt ganz. Genitalhaare spärlich und kurz. Hoden sind im Skrotum nicht zu fühlen. In der Haut und Subkutis beim Einschneiden keine Ödeme.

Pannikulus hellgelb. In der rechten obern Bauchgegend parallel dem Rippenbogen eine 3,5 cm lange, lineäre Narbe.

Pectoralis etwas blaß, kräftig, Transparenz gut.

Zwerchfell rechts 4. Rippe, links 4. Interkostalraum.

Leberrand in der Mamillarlinie am Rippenbogen, in der Mittellinie 5 cm unter dem Ende des Corpus sterni.

Omentum majus mäßig lang, fettreich. Unter der Bauchwandnarbe ist in der Muskulatur weißliches Narbengewebe mit einigen Ligaturen nachweisbar, jedoch kein Schilddrüsengewebe. Magen und Därme eng, Serosa glatt und glänzend. Processus vermi-

formis frei, 7 cm lang. Harnblase sehr stark gefüllt. Fundus etwas über Nabelhöhe.
Im kleinen Becken einige Tropfen einer klaren, gelben Flüssigkeit.

Lungen mäßig retrahiert, frei. Pleurahöhlen leer.

Im vordern Mediastinum einige ganz kleine Thymusläppchen, größtenteils aus
Fettgewebe bestehend.

Perikard mit 10 ccm klarer, gelber Flüssigkeit.

Herz leicht nach rechts verbreitert. Spitze vom linken Ventrikel gebildet. Konsistenz links normal, rechts vermehrt. In den Herzhöhlen flüssiges Blut und Speckhaut, sowie etwas Cruor. Arterielle Ostien suffizient. Klappen ohne Besonderheiten.
Rechter Conus pulmonalis etwas dilatiert. In der Aorta ascendens einige trübe, weißliche Flecken und Plaques. Koronararterien ohne Besonderheiten. Wanddicke links
9—10, rechts 3 mm. Muskulatur mäßig bluthaltig, mit fleckweiser geringer Trübung.
Foramen ovale geschlossen. Gewicht 200 g.

Zunge weißlich belegt. Balgdrüsen leicht vergrößert, linke Tonsille ebenfalls,
rechts Tonsille normal. Speicheldrüse ohne Besonderheiten. Pharynx und Ösophagus
hyperämisch. In Larynx und Trachea schaumige, blutig-seröse Flüssigkeit. Schleimhaut stark hyperämisch.

Schilddrüse sehr klein. Gewicht 5,4 g. Linker Lappen 28 : 15 : 8 mm, rechter
Lappen 30 : 15 : 12 mm. Isthmus sehr dünn, bindegewebig. Schnittfläche sehr feinlappig, ohne Knoten, bindegewebige Septen verhältnismäßig breit, Läppchen graurot,
mäßig transparent.

In der Aorta thoracica einige weißliche Streifen.

Lungen etwas klein. Luftgehalt in den Unterlappen und im rechten Oberlappen
vermindert. Pleura größtenteils glatt und glänzend, nur an einzelnen Stellen matt.
In beiden Unterlappen und namentlich rechts im Oberlappen konfluierende, teils graurote,
teils dunkelrote brüchige Herde, die meisten deutlich gekörnt. Übriges Lungengewebe
stark hyperämisch, etwas ödematös.

In den Bronchien blutig schaumige Flüssigkeit. Schleimhaut stark hyperämisch.
Bronchialdrüsen anthrakotisch, links eine teilweise verkäste und verkalkte Drüse.

Milz sehr klein, 7,5 : 4 : 2 cm. Konsistenz gut. Pulpa mäßig bluthaltig, Follikel
hyperämisch, Trabekel deutlich. Einzelne gelbe und weißliche Knötchen von miliarer
Größe. Gewicht 50 g.

Nebennieren normal groß, Rinde außen gelb, trüb. Mark ziemlich reichlich.

Nieren klein. Kapsel leicht abziehbar. Oberfläche glatt. Schnittfläche blaß,
leicht getrübt. Konsistenz und Brüchigkeit normal. Nierenbecken injiziert. Gewicht
165 g.

In der Vena cava inferior flüssiges Blut.

Im Magen wenig teils flüssiger, teils schleimiger Inhalt. Choledochus durchgängig.

Leber etwas klein. Oberfläche glatt. Konsistenz gut. Schnittfläche blutreich,
leicht trüb. GLISSONsche Scheiden deutlich. Auf der Oberfläche und Schnittfläche
verteilt weiße, miliare Knötchen. Gewicht 900 g.

Gallenblase mit dunkelgelber Galle stark gefüllt.

In der Aorta abdominalis wenige weißliche Streifen.

Pankreas auffallend groß, fest. Läppchen gelb-weißlich. An der Oberfläche
einige weißliche, stark trübe Fettläppchen.

Mesenterialdrüsen klein, ebenso die Retroperitonealdrüsen, letztere zum Teil anthrakotisch.

Harnblase: sehr viel klarer, dunkelgelber Urin. Muskelbündel wenig vorspringend.
Schleimhaut blaß.

Prostata klein, 22 g. Samenblasen wenig gefüllt.

Hoden vor den Leistenkanal gelagert, jedoch leicht nach dem Skrotum zu verschoben. Hoden klein. Schnittfläche weißlich.

Im Darm dünnbreiiger, leicht galliger Inhalt. Follikel und PEYERsche Plaques
nicht vergrößert. Einzelne Blutungen im Dickdarm. Rektum hyperämisch, Follikel
leicht vergrößert.

Schädel mäßig groß, größte Länge 17 cm, größte Breite über den Scheitelbeinen

13,5 cm. Nahtsubstanz erhalten. Dicke 3—8 mm. Diploe sehr reichlich, stark blut-haltig. Innenfläche ohne Besonderheiten.

Dura stark gespannt, gut bluthaltig, transparent. Innenfläche links glatt und glänzend, rechts im Subduralraum etwas geronnenes Blut.

Weiche Häute etwas trüb, stark bluthaltig. Liquor an der Konvexität spärlich, klar. In den Sinus der Dura flüssiges Blut und Cruor.

Hypophysis ziemlich stark vergrößert. Gewicht 1,3 g.

Gehirn normal groß. Gewicht 1180 g. Basale Hirnarterien und Fossae Sylvii ohne Besonderheiten.

Medulla oblongata und Tonsillen des Kleinhirns in das Foramen magnum vorge-trieben.

Hirnwindungen leicht abgeplattet. Seitenventrikel etwas erweitert. Liquor klar. Ependym von guter Konsistenz. Plexus blutreich, mit zahlreichen gelben Kalk-konkrementen. 3. und 4. Ventrikel etwas erweitert.

Hirnsubstanz stark durchfeuchtet, stark bluthaltig. Rinde von normaler Breite. Kleinhirn und Medulla oblongata ohne Besonderheiten.

Der Clivus Blumenbachii ist sehr stark gewölbt, besonders springen noch zwei Höcker seitlich vom Klivus vor. Sella turcica weit.

Synchondrosis sphenobasilaris vollkommen erhalten, in der Mitte 3 mm dick.

An den Beckenknochen sind die Knorpelscheiben noch erhalten. An der Wirbel-säule sind die Wirbelkörper auffallend schmal im Verhältnis zu den breiten Bandscheiben. Lendenwirbelkörper 15 mm hoch, Bandscheiben 12 mm. Am Femur und Humerus sind die Epiphysenscheiben oben und unten sehr deutlich erhalten, in ganzer Ausdehnung etwa 1 mm breit, stellenweise leicht geschlängelt. In Diaphyse und Epiphyse größten-teils Fettmark, nur stellenweise leicht rötliches Mark. In der obern Tibiaepiphyse ebenfalls eine erhaltene Knorpelscheibe. In der Metaphyse der rechten Tibia 6 cm unter dem Kniegelenk, entsprechend einer Hautnarbe, eine kleine rundliche Höhle im Mark von etwa 1 cm Durchmesser, mit grünem, gallertigem Gewebe ausgefüllt. Im Zentrum noch einige Knochenbälkchen.

Das Sternum zeigt auf einem Längsschnitt noch eine breite Knorpelscheibe zwischen Manubrium und Corpus, sowie drei schmale Scheiben zwischen den einzelnen Segmenten des Korpus.

Anatomische Diagnose: Lobuläre Pneumonie. Lungenödem. Meningitis serosa. Käsige Tuberkulose einer Bronchialdrüse. Miliare Tuberkel in Milz und Leber. Kretinismus. Hypoplasie der Schilddrüse, der Milz und der Hoden. Hyperplasie des Pankreas und der Hypophyse. Persistenz der Knorpelfugen. Dilatation des rechten Ventrikels.

Humerus und Femur nicht auffallend deformiert und eher dem grazilen Typus zugehörend, ohne stärkeres Muskelrelief. Caput humeri klein und tief angesetzt, ähnlich das Caput femoris und dadurch an Aurignac erinnernd; dieser Eindruck wird noch verstärkt durch das Fehlen einer Schaftkrümmung. Abweichend ist die distale Epiphyse gebildet: sie ist nach juvenilem Typ verbreitert, und die Kondylen ragen weit nach hinten.

Beide Knochen sind der Länge nach durch einen transversalen Sägeschnitt eröffnet.

Sektionsprotokoll Nr. 93, 1914.

Pauli, Johann, 34 Jahre alt. Gestorben 5. IV. 1914 4.55 nachmittags. Sektion 6. IV. 1914 5.30 nachmittags.

Klinische Angaben: Vor einigen Wochen Zahngeschwür, Operation vor 10 Tagen wegen Tumor des Mesenteriums. Nachher Phlegmone des Gesichts. Kretinismus, konnte gut sprechen und lesen, geistig beschränkt.

Auffallend kleiner, 144 cm langer Körper. Arme und Beine verhältnismäßig kurz. Thorax breit, Gesicht breit. Backenknochen vorspringend. Nasenwurzel etwas ein-gesunken und breit. Oberkiefer vorspringend. Pannikulus und Muskulatur gering. Haut blaß, schlaff, dünn. Auffallend geringe Behaarung an der Oberlippe, Achselhöhle und Genitalien. Keine Ödeme außer an den Augenlidern. Rechte Seite des Gesichtes und Halses geschwollen. Lider des rechten Auges stark blutig infiltriert, besonders das untere bis auf den Jochbogen herab. In der Lidspalte etwas geronnenes Blut. Conjunctiva palpebrae et bulbi ebenfalls blutig infiltriert. Einige Blutungen rechts in der Haut der Oberlippe. Totenstarre nicht vorhanden.

In der Mittellinie des Abdomens eine 15 cm lange vernähte Operationswunde, in deren Mitte ungefähr der Nabel liegt. Abdomen leicht aufgetrieben. Bauchdecken grünlich verfärbt.

Schädel sehr breit, größter Längsdurchmesser 17 cm, größter Breitedurchmesser 16 cm. Dicke 3—5 mm. Diploe spärlich, mäßig bluthaltig. Innenfläche glatt. Größter horizontaler Umfang des Schädels 54,5 cm.

Dura mäßig gespannt, gut bluthaltig, etwas verdickt. An der Innenfläche beiderseits zahlreiche teils punktförmige, teils flächenhafte Blutungen. Von der Innenfläche der Dura läßt sich ein feines Häutchen abziehen, in welchem die Blutungen liegen. Weiche Häute leicht getrübt. Venen sehr stark gefüllt. Liquor mäßig reichlich, klar. In den Sinus der Dura etwas Cruor und Speckhaut.

Hypophysis 1,1 g schwer, an der oberen Fläche dellenartig eingesunken, ziemlich breit, 16 : 12 : 6 mm. Sella turcica mäßig tief, ziemlich breit.

Gehirn groß, 1485 g. Windungen nicht abgeplattet. Fossae Sylvii ohne Besonderheiten. An der Spitze der Stirnlappen auf die Basis übergehend eine gelbliche Verfärbung der Rinde, mit teilweiser Verdünnung derselben. Seitenventrikel deutlich erweitert. Ependym glatt, von guter Konsistenz. Plexus mäßig bluthaltig. Liquor klar. 3. und 4. Ventrikel etwas erweitert. Hirnsubstanz stark durchfeuchtet, gut bluthaltig. Epiphyse nicht vergrößert.

Pannikulus sehr spärlich, dunkelgelb.

Pectoralis dünn, von guter Farbe und Transparenz.

Neben der Operationswunde am Bauch starke blutige Infiltration.

Zwerchfell beiderseits 4. Rippe.

Leberrand in der rechten Mamillarlinie 3 cm über dem Rippenbogen, in der Mittellinie 6 cm unter dem Ende des Corpus sterni.

Milz nicht sichtbar. Magen wenig gefüllt. Omentum majus kurz, fettarm. Unterhalb des Colon transversum liegt im Mesenterium ein runder Knoten von 3,5 cm Durchmesser, derb, Schnittfläche größtenteils hämorrhagisch, zum Teil graurot. Därme stark gebläht. Serosa stellenweise mit bräunlichen, zum Teil leicht abstreifbaren Membranen belegt. Im Mesenterium des Dünndarms große, derbe Tumorknoten fühlbar. Processus vermiformis frei, Harnblase stark gefüllt, Fundus 10 cm über der Symphyse.

Lungen nicht retrahiert. Im Sternum ist die Knochenfuge zwischen Manubrium und Corpus und Corpus und Processus xiphoideus erhalten. In der rechten Pleurahöhle 550 ccm einer stark hämorrhagischen, leicht getrübten Flüssigkeit, in der linken Pleurahöhle etwa 20 ccm einer leicht blutigen Flüssigkeit. In der rechten Pleura costalis punkt- und fleckförmige Blutungen, in der linken nur vereinzelte Blutungen. Beide Lungen frei.

Im vordern Mediastinum ein kleiner Thymusrest.

Im Herzbeutel etwa 5 ccm klare, gelbe Flüssigkeit. Am obern Ende des Perikards lose Verwachsung zwischen beiden Blättern.

Herz klein. Konsistenz gut. Spitze vom linken Ventrikel gebildet. Subepikardiales Fettgewebe gallertig. In den Herzhöhlen wenig flüssiges Blut, etwas Cruor und Speckhaut. Arterielle Ostien suffizient. Am Schließungsrand der Mitralis zahlreiche graurote Wärzchen, transparent, teilweise kammartig vereinigt, ähnliche graurote Wärzchen an den Noduli Arantii der Aortenklappen. Klappen des rechten Herzens ohne Besonderheiten. Wanddicke links 12, rechts 3 mm. Myokard bräunlich, transparent. Koronararterien stark geschlängelt, sonst ohne Besonderheiten. Foramen ovale offen. Gewicht 235 g.

Rechte Seite des Halses über dem Unterkiefer und weiter unten stark ödematös, ebenso ist die ganze rechte Seite des Gesichts auf der Außenseite des Oberkiefers ödematös. Zahnfleisch des rechten Oberkiefers hämorrhagisch infiltriert, an zwei Stellen in den Höhlen von zwei extrahierten Zähnen ein brauner, jauchiger Belag.

Zunge braun belegt. In den Balgdrüsen und Tonsillen Blutungen. Einige Pfröpfe in den Tonsillen. Ösophagus und Larynx ohne Besonderheiten. Trachealknorpel nicht besonders weich.

Rechter Schilddrüsenlappen klein, fast nur aus kleinen Knoten von $1/2$—2 cm Durchmesser bestehend. Schnittfläche der Knoten gelblich, wenig transparent, zum Teil hämorrhagisch, zwischen ihnen wenig Schilddrüsengewebe. Linker Lappen etwas vergrößert. Auf der Schnittfläche drei Knoten von je etwa 3 cm Durchmesser, zwei derb, gelblich, mäßig transparent, der oberste Knoten zystisch, mit teilweise hämorrhagischer Wand und braunem Inhalt. Zwischen den Knoten fast kein Schilddrüsengewebe.

Zervikale Lymphdrüsen rechts stark geschwellt und etwas ödematös. Schnittfläche graurot, transparent.

Aorta thoracica ohne Besonderheiten.

Lungen normal groß, zahlreiche subpleurale Blutungen. Luftgehalt in linken Unterlappen vermindert, sonst gut. Schnittfläche: In der Mitte des linken Unterlappens einige prominente, dunkelrote, gekörnte, brüchige Herde. Übriges Gewebe stark bluthaltig, etwas ödematös, ebenso im linken Oberlappen und in den hinteren Partien der rechten Lunge. Vordere Teile der rechten Lunge blaß und trocken.

Lungenarterien ohne Besonderheiten. In den Bronchien blutig schaumiger Inhalt. Schleimhaut stark hyperämisch. Bronchialdrüsen rechts klein, derb, anthrakotisch. Links zwischen Aortenbogen und Lungenhilus eine derbe, auf dem Durchschnitt braunrote Drüse mit klarem Saft.

Milz stark vergrößert, etwas weich. Kapsel zum Teil mit Fibrin belegt. Etwas Pulpasaft abstreifbar. Pulpa gut bluthaltig, Follikel nicht deutlich, Trabekel etwas verwaschen. Gewicht 330 g.

In der Vena cava inferior wenig flüssiges Blut.

Nebennieren ziemlich groß. Rinde bräunlich, stellenweise mit gelblichen Flecken. Mark reichlich.

Nieren normal groß. Kapsel leicht abziehbar. Oberfläche glatt, blaß, Schnittfläche blaß, besonders die Rinde. Transparenz herabgesetzt. Konsistenz und Brüchigkeit normal. Nierenbecken ohne Besonderheiten. Gewicht 280 g.

Im Magen sehr viel dünnflüssiger Inhalt. In der Schleimhaut zahlreiche Blutungen. Choledochus durchgängig.

Leber normal groß. Oberfläche glatt. Konsistenz gut. Schnittfläche: Zentra konfluierend, braunrot. Peripherie etwas trüb. Brüchigkeit normal. Gewicht 1460g.

Gallenblase wenig gefüllt.

In der Aorta abdominalis einige trübe, gelbe Streifen.

Pankreas groß und derb. Schnittfläche grauweißlich. Neben dem Pankreas sehr derbe, hyperämische Drüsen, ebenso neben der Aorta.

In der Harnblase sehr viel trüber Urin. Schleimhaut blaß.

Prostata normal groß. Samenblasen ohne Besonderheiten.

Linker Hoden sehr klein, derb. Auf der Schnittfläche nur weißliches Bindegewebe, Durchmesser etwa $1 1/2$ cm. Rechter Hoden leicht vergrößert. Schnittfläche normal.

Im Darm ziemlich viel Kot, im Dickdarm feste Ballen. Jejunum leicht erweitert. Ungefähr in der Mitte des Dünndarms findet sich im Mesenterium, dicht am Ansatz des Darmes, ein großes Paket von derben Tumoren, teilweise konfluierend. Auf der Schnittfläche finden sich in den derben Tumormassen graurote, hämorrhagische Lymphdrüsen, eingebettet in ein derbes Bindegewebe. Die Tumoren erreichen stellenweise die Darmwand, dieselbe erscheint hie und da stark verdickt, von einem grauen Gewebe bis unter die Mukosa größtenteils intakt, nur über einem Tumor findet sich eine runde, graue, nekrotische Stelle von 1,5 cm Durchmesser. Die tiefer gelegenen Mesenterialdrüsen sind ebenfalls vergrößert, zum Teil hämorrhagisch, ebenso die Drüsen am Ileozökalwinkel. Am Ileum ein kleines MECKELsches Divertikel. PEYERsche Plaques nicht vergrößert, schwärzlich pigmentiert. Processus vermiformis obliteriert. Dickdarmfollikel nicht vergrößert.

Knochenmark von Femur und Humerus überall dunkelrot. Von der Epiphysenlinie ist nur am oberen Humerusende eine Andeutung vorhanden. In der Crista ilei kein Knorpel.

Auf einem Längsschnitt durch die Schädelbasis ist von der Synchondrosis spheno-basilaris nichts mehr erhalten.

Anatomische Diagnose: Myeloide Leukämie. Leukämischer Milztumor. Schwellung der Bronchial-, Zervikal - Retroperitoneal-, Mesenterialdrüsen. Leukämischer Tumor des Mesenteriums mit Übergang auf den Dünndarm.. Sepsis nach Zahnabszeß. Endocarditis verrucosa. Blutungen in Pleura, Magen, Konjunktiva, Gesichtshaut, Dura. Lobuläre Pneumonie im linken Unterlappen. Lungenödem. Hydrothorax dexter. Struma nodosa. Fibröse Atrophie des linken Hodens. Kretinismus. Hydrocephalus internus. Braune Erweichungsherde in den Stirnlappen. MECKELsches Divertikel. Status nach Laparotomie.

Humerus und Femur beide schwer gebaut und von altertümlichem Aussehen: breite Epiphysen und starke, aber nicht übertriebene Krümmungen, voluminöses Caput an Humerus und Femur. Am Femur speziell auffallend die Sagittalbiegung, der weit nach hinten stehende Troch. III, der als steiles Tuberkulum entwickelte Epicondylus medialis. Der größte Schaftdurchmesser unterhalb der Trochanterenregion ist sagittal gerichtet.

Sektionsprotokoll Nr. 67, 1916.

Rieder, Peter, 45 Jahre alt. Gestorben am 11. III. 1916 4.30 vormittags. Sektion 11. III. 1916 4.30 nachmittags.

Klinische Angaben: Kretin, konnte nicht lesen und schreiben, geistig sehr beschränkt. Sprach schwer verständlich. Im Urin schon seit langer Zeit Eiweiß, zeitweise 5%, zahlreiche körnige Zylinder. Zuletzt zweimal Pneumonie, dann Empyem.

Ziemlich kleiner, 147 cm langer Körper. Panniculus und Muskulatur gering. Das Gesicht zeigt kretinischen Ausdruck mit stark vorspringenden Backenknochen und breiter, tief eingezogener Nasenwurzel. In den Axillae fehlt die Behaarung vollständig, an den Genitalien ist sie sehr spärlich. Schnurrbart und Bartwuchs ebenfalls sehr spärlich. Haut sehr blaß, keine auffallenden Schwellungen. Im Skrotum eine kindsgroße Hernie, welche die rechte Hälfte einnimmt, in der linken Hälfte eine kleinere Hernie.

Pectoralis von guter Farbe, transparent.

Pannikulus hellgelb.

Zwerchfell rechts 5., links 6. Rippe.

Zwischen Leber und Zwerchfell zahlreiche bandförmige Adhäsionen. Leberrand in der rechten Mamillarlinie, 8 cm unter dem Rippenbogen.

Magen tiefstehend. Das Colon transversum bildet eine nach unten gerichtete Schlinge, welche mit dem Netz in die linkseitige Skrotalhernie hinreinragt. Der untere Teil des Dünndarms liegt in der rechten Skrotalhernie, sowie auch das Zökum, Processus vermiformis und der untere Teil des Colon ascendens. Die Serosa dieser Darmteile ist stark injiziert und zeigt stellenweise einen weißgelblichen, fibrinösen Belag, ebenso entleert sich aus dem Bruchsack gelbliche Flüssigkeit mit Fibrin. Die Bruchpforte rechts ist für zwei Finger gut durchgängig und liegt oberhalb des Ligamentum Pouparti an der Stelle des innern Leistenringes. Die Serosa des Bruchsackes ist stark injiziert, stellenweise mit Fibrin belegt. Der Hoden ist nach unten gedrängt. Der Bruchsack zerfällt durch eine diaphragmaartige Falte in zwei ungleiche Teile; der linkseitige Bruchsack ist viel kleiner, der linke Hoden ebenfalls nach unten gedrängt.

Lungen nicht retrahiert. Linke Lunge vorn mit der Brustwand fibrinös verklebt. Im untern Teil der linken Pleurahöhle 400 ccm grüngelber, dünner Eiter, hinten oben ist die Lunge mit der Pleura costalis fibrinös verklebt. Rechte Lunge an der Spitze adhärent. In der rechten Pleurahöhle nur wenig klare, rötliche Flüssigkeit.

Im vorderen Mediastinum rötliche Fettläppchen, kein deutliches Thymusgewebe.

Im Herzbeutel 100 ccm stark trübe, gelbe Flüssigkeit mit Fibrinflocken, beide Blätter des Perikards mit Fibrin belegt.

Herz normal groß. Konsistenz gut. Spitze vom linken Ventrikel gebildet. In den Herzhöhlen viel Cruor und Speckhaut. Mitralis am Schließungsrand stark verdickt.

Aortenklappen am Ansatz verdickt, rechtes und linkes Segel seitlich verwachsen. In der Aorta ascendens ziemlich viele trübe, gelbliche Flecken. Wanddicke links 12, recht 4—5 mm. Myokard bräunlich, transparent. In den Koronararterien nur vereinzelte trübe, gelbe Flecken. Foramen ovale geschlossen. Gewicht 365 g.

Zunge braun belegt. Balgdrüsen und Tonsillen klein. Zungengrund und Pharynx sehr stark hyperämisch. Ösophagus ohne Besonderheiten. Plicae aryepiglotticae etwas ödematös. Larynx und Trachea stark injiziert.

Schilddrüse stark vergrößert, im linken Lappen ein großer, bräunlicher Knoten von $4^1/_2$ cm Durchmesser, nach oben und unten davon kleinere Knoten, der obere von 2, der untere von $1^1/_2$ cm Durchmesser. Schilddrüsengewebe am obern Pol sehr derb, Läppchen bräunlich, sehr klein, unten kein Schilddrüsengewebe. Rechter Lappen kleiner als der linke. Auf der Schnittfläche des untern Poles vier rundliche Knoten von 5—10 mm Durchmesser. Schilddrüsengewebe hier reichlicher, aber von gleicher Beschaffenheit wie links. Am Isthmus ein vollkommen verkalkter Knoten von 2 cm Durchmesser.

In der Aorta thoracica einige trübe, gelbe Flecken in der Gegend des Isthmus.

Linke Lunge vergrößert. Unterlappen und unterer Teil des Oberlappens luftleer, derb. Pleura überall mit Fibrin belegt. Auf der Schnittfläche sind die zentralen Teile des Unterlappens, sowie einzelne Stellen unter der Pleura graurot oder grau, gekörnt, trüb und brüchig. Mitten im Unterlappen sitzt ein rundlicher Abszeß von $1^1/_2$ cm Durchmesser, mit dickem Eiter gefüllt. Im untern Teil des Oberlappens einige graurote, gekörnte Herde, übriges Gewebe ödematös.

Rechte Lunge normal groß. An der Spitze eine Narbe. Vordere Ränder des Oberlappens mit Fibrin belegt. Alveolen blasig erweitert. Schnittfläche glatt, stark bluthaltig. Gewebe kompressibel. Mittellappen stark ödematös.

Lungenarterien ohne Besonderheiten. In den Bronchien schaumige, leicht blutige Flüssigkeit. Schleimhaut stark injiziert. Bronchialdrüsen links verkalkt, ebenso rechts.

Milz normal groß. Konsistenz gut. Follikel klein. Trabekel deutlich. Pulpa blaß. Gewicht 160 g.

Nebennieren normal groß. Rinde bräunlich, transparent. Mark ziemlich reichlich. Gewicht 14 g.

Nieren leicht vergrößert. Kapsel leicht abziehbar. Oberfläche mit fötalen Furchen, sonst glatt. Rinde 5—6 mm breit, trüb. Markpyramiden ebenfalls trüb. Glomeruli nicht vergrößert. Konsistenz vermindert. Brüchigkeit vermehrt. Nierenbecken ohne Besonderheiten. Gewicht 365 g.

Im Magen viel dünner, gelblicher Inhalt; Schleimhaut blaß. Duodenum injiziert. Choledochus durchgängig.

Leber leicht vergrößert. Konsistenz etwas vermehrt. Oberfläche glatt. Zentra der Acini eingesunken, dunkelrot. Peripherie trüb. Brüchigkeit. Gewicht 1850 g.

In der Gallenblase sehr wenig trübe Galle. Schleimhaut injiziert.

Aorta abdominalis ohne Besonderheiten, ebenso Pankreas.

Mesenterium stark verdickt, stellenweise sehnig. Mesenterialdrüsen leicht geschwellt. Retroperitonealdrüsen ohne Besonderheiten.

In der Harnblase wenig trüber Urin. Schleimhaut ohne Besonderheiten. Prostata sehr klein. Samenblasen ohne Besonderheiten.

Hoden klein. Schnittfläche gelbbräunlich.

Schleimhaut des unteren Ileums und Zökums sehr stark hyperämisch, hie und da kleine Blutungen. Processus vermiformis ohne Besonderheiten.

Schädel breit. Linkes Tuber frontale stark vorspringend. Nähte stellenweise synostotisch. Schädel mäßig dick. Diploe ziemlich reichlich, blaß.

Dura weißlich verdickt, mäßig gespannt, gut bluthaltig. Innenfläche der Dura glatt und glänzend.

Weiche Hirnhäute mäßig bluthaltig. Arachnoidea weißlich verdickt. Liquor an der Konvexität spärlich, klar. An der Hirnbasis mäßig viel klarer Liquor. In den Sinus der Dura viel Cruor.

Hypophyse leicht vergrößert, 14 : 11 : 8 mm. Gewicht 0,95 g.

Gehirn groß. Windungen nicht abgeplattet, ziemlich breit. Fossae Sylvii ohne

Besonderheiten. Seitenventrikel leicht erweitert. Ependym weich. Plexus mäßig bluthaltig. Hirnsubstanz stark durchfeuchtet, mäßig bluthaltig.

In der Schädelbasis ist die Synchondrosis spheno-occipitalis nicht mehr zu finden.

Im Femur und Humerus reines Fettmark. Epiphysenknorpel nicht mehr erhalten, ebenso in der Tibia.

Distanz vom Foramen occipitale bis zur Mitte der hintern Lehne des Türkensattels 40 mm und bis zur Stelle der Synchondrosis spheno-occipitalis 30 mm.

Anatomische Diagnose: Lobuläre Pneumonie mit Abszessen. Lungenödem. Empyem der linken Pleura. Lungenemphysem. Narbe in der rechten Lungenspitze. Verkalkung der Bronchialdrüsen. Exzentrische Hypertrophie des rechten Ventrikels. Leichte Klappensklerose. Struma nodosa. Leichte Arteriosklerose. Stauung und Verfettung der Leber. Verfettung der Nieren. Beidseitige Inguinalhernie. Bursitis hernialis dextra. Hypoplasie der Hoden. Hyperplasie der Hypophyse. Hirnödem. Kretinismus. Pericarditis serofibrinosa.

Dieser Fall gehört zum massiven Typus der echten Kretinen. Der Humerus ist gerade und durch tiefen Ansatz des Caput, wie auch durch sehr geringe Schiefheit der Trochlearachse ausgezeichnet. Am Femur fällt die mächtige Trochanterregion, die elegante Sagittalkrümmung sowie die eckige Kondylenform besonders in die Augen; der Pilaster ist sehr mäßig entwickelt. Die Tibia ist gerade, nicht allzu stark, aber für einen Kretin ziemlich lang.

Sektionsprotokoll Nr. 297, 1915.

Walter, Gottfried, 34 Jahre alt. Gestorben 22. X. 1915 10.55 nachmittags. Sektion 23. X. 4 Uhr nachmittags.

Klinische Angaben: Konnte nicht sprechen, nur unartikulierte Laute hervorbringen, war unreinlich. Klinische Diagnose: Chronische Nephritis. Myxödem. Im Urin 15—30⁰/₀₀ Eiweiß, sehr viele Zylinder, Leukozyten, Blasen- und Nierenepithelien, spez. Gewicht 1024—30. Urinmenge 200—1000. Stets Ödem. Blutdruck 120—130 mm. Zuletzt Erysipel des Gesichts.

Kleiner, 132 cm langer, männlicher Körper, von ziemlich kräftigem Bau. Muskulatur und Pannikulus mäßig kräftig. Kein Dekubitus. Anus in größter Ausdehnung prolabiert. Beide untern Extremitäten und Skrotum hochgradig ödematös. Am rechten Unterschenkel lange, schmale, blasige Zysten, beim Einschneiden in die Haut der unteren Extremitäten entleert sich sehr reichlich wasserklare Flüssigkeit. Ferner sind beide Hände und rechter Unterarm stark ödematös, weniger stark die abhängigen Bauchpartien. Auch an den untern Augenlidern nachweisbares Ödem. An beiden Augenlidern eingetrocknete, eitrige Borken, die ersteren verklebend. Über dem Jochbogen links, medialwärts, ein 2 cm großes Ulkus, aus dem sich ein dicker, gelblicher Eiterpfropf ausdrücken läßt. Stirn etwa normal gewölbt. Nasenwurzel ziemlich stark eingesunken. Nasenflügel dick, breit. Der Gesichtsausdruck ist kretinisch. Die Lippen sind etwas dick. Die Jochbogen sind nicht auffallend breit. Hals ziemlich schlank. Über dem Thorax, der im sagittalen Durchmesser verbreitert erscheint, mehrere Hautvenen sichtbar. Abdomen sehr stark aufgetrieben, fluktuierend. In den Körperdimensionen keine auffällige Disproportionalitäten.

Pectoralis mäßig kräftig, transparent.

Subkutanes Fettgewebe mäßig ödematös.

Zwerchfell rechts unterer Rand der 4. Rippe, links oberer Rand der 5. Rippe. ·

Leberrand in der rechten Mamillarlinie, 4 cm unter dem Rippenbogen, in der Mittellinie 6 cm unter dem Ende des Corpus sterni.

Omentum majus mäßig lang, fettarm. Magen in kleiner Ausdehnung sichtbar, gebläht. Colon ascendens und transversum stark gebläht. Colon descendens und Flexura sigmoidea eng, letztere ist lang und das Mesosigmoideum weißlich, verdickt. Appendix frei. Dünndarm wenig gebläht. Serosa glatt und glänzend, hie und da weißlich verdickt. Harnblase wenig gefüllt, gut kontrahiert. Im Abdomen 2500 ccm einer auffallend stark opaleszierenden Flüssigkeit, etwas dicker und klebriger als Wasser.

Lungen sehr stark retrahiert und kollabiert, besonders rechts, so daß der Herzbeutel nur links noch von etwas Lungengewebe bedeckt wird. In der rechten Pleurahöhle 1500 ccm einer in den oberflächlichsten Schichten hochgradig opaleszierenden Flüssigkeit (gleich der aus der Bauchhöhle), in den tiefer Schichten stark eitrig, gelb. In der linken Pleurahöhle 100 ccm einer rötlichen Flüssigkeit.

Im Mediastinum anticum keine Thymusreste nachweisbar.

Perikard mit einigen Tropfen klarem Serum.

Herz klein, nach rechts etwas verbreitert. Spitze von beiden Ventrikeln gebildet. Konsistenz beiderseits etwas herabgesetzt. Epikard ohne Besonderheiten. Subepikardiales Fettgewebe in geringer Menge. Mitralis und Tricuspidalis für zwei Finger leicht durchgängig. Im Herzen wenig Cruor und Speckhaut und etwas flüssiges Blut. Das linke Herz ist normal weit, das rechte etwas erweitert. Die Segelklappen ohne Besonderheiten, die arteriellen sind imbibiert. Die Noduli Arantii der Aortenklappen sind verdickt. In der Aorta ascendens punktförmige Verdickungen. Wanddicke links $9^1/_2$, rechts $2^1/_2$ mm. Myokard blaß, bräunlich, gut transparent. Foramen ovale geschlossen. Koronararterien ohne Besonderheiten. Gewicht 180 g.

Zunge nicht belegt. Balgdrüsen und Tonsillen nicht vergrößert. Zungengrund blaß. Ductus thyreoglossus $1^1/_2$ cm lang. Weicher Gaumen ohne Besonderheiten. Pharynx an der vorderen Wand stark ödematös. Ösophagus ohne Besonderheiten. Larynx und Trachea mit viel schaumiger, leicht blutiger, schleimiger Flüssigkeit. Schleimhaut ohne Besonderheiten.

Thyreoidea klein, von normaler Gestalt. Auf der Schnittfläche mehrere erbsengroße Knoten, im übrigen kleinlappiges, bräunliches, mäßig transparentes, blasses Gewebe.

Aorta thoracica imbibiert.

Linke Lunge: Volumen gut. Luftgehalt herabgesetzt. Pleura ohne Besonderheiten. Schnittfläche: Im Unterlappen reichlich schaumiger, mäßig blutiger Saft abstreifbar. Gewebe hyperämisch, nicht körnig, leicht brüchig, ödematös. Im Oberlappen mäßig viel blutig-schaumiger Saft abstreifbar. Gewebe blaß, nicht brüchig, völlig kompressibel.

Rechte Lunge: klein. Luftgehalt diffus stark herabgesetzt. Pleura hinten leicht verdickt, weißlich, an einzelnen Stellen matt, trüb, mit geringem Fibrinbelag, auch über der Pleura diaphragmatica etwas Fibrin. Schnittfläche: Überall wenig blutiger Saft mit geringen Luftblasen abstreifbar. Gewebe im Unterlappen hyperämisch, atelektatisch, im Ober- und Mittellappen mit mäßigem Luftgehalt. Ferner findet sich im Unterlappen hinten, direkt unter der Pleura ein 2—3 cm großer, stark trüber, gelblicher Herd, nicht körnig, brüchig, an der Peripherie durch eine gelbliche Linie scharf begrenzt (eine Höhle ist nicht nachweisbar).

Lungengefäße ohne Besonderheiten. Bronchien mit schaumiger Flüssigkeit. Schleimhaut ohne Besonderheiten. Bronchialdrüsen nicht vergrößert, anthrakotisch, Innenfläche des Thorax über der Pleura diaphragmatica leicht hyperämisch.

Milz klein. Konsistenz gut. Serosa ohne Besonderheiten. Schnittfläche: Trabekel deutlich, Follikel ziemlich groß, mäßig zahlreich, Pulpa mit mäßigem Blutgehalt. Es läßt sich nur sehr wenig Blut abstreifen. Brüchigkeit normal. Gewicht 75 g.

Nebennieren etwas klein, aber ziemlich dick. Rinde mit gutem Fettgehalt. Mark links reichlich, rechts etwas weniger. Gewicht 8 g.

Nieren entsprechend groß. Kapsel leicht abziehbar, fettarm. Oberfläche völlig glatt, sehr blaß, gelblich. Konsistenz normal. Schnittfläche: Zeichnung normal. Gewebe sehr blaß, mäßig feucht, stark diffus trüb, weißlich, besonders in der Rinde. Papillen normal. Brüchigkeit erhöht. Nierenbecken normal weit. Schleimhaut sehr blaß. Gewicht 215 g.

Magen mit etwas schleimigem Inhalt. Schleimhaut blaß. Duodenum mit wenig schleimigem, galligem Inhalt, Schleimhaut blaß. Ductus choledochus durchgängig.

Leber entsprechend groß. Konsistenz gut. Serosa ohne Besonderheiten. Schnittfläche: Zentra der Acini ziemlich breit, ziemlich stark eingesunken, bräunlich. Peripherie graugelblich. Transparenz wenig herabgesetzt. Brüchigkeit normal. Gewicht 980 g.

Gallenblase klein, total mit kleinen, 3—5 mm großen, gelben und schwärzlichen, weichen Steinen ausgefüllt.

Harnblase mit wenig klarem Urin. Schleimhaut sehr blaß.

Prostata etwas verkleinert. Samenblasen ohne Besonderheiten.

Hoden klein, besonders der linke.

Aorta abdominalis ohne Besonderheiten.

Pankreas normal groß. Konsistenz normal.

Retroperitoneal- und Mesenterialdrüsen klein.

Darm mit breiigem und festem Kot. Schleimhaut blaß. Solitärfollikel und PEYERsche Plaques klein, wenig zahlreich.

Schädel symmetrisch, mäßig dick. Größter Umfang 51,0 cm Bitemporaler Durchmesser 13,0 cm, biparietaler Durchmesser 14,0 cm. Glabella bis Protuberantia 17 cm. Diploe in mittlerer Menge, sehr blaß.

Dura mit geringem Blutgehalt, sonst ohne Besonderheiten. Im Sinus sagittalis superior und in den basalen Sinus wenig Cruor und Speckhaut.

Weiche Häute transparent. Blutgehalt mäßig stark herabgesetzt. Gyri nicht abgeplattet. Sulci normal weit. Liquor klar.

Seitenventrikel ziemlich stark erweitert, besonders hinten. Ependym zart, blaß, ebenso der Plexus. 3. und 4. Ventrikel leicht erweitert. Ependym blaß, zart Liquor klar, in mäßiger Menge.

Hirnsubstanz gut durchfeuchtet, blaß.

Hypophyse normal groß.

Augenhintergrund ohne Besonderheiten.

Die Synchondrosis sphenobasillaris ist erhalten, in der Mitte 4 mm dick, oben und unten stark verschmälert.

Im Femur ist die untere Epiphysenscheibe als $1/_2$—1 mm dicke, knorpelige Linie fast ganz erhalten, die Epiphysenscheibe des Kopfes ist nur in geringen Resten erhalten.

Tibia. Untere Epiphysenscheibe völlig erhalten, 1 mm dick, obere nur am Rande erhalten.

Humerus. Am Kopf ist die Epiphysenscheibe beiderseits am Rande in einer Länge von etwa 1 cm erhalten in der Mitte jedoch verknöchert. Unten vollständige Verknöcherung.

Becken. In der Gegend der Gelenkpfanne ist zwischen Darm- und Sitzbein eine dreieckige, dicke Knorpellage mit zentraler Verknöcherung vorhanden. An der Crista ilei ein oberflächlicher Knorpel von 4 mm Dicke.

Anatomische Diagnose: Chronische Tubulonephritis. Hydrops universalis. Dilatation des rechten Herzens. Braune Herzatrophie. Empyem der rechten Pleura. Atelektase der rechten Lunge. Beginnende Pneumonie im linken Unterlappen. Lungenödem links. Eitrig-pneumonischer Herd im linken Unterlappen, mit Demarkation. Atrophie der Milz. Cholelithiasis. Kretinismus. Atrophie der Thyreoidea mit Struma nodosa. Persistenz der Knorpelscheiben an den untern und obern Extremitätenknochen, am Becken und Clivus Blumenbachii. Atrophie der Hoden. Hydrocephalus internus. Prolapsus ani.

Formolpräparate, alle Knochen aufgesägt.

Der Fall gehört zum grazilen Typus mit sehr dicken Kondylen. Am Humerus deutet die unverkennbare Varuskrümmung des Schaftes auf durchgemachte Rachitis; Caput sehr tief inseriert. Am Femur erscheint der proximale Teil fast normal, die distale Epiphyse dagegen sehr massig und dementsprechend auch die Kondylenregion der Tibia stark entwickelt.

Sektionsprotokoll Nr. 212, 1917.

Pfister, Elisabeth, 44 Jahre alt. Gestorben am 12. VII. 1917 2 Uhr vormittags. Sektion am 12. VII. 1917 9 Uhr vormittags.

Klinische Angaben: Intelligenz ziemlich gut, witzig. Konnte lesen und schreiben. Gehör gut. Heimat: Hasle im Emmental.

Sehr kleiner Körper, 128 cm lang. Körperbau verhältnismäßig kräftig. Pannikulus gering, Muskulatur ebenfalls. Mäßiges Ödem an den Füßen und Unterschenkeln. Gesicht von kretinischem Typus, stark vorspringende Backenknochen, Nasenwurzel breit und etwas eingesunken. Lippen dick. An der Oberlippe deutliche Behaarung. Behaarung in den Axillae und an den Pubes sehr spärlich. Lendenwirbelsäule sehr stark verbogen. Abdomen infolgedessen vorgewölbt. Bauchdecken gespannt. Linea alba pigmentiert. Haut sonst blaß. An der linken Seite des Halses, weniger rechts, ein großer, harter, knolliger Tumor, mit der Haut nicht verwachsen, nicht verschieblich. Hautvenen oben am Thorax stark erweitert.

Pannikulus dunkelgelb.

Pectoralis dunkelrot, transparent.

Mammae sehr klein, auf der Schnittfläche nur wenige Drüsenläppchen.

Zwerchfell rechts 5. Rippe, links 6. Interkostalraum. Zwerchfell nach unten vorgewölbt.

Leberrand in der rechten Mamillarlinie 10 cm unter dem Rippenbogen, in der Mittellinie 19 cm unter dem Ende des Corpus sterni. Milzrand 1 cm unter dem linken Rippenbogen.

Magen sehr stark erweitert, tiefstehend, große Kurvatur fast an der Symphyse. Omentum majus ziemlich lang, mäßig fetthaltig. Colon ascendens gebläht und frei beweglich, ebenso Processus vermiformis. Dünndärme eng. Serosa glatt und glänzend. Harnblase leer. Uterus retrovertiert. In der Bauchhöhle 30 ccm klare, gelbe, serös Flüssigkeit.

An der Innenfläche des Sternums einige in der Pleura sitzende weiße, weiche Tumorknoten, mit etwas trübem Saft.

Rechte Lunge mäßig retrahiert, an einigen Stellen mit der Pleura costalis verwachsen. Rechte Pleurahöhle leer. Die linke Lunge reicht etwas über die Mittellinie, ist hinten und oben fest adhärent, unten in der Pleura 20 ccm stark blutige, etwas trübe, seröse Flüssigkeit.

In den Venae anonymae und in der rechten Vena jugularis kein Tumorgewebe, die linke Vena jugularis ist sehr eng, seitlich mit dem Tumor verwachsen, die rechte stark erweitert.

Herzbeutel stark nach rechts verdrängt. Im Innern 180 ccm klare, gelbe Flüssigkeit.

Herz sehr klein. Spitze von beiden Ventrikeln gebildet. Konsistenz schlaff. Im rechten Ventrikel und Vorhof viel flüssiges Blut und Cruor. In der Vena cava superior flüssiges Blut. Arterielle Ostien suffizient. Mitralis am Schließungsrand etwas verdickt. Aortenklappen am Ansatz stark verdickt. In der Aorta ascendens stark prominente, weiße, trübe Plaques und Leisten. Tricuspidalis nur leicht verdickt. Pulmonalis ohne Besonderheiten. Wanddicke links 9, rechts 2,5 mm. Myokard blaßbräunlich, transparent. In den Koronararterien trübe, gelbe Plaques. Foramen ovale offen. Gewicht 125 g.

In der linken Pleura costalis eine große Zahl von flachen Tumorknoten, größtenteils sehr weich und mit der Pleura pulmonalis verwachsen. Ebenso in der linken Pleura diaphragmatica große Tumorknoten, von einem Durchmesser bis zu 5 cm, auf der Schnittfläche weißlich, mäßig transparent, mit trübem Saft. In der rechten Pleura diaphragmatica ein Knoten von $1^1/_2$ cm Durchmesser.

Zunge nicht belegt. Balgdrüsen und Tonsillen mäßig groß. Ösophagus ohne Besonderheiten. Larynx klein. Trachea stark nach rechts ausgebogen, säbelscheidenförmig, verengt.

Rechter Schilddrüsenlappen sehr klein, 25 mm lang, 15 mm breit und 7 mm dick. Läppchen sehr klein, gelblich, transparent. Konsistenz sehr derb. An Stelle des linken Schilddrüsenlappens ein sehr großer Tumorknoten von 9 : 9 : 8 cm, mit der Muskulatur und der Trachea fest verwachsen. Oberfläche grobknollig, Konsistenz derb, größtenteils weißliches, transparentes Gewebe mit etwas milchigem Saft, an der Peripherie stellenweise ein mehr grauer Saum, im Zentrum gelbe, weiche, nekrotische Massen. Der Tumor reicht nach unten bis zum Jugulum. Die linke Karotis ist durch den Tumor ganz nach hinten verdrängt.

In der Aorte thoracica sehr viele gelbliche, trübe Plaques und Streifen, namentlich am Isthmus eine große, stark vorspringende Platte von 2 cm Durchmesser.

Epithelkörperchen rechts normal, links nicht aufzufinden.

Linke Lunge sehr stark vergrößert, wenig lufthaltig. In der Pleura massenhaft weißliche Tumorknoten von $1/_2$—6 cm Durchmesser, meistens mit der Pleura costalis verwachsen, zum Teil von verdickter Pleura bedeckt. Am hintern Umfang der linken Lunge eine sehr große, zum Teil erweichte, hämorrhagische Tumormasse, die noch freie Pleura costalis ist mit Fibrin bedeckt. Auf der Schnittfläche der Lunge eine große Zahl von weißlichen Tumorknoten, prominent, ziemlich scharf begrenzt, von 2—4 cm Durchmesser. Schnittfläche weiß, mit trübem Saft. Dazwischen sehr wenig lufthaltiges, kompressibles, ödematöses Lungengewebe. Am vordern Rand der Lunge befindet sich noch ein Tumorknoten von etwa 8 cm Durchmesser, zum Teil hämorrhagisch erweicht.

Rechte Lunge verkleinert, sehr wenig lufthaltig. Pleura glatt und glänzend. In der Pleura des rechten Oberlappens seitlich ein großer Tumorknoten von 7 cm Durchmesser und zahlreiche kleinere Knoten, ebenso auf der Schnittfläche. Lungengewebe wenig lufthaltig, gut bluthaltig, ödematös.

Lungenarterien ohne Veränderungen. Bronchien leicht injiziert. Bronchialdrüsen klein, stark anthrakotisch.

Milz sehr klein. Oberfläche glatt. Konsistenz normal. Pulpa blaßrot. Trabekel vermehrt. Follikel nicht deutlich. Gewicht 65 g.

Nebennieren klein. Rinde dunkelgelb, innen mit bräunlichem Saum. Dicke 1 mm. Mark ziemlich reichlich. Gewicht 5 g.

Nieren normal groß. An der Oberfläche fötale Furchen, Oberfläche sonst glatt. Schnittfläche gut bluthaltig, transparent. Rinde 5 mm breit. Konsistenz und Brüchigkeit normal. Nierenbecken ohne Besonderheiten. Gewicht 220 g.

Magen sehr stark dilatiert, mit dünner Flüssigkeit gefüllt. In der Schleimhaut einige kleine Blutungen. Duodenum ohne Besonderheiten. Choledochus durchgängig.

Leber etwas klein. Oberfläche glatt. Konsistenz normal. Läppchen deutlich. Zentra braunrot, Peripherie gelb, trüb. GLISSONsche Scheiden deutlich. Brüchigkeit normal. Im rechten Leberlappen subseröse dunkelrote Knoten von $1^1/_2$ cm Durchmesser. Auf der Schnittfläche eingesunken, mit einem feinen, weißlichen Maschenwerk, das dunkelrotes Blut entleert. Im linken Lappen ebenfalls mehrere derartige Tumoren. Einzelne kleinere auch auf der Schnittfläche von etwa 5 mm Durchmesser. Gewicht 1250 g.

Gallenblase ohne Besonderheiten.

In der Harnblase ganz wenig klarer Urin. Schleimhaut injiziert.

Uterus sehr klein. Vagina ohne Besonderheiten. Ovarien normal groß. Oberfläche gerunzelt, auf der Schnittfläche einige GRAAFsche Follikel und links ein Corpus luteum. Tuben ohne Besonderheiten.

In der Aorta abdominalis sehr viele trübe, gelbe Plaques, unten größere Kalkplatten.

Pankreas klein, stellenweise hyperämisch. Retroperitoneal- und Mesenterialdrüsen klein.

Im Ileum einige kleine Schleimhautblutungen, ebenso im Zökum.

Lendenwirbelsäule stark nach vorn gewölbt. Sakrum sehr stark nach hinten ausgebogen. Lendenwirbel sehr niedrig, etwa 18 mm hoch und 40 mm breit. Zwischenwirbelscheiben in der Mitte 14 mm dick. An der Crista ilei kein knorpeliger Saum.

Femurhals kurz, schräg nach oben gerichtet. Femurschaft nach vorn verbogen. Auf der Schnittfläche fast überall gelbes Fettmark nur in der Gegend des Schenkelhalses rotes Mark. Der Femurkopf ist kompakter gebaut als der Hals, auf der Schnittfläche weißlich. In der untern Epiphyse reines Fettmark. Epiphysenlinie nicht sichtbar, ebensowenig in der obern Epiphyse der Tibia. Humerus schlank gebaut. Epiphyse etwas kompakter als der Hals, kein Knorpel. Mark größtenteils gelb, gallertig.

Schädel breit und kurz, symmetrisch. Nahtsubstanz erhalten. Dicke größtenteils 5 mm. Diploe spärlich. Innenfläche ohne Besonderheiten.

Dura mäßig gespannt, transparent, wenig bluthaltig. Innenfläche glatt und glänzend.

Weiche Häute gut bluthaltig, transparent. Liquor mäßig reichlich, klar. In den Sinus der Dura wenig flüssiges Blut.

Hypophyse ziemlich groß. Gewicht 0,9 g. Sella turcica breit und tief.

Gehirn normal groß. Windungen gut ausgebildet. Fossae Sylvii ohne Besonderheiten. Basale Hirnarterien zart. Seitenventrikel normal weit. Liquor klar. Ependym glatt, von normaler Konsistenz. 3. und 4. Ventrikel normal weit. Hirnsubstanz stark bluthaltig, mäßig durchfeuchtet.

Synchondrosis spheno-occipitalis nicht erhalten.

Knochenmark der Lendenwirbelsäule dunkelrot.

Anatomische Diagnose: Struma maligna (Karzinom). Metastasen in Lungen und Pleura. Pleuritis serofibrinosa haemorrhagica sinistra. Lungenelektase. Lungenödem. Kompression der Trachea. Braune Atrophie des Herzens. Klappensklerose, Arteriosklerose Leberverfettung. Multiple Kavernome der Leber. Milzatrophie. Aszites. Hydroperikard. Magendilatation. Lordose der Lendenwirbelsäule und Kyphose des Sakrums. Kretinismus. Atrophie des linken Schilddrüsenlappens.

Gehört zum grazilen, weiblichen Typus, jedoch mit recht dicken Kondylen. Der Humerus ist fast gerade und hat starke Pectoralis- und Deltoidesinsertion, sowie tiefen Ansatz des Kopfes. Am Femur bemerkt man eine ganz leichte transversale **S**-Krümmung (oben varus, unten valgus), starken Pilaster und großen Trochanter III.

B. Grazer Kretinen.

Graz 518. „Sceleton cretinicum" (Anatomie März 1885) ohne nähere Angaben. Über den Schädel sagt SCHOLZ: „Hinterhaupt an der Lambdanaht weit vorspringend, so daß eine Stufe von fast 1 cm entsteht; in dieser Naht viele Schaltknochen. Schädelknochen dünn und leicht. Clivus ziemlich steil. Gesichtsschädel etwas prognath. Die Kiefer stark atrophisch, nur vorn wenige Zähne in fehlerhafter Stellung enthaltend."

Es handelt sich hier offenbar um ein Greisenskelett, bei dem aber doch an den Ellen, Schienbeinen und Wadenbeinen distal noch geringe Knorpelreste erhalten sind; schon das deutet auf Kretinismus. Graz 518 dürfte mit dem montierten Berner Skelett eine große Ähnlichkeit haben. Es scheint auf den ersten Blick normal gebildet zu sein, bietet aber bei genauer Analyse doch zahlreiche primitive Merkmale, so z. B. die starke Biegung des Oberschenkels und seine hochgradige Torsion. Mechanische Deformationen fehlen.

Graz 1358. Rumpfskelett eines 26jährigen ledigen Tagelöhners (Rzehak, Karl), der am 20. Mai 1867 im Städtischen Siechenhaus Graz an beidseitiger lobulärer Pneumonie und Nephritis chronica gestorben ist. Aus dem bei SCHOLZ abgedruckten Sektionsprotokoll will ich nur die „starke Vergrößerung der Schilddrüse" hervorheben; es fanden sich in derselben „mehrere große, mit kolloider Flüssigkeit gefüllte Zysten". Ferner wird gesagt: „die Oberarmknochen leicht geknickt, die der Oberschenkel leicht gekrümmt; das Becken verengt, in seiner horizontalen Achse etwas nach vorn rotiert; die Brustwirbelsäule mit nach rechts, die Lendenwirbelsäule mit nach links gewendeter Konvexität". — SCHOLZ nennt „sämtliche Knochen plump und schwer, rachitisch, die Knochenenden aufgetrieben. Schenkelköpfe fast vollständig abgeplattet, sitzen fast direkt am Femurschaft, so daß der Hals zu fehlen scheint. Kollodiaphysenwinkel etwa 110°. Die Diaphysen der Schenkelknochen nach vorn säbelförmig gekrümmt, sklerosiert."

Von den Extremitäten dieses Skelettes sind nur die proximalen Abschnitte (Oberarm und Oberschenkel) vorhanden. Die Skoliose, die Transversalkrümmung der Humeri und die Sagittalkrümmung der Femora sind unzweifelhaft Zeichen von Rachitis, ebenso die phantastische Coxa vara. Nichtsdestoweniger habe ich den Fall in meinen Tabellen zu den Kretins gerechnet (wie auch 4028

und 2334), ihn aber bei der Aufstellung der typisch-kretinischen Knochenformen nur mit allem Vorbehalt verwertet. Ihn ganz von den echten
Kretinen zu trennen, geht nicht an, da er im Protokollbuch doch ausdrücklich
als Kretin bezeichnet ist.

Graz 2334. 40jähriger lediger Hausarmer, Kretin, aus Übelbach bei Frohnleiten (Prettentaler, Peter), welcher am 15. Jan. 1874 auf der chir. Abteilung
des Allgemeinen Krankenhauses in Graz an Gangrän des linken Fußes usw.
gestorben ist. Aus dem recht ausführlichen Sektionsprotokoll, das der Leser bei
Scholz findet, hebe ich den Zustand der Schilddrüse hervor, die „durch teilweise verkalkte Adenome vergrößert" war. Über das linke Hüftgelenk wird
gesagt: „der Schenkelkopf ist abgeflacht, stark vergrößert. Der Gelenkknorpel
zum Teil uneben, stellenweise verknöchert. Die Pfanne gleichfalls vergrößert.
Die Synovialmembran mit zahlreichen dendritischen Exkreszenzen besetzt,
von denen einige (19) als freie Körper in der Gelenkshöhle liegen. Der Schenkelhals kaum angedeutet." Diagnose dieses Gelenkleidens: Malum senile coxae.
Nach Scholz ist die Wirbelsäule im obern Brustabschnitt sinistrokonvex
gekrümmt, der ganz Thorax dementsprechend deformiert. Diese Skoliose,
ferner die bedeutende Länge der Hand, wie auch die typische, obschon nicht
hochgradige Transversalkrümmung der Humeri, endlich die mächtige Sklerose
des distalen Femurendes und des proximalen Tibiateiles, eine Sklerose, die in
solchem Maße doch sonst nicht vorkommt, zwingen zu der Annahme, daß
dieser Kretin nicht allein an Arthritis deformans, sondern (wohl in jüngern
Jahren) auch an Rachitis gelitten hat. Es ist darum auch dieser Fall nicht
als ein Paradigma des eigentlichen, reinen rassenhaften Kretinismus aufzufassen.

Graz 3235. 30jährige, ledige Magd, Kretine, aus Liebenau bei Graz (Anna
Volk), welche im Grazer Gebärhaus am 6. Dezbr. 1867 an Eklampsie in der
Austreibungsperiode starb. Das sehr ausführliche Sektionsprotokoll ist bei
Scholz abgedruckt und auch eine Photographie des ganzen Skelettes beigegeben.
Der Sektionsbericht hebt u. a. hervor: „der Körper ist kräftig gebaut, gut
genährt . . . Kopfhaar rotblond. Schädel groß, Stirn breit, Gegend der Nasen-
wurzel tief eingezogen, Kiefer stark vorspringend, Lippen wulstig, Mund sehr
groß, Zunge weit vorstehend, zwischen den Zähnen eingeklemmt, bläulich;
Hals dick, mit einigen vorspringenden rundlichen Knoten der Schilddrüse . . .
In der Schilddrüse mehrere walnußgroße, derbe, zum Teil verkalkte Knoten. . ."
Scholz nennt das Skelett grazil, in der Ausbildung eines 14jährigen Mädchens;
die Extremitätenknochen zierlich, die Epiphysen verknöchert und plumper.
Mir schien es, als ob an allen Epiphysen noch Spuren von Knorpel erhalten
wären. Im übrigen fand ich an dem Skelett nicht viel Bemerkenswertes, jedenfalls keine stärkeren Krümmungen und nur geringe Muskelmarken. Eine
leichte Sklerose des distalen Femurabschnittes und eine eben erkennbare
leichte Transversalkrümmung des (rechten) Humerus zeigen, daß auch dieses
Individuum von Rachitis nicht völlig verschont geblieben ist.

Graz 4028. „Kretinenskelett ohne nähere Angaben"; bei Scholz abgebildet. Auffallend sind an diesem Objekt, wie auch Scholz betont, die sehr
breiten Gelenkpartien aller Extremitätenknochen; wir haben es hier wohl
sicher mit einem männlichen Kretinen vom vierschrötigen massiven Typ zu

tun. Die geringe Größe von Hand, Fuß und Patella, wie auch das Fehlen der typischen Verbiegungen spricht in diesem Fall entschieden gegen die Annahme rachitischer Einflüsse, und es bleibt m. E. hier keine andre Möglichkeit, als die, bei der durchweg bedeutenden Epiphysenbreite an primitive Einflüsse zu denken. Insbesondere scheinen mir das linke Caput humeri und das linke Caput femoris, dann die gewaltigen Femurkondylen (besonders der laterale ist weit ausgeladen), der sehr geringe Kondylo-Diaphysenwinkel des Humerus und die Incisura supracondyloidea einigermaßen an den Neandertalmenschen zu erinnern. Pathologisch ist an dem Fall die Form des rechtsseitigen Caput femoris; hier handelt es sich um richtige Arthritis deformans. Das Caput humeri ist am rechten Arm weit distalwärts verschoben. Beide Vorderarmknochen sind auffallend gerade und kräftig.

Graz 4595. 40jährige ledige Kretine (Marie Pflügl) aus Aigen, welche am 7. Mai 1900 als Primipara an einer Peritonitis im Gefolge von Sectio caesarea auf der Geburtshilflichen Klinik in Graz starb. Aus dem sehr ausführlich bei Scholz mitgeteilten Sektionsprotokoll hebe ich bloß hervor: „Die vollkommen blödsinnige Primipara ist sehr klein (1245), schwächlich gebaut, mittelgut genährt. Deutliche Zeichen von Rachitis. Starke Krümmung der Extremitätenknochen, besonders der Tibia (wovon freilich an meinen Diagrammen wenig zu erkennen!), ... rachitischer Rosenkranz ... allgemein verengtes rachitisches Becken, asymmetrisch, ... Die Wirbelsäule ist im mittleren Brustabschnitt kyphotisch gekrümmt. ... Der Schädel erscheint im Vergleich zum Skelett etwas größer, plagiozephal. Die linke Hälfte etwas höher, die rechte breiter und flacher. Die Schädelknochen auffallend dick, kompakt, sehr schwer. ... Reste des Thymus in Form eines kleinen fetthaltigen Lappens erhalten. ... Das rechte Horn der Schilddrüse wird durch einen größern untern und mehrere kleinere, darüber gelagerte Knoten gebildet, welche aus gallertigem Gewebe bestehen. Nur im linken Lappen ist ein ganz kleiner Rest Schilddrüsengewebes am obern Pol erhalten. Es findet sich eine Art. thyr. med. vor." Scholz spricht von „grazilen Extremitätenknochen mit etwas aufgetriebenen Knochenenden; Epiphysengrenze angedeutet, ohne daß sie noch erhalten wäre. Nur zwischen Scham- und Sitzbein ist sie noch erhalten".

Mir sind in diesem Falle die Anzeichen der Rachitis wirklich nicht aufgefallen; höchstens eine leichte Transversalkrümmung der Humeri vermöchte ich in diesem Sinne anzuführen. Im übrigen schien mir ein ziemlich typischer Vertreter des grazilen Kretinentypus vorzuliegen, der mit Graz 3235 und dem Berner Skelett eine große Ähnlichkeit hat.

Graz 5390. „Skeleton nani cretinici. 137 cm großes, recht kräftiges männliches Skelett; der Schädel zeigt entschiedene Sattelnase, persistente Stirnnaht und sehr große Schaltknochen in der Lambdanaht. (Degen, Johann, 35 Jahre alt, obduct. 28. Jan. 1907, I. med. Abt.)"

Dieses bei Scholz noch nicht erwähnte Skelett bietet, wenn ich so sagen darf, eher aurignac-artige Merkmale. Die langen Knochen sind schön gerade, alle Gelenkteile breit, doch nicht rachitisch. Das Becken fand ich eng und sehr steil; an der Scapula ist mir die Spina durch ihren Schiefstand aufgefallen. Vom linken Humerus, Radius und Ulna fehlt je der Ellenbogengelenkteil. Fast alle Knochen dieses Falles sind länger, als die entsprechenden Knochen der übrigen Grazer.

Graz 201a. „Skeleton infantil. cretin. sive idiotic." von dem im Alter von 19 Monaten verstorbenen außerehelichen, erstgeborenen Magdkind Karl Damm aus Deutsch-Landsberg; Vater 30 Jahre alt, beide Eltern und deren Familien gesund, ebenso eine Schwester von 6 Monaten. Mit ein Vierteljahr Fraisen; lernte weder gehen noch sprechen, Zahnung begann im ersten Jahr; Tod an Scharlach. War in gutem Ernährungszustand, Muskulatur gut entwickelt, Stirn sehr schmal; Occiput flach, Ohren abnorm groß, leichter Strabismus converg., Reflexe, Motilität und Sensibilität ungestört; psychische Entwicklung wie bei Neonat, einzige Äußerung: Lachen und Weinen, keine Anhänglichkeit.

An dem Skelett sind alle Gelenkkapseln und Bänder in geschrumpftem Zustand erhalten. Krümmung von Radius und Femur recht deutlich, Fibula gerade, Humerus ziemlich dick. Alle Knochen im Vergleich mit Nr. 28 recht stark. Im übrigen dürfte es schwer sein, an dem Kinderskelett viel charakteristisches zu finden.

C. Athyreose.

Graz 28. „Skelett eines Zwerges (Kretin) mit hydrozephalem Schädel", so lautet der Eintrag im Protokollbuch; mir will scheinen, als ob der Verfasser dieser Diagnose über die Zugehörigkeit des Falles zum Kretinismus schon nicht ganz sicher gewesen sei. Und in der Tat: es lehrt der bloße Augenschein nicht minder als eine minutiöse Vergleichung, daß dieses Skelett von den echten Kretinen im denkbar höchsten Grad verschieden ist. Ich will hier nicht alles, was ich im speziellen Teil darüber eruiert habe, wiederholen; es genüge zu sagen, daß in fast allen Merkmalen ausnahmslos dieser Nr. 28 sich von den Kretinen trennt. Es fehlen ihm alle jene rassenhaft primitiven Eigentümlichkeiten, die für den Kretinismus so charakteristisch sind, und er stellt sich in der Regel am nächsten zum Neonaten, von dem er sich eigentlich nur durch seine Größe unterscheidet (Paradigma für echte Neotenie!). Es fehlen ihm ferner so gut wie ganz alle jene typisch-mechanischen Verbiegungen, welche das Wesen der Rachitis ausmachen, und zwar obschon alle langen Knochen bei Nr. 28 von extremer Zartheit, also anscheinend leicht zu deformieren sind. Alle Epiphysen sind ziemlich dick, aber alle bestehen noch im wesentlichen aus Knorpel. Eine Persistenz von Knorpel kommt ja wohl auch bei Kretinen vor (z. B. bei dem 57jährigen Berner Kretinenskelett), aber doch nur spurenweise und nie in solcher Gestalt. Ich fürchte also keinen Widerspruch, wenn ich diesen Fall von den Kretinen trenne.

Aber nun erhebt sich die Frage: wenn dieser „Hydrozephale Zwerg" kein Kretin ist, was ist er dann? Um welches andre Krankheitsbild kann es sich hier nur handeln? Bei dem vollständigen Fehlen aller klinischen Notizen gerät die Differentialdiagnostik in große Unsicherheit. Wir gehen aus von der Knorpelpersistenz, und diese deutet nun ziemlich sicher auf eine Störung der innern Sekretion. Aber welche Drüse hat in diesem Falle nicht normal funktioniert? Man kann an Mangel des Thymus, der Genitaldrüsen, aber man muß in erster Linie an Mangel der Thyreoidea denken. Frühzeitige Thymektomie bei saugenden Tieren bewirkt eine hochgradige Störung des Ca-Stoffwechsels, infolgedessen die Epiphysen nicht verknöchern und die Diaphysen abnorm biegsam werden. Ob angeborner totaler Thymusdefekt vorkommen kann, weiß ich nicht; der Umstand, daß in unserm Falle gar keine Verbiegung von langen Knochen zu konstatieren ist, spricht aber entschieden gegen die Annahme einer solchen Thymusaplasie. — Auch frühzeitige Kastration oder angeborener Defekt der Genitaldrüsen (wenn der überhaupt je vorkommt!) kann das Offenbleiben der Epiphysenfugen erklären; es sind aber in diesen Fällen die Diaphysen zwar zart, aber nicht verkürzt, sondern im Gegenteil eher länger als normal; die Eunuchoiden sind große Menschen. Unser Fall ist aber ein richtiger Zwerg; also kein Eunuchoide. — Praktisch bleibt uns nichts anderes übrig, als den Fall Graz 28 zur Athyreose zu rechnen. Angeborener Schilddrüsenmangel kommt wirklich, wenn auch sehr selten vor, und er hat nach übereinstimmender Angabe der Autoren genau die Wachstumsstörung im Gefolge, um die es sich in casu handelt: Zwergwuchs (kurze, zarte Röhrenknochen) und offene Epiphysen, geringe Deformationen und Verbiegungen. Ich sehe tatsächlich nicht einen einzigen Umstand, der gegen die Annahme einer Athyreose (oder, wenn man lieber will, eines Myxödems) in unserm Fall spräche; auch der abnorm große Schädelumfang paßt durchaus zum Bild der Athyreose und der Hydrozephalus macht an sich schon die Annahme einer Idiotie sehr wahrscheinlich. Freilich gibt es Fälle von offenen Epiphysen bei Zwergen mit normaler Schilddrüse und normaler Intelligenz; es ist der PALTAUFsche Zwergwuchs, den man heutzutage wohl allgemein zum Infantilismus rechnet. Aber hier scheinen die Röhrenknochen nicht besonders zart, sondern in Anbetracht des ungestörten periostalen Wachstums und entsprechend einem normalen Gebrauch recht robust geformt zu sein; also auch da wieder ein Unterschied gegen unsern Nr. 28.

Unter Ausschluß aller andern Möglichkeiten bleibt uns also nichts andres übrig, als diesen hydrozephalen Zwerg zur Athyreose zu rechnen; inwiefern andre Drüsen auch noch alteriert waren (pluriglanduläre Störung), das bleibe dahingestellt, und es soll ununtersucht bleiben, ob es sich um anatomischen Schilddrüsenmangel (Thyreoaplasie) oder bloß um totalen Funktionsausfall der Thyreoidea gehandelt habe; in der Wirkung kommt das wohl auf eins heraus. Auch mag die Herkunft aus einem Kretinengebiet Anklänge an Kretinismus mit sich gebracht haben. Jedenfalls ist dem Verfasser des Grazer Protokollbuchs kein Vorwurf zu machen, daß er in Klammern „Kretin" beigefügt hat; der Fall stammt wohl noch aus den 60iger Jahren, also aus einer Zeit, wo die Differentialdiagnostik des Kretinismus noch nicht so spezialisiert war, wie heute. Natürlich wäre es mir lieber gewesen, als Paradigma der Athyreose einen auch klinisch sicher gestellten Fall verwerten zu können; da aber erwachsene Menschen mit dieser Krankheit recht selten sind, so glaube ich mit der Bearbeitung auch dieses noch unsicheren Falls etwas Nützliches geleistet zu haben. Bringt einmal ein andrer Autor einen absolut einwandfreien Fall und ergibt sich, daß die Athyreose nicht die von mir beschriebenen Veränderungen nach sich zieht, so bin ich zur Revokation mit Freuden bereit. (Vgl. weiter S. 302.)

Sektionsprotokoll Nr. 42, 1886.

Engel, Bertha, 14 Monate alt, von Signau. Gestorben 24. III. 1886, 5 Uhr morgens. Sektion 24. III. 1886, 4 Uhr nachmittags.

Das Protokoll ist unvollständig.

Gewicht 5705 g.

Aorta aufgeschnitten, nach Abgang der Subclavia sinistra Durchmesser 19 mm. Carotis dextra unmittelbar nach Abgang der Subclavia 12 mm. Carotis sinistra am Ursprung 10 mm.

Trachea auffällig klein; unaufgeschnitten ist der Durchmesser 7 mm am Anfang, ebenso weiter abwärts. Konsistenz der Trachealringe eine gute, dagegen ist die Form nicht regelmäßig, vielmehr sieht dieselbe aus wie wenn von vorn und rechts ein Kropf darauf gedrückt hätte, d. h. nach rechts vorn abgeplattet etwa 2 cm unter ihrem Ursprung. Der linke hintere Umfang der Knorpelringe an den betreffenden Stellen stark eingekrempt, so daß der größte Durchmesser des Lumens von rechts hinten nach links vorne geht und an letzterer Stelle eine Längskante auf der linken Seite der Trachea entsteht. Es gibt das zu der Vermutung Anlaß, daß früher hier eine Struma vorhanden und durch Strumitis oder ähnliche Prozesse atrophisch geworden sei.

Schilddrüse fehlt vollständig. An ihrer Stelle findet sich zwischen Karotis und Trachea körniges Fettgewebe in verhältnismäßig geringer Quantität von ähnlichem Aussehen, wie es in viel stärkerer Entwicklung über der Klavikula und in der Axilla gefunden wird. Hier ist das Fett auffällig blaß, schmutzig gelb und finden sich in demselben festere, kleine Knoten, die wahrscheinlich Lymphdrüsen entsprechen.

Die Arteria thyreoidea superior ist nur ein dünner Faden von etwa 1 mm Durchmesser.

Beim Aufschneiden der rechten Subclavia zeigen sich bei verhältnismäßig gut entwickelter Vertebralis und Mammaria interna die drei darauffolgenden Arterienöffnungen klein. Linkerseits ist das Urteil schwierig, weil hier die Arteria subclavia zu nahe am Ursprung durchschnitten ist.

Larynx klein, aber wohlgebildet. Ösophagus wohlgebildet, nur die Muskeln sehr dick.

Lungen wenig lufthaltig.

Muskeln sehr stark entwickelt, auffallend blaß, weißgelblich, transparent. Bei mikroskopischer Untersuchung gleichmäßig verteilt feine Fettkörnchen, während die Querstreifen sehr schön sind.

Herz desgleichen.

Anatomische Diagnose: Tod durch Erstickung. Aplasie der Glandula thyreoidea. Kretinismus.

Die Knochen sind in der Arbeit von LANGHANS: Anatomische Beiträge zur Kenntins der Kretinen, VIRCHOWS Archiv Bd. 149, 1897, beschrieben.

Soviel sich auf Grund von Röntgenbildern dieser stark zersägten Knochen sagen läßt, so unterscheiden sie sich nur wenig von denen eines normalen Neonaten. Bloß ist durchgehend der Längendickenindex etwas höher als normal und ist das Muskelrelief doch merklich besser ausgeprägt, als beim normalen Neugeborenen; Winkel und Krümmungen scheinen sich ganz normal zu verhalten.

Es ist zwar eine mißliche Sache, hintendrein sagen zu wollen, in welcher Richtung sich vermutlich dieses schilddrüsenlose Kind entwickelt hätte, falls es am Leben geblieben wäre. Und doch will mir scheinen, daß seine Entwicklungsrichtung nicht nach unserm Fall 28 (mit der abnorm geringen Dicke aller Knochen und ohne alle stärker ausgesprochenen Muskelmarken) tendierte, sondern wohl eher wäre später in diesem Falle ein ähnliches Skelett zu erwarten gewesen, wie etwa beim Fall von BOURNEVILLE.

Sektionsprotokoll Nr. 299, 1915.

Rieder, Adolf, 47 Jahre alt. Gestorben 25. X. 1915, 5 Uhr vormittags. Sektion 25. X. 11.20 vormittags.

Klinische Angaben: Kropfoperation im 13. Jahr durch Herrn Prof. KOCHER. Bis dahin geistig und körperlich vollkommen normal. Nach der Operation völliger Stillstand des Wachstums. Bildungsfähigkeit in den letzten 2—3 Schulklassen etwas

8*

vermindert, z. B. war das Auswendiglernen erschwert. Patient konnte gut lesen und schreiben. Später beschäftigte er sich mit leichter Landarbeit und der Fabrikation von Holzschuhen. Im Juni 1914 Herzdilatation und Pyelonephritis. Im Oktober 1915 Behandlung mit Schilddrüsenpräparaten. Tod an Herzinsuffizienz nach wenigen Tagen.

Kleiner Körper, 129 cm lang, kräftig gebaut. Muskulatur sehr kräftig. Panniculus reichlich. Das Gesicht zeigt kretinischen Ausdruck. Nasenwurzel eingesunken, breit. Backenknochen leicht vorspringend. An den Pubes spärliche Behaarung, ebenso in der Axilla. Am Hals eine 7 cm lange, von oben rechts bis zur Mittellinie unten verlaufende, alte Operationsnarbe.

Panniculus reichlich, hellgelb.

Pectoralis kräftig, dunkelrot, transparent.

Zwerchfell rechts 5., links 6. Rippe.

Leberrand in der rechten Mammillarlinie 8 cm unter dem Rippenbogen.

Omentum majus lang, stark fetthaltig. Därme nicht gebläht, eng. Serosa glatt und glänzend. Harnblase wenig gefüllt. Processus vermiformis lang, im kleinen Becken.

Lungen retrahiert und kollabiert. Linke Spitze adhärent. In der rechten Pleurahöhle 60 ccm klare, gelbe Flüssigkeit.

Von Thymusgewebe ist makroskopisch nichts nachweisbar, an seiner Stelle viel Fettgewebe.

Herzbeutel größtenteils freiliegend, im Innern 100 ccm klare, gelbe Flüssigkeit.

Herz vergrößert. Spitze vom linken Ventrikel gebildet, dieselbe reicht bis in die vordere Axillarlinie. Subepikardiales Fettgewebe sehr reichlich, hellgelb. Im Epikard einige punktförmige Blutungen. In den Herzhöhlen flüssiges Blut, Cruor und Speckhaut. Mitralis und Aortenklappen leicht verdickt. Linker Ventrikel stark dilatiert, ebenso der rechte Vorhof und Ventrikel. Endokard im linken Vorhof von weißgrauer Farbe, verdickt. In der Aorta ascendens viele dichtstehende erhabene Plaques. Wanddicke links 12, rechts 3—4 mm. Coronargefäße geschlängelt, verdickt, mit vielen Kalkeinlagerungen. Myokard diffus trüb, Transparenz stark vermindert, mit einer weißgrauen, runden Schwiele. Foramen ovale geschlossen. Gewicht 475 g.

Zunge ohne Belag. Tonsillen haselnußgroß. Balgdrüsen nicht vergrößert, hingegen sind die Follikel im Rachen und Ösophagus äußerst zahlreich und prominierend. Schleimhaut des Rachens und Ösophagus hyperämisch. Die Uvula und die aryepiglottischen Falten sind stark ödematös. In Larynx und Trachea schaumiger Schleim. Schleimhaut injiziert. In der Vorderwand der Trachea findet sich eine 2 cm lange Narbe.

Von der Schilddrüse ist links ein klein-wallnußgroßer Knoten vorhanden, in der Mittellinie ein dünner Strang, vom Ringknorpel bis zum Zungenbein reichend.

In der Aorta thoracica viele erhabene, verkalkte Plaques und einige Geschwüre mit einem dicken Brei im Grunde.

Lungen: Linke Lunge verkleinert. Luftgehalt im Unterlappen herabgesetzt. Rechte Lunge normal groß. Luftgehalt diffus leicht herabgesetzt. Pleura glatt und glänzend mit sehr vielen punktförmigen Blutungen. Schnittfläche der linken Lunge dunkelrot, glatt, glänzend. Gewebe im Unterlappen vollkommen luftleer, lederartig, im Oberlappen kompressibel. In der rechten Lunge läßt sich sehr viel schaumige, klare Flüssigkeit abstreifen. Gewebe dunkelrot, glatt, im Unterlappen an einigen Stellen brüchig, doch nicht gekörnt. In der linken Lungenspitze eine strahlenförmige Narbe.

Lungenarterien mit vielen trüben Plaques. In den Bronchien schaumiger Schleim. Schleimhaut hyperämisch. Bronchialdrüsen klein, mäßig anthrakotisch, links sind mehrere vollständig verkalkt.

Milz vergrößert. Konsistenz vermehrt. Follikel klein, zahlreich. Trabekel deutlich verbreitert. Pulpa dunkelrot, nicht vorquellend. Brüchigkeit vermindert. Gewicht 180 g.

Nebennieren normal groß. Rinde stark gelb. Mark reichlich. Gewicht 13 g.

Nieren verkleinert. Oberfläche feinhöckerig. Kapsel leicht adhärent. Rinde schmal, 2—3 mm, diffus trüb. Sämtliche Markpyramiden sind ulzeriert, alle mit Kalkeinlagerungen. In beiden Nieren finden sich zahlreiche erbsen- bis nußgroße Zysten mit glatter Wand. Nierenbecken normal weit mit vielen punktförmigen Blutungen. Die Nierenarterien sind stark verkalkt. Gewicht 210 g.

Im Magen viel flüssiger, sauerriechender Inhalt. In der Schleimhaut mehrere streifenförmige Blutungen auf der Höhe der Falten, ebenso im Duodenum. Choledochus durchgängig.

Leber vergrößert. Oberfläche glatt. Konsistenz normal. Centra der Acini dunkelrot, eingesunken, konfluierend. Peripherie trüb. Brüchigkeit normal. Gewicht 1800 g.

In der Gallenblase viel dunkelgrüne Galle.

Harnblase fast leer. Schleimhaut blaß.

Prostata vergrößert, mit viel Drüsensubstanz.

Samenblasen ohne Besonderheiten.

Hoden etwas klein, mit einigen bindegewebigen Septen. Zwischen linkem Hoden und Nebenhoden ein gestieltes, erbsengroßes Anhängsel.

Aorta abdominalis mit vielen trüben Plaques und einigen Geschwüren.

Pankreas von normaler Größe.

Mesenterial- und Retroperitonealdrüsen ohne Besonderheiten.

Im Darm viel flüssiger Inhalt. Schleimhaut hyperämisch, mit einigen streifenförmigen Blutungen. Follikel und PEYERsche Plaques nicht vergrößert, nur in der Ileocoecalgegend sind sie groß und zahlreich. Processus vermiformis 13 cm lang, mit sehr vielen dichtstehenden Follikeln.

Schädel symmetrisch, größter Umfang 57 cm. Bitemporaler Durchmesser 14 cm. Biparietaler Durchmesser 14,5 cm. Nahtsubstanz nicht vorhanden. Schädelkapsel sehr dick, schwer. Diplöe reichlich, vollkommen kompakt. Blutgehalt gering. Innenfläche ohne Besonderheiten.

Dura: Spannung normal. Transparenz leicht herabgesetzt. Innenfläche der Dura glatt und glänzend.

Weiche Häute mäßig bluthaltig, an einigen Stellen verdickt, von weißgrauer Farbe. Gyri sehr schmal, besonders ist auf beiden Seiten die hintere Zentralwindung nur ein schmaler Strang. Sulzi sehr weit, tief. Liquor äußerst reichlich, klar. Weiche Häute an der Basis wie an der Konvexität. Die Carotiden und die Arteriae basilaris und vertebralis sind vollkommen verkalkt, ebenso die beiden Arteriae Fossae Sylvii, bis in die feinen Verzweigungen.

Seitenventrikel leicht erweitert. Liquor reichlich, klar. Ependym nicht verdickt. Plexus blaß mit einigen Zystchen. 3. Ventrikel leicht erweitert. 4. Ventrikel normal weit.

Hirnsubstanz mit sehr wenigen Blutpunkten. Durchfeuchtung sehr gut.

Medulla oblongata und Kleinhirn ohne Besonderheiten.

In den basalen Sinus flüssiges Blut und Cruor.

Hypophyse: 17 : 11 : 5—7 mm, deutlich vergrößert.

Nervi optici schmal, dünn.

Die rechte Parotisdrüse ist ein flaches Gebilde von 12 : 6 cm, reicht nur bis unter das Ohr.

Submaxillardrüsen normal groß.

Im rechten Oberschenkel ist die Epiphysenlinie (3—5 mm breit) im oberen Teile vorhanden, am unteren Ende ist sie vollkommen verknöchert. Die Epiphysenzone ist als stark hyperämische Linie deutlich von der übrigen Knochensubstanz zu unterscheiden, sie enthält rotes Mark, die übrige Epiphyse Fettmark.

Das Knochenmark ist in der Diaphyse rot.

Am oberen Ende des Humerus sind noch einige Reste der Epiphysenlinie vorhanden. Die verknöcherten Teile der Epiphysenlinie sind wie im Femur als hyperämische Linie deutlich abgegrenzt. Knochenmark zum größten Teil Fettmark, nur im mittleren Teil sind noch einige rote Partien.

Die Synchondrosis sphenooccipitalis ist vollkommen erhalten, als 3 mm breiter, weißer Streifen abgrenzbar.

Im Hüftbein ist unter der Gelenkpfanne ebenfalls die Knorpelfuge noch erhalten.

Anatomische Diagnose: Chronische Pyelonephritis mit Verkalkungen der Papillen. Zysten in beiden Nieren. Exzentrische Herzhypertrophie. Arteriosklerose. Klappensklerose, Myokardschwielen. Leichter Hydrops der serösen Höhlen. Lungenödem. Blutungen in Pleura, Epikard, Magen, Darm, Nierenbecken. Verfettung von

Myokard, Nieren, Leber. Stauung in den Bauchorganen. Partielle Lungenatelektase. Kachexia thyreopriva. Persistenz der Knorpelscheiben im Clivus, im Becken, im Femur und im Humerus. Hyperplasie der Hypophyse. Hydrocephalus externus und internus.

Dieser Fall von Kachexia strumipriva stammt aus dem bernischen Endemiegebiet; er wurde mit 13 Jahren der Totalexstirpation unterzogen, also zu einer Zeit, da die weitere Entwicklung seines Skelettes vermutlich schon ihre bleibende Richtung eingeschlagen hatte. Man hat wohl kein Recht, alle bei diesem Fall gefundenen Regelwidrigkeiten ohne weiteres dem Schilddrüsenverlust zuzuschreiben. Die Körpergröße war auf dem Obduktionstisch bloß 129 cm; ein 13jähriger Schweizerknabe sollte jedoch schon etwa 140 cm groß sein. Auch waren größtenteils die Knorpelspuren bei dem 47jährigen Manne verschwunden (bloß im Clivus, im Becken, im Humerus und Femur noch Knorpelreste). All das spricht nicht für eine ausschließlich thyreogene Schädigung des Knochenwachstums in diesem Falle; die Möglichkeit, daß auch ohne die verhängnisvolle Operation ein ähnlicher Endzustand erreicht worden wäre, liegt um so näher, als die wirklich beobachteten Abweichungen von der Norm durchaus (der Herkunft aus Endemiegebiet entsprechend!) kretinischen Habitus verraten und nur wenig an Athyreose erinnern.

Die Dicke der Knochen ist normal oder etwas unternormal. Das Caput zeigt sowohl am Humerus wie am Femur einen tiefen Ansatz mit geringem Neigungswinkel (fast wie bei Rachitis). Echt kretinisch sind die breiten, unvermittelt (ohne Trompetenform) dem Schaft aufsitzenden Kondylen am Ober- und Unterschenkel. Auffallend ist die hochgradige Torsion des Femur (am Humerus ist sie nur gering). Wüßte ich von dem Fall weiter gar nichts, so würde ich ihn unbedenklich zu den Kretinen zählen. Als Paradigma für die Wirkungen des Schilddrüsenausfalles ist er wohl kaum verwertbar.

Die folgenden beiden Protokolle von Myxödemfällen gebe ich bloß auszugsweise, da eine ausführliche Arbeit aus dem Berner pathologischen Institut (Prof. WEGELIN) darüber erscheinen soll.

1918 . 49.

Egger, Ida, 19 Jahre alt, gestorben 4. II. 1918. Körperlänge 93,5 von gedrungener Gestalt; Rumpflänge vom (Jugulum bis zur Symphyse) 36, Beinlänge (Trochanter bis Ferse) 41, Armlänge (Akromion bis Handgelenk) 26, Oberarm 14, Vorderarm 12, Oberschenkel (Trochanter bis Kniegelenk) 20, Unterschenkel (Kniegelenk bis Malleolus ext, Spitze) 20. Schädel im Verhältnis zum Rumpf sehr groß; größte Länge (Nasenwurzel bis Protuberantia occip. ext.) 17. 5, D. bitemporalis 11. 5, D. biparietalis 14, größter Umfang 49; Tubera frontt. und parr. stark vorspringend; Nasenwurzel sehr breit und eingesunken, Nase sehr breit, besonders der Rücken, weniger die Flügel, größte Breite 3.5; Distanz zwischen den innern Augenwinkeln 4, Augenlider geschwollen, ödematös, Mund sehr breit, 5.5, Lippen dick, Kiefer etwas vorspringend, oben zwei kurze breite innere Schneidezähne, äußere Schneidezähne ganz kurz und stumpf, ebenso die Eckzähne; im Unterkiefer meistens sehr kleine Zähne, ähnlich den Milchzähnen.

Brust stark gewölbt; Abdomen sehr stark aufgetrieben, Nabel nach außen vorgewölbt Haut im ganzen sehr blaß, fast überall dünn, schlaff, leicht faltbar, nur an den Handrücken etwas dick und derb. In den Achselhöhlen und an den Genitalien gar keine Behaarung. Große und kleine Labien infantil. Schleimhaut des Anus stark nach außen prolabiert. Mamillae sehr klein und unpigmentiert, ohne Drüsensubstanz. Lockere, spärliche Kopfbehaarung; Panniculus gering, Muskulatur kräftig.

Gehirngewicht 1060 g. Epiphyse 10 : 7 : 3; Hypophyse 11 : 8 : 8. Gewicht 0.7 g; Sella turcica breit und tief, 20 : 8 : 7. Thymus sehr klein 7.5 : 1 bis 3 : 0.5, Gewicht 4 g.

Zunge groß, zwischen den Zähnen vorragend.

Von der Schilddrüse ist nichts zu finden, ebenso fehlen die artt. thyr., hingegen ist links im Fettgewebe eingebettet ein Epithelkörperchen 5 : 2 : 1 mm, rechts 5 : 3 : 1 mm zu finden, keine zystische Bildungen.

Uterus sehr klein und dünn, 4.5 : 1.5; Ovarien ziemlich groß, 3.5 : 1.5 : 1.5, völlig glatt, weißlich, auf der Schnittfläche GRAAFsche Follikel in großer Zahl.

Synchondrosis spheno-occipitalis vollständig erhalten, 12 mm hoch, unten 2, oben 4 mm dick, z. T. ist noch der Clivusknorpel erhalten. Knochenknorpelgrenzen der Rippen scharf; rotes Mark in den Knorpelsaum der Crista ilei erhalten.

Corpus sterni auf der Schnittfläche z. T. noch knorpelig.

Wirbelkörper sehr niedrig, Lendenwirbel etwa 10 bis 15 mm hoch. Zwischenwirbelscheiben etwa 10 mm, stark prominent, Nucleus pulposus auf der Schnittfläche stark vorquellend.

Femur: Hals kurz, fast im rechten Winkel abgehend; Kopf und Trochanter noch fast ganz knorplig mit wenigen, weiten Knorpelmarkkanälen. An der untern Epiphyse teilweise Ossifikation in unregelmäßiger Form, kleine Knocheninseln sind im Knorpel eingeschlossen, in der Diaphyse größtenteils Fettmark, nur oben etwas graurotes Mark.

Humerus: Epiphysen vollkommen knorplig, in der Diaphyse teils Fettmark oder Gallertmark, teils graurotes Mark.

Anatomische Diagnose: Thyreoaplasie. Heterotopes Schilddrüsengewebe in der Zungenbasis. Zwergwuchs. Exzentrische Herzhypertrophie. Atherosklerose der Aorta. Sklerose der Mitralis. Lungenödem. Glottisödem. Chronische Lungentuberkulose. Käsige Tuberkulose der Bronchialdrüsen. Kalkinfarkte der Nieren. Kleinzystische Degeneration der Ovari. Infantiler Uterus. Hyperplasie der Hypophyse. Status nach Rectopexie. Leberadenom. Persistenz der großen Fontanelle und der Knorpelfugen.

19jähriges Mädchen von 935 mm Körpergröße, bloß in frühester Jugend mit Schilddrüse behandelt, litt an Myxödem und wies bloß am Zungengrund etwas Schilddrüsengewebe auf. Leider konnten bloß Humerus und Femur untersucht werden; diese beiden Knochen wiesen aber eine auffallende Ähnlichkeit mit dem berühmten Fall von BOURNEVILLE auf und unterscheiden sich deutlich von den echten Kretinen einerseits wie auch von dem Fall 28 aus Graz. Die Knochen erinnern in ihrer abnormen Kürze und mit ihrem sehr hohen Längendickenindex durchaus an Chondrodystrophie (Mikromelie), sind aber in ihren Formen doch deutlich von den Mikromelen verschieden. Typisch mikromel ist dann wieder das Überwiegen der tuberkularen und der Trochanterlängen über die zugehörige „größte" Länge, die hochgradige Humerus- und sehr geringe Femurtorsion, der Cubitus varus, der exzessive Robustizitätsindex des Oberschenkelkopfes und der abnorm geringe Collodiaphysenwinkel ebendaselbst. Man möchte sagen: es sind mikromele Knochen ohne die chondrodystrophische Knorpelerkrankung (athyreotische Mikromelie).

Die Femurdiaphyse ist nach hinten konvex gebogen! Die Gelenkkondylen sind sehr breit und steil aufgerichtet (nicht abgeknickt); sie gehen mit ausgesprochener Trompetenform in den Schaft über.

Ich wiederhole: alle diese Eigentümlichkeiten finden sich soweit sich auf Grund der wenigen mitgeteilten Zahlen und auf Grund der Bildervergleichung beurteilen läßt, auch bei dem Fall von BOURNEVILLE. Mit dem Grazer Nr. 28 besteht offenbar keine Ähnlichkeit, höchstens der Cubitus varus und die Anteversion der Tibia sind beiden Typen gemeinsam. Welcher Typus nun als das Paradigma der Athyreose anzusehen sei, das ist schwer zu sagen; vgl. darüber Epikrise, S. 302.

1918. 64.

Van der Heuvel, Anneli, 27 Jahre, gestorben 13. II. 1918. Körperlänge 1375 mit auffallend kurzen Extremitäten und kurzem Hals. Rumpf und Extremitäten sehr plump gebaut. Kopf sehr groß mit typisch kretinischem Gesichtsausdruck, breiter und eingesunkener Nasenwurzel, sehr breitem Mund mit dicken, wulstigen Lippen. Haut der Augenlider und Wangen geschwollen ödematös, am Rumpf größtenteils dünn und leicht faltbar, hingegen an Händen und Füßen deutlich verdickt wie ödematös. Im ganzen sehr blaß. In den Axillae keine, an den Pubes nur sehr spärliche Behaarung Labia majora dick, Nabel nicht vorgewölbt.

Mammae klein, Warzenhof ganz wenig pigmentiert.

Kopfhaare spärlich; Panniculus ziemlich reichlich und hellgelb.

Muskulatur kräftig.

Zunge weißlich belegt; auf einem Querschnitt 1 cm hinter Foramen coecum 2 mm unter der Oberfläche ein rundes Knötchen von Schilddrüsengewebe von 7 mm Durchmesser mit transparenten, feinen Bläschen.

Schilddrüse fehlt. Rechts vorne von den großen Halsgefäßen zwei längliche Körperchen, das obere 12 : 7 : 4, das untere 8 : 4 : 2 mm, graurot und ziemlich stark transparent; links ähnlich 9 : 6 : 4 und 7 : 4 : 2, etwas weiter oben ein ganz kleines Körperchen 4 : 2 : 2 mm. Unter dem M. sternothyreoid. eine kleine dünnwandige Zyste von 8 : 6 : 4 mm, ferner ein flaches, bräunliches Körperchen; links am unteren Rand des Ringknorpels ein bräunliches Körperchen von 10 : 6 : 3, ferner eine dünnwandige Zyste von 7 : 5 : 4 mm; eine Art. thyr. inf. ist nicht vorhanden.

Nebennieren ziemlich groß, 10 g schwer, Rinde gelb, trüb.

Uterus normal groß, 7 cm lang, 4 cm dick; Ovarien ziemlich groß, 4 : 1.5 : 1.5 cm, an der Oberfläche einige Narben, auf dem Schnitt mehrere GRAAFsche Follikel.

Hypophyse füllt die Sella turcica nicht ganz aus und ist etwas vergrößert, 17 : 12 : 7 mm, Gewicht 0.95 g.

Hirngewicht 1325 g; Epiphyse 10 : 8 : 6 mm, wiegt 0.3 g.

Synchondrosis spheno-occip. vollständig erhalten, 2—2.5 mm.

Knorpelscheiben im Sternum (zwischen Manubrium und Corpus) und zwischen dem Ansatz der 2. und 3. Rippe erhalten, ebenso an der Crista ilei. In den Wirbelkörpern dunkelrotes Mark; Lendenwirbel 2—2.5 cm hoch, Zwischenwirbelscheiben 1 cm.

Humerus: im oberen Ende auf der lat. Seite noch eine 2 cm lange und 0.5 cm dicke Knorpelfuge; im Radius oben (0.5 mm) und unten (1 mm) noch Knorpelscheiben erhalten, in der Ulna noch distal (1 mm).

Im Femur eine Knorpelscheibe zwischen Trochanter und Diaphyse, am Kaput nur noch in Spuren, im unteren Femurende dagegen noch in ganzer Ausdehnung 1 mm dick. In der Tibia obere Knorpelfuge nur medial etwa 1.5 cm weit erhalten, unten hingegen vollständig, allerdings sehr dünn, ebenso unten an der Fibula, etwa 1 mm dick. Knochenmark im oberen Teil der Femurdiaphyse rot, im oberen Teil der Humerusdiaphyse blaßrot, in allen übrigen Röhrenknochen gelbes Fettmark, ebenso im Sternum.

Zähne größtenteils vorhanden, dem 2. Gebiß entsprechend. Obere Schneidezähne sehr kurz, breit und dick, ebenso die Eckzähne, Prämolaren und 2 Molaren größtenteils kariös; untere Schneide- und Eckzähne normal geformt; Molaris 3 fehlt.

Anatomische Diagnose: Thyreoaplasie. Heterotopes Schilddrüsengewebe in der Zungenbasis. Kongenitales Myxödem. Zwergwuchs. Lobuläre Pneumonie. Lungenödem. Glottisödem. Pleuritis serofibrinosa Dilatation des rechten Ventrikels. Atherosklerose der Aorta. Trübe Schwellung der Leber, des Myokards und der rechten Niere. Nephrolithiasis links, Schrumpfung der linken Niere, Hyperplasie der rechten Niere. Leberadenom. Dilatation von Magen und Rektum. Hyperplasie der Hypophyse. Askariden und Trichozephalen. Persistenz der Frontalnaht und der meisten Knorpelfugen.

Dieses 27 jährige Mädchen litt an Myxödem und erreichte trotz langdauernder Schilddrüsenbehandlung bloß eine Körpergröße von 1375 mm; am Zungengrund fand sich etwas Schilddrüsengewebe.

Die Längendickenindizes sind normal oder kretinisch, jedenfalls nicht abnorm gering; die Gelenkköpfe von Oberarm und Oberschenkel stehen tief (fast wie bei Rachitis), der Kondylodiaphysenwinkel ist gering, die Torsion ziemlich stark. Die Humerusdiaphyse zeigt eine verdächtige Varusknickung, wie sie sonst für Rachitis so bezeichnend ist; in der gleichen Richtung weisen das massige Olekranon und der starke Kollodiaphysenwinkel des Radius, während die Radiuskrümmung typisch kretinisch anmutet.

Am Femur fällt der große platte Kopf auf, sodann die starke Torsion, der hohe Pilaster; die klobige, sklerosierte Kondylenregion erinnert an den rachitisch-verdächtigen Grazer 2334. Die Tibia ist kräftig gebaut, hat keine transversale, aber eine deutliche, nach vorn konkave Sagittalkrümmung mit leichter Anteflexion des proximalen Gelenkteiles (besonders in bezug auf Cond. lat.).

Die Ossifikation bleibt relativ wenig hinter der Norm zurück, was wohl auf die Thyreoidinmedikation zu beziehen ist.

D. Chondrodystrophie.

Graz 2668. Darüber findet sich im Protokollbuch bloß die Notiz: „Skeleton chondrodystrophicum Pelvis angusta; exstirpatio uteri gravidi p. Porro." (Stammt etwa aus dem Jahre 1875.)

Graz 3344. „Sceleton cum rachitide. 8. 95. 4. Körper in seiner natürlichen Haltung 85 cm hoch, mit ad maximum gestreckten Beinen 100 cm, vom Atlas bis zur Steißbeinspitze 45; zeigt im Skelett exquisit rachitische, an kongenitale Formen mahnende Veränderungen durch die mächtigen Auftreibungen der Röhrenknochen gegen und um die Epiphysen, die Kürze und Plumpheit derselben, die inkongruenten Gelenkflächen mit Weite der Kapseln und dadurch Schlottern der Gelenke.

„Wirbelsäule im untern Brustsegment nach rechts und etwas nach hinten ausgekrümmt, Becken klein, assymetrisch mit infolge von Infraktionen schnabelförmig vortretender Symphysis pubis, einem skoliotischen und gleichzeitig durch schmälere Entwicklung des linken Kreuzbeinflügels einem linksseitig schrägverengten Becken ähnlich. Verkrümmung der Köpfe der Arm- und Schenkelknochen mit Luxation der letzteren auf den hintern Pfannenrand.

„Hochgradiges Genu valgum."

Die morphologische Übereinstimmung dieser beiden zwerghaften Skelette erstreckt sich bis in die kleinsten Einzelheiten. Daß beide zur Chondrodystrophie gehören, kann nicht zweifelhaft sein, obschon nur bei dem einen die ursprüngliche Diagnose in diesem Sinne korrigiert worden ist. 2668 ist schwer und hart wie Elfenbein, 3344 dagegen eher porös und sehr leicht, brüchig; 2668 dürfte eher typisch sein. Vielleicht rührt diese Gewichtsdifferenz von verschiedenartiger Präparation her. Etwas abweichend ist die Gestaltung des distalen Oberschenkelteiles; bei 2668 sind die Kondylenpartien mehr von der Seite her (natesartig!) komprimiert, bei 3344 sind sie nach hinten und die innere Partie gleichzeitig nach unten und nach außen abgewürgt. Auf sehr bedeutende Muskelentwicklung deutet bei 2668 die hohe und sehr kräftige Linea asp. mit zackigem Rand, bei beiden spricht in diesem Sinne die abnorme Größe des Troch. maj., der sogar die Dimensionen bei normalen, hochgewachsenen Menschen übertrifft. Bei Betrachtung der Gelenkköpfe muß man bedenken, daß intra vitam dazu noch ein (wenn auch selbst mehr oder weniger defekter) Knorpelüberzug kam; so wie sie in mazeriertem Zustand vorliegen, sind alle diese Gelenkteile sicher nicht artikulationsfähig (diese Bemerkung gilt auch für die Fälle mit Arthritis def.). — In montiertem Zustand steht der Vorderarm bei diesen Skeletten bajonettförmig hinter dem Oberarm zurück. Die Oberschenkel ragen, wenn die Tibia senkrecht steht, von den Knien direkt nach hinten und etwas nach außen; hängt man aber die Beine ans Skelett, so scheinen sich die Knie zu berühren, die Fersen schauen direkt nach außen, während die Fußspitzen auf einander zu gerichtet sind.

Die Schädel sind anscheinend bei den beiden Skeletten in Form und Größe normal; auffallend sind die sehr guten Gebisse (besonders bei 3344!). Beide Skelette stammen offenbar von völlig erwachsenen Menschen, sind daher als solche von erheblichem Interesse.

E. Rachitis.

Graz 3842. „Sceleton rhachiticum von einem Siechen in dem städtischen Siechenhause mit zu und so vielfach verkrümmten Knochen, daß der Mensch auf allen Vieren herumgehen mußte."

Wenn schon vom Kretinenskelett manchmal gesagt werden kann, es sei eine Karrikatur des normalen, so gilt dies vom rachitischen Skelett in noch viel höherm Grade; es ist ins Groteske und Monströse verzerrt.

Am Oberarm ist der Kopf sehr tief angesetzt; typisch scheint die Transversalkrümmung zu sein, am Olekranon die abnorme Breite, am Radius die dicke Tuberositas und die N-artige Krümmung! Sehr auffallend sind am Humerus die rinnenförmigen Vertiefungen zwischen den Muskelansätzen (Pect. mai., Deltoid., Crista intermusc.).

Die untern Extremitäten sind durchgehends noch viel stärker verbogen, als die Knochen des Armes: Oberschenkel in sagittaler Richtung nach vorn konvex, Unterschenkel (Tibiae) bilden nach außen konkave Säbelscheiden; die Kniegelenksteile aller Knochen stehen ordentlich aufeinander senkrecht. — Ob die Rotation des Caput femoris nach hinten und der Trochanterhochstand typische Befunde vorstellen, sei dahingestellt (Coxa vara). Typisch sind ganz sicher die relativ viel zu großen Hände und Füße, welche (wie auch die abnorm großen Patellae) beweisen, daß das Individuum ursprünglich nicht an Zwergwuchs litt.

Bei den scharfen Verbiegungen (Knickungen) von Humerus, Femur und Tibia liegt es nahe, an rachitische Infraktionen zu denken.

Graz 4145. „Sceleton cretinic. c. habit. rhachitic." von einer 25jährigen Kretinen (Seraphine Kronmeier) aus Frohnleiten, 1894 im Grazer Siechenhaus an Darmtuberkulose gestorben.

Die rachitischen Knochenverbiegungen, welche hinter Graz 3842 nur wenig zurückstehen, springen tatsächlich an diesem Kretinenskelett so in die Augen, daß ich nicht glaubte, dieses Skelett gemeinsam mit den übrigen Kretinenskeletten behandeln zu dürfen; ich hätte es für unrichtig gehalten, dieses Objekt zur Berechnung von kretinischen Durchschnitts- und Mittelzahlen mitzuverwerten und habe mir daher erlaubt, es zusammen mit Graz 3842 als Paradigma für Rachitis zu benützen, obschon die obern Extremitäten nicht allzu stark deformiert sind. Außer der starken Transversalkrümmung des Humerus, dem dicken Olekranon und der dicken Tuberositas radii findet sich an den Knochen der Arme nicht viel pathologisches.

Dagegen sind die Knochen der untern Extremität in starker Weise und typisch rachitisch verbogen; der Umstand, daß diese Verbiegungen sich prinzipiell so leicht auf den ersten Blick schon von echt kretinischen Deformitäten unterscheiden lassen, spricht wohl schon deutlich genug dafür, daß die kretinischen Verbiegungen nicht mechanisch bedingt sein können.

R. Femur: säbelscheidenförmig komprimiert, nach vorn konvex, Kaput steht direkt nach hinten; Kondylen dick, wie seitlich zusammengedrückt (gering, enge Fossa intercondyl.). Hals steil, Kaput fast normal, steht aber nicht senkrecht über dem Condyl. lat., sondern noch weit innerhalb vom Condyl. med. (abnormer Kondylo- und Kollodiaphysenwinkel).

L. Femur: ähnlich wie R., stärkere Sagittalkrümmung, weniger abnorme Torsion, Kaput steht aber auch noch stark nach hinten.

L. Tibia: Säbelscheide in querer Stellung.

R. Tibia: weniger.

Fibula wie die zugehörige Tibia, rechts stark, links wenig verbogen.

NB. An beiden Oberschenkeln offene Knorpelfugen (Kretinismus!)

Graz 569. „Scelet. rhachitic. c. pelv. parva transverse ovali mit Atresia vaginae p. p. chron. Peritonitis mit akuter Azerbation, Durchbruch durch die Bauchdecken im linken Hypogastrium."

Ein höchst merkwürdiges Skelett! Eine Zwischenform von Rachitis und Chondrodystrophie; kein Zwerg und klinisch nicht als Kretine bezeichnet, aber doch möglicherweise den Kretinen nahestehend (Endemiegegend).

Skapula und Klavicula beidseits synostotisch; die Gelenkköpfe der Humeri und Femora äußerst tief angesetzt, stark zerfressen samt den zugehörigen Gelenkpfannen; ebenso finden sich an den Ellenbogen- und Kniegelenkflächen ausgefressene, chagrinierte Gelenkflächen, die ohne weiteres auf einen (arthritischen oder chondrodystrophischen) Destruktionsprozeß in den Knorpeln hinweisen. Die extreme Kürze der Humeri mit den wie mit einem Hammer an den Schaft angeschlagenen, platt gedrückten Köpfen und den difformen Kondylen findet sich so nur bei mikromeler Chondrodystrophie. Die Härte und Schwere aller Knochen mag auf rachitischer Sklerose beruhen; gegen Rachitis spricht das Fehlen von Schaftverbiegungen, ohne welche man sich schwere Rachitisformen kaum vorstellen kann. Gegen Zwergwuchs und für Rachitis sprechen dann freilich die langen Hände (etwa 175 mm) und Füße (etwa 195 mm); Schädel normal, Gebiß in sehr schlechtem Zustand. Die Wirbelsäule ist kräftig, weder skoliotisch noch kyphotisch verbogen, sondern gerade; Thorax schön geformt und weit, Becken querverengt.

Oberarm schon erwähnt.

Vorderarme sehr lang, Capit. rad. sehr breit, proximaler Teil der Ulna dick, breit, tief ausgehöhlt (ähnlich wie der linke Cubitus von N.).

Oberschenkel zeigt typische Valguskrümmung der Diaphyse; Gelenkfläche distal ganz unregelmäßig, Cond. med. tiefstehend, rundlich, Cond. lat. von unten nach oben zusammengedrückt, flach, eckig.

Tibia hat moderne Retroversion; Gelenkfläche des cond. lat. ist rechts nach vorn, links gar nicht geneigt; cond. med. links schaut mit seiner Gelenkfläche nach rückwärts, rechts viel weniger geneigt. Der Schaft ist fast ganz gerade, die Form des Malleol. med. typisch wie bei der Chondrodystrophie.

Außer den im Vorstehenden beschriebenen Skeletten, welche von mir vollständig gemessen wurden, hatte ich in der reichen Grazer Sammlung Gelegenheit, noch einige weitere Skelette zu sehen. Der Augenschein bewies mir, daß es sich bei den als rachitisch beschriebenen Veränderungen um wirklich typische Dinge. handelt, welche gesetzmäßig bei allen mechanischen Deformationen beobachtet werden. Ich erlaube mir, die betr. Skelette, welche nicht gemessen wurden, wenigstens in einigen kurzen Zügen zu beschreiben. Alle sind klein und machen einen fast zwerghaften Eindruck.

Graz 4596. „Scelet. c. coxitide dextra."
Schädel o. B., alle Zähne gut.
Hochgradige dorsale Kyphose.
Thorax flach; Becken anscheinend o. B.
R. Arm: Humerus im obern Drittel sehr breit, durch eiszapfenartige Exostosen monströs verunstaltet, Kaput und Ellenbogenteil fast völlig normal. Ulna etwa 203, ganz gerade und normal. Radius mäßig gekrümmt, aber im Karpalteil ebenfalls durch Exostosen deformiert, 184 mm lang.
L. Arm: Humerus genau wie rechts. Ulna im proximalen Teil fast normal, distales Drittel ist defekt, statt eines normalen Karpalteiles zahlreiche Exostosen. Radius wenig deformiert, viel kürzer als rechts (bloß 165 mm), stark gekrümmt.
R. Bein: Hüfte und Knie durch Karies großenteils zerstört, hochgradige Atrophie der Knochen beider untern Extremitäten, alle Epiphysen sehr voluminös, linke Knie und beide Trochanteren durch Exostosen verunziert.

	Femur	Tibia	Fibula
Länge	r. 290	r. 235	r. 240
	l. 290	l. 245	l. 235
Breite prox.	r. 65	r. 58	
	l. 78	l. 64	
dist.	r. 72	62	
	l. 76	56	

Graz 2351. Typische Rachitis.
Schädel o. B., zahnlos.
Thorax unten ziemlich weit; Wirbelsäule gerade; leichte Kyphose.
Typisches, in allen Dimensionen verengtes Schnabelbecken wie bei Osteomalazie; Angulus pubis ziemlich weit, Symphyse schnabelförmig.
Alle Knochen leicht und porös.
Humerus: Kopf dick, med. abgebogen, mit starker Torsion.
Vorderarme lang und ganz gerade; Ellenbogenteile normal.
Femur: hochgradige Coxa vara; Schaft ist hoch oben (gleich unter dem Trochanter) sagittal nach vorn konvex gekrümmt, im weitern Verlauf aber schlank und gerade; Kondylenregion sehr breit, jedoch nicht nach hinten verlängert.
Beide Unterschenkel bilden, säbelförmig gestaltet, nach außen konkave Bögen mit gegeneinander gerichteten Scheiteln; die Wadenbeine sind noch

stärker verkrümmt als die Schienbeine, ihre Mitten verstecken sich hinter dem Hauptknochen. Diese nicht wesentlich seitlich komprimiert, zeigen ziemlich starke Torsion.

Hände und Füße sehr lang.

Graz 5780. Rachitis oder Osteomalazie.
Schädel oB., zahnlos.
Hochgradige Lumbodorsalskoliose (oberer Teil nach rechts, unterer Teil nach links konvex).
Becken breit, Schaufeln weit, Angulus weit.
Arme ganz gerade, ziemlich lang; ordentliche Radiuskrümmung.
L. Femur: stark verkürzt und sehr dick (Länge etwa 250, Umfang 90), Kaput klein, Neigungswinkel anscheinend normal.
R. Femur: ganz ungleich (Länge etwa 330; Umfang 80); Kaput normal, steil aufgerichtet, Schaft zeigt im obern Drittel starke Sagittalkrümmung; sehr breite Kondylen (r. 70, l. 73).
Beide Tibiae (besonders die linke!) haben eine starke sagittale wie auch transversale Krümmung, bieten bei Betrachtung von jeder Richtung aus die Form einer 5; starke Torsion, sehr schmal mit scharfen Kanten.
Fibulae weniger, aber im gleichen Sinne verbogen.

Graz 516. Sceleton osteomalacicum. (Weib von 85 Jahren.)
Schädel o. B. Wirbelsäule kyphotisch.
Beckenschaufeln fast horizontal; Eingang quer verengt, Conj. vera 97; Angulus pubis ausgehöhlt. Sakrum sehr verkürzt, von oben nach unten wie zusammengedrückt.
Thorax in der Mitte seitlich verengert, unten weit ausladend, Rippen wie zerknitterte Papierstreifen, vielfach unregelmäßig verbogen.
Arme lang und ganz gerade, Finger ebenso.
Beine sehr lang und vollständig gerade, Kollodiaphysenwinkel ziemlich steil, Kniegelenk nicht allzu breit; Füße lang.

Graz 3425. „Scelet. difforme ex osteomalacia." 58 Jahre alt.
Schädel zahnlos, sonst oB.
Hochgradige Kyphose, Sternum springt wagerecht vor und wird dann rechtwinklig nach unten abgeknickt; Thorax unten sehr weit, Rippen weniger verbogen als bei 516.
Becken schnabelförmig, so daß sich die Rami pubici fast berühren und fast kein Angulus besteht; Coccyx eingerollt.
Arme sehr lang und ganz gerade.
Auch die Femora sind gerade, erst unmittelbar oberhalb des Knies rechtwinklig abgeknickt (Fraktur?), so daß die Kondylen nach hinten oben gerichtet sind. Unterschenkel lang und gestreckt; alle Knochen äußerst leicht und porös.

Schädel.

Während es mein Bestreben war, über die langen Röhrenknochen der Kretinen eine einigermaßen abschließende anthropologische Darstellung zu geben, so mußte ich mir in betreff des Schädels meine Ziele wesentlich bescheidener stecken. Zwar findet sich (namentlich in der Grazer pathologisch-anatomischen Sammlung) das Schädelmaterial in eher größerer Menge, als das Material an Extremitätenknochen. Jedoch war mir schon vor Beginn meiner Arbeit klar, daß zu einer erschöpfenden Bearbeitung der Schädel meine Fähigkeiten und meine Mittel ungenügend sind. Zur anthropologischen Messung der langen Knochen gehört an Kenntnissen und Instrumenten nicht mehr, als was jeder Arzt mit gutem Willen aufzubringen vermag, namentlich seit wir im Lehrbuch von R. Martin eine so vortreffliche Anleitung besitzen. Die Kraniologie hingegen ist eine so komplizierte Wissenschaft und erfordert, soll sie zu sichern Ergebnissen führen, so sorgfältige, zeitraubende Arbeit mit teuren, schwer zu beschaffenden Instrumenten und (die Hauptsache!) in der Deutung und Verwertung der Resultate so viel Kritik und so große persönliche Erfahrung, daß sie unbedingt dem Spezialisten reserviert bleiben muß. Es ist aber dringend zu wünschen, daß einmal einer der anerkannten Meister der anthropologischen Wissenschaft daran gehe, die Kretinenschädel systematisch auf ihre Rassenzugehörigkeit und auf primitive Merkmale hin zu untersuchen; ich bin fest überzeugt, daß eine sehr reiche Ausbeute der Lohn der Arbeit sein würde.

Die Beschränkung auf das Extremitätenskelett wurde mir allerdings durch die Erwägung erleichtert, daß vermutlich hier, an den Extremitäten, mit ihren leicht übersehbaren mechanischen Beeinflussungen sich primitive Rassenmerkmale eher häufiger und mit größerer Sicherheit müßten nachweisen lassen, als am Schädel. Sehen wir ab von eigentlich pathologischen Veränderungen (Tumoren, Tuberkulose, Lues usw.) und von Störungen der Ossifikation, was alles am Schädel ja auch vorkommen kann, so handelt es sich offenbar bei den Extremitäten nur um ererbte Rassenmerkmale (Organisationsmerkmale) einerseits und mechanische Effekte (Anpassungsmerkmale) anderseits; ist ein Merkmal nicht als mechanische Deformation zu erklären, so muß es rassenmäßig ererbt sein. Ganz anders am Schädel! Hier kommen außer den rein statischen Einflüssen der aufrechten Kopf- und Körperhaltung noch wichtige andere Momente in Frage. Ich erinnere nur daran, daß dem Urmenschen das Gebiß nicht nur zur Zerkleinerung einer wohl hauptsächlich rohen ungekochten Kost, sondern auch noch als Wehr und Waffe diente; bei uns ist es infolge Wegfall dieser Funktionen stark reduziert worden, was auf die Gestaltung des ganzen Gesichtsskeletts nicht ohne tiefgehenden Einfluß blieb. Ich nenne weiter die Sprache, welche durch feinere, spezialisierte Muskelentwicklung ebenfalls das Skelett teilweise modifizieren mußte (Spina mentalis int.). Sodann darf nicht vergessen werden, daß die Schädelkapsel das Gehirn in sich schließt und daß dadurch ihre Form zur Intelligenz Beziehungen erhält. Es kann einmal die durch vorzeitige Nahtverknöcherung bedingte Raumverengerung des Schädels zur Idiotie führen; es kann aber auch eine primäre, geringe Hirnentwicklung die Form und Größe der Schädelkapsel ungünstig beeinflussen. Es dürfte bei der Mikrozephalie nicht immer leicht sein, zu sagen, ob sie durch Erkrankung des Knochens oder des Gehirns bedingt sei; daß aber letzteres, nämlich Schädelmißbildung im Anschluß an mangelhafte Gehirnentwicklung, wirklich vorkommt, scheinen die Fälle zu beweisen, bei welchen der Gesichtsteil des Schädels normal entwickelt ist, auch ist an die Fälle von Akranie zu erinnern.

Es können nun alle diese Einflüsse, schlechte Körperhaltung, mangelhafte Sprache (»Taubstummheit«!), Ernährung, Gehirnmißbildungen, einzeln oder kombiniert auch bei Kretinen zur Wirkung gelangen und dadurch das Bild einer ererbten Rassenform des Schädels verwischen. Jedenfalls scheint so viel festzustehen, daß das Studium des Kretinenschädels sehr kompliziert und in seinen Ergebnissen nicht eindeutig ist, somit an Bedeutung wenigstens heute noch hinter dem Studium der Extremitätenknochen mit ihren viel einfacheren Verhältnissen zurücktreten muß. Daß aber doch auch am Schädel der Kretinen eine Anzahl wichtiger Primitivmerkmale vorhanden sind, kann, wie ich zeigen werde, schon heute nicht mehr zweifelhaft sein.

Eigne Messungen stehen mir in bezug auf Schädel fast gar nicht zur Verfügung; ich beschränke mich darauf, aus dem reichen Zahlenmaterial von Scholz, dessen Verwertung für meine Zwecke mir in bereitwilligster und liebenswürdigster Weise gestattet wurde und auf welches hiermit verwiesen wird, das Wesentliche auszugsweise mitzuteilen. Die Tabellen von Scholz, denen in einer historischen Übersicht das wenige vorangestellt ist, was frühere Autoren zum gleichen Gegenstand beigetragen haben, übertreffen an Vollständigkeit bei weitem alles sonstwo anzutreffende Material; auch wurde nach Möglichkeit normales europäisches und exotisches Vergleichsmaterial herangezogen.

Freilich ist die zur Verwendung gelangte Methodik nicht genau dieselbe, wie die im Lehrbuch beschriebene; und die klinische Diagnose kann in einzelnen Fällen vielleicht als nicht absolut sicher begründet gelten. Man muß bedenken, daß das Material zum Teil schon 40 bis 50 Jahre alt ist. Doch darf man annehmen, daß in einem Zentrum der Endemie, wie es Graz bekanntlich schon seit langem ist, die dortselbst amtierenden Pathologen das Vertrauen verdienen, eine so landläufige Krankheit, wie Kretinismus, sicher erkennen zu können. Es soll für diese Gelehrten kein Vorwurf sein, wenn heute manche Fälle vom Kretinismus abgetrennt werden, welche jene noch unbedenklich dazu zählten, z. B. Myxödem (Athyreose), rachitischeIdiotien, »fötale« Rachitis (Chondrodystrophie).

Sehen wir uns die 56 Fälle, deren Schädel Scholz gemessen hat, daraufhin näher an, so scheint bloß bei einem, nämlich bei Nr. 1, die Diagnose Kretinismus anfechtbar; es ist dies jener Fall Graz 28, den ich glaube zur Athyreose rechnen zu müssen. Er fällt schon des gewaltigen Hydrozephalus wegen ganz aus der Reihe der übrigen, mehr oder weniger normal gebildeten Schädel heraus; ich habe mir daher erlaubt, ihn nicht weiter (auch nicht etwa als Paradigma für Athyreose) zu berücksichtigen. Weitere drei Fälle (Nr. 2, 49, 44 der Tabellen) habe ich zur Berechnung der Durchschnittszahlen ausgemerzt, weil sie von Kindern im Alter von kaum $1\frac{1}{2}$ Jahren stammen. Die verbleibenden habe ich nach dem Geschlecht getrennt, wobei wieder vier Fälle (Nr. 7, 46, 47 und 54 der Tabelle) in Wegfall kamen, da bei ihnen das Geschlecht nicht angegeben ist; den dolichozephalen Schädel Nr. 46 habe ich durch seine Ähnlichkeit mit Hösslys ♀ Serie als weiblich erkannt und nachträglich verwertet. Es verbleiben nunmehr nur sichere Fälle zur Berechnung von Durchschnittswerten, nämlich

a) 17 Männer, von denen 3 (Nr. 15, 40, 53), und

b) 31 Weiber, von denen ebenfalls 3 (Nr. 45, 55, 56) in den vorhergehenden Sektionsprotokollen als mit Spuren von Rachitis behaftet angegeben waren. Ich habe diese aber unbedenklich mitverwertet, da es sich zeigte, daß sowohl ihre absoluten Maße, wie ihre Indizes zwanglos in die Reihe der übrigen, »normalen« (oder rassenhaften) Kretinen hineinpaßten. Die gleiche Bemerkung gilt bezüglich drei Weibern, die im Vorhergehenden als aufgegriffene »taubstumme Vagantinnen« (Nr. 20, 34, 27) bezeichnet sind, wie auch betreffs 6 Halbkretinen (11, 25, 26, 41, 43 und 50 der Tabellen); sie alle können mit vollem Recht in die Reihe der echten Kretinen einrangiert werden. Innerhalb jeder Gruppe habe ich die Fälle nach steigendem Längenbreitenindex geordnet.

Es soll nun versucht werden, zuerst den Gehirnteil, dann den Gesichtsteil des Kretinenschädels im Anschluß an das Lehrbuch mit Hilfe der Zahlen von Scholz zu besprechen.

A. Der Gehirnschädel.
I. Umfänge und Bogen.

23. Der Horizontalumfang mißt bei den männlichen Kretinen 516 (485 bis 550) und bei den weiblichen 499 (470 bis 535) mm. Das ist gar nicht so sehr wenig; verschiedene indianische Völkerschaften haben noch geringere Mittelzahlen, ebenso die neolithischen Pygmäen, für welche Schwerz (567) 504 und 484 angibt. Für normale Europäer nennt das Lehrbuch 520 und 495 als Mittelzahlen (ähnlich die Mongolen nach Reicher (597) und die Eskimo nach Hössly (590), mit nur geringen Rassenschwankungen. Die hohen Kretinenmittel sind noch auffallender, wenn man bedenkt, daß es sich hier meist um Brachyzephalie handelt. Ein exzessiver Umfang von 580 bis 600 findet sich bei Neandertalmenschen. Wenn wir also bei den Kretinen einen besonders großen Umfang finden, so kann dies wohl ein primitives Merkmal sein; es kann aber auch auf Hydrozephalie (mäßigen Grades) oder auf abnorm starker Wanddicke beruhen. Letzteres ist von verschiedenen Autoren beobachtet worden (Wetzler, Demme, Stahl, Nièpce u. a., alle zitiert nach Scholz) und erklärt das Nebeneinanderbestehen großen Umfangs mit geringer Kapazität. Andere freilich haben abnorm dünne Wandungen beschrieben.

(25). Der Sagittalumfang wurde von Scholz nur bis zum hervorragendsten Punkt des Hinterhaupts (statt bis zum Foramen magnum) gemessen und ist darum wohl mit den Messungen am Lebenden, nicht aber mit den Angaben andrer Autoren vergleichbar. Dieser Sagittalbogen mißt bei männlichen Kretinen 232 (210—275) und bei weiblichen 223 (200—250) mm. Die größte Länge ist bei Männern 74,75% und bei Weibern 76,36% dieses Sagittalbogens, wonach also die Weiber etwas flachere Schädel hätten als die Männer; das gleiche Ergebnis liefert eine Vergleichung der Höhenindizes (vgl. weiter unten).

(24). Den Breitenumfang hat SCHOLZ ebenfalls auf abweichende Art bestimmt; seine Messungen ergeben für Männer 204 (180—230) und für Weiber 199 (175—230) mm; die größte Breite beträgt etwa 70% dieses Bogens, und zwar bei beiden Geschlechtern.

Es wäre von großem Interesse, zu erfahren, ob bei den Kretinen, wie in der Regel bei normalen Menschen, der sagittale Parietalbogen länger ist als der Frontalbogen, oder ob sie sich in diesem Punkt vielleicht primitiv verhalten (Frontale länger als Parietale) (SCHWALBE 542); leider ist darüber nichts bekannt.

II. Durchmesser und Indizes.

1. Die größte Länge mißt bei männlichen Kretinen im Mittel 173 (162—195) und bei weiblichen 166 (154—185) mm. Das Frequenzpolygon scheint eine ziemlich regelmäßige Form mit einem Maximum in der Gegend von 160—170 mm darzubieten, — soviel man bei der relativ geringen Zahl von etwa 50 Individuen beurteilen kann. Zu

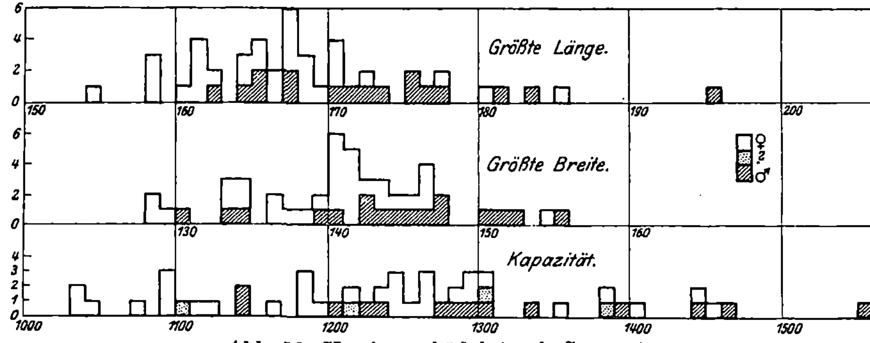

Abb. 11. Kretinenschädel (nach SCHOLZ).

dieser Hauptkurve scheint dann eine Nebenkurve zu kommen, welche die für Kretinen ungewöhnlichen Längen von 180 bis 195 mm begreift. Eine zweigipflige Kurve deutet bekanntlich immer auf ein Typengemenge, auf heterogenes Material; auch die flache Form der Kurve (mit großer mittlerer Abweichung) spricht im gleichen Sinn. Die Mehrzahl der Kretinen gehört anscheinend zur kurzköpfigen Rasse, doch finden sich daneben auch langköpfige Individuen. Extrem langköpfig war bekanntlich die Neandertalrasse (über 200 mm); geringe „größte Länge" zeigen die Brachyzephalen (Slawen, Asiaten usw.). Ein so tiefes Mittel wie bei den Kretinen findet man bei keinem normalen Volke; das Minimum bieten laut Lehrbuch die Baschkiren mit 174 mm (nur Männer).

2. Die größte Breite ergibt sich bei Kretinen im Mittel zu 143 für Männer und 139 für Weiber; auch sie hat eine bedeutende Variationsbreite (130 bis 155 bzw. 128 bis 154 mm). Im Häufigkeitspolygon scheinen die Werte von 140 bis 146 besonders bevorzugt zu sein; ein zweiter niedriger Gipfel scheint bei 133/34 zu liegen. Die sexuelle Differenz ist also sowohl bei Breite wie bei Länge sehr ausgesprochen. Was die Breite des Kretinenschädels anbelangt, so ist sie nicht sehr groß; brachyzephale Schweizer haben größere Werte. Am nächsten scheinen den Kretinen die Baschkiren und Kalmücken zu stehen, was die Schädelbreite anbelangt. Beim Neandertaler war sie wesentlich größer. Wenn die Breite, wie das Lehrbuch sagt, in höherem Grade von der Gehirnentwicklung abhängig ist, als die Länge, so deutet die geringe Breite bei den Kretinen vermutlich auf eine mangelhafte Ausbildung des Gehirns. Und die Brachyzephalie der Kretinen ist nicht etwa (wie die der westeuropäischen Brachyzephalen im allgemeinen) die Folge einer abnormen Breitenentwicklung, sondern sie ist der Effekt der bei den Kretinen abnorm geringen Schädellänge. Diese geringe Länge wird uns einigermaßen

verständlich, wenn wir aus den bei SCHOLZ publizierten Gehirnbefunden erfahren, daß bei Kretinen die Hemisphären (besonders deren Stirn- und Scheitellappen!) verkleinert und verkürzt sind, so daß in schwereren Fällen das kleine Gehirn von den Hemisphären nicht vollständig überdeckt ist. Es ist ganz klar, daß die Brachyzephalie der Kretinen, wenn sie wirklich in diesem Sinne die Folge (oder auch nur die Begleiterscheinung) einer mangelhaften Gehirnentwicklung ist, nicht mehr im rein anthropologischen Sinne als Rassenmerkmal aufgefaßt werden kann, sondern daß sie dadurch pathologischen Charakter annimmt. Es müßte denn bewiesen werden können, daß auch bei niedrigstehenden Brachyzephalen (Lappen usw.) die Gehirnhemisphären in ähnlicher Art und Weise gering entwickelt sind; wovon aber bis jetzt leider nichts bekannt. — Die Beziehungen der Durchmesser untereinander bringt der Längen-Breiten-Index des Schädels zum Ausdruck. Er ist bei den männlichen Kretinen im Mittel 82,64 und bei den weiblichen 83,80. Das sind keine extremen Zahlen; brachyzephale Schweizer (Dissentis) oder Tiroler stehen um 85. Dagegen bieten gewisse russisch-asiatische Polarvölker vergleichbare Mittelzahlen. Bekanntlich sind aber Durchschnittswerte trügerisch; man muß dieselben, wie klar und deutlich auch SCHOLZ getan hat, in Gruppen zerlegen, und dann ergibt ein Blick auf das Frequenzpolygon das gleiche Bild wie bei Z. 1 und 8, nämlich eine kompakte brachyzephale Hauptgruppe einerseits flankiert von den Hyper- und Ultrabrachyzephalen, anderseits von einem kleinen, aber typischen Trüpplein meso- und sogar dolichozephaler Individuen[1]. Aus meinen eigenen Messungen an Kretinen in der Schweiz geht hervor, daß auch diese ausgesprochen brachyzephal sind. Man hat die Tatsache dieser Brachyzephalie als ein wichtiges Argument gegen die von mir behaupteten Beziehungen zwischen Kretinen und fossilen Menschenrassen ins Feld geführt (BIRCHER 7), und ich sehe mich daher bemüßigt, auf diese Frage etwas näher einzugehen.

Zunächst ist festzustellen, daß es völlig undenkbar erscheint, die Kopfform etwa durch innersekretorische Einflüsse erklären zu wollen. In erster Linie denke ich dabei an die von VIRCHOW postulierte „prämature Synostose des Os tribasilare", die als solche

---

[1]) Natürlich sollte man Häufigkeitskurven von Kretinen immer der entsprechenden Kurve des gleichen Merkmals bei der gesunden Gesamtbevölkerung vergleichen; leider aber ist dies darum nicht möglich, weil (wenigstens soviel mir bekannt) vergleichbare Kurven von Kretinen und Gesunden nicht existieren. Bei SCHWERZ (602) finden sich zwar entsprechende Figuren für rezente nordschweizerische Bevölkerungsgruppen und ebensolche bei REICHER (597) für Daniser, und es ist die alpenländische Bevölkerung in Österreich und Steiermark (der Heimat der von SCHOLZ gemessenen Kretinenschädel) von der schweizerischen Bevölkerung nur wenig verschieden; — aber streng genommen sind steirische Kretinen mit normalen Schweizern nicht vergleichbar.

Trotz dieser mir klar bewußten Bedenken habe ich gewagt, die je zusammengehörigen Kurven von Kretinen und Schweizern übereinander zu stellen und zu vergleichen. Zu diesem Zweck wurden die Prozentangaben von SCHWERZ auf eine Bevölkerungsgruppe von etwa 6000 normalen Menschen angewendet (auf 6000 Normale kommen bei uns im Durchschnitt etwa 50 bis 60 Kretinen). Es zeigt sich, daß die Kurven ordentlich übereinstimmen. Etwas anderes wäre es, wenn z. B. die Frequenzpolygone der Körpergröße von Normalen und Kretinen verglichen würden; dabei würde sich ergeben, daß die gesamte Kretinenkurve gegen den linken Schenkel der normalen Kurve zusammengedrängt ist. Es ist mit gutem Grund anzunehmen, daß das von dieser Regel abweichende Verhalten der Häufigkeitskurven der Schädelindizes (nämlich eben die Übereinstimmung der betreffenden Kurven bei Kretinen und Normalen) als eine Folge allmählicher Selektion aufgefaßt werden muß; würden wir die Kretinenschädel mit einer genügend großen Serie von frühmittelalterlichen Schädeln vergleichen, so ergäbe sich in allen diesen Indizes ein ganz analoges Verhalten wie bei der Vergleichung der Körpergrößen von Normalen und Kretinen, d. h. ganz die gleiche Zusammendrängung der Kretinenschädel gegen einen Flügel der Kurve hin. Heutzutage fehlen eben unter der normalen Schweizerbevölkerung die Langschädel fast völlig, noch mehr als bei den Kretinen, bei denen immerhin eine kleine Gruppe sehr charakteristischer Langschädel nachweisbar sind.

Finkbeiner, Entartung. 9

wohl die Form des Schädels beeinflussen könnte, die aber weit davon entfernt ist, regelmäßig bei allen Kretinen angetroffen zu werden. Diese Frage ist durch die Arbeit von STOCCADA (41) erledigt. Auch die Versuche, die Kopfform aus äußern Einflüssen verschiedenster Art (worunter auch die Gebirgslage[1]) als solche, somit eine territoriale Ursache, genannt wurde) herzuleiten, sind ausnahmslos als gescheitert zu betrachten (vgl. darüber das Lehrbuch S. 683ff.). Die Kopfform ist ein Rassenmerkmal, das steht fest.

a) Dolichozephale Kretinen.

Von Bedeutung ist die Tatsache, daß bei den Kretinen in einem, wenn auch nur geringen Prozentsatz, Dolichozephalie wirklich vorkommt. Und wenn diese Langschädel (wie z. B. Nr. 46) zugleich chamäzephal sind, so ist die Möglichkeit, daß es sich hier um eine altertümliche und nicht etwa um die typisch-alamannische Dolichozephalie handelt, gewiß nicht ohne weiteres von der Hand zu weisen. Hier haben typologische Untersuchungen, die einstweilen noch ganz fehlen, einzusetzen, und es wäre zunächst eine Verwandtschaft dieser dolichozephalen Kretinen mit Eskimos und Neandertal zu untersuchen.

Die dolichozephalen Schädel Nr. 18 und 46 und die drei mesozephalen Nr. 32, 38 und 20 (dieser weiblich, die andern männlich) verlangen eine spezielle Betrachtung, und diese ergibt nun namentlich für Nr. 18 in der abnorm beträchtlichen Länge, der großen Breite und der sehr hohen Kapazität (bei geringer Höhe) unverkennbare Anklänge an den Neandertaler; der Horizontalumfang bleibt allerdings (mit 550 gegen 590) etwas zurück. Kleinste (102 bzw. 107) und größte (125 bzw. 123) Stirnbreite stimmen ausgezeichnet; die Jochbreite ist freilich wesentlich geringer, wie auch der Nasenindex beim Schädel von la Chapelle mit 55 viel höher ist als bei unsern dolichozephalen Kretinen (47 und 52). Die Ähnlichkeit erstreckt sich aber nicht bloß auf D und N; ganz übereinstimmende Zahlen erhob HOESSLY (590) bei Eskimoschädeln von der Ostküste; auch hier fand sich in einzelnen Fällen abnorm hohe Kapazität (1600 bis 1800), gleiche Länge, geringere Breite, aber größere Höhe, ähnlicher Umfang (530), geringere Stirnbreiten, jedoch größere Jochbreite. Im Nasenindex nähert sich Nr. 18 mehr dem schmalnasigen Eskimo (Index 43), Nr. 46 mehr dem fossilen N-menschen, im Orbitalindex dagegen wieder mehr dem Paläolithiker. Nr. 46 entspricht ziemlich genau (mit Ausnahme von Nase und Orbita) dem Weibermittel der Eskimo nach HOESSLY.

Von den drei Mesozephalen kommt der weibliche Nr. 20 den weiblichen Ost-Eskimos am nächsten und zeichnet sich aus durch großen Umfang, große Länge und Breite bei mittlerer Höhe, erhebliche Kapazität, beträchtliche Stirn- und Jochbreiten; Nasen- und Orbitalindex sind recht hoch. Nr. 32 und 38 verhalten sich ähnlich, wenn auch nicht in allen Vergleichspunkten gar so charakteristisch.

Gewiß: es mag gewagt erscheinen, einzig auf Grund von Maß- und Indexzahlen über Ähnlichkeit bzw. Unähnlichkeit von Schädeltypen urteilen zu wollen, und es wäre auch mir lieber, wenn ich mich auf Bilder oder Kurven stützen könnte. Aber die fraglichen Maße (Länge, Breite, Umfang, Jochbogen, Nasenöffnung usw.) gehören zu denen, welche bei leichter und zweifelsfreier Bestimmtbarkeit großen Wert beanspruchen dürfen.

Vergleichsweise seien hier noch die Fälle 94, 82, 64 und 36 aus den Tabellen 12 (Kopf) und 18 (Gesichtsmaße bei lebenden Kretinen) bei SCHOLZ herangezogen; auch hier handelt es sich um schmalköpfige Kretinen. Alle haben relativ großen Umfang und recht geringe Stirnbreite. Die Breite ist bei allen fast gleich und sehr gering, die Länge besonders bei den beiden Dolichozephalen recht erheblich, die Höhe gering. Die Nasenlänge ist ähnlich wie am Skelett, die Breite der Weichteilnase aber viel stärker; dieser Unterschied wird auch von SCHOLZ selbst hervorgehoben. Die Jochbreite ist in diesen Fällen nicht sehr groß. Breitnasige Dolichozephalen! Wenn man hierzu Analoga sucht, so kommt wohl (außer dem Neger) namentlich der Neandertalmensch in Frage. Die neolithischen Pygmäen hatten niedrigen Nasenindex.

b) Brachyzephale Kretinen.

Folgen wir FELIX v. LUSCHAN (593), so stammen ursprünglich alle Brachyzephalen aus Asien her; eine Vorstellung, die in ihrer Einheitlichkeit viel Bestechendes hat. Während

---

[1]) Zusammenstellung darüber bei REICHER (597).

Dolichozephale Kretinen (nach SCHOLZ).

	Dolichoz. Europäer (Schotten)	Neandertaler	Kretinschädel Nr. 18 ♂	Kretinschädel N. 46 ♀	Ost-Eskimo nach HOESSLY ♂	Ost-Eskimo nach HOESSLY ♀	Kretinschädel Nr. 20 ♀	Kretinschädel Nr. 32 ♂	Kretinschädel Nr. 38 ♂	Lebende Kretinen Nr. 94	Lebende Kretinen Nr. 82	Lebende Kretinen Nr. 64 (alle 4 Weiber)	Lebende Kretinen Nr. 36
Kapazität	♂ 1500 / ♀ 1300	etwa 1500	1605	1107	1504	1262	1350	1147	1396				
Größte Länge . . .	187	„ 200	195	175	192	176	185	171	183	187	190	168	177
„ Breite . . .	140	147	145	127	134	126	141	130	146	137	140	134	139
„ Höhe	132	—	137	120	141	135	124	126	122	104	--	--	121
Länge/Breite Index	74,9	73,5	74,3	72,6	65,1	71,2	76,2	76,0	79,8	73,2	73,3	79,8	78,5
Länge/Höhe Index	70,9	—	70,0	68,6	73	77	57	73,7	66,6	55,6	--	—	68,6
Horizontalumfang . .	530	590	550	491	530	492	520	485	535	550	530	510	520
Kleinste } Stirnbreite	(98)	107	102	90	95	89	97	96	99	} 104	—	97	104
Größte }	(122)	123	125	114	114	110	121	108	129				
Stirnindex	(80)	87,7	81,6	.	83,4	81,7	80,0	88,8	76,7	—	—	--	—
Jochbogenbreite . .	132	¹)153	124	117	142	128	127	117	131	137	—	125	125
Obergesichtshöhe . .	71,6	¹)86	80	69	76	68	74	59	75	(103)²)	—	(98)²)	(96)²)
Obergesichtsindex .	(53,3)	¹)56,2	64,5	58,9	54,1	53,5	58	50	57	(75,2)	—	(78,4)²)	(76,8)
Gesichtsindex . .	92,3	¹)85,6	93	85	86	84	88	78	92	—	--	—	—
Nasenbreite	23,1	—	24	23	24	23	23	23	24	39	—	36	30
„ höhe . . .	53,5	—	51	44	56	51	45	36	51	43	—	40	41
Index	38,9	¹)55,7	47	52	43,6	44,6	51,1	63,9	47	90,7	—	90	73
Orbitahöhe	—	¹)38,5	38	34	34,4	33,6	39	33	43	--	--	..	..
„ breite	—	¹)47	40	33	44	42	39	37	38	—	—	--	..
Index	—	¹)81,9	95	103	78,5	80,2	100	89	113	—	—	—	..

¹) An der Neandertalkalotte nicht meßbar, darum vom Schädel von la Chapelle entlehnt.

²) Nasenwurzel bis Kinn, also nicht Obergesichts- sondern morph. Gesichtshöhe.

unzähligen Jahrtausenden haben in Europa nur langköpfige Rassen gelebt. Erst gegen Ende des Paläolithikums treten in der Rasse von Grenelle (Furfooz) nach Schliz (540) die frühesten europäischen Brachyzephalen auf (in Westeuropa); diese Rasse scheint als kriegerische Zonenbecher- und Glockenbecherbevölkerung weit verbreitet gewesen zu sein und, wie aus den Forschungen von Hub. Schmidt[1]) hervorgeht, an der Entwicklung der Bronzekultur tätigen Anteil genommen zu haben. Es waren sicher keine Idioten. Ob sie, wie Schliz will, im Norden von Frankreich autochthon entstanden sind, oder ob sie nicht vielmehr kleinasiatisch-orientalischen Ursprungs waren, das lasse ich unentschieden. In Kleinasien bilden die armenoiden Hetiter nach v. Luschan die Urbevölkerung; sie erstreckten sich als Pelasger, Etrusker und Rätier weit ins Alpengebiet hinein. Auch kulturell weisen die Spuren dieser Stämme nach dem Mittelmeer, wie man bei Classen (504) nachlesen möge.

Ebenfalls an der Wende der ältern und jüngern Steinzeit tritt in Mitteleuropa und im Alpengebiet ein zweiter rundköpfiger Typus auf, nämlich die Pfahlbauerrasse (Michelsberger Typus)[2]). Diese weist nicht allein in ihrem armseligen, altertümlichen Kulturbesitz, sondern nach Schliz ebensosehr in ihrer Schädelform Anklänge an finnisch-tatarische Völker auf. Es ist ja auch aus andern Gründen sehr wahrscheinlich, daß eine nordasiatische Bevölkerungswelle in alter Zeit bis weit nach den Gebieten von Mitteleuropa hinunter gereicht habe. Nach Classen lassen sich ihre Spuren bis in die Schweiz verfolgen, wo in den Dialekten entlegener Alpentäler finnische und estnische Wörter neben slawischen und litauischen erhalten sein sollen. Es wäre aber unrichtig, auch schon die paläolithischen Renntierjäger für Finnen oder Mongolen zu halten; zur Pfahlbauzeit waren die Renntiere schon lange nach Norden abgezogen.

Vielleicht die wichtigste Eigenschaft der Brachyzephalen ist die unausrottbare Zähigkeit, mit welcher sie sich fortpflanzen und jedem fremden Einfluß zum Trotz sich immer wieder durchsetzen; sie scheinen den Langköpfen gegenüber sich dominant zu verhalten. Aus der klassischen Monographie von Schwerz (567) geht hervor, daß die heutige Bevölkerung des Kantons Schaffhausen einen beträchtlich höheren L-Br-Index hat, als noch zur Völkerwanderungszeit; da fremde Einwanderung in erheblichem Umfang seither nicht stattgefunden hat, so muß man ein Durchschlagen älterer Bevölkerungselemente annehmen. Diese Annahme liegt um so näher, als auch die Alamannen der Völkerwanderungszeit schon nicht mehr rein dolichozephal gewesen sind; sie waren vielmehr vorwiegend mesozephal und hatten außer den iranischen Alanen sicher bereits brachyzephale Elemente der helvetischen Urbevölkerung in sich aufgenommen (Lehrbuch).

Dafür daß Degeneration sich gern mit Brachyzephalie verbinde, liefert das große Werk von Lundborg (491) einen schlagenden Beweis. Er fand bei den Kindern aus dem von ihm untersuchten Geschlecht den Index um so niederer, je besser die Kinder begabt waren. In dem „schwarzen Geschlecht" (Elsa's Linie) mit vielen dunklen Typen zeigte sich eine besonders große Kriminalität. Es ist nicht einmal nötig, anzunehmen, daß das rundköpfige finnisch-tatarische Bevölkerungselement von Haus aus minderwertig veranlagt sei; man braucht sich vielmehr bloß zu erinnern, daß mangelhafte Entwicklung der Gehirnhemisphären den sagittalen Durchmesser des Gehirns und des Schädels zu verkürzen geneigt ist, so erklärt sich die Verkettung von Degeneration und Brachyzephalie unschwer durch Konvergenz. Wir verfügen somit über mehrere Quellen, aus denen wir die Rundköpfigkeit unserer heutigen Kretinen herzuleiten vermögen; wir können sie rassenmäßig erklären und entweder auf den Homo alpinus (den direkten Abkömmling der vorderasiatischen Brachykephalen) oder auf ein finnisch-lappisches Element zurückführen, oder aber wir dürfen sie bis zu einem gewissen Grade schon als Ausdruck der Degeneration (der Reduktion des Kretinengehirns in

---

[1]) Zur Vorgeschichte von Spanien. Z. f. E. 1913. Der Bronzefund von Camena. Prähist. Z. 1909.

[2]) An andrer Stelle erklärt Schliz freilich den Pfahlbautyp als ein Mischprodukt der Grenelleleute mit den alpinen kleinwüchsigen Dolichozephalen (Brünn II). Der Widerspruch klärt sich auf, wenn man mit Hervé (vgl. Schwerz S. 74) die Grenelleleute nahe an die Lappen heranrückt.

antero-posteriorer Richtung) ansehen, — wenn wir nicht vorziehen, sie als Ergebnis all dieser vereinigten Ursachen zu verstehen.

Diese Lösung der Frage, wie die Brachyzephalie der Kretinen mit den angeblichen Beziehungen zu den fossilen Menschen vereinbar sei, wird manchen nicht befriedigen. Aber darf man in einer so verwickelten Sache.wirklich eine klare, eindeutige Antwort erwarten? Ich glaube kaum; es scheint mir im Gegenteil jede allzu einfache Lösung biologischer Probleme schon wegen dieser ihrer Einfachheit verdächtig; denn schon allzu oft haben sich zu anscheinend einfachen Lösungen und Regeln so viele Ausnahmen gefunden, daß die „Regel" dahinter zurücktreten mußte. Gestützt auf die Grazer Sammlung von Kretinenschädeln läßt sich also sagen, daß die Mehrzahl der Kretinen brachyzephal sind, wie die alpenländische Bevölkerung insgesamt (oder auch: wie gewisse arktische Primitive), daß aber außerdem doch noch Langschädel angetroffen werden mit deutlichen Anklängen an Eskimo und Neandertal.

18. Die ganze Schädelhöhe (senkrecht zur Horizontalebene) mißt bei männlichen Kretinen im Mittel 128 (116 bis 142) und bei weiblichen 122 (106 bis 137; bei

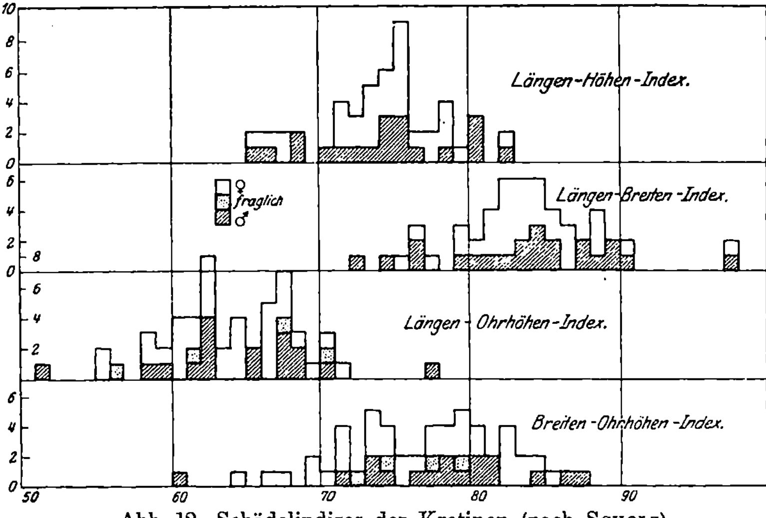

Abb. 12. Schädelindizes der Kretinen (nach Scholz).

6 Halbkretinen 125,5) mm. Wenn man bedenkt, daß es sich dabei meist um hochggradige Brachyzephalie handelt, so sind das sehr geringe Höhen. Es existiert kaum ein Volk oder Stamm mit noch geringerem Mittel. Die Höhe bleibt weit hinter der Breite zurück.

21. Die ganze Ohrhöhe ist bei Männern 112 (90 bis 123) und bei Weibern 106 (86 bis 120) mm, also wie beim Schweizer (vgl. Lehrbuch) etwa 16 mm geringer als Maß 18. Geringe absolute Schädelhöhe der europäischen Alpenbevölkerung gegenüber der größeren Höhe bei Eskimos und Malaien ist auch im Lehrbuch (S. 691) hervorgehoben.

Die Höhenindizes sind bei Kretinen folgende:

	Männer	Weiber
Längen-Höhenindex . . .	74,28, 65,54—82,42	73,73, 59,55— 82,53
Breiten-Höhenindex . .	89,56, 80,56—97,14	88,10, 72,6 —102,33
Längen-Ohrhöhenindex .	64,78, 51,43—78,40	63,53, 55,63— 70,19
Breiten-Ohrhöhenindex .	73,26, 60,00—87,97	76,37, 64,96— 85,07

Das Frequenzpolygon des wichtigen Längen-Höhenindex ist weniger flach, daher einheitlicher als die schon besprochenen Figuren; sein höchster Gipfel liegt bei 75, eine deutliche Nebenkurve aber im Gebiet der Flachschädel (von 65 bis 68). Neben diesen

8 Chamäzephalen finden sich 19 ortho- und 21 hypsizephale Individuen. Ähnliche Mittelzahlen haben nach Lehrbuch die Schweizer, die Tiroler, nicht viel weniger aber auch Tataren und die dolichozephalen Eskimos[1]). — Der Breiten-Höhenindex ergibt 33 Tapeinokrane und nur ein einziges akrokranes Individuum (Nr. 41, Halbkretine mit sehr schmalem Schädel); in der Mitte stehen 12 Metriokrane (6 von 17 Männern und 6 von 33 Weibern!). Man kann also wohl mit genügender Sicherheit sagen, daß die Kretinen allgemein durch einen niedrigen Schädel ausgezeichnet sind. Mit ihrem L.-Br.-Index von etwa 83, L.-H.-Index von etwa 74 und Br.-H.-Index von etwa 88 schließen sich die Kretinen ziemlich enge an die alpinen brachyzephalen Schweizer, Bayern und Tiroler an. Betrachtet man aber die absoluten Maße, so rücken die Kretinen doch merklich von der alpinen Rasse weg und kommen in bedenkliche Nähe der Asiaten; ihre Schädel sind, wie die der brachyzephalen Mongolen, sehr kurz, niedrig und nicht breit, und nach dem Schema von WELCKER (Lehrbuch S. 701) gehören sie unzweifelhaft in die Gruppe der Tungusen. Neben den absoluten und relativen Maßen sollte man natürlich auch die Form und Modellierung im Sinne einer SERGIschen oder SCHLIZschen Typologie berücksichtigen; das ist jedoch bis heute bezüglich der Kretinen noch nicht möglich. Sogar über die

III. Kapazität

des Kretinenschädels sind wir im ungewissen; die Frage, ob die Kretinen echte Mikrozephalen seien, ist noch offen. Zur Mikrozephalie rechnet BROCA alle nicht mißgebildeten Schädel erwachsener Europäer, wenn ihr Inhalt weniger als 1150 cm und ihr Horizontalumfang weniger als 480 mm bei Mann und 475 mm beim Weib mißt; ferner sind verdächtig: eine Länge von weniger als 163 (bzw. 160) und eine Breite von weniger als 133 (bzw. 127 beim Weib). In diesem Sinne wären nach den Messungen von SCHOLZ der Mikrozephalie verdächtig auf Grund von

zu kleinem Horizontalumfang	0 Männer	und 3	Weiber
„ geringer Länge	1 Mann	„ 4	„
„ „ Breite	2 Männer	„ 0	„

im ganzen 8 Individuen.

Man kann nun allerdings nach der Tabelle von WELCKER (vgl. Lehrbuch S. 542) aus Länge, Breite und Höhe die Kapazität mit annähernder Sicherheit berechnen. Ich habe dies getan und finde die Kapazität bei männlichen Kretinen im Mittel zu 1340 (1142 bis 1647) und bei den weiblichen Kretinen zu 1211 (1030 bis 1440) cm^3; nach der BROCAschen Einteilung wären 42 Individuen als mikrozephal zu betrachten. Die Häufigkeitskurve zeigt deutlich, daß der Gewalthaufen sich auf die Kapazitäten von etwa 1100 bis 1350 zusammendrängt, auch da wieder die Werte von 1200 bis 1300 bevorzugend. Ebenso ungewöhnlich wie die 3 Weiber mit etwa 1050 sind 3 Männer mit 1550 bis 1650 cm^3.

Wenn die Kurve auch nur etwa 50 Kretinen umfaßt, so ist dieses Material doch gewiß schon schlüssig in dem Sinne, daß wir es bei den Kretinen mit auffallend geringer Schädelkapazität zu tun haben. In Anbetracht der von SCHOLZ in den Sektionsprotokollen immer wieder erwähnten abnormen Dicke der Schädelwand dürften die berechneten Werte eher noch zu groß sein. Wir müssen schon bis zum Buschmann, Hottentotten und Australier hinabsteigen, um auf ähnlich geringe Mittelzahlen zu treffen. Das Weibermittel ist mit 1211 ganz außerordentlich tief. Dieses Resultat entspricht einerseits der geringen Körpergröße der Kretinen, anderseits aber ihrer geistigen Verkümmerung, welche gewiß nicht bloß rassenhaft, sondern schon pathologisch genannt werden muß. In der niedern Kapazität prägt sich die Degeneration aus. Beim Neandertalmenschen findet sich bekanntlich eine recht ansehnliche Kapazität, und auch die asiatischen Polarvölker, an welche ja sonst die Kretinen vielfach erinnern, haben eine wesentlich größere Schädelkapsel; natürlich! Denn sie sind nicht degeneriert, sondern gesund, wenn auch primitiv entwickelt.

Es verdient wohl noch besonders hervorgehoben zu werden, daß der Kretinenschädel zwar absolut genommen der Mikrozephalie nahesteht, im Verhältnis zur Körper-

---

[1]) Nicht vergleichbar: sehr große Länge und sehr große Höhe! Bei den Kretinen geringe Länge und geringe Höhe.

größe nach übereinstimmender Angabe der Autoren jedoch recht groß genannt werden muß. Dieser scheinbare Widerspruch erklärt sich wohl zum Teil durch das Mißverhältnis zwischen Hirn- und Gesichtsschädel; — ein Mißverhältnis, welches ein sehr wichtiges Primitivmerkmal darstellt, denn es unterscheidet und trennt den primitiven Kretinenschädel vom infantilen Typus, bei welchem im Gegensatz dazu der Gesichtsteil relativ gering entwickelt ist. Auf dieses Mißverhältnis haben außer MAFFEI (S. 62) schon DEMME und STAHL (zitiert nach SCHOLZ) hingewiesen; es verdiente genauer untersucht zu werden, z. B. nach der sehr einfachen Methode von STRATZ (471).

IV. Die einzelnen Partien des Gehirnschädels.

Um eine irgendwie erschöpfende Darstellung der anthropologisch wichtigen deskriptiven Merkmale des Kretinenschädels kann es sich hier nicht handeln, sondern ich muß mich damit begnügen, einzelne primitive Eigenschaften als Anregung zu weiteren Untersuchungen hervorzuheben.

a) Stirnteil des Schädels.

Ich zitiere nach SCHOLZ folgende Autoren:

WENZEL: „die bei einem flach zurücklaufenden Stirnbein stark und wulstig hervorragenden Augenbrauenbogen, unter welchen die Augenhöhlen gleichsam tiefer einwärts geschoben liegen, ...‟

IPHOFEN: die Stirn ist flach und niedrig.

STAHL: . . . auffallend zurückgeschobenes Stirnbein . . .

RÖSCH: . . . die Stirn zurückgehend, kurz.

B. NIÈPCE: . . . la région frontale est très-petite et déprimée, fuyant de l'avant à l'arrière, . . .

FABRE: . . le front très-bas, et presque nul chez quelques-uns, fuit d'avant en arriére . . .

BAYON: Die partes orbitales (besonders im ersten Fall) erscheinen stark vorgewölbt, so daß die Lamina cribrosa in eine tiefe Furche zu liegen kam.

SCHOLZ selbst maß die Stirnhöhe, welche er im Vergleich zu normalen Mittelwerten niedrig fand, die kleinste und die größte Stirnbreite und berechnet einen Stirnindex (Höhe in % der größten Breite), den er bei Kretinen im Mittel zu 45,44 bestimmte (gegen 49,7 normal). Die Stirn ist also schmal.

Alle diese Autoren (wozu noch MAFFEI, BIRCHER, EWALD, ALLARA kommen) sind darin einig, daß die Stirn der Kretinen niedrig und fliehend sei; liegen auch genaue Bestimmungen des Krümmungsindex und des Stirnneigungswinkels nicht vor, so genügen die Angaben doch, um ein primitives Verhalten außer allen Zweifel zu stellen, besonders wenn man die vorspringende Superziliarregion einzelner und die tief eingezogene Nasenwurzel aller Kretinen berücksichtigt (vgl. Lehrbuch S. 765 oben).

b) Parietalgegend.

Am Scheitelbein kommt hauptsächlich die Länge der Ränder und ihre Richtung in Betracht. Der Margo sagittalis soll beim normalen Menschen länger sein, als der Margo temporalis (daß er auch den sagittalen Bogen des Stirnbeins an Länge übertrifft, wurde schon gesagt), während beim Neandertaler nach SCHWALBE (542) das Umgekehrte der Fall ist. An 4 Schädeln fand ich folgende Längen:

	518	4028	3235	5390
Margo temporalis	97	105	130	118
Margo sagittalis .	110	130	125	112

somit zweimal ein primitives Verhalten.

SCHOLZ notiert in auffallend vielen Fällen das Vorkommen von Schaltknochen, namentlich in der Lambdanaht, aber auch in der Gegend der großen Fontanelle. In zwei Fällen (37, 41) fand er die Sagittalnaht gratförmig ausgeprägt; sehr häufig eine „Hinterhauptstufe‟.

Die Angaben anderer Autoren sind sehr mager: DEMME spricht von der „Abplattung der Scheitelbeine‟; STAHL: „die Scheitelbeine breiten sich auf ihrer Höhe in die Quere aus‟; RÖSCH: „der Scheitel fällt flach nach hinten ab, die Verknöcherungspunkte der Seitenwandbeine bilden Ecken‟; NIÈPCE: „les bosses pariétales sont très développées‟.

— Es ist ohne weiteres klar, daß die geringe Entwicklung der Parietalia der mangelhaften Ausbildung des Gehirns entspricht und durch sie begründet wird. Ob (was a priori wahrscheinlich) bei den Kretinen der Parietalbogen kürzer ist als der Frontalbogen $(F > P)$ und somit ein primitives Verhalten auch in diesem Punkt vorliegt, ist ungewiß.

c) Hinterhaupt.

Aus den bei SCHOLZ zitierten Autoren möchte ich die folgenden Angaben herausheben:

IPHOFEN: ... „der hintere Teil ist nicht konvex, sondern fast perpendikulär." ...

PROCHASKA fand das Hinterhauptsbein horizontal, das Foramen sehr aufgerichtet und den Raum für das kleine Gehirn beengt.

HOFER: ... das Hinterhauptsbein abgedacht, ...

DEMME: ... Abplattung der Hinterhauptsgegend; ... Veränderte Stellung des Rückenmarksloches, und zwar Verrückung nach hinten; zuweilen Verengerung desselben, sowie sämtlicher Gefäß- und Nervenöffnungen des Schädels.

NIÈPCE: „la région occipitale est fortement déprimée et présente un plan vertical".

FABRE: ... depuis la suture lambdoide le crâne tombe verticalement, faisant une ligne droite avec la nuque, ...

VIRCHOW betonte die mehr flache und quere Stellung der Gelenkfortsätze des Hinterhaupts.

Aus allen diesen Beobachtungen geht hervor, daß den Kretinen im allgemeinen ein gering entwickeltes, steiles und flaches Okziput eigen ist. Trotzdem möchte ich nicht so weit gehen, sie nun zu dem planokzipitalen armenoiden Typus von LUSCHANS zu rechnen (dieser Typus ist ein brachyzephaler Hochschädel, die Kretinen jedoch sind Flachköpfe); wohl aber muß an die von SCWALBE konstatierte Tatsache erinnert werden, daß das Okziput in der Entwicklungsreihe um das Inion als Drehpunkt einer Rotation (Aufrichtung) vollführt, gleichwie das Frontale sich um die Glabella aufrichtet. Dadurch verlängert sich die Distanz Bregma-Lambda, das Parietale wird also mehr gestreckt. In die sem Sinne ist wohl auch die mehrerwähnte „Applattung des Hinterhauptes" bei den Kretinen zu verstehen; sie bedeutet ein primitives Verhalten. SCHWALBE hat die entwicklungsgeschichtliche Aufrichtung des Hinterhaupts zahlenmäßig dargestellt; er fand bei Affen und noch beim Neandertaler die größte Länge des Schädels in der Entfernung Glabella Inion; bei rezenten Menschen liegt sie jedoch höher und ist sogar die Entfernung Glabella-Lambda meist größer als G.-I. Ich habe an vier Schädeln von Kretinen folgendes erhoben:

	518	4028	3235	5390
Glabella-Lambda	160	180	169	157
Glabella-Inion .	140	152	155	159

also wenigstens in einem Fall ein meßbares primitives Verhalten. Auf die Ausbildung des Reliefs an der Hinterhauptschuppe habe ich auch geachtet und dasselbe meistens recht gering gefunden. Die Häufigkeit von Schaltknochen in der Lambdagegend haben mehrere Autoren konstatiert; von echten Inkabeinen wird hingegen nichts berichtet. Alle diese Verhältnisse verdienen erneutes Studium.

Betreffs Foramen magnum konnte ich an vier Fällen folgendes erheben:

	518	4028	3235	5390	Mittel
Länge	34	38	38	40	37,5
Breite	31	32	30	30	30,7
Index	91,2	84,2	79,0	75,0	82,3
Fläche.	1054	1216	1140	1200	1152
Richtung . . .	abwärts	vorwärts	vorwärts	abwärts	—

An diesen vier aufs Geratewohl herausgegriffenen Fällen ist jedenfalls ein abnorm enges Hinterhauptsloch nicht zu konstatieren; ein solches wäre ein primitives Merkmal und ist von verschiedenen Autoren behauptet worden. Viele fanden das Foramen senkrecht gestellt zur Pars basilaris.

d) Schläfengegend.

Die sehr komplizierten Verhältnisse an der Schädelbasis haben seit ACKERMANNS und VIRCHOWS viel angefochteten Untersuchungen immer wieder das Interesse der Erforscher des Kretinismus erregt, sind aber bis heute noch nicht genügend geklärt. Ich glaube ohne Übertreibung und ohne Voreingenommenheit sagen zu dürfen, daß einzig die anthropologische Betrachtungsweise und Vergleichung berufen ist, Licht in dieses Dunkel zu bringen. So haben z. B. verschiedene Autoren die „quere Stellung" der Felsenbeine bei Kretinen betont (DEMME, STAHL, VIRCHOW); es dürfte sich hierbei um ähnliche Zustände handeln, wie sie von KLAATSCH als „gorilloid" bei verschiedenen Vertretern der Neandertalrasse beschrieben worden sind. Ebendahin möchte wohl auch die oft konstatierte geringe Ausbildung des Warzenfortsatzes der Kretinen zu stellen sein, ferner die weite Fossa glenoidalis, das röhrenförmige, weite, von unten gut sichtbare Tympanikum, — letzteres Bildungen, die an den vier von mir nachgesehenen Kretinenschädeln recht deutlich in Erscheinung traten. All das erklärt sich ungezwungen bei Annahme primitiver Zustände; es geht aber heute nicht mehr an, die Ursache dieser Zustände in einer „prämaturen Synostose des Os tribasilare" (VIRCHOW) zu suchen, denn die meisten Autoren stimmen darin überein, daß bei Kretinen im Gegenteil die Nähte an der Schädelbasis (wie ja auch an den langen Knochen!) abnorm lang offen und knorplig bleiben. Ein frühzeitiger Abschluß des Wachstums der Schädelbasis (somit eine frühzeitige Verknöcherung) ist übrigens für niedrige Menschenrassen nach MARTIN (Lehrbuch) tatsächlich charakteristisch, braucht also durchaus nicht als der Ausdruck einer mangelhaften Schilddrüsenfunktion aufgefaßt zu werden. Das relative Größenverhältnis von Hirnschädel und Gesichtsschädel, wie auch im Vergleich zur Schädelbasis unterliegt mit dem Wachstum beträchtlichen Schwankungen.

Im Anschluß an SCHOLZ muß noch die Steilheit des Clivus und die Weite der Sella turcica hervorgehoben werden; ob diesen Erscheinungen eine anthropologische oder vielleicht eher eine pathologische (Hypophysis!) Bedeutung zukommt, vermag ich nicht zu beurteilen. Die gleiche Eigentümlichkeit wird auch bei meinen Berner Sektionsprotokollen häufig erwähnt.

e) Die Schädelbasis.

5. Die Schädelbasislänge mißt bei männlichen Kretinen im Mittel 97 (89—107) und bei weiblichen 93 (84—104) mm (nach SCHOLZ). Sowohl Schweizer wie Baschkiren haben nach dem Lehrbuch ähnliche Maße. Es macht das für die Basislänge sowohl beim Kretin, wie beim normalen Menschen etwa 54% der größten Schädellänge.

11. Die Biaurikularbreite gibt SCHOLZ bei Kretinen im Mittel für Männer zu 123 (105—132) und für Weiber zu 115 (106—127) mm an; sie schwankt bei der europäischen Alpenrasse (nach Lehrbuch) von 118—142 mm. SCHOLZ hat daraus einen Basisindex berechnet und fand ihn bei den Kretinen im allgemeinen etwas niedriger, die Breite somit etwas größer als normal. Viel Vergleichsmaterial liegt freilich bisher nicht vor; es scheint aber nach den Angaben des Lehrbuchs die Variabilität der Schädelbasis geringer zu sein, als die der übrigen Teile und Maße. Es scheint, daß in ihrer vererbten Gestalt die eigentliche Ursache der mannigfachen Schädelformen gesucht werden muß; bei gleichem Längen-Breitenindex können Schädel verschiedener Rassen eine ganz verschiedene Gestaltung der Basis aufweisen (Lehrbuch).

Die Schädelkapsel der Kretinen im ganzen

läßt sich zusammenfassend wie folgt charakterisieren: Sie ist wenig voluminös, sehr kurz, nieder und nicht abnorm breit, häufig asymmetrisch und in der Regel dickwandig, die Nähte bleiben lange bestehen und sind reich an Schaltknochen. Als primitive Merkmale kommen etwa in Betracht: großer Umfang bei geringer Kapazität, fliehende (d. h. flache und stark geneigte) Stirn, oftmals beträchtliche Superziliarwülste, eingezogene Nasenwurzel, relative Kürze des Sagittalrandes des Scheitelbeines, Abplattung des Hinterhaupts und enges (?) Foramen magnum, wenigstens in einzelnen Fällen, quere Stellung der Felsenbeine, Form und Stellung des Tympnikum. Inwiefern sich in allen diesen Punkten ein primitives Verhalten mit pathologischen Zuständen (mangelhafte Gehirnentwicklung?) verbindet, müssen weitere Untersuchungen erst noch aufklären.

B. Der Gesichtsschädel.

Das Zahlenmaterial, welches SCHOLZ über den Gesichtsschädel der Kretinen mit unermüdlicher Gewissenhaftigkeit ausgerechnet hat, läßt sich leider wegen abweichender Methodik nicht ohne weiteres im Sinne des „Lehrbuchs" verwerten. An relativen Gesichtsmaßen bringt SCHOLZ viel mehr als das Lehrbuch; seine Angaben können aber eben deshalb nicht mit normalem Material verglichen werden, und ich habe darum von ihrer Wiedergabe abgesehen. Anderseits fehlen bei SCHOLZ einige Messungen, welche man heutzutage für notwendig erachtet, so z. B. Gesichtslänge, Gaumenmaße, Unterkiefermaße und Winkel, leider auch Bestimmungen von Profilwinkeln (Prognathie). Es ist also nicht möglich, auf Grund des vorliegenden Materials die ganze Anthropologie des Kretinengesichts erschöpfend zu behandeln; immerhin genügt das sehr verdienstliche Material zum Nachweis einer Reihe wichtiger Eigentümlichkeiten am Gesichtsschädel der Kretinen. SCHOLZ selbst hebt hervor, daß die kretinische Gesichtsbildung bei weitem charakteristischer ist, als die Form des Schädels. Bedenkt man, daß SCHOLZ überhaupt der erste war, der eine exakte Darstellung des Kretinengesichts versuchte und sich dabei auf keinerlei Vorläufer stützen konnte, so wird man nur mit größter Bewunderung von seiner unendlich fleißigen Arbeit sprechen.

I. Der Gesichtsschädel als Ganzes.

40. Gesichtslänge. Vakat.

47. Gesichtshöhe ist bei den männlichen Kretinen im Mittel 107,2 (84—127) und bei den weiblichen 101,5 (59—129) mm, somit merklich geringer, als bei irgendeiner der im Lehrbuch aufgeführten Völkerschaften. Es dürfte sich bei der auffallend geringen Gesichtshöhe der Kretinen um eine Annäherung an kindliche Zustände handeln; es ist bekannt, daß im Lauf der Entwicklung das Gesicht viel mehr an Höhe als an Breite gewinnt. In Anbetracht der ordentlichen Gesichtshöhe beim lebenden Kretin kann aber auch an Zahnmangel als Ursache des geringen Wertes von Maß 47 gedacht werden.

45. Die Jochbreite ist nach den Angaben von SCHOLZ nicht allzu groß, nämlich bei den Männern im Mittel 131,8 (111—153) und bei den Weibern 122,3 (110—130)|mm, erinnert also etwa an die Zahlen, welche das Lehrbuch für Australier, Malaien und Baschkiren gibt. Durch sehr große Jochbreite sind bekanntlich die Eskimos ausgezeichnet.

Der aus Gesichtshöhe und Jochbreite berechnete

Gesichtsindex ist bei den männlichen Kretinen im Mittel 81,42 (71,67—92,74) und bei den weiblichen 82,98 (50,00—100,00) mm. Sehen wir ab von einzelnen wenigen extrem niederen oder extrem hohen Werten, so bietet das Häufigkeitspolygon wenig Auffallendes; um 88 scheint die Kurve ihren Gipfel zu haben, im übrigen sind aber alle Werte von 70—92 ziemlich gleichmäßig vertreten. Ich möchte somit die Kretinen als Euryprosope (mit Hinneigung zur Mesoprosopie) bezeichnen. Vergleichbare, gleich hohe Mittelzahlen für Schädel finde ich im Lehrbuch keine; nach den Tabellen S. 795/6 scheint auf Grund von Messungen am Lebenden vielleicht bei gewissen arktischen Stämmen ein ähnlicher Gesichtsindex vorzukommen, was ja recht gut zu den Ergebnissen, die wir am Gehirnschädel, beim Studium der Proportionen und auch sonst angetroffen haben, stimmen würde (Ost-Eskimo ♂ 86,5, ♀ 84,7 nach HÖSSLY).

48. c. Die Obergesichtshöhe bestimmt SCHOLZ abweichend vom Lehrbuch „bis zum untern Rand der obern Schneidezähne", also etwas länger als wenn nur bis zum Alveolenrand gemessen wird. Es findet sich dann bei männlichen Kretinen im Mittel 68,9 (51—82) und bei weiblichen 67 (46—91) mm; um vergleichbare Zahlen zu erhalten, müßte man hiervon wohl etwa 8—10 mm abziehen, wodurch dann auch die Obergesichtshöhe der Kretinen gleich wie deren ganze Gesichtshöhe noch unter das sonst etwa anzutreffende Minimum hinabsinkt.

Der Obergesichtsindex muß selbstverständlich, wenn die Zähne mitgemessen werden, ebenfalls zu hoch gefunden werden; er ist bei den männlichen Kretinen im Mittel 52,31 (45—64) und bei den weiblichen 54,78 (38—73) mm. Davon sind also, will man vergleichbare Zahlen erhalten, wohl etwa 4—5 Einheiten abzuziehen, und dann rücken die Kretinen wie recht und billig in die Reihe der Euryenen oder an die unterste Grenze der

Mesenen. Das Lehrbuch hebt den großen Unterschied hervor, der zwischen den euryprosopen Alpenbewohnern (mit absolut geringer Obergesichtshöhe) und den ebenfalls euryprosopen Mongolen (mit absolut sehr beträchtlicher Jochbreite) besteht; welcher dieser beiden Gruppen die Kretinen näher stehen, vermag ich nicht zu entscheiden. — Der Neandertalmensch war bekanntlich in allen Dimensionen durch sehr große Gesichtsmaße ausgezeichnet; er war mesoprosop und lepten, glich also nicht dem kurzgesichtigen Australier, sondern viel eher dem langgesichtigen Eskimo.

. Die folgenden Indexzahlen habe ich nicht für alle Individuen, sondern bloß für die Mittelzahlen ausgerechnet; es fand sich

der Jugofrontalindex bei männlichen Kretinen 73,9 und bei weiblichen 74,9; also nicht unähnlich wie beim normalen Tiroler. Die Rassenmittel schwanken von 66—91; es ist also bei Kretinen die kleinste Stirnbreite eher gering, wie bei den Eskimos (etwa 69).

Der Jugomandibularindex ist bei den männlichen Kretinen 74,7 und bei den weiblichen 76,5, bei den Eskimos 77,7; somit gleichen auch darin die Kretinen den normalen Tirolern (natürlich nur cum grano salis: denn die Tiroler sind Langgesichter die Kretinen Kurzgesichter!). Die Rassenmittel bewegen sich von 74—87.

Der Kraniofazialindex (Jochbreite in Prozent der größten Schädelbreite) ist bei kretinischen Männern 91,8 und bei Weibern 87,7; es wären also nach diesem Index die Kretinen in die Nähe der arktischen Mongoloiden (vgl. Lehrbuch S. 805) zu rangieren. Die Rassenmittel schwanken von 87—100; je höher der Index, um so deutlicher prägt sich die Jochbogengegend bei der Vorderansicht aus; Eskimo etwa 100.

Hier wäre nun ein Abschnitt über die vertikale und horizontale Profilierung des Gesichtsschädels einzufügen; leider wissen wir darüber nichts Sicheres, obwohl alle Autoren darin übereinstimmen, daß die Kretinen durch eine auffallende und hochgradige.

Prognathie ausgezeichnet sind. Schon bei STAHL findet sich (zitiert nach SCHOLZ) die Angabe: „das Gesichtsskelett erschien breit und hoch, besonders durch massige Entwicklung der Kieferknochen und Jochbeine". Sodann hat mit allem Nachdruck namentlich VIRCHOW eine „unverhältnismäßige Entwicklung der Kieferknochen" mit „Hervorschiebung der Jochbeine" bei Kretinen konstatiert und (neben der „prämaturen Tribasilarsynostose") für die Ursache der typischen Kretinenphysiognomie erklärt. Wenn auch seine prinzipiellen Anschauungen von späteren Forschern nicht in vollem Umfang geteilt wurden, so stimmen sie doch alle, es sei nur an LOMBROSO, TOPINARD (zitiert nach ALLARA) und von neueren an BIRCHER und an EWALD erinnert, in der Angabe überein, daß sich bei den Kretinen eine typische Prognathie vorfindet. Dieses Merkmal ist von großer Bedeutung, denn es kann nicht als Infantilismus erklärt werden; beim Kind findet sich nur geringe Prognathie. Und wenn ferner die alte VIRCHOWsche Erklärung mit der prämaturen Synostose endgültig (vgl. darüber SCHOLZ) als nicht zutreffend außer Betracht fällt, so bleibt wohl nichts mehr übrig, als eine anthropologische Auffassung der kretinischen Prognathie; ist es doch auch noch keinem Menschen eingefallen, die typische Prognathie des Negers (von den Simiern ganz zu schweigen) etwa durch eine innersekretorische Störung erklären zu wollen.

Es scheint wirklich manchmal als ob die Leute vor lauter Bäumen den Wald nicht sehen.

II. Die einzelnen Teile des Gesichtsschädels.

a) Die Augenregion.

Vorerst lasse ich die Autoren zum Wort kommen. ALLARA fand bei den Kretinen bestimmte, den farbigen Rassen eigentümliche Charakterzüge, wozu er in erster Linie die schiefen und trichterförmigen Augenhöhlen, sowie deren große Breite (dies mit Unrecht!) und weiten Abstand rechnet. Die große Interorbitalbreite notiert auch EWALD; die Brüder WENZEL haben wohl zuerst die „stark und wulstigen Augenbrauenbogen, unter welchen die Augenhöhlen gleichsam tiefer einwärts geschoben liegen" hervorgehoben; STAHL beschrieb die Augenhöhlen als „breit, von mehr viereckiger Form mit Herabsetzung der untern Platte der Orbita". VIRCHOW endlich nennt die größere Breite und geringere Tiefe der Augenhöhlen als typisch für die Kretinen; ob mit Recht, bleibe dahingestellt.

Nach Scholz mißt bei den Kretinen

	Männer			Weiber		
	Mittel	Maxim.	Minim.	Mittel	Maxim.	Minim.
Orbitalhöhe	38,0	42	30	37,0	43	33
Orbitalbreite	38,7	43	35	38,0	43	34
Orbitaltiefe	54,3	60	50	50,5	58	44
Orbital-Index	98,34	113,16	85,71	97,44	110,81	82,93
Interorbitalbreite . . .	28,5	34	25	28,1	36	23

Es ist nicht ganz klar, wie diese Maße genommen wurden; ist die Methodik die gleiche, wie die sub 50—53 im Lehrbuch beschriebene, so ist bei den Kretinen die Höhe im Mittel größer, die Breite jedoch geringer, als bei irgendeiner andern Gruppe von Menschen. Unzweifelhaft festgestellt ist die extreme Hypsikonchie der Kretinen, wodurch dieselben einerseits an die Eskimos und an die Mongoloiden, andererseits aber an die fossile Neandertalrasse anschließen. Hypsikonch sind auch die Kinder. Die sexuelle Differenz ist an dem vorliegenden Material nicht typisch; in der Regel sind die Weiber durch absolut in jeder Richtung größere Orbitae und einen höheren Index ausgezeichnet. Ganz ebenso verhalten sich die Simier. Es ist also wohl berechtigt, das Verhalten der Kinder, der Weiber und der Kretinen als ein primitives zu bezeichnen. — Exzessiv ist ferner die kretinische Interorbitalbreite von im Mittel 28 mm; auch sie erinnert an den paläolithischen Menschen.

b) Die Nasenregion.

Die Nase der Kretinen ist seit langem wegen ihrer typischen Deformation bekannt. Topinard (zitiert nach Allara) nennt die Nasenwurzel der Cretinen stark eingedrückt, und Stahl hebt ihre große Breite hervor (zitiert nach Scholz, wie auch die folgenden). Nach den Brüdern Wenzel ist die Gegend der Nasenwurzel immer mehr oder weniger stark eingebogen und breiter als bei normalen Schädeln, die Nasenhöhle gleichsam auseinander gezogen und weit offen. Die ungewöhnlich tiefe Lage und die große Breite der Nasenwurzel erhob dann bekanntlich Virchow zum nie fehlenden Charakteristikum des Kretinengesichts; die Tatsache selbst ist unzweifelhaft richtig, weniger jedoch ihre schon mehrfach erwähnte Erklärung durch prämature Tribasilarsynostose. Der Vollständigkeit halber will ich noch Ewald zitieren; er sagt: „Der Nasenrücken wird vorgeschoben, die Nasenwurzel wird breit und erscheint eingedrückt." Genaue Messungen finden wir erst bei Scholz; auf die Interorbitalbreite, welche zugleich die Breite der Nasenwurzel ist, wurde schon Bezug genommen. Es ist ferner

55. die Nasenhöhe bei den männlichen Kretinen im Mittel 45,1 (36—54) und bei den weiblichen 43,3 (37—56) mm, womit laut Angabe des Lehrbuchs die Kretinen an der untersten Stufe der Leiter stehen; nur Buschmänner und Hottentotten haben noch geringere Nasenhöhen.

54. Die Nasenbreite ist bei männlichen Kretinen im Mittel 23,8 (21—27) und bei weiblichen 22,9 (19—27) mm, also ebenfalls sehr gering. Aus 54 und 55 berechnet sich der Nasenindex bei männlichen Kretinen im Mittel zu 52,82 (46,30—63,89) und bei weiblichen 52,77 (39,29—60,98). Die Kretinen sind also richtig chamärrhin, was um so auffallender, als die Alpenvölker (auch die brachyzephalen!) im allgemeinen schmale Nasen aufweisen. Ähnlichen Nasenindex haben die Weddas; auch die mongoloiden Arktiker stehen mit 50—51,6 nicht allzu fern. Aber auch der Neandertalmensch (mit 55,7) und der europäische Neonat (mit 59) sind extreme Chamärrhinen. Ich fürchte keinen Widerspruch, wenn ich den hohen Nasenindex der Kretinen für ein wichtiges Primitivmerkmal erkläre.

Über die Form der Apertura pyriformis bei Kretinen wissen wir nichts Genaues, ebensowenig über die Mediankurve der Nasalia. Wir werden aber kaum fehlgehen, wenn wir erstere sehr breit, letztere stark eingezogen (eingeknickt, nicht S-förmig) annehmen. Es sind darüber noch exakte Untersuchungen erforderlich.

c) Oberkiefer, Jochbein, Gaumen.

Außer dem wenigen, was oben sub „Prognathie" mitgeteilt wurde, sind genauere Angaben in der Kretinenliteratur sehr spärlich. Man kann im allgemeinen den Kretinen stark entwickelte Kiefer und grobe Jochfortsätze zuschreiben. Der Gaumenbogen muß daher ebenfalls eine breite Form besitzen (dies schon wegen der Brachyzephalie!), was durch die Abbildungen bei MAYRHOFER anscheinend bestätigt wird. In 3 von 14 Fällen notiert dieser Autor Spitzbogenkiefer, in 8 Fällen „hohen Gaumen"; es hat also die Angabe einer „Abplattung des Gaumenbogens" nach LOMBROSO jedenfalls keine allgemeine Gültigkeit, und es scheinen lokale Varietäten vorzukommen. Inwiefern Gaumenanomalien für die Sprachstörungen der Kretinen verantwortlich zu machen sind, vermag ich nicht zu beurteilen; es wartet auch hier ein noch kaum bearbeitetes aber reichen Ertrag versprechendes Feld auf die ihm gebührende liebevolle Beackerung.

Vergleichende Kiefermessungen an Idioten (darunter 5 echte Kretinen) und Normalen hat E. FÄSCH (12) in einer sehr verdienstvollen zahnärztlichen Zürcher Dissertation veröffentlicht. Er bestimmt

	bei Kretinen	bei Normalen
Gaumenhöhe.	16	19,4
Breite am 1. Prämolar	42	35,6
„ „ 2. „	45,5	40,6
„ „ 1. Molar . .	52,6	46,7
Gaumenlänge	47	42,2
Index I	49,5	55,5
Index II	29,6	41,8
Index III	112,1	106,3

NB. Die Breiten wurden weder am innern noch am äußren Alveolarrand, sondern von den Mitten der Kauflächen aus genommen. Index I ist ein Breiten-Höhenindex. am 1. Prämolaren, II dasselbe am Molaren; III ist Breiten-Längenindex am 1. Molaren. Mit den Messungen des Lehrbuchs ist keine dieser Zahlen vergleichbar.

Es fand sich somit bei den Kretinen durchweg ein breiter und ziemlich flacher Gaumen; die gleiche Eigentümlichkeit hebt das Lehrbuch S. 886 für Lappländer hervor.

FÄSCH hat auch für alle Merkmale sehr hübsche Häufigkeitskurven hergestellt; als besonders bemerkenswert ist die Tatsache zu notieren, daß sowohl die Idioten, wie (nach S. 16) die Angehörigen der höhern Gesellschaftsklassen eine bedeutendere Variationsbreite aufweisen, als die normalen Individuen. Ähnlich verhält sich der Zahnwechsel, der bei Idioten bald verfrüht, bald verspätet eintritt.

d) Unterkiefer und Gebiß.

Die Formverhältnisse des kretinischen Unterkiefers sind ein weiteres, noch kaum ernsthaft in Angriff genommenes Forschungsgebiet. ALLARA führt den „einspringenden Unterkiefer und die schiefe Stellung der Eckzähne" bei den Kretinen als ein den farbigen Rassen eigentümliches Merkmal an. Nach EWALD ist der Unterkiefer stark und breit. SCHOLZ hat die Unterkieferwinkelbreite gemessen und sie bei Männern zu 98,4 (85—117) und bei Weibern zu 93,6 (80—107) bestimmt; ferner gibt er eine Untergesichtshöhe (= Differenz zwischen Ganz- und Obergesichtshöhe), also eine projektivische Kinnhöhe mit Inbegriff der Zähne; sie ist für Männer 37,1 (27—45) und für Weiber 34,2 (10—47). Da mir keine normalen Vergleichszahlen vorliegen, so vermag ich mit diesen Angaben nichts anzufangen, nicht unähnlich sind die Zahlen für Ost Eskimo (HÖSSLY), Winkelbreite 105, Kinnhöhe 35 (ohne Zähne), bekanntlich exzessiv hohe Werte.

Eine sehr schöne Monographie über das Gebiß der Kretinen vom zahnärztlichen nicht speziell vom anthropologischen Standpunkt aus hat MAYRHOFER (34) veröffentlicht. Es lagen ihm dazu 14 durch KUTSCHERA bei mit Gebißanomalien behafteten Tiroler und Vorarlberger Kretinen abgenommene Gipsmodelle vor (allemal Ober- und Unterkiefer). Es war dies also ein ausgesuchtes Material, aus welchem nicht ohne weitereis auf Vorkommen und Häufigkeit von Gebißstörungen bei Kretinen überhaupt zu schließen ist. Dennoch sind die erhaltenen Resultate höchst interessant und sollen hier kurz referiert werden.

Über die so wichtige Kinnbildung oder über Größenverhältnisse und Winkel der Kieferäste erhalten wir leider keinen Aufschluß. Dagegen scheint (nach den Abbildungen 12, 14 und 23 zu schließen) doch nicht allzu selten eine recht enge Form des Zahnbogens bei Kretinen beobachtet werden zu können. Genaue vergleichende Messung und Indexberechnung ist bei dem Fehlen von M 3 nicht möglich; die Frage verdient aber im Auge behalten zu werden. SCHLAGINHAUFEN (566) hat diesbezüglich an einem neolithischen Pfahlbauerunterkiefer (von einem pygmäenhaften Weibe) aus Egolzwil eine sehr merkwürdige primitive Enge des Zahnbogens konstatiert, wie sie ähnlich nur noch beim Melanesier und beim Orang angetroffen wird. Dieser Fund besitzt neben einer Schädelkapsel von guter Entwicklung in seinem Unterkiefer Beziehungen zu den fossilen Kiefern von MAUER und EHRINGSDORF (beträchtliche relative Massenentwicklung des Korpus im Bereich des M 2; Zunahme des Korpusumfanges von der Symphyse bis in die Gegend zwischen Prämolaren und Molaren; Planum alveolare). Die große prinzipielle Bedeutung dieser Befunde liegt darin, daß die Zeitspanne vom Neolithikum bis zur Gegenwart unvergleichlich viel geringer ist, als die Zeit vom Neolithikum bis zurück in die Epoche von MAUER. Wenn in einzelnen Fällen sich fossile Merkmale bis in Pfahlbauerzeit erhalten konnten, so besteht freilich nicht die mindeste Schwierigkeit, auch heute noch bei einzelnen degenerierten Typen (Kretinen!) fossile Merkmale anzutreffen,

Was nun die Arbeit von MAYRHOFER betrifft, so will ich nur herverheben, daß der Autor sich bemühte, bei allen beobachteten Anomalien anzugeben, ob selbige auf innern oder äußern Ursachen beruhen; es fand sich

	A	B	C
Zapfenzahn	2	—	—
Verspätete Zahnung	7	—	—
Verfrühter Zahnwechsel	—	1	—
Verzögerter Zahnwechsel	1	—	—
Verspäteter Zahnwechsel	5	—	—
Dentes temporarii residui	8	—	—
Milchzahnpersistenz	3	—	—
Untersahl	6	—	—
Überzahl	2	—	—
Vertauschung	1	—	—
Verirrung	1	—	—
Lückengebiß	4	—	—
Preßgebiß	—	—	11
Spitzbogenkiefer	3	—	—
Hoher Gaumen	8	—	—
Sattelkiefer	2	—	—
Seitliche Kontraktion ohne Sattelform	3	—	.
Asymmetrie des Kiefers	2	—	—
Oberer Molarenvorbiß	—	—	5
Unterer Molarenvorbiß	—	3	—
Unterer Schneidezahnvorbiß	—	4	—
Progenie	5	—	—
Kreuzbiß	—	3	—
Scherenbiß	—	3	—
Partieller Deckbiß	—	—	5
Offener Biß (vorn, seitlich)	—	2	—
Uranoschisma	1	—	—
Summe	64	16	21

Kolonne A bedeutet „ausschließlich innere Ursachen"; B: „vorwiegend innere Ursachen"; C: „starke Mitbeteiligung äußerer Ursachen". Es ist evident, daß die innern Ursachen weitaus an erster Stelle stehen. Das so häufige Preßgebiß könnte vielleicht mit dem frühzeitigen Wachstumsstillstand der Schädelbasis in Beziehung stehen und hätte dann auch eine „innere Ursache". Fäsch (12) fand allerdings fast ausnahmslos bei Kretinen Lückengebiß. Die Störungen der Zahnung und des Zahnwechsels sind nach Mayrhofer vermutlich durch Störungen der Thyreoidea bedingt und durch Organtherapie zu beheben. Spezifische, nur bei Kretinen vorkommende Zahnanomalien gibt es nicht; Störungen sind zwar sehr häufig, es wäre aber zu weit gegangen, bei jedem Kretin ausnahmslos solche zu vermuten.

Prinzipiell wichtig ist ferner die Beobachtung von Mayrhofer, daß sich bei den untersuchten 14 Individuen 44 gesunde und 14 kariöse Milchzähne, 258 gesunde und nur 27 kariöse Dauerzähne vorfanden. Der Autor spricht von „einem gewissen, manchmal sogar erstaunlich hohen Grad von Kariesimmunität" und erklärt ausdrücklich: „der Kretinismus hat mit der Zahnkaries nichts zu tun". Das schließt natürlich nicht aus, daß in einer überhaupt von Karies stark heimgesuchten Bevölkerung auch die Kretinen schlechte Zähne darbieten; es gehört dies aber nicht zum Wesen der kretinischen Degeneration.

Außer den von Mayrhofer in so exakter Weise studierten Fragen hätte nun freilich eine anthropologisch-vergleichende Untersuchung noch allerlei festzustellen: Größe der einzelnen Zähne, Reduktion der Höckerzahl und der Wurzeln usw. Über das Gebiß des fossilen Menschen existiert schon eine große Literatur, und ich bin fest überzeugt, daß eine minutiöse Durcharbeitung des Kretinengebisses nach solchen Gesichtspunkten sich wohl verlohnen würde.

Der Gesichtsschädel der Kretinen

bietet also, wenn ich dies noch einmal wiederholen darf, in seiner Chamä(Eury-)prosopie, Prognathie, nicht minder aber auch in seinen einzelnen Teilen: den hohen, weit auseinander stehenden Augenhöhlen, der breiten Nase mit ihrer tief eingezogenen Wurzel, den gehäuften Gebißanomalien usw. eine Fülle von Primitivmerkmalen, welche durch innersekretorische Störungen kaum befriedigend zu erklären sind und dringend ein weiteres Studium und sorgfältige anthropologische Vergleichung erheischen.

Rekapitulation.

Es ist hier der Ort, auf eine kurze vergleichende Betrachtung des Schädels bei andern Krankheiten und Zuständen mit einigen Worten einzugehen. Liegen auch exakte anthropologische Messungen bis jetzt nur in sehr beschränktem Umfang vor, so genügt das vorhandene Material doch, um sich ein Bild von der Sache zu machen.

I. Betreffs Kretinismus verweise ich auf das, was am Schluß der Abschnitte über Gehirnschädel und Gesichtsteil zusammenfassend bemerkt worden ist.

II. Bei Chondrodystrophie ist der Schädel (namentlich in seinem Gehirnteil) unförmlich groß. Kassowitz (77) hat den Horizontalumfang des Kopfes in Prozent der Körpergröße ausgedrückt und fand beide bei Föten ungefähr gleich groß (normalerweise etwa 66%), bei einem 12jährigen Mädchen immer noch etwa 50% (statt 36%). In diesem sowohl an fötale wie an primitive Zustände erinnernden Merkmal stehen sich Mikromele und Kretinismus (Index etwa 40) recht nahe; gemeinsam ist beiden ferner die eingezogene Nasenwurzel und die Verkürzung der Schädelbasis, nicht selten auch der rinnenförmig ausgehöhlte hohe Gaumen, Epikanthus. Neben solchen gemeinsamen Kennzeichen finden sich aber trennende genug: Während bei den Kretinen der Gesichtsteil des Schädels relativ groß war, so überwiegt bei der Chondrodystrophie im Gegenteil der (meist hydrozephale) Gehirnschädel, und das Gesicht ist nach Art der Föten sehr niedrig, dabei allerdings (wie bei Kretinen) recht breit. Die Stirn ist nicht fliehend, sondern hoch gewölbt. Nähte und Fontanellen werden weit klaffend angetroffen. Im einzelnen lassen sich unterscheiden Fälle

    A. mit tiefer Einziehung der Nasenwurzel (Kretinenphysiognomie)

        1. infolge von Tribasilarsynostose, Verkürzung des Schädelgrundes, Steilstellung des „Grundbeins" (Sattelwinkel klein, „kyphotisch"),

        2. ohne Tribasilarsynostose, durch Verkürzung aller davor gelegenen Teile (Verkürzung des Siebbeins, geringe Höhe des Oberkiefers usw.) auch bei Gruppe A 1 nie ganz fehlend.

    B. mit Abplattung der ganzen Nase

        Tribasilare normal, Nasenkieferoberteile mangelhaft entwickelt.

Genaueres findet man über diesen Gegenstand in der berühmten Monographie meines Lehrers Kaufmann (88).

III. Bei Mongolismus finden sich am Schädel (nach der Zusammenstellung von Frangenheim (117) einige recht bezeichnende Merkmale. Der Horizontalumfang ist geringer als bei gleichaltrigen Gesunden und auch geringer als der Körpergröße entspräche, verkürzt ist besonders die Länge, aber auch die Höhe ist gering („Mikrobrachyzephalie"). Der Längen-Breitenindex schwankt von 84,9—90,3. Schläfengegend über den Jochbogen oft auffallend tief eingesunken. In der Regel „hohen Gaumen", oft mit Torus palatinus. Mund auffallend klein, halb offen. Wangen gerötet, selten bleich. Die Nase ist klein und stumpf, der Nasenrücken nicht eigentlich eingezogen, sondern flach und breit; die Orbita und die Lider sind schräg gestellt und nicht tief (Exophthalmus, Epikanthus). Lidränder gerötet; Anomalien der Ohrmuschel, Asymmetrie und verzögerte Ossifikation sind die Regel, prämature Tribasilarsynostose kommt nicht vor.

Anthropologisch verwertbares Zahlenmaterial liegt weder über den Schädel, noch über die Extremitäten der sogenannten „Mongoloiden" vor, es läßt sich also nicht beurteilen, inwiefern diese Degenerierten tatsächlich mit echten Mongolen rassenmäßig verwandt sind. Die Diagnose gründet sich bekanntlich in erster Linie auf eine gewisse physiognomische Ähnlichkeit dieser Idioten mit dem mongolischen Typus, eine Ähnlichkeit, die mehr gefühlsmäßig behauptet, als exakt gemessen und bewiesen wurde. John Langdon-Down hat 1866 bei einem Versuch der ethnischen Klassifikation der Idioten festgestellt, daß die Mehrzahl der geborenen Idioten in ihrem Aussehen typischen Mongolen glichen; Fraser, der 1867 62 Fälle von Mitchell mitteilte, sprach von „Kalmuck idiocy". Spätere englische Autoren (deutsche haben sich anfangs nicht damit beschäftigt) suchten diese Gruppe als „Mongolismus" von den übrigen Idioten abzugrenzen und selbständig zu machen. Es wäre zweifellos an der Zeit, daß exakte Knochenmessungen vorgenommen würden, welche bisher leider ganz fehlen. Die Idee, daß als Atavismus bei Degenerierten mongoloide Züge auftreten können, ist a priori durchaus nicht von der Hand zu weisen, denn es führen viele Spuren von den europäischen Völkern in die Steppen von Asien, und es hat diese Idee mit der von mir in dieser Arbeit vertretenen Auffassung des Kretinismus eine enge prinzipielle Verwandtschaft. Ich habe an mehr als einer Stelle bei Behandlung des Schädels, der Proportionen usw. darauf hingewiesen, daß die Kretinen den arktischen Asiaten in vielen ·Punkten nahestehen. Wenn schon die Trennung der Kretinen von den Idioten (nach Scholz) sehr schwierig ist, so bietet die Scheidung der Kretinen von den Mongoloiden jedenfalls noch größere Bedenken; das Verhalten gegen die Schilddrüsenbehandlung ist gewiß differential-diagnostisch wenig verwertbar. Ich habe mich selbst schon gefragt: ob nicht vielleicht die Kretinen als die wahren „Mongoloiden" zu betrachten seien? Entscheiden läßt sich diese Frage nur auf Grund von osteologischen Messungen, die aber, wie gesagt, bis heute noch fehlen. Dies ist auch der Grund, warum ich in der vorliegenden Arbeit meine Messungen nicht auch noch, wie ich gern getan hätte, mit mongoloidem Vergleichsmaterial in Beziehung bringen konnte.

IV. Bei Rachitis findet man am Schädel eine Anzahl typischer Veränderungen, welche man ohne große Mühe als mechanische Deformationen zu begreifen vermag. Der Gehirnschädel ist durch den Hydrozephalus und durch die klaffenden Nähte und Fontanellen, die vorspringenden Tubera (Caput quadratum), tiefe Impressionen, Schaltknochen (in der Lambdanaht), entzündliche Defekte (Craniotabes) und Auflagerungen, die noch lange nach Ablauf des Prozesses als Eburneationen erkennbar bleiben, — durch all das ist der Gehirnschädel charakterisiert und alle diese Umstände bedingen eine auffallende Größe der Schädelkapsel. Der Gesichtswinkel ist infolge des Mißverhältnisses zwischen Hirnschädel und Gesicht vergrößert (Vierordt). Die Stirn ist hoch, in der Mitte flach, in den Seitenteilen vorgetrieben. Es ist aber auch der Gesichtsteil verändert: Der Oberkiefer ist durch eine Einknickung an der Insertionsstelle der Jochbögen in querer Richtung verkürzt (wegen Druck des Jochbogens?), in sagittaler Richtung ist er verlängert und springt in der Mitte schnabelförmig vor. Das umgekehrte Verhalten zeigt der Unterkiefer, welcher von vorn her abgeplattet erscheint; die physiologische Krümmung im Bereich der Schneidezähne fehlt ihm, in der Gegend der Eckzähne besteht eine winklige Umbiegung (Zug der Muskeln des Mundbodens?). Die obern und untern

Zähne stehen nicht genau in richtiger gegenseitiger Stellung, es bestehen mannigfache Bißanomalien und auch mangelhafter Kieferschluß; außerdem ist, wie längst bekannt, die Dentition verzögert und überhaupt sehr unregelmäßig. Darin, wie auch in der verzögerten Ossifikation, gleichen sich Rachitis und Cretinismus ganz unzweifelhaft; von einer prinzipiellen Gegensätzlichkeit zwischen Rachitis und Kretinismus zu reden (DIETERLE 9) scheint mir überhaupt unberechtigt zu sein.

V. Bei Athyreose (Myxödem) ist der Schädel, soviel aus Abbildungen ersichtlich, jedenfalls nicht klein; von Messungen sind mir (außer Fall 1 der SCHOLZschen Tabellen, = meinem Fall Graz 28, welchen ich aber wegen seines riesigen Hydrozephalus nicht für typisch ansehen kann und daher nicht verwerte) nur die von BOURNEVILLE (244) bekannt geworden. Nach Angabe der Autoren findet sich auch hier (wie bei I und II) typisch die eingesunkene Nasenwurzel, welche im Verein mit den vorspringenden Jochbögen dem Gesicht einen ,,tierischen Ausdruck'' verleiht (FRANGENHEIM). Nach KASSOWITZ (77) ist der Gaumen sehr hoch und in der Mitte überdies noch rinnenförmig vertieft; dazu kommt verzögerte Dentition und sehr defekte Knochenbildung[1], — Merkmale, die somit allen hier abgehandelten Krankheiten und Zuständen gemeinsam sind, wodurch ihr diagnostischer und pathognomonischer Wert sehr reduziert erscheint[2].

Ich kann das Kapitel von den pathologischen Schädelformen nicht verlassen, ohne noch einmal ausdrücklich auf die dringende Notwendigkeit einer exakten Durcharbeitung derselben nach anthropologischen Methoden hinzuweisen. Eine solche fehlt bisher so gut wie ganz; sie wäre nicht allein für die Pathologen, sondern sicher auch für die Anthropologen von wirklichem Wert.

Skelett der oberen Extremität.

Klavikula.

MARTIN hebt in seinem Lehrbuch die auffallend schlanke und grazile Form der Klavikula bei den kleinwüchsigen Senoi, Semang, Australiern, Chancelade- und Neandertalmenschen besonders hervor. Es ist nun gewiß kein Zufall, daß gerade wie bei den fossilen Menschen, so auch bei Kretinen, die schwache Entwicklung des Schlüsselbeins zur Massigkeit des übrigen Skelettes einen unverkennbaren Kontrast darbietet (siehe Tabelle auf S. 146).

1. Die größte Länge mißt bei Kretinen im Mittel 134,3 (116—150); dreimal fand ich die linke, zweimal die rechte Klavikula etwas länger; die weibliche Klavikula Graz 3235 ist wesentlich kürzer als die männlichen. — Von Bedeutung ist der Klavikulo-Humeralindex; bei Kretinen beträgt er im Mittel 51,0 und weist ein Minimum von 47,3 (noch deutlich höher als das Europäer-Mittel!) und ein Maximum von 53,4 auf. Mit dem Maximum reichen also die Kretinen nahe an den Menschen von la Ferrassie heran. Bekanntlich sind auch die Anthropoiden durch eine beträchtliche Schulterbreite ausgezeichnet und dadurch von den niederen Simiern unterschieden. Bei Föten und Neugeborenen ist ebenso die Schulterbreite bedeutend; auch unser kindlicher Kretin weist mit einem Index von 57,4 außerordentlich lange Schlüsselbeine auf. Athyreose verhält sich mit 48,8 schon eher normal. Ganz monströs ist dagegen die Länge der Klavikula im Vergleich zum stark verkürzten

---

[1]) Gerunzelte Stirn, spärlicher Haarwuchs, verbildete Ohrmuscheln, gedunsene Augenlider, Epikanthus, aufgeworfene Lippen, halb vorgestreckte Zunge, blasse Gesichtsfarbe.

[2]) Am Unterkiefer des Falles von BOURNEVILLE ist die hochgradige (negroide, fast schimpansoide) Prognathie auffallend.

Klavikula	Größte Länge 1	(Ganze Länge des Humerus) (2)	Clav.-Humer.-Index $\frac{\text{Clav. (1)} \times 100}{\text{Hum. (2)}}$	Umfang der Mitte 6	Längen-Dicken-Index $\frac{(6) \times 100}{(1)}$	Mitte D. vertical. 4	Mitte D. sagittal. 5	Querschnitts-Index $\frac{(4) \times 100}{(5)}$	Schaftkrümmung Höhe 2	Schaftkrümmung Sehne 3	Krümmungs-Index $\frac{(2) \times 100}{(3)}$	Krümmung d. akrom. Endes
♂ 1910. 343 r.	125	248	50,4	25	20,0	6	7	85,7	14	71	19,7	11
l.	127	247	51,4	25	19,7	7	7	100,0	13	93	14,0	8
1894. 345 r.	150	292	51,3	39	26,7	10	13	76,9	20	100	20,0	13
518 r.	133	273	48,7	40	30,1	14	14	100,0	21	86	24,4	13
l.	138	269	51,3	40	29,0	14	13	107,7	23	92	25,0	15
5390 r.	140	296	47,3	32	22,8	9	11	81,8	22	102	21,5	11
l.	143	—	—	32	22,3	9	11	81,8	21	101	20,8	14
alle ♂	*136*	*271*	*50,4*	*33*	*24,4*	*10*	*11*	*90,6*	*19*	*92*	*20,8*	*12*
♀ 3235 r.	119	223	53,4	30	25,2	7	10	70,0	14	77	18,4	14
l.	116	225	51,5	27	23,3	7	9	77,7	9	72	12,5	14
1358 r.	144	273	52,8	32	22,2	8	12	66,6	13	94	13,9	16
(Rachitis) l.	142	271	52,4	34	23,9	11	12	91,7	13	94	13,9	19
alle Kretinen	134	256	52,4	32	24,1	9	10	85,4	17	89	18,6	13,5
201 r.	70	122	57,4	18	25,7	6,5	5	130,0	9	49	18,4	7
l.	70	122	57,4	17	24,3	6	4,5	133,3	9	51	17,6	6
28 l.	110	225	48,8	22	20,0	7	8	87,5	13	78	16,6	10
2668 r.	119	137	86,9	26	21,8	7	8	87,5	15	82	18,3	15
l.	122	137	89,0	26	21,3	8	9	88,8	15	83	18,1	18
3344 r.	115	143	80,4	24	20,9	6	7,5	80,0	10	82	12,2	13
l.	119	138	86,2	23	20,0	7	7,5	93,8	12	85	14,1	8
Chondrodystrophie	119	139	85,6	25	21,0	7	8	87,4	13	83	15,7	13,5
Knabe	117	317	36,9	25	21,4	7,5	8,5	88,2	8	70	11,4	—
Frau	165	351	47,0	39	23,7	9	15	60,0	14	107	13,0	—
Mann	139	338	40,5	41	30,0	10	14	71,4	9	80	11,2	—
Greis	151	307	49,1	43	28,5	12	14	85,7	14	103	13,4	—

Humerus bei der Chondrodystrophie, wo wir einen Index von 80 bis 89 (Mittel 85,6) finden.

6. Der Umfang der Klavikula ist bei Kretinen gering, im Mittel 32,4 (25—40); noch geringer ist er bei Chondrodystrophie (etwa 25) und bei Athyreose (22). Daraus berechnet sich ein Längendickenindex

> für Kretinen . . . . . 24,1 (19,7 bis 30,1)
> „ Chondrodystrophie . 21,0
> „ Athyreose 20,0
> „ 4 normale Europäer . 24,9

Alle anderen langen Knochen der Kretinen zeichnen sich bekanntlich durch abnorm hohen Index aus. Bei den muskelschwachen Kretinen kann der niedrige Index freilich nicht überraschen; er findet sich gleicherweise auch bei primitiven Völkern.

4 und 5. Den vertikalen Durchmesser fand ich nur einmal (unter 11) größer als den sagittalen; in zwei weiteren Fällen waren beide gleich. Der Querschnittsindex ist bei Kretinen im Mittel 85,4 (66,6—107,7), bei Chondrodystrophie und bei Athyreose etwas höher, nämlich etwa 87 und bei vier normalen Vergleichsobjekten 76,3. Ein annähernd runder Querschnitt dürfte ein kindliches, nicht differenziertes Verhalten bedeuten und ähnlich auch beim Neandertaler vorkommen.

Die Krümmung der Klavikula ist nicht leicht zu messen, weil die Sehnenlänge nicht genau genug bestimmt werden kann. Denn da es sich nicht um einen Bogensektor handelt, sondern um eine sanft auslaufende Wellenlinie, so ist Anfang und Ende der Kurve nicht mit wünschenswerter Sicherheit feststellen. Ich habe mich bemüht, der Anleitung des Lehrbuchs zu folgen, und finde den Krümmungsindex bei Kretinen im Mittel zu 18,6 mit einer recht großen Schwankungsbreite von 12,5 bis 25,0; bei Athyreose finde ich 16,6 und bei Chondrodystrophie 15,7. Inwiefern diese Zahlen mit denen anderer Autoren vergleichbar sind, ist fraglich; an vier normalen Objekten habe ich nach der gleichen Methode (vielleicht zufällig?) nur wenig über 12 gefunden. Ohne darauf zu viel Wert legen zu wollen, glaube ich mich doch zu der Annahme berechtigt, daß die Klavikula der Kretinen durch einen relativ hohen Grad von Krümmung ausgezeichnet und dadurch als primitiv charakterisiert ist. Dasselbe gilt nach Angabe des Lehrbuchs auch für Neandertal und Chancelade.

Rekapitulierend läßt sich also sagen, daß die Klavikula der Kretinen durch ihren hohen Klavikulo-Humeralindex, ihre geringe Dicke und ihren rundlichen Querschnitt nicht minder als endlich durch ihre starke Krümmung deutlich genug als primitiv und dem paläolithischen Menschen morphologisch nahestehend gekennzeichnet ist.

Ähnliches gilt von der Chondrodystrophie, nur daß hier die Länge noch bedeutend größer, die Krümmung aber geringer ist als bei den Kretinen. Für Athyreose dürfte ein mehr infantiles Verhalten (beträchtliche Länge, geringe Dicke, rundlicher Querschnitt, mäßige Krümmung) in Frage kommen; wobei man sich jedoch darüber klar sein muß, daß infantiles und primitives Verhalten nicht absolute Gegensätze sind.

Skapula.

Das Schulterblatt des Menschen ist, wenn wir Ranke (454) folgen, unter dem Einfluß der total veränderten Funktion der obern Extremität gegen den primitiven Zustand der Vierfüßler, wie er sich noch bei niederen Affen findet, in jeder Beziehung umgewandelt worden. Beim Vierfüßler ist es ein schmaler Knochen, dessen Achse (dargestellt durch die Spina scapulae, eine Verstärkungsrippe) in der Fortsetzung der Achse des Humerus liegt; beim Menschen stehen die beiden Achsen, nämlich Humerus und Spina scap., in Ruhestellung nahezu senkrecht aufeinander, und während beim Tier die beiden Gruben neben der Spina fast gleich groß sind, so ist beim Menschen die Fossa infraspinata um ein Vielfaches größer als die supraspinata. Auch die Richtung der Spina unterliegt typischen Veränderungen: beim normalen Menschen schneidet sie den medialen Rand der Skapula unter einem Winkel von annähernd 90°, in-

10*

Skapula	Morph. Breite C D ("Höhe") 1	Morph. Länge A B ("Breite") 2	Dasselbe BI 2a	Margo axillar. CI 3	Margo super. DG 4	Fossa infraspinata (projektivisch) 5	Fossa supraspinata (projektivisch) 6	F. infraspinata CB 5a	F. supraspinata BD 6a	Spina scapulae BF 7	Basis spinae 8	Scapular-Index $\frac{(2)\times100}{(1)}$	Supraspinal-Index $\frac{(2)\times100}{(6)}$	Infraspinal-Index $\frac{(2)\times100}{(5)}$	Marginal-Index $\frac{(3)\times100}{(1)}$	Spinalgruben-Index $\frac{(6a)\times100}{(5a)}$	Akro-mion. Größte Breite 9	Akro-mion. Länge 10	Proc. coracoid. 11	Cav. glenoidal. Länge GI 12	Cav. glenoidal. Breite 13	Cav. glenoidal. Index $\frac{(13)\times100}{(12)}$	Cav. glenoidal. Tiefe 14
♂ 1894. 345 r.	171	104	110	127	65	121	50	130	68	138	76	60,8	208	86,0	74,2	52,3	26	48	55	45	33	73,3	3
1910. 343 r.	138	90	91	97	64	103	35	107	46	124	71	65,2	257	87,4	70,3	43,0	22	33	37	36	22	61,1	1,5
l.	132	88	89	100	64	98	34	104	44	117	69	66,6	258	89,8	75,7	42,3	21	35	38	36	25	69,4	1,5
5390 r.	154	99	—	129	78	110	44	114	49	136	78	64,2	225	90,0	83,6	43,0	26	42	47	35	22	62,8	3
l.	152	101	—	130	75	108	44	112	52	135	80	66,4	230	93,5	85,5	46,4	27	39	48	36	23	63,8	3
518 r.	145	107	—	115	80	100	45	104	52	136	80	73,8	238	107,0	80,0	50,0	25	41	44	40	29	72,5	2
l.	146	108	—	124	83	101	45	105	52	134	79	73,9	240	107,0	85,0	49,9	24	41	42	39	31	79,5	2
alle ♂	148	100	—	118	73	106	42	111	52	131	76	70,0	236	94,4	77,8	46,7	24,5	40	44,5	38	27	68,9	2
♀ 3235 r.	114	78	—	88	58	86	28	90	40	101	60	68,4	292	90,5	77,2	44,4	18	31	29	31	19	61,3	1
l.	117	79	—	85	59	90	27	94	37	100	60	67,5	278	87,7	72,7	40,0	18	33	32	29	18	62,1	1
(Rachitis) 1358 r.	152	86	—	110	52	111	41	117	54	127	70	56,6	210	77,5	72,4	46,1	25	49	42	37	30	81,8	2
♂ l.	146	86	—	104	46	110	36	119	55	127	70	58,8	239	78,2	71,2	46,2	24	50	45	37	29	78,4	2
alle Kretinen	142,5	91,1	—	110	66	103,5	39	109	50	125	72	63,9	233	90,4	77,0	45,8	23	40	42	36,5	25,5	69,6	2
201 r.	68	—	—	—	—	47	21	50	25	61	—	—	—	—	—	50,0	10	21	—	—	—	—	—
l.	70	—	—	—	—	48	22	52	28	57	—	—	—	—	—	53,8	12	20	—	—	—	—	—
28 l.	113	77	—	101	60	81	32	83	35	98	59	68,3	240	95,1	89,4	42,2	18	31	32	27	20	74,1	2
2668 r.	140	96	—	118	70	96	44	105	58	117	77	68,5	218	100,0	84,3	55,2	20	35	36	24	21	87,5	—
l.	140	93	—	118	67	97	43	103	54	115	72	66,4	216	95,8	84,3	52,4	20	33	36	23	21	91,2	—
3344 r.	136	89	—	112	56	106	30	110	41	114	66	65,4	297	84,0	82,3	37,3	20	30	38	28	20	71,4	2
l.	126	87	—	102	60	96	30	102	48	108	65	69,0	290	90,6	80,9	47,1	18	34	36	27	20	74,1	2
Chondrodystrophie	135,5	91	—	112	62	99	37	105	50	113	70	67,2	255	92,6	83,0	48,0	19,5	33	36,5	25	20,5	81,1	2

dessen bei den Anthropoiden der Skapulo-Spinalwinkel auf 50, 40 und bis zu 30° vermindert angetroffen wird. Die Gelenkfläche zur Artikulation mit dem Oberarmkopf steht immer ungefähr senkrecht zur Spina; sie ist daher beim normalen Menschen etwa parallel zum medialen Rand der Skapula, bei den Anthropoiden jedoch bildet ihre Verlängerung mit diesem Rand einen mehr oder weniger spitzen Winkel. Alle diese Abweichungen lassen sich vom normalen, menschlichen Typus wenigstens andeutungsweise auch bei einzelnen Kretinen nachweisen.

Die Skapula ändert aber im Lauf der Entwicklung nicht bloß ihre Form, sondern auch ihre Lage. Ursprünglich liegt sie rein seitlich und gewinnt erst später eine dorsale Stellung; es ist evident und auch durch exakte Beobachtung sichergestellt, daß diese Wanderung der Skapula im Zusammenhang steht mit der Torsion des Humerus. Liegt die Skapula rein seitlich, so muß das Caput humeri direkt nach hinten schauen, hat dann also eine hochgradige Torsion; je mehr die Skapula in die Transversalebene einschwenkt, um so mehr nähert sich am Humerus die Kaputachse der durch die Ellenbogengelenkachse und die Diaphysenachse bestimmten Ebene: die Torsion wird geringer. — Schaut beim Neandertalmenschen die Cavitas glenoidalis nach rückwärts (statt rein lateralwärts), so ist daraus wohl zu schließen, daß diese Skapula noch deutlich der Seitenwand und nicht der Rückwand des Thorax angelegen hat (sonst müßten ja bei Flexion im Ellenbogen die Unterarme nach den Seiten hinaus gestanden haben!). Über die Stellung der Skapula bei den Kretinen fehlen meines Wissens alle Angaben; dieser Punkt bedarf also der Aufhellung.

Ich gebe nun zuerst die Dimensionen der Kretinenskapula in absoluten Zahlen, weiterhin die daraus berechneten Indizes; ich finde bei

	Kretinen			Mikromelie	Athyreose
	Mittel	Minimum	Maximum		
1. Morpholog. Breite DC . . .	142,5	114	171	135,5	113
2. Morpholog. Länge BA . . .	91,1	78	108	91,2	77
3. Margo axillaris CI	109,9	85	130	112,5	101
4. Margo superior DG	65,8	46	83	62,2	60
5. Fossa infra-spin. (proj.) . .	103,5	86	121	99,0	81
5a. „ „ „ (dir.) BC .	108,6	90	130	105,0	83
6. Fossa supra-spin. (proj.) . .	39,0	27	50	36,8	32
6a. „ „ „ (dir.) BD .	50,0	37	68	50,0	35

Für die Berechnung lagen 3 Skapulae von Berner und 8 von Grazer Kretinen, 1 von Athyreose und 4 Exemplare von Chondrodystrophie vor; normales oder fossiles Vergleichsmaterial hatte ich nicht zur Verfügung. Auf Grund der Tabelle im Lehrbuch S. 977 glaube ich mich jedoch zu der Annahme berechtigt, daß die Dimensionen der Skapula absolut und relativ sowohl bei Kretinen als bei Mikromelen beträchtlich sind und sich dadurch scharf von der einen Athyreoseskapula Graz 28 unterscheiden. Leider habe ich versäumt, rachitische Schulterblätter zu messen. Auch Japaner und Ainos haben große Schulterblätter; ♀ haben allgemein kleinere Skapula.

Ich bin bei meinen Messungen genau den Angaben des Lehrbuchs gefolgt, was ich nachträglich wenigstens in bezug auf Maß 2 bedaure. Es wäre besser und gar nicht umständlicher gewesen, statt 2 das Maß 2a zu nehmen, denn in diesem Falle, wenn nämlich BI (statt BA) bekannt ist, läßt sich die Skapula mit Hilfe der genommenen Maße aufs Einfachste zeichnerisch rekonstruieren und, was die Hauptsache, es lassen sich an dem so mit Maßstab und Zirkel konstruierten Schema alle Winkel leicht und ziemlich sicher nachmessen. Man kann, wenn BI und Maß 14 (die Tiefe der Cavitas glenoidalis) bekannt ist, daraus sogar BA als Verbindung von B mit der Mitte von GI (vermindert um Maß 14) rekonstruieren. Ohne also ein einziges Maß mehr nehmen zu müssen, kann man durch eine einfache Zeichnung die wichtigsten Winkel bestimmen;

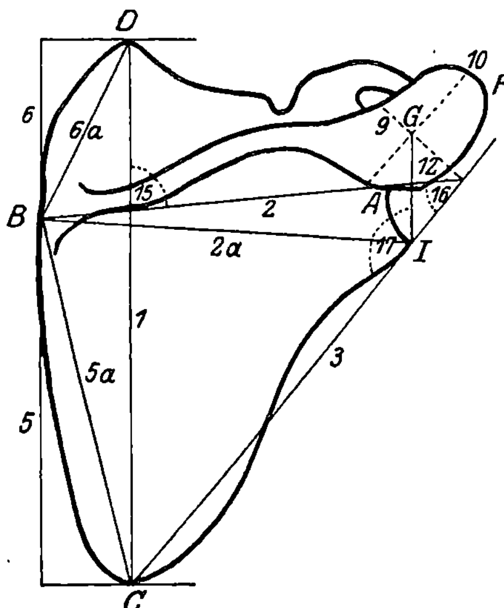

Abb. 13. Menschliche Skapula.

nimmt man nur BA statt BI, so muß man entweder die Winkel direkt messen, oder man hat sie eben nicht zur Verfügung. Das ist der Grund, weshalb ich nicht für alle meine Objekte die Winkel angeben kann, sondern nur für die beiden, von denen ich eine vollständige Umrißzeichnung besitze (1894. 345 und 5390). Dieses Verfahren wäre gewiß so einfach und gewiß auch ebenso sicher, wie das unter Nr. 15 im Lehrbuch beschriebene. Ich empfehle es allen, welche Messungen an der Skapula vornehmen wollen. Mit Hilfe von BI und CI konstruiert man über BC den Punkt I, ebenso mit BD und CD über der gleichen Basis BC den Punkt D; nun nimmt man von D aus DG und von I aus IG in den Zirkel, wodurch man G findet. Verbindet man B mit der Mitte von GI, so erhällt man (nach Abzug der Gelenkflächentiefe!) BA; und endlich braucht man von B auf CD bloß ein Lot zu fällen, um die projektivischen Breiten der Ober- und Untergrätengruben zu finden. Die Winkel kann man direkt ablesen.

Nach diesen Bemerkungen zur Methodik will ich meine Ergebnisse mitteilen.

Der Skapularindex ist bei Kretinen im Mittel 63,9 (56,6 bis 73,9); läßt man den rachitisverdächtigen 1358 außer Betracht, so erhöht sich das Mittel auf 67,4, bei den Männern allein auf 70,0, bei Chondrodystrophie 67,2 und bei Athyreose noch höher, nämlich 68,3. Es sind dies alles Zahlen, welche noch durchaus im Bereich des Normalen liegen; Europäer weisen etwa 65 auf, Lappen und Eskimos etwas weniger (61 bis 64), Asiaten und Neger etwas mehr (bis zu 70). Bei allen Anthropoiden findet man einen höhern Index, was eine schmale Skapula bedeutet. (NB. wenn man Maß 2 als die morphologische „Länge" der Skapula bezeichnet, so ist es inkonsequent, bei hohem Skapularindex von einer „schmalen" Skapula zu reden; logischerweise müßte man hier von einer „kurzen" Skapula reden!). Bei Graz 518 ist der Index auffallend hoch.

Der Infraspinalindex (wie auch der nächstfolgende) ist auf S. 906/7 des Lehrbuchs offenbar irrtümlich angegeben, und es gehört beidemal die morphologische Länge in den Zähler, nicht in den Nenner des Bruches; rechnet man so, wie tatsächlich vorgeschrieben, so erhält man ganz unsinnige Indexwerte. Je höher der Index, um so kürzer der vertebrale Rand der Fossa infraspinata (meistens ist dann die Fossa supraspinata um so ausgedehnter, also tierischer). Bei Kretinen finde ich den Index 90,4 (78,2 bis 107,0), bei Chondrodystrophie und bei Athyreose ist er aber noch höher, nämlich 92,6 und 95,1 (ebenso bei den kretinischen Männern, wenn 1358 nicht berücksichtigt wird). Alle diese Werte liegen an der oberen Grenze des Normalen (Europäer 85 bis 89; Eskimos 81; Lappen 89; Wedda 93; Neger 98); ich lasse es dahingestellt, ob der etwas höhere Index meiner Kretinen auf einem großen Maß 2 (niedriger Skapularindex) beruhe, oder als primitiv aufzufassen sei.

Der Supraspinalindex (vgl. Bemerkung zum vorigen) ist bei Kretinen im Mittel 233 (208 bis 292), bei Athyreose 240 und bei Chondrodystrophie gar 255. Alle diese Zahlen sind merklich höher als bei normalen Menschen (217 nach Lehrbuch) und erinnern entschieden an die bei Anthropoiden gefundenen Werte (Orang 237); es handelt sich bei den Kretinen somit um eine recht niedrige Fossa supraspinata. Da aber beide Gruben eine geringe Breite aufweisen, so ist der anthropologische Wert des Merkmals so ohne weiteres nicht klar abzuschätzen.

Der Spinalgrubenindex ist bei Kretinen im Mittel 45,8 (40,0 bis 52,3), bei Athyreose geringer (42,2) und bei Chondrodystrophie wesentlich höher (48). Für normale Menschen gibt das Lehrbuch 41 bis 43, für die Anthropoiden jedoch viel höhere Nummern, nämlich über 100; einzig Orang steht mit 42 dem Menschen sehr nahe. Mir will allerdings scheinen, daß das Verhältnis der Hinterränder der beiden Gruben die vergleichsweise Größe derselben nicht allzu prägnant zum Ausdruck bringe. Es wäre vielleicht besser, die Flächeninhalte der beiden Gruben approximativ nach der Formel für Dreiecke (J = dem halben Produkt aus Höhe und Grundlinie) zu berechnen und zu vergleichen; über die Schiefheit der Spina gibt der Spinalgrubenindex ohnedies keine Auskunft.

Der Marginalindex ist bei Kretinen im Mittel 77 (70 bis 85), bei Chondrodystrophie 83 und bei Athyreose fast 90. RANKE hat darauf hingewiesen, daß beim Menschen der vordere (axillare) Rand der Skapula immer kleiner ist als der hintere (vertebrale) Rand, während bei den Anthropoiden sehr oft das umgekehrte Verhältnis eintritt. Viel Vergleichsmaterial liegt allerdings nicht vor. Ich darf aber vielleicht doch hervorheben, daß bei 4 von den 11 Kretinenschulterblättern der Margo axillaris zwar nicht länger als Maß 1, jedoch länger als der Hinterrand der Fossa infraspinata gefunden wurde; bei Athyreose und bei Chondrodystrophie scheint dieses Verhalten die Regel zu sein. Im Mittel kommen sich die beiden Maße bei Kretinen sehr nahe; der Margo axillaris mißt 109,9, die Fossa infraspinata 108,6. Daraus dürfte auf einen schiefen Skapula-Spinalwinkel zu schließen sein.

Es ist noch mit einigen Worten auf das Verhalten der Ränder selbst einzugehen. Die von MARTIN an der Senoi-Skapula gefundene scharfe Abknickung des Vertebralrandes in der Höhe der oberen Spinalippe glaube ich wenigstens bei Graz 5390 auch gefunden zu haben. Unterhalb der Spina ist der Margo vertebralis bei Kretinen meist leicht gebogen oder fast gerade; konkav habe ich ihn nur bei Graz 28, 201 und 3344 angetroffen. Hier dürfte es sich um die sogenannte Scapula scaphoidea handeln, deren klinische Bedeutung jedoch nach den Untersuchungen von WARBURG (297) lange nicht so groß ist, wie ihr Entdecker GRAVES ursprünglich angenommen hat.

Über abnorme Dicke des Margo axillaris, was für den Neandertaler charakteristisch sein soll, fehlen mir Aufzeichnungen; einzig bei Graz 1358 (Rachitis!) ist die Dicke zu 12 mm angegeben, sonst findet sich nur 7—10. Nie war dieser Rand konvex; bei Graz 518 und bei den beiden Mikromelen war er gerade, sonst überall konkav. Ein leicht konvexer Margo axillaris ist bekanntlich für gewisse Anthropoide kennzeichnend.

Spina scapulae.

Die Länge der Spina scheint bei Cretinen mit einem Mittel von 125 (101—138) mm ziemlich beträchtlich zu sein; Vergleichszahlen liegen allerdings nicht vor. Doch finde ich die Spinalänge bei Chondrodystrophie und bei Athyreose ungefähr gleich der Länge des Margo axillaris, bei Kretinen jedoch merklich länger.

Die Basis spinae mißt bei Kretinen 72 (60—80),

Mikromelen 70,

Athyreose 59

und ist ohne weiteres Interesse.

Dar Akromion hat bei Kretinen   40 mm Länge und 23 mm Breite

Mikromelie 33 ,,   ., ,, 20 ,,

Athyreose 31 ,,   ,, ,, 18 ,,

Der Processus coracoides mißt in der Länge 42 (bzw. 36 und 32) mm. All das sind vorläufig anthropologisch kaum verwertbare Daten. Viel wichtiger ist, wie schon eingangs erwähnt, der Skapula-Spinalwinkel; leider kann ich ihn nur an zwei Fällen messen, hier aber finde ich ihn deutlich abgeändert im Sinne größerer Schiefheit, denn statt etwa 90° beträgt er bei 1894. 345 nur 81° und bei Graz 5390 gar nur 78°. Bei den übrigen Fällen dürfte der Winkel ein annähernd normales Verhalten darbieten. Bei 1910. 343 ergibt sich beidseits durch Konstruktion ein Winkel von etwa 90°.

Cavitas glenoidalis.

Die Länge der Gelenkfläche beträgt bei Kretinen im Mittel 36,5 (29—45) mm, während beim normalen Mann in Europa 39,2 und beim Weib 33,6 gefunden werden; die sexuelle Differenz ist deutlich. Bei Athyreose finde ich 27 und bei Chondrodystrophie gar 25 mm.

Die Breite mißt bei Cretinen 25,5 (18—33), bei den ihr verwandten Krankheiten je etwa 20 mm.

Der Längen-Breitenindex läßt sich daraus berechnen und ist

bei Kretinen . . . . 69,6 (61—81)

,, Athyreose . . . 74,1

,, Chondrodystrophie 81,1

Auch hier zeigt sich eine ausgeprägte Geschlechtsdifferenz; es haben

Indianer Männer 73,1 Weiber 71,4

Senoi   ,,   66,9   .,   61,6

In der Form ist die Gelenkfläche bei Kretinen meist nierenartig, bei Graz 518 und bei den Bernern jedoch fast rein oval. Bei Chondrodystrophie scheint Nierenform vorzuherrschen.

Die Tiefe der Gelenkfläche ist mit 1—3 mm rein menschlich; bei Anthropoiden ist sie bekanntlich viel beträchtlicher, bis zu 10 mm.

Die Richtung der Gelenkfläche ist meistens, so wie beim normalen Menschen, lateralwärts und etwas nach vorn; indessen habe ich bei 1894. 345 [1] „ganz wenig nach hinten", und bei Graz 5390 [2] „nach oben und auswärts" notiert. Es scheint also in diesen beiden Fällen, die ja auch durch eine schief gerichtete Spina ausgezeichnet waren, ein Verhalten vorzuliegen, das zum mindesten als an niedere Zustände erinnernd bezeichnet werden darf.

Ossifikation.

Graz 28 und 201 weisen ihrem ganzen Habitus entsprechend noch viel unverkalkten Knorpel auf; aber auch bei 518 (Alter unbekannt) finden sich Knorpelspuren, bei 5390 (35 Jahre) solche im Kollum, und bei 3235 (30 Jahre) ist der Knorpel ebenfalls noch deutlich zu sehen. Die übrigen Fälle scheinen normalen Ossifikationszustand dargeboten zu haben.

Rekapitulation.

Es ist zwar kaum möglich, falls nur eine Skapula vorliegt, daraus eine sichere Diagnose zu machen; denn die Unterschiede sind nicht groß genug und nicht eindeutig. Trotzdem soll versucht werden, die wesentlichsten Merkmale übersichtlich zusammenzustellen.

I. Beim Kretinismus ist im allgemeinen die Skapula relativ groß zu nennen und von ansehnlicher Breite; auch die Spina ist mächtig entwickelt. Die große Breite (recte: „morphologische Länge", Maß 2) bedingt und erklärt den niedrigen Skapularindex, wie auch den hohen Supra- und Infraspinalindex, wodurch die Kretinen ausgezeichnet sind. Die Ausdehnung der Fossa supraspinata ist eher größer als normal. Der Vorderrand ist lang im Vergleich zum hintern Rand, und er ist zwar nicht konvex, aber doch sehr oft gerade (statt ausgehöhlt). Häufig besteht eine Scapula scaphoidea. Eine neandertaloide Schiefheit der Spina und der Gelenkfläche habe ich zwar nur in zwei Fällen angedeutet gefunden; das dürfte aber doch genügen, um sagen zu können, daß auch die Skapula der Kretinen gelegentlich durch primitive, jedenfalls nicht thyreogene oder thyreotoxisch erklärbare Merkmale ausgezeichnet ist.

II. Bei der Chondrodystrophie ist die Skapula ebenfalls recht groß, jedoch eher schmal und die Spina nicht sehr mächtig. Die relative Größe der Infra- und Supraspinalgruben ist ähnlich wie bei den Kretinen und der Vorderrand ebenfalls sehr lang, wie aus den betreffenden hohen Indexwerten klar genug hervorgeht. Über primitive Schiefheit von Spina und Cavitas glenoidalis habe ich keine Notizen.

III. Über Rachitis habe ich keine Erfahrung.

IV. Bei Athyreose scheint die Skapula klein und schmal entwickelt zu sein, im übrigen aber ziemlich normale Konfiguration aufzuweisen, — soweit sich das bei Vorliegen von nur einem Exemplar überhaupt sicher beurteilen läßt.

---

[1] Hum.-Torsion 21° (l. 32°).
[2] „ „ 16°.

Humerus [1].

Dazu Tafel I und Tabelle auf S. 156/157.

A. Längenmaße.

Man sollte denken, die Bestimmung der Länge eines Oberarmknochens sei nach den genauen Angaben des MARTINschen Lehrbuches in allen Fällen leicht und zweifelsfrei möglich. Das ist auch der Fall, so lange man nur mit normalem Material arbeitet. Bei pathologisch veränderten Knochen ist aber leider allzu oft das Kaput nicht der höchste und der mediale Rand der Trochlea auch oft nicht der tiefste Punkt des Humerus; sondern es kann einmal das Kaput überragt sein von der Tuberkularregion, anderseits zeigt sich auch gelegentlich an der distalen Apophyse eine Umkehrung der normalen Verhältnisse, wobei der Kondylodiaphysenwinkel größer als 90° wird und das Kapitulum tiefer steht als die Trochlea. Ist letzteres der Fall, so wird die „ganze Länge" größer als die größte „Länge"; ist jedoch das Kaput nicht der Scheitelpunkt des Knochens, so genügen die üblichen Maße nicht mehr. Man muß dann eine „Tuberkular-länge" nehmen, die in allem der Trochanterlänge am Femur entspricht (ich darf gleich hier bemerken, daß auch die Trochanterlänge gelegentlich größer gefunden wird, als die „größte Länge"). Ich bestimme die „Tuberkularlänge" in der Art, daß die distale Apophyse an die vertikale Querwand angelegt wird und der Winkel am Tuberkulum tastet (Meßbrett). Es handelt sich also in der Regel um die Distanz Tuberkulum — Trochlearand; bloß wenn, wie erwähnt, der Kondylodiaphysenwinkel über 90° beträgt, so ist das gesuchte Maß die Distanz vom Tuberkulum zum Kapitulum. Um vollständig zu sein, muß man immer sowohl eine „größte" wie eine „ganze" Tuberkularlänge nehmen. — Man kann die Analogie mit den Messungen des Oberschenkels noch weiter treiben und außerdem noch die Länge des Humerus in „physiologischer Stellung", d. h. die Projektion auf eine zur Trochleatangente senkrechte Ebene bestimmen (im Meßbrett). Ein solches Maß könnte dazu dienen, uns über den Schief-stand der distalen Gelenkrolle Aufschluß zu geben; es ist um so größer, je mehr der Winkel zwischen Trochleatangente und Schaftachse sich einem rechten nähert; man wird dadurch unabhängig von der oft so schwierigen Bestimmung der Achse eines verbogenen Knochens, und das ist sicher oft von Vorteil.

Im einzelnen geben meine Messungen an den Humeri meines Kretinen-materials folgende Resultate:

1. Die „größte Länge" beträgt im Mittel aller 25 Humeri 258,6 mm, bei 18 reinen Fällen 256,4; das ist sehr wenig. Es rangieren dadurch meine Kre-tinen noch unter dem 13jährigen Jungen meiner Sammlung, ebenso, und zwar bedeutend, unter den beiden fossilen Menschentypen (deren Humeri etwa 313 mm) und sogar noch unterhalb der neolithischen Pygmäen (deren Humeri etwa 266 mm). Es sind dadurch die Kretinen deutlich als Degenerierte charak-terisiert; das Minimum ist 225, das Maximum 299 mm. Noch geringere Längen

---

[1] Die Untersuchung erstreckte sich auf Total 27 Humeri, wovon aber 7 wegen Verdacht auf Rachitis nur bedingt brauchbar sind. Von den reinen Fällen waren 13 männliche (4 Paare, 4 isolierte rechte und 1 linke), 5 weibliche (2 Paare und 1 rechter); die Unterschiede der reinen und der mit Rachitis komplizierten Fälle sind aber beim Humerus nur gering.

fand ich freilich sowohl bei der Rachitis (nämlich etwa 250 mm) und bei der Chondrodystrophie (in zwei typischen Fällen nur etwa 140 mm), beides Leiden, die in mehr als einer Hinsicht mit dem Kretinismus verglichen werden können.

Beim massiven Typus ist die relativ beträchtliche Länge von 282 mm das wichtigste Unterscheidungsmerkmal; die grazilen (δ wie φ) bringen es bloß auf 236 mm.

Sexuelle Differenzen bestehen naturgemäß auch bei den Kretinen, indem, soweit das Geschlecht der Skelette bekannt ist, die kleinsten durchweg Weibern zugehören (230 gegen 265 bei den Männern). Ebenso folgen die Kretinen darin der Regel, daß die linksseitigen Humeri meistens (um 1 bis 8 mm) kürzer sind als die rechten; bloß einmal unter acht paarweise vorhandenen Fällen war das Verhältnis umgekehrt. Bekanntlich verhalten sich alle Primaten in diesem Punkt gleich wie der Mensch; allerdings ist bei ihnen das Überwiegen des rechten Humerus relativ nicht gar so häufig wie beim Menschen. (Vgl. MARTIN S. 337.)

Um noch die Verhältnisse kleinwüchsiger Völker zu streifen, sei hier bemerkt, daß

nach SARASIN   nach MARTIN

beim Wedda Mann 313,1   beim Feuerländer Mann 286,6 mm

Weib 277,5   Weib 285   „

als Humeruslänge gefunden wird; also auch hier erheblich größere Zahlen wie bei den Kretinen.

2. Die „ganze Länge" beträgt im Mittel 256,1 mm (Minimum 221, Maximum 296). Bei zwei Fällen (Graz Nr. 1358 und Nr. 4028), beide Rachitis-verdächtig fand sich die ganze Länge sowohl links als rechts um 3 bis 4 mm größer als die größte Länge, beidemal neben einem Kondylodiaphysenwinkel wenig über 90°. Das gleiche Verhalten finde ich bei zwei meiner Athyreosefälle (28 und 1918 49) ,wie auch regelmäßig bei der Rachitis, etwas weniger deutlich bei der Chondrodystrophie. Ähnliches konstatiert man bei Neonaten, dagegen scheint es weder bei fossilen, noch bei jetzt lebenden Primitiven vorzukommen. Aus meinem Material geht nicht hervor, ob der linke Humerus bei Kretinen sich durch eine relativ bedeutendere „ganze Länge" vor dem rechten auszeichnet; das wäre zu erwarten, denn der mehrerwähnte Winkel ist ja de norma auch stets rechts kleiner als links.

Bei starker Verbiegung ist die Projektion auf die Längsachse eine geometrische Unmöglichkeit und in solchen Fällen entspricht die ganze Länge auch durchaus nicht der am Lebenden genommenen Oberarmlänge (dies würde viel eher auf die Tuberkularlänge zutreffen!). Will man ein Projektionsmaß, so empfiehlt sich eher die Projektion auf die zur Kondylentangente senkrechte Ebene, nämlich das folgende Maß:

In „physiologischer Stellung" mißt die Höhe des Kaput über der Unterlage im Mittel 256,2 mm, die des Tuberkulum dagegen nur 253,9 mm, bei den reinen Fällen 253,4 bzw. 250,5 mm. Bei normalen Vergleichsobjekten sind die Differenzen durchweg viel größer, bis zu 15 bzw. 37 mm, entsprechend dem stärkern Schiefstand des Ellenbogenteiles.

Die Tuberkularlänge, welche, wie schon erwähnt, der Trochanterlänge des Oberschenkels genau entspricht, ist in den meisten Fällen die Distanz vom Tuberc. majus bis zum Trochlearand. Nur bei Graz Nr. 1358 und Nr. 4028

Längenmaße

Gruppe	Humerus	Größte Länge (Kaput→Trochlea) 1.	Ganze Länge (Kaput→Kapitulum) 2.	Kaputlänge in natürlicher Stellung	Tuberkularlänge	Dieselbe in natürlicher Stellung
massiv	♂ 1894. 345 r.	299	292	291	295	296
massiv	l.	296	290	293	293	287
massiv	1916. 67. r.	270	266	268	268	264
massiv	1906. 353 l.	262	257	259	264	257
massiv	1914. 93 r.	280	277	276	276	272
massiv	5390 r.	299	296	295	298	292
massiv	l.	—	—	—	—	—
massiv	518 r.	278	273	275	275	269
massiv	l.	274	269	269	272	262
	Alle massiven ♂	282	277	273	280	275
grazil	♂ 1895. 160 r.	—	—	—	—	—
grazil	l.	224	221	221	224	220
grazil	1910. 343 r.	253	246	249	250	242
grazil	l.	251	245	248	248	242
grazil	1913. 141 r.	252	248	250	255	249
grazil	1915. 297 r.	228	226	226	228	226
	Alle ♂	265	—	—	—	—
	♀ 3235 r.	225	223	223	224	221
	l.	228	225	225	226	222
	4595 r.	238	237	236	236	230
	l.	230	228	230	233	229
	1917. 212 r.	228	226	227	229	229
	Alle ♀	230	—	—	—	—
	Normal: Mittel	256,4	253,5	253,4	255,2	250,5
rachitisch	♂ 1903. 278 l.	230	(228)	228	235!	229
rachitisch	♂ 1358 r.	269	273	268	274	270
rachitisch	l.	268	271	267	271	268
rachitisch	♂ 2334 r.	289	286	286	286	280
rachitisch	l.	238	280	232	280	276
rachitisch	♀ 4028 r.	257	260	255	258	257!
rachitisch	l.	255	259	258	258	257
	Alle: Mittel	258,6	256,1	256,2	258,2	253,8

Kaput

Humerus	Obere Breite 3.	Oberer transversaler Durchmesser 3a	Collum chirurg. 3b	Breite 9	Höhe 10	Querschnitts-I. (9)×100/(10)	Umfang 8.	Tuberkularbreite
♂ 1894. 345 r.	57	61,4	30,6	46	50	92,4	150	48
l.	57	59,4	31	46,4	50	93,4	153	48
1916. 67. r.	50	54,5	29,4	41	46	89,1	135	45
1906. 353 l.	52	56	46	46	45	102,0	148	46
1914. 93 r.	55	56	45	44	47	93,8	146	49
5390 r.	47	51	39	39	42	92,8	132	43
l.	46	51	40	39	40	97,5	131	43
518 r.	52	56	41	44	45	97,7	143	47
l.	53	57	40	45	45	100,0	145	48
Alle massiven ♂	52	56	39	43	45,5	95,4	142	46
♂ 1895. 160 r.	42	49	44	40	37	108,1	123	40,4
l.	43	24?	23	40	38	105,2	118	39,4
1910. 343 r.	47	51	42	defekt	—	—	—	—
l.	46	49	39	39	41,5	93,9	127	39
1913. 141 r.	46	48	37	37	40	92,5	120	41
1915. 297 r.	50	54	28	40	46	87,0	131	41
Alle ♂	46,1	—	—	41	43,5	95,2	135	43,7
♀ 3235 r.	43	46	35	34	38	89,5	114	36
l.	43	44	35	34	38	89,5	114	36
4595 r.	42	45	35	34,5	37	93,5	111	36
l.	40	44	34	33	37	89,2	106	36
1917. 212 r.	45	46	26	37	39	94,8	115	38
Alle ♀	43	—	—	34,5	38	91,3	112	36,4
Normal: Mittel	47,8	50,0	35,6	40,0	42,1	95,0	130	42,1
♂ 1903. 278 l.	48	52	39	38	41,5	91,5	131	45
♂ 1358 r.	52	56	46	44	48	91,7	145	49
l.	53	58	48	42	49	85,7	146	49
♂ 2334 r.	50	54	46	42	45	93,3	141	45
l.	50	53	45	45	46	97,8	143	47
♀ 4028 r.	51	60	50	42	50	85,0	150	46
l.	55	59	47	44	49	89,8	143	45
Alle: Mittel	48,8	51,6	38,3	41,5	43,4	95,6	133,2	43,3

Diaphysenmitte

Humerus	Größter D. 5.	Kleinster D. 6.	Querschnitts-I. (6)×100/(5)	Umfang 7a	L.-D.-Index (7a)×100/(1)	Kleinster Umfang 7.	L.-D.-Index (7)×100/(1)
♂ 1894. 345 r.	26,6	22,7	85,4	81	27,1	70	23,6
l.	25,8	25,3	98,0	76	25,7	67	22,6
1916. 67. r.	24,3	18,3	75,3	67	23,5	58	21,5
1906. 353 l.	21	16	76,2	62	23,7	54	20,6
1914. 93 r.	23	19	82,6	71	25,4	53	20,7
5390 r.	23	17	73,9	64	21,4	—	—
l.	22	14	63,6	60	—	—	—
518 r.	22	19	86,4	66	23,6	—	—
l.	21,5	18	83,7	65	23,5	—	—
Alle massiven ♂	23	18,8	80,5	68	24,3	—	—
♂ 1895. 160 r.	19	17	89,4	58	—	—	—
l.	21	18	75,0	58	25,8	50	22,3
1910. 343 r.	20	16,5	82,5	59	23,4	55	21,9
l.	19	17	89,5	58	23,1	55	21,7
1913. 141 r.	19	15	78,3	55	21,9	50	20,0
1915. 297 r.	22	18	81,8	67	29,4	56	24,5
Alle ♂	22	18	81,8	64,3	24,3	57,3	21,6
♀ 3235 r.	19	15	78,9	55	24,4	—	—
l.	18	15,3	86,1	55	24,1	—	—
4595 r.	16	13,5	84,3	50	21,0	—	—
l.	16	13,5	84,3	50	21,7	—	—
1917. 212 r.	19	15	78,9	54	23,6	50	22,0
Alle ♀	18	14,5	82,5	53	23,0	—	21,8
Normal: Mittel	20,8	17,2	82,5	61,6	24,0	56,7	22,1
♂ 1903. 278 l.	19	16	84,2	58	25,7	51	22,2
♂ 1358 r.	27	21	77,7	76	27,6	—	—
l.	27	24	88,8	80	29,3	—	—
♂ 2334 r.	22	18	81,8	65	22,5	—	—
l.	21,5	13	83,7	65	22,9	—	—
♀ 4028 r.	24	20	83,3	74	26,8	—	—
l.	24	19	85,8	69	26,4	—	—
Alle: Mittel	21,5	17,7	81,6	63,6	24,6	56	21,6

Trochlea — Fossa olecrani

Humerus	Epikondylenbreite (Meßbrett) 4	Epikondylenbreite (größte) 4a	Kapitulumbreite 12	Breite 11	Tiefe 13	Grube	Index (11)×100/(4a)	Fossa olecrani Breite 14	Fossa olecrani Tiefe 15
♂ 1894. 345 r.	69	70,6	20,3	35	32	20	49,5	28	10
l.	68	67	20	30	28	19	45,8	26	11
1916. 67. r.	60	61	17,3	25	21	15,5	41,0	22	11
1906. 353 l.	61	61	20	31	24	17	50,8	23	8
1914. 93 r.	63	64	18	28	27	18	43,6	27	10
5390 r.	62	63	17	24	24	16	38,1	27	14
l.	—	—	—	—	—	—	—	—	—
518 r.	61	62	18	26	26	18	41,9	28	8
l.	62	62	17	28	27	19	45,1	28	8
Alle massiven ♂	642	662	182	29	26,5	18	44,4	26	10
♂ 1895. 160 r.	—	55,6	—	23,5	—	—	42,3	22	—
l.	55	55	14	23	22	14	41,8	21	12
1910. 343 r.	56	55,5	18	27	25,5	16	48,2	25	7,5
l.	—	55	18	23	25	—	41,9	25	10
1913. 141 r.	56	56	—	28	27,5	18	50,0	22	9
1915. 297 r.	58	59	18	24	26	18	40,7	21	13
Alle ♂	61	61	18	26	25	17	42,6	24	10,5
♀ 3235 r.	55	55	16	20	22	15	36,4	22	13
l.	54	55	14	22	23	15	40,0	22	11
4595 r.	49	50	14	22	21	13	44,0	22	8
l.	49	50	13	22	21	14	44,0	23	9
1917. 212 r.	51	53	17	22	25	18	41,5	21	9
Alle ♀	51,4	52,5	15	22	22	15	41,8	22	10
Normal: Mittel	58,2	50,5	16,4	25,5	25	16,5	42,8	24	10
♂ 1903. 278 l.	58	58	16	26	25,5	16	44,9	24	11,5
♂ 1358 r.	65	66	17	26	28	16	33,3	26	13
l.	64	61	18	26	27	17	40,6	26	13
♂ 2334 r.	60	60	19	28	26,5	18	46,6	26	9
l.	59	59	19	30	25	18	50,8	25	11
♀ 4028 r.	60	61	19	29	27	15	47,5	17	9
l.	61	61,5	18	30	27	15	48,8	19	9
Alle: Mittel	59	60	16,8	26,2	25,4	16,5	43,7	23,6	10,3

Torsion, Kapito-/Kondylodiaphysenwinkel, Ossifikation

Humerus	Torsion bez. Epikondylenachse 18	Kapitodiaphysenwinkel am Diagramm (Kp.randebene-Schaftachse) 17	Kapitodiaphysenwinkel im Meßbrett 17	Kondylodiaphysenwinkel (Meßbrett) 16	Ossifikation
♂ 1894. 345 r.	21°	137°	49°	80°	o. B.
l.	32°	135°	46°	83°	o. B.
1916. 67. r.	10°	145°	59°	85°	o. B.
1906. 353 l.	11°	122°	34°	82°	o. B.
1914. 93 r.	4°	135°	40°	84°	o. B.
5390 r.	16°	123°	42°	79°	Kp.-?
l.	—	128°	—	—	spuren
518 r.	18°	140°	51°	83°	o. B.
l.	18°	136°	47°	82°	o. B.
Alle massiven ♂	16°	134°	46°	82°	
♂ 1895. 160 r.	—	—	47°	87°	o. B.
l.	47°	144°	50°	85°	o. B.
1910. 343 r.	12°	130°	34°	80°	o. B.
l.	32°	131°	41°	81°	Kap. getrennt
1913. 141 r.	15°	124°	34°	88°	prox. Kp.
1915. 297 r.	41°	126°	—	86°	o. B.
Alle ♂	22°	132°	43°	83°	
♀ 3235 r.	45°	133°	39°	84°	Kp.-
l.	31°	130°	36°	89°	rinne
4595 r.	22°	136°	48°	88°	o. B.
l.	23°	135°	40°	88°	o. B.
1917. 212 r.	23°	122°	30°	85°	o. B.
Alle ♀	30°	131°	38°	85°	
Normal: Mittel	24°	132°	42°	83°	o. B.
♂ 1903. 278 l.	20°	108°	22°	86°	o. B.
♂ 1358 r.	etwa 20°	118°	26°	91°	o. B.
l.	etwa 20°	129°	20°	95°	o. B.
♂ 2334 r.	26°	136°	44°	88°	prox.
l.	36°	132°	41°	82°	Kp.
♀ 4028 r.	fast 0°	132°	40°	92°	o. B.
l.	16°	130°	45°	91°	o. B.
Alle: Mittel	22,6°	130°	40°	—	

Neonat	84	85	95	84	82	17	18	16	14,4	16	90,0	49	15,7	5,5	5,1	92,7	18	21,4	—	—	22	22	7	9	9,5	7,5	40,9	9,5	5	27°	116°	—	91°	Kp.
♀ 1886. 42 l.	89,4	(86,4)	—	(84,6)	—	19,3	17,6	16,8	(von dem der Länge nach aufgesägten Knochen liegt nur die ventrale Hälfte vor)					10	—	—	—	—	—	—	—	—	—	—	—	—	—	—	—	(Stark)	133	—	75	Kp.
♂ 201a r.	122	—	—	—	—	—	(30)	—	—	—	—	—	(19)	10	9	90,0	30	24,6	—	—	—	30	—	—	—	—	—	14	—	wenigstens 45°	nicht zu	bestimmen	—	} Kp. erhalten
♂ 201a l.	122	—	—	—	—	—	(30)	—	—	—	—	—	(18)	10	9	90,0	30	24,6	—	—	—	30	—	—	—	—	—	15	—					
28 r.	224	225	224	220	—	36	37	30	31	30	103,3	97	28	10	9	90,0	30	13,3	—	—	35	36	10	12,5	15	10	34,7	19	} Sehr	(18°)	(147°)	53°	94°	} Kp. gut
28 l.	235	237	236	231	—	40	40	34	32	33	95,5	105	31	13	10	76,9	39	16,4	—	—	41	45	14	17	15	11	37,7	17	} tief	(10°)	(143°)	49°	94°	} erhalten
♂ Bourneville	176	(Kaput von den Tuberkula überragt)				—	—	—	37	39	94,9	—	—	—	—	—	—	—	50	28,4	50	58	—	—	—	—	—	—	—	—	—	—	—	—
♀ 1918. 49 r.	148	153	147	154	—	36	37	20	30	30	100,0	92	33	15	11	73,3	42	28,4	39	25,7	45	44	15	20	18	15	45,4	15	(8)	42°	120°	—	100°	Kp.
♀ 1918. 64 l.	226	220	225	228	—	44	49	23	39	41	95,1	120	40	17	16	94,1	52	23,0	45	20,0	57	57	16	23	24	16	40,3	20	10	22°	120°	—	88°	Kp.-Linie
♂ 1915. 299 r.	250	244	244	249	241	50	54	25	42	44	94,3	130	48	18	16	87,3	51	20,4	50	20,0	59	59	17	25,5	25	16	43,2	23	11	15°	(121°)	27°	80°	{ Kp.-Linie
(23 bis 299)	210	212	215	216	—	41	41	26	35	36	97,2	109	36	15	12	84,3	43	20,3	45	23,5	48	48	14	20	19	14	40,3	19	10	22°	130°	43°	91°	—
♂ 3842 r.	254	258	251	259	254	49	59	46	44	49	89,8	146	47	25	19	72,0	72	27,9	—	—	63	64	16	26	25	16	40,6	19	6	(50°)	138°	43°	95°	o. B.
3842 l.	245	252	?	255	256	47	56	43	42	46	91,3	140	46,5	24	18	75,0	71	28,2	—	—	64	65	14,5	24	25	15	37,0	27	8	(15°)	130°	—	92°	o. B.
♀ 4145 r.	246	243	241	243	255	27	29	41	38	41	92,7	122	44	23	17	73,9	65	26,4	—	—	57	57	17	23	23	15	40,3	25	14	13°	138°	51°	91°	{ Kp.-rinne am Tb. maj.
4145 l.	256	259	253	240	250	48	50	43	39,5	41,5	95,1	127	43	23	16	69,4	61	23,9	—	—	55	57	17	23	23	15	40,3	25	14	12°	143°	54°	92°	
♀ 569 r.	192	202	—	208	200	29	46	44	41	44	93,2	135	38	21	19	90,5	61	29,3	—	—	53	56	def.	30	24	def.	53,6	13	12	(90°)	105°	(10°)	110°	o. B.
569 l.	204	212	—	202	195	30	42	40	36	40	90,0	127	41	21	19	90,5	63	30,7	…	—	55	55	def.	26	24	—	49,1	14	—	(70°)	95°	(0°)	112°	o. B.
Rachitis	236	238	(248)	234	234	42	50	43	40	43,5	91,9	133	43,5	23	18	78,3	65,5	27,8	—	—	56,5	59	(16)	25,3	24	(15)	43,5	20,5	9	—	—	—	97°	—
♀ 2668 r.	138	137	135	143	140	40	(44)	(30)	30	34	88,2	(105)	43	20	14	70,0	51	36,9	—	—	43	47	11	26	26	18	55,3	18	11	(60°)	160°	70°	(87°)	o. B.
2668 l.	137	137	135	143	143	41	(47)	(24)	32	35	91,4	(96)	44	20,5	12,5	60,9	52	37,8	—	—	43	47	14	26	25	18	55,3	17	11	(60°)	170°	70°	(88°)	o. B.
3344 r.	142	143	143	146	144	57	(42)	(26)	(25)	(29)	86,2	(91)	41	16	15	93,8	50	34,9	—	—	42	43	15	22	22,5	16	51,1	16	6	(78°)	152°	60°	(90°)	o. B.
3344 l.	138	138	138	143	143	39	(47)	(29)	(26)	(32)	81,2	(100)	43	18	16	94,1	55	39,8	—	—	43	43	15	24	23	16	55,8	16	8	(40°)	150°	60°	(89°)	o. B.
Chondro-dystrophie	139	138,5	138	143,8	142,5	39,2	(45)	(27)	(28)	(32,5)	86,8	(98)	43	18,1	14,1	70,7	52	37,3	—	—	43	45	14	21,5	24	17	54,4	17	9	(60°)	158°	65°	(88°)	—
5 Jahre	252	(245)	(242)	248	(236)	39	41	35	34	34,5	98,5	118	32	18	14	77,7	51	20,2	—	—	(45)	45	—	(20)	—	(14)	44,4	21	9	4°	135°	57°	(74°)	offen
♂ 13 Jahre	325	317	311	318	301	46	48	43	41	42,5	96,4	133	38	20	15	75,0	58	17,8	58	17,8	56	56,5	16	26	22	16	46,0	24	13	fast 0°	138°	52°	70°	offen
♀ 30 Jahre	360	351	346	354	333	55	57	50	42	51	82,4	151	46	26	19	73,4	72	20,0	68	18,8	65	66	20	26	30	19	39,3	30	16	15°	142°	52°	72°	o. B.
♂ 33 Jahre	345	338	338	328	340	54	56	49	47,5	49,5	95,9	152	50	25	21	84,0	77	22,3	74	21,4	67	68	21	31	34	21	45,1	24	9	12°	138°	43°	80°	o. B.
♂ 77 Jahre	313	307	306	308	299	51	54	48	45	50	90,0	149	46	22	18	81,8	65	20,8	62	19,8	60	62,5	18	28	27	17	44,5	22	11	25°	133°	42°	80°	o. B.
Schweizers Bild Nr. 2 l.	266	—	—	—	—	—	—	—	37	40	92,5	118	—	18	12	66,6	50	18,8	48	18,0	53	53	—	39	—	—	(73,0)	—	—	(28°)	130°	—	—	—
Nr. 12 l.	252	—	—	—	—	—	—	—	—	—	—	—	—	16	13	81,2	49	19,4	47	18,6	—	51	—	36	—	—	(70,5)	—	—	—	—	—	—	—
Nr. 14 r.	282	—	—	—	—	40	—	—	26	38	94,7	115	—	19	15	78,9	55	19,6	51	18,0	51	53	—	39	—	—	(73,5)	—	—	(22°)	144°	—	—	—
Nr. 16	—	—	—	—	—	—	—	—	37	39	94,8	115	—	—	—	—	—	—	—	—	—	—	—	—	—	—	—	—	—	—	130°	—	—	—
Peggau r.	262	255	—	257	249	41	49	41	(36)	41	87,7	125	37	19	16	84,2	55	20,9	—	—	55	56	17	24	23,5	16	42,9	25	14	39	132°	41°	83°	—
Peggau l.	266	261	—	—	—	—	—	—	(36)	41	87,7	(118)	—	18	15	83,3	56	21,0	—	—	56	56	18	24	23	15,5	42,9	25	13	(40°)	128°	(44°)	81°	—
Schenk II r.	275	—	—	—	—	—	—	—	—	—	—	—	—	—	—	—	—	—	52	18,9	—	55	—	—	—	—	—	—	—	—	—	—	—	—
Schenk II l.	275	—	—	—	—	—	—	—	—	—	—	—	—	—	—	—	—	—	53	19,3	—	55	—	—	—	—	—	—	—	—	—	—	—	—
Concise	268	—	—	—	—	—	—	—	—	—	—	—	—	—	—	—	—	—	53	20,0	—	52	—	—	—	—	—	—	—	—	—	—	—	—
Pygmäen	268	—	—	—	—	—	—	—	36,4	39,8	91,5	118	—	18	14,2	78,8	53	19,7	50,7	18,9	54	54	—	—	—	—	—	—	—	32°	132°	42°	82°	—

handelt es sich um die Distanz Tub. — Kapitulum, ebenso bei Nr. 4145 und 3842 (Rachitis!). Ich fand im Mittel als Tuberkularlänge 258,2 mm, also fast genau gleich viel, wie für die größte „Länge", bei den reinen Fällen 255,2. Dieses Maß steht in engem Zusammenhang mit dem sogenannten „Humerus varus", über den weiterhin noch gesprochen werden soll. Hier sei nur bemerkt, daß der Neonat sich ungezwungen an die Kretinen anschließt (d. h. umgekehrt: die Kretinen schließen sich an den Neugeborenen an!); in kurzem Abstand folgt der Aurignacensis, der bekanntlich ebenfalls durch einen recht altertümlichen Kapitodiaphysenwinkel ausgezeichnet ist.

B. Die proximale Epiphyse

des Humerus bietet eine Fülle von wichtigen Problemen. Es kommen in Betracht: eine Anzahl lineäre Maße, zwei wichtige Winkel und deskriptive Merkmale.

3. Die „obere Breite" ist recht bedeutend, will sagen: sie erinnert sowohl an kindliche wie auch an primitive Zustände. Sie beträgt im Mittel 48,8 mm (Minimum 40, Maximum 57); die kleinsten Zahlen stammen von weiblichen Exemplaren (weibliches Mittel 42,6 gegen 49,1 bei den Männern); es scheint nicht allein die Größe des Kaput, sondern die Massigkeit der ganzen obern Epiphyse des Humerus geschlechtsdiagnostisch verwertbar sein. Jedenfalls ist auch das Tuberculum majus bei meinen drei weiblichen Kretinen auffallend schmächtig. Bei den neolithischen Pygmäen, die, soviel bekannt, ebenfalls zum weiblichen Geschlecht gehören, finden wir geringe Dimensionen; dagegen bei Rachitis, Chondrodystrophie und bei Athyreose (kindlicher Habitus!) ohne Rücksicht auf das Geschlecht sehr dicke Epiphysen, was ja schon lange bekannt ist. Man könnte ganz gut aus der obern Breite und der größten Länge einen Index errechnen. Neonat und Neandertaler würden an der Spitze der Reihe stehen und von den Kretinen vielleicht noch übertroffen.

3(1). Der „obere transversale Durchmesser" ist im Mittel bei meinen Kretinen 51,6 mm (Minimum 44, Maximum 61). Er kann niemals kleiner sein als die obere Breite; die Differenz der beiden Maße ist um so größer, je mehr der Kapitodiaphysenwinkel sich einem rechten nähert; also in erster Linie bei Rachitis, dann aber auch bei meinen zwei Grazern Nr. 1358 und 4028. Diese beweisen auch dadurch, daß sie der Rachitis nahestehen (vgl. ganze Länge und Tuberkulumlänge).

3 (2). Die „Collum chirurgicum-Dicke" finde ich im Mittel zu 38,3 mm. Dieses Maß wird sich von der Kaputlänge um so mehr unterscheiden, je stärker der untere Rand des Kaput lippenförmig vorspringt; es ist ohne große Bedeutung und bei der Chondrodystrophie fast unmöglich zu nehmen.

Die Furche zwischen Kaput und Tuberkulum, welche KLAATSCH (520) bei N tiefer und breiter fand als bei A, habe ich ebenfalls beachtet und meist als „flach" oder „fast 0" notiert. Sie verstreicht um so mehr, je tiefer das Kaput am Schaft inseriert ist. Das Maß 3 (2) wird dadurch kaum beeinflußt.

9. Die Breite des Caput humeri ist in Anbetracht der geringen Gesamtlänge des Knochens recht bedeutend, nämlich im Mittel 41,5 mm (Minimum 33, Maximum 47; bei den reinen Fällen ♂ 41,4, ♀ 34,5); das Kretinenmaximum ist also fast identisch mit der Kaputbreite des Neandertalers, dessen Humerus

jedoch im ganzen viel länger ist als der Oberarm der Kretinen; zweimal finde ich den linken, zweimal den rechten Oberarmkopf breiter, dreimal sind beide gleich. Rachitis zeigt sich nicht besonders charakteristisch, dagegen ist bei der Chondrodystrophie die als Kaput anzusprechende obere Gelenkfläche im Vergleich mit den riesengroßen Tuberkula recht klein. Daß bei Frauen (und deshalb auch bei den neolithischen Zwergen) das Kaput humeri von geringer Ausdehnung ist, wurde schon gesagt und bestätigt sich auch bei den Kretinen.

10. Die Länge des Caput humeri ist bei Kretinen im Vergleich mit der Breite ziemlich groß, und es hat sich meine Erwartung, in dieser Hinsicht bei meinem Material die Neandertalverhältnisse wiederzufinden, nicht bestätigt. Es findet sich eine Mittelzahl von 43,4 mm (37 bis 50), was einem durchaus menschlichen Index von 95,6 entspricht. KLAATSCH (520) hat wohl als erster auf dieses Merkmal aufmerksam gemacht und betont, daß sich durch einen Index über 100 die N-Rasse von der A-Rasse unterscheide. Freilich weisen von 13 Kretinen 2 (1906. 353 und 1895. 160) einen richtigen N-Index auf; ein weiterer (518) bringt es noch auf 100, zwei andere, wie auch das Mittel des massiven Typus, übersteigen 95 (nach MARTIN ist 90 bis 95 bei Menschen als Regel anzusehen). Bei den Humeri aus Bern ist im allgemeinen der Index höher als bei den Grazer Kretinen. Zwischen links und rechts finde ich keinen durchgehenden Unterschied, wohl aber finde ich eine sexuelle Differenz (höherer Index bei den Männern). Rachitis, Chondrodystrophie und Pygmäen bieten nichts Besonderes dar; bei meinem Athyreotiker ist beiderseits der Index sehr hoch. Wie sich kleinwüchsige Primitive in diesem Merkmal verhalten, wurde meines Wissens noch nicht studiert.

8. Der Umfang des Caput humeri ist im Mittel 133,2 mm (Minimum 106, Maximum 153, mit sehr deutlicher sexueller Differenz). Bei Rachitis ohne besonderes Interesse, bei Chondrodystrophie kaum exakt zu messen, bei Pygmäen klein (Weiber?), wird der Kaputumfang bei N als groß bezeichnet. Als groß dürfte dieses Maß immer dann zu bezeichnen sein, wenn es mehr als die Hälfte der „größten Länge" ausmacht. Das ist soweit ich sehe normaliter bloß beim Neonaten der Fall, aber zwölfmal in einer Reihe von 20 Kretinen, und anscheinend regelmäßig bei Rachitis und noch mehr bei Chondrodystrophie, auch bei den Bernern, nicht jedoch bei meinem Grazer Athyreosefall.

17. Den Kapitodiaphysenwinkel bestimmt MARTIN abweichend von KLAATSCH (und der Mehrzahl der Autoren) als den Winkel zwischen der Diaphysenachse und der Knorpelrandebene; nach KLAATSCH (520) ist es der Winkel, den die Schaftachse mit der Kaputachse bildet, und als Kaputachse wird eine vom Scheitel des Kaput auf die Knorpel-Knochengrenze gefällte Senkrechte angenommen. Es ergibt sich somit, daß der Winkel nach KLAATSCH um 90° größer ist als nach MARTIN. Bestimmt man, so wie ich es tat, an jedem Knochen den Winkel auf beide Arten, so wird man nur selten ganz genaue Übereinstimmung finden; das liegt daran, daß die Diaphysenachse nicht genau genug definiert ist. Hat man mit ganz geraden Oberarmknochen zu tun oder berücksichtigt man nur die Achse des obersten Teilstückes, so geht es noch wohl an. Bei pathologisch verkrümmten Knochen muß aber jede auf eine Achse gegründete Meßmethode mehr oder weniger versagen.

Ich maß am Objekt selbst mit Hilfe meines Blechwinkels und des Transporteurs den Winkel zwischen den vorher nach KLAATSCH markierten beiden Achsen. Sodann wurde ein Diagramm angefertigt und darauf geachtet, daß dabei die Längsachse des Kaput ‖ zur Unterlage kam; dies ist in befriedigendem Maße dann der Fall, wenn der Knochen fest auf die Unterlage angepreßt wird und er auf Caput, Tub. maj. et Epicond. lat. aufliegt (Tub. min. schaut nach oben, der Ellenbogenteil hingegen ist leicht und richtig nachzuzeichnen, wenn der Humerus mit Tub. min. Kapitulum und medialem Trochlearand aufliegt); in das Diagramm wurden die Schaftachse und der Knorpelrand eingezeichnet und der Winkel direkt abgelesen. Ich weiß wohl, daß dieses Verfahren keine absolut genauen Resultate geben kann, — so wenig wie irgendwelches andere Verfahren! Es ist aber für unsere Zwecke vorläufig genügend; wir wollen bloß wissen, ob der Winkel groß oder klein ist, und dann kontrollieren sich ja die beiden Verfahren gegenseitig. Die Tatsache, daß bei 27 Messungen 18 mal eine recht schöne Übereinstimmung hervortritt, ist gewiß geeignet, das so einfache Verfahren zu empfehlen; auch die Mittelzahlen stimmen wenigstens beim massiven Typ gut zusammen.

Ich bestimmte den Kapitodiaphysenwinkel im Mittel bei den reinen Kretinen zu 132° nach KLAATSCH und zu 42° nach MARTIN. Das Minimum liegt bei 108° bzw. 22°, das Maximum ist 51° bzw 140°. Das sind sehr niedrige Zahlen, wenn wir uns erinnern, daß nach MARTIN das Mittel für Alamannen etwa 45°, für Bayern etwa 49° und für Feuerländer gar 54° beträgt. Bloß 8 von meinen 27 Kretinenhumeri überschreiten 45°, nicht so selten sind Winkel von weniger als 40°; häufig auch ist der Winkel rechts und links ungleich, aber nicht in dem Sinne, daß eine bestimmte Seite regelmäßig bevorzugt wäre. E. BIRCHER (5), der als erster diese Frage an Kretinen studiert hat, kam zu ganz ähnlichen Ergebnissen; er fand den „Neigungswinkel" meist sehr gering, bis zu 106° hinunter, in der Regel etwa 120 bis 130° (Mittelzahlen hat er nicht ausgerechnet), daneben freilich auch Maxima bis zu 169°; grosso modo finde ich nach seinen Angaben ein allmähliches Abnehmen des Winkels mit dem Alter. Die höchsten Zahlen gibt er für junge und die niedrigsten Zahlen für alte Kretinen. — Bei der Rachitis ist der fragliche Winkel nicht besonders klein, jedoch die lippenförmige Verlängerung des distalen Kaputrandes trotzdem recht ausgesprochen und das Kaput proximal vom Tuberkulum überhöht; es muß also der Winkel auch unter schwer alterierten mechanischen Verhältnissen nicht verloren gehen und das spricht zugunsten einer rassenmäßigen Bedeutung desselben. Bei der Chondrodystrophie schaut das Kaput mit seiner Gelenkfläche unverkennbar nach oben; der Winkel kann aber nicht nach den gewöhnlichen Methoden gemessen werden, weil hier im Gegensatz zur Norm der Knorpelrand nicht gerade, sondern unregelmäßig geschwungen und das Kaput nicht gewölbt, sondern plan, fast ausgehöhlt erscheint. Man mißt hier also am besten den Winkel zwischen der Schaftachse und einer Kaputtangente; er ist ziemlich groß. Ein Unikum ist mein Grazer Fall 569, bei dem man zwischen der Diagnose Rachitis oder Chondrodystrophie schwanken kann; hier ist das Kaput wie mit dem Hammer von hinten an den Schaft angeschlagen, Kaputachse fast senkrecht zur Schaftachse und ebenso der Torsionswinkel etwa 90°. — Beim Neandertaler ist der Winkel „moderner" als beim Aurignacmenschen; bei den Pygmäen ist er im allgemeinen nicht groß und bei Schweizerbild Nr. 16, wie schon lange beschrieben (KOLLMANN 555, BIRCHER 5, SCHWERZ 567) auffallend deformiert.

E. BIRCHER (5) hat in mehreren Publikationen diese Anomalie genau beschrieben und ihr den Namen „Humerus varus cretinosus" beigelegt. So mißlich es auch sein mag, diesen Namen nachträglich anzufechten, so ist es leider doch nicht zu umgehen. Der Name ist offenbar der „Coxa vara", dem Genu varum und dem Pes varus nachgebildet, und soll eine analoge Verbiegung des Oberarms bezeichnen. Er scheint mir aber unglücklich gewählt; denn streng genommen würde dem Humerus varus an der untern Extremität das Femur varum entsprechen und das wäre gewiß etwas ganz anderes als die Coxa vara, nämlich eine Verbiegung des Schaftes. Es kann folgerichtig auch am Arm der Ausdruck Humerus bloß zur Bezeichnung der Diaphyse oder des ganzen Knochens, nicht aber für dessen oberstes Teilstück verwendet werden. Das ist um so weniger angängig, als es einen „Humerus varus", d. h. eine Schaftverbiegung im Varussinne bei der Rachitis wirklich gibt; dafür haben wir, wenn wir BIRCHER folgen, dann keinen Namen mehr. Mir ist nun freilich kein lateinisches Wort bekannt, welches nur den proximalen Teil des Oberarms benennt; aber warum sollen wir nicht von einer Axilla vara reden? Versteht doch das Volk unter dem „Achselbein" heute schon den Humerus und ist doch auch die „Coxa" nicht eigentlich der Schenkelhals, sondern die Hüfte im ganzen.

BIRCHER hat auch versucht, sich über die Bedeutung dieser Axilla vara klar zu werden; wie mir scheint, ohne Glück! Er beschreibt ganz richtig den Tiefstand des Kaput, das Hinaufrücken der Tuberkula und sogar die Abbiegung des obern Teils der Diaphyse nach innen (den wirklichen „Humerus varus"). Ich kann ihm aber nicht beipflichten, wenn er all das auf die Wirkung des Muskelzuges bei weichen Knochen zurückführt. Er sagt: die Kretinen lernen spät gehen, sie kriechen; dabei wird von oben ein Druck auf die abnorm weichen Knochen ausgeübt, und ein starker Zug des Musc. delt. komme beim Kriechen vornehmlich zur Wirkung. Die Verdrehung der Humerus diaphyse entstehe dadurch, daß beim Kriechen die Hand ulnarwärts abduziert sei. Gegen diese Auffassung spricht vor allem der Umstand, daß (wie aus BIRCHERS eigenen Zahlen hervorgeht) bei Kindern die Verbiegungen relativ viel geringer sind als bei Greisen, welche doch nicht mehr kriechen. Hätte er recht, so müßten gerade die jüngsten Kinder die niedrigsten Winkelzahlen aufweisen. Von starken Muskeln ist nach allen Autoren nicht zu reden; auch für die „abnorme Weichheit der Knochen" fehlen alle Beweise; es sagt sogar BIRCHER selbst: die Spongiosaarchitektur sei verwischt, unregelmäßig, „ein osteoporotischer Prozeß ist bei unsern Präparaten nicht vorhanden, im Gegenteil sind diese Knochen schwerer als normal, so daß eher von einem osteosklerotischen Prozeß[1] gesprochen werden könnte"; dann ist es doch sicher nichts mit der abnormen Weichheit! Es ist mir nicht recht verständlich, wie man den Humerus varus (besser: die Axilla vara) als eine Belastungsdeformität auffassen und gleichzeitig deren „entwicklungsgeschichtliche und ethnographische Be-

---

[1] Diese Sklerose spricht dafür, daß die Fälle von BIRCHER möglicherweise mit Rachitis kompliziert waren (vgl. S. 293/305.)

Finkbeiner, Entartung. 11

deutung" unterstreichen kann; und was soll dann erst der Hinweis darauf: „daß die Pygmäen und die Menschen des neolithischen Zeitalters eventuell auch schon unter der kretinischen Degeneration gelitten haben können". Dann muß man folgerichtig auch die Affen zu den Kretinen rechnen, denn auch sie besitzen die Axilla vara; Widersprüche, wohin immer man schaut! — Wäre die Axilla vara eine Belastungsdeformität, so müßte unbedingt die Rachitis, bei der ja „weiche Knochen" wirklich vorkommen, die höchsten Grade davon darbieten; das ist aber, wie wir gesehen haben, keineswegs der Fall. Auch bezüglich der Chondrodystrophie irrt BIRCHER, wenn er hier einen geringen Neigungswinkel annimmt. Sehr interessant ist jedoch seine Angabe, daß bei einem 21jährigen Weib mit Sarkom der fragliche Winkel bloß 119° betrug; diese Tatsache möchte ich mit der Beobachtung in Parallele setzen, daß auch die Radiuskrümmung bei allen möglichen pathologischen Zuständen stärker als normal gefunden wird.

Um zu rekapitulieren, sage ich: die Axilla vara kann nicht als eine Belastungsdeformität verstanden werden; sie kommt außer bei Kretinen auch bei einzelnen neolithischen Pygmäen vor, ebenso beim Aurignacmenschen, bei gewissen großen Affen und vielleicht auch bei tiefstehenden Völkern (Senoi, Wedda?.) Sie dürfte auch bei den Kretinen vom stammesgeschichtlicher Bedeutung sein. Diese Überzeugung gewinnt noch an Wert, wenn wir sehen, daß auch

18. die Torsion des Humerus nach allgemeiner Annahme Rassenunterschiede von großem Interesse darbietet.

MARTIN definiert die Torsion als den Winkel zwischen der Kaputachse und der Trochleaachse, während die ältern Autoren darunter immer den Winkel zwischen Kaputachse und Epikondylenachse verstanden wissen wollten. Ich habe mir erlaubt, in diesem Punkte altmodisch zu sein; erstens ist die Bestimmung er Epikondylenachse leichter und zweitens ist sie unbedingt sicherer, als die nicht direkt am Objekt gegebene Trochleaachse; und wenn wir die älteren Angaben mitverwerten wollen, so müssen wir auch deren Methodik annehmen. Die beiden Methoden lassen sich nicht genau ineinander umrechnen, da der Winkel, den die Epikondylenachse mit der Trochleaachse bildet, individuellen (und wohl auch rassenmäßigen?) Schwankungen unterliegt; im Mittel mag er etwa 10° ausmachen. Außerdem gibt MARTIN (theoretisch wohl richtiger als die Alten) nicht den Winkel selbst als Betrag der Torsion an, sondern sein Komplement. Es bedeutet also

$$0° \text{ nach alter Messung } = 170° \text{ nach MARTIN.}$$
$$5° \quad ,, \qquad ,, \qquad ,, \quad = 165°$$
$$10° \quad ,, \qquad ,, \qquad ,, \quad = 160°$$
$$20° \quad ,, \qquad ,, \qquad ,, \quad = 140°$$
$$40° \quad ,, \qquad ,, \qquad ,, \quad = 130°$$
$$50° \quad ,, \qquad ,, \qquad ,, \quad = 120°$$

Ich habe die Torsion folgendermaßen bestimmt: Der Humerus liegt auf dem Tisch, seine Streckseite schaut nach oben; durch einen unter das Kapitulum geschobenen feinen Keil wird er soweit angehoben, bis die Epikondylenachse mit der Unterlage ‖ läuft; am Kaput ist schon vorher die Längsachse markiert worden. Nun wird mit Hilfe meines Blechwinkels, dessen einer Schenkel der Unterlage genau anliegt und dessen andrer Schenkel mit der Kaputachse zur Deckung gebracht wird (wobei darauf zu achten, daß das Scharnier die gleiche Richtung haben muß, wie die Längsachse des Knochens), am Transporteur in einfachster Weise der Winkel abgelesen. Es fand sich auf solche Art bestimmt bei den Kretinen eine Torsion von im Mittel 22,6°[1] (= 147,5° nach MARTIN); das Minimum lag bei 0° (bei Nr. 4028 rechts), das Maximum bei 45° (Nr. 3235 rechts). Wir haben hierin also unzweifelhaft recht altertümliche Verhältnisse vor uns. Ich möchte noch besonders auf die großen Unterschiede hinweisen, die wir bei Nr. 4028 und 3235 zwischen rechtem und linkem Humerus konstatieren, ebenso auch bei Nr. 3842 (Rachitis), wo rechts der Winkel sehr groß ist, während beim gleichen Fall links, wie auch bei meinem andern Rachitisfall (Nr. 4145) beiderseits auscheinend normale Torsion gefunden wird. Bei der Chondrodystrophie dagegen finden sich extrem hohe Werte; das Kaput schaut bei diesen Fällen, gerade wie beim Föt, fast direkt nach hinten. Das Lehrbuch (S. 992) betont mit Recht, daß es sich hier um eine wirkliche Drehung des obern Teils des Humerus handle. Es ist klar, daß ein vernünftiger Gebrauch der Vorderarme nur möglich ist, wenn die beiden Ellenbogengelenkachsen (beidseits) annähernd in der Transversalebene des Körpers stehen (leicht nach vorn konvergierend). Drehen kann sich also im Laufe der Entwicklung bloß der Schultergelenksteil, und zwar steht diese Drehung (Torsion) des Humerus in enger Korrelation zur oben erwähnten (S. 294) Verlagerung der Schulterblätter von den Seiten des Thorax weg gegen dessen Rückfläche.

E. BIRCHER (5) hat in seiner Arbeit über den „Humerus varus" auch die Torsion (den „Richtungswinkel" des caput hum.) berücksichtigt; es geht aus seiner Zusammenstellung hervor, daß bei Kretinen dieser Winkel sehr groß ist. Er fand

2 mal einen Winkel von 20 bis 30°
11 ,,   ,,   ,,   30 bis 40°
15 ,,   ,,   ,,   ,, 40 bis 50°
6 ,,   ,,   ,,   ,, 50 bis 60°, als Maximum in einem Fall 66°.

Das sind sehr hohe (bzw. sehr primitive) Torsionsgrade, viel höhere als bei meinem Material (2 mal 0 bis 10°, 8 mal 10 bis 20°, 8 mal 20 bis 30°, 6 mal über 30°); es muß allerdings stutzig machen, daß er bei einer Frau von 24 Jahren 55° gefunden haben will. Wie dem auch sein mag, die Tatsache, daß bei Kretinismus die Torsion des Humerus ungewohnte Grade darbietet, die steht fest; und es scheint hier eine prinzipielle Scheidung des Kretinismus von der Rachitis (und der Athyreose?) möglich zu sein, während die Chondrodystrophie gleichsinnige aber noch stärkere Abweichungen von der Norm aufweist. Es wird dadurch der Kretin unzweifelhaft an kindliche Zustände wie auch anderseits an kleinwüchsige Primitivvölker herangerückt. Für die Pygmäen gibt SCHWERZ

---

[1]) Bei den reinen Fällen 24° (22° bei den Männern, 30° bei den Weibern); 8 Humeri zeigten weniger als 20°, 6 dagegen mehr als 30° Torsion; beim massiven Typus ist die Torsion geringer, bloß 16° (Lappländer 17°).

(567) als Mittel 145° (= 35°), KLAATSCH (520) fand bei Aurignac rechts 40°, links 37°, bei Neandertal 35°; SARASIN (576) nennt für die Wedda ♂ 31,6°, für♀ 29°, und der gleiche Autor macht die Angabe: Gorilla 24 bis 30°, Orang 45 bis 47°, Schimpanse 47°. Das Kapitel „Torsion" ist mit diesen Angaben noch lange nicht erschöpft; da es sich jedoch um bekannte und sichere Dinge handelt, die man im Lehrbuch nachlesen mag, so gehe ich weiter und will hier kurz eine Anzahl deskriptiver Merkmale besprechen, und zwar in Anlehnung an KLAATSCH.

Die Tuberkularbreite, welche bei N etwa $^1/_7$, bei A dagegen kaum $^1/_8$ der „größten Länge" ausmacht, steigt bei Kretinen auf $^1/_6$; sie ist also sehr bedeutend. Das Tub. maj. findet KLAATSCH bei A O relativ geringer als bei N G; die Kretinen dürften noch über N hinausgehen. Es ist aber zu beachten, daß auch bei Rachitis und verhältnismäßig noch mehr bei Chondrodystrophie die Tuberkula mächtig entwickelt sind. — KLAATSCH sagt ferner: „Das Tub. min. bildet bei A O eine mehr proximalwärts konzentrierte Erhebung mit einem Kamm der schräggestellt der Knorpel-Knochengrenze ‖ verläuft; bei N G nähert sich die Richtung des entsprechenden Kammes bei weiter distaler Ausdehnung mehr der Längsachse des Schaftes." Auch darauf habe ich geachtet und 15 mal schrägen, 7 mal senkrechten Verlauf notiert; aber so oder so: ‖ zum Kaputrand steht das Tub. min. wohl immer; ich möchte darauf keinen großen Wert legen. Ähnlich ist es bezüglich des Sulc. intertubercularis; man kann wohl bei Kretinen einen medialen konvexen Sulkus finden, wie ihn KLAATSCH als für N charakteristisch angibt (z. B. bei Bern 278, 160 und 353), auch etwa eine Abflachung der Spina unterhalb des Tub. maj. (Bern 278, 160, Graz 4028) (bei N sei sie an jener Stelle verstrichen) und eine N-mäßige starke Ausprägung der Spina Tub. min. (bei Bern 278, 160, 353; Graz 4028). Es könnte auffallen, daß alle diese Merkmale doch immer wieder bei den gleichen Individuen auftreten; trotzdem würde ich keinen allzu großen Nachdruck darauf legen. Auch Rachitis und Chondrodystrophie lassen ähnliches erkennen. Breite des Sulc. intertuberc. und seine Tiefe sind bei den Kretinen (besonders bei denen aus Bern) ziemlich bedeutend, also neandertaloid (bei pathologischen Fällen viel weniger). Es ist klar, daß die Breite von Tub. maj., Tub. min. und Sulkus zusammen größer sein müssen, als die Tuberkularbreite; denn sie bilden einen Bogen, dessen Sehne die Tuberkularbreite darstellt.

Unabhängig von der Torsion wäre noch auf die Stellung der Tuberkula zu achten. Es ist mir aufgefallen, daß sie bald rein seitlich, bald stark nach vorn gelegen sind. Es ist mir jedoch nicht gelungen, dafür einen zahlenmäßigen Ausdruck zu finden (vgl. Torsion?). Bei dem abnormen Kapitodiaphysenwinkel handelt es sich vielleicht ebenfalls nicht sowohl um eine Stellungsveränderung des Caput humeri, sondern um ein exzessives Wachstum der Tuberkula; — aus welcher Ursache bleibe dahingestellt. Zu solchen Anschauungen kommt man freilich nicht durch das Studium der normalen oder primitiven Verhältnisse, sondern sie drängen sich uns beim Vergleiche solcher pathologischen Formen auf. Man müßte die mir unbekannten Zustände bei den Anthropoiden mitberücksichtigen, um entscheiden zu können, ob die übermäßige Ausbildung der Tuberkularregion außer der pathognomonischen doch auch eine phylogenetische Bedeutung besitzt.

C. Die Diaphyse

des Humerus ist rasch abgehandelt.

5. Der größte Durchmesser der Diaphysenmitte beträgt im Mittel bei meinen Kretinen 21,5 mm (Min. 16, Max. 27).

6. Der kleinste Durchmesser ebendort ist 17,7 mm (Min. 13,5, Max. 24). Daraus läßt sich ein Querschnittsindex von 81,6 berechnen mit einem Minimum von 63,9 und einem Maximum von beinahe 100. Von Platybrachie kann also im allgemeinen nicht gesprochen werden; 6mal ist links und 3mal rechts der Index höher, 1mal fehlt eine Differenz. Bei der Rachitis hingegen besteht ausgesprochene Platybrachie, bei der Chondrodystrophie wohl eher das gegenteilige Verhalten. Kindlich ist ein rundlicher, aber graziler Schaft von hohem Index (vgl. Graz Nr. 28, 201); A O hat einen abgeplatteten zierlichen Schaft, N G sowie auch die alten Pygmäenhumeri sind eher dick und rundlich geformt (bzw. die Pymgäen dünn und rund, also kindlich). Die sexuelle Differenz ist nur gering.

7a. Der Umfang der Mitte mißt 63 mm (Min. 50; Max. 81). Leider habe ich versäumt, den kleinsten Umfang zu messen[1]), und muß daher den Längen-Dickenindex mit Hilfe des Umfangs der Mitte errechnen, wodurch er etwas zu groß wird. Ich habe den Fehler dadurch korrigiert, daß ich auch für meine Vergleichsobjekte den Index ebenso bestimmte; die Zahlen finden sich in der Tabelle. Man kann mit Bestimmtheit sagen, daß bei Kretinen der Oberarm einen hohen L.-D.-Index aufweist, also plump und massiv geformt ist. Er übertrifft so A wie N und natürlich auch die schlanken Pygmäen; auch von den jetzt lebenden Primitiven dürfte kein Stamm so hohe Mittelzahlen aufzuweisen haben. Wohl aber werden die Kretinen noch bei weitem von Rachitis und Chondrodystrophie übertroffen. Der hohe Index erscheint besonders schwer verständlich, wenn wir uns erinnern, daß bei Kretinen die Muskulatur nie beträchtlich entwickelt ist. Beim massiven Typ ist der Index nur ganz wenig höher als bei den grazilen Formen, welche wegen abnormer Kürze des ganzen Knochens dicker erscheinen.

Die Schaftbiegung des Oberarms scheint mir diagncstisch von hoher Wichtigkeit zu sein. Normalerweise finden wir die Diaphyse etwa im distalen Fünftel leicht nach vorn gegen die laterale Kante geschwungen; seltener gesellt sich dazu eine ganz geringe Andeutung einer medialkonkaven Transversalbiegung in der Gegend des Pectoralis- oder Deltoideusansatzes, wie wir sie etwa bei N finden und wie sie z. B. Martin an zwei Feuerländerhumeri (Lehrbuch S. 984) abbildet. Solche finden wir regelmäßig auch bei Kretinen; ich möchte aber hervorheben, daß mir jede stärkere Varuskrümmung, wie sie etwa Nr. 1358 darbietet, schon den Verdacht auf Rachitis nahe legt. Denn bei der Rachitis finden wir regelmäßig eine sehr deutliche Varuskrümmung; selbige fehlt bei Chondrodystrophie und bei Athyreose, ist also wie mir scheint ein sicheres Kennzeichen von Rachitis. Die neolithischen Pygmäen haben, soviel mir wenigstens bekannt, eine fast ganz gerade Humerusdiaphyse.

---

[1]) Bei 12 Berner Kretinen konnte das Versäumte nachgeholt werden und fand sich ein kleinster Umfang von 56 (50—70) somit ein Längen-Dickenindex von 22,0 (20,0 bis 24,5); auch das sind Zahlen, die sich nur noch beim N finden.

D. Die distale Epiphyse.

4. Die Epikondylenbreite im Meßbrett bestimme ich bei Kretinen im Mittel zu 58,2 mm (49 bis 69 mm), die

4a. größte dito zu 59,5 (50 bis 70) mm. Allgemein ist die Breite bei weiblichen und meist auch bei den linkseitigen Humeri geringer entwickelt. Zu Vergleichszwecken kann man die obere Breite in Prozent der untern und diese in Prozent der größten Länge ausrechnen; es ergibt sich dann, aus Maß 3 und 4 berechnet, folgende Skala:

	Männer		Weiber
Bajuvaren[1]	—	77,2	—
Neonat[2]	—	77,3	—
Pygmäen	—	78,2	—
Rachitis[3]	—	80,0	—
Aino[1]	80,0	—	79,3
Japaner[1]	80,3	—	83,2
Schwaben[1]	81,0	—	83,9
Kretinen, Mittel. .	—	83,3	—
Aurignac[1]	83,3	—	—
Senoi[1]	87,9	—	88,0
Athyreose.	—	88,2	—
Chondrodystrophie[4]	—	91,3	—
Neandertalrasse[1] .		96,3	—

Und der Längen-Breitenindex berechnet aus Maß 1 und 4a:

Knabe von 14 Jahren[2] 17,4
Aurignac links 17,7
Frau von 30 Jahren[2] 18,3
Graz 28 19,1
Mann von 33 Jahren[2] 19,7
„ „ 77 „ [2] 20,0
Pygmäen 20,3
Neandertal rechts 20,8
Kretinen, Mittel 22,9
Athyreose (4 Fälle) 23.2
Rachitis[3] 24,4
Neonat 25,9
Chondrodystrophie[4] 31,3

Die zweite von diesen Tabellen scheint mir charakteristischer und wichtiger als die erste; beide zeigen aber gleicherweise, wie primitiv die Kretinen sich verhalten, und wie maßlos, ja phantastisch die eigentlich pathologischen Zustände die Rassenmerkmale übertreiben. Diese Beobachtung drängt sich uns auf Schritt und Tritt bei der Durchsicht der Osteologie wieder auf.

12. Die Kapitulumbreite bietet wenig Variationen und darum wenig Interesse; sie schwankt von 13 bis 20 mit einem Mittel von 16,4 mm. Ähnlich ist sie bei normalen und primitiven Typen, ebenso bei der Rachitis, etwas kleiner bei der Chondrodystrophie.

---

[1] Nach Martin S. 986.   [2] Vgl. meine Tabelle.   [3] Graz Nr. 3842 und 4145.
[4] Graz Nr. 2668 und 3344.

11. Die Breite der Trochlea bietet der Messung größere Schwierigkeiten, als man denken möchte; denn sie ist verschieden je nachdem sie vorn oder hinten und je nach der Richtung, in welcher sie gemessen wird. Die Trochlea ist (wie weiter unten, bei der Ulna S. 228 Anm., des nähern ausgeführt wird) keine Schraube, sondern ein schief und unregelmäßig (manchmal keilförmig) geschnittenes Fragment einer Rolle (eines einschaligen Hyperboloids). Der schiefe Verlauf ihres medialen Randes (vgl. Figur 5) bringt es mit sich, daß sie bei oberflächlicher Betrachtung aussieht wie eine Schraube (vgl. Figur 1); aber die Tatsache, daß es möglich ist, in die Führungsrinne dieser „Schraube" (bei Perforation der Fossa olecrani) einen in sich geschlossenen Faden rings herum zu legen, beweist an sich schon, daß wir es hier nicht mit einer Schraube, sondern mit einer gewöhnlichen Rolle zu tun haben (vgl. darüber auch S. 228). Wie und wo soll nun die Breite dieses unregelmäßigen Rollenbruchstückes gemessen werden? Ich habe dessen maximale Ausdehnung a—b feststellen wollen (vgl. Figur 5) und zu diesem Zweck an der Streckseite gemessen; der eine bewegliche Arm des Gleitzirkels lag dabei an der stark vorspringenden medialen Kante der Trochlea. Auf diese Weise ergab sich bei den Kretinen eine mittlere Breite von 26,3 (20 bis 31) mm, und daraus berechnet sich ein Trochleaindex von 43,7; bei Rachitis fand ich den Index etwa 40, bei Chondrodystrophie wesentlich höher, etwa 55. Mit den Zahlen von KLAATSCH bzw. SCHWERZ sind diese Werte natürlich nicht vergleichbar. Mißt man bei Neandertal und Pygmäen die Trochleabreite nach meiner Angabe, so liegt der Index (wie bei rezenten, normalen Objekten) zwischen 40 und 45.

13. Die Tiefe der Trochlea, d. h. ihres medialen Randes, ist allgemein fast gleich wie die Breite, nämlich im Mittel bei Kretinen 25,3 (21 bis 32) mm; 16mal ist sie kleiner, 7mal ist sie größer und 2mal ist sie genau gleich wie Maß 11. Es ließe sich aus den beiden Maßen ein Index berechnen, nämlich (13) mal 100 : (11); ist der Index über 100, so handelt es sich um eine schmale tiefe Rolle. Die pathologischen und primitiven Typen meiner Tabelle zeigen keinerlei Gesetzmäßigkeit in diesem Punkte.

Die Trochleagrube, d. h. die Einschnürung der Rolle, mißt im Mittel 16,5 (13 bis 20) mm; auch sie scheint mir rassenanatomisch von geringer Bedeutung zu sein. Ich messe sie nach KLAATSCH als kleinsten Durchmesser.

14. Die Breite der Fossa olecrani ist im Mittel 23,6 mm, also vielleicht der zehnte Teil der „größten Länge"; bei Nr. 4028 und dem pathologischen 569 ist sie auffallend gering, bei Rachitis ohne Besonderheiten, bei Chondrodystrophie eher größer als normal. Bei primitiven (N und Pygmäen) schätze ich sie normal, also etwa 10% der Länge, während sie bei A bedeutend geringer erscheint. Es hat nach KLAATSCH der N eine scharfbegrenzte, geräumige Fossa olecrani, im Gegensatz zu A, wo sie nach oben in eine flache Aushöhlung fortgesetzt ist.

15. Die Tiefe der Fossa olecrani schwankt von 8 bis 14 mit einem Mittel von 10 mm; sie ist anscheinend bei pathologischen und primitiven beträchtlicher als bei den Kretinen, bei welchen ich auch niemals eine Perforation des Bodens der Fossa angetroffen habe; das entspricht kindlichen Zuständen und der im allgemeinen geringen Muskelkraft der Kretinen. Die obere Begrenzung der Fossa habe ich bei allen Kretinen mit Ausnahme

von Nr. 2334 und 4028 als scharfrandig notiert im Gegensatz zu allen drei untersuchten pathologischen Zuständen; das wäre also nach KLAATSCH bei den Kretinen ein N-artiges Verhalten. Eine Crista paratrochlearis, die KLAATSCH bei N G wie bei A O fand und für primitiv hält, habe ich bei Kretinen nie, aber sehr scharf bei Rachitis (und weniger deutlich auch bei Chondrodystrophie) ausgeprägt gefunden, ebenso bei zwei ganz unverdächtigen normalen Vergleichsobjekten ($\female$ 30 Jahre und $\male$ 13 Jahre). Die für N charakteristische starke Crista intermuscularis habe ich bei meinen Kretinen ebensowenig vermißt, als bei Rachitis und Chondrodystrophie; manchmal war sie in kühnem Bogen konvex, statt wie bei normalen Knochen konkav geformt. Foramen oder Processus supracondyl. habe ich nie beobachtet, jedoch hatten vier Berner und vier Grazer (diese beidseits) eine mehr oder weniger deutliche Incisura supracondyloidea wie N und Spy, — aber auch wie die schon erwähnte $\female$ von 30 Jahre. Den starken Epicondylus med., den man als für N bezeichnend angibt, finde ich bei fast allen Kretinen, wie auch bei den pathologischen Typen meiner Tabelle notiert; oft ist er förmlich viereckig. Ein wichtigeres Merkmal primitiver Natur scheint das Verhalten der Fossa radialis zu sein; je näher einem rechten der Kondylodiaphysenwinkel, um so deutlicher wird diese Grube (vgl. Lehrbuch S. 986); sie ist angedeutet bei drei Objekten aus Bern, groß und deutlich bei Nr. 518 L., 2334, 4595 und bei 28, von denen aber bloß 28 einen Kubitalwinkel über 90° hat. Bei Rachitis vermisse ich die Grube trotz großem Winkel. Die Fossa coronoidea bietet wenig Interesse. Als ein weiteres N-Merkmal wird schließlich noch angegeben, daß bei N der antero-posteriore Durchmesser 2 cm oberhalb der Fossa olecrani etwas größer sei als 6 cm über diese Stelle, während bei A und in der Norm ein gegenteiliges Verhalten vorkomme; etwas ähnliches habe ich nur bei Nr. 4145 (Rachitis) gesehen, nie bei Kretinismus.

16. Der Kondylodiaphysenwinkel ist im Meßbrett leicht zu bestimmen und kann am Diagramm nachkontrolliert werden; einzelne Autoren geben statt dessen ohne Not den Winkel zwischen Kondylentangente und einer Senkrechten auf die Knochenachse. Bei reinen Kretinen ist dieser Winkel im Mittel 83°, er schwankt von 79° bis 88°, ist also sehr hoch und altertümlich. Noch höher finde ich ihn bei Rachitis, Chondrodystrophie und bei Athyreose, ebenso hoch aber auch beim Neonaten; die Pygmäen stehen hinter N nur wenig zurück und übertreffen noch den A. Man kann eine Stufenleiter wie folgt aufstellen: .

Schweizer im Mittel	77°
Bajuvaren	78,5°
Alamannen	80,5°
Feuerländer	83°
Senoi	83,7°
Patalcaloindianer	84,5°
Aurignac (Modell)	82°
Pygmäen im Mittel	83°
Cretinen	83°
Neandertalmensch	86°
Chondrodystrophie	88,2°
Neonat	91°
Athyreose	94°
Rachitis (3 Fälle)	97°

Dieses so leicht festzustellende Merkmal verdient seiner hohen seriänen Bedeutung wegen große Beachtung; bei der Rachitis habe ich der Berechnung nur die Achse des distalen Humerusteiles zugrunde gelegt. Den Orthopäden ist der Cubitus varus rachiticus wohlbekannt. Auch traumatisch, nach schlecht geheilten Frakturen des Condylus internus (besonders bei jugendlichen Individuen), wird eine ähnliche Deformität beobachtet; daran muß man denken, soll nicht die „Rassenanatomie" schwer in die Irre gehen. Bei meinen Fällen glaube ich aber traumatische Verlagerungen ausschließen zu dürfen.

Die Ossifikation fand ich, obschon ja alle meine Objekte mit einziger Ausnahme von Nr. 201 von Erwachsenen stammen, gar nicht selten an der proximalen Epiphyse noch unvollständig. Ich notierte bei

Bern 1913. 141 Alter 30 J. Kp. prox. persistent
   1910. 343 ,, 57 J. Kap. abgetrennt
Graz Nr. 2334 ,, 40 J. Kp. prox. deutlich
   3235 ,, 30 J. Kp. rinne
   5390 ,, 35 J. spurenweise Kp.
   4145 ,, 25 J. Kp.rinne am Tub. maj.

Keine Spur von Verknöcherung finde ich bei Nr. 28 (Athyreose), wohl aber ist die Ossifikation normal bei den Chondrodystrophikern und beim Peggauer Pygmäen. Fall 4145 erweist sich durch die mangelhafte Ossifikation doch als nicht rein zur Rachitis gehörig; mit 25 Jahren soll in der Regel die proximale Humerusepiphyse mit dem Schaft völlig verschmolzen sein (die distale schon mit 23 Jahren).

Rekapitulation.

Ich will nun versuchen, zuerst für die wohlcharakterisierten Leiden: Athyreose, Chondrodystrophie und Rachitis den Humerus zu beschreiben. Nachher will ich das gleiche für den Kretinenhumerus probieren, wo die Schwierigkeiten ungleich größer sind.

I. Bei der Athyreose (repräsentiert durch Graz 28) finden wir, abgesehen davon, daß der linke größer ist als der rechte, anscheinend ziemlich normal geformte Humeri, die aber durch ihren kindlichen Habitus auffallen. Sie sind klein, sehr zierlich, schwach und lassen jedes Muskelrelief fast ganz vermissen. Als Diaphyse erkennen wir einen glatten runden Stab, dessen unteres Drittel elegant nach vorn geschweift ist; die obere Epiphyse ist kugelig und fast unvermittelt dem Schaft aufgesetzt, die untere Epiphyse hat etwa die Form einer dreieckigen flachen Schaufel. Die Epiphysenknorpel sind vollständig erhalten. Die untere Epiphyse ist kaum breiter als die obere, der Kubitalwinkel ist individuell sehr groß, es bleibt aber fraglich, ob das bei jedem Athyreotiker so sein muß. Längen-Dickenindex, Längen-Breitenindex, Torsion und Capitodiaphysenwinkel sind typisch normal. Das Berner Athyreose-Kind unterscheidet sich nur wenig vom Neonaten, wie auch der Berner Fall von Cachexia strumipriva einen fast normalen Humerus besitzt. Beim Fall BOURNEVILLE wie bei den zwei Berner Myxödemfällen fällt der hohe L.-D.-Index auf und die an Chondrodystrophie gemahnende gedrungene Form.

II. Ganz anders sieht der Humerus bei der Chondrodystrophie aus, und wer diesen einmal gesehen hat, wird ihn ohne Zögern sofort wieder erkennen. Da fällt uns vor allem die spielzeugartige Kleinheit dieser Humeri auf, die aber mit deren Schwere und anscheinend elfenbeinharter Konsistenz (wenigstens bei 2668) seltsam kontrastiert. Alle Muskelmarken sind bizarr und scharf herausgemeißelt, offenbar karikaturmäßig übertrieben, ebenso alle Krümmungen und alle Winkel outriert. Es ist bezeichnend, daß diese Knochen in bezug auf alle Merkmale entweder am Anfang oder am Schluß der Rangordnung stehen, selten in der Mitte. Sie sind dick, wirken jedoch wegen ihres ausgezeichneten Reliefs durchaus nicht etwa plump. Die Epiphysen sind mächtig entwickelt; an der proximalen ragt das Tuberkulum weit über die schiefe Ebene des nicht gewölbten, sondern eher ausgehöhlten Kaput hinaus, ist aber von diesem kaum abzugrenzen; dicht darunter erhebt sich an der Außenseite des Schaftes eine spitze Zacke: der Deltoidesansatz. Dann verjüngt sich die Diaphyse, um fast unvermittelt an der innern Seite in den viereckigen hammerartigen Epicond. med., außen in die zackige Crista intermusc. überzugehen. Die Trochlea ist fast normal, der ganze Ellenbogenteil aber stark nach vorn gebogen. — Was mich bewog, den Fall 569 als der Chondrodystrophie nahestehend aufzufassen, ist in erster Linie die ganz ähnliche Konfiguration der distalen Epiphyse und ihrer Epikondylen; die Trochlea erscheint freilich arg pathologisch, wie von Bubenhand ausgehöhlt und zerfressen, das Kaput wie mit einem Hammer gegen den Schaft geschlagen, — vielleicht alte Fraktur? Auch der Ansatz des Deltamuskels hat die typische zackige Form und die Torsion spricht gewiß nicht gegen meine Annahme, so wenig als Konsistenz und Größe dieser Knochen.

III. Der rachitische Humerus ist, wie ich schon weiter oben hervorhob, auf den ersten Blick an der starken transversalen, lateral konvexen Schaftbiegung kenntlich („Humerus varus" im eigentlichen Sinne des Wortes). Sehr oft mag es sich dabei um alte Infraktionen handeln, wie vermutlich bei Nr. 3842 (spitze Zacke an der Außenseite = alte Bruchstelle?); man darf aber nicht vergessen, daß eine schon bestehende Verbiegung als ein Locus minoris resistentiae große Neigung zum Einbrechen haben muß. Weiterhin kennt man als besonders typisch für rachitische Knochen die kugelförmig aufgetriebenen Epiphysen, und diese finden wir nun nicht allein bei der floriden Rachitis der Kinder, sondern sie ist auch an den längst konsolidierten Knochen der Erwachsenen noch mit aller Deutlichkeit zu erkennen. Die nicht minder bekannte Säbelscheidenform rachitischer Knochen äußert sich am Humerus als Platybrachie. Ferner scheinen mir das Höherrücken der Tuberkula und der tiefe Stand des Kapitulum recht charakteristisch zu sein. Rachitische Knochen können mit vollem Recht als plump bezeichnet werden. Der Kubitalwinkel scheint in der Regel 90° zu übersteigen, die andern Winkel können normal, sie können aber auch einseitig stark von der Norm abweichend sein; Inkongruenz und Asymmetrie zwischen links und rechts scheint überhaupt bei Rachitis sehr oft vorzukommen und ist wohl aus bilateral verschiedener mechanischer Beanspruchung und aus Verletzungen, Frakturen usw. zu erklären. Es können auf diese Weise einzelne primitive Merkmale vorgetäuscht werden. Hierher rechne ich z. B. die Crista paratrochlearis des rachitischen Humerus, die tiefe Fossa olecrani, den N-artigen D. ant.-post. 2 cm oberhalb der Fossa olecr. bei N. 4145 r.; in dem plastisch-weichen rachitischen Knochen, dessen Periost in lebhaftester

Weise auf äußere Reize antwortet, da wollen solche Merkmale nur mit aller Vorsicht gedeutet werden.

IV. Der kretinische Humerus hat mit den soeben beschriebenen Typen die kurze, gedrungene Gestalt, den hohen Längen-Dickenindex, die mächtigen, breiten Gelenkpartien und den tiefen Ansatz des Kaput gemein; es fehlen ihm jedoch die bizarren Formen, welche für Chondrodystrophie, und die mechanischen Deformationen und Asymmetrien, welche für Rachitis so bezeichnend sind; auch mit dem Oberarmknochen der Fälle mit Schilddrüsenstörung besteht weder zahlenmäßig noch morphologisch eine große Ähnlichkeit. Zwar sind die Stigmata einer Komplikation mit Rachitis (bei Bern 278, Graz 1358, 2334 und 4028) am kretinischen Humerus nicht so prägnant wie an Femur oder Tibia der gleichen Fälle, immerhin gewinnt das verbleibende Material nach Aussonderung dieser verdächtigen Objekte an Einheitlichkeit sehr viel; die einzelnen Kretinenhumeri unterscheiden sich dann wesentlich nur noch in der verschiedenen Länge voneinander.

Im allgemeinen stehen die kretinischen Oberarmknochen etwa in der Mitte zwischen den normalen einerseits und den oben beschriebenen pathologischen Knochenformen andrerseits; mit ebenso viel Recht kann man aber sagen, sie stehen in der Mitte zwischen normalen und primitiven Objekten, wobei ich besonders an die neolithischen Pygmäen, im weitern Sinne aber auch an paläolithische Vergleichsobjekte denke. Mit den Pygmäen haben die Kretinen in der Länge des Humerus, in Kondylo- und Kapitodiaphysenwinkel und in der Torsion große Ähnlichkeit; freilich sind die Pygmäenhumeri wesentlich schlanker. An den fossilen Neandertaler erinnern die mächtige Kondylenregion und das sehr große Kaput von fast runder Form, der hohe Längen-Dickenindex und die hochgradige Torsion nicht minder als der altertümliche Kubitalwinkel, sowie einzelne morphologische Details (z. B. der dicke Epicond. med.).

Will man Gruppen bilden, so stehen sich die weiblichen Exemplare (3235, 4594 und 1917. 212) sehr nahe, und die beiden Berner 1895. 160 und 1915. 297 schließen sich ihnen unmittelbar an. Das ist die Gruppe der kurzen, grazilen Humeri. Die entgegengesetzte Gruppe der längeren und massiven Formen schart sich um den Berner 1894. 345 und umfaßt (außer diesem Fall) die Grazer 5390, 518, ferner 1906. 353, 1914. 93 und 1916. 67. Alle übrigen Objekte stehen etwa in der Mitte zwischen diesen beiden Gruppen; abseits stehen 1358 mit 2334, 4058 und 1903. 278 mit einer typisch rachitischen Transversalkrümmung.

Verwertbar für die Diagnose des Kretinenhumerus scheint mir seine geringe Länge, seine starken Epiphysen, das Fehlen von stärkern Krümmungen, das tief angesetzte Kaput, sein hoher L.-D.-Index und sein altertümlicher Kubitalwinkel; ferner die Torsion und andre primitive Merkmale von weniger hohem Wert.

Es läge zu weit von meinem Thema ab, hier auch die prähistorischen Typen mit ebensolcher Ausführlichkeit zu schildern. Wer sich dafür interessiert, sei auf das Lehrbuch und auf die öffentlichen Sammlungen verwiesen.

Bloß beiläufig erwähne ich, daß die an den käuflichen Gipsmodellen gewonnenen Zahlen mit den Angaben von KLAATSCH über Neandertaler und Aurignacensis nicht durchweg übereinstimmen. Die Modelle scheinen in den meisten Dimensionen etwas zu stark zu sein.

Ulna[1].

Vgl. Tafel II und Tabelle auf S. 174/175.

A. Längen und Querschnitte.

1. Die größte Länge wird bei Kretinen im Mittel zu 207 mm gefunden und schwankt von 182 bis 248 mm; bei den zwei weiblichen Kretinen war sie etwa 183. Für die rechte Seite ist das Mittel höher; 213 gegen 210,6 mm.

2. Die physiologische Länge zwischen den Gelenkflächen ist im Mittel 177 mm (157 bis 215); rechts ist sie 182,9 und links 180,4 mm. Die recht große Differenz der Maße 1 und 2 deutet schon auf eine mächtige Entwicklung des Olekranon hin; bei der Chondrodystrophie ist diese Differenz noch viel erheblicher (94 gegen 127).

3. Der kleinste Umfang nahe dem distalen Ende mißt links und rechts etwa gleich viel, nämlich 34 mm (28 bis 41); er dient zur Berechnung des Längen-Dickenindex, welcher bei Kretinen im Mittel 19,3 (17,2 bis 22,0) beträgt und links (19,4) deutlich größer ist als rechts (17,9). Die sechs Berner Ellen haben einen Index von beinahe 20. Auch für die Elle der Kretinen gilt, was ich für den Radius schon bemerkte: ihr L.-D.-Index hat eine ganz ungewöhnliche Höhe; sowohl bei Naturvölkern wie bei Anthropomorphen ist dieser Index besonders niedrig (10 bis 14), beim normalen Deutschen etwa 16. Aus meiner Tabelle ergibt sich folgende Reihe (fast genau wie beim Radius):

<pre>
Pygmäen 15,3
Neonat 16,0
Aurignacensis 16,1
Rachitis 17,7
Neandertaler . . . . etwa 18,0
Cretinismus 19,3
Chondrodystrophie 35
</pre>

Graz Nr. 28 (Athyreose), der bezüglich Dicke des Radius zwischen N und Kretinen stand, rangiert diesmal mit kaum 11 noch weit unter dem Neonaten; die sparsame Natur scheint sich in solchen Fällen damit zu begnügen, wenn nur einer der beiden Vorderarmknochen einigermaßen trag- und stützfähig ausgebildet ist. Der Berner Myxödemfall 1918. 64 weist dagegen 21,0 auf.

Der Umfang der Mitte ist 40,5 mm und schwankt von 30 bis 60; er ist etwas größer als am Radius an gleicher Stelle.

11 und 12. Die beiden Durchmesser der Mitte habe ich als größten und kleinsten bestimmt, ohne Rücksicht auf die Richtung; bei pathologischen Objekten ist dies gewiß das einzig richtige Verfahren: Maximum und Minimum sind immer leicht zu bestimmen, es ist aber ein Irrtum und bringt den Untersucher in Verlegenheit, wenn angenommen wird, der dorsovolare Durchmesser sei immer auch der größte und bei seiner Messung sollten die Arme des Gleitzirkels immer an der hintern Knochenkante und der vordern Knochenfläche anliegen. Es finden sich im Mittel bei Kretinen Durchmesser von 14,3 (10,5 bis 19) und 11,5 (8 bis 15), woraus sich ein Index von 79,6 berechnen läßt.

[1] Es konnten im ganzen 9 Paar Ulnae verwendet werden, wovon aber 2 Paare auf Rachitis verdächtig sind; die übrigen gehörten 5 Männern und 2 Weibern.

Eine Trennung in massive und grazile Formen erscheint hier wie auch beim Radius schwierig; als massiv käme fast nur 1894. 345 in Frage.

Das ist recht hoch und jedenfalls höher als beim Radius; es ist also die Crista interossea an der Elle viel geringer als am Radius. Und während sie am Radius pilasterartig an der konkaven Seite des Bogens verläuft, so verstärkt sie an der Ulna die konvexe Kuppe des Bogens. Diese Verschiedenheit mag mit der wesentlich verschiedenen Funktion beider Knochen zusammenhängen. — Es läßt sich für den Querschnittsindex folgende Reihe aufstellen:

Athyreose	etwa 72
Rachitis	etwa 74
Neonat	75
Aurignacensis	75
Cretinen	79
Chondrodystrophie	80
Pygmäen	85
Neandertaler (Modell)	87,5

Die N-Modelle des Handels scheinen an dieser Stelle nicht sehr genau zu sein, gibt doch das Lehrbuch für N einen Index von 100; jedenfalls sind aber die Pygmäen recht altertümlich in diesem Punkte, und die Kretinen anscheinend auch. Der Wert ihres Index 79 vermindert sich aber, wenn ich an normalen Ellen einen Index von 81 finde!

13 und 14. Die beiden obern Durchmesser, welche zur Berechnung des Index platolenicus dienen, gehören leider zu den Maßen, die keiner genügenden Genauigkeit fähig sind. Der „tiefste Punkt" der Incisura radialis, von welchem aus der Querdurchmesser gemessen werden soll, ist keineswegs immer oder auch nur in der Regel der Endpunkt des kleinsten Durchmessers (und den suchen wir doch!); und mit dem größten Durchmesser steht es noch kritischer: Wegen der Verjüngung der Ulna unterhalb des Proc. coron. macht jede Ungenauigkeit in der Höhe für den Index schon sehr viel aus. Ich erinnere zum Beweis für diese Behauptung nur daran, daß der fragliche Index beim Neandertaler durch FISCHER (415) zu 90, durch MARTIN (448) jedoch zu 102 bestimmt wird. Man könnte sich dadurch helfen, daß man an der richtigen Stelle den Knochen durchsägt; aber das ist bei wertvollen Objekten nicht erlaubt, und die Anlage einer wirklich exakten Sägefläche ist wohl kaum leichter als die Messung.

Unter diesen Vorbehalten teile ich hier meine Resultate mit; ich fand den obern transversalen Durchmesser beim Kretinen im Mittel zu 15,5 (13 bis 21), den sagittalen zu 23 (18 bis 30) mm, woraus sich eine ziemlich beträchtliche Platolenie errechnen läßt: Der Index ist 68,0 (50,0 bis 88,8), und zwar ist er links etwas größer. Bei keinem modernen, primitiven oder fossilen Stamme findet sich ein so niedriger Index; aber auch in diesem Merkmal finde ich am Gipsmodell der N-Ulna einen viel geringeren Index, als andere Beobachter am Original messen konnten. Es ergibt sich folgende Reihe:

Neonat	etwa 45
Chondrodystrophie	56
Kretinismus	68
Rachitis	etwa 70
Athyreose	etwa 75
Normal	etwa 75
Pygmäen	etwa 75
Aurignacensis	76
Neandertal rechts	83

	Ulna		Größte Länge [1]	Physiolog. Länge [2]	Kleinster Umfang [3]	Längen-Dicken-Index $\frac{(3)\times100}{(2)}$	Sagittalkrümmung				Transversalkrümmung		Olecranon			
							Sehne	Höhe	Index $\frac{H\times100}{S}$	Winkel	"Abstand"	Winkel	Kuppe [5]	Breite [6]	Tiefe [7]	Höhe [8]
			1	2	3								5	6	7	8
♂	1894. 345	r.	247	215	41	19,1	210	—5,5	—2,6	190°	12	19°	6	36	30	22
		l.	248	211	39	18,5	{140 140	5,6 —4	4,0 —3,0	169° 185°	--	—	9	30	29	24
	1895. 160	r.	193	166	33	20,0	180	25	1,9	170°	10	11°	5	24	23	18
		l.	192,5	166	34	20,5	{70 140	3 —5	4,5 —8,6	165° 189'	8,5	10°	6	23	22	18
	1910. 343	r.	204	174	35	20,1	—	--	—	—	—	—	4	26	23	18
		l.	206	168	35	20,9	--	—	—	—	6	8°	4	26	24	22
	5390	r.	226	192	33	17,2	110	3	2,7	174'	5,6	14°	4	27	24	18
		l.	—	—	—	...	—	—	—	—	—	—	—	—	—	—
?	518	r.	220	187	34	18,2	200	—10	—5	197'	—	—	5	28	26	20
		l.	218	188	34	18,1	200	—8	—4	194°	—	—	5	28	24	13
	alle ♂		*217*	*185*	*35,5*	*19,2*	—	—	—	—	—	—	*5,5*	*27,5*	*25*	*20*
♀	3235	r.	184	159	31	21,4	146	5	3,4	166°	10	17°	7	21	24	16
		l.	182	158	32	20,2	—	—	—	—	—	—	3	22	21	16
	4595	r.	184	160	28	17,5	120	1,5	1,2	173°	9,6	20'	6	22	19	15
		l.	183	157	29	18,5	–	—	—	. .	—	—	5	21	19	14,5
	alle ♀		*183*	*158,5*	*31*	*19,4*	. —	—	—	—	—	—	*5*	*21,5*	*10,7*	*15,4*
	echte Kret.		**207**	**177**	**34**	**19,3**	—	—	—	—	—	—	**5.3**	**26**	**24**	**19**
	2334	r.	239	212	38	17,9	100	1,7	1,7	175'	10	11°	2	27	25	18
		l.	240	213	38	17,8	—	--	—	--	--	—	3	27	24	19
	4023	r.	220	190	39	20,5	170	—5,5	—3,2	185'	--	—	7	30	25	21
		l.	215	182	40	22,0	175	—6	—3,4	186°	—	—	6	32	27	22
			212	**182**	**3,5**	**18,6**	—	—	—	—	—	—	**5**	**26,5**	**24**	**19**
	Neonat		76	63	10	16,0	gerade			180°	3	15°	5	9	10	10
	1886. 42		74	60	15	25,0	—	2	—	—	—	—	(3)	10	10,6	(6,4)
	Graz 201a	r.	(97)	—	15 } ca 17,0		—	—	—	—	—	—	—	13	..	..
		l.	(98)	--	15 }		—	—	—	—	—	—	—	13	—	--
	Graz 28	r.	175	156	17	10,9	} nicht meßbar						2	14	14	14
		l.	180	157	20	12,7							—	17	14	16
	1918. 64	l.	190	162	34	21,0	—	—	—	—	—	—	6	23	26	18
Rachitis	*3842*	r.	*213*	*193*	*39*	*20,2*	—	—	—	—	—	—	*4*	*30*	*22*	*17*
		l.	*215*	*195*	*38*	*19,5*	*175*	*—8*	*—4,6*	*186°*	*14*	*17°*	*8*	*29*	*20*	*17*
	4145	r.	*224*	*195*	*32*	*16,4*	*100*	*2,4*	*2,4*	*164°*	*17*	*15°*	*8*	*27*	*19*	*17*
		l.	*223*	*193*	*32*	*16,6*	—	--	—	—	*13*	*13°*	*7*	*27*	*24*	*18*
	569	r.	*238*	*200*	*32*	*16,0*	*170*	*1,2*	*0,7*	*179°*	—	—	*7*	*29*	*24*	*22*
		l.	*235*	*200*	*35*	*17,5*	*{U!130 O!100*	*1,8 —2*	*4,5 —2,0*	*172° 187°*	*15*	*12°*	*8*	*34*	*27*	*24*
Chondrod.	2668	r.	120	83	34	40,9	65	1	1,5	167°	8	30°	7	21	25	15
		l.	118	82	35	42,7	—	—	—	—	—	—	9	21	25	16
	3344	r.	132	105	25	23,8	75	1,2	1,6	165°	9	13°	8	20	22	17
		l.	138	108	28	26,0	80	1,5	1,9	165°	8,6	15°	9	22	23	19
normal	Neonat		76	63	(10)	(16,0)	ganz gerade			180'	3	15'	5	9	10	10
	5 Jahre (distal defekt)		(190)	—	29	—	150	5	3,3	173'	7	13°	(def.)	20	17	(18)
	13 Jahre ♂		250	222	33	14,9	160	2,5	1,5	175'	6	8°	2	21	18	20
	30 Jahre ♀		278	246	40	16,3	225	8	3,5	176'	10	9'	5,5	26	27	24
	33 Jahre ♂		267	233	40	17,2	210	—6	—2,9	186'	12	16'	3	30	26	21
	77 Jahre ♂		246	212	40	18,8	175	1,5	0,8	179'	8	16'	4	28	24	20
Pygmäen	Schw.-Bild 2	l.	226	194	29	15,0	—	—	1,2	—	—	(18')	6	23	22	19
	12	l.	218	190	26	13,7	—	—	—	—	—	—	—	—	22	18
	14	l.	—	—	—	—	—	—	—	—	—	—	6,5	23	23	18
	Peggau	r.	(217)	(185)	32	17,3	140	2	1,4	174°	10	15'	7	23	24	17
		l.	..	--	—	—	140	3,5	2,5	170'	11	16°	5	23	21	14,5
	Pygmäen		**220**	**190**	**29**	**15,3**	**140**	**2,8**	**1,4**	**172'**	**10,5**	**16°**	**6**	**23**	**22**	**17**

Olecranon: Tiefen-Index $\frac{(7)\times100}{(6)}$	Höhen-Index $\frac{(8)\times100}{(6)}$	radiale vord. Breite (9)	radiale hint. Breite (10)	radialer Breiten-Index $\frac{(9)\times100}{(10)}$	Proc. coron. Tiefe	Breite	Kuppen-Index $\frac{(5)\times100}{(2)}$	Schaft oben: D. transvers. (13)	D. dorsovolav. (14)	I. platolenicus $\frac{(13)\times100}{(14)}$	D. maxim. (12)	Schaft-mitte: D. minim. (11)	Umfang	Querschnitts-I. $\frac{(11)\times100}{(12)}$	Distale Breite	Ossifikation
83,3	61,1	12	13,5	88,8	20	23	2,8	20	30	66,6	19	15	60	78,9	24	} fertig
96,6	80,0	11	15	73,3	17	23	4,2	13	26	50,0	18	14	53	77,7	23	
95,8	75,0	7,5	12	62,5	12	19	3,0	14,5	21	70,0	14,5	10	40	70,0	18	} distal Kp.
95,6	78,3	6	12,5	48,0	12	18,5	3,6	15	20	75,0	13,5	10	39	74,1	16,5	
88,5	69,2	7	16	43,7	19	22	2,3	16	23	70,0	13	11,5	41	88,4	20	o. B.
92,3	84,6	6	—	—	14	24	2,4	17	24	70,8	13	11,5	40	88,4	19	o. B.
88,8	66,6	9	17	53,0	15	25	2,1	15	25	60,0	14	11	38	78,6	18	o. B.
—	—	—	—	—	—	—	—	—	—	—	14	11	39	78,6	19	
92,8	71,4	8	14	57,1	17	22	2,7	17	27	63,0	16	13	41	81,2	19	} distal Andeutg. von Kp.
85,7	64,3	7	15	46,6	16	22	2,7	15	24	62,5	15	14	44	93,3	19	
90,9	*72,7*	*8*	*14*	*57,1*	*16*	*22*	*2,9*	*16*	*24*	*66,6*	*15*	*12*	*43,5*	*80,0*	*19,5*	
114,3	76,2	6	14	42,8	13	20	4,4	13	20	65,0	12	10	36	83,3	17	} distal Kp.
95,5	72,7	5	12	41,6	13	20	2,0	15	20	75,0	12,5	10	35	80,0	17	
86,4	68,2	7	11	63,6	18	21	3,8	15	20	75,0	11	8	31	72,7	16	} distal Kp.-rinne
90,5	70,0	5	11	45,5	12	21	3,2	16	18	88,8	10,5	8	30	76,2	15	
96,5	*71,5*	*6*	*12*	*50,0*	*14*	*20,5*	*3,3*	*15*	*19,5*	*76,9*	*11,5*	*9*	*33*	*78,3*	*16*	
92,3	72,2	7	13,5	51,1	15	21,5	3,0	15,5	23	67,4	14	11,5	40,5	79,6	18,5	
92,6	66,6	8	13	61,5	20	27	1,0	21	24	87,5	15	11	42	73,3	21	} distal Kp.
88,8	70,4	7	11	63,6	20,5	26	1,5	17	24	70,8	14	11	42	78,6	21	
83,3	70,0	7	13	53,8	15	25	3,7	18	29	62,1	16	11,5	45	72,0	19	o. B.
84,4	68,7	6	12	50,0	16	24	3,3	17	29	60,0	16	12	45	75,0	19	o. B.
90,6	70,9	6,7	13	50,8	16	22,5	2,8	16	24	68,0	14	11	41	79,0	18,4	
111,1	*111,1*	*2*	*4,5*	*44,4*	*6*	*7*	*8,0*	*5*	*11*	*45,4*	*3*	*4*	*10*	*75,0*	*7*	Kp.
106,0	*64,0*	*(2,8)*	*(4)*	*70,0*	*—*	*---*	*5,0*	*7,5*	*9*	*83,3*	*5,0*	*3,6*	*15*	*72,0*	*6,8*	Kp.
—	*—*	*—*	*—*	*—*	*8*	*12*	*—*	*17*	*17*	*100,0*	*7,5*	*5*	*20*	*66,6*	*9*	Kp.
—	*—*	*—*	*—*	*—*	*8*	*12*	*—*	*15*	*17*	*88,2*	*7*	*7*	*20*	*71,4*	*10*	Kp.
100,0	*100,0*	*5*	*—*	*—*	*11*	*15*	*1,3*	*13*	*17*	*76,5*	*9*	*7*	*22*	*77,7*	*12*	} bloß dist. Kp.
82,3	*94,1*	*6*	*—*	*—*	*14*	*21*	*—*	*15*	*20*	*75,0*	*10,5*	*7*	*29*	*66,6*	*13*	
113,0	*78,3*	*6*	*10*	*60,0*	*(9)*	*22*	*3,7*	*16*	*19*	*84,2*	*14*	*9*	*(34)*	*64,3*	*14*	distal Kp.
73,3	*56,6*	*8*	*15*	*53,3*	*15*	*27*	*2,1*	*20*	*28*	*71,4*	*15*	*12*	*44*	*80,0*	*24*	o. B.
68,2	*58,6*	*8*	*11*	*72,7*	*17*	*25*	*4,1*	*17*	*24*	*70,8*	*14*	*10*	*40*	*71,4*	*21*	o. B.
70,4	*63,0*	*9*	*14*	*64,3*	*16*	*22*	*4,1*	*17*	*26*	*65,4*	*14*	*9*	*39*	*64,3*	*21*	?
88,8	*66,6*	*7*	*9*	*77,7*	*14*	*19*	*3,6*	*15*	*22*	*68,2*	*14*	*9*	*39*	*64,3*	*21*	?
82,7	*76.0*	*10*	*14*	*71,4*	*18*	*27*	*3,5*	*20*	*26*	*76,9*	*14*	*10*	*40*	*71,4*	*15*	o. B.
80,0	*70,6*	*12*	*15*	*80,0*	*18*	*25*	*4,0*	*18*	*29*	*62,1*	*13*	*10*	*39*	*76,9*	*15*	} o. B.
104,2	*62,5*	*5*	*11*	*45,5*	*15*	*20*	*8,4*	*12*	*24*	*50,0*	*13*	*9*	*35*	*69,2*	*17*	o. B.
104,2	*66,6*	*7*	*12*	*58,3*	*15*	*17*	*11,0*	*13*	*24*	*54,2*	*13*	*10*	*35*	*76,9*	*16*	o. B.
110,0	*85,0*	*4*	*12*	*33,3*	*13*	*19*	*7,6*	*13*	*21*	*62,0*	*11*	*9*	*32*	*81,8*	*17*	o. B.
104,5	*86,4*	*5*	*10*	*50,0*	*13*	*18*	*8,3*	*13*	*23*	*56,5*	*11*	*10*	*32*	*90,9*	*18*	o. B.
111,1	111,1	2	4,5	44,4	6	7	8,0	5	11	45,4	3	4	10	75,0	7	Kp.
85,0	90,0	5	8	62,5	11,5	16,5	—	13	20	65,0	12,6	10,5	35	83,3	(def.)	Kp.
85,7	95,2	6	9	66,6	14	20	1,0	18	24	75,0	14	11	40	78,6	17	{ oben und unten Kp.
103,8	92,3	8	11	72,7	18	21	2,2	19	27	70,4	18	15	53	83,3	23	o. B.
86,6	70,0	11	13	84,5	19	24	1,5	23	33	70,0	20	16	58	80,0	24	o. B.
85,7	71,4	9	13	70,0	19	13	2,0	21	25	84,0	16	13	46	81,2	20	o. B.
95,6	82,6	(3)	—	(21,4)	12	27	3,1	12	15	80,0	13	11	—	84,6	17	
—	—	4	—	—	14	—	—	11,5	15	76,6	11	11	—	100,0	(13)	
100,0	78,3	3	—	(23,1)	15	25	—	12	17	70,6	—	—	—	—	—	
104,4	74,0	9	13	70,0	15	23	(c. 4,0)	16	21,5	74,4	14	11	44	78,6	---	fertig
91,3	63,0	7	12	58,3	16	22	---	15	21,5	70,0	13	10	40	76,9	—	fertig
97,6	74,5	5	12,5	?	14.4	24	(3,5)	15,3	18	74,3	13	11	42	85,0	—	

Ich habe auch die distale Breite gemessen, und zwar in der Richtung über den Proc. styloid., also von vorn nach hinten; ich fand als Mittel 18,4 mm (15 bis 24), das sind etwa 10% der physiologischen Länge. Nur bei der Athyreose, bei Aurignac und den Pygmäen, sowie bei einigen normalen Ellen erreicht die distale Breite nicht soviel Ausdehnung, bei der Chondrodystrophie dagegen bis zu 20%.

B. Die Krümmung

ist zwar an der Ulna ein Merkmal von geringer Bedeutung (mit der Radiuskrümmung nicht zu vergleichen), bietet aber der Analyse und Messung große Schwierigkeiten. Einigen wir uns zuerst über die Orientierung des Knochens, und da scheint es mir nicht zweifelhaft, daß wir die Orientierung die „Gratebene", welche durch den Grat oder die Führungsleiste der Incisura semilunaris geht, zugrunde legen müssen; der Grat ist funktionell und morphologisch das Wichtigste und Bestimmende an diesem Knochen, dessen Aufgabe es ist, Beugung und Streckung im Ellenbogengelenk zu dienen. Der Grat ist die Schraubenmutter, die zur Trochlea des Humerus gehört, und als solche für die Richtung der Beugebewegung maßgebend.

Es sind nun an der Ulna die Sagittalkrümmung (in der Gratebene) und die Transversalkrümmung (in einer hierzu senkrechten Ebene) zu unterscheiden.

a) Die Sagittalkrümmung der Ulna hat de norma eine dorsale Konvexität, die bei Naturvölkern, noch mehr aber bei Anthropomorphen besonders ausgesprochen erscheint; der Index aus Sehnenlänge und Bogenhöhe schwankt nach Angabe des Lehrbuches von 0 bis 5. Leider ist aber bei pathologischen Formen weder das obere noch das untere Ende der Sehne immer einwandfrei zu bestimmen. Ich habe trotzdem versucht, an meinen Diagrammen von der Kretinenulna den Krümmungsindex zu bestimmen, habe ihn aber im allgemeinen nicht hoch gefunden: bei Graz 3235 war er 3,4 und bei 5390 fand ich 2,7. Auch bei der Chondrodystrophie ist der Index nicht hoch, bloß etwa 1,7; bei dem Peggauerpygmäen etwa 2,0 (also wie beim Neandertaler). Bei Graz 2334 und 4595, welche im allgemeinen wenig deformiert scheinen, fand ich 1,7 bzw. 1,2.

Bei den übrigen Kretinen und bei der Rachitis fand ich aber ein prinzipiell anderes Verhalten; statt einer dorsalen Konvexität zeigt sich hier eine dorsale Konkavität. Es handelt sich jedoch nur selten (so z. B. bei 1894. 345, Graz 4028, 3842 und 569) um die uns von den großen Affen her bekannte Zurückbiegung der proximalen Epiphyse, die ja auch bei dem anscheinend pathologischen Neandertaler links zu sehen ist; sondern in der Regel kommt die dorsale Konkavität dadurch zustande, daß die feine Einziehung oberhalb des Proc. styloid., die normalerweise nie fehlt, sich weit hinauf erstreckt, manchmal bis ins obere Drittel. Diese Abnormität ist nicht ganz ohne praktische Bedeutung, denn es leuchtet ein, daß sie eine Überstreckbarkeit des Ellenbogens begünstigen, bzw. vortäuschen kann (ich sage: vortäuschen, weil sie vom Gelenk selbst unabhängig ist); sie dürfte für Rachitis bezeichnend sein, findet sich aber auch an ganz normalen und kräftigen Objekten. Beim Neugeborenen finde ich keine Sagittalkrümmung.

Da es sich bei der Sagittalkrümmung weniger um einen Bogen, als vielmehr um eine Abknickung handelt, so kann man, ohne der Natur Gewalt anzutun, an die Schenkel der Krümmung je eine Tangente anlegen und den zwischen beiden eingeschlossenen Winkel ablesen; bei dorsaler Konvexität ist der Winkel kleiner, bei Konkavität größer als 180°. Bei den Kretinen schwankt dieser Winkel von 165° bis zu 197°, im Mittel ist er 179°; man kann etwa folgende Reihe bilden:

$$
\begin{array}{ll}
\text{Aurignacensis} & 165° \\
\text{Chondrodystrophie} & 166° \\
\text{X rechts) und Le Moustier} & 169° \\
\text{2 Ulnae von Peggau (Pygmäen)} & 172° \\
\text{4 normale Europäer} & 179° \\
\text{Kretinen} & 179° \\
\text{Neonat} & 180° \\
\text{Rachitis (3842, 569, 4028 Graz)} & 186°
\end{array}
$$

b) Die Transversalkrümmung der Ulna wird nie, nicht einmal beim Neugeborenen, vermißt; sie besteht in einer Abknickung des Knochens etwas oberhalb der Mitte und ist immer an der medialen Seite konkav. So erscheint sie bei Betrachtung der Ulna von der dorsalen Seite und kann an der Crista ulnae posterior direkt und ohne Schwierigkeit gemessen werden. An der Vorderseite bietet sich uns aber ein etwas andres Bild; zwar ist die Krümmung (oder besser gesagt: die Abknickung) auch hier sehr deutlich und scheint etwa dem Verlauf der Crista praeradialis (KLAATSCH (520) zu folgen. Der „Grat" aber liegt nicht etwa in dieser Richtung, sondern die Achse scheint oberhalb vom Proc. coron. wieder in die ursprüngliche Richtung einzulenken. Die Achse des größern distalen Teils der Ulna ist also parallel zur Gratebene, die des kürzeren proximalen Teils schneidet die Gratebene unter einem Winkel, der am Diagramm der Vorderansicht ohne Mühe zu messen ist. Es sieht am Diagramm so aus, als ob der „Grat" ohne seine Richtung zu ändern nach innen versetzt worden wäre; zieht man in einem gewissen Abstand lateral vom Grat ein Parallele zu diesem, so erhält man eine Linie, welche, ohne die Achse des distalen Knochenteils mathematisch genau selbst zu sein, ihr doch sehr nahe kommt (ich glaube mich so vorsichtig ausdrücken zu sollen, weil die Achse eines so unregelmäßig geformten Stabes, wie die Ulna, keine Gerade sein kann). Wir sehen jetzt am Diagramm ein rechtwinkliges Dreieck (unterhalb des Proc. coron.), von welchem wir bloß die kurze Seite und deren Gegenwinkel zu messen brauchen, — und die Transversalkrümmung der Ulna ist im wesentlichen eindeutig bestimmt. Es ist nötig, für die verschiedenen Teile dieses „Trigonum subcoronoideum" bestimmte Namen einzuführen; es heiße die kurze Seite „Abstand", der spitze Winkel heiße „Knickungswinkel" und die „Hypotenuse" gehe unter diesem Namen. Es lassen sich nun folgende gesetzmäßige Beziehungen auffinden:

I. Bei gestrecktem Arm steht der Grat parallel zur Achse des distalen Teils der Ulna und parallel zur Führungsrinne der Trochlea (dorsal), senkrecht zur Kondylentangente; die Hypotenuse annähernd parallel zur proxim. Radiusachse wie auch zur Crista intermusc. hum.

Mit der Humerusachse ist weder der Grat noch die Hypotenuse parallel. Wenn der Grat (und folglich auch die Führungsrinne) zur Kondylentangente senkrecht steht, so wäre diese Tatsache ganz wohl vereinbar mit einer Schraubennatur der Trochlea; denn die Kondylentangente ist keine Trochleatangente. Wohl aber ist die Kondylentangente identisch mit der Radio-Ulnargelenktangente, und sie steht parallel zur Flexionsachse, wie auch das Lehrbuch annimmt, wenn es in Ziffer 15 S. 914 die Flexionsachse als ein Lot auf die Führungsleiste darstellt.

II. Bei rechtwinkliger Beugung des Ellenbogens steht die Gratebene (und damit der distale Teil der Ulna) immer noch senkrecht zur Kondylentangente, welche jetzt aber nicht mehr terminal, sondern an der Beugeseite des Humerus liegt.

III. Bei maximaler Beugung kommt die Hypotenuse in die Richtung der Humerusachse zu liegen, und einzig der Abknickung ist es zuzuschreiben, daß in dieser Stellung die Hand nicht vor die Schulter, sondern vor der Brust zu finden ist.

Alles dies klingt wie unverständliche graue Theorie, wenn man es bloß so herunterliest; von der Richtigkeit der hier vorgetragenen Sätze überzeugt man sich am besten durch das Studium guter Röntgenbilder, welche die drei Knochen in absolut getreuer gegenseitiger Lage zeigen. Dem mazerierten Knochen fehlt quasi die Hauptsache: der Gelenkknorpel, und es passen daher die Gelenkflächen nie aufeinander. Man kann sich helfen und ungefähr normale Verhältnisse herstellen, indem man ein passendes Stück dickes Tuch zwischen die Gelenkflächen einlegt, — dann gibt es plötzlich kein Schlottern mehr!

Meine Angabe, daß die Kondylentangente mit der Radio-Ulnargelenktangente identisch sei, mag da und dort auf Widerspruch stoßen. Es kommt eben darauf an, was man unter Radioulnartangente versteht; ist dies eine Tangente

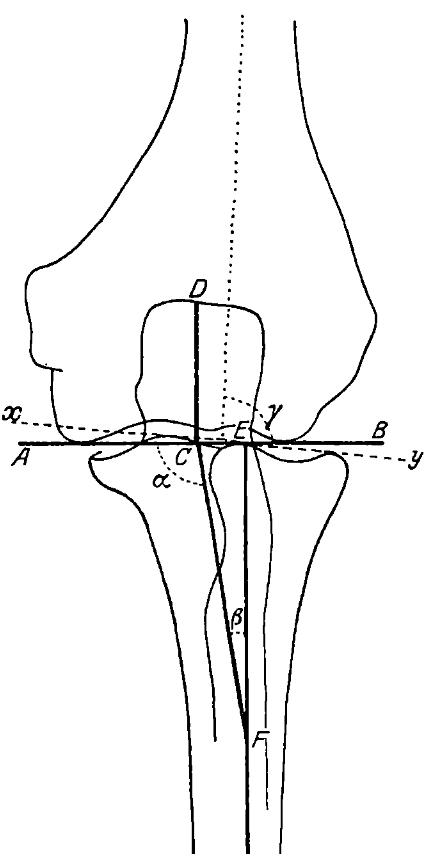

Abb. 14. Ellenbogengelenk.

vom lateralen Rand des Radius an die Führungsleiste der Ulna xy, oder ist es nicht viel richtiger eine Gerade A B vom lateralen Rand des Radiusköpfchens an den medialen Rand des horizontalen Teils des Inc. sigm. der Ulna? Hat es überhaupt einen Sinn, bei einer so unregelmäßig geformten Fläche wie Ulna + Radius, eine Tangente vom Rand zur Führungsleiste zu legen? und warum dann gerade vom radialen Rand? Praktisch ist die Sache insofern von geringer Bedeutung, als sehr oft radialer und medialer Rand mit der Führungsleiste in einer Linie liegen; seltener ist die mediale Gelenkhälfte der Ulna heruntergedrückt und schief gestellt (dies NB. am mazerierten Knochen; durch einen etwas höhern, jugendlichen Knorpelrand kann tatsächlich auch der Rand der medialen Gelenkschüssel die normale Höhe erreichen).

Zur Konstruktion des Trigonum subcoronoideum diene folgende Anleitung: Am Diagramm oder Röntgenbild der Vorderfläche markiert man zunächst den Grat $C\,D$; dann legt man in entsprechendem Abstand $E\,F$ parallel zum Grat durch die Mitte des distalen Schaftteiles. Die Hypotenuse $C\,F$ muß man (ich bedaure, keine exaktere Anleitung geben zu können) nach dem Augenmaß als Achse des proximalen, abgeknickten Schaftteiles einzeichnen, was manchmal sehr leicht, gelegentlich aber auch nicht ohne Willkür möglich ist. Vielleicht findet einer meiner Kritiker einen bessern Weg.

Dieses leicht zu bestimmende Trigonum subcoronoideum liefert uns nun nicht allein die Transversalkrümmung der Ulna, sondern auch den sogenannten Ulnargelenkwinkel und den Olekranonwinkel, welche zu messen wir uns also ersparen dürfen. Es scheint mir dies um so wichtiger, als die Anleitung des Lehrbuches zur Bestimmung der beiden Winkel wohl keine besonders glückliche ist.

Der Ulnargelenkwinkel wird als Winkel zwischen Ulnarschaftachse und Flexionsachse (welche als zum Grat senkrecht angenommen wird) definiert; es fehlt aber eine Angabe darüber, ob die Achse des distalen ($E\,F$), des mittleren oder proximalen Ulnateiles gemeint ist. Ist, wie zu vermuten steht, als Achse die Hypotenuse $C\,F$ gemeint, so ist der Ulnarwinkel $\alpha = 90°$ plus (oder minus?) unsern Knickungswinkel β (es fehlt eine Angabe darüber, ob der Ulnarwinkel an der medialen oder lateralen Seite zu messen sei).

Der Olekranonwinkel, „den die Längsachse beider Vorderarmkochen mit der Radio-Ulnar-Gelenktangente bildet", ist offenbar der Winkel zwischen $C\,D$ und $x\,y$. Irgendwelche funktionelle Bedeutung kommt ihm nicht zu und auch seine morphologische Bedeutung ist nur gering; er ist lediglich ein Ausdruck für die Höhe der Führungsleiste des Olekranons, welche wir auch direkt messen könnten. Es ist sicher ein Irrtum, wenn das Lehrbuch die Radio-Ulnar-Gelenktangente als Ellenbogenflexionsachse bezeichnet; es sei denn, man nehme an, daß Radio-Ulnar-Gelenktangente und Kondylentangente des Humerus miteinander identisch sind, so wie ich weiter oben behauptete, — dann aber muß der Olekranonwinkel immer $= 90°$ sein und seine Messung erübrigt sich. Auch der Ausdruck „Längsachse der beiden Vorderarmknochen" scheint mir zu unbestimmt und vielsagend; es ist schon schwierig, für jeden einzelnen der so unregelmäßig gekrümmten Vorderarmknochen eine Längsachse zu bestimmen, wie viel mehr für beide aufs Mal. Für den Ellenbogen als Scharniergelenk kommt allerdings nur die Ulna in Betracht und ist die Ulna somit die wahre Achse des Vorderarms; durch die Transversalkrümmung kommt der distale Teil dieser Achse wieder einigermaßen in die Mitte des Gliedabschnittes, nachdem durch Artikulation beider Vorderarmknochen mit dem Humerus notwendigerweise die Ulna von der Mitte weg verdrängt wurde. Das dürfte der Grund sein, weshalb nie die Transversalkrümmung der Ulna vermißt wird. Die Normalstellung des Vorderarms ist natürlich nicht die supinierte, denn in Supination ist jede Tätigkeit unmöglich; normal ist vielmehr die Mittelstellung zwischen Pronation und Supination, wobei beide Vorderarm-

12*

knochen in einer Sagittalebene liegen (wenigstens in ihren distalen zwei Dritteln).

Als Armwinkel kann man entweder den Winkel zwischen Humeruslängsachse und Führungsleiste des Olekranon verstehen: Dann ist er, da die Führungsleiste zur Kondylentangente senkrecht steht, = 180° minus Kondylodiaphysenwinkel. Soll aber der Armwinkel der Winkel zwischen Humeruslängsachse und unserer Hypotenuse sein, so beträgt er = 180° minus (Kondylodiaphysenwinkel + Knickungswinkel).

Nach dieser leider etwas lang geratenen theoretischen Betrachtung über die Transversalkrümmung der proximalen Ulnaepiphyse gehe ich daran, meine Resultate bei Kretinen usw. mitzuteilen. Ich fand den „Abstand" im Mittel zu etwa 9 mm (5, 6 bis 12) und den „Knickungswinkel" zu 14° (8 bis 20°); die Zahl der verwertbaren Diagramme ist allerdings nicht groß, nur acht. Es läßt sich folgende Reihe aufstellen, wenn der „Abstand" als Index in Prozenten der physiologischen Länge ausgedrückt wird:

	Abstand	Index	Knickung
Aurignacensis	10	4,5	7°
Neandertal rechts.	14	6,0	9°
Normale Europäer	9	4,2	12°
Kretinen.	9	5,0	14°
Neonat	3	4,7	15°
Rachitis (3842 und 4145) .	15	7,7	15°
Peggauer Pygmäe.	10,5	5,7	15,5°
Chondrodystrophie	8,5	8,1	20°

Diese Tabelle läßt nun freilich irgendwelche rassenartige Gesetzmäßigkeit nicht erkennen, und es könnte sonach die aufgewendete Mühe als nutzlos vertan erscheinen. Aber auch in diesem Falle dürfte ein Beitrag zur Aufhellung schwieriger osteologischer Probleme nicht ganz wertlos erachtet werden.

Anhangsweise möchte ich noch beifügen, daß gelegentlich die Transversalkrümmung sich nicht nur am proximalen Teil der Ulna geltend macht, indem sie oberhalb des Proc. styloid. noch einmal aus der Gratebene heraustreten und wieder in die Richtung der Hypotenuse einlenken kann; das ist gar nicht selten.

C. Die proximale Epiphyse

ist bei allen niedrigen Simiern durch eine hohe Olekranonkuppe und durch den Umstand gekennzeichnet, daß die Breite sowohl hinter der Tiefe, wie auch hinter der Höhe zurücksteht (Tiefen- und Höhenindex also über 100). Die Anthropomorphen verhalten sich in all diesen Punkten fast menschlicher als der Mensch. — Betrachten wir nun die Kretinen:

Die Messungen 5, 6, 7 und 8 sind leicht und mit großer Sicherheit ausführbar; einzig die Höhe (8) kann gelegentlich, wenn die Querlinie des Gelenkes am untern Ende des Grates undeutlich, sehr breit oder mehrfach ausgebildet ist, einige Schwierigkeit machen. Ich fand bei Kretinen

	Mittel	Maximum	Minimum
5. die Olekranonkuppe	5,3	9	3
6. die Olekranonbreite	26,0	36	21
7. die Olekranontiefe	24,0	30	19
8. die Olekranonhöhe	18,8·	24	14,5
den Kuppenindex	3,0	4,4	2,0
den Tiefenindex	92,3	114,3	83,3
den Höhenindex	72,2	84,6	61,1
9. die vordere Breite radial	6,7	12	5
10. die hintere Breite radial	13,6	17	11
den radialen Breitenindex	51,1	88,8	41,6
die Tiefe des Proc. coronoid.	15,0	20	12
die Breite des Proc. cronoid.	21,5	25	18,5

Für sich allein betrachtet, sagen diese Zahlen gar nichts; ihren Wert erhalten sie erst durch die Vergleichung mit verwandten Zuständen. Dann ergibt sich:

a) der **Kuppenindex** ist gar nicht selten (nämlich bei 1895. 160, 1894. 345, Graz 4595, 3235 und 4028) zum mindesten so hoch wie bei Spy; es läßt sich folgende Reihe aufstellen:

<pre>
Athyreose 1,3
normal 1,7
Kretinen 3,0
Rachitis 3,5
2 Pygmäen 3,6
Aurignacensis 3,6
N rechts und Spy 3,9
Neonat 8,0
Chondrodystrophie 9,0
</pre>

Die Mittelzahl der Kretinen ist jedenfalls höher, als die aller im Lehrbuch angeführten Naturvölker; besonders im weiblichen Geschlecht scheint eine hohe Kuppe die Regel zu sein.

b) der **Tiefenindex** wird für normale Europäer zu 98 (89 bis 118) angegeben; im Vergleich damit ist er bei Kretinen gering, wie auch folgende Zusammenstellung zeigt:

<pre>
Rachitis (3842, 4145, 569) 75,5
Kretinismus 91,0
Athyreose 92,3
Aurignacensis (Gipsmodell) 95,6
2 Spy und Neandertal rechts 96,3
4 Pygmäen 98,0
Chondrodystrophie 106,0
Neonatus 111,0
</pre>

c) der **Höhenindex** ist bei Kretinen ungewöhnlich niedrig; diese Erscheinung, wie übrigens auch der niedrige Tiefenindex, beruht aber weniger auf einer absolut kleinen Höhe, als vielmehr auf einer ganz außerordentlich starken Breitenentwicklung; das gleiche finden wir auch bei der Rachitis, wie folgende Tabelle zeigt:

```
Rachitis . . . . . . . . . . . . .  65,2
Kretinismus . . . . . . . . . . .  72,2
Pygmäen . . . . . . . . . . . .  74,5
Chondrodystrophie . . . . . . . .  75,1
normale Europäer . . . . . . . .  82,2
Neandertal und Spy . . . . . . .  85
Athyreose . . . . . . . . . . . .  97,1
Aurignacensis. . . . . . . . . . . 100
Neonat . . . . . . . . . . . . . . 111
```

Die Reihenfolge ändert sich aber stark, sobald wir die Olekranonhöhe in Prozenten der physiologischen Länge ausdrücken, wodurch wir über die Bedeuung der Höhe ein gutes Urteil bekommen:

```
Rachitis . . . . . . . . . . . . .  8,9
Normal . . . . . . . . . . . . . .  9,3
Pygmäen . . . . . . . . . . . . .  9,5
Aurignacensis . . . . . . . . . .  9,5
Athyreose . . . . . . . . . . . .  9,6
Kretinen . . . . . . . . . . . .  10,8
N rechts. . . . . . . . . . . . .  11,6
Neonat . . . . . . . . . . . . .  15,9
Chondrodystrophie . . . . . . . .  17,7
```

In beiden Reihen bedeutet der höchste Index das altertümlichste Verhalten; aber die zweite Reihe ist wichtiger und richtiger.

d) der Index der radialen Gelenkhälfte auf dem Proc. coronoid. kann uns über die Richtung der Incisura radialis, ob sie direkt seitlich schaut (wie nach KLAATSCHs Angabe bei A—O) oder ob sie halb nach vorn gewendet ist (wie bei N—G), erwünschten Aufschluß geben, indem ein niedriger Index eine stärkere Schiefstellung anzeigen müßte. Die Schwankungen dieses Index sind aber sehr weite und setzen seine Wertschätzung ziemlich stark herab. Ich finde bei

```
Neonat . . . . . . . . . . . . . .  44,4
Chondrodystrophie . . . . . . . .  49,3
Kretinismus . . . . . . . . . . .  51,1
A rechts (Gipsmodell) . . . . . .  54
2 Ulnae von Peggau (Pygm) . . .  64
N rechts (Gipsmodell) . . . . . .  66,6
Rachitis (3842 und 4145) . . . . .  67
4 normale Ellen . . . . . . . . .  73,5
```

Ich habe auch Breite und Tiefe des Proc. coron. im ganzen gemessen; es sind ziemlich unsichere Zahlen, auf die ich darum wenig Wert legen möchte.

Der unermüdliche KLAATSCH, dem die rassenanatomische Erforschung der langen Röhrenknochen überhaupt so sehr viel zu verdanken hat, ließ es sich angelegen sein, auch das Relief der proximalen Ulnaepiphyse besser als früher zu beachten. Er führte (520) eine vollständigere Benennung bisher kaum bemerkter Teile ein und betonte neben der Messung auch wieder mehr den Wert rein deskriptiver Merkmale. Er konnte u. a. folgendes feststellen:

Die Crista olecrani transversa ist bei N scharf und gerade abgeschnitten, rezent: mehr gebogen. Bei Kretinen finde ich meistens einen rundlichen Verlauf und schwache Ausprägung; bei pathologischen Formen steht sie öfter schräg und ist auch schärfer.

Die Crista ulnae post. wechselt individuell ziemlich stark und ist diagnostisch wenig brauchbar; ihre Beziehung zur Transversalkrümmung wurde schon besprochen.

Die Fossa postcoronoidea ist bei A—O leicht angedeutet, bei N—G sehr tief, vom zapfenförmigen Tuber olecrani überragt. Bei den Kretinen ist vor allem 1894. 345, aber auch 5390 mit einer tiefen Fossa begabt; sie fehlt auch nicht bei Rachitis und Chondrodystrophie.

Die Fossa postradialis, welche lateral an der Hinterseite der medial gelegenen Fossa postcoron. genau entspricht, zeigt auch die gleiche rassen-anatomische Differenz. Sie ist aber auch am N-Modell nicht allzu deutlich, und bei Kretinen jedenfalls nicht besonders ausgesprochen; ich glaube, ihre Bedeutung ist nicht groß.

Die Crista postrad. soll bei N—G, auch beim rezenten Europäer eine scharfe Leiste bilden, bei A—O jedoch nur schwach ausgebildet sein. Bei Kretinen ist sie ausnahmslos als scharf, kräftig, höckrig oder derb angeführt, — sie fehlt aber auch bei pathologischen Formen nicht.

Die Crista praeradialis und die Crista subcoronoidea, welche den Ansatz des Brachialis internus zwischen sich schließen, werden bei A—O beträchtlicher gefunden als bei N—G; die Kretinen dürften darin mehr dem A—O Typus folgen, unterscheiden sich aber wenig von andern Formen und Krankheitszuständen. Ich muß zum Schluß dieses Abschnitts freilich gestehen, daß mir in allen diesen Merkmalen eine gewisse Unsicherheit geblieben ist: Was ist individuell? Was ist Rasse? Ein zahlenmäßig meßbares Merkmal ist mir offen gestanden lieber! —

Die Ossifikation ist gerade an der Ulna von besonderem Interesse, insofern die distale Ulnaepiphyse von allen Knorpelfugen des Extremitätenskelettes anscheinend am längsten unverknöchert bleibt. Daß die Entwicklungshemmung an der obern Extremität stärker sei als an der untern, das betont auch FRANGENHEIM (117), gestützt auf E. BIRCHER (4); aber von den drei Armknochen bleibt die Ulna am längsten knorplig, und zwar distal. Es will mir scheinen, als ob an der distalen Ulnaepiphyse mechanische Momente, welche einen Anreiz zur Entwicklung darstellen können, viel weniger zur Geltung kommen, als an der distalen Radiusepiphyse (Artikulation mit dem Karpus!), oder an der proximalen Ulnaepiphyse (Artikulation mit dem Humerus!); oder gar an der gesamten untern Extremität; das ist aber bloß eine Vermutung. In ähnlicher Lage befindet sich übrigens auch die Fibula, und treffen wir daselbst auch eine sehr merkliche Verzögerung. — An der Ulna finde ich bei

1910. 343	Alter	57 J.	distal	Knorpel
Graz 518	„	J.	„	Andeutung von Knorpel
2334	„	40 J.	„	noch Knorpel
3235	„	30 J.	„	Knorpel
4595	„	40 J.	„	Knorpelrinne
28	„		„	bloß distal Knorpel!
201	„	1,5 J.	„	alles knorplig.

Rekapitulation.

Ich will nun versuchen, für die vier uns hier hauptsächlich beschäftigenden pathologischen Typen die Ulna, soweit dies möglich ist, zu beschreiben:

I. Die chondrodystrophische Ulna ist leicht kenntlich und höchstens mit derjenigen bei der Chondromatosis oder bei Defektbildungen etwa zu verwechseln. Einem Knochen von kaum der halben normalen Länge ist ein Olekranon aufgesetzt, das in einzelnen Dimensionen die Norm großgewachsener Menschen noch übertreffen kann (Kuppel! Tiefe!); geringe Crista, hoher Längen-Dickenindex, starke Platolenie, stark markierte Muskelansätze vervollständigen das Bild. Die unvollständige Streckbarkeit des Ellenbogens hat Frangenheim (117) mit Recht hervorgehoben; dagegen dürfte er im Irrtum sein, wenn er annimmt, die Ulna sei bei der Chondrodystrophie durch leichte, schmale Epiphysen ausgezeichnet; just das Gegenteil trifft zu.

II. Die Ulna bei Athyreosis ist ebenfalls deutlich genug von andern zu unterscheiden; sie ist nicht besonders kurz, aber sehr schmal, zierlich, wenig gebogen, und natürlich durch offene Knorpelfugen ausgezeichnet. Die Muskelansätze sind kaum angedeutet. Es handelt sich da mit einem Wort um Formen, die nur durch etwas bedeutendere Länge und etwas weiter entwickelte Verkalkung von neonaten Zuständen sich unterscheiden. Primitive Merkmale sucht man hier vergebens.

III. Für Rachitis sind immer mechanische Deformationen charakteristisch, und da solche Momente an der Ulna nur in beschränktem Maße zur Geltung kommen, so kann man sich nicht wundern, die rachitische Ulna von der Norm nur wenig verschieden zu finden (von der floriden Rachitis der Kinder mit der bekannten Auftreibung der distalen Epiphysen usw. ist hier abzusehen). Einigermaßen typisch scheint die gewaltig Entwicklung der proximalen Epiphyse und die bizarre Zacke des Brach. int.-Ansatzes zu sein. Die Transversalkrümmung ist stark, die Sagittalkrümmung sehr häufig der Norm entgegengesetzt, mit dorsaler Konkavität; ich muß hier Frangenheim (117) widersprechen, wenn er als Folge des Überwiegens der Beuger und Pronatoren eine dorsale und ulnare Konvexität behauptet. Das mag vorkommen, aber die Regel ist es nicht, wenigstens keine Regel ohne Ausnahme. Ich sah in Graz einen Fall (Nr. 4594), bei dem die Ulna ganz die gleiche (übrigens nicht sehr starke) Krümmung aufwies, wie der Radius, so daß sie ihm parallel zu laufen schien; ähnliche Bilder gibt auch Reyher (457) (Fig. 84, 90; 85, 86 und 88 zeigen dagegen die ulnare Konvexität). Die Spiraldrehung von Ulna (und Radius) habe ich leider nicht beobachtet, sie ist jedenfalls, wo sie vorkommt, für Rachitis sicher beweisend.

IV. Bei Kretinismus zeigt die Ulna, wie bereits mehrfach erwähnt, nur wenig typische Merkmale: relativ breite Epiphysen, hohen Längen-Dickenindex, geringe Crista, mäßige Platolenie, ziemlich starke Knickung, beträchtliche Olekranonhöhe (beim Vergleich mit der Länge), Schiefstellung der radialen Gelenkhälfte am Proc. coron., — das möchten einigermaßen konstante Merkmale sein. Dazu kommt häufig eine hohe Olekranonkuppe sowie eine dorsale Konkavität des Schaftes; nimmt man dazu geringe totale Länge und offene Epiphysenfugen, so dürfte doch meistens die Diagnose möglich sein. Es kann sich jedoch auch bei Vollkretinen eine anscheinend normale Ulna finden (2334, 5390).

In bezug auf die Ulna unterscheiden sich die Berner Kretinen, die ich gesehen habe, nur wenig von den Grazern; das montierte Skelett 1910. 343 sowie 1895. 160 schließen sich den grazilen 3235 und 4595 an, während 1894. 345 den derben Typus in schönster Ausbildung zeigt. Die proximale Gelenkfläche ist bei Graz 569 nach allen Seiten und besonders an den Rändern merkwürdig ausgefressen und erinnert dadurch auffallend an die linke Ulna des Neandertalers; die Krümmungen sind aber doch ganz verschieden, und zwar bei 569 normal ausgebildet.

Zum Schluß dieses Abschnittes möchte ich mir einige Bemerkungen über die im Handel befindlichen Modelle der fossilen Ulnen gestatten. Auf die Diskrepanz der Maß- und Indexzahlen beim Original und beim Modell habe ich schon weiter oben hingewiesen. N rechts und A scheinen sehr gut gelungene Abgüsse zu sein. Die Ulna von le Moustier erscheint in der Gegend der radialen Gelenkfläche und auch am Olekranon etwas klobig, unförmlich; der Grat kommt nicht scharf zur Geltung. Die linke Ulna des Neandertalmenschen zeigt in ihrem proximalen Teil eine monströse Mißbildung: Der Grat steht wirklich schief zur Längsachse des Schaftes, der ganze Ellenbogenteil erscheint nach rückwärts abgebogen, die Ränder unregelmäßig ausgefressen, das Olekranon und namentlich der Proc. coron. unsinnig verbreitet; ob wir es hier mit krankhaften Veränderungen oder mit postmortalen, mechanischen Verdrückungen zu tun haben, das ist natürlich nach dem Modell nicht zu entscheiden.

Radius [1].
Vgl. Tafel II und Tabelle auf S. 186/187.

1. Die größte Länge des Radius ist im Mittel bei Kretinen 190 mm (Minimum 165, Maximum 231); die kleinsten Zahlen stammen von weiblichen Individuen (Graz Nr. 4595 und 3235). Die sexuelle Differenz ist recht groß ($\male$ 200, $\female$ 168). Der rechte Radius ist um etwa 2 mm länger als der linke. Man kann nach der Länge folgende Reihe aufstellen:

```
Neonat . . . . . . . . . . . . . .  66
Chondrodystrophie . . . . . . . . 114
Athyreose . . . . . . . . . . . . 168
Kretinen . . . . . . . . . . . . . 190
Pygmäen . . . . . . . . . . . . . 206
Rachitis . . . . . . . . . . . . . 209
Neandertaler . . . . . . . . . . . 240
Aurignacensis . . . . . . . . . . 250
```

Für Süddeutsche liegt das Mittel bekanntlich etwa bei 230 bis 250 mm.

2. Die physiologische Länge des Radius zwischen den Gelenkflächen beträgt bei Kretinen 177 mm (155 bis 216); sie bietet weiter kein Interesse.

3. Der kleinste Umfang, fast immer weit oben gemessen, ist bei männlichen Kretinen (40) und rechts größer als bei weiblichen (30,5) und links; ich fand im Mittel 37 mm (29 bis 47), rechts 38,1 und links 36,9. Aus dieser Zahl und der Länge läßt sich ein Index von einiger Bedeutung berechnen; je nachdem

---

[1] Die Untersuchung erstreckte sich auf 5 Paar männliche und 2 Paar weibliche Radii; 2 weitere Paare von kretinischen Männern fallen wegen Verdacht auf Rachitis für die Berechnung der Mittelwerte außer Betracht.

Radius	Größte Länge (1)	Physiol. Länge (2)	Kleinster Umfang (3)	Transvers. D. (4)	Sagitt. D. (5)	Längen-Dicken-Index $\frac{(3)\times100}{(2)}$	Querschnitts-Index $\frac{(5)\times100}{(4)}$	Krümmung Sehne	Krümmung Höhe	Krümmung Radius $\frac{S^2\times4H^2}{8H}$	Krümmung Index $\frac{H\times100}{S}$	Spatium interosseum Breite	Spatium interosseum Länge	$\frac{B\times100}{L}$	Capitul. D. minimus	Capitul. D. maximus	Capitul. Randhöhe	Collum D. minimus	Collum D. maximus	Collum Länge	Collum Collodiaphysenwinkel	Tuberositas Breite	Tuberositas Länge	Tuberositas Lagewinkel	Distale Breite	Ossifikation
♂ 1894. 345 r.	231	216	46	20	12	21,3	60,0	160	9	360	5,6	21	198	10,6	25	26	5,12	13	14	9	23°	20	15	154°	40	o. B.
l.	228	210	44	18	11,5	20,9	65,0	160	7	460	4,4	20	188	10,7	23	24	7,11	12	14	11	16°	20	15	150°	39	o. B.
1895. 160 r.	174	160	36	14	9	22,5	64,3	130	6,7	318	5,1	14	147	9,5	18	19	4,9	11	13	9	13°	16	8,5	113°	30	o. B.
l.	176	160	35	15	9,5	21,8	63,3	130	7	305	5,3	11,8	145	8,1	18	20	3,7	11	13	10	14°	18	6	130°	31	o. B.
1910. 343 r.	192	178	39	17	11	21,9	64,1	—	—	—	—	18	157	11,5	21	22	5,9	11	13	8	10°	16	9	120°	34	distal Kp.
l.	192	180	38	17	9	21,1	53,0	145	8,6	310	6,0	17	158	10,7	21	22	3,10	11	14	7	14°	17	7	112°	34	
5390 r.	205	190	47	14	10	24,7	71,4	140	4	614	3,8	14	171	8,2	20	21	3,12	12	15	7	22°	22	15	151°	35	?
l.	—	—	—	15	10	—	66,6	—	—	—	—	—	—	—	—	—	—	—	—	—	—	—	—	—	34	?
? 518 r.	203	186	38	16	11	20,4	68,7	135	4,5	509	3,3	12	172	7,0	21	23	5,6	11	19	11	11°	18	11	128°	36	o. B.
l.	201	185	38	15	10	20,5	66,6	135	3	761	2,2	13	168	7,7	21	22	4,9	12	15	10	8°	17	10	145°	36	o. B.
♂ Mittel	200	187	40	16	10	21,4	62,5	142	6,2	409	4,4	15,6	167	9,3	21	22	4,9	11,5	15,5	9	14°	18	10	134°	35	
♀ 3235 r.	165	155	31	14	9	20,0	64,3	100	3,7	340	3,7	16	139	11,5	16	18	4,8	10	11	11	9°	11	9	(158°)	31	distal Kp.
l.	165	156	32	14	9	20,5	64,3	105	4,6	302	4,4	14	140	10,0	17	17,5	4,9	9,5	11	10,5	8°	12	8	(178°)	31	
4595 r.	170	160	29	12	8	18,1	66,6	90	4,0	255	4,4	15	145	10,3	17	18	4,7	9	10	10	12°	13	9	136°	31	distal Kp.-rinne
l.	172	161	30	12	7,5	18,6	62,5	95	3,7	305	3,9	14	150	9,6	17	17,5	5,7	9	10	9	12°	13	9	120°	31	
♀ Mittel	168	158	30,5	13	8,4	19,3	64,4	97,5	4,0	300	4,1	15	144	10,4	17	17,7	4,8	9,4	10,5	10,1	10°	12	9	(148°)	31	
alle ♂+♀	190	177	37	15	10	21,0	64,3	127	5,5	403	4,3	15,3	160	9,8	19,6	20,8	4,9	11	13	9,5	13,5°	16,4	10	138°	34	
2334 r.	224	207	36	16	9	17,4	56,2	150	4,5	628	3,0	15	192	7,7	22	23	4,9	11	13	15	17°	19	13	130°	36	o. B.
? l.	224	208	36	14,5	9	17,3	62,1	150	3,7	762	2,5	13	194	6,6	20	21	3,8	11	13	14	13°	16	12	132°	36,5	o. B.
4028 r.	202	188	41	17	11	21,8	64,1	150	4,9	572	3,3	10	173	5,7	22	23	3,11	13	16	10	12°	22	13	156°	36	o. B.
l.	198	180	42	18	12	23,3	66,6	145	5,7	462	3,9	9	172	5,2	23	23	5,12	14	17	8	8°	21	13	158°	36,5	o. B.
	195,4	181,2	37,5	15,5	9,8	20,7	63,6	—	—	454	4,0	14,5	165	8,7	20	21	—	11	13	10	13°	17	10,6	139°	34,3	

Gruppe	Objekt																										
	♀ 1918. 64 l.	170	157	32	14	8	20,4	57,1	125	6	308	4,8	14	120	11,7	19	20	5,9	11	12	8	26°	16	13	120°	30	distal Kp.
	Neonat	66	60	11	4	3,5	18,3	87,5	40	0,15	1345	0,4	5	45	11,1	7	8	2,4	5	5	4	12°	4	3	115°	14!	Kp.
	♀ 1886. 42 l.	63,7	60,1	(15)	5,5	3,7	(25,0)	67,4	—	1,6	—	—	5,5	46	11,9	8,2	8,8	1,7-2,3	6	6	3,5	24°	6	7	—	11,4	Kp.
	♂ 201a. r.	88	—	20	6	5	(22,7)	83,3	—	—	—	—	6	76	7,8	10	10	}Kp.	8	8	6	o?}	deutlich volar			17	}alle Kp.
	♂ 201a. l.	90	—	20	7	5	(22,2)	71,4	—	—	—	—	5	76	6,6	13	13	}Kp.	7	7	7		deutlich volar			17	}erhalten
	♂ 28 r.	165	160	30	7	5,5	18,7	78,6	120	1,3	1385	1,1	10	141	7,1	13	14	}Kp.	7	8	9	10°	10	7	(135°)	22	}alle Kp.
	♂ 28 l.	173	162	34	9	7	20,9	77,7	120	3	601	2,5	14	150	8,3	15	16	}Kp.	7,5	8,5	12	12°	11	5	(90°)	24	}erhalten
	♂ Bourneville	—	139	31	—	—	22,3	—	—	—	—	—	—	—	—	—	—	—	—	—	—	—	—	—	—	—	—
Rachitis	3842 r.	201	186	38	15	10	20,4	66,6	—	—	—	—	19	170	11,2	22	23	8,13	12	15	9	26°	17	15	151°	36	o. B.
Rachitis	3842 l.	209	186	36	15	9	19,3	60,0	160	9,6	338	6,0	19	172	11,0	21	23	6,11	12	15	11	28°	18	15	132°	35	o. B.
Rachitis	4145 r.	209	191	36	15	8	18,8	53,3	130	3,5	605	2,7	17	181	9,3	19	21	6,8	14	15	8	12°	17	16	169°	32	}distal
Rachitis	4145 l.	206	190	33	14	8	17,4	57,1	135	3	761	2,2	15	178	8,4	19	22	5,9	13	15	9	10°	15	13	169°	32	}erhalten
Rachitis	569 r.	220	208	31	15	10	14,9	66,6	170	6,5	560	3,8	14	190	7,4	24	27	c. 10	11	12,5	14	20°	18	16	}c. 145°	31	o. B.
Rachitis	569 l.	208	195	30	15	9	15,3	60,0	150	4	705	2,6	14	181	7,7	24	25	c. 10	10	13	13	22°	19	10	}c. 145°	32	o. B.
Chondro-dystrophie	2668 r.	103,0	87	28	13	7	32,2	53,8	65	2	265	3,6	10	72	13,8	17	19	4,9	9	11	8	38°	10	10	c. 152°	30	o. B.
Chondro-dystrophie	2668 l.	103,5	87	30	15	7	34,2	46,6	—	—	—	—	12	76	15,9	17	19	3,9	9	10	7	45°	11	10	c. 145°	31	o. B.
Chondro-dystrophie	3344 r.	126	112	31	13	8	27,7	61,5	80	5	162	6,2	8	95	8,4	15	18	3,9	10	11	8	29°	14	10	148°	26	o. B.
Chondro-dystrophie	3344 l.	123	109	31	12	8	28,4	66,6	—	—	—	—	10	90	11,1	15	17	4,8	9	10	5	28°	14	9	c. 125°	26	o. B.
Normal	Neonat	66	60	11(?)	4	3,5	18,3	87,5	40	0,15	1345	0,4	5	45	11,1	7	8	2,4	5	5	4	12°	4	3	115°	14!	prox. u. dist. Kp.
Normal	5 Jahre	defekt	—	35	13	9,5	—	73,1	—	—	—	—	(14)	(132)	10,6	16	17	Epiph. fehlt	12	13	8	12°	15	12	—	defekt	dito
Normal	137 ♂	237	222	39	14	11	17,6	78,5	170	6	605	3,5	21	180	11,7	18	20	3,6	12	14	17	8°	17	12	120°	32	prox. u. dist. Kp.
Normal	307 ♀	257	240	47	18	14	19,7	77,7	190	7	648	3,7	21	200	10,5	24	26	6,11	15	18	14	10°	22	13	140°	35	o. B.
Normal	337 ♂	250	232	51	19	15	22,0	78,9	190	7	648	3,7	12	190	6,2	26	27	8,11	14	19	12	12°	24	17	130°	40	o. B.
Normal	777 ♂	226	210	39	15	12	18,6	80,0	160	5	642	3,1	12,5	170	7,3	22	24	7,10	12	15	14	2°	20	12	128°	34	o. B.
Pygmäen	Schwb. 2 l.	202	187	31	13	9	16,0	69,2	131	3	721	2,3	—	—	—	(18	20,	,6,7)	11	12	20	10°	15	10	150°	24	o. B.
Pygmäen	12 l.	—	186	30	11	8	16,1	72,7	139	2,5	967	1,8	—	—	—	(17	18)	(7,7)	9	11	19	14°	15	10	152°	—	o. B.
Pygmäen	14 r.	220	209	32	13	9	15,8	69,2	166	3	1143	1,8	—	—	—	(—	18)	—	12	13	19	26°	18	12	120°	24	o. B.
Pygmäen	Peggau r.	191	183	36	15	10	19,7	66,6	134	3,5	563	3,0	—	—	—	20	22	3,8	12	12,5	12	13°	15	9	112°	32	o. B.
Pygmäen	Schenk II	210	—	—	—	—	—	—	—	—	—	—	—	—	—	—	—	—	—	—	—	—	—	—	—	—	—
Pygmäen	Concise	205	—	—	—	—	—	—	—	—	—	—	—	—	—	—	—	—	—	—	—	—	—	—	—	—	—
	Pygmäen	205,6	191,3	32,5	13	9	16,8	69,4	142	3	818	2,2	—	—	—	.18)	19,5	—	11	12	17,5	16°	16	10	133°	27	

die größte oder die natürliche Länge zugrunde gelegt wird, ergibt sich ein Index von 19,2 bzw. 21,0. Diese Mittelzhal von 21,0 ist sehr hoch, höher als in irgendeiner andern Menschengruppe, — mit Ausnahme der Chondrodystrophie, die aber, weil pathologisch, wenig in Betracht fällt. Das Minimum liegt bei Kretinen bei 18,1 und das Maximum bei 24,7! Einzig die beiden weiblichen Kretinen haben einen Index unter 20 (17 bis 18); bei den drei Bernern ist der Index rechts, bei den sechs Grazern ist er links etwas höher. Es kann folgende Reihe gebildet werden:

<pre>
Aurignacensis 16,6
Pygmäen   16,8
Rachitis   17,7
Neonat   18,3
Neandertalmensch   19,1
Athyreose 19,8
Kretinismus 21,0
Chondrodystrophie . . . . etwa 30
</pre>

Bei Naturvölkern ist der Index gering, etwa 16 bis 17; einzig die Japaner haben einen hohen Index von 20,2 (19,3 bis 20,9). Das Mittel liegt für unsre Süddeutschen etwa bei 18. Es scheint ein hoher Index in der Regel mit starker Krümmung vergesellschaftet zu sein und beides durch kräftige Arbeit begünstigt zu werden. Wenn wir dann aber bei Kretinen, welche sich doch im allgemeinen weder durch Arbeitsfreude noch durch besondere Muskelstärke auszeichnen, ebenfalls starke Krümmung und bedeutende Massigkeit des Radius finden, so kann es sich m. E. bei ihnen da bloß um vererbte, nicht individuell erworbene Merkmale handeln. Das gleiche Mißverhältnis zwischen relativ starken Knochen und geringer Muskelentwicklung begegnet uns ja bei Kretinen auf Schritt und Tritt.

4. Der transversale Durchmesser ist in erster Linie von der Entwicklung der Crista interossea abhängig; er mißt bei Kretinen im Mittel 15 mm (12 bis 20), etwa ebensoviel bei Rachitis und nicht viel weniger trotz kaum halb so großer Länge des ganzen Knochens bei Chondrodystrophie. Ein „Crista-index" aus den Maßen $\dfrac{(4) \times 100}{(2)}$ ist zur Charakterisierung dieses Gebildes, wie mir scheint besser geeignet als der Querschnittsindex; er ergibt folgende Reihe:

<pre>
Athyreose   . . . . etwa 5
Aurignacensis . . . . etwa 5,4
Neandertaler . . . . etwa 6,6
Pygmäen . . . . etwa 6,8
Neonat . . . . etwa 7
Rachitis . . . . etwa 8
Kretinen . . . . etwa 8,5
Chondrodystrophie 13,25
</pre>

Man kann wohl sagen, daß die Crista interossea am Radius genau dem Pilaster am Femur entspricht; sie dient offenbar wie der Pilaster zur Verstärkung eines durch Biegung geschwächten Knochens. Grosso modo kann gesagt werden: je stärker die Krümmung um so höher die Crista.

5. Der sagittale Durchmesser mißt bei Kretinen 10 mm (7,5 bis 12); er ist für die Festigkeit des Knochens von untergeordneter Bedeutung, ja, man kann sogar sagen: bei gleich bleibender Crista interossea darf der D. sagitt. um so geringer werden, je stärker die Krümmung ist, ohne daß die Festigkeit leidet; das ist eine jedem Konstrukteur geläufige Selbstverständlichkeit[1]). — Berechnet man aus den beiden Durchmessern einen Querschnittsindex, so findet man denselben um so höher (d. h. die Querschnittsform der Kreisform um so näher stehend), je geringer die Krümmung ist. Es haben darum der Neugeborene, der Athyreotiker, Aurignac und die Pygmäen, wie alle die modernen Formen mit schwacher Radiuskrümmung, einen hohen Querschnittsindex; ich finde folgende Reihe:

```
Chondrodystrophie . . . . . . . . . 54,9
Rachitis        . . . . . . . . . . . 60,6
Kretinismus . . . . . . . . . . . . 64,3
Pygmäen . . . . . . . . . . . . . 69,4
Athyreose . . . . . . . . . . . . . 78,2
Neandertal . . . . . . . . . . . . . 83,3
Neonat . . . . . . . . . . . . . . 87,5
Aurignacensis . . . . . . . . . . . . 88,0
```

Der Neandertaler fällt mit einem Index von 83 3 trotz hoher Krümmung aus der Reihe heraus.

6. Die Krümmung des Radius, auf welche im vorhergehenden schon wiederholt hingewiesen werden mußte, ist rassenanatomisch dieses Knochens wichtigste Eigenschaft, aber leider bis heute zahlenmäßig noch kaum mit der wünschenswerten Genauigkeit auszudrücken. Es ist eine ähnliche Sachlage wie bei der Trompetenform des Femur, und der die Verlegenheit, in welcher sich die Meßmethode befindet, mehr beweisende als verhüllende „embarras de richesse" an Meßprozeduren tritt auch hier sehr typisch in die Erscheinung. Der unbefangenen, rein geometrischen Überlegung muß die Lösung dieser Aufgabe recht leicht erscheinen: Jeder Bogen wird charakterisiert durch seinen Halbmesser; dieser kann durch Konstruktion oder durch Rechnung gefunden werden. Diese höchst einfache Anleitung führt uns aber darum nicht ans Ziel, weil die Radiuskrümmung eben leider kein wirklicher Kreisbogen ist. Die beiden Schenkel des Bogens verlaufen nach oben und unten zunächst gerade, um sodann ihre Richtung umzukehren; dieses Teilstück einer Wellenlinie kann natürlich nur in seinem mittelsten Teil einen Kreissektor darstellen. Jede Berechnung oder Konstruktion, welche diesen Umstand nicht in Rechnung zieht, muß zu unrichtigen Resultaten führen. Man hat nun die Krümmung zu messen versucht durch

I. ihren Halbmesser, und zwar auf folgende Arten:

a) In einer früheren Publikation (13) habe ich gezeigt, daß bei normalen Menschen der Halbmesser der Radiuskrümmung ungefähr zweimal so lang ist wie die Länge des ganzen Knochens, während er bei N und bei Kretinen etwa gerade gleich lang ist wie der Radius. Um sich von dieser Tatsache

---

[1]) Man vergleiche z. B. die rachitischen Fälle 3842 und 1445 mit 518: D. transv. bei allen 15, D. sag. bei Rachitis (weiche Knochen!) wegen stärkerer Krümmung nur 8—9!

zu überzeugen, nehme man die größte Länge des Radius in den Zirkel und versuche mit diesem Maß einen Kreis zu schlagen; falls der Krümmungsindex (s. unten!) größer als 5 ist, so wird der so erhaltene Kreis nicht übel mit einer ideellen Achse des Radius zusammenfallen. — Diese „Primitivmethode" halte ich auch heute noch zu vorläufiger Orientierung für ganz wohl brauchbar.

b) Man kann den Halbmesser nach geometrischen Regeln auffinden; da er auf der Mitte der Sekante senkrecht steht, so braucht man nur zwei (oder mehr) Sekanten beliebig durch den Kreis zu legen und auf der Mitte einer jeden die Senkrechte zu fällen: Wo diese Lote sich schneiden, da liegt der Mittelpunkt des gegebenen Kreises. Als Kreis nimmt man selbstverständlich nicht eine ideelle Achse des Knochens (weil diese nicht mit aller Sicherheit zu finden ist!), auch nicht die innere Begrenzung des Radius (wegen der wechselnden Höhe der Epiphysen und der Crista!), sondern als Grundlage der Konstruktion kann einzig der laterale Umfang des Radius, bzw. dessen mittlere Partie, dienen.

c) Zur Berechnung des Halbmessers kann man sich der Formel von ANTHONY und RIVET (zitiert nach SCHWERZ 567) bedienen; sie ist ziemlch umständlich und lautet

$$R = \frac{(a + b)^2 + 4f^2}{8f}$$

wobei f die Krümmungshöhe, (a + b) die Sehne ist. Annäherungsweise erhält man den Radius auch nach folgender Formel:

$$f = \frac{a \times b}{2R}, \text{ woraus dann } R = \frac{a \times b}{2f}.$$

f ist hier die „Pfeilhöhe" in einem beliebigen Punkt der Sehne, man ist daher nicht an die exakte Krümmungshöhe gebunden.

d) Das Zyklometer von MOLLISON (448, S. 495), das zur Kurvenmessung am Schädel erfunden wurde, könnte wohl auch für den Radius Verwendung finden.

Ich habe die Mühe nicht gescheut, für alle meine Radien den Halbmesser zu errechnen, und zwar nach der Formel von ANTHONY und RIVET. Es ergab sich im Mittel ein Halbmesser von 403 mm, also mehr als doppelt so viel wie die „größte Länge". Ebenso lang ist der Halbmesser bei Rachitis, Chondrodystrophie, bei Normalen ist er fast dreimal so lang wie der Radius, bei Pygmäen drei bis viermal, bei Athyreose vier bis siebenmal, bei A. achtmal. Dieses Resultat scheint mit meiner Angabe unter I a. in Widerspruch zu stehen, welcher sich aber löst, wenn man bedenkt, daß die Sehne, als Tangente an eine Wellenlinie konstruiert, zu lang werden muß. Sei dem wie ihm wolle, als Tatsache ergibt sich auch bei dieser Methode eine voll befriedigende Übereinstimmung vieler (wenn auch nicht aller) Kretinenradien mit dem N-radius; nimmt man dazu noch die Chondrodystrophie, so hat man eine Gruppe mit starker Krümmung, welcher die rezenteren Formen (Neonat, Athyreose, Aurignac, Pygmäen) mit schwacher Krümmung gegenüberstehen.

$$\text{II. Krümmungsindex} = \frac{\text{Krümmungshöhe} \times 100}{\text{Sehne}}.$$

Der ursprüngliche Vorschlag von E. Fischer (415) legte die Tangente nicht an die einspringenden Punkte der Wellenlinie, sondern vom lateralen Rand des Capitulum radii gegen den äußersten Punkt der distalen Gelenkfläche unterhalb und innerhalb vom Proc. styloides. Wenn es nun auch für vergleichende Messungen am Skelett prinzipiell verpönt ist, Vorsprünge zu Ausgangspunkten zu nehmen, so glich das so erhaltene Bogenstück doch einem wirklichen Kreis eher, als nach der neueren Methode. Freilich fällt bei schwacher Krümmung die Fischersche Gerade überhaupt außerhalb des Radius, — die Krümmungshöhe wird dann negativ. Fischer hielt selbst die von ihm gefundene Reihe nicht für charakteristisch.

Da mir die Sache wichtig genug erschien, so habe ich auch den Krümmungsindex für alle von mir aufgenommenen Radien bestimmt. Er ist bei Kretinen im Mittel 4,3 und schwankt von 2,2 bis 6,0; meistens wird er rechts etwas höher angetroffen, bei Weibern ist er nicht etwa besonders gering. In diesem Merkmal scheiden sich die Berner Kretinen mit einem Index von 5,3 von den Grazern mit 3,4. — Ich finde folgende Reihe:

<pre>
Aurignacensis 1,2
Athyreose 1,8
Pygmäen 2,2
Grazer Kretinen 3,4
Rachitis . . . . etwa 4
Chondrodystrophie . . . . . etwa 4,5
Berner Kretinen 5,3
Neandertalmensch 6,0
</pre>

Beim Neugeborenen ist fast keine meßbare Krümmung vorhanden; bei Primitivvölkern der Jetztzeit scheint die Krümmung nicht viel größer zu sein, als beim rezenten Europäer. Alle Affen haben einen stark gerundeten Radius, der also mit vollem Recht als ein altes gemeinsames Primatenmerkmal gelten kann. Es ist sehr wichtig, daß er auch bei Kretinen noch vorkommt. Sogar E. Bircher mußte zugeben, diese Krümmung zweimal bei 15 Radien und viermal bei 50 Radiogrammen des Vorderarmes gefunden zu haben, wenn er dies auch nur für zufällig halten will.

III. Krümmungswinkel.

Man könnte, gleich wie dies am Femur durch Bumüller (609) geschehen ist, auch die Radiuskrümmung dann, wenn es sich nicht sowohl um einen Bogen, als vielmehr um eine Knickung mit ziemlich geraden Schenkeln handelt, durch den zwischen diesen Schenkeln eingeschlossenen Winkel messen. In den meisten Fällen würde dies keine Schwierigkeiten bieten.

IV. Spatium interosseum.

Im Weddawerk der Herren Sarasin (576) finde ich die Beobachtung, daß der Unterarm des Wedda wegen stärkerer Krümmung eine klaffende Lücke zwischen Ulna und Radius aufweist (eine starke N-artige Krümmung wird übrigens auch für Toala angegeben und abgebildet). Gewiß könnte man versuchen, die Radiuskrümmung durch das mehr oder weniger klaffende Spatium interosseum zu messen; man könnte die Breite des Spatiums in Prozent der Länge ausdrücken. Dem steht aber der Übelstand entgegen, daß am Skelett weder die Breite noch auch die Länge mit Sicherheit zu messen ist, die Breite über dies durch eine stark entwickelte Crista interossea trotz starker Krümmung des Radius klein erscheinen kann, ebenso wenn einem starkgekrümmten Radius eine gleichsinnig gekrümmte Ulna entgegensteht.

Trotz all diesen Bedenken habe ich versucht, einen „Spatiumindex" auszurechnen; als Spatiumlänge nahm ich meistens die Entfernung des Radioulnargelenks vom untern Ende der Tuberositas radii. Bei N und Pygmäen hatte ich keine zum Radius gehörige Ulna zur Verfügung; für den H. Mousteriensis gilt die Berechnung nur approximativ. Ich fand folgende Reihe:

<pre>
Aurignacensis   7,3
Athyreose   7,5
Rachitis   9,1
Normal.   9,3
Kretinismus   9,7
Neonat   . . . . etwa 11
H. Mousteriensis. . . . . . etwa 11,5
Chondrodystrophie   . . . . etwa 12
</pre>

Soviel über die Messung der Krümmung.

Es war bis jetzt immer von der transversalen Radiuskrümmung die Rede; in manchen Fällen existiert aber außer dieser oder neben dieser noch eine Biegung in sagittaler Richtung, meistens mit volarer Konkavität (einzig bei 3842 — Rachitis! — erscheint das distale Ende des Radius nach hinten geknickt; es besteht dort also eine dorsale Konkavität), welche gelegentlich (so z. B. bei 569) sogar einen stärkern Krümmungsindex haben kann, als die Transversalkrümmung des gleichen Knochens. Gerade bei florider Rachitis kann man, wie die Bilder von REYHER (457) zeigen, sehr typische und von der rassenmäßigen Krümmung leicht auf den ersten Blick unterscheidbare Deformationen beider Vorderarmknochen (nicht allein des Radius!) zu sehen bekommen; typisch für die mechanische Verbiegung zu weicher Knochen scheint mir vor allem der Umstand, daß bei der Rachitis Radius und Ulna im gleichen Sinne und in gleicher Richtung verbogen sind; während die rassenhafte Krümmung beider Knochen eher eine Tendenz zur Vergrößerung des Spatium interosseum besitzt. Meine Grazer Spätrachitiker sind außerdem viel zu sehr Kretinen, als daß diese typischen und wirklichen Rachitisverbiegungen bei ihnen rein zu beobachten wären; vielleicht auch sind solche im Laufe der Jahre wieder ausgeglichen worden. Es ist wohl zu glauben, daß die hochgradigen, typischrachitischen Deformationen der Vorderarmknochen ihre Entstehung Infraktionen usw. verdanken mögen. Ich bin hauptsächlich darum auf diese Verhältnisse etwas genauer eingegangen, weil sie m. E. beweisen, daß die prinzipiell ganz anders gearteten kretinischen Krümmungen nicht etwa auch auf abnorme Knochenweichheit, direkte Muskelwirkung und dergleichen zurückgeführt werden dürfen, sondern daß sie als rassenmäßige Erbstücke zu betrachten sind.

Diese letztereBehauptung scheint nun allerdings im Widerspruch zu stehen mit der Tatsache, daß nicht allein bei Kretinen, sondern außerdem noch bei zahlreichen ganz andern pathologischen Zuständen eine ähnliche „Neandertalkrümmung" des Radius gefunden wird, so z. B. bei Chondrodystrophie,

Lues congenita, Synostosis radio-ulnaris und bei Defekten der Ulna. (Zu letzteren beiden Mißbildungen habe ich je eine eigene Beobachtung, die auf S. 124 mitgeteilt wurden.) Ich gestehe, daß mich diese schwer zu erklärende Tatsache lange Zeit verstimmt hat, da sie nur schwer mit meinen Anschauungen vereinbar scheint. Oder sollen wir wirklich annehmen, daß auch in diesen Fällen die abnorme Radiuskrümmung rassenhaft und ererbt sei? Von einem zufälligen Befund ist wohl kaum zu reden; abnorme Knochenweichheit und mechanische Deformation kann auch nicht als gemeinsame Ursache angenommen werden, da sie dem Wesen der in Frage kommenden Leiden widerspricht und überdies, wie wir bei der Rachitis sehen können, zu total anderen Verbiegungen führen müßte. Das einzige gemeinsame Moment all der genannten Leiden dürfte darin liegen, daß bei allen die mechanischen Verhältnisse gestört sind; die Störung ist jedoch keineswegs in allen Fällen die gleiche oder auch nur eine in ähnlicher Richtung wirkende. Um bloß eins zu erwähnen, so finden wir die starke Radiuskrümmung ebensowohl bei der radio-ulnaren Synostose, wie bei dem Ulnadefekt, welcher mit Luxation des Capitulum radii verbunden ist; also bei zwei direkt entgegengesetzten Zuständen. — Ich habe mir „für den Hausgebrauch", ohne daß ich diese unbewiesene und unbeweisbare Hypothese irgendwem aufdrängen wollte, die Sache folgendermaßen zurechtgelegt: ich nehme an, daß die „normale" wenig gebogene Form des Radius das Ergebnis aller normaliter auf ihn einwirkenden Kräfte sei; diese Kräfte sind imstande, die angeborene Form den jeweiligen Anforderungen entsprechend um- und auszubauen. Wird nun aber das „normale" Kräfteverhältnis in schwerwiegender Weise durch Defekte oder Krankheiten usw. verschoben, so könnte die angestammte und ererbte, altertümliche Gestalt wieder zum Vorschein kommen. Eine solche Annahme will wenigstens mir nicht allzu ungereimt erscheinen; sie würde nicht allein die Radiuskrümmung, sondern ebenso die vielen andern primitiven Merkmale, die ja doch unbestreitbar bei Kretinen in auffallender Häufung auftreten, erklären; der Kretin ist träge und muskelschwach, es fehlt bei ihm also das die Knochen modifizierende und modellierende Moment der Arbeit und so kommen die alten ererbten Formen zu unverminderter Geltung.

Ich will mich aber nicht zu weit in Spekulationen verlieren, sondern ich kehre zur Betrachtung des Radius zurück.

Das Capitulum radii

bietet der Rassenanatomie nicht allzuviel Besonderheiten. Seine absolute Größe ist bei N bedeutender als bei A, und auch für die Kretinen finde ich ein recht großes Köpfchen: es mißt im Mittel $19,6 \times 20,8$ mm, also ebensoviel wie bei A und das trotz erheblich geringerer Länge des ganzen Knochens. Rechts ist es in der Regel deutlich größer als links; auch die sexuelle Differenz zuungunsten des weiblichen Geschlechts ist beträchtlich. Als groß möchte ich das Kapitulum dann bezeichnen, wenn sein Durchmesser mehr als 10% der größten Länge ausmacht; dies trifft zu bei allen pathologischen Objekten (relativ am meisten bei Chondrodystrophie) mit Ausnahme der Athyreose, und auch bei meinen rezenten Vergleichsobjekten mit Ausnahme des 13jährigen Jungen. N wäre nach dieser Auffassung noch nicht einmal als groß zu bezeichnen, wenn auch größer als A; von den Pygmäen hätte nur der Peggauer-Radius ein großes Kapitulum (besonders wenn man bedenkt, daß es sich da um ein weibliches Wesen handelt!).

Die Randhöhe bietet nichts besonderes dar.

Wichtiger ist die Neigung der Kapitulum-Randebene; man errichtet am Diagramm (volare Ansicht!) auf der Mitte der Kapitulumtangente eine Senkrechte, welche distalwärts bei N zum mindesten durch die Incisura ulnaris radii, wenn nicht gar durch die Mitte der Gelenkfläche geht, während sie bei A weit ulnarwärts außerhalb des Radius verläuft. Ein N-artiges Verhalten konstatiere ich nun ebenfalls bei den Grazern Nr. 518, 2334, 4595, 5390 und bei allen daraufhin untersuchten Berner Kretinen (ebenso aber, das sei nicht verschwiegen, bei meinen rezenten Vergleichsobjekten!), während die übrigen Grazer sowie Rachitis und Chondrodystrophie ein A-mäßiges Verhalten aufweisen, am ärgsten 569. Bei Athyreose (man beachte wieder und wieder die Sonderstellung von Nr. 28!) geht die erwähnte Senkrechte weit lateralwärts hinaus, es ist also die Kapitulumrandebene hier gegen die Ulna geneigt. — Die Bedeutung dieser Erscheinung dürfte darin liegen, daß das Verhalten wie bei A einen Cubitus valgus, Athyreose einen Cubitus varus und N einen mehr oder weniger geraden Vorderarm anzeigt; es kann aber auch ein A-artiges Verhalten, wenn es mit einem Kubitalwinkel über 90° am Humerus kombiniert ist (wie bei Nr. 569, 4028, 4145, 3842), einem geraden Vorderarm eigen sein; bei Nr. 28 kommt freilich zur abnormen Stellung des Capit. radii ein übergroßer Kubitalwinkel: das Resultat ist ein hochgradiger Cubitus varus. — Die Pygmäen scheinen sich wie A zu verhalten. Es muß noch erwähnt werden, daß gewöhnlich rechts größere Hinneigung zum Cubitus valgus besteht, als links; bekanntlich findet sich ein gewisser Cubitus valgus als typische Erscheinung beim weiblichen Geschlecht und gilt nicht als unschön. Nur der Vollständigkeit halber sei an den Cubitus valgus und varus der chirurgischen und orthopädischen Lehrbücher erinnert, wobei es sich meist um schlecht geheilte Frakturen, Subluxationen, schlaffe Bänder, unregelmäßige Epiphysenverknöcherung und dergleichen, selten um Rachitis handelt.

Das Collum radii

ist mit einem mittleren kleinsten (transversalen) Durchmesser von 11,2 und einem größten (meist sagittalen) Durchmesser von 13, im Vergleich mit Rachitis und Chondrodystrophie ziemlich schlank; bei Athyreose ist es freilich verhältnismäßig noch zierlicher. N, A und Pygmäen verhalten sich ähnlich, rezente Radien scheinen eher dicker zu sein. Die med.-lat. Abflachung schien mir bei Rachitis besonders deutlich, ich kann mich aber auch täuschen.

Die Länge des Halses ist bei Kretinen mit einem Mittel von 9,5 mm sehr gering (Berner!), bei pathologischen Formen (außer Nr. 28!) freilich auch nicht bedeutend; dagegen zeigen sich alle fossilen Radien, N, A und Pygmäen, gleicherweise durch langen Hals aus.

Der Kollodiaphysenwinkel ist mit einem Mittel von 13,5° (166,5°) sehr gestreckt; es muß aber einschränkend leider gesagt werden, daß auch diese Winkelmessung wegen der Unsicherheit der zugrunde gelegten Achsen in ziemlich weitem Maße der Willkür unterliegt. Dies ist besonders dann der

Fall, wenn Hals und Schaft beinahe in einer Linie liegen. Nicht so selten ist der Winkel bei Kretinen in der Sagittalebene deutlicher, als in der Volar-(Transversal-)ebene. Mit diesen Vorbehalten stelle ich folgende Liste auf:

<pre>
Athyreose . . . . 11°
Neonat. . . . . 12°
·Kretinen . . . . 13,3°
Neandertaler . . . . (14)°
Aurignacmensch . . . . 14°
Pygmäen . . . . 15,7°
Rachitis. . . . . 18°
Chondrodystrophie . . . . 35°
</pre>

Es ist übrigens auch in diesem Merkmal das Mittel der Berner Kretinen etwas abweichend, nämlich 15,7°; in Anbetracht der bloß kleinen Zahl untersuchter Individuen will ich daraus keine zu weitgehenden Schlüsse ziehen.

Die Tuberositas radii,

der Bizepsansatz, verstärkt in sehr willkommener Weise die Stelle, wo das Längsoval des Halses in das Queroval des Schaftes übergeht. Ich messe an ihr Länge und Breite, sowie den Lagewinkel; es ergibt sich eine Ausdehnung derselben von 16,4 × 10,0 mm (bei Weibern viel weniger 12 × 9) und gelegentlich ist sie schräg gestellt wie beim Neandertalmenschen. Bei Rachitis ist namentlich die Breite sehr bedeutend; sonst bietet sie nichts besonderes.

Der Tuberositas-Lagewinkel gilt als primitiv, wenn er wenig mehr als 90° mißt, d. h. wenn die Tuberositas nahe an die Crista heranrückt; bei den großen Affen liegt sie sogar an der Hinterseite des Radius. — Auch hier wieder scheinen sich die Berner Kretinen etwas altertümlicher zu verhalten, als die Grazer; die Basis der Tuberositas ist aber nicht immer so scharf markiert, daß eine Winkelmessung ganz einwandfrei möglich wäre. Es handelt sich meist eher um eine Schätzung, als um eine exakte Messung. Ich würde es für wichtiger halten, statt der unzuverlässigen Winkelzahl in den Tabellen einfach die Lage anzugeben: volar, medial, evtl. dorsal. Berücksichtigt man dies, so wird man die hier folgende Liste richtig bewerten:

<pre>
Neandertalmensch . . . . 103°
Aurignacmensch . . . . 112°
Neonat . . . . 115°
Pygmäen . . . ; . . . . 133°
Kretinen aus Bern . . . . 130°
      „   aus Graz . . . . 145°
      „   alle . . . . 140°
Chondrodystrophie . . . . 142°
Rachitis . . . . 155°
</pre>

Die Ossifikation des Radius bietet die allgemein für Kretinen bekannte Verzögerung, wenn sie bei 3235 (30 Jahre), 4595 (40 Jahre), 4145 (25 Jahre) und beim Berner 1910. 343 noch unvollendet, bei 5390 noch fraglich erscheinen kann (35 Jahre). Es soll die proximale Epiphyse mit 17, die distale mit 20 Jahren mit dem Schaft verwachsen.

Daß bei Nr. 28 (Athyreose!) alle Knorpel erhalten sind, kann nach allem was wir über diesem Fall wissen, nicht verwundern.

13*

Das untere Radiusende soll bei N voluminöser sein als in der Regel bei rezenten Formen; berechnet man die distale Breite in Prozenten der größten Länge, so ergibt sich folgende Reihe, in der die Kretinen ihr Vorbild noch weit übertreffen:

Aurignacensis 12,4
Pygmäen 13,0
Athyreose 13,5
Normal 14,5
Neandertalmensch 15,5
Rachitis 16,3
Kretinismus 17,5
Neonat 21,2
Chondrodystrophie 24,8

Rekapitulation.

Wenn wir von der Krümmung absehen, so bietet der Radius für die anthropologische Betrachtung eigentlich recht wenig wertvolle Kennzeichen. Die Entwicklung der Crista interossea dürfte eher durch mechanische und funktionelle Beanspruchung bedingt sein, womit die entwicklungsgeschichtliche Bedeutung des Längendickenindex, des Querschnitts- und des Cristaindex als nicht sehr hoch einzuschätzen wäre. Verwertbar bleiben allenfalls noch die Dicke des Kapitulum, die Länge des Halses, die distale Breite, die Tuberositaslage und die Richtung der Kapitulumvertikalen. Es stehen sich jedoch in allen diesen Punkten alle pathologischen Radien so nahe, daß die Differentialdiagnose dadurch sehr erschwert wird; nicht ein einzelnes Merkmal für sich, sondern nur die Gruppierung und Häufung verschiedener Merkmale kann zur Trennung der Kretinen von den verwandten Formen führen. — Versuchen wir nun, das typische jeder einzelnen Form mit wenig Worten zu skizzieren.

I. Relativ am besten charakterisiert ist der Radius bei der Athyreose. Zwar die Persistenz der Knorpelfugen kommt bis zu einem gewissen Grade (und bis zu einem gewissen Alter) auch beim Kretin vor; aber doch nicht in dieser Vollständigkeit und nicht in Verbindung mit so totalem Mangel an Modellierung des Knochens, wie bei der echten und reinen Athyreose. Der Schaft des Knochens ist hier fast drehrund (und das nicht allein beim Radius!), die Epiphysen sind (wie auch beim Neugeborenen!) durchaus nicht schmächtig, eher breit, aber auch sie sind rundlich, es fehlen die sonst so typischen Zacken und Kanten. Auffallend ist bei Nr. 28 jedenfalls der sehr geringe Längendickenindex; ob auch die abnorme Neigung des Kapitulum nach der Ulna hin typisch ist, oder ob sie bloß individuell bei unserm Nr. 28 vorhanden ist, das kann ich natürlich nicht entscheiden. Auch die von mir schon früher publizierten (13) Röntgenbilder von Athyreose geben darüber keinen Aufschluß; wichtig ist vielleicht die scharfe Grenzlinie an allen Diaphysen, weil sie so ganz anders ausschaut, als etwa die becherartige Exkavation und die verschwommene Diaphysengrenze bei der floriden Rachitis. Der Berner Fall 1918. 64 steht in allen Punkten den Kretinen sehr nahe.

II. Auch noch recht leicht kenntlich für jeden, der es einmal gesehen hat, ist das Bild des Radius bei der Chondrodystrophie. Neben der abnormen Kürze fällt vor allem die Schwere und Festigkeit, der gedrungene Bau dieser Knochen mit den überquellenden Epiphysen, den scharf gemeißelten Vorsprüngen und Kanten auf. Alle Krümmungen und Winkel sind übertrieben stark; scharfe Crista. An meinen Fällen schaut die karpale Gelenkfläche nicht terminal, sondern sie liegt an der volaren Seite. Durch die Neigung zur bekannten „prämaturen Synostose" steht dieses Leiden der radio-ulnaren Synostose, wie mir scheinen will, nahe und durch die schon von PANCOAST (89) hervorgehobene Neigung zu Osteomen, Exostosen usw. ergibt sich eine Hinleitung zu allen möglichen Mißbildungen und Defekten. Ich zögere nicht zu behaupten, daß die Nr. 569 und 4596 der Grazer Sammlung in diesem Lichte betrachtet, leichter verständlich werden. Die idiote Clara H. in Mauren, bei welcher ich (212) eine Vorderarmsynostose nachweisen konnte, scheint mir ungezwungen von der Chondrodystrophie mit normaler Intelligenz zu den schwachsinnigen Kretinen hinüber zu leiten; auch sie neigt zu früher Ossifikation. Anderseits finden sich bei FRANGENHEIM (117) Beispiele, daß ausnahmsweise sogar bei echter Mikromelie verspätete Knochenkernbildung eintreten kann. Man sieht: Widersprüche und Übergänge allerwege!

III. Die Rachitis erzeugt bei ganz jungen Kindern sehr leicht kenntliche Bilder: kugelige, verschwommene Epiphysen, weit von dem ausgehöhlten Diaphysenende entfernt, rarefizierte Spongiosa mit schlechtgeheilten Infraktionen, typische Deformation der wie abgewürgten, umeinander gewundenen Vorderarmknochen, all das macht die Diagnose leicht, auch wenn man bloß ein Röntgenbild ohne klinischen Befund vor sich hat. Viel weniger typisch sind die Spuren der Rachitis tarda bei den Grazern 3842 und 4145; verdächtig müssen alle abnormen und paradoxen Winkel und Krümmungen erscheinen, ein grotesk geformtes Kapitulum, eine unsinnig große Tuberositas. Am isolierten Radius kann es aber wohl einmal ganz unmöglich sein, eine Rachitis sicher zu erkennen.

IV. Was nun endlich den Radius der Kretinen anlangt, so ist meine Ansicht, daß er sich durch gehäufte Primitivmerkmale vom normalen und vom pathologischen Vergleichsobjekt unterscheide, durch die Ergebnisse meiner Knochenmessungen jedenfalls nicht wankend geworden. Vor allem stimmen zu dieser Ansicht die drei Paar Radien der Berner Kretinen, in erster Linie 1894. 345. Gegen diesen Burschen will mir der Neandertaler fast noch modern und zierlich vorkommen, und zwar nicht nur in bezug auf den Radius. Das Berner Skelett 1910. 343 und 1895. 160 sind zwar etwas zierlicher, aber doch wie im vorhergehenden genugsam erörtert noch primitiv in vielen Einzelheiten. — Von den Grazern sind die derbsten Nr. 2334 und 518, nächst diesen 4028 und 5390; die weiblichen 4595 und 3235 bilden eine Gruppe für sich. Daß gerade am Radius relativ sehr wenig Spuren von Rachitis das Bild des Kretinismus komplizieren, ist nach dem, was ich über die Rachitis sagte, nicht verwunderlich.

Die Merkmale, welche die Diagnose des Kretinismus am Radius ermöglichen, dürften etwa folgende sein: geringe Länge, bedeutende Dicke, hohe Crista, typische Krümmung (nicht in allen Fällen; aber wenn sie vorhanden, sichert sie allein schon die Diagnose), große distale Breite, nicht allzuselten Verschiebung der Tuberositas gegen die Crista hin. Hat man jedoch bloß einen isolierten Radius vor sich, so mag gelegentlich die Diagnose recht unsicher bleiben.

Hand.

Die Hände (und speziell der Ossifikationszustand der Karpalknochen) spielen in der Lehre vom Kretinismus seit der Röntgenära eine hervorragende Rolle; ich erinnere zum Beweis für diese Behauptung nur an die bekannten Arbeiten von Langhans (30), von Wyss (385), Dieterle (9), E. Bircher (4) u. a. Trotzdem ist uns über die eigentliche Osteologie der Kretinenhand nur sehr wenig genaues bekannt. Nach Ewald (11) sind „die Hände plump, breit, maulwurftatzenartig gestaltet, aber in der knöchernen Struktur . . . . nicht verändert". Sogar die unerschöpfliche Fundgrube, welche das Werk von Scholz (39) darbietet, bleibt uns zahlenmäßige Angaben über die Kretinenhand schuldig. Auch dieses bis jetzt so stiefmütterlich behandelte Kapitel verspricht einem spätern Untersucher noch reiche Ausbeute; meine eignen Messungen sind leider auch nur allzu fragmentarisch geblieben.

Das Lehrbuch nennt als Unterschied zwischen der kräftigen Europäerhand und den zierlichen Händen der primitiven Rassen an erster Stelle die Reduktion der Karpalia im proximo-distalen Durchmesser bei den Primitiven. Inwiefern diese Reduktion auch bei Kretinen zu beobachten ist, vermag ich nicht zahlenmäßig anzugeben; vergleiche ich aber Radiogramme von Kretinenhandgelenken mit solchen von gleich großen normalen Menschen, so scheint eine gewisse Reduktion der Karpalknochen bei den Kretinen unverkennbar zu bestehen.

Gehen wir zu den zahlenmäßig nachweisbaren Verhältnissen über. Ich habe an sieben kretinischen (davon wenigstens 2334 sicher mit Rachitis vergesellschaftet), an je zwei rachitischen und chondrodystrophischen und an einem athyreotischen Skelett die ganze Handlänge, ferner die Länge jedes einzelnen Fingers (nicht aber die Länge der einzelnen Phalangen) und der Metakarpalia gemessen.

Die Länge der Hand maß ich nicht vom Proc. styl. rad., sondern am Skelett als maximale Entfernung zwischen Karpus und längstem Finger. Ich fand im Mittel diese Länge bei Chondrodystrophie zu 118, bei Athyreose 136, bei weiblichen Kretinen 137, bei männlichen Kretinen 152 und bei Rachitis 170—190 mm; bei allen Formen war die linke Hand etwas kürzer als die rechte. Als Resultat meiner Messungen möchte ich die bedeutende Handlänge bei der Rachitis hervorheben, wogegen alle andern Formen durch sehr kleine Hände sich auszeichnen. Zu beachten ist ferner die große sexuelle Differenz bei den Kretinen; dagegen sind die extrem kurzen Hände bei der Chondrodystrophie ja schon lange bekannt. Die Hand wächst absolut und relativ mit der Körpergröße, und alle Zwergrassen haben kleine Hände; die langen Hände der Anthropoiden können gewiß nicht als Beweis dagegen angeführt werden, daß kleine Hände als ein Primitivmerkmal aufzufassen sind, denn bei den Affen handelt es sich in diesem Punkt um sekundäre Anpassung. — Man kann die Handlänge mit der ganzen Armlänge, wie auch mit der Körpergröße vergleichen. Ich verweise diesbezüglich auf meine Angaben im Kapitel über die Proportionen (A. I. 6 und 8); die dort berechneten Skelettproportionen sind natürlich mit den Zahlen des Lehrbuchs (S. 300 ff.), welche auf Messungen am Lebenden basieren, nicht ohne weiteres vergleichbar. Das eine aber ist sicher, daß die Hand bei Kretinen klein und bei Rachitis groß ist.

	Länge der Hand	Daumen			Zeigefinger			Mittelfinger			Ringfinger			V. Finger		
		Metacarpus	Finger	I. Strahl	Metacarpus	Finger	II. Strahl	Metacarpus	Finger	III. Strahl	Metacarpus	Finger	IV. Strahl	Metacarpus	Finger	V. Strahl
1910. 343	148	39	46	85	57	69	126	55	77	132	48	71	119	46	59	105
l.	148	40	45	85	56	69	125	55	74	129	48	73	121	45	57	102
518 r.	152	42	41	83	56	69	125	57	77	134	47	74	121	45	60	105
l.	150	42	42	84	56	72	128	56	77	133	46	74	120	45	60	105
5390 r.	157	40	45	85	60	71	131	56	77	133	48	72	120	48	62	110
l.	158	40	46	86	57	69	126	56	76	132	47	72	119	47	62	109
♂ Mittel	152	40,5	44	84,5	57	69,5	126,5	56	76	132	47	72,5	120	46	60	106
3235 r.	138	36	39	75	47	62	109	46	68	114	42	64	106	40	52	92
l.	138	36	39	75	50	62	112	50	69	119	47	64	111	40	51	91
4595 r.	139	38	38	76	50	62	112	47	67	114	43	60	103	39	50	89
l.	133	35	37	72	49	61	110	47	63	110	43	60	103	39	49	88
♀ Mittel	137	36	38	74,5	49	62	111	47,5	67	114	44	62	106	39,5	50,5	90
4028 r.	153	40	45	85	57	70	127	56	78	134	46	72	118	47	60	107
l.	151	40	45	85	57	67	124	56	77	133	46	74	120	46	60	106
2334 r.	190	47	55	102	69	90	159	66	95	161	57	84	141	56	72	128
l.	189	46	56	102	69	90	159	67	97	164	58	87	145	52	71	123
r.	154	40	44	88	56	70	126	55	77	132	47	71	118	46	59	105
Mittel l.	152	40	44	88	56	70	126	55	76	131	48	72	120	45	59	104
alle	153	40	44,5	88,5	56	70	126	55	76,5	131,5	47,5	71,5	119	45	59	104
28 l.	136	36	41	77	46	62	108	43	68	111	39	67	106	38	49	87
4145 r.	176	41	48	89	66	81	147	63	87	150	52	77	129	49	68	117
l.	170	41	48	89	63	82	145	63	85	148	52	77	129	48	64	112
3842 r.	185	46	51	97	64	81	145	62	80	142	54	84	138	54	73	127
l.	182	46	52	98	65	87	152	64	90	154	55	88	143	50	67	117
Rachitis	178	43,5	50	93	64,5	83	146	63	86	148,5	53	81	135	50	68	118
3344 r.	118	28	28	56	41	49	90	40	55	95	32	50	82	31	41	72
l.	118	28	30	58	39	51	90	38	55	93	32	51	83	31	43	74
2668 r.	118	30	29	59	38	50	88	39	55	94	31	50	81	30	40	70
l.	117	28	30	58	37	50	87	37	52	89	32	51	83	31	42	73
	118	28,5	29	58	39	50	89	38,5	54	93	32	50,5	82	31	41,5	72

	I.			II.			III.			IV.			V.		
	Metacarpus	Finger	Strahl	Metacarpus	Finger	Strahl	Metacarpus	Finger	Strahl	Metacarpus	Finger	Strahl	Metacarpus	Finger	Strahl
Europäer ♂	44,5	52,0	96,5	65,5	80,1	145,6	62,8	90,5	143,9	56,6	87,2	133,9	52,6	68,8	121,4
„ ♀	41,4	47,9	89,2	62,2	75,4	137,4	59,8	84,9	144,7	54,0	81,7	135,8	50,6	64,4	114,5
Japaner ♂	41,9	49,9	91,7	62,2	76,9	139,1	59,3	86,8	146,1	54,2	83,7	137,9	50,5	65,3	115,8
„ ♀	40,0	46,7	86,7	58,1	72,8	130,9	56,0	82,2	138,2	50,6	79,2	129,8	46,3	61,6	107,9
Hottentotten	37,3	42,0	79,3	55,1	65,7	120,8	54,6	73,8	128,4	47,1	70,3	117,4	43,8	55,8	99.6
Kretinen ♂	40,5	44	84,5	57	69,5	126,5	56	76	132	47	72,5	120	46	60	106
„ ♀	36,2	38,2	74,5	49	62	111	47,5	67	114	44	62	106	39,5	51	90
Athyreose	36	41	77	46	62	108	43	68	111	39	67	106	38	49	87
Chondrodystr.	28,5	29,5	58	38,7	50	88,7	38,5	54,2	93	32	50,5	82,5	31	41,5	72,2
Rachitis	43,5	50	93	64,5	83	146	63	86	148,5	53,2	81,2	135	50	68	118

Die Länge der einzelnen Mittelhandknochen, Finger und ganzen Strahlen ist aus meinen Tabellen ersichtlich.

Die Reihenfolge der Mittelhandknochen ist bei allen pathologischen Formen die allgemein übliche: II, III, IV, V, I. Bei allen finde ich ferner übereinstimmend von II zu V keine gleichmäßige Abnahme, sondern II und III, wie auch IV und V sind paarweise unter sich fast gleich lang. Bei 518 und bei 2668 ist rechts der III. etwas länger als der II.; links sind beide gleich.

Von den Fingern ist bei allen pathologischen Formen, wie bei den normalen, der III. der längste und der I. der kürzeste. II und IV sind bei den weiblichen Kretinen genau gleich lang; bei den männlichen Kretinen und bei

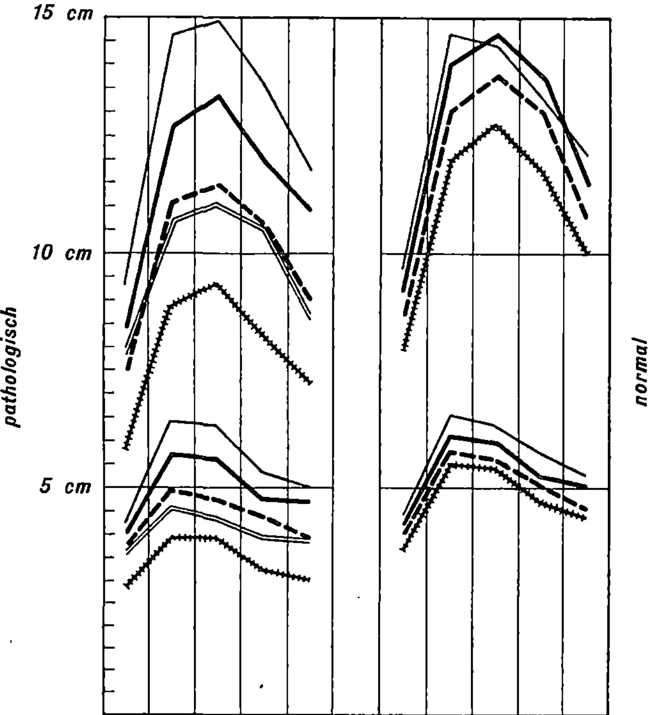

Abb. 15. Rachitis ⸺ Europa. Kretine ♂ ⸺ Japan ♂. Kretine ♀ ‑ ‑ ‑ Japan ♀.
Athyreose ═══ Chondrodystrophie ⊢⊢⊣ Hottentotten.

Chondrodystrophie überwiegt der IV. um sehr wenig, bei Rachitis (2334! 4145!) ist gar der II. länger als der IV. De norma ist die Reihenfolge bekanntlich III, IV, II, V, I.

Die Längenordnung der Strahlen zeigt bekanntlich beim Europäer ein von den primitiven Zuständen in typischer Weise abweichendes Verhalten, indem allein beim Europäer der II., bei allen Primitiven aber der III. Strahl die größte Länge darbietet. Während nun bei der Rachitis der mittlere Strahl nur sehr wenig länger ist als der II. (bei 3842 rechts ist sogar in typisch europäischer Weise der II. länger!), besteht bei den männlichen Kretinen eine erhebliche Differenz zugunsten des mittleren Strahls. Ähnlich verhält sich die Chondrodystrophie; bei dem Athyreosefall und bei den weiblichen Kretinen ist freilich der mittlere Strahl nur wenig länger als der II. — Lehrreich ist auch

ein Vergleich des längsten (also des III.) Strahles mit der ganzen Handlänge;
je geringer die Differenz zwischen den beiden Maßen ist, um so eher darf von
einer proximo-distalen Reduktion der Karpalia gesprochen werden, und auch
in dieser Hinsicht stehen die Kretinen allen andern Formen voran, wie folgende
kleine Tabelle zeigt:

		Handlänge	III. Strahl	Differenz	Index
Kretinen	Männer. .	153	133	20	13,1
	Weiber. .	137	114	23	16,8
Rachitis		178	148	30	17,0
Athyreose		136	111	25	18,4
Chondrodystrophie . .		118	93	25	21,2

Als Index ist hier die Differenz in Prozenten der Handlänge gemeint. Normale
Vergleichszahlen stehen mir nicht zur Verfügung, aber auch so schon kann die
Reduktion der Handwurzel bei den Kretinen nicht wohl bezweifelt werden.

Rekapitulation.

I. Beim Kretinismus ist die Hand kurz (und, was zwar aus meinen Messungen nicht hervorgeht, aber durch Beobachtung am Lebenden sichergestellt
ist, ziemlich breit). Die Karpalknochen sind in proximo-distaler Richtung
verkürzt; diese Reduktion, wie auch das Überwiegen des III. Strahles über
den II. unterscheidet die Kretinenhand von der des normalen Europäers und
läßt sie primitiv erscheinen. Sie dürfte mit der Hand des Hottentotten eine
gewisse Ähnlichkeit haben.

II. Bei Rachitis fallen die Hände durch ihre Größe stark auf; sie sind so
groß, wie bei normalen, nicht rachitischen Individuen und weichen auch morphologisch von der Norm kaum ab. Findet man bei einem zwerghaften Idioten
(z. B. 2334!) große Hände und etwa gar noch eine Kyphoskoliose, so kann
man mit ziemlicher Sicherheit sagen, daß es sich um Rachitis und nicht um
Kretinismus (jedenfalls nicht um reinen, rassenmäßigen Kretinismus) handelt.

III. Bei Athyreose scheint die Hand klein und schmal zu sein.

IV. Bei Chondrodystrophie sind die Hände im Vergleich zur Rumpflänge klein, aber kräftig gebaut. Die Literatur unterscheidet bei diesem Leiden
zwei typische Formen der Hand:

a) die viereckige Hand mit kurzen, plumpen fleischigen Fingern, welche
unter sich fast gleich lang sind; — und

b) die Dreizackhand, bei welcher der Daumen, dann der Zeige- und
Mittelfinger, ferner der Ringfinger und der kleine Finger aneinander gelegt,
die drei Zacken darstellen.

Das Becken.

Bei SCHOLZ findet sich eine vollständige Zusammenstellung alles dessen,
was frühere Autoren über das Becken der Kretinen beigebracht haben; viel
ist es allerdings gerade nicht, und auch das was vorliegt, ist alles mehr nach
geburtshilflichen als nach vergleichend-zoologischen Gesichtspunkten be-

Pelvis	Beckenhöhe (max.)	Cristabreite (max.)	Beckentiefe (Conj. ext.)	Hüftbeintiefe (Sp.post.sup.→Symph.)	Spinabreite (Spinae ant. sup.)	Beckenenge (Spinae isch.)	Darmbeinhöhe (Crista→Gelenkpfanne)	Breiten-Höhen-Index $\frac{\text{Höhe (1)}\times100}{\text{Breite (2)}}$	Höhen-Breiten-Index $\frac{\text{Breite (2)}\times100}{\text{Höhe (1)}}$	Breiten-Index $\frac{\text{D. spin. (5)}\times100}{\text{D. crist. (2)}}$	Tiefen-Index $\frac{\text{Tiefe (3)}\times100}{\text{D. crist. (2)}}$
	1	2	3	4	5	8	9				
♂ 1910. 343 r. l.	183,5 183,5	233	151	139	174	57	119,2 113,8	78,7	126,8	78,0	64,6
♂ 1915. 297 l.	(187)	—	—	127	—	—	103	—	—	—	—
♂ 5390	205	235	—	—	190	116	122	87,2	114,6	80,9	—
♀ 518	186	260	139	—	225	80	114	71,5	140,0	86,5	53,6
♂ 1916. 67 l.	(182)	—	—	132	—	—	104	—	—	—	—
♂ Mittel	*189*	*243*	*145*	*133*	*196*	*84*	*115,4*	*77,7*	*128,5*	*81,8*	*59,1*
♀ 3235	165	238	150	—	220	78	98	69,3	144,2	92,4	63,0
♀ 2214	—	—	—	—	203	73	—	—	—	—	—
♀ 504	—	—	—	—	195	80	—	—	—	—	—
♀ 4595	—	—	—	—	175	86	—	—	—	—	—
♀ L. R. 47	—	250	—	—	230	—	—	—	—	92,0	—
♀ K. F. 27	—	225	—	—	200	—	—	—	—	88,8	—
♀ ? 56	—	240	—	—	225	—	—	—	—	93,7	—
♀ (Br.u.K.) 32	—	220	—	—	200	—	—	—	—	90,9	—
♀ (Br.u.K.) 31	—	205	—	—	175	—	—	—	—	85,3	—
♀ Mittel	*(165)*	*230*	*(150)*	—	*202*	*79*	*(98)*	*(69,3)*	*(144,2)*	*90,5*	*(63,0)*
♂ 1358	180	247	131	—	220	83	112	72,8	137,2	89,0	53,0
♂ 2334	—	—	—	—	240	96	—	—	—	—	—
♀ 4028	200	252	138	—	225	70	115	79,4	126,0	89,3	55,0
♀ 4145	—	—	—	—	193	105	—	—	—	—	—
♀ 569	177	228	100	—	198	110	103	77,6	123,2	86,8	43,0
2668	152	218	135	—	195	85	95	69,7	143,4	89,4	62,0
3314	136	200	132	—	170	79	87	68,0	147,0	85,0	66,0
201 a	—	—	—	—	87	37	—	—	—	—	—
28	—	—	—	—	157	60	—	—	—	—	—

trachtet. Bemerkenswert ist vor allem die viel zitierte Beobachtung des Berner Geburtshelfers Peter Müller (390) über die abnorme Häufigkeit des allgemein verengten Beckens im Gebiet von Bern bei klein gewachsenen, geistig beschränkten Weibern mit degenerierten Strumen; wichtig ist auch der meist normale Geburtsverlauf bei diesen mit nur kleinen Früchten gesegneten Personen. Jeder Arzt im Endemiegebiet verfügt über solche Beobachtungen. — Bemerkenswert ist ferner in hohem Grade die Angabe von Breus und Kolisko (382), daß das Becken der Kretinen (trotz seiner Enge) nicht den sogenannten infantilen Habitus darbiete; sein Wachstum ist nicht etwa in einem frühen Alter stillgestanden, sondern es ist in allen Wachstumsjahren, selbst in jenen zur und nach der Pubertätszeit, wenn auch gehemmt, so doch noch fortgewachsen. Demgegenüber will das von verschiedenen Autoren konstatiert bn orm lange Offenbleiben den Knorpelfugen nicht allzu viel bedeuten; es ist aies vielleicht auf Störungen der innern Sekretion zurückzuführen, — eine d

| Becken-Eingang | | | | | | B.-Mitte | | Becken-Ausgang | | | | | | | | |
| D. sagittal. | D. transversal. | B.-Eingangs-Index $\frac{\text{D. sag. (23)} \times 100}{\text{D. transv. (24)}}$ | Index ileopelvicus $\frac{\text{D. transv. (24)} \times 100}{\text{Dist. crist. (2)}}$ | D. obl. dexter. | D. obl. sin. | D. sagittal. | Gelenkpfannen-breite (min.) | D. sagittal. | D. transversal. | B.-Ausgangs-Index $\frac{\text{D. sag. (26)} \times 100}{\text{D. transv. (27)}}$ | Index d. B.-Enge $\frac{\text{D. sag. (26)} \times 100}{\text{Spin. isch. (8)}}$ | Transversal-Index $\frac{\text{D. transv. (27)} \times 100}{\text{D. transv. (24)}}$ | Ang. subpubicus | Neigungswinkel der Darmbeine | Beckenneigungs-winkel | Seitenwandwinkel |
23	24			25	25	23	7	26	27				33	34	35	
86,4	94	91,9	40,3	95,4	96,3	100	80	72	74,4	96,7	126,3	78,1	60°	50°	28°	66°
—	—	—	—	—	—	—	—	—	—	—	—	—	—	—	(44°)	—
99	115	86,1	48,9	107	103	120	105	91	90	101,1	(80,0)	78,2	76°	53°	33°	70°
80	100	80,0	38,5	115	110	95	100	85	90	94,4	106,2	90,0	71°	46°	52°	63°
—	—	—	—	—	—	—	—	—	—	—	—	—	—	—	—
88,5	*103*	*85,9*	*42,5*	*106*	*103*	*105*	*95*	*83*	*85*	*97,4*	*97,5*	*82,1*	—	—	—	—
92	105	87,6	44,1	110	107	107	91	98	75	130,7	125,6	71,4	66°	48°	21°	62°
67	87	77,0	—	99	113	107	86	85	85	100,0	116,4	97,7	—	—	—	—
104	92	113,0	—	106	103	110	90	92	90	102,0	115,0	97,7	—	—	—	—
85	100	85,0	—	105	102	98	95	93	83	112,0	108,1	83,0	—	—	—	—
—	—	—	—	—	—	—	—	—	65	—	—	—	—	—	—	—
—	—	—	—	—	—	—	—	—	80	—	—	—	—	—	—	—
—	—	—	—	—	—	—	—	—	110	—	—	—	—	—	—	—
90	115	78,5	52,2	115	115	105	100	90	90	100,0	—	78,2	—	—	—	—
83	112	74,1	54,6	107	107	105	107	95	95	100,0	—	85,0	—	—	—	—
87	*102*	*85,3*	*50,1*	*107*	*108*	*105*	*105*	*92*	*86*	*107,4*	*116,3*	*84,3*	—	—	—	—
63	94	67,0	38,0	90	100	75	96	87	100	87,0	104,8	106,4	100°	46°	20°	67°
80	115	79,6	—	118	120	97	113	95	100	95,0	100,0	—	—	—	—	—
65	105	61,9	(40,0)	110	110	97	100	110	85	129,4	157,1	81,0	49°	51°	35°	67°
60	100	60,0	—	103	107	89	103	107	100	107,0	101,9	100,0	—	—	—	—
61	125	48,8	54,8	110	110	93	122	80	114	70,2	72,7	91,2	108°	60°	52°	71°
54	104	51,9	47,7	98	96	100	100	(65)	106	61,3	76,5	101,9	110°	54°	40°	69°
65	100	65,0	50,0	81	104	114	89	76	96	79,2	96,2	96,0	78°	52°	50°	68°
52	39	133,3	—	48	48	50	37	40	40	100,0	108,1	102,6	—	—	—	—
75	73	102,8	—	83	85	77	70	70	75	93,3	116,6	102,7	—	—	—	—

Annahme, welche im übrigen die Möglichkeit rassenhafter Degeneration gewiß
nicht ausschließt.

Außer der allgemeinen Enge nennen die Autoren noch als charakteristisch
für das Kretinenbecken seinen ziemlich beträchtlichen Querdurchmesser, seine
starke Neigung nach vorn, sein stark ausgehöhltes und weit nach hinten ge-
richtetes Kreuzbein, sein tief angesetztes Promontorium. Nach diesen
Angaben wäre die Ähnlichkeit des Kretinenbeckens mit demjenigen des
Neandertalers nicht eben groß (beim Neandertaler finden sich hohe, steil
gestellte Schaufeln, schmales Sakrum, und mehr längsovaler Beckeneingang);
man darf aber nicht vergessen, daß die bisher bekannten fossilen Relikte
von Männern stammen, von Kretinen aber bisher hauptsächlich weibliche
Becken das Interesse der Geburtshelfer in Anspruch zu nehmen pflegten.
Die sicher feststehende Enge des Kretinenbeckens ist jedenfalls ein primitives
Merkmal.

Auch durch meinen Beitrag kann ich nicht hoffen, das Wesen des Kretinenbeckens erschöpfend zu behandeln. Die mir zur Verfügung stehende Zeit war leider zu kurz, als daß ich alle vom Lehrbuch geforderten Messungen am Becken und am Sakrum hätte nehmen können, werden doch am Sakrum allein 24 Maße und 15 Indizes verlangt, worunter sich viele befinden, die nur am isolierten Kreuzbein abgenommen werden können. Ich habe mich damit begnügt, an sieben Kretinen- und an zwei Chondrodystrophiebecken einige 20 der wichtigsten Dimensionen zu messen und die Zahlen mit den von SCHOLZ mitgeteilten zu kombinieren. Es sind dies fünf weitere Kretinenbecken, ferner ein Becken von einem kindlichen Kretinen und je eins von einem athyreotischen (28, Nr. 1 bei SCHOLZ) und einem strumipriven Individuum. Vier Fälle, nämlich SCHOLZ Nr. 4 = 518, Nr. 5 = 1358, Nr. 8 = 3235, Nr. 9 = 4028, finden sich sowohl bei SCHOLZ, wie in meiner Aufnahme; wo unsere Zahlen nicht übereinstimmen, habe ich im allgemeinen die von SCHOLZ angegebenen adoptiert. Im einzelnen ergibt sich, besonders aus der Betrachtung des Beckeneingangs, daß von den total zwölf Kretinenbecken fünf als rachitisverdächtig zu einer besonderen Gruppe vereinigt werden müssen; es sind dies die Grazer Nr. 4028, 1358, 4145, 2334 und 569, bei welchen allen wir ja auch schon anderwärts (vgl. Humerus, Femur usw.) typische rachitische Verbiegungen angetroffen haben.

Zu den reinen Kretinen habe ich dann unter Verwertung der von SCHOLZ mitgeteilten Zahlen drei Fälle von WIEDOW und zwei Fälle von BREUS und KOLISKO hinzugenommen, so daß wenigstens für einzelne Maße die stattliche Reihe von etwa zwölf Kretinen zusammenkommen konnte. Meine Tabelle vereinigt also 13 erwachsene Kretinen (darunter 4 männlichen Geschlechts), 5 rachitische Individuen, 2 mit Chondrodystrophie und 2 mit Schilddrüsenmangel; dazu kommt der kindliche Kretin Graz 201. An Hand des MARTIN-schen Lehrbuchs habe ich diese Becken mit denen von normalen Menschen verschiedener Rassen verglichen und bin dabei zu folgenden Ergebnissen gelangt:

I. Das Becken als Ganzes.

1. Die größte Höhe konnte nur bei fünf Fällen (worunter 4 Männer) bestimmt werden und ist bei den ♂ im Mittel 189, bei 1 ♀ 165 mm; in Anbetracht der geringen Körpergröße ist das gar kein extrem niedriges Becken. Das Lehrbuch erwähnt als charakteristisch die beträchtliche Beckenhöhe des kleinwüchsigen Eskimo, Europäers und Japaners im Vergleich zum Andamanen. — Ähnlich wie beim Kretin ist die Höhe des Beckens bei der Rachitis, nämlich 186 (177—200) mm, viel geringer jedoch bei der Chondrodystrophie (etwa 144), obschon die Beckenbreite bei dieser Krankheit ziemlich bedeutend ist.

2. Die Dist. cristar. finde ich bei neun Kretinen im Mittel zu 234 (205 bis 260); drei Männer zeigen 243 (233—260), sechs Weiber 230 (205—250) mm, bei Rachitis 242 (228—252) und bei Chondrodystrophie 209 (200—218). In der Breite bleibt also das Kretinenbecken hinter allen vom Lehrbuch angeführten Rassemitteln absolut zurück, auch hinter solchen, welche einer ähnlichen oder noch geringeren Höhe entsprechen (Senoi, weibliche Japaner und Australier). Daraus ist direkt zu schließen, daß das Kretinenbecken hoch und schmal gebaut sein muß. Es ist in Prozenten der Körpergröße

				Die Beckenhöhe	Die Beckenbreite
Beim Australier	♂	1651		12,2	15,9
	♀	1540		11,8	15,4
„ Senoi	♂	1520		11,6	14,5
	♀	1420		12,0	16,7
„ Aino	♂	1567		12,7	16,7
	♀	1471		12,8	17,5
„ Japaner	♂	1585		12,6	17,0
	♀	1450		12,5	17,3
Kleinwüchsige Primitive .				12,3	16,4
Bern 1910 343	♂		1385	12,7	16,7
Graz 518?	♂		1470	12,7	17,6
3235	♀		1340	12,4	17,7
5390	♂		1470	13,9	16,0
Bern 1915 297	♂		1320	14,1	—
Kretinen im Mittel . . .				13,1	16,7
4028?	♂		1420	14,0	18,0
1358	♂		1400	12,8	17,6
Rachitis im Mittel . . .				13,4	17,8
Chondrodystrophie (3344) .				13,6	20,0!

Die Körpergrößen sind dem Lehrbuch entnommen; inwiefern sie nun zu den Beckenmaßen gehören, vermag ich nicht sicher anzugeben. Sehr auffallend sind die großen Proportionen des rachitischen Beckens, wie auch die des chondrodystrophischen; das Becken ist eben in diesen Fällen viel weniger reduziert, als die langen Röhrenknochen, und es wiederholt sich hier, was ich über die großen Hände und Füße bei diesen Kranken zu sagen hatte (vgl. Proportionslehre).

Über die Lage des größten Breitendurchmessers (ob vor dem Promontorium oder dieses schneidend) kann ich keine allgemeinen Angaben machen; bei 1910. 343 tangiert dieser Durchmesser das Promontorium.

Aus Höhe und Breite des ganzen Beckens läßt sich ein Index berechnen; dieser Breiten-Höhenindex (auf S. 1008/9 des Lehrbuchs irrtümlicherweise Höhen-Breitenindex genannt!) ist beim Kretin etwas höher als beim normalen Europäer, nämlich im Mittel von vier Fällen 75,9 (69,3—87,2) mit sehr deutlicher Geschlechtsdifferenz, drei ♂: 77,7; ein ♀: 69,3. Bei den rachitischen Individuen finde ich 76,6 (72,8—79,4) und bei zwei Fällen von Chondrodystrophie sehr wenig, nämlich bloß etwa 69, was mit der weiter oben gemachten Angabe gut übereinstimmt. Für Vergleichsmaterial sei auf das Lehrbuch verwiesen; durch einen hohen Index von etwa 85 soll sich das Becken der europäischen Föten, des Neandertalers und der Malayen auszeichnen. Die Anthropomorphen haben 87 und die niederen Affen über 100. Mein Fall 5390 steht jedenfalls mit 87,2 sehr primitiv da, im übrigen will ich aber aus dem nur wenig erhöhten Mittel der Kretinen keine zu weitgehenden Schlüsse ziehen.

5. Die Dist. spinar. ergibt folgende Maße:

Bei Kretinismus . . . . 205 (175—240); (12 Fälle)
„ Rachitis . . . . 209 (193—225); (4 „)
„ Chondrodystrophie . . . . 182 (170—195); (2 „)
„ Athyreose . . . . 157 (1 Fall)

An diesem Maße interessiert hauptsächlich sein Verhältnis zur Cristabreite. Nach Angabe der Geburtshelfer soll beim platten, rachitischen Becken die Spinabreite gelegentlich sogar größer sein, als die Cristabreite; in unseren drei Fällen von Rachitis (wovon allerdings zwei männlich!) ist das nun zwar nicht der Fall, immerhin ist der Index (Spinabreite in Prozenten der Crista-breite) hier doch ziemlich hoch. Kaum geringer ist er aber bei Kretinismus und bei der Chondrodystrophie, wie folgende Zusammenstellung lehrt:

		♂	♀
Rachitis 88,4	(82,4 bis 89.3)	89,2	86,8
Kretinen 87,6	(78,0 „ 93,7)	81,8	90,5
Chondrodystrophie . . . 87,2	(85,0 „ 89,4)	—	87,2

Ich setze zum Vergleich die Zahlen von VERNEAU hierher:

	♂	♀
Europäer	82,8	84,2
Neger	84,3	80,9
Melanesier	81,9	77,5
Amerikaner	87,3	88,6

Nach dem Lehrbuch ist ein niedriger Index als ein primitives Merkmal auf-zufassen und ein solcher findet sich mindestens bei den männlichen Kretinen-becken; ein hoher Index bedeutet eine weite Ausladung der Darmbeinschaufeln, oder vielleicht richtiger gesagt: eine Auswärtsdrehung der Darmbeine um das Sakralgelenk als Drehpunkt. Die hintere Spinabreite, welche ich leider zu messen versäumt habe, bietet nach dem Lehrbuch nur geringe Variation dar. Als Ersatz für dieses Maß kann vielleicht in gewissem Sinne die obere Kreuz-beinbreite dienen, und dann ist nicht ohne Interesse, zu sehen, daß bei der Rachitis dieses Maß trotz großer vorderer Spinabreite kleiner ist als beim Kretinismus; die Außenrotation der Darmbeinschaufeln bringt das rachitische Becken vorn zum Klaffen, hinten ergibt sie eine Verengerung, und es wäre das ein merklicher Unterschied gegen das hinten normal breite Kretinenbecken. Maß 6 ist bei 1910. 343 zu 59 mm bestimmt, Index also 25,5, d. h. wie beim Europäer.

8. Die Breite zwischen den Spinae isch. mißt bei männlichen Kretinen im Mittel 84 (57—116; drei Fälle), bei den weiblichen Kretinen 79 (73—84; fünf Fälle), bei Rachitis 92 (70—110), bei Chondrodystrophie etwa 90 (87—95) und bei Athyreose 60 mm. Es wurde von KLAATSCH hervorgehoben, daß beim Neandertaler das Os ischii überhaupt eine gestreckte, an rezente Neonaten erinnernde Form, eine tief angesetzte Spina und ein direkt nach hinten schau-endes Tuber darbiete; weiterhin wird die schmale Incisura isch. maj. betont. Inwiefern die eine oder andere dieser Eigentümlichkeiten bei den uns hier interessierenden Beckenformen beobachtet wird, weiß ich nicht; ich begnüge mich damit, die Aufmerksamkeit späterer Untersucher auf diese Punkte hin-zulenken.

3. Der äußere sagittale Beckendurchmesser (maximal!) beträgt
bei Kretinen im Mittel 147 mm; das ist ziemlich viel und stimmt gut zu dem
ebenfalls hohen Beckeneingangsindex der Kretinen. Bei Chondrodystrophie
finde ich 132—135 und bei Rachitis trotz größerer Beckenbreite gar bloß
123 (100—138) mm. Um einen Anhaltspunkt für Vergleiche zu gewinnen,
kann man die Beckentiefe in Prozenten der Cristabreite ausrechnen und es
ergibt sich dann folgende Reihe:

Rachitis	50,8		
Kretinismus.	62,9	♂ 59,1	♀ (63,0)
Chondrodystrophie (♀ !)	64,0		
		♂	
Japaner	58,0	62,6	
Aino	63,7	59,3	
Senoi	64,7	59,2	

Die Bedeutung der großen Beckentiefe als primitives Merkmal ist darnach
kaum zweifelhaft, und die geringe Beckentiefe bei Rachitis erklärt sich leicht
als mechanische Deformation.

Die einzelnen Teile des Beckens.

	1916. 67	1915. 297	1910. 343	
	links	links	rechts	links
9. Darmbeinhöhe	104	108	119	114
10. Schaufelhöhe	102	99	89	90
12. Darmbeinbreite	132	137	132	132
14. Schaufelbreite.	74	77	81	82
Darmbeinindex (12) · 100 : (10)	129,4	138,4	148,4	147,4
11. Schaufeltiefe	9	10	8	8
4. Hüftbeintiefe	132	127	139	139
14. Acetab.-Symphys. Breite . .	110	108	98,6	98.5
16. Schambeinlänge.	771	74	65	67
Schamhüftbeinindex				
(16) · 100 : (4)	53,8	58,3	47,5	
Hüftbeinindex (4) · 100 : (1) .	72,5	67,9	75,7	
17. Symphysenhöhe	37	39	38,4	
18. Symphysenbreite	(40)	(50)	32,8	
15. Sitzbeinlänge	75	81	75	71
Sitzhüftbeinindex (15) · 100 : (1)	41,2	43,3	40,8	38,8
20. For. obt. Länge.	53	42	45	46
21. „ „ Breite.	24	25	28	24
Index (21) · 100 : (20)	45,3	59,5	62,2	52,8
22. Gelenkpfanne maximal . . .	52	56	54	53
Kleines Becken:				
28. Tiefe	81	82	90	88
29. Höhe, vordere	110	106	101	98
30. „ wahre	(05)	(106)	115	115
31. Incis. isch. Breite	38	40	37	35
32. „ „ Höhe	40	36	33	34

Von allen diesen Maßzahlen hat mangels an vergleichbaren Normalwerten keine eine höhere Bedeutung; die Symphysenhöhe scheint normal, der Index des Foramen obturatum dagegen etwas zu niedrig zu sein. Ich lege darauf jedoch wenig Wert und gehe zur Erörterung der **Winkelmessungen am Becken** über.

35. Den Beckenneigungswinkel habe ich bei vier Kretinen im Mittel zu 34° (21—52°) bestimmt; bei drei auf Rachitis verdächtigen Becken fand ich etwa das gleiche, nämlich 36° (20—52°) und bei zwei Fällen von Chondrodystrophie erheblich weniger, nämlich 45° (40—50°). Dies ist der Winkel, unter welchem die Conj. vera eine durch die Symphyse und die beiden Spinae ant. sup. gelegte Ebene schneidet (das Becken wurde mit seiner Vorderseite auf die Unterlage gelegt und der Winkel direkt gemessen) bzw. das Komplement dieses Winkels. Ein Vergleich mit normalen Zahlen ergibt, daß bei allen drei pathologischen Beckenformen die Neigung geringer zu sein scheint; die Messung dieses Winkels ist aber wohl nicht ganz einwandfrei.

33. Den Angulus pubis fand ich bei Kretinen im Mittel zu 68° (59—76°); sowohl bei Rachitis, wie bei Chondrodystrophie ist er (entsprechend der abnormen Breitenentwicklung dieser Beckenformen) viel größer, nämlich 86 (49—108°) bzw. 94° (78—110°). Beim Kretinenmittel muß man bedenken, daß drei von den vier verwerteten Fällen Männer sind, bei welchen nach einem allgemeinen Gesetz der Winkel immer kleiner ist, als bei den Weibern. Für normale Männer nennt das Lehrbuch etwa 60° und für Weiber etwa 74° (ohne richtige Rassenschwankungen). — Wenn ich mir einen Vorschlag erlauben dürfte, so würde ich statt der Definition des Lehrbuchs vorziehen, zu sagen: „von der Mitte des Unterrandes der Symphyse wird an jeden Schambeinast eine Tangente gelegt; diese beiden Tangenten schließen den Angulus pubis ein". Bei solcher Fassung scheint mir Willkür eher auszuschließen, als wenn man der Messung die „hauptsächlichste" Richtung der Schambeinäste zugrunde legt. Bei Rachitis, bei Weibern allgemein, handelt es sich leider allzu oft nicht um einen Winkel, sondern um einen flachen Bogen.

34. Den Neigungswinkel der Darmbeinschaufeln bemühte ich mich genau nach Angabe des Lehrbuchs zu bestimmen und erkannte leider zu spät, daß sich da ein Irrtum eingeschlichen haben muß; statt „Darmbeinhöhe (Nr. 9)" sollte die „Höhe der Darmbeinschaufel (Nr. 10)" verwendet werden, oder aber, wenn man (prinzipiell gewiß nicht zu beanstanden) die Neigung an der äußeren Fläche der Darmbeine bestimmen will, so muß man die vorgeschlagene Darmbeinhöhe (Nr. 9) mit der Gelenkpfannenbreite (Nr. 7) statt mit der Conc. transvers. kombinieren. Die ursprüngliche Methodik (von GARSON?) ist aber, wie aus MARTINS Feuerländermonographie erhellt, auf den Messungen Nr. 2, 10, 24 basiert. Ebendort nennt MARTIN für Europäer eine Neigung von 126°, für Feuerländer von 133°; wenn nun die irrtümliche Technik dennoch bei Kretinen einen Winkel von 129° ergibt, so kann es sich hier unmöglich um besonders steil gestellte Schaufeln handeln. Für Rachitis finde ich im Mittel 128° und für Chondrodystrophie etwa 127°, aber alles aus dem angegebenen Grunde zu niedrige Werte.

Man kann übrigens durch eine ähnliche Konstruktion mit Hilfe von Maß Nr. 2, 1 und 27 ein „Beckentrapez" zeichnen und daran die Neigung der Seitenwände im ganzen (nicht allein die Neigung der Schaufeln) messen. Diese schematische Figur wird noch instruktiver, wenn man sie mit Beckeneingangsweite, Darmbeinhöhe, ferner mit Angulus pubis, Symphysenhöhe usw. kombiniert, was alles ohne Schwierigkeit zu machen ist. Eine ähnliche Figur ließe sich auch von der Rückseite des Becken erstellen.

Ich habe nun für meine pathologischen Fälle sowie (aus den Mittelzahlen der Tabelle S. 1008, Lehrbuch) für Europäer, Aino, Japaner und Senoi solche Figuren konstruiert und daran den Winkel gemessen, unter welchem die Seitenwand des Beckens die Horizontale schneidet. Die Unterschiede in den Winkelzahlen sind aber nur gering, und von einer gesetzmäßigen Rassendifferenz ist kaum zu reden. Dieser Seitenwandwinkel war bei den Kretinen im Mittel 66°, bei Chondrodystrophie 67° und bei Rachitis 68°; ferner ergab sich beim

	♂	♀
Europäer	72"	69°
Japaner	67"	69"
Aino	66°	69"
Senoi	68"	65"

90° würde eine senkrechte Seitenwand bedeuten. Es kann sonach von einer besonders steil gestellten Beckenform bei den pathologischen Typen nicht gesprochen werden. Eine vergleichende Betrachtung der pathologischen und exotischen Becken ergibt die a priori nicht zu erwartende Tatsache, daß der fragliche Winkel bei allen fast genau gleich ist und daß diese Becken sich eigentlich bloß durch ihre verschiedene Größe unterscheiden; vgl. darüber weiter oben Ziffer 2. Die Gleichheit dieses Seitenwandwinkels muß um so mehr überraschen, wenn man die große Verschiedenheit des Kollodiaphysenwinkels des Femur bedenkt. Eine verwandte Erscheinung, an die ich vielleicht erinnern darf, ist jedoch die Tatsache, daß ein Lot, im Cond. ext. fem. auf die Kondylentangente errichtet, bei allen von mir untersuchten Oberschenkeln fast genau durch die höchste Stelle des Kaput ging; es wären demnach der Kondylodiaphysenwinkel, die transversale Schaftkrümmung des Oberschenkels, der Kollodiaphysenwinkel wie auch der Winkel zwischen Collum und Becken für die Statik und Mechanik des Hüftgelenks im ganzen nur wenig bedeutungsvolle Ausbuchtungen eines starren Systems (nämlich des Femur!), von welchem wesentlich nur die beiden Endpunkte (Kaput und Cond. lat.) in Betracht kommen, und die Verbindung dieses Systems mit dem Becken wäre bei allen Menschen in gleicher Weise erfolgt. Ich will aber nicht verfehlen, zu betonen, daß die rassenanatomische Bedeutung der erwähnten Winkel um so größer sein muß, je geringer ihre mechanische Bedeutung ist.

(Ist es nötig, zu sagen, daß an einer Figur mit militärisch geschlossenen Knien und Fersen, wie z. B. Tafel I oder III des Lehrbuchs, diese Verhältnisse nicht nachgemessen werden können? Die natürliche Haltung scheint vielmehr Fig. 67 oder Fig. 73 des Lehrbuchs wiederzugeben; auch der natürliche Gang des Menschen verlangt Beine, die sich nicht berühren.)

II. Das kleine Becken.

A. Der Beckeneingang.

23. Der sagittale Durchmesser erreicht bei den Kretinen im Mittel (neun Fälle) 87,3 (67—104) mm, ist also recht gering und bei $\male$ und $\female$ fast gleich; bei Nr. 28 (Athyreose) findet sich 75, bei Rachitis 66 und bei Chondrodystrophie einmal 54 und einmal 65 mm. Letztere beiden Gruppen bilden also eine absolute Indikation für den Kaiserschnitt und dadurch sehr oft die Ursache, welche solche Skelette der pathologisch-anatomischen Sammlung zugeführt hat, so auch bei Graz 2668. — Von den normalen Typen des Lehrbuches hat bloß das Senoibecken eine Konjugata unter 100 mm; zur bessern Illustraton dieser Verhältnisse sei auf den Beckeneingangsindex verwiesen.

24. Der Querdurchmesser (fast ohne geschlechtliche Differenz) mißt bei Kretinen im Mittel 102,3 (87—115) mm; etwa ebenso groß ist er bei Rachitis (108) und bei Chondrodystrophie (102), wesentlich geringer bei Athyreose mit 73 mm. Wenn man bedenkt, daß die Mehrzahl der gemessenen Individuen weiblichen Geschlechts waren, so muß die geringe Breite des Beckeneingangs bei ihnen um so mehr auffallen. Das Lehrbuch verzeichnet für dieses Maß Rassenmittel von 115—130 mm. Lehrreich ist in dieser Hinsicht auch ein Vergleich mit der Cristabreite ausgedrückt durch den

Index ileo-pelvicus (Breitenindex des Beckens), welcher bei den Kretinen auffallend gering ist, und das, obwohl die Mehrzahl der fraglichen Individuen Weiber waren. Wenn wir uns erinnern, daß schon die Cristabreite abnorm geringwertig befunden wurde, so können wir mit doppelter Berechtigung den Satz aufstellen, daß das Becken der Kretinen durch einen engen Eingang gekennzeichnet ist. Ich stehe nicht an, hierin ein primitives Verhalten zu behaupten. Wenn in der folgenden Zusammenstellung die rachitischen Individuen einen noch kleineren Index aufweisen, wie die Kretinen, so ist daran zu erinnern, daß es eben nicht reine Fälle von Rachitis sind, sondern eher „rachitische Kretinen". Es findet sich bei

Kretinen im Mittel 46,5 (Minimum 38,5; Maximum 54,6)
Rachitis . . . . . 43,4 („ 38,0; „ 54,8)
Chondrodystrophie 48,8 („ 47,7; „ 50,0)

Für normale Männer gibt das Lehrbuch etwa 46 und für Weiber etwa 50, beides ohne deutlich erkennbare Rassendifferenzen. — Von größerer Bedeutung ist sodann der

Beckeneingangsindex, welcher beim normalen Mann in Europa (nach Angabe des Lehrbuchs) etwa 80 und beim Weib etwas weniger, nämlich etwa 79 ausmacht. Bei exotischen Männern ist er wesentlich höher, nämlich etwa 85 bis nahe an 100, bei den Weibern auch hier etwas weniger. Wenn also dieser Index bei neun Kretinen (worunter zwei Drittel weiblichen Geschlechts!) im Mittel 85,5 (74,1—113,0) beträgt, so spricht sich auch darin zweifellos ein primitives Verhalten aus. Ganz ungewöhnlich ist der Index bei Graz 504 mit 113, was einen richtig längsovalen Beckeneingang andeutet; diese Form findet sich bekanntlich als Regel bei den Anthropomorphen (Index 128—151). Exzessiv hoch ist der Index ferner bei dem kindlichen Kretin Graz 201, nämlich 133; annähernd kreisrunden Beckeneingang bezeichnet der Index von 102,8 bei dem Athyreosefall Graz 28, bei welchem ja auch sonst in einer großen Zahl von Merkmalen ein kindliches Verhalten typisch zu konstatieren ist. — Ganz anders ist das Bild bei der Rachitis und bei der Chondrodystrophie, wo beidemal der Index äußerst niedrig gefunden wird, nämlich im Mittel 63,5 bzw. 58,4. Das platte rachitische Becken, das oft mit allgemeiner Verengerung verbunden ist, ist wirklich zu bekannt, als daß darauf hier noch eingegangen werden müßte. Über das chondrodystrophische Becken meldet FRANGENHEIM als Ergebnis umfassender Literaturstudien: „Abplattung, Kleinheit, dicke plumpe Darmbeine, Kreuzbeintiefstand, beträchtliche Beckenweite, fehlende Kreuzbeinaushöhlung, vorspringendes Promontorium, stumpfe Schambeinwinkel lassen das Becken dem Rachitischen ähnlich erscheinen,,. Weiter findet man gelegentlich bei Chondrodystrophie das allgemein kleine dreiwinklige, oder das abgerundete viereckige, endlich auch das fötale Becken; abnorme Wachstumsvorgänge kommen hier in erster Linie in Betracht, während bei Rachitis (und bei Osteomalazie) bekanntlich grob mechanische Deformation zu weicher Knochen als Ursache anzuschuldigen ist. Für weitere Einzelheiten sei auf die reiche geburtshilfliche Literatur verwiesen.

MARTIN hebt in seinem Lehrbuch hervor, daß das Becken nicht bloß Beziehungen zur Lokomotion und zum Geburtsmechanismus habe, sondern daß auch eine gewisse Korrelation zwischen Becken- und Kopfform bestehen müsse. Eine solche kann m. E. weniger an den Mittelzahlen als vielmehr an den Einzelwerten zum Ausdruck kommen und ich habe darum soweit möglich den Längen-Breitenindex des Schädels und den Beckeneingangsindex in folgender Tabelle zusammengestellt; die Mittlzahlen wären bei den Kretinen für Schädel etwa 83 und für Becken etwa 85, würden also recht gut zusammenpassen.

	Schädel	Becken
2334	76,57	79,6
3235	82,84	87,6
4595	85,63	85,0
518	89,51	80,0
Kind! 201	94,31	133,3
Ra- ⎧4028	84,60	61,9
chitis ⎨4145	86,34	60,0
⎩1358	87,79	67,0

Die drei rachitischen Kretinen nehmen natürlich auch hier eine Sonderstellung ein; davon abgesehen ist aber die Übereinstimmung im großen und ganzen wirklich unverkennbar. Freilich, wenn man die Tabellen auf S. 668 ff. mit der auf S. 1011 des Lehrbuchs vergleicht, so tritt die fragliche Korrelation weniger deutlich hervor. Das Primatenbecken scheint ursprünglich einen längsovalen Eingang besessen zu haben und mag wohl in jenem Stadium einer länglichen Kopfform angepaßt gewesen sein. Unter dem Einfluß einer veränderten Körperhaltung scheint sich das ursprüngliche Längsoval allmählich in ein Queroval umgebildet zu haben, ein Prozeß, der bei den verschiedenen Menschenrassen noch nicht überall gleich weit vorgeschritten und neben der weit verbreiteten, zum Teil psychisch bedingten Wehenschwäche an der physiologischen Dystokie der modernen Frau wohl auch mitschuldig ist. Denn während, wie erwähnt, der Beckeneingang sich in ein Queroval umgewandelt hat, ist der Beckenausgang ein Längsoval geblieben, und dadurch wird der Kopf des Neonaten zu einer komplizierten Evolution (Drehung verbunden mit Deflexion) auf sehr beschränktem Raume gezwungen. Vermöge seiner weit offenen Nähte ist der Kinderschädel zwar imstande, weitgehenden Ansprüchen an seine Konfiguration ohne Schaden zu genügen, und eine genaue Korrelation zwischen Kopf und Becken ist gar nicht unbedingt nötig; aber doch wird durch diese Umstände die Geburtsarbeit beträchtlich erschwert. — Daß es wesentlich mechanische Momente, gleichviel, welcher Art, sind, die beim Kulturmenschen die Breitenentwicklung des Beckens begünstigen, dafür scheint mir in erster Linie der abnorm niedrige Beckeneingangsindex bei der Rachitis, diesem Urbild, dieser Karrikatur des ungehemmten Einflusses mechanischer Deformation, zu sprechen.

25. Den schrägen Durchmesser fand ich bei Kretinen im Mittel rechts und links fast gleich, nämlich 104,4 (somit nur wenig größer wie das Mittel des Querdurchmessers); es handelt sich da natürlich um einen Zufall, denn im einzelnen fanden sich nicht selten grobe Assymetrien (so z. B. bei 4028, obschon der linke schräge genau so lang ist wie der rechte!). Bei Rachitis ergab sich rechts 106 und links 109, bei Chondrodystrophie rechts 89 und links 100, bei Athyreose rechts 83 und links 85.

Über die Form des Beckeneingangs vermag ich nichts bestimmtes auszusagen; immerhin dürfte dieselbe nach Fig. 72 bei SCHOLZ zu schließen, ein ziemlich regelmäßiges Oval sein und eine stärkere Vorwölbung des Promontoriums vermissen lassen.

B. Der Beckenausgang.

26. Der Längsdurchmesser ist im Mittel etwa 1,7 mm größer als der des Eingangs, nämlich 89 (72—98) mm; nur in vier von elf Fällen zeigt er jenes von MARTIN für typisch europäisch erklärte Verhalten, d. h. ein Zurückbleiben hinter dem D. sagitt. des Eingangs. Noch viel mehr überwiegt der Längsdurchmesser des Ausgangs über den des Eingangs bei der Rachitis, wo er im Mittel 96 erreicht (gegen 66 im Eingang!); durch den Druck von oben wird hier das Promontorium tief ins Becken hineingedrängt, das Kreuzbein vollführt gleichsam eine Drehung um eine Querachse, wodurch seine Spitze weit nach hinten gedrängt und der Längsdurchmesser des Ausgangs vergrößert wird. Eine Vergleichung der Durchmesser im Eingang, in der Beckenmitte und im Ausgang zeigt aber deutlich ein ganz verschiedenes Verhalten bei Kretinismus und bei Rachitis, wie aus folgender Zusammenstellung hervorgeht:

	Kretinismus	Chondrodystrophie	Rachitis	Athyreose
D. sagittalis Eingang. . .	87	60	66	75
Mitte	105	107	90	77
Ausgang . .	89	70	96	70
D. transversalis Eingang .	102	102	108	73
Mitte . .	95	95	107	70
Ausgang .	85	101	100	75

Während also bei Kretinismus und bei Chondrodystrophie der sagittale Durchmesser der Beckenmitte (infolge einer tiefen Aushöhlung des Kreuzbeins) größer ist als die beiden anderen, nimmt er bei Rachitis vom Eingang bis zum Ausgang gleichmäßig zu.

27. Der Querdurchmesser ist bei den Kretinen sehr gering, nämlich bei zwölf Individuen (wovon erst noch mindestens neun weiblichen Geschlechts!) im Mittel nur 85,5 (65—110) mm; sogar bei den beiden chondrodystrophischen Zwergen ist dieses Maß absolut größer, nämlich 96 bzw. 106 mm. Es beweist dies aufs neue die abnorm schmale, d. h. primitive Form des Kretinenbeckens; für Vergleichszahlen sei auf S. 1008 des Lehrbuchs verwiesen. Bei allen untersuchten Kretinen ist individuell die Ausgangsbreite geringer als die Eingangsbreite, während sowohl bei Rachitis, wie auch bei Chondrodystrophie, nicht minder auch bei Athyreose und beim kindlichen Kretin oft genug das Gegenteil zutrifft. Die Breite der Beckenmitte scheint bei Chondrodystrophie und bei Athyreose kleiner zu sein, als im Eingang und im Ausgang; nach FRANGENHEIM wird dies auch bei Rachitis beobachtet und auf Druck der Oberschenkelköpfe zurückgeführt, ebenso und zwar in typischer Weise bei dem osteomalazischen Becken mit dem kleeblattförmigen Lumen.

Aus den Maßen des Beckenausgangs lassen sich folgende Indizes berechnen:

a) Der Transversalindex nach GARSON (Ausgangsquerdurchmesser in Prozenten des Eingangsquerdurchmessers) schwankt bei Kretinen von 71,4 bis 97,7 (Mittel 83,5), bei Rachitis von 81,0—106,4 (Mittel 94,3), bei Chondrodystrophie ist er 96,0 bzw. 101,9 und bei dem Athyreosefall ist er 102,7; im Verein mit den Zahlen von MARTIN ergibt sich folgende Reihe:

Kretinen	83,4
Feuerländer	85,7
Europäer	87
Australier	89
Andamanen	90
Rachitis	94,3
Chondrodystrophie	99
Athyreose	102,7

Niedriger Index bedeutet eine stärkere Schrägstellung der Darmbeinschaufeln, ist also nicht primitiv, sondern echt menschlich.

b) Der Index der Beckenenge ist allgemein ziemlich höher als der folgende, aber im übrigen wohl ohne Interesse; Vergleichsmaterial ist wenig vorhanden, lediglich die Angabe im Lehrbuch, daß die Beckenenge beim Europäer am breitesten zu sein scheine (vgl. Tabelle Lehrbuch S. 1008).

c) Der Beckenausgangsindex bietet folgende Werte dar:

	Minimum	Maximum	Mittel
Feuerländer	—	—	110,6
Andamanen	—	—	108,1
Australier	—	—	102,6
Europäer	—	—	100,0
Kretinen	94,4	130,7	103,5
Rachitis	70,2	129,4	98,4
Athyreose	—	—	93,3
Chondrodystrophie	61,3	79,2	70,2

Die primitive Stellung der Kretinen und deren Gegensatz zu den übrigen pathologischen Typen ist in diesem Index deutlich ausgesprochen. Graz 201 (Kind!) hatte den Index 100.

Vergleicht man die Form des Beckenausgangs mit dem Eingang, so kann man in Anlehnung an das Lehrbuch S. 1015 folgende Typen unterscheiden:

	Eingang	Ausgang
Kind (Graz 201)	längsoval	rund
Athyreose	rundlich, längs	queroval
Andamanen	rundlich, herzförmig	längsoval
Australier	rundlich, quer	rundlich, längs
Japaner	queroval rundlich	rundlich
Feuerländer	schwach queroval	längsoval
Kretinen	schwach queroval	schwach längsoval
Europäer	queroval	rund
Rachitis	extrem queroval	rundlich, quer
Chondrodystrophie	extrem queroval	extrem queroval

In dieser Tabelle sind die Gruppen nach abnehmendem Beckeneingangsindex geordnet; die primitive Stellung der Kretinen ist unverkennbar.

III. Das Kreuzbein.

Man kann schließlich darüber streiten, ob das Sakrum ein Teil der Wirbelsäule oder nicht vielmehr wenigstens beim Menschen ein Teil des Beckens sei; aus praktischen Gründen sehe ich mich veranlaßt, das wenige, was ich über diesen Knochen bringen kann, hier beim Becken vorzubringen. Ich verfüge über Länge, Breite und Bogentiefe bei vier Kretinen, drei rachitischen Kretinen und zwei Fällen von Chondrodystrophie. Außerdem konnte ich nachträglich an dem montierten Kretinenskelett der Berner Sammlung einige Détails nachmessen; darüber siehe unten.

Os sacrum	Länge	Breite	Bogentiefe	L.-Br.-Index $\dfrac{\text{Breite }(5)\times100}{\text{Länge }(2)}$	Sehnen-Index $\dfrac{\text{Tiefe }(6)\times100}{\text{Länge }(2)}$
	2	5	6		
1910. 343	105	87	20	82,9	19,0
5390	110	98	34	90,0	30,0
518	82	116	50	141,4	61,0
Mittel ♂	*99*	*100*	*35*	*99,0*	*35,0*
♀ 3235	115	93	38	80,9	33,0
1358	103	80	45	77,7	43,7
4028	100	102	40	102,0	40,0
569	118	95	39	80,5	33,0
2668	(87)	8o	(48)	92,0	55,2
3344	92	88	52	96,7	56,5

2. Die Länge fand ich am größten bei den rachitischen Individuen (100 bis 118, im Mittel 107 mm), am geringsten bei der Chondrodystrophie (87 und 92 mm) und relativ recht beträchtlich bei den Kretinen, nämlich im Mittel 103 (82—115) mm. Mit 103 mm ist das Kretinenkreuzbein fast genau gleich lang, wie beim normalen Europäer (105 beim Mann, 101 beim Weib). Ein langes, schmales und wenig gewölbtes Kreuzbein ist bekanntlich für die Anthropoiden charakteristisch.

5. Die obere Breite fand ich bei allen drei Typen im Mittel geringer als die Länge; am größten ist die Differenz bei der Rachitis, wo die Breite nur 92 (80—102) mm erreicht. Bei den Kretinen fand ich im Mittel 98,5 (87—116) und bei den zwei Fällen von Chondrodystrophie einmal 80 und einmal 88 mm. Bleibt die Breite hinter der Länge zurück, so nennt man solche Becken dolichohierisch; es ist dies laut Lehrbuch nur bei männlichen Negern, Buschleuten und Andamanen der Fall und es äußert sich dieses Verhältnis in einem Längenbreitenindex von weniger als 100. Soviel sich bei dem wenig zahlreichen Material beurteilen läßt, verhalten sich alle drei Typen, über welche sich meine Untersuchungen erstreckten, in diesem Merkmal übereinstimmend und es war der Index bei

Kretinismus . . . . . 98,8 (82,9 bis 141,4)
Chondrodystrophie . . 94,3 (92,0 „ 96,7)
Rachitis . . . . 86,7 (77,7 „ 102,0)

Während der Index bei Rachitis sich durch seinen extrem niedrigen Wert deutlich genug von allen Rassenmitteln abhebt und dadurch als pathologisch kennzeichnet, so stehe ich nicht an, den weniger extremen, aber doch deutlich dolichohierischen Index bei Kretinismus und Chondrodystrophie für ein primitives Merkmal auszugeben. Ein sexueller Unterschied besteht in diesem Merkmal an meinem Material nicht.

6. Die Tiefe der Kreuzbeinaushöhlung habe ich bei den Kretinen im Mittel zu 35,5 (20—50) mm bestimmt, bei Rachitis zu 41 (39—45) und bei Chondrodystrophie zu etwa 50; alles dies sind sehr hohe Zahlen, nennt doch das Lehrbuch für Europäer nur 25 und für Neger gar bloß 14 mm als Mittelzahlen. Vielleicht liegt meinerseits ein Irrtum vor, doch ist das Maß ja eines derjenigen, welche leicht zu definieren und zu nehmen sind. Jedenfalls scheint die Krümmung, ausgedrückt im Sehnenhöhenindex, sehr groß zu sein; der Index ist bei

Kretinismus . . . . . 35,8 (19,0 bis 61,0)
Rachitis . . . . 38,9 (33,0 „ 43,7)
Chondrodystrophie . . 55,8 (55,2 „ 56,5)!

Für exotische Völkerschaften gibt das Lehrbuch den Index auf etwa 18—21 und beim Kulturmenschen zu 23,6 an. Auch BREUS und KOLISKO betonen die starke ventrale Konkavität des kretinischen Kreuzbeins.

Anhangsweise und als Anregung zu weiteren Untersuchungen in gleicher Richtung will ich nun noch einige Einzelheiten mitteilen, die ich am Kreuzbein von 1910. 343 erheben konnte. — Dieses Objekt hat eine obere (Nr. 5) Breite von 89, eine mittlere (Nr. 9) von 69 und eine untere (Nr. 10) Breite von 58 mm; daraus berechnet sich ein oberer Breitenindex von 77,5. ein mittlerer von 84,0 und ein ganzer von 65,1. Dieses Kreuzbein ist also in seinem distalen

		I.	II.	III.	IV.	V.		K.Gr.	%
Alle Kert.	Index $\dfrac{\text{vord. Höhe} \times 100}{\text{Breite}}$	59,1	61,1	63,6	60,4	56,5			
2668	Index	44,4	45,0	41,4	45,8	63,4			
2668	Breite	36	40	41	41,5	41			
5390	Index	56,7	64,0	63,2	67,5	62,2			
5390	Breite	37	36	38	40	45			
3235	Index	71,8	70,0	75,6	73,0	61,2			
3235	Breite	32	33	33	35	40			
4023	Index	62,8	60,5	62,2	60,0	53,8			
4023	Breite	43	43	45	47	52			
1910. 343	$\dfrac{\text{vord. Höhe} \times 100}{\text{Breite}}$	45,2	50,0	53,6	51,2	48,8			
1910. 343	Breite	42	40	39	43	45			
Bern	vordere Höhe	19	20	21	22	22	104	1385	7,5
Alle Kret.	Index $\dfrac{H \times 100}{v}$	104,2	109,8	94,8	87,0	77,0	92,6		
Alle Kret.	Höhe hinten	74	78	73	65	(62)	352		
Alle Kret.	Höhe vorn	71	71	77	80,5	80,5	380		
2668	Index $\dfrac{H \times 100}{v}$	156,4	133,3	141,2	105,2	76,9	117,7		
2668	Höhe hinten	25	24	24	20	20	113		
2668	Höhe vorn	16	18	17	19	26	96	(1000)	(9,6)
5390	Index $\dfrac{H \times 100}{v}$	109,5	108,7	104,2	81,5	75,0	94,6		
5390	Höhe hinten	23	25	25	22	21	116		
5390	Höhe vorn	21	23	24	27	28	123	1470	8,4
3.35	Index $\dfrac{H \times 100}{v}$	100,0	109,1	88,0	70,7	69,4	86,6		
3.35	Höhe hinten	23	24	22	18	17	104		
3.35	Höhe vorn	23	22	25	25,5	24,5	120	1340	9,0
4028	Index $\dfrac{H \times 100}{v}$	103,7	111,5	92,8	89,2	(82,1)	96,3		
4028	Höhe hinten	28	29	26	25	(24)	132		
4028	Höhe vorn	27	26	28	28	28	137	1420	9,6
Lumbalwirbel		I.	II.	III.	IV.	V.		K.Gr.	%

Teil recht breit und bietet im ganzen eine wenig konvergierende Form dar, es verhält sich also etwa wie das des Negers oder des Orang.

Die Aushöhlung scheint mit 22 mm normal zu sein (also ein echt europäisches Verhalten); dem entspricht ein geringer Bogensehnenindex von nur 88,6, ein wenig hoher Sehnenhöhenindex von 19,0, und der nur bescheidene Höhenlageindex von 55,9 deutet auf eine mehr kranialwärts befindliche Lage der größten Krümmungshöhe, ist also ebenfalls echt europäisch.

Auf Hypo-, Homo- oder Hyperbasalität wurde leider nicht geachtet. — Die Facies auricularis war bei dem Berner Objekt rechts 55 zu 34 (Index 61,8), links 52 zu 33 (Index 63,4), also wiederum von spezifisch europäischer hoher Breite; den zwischen ihnen einge-schlossenen Gelenkflächenwinkel habe ich nicht gemessen, dagegen finde ich den Promontoriumwinkel zu 70° (also wie bei Schweizersbild; normale Europäer haben etwa 62°). Die Form der Basis ist 31 zu 52 (Index 60,0), also nur wenig rundlicher als beim normalen Europäer.

IV. Die Lendenwirbelsäule.

Ehrliche Bewunderung für die klassische Monographie von CUNNINGHAM (413) über „the Lumbar Curve in Man and the Apes" hat mich zu dem Versuch bewogen, die von dem berühmten irischen Gelehrten aufgefundenen Verhältnisse an den Kretinen soweit möglich nachzuprüfen. Es ergaben sich aber unvorhergesehene große Schwierigkeiten. So glaubte ich vor allem die skoliotischen Individuen für diese Messungen außer acht lassen zu sollen, denn durch die Skoliose sind die natürlichen Proportionen stark alteriert. — Eine weitere, fast unüberwindliche

Schwierigkeit bot die Festsetzung der „hinteren Höhe" der Wirbelkörper
(Maß 2); einwandfrei ist dieses Maß wohl überhaupt nur am mazerierten und
isolierten Wirbel zu messen, allenfalls noch an der in der Mediansagittalebene aufgesägten Wirbelsäule. In dieser Weise vorbereitet war aber nur
Graz 5390; die weiterhin auch noch verwendeten Objekte (Graz 3235, 4028,
2668) boten der Messung erhebliche Hindernisse. Man mußte versuchen, die
gegeneinander gebogenen Spitzen eines gewöhnlichen Zirkels durch die Fora-
mina intervertebralia einzuführen und so die hintere Höhe zu messen. Ich gebe
zu, daß diese Technik nicht allen Ansprüchen genügen kann; aber es fehlte
mir an Zeit, alle zur Verfügung stehenden Wirbelsäulen aufzusägen, und ich
mußte mich überdies hüten, fremdes Eigentum zu beschädigen. Ich kann also
auch hier nur wiederholen, was ich so oft in dieser Arbeit sagen mußte: möge
meine Arbeit für andere der Ansporn zu neuen, besseren Untersuchungen sein,
und mögen andere aus meinen Fehlern und Irrtümern lernen, wie man es besser
macht.

Die Totallänge der Lendenwirbelsäule finde ich bei vier Kretinen im
Mittel zu etwa 121 (104—137) mm, bei einem Fall von Chondrodystrophie
zu 96 mm; es ist dieses Maß durch Addition der „vorderen Länge" der einzelnen
Lendenwirbelkörper ohne Bandscheiben erhalten worden. Im Vergleich mit
normalen Zahlen, z. B. mit den doch erheblich größeren Japanern, scheint
dieses Maß eine Lendenwirbelsäule von ansehnlicher Länge zu bedeuten. In Prozenten der Körpergröße des Lebenden beträgt die Lendenwirbelsäule bei den
Kretinen etwa 8,6, wobei aber zu bedenken ist, daß die Körpergröße der fraglichen
Kretinen nicht genau genug bekannt ist. Man kann folgende Reihe bilden:

	Körpergröße	Lendenwirbel-säule	%
Bern Skelett	1385	104	7,5[1]
Graz 5390	1470	123	8,4
„ 3235	1340	120	9,0
„ 4028	1420	137	9,6
Europäer ♂ und ♀ . . .	1650	143,6	8,7
„ ♀	1550	138,8	8,9
Japaner ♂	1590	132,1	8,3
„ ♀	1470	125,7	8,5
Senoi ♂	1520?	105	7,0
„ ♀	1420	111	7,7

[1] Stoccada (41) schreibt den Kretinenabnorm kurze Wirbelkörper zu und stützt
diese Behauptung auf zwei Fälle, wovon der eine das auch von mir verwertete Berner
Sammlungsobjekt 1910. 343 ist. Ein Vergleich dieses Berner Kretins mit den drei
Grazern meiner Zusammenstellung zeigt aber, daß der Berner in diesem Punkt nicht
wohl als Paradigma dienen kann; die drei von mir untersuchten Grazer haben im Gegenteil abnorm lange (oder hohe) Wirbelkörper. Die Erklärung liegt wohl darin, daß 1910.343.
grazil, die Grazer aber Vertreter des massiven Typus sind. Wenn ferner Stoccada
(S. 302 oben) die geringe Körperlänge der Kretinen auf eine Wachstumshemmung der
Wirbelsäule bezieht, so glaube ich dies als eine irrige Auffassung bezeichnen zu müssen;
der kretinische Zwergwuchs dürfte eher durch abnorme Kürze der untern Extremitäten
zu erklären sein.

Die Vergleichszahlen sind dem Lehrbuch entnommen (S. 213 ff., 960). Ein hoher, gleichsam stabförmiger Lendenwirbelkörper ist nach Angabe des Lehrbuchs für die Simier charakteristisch und findet sich allgemein auch beim weiblichen Geschlecht; weiteres darüber siehe beim Breitenhöhenindex, welcher ebenfalls bei den Kretinen abnorm hoch ist.

1. Die vordere Höhe der einzelnen Wirbelkörper schwankt bei den drei Grazern (der Berner weist viel geringere Zahlen auf!) von 21—28 mm; nicht viel höhere Zahlen, nämlich 25—30, finden sich beim normalen, hochgewachsenen Europäer. Die Höhe nimmt von oben nach unten zu, in zwei von vier Fällen ist aber der erste Lendenwirbel höher als der zweite und einmal ist der vierte höher als der fünfte. Eine bedeutende Differenz zwischen dem ersten und fünften Lendenwirbel und eine nach unten rasch zunehmende vordere Höhe, wie solche für Gorilla angegeben wird, findet sich in ähnlicher Weise auch bei Graz 5390 und bei dem Chondrodystrophiemenschen Graz 2668. Beim normalen Europäer ist die Differenz in der Regel nicht höher als 3—4 mm, ebenso bei den meisten Kretinen.

2. Die hintere Höhe schwankt von 17—29 mm und nimmt von oben nach unten ab; die größte Höhe findet sich aber nicht am ersten, sondern anscheinend regelmäßig am zweiten Lendenwirbel; Vergleichsmaterial habe ich nirgends gefunden.

Der vertikale Lumbarindex der einzelnen Wirbelkörper nimmt beim normalen Europäer vom ersten bis zum fünften regelmäßig ab und ist nur bei den zwei oder drei obersten Lendenwirbeln größer als 100. Bei den niederen Rassen hat nur der fünfte Lendenwirbel einen Index unter 100 und ist der Index des zweiten und dritten fast gleich hoch; bei den Affen nehmen zwar die Mittelzahlen ebenfalls regelmäßig von oben nach unten ab, die Individualzahlen sind aber recht unregelmäßig verteilt. Der Wirbel, dessen Index 100 am nächsten kommt, ist bei der Frau in Europa der zweite, beim Mann der dritte, beim Andamanen der vierte und beim Gorilla der fünfte Lendenwirbel.

Bei den drei Kretinen, welche für diese Untersuchung in Betracht fallen, scheinen nun alle Indexwerte überhaupt ziemlich niedrig zu sein. Das Maximum fällt nicht auf den ersten, sondern auf den zweiten Lendenwirbel; es kann sich da um einen Zufall handeln, es kann aber auch ein gesetzmäßiges Verhalten vorliegen, wie es z. B. nach Tafel I A bei CUNNINGHAM für Orang typisch zu sein scheint. Auffallend ist ferner der abnorm niedere Index der beiden untersten Lendenwirbel, woraus jedenfalls auf eine erhebliche Lendenlordose geschlossen werden darf. Der „lumbale Übergangspunkt" liegt hoch, nämlich zwischen dem zweiten und dritten (einmal zwischen diesem und dem vierten) Lendenwirbel, zeigt also ein typisch europäisches Verhalten. Ein primitives Verhalten wäre eher bei der Chondrodystrophie anzunehmen, wo bloß der fünfte Index unter 100 liegt; es sind aber alle Werte bei diesem Fall ganz exzeptionell, wie sie sonst nirgends beobachtet werden (156 für den ersten, 77 für den fünften Lendenwirbel!); die Lordose solcher Zwerge ist bekannt genug.

Der vertikale Index der fünf Lendenwirbel insgesamt ist im Mittel bei den fraglichen drei Kretinen 92,6 (86,6—96,3), somit niedriger als bei irgendwelcher

Menschenrasse. Die Kretinen sind also extrem kurtorachisch; erinnern wir
uns, daß verschiedene Autoren ihnen eine auffallend starke Beckenneigung
und weit nach hinten gerichteten Steiß zuschreiben (vgl. Einleitung zu diesem
Abschnitt). Gerade entgegengesetzt finden wir bei Chondrodystrophie einen
exzessiv koilorachischen Index von 117,7; die Rassenmittel schwanken laut
Lehrbuch von 95,6 beim Europäer bis zu 106 beim Australier.

Über den Krümmungsindex der Lendenwirbelsäule bei den Kretinen kann
ich nichts sicheres aussagen; ich habe aber, wie schon angetönt, Grund zu der
Vermutung, daß die Kretinen eine beträchtliche Lordose darbieten. Das wäre
dann ein prinzipiell ziemlich wichtiger Gegensatz zum Neugeborenen, bei welchem
die Lendenkrümmung noch ganz fehlt und der vertikale Lumbarindex etwa
100 ist; jedenfalls kann in diesem Betracht ein infantiles Verhalten bei den
Kretinen nicht angenommen werden.

9. Die Breite der Lendenwirbelkörper zeigt auch bei den Kretinen die
typische Zunahme von oben nach unten, die geringste Breite findet sich aber
in zwei Fällen nicht am ersten, sondern am zweiten Lendenwirbel. Es finden
sich Breiten von 32—40 (weiblich! 3235) neben solchen von 43—52 mm, und
Differenzen von 6—9 mm.

Der Breitenhöhenindex liegt bei dem Berner Skelett um 50, also in
normaler Lage; bei den drei Grazern aber finde ich ihn viel höher, in zwei Fällen
um 60 und in einem Fall gar über 70. Es bedeutet dies zweifellos hohe und
relativ schmale Lendenwirbelkörper, somit ein primitives Verhalten. Den
niedrigsten Index finde ich bald am ersten, bald am letzten Lendenwirbel,
den größten Index meistens am dritten, welcher also in der Regel der längste
(höchste) ist. Auch hierin verhält sich der eine untersuchte Fall von Chondrodystrophie gegensätzlich: bei ihm hat der mittlere Wirbel den niedrigsten und
der unterste den höchsten Index. Nach KLAATSCH (438, 524) liegt der Index
bei den Anthropomorphen durchwegs über 60, bei den Hominiden meist um 50,
selten unter 40 und selten über 60 (Australier!). Auch scheinen nach Angabe
des Lehrbuchs die Indizes der einzelnen Lendenwirbel unter sich nicht so große
Differenzen aufzuweisen, wie bei den Kretinen.

<h3 style="text-align:center">Rekapitulation.</h3>

Die Bedeutung des Beckens für die Rassenanatomie ist ähnlich zu bewerten, wie diejenige des Schädels; am Schädel machen sich sekundäre Einflüsse (Gehirnentwicklung, veränderte Kopfhaltung, Kauakt, Sprache) störend
bemerkbar, und auf die rassenmäßig bedingte Gestalt des Beckens hat beim
weiblichen Geschlecht das Fortpflanzungsgeschäft einen spürbaren Einfluß.
Es wäre daher besser, der rassenanatomischen Vergleichung nur männliche
Becken zugrunde zu legen; bisher hat man aber in der Hauptsache die pathologischen Beckenformen an weiblichen Objekten studiert, da sich in erster
Linie die Geburtshelfer aus praktischen Rücksichten diesen Untersuchungen
zuwandten.

Immerhin glaube ich soviel mit Sicherheit sagen zu dürfen, daß das Becken
der Kretinen von den übrigen pathologischen Becken leicht genug zu trennen
und daß es durch eine Reihe primitiver Merkmale ausgezeichnet ist. Zusammenfassend sei folgendes hervorgehoben:

I. Das kretinische Becken ist in den allermeisten Maßen absolut recht klein dimensioniert; einzig die Höhe sowie der äußere Durchmesser sind relativ groß zu nennen. Auffallend klein sind alle Breitendurchmesser, und darum sind die Indexwerte des Eingangs und des Ausgangs, wie auch der Breitenhöhenindex größer als normal. Eine besondere Steilheit der Schaufeln habe ich nicht nachweisen können; der Angulus pubis dürfte eng und der Beckenneigungswinkel groß genannt werden. Die Form des Eingangs ist schwach queroval (und anscheinend oft assymmetrisch), der Ausgang ist deutlich, wenn auch nur schwach längsoval. Als primitive Merkmale kommen, zum Teil allerdings nur in einzelnen Fällen, in Betracht: ziemlich große Höhe; Schmalheit; Eingangs- und Ausgangsindex; langes, schmales Sakrum; beträchtliche Länge der Lendenwirbelsäule im ganzen; großer Breitenhöhenindex der Lendenwirbel; vertikaler Lumbalindex des zweiten Lendenwirbels. Anderseits unterscheidet sich das Kretinenbecken von den fossilen und exotischen Primitiven durch seine nicht steil gestellten Schaufeln und durch sein stark ausgehöhltes Kreuzbein. — Nur der Vollständigkeit halber sei die meist unvollkommene Ossifikation des Kretinenbeckens erwähnt.

II. Das rachitische Becken ist so bekannt, daß ich mich hier mit einigen summarischen Bemerkungen begnügen kann. Es unterscheidet sich von dem kretinischen vor allem durch seine Breite; seine Schaufeln klaffen vorn weit auseinander, hinten sind sie sich genähert. Ebenso typisch wie diese Außenrotation des Schaufeln ist die Abknickung des Kreuzbeins nach hinten und der Tiefstand des Promontoriums, wozu bei schweren Fällen (Osteomalacie!) der Einbruch in der Pfannenregion kommt (geringe Breite der Beckenmitte). Der äußere Durchmesser ist stark verkürzt, der Angulus pubis sehr weit.

III. Das chondrodystrophische Becken kann ich ebenfalls (unter Verweisung auf das, was ich beim Beckeneingangsindex darüber gesagt habe) hier kurz abtun. Es ist (wie das rachitische) durch extreme Breite nicht allein des Eingangs, sondern sogar des Ausgangs gekennzeichnet. Das Kreuzbein ist kurz und schmal, aber tief ausgehöhlt, der Angulus pubis sehr weit; die Lendenwirbelkörper sind maximal koilorachisch und einzig der fünfte ist vorn höher als hinten. Die geringe Höhe im Verein mit der großen Breite (und der starken Querspannung) verleiht dem chondrodystrophischen Becken ein überaus typisches Aussehen.

IV. Das athyreotische Becken auf Grund nur eines einzigen und dazu noch unsicheren und ungenügend bekannten Falles charakterisieren zu wollen, mag gewagt erscheinen. Es darf vielleicht mit dem des Neugeborenen verglichen werden. Sein Eingang war im vorliegenden Fall längs und sein Ausgang queroval; alle Dimensionen waren sehr eng bemessen, außerdem zeichnete es sich durch Schiefstand und Assymmetrie aus, wohl auch durch unvollständige Verknöcherung.

Skelett der unteren Extremität.
Femur[1]).
Dazu Tafel III und IV sowie Tabellen auf S. 222/223, 230/231.

A. Längenmaße und Diaphyse.

1. Die größte Länge mißt bei meinen Kretinen im Mittel 357,2 mm (Minimum 314, Maximum 438). Von 10 Paar Oberschenkeln war sechsmal der linke, dreimal der rechte etwas länger und einmal fand ich beide gleich; die Differenz war meistens nur gering, im Maximum 8 mm. Für Bayern ist die Differenz im Mittel 29 mm. Es ergab sich für links eine mittlere Länge von 352,4; für rechts 351,2 mm. Soweit das Geschlecht der Skelette bekannt ist, findet sich bei ♀ eine größte Länge von etwa 327 mm (320 bis 339), bei ♂ dagegen 327 bis 438 mm, im Mittel 374; für die Männer vom massiven Typus 391, für die grazilen 341.

Das sind sehr niedrige Werte; noch kürzer ist aber das Femur bei Athyreose (etwa 311 mm) und bei Rachitis (etwa 298 mm), am allerkleinsten (wie nicht anders zu erwarten) bei der Chondrodystrophie (nämlich kaum 190 mm bei zwei sichern Fällen). Die Pygmäen erreichen etwa 377, also gleichviel wie die männlichen Kretinen, die paläolithischen Menschen noch bedeutendere Längen (A etwa 425, N etwa 440 mm). Um auch moderne Primitive zu berücksichtigen, so findet sich

bei Wedda   ♂ 440,6   ♀ 375,7 (nach SARASIN)
bei Feuerland ♂ 441,3   ♀ 390,8 (nach MARTIN).

Alle diese Typen rangieren noch merklich hinter dem 13jährigen Knaben meiner Sammlung.

2. Die ganze Länge in natürlicher Stellung ist nur 5 mm kleiner als die größte Länge, und verhält sich betr. bilaterale Symmetrie und sexuelle Differenz ganz analog (vgl. Tabelle). Auch für pathologische und primitive Zustände gilt hier das sub. 1. Gesagte.

3. Die größte Trochanterlänge[2]) ist fast genau gleich wie die ganze Länge mit ähnlicher Stufenleiter, aber mit der Ausnahme, daß bei Rachitis und Chondrodystrophie dieses Maß größer sogar als die „größte" Länge angetroffen wird. Die der Rachitis verdächtigen Fälle Graz Nr. 1358, 2334 verhalten sich ebenso. Ich kann hier auf das bei der Tuberkularlänge des Humerus Gesagte verweisen; Trochanteren und Tuberkula, welche alle gleicherweise den Rotatoren als Ansatz dienen, entsprechen sich bis in alle Einzelheiten. Eine monströse Form bedeutet es, wenn wie bei Nr. 1358, 3842 und 2668 sogar in natürlicher Stellung die Trochanterlänge die größte Länge noch übertrifft. Es muß jedoch festgehalten werden, daß bei Kretinen überhaupt die Differenz der

---

[1]) Zur Messung konnten 28 Oberschenkel von Kretinen verwendet werden, darunter 10 Paare; 4 Paare weisen jedoch so erhebliche Spuren von Rachitis auf, daß sie besser beiseite zu lassen sind. 7 Paare stammen aus Graz, alle übrigen (3 Paare und 8 einzelne Femora) aus Bern. Zur Berechnung der männlichen und weiblichen Mittelzahlen kamen nur die reinen Fälle in Frage und darunter als besonders. charakteristisch 9 Femoren von massiven Typen.

[2]) Bei hochgradiger Rachitis ist es nicht die Entfernung des Troch. maj. vom Cond. int., sondern vom Cond. ext.

Femur	Größte Länge (1)	Ganze Länge in natürl. Stellung (2)	Größte Trochanterlänge (3)	Diaphysenlänge in natürl. Stellung (4)	dito (5)	D. sagittalis (6)	D. transversus (7)	Umfang (8)	Pilaster-Index (6)×100/(7)	(8)×100/(5)	(8)×100/(2)	(6+7)×100/(2)	Transversal	Sehne S	Höhe H	(H)×100/(S)	D. transvers. sup. (9)	D. sagitt. sup. (10)	J. platymericus (10)×100/(9)	D. sag. inf. (min.) (11)	D. transvers. inf. (12)	J. popliteus (11)×100/(12)	J. sagittalis (11)×100/(6)	J. transversus (12)×100/(7)
♂ 1894. 345 r.	437	435	419	413	330	26	26	81	100,0	18,6	24,5	11,9	fast 0	220	3	1,4	31,4	25,5	81,2	35	56	62,5	134,6	215,4
l.	438	436	423	415	332	27	30	91	90,0	20,9	27,6	13,1	fast 0	180	3	1,7	37,1	27,3	73,6	24	49	49,0	88,8	130,0
1914. 93 r.	373	367	361	348	277	25	20,5	78	120,9	21,3	28,2	12,4	valg.?	205	5	2,4	31,1	23,6	75,9	26	44	59,1	104,0	214,5
1916. 67 r.	374	368	360	358	287	88	23,6	81	118,6	22,0	28,2	14,0	fast 0	254	10	4,0	24,5	25	102,0	28	39	70,9	96,4	165,2
1906. 353 l.	370	364	359	346	273	21	24	69	87,5	18,9	25,3	12,4	fast 0	210	4,5	2,1	24,4	25	101,6	31	56	55,4	147,6	233,3
5390 r.	398	393	389	378	318	23	25	75	92,0	19,1	23,6	12,2	fast 0	231	3	1,3	23	35	152,2	36	48	75,0	156,5	192,0
l.	403	397	395	383	322	23	23,5	72	97,9	18,1	22,3	11,7	fast 0	fast 0			25	34	136,0	33	48	68,7	143,5	204,3
518 r.	370	362	357	352	281	23	21	71	109,5	19,1	25,2	12,1	leicht valg.	215	6	2,8	31	23	72,4	28	45	62,2	121,7	214,3
l.	363	359	354	348	287	23	23	73	100,0	20,2	25,9	12,8	fast 0	209	4	1,9	30	22	73,3	30	44	68,2	130,5	191,3
Alle massiven	391	387	380	371	299	24,3	24,1	77	101,1	19,9	25,7	12,5	—	216	5	1,8	28,6	26,7	93,3	30	47,6	63,4	124,9	195,6
1910. 343 r.	355	350	352	341	280	26	18	68	144,4	19,4	24,3	12,0	leicht valg.	220	5	2,3	25	21,6	86,4	31	44	70,5	119,2	244,4
l.	350	342	346	332	275	24	17	66	141,2	19,3	24,0	11,9	dito	211	4,5	2,1	25,3	23,8	94,1	25	39	64,1	104,1	229,4
1895. 160 r.	327	316	325	322	260	21,3	18,7	64	113,9	20,2	24,5	12,6	0	(158)	2	1,2	25,4	21,5	84,6	26	48	54,7	123,5	256,7
1913. 141 r.	344	339	344	331	274	22	20	67	110,0	19,7	24,4	12,4	0	?	?	?	23,6	21,3	90,2	26	46	56,5	118,2	230,0
1915. 297 l.	330	328	322	314	251	26	19	68	136,8	20,7	26,5	13,7	0	(160)	2	1,2	24	22,6	94,4	28	48	58,0	107,0	252,6
alle grazilen ♂	341	335	338	328	268	24	18,5	66,5	129,3	19,7	24,8	12,5	—	—	—	1,7	24,4	22,2	90,0	27	45	60,8	114,5	242,6
alle ♂	374	368	364,7	356	289	24,1	22,1	71,7	109,0	19,8	24,9	12,5	—	—	—	1,8	26,8	25,2	92,2	29	47	61,8	120,5	214,4
♀ 3235 r.	325	323	311	303	250	22	20	66	110,0	20,4	26,4	13,0	0	218	3	1,4	24	20	83,4	24	46	52,3	109,1	230,0
l.	326	322	311	303	250	24	19	67	126,3	20,8	26,8	13,4	0	198	3	1,5	25	21	84,0	25	46	54,4	104,2	242,1
4595 r.	320	319	310	305	246	20	18	60	111,1	18,7	24,4	11,9	0	182	3	1,7	17	27	160,0	27	41	65,8	135,0	227,7
l.	328	325	316	308	254	20	18	59	111,1	18,1	23,2	11,7	0	188	3	1,6	19	31	163,1	27	42	64,3	135,0	233,3
1913. 33 l.	—	—	—	—	269	22	18	66	122,2	—	24,5	—	fast 0	200	4,5	2,2	19	28	147,4	28	37	75,6	127,3	205,5
1917. 212 r.	339	333	328	316	251	21,6	17,6	60	122,8	18,0	23,9	11,8	leicht valg.	206	7	3,5	28,7	20	69,4	24,3 (36)	67,5		112,5	204,5
alle ♀	327	324	315	307	253	21,6	18,4	63	117,2	19,4	24,9	12,3	—	—	—	2,0	22	24	117,8	26	43	60,4	120,4	233,8
♂ 1903. 278 r.	312	309	305	298	234	25	17	58	147,0	18,5	23,2	13,4	oben var. unten valg.	200	9	4,5	19,4	23,6	121,6	27	45	60,0	108,0	264,7
l.	314	313	309	304	250	25	16	68	156,2	22,0	29,0	13,3	leicht varus	200	9	4,5	20	21,8	109,0	24	44	59,8	96,0	275,0
♂ 1358 r.	350	344	368	358	292	31	22	84	140,9	24,4	28,8	15,4	varus	241	14	5,8	24	30	125,0	30	47	63,8	96,8	213,3
l.	350	348	368	365	298	30	23	84	130,4	24,1	28,2	15,2	varus	245	10	4,4	27	31	115,0	31	48	64,6	103,3	208,7
♂ 2334 r.	400	388	400	383	326	22	20	69	110,0	17,7	21,2	10,8	monströs	260	3	1,2	27	22	81,5	31	57	54,4	140,9	285,0
l.	397	387	398	382	325	24	23	75	104,4	19,4	23,1	12,1	valgus	?	?	—	27	24	88,8	32	54	59,3	133,3	235,5

?	4028	r.	(335)	(333)	332	325	255	24	22	72	109,0	21,6	28,2	13,8	fast 0	?	?	—	32	22	68,7	26	42	61,9	108,4	190,9
		l.	338	336	332	327	255	25	22	75	113,7	22,3	29,4	14,0	fast 0	203	3,5	1,7	33	23	69,7	28	43	65,1	112,0	195,5
	Alle Kretinen		358	353	351	343	279	24	20,8	71,1	115,2	20,2	25,4	12,7	—	—	—	2,4	—	—	—	—	—	—	—	—
	Neonat		101	100	99	97	73	6	7	20	85,7	20,0	27,4	13,0	o	72	—2	—3	11	8,7	79,1	9,7	21	46,2	161,6	300,0
♀	1886. 42	l.	—	—	(116)	—	67,5	schräg >10							o	o	o	o	—	—	—	—	—	—	—	—
♂	201a	r.	162	—	—	—	120	11	10	32	110,0	19,7	26,6	12,9	o	ca. 120	8—10	ca. 7	13	16	123,1	11	26	42,3	100,0	260,0
		l.	163	—	—	—	121	11	10	33	110,0	20,2	27,3	12,8	o				13	15	115,3	10	23	43,5	90,9	230,0
♂	*) 28	r.	313	311	296	292	250	14	10	34	140,0	10,9	13,6	7,7	ganz leicht	200	9	4,5	12	12	116,6	17	36	47,1	121,4	360,0
	*) 28	l.	316	316	297	295	250	14	12	41	116,6	13,0	16,4	8,2	varus	220	8	3,6	14	15	107,1	19	33	57,6	135,7	275,0
♂	*) Bourneville		250	242	249	—	—	19,5	17	58	114,7	23,9	—	15,1	—	—	—	—	23	16	69,5	—	—	—	—	—
	*) 1915. 299	r.	341	340	337	331	257	18	22,3	62	80,7	18,3	24,1	11,9	varus	190	3,4	1,8	30	21,5	71,6	26	(40)	65,0	144,4	180,0
	1918. 49	r.	211	206	212	202	146	19	12	49	158,3	23,8	33,6	15,5	o	120	—3	—2,5	19	17	89,4	19	31	61,3	100,0	258,3
	*) 1918. 64	l.	333	330	327	316	251	21	17	60	123,5	18,0	23,9	11,5	Spur valg.	200	—3	—1,5	27	22	81,5	29	49	60,0	138,1	288,2
	Mittel *)		311	308	301	—	—	17,3	15,6	51	110,9	16,5	—	10,6	—	—	—	—	—	—	—	—	—	—	—	—
♂	3842	r.	238	233	250	250	218	36	19	85	189,4	36,5	39,0	23,6	0	195	31	15,8	31	33	106,4	37	43	86,0	102,8	226,3
		l.	271	244	275	264	222	31	22	75	140,9	30,7	33,8	21,7	varus	140	10	7,1	28	30	107,2	30	43	69,7	96,8	195,5
♀	4145	r.	278	269	264	260	223	34	17	82	200,0	30,5	36,7	18,9	leicht	190	8	4,2	30	34	113,3	31	34	70,6	91,2	200,0
		l.	266	241	264	252	230	36	19	90	189,4	37,6	39,1	22,8	valgus	210	25	11,9	27	39	144,4	29	41	70,7	80,6	210,5
♀	569	r.	367	355	376	360	310	23	17	67	135,3	18,8	21,6	11,3	deutlich	256	8	3,1	20	28	140,0	26	42	61,9	113,0	247,0
		l.	367	354	380	363	314	24	18	67	133,3	18,8	21,3	11,8	valgus	170	3,5	2,0	21	28	133,3	23	48	48,0	95,8	266,6
	Rachitis		298	283	301	291	253	30,6	18,6	77,6	164,4	27,5	30,6	17,4	valgus?	193	14	7,3	26	32	123,1	29	43	67,4	94,7	231,2
♀	2668	r.	177	169	194	186	159	23	14	58	164,2	34,3	36,5	21,9	Spur	115	6	5,2	18	26	144,4	25	26	96,2	108,7	185,7
		l.	175	171	197	190	152	21	14	61	150,0	35,7	40,1	20,4	varus	110	5,4	4,9	18	24	133,3	23	28	82,5	109,5	200,0
♀	3344	r.	212	196	219	200	174	20	15	56	133,3	28,6	32,2	17,8	leicht	130	5,3	4,1	20	27	135,0	19	24	80,0	95,0	160,0
		l.	207	196	218	205	178	20	15	55	133,3	28,1	30,9	17,8	varus	130	11,2	8,6	28	28	100,0	22	25	88,0	110,8	166,6
	Chondrodystrophie		193	183	207	195	166	21	14,5	57,5	144,8	31,4	34,6	19,9	varus	121	7	5,8	21	26	128,2	22	26	86,7	105,8	178,1
♂	5 Jahre		366	363	350	340	282	21	19	63	110,5	17,4	22,3	11,0	0	250	10	4,0	24	19	80,0	25	48	52,3	119,0	252,6
♂	13 Jahre		451	448	435	423	350	27	23	79	117,4	17,6	22,6	11,2	0	320	11	3,4	31	27	87,1	28	58	48,3	103,7	252,2
♀	30 Jahre		481	479	462	451	380	26	27,5	84	94,5	17,5	22,1	11,2	0	300	3	1,0	36	28	77,7	34	54	63,0	130,8	200,0
♂	33 Jahre		465	461	445	432	365	29	26,4	88	109,8	19,1	24,1	12,0	0	300	5	1,7	34	28	82,4	33	57	57,9	113,8	215,8
♂	77 Jahre		437	432	417	404	337	29	29,3	90	98,9	20,8	26,7	13,5	Spur valg.	305	12	3,9	32	26	81,3	29	53	54,7	100,0	180,9
	Schw.-Bild 2	r.	368	367	361	357	297	22	25	73	88,0	19,8	24,6	12,8	—	—	—	—	31	19	61,2	24	33	72,7	109,1	132,0
	12	r.	358	354	345	337	284	20	17	58	117,6	16,3	20,4	10,4	—	—	—	—	22	17	77,2	—	—	—	—	—
	14	r.	394	389	391	378	323	23	26	76	88,5	19,5	23,5	12,6	—	—	—	—	29	23	79,3	24	35	68,6	104,3	134,6
	Dachsenbühl	r.	388	386	378	369	310	24	25	80	96,0	20,7	25,8	12,7	—	—	—	—	30	20	66,6	—	—	—	—	—
	(Schenk) II	r.	389	387	—	—	—	25	26	80	96,1	20,7	—	13,2	—	—	—	—	36	28	77,7	—	—	—	—	●
		l.	—	—	—	—	—	23	25	75	92,0	—	—	—	—	—	—	—	34	27	70,6	—	—	—	—	—
	Pygmäen		377	374	370	360	303	23	24	73,6	95,4	19,7	24,3	12,6	—	—	—	—	30	22	71,3	—	—	—	—	—

Normal

Trochanterlänge von Maß 1 oder 2 sehr klein ist; das kommt einmal von der geringen Schiefstellung des Femur und von dem niedrigen Kollodiaphysenwinkel, dann aber auch von der absolut recht ansehnlichen Entwicklung der Trochanteren. Zum Vergleich seien die Angaben von MARTIN angeführt, welcher fand:

| | Ganze Länge | Troch.-Länge | Ganze Länge | Troch.-Länge | Differenz zwischen | | | |
| | absolut | | in natürl. Stellung | | | | | |
	1	2	3	4	1—2	1—3	2—4	3—4
Schweizer . . .	456,5	436,6	452,0	426,0	19,9	4,5	10,5	26,0
Feuerländer . .	410,9	398,7	409,8	392,2	12,2	1,1	6,5	17,6
Kretinen. . . .	357,2	351,8	352,2	342,4	5,4	5,0	9,4	9,8

4. Zur Trochanterlänge in natürlicher Stellung habe ich nach dem eben Gesagten nichts mehr beizufügen.

5. Die Diaphysenlänge bestimme ich, wie alle andern Längenmaße, nach MARTIN; sie gehört zu den Messungen, welche auf absolute Genauigkeit keinen Anspruch erheben können. Sie ist auch nicht, wie angegeben wird, „die wahre Diaphysenlänge"; die Betrachtung irgend eines noch nicht völlig ossifizierten Femurs zeigt, daß die „wahre Schaftlänge" größer sein muß, als das Maß 5. Dieser Umstand vermag aber die praktische Brauchbarkeit des Maßes nicht zu beeinträchtigen, dessen Differenz von den übrigen Längenmaßen um so größer gefunden wird, je mächtiger die Epiphysen entwickelt sind; eine geringe Differenz deutet auf Rachitis (man vergleiche z. B. Bern 353 und 93 mit Graz 569; oder Athyreose mit Chondrodystrophie!). Für Details konsultiere man die Tabelle.

6. Der sagittale Durchmesser der Schaftmitte sowie

7. der transversale Durchmesser der Schaftmitte sind bei Kretinen durchaus nicht etwa gering, noch beträchtlich stärker jedoch bei Rachitis und im Vergleich mit der geringen Länge ebenfalls stark bei der Chondrodystrophie; Nr. 28 Graz steht mit all diesen Zuständen in schroffem Gegensatze. Der Längendickenindex kennzeichnet diese Verhältnisse. Er ist im Mittel bei Kretinen etwa 20 und zwar rechts eher etwas größer; eine sexuelle Differenz ist gering, 19,4 gegen 19,8. Bei reinen Fällen bietet er überhaupt keine großen Schwankungen dar; wohl aber sobald Rachitis in Frage kommt. Dann ist der Index, wie auch bei der Chondrodystrophie, sehr hoch. Sonst bewegt er sich bei Kretinen in völlig normalen Grenzen; auch beim Neonaten (wie bei Graz Nr. 201a) liegt er um 20, dagegen erreicht er bei Nr. 28 kaum 10 bis 13; man kann die Sonderstellung dieses Falles nicht genug hervorheben, um zu beweisen, daß er wirklich weder mit Kretinismus noch mit Rachitis usw. das mindeste zu tun hat. — Bei den Pygmäen (19,7) (und bei A) finden wir einen etwas übernormalen Index wie bei den Kretinen, bei N ist er deutlich größer (etwa 22) bei Anthropoiden bewegt er sich bekanntlich um 30.

Berechnet man den Längendickenindex nach dem Vorschlage von MARTIN auf die Diaphysenlänge, so wird die Rangordnung nur wenig verschoben; es ergibt sich dann:

Athyreose . . . . etwa 15
rezente Europäer . . . . etwa 24
Pygmäen . . . . etwa 24,5
Aurignacensis 24,6
Kretinen 25,4
Neandertal . . . . etwa 27
Neonat . . . . etwa 27
Rachitis . . . . etwa 30
Chondrodystrophie . . . . . etwa 35

Der Martinsche Index der Massigkeit liefert eine sehr ähnliche Reihenfolge: er ist abnorm nieder bei Athyreose (etwa 8), normal bei Pygmäen, Aurignac und modernen Europäern (etwa 12), etwas größer beim Kretin (12,5), bei Neonat (13) und Neandertal (13,5), endlich sehr groß bei Chondrodystrophie (etwa 19) und bei Rachitis (bis 22). Es ist aus der Tabelle klar ersichtlich, daß diese Verhältniszahl dem Krümmungsindex parallel läuft; es stehen der Natur zur Kompensation der durch die Krümmung herabgeminderten Festigkeit zwei Wege offen: entweder kann durch unförmliche Dickenzunahme der Träger verstärkt werden, oder dies geschieht in eleganterer Weise durch Veränderung des Querschnittes, indem der Bogen an seiner konkaven Seite mit einem Strebepfeiler („Pilaster") versehen oder einfach indem der runde Querschnitt durch einen längsovalen ersetzt wird. Wenn wir sehen, wie bei Rachitis und Chondrodystrophie sogar beide Aushilfsmittel, größere Massigkeit und Pilaster, kombiniert zur Anwendung kommen, so deutet das auf ganz besonders prekäre statische Verhältnisse, wogegen sich der Kretinismus entschieden noch normal und „rassig" ausnimmt. Wenn bei Nr. 28 eine abnorm geringe Robustizität nur einen sehr mäßigen Pilaster erfordert (NB. bei deutlicher Krümmung und bei bedeutender Länge!), so ist das nur vereinbar mit der Annahme, daß das betreffende Individuum gehunfähig gewesen sein müsse.

Da über den Pilasterindex schon eine ganze Literatur besteht, so kann ich mich kurz fassen; er ist bei allen Kretinen im Mittel etwa 115, also schon ganz ordentlich; nur in 4 von 28 Fällen liegt er unter 100; und bei 11 typ. Fällen 105,1 wie beim normalen Alemannen. Das Minimum liegt bei 87,5, das Maximum bei 156. Was aber jenseits von etwa 130 liegt, halte ich schon für höchst verdächtig auf Rachitis. Reyher (457) konnte radiologisch nachweisen, daß bei Rachitis die Kortikalis an der Konkavität breit und sklerotisch sei; so mag die Pilasterbildung beginnen. Es kann der Pilaster bis auf 200 ansteigen, bei Chondrodystrophie erreicht er noch gut und gern 150 bis 160, bei Athyreose immerhin noch 140. Bei den Pygmäen ist er sehr gering, etwa 95, bei N nicht viel höher, etwa 100, deutlich jedoch bei A. Im übrigen sei auf die sehr schöne und vollständige Liste im Lehrbuch S. 1019 verwiesen, und sei hervorgehoben, daß Eskimo 114 und Lappen etwa 105,8 aufweisen. Es ist von Interesse, daß die Gruppe der massiven Typen sich mit einem Pilasterindex von 101 direkt an die Seite der primitiven (N und Pygmäen) anreiht; zum Unterschied von allen krankhaften Typen (grazile Kretinen, Rachitis, Chondrodystrophie usw).

Die Querschnittsform, welche beim Neonat und bei Athyreose glatt rundlich oder oval ist, finde ich bei Kretinen immer ordentlich modelliert; die Linea aspera läßt sich sogar schon bei Nr. 201 (Kind!) gut erkennen, bei älteren

Kretinen fehlt sie nie. Eine so exzessive Ausbildung derselben wie bei Bern 278 und Graz 1358 legt freilich den Verdacht: Rachitis nahe. Hier ist auf dem Bilde des Querschnittes die Linea (besser: Crista) aspera sagittal ebenso stark entwickelt wie der Schaft selbst und sieht aus wie eine stielförmige Verlängerung desselben.

Die Krümmung der Diaphyse ist eine doppelte; außer der gewöhnlich allein berücksichtigten Sagittalkrümmung wird auch regelmäßig eine allerdings weniger bedeutende Transversalkrümmung beobachtet. KLAATSCH hat hervorgehoben, daß für N eine leichte Valguskrümmung charakteristisch sei, und diese finde ich nun auch bei meinen Kretinen gar nicht selten. Von 23 Oberschenkeln sind sieben leicht valgus-, drei (auf Rachitis verdächtig!) varusartig gekrümmt und der Rest ganz oder fast ganz gerade. Ich suche die Krümmung am Diagramm und rede von Valgus nur dann, wenn der mediale, von Varus wenn der laterale Rand der Diaphyse konvex geformt ist. Bei der Chondrodystrophie finde ich eine leichte Varusform, welche bekanntlich für Rachitis, Osteomalazie, difform geheilte Frakturen, überhaupt für alle wirklichen Belastungsdeformitäten so bezeichnend ist. Ebenso zeigt das Femur des Gorilla die Varuskrümmung. Da reine Formen von Kretinismus diese Varuskrümmung nicht aufweisen, so kann es sich bei den Knochenverbiegungen hier also nicht um Belastungsdeformitäten etwa wegen abnormer Weichheit der Knochen handeln, sondern es müssen die Verkrümmungen der Kretinen als Rassenmerkmale primitiver Natur verstanden werden.

Die Sagittalkrümmung (nach vorn konvex) habe ich am Diagramm studiert und gemessen, wobei natürlich nur die wirkliche Schaftbiegung ohne Rücksicht auf die Epiphysenpartien in Frage kommt. Ich finde bei Kretinen einen Krümmungsindex von 2,4 (rechts ist er etwas höher), was einem Krümmungsradius von etwa 1000 = fünffache Länge der Sehne entspricht. Bei Ausschaltung der Rachitisverdächtigen ergibt sich für die reinen Fälle ein Index von 2,0 (ohne sex. Differenz). Das ist eine ziemlich starke Krümmung; sie steht etwa in der Mitte zwischen N und A. An schön geformten modernen Femora ist der Index etwa 1,0 und der Radius etwa zehnmal so lang wie die Sehne; für die Pygmäen gibt SCHWERZ die Länge der Sehne zu 15 bis 1600 mm an, was etwa das sechsfache der Sehne betragen mag. MARTIN hebt hervor, daß die Krümmung beim Kinde fehle und sich mit dem Alter verstärke. Es ist aber, wie schon weiter oben bemerkt, nicht ganz richtig zu sagen: die Krümmung wachse mit der Zunahme des Pilasters; sondern das Gegenteil ist der Fall, der Pilaster muß um so stärker werden[1]), je mehr die Krümmung wächst. Die Krümmung ist das primäre. — Wir können folgende Reihenfolge aufstellen:

	Index	Radius
Neonat	0	∞
moderne jugendliche Europäer	1,0	etwa 4000
Pygmäen	?	etwa 1600
Aurignacensis	2,2	etwa 1600
Kretinen	2,4	etwa 1000
Neandertal . . . . . . etwa	4,0	etwa 800
(Anthropomorphe	?	etwa 700)
Athyreose . . . . . . etwa	4,0	etwa 650
Chondrodystrophie . . etwa	6,0	etwa 75
Rachitis . . . . etwa	10,0	etwa 220

[1]) Vgl. Frangenheim S. 204.

An der Diaphyse ist endlich noch die Lage des Foramen nutr. als ein Merkmal von freilich geringer Wichtigkeit zu beachten. Es liegt bei N rechts 87, links 80 mm unterhalb des Troch. min. (nach KLAATSCH), bei Pygmäen etwa 120 (einmal sogar 180) mm unterhalb des Troch. maj. (nach SCHWERZ); bei rezenten Formen soll es etwa in der Schaftmitte liegen. Bei Kretinen habe ich es immer oberhalb der Mitte gefunden, nämlich etwa 82 mm unter dem Troch. min. Eine ähnliche Lage hat es bei der Rachitis und noch viel weiter oben liegt es bei Chondrodystrophie.

Von viel größerem Interesse sind das obere und das untere Ende der Diaphyse, sowie die Art und Weise, wie sie in die Epiphysen übergeht, d. h. die „Platymerie" und die „Trompetenform".

9 u. 10. Unter Platymerie versteht die Anthropologie jene Bildung des proximalen Teils der Femurdiaphyse, wobei die Breite erheblicher gefunden wird, als die Dicke. Es ist dann der transversale Durchmesser größer als der sagittale (transversal bedeutet hier die durch Kollumachse und proximalen Teil der Schaftachse bestimmte Ebene). Bei hochgradiger Torsion bereitet die Entscheidung, ob in casu von Platymerie oder nicht vielmehr von Stenomerie zu reden wäre, etwelche Verlegenheit. Ich glaube sagen zu dürfen, daß Stenomerie (wenigstens in den von mir gemessenen Fällen) immer auf der exzessiven Ausbildung einer Crista hypotrochanterica beruhte und nichts weiter als die proximale Verlängerung eines Pilasters darstellte; ich taxiere sie wie auch den Pilaster selbst als eine exquisit rachitische Bildung. Es ergibt sich für männliche Kretinen ein Index von 92,2, für weibliche 117,8; neben zehn platymeren Kretinen finde ich sieben mit stenomerem Oberschenkel. Die Fälle mit Schilddrüsendefekt verhalten sich auch nicht einheitlich; Graz 28 ist stenomer, die übrigen nicht. Dagegen sind sämtliche Fälle von Rachitis (Mittel 123,1) und Chondrodystrophie (128,2) ausgesprochen stenomer. Bei den neolithischen Pygmäen ergibt sich bekanntlich hochgradige Abplattung (Index etwa 71,3), die Lappländer stehen ihnen mit 75,7 noch recht nahe. Moderne Europäer weisen Indexwerte um 80 auf; die Neandertalrasse scheint niedrigere, die arktische Eskimorasse etwas höhere Zahlen darzubieten. Die mechanische und die systematische Bedeutung des Merkmals ist jedoch immer noch nicht ganz aufgeklärt.

11 u. 12. Das distale Diaphysenende bietet in seiner bekannten Trompetenform (bei Modernen), bzw. in dem Fehlen einer solchen (bei Primitiven) ein Rassenmerkmal von hervorragender Bedeutung, das aber leider nur sehr schwer durch Messen von Entfernungen, Winkeln und Indizes ausgedrückt werden kann. Es handelt sich im Wesentlichen um den Verlauf der beiden Seitenränder des distalen Schaftabschnittes; jeder Seitenrand ist der eine Schenkel einer Parabel, deren Achse der Schaftachse parallel laufen muß und deren Fokus zu bestimmen nicht unmöglich sein sollte, wenigstens wenn man ein Diagramm zur Verfügung hat. Durch ihren Fokus ist die Parabel ebenso sicher charakterisiert, als ein Kreisbogen durch die Lage seines Mittelpunktes. Will man sich auf die Bestimmung des Fokus nicht einlassen, so ist es gewiß am besten, sich auf die einfache Angabe zu beschränken: Trompetenform vorhanden, oder fehlend; diese rein deskriptive Angabe scheint mir sicherer und klarer, als noch so viele Zahlen und Indizes. Ich halte auch meinen

15*

eigenen Vorschlag (13), die Trompetenform durch einen Epikondylenwinkel und die Höhenlage der Spitze dieses Winkels über der Kondylentangente messen zu wollen, heute nicht mehr aufrecht. Der Vorschlag stammt aus der Zeit, als es noch kein Lehrbuch gab und jeder seine eigenen Wege gehen mußte und gehen durfte. Es krankt daran, daß die Schenkel besagten Winkels als Tangenten an die zwei Seitenparabeln ebenfalls der Willkür zu viel Spielraum lassen. In noch vermehrtem Maße trifft allerdings dieser Vorwurf die Messung des untern sagittalen und transversalen Durchmessers „ungefähr 1 cm oberhalb des Knorpelrandes der Kondylen". Denn es leuchtet ein, daß in der Nähe des Parabelscheitels eine minimale Verschiebung in der Achsenrichtung einen großen Fehler in der Messung des wichtigen transversalen Breitenabstandes bedingen muß. Auch scheint es mir, daß der kleinste sagittale Durchmesser keine genügend präzise Höhe angibt. Nachdem ich an mehr als 50 Oberschenkelknochen die fraglichen Maße genommen und je drei Indizes daraus berechnet habe, so darf ich mir wohl dieses kritische Urteil erlauben. Nur der Vollständigkeit halber teile ich meine Zahlen hier mit:

	D. sagittalis			D. transversalis		
	Mittel	Minimum	Maximum	Mittel	Minimum	Maximum
Kretinen[1]	31,5	24	36	45,8	37	57
Rachitis	29	23	37	43	34	48
Chondrodystrophie. . .	22,5	19	25	26	24	28
Athyreose (28).	18	—	—	35	—	—
Neonat	9,7	—	—	21	—	—
Normal.	31	—	—	55,5	—	—
Neandertal	31	—	—	36,5[2]	—	—
Pygmäen	24	—	—	34	—	—

Die Durchmesser sind absolut gering bei Neonat, Chondrodystrophie, Athyreose und Pygmäen (was also selbstverständlich!), sie sind ferner ungefähr gleich bei Kretinen, normalen, rachitischen und fossilen Oberschenkeln, was auch nicht überraschen kann.

	I. popliteus			I. sagittalis			I. transversalis		
	Mittel	Min.	Max.	Mittel	Min.	Max.	Mittel	Min.	Max.
Kretinen	61,9	49,0	75,6	118,4	88,8	156,5	220,0	130,0	285,0
Rachitis.	67,4	48,0	86,0	94,7	80,6	113,0	231,2	195,5	266,6
Chondrodystrophie . .	86,7	80	96	106	95	110	178	160	200
Athyreose	52	—	—	128	—	—	320	—	—
Neonat	46	—	—	161	—	—	300	—	—
Normal	56	—	—	112	—	—	212	—	—
Neandertal	85	—	—	103	—	—	122	—	—
Pygmäen	70	—	—	106	—	—	133	—	—

Am ehesten verwertbar, weil auf einigermaßen sicheren Zahlen beruhend, scheint mir der Index sagittalis; er wird groß, wenn die Kondylenregion sehr massiv, und er wird klein, wenn der Pilaster sehr stark entwickelt ist;

---

[1]) Alle Fälle, reine und verdächtige.

[2]) 2 cm über dem Gelenkknorpel.

eine seriäre Bedeutung ist ihm wohl kaum zuzuerkennen. — Der Index transvers. sollte, je höher er ist, eine um so schönere Trompetenform anzeigen; aber nicht einmal das stimmt, indem mein Nr. 2334, welcher das Maximum aufweist, durchaus keine Trompetenform, sondern eine monströse, massive Verdickung (rachitische Sklerose!) der untern Schafthälfte darbietet. Richtig kommt die Trompetenform jugendlicher Objekte im Index zum Ausdruck; diese Form ist für das Femur von Kindern und von Infantilisten ebenso charakteristisch, als die offene Knorpelfuge. — Der Index popliteus schwankt sehr je nach der Höhe, in welcher er gemessen wurde. Ist er groß, so deutet er seine massive Gestaltung des Schaftes an, so z. B. bei Chondrodystrophie.

Durchgehe ich meine Diagramme, so finde ich höchstens etwa bei Nr. 5390 ein einigermaßen normales Verhalten in bezug auf die Konfiguration des distalen Schaftteiles. Alle übrigen zeigen ausnahmslos jenes unvermittelte Übergehen der Diaphyse in die sehr breiten und niedrigen Kondylen, das ja schon mehrfach in der Literatur bei Kretinen beschrieben worden ist (so z. B. von KLEBS, PALTAUF, LANGHANS, H. und E. BIRCHER, SCHOLZ u. a.) und in ganz gleicher Weise dem Neandertalmenschen zukommt; es geht aus den Abbildungen bei KOLLMANN (555), SCHWERZ (567) und MARTIN (448) hervor, daß die neolithischen Pygmäen einerseits, andererseits aber auch noch jetzt lebende Primitive sich eng an diesen Typus anschließen. Wenn wir die gleiche Bildung auch bei den Kretinen antreffen, so ist das m. E. sehr wichtig; bei Rachitis usw. ist die Deformation wieder eine andere.

B. Die proximale Epiphyse

13a, b, c. Die obere Breite habe ich auf drei verschiedene Arten gemessen, nämlich als a größte Breite, b im Meßbrett, und c als Länge von Kollum und Kaput; ich finde

	Alle	Rechts	Links	Maximum	Minimum
Obere Breite	82,9	82,5	85,6	108	71
Obere Breite im Meßbrett	78,4	72,6	77,7	97	66
Cap. crista intertroch..	58,8	57,0	56,2	82	46

Bei den ♂ Kretinen ist 13a im Mittel 86, 13b : 81 und 13c : 63
bei den ♀ Kretinen ist 13a im Mittel 74, 13b : 68 und 13c : 57.

Die Breite der obern Epiphyse ist also sehr wohl zur Erkennung des Geschlechts geeignet, — aber nur bei Berücksichtigung des massiven Typus; die grazilen Männer stehen den Weibern in diesem Merkmale sehr nahe.

Das Maximum bot immer der gleicher Fall, nämlich der Berner 1894. 345, dessen Femur in seiner ganzen Gestalt unbestreitbar neandertaloid anmuten muß; die Minima von 13a und b fallen auf das weibliche Geschlecht (Nr. 4595 und 3235), bei 13c aber findet sich das Minimum in den Fällen 1358 und 2334 mit pathologisch verkürztem Kollum. Das Überwiegen der linken Körperseite ist bei a und b deutlich genug. Sind schon die absoluten Zahlen recht hoch, so erkennen wir die relativ mächtige Epiphysenentwicklung noch besser, wenn wir die Trochanterlänge (351,8 mm) durch die obere Breite (82,9 mm) divi-

Femur Gelenkteile		Obere Breite	dito im Meßbrett	cap→crista intertroch.	Collum Länge	Höhe (min.)	Breite (⊥ zu 15)	Umfang	Querschnitts-I. $\frac{(16)\times100}{(15)}$	Längen-Index $\frac{(14)\times100}{(2)}$	Caput D. vertical.	D. sagittal.	Umfang	Querschnitts-I. $\frac{(19)\times100}{(18)}$	Robustizitäts-I. $\frac{(18\times19)\times100}{(2)}$	Troch. major Breite	Länge
		13a	b	c	14	15	16	17			18	19	20				
1894. 345	r.	106	95	83	83	35	(30)	(110)	85,7	19,0	56	58	(180)	103,6	26,2	48	56
	l.	108	97	82	78	36	30	108	83,3	17,4	56	58	179	103,6	26,1	52	54
1914. 93	r.	92	86	73	74	32	31	103	69,9	20,2	50	54	166	108,0	28,4	45	43
1916. 67	r.	85	80	65	70	35	30	103	85,7	19,0	46	48	148	103,4	25,7	53	42
1906. 353	l.	81	74	59	62	35	28	98	80,0	17,0	45	48	150	106,6	25,5	43	38
5390	r.	85	79	60	65	26	24	90	92,3	16,6	44	46	142	104,5	23,4	43	40
	l.	83	78	61	64	28	24	88	85,7	18,1	44	45	141	102,3	22,4	42	37
518	r.	87	82	67	66	31	24	97	77,4	18,3	47	53	160	112,7	27,6	39	37
	l.	92	90	61	64	37	25	105	67,6	17,8	64	57	174	105,5	30,9	38	44
alle massiven		91	84,5	68	69	32,5	29	100	89,3	18,1	49	52	160	106,1	26,3	45	43,5
1910. 343	r.	76	72	56	60	28	24	91	85,7	17,1	45	46	145	102,5	25,7	41	39
	l.	73	70	51	55	29	24	91	82,1	16,1	40	41	127	102,2	23,7	42	41
1895. 160	r.	77	88	54	55	34	(29)	(104)	79,4	17,4	49	(50)	(152)	102,0	31,3	38	39
1913. 141	r.	75	73	50	63	24	20	75	83,3	18,5	39	42	128	107,7	24,0	40	32
1915. 297	r.	81	78	63	84	32	24	98	75,6	19,5	45	45	145	100,0	27,4	37	41
alle Grazilen		76	76	55	59,5	29,5	24	90	77,2	17,7	44	45	140	102,8	26,4	39,8	38,2
alle ♂		86	81	57	66	31,5	26	97	81,7	18,0	47,1	49,3	152	104,7	26,3	43	41,5
3235	r.	76	70	60	63	22	20	77	90,9	19,5	39	41	128	105,1	24,8	34	36
	l.	76	67	57	61	23	20	71	87,1	18,9	39	41	124	105,1	24,9	35	38
4595	r.	72	66	53	59	24	18	70	75,0	18,5	41	39	125	95,1	25,1	38	36
	l.	71	66	54	58	22	19	70	86,4	17,8	41	39	125	95,1	24,6	35	33
1913. 33	l.	77	73	57	56	32	24	102	75,0	—	45	46	148	101,1	—	34	36
1917. 212	r.	75	69	59	62	29	27	94	93,1	18,6	46	49	152	105,4	28,7	40	38
alle ♀		74	68	68	60	25	21	81	84,0	18,5	42	42,5	134	101,2	25,6	36	36
♂ 1903. 278	l.	81	78	59	63	36	24	95	66,6	20,4	51	47	152	92,9	31,3	39	39
	r.	78	78	59	62	31	24	96	77,4	19,8	52	46	154	88,4	31,7	39	38
♂ 1358	r.	80	69	46	53	39	27	128	69,2	15,4	49	50	165	102,0	28,7	47	39
	l.	74	66	47	50	37	29	135	78,4	14,4	49	51	158	104.1	28,7	47	40
♂ 2334	r.	91	91	47	55	46	30	139	65,1	14,2	70	73	246	104,3	36,3	42	40
	l.	94	92	49	56	52	28	151	53,8	14,5	72	69	224	95,8	36,4	39	38
4028	r.	88	86	60	63	38	27	114	71,0	18,9	61	55	180	90,1	34,8	42	37
	l.	87	85	62	63	37	28	111	75,6	18,8	52	55	170	105,8	31,8	43	40
alle Cretinen		83	—	—	62,5	32,5	25	100	76,9	17,7	49	50	—	102	—	—	—
♀ Neonat		26	25	19	18	14	12,5	46	89,3	18,0	15	14,6	48	97,3	29,6	12,0	14,0
♀ 1886. 42	l.	—	—	—	—	—	—	—	—	—	—	—	—	—	—	25	19
♂ 201a	r.	40	40	—	··	—	—	—	—	—	—	—	—	—	—	21	—
	l.	40	40	—	—	—	—	—	—	—	—	—	—	—	—	21	—
♂ 28	r.	57	48	49	46	21	18	72	85,7	14,8	31	33	100	106,4	20,6	28	27
	l.	64	52	!5	52	22	18	70	81,8	16,4	33	35	105	106,0	21,5	27	30
♂ (Bourneville)		—	—	—	—	31	26	—	83,7	—	—	—	—	—	—	—	—
1915. 299	r.	84	80	63	61	29	26	90	88,1	17,9	45	46	145	102,2	27,0	41	44
1918. 49	r.	57	57	36	40	25	24	(81)	96,0	19,4	34	35	113	102,9	38,3	36	26
1918. 64	l.	84	75	60	65	29	29	(97)	100,0	19,9	50	(53)	(160)	106,0	31,2	46	40
(28 bis 64)		70	—	—	52	26	25	82	89,2	17,7	38	40	—	104,7	—	—	—
♂ 3842	r.	88	77	68	65	32	24	92	75,0	27,8	45	46	148	102,2	39,0	41	39
	l.	89	88	72	75	31	22	90	70,9	30,8	48	46	150	95,7	37,7	43	40
♀ 4145	r.	77	55	68	74	25	18	73	72,0	27,5	41	40	127	97,5	30,1	38	30
	l.	81	78	70	70	28	21	84	75,0	29,0	46	44	141	95,7	37,4	39	31
♀ 569	r.	63	58	34	42	25	29	87	116.0	11,8	38	39	125	102,7	21,7	45	40
	l.	61	58	35	39	24	27	82	112,5	11,0	40	41	131	102,5	22,8	41	38
Rachitis		77	69	58	60	27	23,5	85	87,0	21,2	43	42,6	137	99,2	31,4	—	—
♀ 2668	r.	67	65	def.	(50)	30	26	110	80,6	30,0	41	39	132	95,1	47,7	39	36
	l.	68	66	def.	(40)	32	29	101	90,6	24,0	43	38	134	88,4	47,4	40	37
♀ 3344	r.	68	58	def.	(44)	35	30	122	85,7	22,4	46	45	145	97,8	46,4	45	30
	l.	54	55	def.	—	33	35	118	106,0	—	44	50	142	113,6	47,8	46	31
Chondrodystrophie		64	61	—	(41)	32,5	30	113	92,0	22,4	43,5	43	138	99,1	47,3	—	—
5 Jahre		76	68	57	57	25	20	77	80,0	15,7	35	35	113	100,0	19,3	28	34
13 Jahre		94	84	67	75	31	26	89	83,9	16,7	43,5	43	136	98,8	19,5	41	44
30 Jahre		103	92	82	82	32	27	93	84,4	18.5	46,5	45,7	146	98,3	19,3	37	42
38 Jahre		102	93	71	79	33	27	101	81,8	17,2	47,6	48	151	100,8	20,3	39	48
77 Jahre		98	87	67	78	33	28	102	84,9	18,0	48,6	48	152	98,8	22,4	43	43
Schw. Bild 2	r.	82	—	—	63	30	23	91	76,6	17,2	—	42	—	—	—	—	—
12	r.	79	63	—	55	23	20	74	87,0	15,5	36	36	112	100,0	20,3	—	—
14	r.	79	75	··	61	27	21	80	77,7	15,7	37	37	120	100,0	19,0	—	—
Dachsenb.	r.	84	—	—	60	28	19	82	67,8	15,5	41	41	127	100,0	21,3	—	—
(Schenk) II	r.	—	—	—	—	—	—	—	—	—	41	41	—	100,0	—	—	—
	l.	—	—	—	—	—	—	—	—	—	41	41	—	100,0	—	—	—
Pygmäen		81	69	—	60	27	21	81,5	77,7	16,0	39	39	120	100,0	20,2	—	—

Collodiaphysen ∢ (29)	Torsions ∢ (28)	Condylodiaphysen ∢ (30)	Epicondylenbreite (Meßbrett) (21)	Condyl. lat. projektiv. Länge (22)	Condyl. lat. Größte Länge (23)	Condyl. lat. Höhe	Condyl. lat. Breite (25)	Condyl. lat. Umfang	fossa intercondyl.	condyl. med. projektiv. Länge (22a)	condyl. med. Größte Länge (24)	condyl. med. Höhe (26)	condyl. med. Breite	condyl. med. Umfang	Epicondylen-Index $\frac{(3)\times10}{(21)}$	Index des cond. lat. $\frac{(3)\times10}{(23)}$	Index des cond. med. $\frac{(3)\times10}{(24)}$	Index sagittalis $\frac{(11)\times100}{(23)}$	Ossifikation
135°	32'	3°	96	70	71	43	40	125	31	68	74	47	31	128	43,9	59,0	56,6	49,2	o. B.
137°	30°	8'	95	66	67	41	33	114	29	66	73	50	33	113	44,5	63,1	57,9	35,8	fertig
122'	24°	12'	85	66	65	38	34	117	14	58	59	41	33	112	42,4	55,5	61,2	40,0	fertig
141°	30°	10°	81	60	60	—	31	120	23	53	58	—	29	111	44,4	60,0	62,1	46,0	o. B.
130'	27°	12°	90	65	67	43	33	123	21	62	65	39	32	111	39,9	53,5	55,2	46,0	fertig
138°	25'	9°	78	62	63	28	28	110	19	53	59	41	24	98	50,0	61,7	65,9	57,1	o. B.
135°	21'	12'	76	62	62	36	30	105	17	55	58	43	25	100	51,9	63,7	68,1	53,2	o. B.
132'	32°	11°	81	65	66	37	30	112	18	56	58	39	27	93	44,1	54,1	61,7	42,4	o. B.
121°	19°	9°	80	61	63	37	29	107	20	56	58	39	28	96	44,2	56,2	61,0	47,6	o. B.
132°	*26,6°*	*95°*	*85*	*64*	*65*	*39*	*32*	*115*	*21,4*	*58,6*	*62*	*42*	*29*	*107*	*45,0*	*58,5*	*61,1*	*46,4*	
127°	20'	11°	80	60	60	78	30	114	24	56	57	39	28	117	44,0	58,4	61,8	51,6	fertig
122'	18'	16°	77	57	58	33	29	100	22	52	55	36	22	87	45,1	60,0	63,0	43,1	unvollständig
122'	21°	5°	85	55	54	33	31	108	21	50	55	39	29	108	40,0	60,2	59,1	50,0	o. B.
129°	23'	—	75	58	57	38	29	116	23	55	58	43	25	113	45,9	60,4	59,3	45,6	offen
121°	20'	9°	78	56	57	36	31	103	20	52	55	42	28	102	41,3	56,5	58,5	48,7	o. B.
124°	*20°*	*10°*	*79*	*57*	*57*	*35,5*	*30*	*108*	*22*	*53*	*56*	*40*	*26*	*107*	*43,3*	*59,1*	*61,1*	*46,1*	
129,4°	*24,5°*	*10°*	*82,5*	*61*	*62*	*38*	*31*	*113*	*21,5*	*57*	*60*	*41,5*	*27*	*107*	*44,1*	*58,7*	*61,1*	*46,7*	
142°	22°	6°	69	54	55	33	25	100	20	52	55	38	24	97	44,4	56,6	56,3	43,7	Kp.-Rinne am caput
142'	27°	10°	70	56	55	34	25	103	21	51	55	38	24	99	45,1	56,6	56,3	45,6	
138°	19'	5°	72	53	56	33	27	96	24	48	53	36	22	92	43,1	55,4	58,5	47,1	ganz schw. Kp.-Rinnen ob.u.unt.
139'	19°	10°	71	52	54	33	26	96	24	48	53	34	22	86	44,5	58,4	60,0	50,0	
132'	34'	—	75	56	57	—	25	—	22	—	55	—	23	—	—	—	—	49,1	fertig
124'	26°	10°	76	57	61	35	32	120	19	52	53	35	26	100	43,1	53,7	61,9	40,0	o. B.
136°	*25°*	*8°*	*72*	*54*	*56*	*33,6*	*27*	*103*	*22*	*50*	*54*	*36*	*22*	*95*	*43,7*	*56,2*	*58,3*	*46,0*	
123'	12'	13'	77	57	58	33	29	100	22	52	55	37	24	92	39,6	50,8	56,5	40,0	fertig
129°	14'	7'	77	58	59	38	28	107	22	52	54	37	23	114	40,1	52,4	57,2	45,7	
112'	47°	9'	80	63	63	44	31	107	26	59	62	45	21	112	46,0	58,4	59,4	47,6	o. B.
112'	53'	10°	79	60	61	42	29	111	26	58	63	44	24	113	46,6	60,3	58,9	50,8	
132'	22'	12'	78	60	63	39	32	111	24	55	58	39	23	98	51,3	63,5	68,9	50,0	o. B.
148°	8°	—	75	60	63	38	32	112	24	53	56	41	21	94	53,1	63,2	71,0	51,8	
130'	21°	6'	83	62	65	33	31	114	27	53	57	46	28	98	40,0	51,1	58,9	40,0	o. B.
128'	23'	9'	81	61	62	35	30	113	31	55	58	42	27	100	41,0	53,5	58,1	45,2	
130°	*25'*	*8'*	*79*	—	—	—	—	—	—	—	—	—	—	—	—	—	—	—	
146°	14°	7°	28	16,5	17	12	8	30	10	16	18	12	8	30	34,0	57,2	55,0	56,0	Kp.!
145°	20°	—	—	21	21	14,4	—	—	—	—	—	—	—	—	—	—	—	—	Kp.!
145°	20°	—	38	—	—	—	—	—	—	—	—	—	—	—	—	—	—	—	alle Kp. erhalten
145°	20°	—	38	—	—	—	—	—	—	—	—	—	—	—	—	—	—	—	
136°	38°	4°	54	34	37	27	19	65	22	32	35	25	17	68	54,8	80,0	84,6	46,0	dito
145°	20°	5°	55	33	39	27	20	66	21	32	35	29	23	68	54,0	76,2	84,8	48,7	
110°	—	13°	71	—	—	—	—	—	—	—	—	—	—	—	4,17	—	—	—	
120°	46°	6°	84	64	62	46	33	123	26	62	64	46	32	110	40,0	54,3	52,6	42,0	o. B.
106°	9°	16°	62	40	45	30	23	82	14	38	46	30	22	80	34,2	47,1	46,1	42,2	alle Kp. erhalten
122°	29°	8°	76	60	61	42	30	117	13	55	55	41	31	100	43,0	53,6	60,0	50,0	fast völlig fertig
132°	*24°*	*8°*	*70*	—	—	—	—	—	—	—	—	—	—	—	—	—	—	—	
92°	*32°*	*—10°*	*83*	*65*	*64*	*30*	*37*	*100*	*13*	*58*	*56*	*38*	*38*	*96*	*30,1*	*39,1*	*44,6*	*57,8*	o. B.
90°	*0°*	*—20°*	*83*	*63*	*64*	*31*	*36*	*100*	*14*	*57*	*60*	*33*	*43*	*100*	*33,1*	*43,0*	*45,8*	*45,6*	
141°	*62°*	*—12°*	*72*	*56*	*56*	*33*	*33*	*96*	*11*	*52*	*53*	*36*	*33*	*92*	*36,6*	*47,1*	*50,0*	*55,4*	distal Kp.
122°	*20°*	*—10°*	*70*	*58*	*59*	*30*	*32*	*98*	*9*	*54*	*55*	*35*	*35*	*90*	*37,7*	*44,8*	*48,0*	*49,2*	
131°	*35°*	*9°*	*77*	*58*	*60*	*(40)*	*(30)*	*(108)*	*(28)*	*50*	*56*	*(44)*	*(25)*	*(105)*	*48,8*	*62,7*	*67,1*	*43,3*	o. B.
128°	*33°*	*15°*	*76*	*57*	*59*	*(37)*	*(37)*	*(110)*	*(17)*	*49*	*53*	*(41)*	*(29)*	*(100)*	*50,0*	*61,4*	*71,7*	*40,0*	
—	*—*	*—*	*77*	*60*	*61*	*33*	*36*	*102*	*—*	*53*	*55*	*37*	*34*	*97*	*39,4*	*50,3*	*54,5*	*46,5*	
90°	kaum meßbar	nicht meßbar	64	60	60	33	32	100	4!	52	54	31	32	90	30,3	32,3	36,0	41,7	fertig
(90°)			67	58	55	31	32	100	6!	54	50	32	36	100	29,4	36,0	37,4	41,8	
etwas			62	47	52	30	27	90	6!	42	50	30	35	88	35,2	42,1	43,8	36,5	fertig
üb. 90°			60	47	53	30	30	90	4!	41	50	34	41	80	36,3	41,1	43,6	41,5	
90	0	—	63	53	55	31	30,5	95	5!	47	51	32	36	90	32,8	37,9	40,0	40,4	
138'	10'	12'	65	51	52	28	28	90	21	47	49	36	23	82	53,9	67,3	71,4	48,1	4 separate Epiph.
140'	18'	6'	80	57	58	39	30	116	28	52	57	41	27	104	54,2	75,0	75,2	48,3	ähnlich
139'	15'	8'	81	62	64	43	32	120	19	61	64	49	26	112	57,0	72,2	72.2	53,1	o. B.
138'	16'	9'	80	68	69	44	28	122	22	62	65	52	30	110	55,6	64,5	68,5	47,8	o. B.
141°	15'	9'	77	61	62	40	30	110	19	56	61	42	29	112	54,1	67,2	68,4	46,8	o. B.
120°	—	—	—	—	—	—	—	—	—	—	—	—	—	90	—	—	—	—	
127°	22'	8'	65	—	—	—	—	—	—	—	—	—	—	—	—	—	—	—	
120°	11°	11'	67	54	—	—	—	98	—	—	52	—	—	101	58,4	72,4	75,2	44,4	
129°	5'	10'	71	—	—	—	—	—	—	—	—	—	—	—	—	—	—	—	
—	—	—	—	—	—	—	—	—	—	—	—	—	—	—	—	—	—	—	
—	—	—	—	—	—	—	—	—	—	—	—	—	—	—	—	—	—	—	
124'	13'	—	67	—	—	—	—	—	—	—	—	—	—	—	—	—	—	—	

dieren und dann mit zehn multiplizieren; es ergibt sich dann ein Index [nach KLAATSCH (517)] von nur 42,8, der also zwischen N (etwa 40) und A (etwa 47) in der Mitte steht und vom modernen Index (44 bis 50) ziemlich weit entfernt bleibt. Noch geringer ist er freilich bei Rachitis (etwa 31) und Chondrodystrophie (etwa 32), während unser Athyreosefall mit etwa 50 sehr modern dasteht. — Die Differenz zwischen Maß 13a und 13b ist natürlich um so geringer, je kleiner der Kollodiaphysenwinkel ist; 13c kommt Maß 14 fast gleich, da ich bei Maß 14 mangels genauerer Angabe und um einen fixen Ausgangspunkt zu gewinnen, als „Mitte des Kaput" dessen Forea gewählt habe.

Das Collum femoris

hat bei Kretinen eine Länge von 62,4 (50 bis 83), eine Höhe von 32,4 (22 bis 52), eine Breite von 24,9 (18 bis 31) und einen Umfang von 100,2 (70 bis 151) mm.

Bei den reinen Fällen ist die	♂	♀
Länge	66	60
Höhe	31,5	24
Breite	26	21
Umfang	97	81

besonders beträchtlich sind alle diese Maße beim massiven Typus. Die Maxima der Höhe und des Umfangs stammen von Fall 2334 mit Arthritis deformans, ebenso das Minimum des Querschnittsindex. Derselbe erreicht im Mittel 76,9 (53,8 bis 96,9); bei Chondrodystrophie kann er sogar 100 übersteigen, — wenn man bei diesen Fällen überhaupt von einem Schenkelhalse reden will! Rachitis verhält sich normal.

Der Index der Kollumlänge ist im Mittel 17,7 (14,2 bis 20,4); die sexuelle Differenz ist gering (17,9 ♂; 18,5 ♀). Dieser Index ist nach Angabe des Lehrbuches bei Affen (und bei N) groß (18 bis 22) bei primitiven Menschen dagegen klein (15 bis 16); sehr groß ist er bei Rachitis und bei Chondrodystrophie, hier aber ganz gewiß nicht etwa deshalb, weil das Kollum besonders lang wäre; das Gegenteil ist der Fall! — Bei den Pygmäen ist dieser Index eher niedrig, der Querschnitt normal.

Es hat bis jetzt anscheinend noch niemand versucht, die wirkliche Länge des Schenkelhalses (z. B. vom Knorpelrand des Kaput in der Achsenrichtung bis zur Crista intertrochanterica) zu messen; und doch wäre ein solches Maß zumal in pathologischen Fällen recht wichtig. Es würde sich ergeben, daß bei Kretinen im allgemeinen der Schenkelhals (wie auch SCHOLZ S. 425 betont) kurz ist, „so daß in extremen Fällen der Kopf direkt auf dem Schaft aufzusitzen scheint". Im höchsten Maße trifft dies bei der Chondrodystrophie zu, wo der Schenkelhals kaum mehr ausgesprochen ist, als etwa das Collum anatomicum humeri; Rachitis hat meistens kurzen, Athyreose (Nr. 28) langen, steil aufstrebenden Hals. Bei Arthritis deformans ist der Hals recht kurz und dick, gerade so wie ja auch der Kopf dann unförmlich breit, aber kurz erscheint.

Von größerer Wichtigkeit sind die Winkelmessungen am Schenkelhals; die Rotation zu messen, mußte ich mir leider versagen und habe mich auf die Torsion und den Kollodiaphysenwinkel beschränkt. Bevor ich meine Resultate mitteile, einige Worte über die Achsen. Der Wert aller Winkelmessungen steht und fällt mit der Genauigkeit und Sicherheit, deren die Achsenkonstruktion fähig ist, und da muß leider auch in bezug auf den Oberschenkel das schon mehrfach angestimmte Klagelied wiederholt werden. Zunächst die Diaphysenachse; sie soll nach MARTIN vom Trochanter major in der Mediansagittalebene über die Vorderfläche des Knochens „bis zu den Kondylen" verlaufen. Das obere Ende dieser Achse ist so unsicher wie das untere; es bleibt in dubio, ob die vordere oder die weiter medial gerückte hintere Spitze des Troch. maj. gemein sei, und das Ende der Achse in der Kondylenregion läßt der Willkür noch weiteren Spielraum. Nicht allein bei starker Torsion bereitet die Achsenbestimmung Schwierigkeiten, bei Bestehen einer Transversalkrümmung (und zwar schon bei geringen Graden derselben!) wird die den Knochen halbierende Achse, sofern man darunter eine Gerade versteht, zur Unmöglichkeit. Man kann sich aus der Verlegenheit ziehen und bloß die Achse der oberen Schafthälfte nehmen; aber funktionell ist doch der Knochen eine Einheit in der Art, daß etwa bei starker Valguskrümmung des Schaftes der Kollodiaphysenwinkel klein und das Kollum in natürlicher Stellung doch steil aufgerichtet sein kann, und umgekehrt bei Varuskrümmung. Gerade solche Fälle bilden aber bei pathologischen Formen die Mehrheit! Funktionell viel richtiger wäre es, den Winkel zwischen der Halsachse und der Kondylentangente zu bestimmen, dann wären wir von der Schaftachse unabhängig. Es ist dies aber unbequem, weil der Schnittpunkt beider Linien zu weit draußen liegt. — Nicht besser steht es mit der vorderen Kollumachse, die „nach dem Augenmaße" Kaput und Kollum möglichst genau halbieren soll. Da der obere Rand des Kollum viel stärker und tiefer gekrümmt ist, als der mehr gestreckte untere Rand, so kann aus geometrischen Gründen die Summe aller Halbmesser (also die Achse) niemals eine Gerade sein. Es werden also verschiedene Beobachter bei ein und demselben Objekt die Achse in guten Treuen „nach dem Augenmaße" verschieden konstruieren, und auch der gleiche Bearbeiter wird heute eine andere Achse legen als morgen. Etwas mehr Sicherheit scheint mir folgende Bestimmung der Achse zu gewähren: man bestimmt am Diagramm an der Hinterseite des Femur den größten Durchmesser des Kaput und den kleinsten des Halses, verbindet die Mittelpunkte dieser beiden Geraden, so erhält man eine Linie, die ohne die Achse selbst zu sein, ihr doch sehr nahe kommt und, was die Hauptsache, sicher und leicht zu bestimmen ist. Ich habe nach dieser Methode den Kollodiaphysenwinkel im allgemeinen etwa 8° kleiner gefunden als bei lehrbuchmäßiger Bestimmung; es ist bloß die lehrbuchmäßige in der Tabelle wiedergegeben. — Die obere Kollumachse, welche die Mitte des Kaput mit dem am meisten lateral gelegenen Punkt des Troch. maj. verbindet, ist durch diese beiden Punkte gut definiert; die Annahme jedoch, daß diese Linie das Kollum, von oben gesehen, in zwei „gleiche Hälften" teile, ist unrichtig, wie schon ein Blick auf Fig. 395 des Lehrbuches beweist; es entstehen durch eine solche Teilung zwei „ungleiche Hälften". Das schadet aber weiter nichts, da im Sinne der Funktion die Achse wohl doch richtig gelegt ist.

Ich finde nun bei meinen Kretinen im Mittel den Kollodiaphysenwinkel zu 130,4° (121 bis 142) bei Bestimmung nach dem Augenmaße; dagegen zu 122,3° (90 bis 136) bei Bestimmung am Diagramm der Hinterfläche des Femur. Die individuelle Variationsbreite ist beträchtlich. Drei von vier weiblichen Kretinen haben sicher weit offene Winkel; bei den reinen Fällen finde ich für ♂ 129°, für ♀ 136°, also fast normale Verhältnisse; ich wiederhole aber, daß die Winkelmessung am Kollum der Willkür großen Spielraum läßt und will die Angaben andrer Autoren über die auffallende Knickung des Schenkelhalses bei den Kretinen nicht anfechten. LAGATOLA (SNQ 1920, S. 252) fand für 100 ♂ Normale im Mittel 135° (126 bis 147) und Korrelation zwischen diesem Winkel und der Platymerie; bei weit offenem, steilem Winkel fand er Platymerie, niedriger Winkel war mit „transversaler Platymerie" (= Stenomerie) vergesellschaftet. — Bei fünf männlichen Oberschenkeln von grazilen Typ war der Kollodiaphysenwinkel auf etwa 124° vermindert. Die kürzesten Femora haben durchaus nicht die kleinsten Winkelzahlen, jedoch ist soweit ich sehe, bei Stenomerie der Winkel nie sehr groß übereinstimmend mit den Angaben von LAGATOLA. Das gilt auch noch für die stark stenomeren Oberschenkel der pathologischen Knochenformen, wo der Schenkelhals bis nahe an einen rechten Winkel niedergebeugt ist. Ähnlich verhält sich bekanntlich der Neandertaler und die Pygmäenrasse; bei Aurignac wird dagegen ein ziemlich normales Verhalten notiert.

Daß bei Kretinen der Schenkelhals in auffallender Weise herabgedrückt erscheint, wurde zuerst von SCHOLZ (39) an dem auch von mir untersuchten Grazer Material nachgewiesen; auch E. BIRCHER (4) hat diese Erscheinung beobachtet und er spricht von einem Coxa vara cretinosa, die er bei seinem Material nur selten vermißte. Wenn er aber die gewiß richtige Tatsache hervorhebt, daß diese Coxa vara zumal bei älteren Kretinen vorkommt, so spricht gerade dies gegen die Annahme einer abnormen Knochenweichheit als Ursache dieser Coxa vara; denn sonst müßten ja gerade die jüngsten Kinder die höchsten Grade der Deformation aufweisen. Mir will scheinen, daß meine beiden Fälle mit den niedersten Winkeln (Bern 1903. 278 und Graz 1358) durch konkurrierende Rachitis bedingt seien. Aber für die weniger extremen Fälle stehe ich nicht an, eine rassenartige, vererbte Ursache zu vermuten und es scheint mir gar nicht unsinnig, auch für die gewöhnlichen Fälle von Coxa vara, soweit Rachitis bei ihnen ausgeschlossen ist, eine derartige Ätiologie anzunehmen. Weiteres über diesen Gegenstand findet man in den chirurgischen und orthopädischen Lehrbüchern.

Nach GEGENBAUR I, S. 299 ist der Kollodiaphysenwinkel beim Neugeborenen offener als beim Erwachsenen und nähert sich im Alter einem Rechten, was beim weiblichen Geschlecht schon in früheren Lebensperioden der Fall ist.

Von größtem Interesse sind die Beobachtungen von W. SCHULTHESS (461) (Zürich) über Coxa vara und abnorme Streckung des Schenkelhalses verursacht durch Poliomyelitis (Korr.-Blatt 1914 S. 950). Dieser Autor bestreitet energisch die landläufige Annahme von der Entstehung der Coxa vara durch Belastung mit dem Körpergewicht, wie auch die abnorme Streckung des Kollodiaphysenwinkels bei Lähmung keineswegs durch das Gewicht der passiv herabhängenden Extremität zu erklären sei. Das Knochenbalkensystem vom Trochanter major zum Kaput werde zu Unrecht als Zugkurvenbündel angesprochen und sei im Gegenteil eine Wirkung des starken Druckes, den die Glutäal- und kleinen Hüftgelenkmuskeln auf das proximale Femurende in der Richtung auf die Gelenkpfanne hin ausüben. Dieser Druck kommt bei Lähmung in Wegfall, daher streckt sich der Schenkelhals. Handelt es sich aber um völlig gelähmte, bettlägerige Individuen, so atrophieren die Knochen und können dann unter dem Einfluß der Kontraktur des Rectus femoris eine Deformation im Sinne einer richtigen Coxa vara erleiden. Nur beim krankhaft erweichten Knochen bewirkt mechanische Beanspruchung eine Verbiegung; der normale Knochen reagiert auf vermehrte Inanspruchnahme mit Verstärkung seiner Elemente, wodurch vermehrtes Relief (und vielleicht auch verstärkte Betonung normaler Krümmungen) zustande komme. SCHULTHESS (462) hat auch den Satz ausgesprochen: „die Qualität und Ausbildung der Knochen ist in erster Linie von der Vererbung abhängig" (Korr.-Blatt 1913, S. 174); ich vermute, der Autor hätte nichts dagegen, wenn unter „Ausbildung" auch Form und Biegungen der Knochen verstanden werden. — Bezüglich der Coxa vara cretinosa lehren uns diese Ausführungen folgendes: 1. die Coxa vara muß nicht notwendig auf dem Druck der Körperlast (von oben) beruhen; dieser Fall kann indes bei Komplikation mit Rachitis eintreten. 2. die Entstehung der Coxa vara ist bei Kretinen nur ganz ausnahmsweise durch Kontraktur und Rektuswirkung zu erklären; Kontrakturen und Lähmungen sind bei Kretinen ungemein selten. 3. es bleibt kaum eine andre Annahme, als daß die Coxa vara cretinosa durch hereditäre Disposition (Atavismus) zu erklären sei.

H. HOESSLY (386) (der ebenfalls viel zu früh verstorbene Nachfolger von SCHULTHESS in der Direktion der orthopädischen Anstalt Balgrist, Zürich) hat selbst und durch seinen Assistenten FRÖSCH (387) das Thema der Coxa vara weiter bearbeitet und ist ebenfalls zu dem Schluß gekommen, daß die Belastung allein nie, sondern immer nur in Verbindung mit (meist rachitisch bedingter) Knochenweichheit zu Coxa vara führe. Er untersuchte speziell Amputierte und einseitig Gelähmte, bei denen also das gesunde Bein doppelt belastet wird, darauf hin und fand wohl gelegentlich Genu recurvatum und Knickfuß, immer auch auffallende Massenzunahme der gesunden Extremität, aber nie weder Coxa vara, noch Genu valgum oder echten „statischen" Plattfuß.

Die Torsion[1]) bestimmt man in der Regel als den Winkel zwischen Kollumaches (von oben gesehen) und Kondylentangente; statt dieser nahmen frühere Autoren etwa auch die Drehachse der Kondylen, die aber nicht leicht zu bestimmen ist. Ich habe auch versucht, die Torsion als den Winkel der Kollumachse und einer Tangente an die Facies patellaris zu bestimmen; der Winkel wird dann umso größer, je stärker der Cond. lat. nach vorn vorspringt. Auch ist dieser Winkel um etwa 10 größer, als bei der sonst üblichen Messung und daher leichter zu bestimmen; denn je kleiner ein Winkel, um so schwieriger ist seine exakte Messung. Beide Bestimmungen mache ich mit Hilfe meines Blechwinkels, indem der Knochen das eine Mal mit seinen Kondylen, das andere Mal mit seiner Facies pat. auf die Unterlage zu liegen kommt. Es ergibt sich in bezug auf die Kondylentangente bei den ♂ eine Torsion von 24,4° im Mittel (Minimum 18°, Maximum 32°) und bei den ♀ 25° (19 bis 34);

---

[1]) Die stammesgeschichtliche Bedeutung der Torison ist nicht ganz klar. Beim paläolithen Menschen war sie gering wie beim modernen, während die Neolithiker und gewisse exotische Stämme (Senoi, Negrito usw., vgl. Lehrbuch S. 1024) Mittelwerte von 20 bis 30° (und mehr) erreichen.

geringe Torsion (20°) fand ich bei grazilen Typen; in bezug auf die Facies pat. 33,5° (14 bis 62). Die Torsion ist also sehr stark, aber ohne deutliche sexuelle Differenz. Sehr auffallend ist, daß rechts meistens, aber nicht immer (in 4 bis 5 von 6 reinen Fällen), der Winkel merklich größer gefunden wird; so besonders auch bei Rachitis, wo überhaupt die Torsion sehr große Werte erreicht. Sehr eigenartig verhält sich die Chondrodystrophie; hier erkennt man klar, daß bei der Torsion gar nicht der proximale Teil des Knochens verdreht ist (vgl. meine Bemerkung zur Humerustorsion), sondern der distale. Die Stellung und Richtung des Schenkelhalses gegen die Beckenschaufel muß ja immer in Ruhe eine mittlere sein, so daß Außen- und Innenrotation noch wirksam werden kann. Bei der Chondrodystrophie nun schaut der kurze Oberschenkel, wenn die Tibia senkrecht gestellt wird, direkt nach hinten und etwas nach auswärts; montiert man aber beide Beine in richtiger Stellung am Becken, so scheinen sich die Knie zu berühren, während die Fersen scharf nach außen und die Zehen aufeinander zu gerichtet sind. Es besteht also in Tat und Wahrheit eine maximale Torsion, welche aber am obern Teil des Femur gar nicht erkennbar ist; das berechtigt mich zu der Vermutung, daß auch bei der normalen Torsion nicht der proximale, sondern der distale Teil verdreht erscheint. MARTIN (594) bemerkt etwas ähnliches in bezug auf die Feuerländer; er sagt wörtlich: „durch diese Stellung der beiden Achsen zueinander (d. h. durch die Torsion) werden die Knie mehr nach innen gedreht und überhaupt jener Gang mit einwärts gerichteter Fußachse erzeugt, der für viele farbige Rassen charakteristisch ist." Gerade dieser Gang ist auch, wie jeder immer wieder konstatieren kann, für die Kretinen äußerst bezeichnend; man hat ihn auf die Abplattung des Caput femoris [H. BIRCHER (119), KLEBS, PALTAUF], auf die Coxa vara [E. BIRCHER (4)] oder auf die unvollkommene Streckfähigkeit der Kniegelenke (mihi 13) zurückführen wollen; wahrscheinlich handelt es sich jedoch um eine Vereinigung und Konkurrenz all dieser Ursachen, wozu dann noch die Muskelschwäche der Kretinen kommt. Soviel aber scheint doch festzustehen, daß es sich bei dem typischen Gang der Kretinen um eine anthropologisch verwertbare Eigenschaft handelt; RIKLI und HEIM (600) (Sommerfahrten in Grönland 1911) haben ähnliches bei Eskimos gesehen (S. 151 „in Erinnerung geblieben ist sie uns aber hauptsächlich wegen ihres eigentümlich schwerfälligen, wackligen Ganges. Ihr von hinten zuzusehen war zu komisch; denn in allen Einzelheiten war es eine getreue Wiedergabe des Gänseganges"). Man darf nicht vergessen, daß wir ja auch erst beim Militär oder im Turnunterricht lernen, mit durchgedrückten Knien zu stehen und zu marschieren; dem Naturmenschen ist diese Haltung fremd. Die professionellen Schnelläufer vermeiden auch heute noch den Gang mit durchgedrückten Knien, und ebenso erfordert der wiegende Gang des Bergsteigers semiflektierte Kniegelenke.

Das Caput femoris

ist bei allen Kretinen, auch wenn bloß die reinen Fälle in Betracht gezogen werden, ungewöhnlich groß, am meisten beim massiven Typ; sein Umfang übertrifft absolut und relativ den Umfang bei viel größer gewachsenen normalen Individuen. Dieses Merkmal ist differentialdiagnostisch verwertbar. Durch abnorm großes Caput femoris war auch die Neandertalrasse ausgezeichnet; es ist wohl kein Zufall, daß drei von meinen reinen Fällen den N-menschen sogar noch übertreffen. Auch die weiblichen Kretinen stehen nur wenig zurück. Ich finde bei den Männern einen Robustizitätsindex von 26.2 (22,4 bis 31,3), bei den Weibern 25,6 (24,8 bis 28,7) also Werte, wie sie sonst bloß bei den Anthropomorphen gefunden werden (Mittel für N laut Lehrbuch 23,6, Japaner 22,0, Franzosen ♂ 21,3, ♀ 19.9; Neger bloß 19,7). Die Pygmäen haben im Mittel 20,2, also ziemlich viel, wenn man bedenkt, daß es sich hier angeblich um weibliche Individuen handelt.

Noch wesentlich größer ist freilich der Schenkelkopf bei pathologischen Knochenformen; der Index liegt für Rachitis meist über 30, für Chondrodystrophie gar über 45 und ist auch bei den Fällen mit Schilddrüsenmangel nicht besonders klein (von monströsen Formen bei Arthritis, vgl. Nr. 2334, sei hier ganz abgesehen). Auch dieser Umstand ist wichtig; denn ein allzu hoher Index wird auch bei kretinischen Individuen den Verdacht auf Rachitis oder Arthritis deformans nahelegen. Es ist ja ganz sicher, daß eine Kombination von Rachitis mit Kretinismus gar nicht selten ist, und im Alter mag wohl sich Arthritis deformans dazu gesellen. Es ist gewiß nicht nötig, anzunehmen, daß immer und ohne weiteres die arthritische Gelenkschädigung auf toxischen Schilddrüsenprodukten beruhe [Konczalowski (196), Jakunin (193)]; diese Annahme wäre sogar dann noch nicht zwingend, wenn bewiesen wäre, daß solche Fälle durch Schilddrüsenmedikation günstig beeinflußt werden. Die Chlorose z. B. wird zwar geheilt durch Eisen, sie wird aber auch geheilt durch Arsenik; wer will behaupten, daß As-Mangel in der Chlorosenätiologie eine Rolle spiele? Man ist also nicht ohne weiteres berechtigt, aus dem Vorkommen von chronischer Arthritis bei Kretinen auf die bekannte thyreogene Entstehung des Kretinismus überhaupt zu schließen. Mag sogar die Arthritis thyreogenen Ursprungs sein und mögen Kretine (als Degenerierte!) noch so häufig an Störungen der Schilddrüsenfunktion leiden: das hat alles wenig zu sagen! Wäre der Kritinismus nichts als eine Hypothyreose und träfe dasselbe auf die Arthritis zu, so müßte ausnahmslos jeder ältere Kretin an Arthritis leiden, was aber tatsächlich nicht der Fall ist; ich erinnere an die Berner Kretinen, bei denen die Arthritis lang nicht so häufig ist, wie bei denen aus Graz.

Der Index des Kaputquerschnittes ist im Mittel 101,7; bei den reinen Fällen war der Index bloß einmal 95, sonst immer (bei 10 Männern und bei 3 Weibern) über 100 (Mittel für die ♂ 104,7, ♀ 101,2). Dadurch rücken die Kretinen in eine Linie mit Aurignac und Australier; Athyreose verhält sich, wenn aus einem Fall dieser Schluß erlaubt ist, ebenso, während bei Rachitis und Chondrodystrophie der Index kleiner als 100 gefunden wird. Bei den Pygmäen sind beide Durchmesser genau gleichgroß, beim N-Menschen überwiegt der vertikale (Index 96 bis 98).

Ich habe auch auf die Lage der Fovea capitis geachtet; sie soll bei NG ziemlich weit nach hinten und nahe beim Troch. min. zu finden sein; ich habe jedoch kein typisches Verhalten entdeckt.

Mit einigen Worten muß noch auf das scheußlich verunstaltete Caput femoris bei Chondrodystrophie eingegangen werden. Ich habe den Eindruck, daß in diesen Fällen vom Kaput ein großer Teil fehle; denn so, wie es jetzt ist, kann dieses höckerige, hohle, schüsselförmige Gebilde unmöglich zur Artikulation getaugt haben; es ist wohl durch Knorpel zur Kugelform ergänzt worden. Vielleicht muß auch über dem Caput humeri in ähnlicher Weise eine knorplige Kugel angenommen werden. Doch ist am Humerus die vorhandene Fläche immerhin glatt und gelenkfähig, wenn auch sehr wenig gewölbt.

Die Regio trochanterica

bietet eine Anzahl deskriptiver Merkmale, welche erstmals von KLAATSCH in ihrer rassenanatomischen Bedeutung studiert worden sind. Einen fast senkrechten Verlauf der Crista intertroch. mit weit nach rückwärts gelagertem Troch. min., wie das für N, Feuerländer und Aino charakteristisch ist, finde ich bei dem Berner 1894.345, 1913.33, ebenso bei Graz 4595 und 2334. Auf die Linea obliqua, deren steile Stellung als ein primitives Merkmal gilt, habe ich leider nicht geachtet. Wohl aber habe ich mir das Verhalten des Labium lat. lineae asper und der daraus hervorgegangenen Gebilde (Troch. III, Fossa oder Crista hypotrochanterica) genau notiert. Es fand sich bei 3 von 23 Fällen die Glut. max.-Insertion in Form einer Fossa hypotroch. ausgebildet, davon einmal mit richtigem Tuberkulum; bei einem vierten Fall finde ich eine deutliche Fossa neben riesigem Troch. III und scharfer Crista hypotroch. Die Crista hypotroch. will mir überhaupt als die typischste Art der Glut. max.-Insertion erscheinen; sie fehlt völlig nur bei 1915.297 und bei 518 (dem Fall mit der starken Fossa!), sechsmal steht sie allein, in den übrigen 14 Fällen erscheint sie proximalwärts in einen Trochanter tertius von oft gewaltigen Dimensionen fortentwickelt. Bei mehreren der aufgesägten Berner Oberschenkel ist außerhalb der festen Kortikalis der Diaphyse im Troch. III noch einmal eine eigene kleine Markhöhle zu erkennen. Dieser Umstand scheint doch dafür zu sprechen, daß der Troch. III nicht bloß ein zufälliges Gebilde darstellt, sondern daß er, wie schon DIXON behauptete, aus einem eignen Knochenkern hervorgegangen ist, was natürlich seine rassenanatomische Bedeutung steigern würde. Ich kann aber nicht verschweigen, daß die Crista hypotroch. und (seltener!) sogar der Troch. III sich auch bei den pathologischen Knochenformen finden, wie die Tabelle zeigt. — Es findet sich also bei Kretinen, wenn ich kurz rekapitulieren darf, 15mal ein Troch. III, 21mal eine Crista und 4mal eine Fossa hypotrochanterica; das sind Zahlen, welche über die Norm doch sehr merklich hinausgehen, vgl. Lehrbuch S. 1031. Es scheint jedoch, als ob durch die Häufigkeit von Crista und Troch. III, wie auch durch die relative Seltenheit der Fossa die Kretinen eher an A als an N erinnerten.

Der Troch. maj. weist bei den männlichen Kretinen gewaltige Dimensionen auf, die z. B. bei 1894.345 die N-Masse noch übertreffen. Das gleiche ist in noch höherem Grade bei der Chondrodystrophie der Fall. Eine axiale Lage des Troch. min. wie sie beim N angetroffen wird, fehlt auch nicht bei Graz Nr. 518, 3235, 4595, 5390 und bei 1894.345 wie bei einigen andern Berner Kretinen. Die Länge der Crista intertroch. ist zwar bei der Mehrzahl meiner Kretinen sehr gering (gering ist sie auch bei A!), jedoch bei dem gleichen 1894.345, bei 1914.93 und Graz 518 ist sie beträchtlich und neandertaloid, ähnlich aber leider auch bei Rachitis. Aurignac-artig ist ferner die stark ausgehöhlte obere Begrenzung des so kurzen Schenkelhalses, die man bei fast allen Kretinen finden kann; und N-artig ist dagegen wieder die Abflachung der Crista intertroch. oberhalb des Troch. min., die ich bei 8 von 23 Kretinen-femora antreffe.

C. Die distale Epiphyse

bildet den Knieanteil des Oberschenkels und ist darum von großer Wichtigkeit; wir besprechen zunächst Dimensionen und Form der Kondylen, dann den Kondylodiaphysenwinkel. Freilich ist bei keinem Gelenk eine ausschließliche Betrachtung der Knochen so unbefriedigend wie beim Knie; man sollte unbedingt den Bandapparat und die Weichteile in weiterem Umfange mitberücksichtigen, was um so leichter sein dürfte und um so mehr Erfolg verspricht, als gerade über das Kniegelenk schon eine tüchtige vergleichend zoologische Literatur besteht. Mir war diese Seite meiner Aufgabe unzugänglich wegen Mangels an frischem Material. Ich gebe daher meine Knochenmessungen, so unvollkommen sie sein mögen, wenigstens als Anregung zu weiteren Forschungen.

21. Die Epikondylenbreite ist bei männlichen Kretinen mit einem Mittel von 82,6 (75 bis 96) mm sehr beträchtlich, wohl so groß wie bei hochgewachsenen rezenten Europäern und jedenfalls viel größer als bei den neolithischen Pygmäen gleicher Körperlänge, welche in diesem Punkte sich ganz kindlich verhalten. Rechts ist die Breite deutlich größer als links. Für die weiblichen Kretinen finde ich 72 (69 bis 76) mm. Eine große Epykondylenbreite ist bekanntlich ein Kennzeichen der Neandertalrasse.

Man kann Maß 21 vergleichen und in Beziehung setzen zu der obern Breite, zum Transversaldurchmesser der Schaftmitte sowie zur Femurlänge. Es ist soweit ich sehe bei allen fossilen und lebenden Rassen wie auch bei allen pathologischen Oberschenkeln die obere Breite größer als die untere, — mit einziger Ausnahme der Kretinen, bei welchen nicht allzu selten (beim grazilen Typus!) die Epikondylenbreite im Meßbrett größer ist als größte obere Breite, jedenfalls ist sie größer als die obere Breite im Meßbrett (Durchschnittszahlen), die Ursache dieser Erscheinung ist nicht sowohl eine beträchtliche distale Breite, als viel eher eine starke Verkürzung des Schenkelhalses; es wäre von Interesse, das Verhalten der Anthropoiden in diesem Punkt vergleichen zu können.

Der Epikondylen-Diaphysen-Breiten-Index (schreckliches Wort!) soll vermutlich wie der Transversalindex der untern Diaphysenhälfte dazu dienen, uns von der Trompetenform des Schaftes eine Vorstellung zu geben, und ist hierzu jedenfalls besser geeignet, als jener; denn die Epikondylenbreite ist ein sehr genaues Maß. Ich finde diesen Index bei

Athyreose	20,0
Chondrodystrophie	23,0
Rachitis	24,7
Neonat	25,0
Kretinen, rechts	25,5
„ alle	26,5
„ links	29,3
Normal	32,5
Pygmäen	33,3
Aurignacrasse	33,3
Neandertalrasse	34,1

Als Grundlage eines Index aus Kondylenbreite und Femurlänge kann man mit dem Lehrbuch die BUMÜLLERsche Diaphysenlänge oder mit KLAATSCH die Trochanterlänge benutzen; warum man nicht einfach die größte Länge nimmt, ist mir unerfindlich. Das Lehrbuch nennt Epikondylen-Diaphysen-Längen-Index das Resultat aus Epikondylenbreite mal 100 geteilt durch Diaphysenlänge; nach KLAATSCH ist es die Trochanterlänge mal 10 geteilt durch die Epikondylenbreite; nach KLAATSCH erhält man folgende Reihe:

Chondrodystrophie 32,9
Rachitis 39,4
Neonat 35,4
Kretinen. . . . . ♀ 43,7
    ,,   ♂ 44,1
Neandertaler 47,4
Athyreose 54,0
Pygmäen. . . . . 54,6 (bloß 1 Fall)
Normal 55,3
Aurignac. 56,0

In dieser Liste erkennt man sehr deutlich die drei Gruppen a) der pathologischen Typen mit etwa 35, b) die der fossilen mit etwa 45 und c) die der modernen Europäer mit einem Index von etwa 55. Je kleiner der Index, um so massiger die Kondylenregion; Anna van WESTRIENEN (481) nennt für Gorilla einen Index von 43 bis 46,6; für Orang 46,9 bis 48; für Schimpanse 48,9.

Der Condylus lateralis weist bei Kretinen folgende Dimensionen auf:

	Alle Kretinen	Reine Fälle	
		♂	♀
Projektivische Länge . .	60,4 (52— 66)	61	54
Größte Länge.	60,9 (54— 67)	62	56
Höhe	37,2 (33— 44)	38	34
Breite	29,3 (25— 34)	31	27
Umfang am lat. Knorpelrand	109,5 (96—123)	113	103

Die Längenmaße sind leicht und sicher festzustellen; die Höhe messe ich vom Epikondylus an senkrecht (projektivisch) auf die Standfläche, die Breite messe ich als größten Abstand des seitlichen Knorpelrandes vom Rand der Fossa intercondyl. und zwar von unten her. Höhe und Breite lassen der Willkür des Untersuchers so viel Spielraum, daß ihr Wert von mir nur gering angeschlagen wird. Beide werden links und rechts gleichgroß gefunden; dagegen ist die Länge rechts sehr deutlich größer.

Der Kondylus bietet nun eine große Anzahl von mehr oder minder wichtigen Beziehungen zu andern Skelettabschnitten wichtig; heiße ich jene Beziehungen, welche uns entweder über die Statik und Mechanik des Gelenks oder dann über die Entwicklungsgeschichte Aufschluß verschaffen. Es soll die Aufstellung immer neuer Indizes die Anthropologie aber nicht nur zu einem Kapitel der „angewandten Variationsrechnung" machen.

Von Bedeutung sind an den Kondylen folgende

Beziehungen	Meßbar durch
Winkel seiner Achse mit der Achse des ganzen Femur	Direkt am Profil-Diagramm
Sein Ausladen nach hinten	Index sagittalis
Sein Vorspringen nach vorn	Vergleich der projektivischen Länge beider Kondylen
Richtungswinkel der Längsachsen beider Kondylen	Direkt am Horizontal-Diagramm
Länge relativ zur Femurlänge	Index nach KLAATSCH
Länge relativ zur Epikondylusbreite	Kondylenindex
Länge relativ zur Länge des andern Kondylus	Kondylen-Längen-Index

Am Diagramm der Profilansicht des Oberschenkels (mediale Ansicht! Femur liegt mit Cond. lat. und Troch. maj. auf der Unterlage) erhält man die funktionelle Längsachse, wenn man den höchsten Punkt des Kaput mit dem tiefsten Punkt des Kondylus durch eine Gerade verbindet; die Längsachse des Kondylus bestimmt man als größten Durchmesser. Diese beiden Achsen stehen nun bei Kretinen entweder genau senkrecht aufeinander (Bern 1894.345, 93, 353.67; Graz 1358, 2334, 3235, 4595) oder sie bilden wie beim Normalen und bei allen fossilen Menschen einen hinten offenen Winkel (Bern 1910. 343, 278, 212, 343; Graz 518, 4028, 5390). Nur bei Graz 569 ist der Winkel so wie bei Athyreose und Rachitis (noch viel mehr aber bei Chondrodystrophie!) hinten ein spitzer, wodurch in extremen Fällen der Kondylus wie gegen die Hinterseite des Schaftes hinaufgedrückt und hinaufgebogen erscheint. Es dürfte diese Verbiegung als Belastungsdeformität aufzufassen sein, als eine Anpassung an die gewohnheitsmäßige halbe Kniebeugung dieser Kranken.

Fertigt man vom aufrecht gestellten Femur ein Horizontaldiagramm der Kondylenregion an, so fällt es auf, wie sehr verschieden stark die beiden Seitenränder der Kondylen nach vorn zu gegeneinander konvergieren. Das durch die Seitenränder gebildete Trapez ist in seiner juvenilen Form ziemlich breit, aber kurz und doch stark konvergent; bei normalen Individuen nimmt es mehr die Form eines Quadrats mit fast gleichen Seiten an, während es bei Kretinen, primitiven und pathologischen Typen vorn sehr schmal und hinten breit angetroffen wird; in der Höhe nimmt es eine Mittelstelle ein, welche an infantile Zustände erinnert. Man kann etwa folgende Reihe aufstellen:

	Winkel der Seitenränder	Trapezform
Chondrodystrophie	etwa 20°	mittel
Normal	„ 25°	hoch
Pygmäen (und Aurignacensis?) . . .	„ 30°	hoch
Neandertalrasse	„ 35°	hoch
Kretinen	„ 35°	mittel
Rachitis	„ 40°	mittel
Neonat und Athyreose	„ 40°	niedrig

An Diagrammen bei KLAATSCH (517) und A. VAN WESTRIENEN (481) messe ich für Pithekanthropus etwa 30°, für Gorilla etwa 38°. Es dürfte die Annahme berechtigt sein, daß Trapezform und Seitenränderwinkel für die Standfestigkeit der Extremität von Bedeutung seien; es scheint (soweit ohne Experimente ein Urteil zulässig ist) die normale hohe Form des Trapezes mit fast parallelen Seitenrändern dem aufrechten Stand am meisten angepaßt zu sein.

ANNA VAN WESTRIENEN hat nach dem Vorgange von BUMÜLLER an beiden Kondylen die Krümmungsradien exakt bestimmt und gefunden, daß bei allen Anthropomorphen der Cond. lat. nicht allein deutlich kürzer, sondern auch stärker gekrümmt ist, als der Cond. med.; beim modernen Europäer ist bekanntlich das Gegenteil der Fall. Leider sind meine Profildiagramme von den in Frage kommenden Kretinenfemora mit kürzerem Cond. lat. in dieser Hinsicht nicht beweiskräftig (da ich das Femur in medialer Ansicht aufnehme, so wird der Cond. lat. vom Cond. med. überdeckt). — Die Kurve des Kondylus ist weder ein Halbkreis, noch eine Kreisevolvente, auch keine Hypo- oder Epizykloide, sondern sie zeigt etwas vor der Mitte eine Einsattelung, welche dem vorderen Rand des Cond. lat. tibiae entspricht und die Überstreckung des Knies verhindert. Es bekommt dadurch das gestreckte Bein, das ja wesentlich auf dem Cond. lat. ruht, eine größere Stabilität. Eine solche Einsattelung fehlt auch bei Kretinen nur selten; bei Anthropoiden findet sie sich nicht am lateralen, sondern wie nicht anders zu erwarten, am medialen Kondylus, wenn auch nur schwach. Beide Kondylen zeigen jedoch bei den Anthropoiden eine viel größere Annäherung an die Kreisform, als bei den Menschen; während der Cond. med. bei Affen und Menschen in Form und Dimensionen sehr nahe übereinstimmt, so scheint sich der Cond. lat. beim Menschen um mehr als die Hälfte verlängert zu haben und zugleich höher gerückt zu sein.

Die laterale Kante der Patellarfläche springt bei Kretinen, wie man sich am Horizontaldiagramm leicht überzeugen kann, oft in ganz neandertaloider Weise vor (bei den großen Affen prädominiert eher der med. Rand); wenn man hierfür einen zahlenmäßigen Ausdruck wünscht, so mag man die projektivische Länge beider Kondylen miteinander vergleichen und man wird immer, auch wenn die absolute Länge des Cond. med. größer sein sollte, ein Überwiegen der Projektion auf der lateralen Seite finden. Im Mittel überragt der lat. Kondylus dem med. bei Kretinen um 4,6 mm (0 bis 9 mm) gegen etwa 8 mm bei N, etwa 4,2 normal, 5,2 bei Rachitis, etwa 6 bei Chondrodystrophie und etwa 1,5 bei Athyreose; bei A links überwiegt der Cond. med., wobei aber zu bedenken, daß der Cond. lat. defekt ist; eine gewisse Bedeutung ist aber dem Symptom jedenfalls nicht völlig abzusprechen.

Die flachelliptische langgestreckte Form des Cond. lat. und seine extreme Längenentwicklung, welche für N so charakteristisch ist, vermißt man auch bei Kretinen nur selten; ein Blick auf ein Präparat oder auf eine exakte Zeichnung informiert besser darüber, als noch so viele Zahlen. Trotzdem habe ich mich die Mühe nicht verdrießen lassen und den Index nach KLAATSCH $\dfrac{\text{Trochanterlänge mal } 10}{\text{Länge des Cond. lat.}}$ sowie einen Sagittalindex aus dem D. sagitt. 1 cm oberhalb der Gelenkfläche mal 100 geteilt durch Länge des Cond. lat. ausgerechnet. Beide Indizes werden um so kleiner, je weiter der Kondylus nach hinten ragt; es ergibt sich folgende Reihe:

	Index nach KLAATSCH	Sagittal-Index
Chondrodystrophie	etwa 38	etwa 41
Rachitis	„ 50	„ 46
Neandertalrasse	„ 57	„ 43
Neonat	„ 57	„ 56
Kretinismus	„ 57	„ 46
Rezente Europäer	„ 70	„ 50
Pygmäen	„ 72	„ 44
Aurignacensis	„ 73	„ 46
Athyreose	„ 78	„ 48

Die beiden Reihen laufen also keineswegs parallel; die Beziehung auf die Länge ist aber jedenfalls das richtigere Prinzip, sie ergibt größere Unterschiede und eine ganz ähnliche Gruppierung, wie der Index aus Trochanterlänge und Epikondylenbreite. Die Stellung der Kretinen in der Nähe der fossilen Typen kommt überall klar zum Ausdruck. Ich habe auch den Kondylenindex des Lehrbuches ausgerechnet, bei welchem im Gegensatz zum vorigen die höchsten Zahlen das primitivste Verhalten anzeigen; er ist bei

Neonat	58,9
Athyreose	61,5
Kretinen, alle	77,0
„ links	78,1
„ rechts	79,7
Normal	78,5
Rachitis	78,6
Aurignacensis	79,4
Pygmäen	80,6
Neandertalrasse	80,7
Chondrodystrophie	84,1

Die Reihenfolge ist ähnlich; bloß erscheint die Rachitis als „zu normal", weil hier eben auch die Epikondylenbreite unmäßig gesteigert ist.

Die Dimensionen des Condylus medialis sind bei Kretinen:

	Alle Fälle	Reine Fälle ♂	Reine Fälle ♀
Projektivische Länge	55,0 (48— 66)	57	50
Größte Länge	58,0 (53— 73)	60	54
Höhe	40,0 (36— 50)	41	36
Breite	25,4 (21— 33)	27	23
Umfang am Knorpelrand	101,6 (86—117)	107	95

Sämtliche Maxima stammen von 1894.345; die Berner bieten überhaupt etwas höhere Zahlen, als die Grazer, wohl deswegen, weil man in Graz vorzugsweise zwerghafte (und abnorm verkrümmte) Kretinen in der Sammlung vereinigt hat; also keine Rassenverschiedenheit, sondern nur ein anderes Sammlungsprinzip. — Der Cond. med. ist auf der rechten Seite kaum größer als links; aber die sexuelle Differenz ist deutlich. Die Krümmung ist durchwegs stärker

16*

als die des Cond. lat.; die Längsachsen beider Kondylen liegen nicht immer in einer Ebene, wobei zu beachten, daß die Längsachse des Cond. med. mit der dorsalen Kondylentangente einen viel spitzeren Winkel bildet, als die des Cond. lat. Es ist deshalb die projektivische Länge des Cond. med. auch dann kürzer als die des Cond. lat., wenn die größte Länge hier absolut größer ist als die des Cond. lat.; ich muß mich wundern, daß das Lehrbuch die projektivische Länge bloß am Cond. lat., nicht auch am Cond. med. messen läßt. Ein Überwiegen des Cond. med. in der größten Länge finde ich bei allen Berner Kretinen, sehr stark bei 1894.345; in hohem Grade findet sich die gleiche Erscheinung auch beim Aurignacensis und bei allen großen Affen. Bei N wie bei A sind Höhe und Breite des Cond. med. größer als am Cond. lat., erinnern also an die Anthropoiden; das gleiche Verhalten weisen die Kretinen wenigstens bezüglich Höhe auf, Rachitis und Chondrodystrophie jedoch bezüglich Höhe und Breite, nicht aber bezüglich größte Länge. Die größere Höhe des Cond. med. hilft wesentlich mit, ihm das Aussehen stärkerer Krümmung zu verleihen; sie fehlt auch normalen Objekten nicht. — In einigen Fällen ist auch der Umfang des Cond. med. größer als der des Cond. lat., wohl darum, weil der Gelenkknorpel weiter hinaufreicht. Die vom Cond. lat. abweichende Gestaltung des Cond. med. findet bekanntlich ihre Erklärung in einer abweichenden Funktion; es dient der Cond. lat. zur Beugung und Streckung, während durch den Cond. med. die Rotationsachse des Kniegelenks geht. Bei den Affen dürfte das Verhältnis umgekehrt sein; wenn trotz menschlicher Funktion bei einzelnen Kretinen eine den Anthropoiden nahestehende Gestalt angetroffen wird, so kann dies gewiß nur als ein Atavismus zu deuten sein. Es muß aber zugegeben werden, daß eine Untersuchung des Bandapparates und der Funktion gerade bei solchen Kretinen noch aussteht; wie soll man aber intra vitam das Überwiegen des cond. med. feststellen? Durch Radiographie ist dies kaum möglich; vielleicht zufällig bei einer Operation? Aber nach der Operation ist die Funktion kaum noch intakt. Es scheint, das wir wirklich sagen sollen: Ignorabimus! An der Leiche sind die Bedingungen auch nicht mehr dieselben, wie am lebenden Menschen.

Die Gelenkfläche bietet auch abgesehen von dem schon besprochenen Vorspringen ihrer lateralen Kante einige phylogenetisch wichtige Eigentümlichkeiten. Ihre obere Begrenzung ragt bei modernen Hominiden am äußeren Kondylus weit hinauf, während sie bei Neandertaler und Anthropoiden einen mehr gleichmäßig sanften Bogen besitzt. Diese letztere Form ist nun auch bei Kretinen gar nicht selten; ich finde sie mehr oder weniger ausgesprochen bei Bern 343 und 212, wie auch bei Graz 4595, 5390, bei 4028 und 2334 wenigstens einseitig notiert. Eine über das gewöhnliche Maß hinausgehende Ausprägung der fossa suprapatellaris, die nach KLAATSCH ebenfalls für N typisch ist, haben die Grazer 1358, 2334, 3235, 4028 und das Berner Skelett; ein konvexes Planum popliteum nur 5390 und Bern 141, häufig ist es aber als »ganz eben« (statt leicht konkav) angegeben. Die Fossa intercondyloidea ist mit einziger Ausnahme von Bern 93 immer sehr breit, an sechs Femora ist sie sogar breiter als bei N. Rachitis und Chondrodystrophie verhalten sich in all diesen Punkten unter sich gleich, aber anders als die Kretinen: bei beiden ist die Fossa intercondyloidea sehr schmal, eine Fossa suprapatellaris kaum angedeutet, bei beiden das Planum popliteum konvex und die obere Begrenzung der vorderen Gelenkfläche gleichmäßig rund, also primitiv. Wieder scheidet sich die Athyreose durch völlig normale Verhältnisse sowohl vom Kretinismus wie von den andern pathologischen Zuständen. Darüber, wie sich die Pygmäen in diesen Merkmalen verhalten, fehlen verwertbare Nachrichten. Beim Neonaten ist die Fossa intercondyloidea ganz außerordentlich breit, alles übrige jedoch normal.

Der Kondylodiaphysenwinkel kann im Meßbrett oder am Diagramm bestimmt werden; er leidet, wie alle Winkelbestimmungen, unter der Unmöglichkeit einer genauen Achsenkonstruktion, die bei irgend erheblicher Transversalkrümmung des Schaftes sofort zutage tritt. Ich möchte es für praktischer halten, die Achse nicht über die Mitte des Knochens, sondern neben demselben und parallel zu ihm zu markieren; man täuscht sich dann wie mir scheint, weniger leicht. Ich habe die Beobachtung gemacht, daß bei allen normalen und fossilen Typen, wie auch bei den Kretinen eine im Cond. ext. auf die Kondylentangente errichtete Senkrechte proximal direkt durch die höchste Stelle des Kaput geht, und ich bin der Meinung, daß dies die wahre funktionelle Längsachse des Oberschenkels ist. Einzig bei Rachitis und Chondrodystrophie geht diese Senkrechte seitlich vom Kaput vorbei, darum sind dies auch pathologische Zustände. Wenn ich aber sehe, daß bei dem käuflichen Gipsmodell des Oberschenkels von le Moustier ebenfalls die Senkrechte das Kaput verfehlt, so schließe ich daraus nicht etwa daß jenes Individiuum an Rachitis gelitten habe, — sondern daß die Rekonstruktion (namentlich was die Kondylenregion betrifft) unrichtig sein müsse. Soll, wie ich behaupte, das Kaput immer genau senkrecht über dem Cond. ext. stehen, so muß die Torsion um so stärker angetroffen werden, je geringer der Kondylodiaphysenwinkel ist, dies besonders bei kurzen Knochen; oder der Ausgleich kann durch eine steilere Stellung des Halses erzielt werden, oder auch durch eine stärkere Valguskrümmung, oder endlich durch eine Verkürzung des Halses. Es führen verschiedene Wege nach Rom.

Trotzdem nun also unter einigermaßen normalen Umständen das Kaput immer seine genau bestimmte Lage hat, ist es doch nicht überflüssig, von einem Condylodiaphysenwinkel zu reden und ihn zu bestimmen; es bezeichnet dieser Winkel den Schiefstand des Schaftes und den mehr oder weniger hohen Grad von Genu valgum bzw. Genu varum. Ich finde bei Kretinen im Mittel einen Winkel von 10° (5—13); links ist er deutlich größer, eine sexuelle Differenz ist bei meinem freilich zu wenig zahlreichen Material nur gering, bei den reinen Fällen haben 13 ♂ im Mittel 10°, 5 ♀ im Mittel 8°. Nach LAGATOLA (SNG 1920, S. 252) ist dieser Winkel bei kurzen Femora meistens gering; um so auffallender und primitiver mutet 1894. 345 an (3° bei 437 Länge). Der Winkel ist also vom normalen oder fossilen Menschen kaum verschieden. Bei meinem Athyreotiker ist er gering und bei der Chondrodystrophie überhaupt nicht ordentlich bestimmbar, weil hier die distale Epiphyse (wie schon erwähnt) in der seltsamsten Weise abgewürgt erscheint. Diagnostisch von großer Bedeutung ist die Tatsache, daß bei Rachitis eine „mediale Schiefheit" (wie bei Gorilla), d. h. ein typisches Genu varum besteht, der Winkel also mathematisch gesprochen das Vorzeichen ändert. Ein ganz analoges Verhalten konnten wir ja auch beim Humerus konstatieren. Die Orthopäden bezeichnen das Genu varum als eine „exquisit rachitische"(und recht seltene) Deformität", welche meistens durch Verbiegungen der Schienbeine, seltener durch Infraktionen des Oberschenkelschaftes nahe beim Gelenk, nie durch Veränderung der Kniegelenkflächen als solcher entstehe. Es stört die Festigkeit des Ganges nicht; im Gegenteil ist bekannt, daß die kurzen gedrungenen Gestalten mit ihren Säbelbeinen meist kräftige Leute werden. Francke (417) hat nachgewiesen, daß die Beine sich während des extra-uterinen Lebens gesetzmäßig umformen; das physiologische Genu varum der Neugeborenen verkehrt sich in den ersten Lebensjahren zu einem ebenfalls physiologischen Genu valgum, welches bei den meisten Knaben sich wieder streckt, bei den Mädchen aber in der Regel zum Dauertypus wird. Ein Genu valgum kann wohl noch in mittleren Jahren entstehen, nicht aber ein Genu varum. Das Genu valgum ist ein Zeichen von Schwäche und kommt daher bei Naturvölkern nie (oder höchstens bei Kindern) vor; es ist Folge einer sitzenden oder liegenden Lebensweise bei fetten und faulen Menschen. — Diese interessanten Beobachtungen von Francke illustrieren auch den relativ großen Kondylodiaphysenwinkel unserer Kretinen in treffender Weise und sie lassen erkennen und ahnen, in welch unermüdlicher Weise die Natur bei der Rachitis bemüht ist, unter den denkbar ungünstigsten Umständen doch eine befriedigende Standfestigkeit herbeizuführen.

Einige Worte über den Stand der Ossifikation der von mir gemessenen Femora mögen hier ihre Stelle finden. Von den Bernern wiesen zwei noch deutliche Knorpelspuren auf, nämlich Nr. 141 (30 Jahre alt) und das montierte Skelett (57 Jahre alt); unter den Grazern Nr. 3235 (30 Jahre alt) eine Knorpelrinne am Kaput, Nr. 4595 (40 Jahre alt) ganz schwache Knorpelrinnen distal, am Kaput und am Trochanter, Nr. 28 hat noch alle Epiphysenknorpel intakt, Nr. 4145 zeigt distal noch Knorpelspuren. Das Caput femoris soll nach Angabe der Lehrbücher mit 23, die distale Epiphyse mit 25 Jahren völlig mit dem Schaft verschmolzen sein. Femur und Humerus sind die am spätesten ossifizierenden Knochen; an ihnen betätigt sich das Längenwachstum des Körpers am längsten.

Rekapitulation.

Es ist ganz sicher, daß bei Kretinen primitive Merkmale in gehäufter Zahl angetroffen werden; es ist aber ein Irrtum, sie alle ausnahmslos für neandertaloid zu halten. Es handelt sich vielmehr beim Kretinismus um eine Mischung von N- und A-Merkmalen, wozu noch einzelne freilich wenig zahlreiche pathologische Züge kommen. An den Neandertalmenschen erinnert die Robustizität von Schaft und Kaput, die breiten Epiphysen, die sehr typischen Krümmungen, die fehlende Trompetenform, die Abflachung der Crista intertrochanterica, der weit nach vorn und hinten vorspringende Condylus lateralis, die Konfiguration der Gelenkfläche, der Fossa suprapatellaris, der Fossa intercondylica, des Planum popliteum und endlich der Kondylodiaphysenwinkel. — An den Aurignacmenschen erinnern vor allem eine Anzahl Eigentümlichkeiten der proximalen Epiphyse (Kaputquerschnitt, kurze Crista intertrochanterica, kurzes und stark herabgedrücktes Kollum, dessen stark konkave obere Grenze, Trochanter III), sowie Platymerie und Pilaster. — Selbständig zeigt sich der Kretin im Achsenwinkel seiner Kondylen, in der relativ hohen

Torsion, im Kondylenindex und in andern weniger wichtigen Punkten. Die Unterscheidung des echten, rassenhaften Kretinismus sollte allen pathologischen Zuständen gegenüber ziemlich leicht sein. Diese letzteren sollen nun in ihren wichtigsten Merkmalen mit einigen Worten charakterisiert werden.

I. Die Rachitis zeigt sich auch am Femur als die Belastungsdeformität par excellence; erscheint die Chondrodystrophie wie aus Elfenbein geschnitzt, so erscheint die Rachitis dagegen wie aus weichem Plastilin ohne alle Sorgfalt roh geformt und geknetet, und es sieht so aus, als ob dieses schon an sich mangelhafte Fabrikat nachträglich wieder halb zerflossen wäre. Das rachitische Femur ist sehr massig, kurz, mit dicken Epiphysen und exzessivem Pilaster. Sehr typisch ist die Varuskrümmung in Verbindung mit exzessiver Sagittalkrümmung; in Anbetracht dieser Krümmung und der starken seitlichen Kompression kann man auch beim Femur ganz wohl von einer Säbelscheideform sprechen. Sehr typisch ist auch die enge Fossa intercondylica, ferner die phantastische Entwicklung des Trochanter III., die Crista hypotrochanterica, ebenso der Tiefstand des Condyl. lat., der Hochstand der Trochanteren und die extreme Torsion, infolge deren das (sonst normal geformte) Kaput fast direkt nach hinten gerichtet erscheint. Der untere Teil des Femur steht auf dem oberen Teil der Tibia ordentlich senkrecht, es ist aber der obere Teil des Femur nach hinten, der untere Teil der Tibia (und Fibula) nach außen abgebogen; dadurch entsteht eine für Rachitis im höchsten Grade charakteristische Gestalt der Beine im Ganzen. Wichtig sind die enormen Differenzen zwischen links und rechts und die große Variationsbreite.

II. Die Chondrodystrophie zeigt sich am Oberschenkel als starke Verkürzung mit dickem Kaput (fast ohne Hals dem Schaft aufgesetzt), ziemlich geradem, seitlich komprimiertem Schaft (mit hohem Pilaster) und gewaltsam nach hinten hinaufgebogenem Kondylenteil. Bei 3344 ist der Schaft nicht allein nach hinten, sondern zugleich nach außen abgebogen, so daß der Cond. med. beinahe in die Richtung der Diaphysenachse zu liegen kommt. Die Fossa intercondylica ist eng wie eine (sit venia verbo) rima ani, die Kondylen lang und dick. Die anscheinend defekte Form des Kaput wie auch die Torsion und die sich daraus ergebende Stellung des ganzen Beines wurde schon früher besprochen; hervorzuheben bleibt noch die mächtige Trochanterentwicklung, welche sogar die entsprechenden Dimensionen bei normalen großwüchsigen Menschen übertrifft.

III. Die Athyreose, repräsentiert durch Graz Nr. 28, hat ein von beiden vorhergehenden gänzlich verschiedenes Femur von höchst graziler und recht moderner Bauart, an dem in erster Linie das völlige Offenbleiben aller Knorpelfugen bemerkenswert ist. Beide Epiphysen sind ziemlich dick (wie beim Kinde!), der Schaft sehr zierlich und ohne Relief, aber deutlich gekrümmt und distal trompetenartig verbreitert; der Hals ist sehr steil angesetzt, die Trochanteren sehr gering entwickelt. Es handelt sich also mit einem Wort um eine durchaus kindliche Form und Entwicklungsstufe, die auch vom Kretinismus auf den ersten Blick leicht zu trennen ist.

IV. Der Kretinismus weist im Gegensatz zu den bis jetzt besprochenen Oberschenkeln nur verhältnismäßig geringe Abweichungen von der Norm auf und zwar sind dies Abweichungen, die wir, wie schon hervorgehoben wurde, als solche primitiver Natur deuten müssen. Von den Bernern wollte mich 1894. 345 an den Neandertaler, 1906. 353 (namentlich distal) an Spy und 1913. 141 (proximal!) an den Aurignacensis erinnern; die andern sind weniger charakteristisch, 1903. 278 wohl mit rachitischen Anklängen, 1913. 33 und 1910. 343 grazil. — Die Grazer sind nicht selten durch arthritische (2334, 4028, 518?) und rachitische (1358?) Einflüsse modifiziert; einigermaßen normal sind nur 5390, 4595, 3235 und (abgesehen vom Kaput) 518. Wenn ich angeben sollte, auf welche Eigenschaften ich am Femur die Diagnose: Kretinismus begründe, so würde ich sagen: auf die annähernd normale Form mit zu großem Kopf und zu breiten, weit nach hinten und vorn ausladenden Kondylen, auf die typische Sagittalkrümmung und die leichte Valgusform, auf das sehr kurze Kollum und seinen geringen Neigungswinkel bei hoher Torsion, auf den selten ganz fehlenden Trochanter III; kurz: auf die Vereinigung einer proximalen Epiphysen vom Aurignactypus mit einer neandertaloiden Kondylenregion und dito Krümmungen. Leichte arthritische und rachitische Veränderungen stören das Bild des Kretinismus nicht, im Gegenteil, sie geben ihm gerade seine Eigenart, und dasselbe gilt von den lange Zeit offenbleibenden Knorpelfugen.

Zum Schluß einige Worte über die käuflichen Gipsmodelle der fossilen Femora; ich finde sie beim Nachmessen und Vergleichen mit den Originalangaben von KLAATSCH in der Länge zu groß, ebenso in den Maßen der distalen Epiphyse, während die proximale Epiphyse anscheinend etwas zu schmächtig ausgefallen ist, wenigstens bei A und bei N links in gewissen Richtungen. Bei Spy fehlt der Trochanter; es wäre dies vielleicht zur Altersbestimmung des fraglichen Menschen zu verwerten; auch die ziemlich gute Trompetenform und der relativ hohe Kolodiaphysenwinkel würden zur Annahme eines jugendlichen Alters (etwa 20 bis 25 Jahre?) nicht schlecht stimmen.

Die Rekonstruktion des Moustiermodelles kann ich aus den schon bei Anlaß des Kondylodiaphysenwinkels hervorgehobenen Gründen nicht als richtig anerkennen, und sie stimmt auch gar nicht mit der von ihrem Entdecker ursprünglich publizierten Zeichnung. Da es sich um einen Knaben von etwa 16 Jahren handeln soll, so ist die ihm verliehene Trompetenform wohl richtig; das Kollum darf aber steiler und die Kondylenregion darf niedriger und breiter, mit viel weiterer Fossa intercondylica, und weniger nach hinten ausladend angenommen werden. Auch steht der Cond. lat. wahrscheinlich zu tief.

Tibia[1]).
Dazu Tafel V und VI sowie Tabellen auf S. 250/251.

A. Längenmaße.

Zur Längenbestimmung der Tibia gibt das Lehrbuch nicht weniger als fünf Methoden, zwei allein für den Gelenkflächenabstand (die „physiologische" Länge), drei für die wirkliche Länge mit oder ohne Eminentia, bzw. mit oder

---

[1]) Die Messung verwertete 9 Paar Tibien von Kretinen, dazu 2 einzelne rechte; als reine Fälle kommen 12 männliche (5 Paare) und 4 weibliche (2 Paare) in erster Linie in Betracht; an Vergleichsmaterial standen außer den gewohnten patholog. Objekten auch 8 Pygmäen-Schienbeine zur Verfügung.

ohne Malleolus. Bei normalen Objekten ist mit Hilfe dieser Maße sicher die Länge festzustellen; bei einigermaßen starker Transversalkrümmung bietet jedoch die Bestimmung von Maß 1 und 1a erhebliche Schwierigkeiten; denn 1 und 1a sind projektivische Maße und es ist unmöglich, die Längsachse des Knochens parallel zur Längenausdehnung des Meßbrettes zu legen, wenn die Längsachse des Knochens gebogen ist. Soll man in diesen Fällen den Knochen so legen, daß seine obere, oder so, daß seine untere Hälfte parallel zum Brett liegt? oder soll man die Mittelpunkte der oberen und der unteren Gelenkfläche in die Längsachse des Brettes bringen? Ich habe das letztere Verfahren beobachtet, obschon es wenig logisch ist; aber es schließt Willkür aus. Richtiger wäre es vielleicht, bei starker Transversalkrümmung die Bogenlänge (statt der Sehne) zu messen; man erhielte dann die Länge wie sie ohne Krümmung wäre; aber dies Verfahren bietet der Willkür zu viel Spielraum. Es will mir scheinen, man täte gut, überall die projektivischen Maße zugunsten direkter Messungen des wirklichen, maximalen Abstandes zweier Punkte (ohne Rücksicht auf die Richtung) zu verlassen.

1. Ganze Länge, Abstand der lateralen Gelenkfläche von der Spitze des Malleolus, projektivisch gemessen, ist bei meinen Kretinen im Mittel 278,4 mm (Minimum 240, Maximum 335). Fünfmal ist die rechte, zweimal ist die linke Tibia etwas länger, zweimal sind beide gleich; der Unterschied beträgt 2 bis 7 mm; das Mittel ist für neun rechte 276,1 und für neun linke 274,8 mm. Die sexuelle Differenz ist sehr deutlich, die weiblichen Tibien (Graz 4595 und 3235) bleiben um 30 bis 40 mm hinter den männlichen zurück (Mittel der zwölf ♂ 281; vier ♀ 243). Addiert man die Länge von Femur und Tibia, so ergibt sich einzig bei Graz 2334 ein Ausgleich in der Art, daß links die Tibia, rechts das Femur länger ist; bei Graz 518, 569 und 3235 ist das rechte Bein, bei Graz 4028, 4595 und 5390 das linke um ein weniges länger.

Eine mittlere Länge von 278 mm ist ein sehr geringes Maß und reicht nicht einmal an das Minimum normaler Weibertibien heran. Ein Vergleich mit andern uns hier interessierenden Zuständen ergibt folgende Reihe:

Chondrodystrophie	158
Athyreose (Fall 28)	256
Kretinen	278
Rachitis	286
Pygmäen	310
Spy	335
Aurignacensis	360
Normale Europäer	370

1a. Die größte Länge, der projektivische Abstand der Eminentia intercondyloidea von der Spitze des Malleolus, mißt bei ♂ 296, bei ♀ 252, im Mittel bei Kretinen 286 mm (256 bis 338) und ist ebenfalls rechts deutlich größer (284,2) als links (282,1). Man kann daraus berechnen, daß die Eminentia bei Kretinen etwa 8 mm über das Niveau der lateralen Gelenkfläche emporragt; es ist nicht ohne Interesse, die Differenz der Maße 1 und 1a zu vergleichen, und man findet folgende Reihe:

Tibia	Ganze Länge 1	Größte Länge 1a	Länge 1b	Physiolog. Länge 2a	Umfang der Mitte 10	Kleinster Umfang 10b	Längen-Dicken-Index $\frac{(10b)\times100}{(1)}$	Tuberositas D. sag. (max.) 4	D. transvers. ($\perp$ zu 4) 5	Robustizitäts-Index $\frac{(8+9)\times100}{(1)}$	For. nutrit. D. sag. max. 8a	For. nutrit. D. transvers. 9a	Platyknemie $\frac{(9a)\times100}{(8a)}$	Mitte D. sagitt. max. 8	D. transvers. 9	Querschnitts-Index $\frac{(9)\times100}{(8)}$
♂ 1894. 345 l.	335	338	323	305	82	78	23,3	42	35	15,0	31	24	77,4	29	21	72,4
1916. l.	(317)	330	312	298	84	76	23,9	45	46	(16,5)	32	29	87,7	26	27	103,4
67	301	308	301	295	64	63	20,9	39	48	13,4	25	20	78,4	23	17	75,3
318 r.	293	300	295	271	70	64	21,6	39	44	14,7	26	22	88,5	25	18	72,0
l.	289	298	291	268	69	66	22,8	38	46	15,2	28	22	78,6	26	18	70,0
5390 r.	312	320	315	295	70	67	21,4	41	41	14,4	30	21	70,0	27	19	70,4
l.	317	324	316	297	72	65	20,5	43	46	14,3	29	20	70,0	27	18	68,5
Massive ♂	*399*	*317*	*308*	*290*	*73*	*68*	*22,1*	*41*	*43*	*14,8*	*29*	*22*	*78,7*	*26*	*20*	*76,0*
1915. 297	257	262	256	246	60	55	21,4	36	42	14,8	22	21	95,4	20	18	94,4
1895. 160 r.	257	264	252	241	60	58	22,5	37	41	15,1	24	20	81,6	21	18	85,7
l.	255	260	251	236	63	58	22,8	38	40	13,7	23	19	83,0	22	13	60,0
1910. 343 r.	277	279	268	260	66	62	22,4	35	39	14,8	26	20	76.9	23	18	78,3
l.	270	279	268	255	62	61	22,6	38	35	14,8	25	19	76,0	24	16	66,6
Grazile ♂	*263*	*269*	*259*	*248*	*62*	*59*	*22,4*	*37*	*39*	*14,7*	*24*	*20*	*82,5*	*22*	*16*	*77,0*
Alle ♂	*281*	*296*	*287*	*272*	*68*	*64*	*22,3*	*39*	*41*	*14,7*	*27*	*21,5*	*79,5*	*24*	*18*	*76,5*
3225 r.	252	258	251	235	60	55	21,8	30	41	14,7	23	21	91,3	21	16	76,2
l.	250	256	250	234	59	56	22,4	30	38	15,6	25	21	84,0	22	17	77,3
4095 r.	240	247	239	225	52	52	21,6	33	35	13,3	24	18	75,0	18	14	77,7
l.	240	247	238	225	52	51	21,3	33	34	13,3	22	16	75,0	18	14	77,7
Alle ♀	*243*	*252*	*244*	*230*	*56*	*53,5*	*21,9*	*31,5*	*37*	*14,2*	*23,5*	*19*	*80,9*	*20*	*15*	*77,2*
♂ 2334 r.	305	318	308	291	59	54	17,7	40	40	12,1	23	21	91,3	19	18	94,7
l.	308	315	312	294	61	55	17,8	36	45	13,0	21	19	90,5	21	19	90,5
? 4028 r.	260	271	265	245	68	65	25,0	35	32	17,0	26	21	80,8	25	19	76,0
l.	260	265	258	240	72	67	25,7	36	33	17,3	27	21	77,7	25	20	80,0
Mittel	**278**	**286**	**277**	**261**	**64**	**60**	**21,7**	**36**	**38**	**14,4**	**25**	**20**	**81,6**	**23**	**17**	**77,4**
201 r.	125	—	—	—	ca.	—	ca.	13	14	12,3	12	9	75,0	8	8	100,0
l.	130	—	—	—	26	—	20	15	14	13,8	10	9	90,0	10	8	80,0
1886. 42	86,1	83,4	84,7	77	23	23	26,4	16	15	17,7	10	8	78,1	8	7	77,9
28 r.	256	265	257	257	35	35	13,7	21	21	8,6	12	10	87,5	12	10	83,3
l.	257	264	256	251	35	35	13,6	27	29	8,6	12	11	91,7	11	11	100,0
Bourneville	190	—	—	—	—	52	18,0	—	—	—	18	20	111,1	—	—	—
1915. 299 r.	263	265	247	243	60	56	21,2	35	39	14,4	21	20	95,2	19	18	94,4
1918. 64 l.	262	267	262	257	54	54	20,6	39	36	13,7	23	20	87,0	20	16	80
28 bis 64	**246**	**265**	**254**	**252**	**46**	**46**	**17,4**	**30**	**31**	—	**17**	**16**	**94,5**	**15**	**14**	**89,4**
3842 r.	*265*	*283*	*288*	*265*	*69*	*68*	*25,6*	*33*	*40*	*14,3*	*12*	*31*	*258,3*	*9*	*29*	*322,2*
l.	*265*	*284*	*287*	*264*	*68*	*62*	*23,4*	*35*	*39*	*14,7*	*13*	*30*	*230,7*	*12*	*27*	*225,0*
4145 r.	*320*	*330*	*328*	*310*	*59*	*50*	*15,6*	*34*	*38*	*12,2*	*21*	*18*	*85,7*	*21*	*18*	*85,7*
l.	*295*	*311*	*317*	*296*	*70*	*53*	*17,9*	*33*	*46*	*13,5*	*14*	*28*	*200,0*	*13*	*27*	*207,7*
569 r.	*289*	*301*	*292*	*280*	*61*	*59*	*20,4*	*36*	*36*	*12,8*	*22*	*22*	*100,0*	*19*	*18*	*94,7*
l.	*284*	*295*	*286*	*275*	*58*	*57*	*20,1*	*36*	*38*	*12,3*	*21*	*21,5*	*102,0*	*17*	*18*	*106,0*
Rachitis	*286*	*301*	*300*	*282*	*64*	*58*	*20,5*	*36*	*39*	*13,2*	*17*	*25*	*150,0*	*15*	*23*	*153,3*
2668 r.	156	152	151	130	52	45	28,8	33	37	21,1	22	21	95,4	19	14	73,7
l.	149	147	148	128	52	46	30,9	35	34	21,7	23	19	82,6	19	13	71,0
3344 r.	163	163	163	144	50	46	28,2	31	39	20,8	18	21	116,6	17	17	100,0
l.	164	166	168	148	50	45	27,4	32	38	18,9	18	22	124,4	15	16	107,0
Chondrodystrophie	158	157	157,5	137,5	51	45,5	28,8	33	37	20,6	20	21	104,7	17,5	15	87,9
Normal 5 Jahre	(270)	(280)	(273)	(269)	62	51	21,1	34	37	14,8	24	20	83.3	22	18	81,8
Normal 15 Jahre	359	367	358	344	77	70	19,5	44	46	13,6	33	23	70.0	28	21	75,0
Normal 20 Jahre ♀	378	388	381	368	84	74	19,6	44	46	13,6	35	28	80.0	30	22	73,3
Normal 33 Jahre	340	348	341	325	89	74	21,7	45	48	16,5	37	27	73.0	32	24	75,0
Normal 77 Jahre	324	339	331	316	80	75	23,1	43	42	15,4	32	22	70,3	29	21	72,4
Peggau r.	287	296	287	276	68	65	22,6	37	38	14,6	28	22	78,6	25	17	68,0
l.	285	295	287	272	68	65	22,7	37	37	15,1	28	21	75,0	26	17	65,4
Schw.-Bild 2 r.	307	—	—	288	67	63	20,5	—	—	13,6	29	18	62,0	25	17	68,0
12 r.	300	—	—	281	58	55	18,3	—	—	12,0	26	18	69,2	22	14	63,6
14 r.	328	—	—	308	75	67	20,4	—	—	14,0	31	19	61,2	27	19	70,4
D. r.	327	—	—	300	72	63	19,8	—	—	13,9	31	18	58,0	27	17	63,0
Schenk II r.	325	—	—	—	—	88	20,9	—	—	—	—	—	—	31	21	67,7
l.	319	—	—	—	—	67	21,0	—	—	—	—	—	—	28	20	71,4
	310	—	—	—	—	64	20,8	—	—	—	—	—	—	26	17,7	67,2

Größte prox. Breite 3	Größte dist. Breite 6	D. sag. dist. 7	D. sag. prox. med.	D. sag. prox. lat.	Mall. med. Länge	Mall. med. Breite	(3)×100/(1)	(6)×100/(1)	Transv. Krümmung Konvexität nach:	Stärke	Sagittalkrümmung Konvexität nach:	Retroflexion 12	Inklination 13	Biaxial ∢	Torsion 14	Ossifikation
88	61	44	54	46	18	28	26,3	18,2	lat.	0	v. +	6°	5°	1°	29°	o. B.
82	61	45	55	43	18	30	(25,4)	(19,2)	med.?	0	v. 0	4°	1°	3°	22°	o. B.
76	50	38	50	43	16	28	25,2	16,6	med.?	0	v. 0	3°	2°	1°	7°	o. B.
72	53	37	47	46	17	27	24,5	18,1	lat.	0	v. +	11°	8°	4°	19°	}fertig
73	51	37	49	42	19	27	25,3	17,7	lat.	0	v. +	5°	2°	3°	18°	
70	54	39	50	42	15	26	22,4	17,3	lat.	0	v. +	10°	7°	3°	20°	}oben Knorpel-
69	52	39	52	42	16	24	21,8	16,4	—	—	v. +	9°	6°	3°	31°	spuren
76	*55*	*40*	*51*	*43*	*17*	*27*	*24,4*	*17,5*	—	—	—	*7°*	*4,5°*	*2,5°*	*21°*	
68	47	38	43	38	17	26	26,4	18,3	—	—	v. 0	3°	1°	2°	24°	o. B.
67	43	33	42	35	12	23	26,1	16,7	lat.	0	v. +	13°	10°	3°	18°	}fertig
70	46	34	42	36	—	22	27,4	18,0	lat.	0	v. +	6°	4°	2°	19°	
69	50	36	43	37	16	25	25,0	18,0	—	—	—	10°	8°	2°	—	
68	50	36	41	37	12	23	25,2	18,5	lat.	0	v. 0	12°	10°	2°	30°	offen
68	*47*	*35*	*42*	*36*	*15*	*24*	*26,0*	*17,9*	—	—	—	*9°*	*6,6°*	*2°*	*23°*	
73	*51,5*	*38*	*47*	*40,5*	*16*	*25*	*25,1*	*17,7*	*(lat.)*	*0*	*v.*	*8°*	*6°*	*2°*	*22°*	
62	50	34	41	38	15	24	24,4	19,9	lat.	0	v. +	16°	13°	3°	20°	}oben u. unten
65	50	38	40	33	16	24	26,0	20,0	lat.	+	v. +	8°	5°	3°	23°	Knorpelrinne
64	44	33	40	34	13	22	26,6	18,3	lat.	0	v. 0	3°	1°	2°	25°	
65	45	34	39	35	14	26	27,1	18,8	lat.	0	v. 0	—11°	—12°	1°	24°	}ähnlich
64	*47*	*35*	*40*	*35*	*14,5*	*24*	*26,0*	*19,2*	*lat.*	*0*	*v.*	*(4°)*	*(2°)*	*2°*	*23°*	
68	58	41	45	41	18	29	22,3	19,0	lat.	0	h. +	10°	9°	1°	26°	}o. B.
68	57	40	44	40	18	30	22,1	18,2	—	—	—	—	—	—	32°	
73	52	42	48	42	18	25	28,1	20,0	lat.	0	v. 0	—5°	—6°	1°	12°	}o. B.
73	54	43	47	40	18	29	28,1	20,7	lat.	0	v. 0	0°	—3°	3°	12°	
70	51	37	45	39	16	27	25,7	18,4	lat.	0	v	—	—	—	—	
34	18,5	16	17	—	—	—	24,0	14,2	—	—	—	—	—	—	30°	alle Knorpel erhalten
30					—	—	26,2		—	—	—	—	—	—		
28	19	(13)	(14,5)	(14)	5,6	10	—	—	—	—	—	—	—	—	—	dito
47	33	22	26	27	5	17	18,5	12,9	o	o	v. +	0°	—3°	3°	6°	dito
48	34	23	26	26	7	16		13,2	o	o	—	—	—	—	10°	dito
—	—	—	—	—	—	—	—	—	—	—	—	—	—	—	—	
75	52	39	45	42	16	26	23,4	20,0	o	o	v. o	7°	4°	3°	0°	o. B.
70	51	38	43	40	14	27	27,7	19,3	o	o	h. +	7°	5°	2°	35°	dist. Kp.-Spur.
55	42	30	35	34	10	21	24,5	16,3	—	—	?	(7°)	(2°)	(3°)	(13°)	
65	*51*	*36*	*44*	*48*	*16*	*25*	*22,3*	*19,2*	med.	+++	h. ++	*—31°*	*—23°*	*—8°*	}gering	fertig
67	*51*	*38*	*44*	*44*	*18*	*27*		*19,2*	med.	+++	h. ++	*—15°*	*—9°*	*—6°*		
60	*47*	*35*	*43*	*38*	*14*	*22*		*14,7*	med.	++	h. 0	*0°*	*0°*	*0°*	}fast *0*	o. B.
63	*45*	*33*	*42*	*38*	*13*	*26*		*15,9*	med.	+++	—	—	—	—		
72	*52*	*38*	*44*	*44*	*15*	*35*	*25,0*	*17,7*	lat.	*0*	h. +	*11°*	*10°*	*1°*	?	}o. B.
71	*49*	*37*	*45*	*46*	*16*	*36*	*25,0*	*17,3*	lat.	+	h. +	*11°*	*9°*	*2°*	?	
66	*49*	*36*	*44*	*43*	*15*	*28*	—	*17,3*	med.	+++	—	—	—	—	—	
63	45	31	46	38	19	28	38,9	28,8	lat.	o	v. +	3°	—4°	7°	}fast 0	fertig
63	47	31	47	40	19	29		31,6	lat.	o	v. o	8°	0°	8°		
60	44	27	44	40	18	28		27,0	lat.	o	v. +	1°	—6°	7°		
60	43	28	43	28	19	25		26,2	lat.	o	v. o	6°	—1°	7°		
61,5	45	29	45	39	19	23	38,9	28,4	lat.	o	—	—	—	—	—	
60	—	—	40	34	—	—	22,2	—	med.?	0	h. 0	—	—	—	—	
73	45	41	50	48	16	24	21,1	13,4	med.	+	v. 0	14°	10°	4°	26°	Knorpel-Stück
73	46	42	50	47	14	27			lat.	+	v. 0	10°	9°	1°	28°	o. B.
76	50	41	53	47	12	27			lat.	0	v. 0	8°	7°	1°	27°	o. B.
73	46	39	49	42	15	28			lat.	0	v. +	11°	8°	8°	20°	o. B.
65	(46)	34	41	36	16	22	22,7	16,0	lat.	0	v. 0	10°	8°	2°	32°	}fertig
66	(50)	34	42	36	16	24	23,2	17,6	lat.?	0	v. +	14°	11°	3°	25°	
—	43	—	—	—	—	—	—	14.0	—	—	—	—	—	—	—	
61	39	—	—	—	—	—	20,3	18,0	—	—	—	—	—	—	—	
62	42	—	—	—	—	—	18,9	12,8	—	—	—	14°	10°	4°	—	
67	—	—	—	—	—	—	—	—	med.	++	—	20°	16°	4°	4°	
67	—	—	—	—	—	—	—	—	—	—	—	—	—	—	—	
65	—	—	—	—	—	—	—	—	—	—	—	—	—	—	—	

	Differenz	In Prozenten der Länge 1
Chondrodystrophie.	— 6	4
Spy	+ 1	1
Normale Europäer .	+ 8	2,3
Kretinen	+ 8	3
Pygmäen (Peggau) .	+ 9	3,2
Aurignacensis . . .	+ 14	4
Rachitis	+ 16	5,7

Bei der Chondrodystrophie ist die Crista intercondyloidea eingesattelt, daher Maß 1a kleiner als Nr. 1; bei der Rachitis rührt die große Differenz wohl in erster Linie, aber nicht ausschließlich von der Schiefstellung der proximalen Gelenkfläche bei der Messung her.

1b. Die absolute Länge der Tibia an der medialen Seite gemessen ist im Mittel bei Kretinen fast gleich, wie Maß 1, nämlich 277,3 (238 bis 323); rechts 284,2 gegen links 282,1; bei ♂ 287, bei ♀ 244. Im einzelnen Falle aber bestehen zwischen den beiden Maßen Differenzen von —12 bis +5; in 12 Fällen ist 1b kleiner und in 8 ist 1b größer als Maß 1. Bei Rachitis ist 1b infolge der starken medial-konvexen Krümmung immer viel größer als Maß 1; bei Athyreose und bei Chondrodystrophie, nicht anders als bei den normalen (rezenten und fossilen) Knochen, finde ich die beiden Maße fast identisch. Von prinzipieller Bedeutung und diagnostisch verwertbar ist somit nur das Verhalten bei der Rachitis.

2. Den Gelenkflächenabstand habe ich als kleinste Entfernung, jedoch mit dem Tasterzirkel bestimmt; ich fand bei Kretinen im Mittel 261,7 (225 bis 305) mm, rechts 260,3 gegen links 258, bei den reinen Fällen: ♂ 272, ♀ 230. Es ist dies ein sicheres und daher gut brauchbares Maß, welches wohl verdiente, der Berechnung des Längendickenindex zugrunde gelegt zu werden, dies um so mehr, als ja auch beim Femur, Radius und Ulna die physiologische und nicht etwa die ganze oder die größte Länge verwendet wird. Es ist eine Inkonsequenz, deren Grund nicht einzusehen ist, wenn nun plötzlich für die Tibia ein abweichendes Verfahren beliebt. Ich habe mich freilich an das für unrichtig erkannte Verfahren gebunden erachtet und bin dem Lehrbuch gefolgt. (Nur der Vollständigkeit halber sei hier bemerkt, daß es auch Autoren gibt, welche den Längendickenindex der Tibia auf Grund der „größten Länge" berechnen.)

B. Dickenmaße.

I. An der proximalen Epiphyse.

3. Größte Breite, im Meßbrett bestimmt, ergibt bei ♂ Kretinen 73, bei ♀ 64, im Mittel 69,8 (also rund 70) mm mit einer Limite von 62 bis 88; die Minima finden sich bei Weibern. Es handelt sich hier um sehr hohe Werte; bezogen auf die ganze Länge (1) ergibt sich ein Index von über 25, womit die Kretinen noch die N-Rasse überragen und nur noch von der Chondrodystrophie übertroffen werden (die gleiche Tatsache begegnet uns ja auf Schritt und Tritt auch bei den übrigen Extremitätenknochen der Kretinen). Die weiblichen Graz 3235 und 4595 haben infolge geringer Länge einen noch

etwas höheren Index, nämlich 26. Folgende Reihe illustriert am besten die Verhältnisse:

<pre>
Athyreose. . . . . . . etwa 18,5
Aurignacensis . . . .   „   19
*Senoi . . . .   ♀   19,6   ♂ 20,0
*Schweizer   20,0
*Feuerländer   21,2
Pygmäen   21,3
*Aino . . . . ♀   21,1   ♂ 21,7
*Japaner . . . . . .   ♀   21,6   ♂ 22,3
Rachitis   22,3
Spy und le Moustier.   ·   24
Kretinen   25,7
Chondrodystrophie .   38,9
</pre>

Die mit * bezeichneten Angaben sind dem Lehrbuch entnommen.

4. Der größte sagittale und

5. der kleinste transversale Durchmesser im Niveau der Tuberositas sind zwei unglückliche, weil ungenaue und kaum verwertbare Zahlen. Wir haben hierbei das gleiche Unbehagen, wie bei den vielen Zahlen und Indizes, welche zur Kennzeichnung der Trompetenform des Femur dienen sollen. Alles was ich dort über die Maße 11 und 12 gesagt habe, könnte ich unverändert hier wiederholen. Denn in der Tat muß sich ja die Form der beiden das Kniegelenk bildenden Knochen oberhalb bzw. unterhalb der Gelenkkondylen einigermaßen entsprechen; auch die Tibia zeigt unterhalb des Knies bei rezenten Formen eine mehr gleichmäßige (wenn man so will: trompetenförmige) Erweiterung, während bei primitiven Formen der Übergang in die, wie wir schon gesehen haben, auch absolut wesentlich breiteren Kondylen eher unvermittelt stattfindet. Einzig bei Graz 2334 ist diese Form durch das mehr rezente Verhalten ersetzt, ebenso bei der Rachitis (hier wohl wegen Sklerose des proximalen Knochenteils).

Was nun speziell die Maße 4 und 5 anlangt, so darf man nicht glauben, daß der sagittale Durchmesser der größte sei; der Querschnitt hat an dieser Stelle meistens Dreiecksform mit einer hinteren und zwei vorderen Seiten (die mediale ist länger als die laterale). Die Hinterfläche der Tibia ist gewöhnliche (und zwar nicht etwa nur bei den Kretinen) infolge der Torsion schräg gestellt, man würde also besser statt von der Spina tibiae zur Mitte der Hinterfläche den senkrechten Abstand der Spina von der Hinterfläche messen (wobei die eine Stange des Gleitzirkels fest an die Hinterfläche anzulegen wäre). Der transversale Durchmesser wäre dann in der Richtung ebendieser Hinterfläche zu bestimmen (wobei die Skala des Gleitzirkels an die Hinterseite des Knochens anzulegen wäre), also wie die „größte obere Breite"; aus diesen beiden Zahlen könnte dann ein „Transversalindex" berechnet werden. Diese Art der Bestimmung wäre zweifellos besser, als die bisherige; jedoch allzu groß wäre der Nutzen dieser so bestimmten Zahlen auch nicht und zwar aus den gleichen Gründen, die auch von jeder zahlenmäßigen Bestimmung der Trompetenform des Oberschenkels absehen ließen und die man dort nachlesen möge. — Ich verzichte darauf, die nach der hergebrachten Art und Weise gewonnenen Zahlen hier zu analysieren.

Bei der Messung des sagittalen Durchmessers beider Tibiakondylen habe ich die überraschende Tatsache festgestellt, daß der mediale Kondylus immer (außer bei rachitischen Individuen) länger ist, als der laterale. Ebenso verhalten sich die Anthropoiden, bei welchen aber auch der Cond. lat. fem. kürzer ist als der med. Die konvexe Gelenkfläche des Cond. lat. findet sich ebenfalls bei den großen Affen, bei Orang ist sogar der Cond. med. oftmals konvex geformt. Überrascht hat mich das darum, weil bekanntlich am Oberschenkel gerade das Gegenteil zutrifft und der laterale Gelenkknorren länger ist; ferner darum, weil nach Angabe der anatomischen Lehrbücher die Rotationsachse bei gebeugtem Knie durch den medialen Kondylus geht. Einzig bei Graz 28 und 3842 (ganz wenig auch bei 569) (wo also Rachitis in Frage kommt) ist gelegentlich der laterale Condylus tibiae etwas länger.

Der laterale Kondylus der Tibia unterscheidet sich bekanntlich vom medialen noch dadurch, daß seine Gelenkfläche oft konvex ist (die mediale ist immer ausgehöhlt). An meinem Material war der Cond. lat. bei 1894. 345, 1895. 160, 1916. 67, sodann bei Graz 518, 4028, 4595, 569 („ausgefressen") und bei den beiden Chondrodystrophikern 2668 und 3344 konkav, bei den übrigen (zwei Rachitiker 3842 und 4145; Nr. 28! dann 2334, 3235, 5390, ebenso beim montierten Berner Kretinenskelett 1910. 343) war er konvex, folgte also der normalen Regel. Die konvexe Form soll mit der Hockerfunktion zusammenhängen, bei uns aber häufiger vorkommen, als die konkave; beim Neger und Neandertaler soll die geringere Konvexität durch stärkere Retroversion ausgeglichen werden. Sei dem wie ihm wolle; festhalten wollen wir, daß die angeblich seltene konkave Bildung bei Kretinen und bei Chondrodystrophie die Regel bildet.

Weiter nennt das Lehrbuch als primitive Form den Tiefstand und die medianwärts geneigte Schiefstellung des Condylus med.; nach A. VAN WESTRIENEN (481) handelt es sich hier um eine vorzugsweise für die Anthropoiden typische Erscheinung, welche den niederen Affen fehlt; in hohem Grade findet sich beides bei 1894. 345, weniger, aber doch deutlich bei Graz 3235 und 4028. Bei der Rachitis findet sich das genau entgegengesetzte Verhalten, nämlich ein Hochstand des Cond. med.; dieser Hochstand begünstigt die Entstehung des Genu valgum, der Tiefstand führt zum Genu varum.

KLAATSCH (520) hat hervorgehoben, daß bei AO die Spina tibiae weniger prominent und weniger tiefgerückt sei, als bei NG. Ein typisches N-artiges Verhalten mit weit distal inserierter Spina finde ich vor allem beim Berner 1894. 345, der überhaupt eine „Perle von einem Menschen" genannt werden darf, was das Vorkommen von primitiven und meistens echt neandertaloiden Merkmalen anbelangt. — Ähnlich, wenn auch nicht gar so charakteristisch, ist die Lage der Spina bei 569.

II. An der Diaphyse.

8. Der sagittale Durchmesser und

9. der transversale Durchmesser an der gleichen Stelle weisen bei meinen Kretinen folgende Dimensionen auf:

	For. nutrit.			Mitte		
	♂	♀	alle	♂	♀	alle
D. sag. (max.)	27	23,5	25	24	20	23
D. transvers.	21,5	19	20	18	15	17
Platyknemie	79,5	80,9	81,6	75,5	77,2	77,4
Umfang der Mitte. . . .	—	—	—	68	56	64
Kleinster Umfang	—	—	—	64	53	60
Längendicken-Index . .	—	—	—	22,8	21,9	21,7
Robustizität	—	—	—	14,7	14,2	14,4

Die Querschnittsform entspricht meistens dem Schema IV oder V nach HRDLICKA; bei Graz 28 und 201 erscheint die kreisrunde Querschnittform des Föten (bei 1886. 42 schon zum Dreieck umgebildet), bei der Rachitis die traditionelle „Säbelscheidenform" nach Art eines stark gebogenen Türkensäbels mit medial gerichteter Konvexität. Der transversale Durchmesser ist in diesen Fällen zwei- bis dreimal so stark wie der sagittale. Bei der Chondrodystrophie dürften beide Durchmesser etwa gleich sein und es ist zu beachten, daß auch bei den Kretinen (sogar in den reinen Fällen) der Querdurchmesser immer noch etwa vier Fünftel der Dicke ausmacht und daß kein einziger der von mir untersuchten Knochen als platyknem zu bezeichnen ist. Platyknemie ist im wesentlichen bloß bei neolithischen und exotischen Pygmäen beobachtet worden, sowie bei den großen Affen (mit Ausnahme von Orang). Sie fehlt den niederen Affen sowohl wie dem Neandertalmenschen und dem modernen Europäer und ist der rundlichen Kindertibia gegenüber als ein Neuerwerb aufzufassen. Ein primitives Verhalten stellt also jedenfalls die Platyknemie nicht dar. Sie dürfte vielmehr aus mechanischen Gründen zu erklären sein und der Pilasterform des Femur entsprechen: je stärker die Krümmung, um so schmäler der Querschnitt eines Trägers; darum steigt die Platyknemie mit der Retroversion, und darum muß bei der starken rachitischen Transversalkrümmung der transversale Durchmesser der Tibia größer werden, als der sagittale (vgl. FRANGENHEIM, S. 204). Die Entwicklung des M. tib. ant. kann für die Platyknemie kaum viel bedeuten; denn die allerstärksten Muskeln können auf sehr beschränktem Felde ihren Ursprung nehmen. — Aus meinem Material kann man folgende Vergleichsreihe bilden:

Pygmäen 67,4

Aurignacensis 70

Spy 71

Kretinen 77,4

Athyreose . . . . etwa 90

Chondrodystrophie . . . . „ 100

Rachitis . . . . ', 150

Für dfe Tibia von le Moustier wird ein Index von 85 bis 87 angegeben; man muß aber bedenken, daß es sich hier um ein jugendliches Individuum handelt, wobei also ein hoher Index selbstverständlich ist.

Ich habe die Platyknemie auch in der Höhe des Foramen nutr. gemessen und den Index daselbst bei allen pathologischen Formen eher noch größer gefunden als in der Mitte.

Der Längendickenindex ist bei den reinen Fällen für ♂ 22,8, für ♀ 21,9 und für alle Kretinen mit einem Mittel von 21,7 und einer Limite von 17,7 bis 25,7 nicht abnorm hoch; bei den sechs Tibien aus Bern ist er deutlich höher als bei den Grazern, am meisten ragt wieder 1894. 345 hervor (Graz 4028 ist noch höher, aber rachitisch!). Bei Chondrodystrophie ist der Index sehr hoch, bei Athyreose sehr nieder; von meinen beiden Rachitikern hat der eine etwa 17, der andere etwa 24,5 und ich weiß wirklich nicht, welcher als typisch anzusehen ist. Es kann folgende Reihe aufgestellt werden:

<pre>
Athyreose . . . . etwa 13,5
Rachitis. 20,6
Pygmäen. 20,7
Aurignacensis 21
Kretinen 21,7
Spy und le Moustier. 26
Chondrodystrophie 28
</pre>

Bei den Kretinen vom grazilen Typus findet sich (wie übrigens bei anderen Röhrenknochen ebenfalls) infolge abnormer Kürze ein höherer Längendickenindex als bei den massiven Typen.

Das Lehrbuch gibt auf Seite 1041 oben eine Zusammenstellung für den Index der Massigkeit ohne Angabe der Rechnungsweise, wobei es sich aber um eine Verwechslung dieses mit dem eben besprochenen Längendickenindex zu handeln scheint. Ich habe einen Index der Massigkeit (Summe der beiden Schaftdurchmesser in Prozenten der ganzen Länge) ausgerechnet und finde ihn bei Kretinen im Mittel zu 14,4 (12,8 bis 17,3), 14,7 bei den ♂, 14,2 bei den ♀, also kaum höher als normal, wie folgende Liste dartut:

<pre>
Athyreose 10.3
Rachitis 13,2
Pygmäen 13,9
Kretinen. 14,4
Normal 14,8
Aurignacensis 15,0
Neandertalrasse 17,6
Chondrodystrophie. 20,6
</pre>

Ich möchte der Vermutung Raum geben, daß die Massigkeit im wesentlichen durch die Entwicklung der Muskulatur bedingt sei; sie ist allgemein im weiblichen Geschlecht gering ausgesprochen.

III. An der distalen Epihyse ist

6. die größte Breite[1]) bei ♂ Kretinen im Mittel 51,5, bei ♀ 47, für alle 51 undschwankt von 43 bis 61 mm; auch diese Zahl hat natürlich nur in Beziehung zur Länge (1) überhaupt einen Sinn, und es ergibt sich für den daraus berechneten Index folgende Rangordnung:

---

¹) Maximum; Knochen liegt im Meßbrett wie bei Nr. 3 (bloß der vordere Rand der Incis. tib. liegt am Meßbrett!)

Aurignacensis. 11,4
Athyreose . . . . etwa 13
Senoi . . . . ♂ 13,5   ♀ 12,7
Schweizer 14,2
Pygmäen. 14,6
Aino. . . . . ♂ 14,9   ♀ 14,6
Feuerländer 15,1
Japaner . . . . ♂ 15,3   ♀ 14,7
Spy und le Moustier 16,4
Rachitis 17,2
Kretinen 18,4
Chondrodystrophie 28,4

Die Ähnlichkeit dieser Tabelle mit der Indextabelle für die obere Breite der Tibia ist ganz unverkennbar, ebenso die Tatsache, daß die Kretinen in diesem Merkmal sich der Chondrodystrophie bedenklich annähern und daß die Weiber wie auch die grazilen Männer die höheren Werte aufweisen. Auffallend ist ferner, wie wenig dieser Index bei den untersuchten Kretinen schwankt: sein Minimum ist 16,4 und sein Maximum 20,7.

7. Der distale sagittale Durchmesser wird bei Kretinen im Mittel zu 37,6 (33 bis 44) mm bestimmt, eine Zahl, welche bisher noch nicht weiter verwertbar und vergleichbar ist.

Am Malleolus habe ich Länge und Breite gemessen; ich fand die Länge im Mittel 16,0 (13 bis 19), die Breite im Mittel 26,6 (22 bis 36) mit geringer sex. Differenz zugunsten der männlichen Kretinen. Beide Maße sind etwa ebenso groß, wie bie den viel längeren Tibien von normalen Menschen; das gleiche Verhalten weisen die Pygmäen und die Rachitis auf, während bei Nr. 28 (Athyreose!) der Malleolus kurz ist. Bei der Chondrodystrophie ist der Malleolus absolut länger als bei den hochgewachsenen Vergleichsobjekten.

KLAATSCH (520) macht die Angabe, daß für NG ein massiv-derber, schief gerichteter Malleolus ebenso charakteristisch sei, wie ein graziler und steiler Malleolus für AO. Es ist nicht leicht, über dieses Merkmal ein objektives Urteil zu gewinnen; stark schräg gestellt ist der Malleolus sicher bei der Chondrodystrophie und bei 569. Bei den Kretinen ist seine Richtung fast immer leicht medialwärts, etwa so, wie bei dem Spymodell des Handels; einzig bei Graz 518 ist er direkt nach abwärts gerichtet. Ähnlich wie 518 verhalten sich Rachitis, Athyreose und die Peggauer Tibien. Ich möchte aber auf diese Feststellung nicht zu viel Wert legen, da die Beurteilung dieses deskriptiven Merkmals der Willkür des Beobachters zu viel Spielraum läßt.

Eine distale vordere fibulare Gelenkfläche konnte ich nie beobachten.

C. Krümmungen.

I. Transversalkrümmung.

Wenn von Diaphysenkrümmung der Tibia die Rede ist, so denkt jeder in erster Linie an die Sagittalkrümmung; außer dieser findet sich aber regelmäßig eine leichte S-förmige Biegung der Crista tibiae, deren Scheitel (Konvexität) nach außen gerichtet ist. Es ist eine Seltenheit, wenn die Krümmung sich nicht bloß an der Crista, sondern auch an den Seitenrändern der

Tibia ausspricht. Zu dieser geringen lateralwärts gerichteten Transversalkrümmung, die sich gleicherweise bei normalen (rezenten und fossilen) Tibien, wie auch bei den Kretinen findet, tritt nun das Verhalten der Rachitis in schärfsten Gegensatz: bei dieser eigentlichen und typischen Belastungsdeformität findet sich regelmäßig eine höchst auffallende Transversalkrümmung mit medial gerichtetem Scheitel. Da diese Form bei unkompliziertem Kretinismus nie vorkommt, so erhellt allein schon daraus, daß es sich bei den Kretinen weder um weiche Knochen, noch um Belastungsdeformitäten handeln kann; man muß das immer wieder mit allem Nachdruck betonen. Sogar bei Nr. 28 (Athyreose) kann abnorme Weichheit der Knochen ausgeschlossen werden, indem in diesem Falle jede seitliche Deviation, sei es nach innen oder nach außen, vollständig fehlt; außer einer eleganten Krümmung nach vorn ist die Tibia bei Nr. 28 ganz gerade.

Bei Rachitis kommt es infolge der monströsen Transversalkrümmung zu einem Schiefstand der proximalen Gelenkfläche, wobei der Cond. med. abnorm hoch steht. Dagegen fehlt beim Tiefstand des Cond. med., den ich weiter oben beschrieben habe, die zu erwartende stärkere Lateralkrümmung vollkommen (vgl. 1894. 345, Graz 3235, 4028).

II. Sagittalkrümmung.

11. Die eigentliche sagittale Schaftkrümmung der Tibia kann man messen, wie die Femurkrümmung und durch einen Krümmungsindex (Pfeilhöhe in Prozenten der Sehne) ausdrücken. Ich habe indes darauf verzichtet; bei den Kretinen handelt es sich so gut wie nie um eine gleichmäßige Kurve der Crista tibiae in ihrer ganzen Länge, sondern es kommt für eine Sagittalkurve höchstens das mittlere Drittel und auch dies nur in sehr wenig charakteristischer Weise in Frage. Sowohl die obere (Spina!) als die untere Epiphyse springen deutlich vor und sind von dem mittleren Drittel durch eine Einziehung deutlich abgesetzt. Für diesen an Ausdehnung so beschränkten Buckel einen Krümmungsindex zu bestimmen schien mir unangebracht, weil er mit der normalen Form nur wenig vergleichbar ist. Es kann auch der mittlere Buckel völlig fehlen und es geht dann die Einziehung unterhalb der Spina tibiae in weitem Bogen in die Einziehung oberhalb des Sprunggelenks über. Wir erhalten dann eine vorn konkave Sagittalkrümmung von sehr beträchtlicher Tiefe, welche für Rachitis in höchstem Grade typisch ist, sich aber auch bei Graz 2334 und 569 findet; 2334 und 569 sind dadurch mit Sicherheit als der Rachitis nahestehend gekennzeichnet, aber nicht identisch, wie später dargelegt werden soll (sie verbinden Anteflexion mit Retroverison). Es macht in schweren Fällen den Eindruck, als ob die proximale Epiphyse nach vorn abgeknickt wäre und es ist dieses Verhalten dann nicht selten mit einem negativen Retroversionswinkel kombiniert (die obere Gelenkfläche ist in diesen Fällen also nach vorn abgeschrägt). Bei Graz 28 findet sich eine ziemlich normale elegante und langgestreckte Kurve; bei Chondrodystrophie ein ähnliches Bild, wie beim Kretinismus, d. h. schwaches und wenig typisches Verhalten. Sehr ähnlich sind ferner die Tibien von Spy, le Moustier und auch die von Peggau. Eine schön geschwungene vordere Konvexität weist eigentlich nur Aurignac auf und sie findet sich wieder bei ganz modernen Formen.

12. Als Retroversionswinkel bezeichnet man den Winkel zwischen der medialen Kondylengelenktangente und der Schaftachse; diese bestimmt KLAATSCH an der Projektionszeichnung, indem er die Mitten aller Querachsen der distalen Knochenhälfte verbindet; das Lehrbuch verbindet die Mitte der distalen Gelenkfläche mit der Mitte einer Querachse etwa 1 bis 2 cm unterhalb der Spina tibiae (es ist offenbar ein Lapsus linguae, wenn auf Seite 933 verlangt wird, diese Querachse an der lateralen Seite zu ziehen; es ist natürlich die mediale Seite gemeint. Ebenso muß ein Druckfehler vorliegen, wenn das Lehrbuch auf S. 1044 von der lateralen Gelenktangente spricht; auch da muß es heißen: medial). Die ganze Unklarheit kommt daher, weil die Rückbiegung an den beiden Gelenkflächen ungleich ist und darum gesondert betrachtet werden muß. Es ist gar nicht gleichgültig, ob man die Retroversion am Cond. med. oder am Cond. lat. bestimmt, denn sie ist am Cond. lat. in der Regel um mindestens 10° stärker; das scheint den bisherigen Beobachtern entgangen zu sein. Die ungleiche Retroversion beider Tibiaköpfe ist von großer funktioneller Bedeutung, indem sie, wenn der Cond. lat. stärker nach rückwärts geneigt ist, die Innenrotation des flektierten Knies entschieden begünstigt. Es ist auch nicht einerlei, wie die Achse bestimmt wird; beide Bestimmungsarten, die nach KLAATSCH wie die nach dem Lehrbuch, stehen an Zuverlässigkeit hinter der Inklinationsachse weit zurück. Bei lehrbuchmäßiger Bestimmung habe ich die Retroversion der Kretinentibia bei ♂ im Mittel zu 8,1° gefunden, bei ♀ bloß 4°. Der kleinste Winkel war 3°, der größte 16°. Bei Athyreose dürfte eher Neigung zu vorderer Schrägheit bestehen, welche bei Graz 3842 (Rachitis) in exzessivem Maße auftritt (links — 15°, rechts — 31°, beide am Cond. lat. gemessen); auch wenn man die Gelenktangente mit der Achse des proximalen Knochenteils vergleicht, so bleibt der Winkel immer noch negativ; Nr. 4145 zeigt freilich ein fast normales Verhalten. Bei der Chondrodystrophie finde ich einen sehr geringen Winkel von nur 4,5° (1 bis 8°).

Verglichen mit der Retroversionstabelle des Lehrbuchs sind alle diese Zahlen, auch die der Kretinen, sehr niedrig; Graz 4028 und 4595 (links) zeigen sogar negative, also rachitische Werte. Dieses Ergebnis steht scheinbar im Widerspruch mit meinen früheren Angaben; ich hatte an der Rückseite der Tibia unterhalb der Kondylen einen Winkel γ gemessen, der bei Kretinen (und beim Neandertaler) bedeutend kleiner angetroffen wurde, als bei normalen Vergleichsobjekten. Diese Tatsache bleibt auch bestehen, bloß hat sie mit der Retroversion als solcher nichts zu tun. Die Retroversion hat auch mit der Retroflexion, „bei der eine deutliche hintere Konkavität entsteht", direkt sehr wenig zu tun. Als Retroversion bezeichnet man traditionell die Abschrägung der medialen Gelenkfläche, welche auch bei einer im übrigen ganz geraden Tibia (wie z. B. bei Aurignac) vorkommen kann. Aber ebenso kann auch hochgradige Retroflexion mit ganz ebener Kondylengelenkfläche kombiniert sein; es ist dies der Typus der Chondrodystrophie, der auch bei den Kretinen die Regel bildet. Spezifisch neandertaloid scheint allerdings die Verbindung von Retroversion mit Retroflexion zu sein, gerade wie bei Rachitis die Kombination: Anteversio-flexio. Nehmen wir dazu noch das Fehlen bzw. Vorhandensein einer echten Schaftkrümmung, so ergibt sich folgende Tabelle:

17*

I vorwiegend Retroversio (mit Schaftbiegung): Aurignacensis
II vorwiegend Retroflexio
   a) mit leichter Schaftbiegung: Chondrodystrophie und Mehrzahl der Kretinen
   b) ohne Schaftbiegung: Rachitisähnliche Kretinen
III Retroversio-flexio (mit Schaftbiegung): Neandertalrasse
IV Anteversio allein (mit Schaftbiegung): Athyreose
V Anteflexio allein: ?
VI Anteversio-flexio (ohne Schaftbiegung): Rachitis.

Damit sind natürlich die überhaupt möglichen Kombinationen der gegebenen fünf Elemente keineswegs erschöpft; ich habe nur die wirklich vorkommenden berücksichtigen wollen. Die Retroversion soll ein typisches Hockermerkmal, also mechanisch bedingt sein. Kann man auch mechanische Momente für die Entstehung der Retroflexion verantwortlich machen? Sie scheint durch Vergrößerung der Kontaktflächen die Festigkeit des Knies zu verbessern; das scheint aber nur so, denn in Wirklichkeit ist das Bein des hochgewachsenen Europäers zweifellos viel standfester, als das des armseligen, wackelnden Kretinen. Auch wäre es im Widerspruch mit allen mechanischen Prinzipien, wenn man etwa annehmen wollte, je kleiner die Extremitätenabschnitte, um so größer müßten zur Erzielung gleich guter Stabilität die Kontaktflächen der Gelenke sein; das lehrt ein Blick auf die Tabelle des Index der oberen Breite. Wenn aber mechanische Momente auszuschließen sind, so bleibt nichts anderes, als die Annahme hereditärer Einflüsse in dem Sinne, daß die Retroflexion phylogenetisch älter sei als die durch Anpassung an die Hockerstellung erworbene Retroversion.

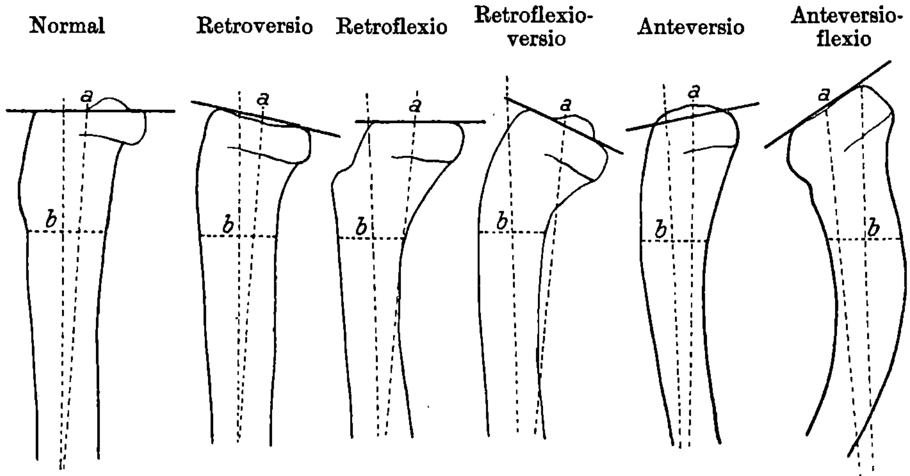

Abb. 16. Proximale Gelenkfläche der Tibia.

13. Der Inklinationswinkel gehört zu jenen nicht allzu zahlreichen Maßen, welche mit befriedigender Genauigkeit gemessen werden können; sowohl die Gelenktangente, wie die „physiologische Knochenachse" (vom Mittelpunkt des Cond. med. zur Mitte der distalen Gelenkfläche) ist leicht und sicher festzustellen. Bei der rachitischen Anteflexion des proximalen

Teils der Tibia fällt die physiologische Achse vor die morphologische; je geringer die Retro-(bzw. Ante-)flexion, um so kleiner ist die Differenz der beiden Winkel Nr. 12 und 13, d.h. um so geringer ist der biaxiale Winkel. Bei der Chondrodystrophie finden wir entsprechend der starken Retroflexion einen Biaxialwinkel von 7 bis 8°, also mehr als beim Neandertaler. Bei den Kretinen ist der Inklinationswinkel im Mittel 6° (1 bis 13° ohne Berücksichtigung der negativen Werte), der Biaxialwinkel also etwa 2° (6mal 1°, 3mal 2°, 8 mal 3°). Man kann für den Biaxialwinkel folgende Reihe bilden:

Normal . . . . weniger als 2°
Aurignacensis . . . . etwa 2°
Kretinen. . . . . mehr als 2°
Athyreose . . . . 3°
Neandertaler. . . . . 5°
Chondrodystrophie . . . . 7°
Rachitis . . . . 7°

III. Torsion.

14. Der Torsionswinkel bietet des Interessanten nicht allzu viel; um ihn zu messen, lege ich die Tibia so auf den Tisch, daß der Sagittalwulst der distalen Gelenkfläche senkrecht zur Unterlage steht, und messe die Torsion am proximalen Gelenkteil direkt mit Hilfe des Blechwinkels. Das bietet keine Schwierigkeiten. Der Winkel ist bei den Kretinen im Mittel 22,4° und schwankt von 12 bis 32°; das sind Zahlen, die sich von der Norm kaum entfernen. Graz 4028, der an Massigkeit alle andern Kretinen übertrifft (Rachitisverdächtig!), hat eine recht geringe Torsion, was gut zu der Regel stimmt, daß Torsion und Massigkeit im umgekehrten Verhältnis stehen. Dazu paßt ferner das Verhalten von Rachitis und Chondrodystrophie, welche beide fast keine Torsion, jedoch (zumal die Chondrodystrophie) eine bedeutende Massigkeit aufweisen. Die sehr geringe Torsion, die für Athyreose typisch zu sein scheint, findet sich neben minimer Robustizität; es ist aber zu beachten, daß auch dem Neonaten die Torsion fehlt, und die Athyreose bietet ja doch auch sonst so viele Anklänge an fötale Zustände. Das Fehlen der Torsion kann wohl differentialdiagnostisch verwertet werden; es spricht gegen Kretinismus.

Die Ossifikation der Tibia ist bei 1894. 345, sodann bei Graz 518, 569, 2334 und 4028 beendigt (das Alter von 2334 ist 40 Jahre, das der andern unbekannt); im übrigen finde ich bei

Skelett Bern Alter 57 Jahre offene Epiphysen
Graz 3235 . „ 30 „ oben und unten Knorpelrinne
„ 5390 . „ 35 „ oben Knorpelspur
„ 4595 . „ 40 „ oben und unten leichte Knorpelrinne.

Daß bei Graz 28 (Athyreose) und 201 (Kind) die Epiphysenknorpel erhalten sind, versteht sich von selbst. Nach GEGENBAUR (Lehrb. d. Anat.) tritt der proximale Knochenkern bei der Geburt, der distale im zweiten Jahre auf; die distale Epiphyse verschmilzt aber zuerst mit dem Schaft; an der Fibula verhält sich die Verschmelzung ähnlich, das erste Auftreten der Knochenkerne jedoch entgegengesetzt.

Rekapitulation.

So leicht es ist, eine kretinische Tibia von andern pathologischen Knochen-formen zu unterscheiden, so schwer, ja unmöglich ist es, zu sagen: dieses Merk-mal ist primitiv, jenes ist rezent. Denn gerade bei der Tibia verhalten sich niedere und höhere Affen durchaus nicht übereinstimmend, und der Neander-taler, den wir sonst als Prototyp alles Primitiven glauben ansehen zu dürfen, verhält sich da wieder rein menschlich.

Gehen wir nun dazu über, die Form der Tibia bei den einzelnen patho-logischen Zuständen im Ganzen zu beschreiben, so ist vor allem hervorzu-heben, daß die Tibia der Knochen ist, der die deutlichsten grob-mechanischen Veränderungen aufweist und in den meisten Fällen für sich allein schon die Diagnose ermöglicht. Hat man von einem Skelett nur die Tibia, so genügt das schon zur Orientierung.

I. **Die Rachitis** liefert an der Tibia Bilder, die schon lange bekannt sind; HOFFA (608) beschuldigt für die typischen Deformationen der Tibia bei Rachitis

1. die Belastung durch das Körpergewicht,
2. den Muskelzug,
3. Infraktionen der abnorm weichen Knochen.

Bekannt und auffallend ist die „fast komische Symmetrie" der Verbiegungen. Es wird behauptet, die Konvexität der Krümmung sei meist nach vorn oder außen gerichtet; ich kann dies nicht bestätigen. Nicht allein bei den speziell untersuchten Graz 4145 und 3842 war das Gegenteil davon zutreffend, sondern ebenso bei einigen weiteren Objekten der sehr reichen Grazer Sammlung (Nr. 2351, 4594, 5780; bei zwei Osteomalazie-Skeletten 516 und 3425 fand ich dagegen ganz gerade Unterschenkel). Auch die Angabe, daß die Fibula den Bogen der Tibia wie eine Sehne überspanne, kann das Grazer Material jedenfalls nicht bestätigen; hier war die Fibula meist womöglich noch stärker gekrümmt als die Tibia und ihre Mitte hinter dem Schienbein versteckt. Die Kniegelenkteile von Tibia und Femur standen meistens auf-einander ordentlich senkrecht; durch die sagittale Rückbiegung des proxi-malen Femurabschnittes und die transversale Auswärtsknickung der Füße resultierte eine höchst charakteristische Gestalt der untern Extremität in toto. Die Krümmung ist das wichtigste Merkmal der rachitischen Tibia; sie bedingt wie erwähnt sowohl den unsinnig hohen Grad von Euryknemie (wenn von einer solchen überhaupt noch gesprochen werden kann!), wie auch das Überwiegen von 1b über Maß 1, die Anteflexion (den Biaxialwinkel mit negativem Vor-zeichen); dagegen dürfte die Anteversio ein selbständiges Merkmal sein, ebenso die Länge der Eminentia intercondyloidea und vielleicht auch der Hochstand des Cond. med. Die Torsion kann sehr gering, aber auch ganz abnorm stark oder paradox sein. Einigermaßen typisch ist endlich der voluminöse, gerade abwärts gerichtete Malleolus und der konvexe Cond. lat., der an Länge den Cond. med. noch übertreffen kann; die Epiphysen sind nicht übertrieben breit.

II. **Die Chondrodystrophie** ist durch eine gerade, aber sehr kurze Tibia ausgezeichnet, die an Breite der Epiphysenteile hinter Objekten von nor-maler Länge absolut kaum zurücksteht (Malleolus!); typisch erscheint die relativ zu beträchtliche Länge der Fibula, welche von allen Beobachtern hervorgehoben wird. Robustizität und Längendickenindex sind ebenfalls abnorm hoch, die Torsion abnorm gering, der Querschnitt annähernd rund. Statt der Eminentia intercondyloidea findet sich eine Einsattelung des Knochens; man darf aber nicht vergessen, daß der Knorpel am mazerierten Skelette fehlt. — Der Malleolus steht fast wagrecht, der laterale Kondylus ist ausgehöhlt, die Retroversion gering, und das trotz starker Retroflexion. — In einer großen Anzahl von Merkmalen (Breite, Dicke, transversale und sagittale Krümmung, konkaver Cond. lat., geringe Retroversio bei deutlicher Retroflexion) ist die chondrodystrophische Tibia das Urbild und Vorbild der kretinischen; wesentlich ist eigentlich nur der Unterschied in der Länge. Betrachtet man die Kretinentibia in einem Hohlspiegel, so resultiert ein Bild, das mit der Tibia bei Chondrodystrophie die größte Ähnlichkeit haben muß.

III. **Die Athyreose** liefert auch an der Tibia Bilder, die von denen des Neugeborenen nur durch etwas bedeutendere Länge unterschieden sind; im Einzelnen denke ich zur Begründung dieser Behauptung in erster Linie an die schlanke Form mit gleichmäßig-breiten, nicht verknöcherten Epiphysen und fast rundem Schaftquerschnitt, an die fehlende Torsion, an den relativ langen Cond. lat. mit starker Konvexität, an die schöne Sagittalkrümmung. Wie bei allen andern Knochen von Graz 28 ist auch an der Tibia der geringe Längendickenindex und die geringe Robustizität sehr auffallend und wohl auf geringe Muskelaktivität intra vitam zurückzuführen. Ob die bei Nr. 28 beobachtete Anteversio eine individuelle oder eine typisch-generelle Erscheinung ist, muß bei dem gänzlichen Mangel an Vergleichsobjekten in dubio bleiben.

IV. **Die Kretinentibia** ist ausgezeichnet durch geringe Längen- und mächtige Dickenentwicklung (letzteres sowohl an Schaft wie an Gelenkteilen) bei fast rundem Querschnitt; schon dies sind primitive Eigenschaften, welche auch bei paläolithischen Tibien vorkommen. Eben dahin weisen Form und Richtung des Malleolus sowie der Spina, ferner der konkave Cond. lat. und der tiefstehende Cond. med. (wenigstens in einzelnen Fällen), endlich die Retroflexion (die freilich nicht mit entsprechender Retroversion vergesellschaftet ist!) und die hochgradige Torsion. Gewiß bietet die Kretinentibia auch Anklänge an die Tibia des Neonaten und der Chondrodystrophie; man darf sich dadurch aber nicht beirren lassen, sind doch der Neonat und der Mikromele selbst in vielen Punkten noch primitiver, als der N-Mensch! — Die Schaftkrümmungen sind bei reinen Fällen von Kretinismus normal und dadurch von der Rachitis prinzipiell scharf geschieden. — Die Berner Kretinen, deren Tibia untersucht werden konnte, sind von den Grazern und die massiven von den grazilen rassenmäßig kaum verschieden; hervorzuheben ist bloß 1894. 345, dessen sämtliche Röhrenknochen mir durch ihre unverkennbaren N-Merkmale immer wieder neue Freude und Genugtuung bereiten.

Es dürfte sich nach all dem eben Gesagten fast erübrigen, noch einmal die Merkmale aufzuzählen, auf welche die Diagnose des Kretinismus gegründet werden kann: Kleinheit, Dicke, bedeutende Epiphysenbreite, normale Krümmungen; und es ist gewiß keine Petitio principii, wenn ich für die Diagnose außerdem noch die Anwesenheit von dem oder jenem Primitivmerkmal verlange. Liegt einzig eine Tibia vor, so kann gelegentlich die sichere Diagnose zur Unmöglichkeit werden.

Fibula[1]).

1. Die größte Länge der Fibula fand ich für männliche Objekte 292 (158—339) mm und für weibliche 247 (242—352) mm, bei allen Kretinen im Mittel zu 270,7 (242—315) mm, also fast genau gleich wie die ganze Länge der Tibia, welche 274 (240—321) mm betrug. Das Verhältnis ist ähnlich bei der Athyreose mit etwa 250 (Tibia 256) und bei der Rachitis mit etwa 290 (Tibia 286) mm, während die chondrodystrophische Fibula immer erheblich länger ist, als die zugehörige Tibia; das gleiche bemerkt FRANGENHEIM, wenn er sagt: „Bemerkenswert ist das Verhalten des oberen Endes der Fibula, deren Köpfchen bis in die Höhe der Kniegelenksspalte reicht." Ich fand in diesen Fällen die Fibula im Mittel 177 und die Tibia 158 mm lang.

2. Der größte Durchmesser der Mitte ist bei den Kretinen im Mittel 12,5 (9—18; letzteres in einem auf Rachitis verdächtigen Falle); er findet sich meistens in der sagittalen und seltener (so wie bei Rachitis) in der transversalen Achse. Bei Rachitis ist er erheblich größer, nämlich 18,6 (14—25) und quer gerichtet; bei Chondrodystrophie ist er 11 mm mit geringen Schwankungen. Sehr gering ist er bei Athyreose (Fall 28), hier ist die Fibula kaum dicker als eine Stricknadel.

3. Der kleinste Durchmesser der Mitte beträgt bei den Kretinen durchschnittlich 9,4 (6,5—12) mm; ähnlich ist er bei Chondrodystrophie (8,5—10; Mittel 9,1), und noch geringer, 8,0 mm, bei der Rachitis, wo (in Verbindung mit der starken Krümmung) die Fibula oft wie ein Türkensäbel aussieht.

Der Querschnittsindex ist bei meinen männlichen Kretinen 72,3 (62,5 bis 90,9), bei den weiblichen 84,0 (72,2—90,9) und erreicht bei den Kretinen im Mittel 75,2 mit einer Schwankungsbreite von 55,5—92,9; Minimum und Maximum finden sich merkwürdigerweise beim gleichen, rachitisverdächtigen Fall Graz 4028! Bei meinen Rachitikern fand ich den Index sehr niedrig, bloß 43,0 (30,0—55,0), bei dem Athyreosefall (vielleicht individuell und zufällig?) 50,0; dagegen bei Chondrodystrophie 82,7 (65,4—90,9). Normaliter findet man etwa 70—85, bei gewissen Naturvölkern jedoch kleinere Zahlen (Senoi z. B. nur 53,8); die Peggauer Pygmäe stellt sich mit 56,3 recht nahe an die Senoifrau.

Die Querschnittsform zeigt bald die vordere, bald die mediale Crista in stärkerer Ausprägung; nur bei Graz 3235 und 4028 fand sich Kannelierung angedeutet, welche bei der Peggauer Fibula sehr schön zu sehen war. Bei der abgeplatteten rachitischen Fibula liegt der größte Durchmesser immer in der Ebene der stärksten Krümmung; das ist aus mechanischen Gründen selbstverständlich, vgl. meine Ausführungen zum Pilaster des Oberschenkels. — Bei Athyreose zeigt der Querschnitt glatt ovale Form; Chondrodystrophie ähnlich wie Kretinismus.

4. Der Umfang der Mitte mißt bei Kretinen im Mittel 36,3 (26—42), bei Chondrodystrophie 33,5 (32—35), bei Rachitis 45 (35—58) und bei Athyreose 13 mm.

---

[1]) Meine Beobachtungen fußen auf 4 Paar und 1 einzelnen männlichen Wadenbein, je 2 Paar weiblichen und rachitisch deformierten Knochen. Dazu kommen das Vergleichsmaterial 2 Fälle von Schilddrüsenmangel, 3 Paar rachitische und 2 Paar chondrodystrophische Fibulae nebst meiner Serie von normalen Knochen.

4a. Der kleinste Umfang ist bei allen Formen (mit Ausnahme der Athyreose!) fast identisch 29—30, bei Athyreose jedoch nur 12 mm. Der daraus berechnete Längendickenindex ist bei den Kretinen im Mittel 10,8 (8,2—11,8), mit deutlicher Geschlechtsdifferenz ($\male$ 10,8, $\female$ 9,9), bei Rachitis 10,4 (9,5—12,4) und steigt bei Chondrodystrophie auf 16,4 (13—20); das andere Extrem bildet mit nur 4,8! die Athyreose. Nach meinen Messungen an normalen Individuen scheint ein Index über 10 schon abnorm hoch zu sein.

Eins der wichtigsten Merkmale ist die Krümmung der Fibula. KLAATSCH hat betont, daß der primitiven, retrovertierten Tibia der Kinder und der Naturvölker eine völlig gerade Fibula entspricht; beim Kulturmenschen streckt sich die Tibia, und die schon vorher gerade Fibula wird dann leicht nach vorn konkav. Bei den Kretinen finden wir nun in lateraler Ansicht nur selten (bei Graz 518, 2334, 4028) eine Sagittalkrümmung mäßigen Grades; leicht geschwungen ist 569, und bei 3235 erscheinen die beiden terminalen Anschwellungen ein wenig aus der Achsenrichtung nach vorn abgebogen. Alle anderen Objekte sind aber völlig gerade, soweit die Seitenansicht in Frage kommt. Ebenfalls gerade ist die abnorm dünne Athyreosenfibula, und auch die Rachitis läßt eine Sagittalkrümmung vermissen; deutlich und paradox (einmal konkav, einmal konvex) ist dieselbe bei der Chondrodystrophie, wo dann aber die Transversalkrümmung fehlt.

Die (lateral konkave) Transversalkrümmung ist charakteristisch für die Rachitis, wo sie bis zu 35° betragen kann; sie fehlt aber auch den Kretinen selten ganz und ist jedenfalls in ihren höheren Graden immer ein Anzeichen dafür, daß bei dem betreffenden Individuum vielleicht Rachitis mit im Spiele war. Meistens handelt es sich nicht um eine gleichmäßige, runde Biegung, sondern mehr um eine Knickung; man kann dieselbe annähernd messen durch den zwischen ihren Schenkeln eingeschlossenen Winkel (bzw. dessen Komplement zu 180°), und dann findet man bei den Kretinen im Mittel etwa 8° (0—17°; $\male$ 10°, $\female$ 6°).

Die Form und Größe des Malleolus und des Capitulum fibulae habe ich zwar nicht gemessen, glaube aber auf Grund meiner Diagramme sagen zu können, daß es sich bei beiden um relativ beträchtlichere Anschwellungen handelt, als wir sie bei normalen Wadenbeinen finden. In der Regel ist der Malleolus größer als das Köpfchen; gegen dieses ist der Schaft meist deutlich (durch die Stelle des „kleinsten Umfangs") abgeschnürt, während der Übergang in den Malleolus durch allmähliche gleichmäßige Verbreiterung des Schaftes geschieht; normaliter scheinen beide gleich groß und gleich scharf abgegrenzt zu sein (vgl. Fig. 453 des Lehrbuchs).

Ossifikation.

Außer bei dem kindlichen Kretin und bei dem Athyreosefall (wo dies selbstverständlich) sind auch bei Bern 1910. 343 die Knorpel erhalten, ebenso bei Graz 3235 und 5390 oben und unten, bei 518 nur distal, bei 2334 nur proximal. Nach GEGENBAUR (Lehrbuch der Anatomie) verschmilzt zuerst die untere Epiphyse mit dem Schaft, wie auch der untere Knochenkern zuerst auftritt; es spreche sich darin die größere funktionelle Bedeutung der distalen Epiphyse aus (Sprunggelenk!).

Fibula	Größte Länge (1)	Größter D. (2)	Kleinster D. (3)	Umfang (4)	Kleinster Umfang (4a)	Querschnitts-Index $\frac{(3)\times100}{(2)}$	Längendicken-Index $\frac{(4a)\times100}{(1)}$	Transvers.-Krümmung	Sagittal-Krümmung	Ossifikation	Tibia ganze Länge	Femur 2. ganze Länge	Femur Epikondylenbreite	Patella Größte Höhe (1)	Größte Breite (2)	Größte Dicke (3)	Fac. articularis Höhe (4)	Inn. Gelenkfazette Breite (5)	Äuß. Gelenkfazette Breite (6)	Höhen-Index $\frac{(1)\times1000}{\text{Femur}+\text{Tibia}}$	Breiten-Index $\frac{(2)\times100}{\text{Epikondylenbreite}}$	Höhen-Breiten-Index $\frac{(1)\times100}{(2)}$
1894. 345 r.	239	13	9,7	35	32	74,6	9,4	15	—	o. B.	317	—	—	—	—	—	—	—	—	—	—	—
1895. 160 r.	(def.)	11	10	34	28	90,9	—	10	0	o. B.	257	—	—	—	—	—	—	—	—	—	—	—
l.	258	11	9,5	34	28	86,4	10,9	10	0	o. B.	255	—	—	—	—	—	—	—	—	—	—	—
1910. 343 r.	267	12	10	38	28	83,3	10,5	6	0	Kp.	277	—	—	—	—	—	—	—	—	—	—	—
l.	271	13	9	37	30	70,0	11,7	6	0	Kp.	270	342	77	36	38	14	24	18	22	58,8	50,0	95,0
Graz. 518 r.	289	16	10	41	34	62,5	11,8	15	7	distal	293	362	81	38	40	17	27	15	24	58,0	50,0	95,0
l.	289	13	9	38,5	32	70,0	11,1	11	0	Kp.	289	359	80	38	40	16	27	15	25	58,5	50,0	95,0
5390 r.	317	14	9	38	33	64,3	10,4	9	0	ob. u. unt.	313	393	78	40	42	19	32	13	32	56,5	54,0	95,2
l.	312	14	9	38	33	64,3	10,4	9	0	beide Kp.	321	397	76	40	42	18	32	13	30	55,7	55,2	95,2
♂ Mittel	292	13	9,4	37	31	72,3	10,8	10	—	—	288	—	—	38	40	17	28	15	26	57,3	51,8	95,1
3235 r.	252	11	10	34	27	90,9	10,7	5	ob. u. unt.	distal Kp.	252	323	69	32	35	15	26	16	19	55,7	50,0	91,4
l.	251	11,5	10	35	27	87,0	10,7	5	gering	prox. gering	246	322	70	33	37	15	28	18	21	58,1	52,8	89,2
4595 r.	242	9	7	27	22	77,7	9,9	8	0	—	240	319	72	37	37	13	25	12	25	66,2	51,4	100,0
l.	243	9	6,5	26	20	72,2	8,2	8	0	—	240	325	71	36	37	13	25	14	24	63,7	52,1	97,3
♀ Mittel	247	10	8,4	30	24	84,0	9,9	6,5	—	—	244	—	—	34	34	14	26	15	22	60,9	51,5	95,8
2334 r.	315	13	9	38	32	70,0	10,2	14	6	prox.	305	388	78	39	40	17	30	22	29	56,3	51,3	97,5
l.	313	15	10	42	31	66,6	10,0	17	14	?	318	387	75	35	37	19	28	20	23	50,0	50,0	94,6
4028 r.	272	13	12	40	32	92,3	11,8	0	9	o. B.	260	333	83	38	40	18	30	20	25	64,1	48,2	95,0
l.	270	18	10	40	32	55,5	11,8	0	4	o. B.	260	336	81	38	40	18	29	19	24	64,0	50,0	95,0
Mittel	270,7	12,5	9,4	36,3	29,3	75,2	10,8	8,3	—	—	274	—	—	37	39	16,3	28	16,5	25	58,9	51,2	95,0

201	r.	128	5	4	15	13	80,0	10,1	6	0	alle Kp.	125 bis 130	—	—	ca.16	ca.18	—	—	—	—	—	—	—
	l.	128	5	4	15	13	80,0	10,1	6	0			—	—									
28	r.	250	4	2	13	12	50,0	4,8	o	o	alle Kp. erhalten	256	311	54	23	24	9	14	10	14	40,6	44,4	96,0
	l.	248	4	2	13	12	50,0	4,8	o	o		257	316	55	(27)	24	9	14	10	14	—	43,6	—
1918. 64	l.	256	9	8	30	28	88,8	10,9	—	—	—	—	—	—	Sehnenreste	—	—	—	—	—	—	—	—
4145	r.	304	17	7	40	29	41,2	9,5	15	0	—	320	269	72	39	37	18	26	15	21	66,2	51,4	105,4
	l.	284	25	7,5	58	35	30,0	12,4	35	0	—	295	241	70	40	36	19	24	17	22	74,6	51,4	111,1
3842	r.	273	20	11	52	31	55,0	11,4	23	0	—	265	233	83	47	53	22	34	23	32	94,4	63,9	88,7
	l.	282	22	9	50	30	40,9	10,7	20	12	—	265	244	83	46	46	22	30	21	28	90,4	55,4	100,0
569	r.	297	14	7	36	27	50,0	9,9	0	2	—	289	355	77	43	43	17	35	(16)	(26)	66,8	55,9	100,0
	l.	296	14	6	35	27	42,8	9,9	0	konkav mäßig	—	284	354	76	42	42	17	34	(15)	(26)	65,7	55,8	100,0
Mittel		289,3	18,6	8,0	45	30	43,0	10,4	—	—	—	286,3	—	—	43	43	19	30,5	18	26	76,3	55,6	101,0
3344	r.	192	11	9	33	25	81,8	13,0	o	o nach vorn	—	163	196	62	30	35	13	28	14	20	83,6	56,4	85,7
	l.	186	13	8,5	35	28	65,4	15,1	o		—	164	196	60	32	35	16	24	12	18	88,8	58,3	91,4
2668	r.	165	11	10	34	34	90,9	20,6	leicht	o nach hinten	—	156	169	64	33	37	16	22	13	21	101,5	60,0	87,0
	l.	164	10	9	32	30	90,0	18,3			—	149	171	67	35	37	15	27	18	21	109,3	55,2	94,6
Mittel		177	11	9,1	33,5	29	82,7	16,4	—	—	—	158	183	63	32,5	36	15	25	14	20	95,8	57,5	89,7
Kind	l.	(260)	10	7,5	28	25	75,0	9,6	leicht varus	8°	Kp.	(270)	—	—	37	34	16	23	21	16	—	—	—
Knabe		352	12	10	37	28	83,3	8,0	0	10°	Kp.	360	—	—	—	—	—	—	—	—	—	—	—
Frau		382	13	11	39	31	84,6	8,1	gering	5°	—	380	—	—	—	—	—	—	—	—	—	—	—
Mann		342	16	12,5	47	36	78,1	10,5	gering	12°	—	342	—	—	—	—	—	—	—	—	—	—	—
Greis		335	14	10	39	29	71,4	8,7	4	18°	—	336	—	—	—	—	—	—	—	—	—	—	—
Peggau	r.	256	16	9	45	41	56,3	16.0	gerade	—	—	287	—	—	—	—	—	—	—	—	—	—	—

Rekapitulation.

I. Beim Kretinismus finden wir eine ziemlich starke, nicht abnorm lange Fibula mit breitem Malleolus und ansehnlich entwickelten Kanten. Eine Sagittalkrümmung fehlt fast völlig, es findet sich aber eine leichte Transversalkrümmung. Knorpelreste bleiben lange Zeit erhalten.

II. Bei Rachitis ist die Fibula in Form eines Türkensäbels von vorn nach hinten abgeplattet und medial-konvex stark gekrümmt (entsprechend der Tibiaverbiegung). Da sie der Belastung weniger ausgesetzt ist, so ist die Fibula hier etwas länger als die Tibia.

III. Bei Athyreose haben wir eine extrem schwache, aber in sagittaler wie in transversaler Richtung vollständig gerade Fibula mit (im Verhältnis zum Schaft!) recht beträchtlichen Gelenkanschwellungen.

IV. Bei Chondrodystrophie übertrifft die Fibula an Länge bedeutend die Tibia; sie zeigt einen abnorm hohen Längendickenindex und starke Modellierung aller Muskelmarken. Es ist keine typische Krümmung vorhanden; die Gelenkteile sind gut ausgebildet.

Die Pygmäenfibula scheint kurz, dick, gerade zu sein und einen niedrigen Querschnittsindex darzubieten.

Patella.

Über die Abmessungen der Kniescheibe orientiert folgende summarische Zusammenstellung:

	Rachitis	Kretinen	Chondrodystrophie	Athyreose
Größte Höhe	43 (39—47)	37 (32—40)	32,5 (30—35)	23
„ Breite	43 (36—53)	39 (35—42)	36 (35—38)	24
„ Dicke	19 (17—22)	16,3 (13—19)	15 (13—16)	9
Fac. art., Höhe . . .	30,5 (24—35)	28 (24—32)	25 (22—28)	14
Innere Gelenkfazette .	18 (15—23)	16,5 (12—22)	14 (12—18)	10
Äußere „ .	26 (21—32)	25 (19—32)	20 (18—21)	14

Für Vergleichszahlen sei auf das Lehrbuch verwiesen; bei der Rachitis sind alle Abmessungen etwa gleich wie beim normalen Europäer, also verhältnismäßig sehr groß, und es wiederholt sich hier, was ich in bezug auf Hände und Füße hervorheben konnte. Alle diese Körperteile unterliegen keiner nennenswerten Belastung und sind darum bei der Rachitis nicht verkürzt. Recht groß ist auch die chondrodystrophische Patella (wie auch Hände und Füße des gleichen Leidens). Die kretinische Patella entspricht etwa derjenigen des Australiers, ist also ziemlich klein, aber nicht abnorm und nicht pathologisch reduziert, wie es etwa die athyreotische Patella ist. Hier dürfte die Reduktion mit der abnorm schwachen Muskelentwicklung und mit der unvollständigen Verknöcherung zusammenhängen, die diesem ganzen Skelett den Stempel der Inferiorität aufdrückt. — Neolithische Pygmäen hatten nach KOLLMANN (558) sehr kleine Kniescheiben, wie auch die Weddah. Demgegenüber ist die Spy-Patella mit einer Höhe von 47 und einer Breite von 41 mm sehr stark entwickelt; für la Chapelle gibt das Lehrbuch eine Höhe von 39, Breite 46 und Dicke von 21 mm an.

Der Höhenindex vergleicht die Patella mit der Länge von Femur und Tibia (ich nehme an, daß nicht die „größte Länge", sondern die „ganze Länge in natürlicher Stellung" gemeint ist, obschon das Lehrbuch sich darüber nicht genau ausspricht). Er erreicht beim Neger und Australier 47—48, in Europa 53, beim Eskimo und Japaner etwa 57 und bei Spy 62. Die Kretinen stehen mit einem mittleren Index von 58,9 (50,0—66,2) zwischen den Mongoloiden und Spy; ein einziger Fall hat eine mittelhohe, alle anderen haben sehr hohe Kniescheiben. Noch bedeutend höher ist allerdings der Index bei Rachitis, 76,3 (65,7—94,4), und bei Chondrodystrophie, 95,8 (83,6—109,3); dieser abnorm hohe Index rührt aber davon her, daß hier das eine Mal Femur und Tibia monströs verkrümmt, das andere Mal durch Mikromelie verkürzt sind. Immerhin ist bei beiden Leiden, wie schon bemerkt, die Patella stark entwickelt. Auch in dieser Hinsicht, wie in so vielen anderen, verhält sich Graz 28, unser Athyreosefall, diametral gegensätzlich; der Index sinkt hierbei auf 40,6, was um so merkwürdiger ist, als auch Föten und Neonaten einen hohen Index darbieten.

Der Breitenindex (relativ zur Epikondylenbreite) ist bei normalen Menschen im Mittel etwa 54 (mit Rassenschwankungen von 52—57). Bei Kretinen beträgt dieser Index nur 51,2 (48,2—54,0), was ja nicht viel, aber im Vergleich mit dem Index von 44 bei der Athyreose doch noch rassenmäßig und fast normal ist. Bei Rachitis finde ich 55,6 (51,4—63,9) und bei Chondrodystrophie 57,5 (55,2—60,0). Zahlen von 51—56 gelten als mittelbreite Patellae; nach dieser Einteilung ist die athyreotische und die Hälfte der kretinischen Kniescheiben als schmal, die andere Hälfte der Kretinen und die meisten rachitischen als mittelbreit, eine rachitische und drei von vier chondrodystrophischen sind als breit zu bezeichnen.

Der Höhenbreitenindex ist unter 100, sobald die Höhe geringer ist als die Breite; beim normalen Europäer ist er etwa 97 (92—102). Die Kretinen unterscheiden sich davon mit einem Index von 95 (89—100) nur wenig. Bei Rachitis ist Höhe und Breite fast gleich, der Index 101 (88,7—111,1); bei Chondrodystrophie finde ich im Mittel 98,7 (85,7—94,6) und bei Athyreose 96. Es entspricht diesen Indexwerten, wenn die Form der Patella bei der Chondrodystrophie und bei vier Kretinen als „breitoval" und bei je einen Kretin als „rund" und als „herzförmig" angegeben wird; bei dem Athyreotiker und bei den Rachitisfällen (ebenso bei dem rachitisverdächtigen 2334) ist die Patella „spitz" (die Spitze findet sich distal und setzt sich ins Lig. pat. fort).

Über das Relief der Gelenkfläche und ihrer Fazetten geben meine Aufzeichnungen keine Auskunft.

Rekapitulation.

I. Bei Kretinen ist die Patella ziemlich klein, meistens breitoval; der Höhenindex ist größer, der Breitenindex ist kleiner als bei irgendeinem anderen normalen Rassenmittel.

II. Bei Rachitis ist die Patella sehr groß (Höhen- und Breitenindex größer als normal) und neigt zur spitzovalen Form.

III. Bei Chondrodystrophie erreichen der Höhen- und der Breitenindex abnorme Werte, während der Höhenbreitenindex abnorm niedrig ist. Die Patella ist ausgesprochen breitoval.

IV. Bei Athyreose ist die Patella lächerlich klein nach Höhe und Breite, in der Form ohne Besonderheiten.

Fuß.

Angaben über den Fuß der Kretinen sucht man in der gesamten Literatur vergebens; zwar hat E. Bircher (4) festgestellt, daß die Verknöcherung des Fußes im Vergleich mit derjenigen der Hand viel rascher abgeschlossen und daher die Verzögerung im Knochenwachstum geringer sei, aber für die Gestalt des Fußes kommt der Stand seiner Ossifikation kaum in Frage.

Aus Mangel an Zeit mußte auch ich es mir versagen, die sehr zeitraubenden minutiösen Messungen sämtlicher Elemente des Fußes genau nach den Vorschriften des Lehrbuchs zu machen; das Ab- und Aufmontieren allein und die Anfertigung von Umrißzeichnungen hätte mir mehr Zeit weggenommen, als ich im ganzen überhaupt zur Verfügung hatte. Ich habe mich daher darauf beschränkt, von den Grazer Skeletten die Maße von Tarsus und Fuß als Ganzes und überdies von Graz 518, in welchem ich einen ziemlich typischen Vertreter des unkomplizierten, quasi rassenreinen Kretinismus vor mir zu haben glaubte, die Maße von Talus und Kalkaneus in einiger Vollständigkeit zu nehmen; leider mußten dabei die Winkel unberücksichtigt bleiben. Wenn ich diese Zahlen im folgenden mitteile, so liegt es mir fern, ihnen allgemeine Bedeutung zulegen zu wollen; ein vorläufig orientierender Wert dürfte ihnen aber immerhin zukommen.

I. Das Sprungbein (Graz 518).

Länge und Breite des Talus waren beidseits gleich, nämlich 57 bzw. 41 mm. Daraus berechnet sich ein Längenbreitenindex, welcher mit 71,9 nur wenig unter dem europäischen Mittel steht und ein langes schmales Sprungbein bedeutet. Bei niedern Menschenrassen erreicht der Index 75—82 und beim Neandertaler gar 87.

Als Höhe ergab sich rechts 30, links 29 mm, somit ein Längenhöhenindex von 52,6 bzw. 50,9; auch dies ist ein sehr niedriger Wert und bedeutet einen im Vergleich zur Länge flachen Typ des Talus. Beim Neugeborenen ist der Index 57,1 und beim Neandertaler etwa 60. Flach und schmal ist der Talus bei Orang und Hylobates, breit und hoch bei Gorilla.

Von Interesse sind sodann die Maße der **Trochlea.** Deren Länge war beidseits 34 mm, also etwa 60% der Länge des ganzen Knochens (für Australier nennt das Lehrbuch einen Index von 57 und für Europäer 65). Die Höhe der Talusrolle finde ich rechts zu 10 und links zu 9 mm und schließe daraus auf eine geringe Wölbung (Index rechts 30,0, links 26,5). Als ein primitives Merkmal ist nach Lehrbuch die Verjüngung der Trochlea nach hinten aufzufassen, wie sie namentlich bei Asiaten, aber auch beim neugeborenen Europäer sich vorfindet und sich in einem niedern Trochleabreitenindex (etwa 55—75) ausspricht. Ich konstatiere bei 518 hinten beidseits eine Trochleabreite von 32 und vorn rechts 34, links 33 mm; daraus folgt ein Index von 94,1 bzw. 97,0, der also im Sinne des Lehrbuchs ein durchaus nicht primitives Verhalten bedeutete; das Lehrbuch selbst hebt aber hervor, daß auch Australier und Neandertaler dem modernen Europäer durch einen hohen Trochleabreitenindex nahestehen. Ob beim Kretinen der innere oder der äußere Rand höher ist, vermag ich nicht anzugeben, auch die Neigung der beiden seitlichen Gelenkfazetten ist mir unbekannt.

Fuß	Ganze Länge (II. Zehe) 3	Tarsuslänge (Calcan. →Cun. I) 1	Breite: Capit. metatarsal. 4	Breite: Cun. I →Cuboid. 2	Breite: Taluskopf	Fußhöhe 5	Fuß-Index $\frac{(4)\times100}{(3)}$	Mittl. Breiten-Index $\frac{(2)\times100}{(3)}$	Längen-Höhen-Index $\frac{(5)\times100}{(3)}$
1910. 343 r.	190	94	67	53	47	63	35,2	27,9	33,1
l.	194	95	71	55	49	63	36,6	28,0	32,4
518 r.	207	119	78	58	44	71	37,7	28,0	34,3
l.	211	110	75	57	37	72	35,5	27,0	34,1
5390 r.	201	116	76	58	43	69	37,8	28,8	34,3
l.	200	116	80	63	45	67	40,0	31,5	33,5
alle ♂	*200*	*108*	*74*	*57*	*44*	*67*	*37,1*	*28,3*	*33,6*
3235 r.	183	101	66	54	45	58	36,1	30,0	31,7
l.	178	101	71	58	46	59	40,0	32,6	33,1
4595 r.	173	98	67	53	48	58	38,7	30,6	33,5
l.	172	94	70	52	46	57	40,7	30,3	33,1
alle ♀	*176*	*98,5*	*68,5*	*54*	*46*	*58*	*38,8*	*30,9*	*32,8*
2334 r.	193	113	74	63	55	76	38,3	32,6	39,4
l.	196	115	76	64	56	79	38,2	32,2	40,0
4028 r.	192	116	78	62	50	67	40,6	32,3	34,8
l.	195	112	79	58	50	66	40,5	30,0	33,8
Mittel	192	110	74	58	47	66	38,5	30,2	34,4
28 l.	158	83	43	40	36	50	27,2	25,3	31,7
4145 r.	*211*	*112*	*67*	*52*	*46*	*67*	*31,7*	*24,6*	*31,7*
l.	*215*	*115*	*69*	*60*	*46*	*64*	*32,1*	*27,4*	*30,0*
3842 r.	*245*	*134*	*79*	*70*	*60*	*81*	*32,3*	*28,6*	*33,0*
l.	*236*	*132*	*77*	*68*	*58*	*79*	*32,6*	*28,8*	*33,4*
Rachitis	*227*	*123*	*73*	*62*	*52*	*73*	*32,2*	*27,4*	*32,0*
2668 r.	147	91	63	51	41	57	42,8	34,7	38,8
l.	145	90	63	51	43	57	43,4	35,2	39,3
3344 r.	148	93	60	48	39	50	40,5	32,4	33,8
l.	148	92	60	54	38	47	40,6	36,5	31,8
Chondrodystrophie	147	91,5	61,5	51	40	54	41,8	34,7	36,0

Der Längenbreitenindex der Trochlea ist, wenn die hintere Breite zugrunde gelegt wird, beidseits 94,1, d. h. also sehr hoch und steht noch über dem Neandertaler (mit 92), während der normale Europäer nur etwa 85 aufweist.

Die Facies art. fib. ist rechts 30 und links 29 mm breit.

Die Länge von Kollum und Kaput mißt rechts 23 und links 22 mm, somit 40,3 bzw. 38,6% der Taluslänge im ganzen. Die große relative Höhe dieses Index erhellt aus einem Vergleich mit dem normalen Europäer (32,8), Japaner (30,5), Australier (24,5); beim Neandertaler sinkt der Index bis auf 23. Der hohe Index der Kretinen entspricht aber durchaus der langen schmalen Form ihres Sprungbeins überhaupt.

Am Kaput fand sich weiter eine Länge von 6 bzw. 10 mm
Breite „ 30 „ 27 „
Höhe „ 20 „ 24 „
Die Facies art. calc. post. maß in der Länge 30 bzw. 34 mm
Breite 24 „ 22 „
Tiefe 6 „ 5 „
daraus ergibt sich ein Längenbreitenindex von 80,0 bzw. 64,7, somit etwa gleichviel wie beim normalen Menschen (Europäer 70, Feuerländer 64,4).

Die Ablenkungswinkel der Facies art. calc. post. sowie des Halses und den Torsionswinkel des Kaput konnte ich, wie schon bemerkt, nicht bestimmen.

Zusammenfassend läßt sich der Talus des Kretins als lang, schmal und nieder (Orangoid?) charakterisieren. Die Talusrolle gleicht in ihrem hohen Längenbreitenindex und darin, daß sie nach hinten nur wenig schmäler wird, dem fossilen Altpaläolithiker. Die Länge von Kollum und Kaput ist ungewöhnlich groß.

II. Das Fersenbein (Graz 518).

An dem von mir gemessenen Exemplar fand ich die größte Länge rechts 64 und links 69 mm, die ganze Länge nur wenig geringer, nämlich 61 und 64 mm, d. h. also 95,3 bzw. 93% der größten Länge (normalerweise etwa 70%). Bei normalen Menschen schwankt die größte Länge von 48—94 mm.

Die mittlere Breite war rechts 32 und links 28, die kleinste Breite 25 bzw. 23 mm (mittlere Breite de norma 26—53). Es ist also die mittlere Breite 41 bzw. 36% der ganzen Länge, — ein ungewöhnlich hoher Index; als Mittelzahlen nennt das Lehrbuch bei verschiedenen Rassen 33—35, ferner 25 für Orang und 30 für Gorilla.

Die Höhe maß rechts 41 und links 41 mm; sie betrug also rechts 65,6 und links 64,1% der ganzen Länge. Auch dies ist ein sehr starker Index; beim normalen Europäer ist derselbe nur etwa 51, beim Senoi 47, Orang 45, Gorilla 31. Ein absolut und relativ sehr hohes und breites Fersenbein ist bekanntlich typisch für den Neandertalmenschen, welchem in diesem Punkt der Kretin also recht nahekommt. E. BIRCHER fand den kretinischen Kalkaneus platt gedrückt und von plumper Form.

Das Korpus allein war rechts 58 und links 61 mm lang.

Das Sustentaculum tali hatte eine sehr erhebliche Breite, nämlich rechts 16 und links 20 mm; es macht dies 50,0 bzw. 71,4% der mittleren Breite aus. Eine ähnliche Breite weisen bloß der Neandertalmensch und der Neonat auf, während sich beim Wedda ein Index von 65 und beim normalen Europäer gar nur 48 findet. Aus dem hohen Index darf doch wohl geschlossen werden, daß eine stärkere Ablenkung der Kollumachse des Talus und somit eine größere Selbständigkeit des ersten Zehenstrahles den vier übrigen gegenüber bei Kretinen wenigstens individuell vorkommt. Auf die große phylogenetische Bedeutung dieser Tatsache brauche ich nicht weiter hinzuweisen.

Das **Tuber** hat eine Höhe von 26 und 28, eine Breite von 25 und 23 mm; daraus ergibt sich ein Breitenhöhenindex von 96,1 bzw. 82,1, während beim normalen Schweizer die Breite nur 65, beim Australier 59 und beim Orang bloß 50% der Höhe ausmacht. — Im Verhältnis zur größten Länge beträgt die Höhe

des Tubers 40,6%; nach normalen Röntgenbildern zu schließen, ist das ziemlich
viel. Über deskriptive Einzelheiten des Tuber besagen meine Notizen nichts.

Die **Facies art. post.** mißt in der Länge rechts 29 links 34

Breite „ 24 „ 24

Höhe „ 5 „ 6

Es ist also das Verhältnis der Breite zur Länge 82,8 bzw. 70,6 und das der Höhe
zur Länge 17,2 bzw. 17,6% und es entsprechen beide Indizes denen des normalen Schweizers, wie folgende kleine Tabelle erweist:

	Schweizer	Feuerländer	Gorilla	Orang
Längenbreitenindex . .	79	68	84	72
Längenhöhenindex . .	18	22	24	28

Beim Kretin handelt es sich also um eine ziemlich breite, aber nur wenig ge-
wölbte Gelenkfläche, die somit funktionell nicht besonders günstig dasteht.
Über die Richtung dieser Gelenkfläche besagen meine Notizen ebensowenig wie
über den Rotationswinkel des Kalkaneus.

Zusammenfassend möchte ich die große Breite und die beträchtliche Höhe
des kretinischen Kalkaneus und darin seine unverkennbare Ähnlichkeit mit dem
Neandertalmenschen noch einmal hervorheben, auch sei die abnorme Breite
des Sustentaculum tali nicht vergessen, denn sie ist funktionell und phylogenetisch anscheinend von besondrer Bedeutung. Der Tuber scheint recht massiv
entwickelt zu sein.

III. Der Fuß als Ganzes.

3. Die **ganze Fußlänge** beträgt bei 14 Kretinenfüßen im Mittel 192
(172—211) mm; zwischen links und rechts besteht kein wesentlicher Unterschied, wohl aber findet sich eine sexuelle Differenz; die ♂ haben 200, die ♀ 176.
Ich behaupte demnach, daß der Kretinenfuß sich auch im männlichen Geschlecht
durch unverkennbare Kleinheit auszeichnet; Vergleichsmaterial steht mir allerdings nur in beschränktem Maße zur Verfügung. Das Lehrbuch bringt weder
vom Lebenden noch vom Skelett eine absolute Fußlänge, sondern bloß relative
Zahlen; einzig bei SARASIN (576) finde ich die Angabe, daß die Wedda bei einer
mittleren Körpergröße von 1576 eine mittlere Fußlänge von 239 mm darbieten
(Index somit 15,2). Um vergleichbare Zahlen zu erhalten, müssen wir zur
Skelettlänge des Kretinenfußes etwa 18—20 mm hinzuzählen; das ergibt für
den Fuß samt Weichteilen eine Länge von etwa 210 mm, somit bei einer mittleren Körpergröße von etwa 1420 eine relative Fußlänge von etwa 14,8 (wie
Japaner oder normale Europäer). Auch dies ist ein zwar nicht abnormaler, aber
doch recht niedriger Index (vgl. den Abschnitt über Proportionen B, I. 14). —
Besser und beweiskräftiger erhellt die Kleinheit des Kretinenfußes durch eine
Vergleichung mit verwandten Knochenkrankheiten; wobei es nichts verschlägt,
daß die Vergleichszahlen wohl unter sich, aber aus dem angeführten Grunde
nicht mit normalem Material vergleichbar sind. Auffallend ist vor allem die
absolut (211—245) und relativ (Index 16,3) sehr bedeutende Länge des rachitischen Fußes; bei diesem Leiden sind zwar alle belasteten Körperteile (Wirbelsäule, untere Extremität usw.) stark verkürzt, der Fuß aber dürfte in seiner
Länge der Körpergröße entsprechen, wie sie ohne die rachitische Schädigung
vermutlich dem betreffenden Individuum zukäme. Das Gegenstück dazu liefert

die Athyreose mit einer äußerst geringen Fußlänge (nur 158 mm = 12,5% der Körpergröße!), während hinwieder bei der Chondrodystrophie der Fuß im Vergleich mit der Rumpflänge zwar wesentlich verkürzt (nur 40 statt etwa 50%), im Vergleich zur ganzen Körpergröße aber annähernd normal erscheint.

1. Die Tarsuslänge ist bei den Kretinen im Mittel 110 (94—119)mm. Die reinen Fälle erreichen im ♂ Geschlecht 108, im ♀ 98,5; bei dem einen Athyreosefall findet sich ein Tarsus von 83, bei der Chondrodystrophie im Mittel 91,5 (90—93) und bei der Rachitis etwa 123 (112—134)mm. Vergleichsweise sei daran erinnert, daß nach SARASIN (567) der Tarsus des Weddamannes eine Länge von 111,5 und der des Weibes eine Länge von 99 mm darbietet; diese Zahlen stimmen absolut mit denen der Kretinen fast völlig überein (Männer 108, Weiber 98,5) und das trotz erheblich größerer ganzer Fußlänge beim Wedda. Daraus ist zu schließen,daß der Tarsus beim Kretin eine bedeutende relative Länge aufweisen muß. Bei primitiven Menschen und bei Anthropomorphen ist bekanntlich die Länge des Mittelfußes relativ gering, die Strahllänge dafür um so ansehnlicher.

4. Die vordere Breite des Kretinenfußes beträgt im Mittel 74 (66—80), bei vier ♀ bloß 68,5 mm und etwa ebensoviel bei der Rachitis, welche aber, wie schon bemerkt, eine viel größere Länge aufweist; der Kretinenfuß ist also breit, der rachitische Fuß ist schmal und lang. Noch schlanker ist der Fuß beim Athyreosefall Graz 28, nämlich nur 43 mm breit, wesentlich breiter ist er bei Chondrodystrophie, nämlich 61,5 mm.

Der Fußindex (vgl. Lehrbuch S. 319) zeigt folgende Werte:

```
Athyreose . . . . . . . . . . . 27,2
Rachitis . . . . . . . . . . . 32,2 (31,7 — 32,6)
Kretinismus . . . . . . . . . 38,5 (35,5 — 40,7)
Chondrodystrophie . . . . . . 41,8 (40,5 — 43,4)
```

Das Lehrbuch nennt für gewisse Negerstämme einen Index um 38, für Indianer um 44; auch die Europäer scheinen ziemlich breite Füße zu haben.

2. Die Fußbreite in der Mitte ist besser geeignet, ein richtiges Bild zu geben, alsdie vordere Breite, welche am Skelett wegen des unsicheren Abstandes der Capitula metatars nur ungenau zu messen ist. Es mißt der Fuß vom Kuboid zum Kuneiforme I bei

```
Athyreose . . . . . . . . . . 40
Chondrodystrophie . . . . . . 51 (48 — 54)
Kretinismus . . . . . . . . . 58 (52 — 64)
Rachitis . . . . . . . . . . . 62 (52 — 70)
```

Leider habe ich versäumt, die Länge des Metatarsus II zu messen, ich kann daher weder den Tarsallängenindex noch den Tarsalbreitenindex in vorschriftsmäßiger Weise berechnen[1]). Um meine an pathologischem Material gewonnenen Zahlen wenigstens unter sich, wenn auch nicht mit den Zahlen des Lehrbuchs vergleichen

---

[1]) Für 1910. 343 konnte das Metatarsale II rechts zu 62,6, links zu 62,4 nachträglich bestimmt werden. Daraus berechnet sich ein Tarsallängenindex von 150 bzw. 152 (Europäer haben 163,5, Wedda 152, Senoi 154), und im Tarsalbreitenindex von 84 bzw. 88 (beim Europäer 80,8, Wedda 72) der kret. Tarsus war also in diesem Falle kurz und breit.

zu können, habe ich die mittlere Breite in Prozenten der Fußlänge ausgerechnet und finde eine ähnliche Reihenfolge wie beim Fußindex:

Athyreose 25,3
Rachitis . . . . 27,4 (24,6 — 28,8)
Kretinismus . . . . 30,2 (27,0 — 32,6)
Chondrodystrophie . . . . . . 34,7 (32,4 — 36,5)

Primitive Formen haben im allgemeinen eine schmale Fußwurzel; die Kretinen scheinen in diesem Merkmal nicht primitiv organisiert zu sein.

2. (1). Die hintere Breite des Tarsus mißt beim Kretin im Mittel 47 (37—56) mm, bei Rachitis ziemlich viel mehr, nämlich 52,5 (46—60), bei Athyreose 36 und bei der Chondrodystrophie endlich 40 (38—43). Das Maß ist ohne weiteres Interesse.

5. Die Fußhöhe erhebt sich beim Kretin im Mittel zu 66 (57—79), bei Rachitis zu 73 (64—81), bei Athyreose zu 50 und bei Chondrodystrophie zu 54 (47—57) mm. Das macht, wie im Abschnitt über die Psoportionen näher ausgeführt ist, eine relative Fußhöhe von normalem Europäertyp. Man kann auch die Fußhöhe in Prozenten der Fußlänge ausdrücken (Längenhöhenindex) und findet folgende Reihe:

	Längenhöhen-index	Relative Fußhöhe
Chondrodystrophie. . . .	36,0	4,85
Kretinismus	34,4	4,7
Rachitis	32,0	5,0
Athyreose	31,7	4,0

Der Plattfuß als statische Deformität kann bei der Rachitis in keiner Weise überraschen; beim Kretinismus scheint er jedenfalls nicht pathognomonisch zu sein, wenn er vereinzelt auch nicht selten vorkommen mag.

Zusammenfassend kann der Kretinenfuß als kurz, breit, ziemlich hoch, mit ziemlich langem Tarsus begabt, charakterisiert werden. Inwiefern es sich dabei um primitive Merkmale handelt, läßt sich nicht sagen. Den abnorm langen Anthropoidenfuß als Prototyp hinzustellen, ist doch wohl etwas gewagt, da ja unverkennbar die Verlängerung der Strahlen bei den großßn Affen lediglich eine sekundäre Anpassung bedeutet. Auch MARTIN nimmt in seinem Lehrbuch an, daß der Fuß des Menschen sich dem Greiffuß der Affen gegenüber in einzelnen Punkten primitiver verhalte. Inwiefern bei den Kretinen eine Opposition der Großzehe besteht, ist noch zweifelhaft.

Die Körperproportionen beim Kretinismus.

Für jeden, der anthropologisch zu denken und zu arbeiten gewohnt ist, bedarf der Nachweis der hohen Bedeutung der Proportionenlehre weiter keiner Rechtfertigung. Wenn schon das einzelne Merkmal bei seriärer Durchmusterung wichtige phylogenetische Hinweise zu geben vermag, so gilt dies noch in viel höherem Maße von den Proportionen; in ihnen steckt recht eigentlich „des Pudels Kern". Leider aber muß gesagt werden, daß dieses Kapitel der Lehre vom Kretinismus bis heute kaum jemals ernstlich und methodisch in Angriff genommen wurde. Wenn wir von E. BIRCHER (4) und namentlich von SCHOLZ (39) absehen, so enthält die ältere Literatur über die Proportionen nur unbestimmte und sich widersprechende Angaben, welche hier kurz zu referieren recht lehrreich ist.

GUGGENBÜHL (21) gibt eine gute und zutreffende Vorstellung von den Proportionen der Kretinen, wenn er sagt: „Ihr Wuchs ist unter dem Mittel; ihre unverhältnismäßigen Extremitäten geben ihnen eine häßliche, untersetzte Gestalt, die Beine sind kurz und dick, die Arme unverhältnismäßig lang, die Füße groß, platt und dick, besonders ragt der Kalkaneus unförmlich hervor; . . .“

Auch DEMME (8) betont das gleiche; er schreibt: „Selten zu größerem Wachstum gelangend, gewöhnlich klein, oft zwergartig, zeigt der Kretinenleib immer Mißverhältnisse, sowohl der einzelnen Abteilungen zum Ganzen als unter sich selbst, . . . An der Brust hängen gewöhnlich magere, oft affenartig lange Arme mit Händen, die, in ihren Fingern namentlich, dick und plump, oder auch hager und skelettartig erscheinen. Die ganze Masse wird getragen von kurzen, vielfach mißgestalteten Beinen.“

DIETERLE (9) zählt den Kretinismus (im Gegensatz zu Chondrodystrophie und Osteogenesis imperfecta) zum „proportionierten Zwergwuchs“ und stützt sich dabei ausdrücklich auf den älteren BIRCHER, welcher sagt: „Messungen bei normalen und kretinistischen Individuen haben mir ergeben, daß das Verhältnis der unteren Extremitäten zur Körperlänge bei beiden Kategorien gleich ist und nicht etwa beim Kretin ein langer Rumpf auf kurzen Beinen sitzt.“ Diese Behauptung ist tatsächlich unrichtig und um so unverständlicher, als bekanntlich H. BIRCHER zwischen Kretinismus und Chondrodystrophie nicht scharf unterscheidet (vgl. Korr.-Blatt 1906, S. 467).

MAFFEI (33) gibt an: „Die Kretine sind meist dick, mit kurzem Hals, breiter Brust und starken Gelenken versehen . . . . Beinahe durchaus finden sich an ihren Körpern einzelne Teile, welche merklich vergrößert, verdickt, verlängert, etwas verkürzt oder verbogen oder abgemagerter sind.‘ Weiterhin wird hervorgehoben, daß die Glieder meist in Semiflexion gehalten werden, schlaff herabhängen und muskelschwach sind, „übrigens verneine ich keineswegs, daß in einzelnen Individuen ein wirkliches, wenn auch nicht großes Mißverhältnis in der Länge der Arme zu jenem der Beine bestehen könne und auch wirklich bestehe.“

VIRCHOW (45) hebt neben der „endemischen Verkürzung der Schädelbasis“ (mit oder ohne Idiotie) die allgemein geringe Körperhöhe und die Kürze der Extremitäten besonders hervor und erklärt sie durch fötale Rachitis („Sklerose ohne wesentliche Verkrümmung“); „fötale Rachitis mit zerebralen Defekten“ ist seine Definition des Kretinismus.

Ähnlich unbestimmt haben sich PALTAUF, KLEBS u. A. ausgesprochen; nach PALTAUF sind die Röhrenknochen kürzer, dicker, mit roher Oberflächenplastik, die Epiphysen dicker, niedrig, flach, sitzen wie eine leicht gebogene Kuppe mit breiter Basis dem Körper auf usw. KLEBS schreibt den Knochen ein abnormes Dickenwachstum zu, „. . . so daß jene eigentümlich plumpen Formen erzeugt werden, welche uns an eine fremde niedere Menschenrasse erinnern und nicht leicht von jemand verkannt werden können, der nur einigen Formensinn besitzt“; aber eine Beschreibung der Skelette fehlt.

Langhans (30) ist wohl der erste, welcher wirkliche Messungen an Extremitätenknochen von Kretinen ausgeführt hat; er hält die dabei zutage getretenen Abnormitäten jedoch nicht für charakteristisch, sie hängen nicht mit der Ursache des Kretinismus zusammen, sondern seien sekundär durch den mangelhaften Gebrauch der Glieder bedingt. Als viel wichtiger erscheinen ihm die verzögerte Ossifikation, das Fettmark (Ursache der Anämie!), die Muskeldegeneration. Das periostale Wachstum der langen Knochen sei nicht gestört, der Umfang der Diaphysen meist normal, zum Teil sogar schlank, jedenfalls nicht merklich dicker als normal. Sicher waren die Messungen von Langhans prinzipiell und methodisch ein sehr großer Fortschritt; für die Proportionenlehre sind sie aber nicht ohne weiteres zu verwerten.

Allara (2) meint, „die obern und untern Extremitäten des Kretins stehen in keinem Verhältnis zum Rumpf; sie sind außergewöhnlich kurz oder auch ziemlich lang . . .“ Bei Frangenheim (117) sucht man vergebens eine Angabe über Proportionen, und bei Ewald (11) ist die Ausbeute in diesem Punkt ebenfalls sehr dürftig; er nennt die Röhrenknochen der Extremitäten plump, dick, . . . und verkürzt, zuweilen sogar verkrümmt usw. — Aus all diesen Zitaten geht hervor, daß die Autoren den Kretinen im allgemeinen verkürzte Glieder zuzuschreiben geneigt sind; Kopf und Rumpf müssen also größer sein als die Norm.

Gehen wir nun weiter zu den Angaben von E. Bircher (4), so ist ohne weiteres anzuerkennen, daß er tatsächlich und theoretisch sich wesentlich genauer und richtiger auszusprechen in der Lage war, als die meisten Autoren vor ihm (den einzigen, Scholz, ausgenommen!). Er betont die Disproportion der Knochen ausdrücklich, als „Quintessenz seiner Untersuchungen“ nennt er: regellose, ungesetzmäßige Wachstumsstörungen; nur für deren Ablauf sei eine gewisse Regelmäßigkeit vorhanden; die Hemmung in der Ossifikation entspreche nicht der Wachstumshemmung und sei an obern und untern Extremitäten verschieden, selbst an den verschiedenen Epiphysen sei sie verschieden; das führe zu dem unproportionierten und asymmetrischen Knochenbau, wobei ein Arm länger sei als der andere usf. Im einzelnen fand Bircher den Schädelumfang bei Kindern relativ normal, bei Erwachsenen dagegen um 10—15% zu groß (wie bei den Zwergen!); meist exzessive Brachyzephalie. Der Stamm war relativ um so länger, je älter der Kretin war. Wenn ich richtig verstehe, so sollen die Beine (im Vergleich mit den Armen?) relativ zu lang sein; die Unterschenkel seien relativ viel kürzer als die Oberschenkel, umgekehrt an der obern Extremität, wo die Verkürzung namentlich den proximalen Abschnitt betreffe. — Alle diese Tatsachen sind vielleicht richtig; unbefriedigend (wenigstens für mein Gefühl) bleibt nur die anthropologische Durcharbeitung und Erklärung der selben. Jeder Index darf nicht nur mit einer „Norm“ (die es in diesem allgemeinen Sinn gar nicht gibt) verglichen werden; sondern es ist wenn irgend möglich, seine Vergleichung mit rezentem und fossilem, normalem und pathologischen Material anzustreben, wobei auch die Anthropoiden nicht zu vergessen sind. Der unschätzbare Wert des Martinschen Lehrbuchs der Anthropologie liegt darin, daß es diese Vergleichung dem Nichtfachmann überhaupt erst mühelos ermöglicht hat; das sei nicht vergessen.

Auch Scholz (39) hätte aus seinem Material mehr machen können, wenn er zum Vergleich statt einzelner Werke über normale und pathologische Anatomie ein Lehrbuch wie das von MARTIN zur Hand gehabt hätte. Aber auch so sind seine Zahlen (fünf Jahre vor E. BIRCHER erschienen) das Beste, was die Literatur über die Proportionen der Kretinen bietet. SCHOLZ setzt seine Messungen in Beziehung zur Körpergröße und konstatiert eine relativ große Stammlänge, deren Maxima bei Vollkretinen gefunden wurden (40,3 bzw. 46,6; sonst 32,9 beim männlichen und 35,2 beim weiblichen Kretin). Der Oberarm wies einen Index von 18,7 auf, war also kleiner als bei Gesunden, Vorderarm und Hand im Gegenteil aber relativ etwas größer (zusammen beim Mann 27,6 und beim Weib 26,6% der Körperlänge). Der Oberschenkel wurde zu 22,6% gefunden, war also (wenigstens in einem Teil der Fälle) auffallend hoch; der Unterschenkel hatte einen Index von 20,7—24,1 (also eher kurz?). Alle diese Angaben von SCHOLZ (welche durchaus nicht alles sind, was sein reiches Werk bietet) beziehen sich auf Messungen an lebenden Kretinen, haben also direkt nichts zu tun mit den Zahlen, die ich an den Kretinenskeletten der Grazer Sammlung erheben durfte. Bevor ich daran gehe, meine eigenen Resultate mitzuteilen, sei eine theoretische Umgrenzung der Aufgabe gestattet. Die Proportionenlehre bringt die einzelnen Knochen rechnerisch in Beziehung

    1. zur Körpergröße,

    2. zur Rumpflänge,

    3. untereinander:

        a) links und rechts (Symmetrie),

        b) proximalen und distalen Gliedabschnitt,

        c) die korrespondierenden Teile der obern und untern Extremität,

        d) obere und untere Extremität im ganzen.

Wichtig ist die graphische Darstellung der Proportionsfigur in einem Schema und endlich die der Proportionenlehre zufallende Aufgabe, aus einem isolierten Knochen die zugehörige Körperhöhe zu errechnen. Alle diese Aufgaben wurden in systematischer Weise (wie wir gesehen haben) für die Kretinen bis heute noch kaum zu lösen versucht. Alle diese Aufgaben kann man mit Hilfe der Messungen am Lebenden und am toten Material in Angriff nehmen, und es erhebt sich die Frage: welche Messung gibt die besten, sicherern Resultate? Das treffliche Lehrbuch von MARTIN basiert seine Proportionenlehre in der Hauptsache auf den Messungen am Lebenden und reduziert auch die Messungen am toten Material auf die am Lebenden gefundenen Zahlen; das geschieht vermutlich darum, weil die Messungen am Lebenden bisher in erster Linie standen und schon recht viel Ergebnisse geliefert haben. Da aber jede Messung am Skelett zweifellos genauer ausgeführt werden kann, als am lebenden Menschen, so wäre es besser, die Skelettmessungen überhaupt allein zu berücksichtigen. Ich habe mich trotzdem dem Lehrbuch und dem herrschenden Usus angeschlossen und habe meine Zahlen in Prozenten der Körperlänge, nicht etwa der Skelettlänge, ausgerechnet. Zur Rumpflänge konnte ich meine Zahlen nicht in Beziehung setzen, da nur in einem einzigen Fall die Rumpflänge überhaupt bekannt ist (bei Graz 3344) und es nicht möglich ist, die Rumpflänge nachträglich am Skelett festzustellen.

    Leider lag auch nicht von allen Fällen eine Angabe über die Körpergröße vor. Über Bern 94. 345, Graz 569, 3842 (Rachitis; wegen Kyphoskoliose und vielfachen Verkrümmungen der Glieder war in diesem Fall wohl mit Recht keine Körpergröße gemessen worden; sie dürfte von Graz 4145 kaum abgewichen sein), 2668 (vermutlich wenig kleiner als 3344, aber noch höherer Grad von Mikromelie), fehlt überhaupt jede Angabe der Körpergröße. In zwei Fällen findet sich eine Angabe, sie ist jedoch in Zoll gegeben, und es fragt sich: Pariser oder Wiener Maß? Ich habe ersteres angenommen, da nach BROCKHAUS in wissenschaftlichen Werken sich Pariser Fuß und Zoll verwendet finden; die Differenz der absoluten und relativen Zahlen ist nicht sehr erheblich, es mißt

Graz 1358 4,4 Fuß, Pariser Maß = 1404 mm, Wiener Maß = 1368

Graz 2334 4,10 ,, ,, ,, = 1566 ,, ,, ,. = 1524

Berechnete man die Körpergröße in diesen Fällen auf Grund von Wiener Maß, so werden alle Prozentzahlen um $1/26$stel höher. — In sechs Fällen lag keine Angabe über Körpergröße, wohl aber ein Maß der Skelettlänge vor, und es war also die Skelettlänge in Körpergröße umzurechnen. Das Skelett ist wegen des Fehlens der Weichteile und wegen Schrumpfung bzw. Schwund der Zwischenwirbelscheiben und Gelenkknorpel im allgemeinen etwa 100 mm niedriger, als die Körpergröße; man kann auf Grund von guten Röntgenbildern annehmen:

Dicke der Kopfschwarte . . . . 10 mm
Fersenpolster . . . . 15 „
25 Bandscheiben:
    Normal . . . . . . etwa 125 „
    Auf die Hälfte geschrumpft 63[1) „
Hüftgelenk . . . . 3 „
Kniegelenk . . . . 5 „
Talokruralgelenk . . . . 2 „
Talokalkaneusgelenk . . . . 2 „

Der schwache Punkt dieser Rechnung ist die Abschätzung des Schrumpfungsgrades der Wirbelsäule; ganz fehlten die Bandscheiben, soviel ich mich erinnere, in keinem Fall. Einen gewissen Anhaltspunkt bieten die Fälle, in denen sowohl Skelett- als Körpergröße gegeben sind, nämlich

Das Berner Skelett mit 1325 bzw. 1385 mm, Differenz 60 mm
Graz 4595 ,, ,, 1090 ,, 1240 ,, ,, 150 ,,
,, 201 ,, ,, 730 ., 785 ,, ,, 45 ,,

bei 201 haben wir ein Kind von 19 Monaten, das also für die Berechnung ausscheidet. Ich glaube, man kann gegen die Annahme einer Differenz von etwa 100 mm nicht viel einwenden. Ich habe also die Skelettgröße bei

Graz 518 von 1370 auf 1470 mm
,, 5390 ,, 1370 ,, 1470 ,,
,, 3235 ,. 1240 ,, 1340 ,,
,, 4028 ,, 1320 ,, 1420 ,,
,, 4145 ,, 1200 ,, 1300 ,,

und bei dem mehr mumifizierten, als skelettierten, knorpelreichen Graz 28 von 1200 auf 1266 mm vermehrt. — Nach diesen prinzipiellen Erörterungen will ich daran gehen, meine Ergebnisse zuerst für die obere, nachher in gleicher Weise für die untere Extremität mitzuteilen. Sind auch die Ergebnisse in großen

---

[1) Lehrbuch S. 963: Bandscheiben vorn 104, mitten 113, hinten 57 mm.

Proportionen	Körperlänge	Skelettlänge	Humerus (2)	Radius Größte Länge (1)	Radius Physiol. Länge (2)	Hand, Länge	Ganze Armlänge Hum.(2)+Rad.(2)+Hand+¼	Idem ohne Hand Hum.(2)+Rad.(1)	Rel. Armlänge	Rel. O.-Armlänge	Rel. U.-Armlänge (2)	Rel. Handlänge	Oberarm	Unterarm (2)	Hand	Index Rad.(2)×100/Hum.(2)	Index Rad.(1)×100/Hum.(2)
									In % der Körperlänge				In % der ganzen Armlänge				
1891. 345 r.	?	—	292	231	216	—	—	523	—	—	—	—	—	—	—	74,0	79,1
l.		—	290	228	210	—	—	518	—	—	—	—	—	—	—	72,4	78,6
1916. 67 r.	1470	—	266	—	—	—	—	—	—	18,1	—	—	—	—	—	—	—
1906. 353 l.	1400	—	257	—	—	—	—	—	—	18,0	—	—	—	—	—	—	—
1914. 93 r.	1440	—	277	—	—	—	—	—	—	18,4	—	—	—	—	—	—	—
518 r.	(1470)	1370	273	203	186	152	615	476	41,9	18,7	13,8	10,3	44,0	31,5	24,5	68,1	74,3
l.			269	201	185	150	608	470	41,3	18,9	13,7	10,2	44,2	31,2	24,6	68,8	74,8
5390 r.	(1470)	1370	296	205	190	157	647	501	44,1	20,1	13,9	10,7	45,7	30,1	24,2	64,2	69,4
l.			—	—	—	158	—	—	—	—	—	10,7	—	—	—	—	—
Massive	—	—	—	—	—	—	—	—	*42,4*	*18,5*	*13,8*	*10,5*	*44,6*	*30,9*	*24,4*	*69,5*	*75,2*
1895. 160 r.	1350	—	—	174	160	—	—	—	—	—	12,9	—	—	—	—	—	—
l.			221	176	160	—	—	397	—	16,4	13,0	—	—	—	—	72,4	79,6
1910. 343 r.	1355	1325	246	192	178	148	576	438	41,6	17,9	13,9	10,7	42,7	30,8	25,3	71,3	77,4
l.			245	192	180	148	577	437	41,7	17,8	13,9	10,7	42,6	31,2	25,3	72,8	77,7
1913. 141 r.	1320	—	248	—	—	—	—	—	—	18,0	—	—	—	—	—	—	—
1915. 297 r.	1320	—	226	—	—	—	—	—	—	17,1	—	—	—	—	—	—	—
Grazile	—	—	—	—	—	—	—	—	*41,6*	*17,4*	*13,4*	*10,7*	*42,6*	*31,0*	*25,3*	*72,3*	*78,2*
Alle ♂	*(1402)*	*(1355)*	*262*	*200*	*187*	*152*	*605*	*(462)*	*42,1*	*18,0*	*13,6*	*10,5*	*43,8*	*30,9*	*24,8*	*71,9*	*76,3*
3235 r.	(1340)	1240	223	165	155	138	520	388	38,8	16,6	12,3	10,3	42,8	30,7	26,5	69,5	73,3
l.			225	165	156	138	523	390	39,0	16,8	12,3	10,3	43,0	30,6	26,4	69,3	73,9
4595 r.	1240	1090	237	170	160	139	540	407	43,5	18,3	13,7	11,2	43,9	30,4	25,7	67,5	71,7
l.			228	172	161	133	526	400	42,4	18,4	13,8	10,8	43,3	31,5	25,2	70,6	75,4
1917. 212 r.	1280	—	226	—	—	—	—	—	—	17,7	—	—	—	—	—	—	—
Alle ♀	*(1286)*	*(1165)*	*228*	*168*	*158*	*137*	*527*	*396*	*41,0*	*17,7*	*13,0*	*10,6*	*43,2*	*30,8*	*26,0*	*69,3*	*73,7*
1358 r.	1404 P	—	273	—	—	—	—	—	—	19,4	—	—	—	—	—	—	—
l.	1368 W	—	271	—	—	—	—	—	—	19,3	—	—	—	—	—	—	—
2334 r.	1566 P	—	286	224	207	153	650	510	43,8	18,2	14,3	12,1	41,5	30,9	27,6	72,4	78,3
l.	1524 W	—	280	224	208	151	643	504	43,5	18,1	14,3	12,1	41,1	31,5	27,4	74,3	80,0
4028 r.	(1420)	1320	260	202	188	190	642	462	42,5	18,3	14,2	10,8	42,9	31,9	25,2	72,8	77,7
l.			259	198	180	189	632	457	41,7	18,2	13,9	10,7	43,5	31,1	25,4	69,5	76,4
1903. 278 r.	1235	—	—	—	—	—	—	—	—	—	—	—	—	—	—	—	—
l.			(228)	—	—	—	—	—	—	18,3	—	—	—	—	—	—	—
alle Kretins	**1377**	**1286**	**256**	**195,4**	**181,2**	**153**	**594**	**451**	**43,1**	**18,6**	**13,8**	**11,1**	**43,1**	**30,5**	**25,7**	**70,8**	**76,3**
Neonat	500	—	85	66	60	—	—	151	—	17,0	13,2	—	—	—	—	70,6	77,6
1886. 42 l.	—	—	86,4	64	60	—	—	150	—	—	—	—	—	—	—	—	—
201 a r.	785	730	(122)	88	—	—	—	210	—	15,5	11,2	—	—	—	—	(72,1)	72,1
l.			(122)	90	—	—	—	212	—	15,5	11,5	—	—	—	—	(73,7)	74,6
28 r.	(1260)	1200	225	165	160	(134)	(523)	390	41,5	17,8	13,1	10,7	43,0	31,4	25,6	71,1	73,3
l.			237	173	162	136	539	410	42,0	18,8	13,7	10,8	43,9	30,9	25,2	68,3	72,1
Bourneville	1050	—	176	—	139	123	442	(320)	42,1	16,7	13,2	11,7	39,8	31,4	27,8	78,9	—
1918. 49	935	Rumpf 360	148	(120)	—	—	—	(260)	—	15,8	—	—	—	—	—	—	—
1918. 64	1375	—	226	170	157	—	—	396	—	16,4	11,4	—	—	—	—	69,5	75,2
1915. 299	1290	—	250	—	—	—	—	—	—	19,4	—	—	—	—	—	—	—
Athyreose	*(1182)*	—	*210*	*170*	*154*	*131*	*500*	*380*	*41,8*	*17,5*	*12,8*	*11,0*	*42,2*	*31,2*	*26,2*	*(69,4)*	*73,5*
3842 r.	—	—	258	201	186	185	633	459	—	—	—	—	40,7	30,1	29,2	72,1	78,0
l.	—	—	252	209	186	182	624	461	—	—	—	—	40,4	30,5	29,1	73,8	82,9
4145 r.	(1300)	1200	248	209	191	176	619	457	47,6	19,1	16,1	13,5	40,0	31,6	28,4	77,0	84,4
l.			259	206	190	170	623	465	48,0	20,0	15,8	13,1	41,5	29,7	28,8	73,3	79,5
569 r.	—	—	202	220	208	—	—	422	—	—	—	—	—	—	—	103,0	108,9
l.	—	—	212	208	195	—	—	420	—	—	—	—	—	—	—	92,0	98,1
Rachitis	—	—	*238*	*209*	*192*	*178*	*625*	*447*	—	—	—	—	*40,6*	*30,6*	*28,8*	*81,8*	*88,6*
2668 r.	—	—	137	103	87	118	346	240	—	—	—	—	39,6	26,3	34,1	63,5	75,2
l.	—	—	137	103	87	117	345	240	—	—	—	—	39,7	26,3	34,0	63,5	75,2
3344 r.	1000	—	143	126	112	118	377	269	37,7	14,3	12,6	11,8	37,9	30,8	31,3	78,3	88,1
l.	—	—	138	123	109	118	369	261	36,9	13,8	12,3	11,8	37,4	30,9	31,9	78,9	89,1
Chondrodystrophie	—	—	139	116	98	118	359	252	—	—	—	—	38,6	28,6	32,8	71,0	81,9
5 Jahre	—	—	(245)	—	—	—	—	—	—	—	—	—	—	—	—	—	—
13 Jahre ♂	—	—	317	237	222	—	—	554	—	—	—	—	—	—	—	70,3	74,8
30 Jahre ⚥	—	—	351	257	240	—	—	608	—	—	—	—	—	—	—	68,4	73,2
33 Jahre ♂	—	—	338	250	232	—	—	588	—	—	—	—	—	—	—	68,6	73,8
77 Jahre ♂	—	—	307	226	210	—	—	533	—	—	—	—	—	—	—	68,4	73,6
Peggau r.	—	—	255	191	183×	—	—	446	—	—	—	—	—	—	—	71,8	74,9
l.	—	—	261	—	—	—	—	—	—	—	—	—	—	—	—	—	—
Schw.-Bild 2 r.	—	—	(266)	202	187×	—	—	468	—	—	—	—	—	—	—	70,3	75,9
12 r.	—	—	(252)	—	186×	—	—	—	—	—	—	—	—	—	—	73,8	—
14 r.	—	—	(282)	220	209×	—	—	502	—	—	—	—	—	—	—	74,1	78,0
Dachsenbühl r.	—	—	—	—	—	—	—	—	—	—	—	—	—	—	—	—	—

Femur (2)	Tibia Länge 1b	Tibia Länge 2a	Fuß Höhe	Fuß Länge	Ganze Beinlänge Fem.(2)+Tib.(2)+Fußhöhe+4	Idem ohne Fuß Fem.(2)+Tib.(1b)	Rel. Beinlänge	Rel. O.-Schenkellänge	Rel. U.-Schenkellänge 1b	Rel. Fußhöhe	Rel. Fußlänge	Index Tib.(1b)×100/Fem.(2)	(Hum.+Rad.)×100/(Fem.+Tib.)	Hum.(2)×100/Fem.(2)	Rad.(1)×100/Tib.(1b)	(Hum.+Rad.)×100/Körpergröße	(Fem.+Tib.)×100/Körpergröße
435	935	338	—	—	—	770	—	—	—	—	—	77,0	67,9	66,9	71,5	—	—
436	(317).	330	—	—	—	753	—	—	—	—	—	72,7	70,1	66,5	71,9	—	—
368	301	303	—	—	—	669	—	25,0	20,5	—	—	81,8	—	72,3	—	—	45,5
364	—	—	—	—	—	—	—	26,0	—	—	—	—	—	70,4	—	—	—
367	—	—	—	—	—	—	—	25,4	—	—	—	—	—	75,2	—	—	—
362	293	300	71	207	737	655	48,2	24,6	20,0	4,8	14,1	81,5	75,2	75,4	68,8	32,4	42,4
359	289	298	72	211	733	648	47,5	24,4	19,9	4,8	14,2	81,1	74,9	74,9	69,1	32,1	42,7
393	312	320	69	201	786	705	51,8	26,7	21,4	4,7	13,7	80,2	72,8	75,3	65,1	34,1	46,7
397	317	324	67	200	792	714	52,1	26,8	21,5	4,7	13,7	79,9	—	—	—	—	47,2
—	*—*	*—*	*—*	*—*	*—*	*—*	*49,9*	*25,6*	*20,6*	*4,7*	*13,9*	*79,2*	*72,2*	*72,1*	*69,3*	*32,9*	*44,9*
316	257	264	—	—	—	573	42,2	23,4	18,8	—	—	81,3	—	—	69,0	—	42,4
—	255	260	—	—	—	—	—	—	18,7	—	—	—	(69,3)	—	70,1	30,0	—
350	277	279	63	190	696	627	50,2	25,3	19,3	4,4	13,7	76,6	71,2	70,9	71,6	31,7	44,6
342	270	279	63	194	688	612	49,7	24,7	19,3	4,4	13,7	78,6	71,9	72,6	71,6	31,2	44,0
339	—	—	—	—	—	—	—	25,7	—	—	—	—	—	73,1	—	—	—
328	257	292	—	—	—	585	44,2	24,8	19,4	—	—	78,3	—	68,8	—	—	44,3
—	*—*	*—*	*—*	*—*	*—*	*—*	*46,6*	*24,8*	*19,1*	*4,4*	*13,7*	*78,7*	*70,8*	*71,2*	*70,4*	*30,9*	*43,8*
368	*281*	*296*	*67*	*200*	*735*	*649*	*50,0*	*25,2*	*19,8*	*4,6*	*13,8*	*79,0*	*71,7*	*71,8*	*69,8*	*31,9*	*44,4*
323	252	258	58	183	643	575	46,2	24,1	18,7	4,3	13,7	77,7	69,5	69,0	65,7	28,8	41,6
322	250	256	59	178	641	572	46,2	24,1	18,7	4,3	13,3	77,6	70,1	69,9	65,9	28,9	41,5
319	240	247	58	173	628	559	48,8	25,7	19,8	4,7	13,9	74,8	74,8	74,3	71,1	32,8	43,8
325	240	247	57	172	633	565	49,3	26,2	19,2	4,7	13,9	73,2	72,7	70,1	71,9	32,2	44,3
333	—	—	—	—	—	—	—	26,0	—	—	—	—	—	67,8	—	—	—
324	*243*	*252*	*58*	*176*	*638*	*567*	*47,6*	*25,2*	*19,0*	*4,5*	*13,7*	*75,8*	*71,8*	*70,0*	*68,6*	*30,7*	*42,8*
344	—	—	—	—	—	—	—	21,5	—	—	—	—	—	79,3	—	—	—
348	—	—	—	—	—	—	—	24,6	—	—	—	—	—	77,9	—	—	—
400	305	318	76	193	798	705	48,3	24,8	19,7	4,9	12,4	80,0	75,1	73,7	72,7	32,5	43,4
387	308	315	79	196	785	695	48,6	24,7	20,0	4,9	12,8	80,6	74,0	72,3	71,1	32,1	43,5
333	260	271	67	192	675	593	45,7	23,4	18,7	4,7	13,5	80,0	79,9	78,1	75,9	32,5	40,7
336	260	265	66	195	671	596	45,5	23,7	18,4	4,7	14,0	76,8	79,3	77,1	76,7	32,2	40,5
309	—	—	—	—	—	—	—	25,0	—	—	—	—	—	—	—	—	—
313	—	—	—	—	—	—	—	20,3	—	—	—	—	—	71,2	—	—	—
353	**278**	**286**	**66**	**192**	**709**	**631**	**48,4**	**24,9**	**19,5**	**4,7**	**13,5**	**78,7**	**73,0**	**72,6**	**70,8·**	**32,7**	**45,8**
100	—	—	—	—	—	—	—	20,0	—	—	—	—	—	85,0	—	30,2	—
(116)	85	77	—	—	—	(201)	—	—	—	—	—	(73,3)	—	—	—	—	—
162	(125 bis		—	—	—	287	36,7	20,7	(16,0)	—	—	ca. 78	73,2	75,4	70,4	26,7	36,6
163	130)		—	—	—	293	36,8	20,8	(16,0)	—	—	ca. 78	72,3	74,8	69,3	27,0	37,2
311	257	257	—	—	—	568	45,1	24,7	20,4	—	—	82,6	68,6	72,3	64,2	30,0	45,1
316	256	251	50	158	621	567	49,3	25,1	20,4	4,0	12,5	81,0	72,3	75,0	67,6	32,5	45,0
242	190	—	—	162	—	432	41,1	23,0	18,1	—	15,3	78,5	72,9	72,7	73,1	30,5	42,1
206	—	(200)	—	—	—	(410)	—	22,0	—	—	—	—	—	71,3	—	—	—
330	262	257	—	—	—	592	43,0	24,0	19,0	—	—	79,3	67,0	68,5	60,0	29,2	43,0
340	247	243	—	—	—	287	45,4	26,3	19,1	—	—	72,7	—	73,5	—	—	45,5
291	242	252	(50)	(160)	(621)	550	49,3	24,2	19,4	—	—	78,8	70,2	72,2	66,2	30,6	44,2
233	*288*	*265*	*81*	*245*	*583*	*498*	*—*	*—*	*—*	*—*	*—*	*123,6*	*92,2*	*110,7*	*69,8*	*—*	*—*
244	*287*	*264*	*79*	*236*	*591*	*508*	*—*	*—*	*—*	*—*	*—*	*118,0*	*90,7*	*103,3*	*72,8*	*—*	*—*
269	*328*	*310*	*67*	*211*	*650*	*579*	*50,0*	*20,7*	*25,2*	*5,1*	*16,2*	*121,9*	*78,9*	*92,2*	*64,6*	*35,1*	*44,5*
241	*317*	*296*	*64*	*215*	*605*	*537*	*46,5*	*18,5*	*24,4*	*4,9*	*16,5*	*131,5*	*86,6*	*107,5*	*64,9*	*35,8*	*41,3*
355	*292*	*280*	*—*	*—*	*—*	*635*	*—*	*—*	*—*	*—*	*—*	*82,3*	*66,5*	*56,9*	*75,1*	*—*	*—*
354	*286*	*275*	*—*	*—*	*—*	*629*	*—*	*—*	*—*	*—*	*—*	*80,8*	*66,7*	*60,0*	*72,7*	*—*	*—*
283	*300*	*282*	*73*	*227*	*608*	*564*	*—*	*—*	*—*	*—*	*—*	*109,7*	*80,3*	*88,6*	*70,0*	*35,5*	*42,9*
169	151	130	57	147	360	299	—	—	—	—	—	88,7	80,2	81,1	68,2	—	—
171	148	128	57	145	380	299	—	—	—	—	—	86,5	80,2	80,1	69,4	—	—
196	165	144	50	148	394	340	39,4	19,6	16,3	5,0	14,8	83,2	79,1	73,0	77,3	26,9	34,0
196	168	148	47	148	395	344	39,5	19,6	16,8	4,7	14,8	85,7	75,9	70,4	73,2	26,1	34,4
183	158	138	53	147	382	320	—	—	—	—	—	86,0	78,8	76,1	72,0	26,5	34,2
363	**(273)**	**(269)**	—	—	—	**636**	—	—	—	—	—	**75,2**	—	**67,5**	—	—	—
448	**358**	**344**	—	—	—	**792**	—	—	—	—	—	**80,0**	**72,5**	**70,8**	**66,2**	—	—
479	**381**	**368**	—	—	—	**847**	—	—	—	—	—	**81,7**	**71,8**	**73,3**	**67,4**	—	—
461	**341**	**325**	—	—	—	**787**	—	—	—	—	—	**74,0**	**74,8**	**73,3**	**73,3**	—	—
432	**331**	**316**	—	—	—	**748**	—	—	—	—	—	**76,6**	**71,3**	**71,1**	**80,4**	—	—
—	28?	276×	—	—	—	—	—	—	—	—	—	—	—	66,5	—	—	—
—	287	272	—	—	—	—	—	—	—	—	—	—	—	—	—	—	—
367	—	288×	—	—	—	655	—	—	—	—	—	(78,5)	71,3	72,5	(64,9)	—	—
354	—	281×	—	—	—	635	—	—	—	—	—	(79,4)	—	71,2	(66,2)	—	—
389	—	308×	—	—	—	697	—	—	—	—	—	(79,1)	72,2	72,5	(67,8)	—	—
388	—	300	—	—	—	686	—	—	—	—	—	(77,7)	—	—	—	—	—

Columns 8–13 are headed *In % der Körperlänge*.

Zügen denen von Bircher und von Scholz ähnlich, so glaube ich doch ohne Überhebung sagen zu dürfen, daß meinen Ergebnissen mehr Beweiskraft zukommt, einmal wegen der verbesserten Methodik, dann aber namentlich wegen des verschiedenen Materials: Meine Ergebnisse basieren auf Skelettmessungen, diejenigen der Autoren dagegen auf Messungen an lebenden Kretinen. Sind schon unter normalen Verhältnissen Knochenmessungen am lebenden Menschen notwendigerweise ungenau, so sind die Schwierigkeiten beim unruhigen, kaum völlig aufrecht zu erhaltenden Kretin noch viel größer.

A. Die Proportionen der oberen Extremität.

I. Mit Beziehung auf die Körpergröße.

1. Der Arm als Ganzes (berechnet aus Humerus 2, Radius 2, Handlänge 1a; Zugabe 4 mm für Knorpel und Weichteile) mißt bei Kretinen im Mittel 594 (520—650) mm. Auf die Körperlänge bezogen ergibt dies einen mittleren Index von 43,1; beschränken wir uns auf die reinen Fälle, so finden wir

	bei fünf ♂	vier ♀
ganze Armlänge /	605 mm	527 mm
relative Armlänge	42,1 „	41,0 „

Man kann folgende Reihe bilden:

	Länge	Index		
		Mittel	Minimum	Maximum
Chondrodystrophie . .	359	37,3	36,9	37.7
Athyreose	500	41,8	—	—
Kretinismus	595	43,1	38,8	44,1
Rachitis	625	47,8	—	—

Die Deutung dieser Befunde ist nicht leicht; indessen scheint so viel sicher, daß die Kretinen ausgesprochen kurzarmig sind, besonders die vom grazilen Typus (wie noch mehr Chondrodystrophie und Athyreose!), und sich dadurch scharf von den langarmigen Rachitikern unterscheiden. Die relative ganze Armlänge ist sonst bei jungen Kindern geringer (etwa 41—42), als bei älteren etwa 44—45). Als Norm gibt das Lehrbuch für männliche Badener 45,1, für weibliche 44,7; eine sexuelle Differenz ist an meinen Grazern nicht deutlich zu erkennen; meistens ist aber der Index rechts etwas höher. Wenn wir also bei unsern pathologischen Objekten einen niedern Armindex finden, so sind dieselben durch dieses Merkmal als auf kindlicher Stufe stehend gekennzeichnet. Ganz exzessive Armlängen (von 100—250%) der Rumpflänge findet man bekanntlich bei den Anthropoiden, bei denen es sich aber um sekundäre Anpassung handelt; das wirklich primitive Verhalten dürfte eine geringe Armlänge darstellen. Rassendifferenzen lassen sich aus den bisher bekannten Zahlen nicht klar erkennen; über die Armlänge der fossilen Menschen wissen wir nichts, da meistens der terminale Abschnitt der Extremität nicht erhalten ist, und ein Vergleich mit der Körpergröße dahinfällt, da letztere nie sicher festzustellen ist.

2. Die relative Armlänge ohne Hand [Humerus (2) und Radius (1)] mißt bei meinen Kretinen im Mittel 451, was einem Index von 32,7 entspricht; es sind die entsprechenden Zahlen für Chondrodystrophie 252 bzw. 26,5; für Athyreose 380 bzw. 30,6; für Rachitis 447 bzw. 35,5. Als Norm für Männer aus Baden gibt MARTIN 35,4, für Weiber 33,6; es verhält sich also auch in diesem Betracht die Rachitis normal, die übrigen krankhaften Zustände jedoch primitiv (bzw. infantil). Bei meinem Neonaten finde ich 30,2. — Der Wert dieses Index dürfte neben der „ganzen Armlänge" nicht groß sein.

3. Die relative Oberarmlänge fand ich bei meinen Kretinen (nur wenig kleiner als SCHOLZ angibt) im Mittel zu 18,6 (16,6—20,1); ungefähr ebenso groß ist sie bei Graz 28 (Athyreose), viel geringer, nämlich 14,0 bei Chondrodystrophie, und wesentlich größer, 19,5 (also normal!) bei der Rachitis. Die sexuelle Differenz ist bei meinem Material nicht allzu deutlich; zwischen links und rechts ist kein durchgreifender Unterschied, und die kleinsten Individuen haben nicht den kleinsten Index. Auffallend ist aber der sehr niedere Index bei den grazilen Typen mit 17,4 und bei dem kindlichen Kretin Graz 201 mit nur 15,5; die von SCHOLZ gemessenen Kinder waren keineswegs durch niedern Index ausgezeichnet. — Das Lehrbuch nennt für Männer aus Baden 19,8 und für Weiber 19,1; bei Kindern steigt der Index von der Geburt bis zur Pubertät von etwa 17 zur Norm. Es dürfte ein niederer Index auch bei pathologischen Typen ein mehr kindliches Verhalten bedeuten; doch hebt das Lehrbuch die Kürze des Oberarms bei ost- und nordasiatischen Völkern hervor.

4. Die relative Unterarmlänge finde ich bei Kretinen (im Gegensatz zu SCHOLZ!) sehr kurz, nämlich im Mittel nur 13,8 (12,3—14,3). Bei den ♀ ist dieser Index deutlich vermindert. Es kann diese Diskrepanz auf abweichender Methodik beruhen; ich habe in Anlehnung an Maß 48 (S. 145 Lehrbuch) als Unterarmlänge die größte Länge des Radius (1) verwendet, während SCHOLZ (39) vom Olekranon und SARASIN (576) vom Cond. ext. aus messen. (Gerade dieses Beispiel ist geeignet, zu zeigen, zu welcher Verwirrung Körpermessungen am Lebenden führen müssen; da gibt eine Knochenmessung, sei es am Radius oder an der Ulna, doch eine ganz andre Sicherheit, was auf S. 299 auch das Lehrbuch anerkennt.) Die Sache ist nicht ganz ohne Bedeutung, indem am Vorderarm die Altersunterschiede der Proportionen nur sehr gering sind, ein langer Unterarm aber besonders für anthropoide Zustände sehr bezeichnend ist. Also wäre die Angabe der Autoren betreffend auffallend verlängerte Unterarme bei Kretinen, wenn sich diese Angabe wirklich bestätigte, im Sinne meiner Anschauungen vom Wesen des Kretinismus wichtig genug; aber leider kann ich jedenfalls meine eignen Meßresultate nicht in diesem Sinne als Beweis anführen. Die Sache verdient, weiter verfolgt und aufgeklärt zu werden. — Der kurze Unterarm gilt als ein ausgesprochen weibliches Sexualmerkmal; er findet sich sehr typisch auch bei der Chondrodystrophie (12,5) (Weiber!) und auffallenderweise auch bei Graz 201 (11,5), während Graz 28 (Athyreose) sich wie die Kretinen verhält (13,4). Die Rachitis hat mit 16,0 einen langen, modernen Unterarm. Das Lehrbuch nennt für Badener einen Index von 15,5 bzw. 14,4; Mongolen haben kurze, Neger lange Vorderarme.

6. Die relative Handlänge, welche normalerweise weder große sexuelle,

noch Altersvariationen darbietet (sie ist nach Lehrbuch etwa 11% der Körperlänge), ist bei Kretinen auffallend gering, nämlich bei

	Mittel	Minimum	Maximum
Kretinismus	10,6	10,2	11,2
Athyreose	10,75	—	—
Chondrodystrophie . . .	11,8	—	—
Rachitis	13,3	—	—

Äußerst auffallend sind die großen Hände und Füße (wie auch die großen Kniescheiben!) bei der Rachitis. Es springt dieses Mißverhältnis schon bei oberflächlicher Betrachtung einem jeden in die Augen und beweist ohne weiteres,
daß es sich bei diesen Menschen sicher nicht um richtigen Zwergwuchs, sondern
einfach um eine krankhafte Verbildung handelt, welche zufällig die Hände und
Füße frei läßt; Belastung, Muskelzug usw. scheinen an Hand und Fuß wenig
einzuwirken. FRANGENHEIM sagt: die rachitische Hand, die nach KOPLIK bisher nur wenig gewürdigt wurde, ist nach SIEGERT lang und schmal. — Auch
schon Graz 2334 weist mit seinem Index von 12,1 sehr deutlich nach der Rachitis
hin; ich habe diesen Fall darum bei der Berechnung des Kretinenmittels außer
acht gelassen. Der Fall bot uns ja auch sonst schon Zeichen von Rachitis. —
Es muß besonders bemerkt werden, daß bei der Chondrodystrophie („Mikromelie!") die Hände durchaus nicht klein sind; ein Blick auf FRANGENHEIM,
Fig. 14, zeigt dies sehr schön. Um so merkwürdiger, rassenhafter, sind die
kleinen Hände der Kretinen, besonders beim massiven Typus. Nach Angabe
des Lehrbuchs sind verschiedene asiatische, afrikanische und indianische Klein-
völker durch ähnliche geringe Handlängen ausgezeichnet.

II. Mit Beziehung auf die Rumpflänge

vermag ich bloß zu Graz 3344 (Chondrodystrophie) einige Indexzahlen mitzuteilen. Die Rumpflänge war in diesem Fall 450 mm „vom Atlas bis zur Steißbeinspitze" (laut Sektionsprotokoll) und würde etwa dem Maß 28 (1) (vgl. S. 140
Lehrbuch) entsprechen; da die Berechnungen des Lehrbuchs sämtlich auf eine
„Rumpflänge" ohne Halswirbelsäule bezogen sind, und da man (approximativ!)
die Länge der Halswirbelsäule zu etwa $^1/_5$ der Distanz Atlas—Steißbeinspitze
annehmen darf, so sind die Indexzahlen um $^1/_4$ zu vergrößern, und es ist dann
bei Graz 3344

<pre>
die ganze Armlänge = etwa 108% der Rumpflänge (statt etwa 153%)
der Oberarm . . . =   „   40%   „   „   („   „   65%)
der Unterarm . . . = „   35%   „   „   („   „   50%)
die Hand . . . . . = „   33%   „   „   („   „   37%)
</pre>

Es betrifft also die Verkürzung bei dieser Krankheit am meisten den Oberarm
und nur wenig (wie schon bemerkt) die Hand.

III. Verhältnis der Gliedabschnitte zueinander, sowie zur ganzen Armlänge.

Eine Erörterung über Symmetrie der linkseitigen Extremität mit der recht-
seitigen, ferner über das Verhältnis der korrespondierenden Abschnitte von Arm

und Bein, lasse ich erst nach Besprechung der Proportionen der untern Extremität folgen. Hier folgt zunächst

7. der Humero-Radialindex; er ist bei Kretinen im Mittel 70,8, mit einer Schwankungsbreite von 64,2—74,3; die reinen Fälle haben im männlichen Geschlecht 71,0, im weiblichen 69,3; die massiven 69,5, die grazilen Männer dagegen 72,3. Bedeutet nun dieser Index von 70,8 einen „auffallend langen Unterarm" im Sinne von Scholz? Ich kann mich darüber wirklich nicht mit Sicherheit aussprechen; wenn ich nur mein Material zum Vergleich herbeiziehe, dann ist die Frage zu bejahen; im Vergleich mit den Zahlen des Lehrbuchs, welches den Index (Tabelle S. 299) zu 71—81 bei verschiedenen Völkern angibt, sind jedoch die Unterarme der Kretinen entschieden kurz. Diese Unstimmigkeit kommt vermutlich von verschiedener Technik und Berechnungsart. Ich habe nach Lehrbuch S. 949 den Index auf die physiologische Radiuslänge (den Gelenkflächenabstand) bezogen, habe aber den Eindruck, daß namentlich die ältern Autoren die „größte Länge" des Radius zugrunde zu legen pflegten, und es entspricht ja auch dieses Maß viel eher der am Lebenden gemessenen Unterarmlänge (vgl. Lehrbuch S. 145 und 910). Es dürfte sich also auf S. 949 Lehrbuch um einen Druckfehler handeln. Rechne ich meine Indizes um auf die größte Radiuslänge, so ändert sich freilich das Bild, und es erscheinen dann die Kretinen (sogar mit Außerachtlassen des monströsen Graz 69) als deutlich „mesatikerkisch" mit einem Index von 76,3 (69,4—80,0). Diese Zahl dürfte eher mit den Angaben des Lehrbuchs vergleichbar sein. Nachfolgende Tabelle lehrt, daß die Reihenfolge eine ganz andre ist, je nachdem (wie bei A) die größte, oder (wie bei B) die physiologische Radiuslänge der Berechnung zugrunde liegt:

	A		B	
Chondrodystrophie	81,9	I	71,0	IV
Rachitis	81,2	II	74,1	II
Aurignacensis	80,4	III	77,1	I
Neonat	77,6	IV	70,6	V
Pygmäen	76,3	V	72,5	III
Kretinen	75,4	VI	70,8	VI
Neandertalmensch	73,3	VII	68,4	VIII
Athyreose	73,5	VIII	69,4	VII

Der Mensch hat (nach Angabe des Lehrbuchs) den niedersten Index von allen Hominiden, und namentlich bezieht sich dies auf den Europäer; Mongolen und Amerikaner sind mesatikerk, Neger (wie auch Feuerländer und Andamanesen) sind dolichokerk. Beim Embryo von 2 Monaten sind Ober- und Unterarm gleich lang; der Oberarm wächst dann rascher, und das Verhältnis ist bei der Geburt etwa 77. Auch bei den Weibern ist in einzelnen Gruppen der Index relativ hoch (infantiles Verhalten!). Bei Rachitis und bei Chondrodystrophie beruht der hohe Index nicht auf einem abnorm langen Unterarm, sondern auf einem stark verkürzten Oberarm. Das Verhalten der Kretinen, besonders derer vom grazilen Typus, dürfte als Infantilismus zu deuten sein.

8. In Prozent der ganzen Armlänge umgerechnet, erscheinen die einzelnen Abschnitte der obern Extremität in ähnlicher, sehr prägnanter Bedeutung. Zwar fehlen uns die Vergleichszahlen fossiler Menschenarten (da wir von

solchen keine Handlänge, also auch keine ganze Armlänge kennen); ich kann daher meine Ergebnisse von pathologischen Formen bloß neben die Schaffhauser Kinder von Schwerz stellen, was aber immer noch lehrreich genug ist. Es ist in Prozent der Armlänge

	Oberarm	Unterarm	Hand
bei Athyreose	42,2	31,2	25,2
„ Kretinen	43,2	30,5	25,7
„ der Rachitis	40,6	30,6	28,8
„ Chondrodystrophie	38,6	28,6	32,8
bei Knaben von 6 Jahren . . ⎫	40,8	33,7	25,2
„ Mädchen von 6 Jahren . ⎪ nach Schwerz	41,0	33,4	25,4
„ Knaben von 15 Jahren . ⎬	41,8	33,5	24,4
„ bei Mädchen von 15 Jahren. ⎭	42,5	32,9	24,3
in Baden	42,5	32,6	24,0

Weitere Angaben s. Lehrbuch S. 296, 297, 300. Meine Zahlen habe ich in der Weise berechnet, daß ich die ganze Länge des Humerus und die Handlänge direkt in Prozent der Armlänge umrechnete und deren Summe von 100,0 abzog; diesen Rest bezeichne ich als relative Unterarmlänge. Aus der Tabelle von Schwerz (448, S. 295) geht hervor, daß der Oberarm im Lauf der Entwicklung zu-, die Hand aber abnimmt, während der Unterarm bei Knaben ungefähr gleich bleibt, bei Mädchen aber ebenfalls abnimmt. Bei Athyreose und Kretinismus ist der Oberarm lang, der Unterarm kurz und die Hand normal; bei Rachitis und Chondrodystrophie ist vorallem die abnorme Handlänge auffallend. (Den Wert dieser Tabelle darf man nicht überschätzen; nach einer guten alten Regel der Anthropologie soll kein Körperteil zum Zweck der Proportionsberechnung mit einem Teil oder Ganzen verglichen werden, in welchem er selbst schon als Teil enthalten ist. Diese Regel ist hier verletzt; vgl. auch Proportion Nr. B I weiter unten!.)

Man kann alle bisher besprochenen Proportionen in einer übersichtlichen Form zusammenzustellen versuchen, wie es in folgender Tabelle geschehen ist; es findet sich bei

	Kretinismus	Chondrod.	Rachitis	Athyreose
Hand relativ zur K.-Länge. . .	klein	groß	groß!!	klein
„ „ „ A.-Länge . . .	normal	sehr lang	lang	normal
Unterarm relativ zur K.-Länge .	klein	klein	normal	klein
„ „ „ A.-Länge .	eher kurz	sehr kurz	kurz	eher kurz
„ „ zum Oberarm .	mittel	lang	lang	kurz
Oberarm relativ zur K.-Länge . .	klein	sehr kurz	normal	klein
„ „ „ A.-Länge . .	lang	kurz!	kurz	lang
„ „ zum Unterarm .	mittel	kurz!	kurz!!	lang

B. Die Proportionen der untern Extremität sind

I. mit Beziehung auf die Körpergröße

aus dem bei Ziffer 8 angegebenen Grunde logisch nicht ganz richtig charakterisiert; denn die untere Extremität bildet selbst einen Teil der ganzen Körpergröße, mit welcher sie verglichen wird; und zwar bildet sie gerade wegen ihrer Variabilität den wichtigsten Teil derselben; die Körpergröße ist recht eigentlich durch die Entwicklung der Beine, speziell des Femur, bedingt. Es wäre zweifellos viel richtiger, die Beine mit der Rumpflänge zu vergleichen, denn hierbei bedingt schon eine geringe absolute Differenz eine starke Veränderung des Index. Leider aber fehlen mir Angaben über die Rumpflängen bei meinem osteologischen Material fast vollständig. Als Notbehelf ist die relative Körperlänge immerhin zu gebrauchen.

Ich finde bei Kretinen im Mittel eine ganze Beinlänge von 709 (628—798) mm (deutliche Geschlechtsdifferenz: ♂ 735, ♀ 638); sie setzt sich zusammen aus Femur (2) + Tibia (2) + Fußhöhe + 4 mm (für Knorpelschwund). Die Zugabe von 4 mm ist etwas willkürlich, und die so erhaltene ganze Beinlänge ist nur die Beinlänge des Skelettes, nicht etwa die des Lebenden. Da letztere Größe jedoch (wegen der Unsicherheit des obern Meßpunktes) sehr starken Schwankungen unterliegt, so habe ich gar nicht versucht, sie berechnen zu wollen. Wenn auch meine Zahlen mit den am Lebenden gewonnenen, unter sich auch stark abweichenden verschiedenen „Beinlängen" nicht ohne weiteres vergleichbar sind, und wenn man nie außer acht läßt, daß die Messungen am Skelett geringere Maße ergeben als die am Lebenden, so sind vorsichtige Schlußfolgerungen doch wohl gestattet. Jedenfalls glaube ich sagen zu dürfen, daß die Kretinen durch auffallend kurze Beine ausgezeichnet sind, und ich zögere nicht, darin ein wichtiges Rassenmerkmal zu erblicken. Die meisten Autoren stimmen, wie ich in der Einleitung zu diesem Kapitel gezeigt habe, darin überein, daß sie den Kretinen verkürzte Extremitäten, besonders aber kurze Beine, zuschreiben. Eine ganze Beinlänge von 709 mm entspricht, soweit sich dies bei der verschiedenen Technik und an Hand der Tabelle S. 309 des Lehrbuchs beurteilen und vergleichen läßt, einem Alter von etwa 10—11 Jahren; es ist nicht ohne Interesse, daß die ganze Armlänge mit 595 mm ebenfalls bei 11—12jährigen Kindern ihr Analogon findet. In der Körpergröße dagegen entsprechen die Kretinen etwa 14jährigen Kindern. Schon diese Tatsache allein beweist, daß bei den Kretinen die Arm- und Beinlänge gering ist.

Der Mensch steht mit seiner Beinlänge an der Spitze aller Primaten; besonders lang sind die Beine bei Negern, Wedda, Australiern, auffallend kurz dagegen bei Japanern, Anamiten und andern Südostasiaten.

9. Die relative Beinlänge ist bei Kretinen im Mittel 48,4 (von 45,5—52,1); die sexuelle Differenz ist deutlich, ♂ 50,0, ♀ 47,6, und die Minima stammen nicht von den Kretinen mit der absolut kleinsten Körpergröße (es soll in der Regel die Beinlänge mit steigender Körpergröße zunehmen, das Bein also mehr wachsen als der Stamm.) Sehr gering ist dieser Index bei den grazilen Typen. Mein Vergleichsmaterial ist freilich nicht groß, aber doch wichtig genug, um hier mitgeteilt zu werden; ich finde bei

Chondrodystrophie   Beinlänge absolut 382   relativ 39,5
Kretinismus . . .   „   „   709   „   48,2
Rachitis . . . . .   „   „   608?   „   48,3
Athyreose . . . .   „   „   621   „   49,3

Die Beinlänge bei Chondrodystrophie ist gar nicht so sehr gering; sie entspricht ungefähr derjenigen des Neugeborenen, während die Armlänge beim gleichen Leiden viel stärker reduziert ist und einen ganz und gar embryonalen Typus darbietet. Auch bei dem Kretinenkind (Graz 201) ist die Beinlänge dem Alter gemäß sehr gering; rechnen wir auf die Fußhöhe etwa 5%, so erhalten wir in toto etwa 42%; gleichaltrige Judenkinder haben etwa 44,5 relative Beinlänge. — Bei normalen Menschen dürfte je nach Rasse und nach angewandter Technik eine relative Beinlänge von 50—55 zu konstatieren sein; beim weiblichen Geschlecht sind die Zahlen eher um eine Kleinigkeit höher. Über die sehr interessante und wichtige Entwicklungskurve der Extremität bei Föten und Kindern beider Geschlechter sei auf das Lehrbuch (S. 310) verwiesen.

10. Die relative Oberschenkellänge finde ich bei meinen Kretinen im Mittel zu 25% der Körperlänge (25 Femora mit einer Schwankungsbreite von 23,4—26,8). Etwas geringer ist sie bei der Athyreose (24,2), und unter sich zufällig fast gleich bei Rachitis und Chondrodystrophie (je 19,6). Wir finden somit den Oberschenkel bei Kretinen nur wenig kürzer als bei normalen Menschen, und es gibt zahlreiche Völker (z. B. Japaner, gewisse Afrikaner usw.), bei denen die Verkürzung noch beträchtlicher ist. Alle Primaten haben einen verhältnismäßig kürzeren Oberschenkel als der Mensch; beim Neonaten findet sich eine Länge von etwa 25% der Körpergröße, die im Lauf der Kindheit bis zu etwa 28—29 ansteigt. Wenn überhaupt eine sexuelle Differenz besteht, so dürfte eher der Oberschenkel der Weiber etwas länger sein.

12. Die relative Unterschenkellänge beträgt bei meinen Kretinen nur 19,5 (18,4—21,4), beim massiven Typus immerhin noch 20,6. Wie beim Femoro-Tibialindex des näheren ausgeführt werden soll, ist dies ein recht niederer Wert, der die Kretinen in bedenkliche Nähe der Chondrodystrophie versetzt. Bei diesem Leiden ist der Index etwa 16,5, bei meinen Athyreosefällen 19,4 und bei der Rachitis (trotz starker Verkrümmung!) sehr hoch, nämlich etwa 25. Alle diese Zahlen sind aus Maß 1b („Länge der Tibia") berechnet, sollten also mit der am Lebenden gemessenen Unterschenkellänge (56a, S. 148, Lehrbuch) wohl vergleichbar sein. Bei normalen Menschen findet man je nach Rasse einen Index von 20—25, beim Badener etwa 22; bei Weibern soll die Unterschenkellänge etwas länger sein, als beim Manne.

13. Die relative Fußhöhe ist bei Kretinen im Mittel (wie bei normalen Menschen) 4,7 (4,3—4,9); ähnlich bei Chondrodystrophie (4,8) und bei Rachitis (5,0), deutlich niederer (4,0) bei Athyreose.

14. Die relative Fußlänge schwankt bei Kretinen von 12,4—14,2 und ist im Mittel 13,5, also (entsprechend der geringen Körpergröße?) sehr gering; auch in diesem Merkmal rangieren die Kretinen in nächster Nähe der Japaner. Noch kleiner ist der Fuß bei Graz 28, nämlich nur 12,5, annähernd normal bei der Chondrodystrophie (14,8) und übernormal bei der Rachitis (16,3!). Diese Verhältnisse entsprechen genau jenen an der Hand, auf welche hiermit verwiesen sei. Das Kretinenmaximum bietet (wie bezüglich der Hand) Graz 2334, welcher

der Rachitis nahesteht. Normalerweise ist der Index laut Lehrbuch etwa 15.
Meine Zahlen sind allerdings mit den „relativen Fußlängen" des Lehrbuches
nicht vergleichbar; denn diese geben die Länge des Fußes mit allen Weichteilen
in Prozent der Körpergröße, jene aber geben nur die Länge des Fußskelettes
in Prozent der Körpergröße an und sind darum notwendigerweise zu klein.
Schätzungsweise wären sie um 1,0—1,2 zu erhöhen. Es zeigt sich hier wieder,
evident, worauf ich schon in der Einleitung zu diesem Kapitel hinwies, daß es
logisch unrichtig ist, ein Skelettmaß mit der Körpergröße des Lebenden in Beziehung zu setzen. Leider hat bis heute niemand die Fußlänge beim lebenden
Kretin gemessen.

II. Mit Beziehung auf die Rumpflänge

kann ich leider die Beinmaße meines Materials nur in einem Fall von Chondrodystrophie (3344) angeben. Mit Berücksichtigung der beim Arm angegebenen Korrektur ist bei diesem Fall

die ganze Beinlänge	= etwa	110%	der Rumpflänge statt etwa	190%
„ Oberschenkellänge =	„	60%	„ „ „ „	90%
„ Unterschenkellänge =	„	45%	„ . „ „ „	70%
„ Fußlänge. . . . . =	„	40%	„ „ „ „	50%

Der Wachstumsrückstand betrifft somit den Unterschenkel nur wenig mehr
als den Oberschenkel, am allerwenigsten jedoch den Fuß. Nach FRANGEN-
HEIM (117) betrifft an den Extremitäten die Verkürzung hauptsächlich die
proximalen Gliedabschnitte (Humerus und Femur); ich kann diese Angabe nur
bezüglich des Oberarms bestätigen.

III. Verhältnis des Oberschenkels zum Unterschenkel.

15. Der Femoro-Tibialindex (die Tibialänge 1b in Prozent der Oberschenkellänge 2) beträgt bei Kretinen im Mittel nur 78,8 (Minimum 73,2, Maximum 81,8; massive und grazile unterscheiden sich darin nur wenig), und es
rangieren die Kretinen in diesem Merkmal unmittelbar neben Spy, Eskimos,
Lappen[1]) und Japanern (Mongoloide im allgemeinen). Lange Unterschenkel
haben Wedda, Negroide und Australier, die Europäer stehen mit 82 etwa
in der Mitte. Bei Weibern ist der Index meistens niedriger, ebenso bei ganz
jungen Kindern; auch an meinem Material sind die Weiber mit nur 75,8 beteiligt.
Bei den Hominiden haben kurzbeinige Rassen auch kurze Unterschenkel, bei
den großen Affen umgekehrt: je länger das Bein, um so niedriger sein Femoro-
Tibialindex.

Bei meinem Athyreosefall Graz 28 ist der Index normal, nämlich 81,8, die
Berner Fälle mit Schilddrüsendefekt verhalten sich wie die Kretinen; bei Chondrodystrophie ist der Index sehr deutlich höher (86), und endlich bei der Rachitis
erreicht er (wegen monströser Verbiegung und Kürze des Oberschenkels) ganz
phantastische Werte (118—131; im Mittel 123,7).

Ich stehe nicht an, den auffallend kurzen Unterschenkel der Kretinen für
ein einwandfreies und wichtiges Primitivmerkmal zu erklären, das nicht bloß
etwa als „infantilistische Wachstumshemmung" erklärt werden kann. Gegen

---

[1]) VIRCHOW wundert sich über die kurzen Unterschenkelknochen der Lappen im
Museum von Stockholm.

eine solche Auffassung sprechen nicht nur analoge Verhältnisse bei den genannten Primitivvölkern, sondern ebensosehr die ganze primitive Beschaffenheit der Tibia bei den Kretinen, welche in einem früheren Abschnitt nachgewiesen wurde, wie auch die relativ rezente Entwicklung der Tibia und des fraglichen Index bei andern pathologischen Formen, auf die die Bezeichnung „Infantilismus" noch viel eher paßt, als auf die Kretinen[1]). Graz 28 beweist, daß sicher auch nicht die Thyreoidea diesen so merkwürdigen Index verschuldet haben kann.

Gleichwie am Arm die Länge der einzelnen Abschnitte in Prozent der ganzen Armlänge ausgerechnet wurde, so könnte man einen ähnlichen Index auch für das Bein ausrechnen. Es hat dies aber darum wenig Sinn, weil die Fußhöhe einen sehr greringen und überdies fast konstanten Teil der Beinlänge ausmacht. Ich verzichte daher darauf (schon aus den beim Arm namhaft gemachten logischen Bedenken); der Femoro-Tibialindex ist viel wichtiger und genügt vollkommen. Ist letzterer Index =

100, so ist das Femur	=	45	und die Tibia	=	45 %	der Beinlänge
90, „ „ „ „	=	47,5 „ „ „	=	42,5 % „	„
80, „ „ „ „	=	50 „ „ „	=	40 % „	„
70, „ „ „ „	=	53 „ „ „	=	37 % „	„
60, „ „ „ „	=	56 „ „ „	=	34 % „	„
50, „ „ „ „	=	60 „ „ „	=	30 % „	„
20, „ „ „ „	=	75 „ „ „	=	15 % „	„
0, „ „ „ „	= 100 „ „ „	=	0 % „	„

Rekapitulierend läßt sich das Bein der Kretinen in bezug auf seine Proportionen folgendermaßen kennzeichnen: Die ganze Extremität ist im Vergleich mit der Körpergröße, wie auch der Armlänge zu kurz; der Oberschenkel ist relativ am wenigsten verkürzt, deutlicher ist die Differenz am Fuß, am auffallendsten und wichtigsten jedoch am Unterschenkel. Besonders augenfällig wird die Verkürzung des Unterschenkels übrigens durch die habituelle Semiflexion der Kretinen im Kniegelenk.

C. Die Beziehungen zwischen der obern und der untern Extremität.

16. Der Intermembralindex (die Armlänge ohne Hand in Prozent der Beinlänge ohne Fuß) muß bei Kretinen, wenn diese wirklich eine Verkürzung der untern Extremität darbieten, höher sein als bei normalen Menschen, und in der Tat ist dies in hohem Grade der Fall. Vergleichbar sind natürlich nur die am Skelett, nicht die am Lebenden erhobenen Proportionen (vgl. Lehrbuch, S. 324), und da ergibt sich, daß die Kretins mit einem Intermembralindex von im Mittel 73,0 (von 67,9 bei dem Berner 1894 . 345 bis 79,9! bei dem Rachitisverdächtigen 4028) jeden Rekord schlagen, — freilich nur soweit gesunde Menschen in Frage kommen! Läßt man die rachitisverdächtigen Fälle außer Betracht, so ergibt sich für die Weiber 71,8, für die grazilen Männer 70,8 und für die massiven 72,2. Die Athyreose verhält sich mit etwa 70,2 noch einigermaßen normal; dagegen weist die Chondrodystrophie im Mittel 78,8 und die

---

[1]) Aus den Zahlen von SCHOLZ ergibt sich außerdem die sichere Tatsache, daß der fragliche Index bei kret. Kindern im Lauf der Entwicklung abnimmt, sich also vom Infantilismus entfernt (vgl. Fig. 4, S. 57).

Rachitis gar 80,3 auf. Beim Aurignacensis finde ich etwa 70, bei zwei Pygmäen [aus den Zahlen von Schwerz (567) von mir berechnet] 71,3 und 72,2, also auch ziemlich viel, somit kurze Beine bedeutend. Bei normalen Menschen ist der fragliche Index etwa 68,5—70,0 mit nur geringen Rassenschwankungen; beim Weib ist (nach Lehrbuch) der Arm nicht nur im Vergleich mit der Körperlänge, sondern auch zur Beinlänge kürzer als beim Manne. Und schließlich haben alle Affen sehr hohe Indexwerte, am meisten die Anthropoiden:

Orang Utan	144,6
Hylobates	148,2
Gorilla	116,9
Schimpanse	107,2

niedere Affen haben immer noch Zahlen von 80—94. Intrauterin ist die Armlänge stets größer als die Beinlänge, der Index also über 100; später wächst das Bein viel intensiver als der Arm, der Index sinkt und erreicht seinen tiefsten Stand zur Zeit der Pubertät, um nachher wieder ein wenig anzusteigen.

17. Der Femoro-Humeralindex (berechnet aus beiden Knochen in natürlicher Stellung) muß (wie auch der folgende Index) dem Intermembralindex parallel gehen, wie aus folgender Übersicht erhellt:

Neandertalmensch	70,0
normale Europäer	72,1
Pygmäen	72,2
Aurignacensis	73,2
Athyreose	72,2
Kretinismus	72,6
Chondrodystrophie	76,1
Neonat	85,0
Rachitis.	88,6

Bei den Anthropoiden ist der Index weit über 100, bei den niedern Affen zwischen 85 und 90.

18 . Der Tibio-Radialindex zeigt die Kürze der Kretinentibia zur Evidenz, ebenso die fast normale Tibia bei Athyreose und sogar bei Rachitis:

normale Europäer	65,0
Athyreose	65,7
Aurignacensis	65,8
Pygmäen	66,3
Rachitis	70,0
Kretinismus	70,8
Chondrodystrophie	72,0
Neonat	83,7

Zum Schluß dieses Abschnittes einige allgemeine Betrachtungen! — Wenn das Lehrbuch vom Neandertaler sagt (S. 328): er besaß einen kurzen gedrungenen Rumpf und kurze, robuste Extremitäten; sein Unterschenkel war auffallend kurz im Vergleich zum Oberschenkel, auch die Endglieder der Extremitäten waren kurz im Vergleich zu den proximalen Abschnitten; dazu kam ein großer Kopf mit flachem Scheitel; — so läßt sich fast alles dies auch vom Kretin sagen (der kurze Rumpf ist wohl ein Lapsus, denn wenn Rumpf und Extremitäten kurz sind, so sind sie eben in ihrem Verhältnis nicht kurz, sondern normal!) Mag man die Tatsache erklären wie man will, — sie ist als solche unanfechtbar. Mir wenigstens scheint sie mit der Annahme einer thyreogenen Ätiologie des

Kretinismus unvereinbar; denn dann muß auch die Körperform des Neandertalers, der Mongoloiden usw. der gleichen Erklärung zugänglich sein.

Ferner erwähnt das Lehrbuch die RANKEsche Unterscheidung einer Naturform (kurzer Rumpf, lange Glieder), hervorgebracht durch Muskelarbeit bei Bauern und Arbeitern, und einer Kulturform (namentlich durch kurze Arme ausgezeichnet), die beim Weib durch Erhaltung kindlicher Formen in extremster Weise ausgebildet sei. Es wäre hiernach der Kretin zur Kulturform zu rechnen, eine Anschauung, welche insofern zutreffend ist, als es sich wirklich bei Kretinen um nennenswerte Muskelarbeit nicht handeln kann. Bei Chondrodystrophie jedoch ist die „Kulturform" zur Karrikatur übertrieben, und doch ist die Muskelkraft hierbei sehr bedeutend.

Richtig und für den Kretinismus zutreffend ist ferner die Beobachtung, daß kleiner Wuchs an sich schon kindliche Formen mit langem Rumpf bevorzuge.

Wichtiger als der Einfluß der Körpergröße, der Muskelarbeit, und wichtiger als Natur oder Kultur scheint mir der Einfluß der Rasse und der Vererbung; es hat in diesem Sinne die Einteilung von STRATZ (vgl. Lehrbuch, S. 329) viel Einleuchtendes. STRATZ unterscheidet

1. eine primäre Form: Arme überlang, Beine normal,
2. eine negroide Form: Arme und Beine überlang,
3. eine mongoloide Form: Arme und Beine überkurz,
4. eine europäische Form: variabel.

Nach diesem Schema gehören die Kretinen zur mongoloiden Form, — womit aber vorläufig phylogenetisch noch kein Abstammungsverhältnis ausgesprochen sein soll. Wenn bis heute eine durchgehende Korrelation bestimmter Körperproportionen mit bestimmten andern Merkmalen noch nicht nachweisbar ist (mit Kopfform, Komplexion usw.), so muß man sich fragen, welches das Merkmal höherer Dignität sei? Die Antwort darauf ist wohl nicht zweifelhaft.

D. Vergleich der rechtseitigen Extremität mit der linkseitigen.

Eine abnormale Asymmetrie der Extremitäten bei Kretinen hat namentlich E. BIRCHER (4) scharf betont. Wenn man aber den Kretins asymmetrische Glieder zuschreibt, so darf man nicht vergessen, daß auch beim normalen Menschen sozusagen nie beide Körperhälften absolut gleich gewachsen sind. Es bestehen vielmehr ganz bestimmte, gesetzmäßige Ungleichheiten, welche im Lehrbuch mit aller Klarheit dargelegt sind; ich will kurz rekapitulieren: es sind

beide Arme gleich lang bei	10 %	Normalen, bei	0 %	Kretinen	
der rechte Arm länger	„ 75 %	„	„ 66 %	„	·
der linke Arm länger	„ 7 %	„	„ 34 %	„	
beide Beine gleich lang	„ 32 %	„	„ 0 %	„	
das rechte Bein länger	„ 15 %	„	„ 70 %	„	
das linke Bein länger .	„ 52 %	„	„ · 30 %	„	

Handelt es sich auch bei den Armen nur um sechs, bei den Beinen um sieben kretinistische Individuen, so ist doch die Übereinstimmung recht weitgehend. Bei Kretinen überwiegt nicht bloß der rechte Arm, sondern auch das rechte Bein über das linke, da bei ihnen die militärisch bedingte Bevorzugung des linken Beines unbekannt ist. Berücksichtigt man nur jeweilen die beiden langen Knochen, so findet man

```
am Arm: Gleichheit      1 %  bei Normalen,   0 %  bei Kretinen
        rechts länger  96 %    „         „    85 %   „      „
        links länger    3 %    „         „    15 %   „      „
als Bein: Gleichheit   10 %    „         „     0 %   „      „
        rechts länger  36 %    „         „    63 %   „      „
        links länger   54 %    „         „    37 %   „      „
```

Die Ungleichheit der Extremitäten ist ein Ergebnis der weit vorgeschrittenen Differenzierung und fehlt daher in diesem Umfang und mit dieser Regelmäßigkeit sowohl den Simiern, als auch den menschlichen Föten. Die Tatsache, daß in diesem Sinne auch die Kretinen sich primitiv verhalten, hat nichts Überraschendes. Die absoluten Längendifferenzen, welche bei Normalen für den Arm durchschnittlich 8 mm (Maximum 22) und für das Bein im Mittel 6 mm (Maximum am Skelett 13, am Lebenden 20) betragen, sind bei Kretinen tatsächlich viel geringer: am Arm 4—6, Maximum 14 mm, am Bein 5—7, Maximum 13 mm. Ich wage also auf Grund meines freilich nur geringen Materials die Behauptung, daß sich bei Kretinen keine abnorm starken, sondern typisch primitiv-geringe Asymmetrien finden. Ganz ebenso verhält sich die Chondrodystrophie, während bei der Rachitis (und auch bei der Athyreose?) dagegen sehr starke und ungesetzmäßige Asymmetrien beobachtet werden. Die BIRCHERsche Beschreibung paßt viel besser auf rachitische Zwerge, als auf echte Kretinen.

Auf die Asymmetrien der einzelnen Röhrenknochen habe ich im Speziellen Teil schon hingewiesen. Hier wären noch die Verbiegungen der Wirbelsäule anzuschließen; es war die Wirbelsäule bei

```
Bern 1910.  343 gerade
Graz . . .  201   „
            518   „
           3235   „
           4028   „
           5390   „
           4595 Kyphose des mittleren Brustteils
           1358 Brustwirbelsäule oben nach links, unten nach rechts konvex
           2334 Brustteil ganz oben sinistro-konvex
            569 gerade
```

Es ist zu beachten, daß die Verkrümmungen meistens Fälle betreffen, die auf Rachitis verdächtig sind; bei Rachitis fehlt die Kyphoskoliose wohl nie. Sie fehlt auch nicht bei Graz 28 (Athyreose) und bei 3344 (Chondrodystrophie). — Die meisten Autoren haben Verbiegungen der Wirbelsäule bei Kretinen beobachtet; ich vermute aber, daß es sich in solchen Fällen doch sehr oft um eine Kombination von Kretinismus mit Rachitis handle (vgl. MAFFEI S. 62, welcher nie bei Kretinen größere Verbiegungen der Wirbelsäule gesehen haben will; und HOESSLY (386), der Mißbildungen der Wirbelsäule bloß bei rachitischer Knochenweichheit zugibt).

E. Die Proportionsfigur und das Proportionsschema.

Bei der Erstellung der Proportionsfigur bin ich in der Art vorgegangen, daß ich von unten auf die relative Beinlänge rechts konstruiert, dann die relative Beckenbreite (Dist. crist.) in den Zirkel genommen und das linke Bein in

Kretinismus.

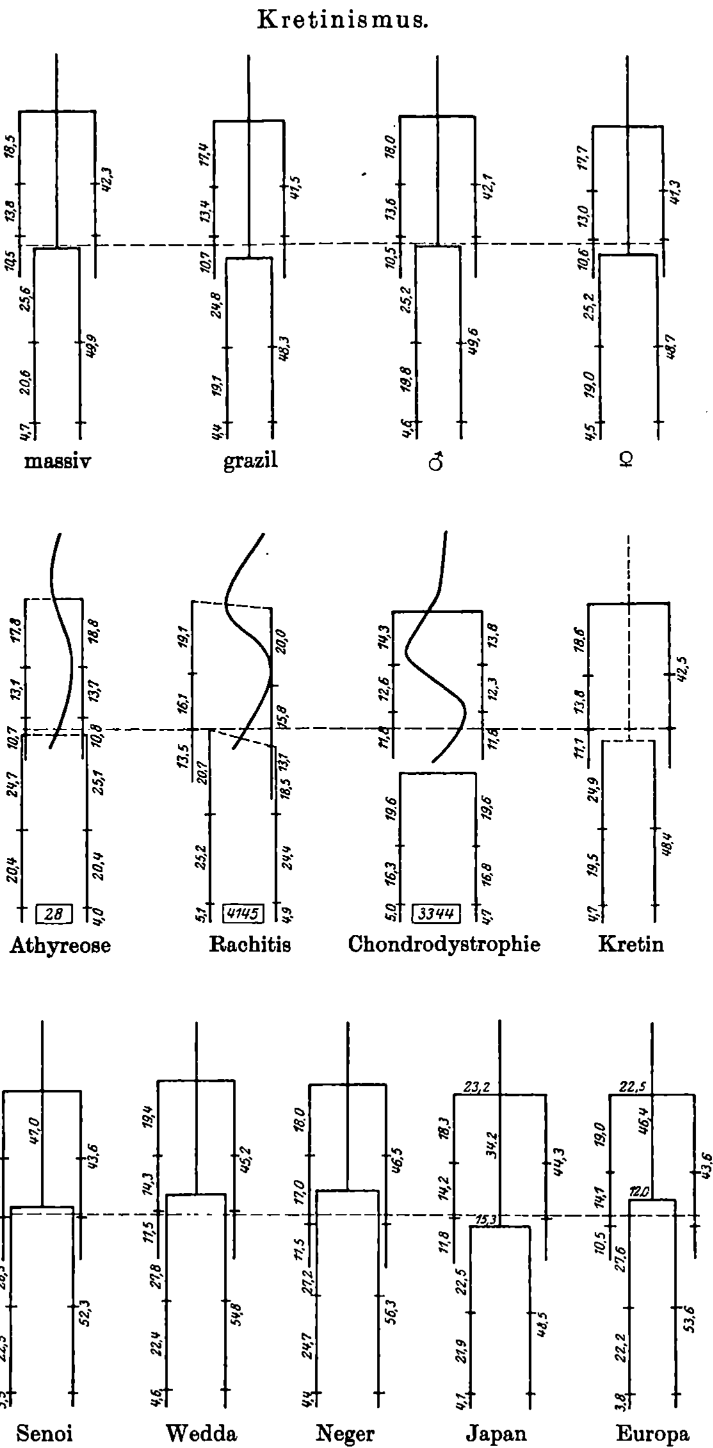

Abb. 17. Proportions-Figuren.

entsprechender Länge gezogen habe. Auf der Mitte des Beckens wurde dann die Spina dors. errichtet. Schwierig und willkürlich war bloß die Abschätzung der Rumpflänge; ich habe im allgemeinen etwa 15—18 Einheiten für Kopf und Hals gerechnet. Die Schulterbreite habe ich aus der Länge der Klavikula berechnet, und es war dann leicht, die relativen Armlängen beidseits anzufügen. Grosse modo dürften die Bilder richtig sein. Auffallend ist die Ähnlichkeit zwischen Chondrodystrophie und Kretinismus; sodann der schmale Rumpf bei Athyreose und die viel zu langen Glieder bei Rachitis. Denkt man sich bei Rachitis die Wirbelsäule gestreckt, so werden die Verhältnisse sofort ganz andre.

F. Berechnung der Körpergröße aus den langen Röhrenknochen.

Eine letzte wichtige Aufgabe der Proportionenlehre ist die Berechnung der Körpergröße, wenn als Ausgangsmaterial nur Extremitätenknochen zur Verfügung stehen. Diese Aufgabe ist allerdings bezüglich der Kretinen nur selten und dann nur unsicher zu lösen. Denn einem isolierten Knochen kann man nicht immer ansehen, daß er von Kretinen stammt; und unsicher ist die Lösung auch darum, weil es a priori nicht feststeht, ob die mittleren Koeffizienten, welche MANOUVRIER zur Berechnung der Körpergröße angegeben hat, für Kretinen unverändert Geltung haben. Es ist dies sogar recht unwahrscheinlich, wenn wir uns vor Augen halten, daß die Kretinen durch besonders kurze Extremitäten ausgezeichnet sind. Es müßten also die traditionellen Koeffizienten, wie auch die mit ihrer Hilfe berechneten Körpergrößen zu klein sein, sobald das Knochenmaterial nicht von normal-proportionierten Zwergen (wenn es solche überhaupt wirklich gibt!), sondern von Kretinen stammt.

Um über diese Frage ein Urteil zu gewinnen, habe ich für jeden einzelnen Knochen von denjenigen meiner Kretinen, deren Körperlänge einwandfrei feststand, den Koeffizienten (durch einfache Division in die Körpergröße) berechnet und die so erhaltenen Zahlen zu einem Mittel verarbeitet. An weiblichen Kretinen standen leider bloß ein bis zwei Individuen zur Verfügung; soweit sich daraus ein Schluß ziehen läßt, so scheinen die Koeffizienten hier etwas niedriger, die Knochen also etwas länger zu sein, als im männlichen Geschlecht. Bei den männlichen Kretinen ist die Abnahme der Koeffizienten mit zunehmender Körpergröße ganz unverkennbar; je kleiner das Individuum, um so mehr sind seine Extremitäten reduziert. Ein Vergleich mit den Zahlen von MANOUVRIER ergibt folgende Reihe (in Klammern die Normalen):

	♂	♀
Femur	3,99 (3,92)	3,84 (3,87)
Tibia	5,04 (4,80)	5,00 (4,85)
Fibula	5,25 (4,82)	5,11 (4,88)
Humerus	5,50 (5,25)	5,42 (5,41)
Radius	7,45 (7,11)	7,25 (7,44)
Ulna	6,84 (6,66)	6,75 (7,00)

Mit Ausnahme der weiblichen Vorderarmknochen (und des weiblichen Femur?), welche demnach relativ lang sein müssen, weisen alle Kretinenknochen hohe Koeffizienten auf, sind also mikromel.

Um nun gleichsam die Probe aufs Exempel zu machen, habe ich mit Hilfe der so gewonnenen Koeffizienten versucht, die Körpergröße derjenigen Kre-

Berechnung der Körpergröße.

A		Femur 2	Tibia 1	Fibula 1	Körpergröße	Humerus 1	Radius 1	Ulna 1	B	Koëffizienten Femur	Tibia	Fibula	Humerus	Radius	Ulna	Mittel
1903. 278	r.	309	—	—	1235	—	—	—		4,00	—	—	—	—	—	—
	l.	313	—	—	—	226	—	—		3,94	—	—	5.46	—	—	—
1913. 141		339	—	—	1320	251	—	—		3,89	—	—	5,26	—	—	—
1915. 297		328	257	—	1320	226	—	—		4,02	5,09	—	5,84	—	—	—
1895. 160	r.	316	261	247	1350	—	174	—		4,27	5,17	5,46	—	7,76	—	—
	l.	—	260	258		221	176	193		—	5,17	5,23	6,10	7,61	7,00	—
1910. 343	r.	350	279	267	1385	252	192	204		3,96	4,97	5,19	5,49	7,21	6,79	—
	l.	342	279	271		251	192	206		4,05	·4,97	5,11	5,52	7.21	6,72	—
1906. 353		364	—	—	1400	262	—	—		3,85	—	—	5,34	—	—	—
1914. 93		367	—	—	1440	279	—	—		3,90	—	—	5,16	—	—	—
1916. 67		368	301	—	1470	266	—	—		4,00	4,88	—	5,52	—	—	—
♂		—	—	—	—	—	—	—		3,99	5,04	5,25	5,50	7,45	6,84	—
4595	r.	319	248	242	1240	238	170	184		3,80	5,00	5.12	5,21	7,29	6,74	—
	l.	325	248	243		230	172	183		3,81	5,00	5,10	5,39	7,21	6.77	—
1917. 212		333	—	—	1280	226	—	—		3,84	—	—	5,66	—	—	—
♀		—	—	—	—	—	—	—		3,84	5,00	5,11	5,42	7,25	6,75	—
										a	b	c	d	e	f	a bis f
♂ 4028	r.	336	270	272	(1420)	257	202	220	I	1328	1360	1401	1413	1490	1480	1412
	l.	336	266	270		261	198	215	II	1305	1296	1311	1370	1436	1465	1364
♂ 518	r.	362	299	289	(1470)	278	207	220	I	1444	1506	1517	1490	1500	1480	1489
	l.	359	296	289		274	201	218	II	1419	1435	1393	1449	1443	1465	1436
♂ 5390	r.	393	322	317	(1470)	299	205	226	I	1568	1623	1638	1644	1527	1556	1492
	l.	397	324	312		—	—	—	II	1556	1545	1528	1570	1457	1505	1527
♂ 1894. 345	r.	435	333	—	?	292	231	247	I	1736	1678	—	1595	1713	1689	1680
	l.	436	317	—		290	228	248	II	1644	1580	—	(1600)	1625	1630	1620
♀ 3235	r.	323	258	252	(1340)	225	165	184	I	1236	1290	1288	1219	1196	1242	1245
	l.	322	257	251		228	165	182	II	1246	1251	1230	1233	1227	1288	1246

I mit meinen Koëffizienten berechnet, II nach Manouvrier berechnet.

tinen zu berechnen, von denen entweder nur die Skelettlänge bekannt ist (Graz 3235, 4028, 518, 5390) oder über die jede diesbezügliche Angabe fehlt (Bern 94. 345). Die Berechnung erfolgte jedesmal doppelt, nach meinen eignen (I) und auch mit Hilfe der Koeffizienten von Manouvrier (II), und das Ergebnis ist bei den männlichen Kretinen sehr befriedigend. Es schwanken die so berechneten Körpergrößen unter sich um etwa 70—160 mm. Bei 518, wie bei 5309 und sogar bei dem Rachitisverdächtigen 4028 stimmt die so berechnete Länge ausgezeichnet mit der früher kombinierten (vgl. Einleitung) überein; bei 3235 (weibliche Kretine) haben wir Knochen von einer sogar für Kretinen auffallenden Kürze vor uns; vielleicht ist aber auch das von Scholz für 3235 angegebene Maß nicht die Skelett-, sondern die Körperlänge? — oder es sind in diesem Skelett die Bandscheiben auffallend wenig eingetrocknet (darauf deutet auch Fig. 69 bei Scholz, wo dieses Skelett photographiert ist). Für den Berner 94. 345 läßt sich die Körperlänge direkt aus der Tabelle von Manouvrier ablesen und zu etwa 1620 annehmen. Die Berechnung ergäbe zuviel, nämlich 1680.

Es ist klar, daß alle diese Körperlängen zur Berechnung von Proportionen nicht verwertbar sind; es wäre eine Petitio principii, das Körpermaß zu errechnen mit Hilfe von supponierten Proportionen, welche ihrerseits dann wieder aus der supponierten Körpergröße berechnet werden sollten.

Für andre pathologische Knochenformen habe ich diese Berechnungen, weil zu unsicher, nicht durchführen wollen. — Als Ergebnis will ich hier zum Schluß nur die Tatsache hervorheben, daß bei den Kretinen alle Extremitätenknochen gegen die Norm verkürzt sind, woraus zu schließen, daß die Kopfhöhe (wie auch die Rumpflänge?) beim Kretin abnorm groß sein muß und zwar alles dies in noch höherm Maße, als der Kleinheit der Kretinen ohnehin schon entspräche. Findet man also in einem prähistorischen Grab z. B. kurze Extremitätenknochen neben einem auffallend großen Schädel, so ist es nicht nötig, nun sofort an „Verwechslung" zu denken, wie es auch schon vorgekommen ist. Auch bei neolithischen Pygmäen scheint tatsächlich dieses nur scheinbare Mißverhältnis vorgekommen und gelegentlich Anlaß zu Mißverständnis gewesen zu sein.

Rekapitulation.

Wenn auf Grund meines freilich nicht allzu großen Materiales Schlüsse überhaupt zulässig sind, so möchte ich sagen, daß es sehr wohl möglich ist, die uns hier interessierenden Störungen des Knochenwachstums mit Hilfe der dabei zutage tretenden Proportionen zu charakterisieren und zu trennen. Eine gewisse Gesetzmäßigkeit ist unzweifelhaft vorhanden (wie ich im Gegensatz zu Bircher betonen muß). Man kann die einzelnen Krankheiten und Zustände etwa wie folgt kennzeichnen:

I. Die Kretinen sind allgemein durch geringe Länge der Extremitäten ausgezeichnet und dadurch ganz zweifellos der „Mikromelie" angenähert, wenn auch die Verkürzung bei Kretinen niemals jene monströsen Formen darbietet. Insbesondere wird die untere Extremität der Kretinen, und hier wieder in erster Linie der Unterschenkel, auffallend kurz gefunden, und es spricht sich darin ein diagnostisch und phylogenetisch gleich bedeutsames Verhalten aus. Wichtig ist ferner die Kleinheit der Patella, sowie der Hände und der Füße. Die einzelnen Abschnitte der obern Extremität sind weniger disproportioniert und das Verhalten der Unterarme bedarf noch weiterer Aufklärung. Die beim Kretinismus beobachteten Asymmetrien sind nur geringfügig und (mit Ausnahme der größern Beinlänge rechts!) gleichsinnig mit den auch bei normalen Individuen festzustellenden Abweichungen; auch dies ist als ein primitives Verhalten zu erklären. Die Verkürzung der Akra ist namentlich beim grazilen Typus sehr ausgesprochen.

II. Die Athyreose scheint im Gegensatz zum Kretinismus ein eher normales Verhalten darzubieten; die Arme dürften eher kurz, die Beine jedoch etwas lang genannt werden. Assymmetrische Ausbildung einzelner Abschnitte scheint häufig zu sein. Hände und Füße sind klein. In einzelnen Fällen findet sich jedoch eine echte athyreotische Mikromelie.

III. Bei der Chondrodystrophie erreicht die Verkürzung aller Glieder, wie schon im Namen „Mikromelie" ausgedrückt ist, die höchsten Grade. Sehr kurz sind dabei die Oberarme, von normaler Länge jedoch die Hände und Füße. Die Symmetrie zeigt nur geringe Abweichungen.

IV. Bei der Rachitis entstehen durch hochgradige Verkrümmungen ganz abnormale Zustände, welche die gewohnten Proportionen ganz in den Hintergrund treten lassen und sehr typisch sind; findet sich bei einem unklaren Fall eine hochgradige Störung der Proportionen, so ist immer an Rachitis zu denken. Mögen auch die einzelnen Verbiegungen eine „fast komische Symmetrie" aufweisen, so ist doch mit dem Meßband eine solche sicher nicht zu finden. Typisch für Rachitis sind die langen Arme und Unterschenkel, sowie die großen Hände, Füße und Kniescheiben.

Epikrise des osteologischen Teils.

Welche Schlußfolgerungen können wir nun aus den osteologischen Untersuchungen herleiten in bezug auf Verwandtschaft von Kretinismus, Rachitis, Chondrodystrophie und Athyreose untereinander? Was sagt uns die Osteologie über Wesen und Ätiologie genannter Krankheiten?

Es wäre hier zuerst das **allgemeine osteologische Bild des Kretinismus** mit wenig Strichen zu zeichnen; ich kann mich in diesem Punkt aber sehr kurz fassen, denn einmal habe ich für jeden einzelnen Knochen, so gut wie möglich, eine solche Charakterisierung versucht, und dann wird die Aufstellung allgemein gültiger Regeln um so problematischer, je weitschichtiger das Material, worauf sich diese Regeln beziehen sollen. Mit der Zunahme des Materials mehren sich bekanntlich immer auch die Ausnahmen. Man kann wohl mit einigem Recht sagen: so sieht in typischen Fällen von Kretinismus der Radius aus, so der Femur usw., will man aber alle Knochen des ganzen Kretinenskelettes aufs Mal kennzeichnen, so muß man sich so allgemeiner Ausdrücke bedienen, daß sich notwendig eine nichtssagende Schilderung ergibt.

In diesem Sinne also könnte man sagen: alle Knochen des Kretinenskelettes sind im Vergleich mit normalen als kurz zu bezeichnen und sie sind fast durchwegs mit breiten Kondylen und mit recht hohem Längendickenindex und ebenso mit hohem Querschnittsindex ausgezeichnet. Die Diaphysen bieten in seltenen Fällen rachitische Verbiegungen dar; in der Regel aber sind die Verbiegungen nicht durch statische und mechanische Deformation zu erklären, sondern sie müssen den primitiven Formen fossiler und rezenter Naturvölker zur Seite gestellt werden. Ganz gleich verhalten sich die Winkel. Jedes einzelne wichtigere Primitivmerkmal kann bei dem oder jenem Kretin aufgefunden werden, aber kein Kretin bietet alle Primitivmerkmale vereinigt an seinem Skelett dar. Es will mir aber scheinen, daß immerhin, soviel sich bei dem Fehlen von zuverlässigen Angaben betreffs Vorkommens von Primitivmerkmalen bei normalen Menschen in Europa überhaupt sagen läßt, bei den Kretinen eine unverkennbare Häufung von Primitivmerkmalen beobachtet wird.

Die sexuellen Unterschiede sind wenig ausgesprochen, insbesondere sind beim grazilen Typ Männer und Weiber fast gleich.

Die beiden kretinischen Skelettypen, der massive und der grazile, müssen noch mit einigen Worten erwähnt werden. Die Knochen vom grazilen Typus bleiben in allen Dimensionen, Länge, Breite, Dicke und Umfang, am meisten aber in der Länge hinter den massiv gebauten Exemplaren zurück und es ergibt sich das paradoxe Verhalten, daß der Längendickenindex bei ihnen fast durchweg höher ist, als bei den „massiven" Formen; aber dies nicht wegen absolut großer Dicke, sondern wegen absolut geringer Länge. An Breite der Gelenkteile, Kondylen usw. stehen sie hinter den massiven Knochen relativ nur wenig zurück und sie besonders sind auch durch lange Zeit offen bleibende Epiphysenfugen ausgezeichnet. Dadurch ergeben sich deutliche Anklänge an infantile wie auch an athyreotische Zustände. Der grazile Typ ist unbedingt häufiger anzutreffen, als der massive und er findet sich gleicherweise bei männlichen wie bei weiblichen Individuen. — Was nun den massiven Typus anbelangt, so machen die hierher gehörigen Knochen durch allgemein größere Abmessungen, scharfe, eckige Ausprägung der Muskelansätze, kräftig modellierte Gelenkteile und charakteristische Krümmungen einen durchaus rassenmäßigen Eindruck; bei diesen Objekten treten augenscheinlich die auf Störung der innern Sekretion beruhenden Eigentümlichkeiten zu gunsten von primitiven Rassenmerkmalen zurück. Diese Objekte erinnern nicht mehr an Athyreose, sondern viel mehr an Chondrodystrophie, bloß ohne den für dieses Leiden so kennzeichnenden Zwergwuchs; auch die Proportionsfigur nähert sich in diesen Fällen mehr dem normalen als dem mikromelen Typus. Die Fälle sind eher selten und bisher beim weiblichen Geschlecht noch nicht aufgefunden worden; das mag daher rühren, weil in die Sammlungen bisher vornehmlich die zwerghaftesten Exemplare aufgenommen wurden. Unter kretinischen Weibern von höherem Körperwuchs und von etwas vorgeschrittenem Alter dürften aber wohl auch noch Vertreterinnen des massiven Typus anzutreffen sein. Es scheint überhaupt, als ob der grazile Typ das bis ins hohe Alter konservierte Jugendstadium und der massive Typ demgegenüber die wirkliche Altersform repräsentiere. Die Frage, welcher der beiden Typen nun den echten Kretinismus darstelle, ist eine müßige; selbstverständlich kann nicht die juvenile Form, auch wenn sie noch so lange festgehalten wird, rassenmäßig in Frage kommen, sondern nur die voll entwickelte und metamorphosierte massive Altersform; und zwar auch dann, wenn diese Altersform nur in einer Minderheit aller Fälle überhaupt erreicht und erlebt wird. Es scheint mir auch nicht angängig, die beiden Fromen nun allzu scharf zu trennen und wohl gar zwei besondere Arten des Kretinismus aufzustellen zu wollen, eine hypothyreotische und eine rassenmäßig-primitive. Das verbietet sich schon darum, weil intra vitam einem Kretin gar nicht ohne weiteres anzusehen ist, zu welcher Abart er gehört, und weil in allen wesentlichen Punkten die beiden Typen sich doch ganz ähnlich verhalten und viele Übergänge darbieten. Nur nebenbei sei bemerkt, daß mit den bei neolithischen Pygmäen unterscheidbaren verschiedenen Typen unsre Kretinentypen nicht ohne weiteres identisiert werden dürfen.

Hier wäre noch kurz der Ossifikationsstörungen bei Kretinen im allgemeinen zu gedenken. Darüber kann ich mich kurz fassen. Frühere Autoren haben irrtümlicherweise von prämaturer Synostose gesprochen; seit Beginn der Röntgenära wissen wir aber sicher, daß im Gegenteil die Epiphysenknorpel bei den Kretinen abnorm lange offen und erhalten bleiben. Es mag diese Erscheinung wohl auf Störungen der innern Sekretion (Schilddrüsenmangel) beruhen. Von E. BIRCHER (4), DIETERLE (9) u. a. wurde diese Beobachtung dann verallgemeinert in dem Sinne, daß im Endemiegebiet nicht nur die Kretinen, sondern auch die Normalen durch verzögerte Ossifikation ausgezeichnet seien, geradeso wie ja auch andre Stigmata der Entartung (Kröpfe, Hernien, Plattfüße, Myodegeneratio, Schwerhörigkeit usw.) im Endemiegebiet abnorm häufig sind. Es ging jedoch nicht allzu lange, so wurde von HELLER (211), WEGELIN(48) u. a. (auch ich (212) konnte einen Beitrag zu dieser Frage liefern) diese Angabe dahin ergänzt und berichtigt, daß außerdem auch abnorm beschleunigte Verknöcherung (bei abnorm großen Kindern) beobachtet wird. Es zeigt sich also in diesem Merkmal nicht (wie man zuerst glaubte) ein krankhaftes Verhalten, sondern es ist dies ein Beispiel für die im Endemiegebiet so verbreitete und theoretisch so wichtige ungewöhnliche Variationsbreite einzelner Merkmale. — Ist auch für die echten Kretinen verzögerte Ossifikation unbedingt die Regel, so darf man doch nicht so weit gehen, dieselbe als unerläßlich oder spezifisch anzusehen; echte Kretinen mit prämaturer Synostose sind zwar noch keine bekannt, wohl aber kommt normaler und rechtzeitiger Epiphysenschluß bei solchen sicher vor.

Nach diesen Vorbemerkungen gehen wir nunmehr zur Vergleichung der Kretinen zunächst mit pathologischen, weiterhin sodann mit verwandten ethnologischen Skeletten über.

Es ist hier nicht der Ort, auf das Verhältnis zwischen **Athyreose und Kretinismus** in seinem ganzen Umfange einzutreten; ich verweise diesbezüglich auf die historische Einleitung zu vorliegender Arbeit. Hier ist nur die Frage zu diskutieren, ob die Knochen bei den zwei in Frage kommenden Leiden in übereinstimmender Weise verändert sind, und ob die für Kretinismus typischen Abweichungen durch Schilddrüsenmangel erklärbar und verständlich werden.

Was zunächst die Knochenveränderungen bei der Athyreose betrifft, so wissen wir darüber bis heute sehr wenig Positives. Das einzige Sichere ist eigentlich das Offenbleiben der Epiphysen und ein dadurch bedingter (anscheinend proportionierter) Zwergwuchs, gelegentlich eine Tibiaverkrümmung, welche angeblich mit Rachitis zusammenhängen soll. Die Störung der Ossifikation und der Zwergwuchs ergeben sich auch bei experimenteller Thyreoidektomie. — Darüber hinaus hat DIETERLE (245) an einem athyreotischen Kind

von 4 Monaten eine deutlich ausgesprochene Sklerose der Röhrenknochen festgestellt (die Diaphysen waren beim Durchsägen sehr hart, der Schatten der
Kortikalis war im Röntgenbild bedeutend dunkler als normal und die Markhöhle war enger); die Form- und Größenverhältnisse des Skelettes entsprachen
ungefähr denen eines gleich langen, normalen Kindes, die feinere Struktur dagegen näherte sich der des erwachsenen Skelettes. Da aber das hier untersuchte
Kind schon sehr jung gestorben ist, so könnte gegen eine Verallgemeinerung der
hier gewonnenen Resultate immer noch der Einwand erhoben werden, daß mit
zunehmendem Alter vielleicht die mechanisch bedingte Form der Knochen doch
noch eine andere geworden wäre. Es ist darum von großer Bedeutung, zu sehen,
daß auch bei dem Fall Graz 28, der mit aller Wahrscheinlichkeit der Athyreose
zugezählt werden darf, ganz identische Abweichungen von der Norm zu finden
sind: auch dieses Skelett zeigt in allen Einzelheiten einen durchaus infantilen
Habitus und ebenfalls einen beträchtlichen Grad von Sklerose, die sich nicht
allein durch die Schwere der Knochen und durch das Gefühl, sondern auch durch
das völlige Fehlen von mechanischen Deformationen kundgibt. Es wäre also
ganz falsch, aus dem langen Offenbleiben der Knorpelfugen auf eine besonderer
Weichheit der Knochen schließen zu wollen; „weiche Knochen" sind doch wohl
immer und überall, wo sie vorkommen, ein Zeichen von Rachitis (oder Osteomalazie). Typisch ist ferner bei dem von mir untersuchten Athyreotiker an
allen Knochen die extrem zarte, dünne Form der Diaphysen und die äußerst
schwache Ausbildung der Muskelansätze, das völlig normale Verhalten aller
Winkel und die gänzliche Abwesenheit primitiver Merkmale, welche für die
echten Kretinen so bezeichnend sind und die in karrikaturartiger Weise auch
das Bild der Chondrodystrophie beherrschen.

Nachdem ich wiederholt hervorgehoben habe, wie töricht es wäre, die „hypothyreotische Quote" (FEER) beim Kretinismus ganz leugnen zu wollen, so ist es
durchaus konsequent, wenn ich auch am Skelett der Kretinen nach athyreotischen Merkmalen suche und wenn ich zugebe, daß auch bei den Kretinen, besonders beim grazilen Typus derselben, das abnorm lange Offenbleiben der Epiphysenfugen recht wohl auf einer Störung der Schilddrüsenfunktion beruhen
kann (aber nicht: muß, da es noch andre innersekretorische Störungen mit der
gleichen Wirkung gibt). Vollständig unannehmbar scheint mir aber die Idee,
auch das gehäufte Auftreten von·primitiven Merkmalen bei den Kretinen der
Schilddrüse zur Last legen zu wollen. Das ist darum nicht möglich, weil einmal
(soweit heute beurteilt werden kann) der Ausfall der Schilddrüsenfunktion nie
primitive Merkmale am Skelett nach sich zieht, und weil ferner bei den niedern
Menschenrassen, wo primitive Merkmale regelmäßig vorkommen, von einer
thyreoidalen Störung nichts bekannt ist. Wirkliche Primitivmerkmale sind
auch nicht durch mechanische Umstände und nicht durch sekundäre Konvergenz der Entwicklung zu verstehen, sondern sie müssen durch rassenmäßige
Vererbung oder als atavistische Rückschläge erklärt werden.

Neuerdings hat STOCCADA (41) in einer sorgfältigen Studie (unter Leitung
von Herrn Prof. WEGELIN, Bern) die Synchondrosis sphenooccipitalis bei normalen Menschen, bei Kretinen (zum Teil waren es die gleichen Individuen, deren
Extremitätenknochen ich messen durfte) und bei dem alten LANGHANSschen
Athyreosefall vergleichend bearbeitet. Er konnte in der Ossifikationsstörung

bei Athyreosis, Kretinismus und auch beim PALTAUFschen Zwergwuchs gewisse gemeinsame Merkmale aufweisen und er verficht mit Glück die Ansicht, daß nicht allein beim Kretinismus, sondern (im Gegensatz zu DIETERLE (9) auch beim PALTAUFschen Zwergwuchs das Offenbleiben der Epiphysenfugen eine Folge von Hypothyreose sei. Es stimmt mit meinen Anschauungen, wenn er (S. 501) sagt: „Ich gebe nun vollkommen zu, daß das Symptomenbild des endemischen Kretinismus sich mit demjenigen der Athyreosis nicht vollständig deckt. Trotzdem halte ich es für durchaus möglich, daß wenigstens gewisse Teilerscheinungen des Kretinismus ihre Entstehung einer mangelhaften Schilddrüsenfunktion verdanken. Dies scheint mir namentlich für den Ossifikationsprozeß zuzutreffen soweit wenigstens die mikroskopischen Veränderungen an denl Knorpelfugen in Betracht kommen.“ Wenn er für die Unterschiede mit Bild des Kretinismus gegenüber dem Bild der reinen Athyreose nur den Umstand beschuldigt, daß eben bei den Kretinen der Schilddrüsenausfall kein totaler sei, — so will mich allerdings diese Erklärung nicht befriedigen; denn die Häufung von Primitivmerkmalen, die tatsächlich für den Kretinismus so charakteristisch sind, ist weder durch eine Hypo-, noch durch eine Athyreose verständlich zu machen.

Die offenen Epiphysenfugen darf man jedenfalls nicht ohne weiteres als alleinige Ursache des kretinischen Zwergwuchses ansprechen, denn solche finden sich bekanntlich auch beim eunuchoiden Reisenwuchs, und beim chondrodystrophischen Zwergwuchs verknöchern die Epiphysen in der Regel abnorm früh. Offene Epiphysen bedeuten an sich verlängerte Wachstumsmöglichkeit, und als solche können sie kaum für den Zwergwuchs verantwortlich sein!

Was den Zwergwuchs der Kretinen anbelangt, so ist die Entscheidung darüber, ob derselbe durch athyreotische oder durch chondrodystrophische Einflüsse bedingt sei, oder ob er auf Zugehörigkeit zu einer kleinwüchsigen Rasse beruhe, tatsächlich unmöglich. Sehr wahrscheinlich ist keiner dieser Umstände für sich allein, sondern es ist die Vereinigung aller verantwortlich zu machen. Die Degeneration allein schon vermag auch in bezug auf die Körpergröße die Minusvariante zu erklären, und die traurigen Verhältnisse, in welchen die meisten Kretinen leben, in Verbindung mit ungenügender Ernährung, begünstigen die Kleinwüchsigkeit. — —

Diese ganze Darstellung war schon abgeschlossen, als mich Herr Prof. WEGELIN auf die „fin de l'histoire d'un idiot myxoedémateux“ par BOURNEVILLE (244) aufmerksam machte und mir in freundlicher Weise vier Fälle mit Schilddrüsenmangel aus seiner Sammlung zur Bearbeitung zuwies. Die Protokolle dieser Fälle nebst einigen weitern Bemerkungen darüber findet der Leser S. 114 und folgende. Hier ist bloß noch die Frage zu erörtern, ob es länger angehe, den klinisch zuwenig aufgeklärten Fall als Paradigma der Athyreose zu verwenden. Denn das muß vorweg zugestanden werden: keiner der eben genannten Berner Fälle weist mit Nr. 28 anscheinend irgendwelche Verwandtschaft auf (wenn wir davon absehen, daß bei allen die Ossifikation gestört ist). Der Fall 1915. 299, die Cachexia strumipriva, kommt als Musterbeispiel nicht in Betracht; seine Extremitätenknochen sind (ihrer Herkunft entsprechend) entweder normal oder dann typisch kretinisch, zum Teil mit Anklängen an die Rachitis. Fall 1886. 42 ist zu jung, als daß eine Vergleichung mit Erwachsenen

Hypothyreosen, Cachexia strumipriva usw.

	1886. 42	Graz 28	BOURNE-VILLE	1918. 49	1918. 64	1915. 299	Normal	Kretinismus	Chondro-dystrophie	Rachitis
Humerus										
Länge	89	230	176	148	226	250	350	256	139	236
L.-D.-Index	—	15,0	28,4	28,4	23,0	20,4	20,0	24,0	37,3	27,8
Epikondylen-Breite	—	40	50	45	57	59	60	58	44	59
Torsion	++	14°	—	42°	22°	15°	20°	24°	60°	60°
Kap.-Diaph. ∡	133°	145°	120°	120°	120°	121°	138°	132°	158°	125°
Kond.-Diaph. ∡	75°	94°	100°	100°	88°	80°	75°	83°	88°	97°
Radius										
Länge	63	170	140	—	—	—	250	190	115	210
L.-D.-Index	25,0	20,0	22,3	—	—	—	20,0	21,0	30,0	16,0
Krümmungs-Index	0,4	2,0	5,0	—	—	—	3,5	4,3	4,5	3,0
Kollodiaph. ∡	24°	11°	35°	—	—	—	10°	13°	35°	20°
Ulna										
Länge	74	180	154	—	190	—	260	207	122	225
L.-D.-Index	25,0	12,0	21,0	—	21,0	—	17,0	18,6	32,0	17,0
Femur										
Länge	—	315	250	211	333	341	470	357	193	298
L.-D.-Index	—	13,0	24,0	24,0	18,0	18,3	20,8	20,4	31	27
Troch.-Länge	116	296	249	212	327	337	450	351	207	301
Pilaster	—	128	115	158	124	80	100	115	57	164
Trans. Krümmung	—	varus	0	0	valg.	varus	0	valg.	varus	valg.
Platymerie	—	112	70	89	81	72	80	80	128	123
Trompetenform	—	+	+	+	+	0	+	0	0	+?
Koll.-Längen-Index	—	15	kurz	19,4	19,9	17,9	18,0	18,0	22,4	21,2
Kap. Robust-Index	—	21	groß	38,3	31,2	27,0	20,0	26,0	47,3	31,4
Kollodiaph. ∡	145°	140°	110°	106°	122°	120°	140°	135°	90°	116°
Torsion	20°	29°	—	9°	29°	46°	15°	25°	—	30°
Kond. Diaphys. ∡	—	5°	13°	16°	8°	6°	9°	9°	—	13°
Epikond.-Index	—	54	42	34	43	40	55	44	32	39
Tibia										
Länge	86	256	290	—	262	263	365	278	158	286
L.-D.-Index	26,4	13,6	18,0	—	20,6	21,6	20	22	28	20
Platyknemie	78	90	111	—	87	95	80	80	104	150
Trans. Krümmung	—	0	lat.	—	0	0	?	lat.	lat.	med.
Retroflexion	—	+	+	—	0	+	—	+	+	—
Retroversion	—	ante	ante?	—	ante?	0	—	?	?	ante
Proportionen										
Rel. Armlänge	—	41,7	42,1	—	—	—	45,0	43,1	37,3	47,8
„ Oberarm	—	18,3	16,7	15,8	16,4	19,4	19,5	18,6	14,1	19,6
„ Unterarm	—	13,4	13,2	—	11,4	—	15,0	13,8	12,5	16,0
„ Hand	—	10,8	11,7	—	—	—	11	11,1	11,8	13,3
„ Beinlänge	—	49,3	41,1	—	43,0	45,4	52,0	48,4	39,5	48,3
„ Oberschenkel	—	24,9	23,0	22,0	24,0	26,3	29,0	24,9	19,6	19,6
„ Unterschenkel	—	20,4	18,1	—	19	19	22	19,5	16,5	24,8
„ Fußlänge	—	12,5	15,3	—	—	—	15,5	13,5	14,8	16,4
I. rad.-hum.	70,6	69,7	78,9	—	75,2	—	74,0	70,8	71,0	81,8
I. tib.-fem.	—	81,8	78,5	—	79,3	72,7	78,0	78,7	86,0	109,7
I. intermembr.	—	70,4	72,9	—	67,0	—	72,6	73,0	78,8	80,3
I. hum.-fem.	85,0	73,7	72,7	71,3	68,5	73,5	72,2	72,6	76,1	88,6
I. rad.-tib.	—	65,9	73,1	—	60,0	—	71,9	70,8	72,0	70,0
Armindex	30,2	31,2	30,5	—	29,2	—	35,0	32,7	26,5	35,5
Beinindex	—	45,0	42,1	—	43,0	45,5	—	45,8	34,2	42,9

zulässig wäre. Es verbleiben nun die Berner Fälle 1918. 64, 1918. 49 und der
Fall BOURNEVILLE; diese stammen von klinisch sichern, freilich mit Thyreoidin
behandelten Myxödemkranken und sind unter sich so sehr übereinstimmend,
daß es nicht angeht, sie unberücksichtigt zu lassen. Sehen wir davon ab, daß
BOURNEVILLE bei seinem Fall „lésions scrophuleuses et rachitiques" behauptet
und nehmen wir an, daß er sich hierin geirrt hat (tatsächlich sind die zahlenmäßigen Anklänge an die Rachitis gar nicht unbeträchtlich), nehmen wir also
an, daß wir es hier mit reinen Fällen von Schilddrüsenmangel zu tun hätten,
so bleibt als wesentliche Tatsache immer noch die große, unverkennbare Verschiedenheit dieser Skelette im Vergleich mit echten Kretinenskleletten bestehen.
„Mikromelie ohne chondrodystrophische Knorpelerkrankung", — das wäre die
zutreffende Signatur dieser beiden Myxödemfälle. Die Tatsache, daß es außer
der chondrodystrophischen, osteopsatyrotischen usw. Mikromelie auch eine
typische athyreotische Form dieser Proportionsanomalie gibt (also eine athyreotische Mikromelie), ist bisher gänzlich unbeachtet geblieben, obschon die
Zahlen von BOURNEVILLE schon lange bekannt sind. Primitive Züge fehlen
auch diesen Fällen nicht vollständig; solche dürften eben allemal dann auftreten, wenn die normale Beanspruchung eines Knochens fehlt und wenn die
normale Entwicklung ausbleibt (vgl. S. 193). Der Grund, warum der Grazer
Nr. 28 von diesem Typus abweicht, bzw. nicht zu diesem Typus entwickelt
wurde (er ist in allen Einzelheiten typisch infantil geblieben), dürfte in dem
enormen Hydrocephalus dieses Falles zu suchen sein. Dieses Individuum ist
vermutlich infolge seines Wasserkopfs unfähig gewesen zu stehen und zu gehen;
das würde wohl seine abnorm grazilen und dünnen Knochen, denen alle und
jede Belastungsdeformität fehlt, erklären können. Aber gerade dann wäre er
in gewissem Sinne doch ein Paradigma für die Wirkung des reinen Schilddrüsenausfalles mit Ausschaltung aller mechanischen Momente.

Überblicke ich die Reihe der von mir untersuchten Skelette, so ist auffallend,
daß von den Grazern mehr als die Hälfte (1358, 2334, 4595; spurenweise ferner
3235 und jedenfalls auch 4028) und von den Bernern sicher 1903. 278 Anzeichen
von durchgemachter Rachitis darbieten; von Graz 4145, das den rachitischen
Typus quasi rein darstellt, sei hier abgesehen. Wie ist dieses Zusammentreffen
zu erklären?

Die Ansichten der Gelehrten über den Zusammenhang von **Rachitis und
Kretinismus** haben im Lauf der Zeiten oftmals gewechselt und waren bekanntlich nie ganz frei von Widersprüchen. Es sei an ACKERMANN (1) erinnert, für
den zwar die Kretinen „eine besondere Menschenabart in den Alpen" waren,
deren Zustand er aber durch Rachitis und dadurch bedingte Deformation der
Schädelbasis erklären zu können vermeinte. Ferner mag an die „fötale Rachitis"
erinnert werden, die ja als Chondrodystrophie ganz unleugbar mit dem Kretinismus in Beziehung steht. HERTOGHE kennt keinen Fall von (sporadischem) Kretinismus, welcher nicht zugleich rachitisch wäre; andrerseits will BAYON nie
einen Kretin gesehen haben, bei dem zugleich Rachitis vorhanden war (beide
zitiert nach SCHOLZ). Wenn MAFFEI (33) in seinem Buch über den Kretinismus
in den norischen Alpen die Ansicht ausspricht, daß in den Endemiebezirken die
Rachitis wenig verbreitet sei, so ist diese Behauptung doch wohl heute nicht

mehr aufrecht zu erhalten; denn Graz, das ja schließlich auch noch im Gebiet der norischen Alpen liegt, bietet, wie ich zeigen konnte, in mehr als der Hälfte aller Kretinenskelette die unverkennbaren Spuren zum Teil hochgradiger Rachitis. Auch Scholz hat diese Ansicht ausgesprochen. Bircher scheint allgemein bei Kretinen eine abnorme Weichheit der Knochen anzunehmen; wenn er im weiteren Verlauf seiner Untersuchung aber auch die Schwere und die Sklerose seiner Präparate hervorhebt, so ergibt sich daraus ohne weiteres, daß es sich hier nicht um Kretinismus (wenigstens nicht um reinen, unkomplizierten Kretinismus), sondern um rachitische Knochen von kretinischen Individuen handeln muß. An einzelnen Objekten, die von Bircher an der Landesausstellung in Bern 1914 gezeigt wurden, konnte man sichere Anzeichen von Rachitis erkennen (z. B. eine typische Valguskrümmung am Femur, eine Tibiaverbiegung usw.).

Dieterle (9) hat aus histologischen Erwägungen heraus die Ansicht ausgesprochen, daß eine Kombination von Rachitis mit Athyreose a priori nicht wahrscheinlich sei; denn die rachitische Skeletterkrankung bedinge eine große Lebhaftigkeit des Knochenumbaues, die dem Wesen der Athyreose (Verlangsamung von Apposition und Resorption bei normaler Verkalkung) gerade widerspreche, und es sei tatsächlich echte Rachitis bei Athyreose noch nie beschrieben worden; „wo wir in der Literatur positive Angaben hierüber antreffen, handelt es sich meist um ungenaue Diagnose der Rachitis aus offener Fontanelle, leichter Tibiaverkrümmung usw. Den sichern histologischen Nachweis osteoider Säume hat bisher niemand erbracht". Wenn also eine Kombination von Kretinismus mit Rachitis tatsächlich vorkommt (und dies ist über allen Zweifel erhaben), so spricht allein schon diese Tatsache gegen die weitverbreitete Annahme daß der Kretinismus nichts weiter sei, als eine durch mehr oder weniger vollständigen Funktionsausfall der Schilddrüse bedingte Wachstumshemmung. — Dagegen scheinen nach Dieterle keine prinzipiellen Bedenken gegen das gleichzeitige Vorkommen von Rachitis und Chondrodystrophie vorzuliegen. Auch bei der Chondrodystrophie geht der Knochenumbau sehr lebhaft vor sich und nur das Längenwachstum ist erheblich gestört; die mangelhafte Ausbildung der Knorpelwucherungszone bei den Mikromelen spricht nicht dagegen, denn das Wesen der Rachitis besteht weniger in der Knorpelwucherung, als in dem Unverkalktbleiben des neuapponierten Knochens. Das Grazer Skelett 569, an welchem tatsächlich eine Kombination von Rachitis mit Chondrodystrophie vorliegt, bestätigt diese apriorische Ansicht von Dieterle.

Es wurde bei den einzelnen Röhrenknochen wiederholt betont, daß die abnormen Verbiegungen bei der Rachitis dem Sinne und der Richtung nach gerade entgegengesetzt sind, wie bei den echten Kretinen. Die mechanischen Kräfte, welche jene Verkrümmungen bewirken, sind natürlich bei beiden Zuständen die gleichen und müssen es sein; verschieden ist bloß die Reaktion des Knochens: bei der Rachitis rein passive Deformation, beim Kretinismus dagegen (wie beim Primitiven) wehrt sich der Knochen gegen die Belastung, wobei durch prophylaktische Überkorrektur eben das Widerspiel der rein mechanischen Belastungsdeformität entstehen muß. Und wenn allgemein bei der Chondrodystrophie die normal-rassenhaften Krümmungen übertrieben stark entwickelt sind, so deutet das auf eine abnorm starke Reaktion den mechanischen Momenten gegenüber, sei es, daß bei der Kürze der chondrod. Knochen die mechanischen Reize abnorm stark zur Wirkung kommen, oder sei es, daß der Knochen bei diesem Leiden in exzessiver Weise auf den Reiz anspricht.

Was die Theorie der Rachitis anbelangt, so kann hier nicht auf Einzelheiten eingegangen werden; es genügt, daran zu erinnern, daß der erfahrene Kliniker KASSOWITZ (94) in erster Linie eine „respiratorische Noxe" anschuldigt und mit Glück darauf hinweist, daß auch Tiere nur bei exklusiver Stallhaltung rachitisch werden, während die experimentierende Pathologie unter Führung von KLOSE (340) einen kaum noch zu bezweifelnden Zusammenhang zwischen Thymus und Knochenweichheit, also eben Rachitis (wie zwischen Ovarium und Osteomalazie) nachweisen konnte. v. RECKLINGSHAUSEN (98) betonte mit Nachdruck die Bedeutung der Rassenverhältnisse für die Ätiologie der Rachitis; nach GACHE (Ref. M. m. W. 1910, Nr. 2) kommt in ganz Amerika die Rachitis unter der eingeborenen Bevölkerung so gut wie nicht vor. — Mag für die Rachitis verantwortlich sein, was da will, so handelt es sich immer um Momente, die auch beim Kretinismus nicht ausgeschlossen sind: die „respiratorische Noxe" bezweifelt sicher keiner, der jemals Kretinen in ihrer Behausung aufgesucht hat und den Kretinismus nicht nur aus Büchern kennt! Die Kretinen sind Degenerierte: warum soll bei ihnen die Thymusfunktion schließlich nicht auch in ähnlicher Weise gestört sein, wie man es mit gutem Grund für die Schilddrüsenfunktion annimmt? Und wenn die Rasse und die Abstammung für die Genese der Rachitis von Bedeutung ist, so macht es nicht die geringste Schwierigkeit, anzunehmen, daß eben die primitive Rasse, deren atavistisches Hervortreten bei gewissen Degenerierten diese zu „Kretinen" stempelt, eine Disposition zu Rachitis mit sich bringe; oder vielleicht ist es gar nicht die Rasse, welche die Disposition schafft, sondern es ist eher anzunehmen, daß die Degeneration als solche den Boden für die Rachitis vorbereite.

Nicht allzu selten beginnt der Kretinismus unter dem Bilde der Rachitis oder verfallen ursprünglich sicher rachitische Kinder der kretinischen Entartung; ich habe bei einer früheren Gelegenheit (15) hierhergehörige Beobachtungen mitgeteilt und auch bei MAFFEI finden sich auf S. 118 seines Buches in dem plastisch-anschaulichen Bilde vom „geborenen Kretin als Kind" einzelne Züge, die an Rachitis anklingen. Darin liegt nach obigem nichts Ungereimtes, mag man nun fließende Übergänge zwischen beiden Leiden oder eine Kombination beider annehmen. An meinem Wohnort ist Rachitis recht selten und nach meinen Erfahrungen bin ich geneigt, sie als einen Vorläufer des Kretinismus anzusehen. Die Rachitis der Großstädte hat damit wohl nichts zu tun und ist wohl anders zu bewerten.

Die Frage nach den Beziehungen zwischen **Kretinismus und Chondrodystrophie** ist ebenfalls (wie das Verhältnis von Kretinismus und Rachitis) noch lange nicht geklärt. Diese komisch anzusehenden, intelligenten Zwerge mit den paradoxen Körperkräften haben bekanntlich im Mittelalter als Hofnarren eine ziemliche Rolle gespielt und waren zweifellos schon im grauen Altertum bekannt, ist doch der ägyptische Gott „Phtha" eine Nachbildung typischer Mikromelie (PERNET und französische Autoren, zitiert nach DIETERLE). Nach FRANGENHEIM versuchten PONCET und LERICHE alle uns bekannten Zwergvölker, die Kobolde und Nibelungen unsrer Sagen, dieser Mikromelie zuzurechnen (wohl in ihrer Arbeit über „les nains d'auj ourd'hui et les nains d'autrefois. Nanisme ancestral. Achondroplasie éthnique. Rev. de Chir. 1903", welche mir leider nicht im Original zugänglich war); und die retrospektive Diagnostik eines CHARCOT und RICHTER soll auch die Pygmäen zu den Chondrodystrophen gezählt haben. Letzteres ganz gewiß mit Unrecht, denn aus meinen vergleichenden Messungen ergibt sich doch ohne jeden Zweifel, daß zwischen Pygmäen und Chondrodystrophie (wenigstens soweit die Extremitäten in Betracht kommen) in keinem einzigen Vergleichspunkt Ähnlichkeit besteht. Im ganzen Wesen der Chondrodystrophie prägt sich, wie mir scheinen will, viel weniger ein rassenmäßiges, ethnisches Moment aus, als vielmehr ein entschieden pathologisches Verhalten, — sei dessen Ursache nun (wie man früher etwa, freilich mit Unrecht, anzunehmen geneigt war) eine Störung der innern Sekretion, oder [nach MURK JANSEN (87)] ein abnorm erhöhter Amniondruck. Zu dieser Ablehnung aller ethnologischen Erklärungsversuche in bezug auf Chondrodystrophie komme ich hauptsächlich auf Grund der Überlegung, daß keine der bekannten rezenten oder fossilen Menschenrassen (und soviel mir bekannt, auch kein Zweig der Simier) Körperproportionen bietet, wie wir sie bei der Chondrodystrophie finden.

Früher zählte man diese Fälle (wie auch aus den Grazer Protokollen 2668 und 3344 hervorgeht) zur Rachitis und zwar zu deren fötalen oder kongenitalen Formen. Wenn man allerdings rein klinisch unter Rachitis „weiche Knochen" versteht, so ist es schwer verständlich, wie man dazu kommen konnte, die Chondrodystrophie dermaßen zu verkennen. Man legte anscheinend auf die wirklich vorhandenen Knochenverbiegungen, auf den „Rosenkranz", zu viel Gewicht und glaubte, selbige nur durch Knochenweichheit, also Rachitis, erklären zu können. Tatsächlich sind aber die chondrodystrophischen Knochen keineswegs abnorm weich, sondern sie sind im Gegenteil schon beim Neugeborenen durch eine glasharte Sprödigkeit (212) und durch eine auffallende Neigung zu vorzeitiger Verknöcherung ausgezeichnet. Auch abgesehen davon bestehen zwischen den beiden Leiden im histologischen Bild so tiefgreifende Unterschiede, daß an eine Verwechslung oder auch nur an die Möglichkeit einer Verwandtschaft nicht sollte gedacht werden können. Damit steht die Tatsache nicht im Widerspruch, daß in anscheinend recht seltenen Fällen eine Komplikation und Kombination von Rachitis mit Chondrodystrophie beobachtet wird; Graz 569 ist ein Beispiel dafür. Leider wissen wir klinisch nichts über das Verhalten der Thyreoidea und der Intelligenz in diesem Falle; sollte es sich um eine geistesschwache Person gehandelt haben und sollten Symptome von Schilddrüseninsuffizienz vorhanden gewesen sein, so müßte das Gesamtbild doch unstreitig mit Kretinismus eine gewisse Ähnlichkeit gehabt haben, — mit einem Kretinismus freilich, dem die primitivrassenhaften Züge und damit meines Erachtens die Hauptsache fehlte.

Neben dem Ausdruck „fötale Rachitis" findet sich nun aber in der ältern Literatur für die Chondrodystrophie auch die Bezeichnung „fötaler Kretinismus", und jenes berühmte Objekt der Würzburger Sammlung, welches von VIRCHOW als der wahre „Crétin étalon" proklamiert wurde, hat sich nachträglich als ein exquisiter Fall von Chondrodystrophie erwiesen[1]). Auf dem Kerenzer

---

[1]) Auch Abb. 56 in MARTINS Lehrbuch ist nicht wie die Unterschrift angibt, ein Beispiel für kret. Zwergwuchs, sondern zweifellos Chondrodystrophie.

Berg (in Glarus) sah VIRCHOW (45) zwar nicht einen einzigen echten Kretin, dagegen unter der nicht kropfigen Bevölkerung nicht wenige Individuen von kleinem Wuchs mit abweichender Gesichts- und Körperform, so besonders unter der weiblichen Schuljugend (Mädchen von 14—15 Jahren so groß wie 10jährige, aber breiter, gröber, plumper), dabei aber keine Idiotie, nicht einmal Geistesschwäche. Diese „endemische Verkürzung der Schädelbasis" ohne Idiotie stellte er in Parallele zur allgemein geringen Körpergröße, zur Kürze der Extremitäten, und erklärt sie durch fötale Rachitis (Sklerose ohne wesentliche Verkrümmung); den Kretinismus definiert er an dieser Stelle als „fötale Rachitis mit zerebralen Defekten". Noch bei dem ältern BIRCHER (86) wird Kretinismus und Chondrodystrophie vermengt und die tatsächlich nur bei Chondrodystrophie beobachtete prämature Synostose der Schädelbasis als wichtigstes differential-diagnostisches Merkmal des Kretinismus ausgegeben; fehlt die „prämature Synostose", so wird das fragliche Individuum zu den „Zwergen" gerechnet. Unter „Zwergen" scheinen infantilistische Geschöpfe mit offenen Knorpelfugen verstanden zu werden. — Die Reaktion gegen diese Vermengung von Kretinismus und Chondrodystrophie begann 1878 mit den Arbeiten von PARROT und von EBERTH, endgültig selbständig gemacht wurde aber die Chondrodystrophie erst durch die berühmte Monographie meines verehrten Lehrers KAUFMANN (88) (1892). Bald nach der Erfindung der Röntgenstrahlen konnten andrerseits HOFMEISTER (384), wie auch LANGHANS (30) und sein Schüler VON WYSS (385) die traditionelle Legende von der prämaturen Synostose widerlegen und sie konnten zeigen, daß für den Kretinismus im Gegenteil ein abnorm langes Offenbleiben der Epiphysen charakteristisch sei. Dieses kommt zwar nicht allein dem Kretinismus, sondern ebenso der Athyreose (dem Myxödem), andern innersekretorischen Störungen sowie den Infantilismen überhaupt zu, ist also für den Kretinismus nicht direkt pathognomonisch, immer aber ist der Zustand der Ossifikation ein wichtiges Unterscheidungsmerkmal zwischen Kretinismus und Chondrodystrophie.

Es hieße aber das Kind mit dem Bade ausschütten, wenn man nun überhaupt jede prinzipielle Verwandtschaft zwischen Kretinen und Mikromelen leugnen wollte. Mag auch das histologische Bild ein total verschiedenes sein, so ist doch sicher das makroskopische Aussehen dieser beiden Krankheitsformen recht ähnlich, und während sich z. B. Athyreose und Kretinismus in vielen wesentlichen Punkten direkt gegensätzlich verhalten, sind die kretinischen und die chondrodystrophischen Abweichungen von der Norm bloß graduell verschieden, sie liegen aber in der gleichen Richtung. Es geht aus meinen Untersuchungen hervor, daß alle für den Kretinismus charakteristischen Merkmale bei der Chondrodystrophie auch vorhanden, hier aber ins Groteske karrikaturmäßig übertrieben sind. Sind bei den Kretinen die Mittelzahlen mit mehr oder weniger normalen Rassenmitteln immer noch recht wohl vergleichbar, so fallen die Zahlen bei der Chondrodystrophie durch extrem hohe oder extrem niedere Werte aus jedem Rahmen heraus und sind geeignet, jede Vergleichung als absurd erscheinen zu lassen. Ich wiederhole also: zwischen Kretinismus und Chondrodystrophie bestehen nur graduelle, keine prinzipiellen Unterschiede. Es sei an den durchwegs bei beiden Zuständen erhöhten Längendickenindex aller Extremitätenknochen, an übereinstimmenden Querschnittsindex, an die gewaltige Kondylenbreite aller Knochen, an die sehr ähnliche Physiognomie und hauptsächlich an die Körperproportionen erinnert und auf meine Detailangaben verwiesen. Auch die Kretinen sind „Mikromele", bloß nicht so hochgradig wie die Chondrodystrophen. Ich muß in diesem Zusammenhang auch meinen Fall E. J. (212) anführen: zwischen einem sicher chondrodystrophischen Neonaten und einem durch Abort im 3. Monat entleerten auffallend mikromelen Föten, in einer vom Kretinismus gestreiften Familie ein halbidiotisches Kind mit Entwicklungsstörungen. — Und wenn wir gar von chondrodystrophischen Idioten berichten hören (KLOSE), von Zwergen mit Strumen, mit kretinistischer Aszendenz, von verlangsamter Ossifikation (JOACHIMSTAL, PIERRE MARIE), und wenn wir an die auch bei echten Kretinen nicht seltenen Knorpeldefekte (Arthritis deformans!) denken, — so will die Kluft zwischen Kretinen und Chondrodystrophen doch immer weniger bedeuten und sie schrumpft zusammen zu einem trockenen Fußes noch recht gut passierbaren Hindernis. Ich bin mir wohl bewußt, daß ich mit solchen rückständigen Ansichten bei den Begründern der Lehre von der Chondrodystrophie nicht auf Beifall hoffen darf; aber nur die unvoreingenommene Logik der Tatsache zwingt mich zu dieser Auffassung.

Gewiß gibt es auch Unterschiede zwischen Kretinismus und Chondrodystrophie. Diese ist eine Erkrankung (bisher nicht genau bekannter Natur), welche nur ein einziges Organsytem betrifft, nämlich den Knorpel; jener ist eine Form der Degeneration des ganzen Menschen, wobei innersekretorische Störungen, verlangsamter Stoffwechsel, nervöse (zerebrale) Defekte sich mit atavistischen Formen und Bildungen, wie auch mit allerlei banalen Erkrankungen sekundärer Art (Rachitis, Ohrenkrankheiten usw.) zu einem Bilde vereinigen, in welchem nun bald dieser, bald jener Zug vorherrscht. Und es darf als sicher ausgesprochen werden, daß neben der selten fehlenden „hypothyreotischen Quote" (FEER) und neben rassenhaft primitiven Zügen auch eine chondrodystrophische Komponente fast nie vermißt wird.

Ich kann mir vorstellen, mit welchem hämischen Lächeln ein übelgesinnter Kritiker an dieser Stelle das Buch zuklappt und resümiert: „Also das ist nun die ‚neue' Kretinentheorie! Ein bißchen Athyreose, ein bißchen Rachitis, ein bißchen Chondrodystrophie, ein bißchen Vererbung, — alles in allem bloß neue Begriffsverwirrung, nachdem man eben begonnen hatte, etwas Klarheit in das Chaos zu bringen." Ein solches Urteil, so voreilig und ungerecht es sein mag, enthält doch ein Körnchen Wahrheit, darin nämlich, daß es zweifellos viel einfacher ist, zu sagen: Kretinismus = chronische Infektion; oder: sporadischer Kretinismus = Athyreose; endemischer Kretinismus = Hypothyreose. Leider aber (und darin liegt meine Rechtfertigung) sind alle gar so klaren und kategorischen Definitionen (nicht allein, soweit es sich um Kretinismus handelt) a priori verdächtig, denn in der Natur und in der Wirklichkeit gibt es kein Schema und nirgends ein Gesetz ohne viele Ausnahmen. Jedes naturwissenschaftliche Problem wird um so verwickelter, je sorgfältiger es erforscht wird. Ich erinnere in diesem Zusammenhang an die neuern Anschauungen über Kausalität nach v. HANSEMANN, welcher gezeigt hat, daß auch zur Erklärung der banalsten Vorgänge des Alltagslebens niemals eine einzige Ursache genügt, sondern daß es in jedem Fall eine höchst komplizierte Verkettung von Umständen erfordert, um eine bestimmte Wirkung herbeizuführen.

Wenn also meine Anschauungen über das Wesen des Kretinismus scheinbar unklar sind, unklarer wenigstens als gewisse andre Theorien, so liegt doch gerade in dieser scheinbaren Verwirrung ein Abbild der Wirklichkeit. Die Wirklichkeit ist immer irrational. Wesentlich an meinen Anschauungen über Kretinismus ist übrigens nicht der Nachweis, daß bei den Kretinen athyreotische, rachitische und chondrodystrophische Züge sich mit gewissen primitiven Merkmalen zu einem charakteristischen Bild vereinigen, sondern den Nachdruck lege ich hauptsächlich auf die Tatsache, daß die Kretinen Degenerierte sind. Das weiß man schon lange, man hat es aber (wie mir scheint) in letzter Zeit zuwenig betont. Der Begriff der Degeneration ist nun freilich ebenso einheitlich und ein ebenso klares Erklärungsprinzip, wie etwa der Begriff der Infektion oder der innersekretorischen Störung. Ich werde an andrer Stelle noch darauf zu reden kommen (vgl. S. 369 und folgende).

Es war im vorhergehenden immer wieder von den **primitiven Merkmalen in der Osteologie der Kretinen** die Rede und es drängt sich hier die Frage auf: Wohin weisen speziell diese primitiven Merkmale? Mit welchen rezenten oder fossilen Völkern begründen dieselben eine nähere Verwandtschaft? Die Antwort auf diese Frage kann heute noch nicht mit aller Sicherheit gegeben werden, denn einmal sind unsre Kenntnisse über die Osteologie der hier in Betracht fallenden Naturvölker noch viel zu lückenhaft, und dann ist die Rassenmischung bei den Völkern von Mitteleuropa so kompliziert, zum Teil auch (namentlich was prähistorische Wanderungen anbelangt) noch so hypothetisch, daß eine sichere und endgültige ethnologische Klassifizierung der Kretinen heute noch gar nicht erwartet werden darf. Schon wenn sich nur zwei Rassen vermischen und wenn beide von Haus aus reine Rassen und gleichwertig sind, so treffen wir bei den Nachkommen Merkmale beider Stammformen in mannigfacher Mischung und auch Fortbildung oder Umwandlung; wieviel komplizierter und buntscheckiger muß erst das Bild werden, wenn nacheinander zahlreiche, ungleichwertige und unter sich vielleicht zum Teil schon vorher gekreuzte Rassen sich verbinden und wenn zu alledem noch pathologische Einflüsse kommen!

Zur Begründung einer ethnologischen Verwandtschaft genügt es natürlich nicht, ein einzelnes oder einige wenige übereinstimmende Merkmale nachgewiesen zu haben, sondern entscheidend ist eher der Gesamteindruck: Körpergröße, vor allem Proportionen, Massigkeit der Knochen, Schädelform im ganzen. Hat man auf dieser Grundlage eine Fährte gefunden, so mag man daran gehen, im einzelnen nachzuprüfen und zu vergleichen, und man wird meistens zufrieden sein, wenn bloß kein wichtiger Umstand der ursprünglichen Annahme direkt widerspricht, sie unmöglich macht.

Wenn wir uns nun mit solchen Voraussetzungen die Frage stellen: welcher jetzt lebende Völkerstamm zeigt in seiner Osteologie so viele Anklänge an die Kretinen, daß eventuell von einer Verwandtschaft gesprochen werden kann? so kommen natürlich zunächst nur kleinwüchsige Stämme in Betracht. Solche leben bekanntlich in Zentralafrika, auf gewissen

malayischen Inseln und anderswo zerstreut über die ganze Erde, und es hat
nicht an Stimmen gefehlt, welche alle diese Zwergrassen als eine einheitliche
und altertümliche Varietät des Menschen angesehen wissen wollen [KOLL-
MANN (556), SCHMIDT (580) u. a.; Primärvarietäten nach SARASIN]. Aber was
wir speziell über die Osteologie des Extremitätenskelettes dieser Leute wissen,
ist so wenig, daß man heute noch nicht daran denken darf, die Diskussion über
die Zusammengehörigkeit dieser Leute mit den Kretinen überhaupt schon an-
zugehen, — ganz abgesehen von den prinzipiellen Einwendungen, die von autori-
sierter Seite (SCHWALBE) gegen eine solche „Pygmäentheorie" erhoben worden
sind. Nachdem ich den Stand unsres Wissens über exotische Pygmäen früher
(S. 73—77) eingehend dargelegt habe, kann ich an dieser Stelle auf eine
Wiederholung des dort Gesagten füglich verzichten, — dies um so eher, als
wir wohl über die äußere Erscheinung, sehr wenig aber über das Skelett diese
Zwergvölker orientiert sind; mit Körpergröße, Kopfindex, Spannweite usw.
allein ist leider nicht viel anzufangen.

Bestehen zwischen den exotischen Pygmäenstämmen und unsern alpenländischen Kretinen höchstens ganz vage und allgemeine Beziehungen, so ist
nun zu untersuchen, ob auf Grund der osteologischen Vergleichung sich eine
Verwandtschaft zwischen Kretinen und Wedda begründen lasse. Wer die Lehre
vom Kretinismus allein aus dem medizinisch-klinischen Gesichtswinkel heraus
betrachtet, wird diese Fragestellung gar nicht verstehen und geneigt sein, sie
als unsinnig zu betrachten. Dieselbe ist aber eine logische Folge der bekannten
SARASINschen (577) Anschauungen über die Facies weddaica, welche sich einst-
mals auch über die alte Welt ausbreitete und hier irgendwo den arischen Stamm
hervorbrachte; „die Wedda sind die Stammform der ganzen zymotrichen Völker-
familie, zu welcher auch wir gehören". Es rechtfertigt sich daher wohl die Frage:
Finden wir im Knochenbau der Kretinen Züge, welche beiden, Wedda und Kretinen, gemeinsam sind?

Als charakteristisch für Wedda wird ein mäßiger Grad von Zwergwuchs und
allgemein sehr grazile Knochenform geschildert; der Schädel ist klein und ausgesprochen dolichocephal, chamäprosop, orthognath mit deutlicher Prodentie,
tief eingezogener Sattelnase und hohen Augenhöhlen; weiter werden als primitive Eigentümlichkeiten des Weddaskelettes aufgeführt: hoher Lumbalindex,
hohes und schmales Becken, hoher Skapularindex, „klaffendes Interstitium
zwischen Radius und Ulna", geringe Humerustorsion, Perforatio olecrani,
Sagittalkrümmung des Oberschenkels, hoher Pilaster und Platyknemie. Es ist
unverkennbar, daß einzelne dieser Merkmale sich auch bei den Kretinen finden, es finden sich aber auch sehr wesentliche Unterschiede; als solche nenne
ich den im allgemeinen eher groben, nicht grazilen Knochenbau, vor allem aber
die ganz verschiedenen Körperproportionen der Kretinen: die Extremitäten sind
beim Wedda lang, beim Kretin dagegen kurz (mongoloid); und die Schädelform
ist beim Kretin nur ausnahmsweise dolichozephal. Das sind, wie mir scheint,
sehr wichtige prinzipielle Unterschiede, denen gegenüber die übereinstimmenden
Merkmale an Bedeutung doch sehr zurückstehen. Es scheint überhaupt zwischen allen primitiven Menschen überall auf der Erde eine gewisse Übereinstimmung im Knochenbau zu bestehen und es scheint einzig beim Kulturmenschen eine Weiterbildung dieser primitiven Formen stattgehabt zu haben. Man

darf also aus dem gemeinsamen Vorkommen von primitiven Zügen bei örtlich weit getrennten Gruppen (z. B. Wedda und Feuerländer) nicht kritiklos nun auf ethnologische Verwandtschaft schließen. In diesem Sinne will ich auch hier ausdrücklich hervorheben, daß mir die gehäuften Primitivmerkmale sehr wichtig, aber an sich schon einzeln zur Begründung einer Verwandtschaft doch nicht ausreichend erscheinen. Nicht auf ein einzelnes Merkmal kommt es an, sondern auf den Gesamteindruck des ganzen Skelettes. Hat sich tatsächlich einst eine Facies weddaica[1]) auch über unsre Gegend erstreckt und finden sich tatsächlich bei unsern Kretinen einzelne Anklänge und Reminiszenzen an eine so weit zurückliegende Bevölkerungsschicht, so treten diese doch zurück und werden überwuchert durch ein ganz anders geartetes Bevölkerungselement aus späterer Zeit.

Dieses spätere Element, das nunmehr das Bild des Kretinismus wesentlich mitbestimmt, kann als grobknochig, brachyzephal und kurzgliedrig, — mit einem Wort als mongoloid bezeichnet werden. Und wenn wir uns fragen: gibt es heute in nicht allzu großer räumlicher Entfernung ein Volk, das in allen wesentlichen Merkmalen unsern Kretinen gleicht? so scheint mir die Antwort hierauf im osteologischen Sinne nicht zweifelhaft. Dieses Volk sind die **Lappen**; oder allgemeiner ausgedrückt: die arktische Polarbevölkerung, welche ja von Skandinavien hinweg über das nördliche Sibirien bis nach Grönland eine in Körperbau und Kultur noch ziemlich einheitliche Rasse bildet. Ursprünglich scheint es sich um dolichocephale Menschen gehandelt zu haben, und nach Untersuchungen von OETEKING (612) und von GORJANOVIC (508/10) bietet noch heute der Eskimoschädel (namentlich in seinem massigen Unterkiefer) unverkennbare Anklänge an den echten Neandertaler. Durch Vermischung dieser ältesten Polarvölker mit brachycephalen, allgemein als „finnisch" bezeichneten Bevölkerungselementen (Kjökkenmoddinger! Maglemose vgl. S. 152) hat sich der Rassentypus der Lappen herausgebildet und dieser hat in neuerer Zeit nach Angabe aller Reisenden dann noch eine beträchtliche Beimengung arischen Blutes erhalten. Es ist also grosso modo ein ganz analoger Prozeß, wie bei uns in Mitteleuropa, wo wir ja auch bis ins Neolithikum eine langschädlige Bevölkerung, dann Zuwanderung von Breitköpfen und schließlich wieder in frühhistorischer Zeit ein abermaliges Überwiegen des dolichozephalen Elementes vorfinden, und es ist also keineswegs verwunderlich, wenn hier wie dort, in den Alpen wie im hohen Norden, das Resultat der Bevölkerungsmischung ein ähnliches ist, — ganz abgesehen davon, daß (wie im Abschnitt „Brachyzephalie" gezeigt wurde) sogar die Möglichkeit einer prähistorischen Lappen-ähnlichen Bevölkerung für unsere Alpenländer unbestritten vorhanden ist. (Grenelletypus! SCHWERZ, S. 74.) Und auch wenn man dies nicht zugeben wollte, so wäre immer noch möglich, daß die Alemannen, unsre letzten langköpfigen Einwanderer, schon in ihren alten Stammsitzen sich mit Lappen vermischt und so die Anlage zu diesem alten Erbgut in die Alpenländer mitgebracht hätten; denn es ist bekannt, daß die Alemannen, die Nachbarn und Schützlinge der Goten, schon in der Völkerwanderungszeit, also nicht allzu lange, nachdem sie ihre Urheimat an den Gestaden der Ostsee verlassen hatten, einen nicht unbeträcht-

---

[1]) F. SARASIN selbst hält diese Annahme heute nicht mehr aufrecht (vgl. S. N. G. Jahresbericht 1921 und S. 77 hiervor).

lichen Prozentsatz von brachyzephalen Schädeln darbieten. Mag die Erklärung sein, welche sie will, Tatsache ist jedenfalls, daß unsre Kretinen nicht allein in ihrem äußern Aussehen und in ihrer Gesichtsbildung (wie in einem früheren Kapitel schon nachgewiesen wurde), sondern auch in ihrem Knochenbau eine weitgehende Übereinstimmung mit den Lappen zeigen.

Leider sind allerdings unsre positiven, zahlenmäßig ausdrückbaren Kenntnisse von der Osteologie der Polarvölker bis heute noch sehr gering; ich habe alles, was darüber im Lehrbuch zerstreut ist, in einer Tabelle vereinigt, und will hier die Resultate anführen. Zunächst ergibt sich in bezug auf die Körpergröße, daß die Lappen in diesem Punkt mit 1523 bei Männern und 1450 bei Weibern durchschnittlich kleiner sind als alle andern Völker (soweit es nicht gerade Zwerge sind), und daß sie von den Mittelzahlen unsrer Kretinen (1467 bzw. 1400) nicht allzuweit entfernt stehen. Auch die Eskimos sind kleine Menschen. Aus der Proportionenlehre kann ich nur den Femorotibialindex anführen, der beim Neandertaler 77, beim Lappen 77,3, beim Kretin 78,8, beim Eskimo 78,9, bei allen andern Völkern aber über 80 beträgt. Der Humeroradialindex ist bei der Eskimofrau 71,4 (beim Mann freilich 79,4) und bei den Kretinen 70,1 (die meisten Primitiven haben einen hohen Index, also langen Vorderarm; so Neandertal 75, Wedda 79). Obere und untere Extremitäten scheinen bei Eskimo und Kretin, wenn die Zahlen überhaupt vergleichbar sind, verkürzt zu sein. Der Intermembralindex, welchen ich bei den Kretinen zu 72,9 berechnet habe, wird von SOULARUE für Eskimo zu 68,7, also völlig normal, angegeben; STRATZ fand ihn aber beim Europäer zu 80, beim Japaner zu 88 und beim Eskimo zu 92, wonach also auch der Eskimo kurze Beine (bzw. lange Arme) hätte. — Weitere Übereinstimmung treffen wir sodann beim Skapularindex (Kretin 63,9, Lappen 64,6, alle übrigen 65—68); ferner im Infraspinalindex (Kretin 90,4, Lappen 89,1, Eskimo gar bloß 80); in der Länge der Klavikula (Kretin 134, Eskimo 101—139); in der Humerustorsion (Kretin 147, Lappe 153,8, Europäer 160); im Breitenhöhenindex des Beckens (Kretin 75,9, Eskimo 77); im Pilasterindex (Kretin 115, Eskimo 118) und in der Epikondylenbreite des Femur (Kretin 78,4, Eskimo 77—79,5), nicht weniger auch in der Häufigkeit des Trochanter tertius (Kretin 65,2, Lappen 64, Europäer nur 30%). Höhe und Breite der Patella sind bei Kretinen und Eskimo genau gleich, nämlich je 43 mm; der Breitenindex stimmt ebenfalls und ist bei beiden etwa 55, der Höhenindex freilich ist wesentlich anders (76 beim Kretin, 56 beim Eskimo). Für Einzelheiten sei auf die betreffenden Kapitel hiervor verwiesen, die ich natürlich nicht in exstenso wiederholen mag. Die angeführten Zahlen, so dürftig sie sind, scheinen mir doch genügend, um sagen zu können, daß im Extremitätenskelett der Kretinen sich viele Züge finden, die ebenfalls für Lappen, bzw. für Eskimos bezeichnend sind. Weitere Untersuchungen in dieser Richtung sind dringend notwendig.

Nach Abschluß der hier vorliegenden Monographie konnte ich meine Ergebnisse mit den Angaben G. VON DÜBENS (»Crania Lapponica«. Holmiae 1910) vergleichen und war über die unverkennbare Übereinstimmung förmlich verblüfft.

Vergleichung von Lappländern und Kretinen.

Körpergröße L. kaum 1500, K. M. 1467, W. 1400; schlechte Körperhaltung, semiflektiert bei L. wie bei K.; »short, rapid step and somewhat undulating motion« genau wie K.; »the legs are mostly short in comp. to the body«, ich finde bei K. eine relative

Beinlänge für M. 50,0, für W. 47,6; »both hand and feet are small«, ich finde bei Skelettmessung die rel. Handlänge bei K. 10,6 (10,2 bis 11,2), Fußlänge 13,5 (12,4 bis 14,2); »the little finger and the first finger are often crooked« genau wie bei K.; Längenbreitenindex des Schädels 83,5, bei K. M. 82,6, W. 83,8; Kapazität bei L. 1321, bei K. M. 1340, W. 1211; Komplexion (Haut, Haarfarbe, Iris) jedenfalls sehr ähnlich; Grau- und Glatzköpfe selten bei L. wie bei K.; spärliche Körper- und Bartbehaarung; geringe Muskelentwicklung bei L. wie bei K.; sehr selten fette Figuren bei L. wie bei K.; runzlige Haut, sorgenvoller Gesichtsausdruck und frühzeitig greisenhaftes Altern bei L. wie bei K.; enge Lidspalten; weit geschlitzter Mund mit unschönen dicken Lippen; gutes Gebiß bei L. (Kariesfrequenz bei K. nach MAYRHOFER nur gering); kleine Ohren bei L. wie bei K.; »the voice is mostly peculiarly piping and wining, the tone being thin and devoid of sonorousness« gilt genau auch für K.; häufig Hernien, bei L. wie bei K.

Unterschiede eigentlich bloß in Nebensachen: L. haben fast nie Plattfüße, K. dagegen fast immer; stark entwickelte Waden bei L. (sek. Anpassung?), fehlen bei K.

Vergleichung der Schädelmaße.

	Lappländer	Kretinen Männer	Kretinen Weiber		
Basislänge	97,6	97	93		
Größte Länge	173,3	173	166		
Größte Breite	144,7	143	139		
Ganze Höhe	131,0	128	122		
Umfang	506	516	499		
Kapazität	1321	1340	1211		
L.-Br.-Index	82,5	82,6	83,8		
L.-H.-Index	75,5	74,2	73,7	Nach Düben	Nach Scholz
Gr. Stirnbreite	119	114	107,6		
Ohrbreite	124	123	115		
Foramen magnum:					
Länge	35,4	37,5			
Breite	29,1	30,7			
Gesichtshöhe	105	107	101		
Orbita:					
Länge	38,0	38	37		
Breite	30,7	38,7	38,0		
Interorb.-Breite	25	28,5	28,1		
Apertura pyriformis:					
Höhe	29,1[1]	45,1	43,4		
Breite	24,0	23,8	22,9		
Jochbreite	133	131,8	122,3		
Femororibialindex	77,3	78,8			
Skapularindex	64,6	63,9		Lehrbuch	Dr. F.
Infraspinalindex	89,1	90,4			
Humerustorsion	153,8 °	147 °			
Trochanter tertius	64 %	65,2 %			

Was die Vergleichung unsrer Kretinen mit den Eskimoschädeln anbetrifft, so habe ich darüber schon in einem früheren Abschnitt (s. S. 130) erwähnt, daß hierfür natürlich bloß die allerdings seltenen dolichozephalen Kretinenschädel in Betracht fallen, daß aber hier die Übereinstimmung ebenso frappant ist wie zwischen Lappen und brachyzephalen Kretinen. Aber auch letztere weisen

---

[1] Stimmt kaum mit den Bildern im Atlas.

noch Anklänge an die Osteskimos von HOESSLY auf, und zwar vor allem in ihrer geringen Stirnbreite, ihrem steilen Okziput, der großen Jochbreite, Prognathie und Unterkieferbreite; zweifelhaft sind Gesichts- und Obergesichtsindex sowie der breite (bei Kretinen oft hohe) Gaumen, und merkliche Differenzen bestehen in bezug auf Schädellänge, Nasen- und Augenbildung mit Einschluß der Interorbitalbreite. Das ist aber nach Obigem wohl verständlich. Man halte als sicheres Ergebnis fest: brachyzephale Kretinen (die große Mehrzahl!) gleichen den Lappen, dolichozephale (seltene Ausnahmen!) gleichen den Eskimos. Ganz im allgemeinen gehören die Kretinen zur Gruppe der „Chamaestenobrachyzephalen", als deren Prototyp WELCKER den Tungusenschädel angibt; vermutlich stehen auch die Lappen dieser Gruppe nicht ferne.

Die hier nachgewiesene osteologische Verwandtschaft unsrer Kretinen mit einem lappenähnlichen Bevölkerungselement darf nun nicht etwa so verstanden werden, daß bei allen Kretinen ohne Ausnahme Anklänge an den Knochenbau der Lappen und nur an diesen aufzufinden sein müßten. Das ist schon darum nicht zu erwarten, weil ja die Lappen selbst keine ganz reine Rasse, sondern Mischlinge aus ältern Elementen mit mongoloiden und auch mit arischen Stämmen darstellen. Und dann bilden die Lappen, wenn überhaupt, so doch nur einen sehr geringen Teil des gesamten Erbgutes unsrer Kretinen, und es sind zweifellos die wirklich beobachteten gemeinsamen Merkmale zahlreicher, als eigentlich zu erwarten wäre. (Lokale Varietäten! Cagots! Unterschiede zwischen Berner und Grazer Kretinen!)

Man muß sich aber darüber klar sein, daß ein lappenähnliches (oder finnischtatarisches) Element jedenfalls nicht die einzige brachyzephale Komponente im Stammbaum unsrer alpenländischen Kretinen ist. Die alpinen Brachyzephalen scheinen vielmehr dem armenoiden Typus nahe zu stehen, und es ist daher nicht weiter verwunderlich, wenn auch bei echten Kretinen hypsizephale Breitschädel vorkommen.

Mongoloide Züge bei Kretinen sind längst bekannt und nach all dem Gesagten gewiß nicht verwunderlich. Mongoloid erscheinen auf den ersten Blick die allgemein verkürzten Extremitäten und die beträchtliche Dicke der Röhrenknochen überhaupt, sodann am Schädel der hohe Längenbreitenindex und die breiten Backenknochen. Über das Verhältnis von Kretinismus und Mongolismus habe ich mich in der Epikrise zum Kapitel „Schädel" ausgesprochen.

Die Frage nach den jetzt lebenden nächsten Verwandten unsrer Kretinen glaube ich also mit aller Reserve dahin beantworten zu sollen, daß eine solche Verwandtschaft im hohen Norden Europas gesucht werden muß. Es bleibt uns jetzt noch die Frage zu diskutieren: wie verhalten sich unsre Kretinen zu den **fossilen Menschenrassen?** Man erwarte hier von mir keine umfassende prähistorische Abhandlung, denn dazu bin ich nicht kompetent; ich beschränke mich darauf, unsre Kretinen mit den neolithischen (richtiger: spät-paläolithischen) Pygmäen zu vergleichen, und will hernach auch zu erklären versuchen, wie ich mir das unanfechtbare Vorkommen von wirklichen Neandertalmerkmalen bei unsern Kretinen zurechtgelegt habe.

Was nun zunächst die Pygmäen anbelangt, so glaubte E. BIRCHER (5) an einem Humerus aus dem Schweizersbild die tiefe Anheftung des Kopfes mit dem von ihm so genannten „Humerus varus" zusammenbringen und als ein Zeichen von Kretinismus ansehen zu sollen. Und sogar SCHWERZ (602) hat diese Erklärung akzeptiert und die Meinung ausgesprochen, die bei den Pygmäen konstatierten Anzeichen von Höhlengicht und kretinischer Degeneration seien ein Beweis, daß Klima, Nahrungssorgen und Krankheiten im Leben der Steinzeitmenschen eine große Rolle gespielt hätten. Ich habe beim Kapitel „Humerus" gezeigt, daß diese Axilla vara wohl nicht als Belastungsdeformität aufgefaßt werden kann, sondern daß sie stammesgeschichtliche Bedeutung hat. Wenn sie den Kretinen und Pygmäen gemeinsam ist, so ist das kein Beweis dafür, daß die Pygmäen an Kretinismus litten, sondern sie ist bei den Kretinen wie bei den Pygmäen ein altes Erbstück.

Ich will nun versuchen, an Hand der Arbeiten von KOLLMANN (555/8), SCHENK (563/4), SCHWERZ (567) u. A. zusammenstellen, was wir über das Vorkommen von Primitivmerkmalen bei den Pygmäen wissen. Nehmen wir zunächst das Extremitätenskelett, so herrscht Einmütigkeit bei den Autoren über die tiefe Lage des Kaput an der Humerusdiaphyse; geringe Torsion und niedriger Kondylodiaphysenwinkel wird von SCHWERZ notiert. Eine auffallende Radiuskrümmung scheint nicht die Regel zu sein, ist aber doch von SCHENK bei Chamblandes IV konstatiert worden. Die Ulna fand sich in mehreren Fällen mit starker und doppelter Krümmung behaftet. Am besten bekannt ist das Femur der Pygmäen, an welchem eine typische Sagittalkrümmung, ein niedriger Kollodiaphysen- und ebensolcher Kondylodiaphysenwinkel allen Autoren aufgefallen ist; typisch primitiv ist ferner die Ausbildung der distalen Epiphyse: sie wächst unvermittelt (ohne „Trompetenform") aus dem Schaft heraus und ist stark nach hinten abgeknickt und ausgeladen (vgl. Fig. 22—24 bei SCHWERZ); das Kaput ist groß (obschon nach SCHWERZ es sich um weibliche Knochen handelt), der Pilaster gering und die Platymerie hochgradig, Trochanter III fehlt selten. An der Tibia ist die Platyknemie, ziemliche Retroversion und die „Tibiafazette" bemerkenswert. Alle Röhrenknochen sind keineswegs als plump zu bezeichnen, sie haben aber durchaus einen etwas höhern Längendickenindex als normale Objekte, und recht starke Epiphysen. — An der Peggauer Fibula ist das Fehlen der Sagittalkrümmung als ein Primitivmerkmal aufzufassen.

Betrachten wir auch rasch die Proportionen der Pygmäen; die von SCHWERZ ausgerechneten Mittelzahlen lege ich hier nicht zugrunde, da er zu deren Ermittlung auch die Vertreter der großen Rasse benützt hat. Es findet sich bei den Pygmäen ein Radiohumeralindex von 72,5 (68,4 bzw. 73,3 bei N r., je nachdem die größte oder die physiologische Radiuslänge in Betracht kommt); ein Tibiofemoralindex von 78,7 (77,8 bei Spy I); ein Humerofemoralindex von 72,0 (70,0 bei Nr.); ein Radiotibialindex von 66,4 und ein Intermembralindex von 71,8 (etwa 70 bei Nr.). Daraus ergibt sich, daß die kleinen Neolithiker ziemlich kurze Beine, kurze Unterschenkel und kurze Vorderarme hatten; sie verhielten sich in all diesen Punkten sehr ähnlich wie unsre Kretinen.

Inwiefern der Schädel der Pygmäen Zeichen niedriger Organisation darbietet, ist schwer zu sagen. Es wäre etwa an die breite Nasenwurzel, an die große Augendistanz und an die nicht so seltene Kinnlosigkeit zu denken. Einer der Schweizerbildunterkiefer glich nach KOLLMANN (555) auffallend dem

Fund von La Naulette, und Schlaginhaufen (566) beschrieb neuerdings gar einen Unterkiefer aus Egolzwil, bei welchem eine höchst charakteristische Enge des Zahnbogens und andre spezifische Eigentümlichkeiten an die fossilen Kiefer von Mauer und von Ehringsdorf erinnerten. Die kategorische Behauptung von Schwerz, daß die kleinwüchsigen Neolithiker grazile Knochen gehabt hätten wie noch die heutigen Naturvölker, daß ihnen aber alle Zeichen niedriger Organisation fehlten, — kann heute nicht mehr aufrecht gehalten werden. Man kann im Gegenteil sagen, daß die Zeichen niedriger Organisation recht zahlreich sind. Es ist aber zuzugeben, daß auf den ersten Blick die Röhrenknochen neolithischer Pygmäen einen vortrefflichen Eindruck machen; sie erscheinen zierlich und ohne krankhafte Verkrümmungen, auch mag das Fehlen stärkerer Muskelansätze den Eindruck der Eleganz noch erhöhen. Bei näherem Zusehen sind jedoch primitive Merkmale in nicht geringer Zahl wahrnehmbar, und zwar sind es Merkmale, die fast alle auch den Kretinen eigen sind. Der Unterschied zwischen Pygmäen und Kretinen läßt sich vielleicht so verstehen und ausdrücken, daß die einen, nämlich die Pygmäen, normale und gesunde Vertreter einer Rasse sind, von der die andern, nämlich die Kretinen, die letzten entarteten und durch vielfache Bastardierung, wie auch durch Krankheiten mannigfacher Art beeinträchtigten und in ihrem Rassetypus verwischten Sprößlinge darstellen.

Der Streit über die entwicklungsgeschichtliche Stellung der Pygmäen ist bis heute noch unentschieden. Mag man auch zugeben, daß einst (vielleicht tief im Tertiär) eine zwergartige Anthropoidenform als Stammform der heutigen Hominiden existiert haben kann, so ist doch die Annahme von Kollmann (556) von der sozusagen unvermischten Persistenz dieser Urhorde bis ins Neolithikum wirklich wenig plausibel. Es ist in dieser Hinsicht wichtig, daß überall (in der Steinzeit so gut wie noch heute in Melanesien) neben Pygmäen auch Vertreter einer größern Rasse gefunden wurden. Nüesch (561) bildet aus dem Dachsenbüel eine Steinkiste mit zwei Skeletten ab: ein größeres männliches Skelett und ein weibliches Skelett von Pygmäentypus in einer (sit venia verbo) Koitusstellung (Bauchlage mit einander zugewandten Gesichtern, mit gekreuzten Beinen und sich deckenden Becken). Wie im Schweizersbild Mutter und Kind, so sind hier Mann und Frau begraben, und „im Tode vereint“ ist hier keine bloße Phrase. Sind beide gleichzeitig ums Leben gekommen, oder wurde die Frau dem Manne geopfert? War es die Witwe oder die Sklavin? In beiden Fällen ist diese sorgfältige Bestattung an bevorzugter Stelle der Höhle ein quasi urkundlicher Beweis, daß Rassenmischung vorkam, und zwar nicht nur illegitim und gelegentlich, sondern als anerkannte Institution. Dann aber kann unmöglich angenommen werden, daß die Pygmäen in reiner Rasse neben den Vertretern der großen Rasse gelebt haben.

Die Forschung liebt es, sich in Extremen zu bewegen. Hat Kollmann behauptet, in den Pygmäen hätten sich unveränderte Vertreter der Stammform des Menschen aus den ältesten Zeiten her neben einer großen Rasse bis ins Neolithikum erhalten, so bemüht sich Schwerz, uns zu beweisen, daß die Kleinen und die Großen der gleichen, und zwar schon recht modern entwickelten Rasse angehörten; die Pygmäen erklärt er sämtlich als Weiber, die Vertreter der großen Rasse als Männer. Von diesen fand sich allerdings in Schweizersbild und in Dachsenbüel nur je ein Vertreter, aber diese verhalten sich in ihrem Extremitätenskelett prinzipiell ganz anders als die kleinwüchsigen Weiber. Ich folge genau den Angaben von SCHWERZ und zitiere seine Bemerkungen über Schweizersbild Nr. 5, den typischen Vertreter der großen Rasse, von dem komplett der rechte Humerus und das rechte Femur, der distale Teil des linken Femur und die beiden Tibien in ihrem proximalen Teil vorhanden sind. Die Schienbeine sind platyknem und anscheinend von denen der „Pygmäen" wenig verschieden. Am Humerus steht der Kopf wie normal nach oben, nicht wie bei den andern abgeknickt, und sein Index ist nur 91 gegen 94 bei den andern; sein Kondylodiaphysenwinkel ist merklich höher und sein Längendickenindex (was schließlich ein Geschlechtsunterschied sein könnte) deutlich größer als bei den „Pygmäen". Beim Femur wird hervorgehoben, daß seine Länge ganz vereinzelt stehe; auch hier ist der Längendickenindex um etwa zwei Einheiten größer, der Pilaster höher, die Trompetenform typischer, der Kollodiaphysenwinkel größer und der Kondylodiaphysenwinkel kleiner, als all das bei den Weibern von angeblich gleicher Rasse; bei letzteren allen ist der Kaputindex 100, bei Nr. 5 ist er 97, und während bei den Weibern der mediale Rand der Kniegelenkfläche höher steht, so ist wieder bei Nr. 5 das Verhältnis umgekehrt und steht (so wie rezent) der laterale Rand höher. Was nun die Körpergröße anbelangt, so sind gewiß allgemein bei den Menschen die Männer größer; aber eine Geschlechtsdifferenz von fast 20 cm (1461 gegen 1652) ist denn doch unerhört, — namentlich wenn man bedenkt, daß es sich hier um eine im ganzen auch bei den Männern recht kleinwüchsige Bevölkerung handelt. Und man muß vollends stutzig werden, wenn alle Weiber klein und alle Männer groß angegeben werden; in einer wirklich einheitlichen Bevölkerungsgruppe sind immer auch einzelne große Weiber und einzelne kleine Männer zu erwarten. Es hat wohl auf unsrer Erde zu keiner Zeit und nirgends eine durchaus einheitliche Menschenrasse gegeben, und es will mir scheinen, daß gerade die unausrottbare Neigung zu schrankenloser Rassenmischung (die als Sodomie einzig beim Menschen vorkommt!) für den Menschen typisch — und letzten Endes die Ursache seiner spezifischen ‚Höherentwicklung" sei. — Es kann sein, daß die beiden Rassen des schweizerischen Steinzeitalters eine politische Einheit bildeten, eine einheitliche Rasse waren sie gewiß nicht. Auch wenn man einen gemeinsamen Staat annehmen will, so ist damit keineswegs gesagt, daß in diesem Staat beide Rassen gleichberechtigt waren; das würde im Gegenteil aller ethnologischen und historischen Erfahrung widersprechen.

Wir nehmen also mit KOLLMANN an, daß gegen Ende der ältern Steinzeit Menschen einer altertümlicheren kleinwüchsigen Rasse neben Vertretern einer größern und etwas höher entwickelten Menschheit in Europa gelebt haben, und es erhebt sich alsbald die neugierige Frage nach der Herkunft und Zugehörigkeit dieser Menschen. Darüber kann man natürlich höchstens Vermutungen hegen. Einen gewissen Fingerzeig gibt darüber das Vorkommen von Grabbeigaben: Serpularöhren und marinen Schnecken, die ihre Heimat im Mittelalter haben; aber es bleibt unentschieden, ob die kleine oder die größere Rasse vom Mittelmeer herstammt und dieses mediterrane Kulturgut nach Mitteleuropa hergebracht habe. Es ist an die Grimaldirasse zu denken, von der SCHENK bei den Pygmäen Anklänge gefunden hat. Nach den typologischen Untersuchungen von SCHLIZ (540) wären die Chamblandesleute eine Kreuzung aus Neandertaler und Cro-Magnon; die hätten mit dem Homo mediterraneus nichts zu tun, wohl aber ständen sie den Erbauern der nordwestdeutschen Ganggräber nahe (flache Stirn! breite Wangen!). Ähnlich hat sich SCHENK (563) ausgesprochen; er nimmt eine Mischung aus Cro-Magnon und Grenellevölkern an und hält die Magdalénienrasse für den Eskimos nahestehend. Erinnern wir uns, daß nach NILSSON das Ganggrab nur eine Nachbildung der Winterhütte der Eskimos darstellt! Dazu stimmt dann ausgezeichnet die oben nachgewiesene Ähnlichkeit unsrer Kretinen (der degenerierten Nachkömmlinge jener Pygmäen!) mit den arktischen Polarvölkern, und es ist durchaus kein Widerspruch, wenn KOLLMANN eine gewisse Ähnlichkeit zwischen seinen Pygmäen und den Weddas aufzeigt. Wir erinnern uns an die SARASINSCHE Facies weddaica und können uns die Sache schematisch vielleicht etwa so vorstellen: am Ende des Paläolithikums (Kjökkenmöddinger!) erstreckte sich eine kleinwüchsige Bevölkerung über weite Teile der alten Welt („Facies weddaica"); es ist nicht nötig, sich diese Bevölkerung untereinander lückenlos zusammenhängend oder ganz und gar einheitlich vorzustellen, auch war sie wohl zu keiner Zeit alleinherrschend, sondern in wechselndem Maße von fremden großwüchsigen Elementen (Cro-Magnon!) durchsetzt (und vielleicht politisch beherrscht) und wurde von diesen letzteren immer mehr in die unwirtlichen Gegenden an den Rändern des arktischen und des alpinen Eises abgedrängt, wo sie sich noch einigermaßen rein erhalten konnte, — im Süden freilich auch nur kurze Zeit. Die letzten Überreste jener alten Bevölkerung finden sich heute auf Ceylon (Weddah) und immer weiter ostwärts gedrängt in Grönland (über die tatsächlich nicht unbedeutende Ähnlichkeit zwischen Weddah und Eskimo vgl. Lehrbuch). Auf europäischem Boden wurden sie schon frühe (im Beginn des Neolithikums) durch brachyzephale mongolisch-tatarische Elemente von Grund aus umgewandelt. Relativ rein finden wir diese brachyzephal modifizierte Facies weddaica nur noch im Norden (Lappen, Samojeden usw.); im Süden kommt diese Rasse selbständig nicht mehr zur Beobachtung, wohl aber ist ihr Rassentypus als Rückschlagsbildung bei Degenerierten (Kretinen) noch sehr gemein und hat in den Alpenländern weiten Bevölkerungskreisen seinen Stempel unverwischbar aufgebrannt, lebt auch in den Sagen heute noch fort. — Gewiß ist vieles in dieser Darstellung noch hypothetisch; im wesentlichen kann aber doch jede einzelne der hier behaupteten Tatsachen als gut begründet und bewiesen gelten.

Auch an dieser Stelle glaube ich voreilige Einwände eines hypothetischen Kritikers zum voraus entkräften zu sollen. Wenn ich mich hier bemüht habe, den Nachweis zu erbringen, daß unsre Kretinen eine ähnliche Entwicklung hinter sich haben wie gewisse Polarvölker, daß sie in ihrem Knochenbau an solche erinnern und wie diese aus einer prähistorischen (frühneolithischen) „Facies weddaica" entsprossen sein können, — so möchte vielleicht ein vorschneller Kritiker darin einen Widerspruch mit meiner frühern kleinen Arbeit über „Neandertalmerkmale bei Kretinen" (13) erblicken. Ein solcher Widerspruch besteht aber nur scheinbar, und er löst sich ungezwungen, wenn man sich daran erinnert, daß gerade jene Merkmale, welche den Kretinen, den neolithischen Pygmäen und gewissen Polarvölkern gemeinsam sind, sich in typischer Weise auch beim Neandertalmenschen vorfinden. Statt eines Widerspruchs ergibt sich also eine Erweiterung und solidere Fundierung früher ausgesprochener Ansichten; der Kretin steht nun nicht mehr allein mit seinen Anklängen an eine längst ausgestorbene Menschenrasse, und nicht nur für die Gegenwart, sondern auch schon zurück in der Vergangenheit vermögen wir verbindende Glieder aufzuspüren. Wir haben daher nicht mehr nötig, an der allerdings wenig plausiblen Annahme festzuhalten, als ob versprengte Reste der diluvialen Urrasse sich in abgelegenen Gegenden bis in historische Zeiten hätten erhalten können. Wenn wir den Stammbaum unsrer Kretinen einmal bis zum Anfang der jüngeren Steinzeit zurückverfolgt haben, so ist die größte Schwierigkeit schon überwunden, denn von dort bis zur Eiszeit ist der Weg zwar zeitlich noch lang, läßt sich aber doch einigermaßen überblicken.

Bevor wir der Frage nähertreten, ob unsre Kretinen in ihrem Knochenbau Anklänge an den Neandertalmenschen darbieten, müssen wir uns darüber klar werden, was unter Neandertalmerkmalen zu verstehen sei. SCHWALBE (542) definiert „spezifische Merkmale des Neandertalers" als solche, die ganz außerhalb der Variationsbreite des rezenten Menschen fallen. Diese außerordentlich klare Definition krankt aber an dem ganz unglücklichen Begriff des „rezenten Menschen"; wenn man darunter alle Menschen versteht (Europäer, Eskimo, Austalier usw.; auch Kretinen und Mikromele), welche heute die Erde bewohnen, — dann gibt es überhaupt keine spezifischen Merkmale mehr, denn ich glaube, mich anheischig machen zu dürfen, alle Kennzeichen des paläolithischen Menschen vereinzelt bei niedrigen Völkerschaften, ganz sicher auch bei pathologischen Typen nachzuweisen. Man muß schon etwas bescheidener sein und als „typische" (wenn auch nicht als ‚spezifische') Neandertalmerkmale alle die gelten lassen, welche bei der Mehrzahl der fossilen Paläolithiker vorkommen und dem modernen, gesunden und normalen Europäer gewöhnlich fehlen. Diese Begriffsbestimmung kann zwar je nach dem Stand unsrer Kenntnisse Schwankungen unterliegen, sie hat aber den Vorzug praktischer Brauchbarkeit.

In diesem Sinne nun glaube ich auf Grund meiner Knochenmessungen allerdings sagen zu können, daß wir bei den Kretinen sowohl in einzelnen Mittelzahlen, viel mehr noch in den Individualwerten und auch in zahlreichen deskriptiven Eigentümlichkeiten sichere und typische Neandertalmerkmale sowohl am Schädel, vor allem aber an den Extremitätenknochen und in den Körperproportionen nachzuweisen vermögen. Man erlasse mir hier eine detaillierte Aufzählung aller in Betracht kommenden Einzelheiten; eine solche Nachsicht kann ich um so eher verlangen, als ich ja bei jedem einzelnen Knochen in der Rekapitulation auf diesen Punkt genauer eingetreten bin. Uns soll hier nun zum Schluß dieses osteologischen Teils die Frage beschäftigen: Warum treten bei gewissen Degenerationsformen Neandertalmerkmale auf? rassenmäßig bei einzelnen Kretinen, grotesk verzerrt bei Chondrodystrophie, und regellos bei gewissen pathologischen Formen (Tumoren, Synostosen, Defektbildungen usw.); ich will versuchen, der Reihe nach alle Umstände aufzuführen, die etwa in Betracht kommen könnten[1]).

---

[1]) A priori muß es ja ganz unsinnig erscheinen, bei unsern heutigen Kretinen eine wenn auch noch so entfernte Verwandtschaft mit einem paläolithischen Menschentypus anzunehmen; denn seit dem Paläolithikum sind doch wohl 100000 Jahre verflossen! Die

Nur pro forma will ich den Einfluß des Bodens anführen. Saint-Lager (38) hat schon vor 70 Jahren behauptet, gerade wie die Pflanze je nach dem verschiedenen Standort und der Bodenbeschaffenheit ein ganz verschiedenes Aussehen haben könne, so sei auch der Mensch in hohem Grade lokal variabel; und von Bircher stammt dann die sogenannte „Bodentheorie" des Kretinismus (und des Kropfes), nach welcher ein nicht näher bekanntes „kolloidales Toxin" namentlich aus marinen Ablagerungen ins Wasser und damit in den Körper gelange und dort Degeneration des ganzen Organismus bewirke. Daß aber terrestrische Einflüsse das Auftreten von echten Neandertalmerkmalen erklären könnten, das scheint mir a priori total unannehmbar; ganz ab-

---

Schwierigkeit wäre schon bedeutend geringer, wenn sich archäologisch eine Persistenz des Neandertalers bis nach dem Diluvium erweisen ließe; — wenn z. B. gezeigt werden könnte, daß die Wildkirchlistation nacheiszeitlich anzusetzen wäre. Der Entscheid über diese chronologische Frage soll durchaus den Fachmännern überlassen bleiben, doch möchte ich mir als Nichtfachmann folgende Bemerkungen erlauben: Die ursprüngliche Ansicht Obermaiers vom postglazialen Alter des Wildkirchli dürfte auch heute noch als nicht unzweifelhaft widerlegt anzusehen sein. Bächler (500) der verdienstvolle Erforscher dieser wichtigen Bärenhöhle, hält sie allerdings unbedingt für interglazial, und zwar wegen

1. ihres ausgesprochenen Alt-Moustérien-Charakters;
2. der gleichaltrigen Höhlenbärenfunde;
3. gewissen exotischen grünen Silexartefakten, zu denen sich keine zugehörigen Kernstücke (wie sonst zu allen andern, einheimischen Werkzeugen) fanden. (Es handelt sich freilich nur um eine »ganz kleine Zahl« von Steinwerkzeugen.)

Am wenigsten beweiskräftig scheint mir Punkt 1; denn wenn es ganz sicher in Australien usw. bis vor kurzer Zeit noch Stämme gab, welche unbestritten im Steinalter lebten, so ist es gewiß nicht ungereimt anzunehmen, daß eine (wenn auch etwas modifizierte) Moustérienkultur in abgelegenen Höhlen am Rand des Eisgebirges vereinzelt noch kümmerlich fortexistieren konnte zu einer Zeit, als das klassische Moustérien in mehr begünstigtem Klima schon längst durch höhere Kulturstufen abgelöst war. Ebenso können möglicherweise vereinzelte Höhlenbären sich bis postglazial erhalten haben, — vielleicht auch hat der Wildkirchlimensch zu seinen Knochenwerkzeugen (vgl. weiter unten) nicht die Knochen selbsterlegter Bären, sondern solche von schon vorgefundenen, vermoderten Tieren verwendet. Die eigentliche Bärenhöhle am Wildkirchli stammt nach Bächler selbst aus einer Zeit, als dort der Mensch noch gar nicht anwesend war.

Für ein weniger hohes, d. h. postglaziales Alter der Wildkirchlifunde wären vielleicht folgende Umstände zu verwerten:

1. die Lage der Kulturschicht direkt unter dem rezenten Schutt (der »Hiatus« läßt verschiedene Deutung zu);
2. der atypische, grobe Charakter des vorgefundenen Moustérieninventars (kann ebensowohl primitiv, also alt, wie ein Zeichen des Zerfalls, also relativ jungen Datums, sein); heute reden die Forscher in solchen Fällen von alpinem Paläolithikum und vermeiden den Ausdruck Moustérien.
3. das Vorkommen von Knochenwerkzeugen; diese sind sonst noch nirgends vor dem Magdalénien aufgefunden worden).

Bemerkenswert ist das völlige Fehlen aller Schmucksachen und Brandspuren, auch die Abwesenheit jeder Weiterentwicklung; es findet sich überhaupt nur eine einzige Kulturstufe, und das erschwert natürlich die Datierung. Und solange menschliche Skelettreste nicht gefunden sind, läßt sich über die Rassenzugehörigkeit des Wildkirchlimenschen ohnehin nichts Sicheres aussagen.

Eine ganz analoge Fundstelle eines »Schweizerischen Moustérien« ist die Höhle Cottencher im Neuenburger Jura (innerhalb der Endmoränen gelegen! einheitliche Kulturschicht von 2 m Stärke wie im Wildkirchli! SGU. 1916 S. 38), wie auch das Drachenloch ob Vättis.

gesehen von der Tatsache, daß die Verbreitung des Kretinismus, wo dieselbe wirklich in allen Einzelheiten bekannt ist, nur selten mit der Theorie stimmt (vgl. darüber DIETERLE, HIRSCHFELD und KLINGNER) und daß die ganze Grundlage dieser Bodentheorie von mehr als einer geologischen Autorität abgelehnt worden ist (LEPSIUS, HEIM).

Ebenfalls nur der Vollständigkeit halber führe ich die Infektionstheorie an, wonach die kretinische Degeneration Folge einer chronischen Infektion wäre; als Beispiel wird etwa (gesprächsweise) die hereditäre Lues oder dann die Kokzidiose angeführt. Gewiß mag eine schleichende Vergiftung dieser Art die Degeneration ganzer Stämme herbeiführen; aber alte Neandertalmerkmale können doch auch in diesem Fall nur dann auftreten, wenn sie eben in dem Erbgut der Entarteten schon vorhanden waren. Eine Infektion vermag sicher keine Neandertalmerkmale neu zu schaffen, ganz abgesehen davon, daß beim Kretinismus bis heute trotz intensivster Bemühungen kompetentester Forscher eine Infektion, bzw. deren Erreger tatsächlich nicht bewiesen werden konnte.

Auch eine mangelhafte Schilddrüsenfunktion kann jedenfalls nicht die Ursache der uns hier beschäftigenden Neandertalmerkmale sein. Störungen in der Thyreoidea kommen zwar bei Kretinen vor und vermögen das Offenbleiben der Epiphysen (und dadurch vielleicht auch bis zu einem gewissen Grade den Zwergwuchs) zu erklären; aber meine Analyse eines typischen Falles von Schilddrüsenmangel zeigt zur Evidenz, daß dabei Neandertalmerkmale ganz und gar nicht auftreten. Es können also die Neandertalmerkmale unsrer Kretinen unmöglich Folge einer A- oder Hypothyreose sein.

Gehen wir weiter und überlegen wir, ob mechanische Momente für das Auftreten von altertümlichen Knochenformen verantwortlich gemacht werden können. In erster Linie wäre an abnorme Weichheit der Knochen zu denken; aber da ist zu sagen, daß bei den Kretinen weiche Knochen nur bei gleichzeitig bestehender Rachitis vorkommen und daß die typischen rachitischen Belastungsdeformitäten, wie ich an vielen Beispielen durchwegs zeigen konnte, total andere Knochenformen erzeugen, als wir bei den sogenannten Neandertalmerkmalen vorfinden. Man könnte auch vermuten, das Auftreten von ähnlichen Knochenformen bei Neandertalern und Kretinen habe seinen Grund in ähnlicher mechanischer Beanspruchung, wie ja auch z. B. die sogenannte „Hockerstellung" allenthalben auf der Erde bei weit voneinander entfernten und unter sich nicht verwandten Völkern gewisse gemeinsame Merkmale bedingt. Ich vermöchte aber nicht anzugeben, ob die Kretinen im Gebrauch ihrer Glieder von uns übrigen Europäern abweichende Gewohnheiten haben und ob solche dann mit den Gewohnheiten des paläolithischen Menschen übereinstimmen. Es ist sehr schade, daß wir über das Vorkommen von Muskelabnormitäten bei Kretinen so gut wie gar nichts wissen. — Nichts liegt mir ferner als eine Unterschätzung der Bedeutung mechanischer Momente für die Entstehung normaler und pathologischer Knochenformen; aber sie sind nicht allein maßgebend und leider noch vielfach dunkel. Dem VOLKMANN-HÜTERschen Gesetz: Druckvermehrung bringt den Knochen zum Schwund, Entlastung begünstigt seine Entwicklung, steht der Satz von JULIUS WOLFF gegenüber: Druck befördert die Knochenentwicklung, Entlastung bringt den Knochen zum Schwund (vgl. S. 234). Es ist eben die Wirkung des funktionellen und physiologischen Druckes eine andere

als unter krankhaft veränderten mechanischen Verhältnissen; eine eingehende
Erörterung dieser Probleme würde mich ins uferlose Meer der Theorien führen
und ist daher besser zu unterlassen. Wer sich darüber orientieren will, konsultiere die orthopädische, nicht die anthropologische Literatur. Sehr interessant sind die Knochenveränderungen bei Atrophien aller Art (bei Lähmungen,
Ankylosen usw.); SCHULTHESS (461) sagt: „mehr oder weniger aus der Funktion
ausgeschaltete Knochenteile erliegen nach und nach zuerst im innern Aufbau,
später auch in der äußern Form einem vollständigen Schwund." Diesen Satz
darf man allerdings nicht wörtlich auffassen, denn der Schwund ist niemals ein
wirklich vollständiger (wohl darum, weil auch der Funktionsausfall nie absolut
vollständig sein kann; die Schwere, Blut- und Nervenreize u. dgl. bleiben unter
allen Umständen noch wirksam); aber es scheint, als ob die atrophischen Knochen in Form und Größe doch nicht selten altertümliche Verhältnisse zu reproduzieren vermöchten, und man kann vielleicht diese Beobachtung in den Satz
zusammenfassen, daß bei Fortfall der normalen mechanischen Beanspruchung
die durch Vererbung bedingten Knochenformen zu vermehrter Geltung kommen.
Dies würde ungezwungen auch das Auftreten von primitiven Merkmalen bei
Tumoren, Synostosen usw. erklären (vgl. darüber im Kapitel „Radius" nähere
Angaben). Es liegt nahe genug, auch bei den Kretinen etwas Ähnliches anzunehmen; denn die trägen und muskelschwachen Kretinen lassen auf ihre Knochen gewiß nicht alle jene mechanischen Momente einwirken, die z. B. beim
schwer schaffenden Industriearbeiter oder beim militärisch geschulten Kulturmenschen sonst zur Geltung kommen. Aber auch in diesem Fall kann der
Wegfall der normalen Funktion nur dann primitive Merkmale wieder in Erscheinung treten lassen, wenn solche schon im Erbgut des fraglichen Menschen enthalten waren.

Man könnte auch darauf hinweisen, daß gewisse Neandertalmerkmale allgemein für Föten und Neonaten bezeichnend sind, und es läge nicht ferne, dieselben auch bei den Kretinen als Infantilismus zu deuten. Denn unverkennbar
bleibt der Kretin, besonders die grazile Abart, in vielen Punkten auf kindlichen
Entwicklungsstufen zurück. Wenn man sich aber klar macht, daß auch beim
Neugeborenen diese Anklänge an längst vergangene Entwicklungsstufen nach
dem biogenetischen Grundgesetz nur darum zustande kommen, weil eben die
Ontogenie eine abgekürzte Phylogenie darstellt, so müssen auch beim Kretin
die Neandertalmerkmale vererbt sein; nicht obschon, sondern gerade weil sie
beim Föten ebenfalls vorkommen. In verschiedenen wichtigen Merkmalen
(es sei bloß an die Wachstumsänderungen der Körperproportionen, an das
Überwiegen des Untergesichts über das Obergesicht, an die Beckenverhält-
nisse erinnert) hat übrigens der Kretin die infantilen Zustände sicher überwunden.

Nach Ausschluß aller andern Möglichkeiten bleibt uns also keine andre Wahl
als die: die sicher in gehäufter Zahl bei den Kretinen beobachteten Neandertalmerkmale sind nur durch Vererbung und als Rückschlagsbildungen verständlich.
Ich gestehe frei, daß mir als einem unbedingten Anhänger einer materialistischen
Weltanschauung die Vererbung etwelches Unbehagen verursacht, denn durch
die Vererbung erscheinen die Gesetze einer mechanischen Kausalität gleichsam
durchbrochen. Vererbung bedeutet schließlich nichts anderes, als das Auftreten

einer Wirkung ohne entsprechende Ursache. Aber der Materialismus des heutigen Naturforschers ist ein anderer als vor 60 Jahren; wir wissen heute, daß keine einzige Erscheinung unsrer Welt im frühern Sinne bloß eine einzige Ursache hat, sondern immer greifen tausend Ursachen aufs Verwickeltste ineinander und darunter leidet die starre Gesetzmäßigkeit der Wirkung, ohne daß dieselbe aber nun nicht mehr mechanisch bedingt wäre. Man braucht eine Vererbung erworbener Eigenschaften gar nicht anzunehmen. Wenn aber eine bestimmte Ursache nicht während zehn, sondern während Tausenden von Generationen eine bestimmte Wirkung hatte, so verbindet sie sich offenbar durch erst zufälliges, später gesetzmäßiges Zusammentreffen („Korrelation") mit einer Reihe von andern Ursachen und Umständen, so daß schließlich der Endeffekt auch ohne die eigentliche, ursprüngliche „Ur"sache zustande kommen kann. Das ist die „Emanzipation der Reaktion vom Reiz", wie die neuere Vererbungslehre vielfach nachweist. Nur ein Beispiel: die Daumenschwielen der Frösche sind offenbar ursprünglich ihrem Zweck entsprechend mechanisch (wie andre Schwielen auch) bedingt gewesen; nun traf während ungezählten Generationen mechanischer Reiz, männliches Geschlechtshormon und Entwicklung der Daumenschwielen zusammen, und durch korrelative Abhängigkeit wird die Ursache der Daumenschwielen von der mechanischen auf die chemische Seite übertragen; daher treten jetzt „gewohnheitsmäßig" die Daumenschwielen auch schon auf, wenn das männliche Hormon allein ohne gleichzeitige mechanische Reizung wirksam ist. Bei den phylogenetisch alten Gruppen, wie z. B. bei den Insekten, sind die sekundären Geschlechtscharaktere sogar schon von den Keimdrüsen unabhängig geworden; sie entwickeln sich deshalb, auch wenn die Keimdrüse fehlt, während bei den phylogenetisch jüngern Säugetieren diese Geschlechtsmerkmale wie bei ihrer ersten Entstehung des formativen Reizes seitens der zugehörigen Keimdrüsen bedürfen (HARMS, 611). Es ist sonach nicht allzu schwer verständlich, daß die ältesten Merkmale sich am zähesten vererben und allemal dann zum Vorschein kommen müssen, wenn die Momente, welche eine Weiterbildung alter Zustände bewirkt hatten, einmal nicht zur Wirkung kommen. Umgekehrt scheinen die zuletzt erworbenen Merkmale zuerst wieder verloren zu gehen, eine Erscheinung, die als „Umkehrung des biogenetischen Grundgesetzes" zu bezeichnen wäre.

Nun sind wir wieder an dem Punkt angelangt, von dem wir ausgingen, und wir müssen uns die Frage stellen: ist es überhaupt denkbar, daß der Neandertalmensch in der Entwicklungslinie unsrer Kretinen liege? Viele Forscher, in erster Linie SCHWALBE (542), nehmen an, daß der Homo primigenius gänzlich ausgestorben sei, und protestieren dagegen, daß die „sogenannten neandertaloiden Schädelformen der Jetztzeit als atavistische Reste jener uralten, ausgestorbenen Menschenspezies angesehen werden müssen". Hier steht nun freilich Ansicht gegen Ansicht, und wenn ich trotz der erdrückenden Autorität des berühmten Straßburger Anthropologen allerdings jene verpönte Ansicht vertrete, so stütze ich mich dabei auf die ebenso große Autorität des leider viel zu früh verstorbenen KLAATSCH (520). Ich erlaube mir einige Zitate aus dessen Schriften: „Man kann sich schwer vorstellen, daß eine derartige gewaltige Menschheit einfach zugrunde gegangen sein soll, ohne wenigstens ihre Spuren durch Beimischung des Blutes zu andern Rassen hinterlassen zu haben." — „Wie lange sich Vertreter derselben erhalten haben, können wir absolut nicht entscheiden, müssen aber die Möglichkeit einer lokalen Persistenz bis in jüngere Perioden zugestehen." — „Ob noch heute unter der Bevölkerung Europas oder andrer Kontinente sich Rassencharaktere des Neandertaltypus geltend machen, werden wir erst dann untersuchen können, wenn unsre Kenntnisse sich . . . vergrößert haben werden."

Die prähistorische Forschung erkennt je länger um so sicherer, daß schon in sehr früher Zeit neben dem Neandertalmenschen noch mindestens eine zweite Rasse in Europa vertreten war. Ohne die Frage zu untersuchen, welche der beiden Rassen die ältere sei und woher sie wohl gekommen sein mögen, wollen wir rein theoretisch überlegen: was geschieht, wenn zwei Menschenrassen nebeneinander wohnen? Ist es denkbar, daß sie in absoluter Abgeschlossenheit gänzlich unbeeinflußt voneinander bleiben? Alle Erfahrung sagt kategorisch: Nein! Überall auf der Erde ist in solchem Fall die Entwicklung die gleiche: zuerst Kampf, dann Vermischung. Es besteht nicht ein einziger Grund zu der Annahme, daß es im Paläolithikum anders hergegangen sein soll, die Spuren von kanibalischen Mahlzeiten nicht minder als die anatomisch nachweisbare Rassenmischung sprechen vielmehr dafür, daß schon damals Kampf und Vermischung der normale Lauf der Dinge gewesen sei.

Ist auch das Bastardierungsproblem beim Menschen noch nicht allzu genau bekannt und studiert, so sind wir doch schon einigermaßen über die Folgen der Rassenkreuzung orientiert. Sind die beiden elterlichen Komponenten verschieden, so ergeben sich bei den Kindern nicht etwa mathematisch genaue Mittelformen, sondern es prävalieren für jedes einzelne Merkmal entweder väterliche oder mütterliche Kennzeichen. Gehören in der Regel die Väter zur großen und die Mütter zur kleinen Rasse und ereignet sich nur ausnahmsweise eine umgekehrte Kreuzung, so wäre es wohl nicht allzu sehr verwunderlich, wenn die weiblichen Bastarde mehr zur kleinen und die männlichen allgemein mehr zur großen Rasse hinneigten; — so wie es bei den neolithischen Pygmäen tatsächlich der Fall zu sein scheint. Es sei daran erinnert, daß neuerdings SCHLAGINHAUFEN bei den neolith. Pygmäen einen feinern und einen gröbern Typus unterscheidet und dem Gesamtvolk eine große Variationsbreite zuschreibt (SGU. 1920, S. 43). Aber auch wenn die „Entmischung der Rassen" (von LUSCHAN) sehr weit vorschreitet, so kann doch wohl nie mehr das reine Ausgangsprodukt entstehen, sondern immer werden die Kleinen einzelne Züge von den Großen geerbt haben, und umgekehrt; — wie es ebenfalls wieder bei den kleinwüchsigen Neolithikern gezeigt werden kann. Nun kommt aber die Hauptsache: BOAS (405/6) fand, daß bei der Kreuzung großwüchsiger Indianer mit mittelgroßen Weißen die Körpergröße der Halbblutindianer bei den großen Stämmen diejenige beider Elternrassen übertraf und bei den kleinen Stämmen derjenigen der größern Elternrasse gleichkam. Ebenso fand FISCHER (588) bei den Rehoboter Bastards eine etwas bessere Körpergröße als bei den beiden Elternrassen, und nach SARASIN (576) sind die Mischlinge aus Wedda und Tamilen dunkler als beide Elternrassen. Interessant ist, daß bei den malayischen Mischlingen (HAGEN) wie bei den Rehoboter Bastards (FISCHER) das Gesicht höher ist als bei den Elternrassen, eine Tatsache, für die (laut Lehrbuch) jede Erklärung fehlt. Mir will scheinen, als ob alle diese Tatsachen nicht allzu schwer verständlich seien; bei der Reinzucht muß je länger um so mehr der Abkömmling den Eltern in guten und schlechten Eigenschaften gleichen, neue Züge (es sei denn solche, die auf Krankheit oder Degeneration beruhen) können kaum auftreten. Ganz anders bei der Kreuzung! Hier kommen neue Erbanlagen von beiden Eltern her; was liegt näher, als daß bei günstigem Zusammentreffen sich vorhandene Anlagen gegenseitig steigern und daß aus der Vereinigung eines hervorragenden Siegers und einer auserlesenen Beute eine Rassenverbesserung resultiert? Ein Tierzüchter wird sich darüber nie verwundern. Rassenkreuzung bedeutet im großen dasselbe, was Konjugation oder sexuelle Vermischung im kleinen, nämlich: 1. Steigerung der Lebenstätigkeit (hindert die Senilität), 2. Auftreten neuer Merkmalkombinationen (vgl. S. 380). — Nun können wir mit KLAATSCH (524) recht wohl annehmen, daß aus der Vereinigung der Neandertalrasse mit der Rasse von Aurignac die höherstehende Rasse von Chancelade und von Cro-Magnon hervorgegangen sei. Bloß darf man nicht annehmen, daß nun alle Abkömmlinge der neuen Rasse angehörten; es müssen auch die alten Rassentypen, mehr oder weniger modifiziert, immer wieder reproduziert worden sein, und es ist nicht schwer, sich zu denken, daß in abgelegenen Gegenden und unter ungünstigen Verhältnissen solche Rückschlagsbildungen anfangs noch normaler, später degenerativer Natur eher zur Beobachtung kommen konnten. Und man darf nicht glauben, daß die Sache so einfach und schematisch zugegangen sei, und daß nur Neandertal und Aurignac am Aufbau der neuen Rasse beteiligt waren; kennen wir doch aus dem Paläolithikum mindestens noch zwei weitere Rassen allein in Frankreich, nämlich die brachyzephale Rasse von Grenelle und Furfooz im Norden und die negroide Grimaldirasse im Süden; auch sie werden nicht untätig beiseite gestanden sein. Und wie in Frankreich, so entwickelte sich die Menschheit wohl auch an andern Orten; jedenfalls eröffnet sich der Forschung noch eine weite Perspektive und eine große Aufgabe. Wie die altertümlichen Eigenheiten im Skelett der kleinwüchsigen Neolithiker nun mit dem Neandertaler zusammenhängen, das vermag ich so wenig zu sagen als ein anderer; aber daß ein Zusammenhang denkbar und wahrscheinlich ist, das glaube ich gezeigt zu haben. Und wenn einmal die Kretinen an die neolithischen Pygmäen (und an die Polarvölker) und die Pygmäen an den Neandertaler angeschlossen sind, so ist mittelbar auch die Verbindung zwischen Kretin und Neandertaler hergestellt.

Ich kann es mir nicht versagen, mit einigen Worten auf die Bedeutung dieses Nachweises hinzuweisen. Die Tatsache, daß unsre Kretinen in ihrem Knochenbau noch Anklänge an den fossilen Neandertalmenschen darbieten, ist von großem zoologischem (oder allgemein wissenschaftlichem) Interesse, wie ich den Anthropologen wohl nicht weiter auseinanderzusetzen habe; es ist freilich nicht zu erwarten, daß die Erfinder und Fabrikanten von Thyreoideaprodukten für diese Seite des Problems sich besonders begeistern könnten. — Die rein medizinische Bedeutung des Nachweises von Neandertalmerkmalen bei den Kretinen ist nicht minder groß; die Ätiologie dieser viel umstrittenen Degenerationsform erhält ein neues Licht und erscheint uns weniger rätselhaft, die Diagnose kann nach rationellen Gesichtspunkten orientiert werden, und die Hauptsache: Prognose, Therapie und Prophylaxe erscheinen unter völlig veränderter Beleuchtung. Ich begnüge mich mit diesen allgemeinen Hinweisen

und mache zum Schluß nur noch auf die veränderte soziale und rechtliche
Schätzung aufmerksam, die sich für die Kretinen notwendig aus der Berücksichtigung der neuen Erkenntnisse herleitet. Ich verhehle mir auch keineswegs,
daß alle diese Momente der Ausbreitung der von mir verfochtenen Anschauung
nicht fördernd, sondern in hohem Grade hemmend entgegenstehen müssen.

Auch bei dieser Betrachtungsweise läßt sich immer noch recht gut der Kretinismus als ein Ausdruck der Variabilität im Sinne von AD. STEIGER ansehen;
die Variabilität muß bei Populationen, welche auf komplizierten Bastardierun-
gen beruhen, viel mehr in die Breite gehen, als dies jemals bei reinen Linien
möglich wäre, und es ist (nach GRUBER und RÜDIN, S. 62) eine sehr wichtige
Tatsache, daß bei Neukombinationen nicht selten atavistische Formen wieder
zutage treten.

Ich darf vielleicht noch bemerken, daß meine Ansichten über alle diese Punkte
nicht von Anfang an feststanden, sondern sich erst im Verlaufe meiner Arbeit immer
klarer geformt haben. Ursprünglich bestand meine Absicht nur darin, zu dem sorgfältigen Buch von SCHOLZ eine osteologische Ergänzung zu liefern, namentlich soweit
die langen Knochen in Frage kommen. Wenn ich auch auf das Erscheinen von primitiven
Merkmalen vorbereitet war, so dachte ich dabei doch in erster Linie an neandertaloide,
eventuell an mongoloide Anklänge, und erst bei Bearbeitung der Proportionenlehre
und des Schädels (vorher waren Humerus, Femur, Radius, Ulna und Tibia erledigt
worden) fiel mir die Verwandtschaft unserer Kretinen mit den arktischen Polarvölkern auf.
Mit besonderer Freude sah ich dann die gleiche Übereinstimmung auch im Kapitel Ergologie überall hervorleuchten. Die biologische Theorie schien mir anfänglich auf Kretinen
nicht anwendbar, da ich im Endemiegebiet deren Widerspiel, die Plusvarianten, vermißte.
Erst bei Gelegenheit einer kasuistischen Arbeit über Kretinismus im Nollengebiet überzeugte
ich mich, daß doch (wie auf S. 373 näher ausgeführt ist) hie und da noch das ursprüngliche, ungestörte Verhältnis von Minus- und Plusvarianten erhalten sein kann, und daß
doch auch in bezug auf die Endemie die STEIGERschen Ansichten zu Recht bestehen.
Meine Tabellen wurden nach Abschluß der Arbeit mehrmals umgemodelt und neu grup-
piert, zunächst durch Aufnahme neuer Kretinen- und Myxödemfälle aus Bern, sodann
durch Trennung nach Geschlechtern und Ausscheidung der unreinen, mit Rachitis komplizierten Fälle, zuletzt noch durch konsequent durchgeführte Unterscheidung der
massiven und grazilen Formen mit jeweils entsprechender Durchschnittsberechnung.
Begonnen im Jahr 1914 und erschienen im Jahr 1923, folgt die Arbeit dem Horazischen
„nonum prematur in annum".

Wenn ich den Inhalt dieser Epikrise kurz zusammenfassen sollte, so würde
ich etwa sagen: Die Kretinen zeigen in ihrem Knochenbau nicht selten rachitische Verbiegungen; die offenen Epiphysen dürften auf Schilddrüsenatrophie
beruhen; es bestehen sicher auch Beziehungen zur Chondrodystrophie. Das
Wesentliche im Skelett der kretinisch Degenerierten sind jedoch primitive Merkmale, welche diese Menschen einerseits mit gewissen Polarvölkern, anderseits
mit neolithischen Pygmäen und also mittelbar mit der fossilen Neandertalrasse verbinden.

Dritter Abschnitt.

Ergologie der Kretinen.

Unter Ergologie versteht man nach SARASIN die Summe aller Lebenserschei-
nungen eines tierischen oder pflanzlichen Lebewesens, soweit sie nicht der Physiologie zugehören; die Grenzlinie gegen das physiologische Gebiet ist allerdings
nur konventionell und darum schwankend. Anders ausgedrückt, kann man unter
Ergologie die gesamte geistige und materielle Kultur begreifen und beschreiben.

Bis heute ist niemand auf den Gedanken gekommen, eine „Ergologie der Kretinen" zu schreiben, und der bloße Versuch hierzu mag bei rein medizinischer Betrachtung des Problems fast absurd erscheinen. Ich will auch gleich von Anfang an bemerken, daß ich mir keineswegs einbilde, in diesem Versuch irgend etwas Abschließendes und Überzeugendes bieten zu können. Die Anregung dazu verdanke ich dem Studium des Weddawerkes der Herren SARASIN; es schien mir damals, daß für eine ganze Anzahl der für Wedda beschriebenen Gewohnheiten und Gebräuche sich bei unsern Kretinen Parallelen erkennen lassen, — wenn auch freilich nur verwaschen und unbestimmt! Immerhin schien es mir erlaubt, wenigstens versuchsweise mit vollem Bewußtsein der ihr anhaftenden Mängel an eine solche Darstellung heranzugehen. Das alte Thema vom Kretinismus erscheint dabei unter neuer Beleuchtung, es bietet manchem vielleicht Anregung zu eigenen und bessern Nachforschungen, zur Kritik, und schließlich mag ich dem Leser, der mir bis hierher durch das Gestrüpp der anthropometrischen Zahlen gefolgt ist, eine kleine Erholung auch gönnen! Ich bitte aber bei diesem halb feuilletonistischen Versuch nicht die ganze Strenge der wissenschaftlichen Kritik in Anwendung zu bringen; eher dürfte es angebracht sein, da und dort mit Humor zwischen den Zeilen zu lesen.

A. Persönliche Verhältnisse.

Körperhaltung und Gang.

Im Bilde von der äußern Erscheinung der Kretinen (vgl. S. 72) fehlt eigentlich die Hauptsache, nämlich das, was den Lebenden vom Kadaver unterscheidet, wenn Gang und Haltung nicht berücksichtigt werden. Beide sind höchst charakteristisch und (wie mir scheint) für die Diagnose unentbehrlich. Treffend und plastisch anschaulich hat MAFFEI auf S. 82 seines Buches diese Verhältnisse geschildert. Sehen wir ab von den höchsten Graden der Entartung, wobei Gehen und Stehen überhaupt unmöglich ist; betrachten wir nur die weniger schweren Fälle. Bei diesen hängt, wenn sie unbeschäftigt sind, der Kopf meistens etwas nach vorn herab, die Arme baumeln schlaff an der Seite, und die Beine sind (im Stehen wie beim Gehen) in allen Gelenken semiflektiert; MAFFEI bemerkt ganz richtig, daß dadurch die Körpergröße scheinbar etwas verkürzt, die Länge der obern Extremitäten jedoch etwas verlängert erscheine, und daß „ein derlei Kretin" mit seinem wie in sich zusammengesunkenen Körper, wie hängend, beinahe schlotternd, mit vorwärts geneigter Brust und stark hintenausstehender Gesäßpartie einen höchst unangenehmen Anblick darbiete.

Der schlurfende, manchmal watschelnde, manchmal trampelnde und stampfende Gang erfolgt stets mit halbgebeugten Knien, schwerfällig, nicht rasch, und leicht fallen die Kretinen zu Boden. Laufen und Springen fällt ihnen angeblich schwer; ich erinnere mich jedoch an die kleine Sophie St. in der Anstalt Mauren (vgl. S. 52), welche die kretinische Gangstörung in typischer Weise darbot, nach Angabe der Anstaltseltern aber sich im Laufen sehr flink und völlig normal bewegte.

Wenn wir uns fragen, welches die Ursache dieses abnormen Ganges sei, so kommt verschiedenes in Betracht: eine Innervationsstörung ataktischer Natur, mangelhafte Übung und geringe Kraft der Muskulatur, sicher aber auch Abnormitäten im Knochenbau, namentlich im Bereich der untern Extremität; ich bin beim Femur (S. 236) schon darauf eingetreten und wiederhole nur, daß die Abplattung der Schenkelköpfe, die Coxa vara, die abnorme Torsion einerseits, andrerseits aber auch die unvollkommene Streckfähigkeit des Kniegelenks (Retroversion von Tibia und Femur) und vielleicht ein gewisser Grad von Plattfuß zu beschuldigen sein dürften. Es handelt sich also auch beim Gange der Kretinen um ein recht kompliziertes Ineinandergreifen von zahlreichen mechanischen und funktionellen Momenten. Zu alledem kommt dann noch die Erwägung, daß es zur kretinischen Gangstörung auch ethnologische Parallelen zu geben scheint. So wird aus dem osteologischen Aufbau des Kniegelenkes beim Neandertalmenschen geschlossen, daß auch diesem das Gehen mit durchgedrückten Knien unmöglich gewesen sei, da er (ähnlich wie der Neonat) im Knierelief noch alte Beugemerkmale aufweist und schlecht entwickelte Extensoren, aber kräftige Muskelansätze für Adduktoren, Flexoren und Glutäalmuskulatur (Klettermuskeln!) gehabt hat; all das erinnert an Zustände, wo die Beugehaltung des Knies dessen Ruhehaltung war (KLAATSCH, 517). Ähnliches kommt nach NANSEN (595) sowie nach RIKLI und HEIM (600) bei Eskimos heute noch vor, und die von SCHLAGINHAUFEN (578) hervorgehobene „besonders kräftig entwickelte Wadenmuskulatur" der Lappen möchte auch hierher zu rechnen sein. Der Pferdefuß (oder Bocksfuß) des Teufels ist wohl auch auf diese Art zu erklären (vgl. weiterhin S. 355).

Körperpflege.

„Die Sorge für Pflege der Haut ist bei den Kretinen beinahe null", sagt MAFFEI, und wenn er meint, die Reinlichkeit sei überhaupt im Endemiegebiet „nicht groß, ja häufig klein, und häufig sehr klein", so gilt das heute noch und nicht nur für das Gebiet der norischen Alpen! Bäder sind so gut wie unbekannt, und Waschungen sind nicht beliebt; aber nie klagt ein Kretin über Schmutz oder Ungeziefer. Wenn aber die „Kontagionisten" (vgl. S. 16) in dieser körperlichen Verwahrlosung eine Stütze für ihre Anschauungen von der Entstehung der Degeneration erblicken, so sind sie im Irrtum. Alle niedrigstehenden Stämme sind unreinlich und von Ungeziefer geplagt; „Läuse gehören zum Primitivmenschen wie Seife zum Kulturmenschen", bemerkt MOSZKOWSKI (573), und auch für die Wedda wird ausdrücklich bezeugt, daß sie sich nie waschen oder baden, und daß sie voll von Epizoen sind. Ganz dasselbe gilt für die Polarvölker (vgl. NANSEN: „die von Natur schon dunkle Hautfarbe wird, wenigstens bei den ältern Männern und Frauen, durch vollständigen Mangel an Reinlichkeit noch dunkler"; S. 17); wer dort besonders auf Reinlichkeit hält, wäscht sich mit Urin, der bekanntlich von der weiblichen Eitelkeit auch als „Haarwasser" verwendet wird; Mütter lecken ihre Kinder ab, statt sie zu waschen, und jede Laus wird nach Affenmanier aufgegessen. Auch bei den Tschuktschen fand IDEN-ZELLER (Z. f. E. 1911) den Urin in hohem Ansehen, und zwar nicht nur als Kosmetikum, sondern auch als Analeptikum für die Renntiere; jeder Tschuktsche trägt am Gürtel einen Becher; werden nun auf dem Marsch die Tiere müde, so wird ihnen aus besagtem Becher Urin gereicht (Koffeinwirkung?), und kann der betreffende Treiber selbst nicht urinieren, so helfen Mitreisende (und zwar Männer und

Weiber!) aus; dies ist besonders bei den Weibern eine sehr umständliche Hilfe-
leistung, da sie sich dazu ganz ausziehen müssen, denn sie tragen geschlossene
Hemdhose. Nach jeder Mahlzeit wird der Eßnapf noch einmal herumgereicht,
und reihum wird darein uriniert.

Solche Beispiele lassen sich aus der Reiseliteratur noch viele anführen. Uns
scheinen sie fürchterlich zu sein; die Zeit kann aber noch nicht allzu weit zurückliegen, wo auch in unsern Gegenden besagte Flüssigkeit hoch im Kurs stand.
Ich will nicht so weit gehen, die Enuresis[1]), die ja bekanntlich besonders bei
den Kretinen sich bis übers Pubertätsalter hinaus zu erhalten pflegt und ihnen
nur mit empfindlichen Strafen abgewöhnt werden kann (MAFFEI, S. 86), in diesem
Sinne zu zitieren. Wohl aber glaube ich, daß die noch heute in der wilden Volksmedizin übliche therapeutische Verwendung des Harns hierher gehört. Man
vergleiche darüber, was Dr. MOOSBRUGGER im Bodenseebuch 1915 aus dem
Allgäu (bekanntlich auch eine Kretinengegend!) berichtet. Wenn das Volk
heute noch bei Verstauchungen wie auch bei Wunden auf die heilende Wirkung
des „eigenen Brunnens" vertraut, so geht dies entschieden über die kosmetische
Anwendung desselben Mittels bei den Hyperboreern noch hinaus; und soll nicht
vielleicht die analeptische Wirkung zur Geltung kommen, wenn die Volksmedizin den Urin als „Vehikel" und als „Konstituens" (doch wohl nicht als
„Korrigens"!) zum Ansetzen verschiedener Heilmittel gegen Bleichsucht und
gegen Ikterus rühmt?

Schmuck.

Hören wir wieder MAFFEI (S. 87)!

„An den weiblichen Kretinen bemerkte ich nie auch nur die geringste
Spur von Eitelkeit; an den weiblichen Halbkretinen aber finden sich unter
besonders günstigen Verhältnissen die Anfänge von Eitelkeit und Putzsucht,
und sonderbar genug finden sich beide Laster bei Kretinen wie bei den
weiblichen Individuen der sogenannten gebildeten Welt, bei erstern immer,
bei den letztern meist mit hoher Unreinlichkeit, Vernachlässigung und Schmutz
des nackten Körpers, und Verstandesarmut vergesellschaftet." — Die volle
Verantwortung für diesen ungalanten Satz muß ich meinem hochgeschätzten
Gewährsmann überbinden.

Die „Keßlerloch-Pygmäen" trugen allerdings nach NÜESCH (560) zum
Schmuck durchlöcherte Zähne, Mittelmeermuscheln, Gagatperlen, Korallen,
und verwendeten gelben und roten Ocker; jedoch hat SCHLIZ (540) mehrfach
betont, wie kümmerlich und armselig das ganze Kulturinventar sei, das den
Pfahlbau- und Michelsberger Typus begleite. Auch bei Lappen, Eskimos und
Verwandten spielt Schmuck nur eine untergeordnete Rolle, und das gleiche wird
sowohl für die Buschmänner wie für Pygmäen und Wedda bezeugt; bei letzteren
traf SARASIN (576) Ohrdurchbohrung besonders in der Nachbarschaft von Tamilen und fand als Schmuck Knöpfe, Glasperlen, Ringe, Patronenhülsen usw.
im Gebrauch, es fehlten aber sowohl Zahnfeilung wie Tätowage; auch der Sinn
für Farben (weiß wird bevorzugt!) oder Parfüm ist unentwickelt.

---

[1]) ULLMANN (398) bezeichnet die Enuresis als Degenerationsmerkmal „an sich",
oft sei sie das einzige hereditäre Stigma. Auch das typische Parfüm der Wohnungen
bei Kretinen deutet auf Enuresis nocturna et diurna.

Sexualismus.

Entsprechend dem hypoplastischen Zustand ihrer Genitalien spielt die vita
sexualis bei den Kretinen eine höchst unbedeutende Rolle. Es ist bestimmt
unrichtig, wenn einzelne (meist nicht-medizinische) Autoren behaupten, die
Kretinen seien durch eine abnorme Geilheit ausgezeichnet. Beim männlichen
Kretin sah SCHOLZ verspäteten Deszensus (und daraus resultierenden Krypt-
orchismus) neben mangelhafter Entwicklung von Penis und Skrotum, bei weiblichen Kretinen verspätete, schwache und unregelmäßige Menstruation; darin
gleichen wieder die Kretinen den Lappen und Arktikern überhaupt (vgl.
STEIGER, 396). MAFFEI unterscheidet Vollkretinen und Halbkretinen; den
Vollkretinen spricht er (wohl mit Recht) jeden Geschlechtstrieb ab (auch wenn
selbige angetrunken waren, hat er nie diesbezügliche Neigungen, Handlungen
oder Redensarten bei ihnen wahrnehmen können) und bestreitet energisch, daß
sie ihr eignes Geschlecht fortzupflanzen vermögen. Bei Halbkretinen dagegen
mag ein unbeholfener Sexualinstinkt vorhanden sein; dieser läßt sie aber nie
Kretinen oder auch nur Halbkretinen aufsuchen, sondern sie fühlen sich am
ehesten zu Normalen hingezogen (bzw. werden von solchen angelockt!). Kommt
es zur Befruchtung, so resultieren daraus meist nur geringe, magere, kleine,
atrophische und hydrozephale Früchte von geringer Lebensfähigkeit; damit
stimmt gut überein, was WEGELIN (Kor.-Bl. 1916) berichtet: daß nämlich in
Bern allgemein kleinere Föten geboren werden als in endemiefreier Gegend,
und daß den Berner Neonaten in einem abnorm hohen Prozentsatz der Knochenkern in der untern Femurepiphyse fehlt; weshalb denn auch die Geburten in
solchen Fällen trotz engen Beckens recht leicht zu verlaufen pflegen (darf ich
an die bekannte Erscheinung erinnern, daß bei Naturvölkern allgemein der
Geburtsverlauf ein abnorm rascher und leichter ist?).

Ob Onanie bei Kretinen vorkommt, ist strittig; bei Vollkretinen dürfte es
kaum der Fall sein, wohl aber sah SCHOLZ in weniger hochgradigen Fällen der
Entartung diese üble Gewohnheit keineswegs selten; auch bei den Weibern
waren Spuren der Masturbation nicht allzu selten. Ferner schreibt dieser erfahrene Kenner des Kretinismus: „Ein Koitus schien in wenigen Fällen bereits
ausgeführt zu sein, doch gaube ich, daß die Hingabe meist nur eine völlig passive
ohne wesentliche geschlechtliche Erregung des kretinen Weibes war." — Verführung und Mißbrauch schwachsinniger Individuen stößt wohl auf keinerlei
Widerspruch und ist gewiß keine Heldentat. Mißbrauch (Schändung) einer
wahnsinnigen, blödsinnigen oder bewußtlosen Person wird im thurgauischen
Strafgesetz (anderswo vermutlich ähnlich) mit Gefängnis bis zu 2 Jahren bedroht; diese zweifellos sehr vernünftige Gesetzesbestimmung steht indessen nur
auf dem Papier. Eine Verurteilung auf Grund dieses Deliktes kommt kaum
jemals vor, obwohl zu vermuten ist, daß das Gesetz selbst oft genug übertreten
wird; aber wo kein Kläger ist, da ist kein Richter, und schließlich würde ein
pfiffiger Advokat eben einfach den Schwachsinn der fraglichen Person in Zweifel
ziehen. Der alte MAFFEI hat schon vor mehr als 70 Jahren die Forderung aufgestellt, daß Ehen von Halbkretinen (auch solche mit gesunden Partnern) verboten sein sollten, da durch sie kein wirklicher, normaler Familienstand begründet werden könne. Das neue Schweizerische Zivilgesetzbuch verlangt in Art. 96:
„Um eine Ehe eingehen zu können, müssen die Verlobten urteilsfähig sein.

Geisteskranke sind in keinem Fall ehefähig." Damit ist den Halbkretinen theoretisch und praktisch die Eheschließung gestattet; denn sie sind keine Geisteskranken, und die „Urteilsfähigkeit" ist ein wegen seiner Dehnbarkeit ganz wertloser Begriff. Tatsächlich können Halbkretine sich ungehindert verheiraten; es ist nicht einmal nötig, daß sie vermöglich seien.

Zum Verständnis der hier geschilderten Dinge kommt natürlich in erster Linie wie eingangs erwähnt, die genitale Hypoplasie der Kretinen in Betracht; ob aber darüber hinaus die Sexualität der Kretinen nicht doch auch an Zustände bei gewissen Naturvölkern erinnert, ist immerhin der Überlegung wert. Über das Geschlechtsleben des Neandertalmenschen wissen wir gar nichts. — oder höchstens das eine, daß er sich mit andern diluvialen Rassen vermischt hat. Die Polarvölker sind zum größten Teil heute Christen und werden in puncto puncti von ihren Predigern ängstlich überwacht; wo sie aber ihren Gefühlen einigermaßen freien Lauf lassen dürfen, scheinen sie von der Promiskuität noch nicht gar weit entfernt zu sein. Die amüsanten Schilderungen im „Eskimoleben" von NANSEN sind in dieser Hinsicht sehr deutlich (z. B. das Frauentausch- und Lampenlöschungsspiel); bezeichnend ist der Umstand, daß die Mädchen förmlich stolz sind, von einem Europäer ein Kind zu haben. Auch bei den Tschuktschen fand IDEN-ZELLER eine sehr weitherzige „sexuelle Gastfreundschaft", bei deren Beschreibung man unwillkürlich sich daran erinnert, wie im „Rígsmâl" Iring bei Knecht, Bauer und Edelmann gleicherweise Zutritt zur gemeinsamen Lagerstelle erhält und sich diese unbedenklich zunutze macht. Sollte es mit alledem zusammenhängen, wenn die Halbkretinen (nach MAFFEI) sich heute noch mehr zu Gesunden als zu ihresgleichen hingezogen fühlen? Die Kretinen kennen, wie erwähnt, keine Schamhaftigkeit; sollte darin ein ferner Anklang an arktische Zustände enthalten sein und an Völker, die auch heute noch im Zelt oder in der Winterhütte ohne Trennung der Geschlechter völlig nackt zu gehen gewohnt sind?

Bei den Wedda findet sich nach SARASIN Monogamie, Keuschheit, Eifersucht; es gilt als erlaubt, bei Ehebruch den Nebenbuhler im Wege des Meuchelmords zu beseitigen, — ein Brauch, für den sich im Endemiegebiet keinerlei Analogon findet: hier finden wir Mord wohl, wenn es gilt, sich rechtswidrig in Besitz von Geld usw. zu setzen, aber kaum jemals (höchstens bei Fremden!) aus dem Motiv der Eifersucht. Gerade wie bei den Polarvölkern findet auch beim Wedda die Eheschließung ohne alle Zeremonien statt; auch im Endemiegebiet sind solche bei Leuten niederen Standes nur unbedeutend, und die Unüberlegtheit der Eheschließung grenzt oft genug an Unvernunft. Weiterhin soll bei den Wedda Blutsverwandtschaft kaum als Ehehindernis gelten, und SARASIN sagt: „der Wedda heiratet alles, bloß seine Mutter nicht"; in unsrer Gegend sind Verwandtenehen natürlich verboten. Aber ist es Zufall, daß in der Gemeinde N. a/Th. und deren näherer Umgebung in kaum 10 Jahren ein halbes Dutzend Verurteilungen wegen Blutschande (viermal zwischen Geschwistern, wovon mehrere schwachsinnig; zweimal zwischen Vater und Tochter) vorgekommen sind? Einer dieser Fälle ist besonders bemerkenswert; ein Mädchen von 14 Jahren wird angeblich von ihrem Bruder und kaum 1 Jahr später noch einmal angeblich von einem andern Bruder geschwängert; ich halte so etwas für eine psychologische Unmöglichkeit, trotzdem ist der Fall aber im

Sinne des uns hier beschäftigenden Themas sehr interessant wegen der Leichtigkeit, mit welcher zwei Brüder (von denen der eine seither durch Selbstmord geendet hat) das Odium des Inzestes auf sich nahmen, — wie auch wegen der beispiellosen Leichtgläubigkeit, womit das Gericht das „Geständnis" der fraglichen Personen angenommen hat!

Obschon kretinische Frauenzimmer der Verführung, wie oben nachgewiesen wurde, nicht gar so selten erliegen, so stellen sie doch zur gewerbsmäßigen Prostitution nur einen verschwindend geringen Anteil. Das gleiche wird ja auch von den Wedda ebenso bezeugt wie von den arktischen Bewohnern unsrer Hemisphäre.

Sprache.

Die Kretinen gelten vielfach als taubstumm, — aber mit Unrecht. Ich werde in einem spätern Abschnitt zeigen, daß ihnen das Hörvermögen nicht völlig fehlt, und bezüglich der Sprechfertigkeit bemerkt MAFFEI mit vollem Recht: „Ich fand keinen Kretinen, der vollkommen stumm war, fand aber auch keinen . . ., der jedes Silbenpaar mit zwei harten oder drei gemischten Konsonanten deutlich hätte aussprechen können." Und an einer andern Stelle schreibt dieser sehr verläßliche Gewährsmann: „Der Kretin der untersten Stufe gibt ziemlich einförmige, seltene Töne von sich und schreit auf eine unangenehme, kreischende Weise. Je höher er vorschreitet, desto verschiedener, mannigfaltiger sind seine Töne, desto verschiedener sein Geschrei. Bei weiterm Aufwärtssteigen auf der Leiter der Humanität gibt er mehrfache Töne und Laute von sich und bezeichnet hiermit verschiedene Objekte, bestimmte Leidenschaften (Hunger, Durst, Angst, Freude, Schrecken, Schmerz u. dgl.). Allgemach erscheint nun das, was man Lachen und Weinen nennen möchte, und es kommt ihnen die Lust, das, was sie wünschen, durch Ausdrücke bekannt zu geben, das was sie erlitten, zu erzählen." Diese „Sprache" ist (genau wie beim Kind) anfangs nur den nächsten Angehörigen verständlich, mit selbstgebildeten sinnlosen Ausdrücken durchsetzt und von Geberden unterstützt. Damit sind wir schon bei der unteren Klasse der Halbkretinen angekommen; die obere Klasse der Halbkretinen ist nicht bloß imstande, einzelne Wörter mehr oder weniger sinngemäß anzuwenden, sondern bildet schon, wenn auch noch selten, einfachste kleine Sätze (nie eine Periode!), und an diese schließen sich dann die gewöhnlichen geistesarmen und nicht redegewandten Menschen an. Pronomina sind den Kretinen unbekannt, Zeitwörter und Adjektive wenig geläufig, ihr Wortreichtum ist gering; Geberde und Gekreisch müssen, wie ALLARA bemerkt, Syntax und Grammatik ersetzen. Mit den Jahren lernen fast alle Kretinen, sich mehr oder weniger verständlich zu machen; ich sah in der Armenanstalt Z. einen mit Garnwinden (an einem Haspel) beschäftigten, ganz sprechunfähigen Kretin von etwa 60 Jahren (er ist nicht taub!); meine Frage, was er hier treibe, verstand er anscheinend gut und beantwortete sie mit einem für mich ganz unverständlichen, aber ziemlich eifrigen und mit Geberden unterstützten Gemurmel, das sich genau so anhörte, als wenn er in einer mir unbekannten Sprache geredet hätte (vgl. Abb. 8, S. 65).

Es ist von verschiedenen Autoren darauf hingewiesen worden, daß die Kretinen in erster Linie darum nicht reden, weil sie nichts zu sagen wissen; ihre Stummheit ist eine Folge ihrer Geistesarmut, nicht einer meist irrelevanten Hörschwäche. MAFFEI betont logisch richtig, daß eine Sprache, d. h. ein Ausdruck von Gedanken nur stattfinde, wenn 1. innere und äußere Objekte vorhanden sind, von welchen und über welche, — und wenn 2. zweckdienliche Organe vorhanden sind, mit welchen und durch welche gesprochen wird. Es ist nun bei den Kretinen nicht allein die erste, sondern ebensooft auch die zweite dieser Bedingungen unerfüllt; außer der erwähnten Gedankenarmut, von der unter „Intelligenz" noch die Rede sein soll, besteht nämlich auch mangelhafte Entwicklung der Sprechwerkzeuge: der Mund ist groß, die Lippen wulstig, oft hängend, die Zunge groß und dick, ungeschickt, Zähne unregelmäßig gestellt, oft defekt, der Gaumen bald hoch und eng, bald breit und flach, der Unterkiefer unförmlich und schwer, die Atmung durch Kröpfe behindert, stridorös. Kommt dazu eine mehr oder minder ausgesprochene Schwerhörigkeit und — last not least — mangelhafte Anleitung zum Sprechen seitens unverständiger Eltern, so kann gewiß kein befriedigendes Resultat erwartet werden.

Manch einer würde mit alledem die kretinische Sprachstörung für durchaus genügend erklärt erachten; ich aber kann es mir nicht versagen, auch bei dieser Gelegenheit einige ethnologische Parallelen anzuführen. Die Sprache (bzw. Sprechweise) der Wedda schildert SARASIN als höchst seltsam, brüllend vor Angst; in die einfachsten Worte legen sie Akzente des Zorns, „oris sono truci". Ist die Angst vorbei, so reden sie allerdings ruhiger und unter sich auf der Jagd sogar lispelnd. Ist es aber nicht ganz dasselbe, was ALLARA von einem über den Weg befragten Kretin (im Puschlav) berichtet: „er antwortete unter einer Anstrengung, die ihn fast zu Boden fallen machte, nichts andres als „. . . sciav‘, womit er sagen wollte, daß die Straße nach Poschiavo führe." — Die Wedda haben heute keine eigene Sprache mehr, sondern reden ein verdorbenes Singalesisch; sie aus diesem Grund etwa den Singalesen zurechnen zu wollen, wäre ebenso unangebracht, wie wenn jemand die alpenländischen Kretinen wegen ihrer Sprache für Deutsche, bzw. für Franzosen oder Italiener halten wollte.

Da die Kretinen im Bau ihrer Extremitätenknochen zahlreiche Anklänge an den Neandertalmenschen darbieten, ist es von großem Interesse, an dieser Stelle zu vergleichen, was CARL FRANKE (506) über die mutmaßliche Sprache des Eiszeitmenschen eruiert hat. Er meint, die Urschöpfung der Sprache müsse dem Sprechenlernen der Kinder entsprochen und die gleichen Etappen zurückgelegt haben. Am Unterkiefer von Mauer fehlt am Ansatz des Genioglossus ein eigentlicher innerer Kinnstachel; am Ansatz des Geniohyoideus ist er aber vorhanden. Dieser Affenmensch konnte also alle Laute, bei denen die Zunge tätig ist (also alle Vokale außer ä und die meisten Konsonanten) nicht bilden; da außerdem fraglich sein kann, ob seine Lippen so geformt waren, daß sie m, b, p, w bilden konnten, so verhielt er sich in bezug auf die Sprache halb wie ein Affe und halb wie ein Kind von 3—4 Jahren. — Der Homo mousteriensis (Bestattung! Mitgabe von Geräten an die Verstorbenen deutet auf die Annahme eines Fortlebens nach dem Tode als Traumgespenst) war geistig ein Kind von 4 Jahren. Sein Unterkiefer war noch wie der von Mauer kinnlos, und der Mangel an Trajektorien in der Spongiosa deutet auf unbedeutende Entwicklung des Genioglossus; seine Sprache bestand vermutlich aus Interjektionen nebst begleitendem Deuten nach dem bezeichneten Gegenstand. Der flache und breite Gaumen konnte weder palatale, noch gutturale Laute hervorbringen; dagegen nimmt FRANKE die Existenz von Lippen- und Zungenverschlußlauten für möglich an. — Homo

aurignacensis hat wenig Raum für die Zunge, aber hohen Gaumen, wo sich Pala-
todentale und palatale Laute bilden konnten. Die Vorbilder zu diesen Lauten
waren in der Umwelt gegeben und wurden durch Nachahmung erzeugt (auf hoch
entwickelten Nachahmungstrieb weisen auch die gleichaltrigen Tierzeichnungen
hin); es mochten bedeuten:

> w und f das Blasen des Windes,
> ff das Fauchen mancher Tiere,
> r das Schnarchen und Knurren des Hundes, wie auch Zerreißen und
>   Reiben von Stoff und ähnlichem,
> k das Husten und Räuspern,
> s = siedendes Wasser,
> sch = schnell herausströmendes Wasser, Zischen gewisser Tiere,
> z und tsch = Niesen.

Der Cro-Magnonmensch redete wahrscheinlich schon ähnlich wie wir und besser
als gewisse heutige Primitive, hatte aber doch noch eine sehr einfache und kindliche Sprache ohne alle Abstrakta, weder Deklination noch Konjugation und
wohl auch noch keine Adjektivsätze. — Mag auch dies und das in der Darstellung
von FRANKE noch sehr hypothetisch sein, so dürfte sie im ganzen doch das
Richtige treffen, — und ihre weitgehende Analogie mit den verschiedenen Entwicklungsstufen der Kretinensprache (vgl. oben!) leuchtet ohne weiteres ein.
[Vgl. TÄUBER (628), S. 165.] Auch der Neurologe EDINGER (505) kam durch
das Studium eines Schädelausgusses zu dem Ergebnis, daß der Mensch von
La Chapelle keine ausgebildete Sprache besessen haben könne.

Der schweizerdeutsche Dialekt bietet noch heute eine ganze Reihe von altertümlichen Eigenheiten in lexikalischer und grammatikalischer Hinsicht. Abstrakte
Substantive auf -heit (-keit) oder -ung sind wenig gebräuchlich, leicht als Lehnwörter
aus dem Hochdeutschen zu erkennen und werden im richtigen Dialekt durch substanti-
vierte Adjektive ersetzt (die Enge statt die Engigkeit); Deklination gibt es kaum; alle
Beziehungen werden mit Präpositionen ausgedrückt. Das Verbum kennt Präsens,
Perfekt und Imperativ; Imperfekt ist ganz und Futurum beinahe unbekannt; es wird
aber viel mit Hilfszeitwörtern (haben, können, sollen, tun, werden, dürfen, müssen,
brauchen) operiert. — Der Relitativsatz ist unbekannt; statt seiner wird ein Temporal-
satz angewandt, der mit »wo« (= wann oder als) beginnt (genau wie im Hebräischen).

Mir scheint, an all diesen Kleinigkeiten ist zu erkennen, daß die deutsche Sprache
für den rundköpfigen Homo alpinus eine Fremdsprache ist, welche die eigne Sprache
dieser Rasse verdrängt hat, ohne aber bis heute völlig ins Verständnis des Volkes eingehen zu können. Das gleiche zeigt sich an den zahlreichen Wortverstümmelungen und
sogenannten Volksethymologien. Auch die Deutschschweizer sind keine Alemannen,
obschon sie deutsch reden; mit ebensoviel Recht könnte man englisch redende Iren
oder englisch redende Neger in Nordamerika als Engländer und russisch redende Finnen
als Russen bezeichnen. Rassenmäßig haben auch die Deutschschweizer viel mehr Verwandtschaft mit den Rundköpfen im österreichischen Alpenland und sogar mit gewissen
Balkanvölkern (Serben usw.).

Intelligenz.

Nachdem seit alter Zeit die Ausdrücke „Kretin" und „Idiot" fast gleich-
bedeutend sind, so könnte eine Erörterung über Verstand und Kenntnisse von
Kretinen eigentlich gegenstandslos erscheinen. Es muß aber doch zwischen den
verschiedenen Formen des Schwachsinns Unterschiede qualitativer und nicht
bloß gradueller Art geben, und auch da kann die vergleichend-ethnologische Be-

trachtungsweise mit einigem Nutzen zur Anwendung kommen. — Studieren wir der Reihe nach das Denkorgan und dann seine Leistungen.

Gehirn und Sinnesorgane.

Nach dem alten Satz: „nihil est in intellectu quod non fuerit in sensu" kommt den perzipierenden Sinnesorganen für die Entwicklungsmöglichkeit des Intellekts eine hohe Bedeutung zu. Auch hier haben wir es bei den Kretinen nach übereinstimmendem Urteil aller Autoren mit hochgradigen Störungen zu tun; auf Einzelheiten kann ich unmöglich eintreten, das würde viel zu weit führen. Ich bemerke nur ganz im allgemeinen, daß von den Sinnen das Seh - vermögen noch relativ am besten entwickelt zu sein scheint; SCHOLZ notierte in etwa 10% seiner Fälle Strabismus, in 15% Nystagmus, in 11% Entzündungen (infolge von Unreinlichkeit); Refraktionsanomalien oder Störungen in der Nervenleitung scheinen recht selten zu sein. Das Gehör bietet, wie noch weiterhin unter „Taubstummheit" zu erörtern sein wird, sehr oft hochgradige Entwicklungshemmung. Geruch und Geschmack spielen bei Kretinen eine sehr geringe Rolle, und auch die Sensibilität findet sich, sofern eine genaue Prüfung überhaupt möglich ist, in vielen Fällen herabgesetzt.

Das Gehirn der Kretinen (vgl. die sorgfältige und erschöpfende Darstellung bei SCHOLZ, S. 433ff.) ist in den meisten Fällen hochgradig verändert. Die Hirnhäute sind oft verdickt, von entzündlicher Flüssigkeit durchtränkt, es besteht Hydrocephalus externus und internus. Das Gehirngewicht kann um 2—300 g (manchmal noch viel mehr) hinter der Norm zurückbleiben; die Entwicklungshemmung scheint vorzugsweise die Stirn- und Scheitellappen zu betreffen, und es scheint die weiße Substanz (die für Assoziationen wichtigen Leitungsbahnen) relativ geringer entwickelt zu sein als die graue Rinde. Grobe makroskopische Mißbildungen, welche an tierähnliche Zustände erinnern, scheinen nicht die Regel zu sein; immerhin kommt ab und zu die unvollständige Bedeckung des Kleinhirns durch die Großhirnlappen, wie sie für niedere Entwicklungsstadien so bezeichnend ist, doch auch vor, und zusammenfassend sagt SCHOLZ: die kretinischen Gehirnmißbildungen „unterscheiden sich nicht von denjenigen bei rein idiotischen Individuen und äußern sich als einfache Entwicklungshemmungen (Stillstand auf einer niedern Entwicklungsstufe) oder als entzündliche degenerative Prozesse". — Über die Gehirnentwicklung bei niedern Menschenrassen ist noch so gut wie nichts bekannt (vgl. EDINGER 505, BRODMANN 614).

Nehmen wir hinzu die häufigen degenerativen Veränderungen an den peripheren Nerven sowie die schlecht ausgebildete, schlaffe Muskulatur, so haben wir alle Elemente des zerebralen Reflexbogens beisammen und werden von einem so vielfach schadhaften Organ keine

Leistungen

von besondrer Lebhaftigkeit erwarten dürfen. Man erlasse mir als einem gewöhnlichen Mediziner alle philosophischen und psychologischen Deduktionen über die menschliche Verstandestätigkeit; bei rein naturwissenschaftlicher Betrachtung unterscheidet sich eine „verständige" Handlung vom Reflex dadurch, daß bei jener zwischen sensorischem und motorischem Abschnitt des Reflexbogens eine ungleich kompliziertere zentrale Verknüpfung (Assoziation) mit älteren Erinnerungen, mit Erfahrungen aus andern Sinnesgebieten, mit Er-

wägungen über voraussichtliche Folgen einer beabsichtigten Bewegung oder
Handlung und schließlich überdies mit affektiven Vorstellungen stattfindet als
beim spinalen Reflex. Wesentlich für das Zustandekommen einer bewußten,
willkürlichen und verständigen Handlung ist das Vorhandensein von Erinnerungs-
bildern und die Fähigkeit, dieselben in zweckmäßiger Weise und im geeigneten
Moment zu reproduzieren und zu (mehr oder weniger bewußten) Analogie-
schlüssen zu verwerten. Die Hirnphysiologie spricht von „Assoziationen" und
meint damit das gleiche, was die Alltagssprache als „Phantasie" bezeichnet,
nämlich die Fähigkeit, sich auf Grund des Vergangenen eine Vorstellung vom
Möglichen und Zukünftigen zu machen. Jede Verstandestätigkeit ist, obschon
das eigentlich nicht notwendig dazu gehört, mehr oder weniger „gefühlsbetont".
Wie verhalten sich nun Erinnerung, Phantasie und Affekt bei Kretinen?
Ein gewisses Erinnerungsvermögen kann bei allen, auch den niedrigsten
Kretinen angenommen werden; alle erkennen ihre Umgebung, Menschen, Dinge
und Orte, und sie wissen aus Erfahrung Angenehmes und Unangenehmes,
Schmerzhaftes zu unterscheiden; das eine suchen sie auf, dem andern gehen sie
aus dem Wege. Ihrem beschränkten Gesichtskreis und ihrer primitiven Lebensführung entsprechend kann die Menge der Erinnerungsbilder bei den Kretinen
nicht groß sein, und das Vergessen (z. B. bei Versetzung in andre Umgebung) mag
wohl rascher eintreten als bei den Normalen; aber doch ist Erinnerung möglich.
Daß die Sprache für die Reproduktionsmöglichkeit der Erinnerungsbilder von
allergrößter Bedeutung ist, ist wohl allgemein bekannt; es sind also schon wegen
ihrer armseligen Sprache die Kretinen nur mit einer mangelhaften Erinnerungs-
fähigkeit begabt.
In bezug auf Affekte (Zorn, Freude, Zuneigung, Furcht usw.) verhalten
sich die Kretinen nicht viel anders als normale Menschen; es ist im Gegenteil
zu erwarten, daß die Äußerungen solcher Affekte bei ihnen, weil die vom Verstand und guter Erziehung ausgehenden Hemmungen kaum zur Wirkung gelangen, lebhafter und ungezügelter sind als bei uns übrigen Europäern. Die
Beobachtung lehrt, daß dies tatsächlich zutrifft. Die Affekte der Kretinen sind
laut (wie bei schlecht erzogenen Kindern), aber nicht nachhaltig; sie gehen unvermittelt ineinander über.
Der Mangel an Phantasie ist dasjenige Merkmal, das der kretinischen
Idiotie ihr eigenartiges Gepräge verleiht. Er ist bedingt durch die ungenügende
Ausbildung der Hemisphären und der weißen Hirnsubstanz[1]), und er bedeutet
ein Stehenbleiben auf ontogenetisch und phylogenetisch niedriger Entwicklungsstufe. Die innige Wechselwirkung zwischen der kretinischen Sprachstörung und
der kretinischen Assoziationsunfähigkeit liegt auf der Hand; es ist aber schwer
zu sagen, was das primäre sei: ob der Kretin nicht denkt, weil er keine Worte
hat (ohne Worte gibt es wohl Vorstellungen, aber keine Gedanken), — oder ob
er nicht spricht, weil ihm die Begriffe fehlen; sehr wahrscheinlich handelt es sich
hier um einen Circulus vitiosus. Der Wert der Sprache für die menschliche Verstandestätigkeit kann gar nicht hoch genug angeschlagen werden. Taubstummheit bedingt, auch wenn sie bloß auf Erkrankungen des Ohres beruht und wenn

---

[1]) Wenn diese Anschauung zu grob materiell erscheint, so mag man außerdem für
den Mangel an Phantasie eine funktionelle Komponente annehmen im Sinne einer
schwereren Ansprechbarkeit der nervösen Apparate beim Kretin.

das Gehirn in normaler Weise funktioniert, doch immer einen schweren geistigen Defekt. Und dem Kretin fehlt nicht bloß die Sprache, ihm fehlt auch Lesen und Schreiben; gewiß ist ein Analphabet, d. h. ein gesunder Mensch, welcher aus irgendeinem äußern Grund nicht lesen und schreiben gelernt hat, noch nicht notwendig ein Idiot; aber Robinson auf seiner Insel, wie auch der Gefangene im Zuchthaus muß geistig verarmen, wenn ihm lesen und schreiben nicht gestattet ist. Man mag die Zeitung noch so sehr für einen Krebsschaden und eine Giftbeule in unserm Geistesleben ansehen, so verdanken wir doch unsre geistige Beweglichkeit, durch welche wir allein schon die Menschen zur Zeit der Klassiker (vor etwa 100 Jahren) übertreffen, unzweifelhaft nichts anderem als dem Telegraphen und der Presse. Für den Kretin und auch für relativ hochstehende Halbkretinen (wie nicht minder für den Wilden, weitab von Kultur und Zivilisation!) kommen alle diese Bildungselemente in Wegfall. Ein weiteres und sehr wesentliches Element, das dem Kretin fehlt und seine Geistesarmut mitverschuldet, ist die mangelhafte Entwicklung seines Geschlechtslebens; es ist ohne weiteres klar, daß auch aus der Genitalsphäre der Phantasie mächtige Antriebe[1]) erwachsen, und wo sie ausgeschaltet ist, wird die Phantasietätigkeit bald erlahmen. Nicht umsonst spielen erotische Motive in aller Kunst, wie auch in der primitiven Religion und Kultur überhaupt eine gewaltige Rolle. — Ich muß mich mit diesen Andeutungen begnügen und verweise den Leser, der mehr Einzelheiten wünscht, auf die sorgfältige Darstellung der geistigen Eigenschaften und Fähigkeiten der Kretinen im mehrerwähnten Buch von MAFFEI. Zusammenfassend läßt sich die kretinische Idiotie etwa folgendermaßen kennzeichnen: sehr enger Kreis von Vorstellungen überhaupt, abnorm langsamer Ablauf aller geistigen Reaktionen, vollständiger Mangel an Phantasie, keinerlei Lerneifer, keine Konzentrationsfähigkeit, keine Neugier und kein Trieb zum Experimentieren, keine Kritik; die Störung betrifft gleichmäßig alle geistigen Kräfte. Kritische Vernunft ist natürlich auch beim Halbkretin höchstens angedeutet; als richtiger Idiot glaubt er unbesehen die handgreiflichsten, faustdicken Lügen; das ist für seine mehr oder weniger gesunde und verständige Umgebung eine unversiegbare Quelle von Späßen und Belustigungen auf Kosten des armen Tropfes.

Vergleichung der kretinischen Idiotie

a) mit den sekundären Demenzen (Schizophrenie, senile, epileptische, paralytische und postapoplektische Verblödungszustände) ergibt doch einige nicht unbeträchtliche Unterschiede. Während beim Kretinismus alle geistigen Fähigkeiten gleichmäßig unentwickelt sind, so finden sich bei den Sekundärdementen mehr oder weniger beträchtliche Reste von intakten Zonen (entsprechend der anatomischen Ausbreitung der krankhaften Veränderungen in der Hirnrinde); und Wahnvorstellungen, die bekanntlich bei den Sekundärdementen als „Verrücktheiten" eine erhebliche Rolle zu spielen pflegen, fehlen bei Kretinen und Idioten vollkommen. Auch „Anfälle", die bei den Sekundären recht häufig sind, kommen wohl bei der (auf intrauteriner Enzephalitis beruhenden) Idiotie, weniger beim Kretinismus vor. Von der zuletzt genannten Idiotie (mit erethischem, oft sogar bösartig-maniakalischem Charakter) sind die torpiden Kretinen leicht zu trennen; ob es auch erethische Kretinen gibt, ist noch strittig.

---

1) Es sei an den Libido-Begriff im Sinne von C. G. JUNG erinnert.

b) Mit der Intelligenz von tiefstehenden Naturvölkern sind die Kretinen nicht ohne weiteres zu vergleichen. Denn bei noch so beschränktem Gesichtskreis ist der Wilde doch immer ein Gesunder mit normalen Sinnen und einer durch harten Daseinskampf gestählten Energie. Und andrerseits stehen unsre Kretinen trotz aller Idiotie doch unserm europäischen Kulturleben nicht so ferne, daß sie ganz davon unberührt hätten bleiben können. Bedenkt man all das, so sind die tatsächlich vorhandenen Berührungspunkte zwischen Kretinen und Wilden merkwürdig genug. Ich möchte mir gestatten, einige Angaben von neueren Reisenden hier anzuführen.

SARASIN hebt vom Wedda dessen beschränkten Horizont hervor, innerhalb dessen er sich aber völlig frei bewege; geistige Lebhaftigkeit unterscheide ihn vom echten Idioten. Axt, Bogen, Feuer, Hütte hat der Wedda nicht erfunden, sondern entlehnt, und zwar sehr langsam. Die Wedda sind verstockt, schütteln die Mähne übers Gesicht und lassen den Kopf hängen, wenn sie keine Antwort wissen, „wie Knaben vor Erwachsenen"; sie haben wenig Lerneifer, lernen nie lesen, schreiben oder zählen, und leiden unter Schrecken und Angst vor unbekannten Gegenständen. Sie wissen ihr Alter nicht und haben keine Eigennamen.

THURNWALD (581) rügt an den Bewohnern der Salomonsinseln einen Mangel an Eile, an Genauigkeit, an Voraussicht; es fehlt jenen Leuten die Fähigkeit, sich rasch neuen Situationen anzupassen, es fehlt ihnen Geistesgegenwart. Rein mechanische Tätigkeit verrichtet der Wilde besser und ausdauernder als der Weiße; er klebt in der Unterhaltung lange am gleichen Gegenstand und meint tadelnd, der Weiße redet wie ein Kakadu", (d.h. er springt von einem Thema zum andern). Der Autor hat sogar Assoziationsversuche mit den Eingeborenen angestellt und auch hierbei eine große Langsamkeit konstatiert. Er meint, Begabung und Charakter sei nicht so einförmig, als es auf den ersten Blick oft scheine (ganz wie die Gesichter!); ist die anfängliche Schüchternheit geschwunden, so kommen allerlei Fragen zum Vorschein, auch gute Eigenschaften zeigen sich dann. Jeder, der wirklich mit Kretinen gelebt und solche nicht nur gelegentlich zu Studienzwecken aufgesucht hat, wird ähnliches auch von ihnen zu berichten wissen.

MOSZKOWSKI (573a) wundert sich bei allen wilden Stämmen auf Ostsumatra über deren „geradezu unglaublichen Mangel an Phantasie" und „ein auf das Allernächste beschränktes Kausalitätsbedürfnis". — Ich muß mich mit diesen wenigen Beispielen begnügen; sie reden deutlich genug und könnten übrigens leicht vermehrt werden. Ältere Kretinen lernen mit der Zeit allerlei Arbeiten verrichten, und solche Leute zu den Idioten zählen, heißt ihnen Unrecht tun. Ein Beispiel: Ich hatte vor kurzer Zeit einen 82jährigen Mann (wegen Magenbeschwerden) zu behandeln; der erzählte mir, er habe mit 7 Jahren noch nicht reden können, trotzdem die Schule besucht (ist aber Analphabet geblieben!), und weiß heute noch alle Lumpenstücklein, die er dem Lehrer und den Mitschülern spielte. Als sein Vater starb, kam er mit 15 Jahren unter fremde Leute und mußte sich sein Brot selbst verdienen; mit 24 Jahren hat er geheiratet (!) und bemerkt ausdrücklich, daß es von da an mit seinem Verstand besser ging (!); er betrieb einen winzigen Viehhandel und Bauerngewerb, hat sich langsam heraufgearbeitet, indem er sich überall dümmer stellte, als er wirklich war; durch richtige Simulation von Taubstummheit und Idiotie (!) vermochte er sich militärfrei zu schwindeln, und das freut ihn heute noch.

Nachdem wir im vorstehenden Intelligenz und Kenntnisse der Kretinen geschildert haben, so ist noch mit wenigen Worten darauf hinzuweisen, daß nicht allein auf körperlichem Gebiet (Kleinheit, allgemein verspätete Ossifikation usw.) im Endemiegebiet auch die Gesunden an die Kretinen Anklänge darbieten, sondern eine ganz analoge Erscheinung beobachten wir auch auf intellektuellem Gebiet. Ich verzichte darauf, das viel zitierte, abfällige Urteil des ehemaligen Zürcher Psychiaters GRIESINGER in diesem Zusammenhang anzuführen. Aber es ist nicht zu verkennen, daß die allgemeine Langsamkeit und der Mangel an Phantasie, in welchem wir das wesentliche und alles erklärende Merkmal der kretinischen Geistesverfassung kennen gelernt haben, auch bei der gesunden Bevölkerung der Alpenländer eine maßgebende Rolle spielt. Dieser Mangel an Phantasie bedingt gute und schlechte Verstandeseigenschaften. Er erklärt einmal den nüchternen Sinn, den Sinn für das Tatsächliche, Wirkliche und Mögliche, die Abneigung gegen Schwärmerei und leere Gefühlsduselei, die Ehrlichkeit, die Einfachheit in der ganzen Lebensführung, auf welche schließlich auch der Drang nach Freiheit und Gleichberechtigung aller, somit die Grundlage unsrer demokratischen Institutionen beruhen. Der gleiche Mangel an Phantasie hat aber auch erhebliche Schattenseiten: Kleinlichkeit, Begeisterungsunfähigkeit, unbelehrbaren Eigensinn und Steckkopf, humorlose Nörgelei, mangelhafte Anpassungsfähigkeit; und die löbliche Abneigung gegen hohlen Prunk bedingt bei ungebildeten Leuten eine sehr bedauerliche, aber weit verbreitete Unempfindlichkeit des Ehrgefühls im weitesten Begriff des Wortes. — Außer dem Mangel an Phantasie lassen sich bei den Gesunden im Endemiegebiet auch deutliche Spuren der kretinischen Passivität, einer bedauerlichen Geistesträgheit und geistiger Genügsamkeit, große Interesselosigkeit und ein merkwürdig enger Gesichtskreis feststellen.

Es muß aber daran erinnert werden, daß nach den Gesetzen der Variabilitätslehre diesen geistigen Minusvarianten ursprünglich auch in Endemiebezirken hervorragende geistige Kapazitäten gegenüberstanden und daß es lediglich das Resultat einer unglücklichen Selektion ist, wenn heute daselbst die Plusvarianten ungenügend vertreten zu sein scheinen.

Wissenschaft und Kunst

sind Gebiete, zu welchen Kretinen der Zugang absolut verwehrt ist. Es sind zwar aus der ältern Literatur (GUGGENBÜHL, RÖSCH u. a.) Beispiele von mehr spielerischer Gedächtniskunst bei einzelnen kretinischen Individuen bekannt (Memorieren sämtlicher Geburtstage der Bewohner eines Ortes u. dgl.), aber das hat mit Wissenschaft nichts zu tun. Der Berner Katzenmaler MIND soll nach dem Zeugnis von GUGGENBÜHL ein Kretin gewesen sein; ob das stimmt, entzieht sich meiner Kenntnis und Beurteilung. Jede künstlerische Tätigkeit hat eine lebhafte Phantasie zur Voraussetzung; da diese überhaupt im Endemiegebiet (auch bei den Gesunden), wie wir gesehen haben, fehlt, so ist es nicht weiter verwunderlich, wenn wir sehen, daß z. B. in der Schweiz die Künste von alters her und heute noch nur eine untergeordnete Rolle spielen. Mehr Begabung hat der Schweizer für die nüchterne, positive Wissenschaft. — Nur nebenbei, und ohne viel Gewicht darauflegen zu wollen, sei bemerkt, daß — nach den paläolithischen Höhlenmalereien und nach der damit angeblich verwandten Buschmannskunst zu schließen — die Malerei die älteste Kunstbetätigung des Menschen zu sein scheint und zu einer Zeit schon beobachtet wird, wo von einer fein entwickelten Sprache noch kaum, und von Dichtung und Musik vermutlich noch viel weniger die Rede sein kann. Auch die Eskimos scheinen geschickte Zeichner zu sein.

Charakter.

Wenn der Charakter eines Menschen dessen sittliches Gepräge bedeutet, welches durch Erziehung (Selbsterziehung) erworben und mit Willen und Bewußtsein allen Hemmnissen zum Trotz behauptet wird, so ist es eigentlich nicht möglich, bei Kretinen von Charakter überhaupt nur zu reden. Denn es fehlt ihnen (auch den höhern Halbkretinen) die Einsicht über Wert und Tragweite sittlicher Pflichten, es fehlt ihnen die Erziehung, und von einem zielstrebigen Willen ist bei ihnen ohnehin keine Rede. Das folgt ohne weiteres aus dem kretinischen Intelligenzdefekt. Man darf nicht annehmen, daß alle Kretinen die gleichen Charaktereigenschaften besitzen; dieselben wechseln je nach Anlage und Erziehung ungefähr so, wie ja auch längst nicht alle Haustiere einander gleichen. Gewisse Grundzüge sind aber doch deutlich zu erkennen.

Das hervorstechendste Merkmal der Kretinen ist, wenn sie verständnisvoll behandelt und nicht gereizt werden, eine große Gutmütigkeit; friedlich und anspruchslos leben sie dahin, nur auf Essen und Ruhe bedacht; Dankbarkeit und Zuneigung gegen die, von denen ihnen Gutes kommt, fehlt durchaus nicht, und Mitgefühl und Hilfsbereitschaft gegen Leidende läßt sich z. B. in Anstalten, wo neben Kretinen sich noch hilfsbedürftigere Geschöpfe (Epileptiker, Krüppel usw.) finden, nicht so selten beobachten. Es fehlen also den Idioten, wie Sokolow und Szpakowska (69) nachweisen konnten, auch soziale Regungen und Triebe nicht vollständig.

In unvernünftiger Umgebung, welche sich ein boshaftes Vergnügen daraus macht, den hilflosen Kretin zu quälen und zu ärgern, da kann derselbe wohl auch in halb komischem Jähzorn sich zur Wehr setzen; aber vorbedachte Bosheit und Tücke ist ausgeschlossen, wie auch die Ränke schmiedende Rachsucht und Hinterlist, denn dazu reicht die beschränkte Intelligenz und Phantasie des Kretins nicht aus. Auch ist der Kretin als geborener Feigling viel zu ängstlich, um jemanden anders als in der äußersten Notwehr angreifen zu können.

Die Kretinen haben einen ziemlich ausgesprochenen Eigentumssinn; was ihnen gefällt, nehmen sie an sich, ohne sich dabei etwas Schlimmes zu denken; von Diebstahl ist kaum zu reden, denn um mit Absicht und Vorbedacht zu rauben und zu stehlen, dazu fehlen dem Kretin die nötigen Kniffe und Kenntnisse; es handelt sich bei den Kretinen meist um harmlosen Mundraub.

Auch Lügen und Betrügen sind Künste, die dem Kretin zu schwer sein müssen; er sagt die Wahrheit, aber nicht aus der Überzeugung heraus, daß die Unwahrheit (als ein Eingeständnis der eigenen Schwäche) den Lügner entehrt, sondern einfach darum, weil er zu dumm ist, eine Lüge zu erfinden; — immer vorausgesetzt, daß es sich überhaupt um halbkretinische Individuen handelt, die wenigstens einigermaßen der Sprache mächtig sind! Die Aussagen des Idioten sind aber, obschon nicht verlogen, doch nur bedingt glaubwürdig, denn es ist sehr unwahrscheinlich, daß der Kretin einen Vorgang richtig zu beobachten, im Gedächtnis zu behalten und auf Befragen richtig wiederzugeben wüßte.

Der Kretin mag ehrlich (d. h. kein Betrüger) sein, so hat er doch von Ehre, Ehrenhaftigkeit und Selbstachtung ganz und gar keinen Begriff; jedenfalls ist der Ehrbegriff eines ordentlichen Pferdes bedeutend feiner und delikater als der eines hochstehenden Halbkretins.

Daß irgendwelche moralisch begründete Schamhaftigkeit bei Kretinen nicht vorhanden ist, haben wir schon oben gesehen; wäre diese Schamlosigkeit mit starkem Geschlechtssinn gepaart, welche monströse Ausschweifung müßte daraus resultieren! Glücklicherweise ist dies aber nicht der Fall, und in Verbindung mit einer völlig rudimentären kindlichen Vita sexualis macht der Mangel an Schamgefühl bei den Kretinen bloß einen komischen, skurrilen Eindruck.

Selbstverständlich darf man vom Kretin keinerlei Exaktheit, Zuverlässigkeit oder Gewissenhaftigkeit erwarten; irgendwelche Spur von Pflichtbewußtsein fehlt vollkommen.

Die höchste psychische Fähigkeit des Menschen, der bewußte Wille, ist mit Kretinismus nicht vereinbar; der Kretin lebt planlos von der Hand in den Mund (und seine gesunden Nachbarn und Verwandten meist ebenso). Zwar besteht ein großes Beharrungsvermögen und bei etwas besserer Entwicklung der Intelligenz eine starrköpfige Unbelehrbarkeit, durch die man zur Verzweiflung gebracht werden kann; mit Willen hat das aber nichts zu tun. Von Herrschsucht, diesem ärgsten Laster des modernen europäischen Kulturmenschen, ist der Kretin jedenfalls ganz frei; er ist das Muster eines fügsamen Untertanen, dem man ungestraft jedes scheußliche Unrecht antun und von dem man jedes Opfer verlangen darf, wenn er bloß sein Futter und seine Ruhe hat. Tapferkeit kennt er ebensowenig wie Grausamkeit.

Hierzu einige ethnologische Parallelen!

Was die Herren SARASIN über die Charakteranlagen der Wedda berichten, findet sich in ähnlicher Weise beim Schweizer, in einzelnen Zügen aber auch typisch beim Kretin wieder; denn der Kretin ist ja in allem nur die Karikatur des normalen Alpenbewohners. — Der Wedda ist vollauf zufrieden mit seinem Los und dem Waldleben, zu dem er bei jeder Gelegenheit zurückkehrt (Heimweh!); er verachtet die angesiedelten Kulturwedda und verabscheut allen Zwang. Er entflieht vor dem Fremden (er „kann sich unsichtbar machen"), hat starkes Selbstgefühl, Reizbarkeit und Jähzorn, kommt in Wut, wenn er ausgelacht oder schlecht behandelt wird. Der ausgesprochene Eigentumssinn, die sexuelle Eifersucht, Mitleid, Gutherzigkeit, Dankbarkeit, durchaus friedliche Gesinnung (vgl. die schweizerische Neutralität!), gastfreundliche Aufnahme von Flüchtlingen (vgl. unser Asylrecht!), all das kommt uns wenigstens zum Teil bekannt und vertraut vor; ebenso wenn vom Wedda bezeugt wird, er sei ernsthaft und rede nicht viel, er sei unfähig zur Lüge und aller Grausamkeit abgeneigt, töte nie ein Tier unnötigerweise. Sein Todesmut, das stille Tragen von Schmerzen und das Sterben ohne Klage mag an die besten Zeiten der schweizerischen Heldengeschichte erinnern; dem schreienden und ängstlichen Kretin sind solche Tugenden freilich zu hoch.

Gutmütig und friedfertig ist nach NANSEN (595) auch der Eskimo; er widerspricht nicht gern und fordert Gestohlenes kaum zurück, ist harmlos fröhlich wie ein Kind, auch sorglos und leichtsinnig wie ein solches, konservativ, hilfsbereit; NANSEN bezeugt ausdrücklich, daß die Berührung mit europäischen Kolonisten dem Grönländer nichts genützt, sondern trotz Bekehrung zur christlichen Religion ihn moralisch und sozial schwer geschädigt hat. An dem Beispiel, das die nordischen Eroberer im Verkehr mit dem Eskimo geliefert haben, können wir (wie ich geneigt bin, zu vermuten) ungefähr ersehen, in welcher Art etwa im ausgehenden Neolithikum fremde Eindringlinge mit der eingeborenen kleinwüchsigen Bevölkerung umgesprungen sein mögen; ein letzter Niederschlag jener Zusammenstöße dürfte in den Volkssagen und Märchen deponiert worden sein, worauf ich in einem spätern Paragraphen einzutreten gedenke (vgl. S. 353 und folgende).

Bekanntlich will Pater SCHMIDT (580) die Pygmäen allgemein als „Kindheitsvölker" der Menschheit angesehen wissen, und er schätzt die moralischen Qualitäten derselben sehr hoch ein: unlösliche Monogamie, eine reinere Sittlichkeit als bei vielen ihrer Nachbarn, weitgehender Altruismus, friedliche Gesinnung, Freiheitsliebe, Wahrhaftigkeit, Ehrlichkeit und gar eine monotheistische Religion, — das ist freilich ein bißchen viel für Leute, welche noch auf der sogenannten „Sammelstufe" stehen, kaum die primitivsten Werkzeuge aus Holz und Knochen kennen, dagegen Steine nur gelegentlich benützen und nach Gebrauch wieder wegwerfen (Eolithenstufe!), in Naturhöhlen oder unter kunstlosen Schirmdächern hausen, weder Waffen noch Haustiere haben, und von denen einzelne (z. B. die Andamanen) noch nicht einmal den Gebrauch des Feuers kennen. Es mag wohl sein, daß in begreiflicher Überschätzung P. SCHMIDT da und dort moralische Qualitäten vermutet, wo es sich vielleicht bloß um Entwicklungshemmungen und Rückständigkeiten handelt; im Tatsächlichen dürfte seine Schilderung jedoch wohl zutreffend sein. Das beweist die Übereinstimmung mit dem, was andre gesehen haben.

B. Materielle Kultur.

Ernährung.

Auch in bezug auf die Nahrungsaufnahme unterscheiden sich die Kretinen merklich von den Gesunden. Hören wir, was MAFFEI darüber zu berichten weiß. Die „Freßwerkzeuge" sind bei ihnen groß und unschön gebildet und dennoch zu wirksamer Zerkleinerung der Nahrung schlecht geeignet. Das Gebiß dient dem Kretin mehr als Fang- und Festhaltungswerkzeug der Speisen, da er, je tiefer er steht, um so weniger kaut, sondern die Brocken ganz hinunterwürgt (S. 67 bei MAFFEI). Der Kretin ißt sehr viel und ohne Wahl alles, was er erreichen kann, und so lange, bis alles vertilgt ist oder bis Übelkeit und Erbrechen eintreten. Erst nach eingetretener Sättigung fängt er an zu wählen, und zieht dann Obst und Süßigkeiten vor; auch Fleisch wird keineswegs verachtet. Zum Essen werden die Hände und etwa noch der Löffel, aber nie Messer und Gabel benutzt. Bestimmte Mahlzeiten werden nicht eingehalten, zum Essen ist der Kretin immer aufgelegt; ist er satt, so schläft er. Die Nahrung wird anscheinend schlecht ausgenutzt, denn trotz gewaltiger Mengen, die er zu sich nimmt, wird der Kretin nicht fett, und doch ist sein Stoffwechsel herabgesetzt! Seiner Ausscheidungen entledigt sich der Kretin ohne Rückischt auf Zeit und Ort (vgl. S. 21 bei NANSEN: „Sie machen sich gar nichts daraus, in Gegenwart andrer ihre Notdurft zu verrichten. Jede Familie hat [scil. bei den Eskimos] vorne im

Zimmer eine große Tonne oder Kufe stehen, in die alle ganz ungeniert ihr Wasser ablassen, wenn auch noch so viel Besuch zuguckt"); nur durch empfindliche Strafen kann der Kretin zu einiger Reinlichkeit erzogen werden. Unter Durst leidet der Kretin wenig; sein Flüssigkeitsbedürfnis ist nach meinem alten Gewährsmann gering; sollte das etwa mit der herabgesetzten Transspiration im Zusammenhang stehen? Bemerkenswert ist endlich noch die Alkoholintoleranz der Kretinen.

Ist es wirklich nötig, die primitiven Züge in der eben geschilderten Ernährung der Kretinen noch besonders zu unterstreichen? Nur einige wenige ethnographische Beispiele von den uns längst als Verwandten der Kretinen bekannten Arktikern! NANSEN erzählt im „Eskimoleben": „Der Grönländer ißt, wenn er Hunger verspürt[1]), falls nämlich etwas zu essen da ist. . . . Er kann sehr lange fasten, vertilgt aber dafür ein andres Mal erstaunliche Mengen von Fleisch, Speck, Fisch usw. . . . Die Schüssel wird mitten auf den Fußboden gestellt, und die Menschen sitzen auf den Pritschen, um von dort herab mit den Gabeln, die ihnen Gott bei der Geburt gegeben, zuzulangen." Als besondere Delikatessen werden aufgezählt: verfaulte Seehundsköpfe, Kompott aus Engelwurz und Tran, Inhalt des Renntiermagens, Eingeweide der Schneehühner, die Haut (nebst anhaftendem Speck) von verschiedenen Walfischarten roh gegessen usw. Branntwein sollen die Eingeborenen nicht bekommen; „alle, Männer und Frauen, trinken ihn aber leidenschaftlich gern. Nicht weil er gut schmeckt, vertrauten sie mir oft an, sondern weil es so herrlich sei, betrunken zu sein. . . . Die Frauen fanden in der Regel ihre Männer reizend, wenn sie betrunken sind, und amüsierten sich köstlich über den Anblick."

Etwas höher scheinen nach SARASIN in dieser Hinsicht die Wedda zu stehen. Zwar essen auch sie den ganzen Tag, haben aber am Abend doch eine Hauptmahlzeit. Sie verschmähen zwar auch Aas nicht, essen aber doch das Fleisch nicht roh, sondern geröstet (die Dorfwedda sieden es auch), und zur Gewinnung der Yamswurzel dient der Grabstock (aus welchem sich einerseits Spaten und Pflug, andrerseits die Lanze entwickelt hat). Geistige Getränke sind ihnen äußerst unangenehm.

Kannibalismus wird in Sagen und Märchen (vgl. Rumpelstilzchen; Val d'Anniviers, S. 44) den Zwergen immer wieder vorgeworfen; immer wieder kommt die Klage, daß sie kleine Kinder fressen. Tatsächlich aber läßt sich weder für die fossilen oder exotischen Pygmäen, noch für die Polarvölker oder die Wedda Menschenfresserei belegen, noch viel weniger selbstverständlich für die schwachsinnigen und muskelschwachen Kretinen. Dagegen scheint (wie gewisse aufgeschlagene Femora usw. beweisen) die paläolithische Menschenrasse dem Genuß von Menschenfleisch gehuldigt zu haben, und es waren ja Menschenopfer noch bis in historische Zeit üblich. Es scheint fast, als ob das Volk den friedlichen Zwergen Verbrechen imputierte, deren es sich selbst zu schämen hatte und an die noch eine dunkle Erinnerung bestand. Man sucht niemand hinter dem Ofen, wenn man nicht selbst schon dahintergesteckt hat. —

---

[1]) Das gleiche bezeugt JEGERLEHNER vom Anniviarden (Val d'Anniviers S. 51): »Der Eifischer hält keine an bestimmte Stunden gebundene Mahlzeiten. Er ißt, wenn der Hunger ihn dazu treibt.« Es gibt dort noch alte Tische mit lochähnlichen Vertiefungen, aus denen früher nach Art der Rüsseltiere gegessen wurde.

Ich bin zwar selbst durchaus kein Vegetarianer; ich kann aber an keiner Metzgerei und an keinem Fleischerladen vorbeigehen, ohne mir auszumalen, wie man dereinst nach einigen tausend Jahren, wenn die Chemie unsre Ernährung erst völlig in die Hand genommen hat, sich mit Schaudern an die barbarische Zeit erinnern wird, wo die Menschen es nicht verschmähten, friedliche Rinder und laut schreiende Schweine zu töten[1]), um sie zu verzehren; — gerade wie wir Kulturmenschen heute nur mit Grausen und Verachtung an die Menschenfresserei zu denken vermögen. Es ist freilich wenig wahrscheinlich, daß die Zähmung der menschlichen Bestie jemals bis zu diesem Stadium fortschreiten werde. Die Kulturnationen werden sich schon vorher teils durch unsinnige soziale Gesetzgebung, teils durch gegenseitige Vernichtungskriege zugrunde richten, nachdem sie die Primitiven durch Schnaps, Spirochaeten und Koch-Bazillen ausgerottet haben werden. Deswegen wird sich die Erde ganz gleich weiter um die Sonne bewegen, und für die übrigen Bewohner derselben kommen dann etwas ruhigere Zeiten.

Kleidung.

Zwar tragen die Kretinen im allgemeinen die landesüblichen Kleider geringer Qualität, aber es ist doch merkwürdig und weder durch die Idiotie noch durch eine hypothyreotische Theorie erklärbar, daß kein Kretin enge Kleider duldet. Maffei meint: „Überhaupt will der Kretin nicht mit Kleidern belastet werden... Gibt man ihm zur Sommerzeit mehr Gewand, als ihm angenehm ist, so nimmt er selbes mit Unwillen an und läßt es bei erster Gelegenheit liegen, nicht gerade absichtlich, sondern als etwas, was er nicht gebrauchen kann, was ihm lästig ist. ... Wenn bei irgendeiner Beschäftigung dem Kretin sein Kleidungsstück unbequem ist, so legt er es schnell weg oder er bemüht sich, es aufzureißen." Im Hause sind gehunfähige Kretinen jeden Alters nur wie Kinder mit einem losen, rockartigen Gewand bekleidet. Allara schreibt: „Auch die aus wohlhabenden Familien stammenden Kretinen tragen in ihrem Anzug große Liederlichkeit zur Schau, die zum großen Teil auf ihre unverbesserliche Unsauberkeit zurückzuführen ist."

Findet sich ähnliches bei andern Idioten, z. B. bei Sekundärdementen oder bei Kranken überhaupt? Kann das anders als ethnographisch zu erklären sein? Alle niedrig stehenden Naturmenschen verschmähen die Kleidung; die Polarvölker bekleiden sich zwar (aus klimatischen Gründen?) im Freien, leben aber im Zelt und im Haus so gut wie völlig nackt. Bei den Wedda war früher Nacktheit die Regel, wenigstens wenn sie unter sich waren; jetzt tragen sie Lendenschurz oder Blätterkleid. Auch die Sagen machen sich lustig über die nackten, armseligen Wichte. Die Gewohnheit, nackt zu schlafen, ist noch heute auf dem Land weit verbreitet und erinnert doch ganz entschieden an die häusliche Nacktheit der arktischen Völkerschaften.

Wohnung.

Es soll hier nicht von der Wohnung der Kretinen als einer Ursache der Entartung (im Sinne der Kontagionisten) die Rede sein, sondern es war meine Absicht, nachzuweisen, ob etwa auch in den Wohnungsverhältnissen der Kretinen

---

[1]) Je kleiner und wehrloser die Tiere, um so brutaler und grausamer erfolgt deren Tötung.

sich Anklänge an nordische oder überhaupt an sehr primitive Zustände auffinden ließen. Leider kann ich darüber nichts Brauchbares mitteilen. Zwar sind die Wohnungen dort, wo Kretinismus vorkommt, überall sehr nieder und außerordentlich schmutzig, aber in Anlage und Bauweise erinnert meines Wissens nichts etwa an das typische Winterhaus der Eskimo oder an das Ganggrab[1]).

Von den Zwergen und Pygmäen wird berichtet, daß sie in Erdhöhlen und im Wald gelebt hätten (Orang-Utan wie auch Toala soll Waldmensch = jungle people bedeuten). Da die Eremiten sich mit Vorliebe Grotten und Wälder („Waldbruder") zum Aufenthalt auswählten, so wäre es immerhin denkbar, daß hierin sich eine Reminiszenz an uralte Wohnungssitten erhalten hätte. Als „Wundergrotten" sind solche alte Kultstätten noch an überaus vielen Orten bekannt; näher darauf einzutreten, erübrigt sich wohl. Auch die Kalvarienberge verlegen ihre Stationen mit Vorliebe in Felsnischen; und endlich dürften die sogenannten Erdställe in Niederösterreich in diesem Zusammenhang anzuführen sein.

Schmuck; Waffen; Geräte.

Über Schmuck finden sich auf S. 330 einige Bemerkungen.

Eigene Waffen darf man bei den friedlichen Kretinen kaum vermuten. Auch die Sagen wissen von Waffen der Zwerge nichts zu erzählen, und ob die in den schaffhauserischen Pygmäenstationen entdeckten Pfeil- und Lanzenspitzen der kleinen oder nicht vielmehr der gleichzeitigen großwüchsigen Rasse zugehört haben, dürfte schwer zu sagen sein.

Auch eigene Geräte darf man bei unsern Kretinen nicht suchen; man hat aber (und wohl mit Recht) aus dem Umstand, daß in den Sagen gelegentlich die Zwerge in Steine verwandelt werden, schließen wollen, daß die Vorbilder dieser Zwerggestalten noch im Steinalter gelebt haben; mehr darüber siehe S. 358.

C. Soziale Stellung.

Beschäftigung der Kretinen.

Mit Ausnahme der vollständig geh- und sprechunfähigen Vollkretinen lernen es mit den Jahren doch die allermeisten Kretinen, sich mit leichteren Arbeiten im Haushalt nützlich zu machen. Sie können zum Viehhüten, Holzmachen, zu niedrigen Arbeiten in der Küche verwendet werden und sind sogar zu mechanischen Fabrikarbeiten (Garnwinden usw.) zu gebrauchen. Irgendwelches Interesse oder Arbeitseifer darf aber von ihnen nie erwartet werden, und der geringste unvorhergesehene Zwischenfall bringt sie total aus dem Konzept, so daß sie sich erbosen und die Arbeit liegen lassen. Es dürfte kaum je gelingen, einen Kretin so weit zu bringen, daß er sich seinen Lebensunterhalt selbst verdient. Die Kretinen als lebende Fossilien sind dem aufs äußerste verschärften Kampf ums Dasein nicht gewachsen und müssen der Konkurrenz der normalen Menschen rettungslos erliegen; auch ein Buschmann, ein Lappe oder ein Wedda vermöchte unter uns gewiß nicht aus eigenen Mitteln fortzukommen, sogar dann nicht,

---

[1]) Nilsson (625) gibt an, daß Gangbauten, d. h. künstliche Nachbildungen von Höhlenwohnungen, nur da vorkommen, wo natürliche Höhlen fehlen; aus diesem Grunde fehlen Gangbauten allenthalben im Gebirge.

wenn er unsre Sprache einigermaßen beherrschte. Bei den Kretinen ist überdies zu bedenken, daß sie Entartete und Schwachsinnige sind.

Jagd und Handel

sind Tätigkeitsgebiete, welche unter primitiven Völkern bekanntlich oft eigenartig und zu großer Bedeutung entwickelt sind, zu denen aber naturgemäß unsre Kretinen keinen Zutritt haben. Auf gewisse Anklänge an primitive Verhältnisse werde ich weiterhin bei Besprechung der Zwerge der Sagen hinweisen.

Medizin; Kurpfuscherei.

Kein Kretin wird jemals zur Ausübung der Heilkunde befähigt sein, nicht einmal in der Eigenschaft als Quacksalber. Dennoch glaube ich in diesem Zusammenhang an das Bestehen einer sogenannten „Volksmedizin" (vulgo Kurpfuscherei) erinnern zu dürfen; wenn diese auch nicht von eigentlichen Kretinen ausgeübt wird, so gewinnt sie doch an Verständlichkeit durch die Vorstellung, daß in unserm Volke altertümliche Elemente vorhanden sind, als deren entartete Überreste auf körperlichem Gebiet die Kretinen, auf kulturellem Gebiet jedoch medizinischer und andrer Aberglaube sich darstellen. Diese historisch-ethnologische (oder wenn man will: naturwissenschaftliche) Auffassung der Quacksalberei scheint mir geeignet, dem Problem das persönliche und für den Ärztestand so bemühende Moment des Mißtrauens gegen unsre Wissenschaft zu nehmen. Ich kann es mir nicht versagen, mit einigen Worten auf dieses Kapitel einzugehen.

Auf die Wertschätzung des Urins als Heilmittel in der Volksmedizin wurde schon oben (S. 330) hingewiesen, und auf Anklänge an die unter Polarvölkern beliebte Radikaltherapie Unheilbarer (durch Tötung derselben) werde ich noch zu sprechen kommen (vgl. S. 354), ebenso auf die Tatsache, daß die Zwerge der Sage vielfach als Zauberer und Heilkundige erscheinen. Es ist bezeichnend, daß diese im Wallis als „Guérisseurs" eine große Rolle spielen; nicht die medizinische Wissenschaft scheint dem Volk wichtig, sondern ganz ausschließlich nur die „Heil"kunst, und unter „Medizin" versteht unser Volk auch heute noch nicht etwa ein Medikament, das in einer bestimmten Dosis eine ganz bestimmte physiologische Wirkung hervorbringt; sondern die „Medizin" ist bei uns genau wie beim Neger oder Indianer nichts mehr und nichts weniger als ein mit übernatürlichen Kräften begabtes Zaubermittel. Mit diätetischen und physikalischen Heilmethoden hat der Arzt auf dem Land wenig Glück; das Volk will nicht etwa Belehrung darüber, wie es seine unhygienische Lebensweise verbessern könnte, sondern es will eine „Medizin", welche ihm gestattet, die Folgen unhygienischen Verhaltens hintanzuhalten. Mundus vult decipi, — wobei aber decipere nicht betrügen, sondern bezaubern heißt. Haben wir dies erst begriffen, so ist uns klar, daß und warum der Quacksalber beim Volk mehr gilt als der naturwissenschaftlich gebildete Arzt. Diesem ist jede Art von Zauberei verhaßt; geradeso wie ein anständiger Kaufmann es unter allen Umständen verschmähen wird, betrügerische Geschäfte zu machen, ebenso verzichtet der moderne Mediziner darauf, Wunder vollbringen zu wollen oder es auch nur für wünschenswert zu halten, daß in einem bestimmten Falle der unvermeidliche schlimme Ausgang etwa durch ein Wunder (durch eine Umgehung oder Außerkraftsetzung der Naturgesetze!) abgewendet werden möchte. Man muß sich als Arzt aber völlig darüber klar sein, daß diese Auffassung unserm Volke bis heute noch total fremd ist. Versetzen wir uns im Geist nach Afrika oder Indien, wo bekanntlich europäische Ärzte bei der Seuchenbekämpfung oft auf ungeahnte Hindernisse stoßen, und seien wir ehrlich: ist es dem Wilden zu verdenken, wenn er mehr Neigung verspürt zu seinem Medizinmann und zu dessen harmlosem Hokuspokus, als zu dem fremden Arzt, der mit Gift, Spritze und Messer arbeite und der seine Studien an Kaninchen und Fröschen gemacht hat? Geradeso ist die Liebe unsres Volkes zu den Kurpfuschern zu erklären. Ist es Zufall, daß bei uns in der Schweiz Appenzell und Glarus die absolut kleinsten Rekruten liefern, Baselland keine großen? Dies sind aber die bekannten drei Kurpfuschkantone. Ich möchte bloß nebenbei auf eine Stelle in der bekannten „Appenzeller Narregmäänd" von ALFRED TOBLER (626) (S. 42) hinweisen, wo davon die Rede ist, ob es nun wirklich nötig sei und sich verlohne, neben dem Viehdoktor, dem Wasserdoktor, der Hebamme und dem Hebammenschulmeister, neben dem „Magcböllelidoktr", dem „Bronnzschmecker" und anderen (den „chromme Boggeli" nicht zu vergessen!) noch ein besonderes studiertes neumodiges „Äffliuhrechettle-Lüütetökterli" anzustellen?

Ich weiß sehr gut, daß Quacksalberei auch in Ländern vorkommt, wo Kretinismus unbekannt ist (Norddeutschland, England, Vereinigte Staaten); abgesehen davon, daß in diesen Ländern der rein betrügerische Charakter der Quacksalberei („Humbug"), wie mir scheinen will, etwas stärker hervortritt als etwa bei unsrer Volksmedizin, so gibt es wohl auch dort altertümliche Bevölkerungsclemente in großer Menge. Und wenn man mir etwa entgegnen wollte, daß sich unter den Klienten der Kurpfuscher sogar Literaten und Leute von Rang und Stand befinden, die doch unmöglich einer primitiven Geistesverfassung verdächtig sein könnten, so sage ich: warum denn nicht? Ich könnte mir übrigens gut vorstellen, daß eine hysterische Europäerin in Afrika auch einmal einen eingeborenen Medizinmann aufsuchen würde, wäre es auch nur aus Neugier.

Religion.

Wenn wir davon absehen, daß (wie schon früher, S. 22, erwähnt) unter den Juden sich verhältnismäßig wenig Kretinen finden und bei diesen wenigen überdies [nach dem Zeugnis von FLINKER (19)] die typischen Rassekennzeichen der Juden verwischt sind, so läßt sich unzweifelhaft sagen, daß das religiöse Bekenntnis mit dem Kretinismus nichts zu tun hat. TAUSSIG (42/43) hat in Bosnien sogar unter Mohammedanern zahlreiche Kretinen konstatiert. Wenn ich hier überhaupt von der Religionszugehörigkeit der Kretinen rede, so geschicht es einzig aus dem Grund, weil ich die merkwürdige Tatsache betonen möchte, daß es auch heute noch in unserm zivilisierten Europa (ganz abgesehen von den Atheisten aus wissenschaftlicher Überzeugung) eine Anzahl richtige Heiden[1] gibt! Nämlich unsre Kretinen! Zwar sind sie in der überwiegenden Mehrzahl aller Fälle getauft, aber wenn man darüber hinaus von einem Menschen, um ihn überhaupt zum Christentum zählen zu können, auch nur die allermindeste verständige oder aktive Anteilnahme am kirchlichen Leben verlangt, so können die

---

[1] Heiden = pagani = Landleute, aus der Zeit wo die Städte christianisiert waren und die alte Religion ein verachtetes Leben auf dem Land fristete.

Kretinen kaum als Christen gelten. Den Lehren der Religion stehen sie zwar nicht ablehnend, aber vollständig teilnahms- und verständnislos gegenüber; ich weiß positiv, daß sie in verschiedenen (reformierten) Gemeinden von der Kommunion ausgeschlossen sind. Diese Auffassung verliert alles Merkwürdige, wenn wir (vgl. S. 354 hiernach) uns erinnern, daß noch im Mittelalter echte Heiden für das Alpengebiet geschichtlich bezeugt sind; noch heute erinnern eine Menge Ortsbezeichnungen an jene Zeiten. Singer (568) hat zusammengestellt: Heidenmannli (im Aargau), Heidenwibli (Luzern), Heidenplatte mit Fußabdrücken von Tänzen der Feen herrührend (im Wallis; ähnlich Heidenkilchli am Giswilerstock; es handelt sich da um Schalensteine), Heideneisen (= Hufeisen), Heidenlöcher (bei Triengen), Heidehus (Zürich), Heidenstein (zwischen Mett und Brügg, Bern), Heidengaß, Heidenstube, Herdmannliloch im Heilbad Walterswil (das ehemals Zwergen gehört haben soll) und so noch massenhaft anderwärts.

Können sonach die Kretinen mit Fug und Recht als Heiden angesehen werden, so ist es andrerseits doch unverkennbar, daß in ihrem durchaus gutmütigen, friedfertigen, jeder Suggestion leicht zugänglichen Charakter sich Elemente finden, durch welche sie zwar nicht formell, aber praktisch und tatsächlich der christlichen Religion nahestehen.

Heute werden Kretinen nirgends verfolgt, sondern sie genießen wohl überall den Schutz der Religion. Im Mittelalter war das anders und wurden Zwerge (d. h. also in gewissem Sinn Vorfahren unsrer heutigen Kretinen) in großer Menge als Heiden oder Hexen grausam getötet. In solchen Autodafés betätigte sich, wie mir scheinen will, mehr oder weniger unbewußt eine Art primitiver, roher Rassenhygiene, welche der grausamen Opferung von Kriegsgefangenen in früheren Zeiten (bei den alten Germanen) wohl völlig gleichgesetzt werden kann; wenn wir (bei Nilsson, S. 63) erfahren, daß die rohen Anhänger des Odinskultus das Adlerzeichen auf den Rücken des gefallenen Feindes schnitten und ihre Gefangenen auf spitze Holzstäbe warfen, um sie langsam zu töten, oder daß die grausamen Thor-Anbeter neben ihrem Gotteshaus den unheimlichen Thorstein hatten, gegen welchen den Menschen, die geopfert werden sollten, der Rücken gebrochen wurde, — so kommen als Objekte solcher Scheußlichkeiten wohl in erster Linie zwerghafte Lappen in Frage, also Leute, welche rassenmäßig unsern Kretinen nahestehen. Was Nansen über die Segnungen der Kultur in Grönland (den Eskimos gegenüber) berichtet, ist weniger blutig, aber prinzipiell nicht viel anders; und noch Sarasin erwähnt Lustpartien zur Jagd der eingeborenen Wedda auf Ceylon und bemerkt: „der Europäer kehrt leicht die Bestie heraus, wo er nichts zu fürchten hat." Also überall und immer das gleiche widerwärtige Schauspiel.

„Aber was hat denn das alles mit der Religion der Kretinen zu tun?" — so fragt mich erstaunt mein Kritiker. Nun, wer an kulturhistorischen Notizen keine Freude hat, mag sie überschlagen.

Rechtsverhältnisse der Kretinen.

Eine Untersuchung über die juristische Stellung der Kretinen müßte für einen Rechtskundigen eine dankbare Aufgabe sein, doppelt dankbar, wenn er dabei sich immer vor Augen hielte, daß es sich beim echten Kretinismus weniger um Krankheit, als um ein ethnologisches Problem handelt. Leider fehlen mir umfassende juristische Kenntnisse; hier noch mehr als in andern Abschnitten muß ich mich mit Andeutungen begnügen und bin genötigt, mich auf das allernächste Gebiet, die Schweiz und den Kanton Thurgau, zu beschränken, denn weiter reicht meine Gesetzessammlung nicht. Die Verhältnisse dürften aber in andern Rechtsgebieten in der Hauptsache ähnlich liegen.

Im Sachsen-Spiegel (I. Buch, vierter Artikel) wird bestimmt, daß auf „Allzuviel" (Zwitter!) und „Gezwerg" und „dergleichen untüchtig Leut" der normale Erbgang nicht anwendbar sei; „wird auch ein Kind geboren stumm Sinnoder Witzlos, oder blind, oder sonst unvollkömmlich an seinem Leibe, das ist wohl Erbe zu Landrecht, aber nicht zu Lehenrecht." Ferner im III. Buch, dritter Artikel, dürfte auch an Kretinen zu denken sein, wenn es heißt: „über rechte Thoren und sinnlose Leute soll man nicht richten. Thun sie aber Schaden, den sol ihr Vormund gelden." Herr Dr. jur. HEDINGER in Basel, den ich darüber befragt habe, teilt mir freundlich mit:

„Im römischen Recht wird viel darüber gestritten, inwiefern eine Mißgeburt Rechtssubjekt sein kann; man stellte den Satz auf, daß Mißgeburten, die nicht das Wesen von Menschen haben, keine Rechtssubjekte sind, daß hingegen mißgebildete Menschen rechtsfähig sind . . . ."

„Im germanischen Rechte spielte die physische Beschaffenheit des Menschen eine große Rolle, namentlich infolge des Grundsatzes, daß nur wohlgebildete Menschen rechts- und dispositionsfähig sind. Daraus erklärt sich auch das Verbot der Schenkungen auf dem Totenbett ohne Zustimmung der Blutserben."

Alle diese Bestimmungen scheinen auf Schwachsinnige oder Kretinen nur soweit anwendbar gewesen zu sein, als es sich dabei um Abkömmlinge von Freien handelte; Hörige, Leibeigene interessierten das alte Recht ohnehin nur als Vermögensobjekte eines Freien.

Für das moderne Recht spielt nur noch die Frage der Urteils- und Handlungsfähigkeit eine Rolle; jedermann ist rechtsfähig, solange nicht ein förmliches Entmündigungsverfahren gegen ihn Platz gegriffen hat. Das gilt auch für Kretinen, wenn sie bloß das Mündigkeitsalter erreicht haben und sofern nicht im Einzelfalle ihr Zustand (auf Grund eines gerichtsärztlichen Gutachtens) die Entziehung der Handlungsfähgkeit und die Bestellung eines Vormundes rechtfertigt. „Alle Schweizer sind vor dem Gesetze gleich"; wenn diese Gleichheit vor dem Gesetz auch nur eine Fiktion ist, so muß gerechterweise doch zugegeben werden, daß aus der Handhabung dieser Vorschrift sich bis heute keine allzu schweren Unzuträglichkeiten ergeben haben.

Die körperliche Beschaffenheit kommt einzig bei der Militärpflicht (vgl. weiter unten) in Frage, und Analphabeten, welche ihren Namen nicht schreiben können, sind rechtlich einzig darin benachteiligt, daß sie nicht ohne weiteres Wechsel ausgeben oder girieren können.

Wer urteilsunfähig ist, muß, wie schon bemerkt, bevormundet werden und verliert dadurch verfassungsmäßig das aktive und passive Wahlrecht, wie auch die Handlungsfähigkeit: er kann nicht selbständig Verträge eingehen, nicht kaufen oder verkaufen, nicht testieren, nicht schenken, er kann nicht als Kläger auftreten, kann nicht Anwalt, Richter, Sachverständiger, Vormund, Bürge sein.

Dagegen vermag er trotz bestehender Vormundschaft als Zeuge aufzutreten, wenn bloß „das zu richtiger Wahrnehmung eines Gegenstandes nötige Sinnes- oder Geistesvermögen" oder „die Fähigkeit, früher gemachte Sinneswahrnehmungen mitzuteilen", nicht mangelt (Taubstumme sind sonach als Zeugen abzulehnen).

Von der Ehefähigkeit der Kretinen (bzw. der Halbkretinen) war schon oben (S. 331) die Rede, ebenso von dem (freilich nur papierenen) besonderen Schutz schwachsinniger Personen gegen Verführung. Hier erhebt sich auch die Frage: „hätte der Arzt ein Recht, bei einer schwangeren Kretinen aus eugenetischer Indikation den künstlichen Abortus einzuleiten?" Die Frage hat nur theoretisches Interesse, denn kretine Mädchen (und auch deren meistens recht tiefstehende Familien) werden mangels an ausgebildetem Ehrgefühl sich mit einem illegitimen Partus sehr leicht abfinden und kaum jemals den Wunsch nach Beseitigung der Frucht aussprechen. Ich meinerseits würde allerdings die Indikation zum Abortus als gegeben erachten und glaube, daß dieselbe auch von einem übereifrigen Staatsanwalt kaum angefochten werden könnte, dies schon darum nicht, weil ja in der Regel Gestation und Partus auf die kretine Mutter von verhängnisvollen Folgen ist (Verschlimmerung der Idiotie! Gefahr der Sepsis, des engen Beckens usw.).

Ausdrücklich statuiert ist der Anspruch des Kretins auf Unterhalt, indem einmal das Strafgesetz die „Aussetzung" hilfloser Personen mit schwerer Strafe bedroht, und ferner durch die bundesrechtliche „Unterstützungspflicht", welche sich in erster Linie auf Blutsverwandte, sodann aber auch auf die Gemeinde erstreckt. Freilich, wie viel (oder wie wenig) in praxi dabei herauskommt, darüber wollen wir lieber schweigen. Betteln ist wohl überall polizeilich verboten, scheint aber früher mit obrigkeitlicher Bewilligung gestattet gewesen zu sein.

Was einem bevogteten Kretin noch verbleibt, ist etwa das Recht, Steuern zu zahlen, wenn er überhaupt etwas besitzt, Schenkungen und Erbschaften anzunehmen; auch kann ein solcher, wenn er Schaden tut (vgl. Kriminalität der Kretinen), angeklagt werden, wobei er eventuell das sogenannte „Armenrecht" beanspruchen und wegen verminderter Zurechnungsfähigkeit eine mildere Beurteilung erwarten darf. Die obligatorische Schulpflicht begründet andrerseits auch einen Anspruch auf genügende Primarschulbildung (B. V., Art. 27); Anspruch auf Spezialunterricht für Schwachsinnige ist zweifelhaft.

Von der allergrößten praktischen Wichtigkeit ist jedoch die Tatsache, daß eine gewisse Zahl echter Kretinen, wie auch sämtliche Halbkretinen nicht unter Vormundschaft stehen, da ihre Geistesschwäche nicht so offensichtlich ist, daß an ihrer Urteilsfähigkeit ohne weiteres zu zweifeln wäre. Alle diese Leute sind unbeschränkt geschäftsfähig und in alle Ämter wählbar; es ist hier nicht der Ort, auf die daraus resultierenden Übelstände näher einzugehen.

Kriminalität der Kretinen.

ALLARA behauptet (und wie er S. 209 angibt, ist LOMBROSO mit englischen Autoren derselben Meinung), der Kretinismus spiele bei den Verbrechern eine sehr große Rolle. Ob diese Behauptung für Italien zutreffe, bleibe dahin gestellt; ganz sicher aber sind bei uns die Verhältnisse nicht so ungünstig. Eine amtliche Statistik hierüber gibt es zwar nicht, aber die Kretinen, welche ich kenne, scheinen in ihrer Ängstlichkeit und Gutmütigkeit wenig zu Verbrechen geneigt. Tötung, Körperverletzung, Raub, Erpressung, Betrug und Fälschung, Meineid, Münzvergehen, Verrat, Zweikampf, Amtsverbrechen, Wucher u. dgl. schöne Dinge sind bei Kretinen ausgeschlossen; eher könnte gelegentlich an harmlose Diebstähle oder an Brandstiftung (aus Unachtsamkeit) zu denken sein. Bei Unzuchtsverbrechen kann möglicherweise ein Kretin als passiver Teil in Frage kommen.

Militärverhältnisse.

Kretinismus als solcher war bekanntlich bei uns bis vor kurzem kein Dienstbefreiungsgrund; dennoch glaube ich nicht, daß Kretinen oder auch nur Kretinoide in nennenswerter Zahl Dienst leisten. Ihre Ausmusterung erfolgt wohl meistens wegen „zu geringer Körperlänge", „Schwächlichkeit", „geistiger Beschränktheit", gelegentlich auch wohl wegen „Taubheit, Stummheit", „Stottern", „Kropf" oder wegen „andern Krankheiten und Gebrechen". Wenn übrigens jemand wegen zu geringer Körperlänge als militäruntauglich erscheint, so wird er in Tat und Wahrheit wegen eines Rassenmerkmales ausgemustert, denn unter den Kleinen unter 154 cm gibt es kräftige Burschen, die sehr wohl mitzukommen vermöchten. Es scheint aber, als ob instinktiv der Gesetzgeber das Gefühl gehabt habe, daß es sich bei den Kleinen um fremdstämmige Leute handle, welche in unser Heer nicht hineinpassen (vgl. S. 357): Lappen sind Feiglinge, zum Soldaten nicht zu gebrauchen.

Ökonomisches; Wertschätzung der Kretinen.

Vereinzelte Fälle von Kretinismus kommen wohl auch in guten Familien vor, d. h. bei gebildeten und vermöglichen Leuten. In der Regel aber ist Kretinismus eine Begleiterscheinung der Armut.

Wenn man (wenigstens in unsern Gegenden) die Namen der Kretinen auf eine Liste zusammenstellt, so ist man überrascht, fast ausschließlich Namen von angesehenen Geschlechtern zu finden. Geht man aber der Verwandtschaft im einzelnen nach, so ergibt sich, daß die Kretinen aus einzelnen ökonomisch (und vielleicht auch moralisch, Alkohol!) nicht allzu hochstehenden Nebenlinien der erwähnten Geschlechter hervorgehen, worauf ich im Abschnitt „Ätiologie" noch zurückkommen werde.

Wenn in einzelnen Gegenden der Glaube herrscht, ein Kretin bringe dem Haus, das ihn beherbergt, Glück und Segen[1]), so ist das hierzulande entschieden nicht der Fall. Hier gelten die Kretinen als eine Last, und man schämt sich ihrer; man versteckt sie vor Fremden.

Einen Kretin, auch wenn er fremd oder schon ordentlich in Jahren ist, anders als per „Du" anzureden, würde hier keinem Menschen einfallen, und auch der Kretin selbst redet (wenn er überhaupt sprechen kann) jeden mit „Du" an. Man muß aber bedenken, daß Schweizer unter sich, auch wenn sie einander völlig fremd sind, z. B. in der Kaserne, im Wirtshaus, auf dem Markt usw.,

---

[1]) Vgl. Sagen aus dem Unterwallis (S. 60): Dem Dorf Issert droht Unheil von den Feen, wenn die dortigen drei Stummen einmal aussterben sollten!

ohne weitere Formalitäten einander duzen; nur Fremden gegenüber weicht man von dieser Regel ab. Im bekannten Emmentalerlied heißt es:

2. „Da ist nüt vo Kumplimente,
allem seit me nume ‚Du‘,
sig’s der Milchbueb mit der Brente
oder trag er Ratsherr-Schuh.“

Immerhin will ich nicht verfehlen, daran zu erinnern, daß nach SARASIN auch die Wedda gewohnt sind, alle Menschen (sogar den König!) zu duzen; in diesem Brauch ist entschieden etwas Altertümliches und Primitives erhalten geblieben, wie nicht weiter ausgeführt zu werden braucht.

Anhang.

Aus Geschichte und Sage.

Zur Vervollständigung des Bildes vom Kretinismus, den ich wie mehrfach betont als eine rassenmäßige Degenerationsform auffasse, scheint es mir geboten, mit einigen Worten auch auf die volkstümliche Überlieferung einzugehen. Handelt es sich bei der Rassenmischung und später bei dem Wiederauftreten alter Merkmale um einen historischen Vorgang, so haben wir in den Volkssagen die Aussagen von Augenzeugen, denen sicher eine große Treue und Glaubwürdigkeit zukommt. Die mündliche Tradition war während sehr langer Zeit allein im Gebrauch; und während bei den sogenannten »historischen« Dokumenten (Inschriften und Schriftwerken) immer die Wahrscheinlichkeit einer tendenziösen Färbung vorliegt, so scheint solche bei der Volkssage sehr unwahrscheinlich, denn es ist kaum anzunehmen, daß das ganze Volk sich verabredet, die Geschichte zu fälschen und NB. in übereinstimmendem Sinne zu fälschen.

Es kann sich im folgenden natürlich nur um einzelne Stichproben handeln aus Büchern, die mir zufällig eben vorliegen. Immerhin glaube ich mich nicht auf bloße Quellenangabe beschränken zu dürfen, sondern um meine Leser wirklich zu überzeugen, muß ich etwas ausführlicher auf den Inhalt und die Bedeutung der Sagen eingehen.

Rätische Alpensagen, von GEORG LUCK. (Davos 1902.)

In den deutschen Alpentälern von Graubünden finden sich Überlieferungen von sagenhaften Ureinwohnern der Wälder und Gebirge; es sind die Fänggen und Wildmannli, die sich (wie der Autor selbst sagt) vor ·Einwanderung der „Menschen“ und ihrer Kultur in die Waldschluchten und Felshöhlen zurückziehen und zuletzt ganz verschwinden. Der Stand Graubünden führt heute noch den „wilden Mann“ als Schildhalter in seinem Wappen; nebenbei sei bemerkt, daß Gasthäuser „zum Wilden Mann“ in der Schweiz ungemein verbreitet sind, und daß in Basel der „Wilde Mann“ (der „Hären“) in Begleitung des Leuen und des Vogels Greif alljährlich zur Belustigung der Jugend einen feierlichen Einzug veranstaltet. Die Tradition ist also noch sehr lebhaft und nichts weniger als papieren. — Das Aussehen der Fänggen wird von der Sage genau beschrieben; es war ein zwerghaftes Geschlecht von großer Kraft, Gewandtheit und rauher Natur, mit gedrungenem Körper und harten Gesichtszügen, die aussehen wie aus rissiger Tannenrinde geschnitten (vgl. die runzlige Haut der Kretinen, aber auch der Buschmänner und Pygmäen). Sie waren stark behaart (Kretinen, Lappen und Pygmäen sind fast haarlos) und gingen im Sommer nackt, im Winter waren sie mit Fellen oder Tannenflechten bekleidet (vgl. Blätterkleid der Wedda); schenkt man ihnen aus mißverständlichem Mitleid Kleider, so werden sie unsäglich stolz und übermütig und lassen sich nicht mehr blicken:

Was wollt ein solcher Weidelemann
in solchen Hosen weidelen gan!

wozu aus der Edda zu vergleichen:

Ich gab mein Gewand einem Waldmännerpaar
dahin auf öder Heide;
bekleidet däuchten sie Kämpen sich gleich.
Der Nackte wird nur verspottet.

Zurück zu den Fänggen! Oft schleppten sie auf ihren Klettertouren ihre Kinder mit, die die Weiber mit den eigenen Haupthaaren sich auf den Rücken oder an die Hüfte gebunden hatten. Sie galten als unvergleichliche Läufer und Kletterer. Um schwindelfrei zu werden, trinken sie Gemsenmilch: vgl. PLINIUS veloces rveluti rupicaprae quia infantes illorum uberibus aluntur [vgl. die stark entwickelte Wadenmuskulatur der Lappen, nach DÜBEN wie nach SCHLAGINHAUFEN (578), S. 253]. In wild zerklüfteten Flühen und Balmen (= abris sous roche) suchten sie Unterschlupf, auch wohl in Erdlöchern; damit mag zusammenhängen, daß angenommen wird, sie vermöchten sich unsichtbar zu machen. Von geheimen Schätzen ist selten die Rede, wohl aber gelten sie als Wunderdoktoren ohne gleichen. An einer andern Stelle wird (zwar nicht von den Fänggen, sondern von den Zigeunern) gemeldet, daß sie den uralt barbarischen Gebrauch übten, alte Leute einfach durch Ermordung zu beseitigen; eine gebrechliche blinde Frau warfen sie einst über eine hohe Brücke mit den Worten: „Fahr wohl, Mueterli!" Da aber diese Zigeuner in der Gegend von Trimmis und Zizers (typische Kretinendörfer!) lokalisiert werden, so ist es mir wahrscheinlich, daß die Sage hier Fänggen und Zigeuner verwechselt hat. Die Übereinstimmung obigen Vorgangs mit der Erzählung bei NANSEN, Eskimoleben, S. 142, liegt auf der Hand; das Erdrosseln unheilbar Kranker und alter Leute scheint als eine nicht allzu unvernünftige Sitte bei allen Polarvölkern verbreitet zu sein, und es scheint noch heute in Rußland eine Sekte zu geben, welche diesen Brauch übt. — Kehren wir noch einmal zu den Fänggen zurück! Sie sind den Menschen wertvolle und uneigennützige Helfer; als echte Höhlenbewohner getrauen sie sich nicht, die Schwelle eines Hauses zu überschreiten, und ergreifen beim Herannahen eines Menschen die Flucht. Die Bäuerin hängt dem Fänggen seine Atzung (Brot und Käse) in einem Bündelein an den Haselstrauch am Wegrand und holt am Abend das leere Tüchlein wieder ab (vgl. den geheimen Tauschhandel der Wedda!). Wenn die Kinder von Haus zu Haus ziehen und Mailieder singen oder das „gute Jahr" wünschen, so betteln sie: „Gät use, gät use, viel Eier und Geld" (Roseligarten II, S. 5); „Gänd mir's denn zum Fenster us" (ibidem S. 57). Sehr wichtig ist die Angabe, daß sie den Älplern das „Süßkäsen" gezeigt haben sollen, wichtig darum, weil wir wissen, daß die Germanen die Käsebereitung von den Finnen übernommen haben (vgl. CLASSEN, 504, S. 25). Und wichtig ist endlich die unüberwindliche Abneigung der Fänggen gegen den Glockenklang: sie galten als verstockte Heiden, die man mit Gewalt den Quellen des Heils zuführen wollte; die Chronik des HANS ARDÜSER erzählt von einem gefangenen Fänggen, den die frommen Landleute nach Rom zum Papste schickten, womit bewiesen ist, daß noch im Mittelalter in historischer Zeit in Graubünden Heiden vorkamen. — — —

In den romanischen Bündner Tälern finden sich Sagen von Dialen, Lichtelfen, die einerseits den Fänggenfrauen und Holzweibchen der deutschen Täler, anderseits den Feen und Teufeln („Diables") des Wallis nahestehen. Sie wohnten ebenfalls in Höhlen und Erdlöchern, waren aber von überirdischer Schönheit (vgl. die Samovilen bei den Balkanvölkern; im Namen Samovilen dürfte ein Anklang an die arktischen Samojeden enthalten sein); einzig die häßlichen Ziegenfüße verunzieren die liebreizende Erscheinung und waren schuld, daß sie oft mit dem Teufel verwechselt wurden. Infolge solcher Verwechslung durchstach einst ein Bauer eine Diale, seine freundliche Helferin, mit der Heugabel, woraus man (wie LUCK mit Recht bemerkt) ersieht, daß die Dialen keineswegs als unsterbliche Wesen betrachtet wurden. Sie hüteten unermeßliche Schätze und unterschieden sich darin von den einfacheren Fänggen, deren Sinn für Schönheit und Behaglichkeit auf sehr niederer Stufe stand. Mit den Fänggen aber teilten sie ihre Abneigung gegen Kirchen und Glockenklang, ihr scharf ausgeprägtes Heidentum; nach dem, was ich S. 349 über die Verfolgungen der Zwerge berichtet habe, kann deren Abneigung gegen Bekehrungsversuche usw. nicht stark verwunderlich erscheinen.

Sagen aus dem Unterwallis, von J. JEGERLEHNER. (Basel 1909.)

Der Herausgeber dieser schönen Sammlung läßt seine Gewährsmänner mit deren eignen Worten erzählen, und nun finden wir an zwei Stellen ausdrücklich die Meinung vertreten, daß die Feen und Teufel der Sage keine übernatürlichen Wesen, sondern ganz einfach die Ureinwohner der dortigen Täler gewesen seien. Diese Ansicht im Volksmunde erscheint mir so wichtig, daß ich sie wörtlich hierhersetzen möchte.

S. 125: „Selon un de mes amis qui n'accepte rien de ce que l'on regarde comme surnaturel et humainement inexplicable, les fées ne seraient que la première peuplade habitant la contrée qu'ensuite des envahisseurs plus forts les décimèrent, chassèrent hors du pays le plus grand nombre et refoulèrent le reste dans les mauvais recoins. La nécessité aidant, ces pauvres vaincus durent devenir industrieux, ce qui expliquerait en partie les merveilles évidemment exagérées que la tradition leur attribue. Quant aux méfaits dont souvent elles se rendaient coupables: coupe du blé encore vert, panique semée parmi les troupeaux, etc., auraient eu pour mobile la vengeance et la haine envers leurs vainqueurs, souvent leurs tyrans."

S. 190: „Dans les temps reculés le Valais était habité par des gens ignorants, absurdes, idolâtres. A mesure que la civilisation avançait, les gens primitives se retiraient et reculaient dans les montagnes encore ignorés. La vallée d'Anniviers resta longtemps le refuge de ces gens qu'on appelait Zincher. Enfin on y pénétra et on s'empara peu à peu du territoire. ... Pour se débarasser des habitants primitivs de la vallée, on les brula. Il n'y a pas très longtemps, on en brula sept au Martinet près de Vissoie. ..."

Es liegt nahe genug, bei dieser sagenhaften Urbevölkerung an die von Plinius geschilderten zwerghaften Bergleute zu denken (vgl. S. 18). Die Urbewohner heißen gemeinhin Feen oder Teufel; sie sind Zwerge, welche eine fremde Sprache reden (189) und in Höhlen wohnen (97). Es wird positiv angegeben (182), daß sie sich mit den „Menschen" vermischen und verheiraten (das „numquam conubiis aliarum gentium mixtis" bei Plinius ist also nicht wörtlich zu nehmen), aber soviel ich sehe, nur in dem Sinne, daß die Frau aus dem Stand der Feen ist. Solche Ehen scheinen nicht als besonders glücklich zu gelten, insofern als es einmal den Frauen wie auch deren Abkömmlingen an Verstand gebricht und als andrerseits immer wieder über ihre Bosheit und Tücke geklagt wird. So treten die Feen in eine natürliche und genetische Beziehung sowohl zu den Kretinen wie zu den Hexen; von beiden, den Kretinen wie den Hexen, ist in den Sagen sehr oft die Rede.

Die Übereinstimmung der Walliser Feen mit den Dialen (und auch mit den Fänggen) der Bündner Sagen springt in die Augen. Charakteristisch ist vor allem der Tierfuß (bald ist von einem Pferde-, bald von einem Bocksfuß, einmal sogar von einem Schweinsfuß die Rede). Wenn an einer Stelle (98) der Anführer einer Herde von Teufeln gar in Gestalt eines riesigen, pfeifenrauchenden Steinbocks erscheint, so stimmt das ausgezeichnet zu der Angabe von Täuber (628), daß Fee ursprünglich Schaf bedeute (von Feta = trächtiges, dann überhaupt Schaf, wovon westschweizerisch fea und die Ortsnamen Faye [sehr verbreitet], Six des Fées [Felsen, bei denen die Schafe unterstehen zum Schutz gegen Platzregen], Saas-Fee [ebenso] Faido, Alpe di Fieudo; ferner altnordisch faer = Schaf, wovon Faer-eyjar = Faröer, die Schafinseln).

Es wird ihnen Kannibalismus vorgeworfen (4); die Hexen sollen Kinder fressen. Sie genießen großen Ruf als „Guérisseurs" (vgl. S. 347), dürfen aber (genau wie die heutigen Vertreter der wilden Volksmedizin) kein Geld annehmen[1]). Sie verüben Diebstähle (mehr oder weniger unter dem Vorwand der Zauberei), kehren (wie die Wedda!) immer wieder, von unwiderstehlichem Heimweh getrieben, zu ihrem Waldleben zurück, und wenn sie in ihrem Unverstand grünes, unreifes Getreide mähen, so mag dies darauf deuten, daß die Urbevölkerung den Ackerbau noch nicht kannte. „Ce furent elles (les fées) qui apprirent à nos parents l'art de fabriquer le fromage avec du lait" (123) — ganz genau wie in Graubünden. Und wenn (185) der Bauer als Gegenleistung für eine Fuhre Holz den Geistern, ohne aus dem Haus zu treten oder hinauszugucken, drei Scheffel Roggen zum Fenster hinauswerfen muß, so dürfte darin wieder ein Anklang an den geheimen Tauschhandel zu erkennen sein. — Diese Beispiele mögen genügen, um zu zeigen, daß die Feen und die Fänggen (Dialen) einander genau entsprechen; alle diese Fabelwesen haben wirklich einst gelebt, und sie haben Beziehungen einmal zu

---

[1]) Sollte es damit zusammenhängen, wenn noch heute etwa detaillierte Rechnungsstellung bei den Ärzten als standesunwürdig gilt und viele Kollegen sich scheuen, säumige Zahler zu betreiben? Juristen nehmen nur gegen Vorauszahlung Geschäftsaufträge an; auch die Kurpfuscher gewähren ihre „Mittel" nur gegen bar'. Wenn ein Arzt nach diesem Prinzip vorgehen wollte?!

unsern Kretinen, wie auch zu gewissen primitiven Völkern, die heute noch weit im hohen Norden nachzuweisen sind. Selbstverständlich kommen neben den (für unsere Zwecke wichtigeren) Lokalsagen auch andere vor, die man als gemeinsames weit verbreitetes Sagengut indogermanischer Völker allenthalben antrifft, bei Deutschen wie bei Slawen; hier kann darauf nicht eingegangen werden.

Die Ureinwohner des skandinavischen Nordens, von S. Nilsson.
(Übersetzt von J. Mestorf, Hamburg 1863—68.)

Dieses auch heute noch nicht veraltete Werk des Begründers der komparativen Ethnographie und Archäologie bringt in seinem zweiten Teil („Das Steinalter") den Nachweis, daß ein den heutigen Lappländern nahe verwandtes Volk die älteste nachweisbare Besiedelung von Skandinavien vollbracht habe, später immer mehr nach dem unwirtlichen Norden verdrängt wurde und heute noch unter dem Titel Zwerge in den Sagen fortlebe. Die klaren und logisch zwingenden Ausführungen und Schlüsse des Autors sind auch für die vorliegende Studie von größtem Wert, weil sie eine bis ins einzelne gehende Übereinstimmung mit den eben besprochenen schweizerischen Bergsagen enthüllen; es wird dadurch bewiesen, daß auch die Zwerge der Schweizersage (Fänggen, Dialen und Feen) nicht bloß mythische Gestalten sind, sondern daß sie wirklich gelebt haben und auch ihrerseits den erwähnten Polarvölkern nahe stehen müssen. Gilt dieser Satz aber für die Zwerge der Sage, so gilt er auch für ihre degenerierten Abkömmlinge, die Kretinen.

Das Buch von Nilsson stammt aus einer Zeit, als die Lehre von der Kraniometrie noch in ihren ersten Anfängen stand; trotzdem bringt der Autor schon eine ganz hübsche Tabelle von Schädelmaßen, welche an rezenten Schweden-, Goten- und Lappenschädeln, wie auch an verschiedenen fossilen Objekten abgenommen worden waren. Ich habe die Angaben von Eskimo, Neandertaler und Kretin hinzugefügt, und dann ergibt sich folgende sehr instruktive Übersicht:

	Größte Länge	Größte Breite	Stirnbreite	Jochbreite	Horizontaler Umfang
	♂ ♀	♂ ♀	♂ ♀	♂ ♀	♂ ♀
Schweden	188—185	148—146	98—97	141—134	542—535
W.-Goten	189—187	138 - 136	98—90	126 - 127	530—525
Schädel von Malta . .	187	147	118	122	538
O'Connor	209	153	118?	—	575
Stångnäs	196	147	117	—	556
Neandertaler	199	147	112	—	590
Eskimo	190	153	94	145	524
Lappländer	179—160	150—140	100—91	136—120	530—480
Kretinen	173—166	163—139	97—91	132—122	516—499

Schweden und Goten verlangen keine Erläuterung; der Schädel aus Malta gehört wohl nicht hierher. Sehr merkwürdig sind dagegen der Schädel O'Connors, des „letzten Königs von Irland", und zwei Schädel aus einer Muschelbank bei Stångnäs; sie sind sehr groß, haben niedrige Stirn und ausgesprochene Arcus supercil., sowie einen gleichmäßig gewölbten Umfang; in allen Dimensionen scheinen sie einerseits dem Neandertaler, anderseits dem Eskimo nahezustehen, genaueres läßt sich darüber jedoch leider heute nicht mehr sagen. Die Hauptsache aber, nämlich die weitgehende Übereinstimmung zwischen Kretinen- und Lappenschädeln, ist evident. Ähnliche Schädel hat Nilsson in Schweden auch prähistorisch nachgewiesen.

In einem ferneren Kapitel wird der Beweis erbracht, daß die nordischen Gangbauten in allen Einzelheiten genau dem Winterhaus der grönländischen Eskimos entsprechen, obschon sie in Skandinavien nicht der Urbevölkerung, sondern späteren Eindringlingen als Begräbnisstätten dienten. Die Gräber der schwedischen Urbevölkerung sind ebenso unbekannt wie ihre Wohnhäuser, da sie wahrscheinlich ohne feste Wohnsitze oder Begräbnisplätze in den Wäldern umherirrten.

Großen Wert legt der Autor auf das Studium der Volkssagen. Er zeigt, daß überall, wo großgewachsene und kleine Völker aufeinander stoßen, sich bei den Großen Zwergsagen und bei den Kleinen umgekehrt Riesensagen bilden; so war es in historischer Zeit, wie an prägnanten Beispielen gezeigt werden kann, und nicht anders verhielt sich die Sache früher. Alle unwissenden Völker erzählen die abenteuerlichsten Geschichten von ihren Nachbarn; es wäre ebenso falsch, zu glauben, alles, was in der Beschreibung entstellt wurde, habe nie existiert, wie auch kein vernünftiger Mensch annehmen wird, daß es in der Form existiert habe, in der es uns dargestellt wird. Sowohl lappische Ortsnamen, die in viel weiterem Umkreis vorkommen, als den heutigen Lappen entspricht, wie die weit verbreiteten Zwergsagen beweisen, daß die Lappen ursprünglich bedeutend weiter nach Süden gereicht haben. Die Zwerge werden auch in der skandinavischen Sage (ganz wie bei uns) als häßlich, klein gewachsen geschildert und hatten einen breiten Mund (all das bezeugt DÜBEN gleicherweise von den Lappen); sie wohnten in Erdlöchern und Höhlen (so auch die Lappen noch vor 100 Jahren), waren diebisch, kunstfertig und zauberkundig (selbstverständlich auch treffliche Ärzte!), arbeiteten wie Menschen und hatten menschliche Bedürfnisse, waren furchtsam und ergriffen die Flucht, sobald sie Menschen andrer Abkunft erblickten (wohlweislich! denn sie wurden von diesen aufs grausamste verfolgt, mit glühenden Pfeilen beschossen, mit Beilen in Stücke gehauen, usw.). Es gab männliche und weibliche Zwerge; sie hatten Kinder und bisweilen auch Dienstboten, auch wird von Mischehen mit Vertretern der großen Rassen berichtet; ihre reichen Schätze an Silber und Kupfer sind sprichwörtlich. Auch von dem geheimen Tauschhandel finden : ich Spuren: oft verlangten sie etwas zu leihen, dann kamen sie abends vor die Tür und trugen ihr Anliegen vor: doch nie überschritten sie die Schwelle. Legte man ihnen das Erbetene vor die Tür, so fand man es nach einigen Tagen wieder an der gleichen Stelle und daneben eine Silbermünze oder andere Wertsache zum Lohn. All das paßt nun fast wörtlich auch auf die Lappen; auch sie sind klein und häßlich, mit breitem Mund und kurzen Beinen, sie sprechen die Landessprache sehr fehlerhaft (wenn ein Norweger einen Lappen nachahmt, so klingt das wie die Mundart der Unterirdischen[1]). Sie sind Feiglinge, zum Soldaten nicht zu brauchen, aber schlau, betrügerisch und geschickt: Die Lappen sammeln gern glänzende Münzen, am liebsten Silber, anderes nehmen sie nur ungern (ähnliches berichtet S. 102 MAFFEI von den Kretinen!). Die Übereinstimmung erstreckt sich aber gleicherweise auch auf die Zwerggestalten der Schweizersagen und NB. nicht minder auf unsere Kretinen; muß ich es wirklich alles noch einmal wiederholen?

Hier wird man den Einwand erheben: die Alemannen (vielleicht schon die Kelten) hätten diese allen Indogermanen gemeinsamen Zwergsagen aus ihrer Urheimat mit nach der Schweiz gebracht und damit ihre Alpen bevölkert. Gewiß sind einzelne Sagen leicht als Wandergut zu erkennen; das sind z. B. solche, die denen der Teufel als der dämonische Höllenfürst in der Einzahl auftritt. Andere Sagen haben aber ein so ausgesprochenes Lokalkolorit, daß es schwer ist, sie für Lehngut zu halten. Und zu alledem kommen dann noch historische Zeugnisse (wie z. B. PLINIUS; Hexenverbrennungen in alten Chroniken), welche beweisen, daß wirklich eine kleinwüchsige Bevölkerung im Alpengebiet gelebt hat. Weniger Wert will ich darauf legen, daß noch heute bei uns ein Tölpel als „Lappi"[2]) bezeichnet wird; „läppisches" Zeug, „Lappalie" gehören auch hierher, und nach KLEBS führt ein besonderes Kropfgebiet im Pongau den vulgären Übernamen „Lappendörfel". Man verstehe mich nicht falsch; ich behaupte nicht, daß die jetzigen Lappländer früher bis ins Alpengebiet hineingereicht hätten. Wohl aber scheint mir, daß eine primitive kleinwüchsige Bevölkerung, welche den heutigen Polarvölkern im Äußern wie in ihrer Kultur aufs nächste verwandt war, bei uns angenommen werden darf; als deren letzte, entartete Abkömmlinge wären unsere Kretinen anzusprechen. Ob brachyzephale Pygmäen prähistorisch gefunden wurden, ist mir unbekannt.

---

[1]) DÜBEN nennt die Sprache der Lappen „peculiarly piping and wining".

[2]) Wird von BRUNNHOFER aus dem ossetischen lappu = Knabe abgeleitet; wenn das Polarvolk demnach als Lappen bezeichnet wird, so ist dabei an Südafrika zu denken, wo bei Deutschen und Engländern die Hereros usw. als „boys" angeredet werden.

Die Edda.

Da mir germanistische Kenntnisse fehlen, so muß ich mich an die Übersetzungen (Nachdichtungen) von W. Hahn (Berlin 1872) und von Wolzogen (Leipzig bei Reclam) halten; soweit aus diesen Übertragungen ein Schluß zulässig ist, so scheint es auch den Zwergen der Edda nicht an Zügen zu mangeln, welche an die uns schon bekannten polaren Primitivvölker erinnern. Die Zwerge heißen Inwaltssöhne, weil sie als Höhlenbewohner in Erdlöchern hausen; sie sind von dunkler Hautfarbe (Schwarzalben), häßlich und verachtet, erscheinen aber als kunstfertige Waffenschmiede und Besitzer von großen Schätzen (Nibelungen!) und von geheimer Wissenschaft (Allwiß! Reigen, Siegfrieds Lehrmeister), durchaus nicht als Idioten. Die Beispiele dafür, daß die Asen sich mit Weibern aus dem Geschlecht der Zwerge vermählen, sind in der Edda nicht selten; aber der Zwerg Allwiß wird von Thor in einen Stein verwandelt zur Strafe dafür, daß er Thors Tochter zur Frau zu begehren gewagt hatte. Das Versteinern kommt auch sonst als Strafe oft genug vor und scheint andeuten zu sollen, daß die Zwerge noch ohne Kenntnis der Metalle im Steinalter lebten.

Die Schilderung der Entstehung der Zwerge aus dem schäumenden Blut und dem dunkeln Gebein des Urriesen Ymir ist ein Bild von größter poetischer Anschaulichkeit (Hahn, S. 43):

> Da wurden die krüppligen, knüppligen Wesen,
> die ratscheln und watscheln, purzeln und sturzeln,
> die im Dunkeln sich ducken, im Dichten sich drücken,
> dickleibige, schwerwanstige Dunkelhautzwerge.
>
> Blaß um die Nase[1]), bleich um die Wange,
> aufblähendes Blut, schwerbalkige Schulter,
> kniewendig, breithändig, augglotzig, schmähglupig,
> so sind der Zwerge unzähl'ge Geschlechter.
>
> Sie rücken sich, bücken sich, drücken sich, schicken sich,
> sie scharren und schurren, witzeln und schnitzeln;
> sie lachen bei Leichen, nehmen ohn' Schämen;
> geben mit Schrecken, schenken mit Necken.

Aus der „Entstehung der Stände" sei der Ursprung der Knechte angeführt: der Himmelsgott wandert auf Erden und tritt in die ärmliche Hütte zu Ai und Edda; drei Nächte lang schläft er zwischen dem Pärchen (Reklam, S. 162):

> Nun vergingen neun der Monde,
> und Ahne bekam ein kohlschwarz Kind;
> sie netzten's mit Wasser und nannten es Knecht.
> Zu wachsen begann es und wohl zu gedeihen,
> doch runzlige Haut behielt's an den Händen,
> krumm war der Rücken ihm, knotig die Finger,
> breit seine Fersen, ein Fratz sein Gesicht.
> Arbeit kriegt er die Kräfte zu üben
> im Bastbinden und Bürdenhäufen,
> im Reisiggeschlepp den geschlagenen Tag.
>
> Da humpelte Eine mal in ihren Hof
> mit wunden Sohlen, versengten Armen,
> gedrückter Nase, Dirne genannt.

Sie kriegen Kinder, und bezeichnend sind deren Namen: Trödel, Trotzig, Festefaust, Dickfell, Faullenz, Klotzig, Krummbuckel, Knickebein usw., und die Mädchen: Dienstmagd, Dicke, Dralle, Lumpenschlumpe, Schnabelnase, Säbelbein und Bohnenstange.

Es ist wohl nicht nötig, auf die Ähnlichkeit dieser Zwerggestalten mit Primitivmenschen — und mit Kretinen noch besonders hinzuweisen. Sogar einen richtigen Kretin glaube ich in der Edda gefunden zu haben, nämlich dort, wo dem gefangenen

---

[1]) Auch Allwiß wird von Thor wegen seiner blassen Nase verhöhnt.

Hagen bei lebendigem Leib das Herz aus der Brust gegraben werden soll, der Schaffner des Etzel aber an seiner Stelle den Hialli, den schwachsinnigen Kesselhüter, drangeben will:

> „Greifen wir Schwätzern und schonen Hagens!
> Die Halbtat genügt, und er hat nicht Vernunft,
> ein Lump nur bleibt er, solang er am Leben."
> Der Kesselhüter konnte verzagen,
> er stand nicht still, er stieg auf die Latten;
> unselig der Streit, den er sühnen sollte,
> und trübe der Tag seiner Trennung von Schweinen
> und reichlicher Nahrung, die nie ihm gefehlt!
> Doch man zog ihn herab und zückte das Messer;
> der Jämmerling schrie, eh' die Schneid er gespürt:
> ihm wär's ein Vergnügen, die Gärten zu düngen,
> das Niedrigste tät er, nützt es ihm nun:
> nur 's Leben ihm schenken, und Schwätzer ist lustig!

Handle es sich hier um einen echten Kretin oder um einen armseligen Lappen, sein Benehmen ist jedenfalls charakteristisch. Ob es sich bei Helge Schwertwartssohn, der in seiner Jugend nicht sprechen wollte, um eine Andeutung von Taubstummheit handelt, vermag ich nicht zu sagen. Sein Großvater mütterlicherseits ist der König Schläferer, der jenseits der schwindenden See wohnt; Name und Wohnort könnten auf einen Lappen deuten.

Kinder- und Hausmärchen, gesammelt durch die Brüder GRIMM.

Zwerggestalten spielen in dieser Sammlung bekanntlich eine hervorragende Rolle. Außer den eigentlichen Rassenzwergen tritt wiederholt der Daumesdick auf, eine Figur von Fingerslänge mit menschlicher Gestalt und Intelligenz; dieser Däumling hat mit wirklichen Zwergvölkern nichts zu tun, sondern sein Vorbild dürfte in durch Abortus entleerten Föten von entsprechender Größe zu suchen sein; solche Früchtchen wurden wohl zu allen Zeiten gelegentlich geboren und es mußte die Volksphantasie reizen, sich auszumalen, welchen Abenteuern ein solches Geschöpf, wenn es lebensfähig wäre, begegnen müßte.

Die wirklichen Zwerge der Märchen haben etwa die Größe eines Kindes (Sneewittchen vermag im Bett eines Zwerges zu schlafen). Sie lebten vor 1000 Jahren unter eigenen Königen (Nr. 96); sie heißen „schwarze Männchen" (Nr. 92), „Haulemännchen", d. h. Höhlenmännchen oder Waldmännlein, welche in Waldhöhlen wohnen (Nr. 13) und den Leuten die Kinder wegstehlen, solange sie noch nicht getauft sind (sie sind also Heiden; darauf deutet auch ihre nahe Verwandtschaft mit Hexen und Teufeln; in Nr. 100 erscheint „ein kleines Männchen, das war aber der Teufel"). Wer ihnen dient, darf sich nicht waschen, nicht kämmen, nicht Haare und Nägel schneiden usw. (Nr. 100). Bald sind sie mit grauen Röcken bekleidet, bald nackte Wichtelmänner; schenkt man ihnen Kleider, so freuen sie sich ausnehmend, kommen aber nicht mehr zur Arbeit (Nr. 39; vgl. oben S. 353). Sie haben einen Platschfuß, riesige Unterlippe und dicken Daumen (Nr. 14), ihre Kinder sind gelegentlich als Wechselbälge mit dickem Kopf und starren Augen, die nichts als essen und trinken wollen (Nr. 39), also wohl deutlich genug als Kretinen gekennzeichnet; dazu paßt ausgezeichnet, daß mehrfach (z. B. in Nr. 28 und 62) der Dummling, also ebenfalls ein Kretin, von den Zwergen begünstigt und bei Lösung schwieriger Aufgaben unterstützt wird. Daß sie fleißig arbeiten, Erz graben (Nr. 59), gute und schlimme Gaben verleihen (Nr. 13), mit schwarzem Spieß (Nr. 28) oder Knüppel (Nr. 116) bewaffnet sind, all das ist bekannt; der Pferdefuß wird nur einmal (Nr. 120) als Attribut des Teufels erwähnt. Häufig werden sie als Menschenfresser verschrien, aber wohl mit Unrecht (vgl. oben S. 344); von Bedeutung scheint mir endlich der Umstand, daß sie nicht die gewöhnliche Sprache der Menschen reden: in Nr. 182 vermag sich der Zwerg den Handwerksburschen nur durch Gebärden verständlich zu machen, und in Nr. 55 führen die Unterirdischen Namen, die bei den Menschen nicht im Gebrauch sind.

Diese wenigen Andeutungen dürften genügen, um zu zeigen, daß in den Märchen gleicherweise die Erinnerung an eine kleingewachsene Urbevölkerung weiterlebt, wie

in den nordischen, den Bündner und Walliser Sagen. Von besonderem Interesse ist die
Tatsache, daß in sehr vielen Märchen von Kretinen, Dummlingen (oft ist dies der jüngste
oder einzige Sohn) und ihren Streichen die Rede ist; ich kann unmöglich im Detail darauf
eintreten. Schon SINGER macht die Bemerkung, daß da und dort zwerghafte Kretinen
als Vorbilder für die Zwerggestalten der Sage gedient haben mögen, und er zitiert ebendaselbst S. 27 die Ansicht von A. WÄBER, wonach die alpine Urbevölkerung den Lappen
nahegestanden haben möge.

Zusammenfassung zur Ergologie.

In der Körperhaltung und -pflege, im Sexualismus der Kretinen, in ihrer
Sprache und Intelligenz, in Ernährung und Kleidung, Beschäftigung, Religion
und Rechtsverhältnissen lassen sich, genau wie früher in ihrer äußern Erscheinung und in ihrem Knochenbau, altertümliche Elemente nachweisen, welche
alle übereinstimmend an entsprechende Verhältnisse bei gewissen kleinwüchsigen Polarvölkern (Lappen) erinnern. Vergleichung der Kretinen mit den
Zwergen der Sage ergibt ebenfalls eine nahe Verwandtschaft.

Handelte es sich nur um eine vereinzelte Ähnlichkeit, z. B. nur in der äußern
Erscheinung, oder nur im Bau einzelner Knochen (Schädel), oder nur in den Proportionen, oder etwa bloß auf volkskundlichem Gebiet, so könnte wohl ein Zufall
in Frage kommen und etwa von „Konvergenz" gesprochen werden. Aber wenn
alle Einzelheiten einander unterstützen und alle Merkmale auf so ganz verschiedenen Gebieten in derselben Richtung hindeuten, so scheint mir doch ein Zweifel
an einem tieferen Zusammenhang nicht mehr berechtigt. Das Bild des Kretinismus rundet sich zu einer vollauf befriedigenden einheitlichen Vorstellung,
und wenn das Problem allmählich vom klinischen und rein medizinischen Gebiet
aufs anthropologische und sogar aufs volkskundliche hin verschoben wird, so
ist das kein allzu großes Unglück. Die klinischen und bakteriologischen For-
schungsmethoden haben dem Kretinismus gegenüber versagt; darüber besteht
kein Zweifel mehr. Warum sollen wir uns nicht jeder Mitarbeit freuen, komme
sie auch aus fremdem und anscheinend fernliegendem Gebiet (wie etwa aus
dem Gebiet der Sagenforschung)? Ich habe schon in der Einleitung zu dieser
Ergologie gebeten, den Maßstab strengster Kritik hier nicht anzulegen; ich
würde es aber sehr bedauern, wenn man mir diesen Abschnitt etwa als unsach-
lich oder unwissenschaftlich abtun wollte. Es ist ein Versuch und bittet um
Nachsicht.

Vierter Abschnitt.

Krankheiten der Kretinen.

Die Krankheiten der Kretinen sind zwar im allgemeinen die gleichen, welche
auch sonst in unsern Gegenden verbreitet sind[1]), bieten aber doch nach Häufigkeit
und Verlauf gewisse Eigentümlichkeiten. KELLNER (65) behauptet, alle Idioten
(somit auch die Kretinen) seien durch eine besonders geringe Resistenz gegen
Infektionen ausgezeichnet; da aber zahlenmäßige Beweise für diese Angabe
fehlen, so kommt ihr jedenfalls keine allgemeine Gültigkeit zu, und ich bin eher
geneigt, mit MAFFEI anzunehmen, daß das Gegenteil davon zutreffe. Er schreibt

---

[1]) In meinem Aufsatz über Kretinismus im Nollengebiet habe ich mich etwas ausführlicher über die Begleitkrankheiten der Endemie geäußert (Korr. Bl. 1918, S. 613).

(auf S. 87): „Die Kretine sind im Durchschnitt sehr gesund. Die gewöhnlichen Kinderkrankheiten überstehen sie mit großer Leichtigkeit, und nur selten nehmen sie Teil an epidemischen Leiden." Ferner wird ihre geringe Empfindlichkeit gegen Witterungseinflüsse und gegen Schmerzempfindung hervorgehoben, andrerseits aber auch ihre lächerliche Ängstlichkeit und Blutscheu. Damit stimmt gut die von MAYRHOFER (34) konstatierte relative Immunität der Kretinen der Zahnkaries gegenüber. Daß die Rasse auf Krankheitsbereitschaft und verlauf einen Einfluß hat, ist ja bekannt genug.

Um über die Krankheiten der Kretinen wenigstens einigermaßen ein Urteil zu gewinnen, kann man die Todesursachen zusammenstellen und mit normalen Verhältnissen vergleichen. Zu diesem Zweck habe ich von meinen 18 Berner Kretinen, ferner von 24 Beobachtungen von SCHOLZ und 43 weiteren Fällen des gleichen Autors, sowie 15 Fällen aus der Literatur Sterbealter und Todesursache zusammengestellt. Von all diesen Fällen liegen einigermaßen zuverlässige Sektionsprotokolle vor; wo die pathologisch-anatomische Diagnose eine Mehrzahl von Krankheiten und Komplikationen aufzählt, habe ich jeweils nur die vermutliche direkte Todesursache berücksichtigt, ein Verfahren, dem leider eine gewisse Willkürlichkeit anhaftet.

Das Alter der Verstorbenen war nicht in allen Fällen genau bekannt; zusammen erreichten die 100 Kretinen etwa 3000 Jahre, wurden also im Mittel etwa 30 Jahre alt. Die mittlere Lebenserwartung ist bekanntlich in unsern Gegenden für Männer etwa 35 und für Weiber etwa 38 Jahre. Wenn man in Betracht zieht, daß unter den der Berechnung zugrunde gelegten Kretinen die Kinder (wegen Schwierigkeiten der Diagnose?) nur schwach vertreten sind, so erscheint das mittlere Alter der Kretinen als sehr niedrig; auch die höhern Altersklassen sind nur schwach vertreten. Während normalerweise Kinder und alte Leute in den Sterbelisten vorwiegen, so scheinen die Kretinen in den mittleren Altersklassen die größte Sterblichkeit zu bieten. Folgende Tabelle zeigt unter A das Alter der Verstorbenen in Preußen (1876—85) und unter B 100 Kretinen:

	A	B
unter 1 Jahr	31,0	7
1 bis 5 Jahre	16,5	6
5 „ 10 „	4,3	7
10 „ 15 „	1,7	8
15 „ 20 „	1,8	9
20 „ 30 „	4,7	17
30 „ 40 „	5,4	15
40 „ 50 „	5,8	13
50 „ 60 „	7,4	11
60 „ 70 „	9,6	7
70 „ 80 „	8,2	
über 80 „	3,4	

Man kann sagen, daß die ansteigende Kurve der Alterssterblichkeit bei den Kretinen viel früher beginnt als bei normalen Menschen. Ähnliches sagt H. BIRCHER S. 109 seines Buches.

In der folgenden Tabelle habe ich die Todesursachen meiner Kretinen

(unter B) den Ergebnissen der Basler Sterbestatistik von 1904—05[1]) (unter A)
gegenübergestellt. Es sind gestorben an

	A		B
	absolut	in %	
Lebensschwäche	229	5,0	2
Altersschwäche	28	0,5	4
gewaltsamer Tod	159	3,0	—
Krankheit der Digestionsorgane . .	477	11,0	14
„ „ Respirationsorgane . .	435	10,0	16
„ „ Zirkulationsorgane . .	486	11,0	3
„ „ Nerven	208	4,5	11
„ „ Nieren usw.	103	2,5	1
„ „ Haut	3	—	—
„ „ Bewegungsorgane . .	2	—	2
im Puerperium	26	0,5	6
an Infektionen	1106	26,0	32
davon Tbc. pulmon.	311	7,5	
„ Tbc. anderer Organe. . .	107	2,5	29
„ Miliar-Tbc. usw.	245	5,0	
Tumoren	363	8,5	2
Konstitutionsanomalien	102	2,5	2
unsicher	10	—	2

Bei den Verdauungskrankheiten finden sich 5mal Durchfälle, 2mal perforiertes
Ulcus ventr., 4mal Peritonitis und 3mal inkarzerierte Hernie. Bei den Lungen-
krankheiten 13 Pneumonien, 1mal Pleuritis und 2mal Lungenödem; bei den
Krankheiten der Bewegungsorgane 2mal komplizierte Knochenbrüche, außerdem bei den nichttuberkulösen Infektionen Sepsis im Anschluß an Dekubitus
und Erfrierung neben einer einzigen Diphtherie und keinen akuten Exan-
themen! Lungentuberkulose nimmt weitaus die wichtigste Stelle ein; dabei
ist freilich zu bedenken, daß es sich meistens um Anstaltskretinen gehandelt hat,
und in allen geschlossenen Anstalten ist bekanntlich die Schwindsucht unaus-
rottbar daheim. Wenn Krankheiten des Herzens in obiger Tabelle nur selten
als Todesursache auftreten, so darf daraus nicht geschlossen werden, daß solche
bei Kretinen überhaupt selten vorkommen; genau das Gegenteil ist richtig.
Recht hoch ist verhältnismäßig die Zahl der im (und am) Wochenbett zugrunde
gegangene Frauenzimmer; gering an Zahl sind Tumoren, und Unfälle und Selbstmorde dürfen bei Kretinen ebenfalls zu den Seltenheiten gerechnet werden. Die
gewöhnlichsten Todesursachen sind also, um das noch einmal zu betonen, Pneumonien, Schwindsucht und Darmkrankheiten. Übereinstimmend hiermit fand
ALLARA (2) bei 22 Sektionen als Todesursache in 6 Fällen Krankheiten des
Bauches, 2mal Pleuritis, 3mal Pneumonie und 9 Fälle von Tuberkulose.
    Soviel über die mehr zufälligen Erkrankungen der Kretinen. Nun gibt es
aber noch eine Anzahl von Leiden, die, wie man früher etwa annahm und auch
heute noch gelegentlich annimmt, in einem näheren und ursächlichen Zusammenhang zum Kretinismus stehen sollen. Die alten Autoren betrachteten oft
den Kretinismus als den „höchsten Grad der Skrofelsucht": heute lächeln wir

---

[1]) Statistische Mitteilungen des Kantons Basel-Stadt 1904 und 1905.

darüber, ebenso über den Zusammenhang von Kretinismus und „Leukäthiopie"
(Albinismus) nach TROXLER (44), oder über die Theorie von ACKERMANN (1),
wonach der Kretinismus eine in den Alpen endemische Abart der Rachitis wäre.

Diese Theorien sind heute schon längst erledigt; — und ich bin überzeugt,
daß es der Theorie von der „Trias: Kropf, Kretinismus und Taubstummheit"
ebenso ergehen wird. Auch diese Trias wird bald nur noch historisches Interesse darbieten. Betrachten wir eins ums andre, zunächst den Kropf, dann die
Taubstummheit.

1. Der Kropf.

Nachdem ich im Einleitungskapitel auf die heute noch „geltenden" und sich
vielfach widersprechenden Kropftheorien eingetreten bin und sie widerlegt habe,
so darf ich mich an dieser Stelle damit begnügen, auf jene Ausführungen zu verweisen; Neues läßt sich darüber nichts sagen. Selbstverständlich können und
müssen auch in der Schilddrüse der Kretinen degenerative Erscheinungen zu
beobachten sein, gerade wie in allen andern Organsystemen dieser Klasse von
Entarteten. Aber solche Schilddrüsenstörungen sind sicher nicht die Ursache
des Kretinismus, sind überhaupt für das Bild dieses Zustandes nur von untergeordneter Bedeutung; es gibt trotz alledem echte Kretinen mit normaler
Schilddrüse (vgl. die Sektionsprotokolle bei SCHOLZ; wenn bei alten Leuten,
so z. B. bei meinen Berner Kretinen, häufig von Atrophie der Schilddrüse die
Rede ist, so kann es sich hier sehr wohl lediglich um eine Altersatrophie handeln),
und das Bild der wirklichen Athyreose ist vom Kretinismus verschieden; auch
ist die Kombination von Kretinismus mit Degeneratio cordis und andrer Organe
mindestens ebenso endemisch verbreitet wie die Struma, und man hat kein Recht,
allein auf die Struma abzustellen.

Hatte schon E. BIRCHER (6) über anatomisch richtige Basedowstrumen
bei Kretinen berichtet, so geht neuerdings HOTZ (Kl. W. 1922, S. 2073) in dieser
Richtung noch viel weiter, indem er im Kretinismus überhaupt nicht mehr den
Ausdruck einer Hypothyreose, sondern gerade entgegengesetzt den Folgezustand
einer Hyperthyreose während der für die ganze spätere Entwicklung so überaus
wichtigen ersten Kindheit erkennen will; die spätere sekundäre Degeneration
und Atrophie der Schilddrüse bei schon kretinischen Individuen sei bedeutungslos. HOTZ kommt zu diesen Ansichten auf Grund der histologischen Befunde
exstirpierter Schilddrüsen wie auch der postoperativ konstatierten Besserung
des Allgemeinbefindens seiner jungen, kretinischen Kropfträger. Wir haben
keinen Anlaß, an den mitgeteilten Tatsachen zu zweifeln; nach neueren Untersuchungen amerikanischer Autoren führt ja doch im Experiment beim Kalt-
blüter übermäßige Zufuhr von Thyreoideaprodukten zu beschleunigter Metamorphose und zu Zwergwuchs. Es ist durchaus logisch, etwas ähnliches beim
Kretin auch anzunehmen und eventuell einen hyperthyreotischen Schwanger-
schaftskropf der Mutter für die Entartung des Sprößlings verantwortlich zu
machen. Die Theorie von HOTZ enthebt uns auch von dem Zwange, bei einem
sicher hyperplastischen Organ eine Unterfunktion annehmen zu müssen, wie es
ja bei der Theorie von der hypothyreotischen Struma sonst nicht zu umgehen
ist; ob allerdings die Befunde von HOTZ ohne weiteres im Sinne einer Hyper-
und nicht vielleicht eher als Dysthyreose zu deuten seien, das sei dem Entscheid

der Physiologen überlassen. — Einige kritische Bedenken gegen die Hyperthyreosetheorie des Kretinismus sind aber doch nicht zu unterdrücken. Wenn Hotz nach Strumektomie bei Kretinen Besserung eintreten sah, so ist doch auch das Gegenteil, nämlich Verschlimmerung bis zur strumipriven Kachexie bekannt und es ist bekannt oder wenigstens auf Grund von praktischen Versuchen in großem Maßstab behauptet worden, daß gerade die perorale oder operative Zufuhr von speziell aktivierter Schilddrüse den Kretinismus zu bessern imstande sei. Beides kann nicht stimmen, beides schließt sich aus. Und wenn eine überaktive Schwangerschaftsstruma Kretinismus im Gefolge hat, so muß man sich nur wundern, daß überhaupt noch normale Kinder geboren werden, ist doch die Schwangerschaftsstruma quasi universell und nicht nur im Endemiegebiet verbreitet. Auch die Tatsachen aus der Lehre der Ausbreitung des Kretinismus unter den Bürgern, in den kleinsten Orten, mit überwiegender Beteiligung des männlichen Geschlechts usw. bleiben doch nach Hotz vollständig unerklärlich. Und die von mir nachgewiesenen zahlreichen Primitivmerkmale im Skelett der Kretinen, in ihren Proportionen und in ihrer Ergologie werden durch eine Hyperthyreose so wenig erklärt wie durch eine Hypothyreose. Auch handelt es sich ja doch bei den Kretinen nicht einzig um die Schilddrüse, sondern um eine Degeneration des ganzen Menschen (und des ganzen Volkes!). Dem Kropf kommt im Gesamtbilde überhaupt nur eine sehr nebensächliche Bedeutung zu. In dieser Ansicht vermag mich auch die Theorie von Hotz nicht zu beirren.

Der Stoffwechsel der Kretinen wurde von Scholz in umfassender und exakter Weise untersucht, mit Schilddrüsenstörungen verglichen und der Einfluß der Thyreoideadarreichung studiert; der dem Stoffwechsel gewidmete Abschnitt nimmt in dem Werk von Scholz (39) etwa 110 Seiten ein und umfaßt zahllose Tabellen. Ich gestatte mir, nur aus den Resultaten das Wesentliche hier kurz anzuführen. 1. Unter normalen Verhältnissen ist der Stoffwechsel der Kretinen sehr träge. Die Harnausscheidung ist vermindert, der Eiweiß- und Salzumsatz liegt darnieder. Besonders Harnsäure, Kreatininin, sowie Kochsalz werden vermindert ausgeschieden; Harnstoff, Xanthinbasen, Ammoniak und Schwefelsäure dagegen in normalen Werten. Es besteht Tendenz zur Phosphorretention selbst bei geringer Zufuhr. Die alkalischen Erden erfahren bei jungen Kretinen eher eine vermehrte Ausscheidung. „In den Grundzügen ergibt sich für den unbeeinflußten Stoffwechsel ein auffallender Parallelismus zum Myxödem, nicht aber zur eigentlichen experimentellen Athyreoidose." 2. Bei Schilddrüsenbehandlung ergab sich eine vermehrte Diurese. Die N-Ausfuhr war nicht wesentlich erhöht, es erfolgte keine Eiweißeinschmelzung, das Körpergewicht sank aber, der Gewichtsverlust war also dem Zerfall N-freier Substanz zuzuschreiben, wie auch der vermehrte Kohlenstoffverlust anzeigte. „Die Kretinen verhalten sich somit speziell im N-Stoffwechsel unter Schilddrüsendarreichung anscheinend anders wie die Myxödemkranken, eher ähnlich wie die an Morb. Basedow leidenden Individuen." Die Harnstoffausscheidung war nur wenig beeinflußt. Die Ausfuhr von Harnsäure und Kreatinin war beim Greis erhöht, bei jungen Kretinen herabgesetzt; Xanthinbasen wurden vermehrt ausgeschieden, während Ammoniakwerte im Harn sanken. P-Stoffwechsel war kaum verändert, Erdalkalien (Kalk) verschwinden aus dem Harn; Cl und H_2SO_4 wurden im Körper zurückbehalten; die Azidität des Harns nahm stark zu.

Chlor verhält sich also entgegengesetzt wie beim Gesunden, Morb. Basedow-
und Myxödemkranken. Aus allen diesen weitläufigen Versuchen von Scholz
ergibt sich, um das noch einmal hervorzuheben, daß der Stoffwechsel der Kretinen mit demjenigen bei Schilddrüsenmangel nicht identisch ist, und ferner,
daß die Kretinen auf Schilddrüsendarreichung anders reagieren als Menschen
mit Schilddrüsenmangel. Es ist also auf dem Gebiet des Stoffwechsels eine
ähnliche Sachlage wie z. B. im Knochenbau, wo ja auch gewissen Ähnlichkeiten
(Ossifikation!) tiefgehende prinzipielle Unterschiede entgegenstehen. Es wäre
in diesem Zusammenhang auch an die neueren Untersuchungen über die Isohämagglutinine [nach Verzar (630) u. a.] zu erinnern, und es wäre von großem
Interesse, das Verhalten der Kretinen in diesem Punkte nachzuprüfen; das Resultat würde zur Beurteilung ihrer Rassenzugehörigkeit wertvolle Hinweisungen
geben.

Ich stehe nicht an, zu behaupten, daß das Verhältnis der Strumose zum Kretinismus ganz ähnlich sei, wie das Verhältnis zwischen Kretinismus und Skrofulose. Sowohl Kröpfe wie skrofulöse (tuberkulöse!) Erscheinungen sind bei
Kretinen durchaus keine Seltenheit, haben jedoch mit dem Wesen der kretinischen Degeneration nichts zu tun.

2. Die Taubstummheit.

Seit langer Zeit gelten die Kretinen als „taubstumm", und es fehlt nicht an
Autoren, welche von einer „endemischen Taubstummheit" reden, sie mit Kropf
und Kretinismus in Beziehung bringen und als leichteren Grad der Entartung
angesehen wissen möchten. Nach H. Bircher (119) beruht die sporadische
Taubstummheit auf Ohrenleiden, die endemische jedoch sei durch territoriale
Ursache bedingt. Eine klare Vorstellung darüber, inwiefern der Boden die
Menschen, welche ihn bebauen und bewohnen, taubstumm mache, sucht man
bei den Anhängern dieser Theorie vergebens; ebenso scheint über den Begriff
der angeblichen Taubstummheit selbst keine Klarheit zu bestehen. Mir ist es
ganz unverständlich, wie man Leute, welche hören und welche reden, überhaupt
als taubstumm bezeichnen kann; und daß beides bei den Kretinen zutrifft, das
ist doch absolut sicher!

Über die Sprache der Kretinen, ihre Sprechfaulheit und ihre Spracharmut
(Gedankenarmut) habe ich mich schon oben (S. 333) ausgesprochen. Hier will
ich nur wiederholen, daß die Kretinen keineswegs als Stumme betrachtet werden
dürfen.

Wie steht es aber mit der Hörfähigkeit der Kretinen? Sind sie derselben
wirklich bar, sind sie taub? Tatsache ist, daß die Kretinen im gewöhnlichen
Verkehr es oft an Aufmerksamkeit fehlen lassen (weil sie Idioten sind!) und daß
bei eingehender klinischer und anatomischer Untersuchung Ohrenleiden bei
ihnen etwas gewöhnliches sind.

Aber es handelt sich durchwegs um banale Erkrankungen nicht-spezifischen
Charakters, wie sie auch sonst alle Tage vorkommen, wenn auch zugegeben
werden mag, daß in Anbetracht der Indolenz und der Verwahrlosung kretinischer Individuen solche Ohrenleiden hier häufiger sein mögen als bei sonst
gesunden Menschen, und daß sie hier öfter übersehen werden. Als Beispiel dafür will ich bloß einen Fall anführen; es handelte sich um einen etwa 20jährigen

Kretin, den ich wegen Schwindsucht behandelte und bei dem nach dem Tode bei der Leichenschau ein blutig-eitriger Ausfluß aus dem linken Ohr beobachtet wurde. Darüber nun große Verwunderung, denn nie im Leben war davon etwas bemerkt worden! — Also konstatieren wir zunächst die Tatsache, daß Ohrenleiden bei Kretinen nicht selten sind, und fügen wir bei, daß solche schon intrauterin erworben, z. B. Folge einer in der Fötalperiode erlittenen Meningitis und also angeboren sein können. Wichtig ist aber, daß es eine spezifische Ohrenaffektion der Kretinen nicht gibt[1]). Und von Bedeutung ist ferner der Athyreosefall von DIETERLE (9), dessen Gehörorgan der Autor in der SIEBENMANNschen Klinik histologisch untersuchen ließ, mit dem Ergebnis, daß wesentliche pathologische Veränderungen dabei nicht gefunden wurden. DIETERLE hat darum den Satz aufstellen können: „Die kindliche Schilddrüse ist für die Entwicklung des innern Ohres auch während der Fötalperiode entbehrlich"; die endemische Taubstummheit könne also nicht auf mangelhafte Schilddrüsenfunktion zurückgeführt werden.

Die wirkliche Lösung des Dilemmas liegt ganz einfach darin, daß es eine „endemische Taubstummheit" überhaupt gar nicht gibt. Jede wirkliche Taubstummheit beruht bei Kretinen, wie bei sonst gesunden Menschen immer auf banalen Ohrenkrankheiten, also des perzipierenden Organs, oder in ganz seltenen Fällen (Fall 1 und 2 bei SCHWENDT und WAGNER) auf einer sensorischen Aphasie, also einer kortikalen Störung. Das gleiche meint offenbar auch SCHÖNEMANN (57), wenn er sagt: „Die wirkliche Taubstummheit beruht stets auf einer genuinen Erkrankung des Gehörorgans, speziell des innern Ohres, und ist deshalb grundsätzlich verschieden von der z. B. durch Idiotie bedingten Hörstummheit." Schon H. BIRCHER fand bei seinen Kretinen oft überraschende Hörfähigkeit und nahm daher als Ursache der vermeintlichen „endemischen Taubstummheit" einen primären Defekt der Sprachzentren im Gehirn an; anatomisch nachgewiesen hat einen solchen Defekt noch niemand (vgl. Gehirnentwicklung, S. 336 hiervor).

---

[1]) In einer auf neueste pathologisch-anatomische Studien gestützten Arbeit neigt sich SIEBENMANN (60) der Ansicht zu, daß eine spezifisch kretinische Ohrenerkrankung dennoch existieren müsse. Als solche betrachtet er eine „chronische fötale Meningitis" (im ersten und zweiten Drittel der Schwangerschaft auftretend), infolge deren es zu schweren Ossifikationsstörungen im innern und mittleren Ohre kommt. Diese echt kretinischen Veränderungen sind aber auch bei Individuen beobachtet worden, welche weder Kretinen, noch kropfige Taubstumme oder auch nur Schwachsinnige waren; bemerkenswert ist auch hier das Überwiegen des männlichen Geschlechts und die Wirkungslosigkeit der Thyreoidintherapie, wohl aber habe (wie der Autor zahlenmäßig belegt) Besserung der allgemeinen hygienischen und sozialen Verhältnisse ein Seltenerwerden auch dieser „endemischen Taubstummheit" bewirkt, und auch SIEBENMANN selbst gibt an, daß die mit dieser spezifischen Ohrenkrankheit behafteten Kretinen eine ununterbrochene Hörskala besitzen. Wenn aber der berühmte und auch von mir hoch verehrte Schweizer Arzt territoriale und geologische Ursachen für die Entstehung dieser intrauterinen Meningitis verantwortlich machen will, so vermag ich ihm hierin wirklich nicht zu folgen; mir ist es gänzlich unfaßbar, inwiefern denn der Boden auf die Gestaltung des inneren Ohres beim Kind im Mutterleib irgendwelchen Einfluß haben könnte! — Ähnliche Ansichten wie SIEBENMANN hat in neuerer Zeit F. NAGER (53/6) wiederholt vertreten: es sei darauf hingewiesen. Wie weit es sich dabei um primitive Verhältnisse handelt (vgl. S. 137), darauf wurde leider nicht geachtet.

In entscheidender Weise ist die Frage der kretinischen Taubstummheit in der außerordentlich sorgfältigen Arbeit (59) von Schwendt und Wagner behandelt worden; nach dem Vorbild von Bezold haben die Autoren die Insassen der Taubstummenanstalt Riehen (bei Basel) untersucht, wobei ihnen das ganze, moderne Arsenal von Stimmgabeln, Pfeifen und Harmonikas zur Verfügung stand. Aus den Ergebnissen dieser glänzend durchgeführten Studien ist für uns die Tatsache wichtig, daß sich in Taubstummenanstalten (!) Individuen befinden, welche reden und welche bei beidseits gleichem, ununterbrochenem Hörfeld ein zum Verständnis von Worten und Sätzen ausreichendes Hörvermögen besitzen. Solche Individuen können aber ganz unmöglich als Taubstumme bezeichnet werden; mit wenigen Ausnahmen sind es Leute mit Intelligenzdefekten, Degenerationszeichen, Kleinwuchs und mit typischer Gangstörung, Leute, die schon durch ihre Herkunft als Kretinen stigmatisiert, und Leute, die per nefas in die Taubstummenanstalt gekommen sind. Daneben enthalten die Taubstummenanstalten freilich auch eine Anzahl echte Kretinen, die infolge von Ohrenleiden ihr Gehör eingebüßt haben; man kann aber annehmen, daß überall da, wo in der Literatur von „angeborener Taubstummheit" die Rede ist, es sich in Wirklichkeit um Kretinismus oder Idiotie, jedenfalls aber überhaupt nicht um Aufhebung der Hör- und Sprechfähigkeit handelt. Von diesen endemisch „Taubstummen" mit beidseits ununterbrochenem Hörfeld wird in dem erwähnten Werk (auf S. 90) angegeben, daß sie nur mit großer Mühe sehr kurze und einfache Sätze (wie alt bist du? das Wetter ist schön, du bist brav usw.) verstanden, einigermaßen fließend gesprochene Sätze dagegen nie, auch nicht, wenn dieselben sehr laut und direkt ins Ohr gesprochen wurden. Kurze Fragen konnten nicht beantwortet werden. Wirklich Taubstumme (infolge von Ohrenleiden) hören zwar schlechter als die „endemischen", verstehen aber besser, weil sie intelligenter sind; auffallend ist außerdem ihre größere Lebhaftigkeit und ihr Lerneifer. ein Unterschied, welchem mit Fug und Recht differential-diagnostischen Wert beigelegt werden kann. Alle, die sich näher für vorliegende Fragen interessieren, muß ich auf das Studium der Schwendt-Wagnerschen Arbeit selbst verweisen und bemerke nur noch ausdrücklich, daß ich mich auf sie vor allem stütze, wenn ich kategorisch erkläre: *es gibt keine endemische Taubstummheit!*

Andre Schweizer Otologen, wie auch Scholz (mit Hilfe von Grazer Ohrenärzten), haben im großen und ganzen die Ergebnisse von Schwendt und Wagner nachgeprüft und bestätigt; überall in schweizerischen Anstalten fand sich ein Überwiegen der angeborenen Taubstummheit, während in Deutschland bekanntlich umgekehrt die Fälle von erworbener und dann meist totaler Taubstummheit die Mehrzahl bilden (Nager, Schönemann, Gallusser u. a.). Ist dies aber richtig, so erhellt daraus ohne weiteres, daß die Zahl der wirklichen Taubstummen (ohne die irrtümlich als taubstumm bezeichneten „endemischen") in der Schweiz nicht wesentlich größer sein kann, als anderwärts. Nach der oft zitierten Zählung von 1870 kamen auf 1000 Einwohner in der Schweiz 24 Taubstumme, darunter $1/_3 = 8$ erworbene, in Deutschland 9 Taubstumme, darunter $2/_3 = 6$ erworbene; das ist in Anbetracht aller Fehlerquellen kein großer Unterschied mehr. Wenn mir also einer auf Grund der vorliegenden Statistiken das eine Land als reicher mit Tubstummen gesegnet hinstellen will

als seinen Nachbarstaat, — so lache ich ihn einfach aus; eine Taubstummenzählung, welche Menschen als „taubstumm' bezeichnet, trotzdem sie reden
und hören, die kann nicht ernst genommen werden.

Nur nebenbei sei die Frage gestreift: wie kam man denn überhaupt dazu,
zwei so grundverschiedene Begriffe wie Taubstummheit und Kretinismus (bzw.
Idiotie) zu verwechseln? Ich vermute, daß dieser Begriffsverwirrung ein Euphe-
mismus zugrunde liegt. Die selbst vielleicht nur beschränkt urteilsfähige Mutter
bringt ihren armseligen, unbrauchbaren Sprößling, der sich nicht entwickelt,
nicht gehen und nicht reden will, zum Arzt mit der Klage, derselbe höre nichts,
sei anscheinend taubstumm. Auch wenn der Arzt die Situation durchschaut,
wenn er die in Armut, Liederlichkeit und Alkohol verkommene Familie genau
kennt, wird er es doch kaum über sich bringen, die Leute durch eine rücksichts-
lose Darlegung zu verletzen. Er wird es vorziehen, die Mutter in dem Glauben
zu lassen, es handle sich um einen körperlichen Defekt, und wird nicht wagen,
ihre Eitelkeit durch den Hinweis auf die rassenhafte Minderwertigkeit zu be-
leidigen.

Zusammenfassend

läßt sich über die Krankheiten der Kretinen sagen, daß sie im ganzen (als Degenerierte!) durch eine verminderte Resistenz und geringere mittlere Lebensdauer ausgezeichnet sind. Besondere Beziehungen zu gewissen Krankheiten bestehen nicht; die von den Alten angenommene Verwandtschaft von Kretinismus
und Skrofulose ist ebenso unbewiesen, wie die in neuerer Zeit noch verfochtene
Zugehörigkeit zu den Schilddrüsenstörungen, und eine „endemische Taubstummheit" gibt es nicht.

Dritter Teil.

Wesen und Ursachen der kretinischen Entartung nebst Bemerkungen über die Differentialdiagnostik und Prognose.

Es ist in den vorhergehenden Abschnitten schon mehr als einmal davon die Rede gewesen, in welcher Weise ich mir die Natur und das Wesen der kretinischen Degeneration vorstelle. Hier soll nun im Zusammenhang auf die biologische und rassenhygienische Seite dieses Problems eingegangen werden, wobei ich mich hauptsächlich auf die Literatur und erst in zweiter Linie auf eigne Untersuchungen stütze.

Ausnahmslos alle Autoren sind der Ansicht, daß die Kretinen Entartete, Degenerierte seien. Aber Wesen und Ursachen dieser Entartung malen sich in jedem Kopf wieder anders: für den einen ist die Entartung eine Folge schlechten Trinkwassers, für den andern eine Infektion; daß es aber auch ohne alle äußere Veranlassung eine Entartung aus innern Ursachen gibt und daß eine solche (horribile dictu!) sogar bei der „Krone der Schöpfung", dem Menschen vorkommt, diese Idee scheint für die meisten Autoren gar nicht in Betracht zu fallen. Und gerade diese Form der Entartung kommt als Ursache des Kretinismus vor allen andern in Frage.

Es ist beinahe unmöglich, Wesen und Ursachen der Entartung getrennt zu besprechen; aus ihren Ursachen läßt sich das Wesen der Degeneration am besten erkennen. Ordnungshalber will ich dennoch versuchen, zuerst das Wesen und die wesentlichen Kennzeichen der Degeneration und dann die wahrscheinlichen Ursachen derselben zu beschreiben. Sind wir darüber im klaren, so ergeben sich daraus auch für die Differentialdiagnose und für die Prognose einige Anhaltspunkte.

Wesen der Entartung.

In der mir zugänglichen medizinischen Literatur habe ich keine befriedigende und allgemein gültige Definition dessen gefunden, was als Entartung zu bezeichnen wäre, und ich habe den Eindruck, daß die verschiedenen Disziplinen darunter ganz verschiedene Zustände begreifen; was z. B. die Psychiater Degeneration nennen, ist etwas anderes als Degeneration im Sinn der Pathologen.

Allgemein bedeutet Entartung in morphologischer und funktioneller Hinsicht eine Minderwertigkeit, ein Stehenbleiben auf niedriger Entwicklungsstufe oder ein Zugrundegehen höherer Eigenschaften. Im einen Fall haben wir es mit einer Entwicklungshemmung des ganzen Organismus, im andern Fall mit „sekundärer" Degeneration einzelner Organe zu tun. Es ist aber klar, daß sich beides kombinieren kann: z. B. Zwergwuchs als Entwicklungsstörung kann sich mit Entartung der Schilddrüse, der nervösen Zentralorgane usw. verbinden, und mir scheint, daß gerade beim Kretinismus solche sekundären Degenerationen und Atrophien etwas sehr gewöhnliches seien; solche nun aber als das „Wesentliche" der ganzen Erscheinung zu betrachten und von ihnen aus alles übrige erklären zu wollen, scheint mir unrichtig. Das primäre und wirklich wesentliche ist doch wohl auch in solchen Fällen die degenerative Entwicklungsstörung des ganzen Körpers. Alle Organdegenerationen im Gefolge von Krankheiten und Infektionen haben mit richtiger Entartung nichts zu tun; wenn z. B. bei hereditärer Syphilis degenerative Erscheinungen auftreten, so wird darin niemand eine rassenartige Minderwertigkeit erblicken, sondern man redet eben in solchen Fällen von Lues und ihren Folgen. Auch degenerative Veränderungen im Gefolge von chronischen Intoxikationen (Alkohol!) und bei Nachkommen von Vergifteten (Trinkern!) haben ursprünglich wohl mit echter Entartung im rassenmäßigen Sinne nichts zu tun; ob aber nicht doch bei fortgesetzter Intoxikation einer langen Reihe von Generationen im Lauf der Jahrhunderte echte Degeneration auftreten kann, diese Frage möchte ich offen lassen. Ganz sicher aber kann sich echte rassenmäßige Degeneration mit sekundärer Degeneration (Intoxikation) kombinieren.

Eine große Rolle spielt die Degeneration in der Psychiatrie. Doch auch der psychiatrische Entartungsbegriff vermag uns das Wesen des Kretinismus nicht zu erklären. Wenn die Psychiater von Entartung reden, so meinen sie in der Regel vorzugsweise eine (funktionelle) Degeneration des Nervensystems und der Psyche; Entartete sind für den Irrenarzt alle Imbezillen, alle Asozialen und Verbrecher, und als Ursache der Entartung gilt hier in erster Linie der Alkohol, ferner Tuberkulose und Syphilis. Es wird allerdings angegeben, daß sich im psychischen Verhalten z. B. bei der Dementia praecox (Schizophrenie) gewisse primitive Züge erkennen lassen, aber (soweit ich zu beurteilen vermag) ohne daß hierauf ein größerer Wert gelegt würde; sogar in den hysterischen Entladungen sollen vielfach stammesgeschichtlich alte, urwüchsige Abwehrvorrichtungen in Anspruch genommen werden (KRÄPELIN, WOLLENBERG, 399). Hier wären auch die Theorien von LOMBROSO über den „deliquente nato" und die zahlreichen bei ihm nachgewiesenen primitiven Degenerationsmerkmale zu erwähnen, Theorien, welche bei uns keine unbedingte Zustimmung gefunden haben. Die modernen Psychiater sind von allen Medizinern die, denen eine zoologische Betrachtungsweise am wenigsten liegt; wo sich Psychiater mit der Lehre vom Kretinismus beschäftigt haben, war das Resultat meistens unbefriedigend.

Viel günstiger liegen die Verhältnisse bei der neuen Disziplin der Rassenhygiene, welche sich intensiv und erfolgreich mit dem Problem der Degeneration beschäftigt. Wenn trotzdem auch der hygienische Entartungsbegriff nicht ohne weiteres für die Lehre vom Kretinismus verwendbar erscheint, so dürfte dies darin begründet sein, daß die Rassenhygieniker sich vorwiegend mit großstädtischem Material von Degenerierten befassen, unter denen naturgemäß Kretinen nur eine geringe Rolle spielen. Ich folge hier dem Katalog (489) von GRUBER und RÜDIN; nach diesen Autoren kennzeichnet sich die Degeneration vor allem in folgenden Eigentümlichkeiten und Defekten:

1. Zahnkaries; gehört nicht zum Kretinismus;

2. hereditäre progressive Myopie; ist bei Kretinen selten und wird von andern Forschern nicht als Zeichen der Degeneration, sondern als Anpassung

an die mit fortschreitender Kultur immer mehr überhandnehmende Naharbeit aufgefaßt (vgl. auch die S. 372 erwähnte Theorie von STEIGER);

3. rapide Zunahme der Irrsinnigen; dürfte zu einem wesentlichen Teil auf Krankheit (Lues!) beruhen und den Aufregungen der Großstadt anzurechnen sein; hat mit Kretinismus nichts zutun. Dasselbe gilt betreffs der

4. Selbstmorde, welche bei Kretinen kaum vorkommen.

5. Die verringerte Militärtauglichkeit wird als zahlenmäßiger Ausdruck der fortschreitenden Entartung angesehen, und es wird in dieser Hinsicht die Groß-stadt als besonders ungünstig dargestellt. Zu allen solchen Angaben ist wohl ein Fragezeichen erlaubt. Das Tauglichkeitsprozent wird in weitgehendem Maße vom Rekrutenbedarf bestimmt; nun liefert die große Stadt bei beschränk-tem Bedarf eine große Zahl von Stellungspflichtigen, was ist natürlicher, als daß die Zahl der Zurückgestellten (die durchaus nicht alle „untauglich" sind) anschwillt! Ich habe keine Statistik zur Verfügung, glaube aber sicher zu wissen, daß gewisse Talschaften und Landbezirke puncto Rekrutentauglichkeit[1]) weit ungünstiger gestellt sind, als große Städte. Es ist ja bekannt und ganz sicher, daß die Körpergröße der Rekruten in der Stadt immer beträchtlicher ist, als in den zugehörigen Landbezirken, und daß der intensive Sportbetrieb in der Stadt eine prächtige Jungmannschaft bedingt. Als Degenerationszeichen könnte ohnehin nur die durch mangelhafte Körperentwicklung und nicht etwa die durch Krankheit bedingte Militäruntauglichkeit in Frage kommen.

6. Geringere Lebensdauer der Stadtbewohner im Vergleich mit Landleuten; auch die Kretinen sterben relativ früh.

7. Abnahme der Kinderzahl, abnorm große Kindersterblichkeit und dadurch bedingtes Aussterben ganzer Geschlechter ist zweifellos ein wichtiges Degener-ationsmerkmal und in hohem Grad auch für die kretinische Degeneration be-zeichnend, nicht minder die vor dem völligen Aussterben beobachteten Stö-rungen und Verschiebungen im Geschlechtsverhältnis der Geborenen; ich habe schon S. 23 darauf hingewiesen.

Zusammenfassend läßt sich die Degeneration in der Auffassung der Rassen-hygiene einmal als Folge der Domestikation und dann wesentlich als Folge von allerlei Krankheiten erkennen. Diese Art der Degeneration hat wohl für Städte die größte Bedeutung, ist aber, wie mir scheint, von der kretinischen Entartung, die ja bekanntlich vorzugsweise auf dem Lande vorkommt, prinzipiell ver-schieden; sind doch auch die Existenzbedingungen zu Stadt und Land total andere! Die ländliche, kretinische Degeneration dürfen wir nicht als einen pathologischen, sondern wir müssen sie als einen biologischen Vorgang zu verstehen suchen. Die Rassenhygiene betrachtet die Landbevölkerung als den wertvollsten Teil der Nation, weil sie mehr taugliche Rekruten stellt, mehr Kinder erzeugt und größere Lebensdauer hat als das Stadtvolk; die Kehrseite der schönen Medaille, nämlich den in den Landbezirken so verbreiteten Kretinis-mus, darf man aber doch nicht ganz übersehen.

Nachdem uns nun Pathologie, Psychiatrie und Rassenhygiene keinen auch auf Kretinen anwendbaren Degenerationsbegriff zu liefern vermochten, so bleibt uns noch die *Formel der Tierzüchter* anzuführen übrig, *nach welcher Ent-*

---

[1]) Vgl. JUNG (623), ferner BACHMANN (624).

artung den Rückfall der Abart zu der ursprünglichen· Form bedeutet; damit ist bei den Kulturpflanzen und -tieren die Abnahme der angezüchteten Eigenschaften verbunden. Der Rückschlag tritt um so leichter ein, wenn die Abart nicht durch langdauernde Züchtung genügend befestigt war und wenn sie nicht durch zielbewußte Reinzucht auf der Höhe gehalten wird. Ähnliche Definitionen der „Abartung", „Deviation" oder „Despezifizierung" gibt JULIUS BAUER (484), der bekannte Konstitutionstheoretiker.

Nun muß man sich aber vergegenwärtigen, daß es auch bei zielbewußter Reinzucht nie gelingt, ausschließlich Tiere vom reinen Rassentyp zu erzielen. Die Nachkommen werden nie absolut homogen sein, und nie werden sämtliche dem vorgesetzten Zuchtideal völlig entsprechen. Fehlschläge lassen sich nicht ganz vermeiden (ihre zahlenmäßige Häufigkeit richtet sich nach den MENDELschen Regeln), und das gibt uns Veranlassung, das Problem noch von einer ganz andern, nämlich von der rein zahlenmäßig-statistischen zu betrachten.

Allen Ernstes muß man sich die Frage vorlegen: hat es überhaupt einen Sinn, nach der oder den „Ursachen" der Entartung zu forschen? Handelt es sich beim Kretinismus nicht vielleicht (wie etwa bei der Myopie) lediglich um eine biologische Erscheinung mit ganz gesetzmäßiger Variabilitätskurve? Ein Zürcher Augenarzt, Dr. AD. STEIGER (497/8), hat gezeigt, daß ein Grundfehler aller bisherigen Myopieforschung der war, die Myopie allein erklären zu wollen, ohne sich gleichzeitig zu fragen, wie denn die Emmetropie entstehe und wie ·die Hypermetropie. Er wies an großem Material (50 000 Messungen an 5 000 Kindern von 6 Jahren) nach, daß Kurz- und Weitsichtigkeit nichts andres sind als die äußersten Schenkel einer Variabilitätskurve, welche sämtliche Refraktionszustände gleichmäßig umfaßt, und daß die prozentuale Häufigkeit beider (bzw. aller) Refraktionsanomalien sich mathematisch vorausberechnen läßt; Hornhautkrümmung und Achsenlänge je für sich allein sind nicht maßgebend. Das Variationspolygon hat typisch binomiale Gestalt[1]). Es kann hier auf die Arbeit von STEIGER nicht näher eingegangen werden; es drängt sich aber unabweisbar die Frage auf: gibt es in bezug auf Kretinismus entsprechende Gesetzmäßigkeiten? Daß z. B. die Körpergröße in einer bestimmten Bevölkerungsgruppe ebenfalls um eine mittlere Lage oszilliert, ist ja der Anthropologie längst bekannt (vgl. Lehrbuch, S. 209). Wenn wir aus solchen Anschauungen heraus den Kretinismus verstehen wollen, so müssen wir ein Variationspolygon[2]) herstellen, dessen Zentrum die große Masse der körperlich und geistig ein gewisses Mittelmaß nicht verlassenden Normalmenschen bilden würde. An dieses Zentrum wären einerseits die Kretinen, anderseits die Genies (als Minusvarianten, bzw. Plusvarianten) anzugliedern. So ist es vielleicht zu verstehen, wenn in der Tat einzelne Autoren (ST. LAGER, MAFFEI u. a.) angeben, daß einzelne Endemiegebiete (z. B. Baden und Württemberg) nicht nur durch eine große Zahl von

---

[1]) Eine unverkennbare Ähnlichkeit beider Probleme besteht z. B. auch darin, daß beide Kurven mit dem Lebensalter ihr Zentrum verschieben (alle Neonaten sind mehr oder weniger hypermetrop — und kretinisch) und daß in späteren Jahren beide Kurven asymmetrisch werden (Überwiegen hochgradiger Myopie über hochgradige Hypermetropie; ebenso Zurücktreten der Kleinen und Idioten).

[2]) Vgl. die Figur nach GALTON bei GRUBER und RÜDIN S. 74.

Kretinen, sondern andrerseits ebenso durch allgemein gute Schulbildung und durch eine recht große Zahl hervorragend tüchtiger Männer ausgezeichnet seien. Bei TROXLER (44) lesen wir: „HALLER bemerkt wahr und treffend, daß in denselben Gegenden, wo der Kretinismus heimisch ist, auch die stärksten, lebendigsten, gesundesten und anlagevollsten Menschen angetroffen werden." Aber diesen Angaben stehen andre gegenüber (und ich muß ihnen beipflichten!), welche mit aller Entschiedenheit behaupten, im Endemiegebiet sei das geistige und körperliche Niveau der gesamten Bevölkerung ein sehr tiefstehendes; die zahlenmäßig nachweisbare geringe durchschnittliche Körpergröße der Rekruten im Endemiegebiet [vgl. HUNZIKER (85a)] scheint allein schon zu beweisen, daß wir es beim Kretinismus nicht nur mit einer unvermeidlichen Variante zu tun haben, der auf der andern Seite ebensoviel überwertige Abweichungen entsprächen, sondern daß es sich leider tatsächlich um wirkliche Degeneration handele; und für diese Degeneration eine Ursache zu suchen, wäre dann durchaus nicht unsinnig.

Das scheint aber nur so!

In Wirklichkeit dürfte es sich doch bei Kretinismus und Genie um gesetzmäßige Erscheinungen der Variabilität im Sinne STEIGERS handeln, genau wie bei den Refraktionsanomalien, und der Grund, warum dies nicht überall gleich klar zu erkennen ist, wird darin zu suchen sein, daß eben im Endemiegebiet im Lauf langer stagnierender Zeiträume eine Selektion stattgefunden hat; durch Kriege, Auswanderung usw. mögen die Plusvarianten im Endemiegebiet großenteils zum Verschwinden gebracht worden sein, und es mußte sich nach dem Verschwinden der Großen das Zentrum der Kurve verschieben (vgl. z. B. Fig. 44 und 45 bei SCHWERZ)[1]). Es gibt aber, wie ich in meinem Aufsatz über „Kretinismus im Nollengebiet" zeigen konnte, auch heute noch in nächster Nähe von Endemieorten mit durchschnittlich sehr kleinwüchsiger Bevölkerung andre Orte mit nicht geringerer Endemie, wo nun die ursprüngliche, ungestörte Variationskurve prächtig erhalten ist und wo die gleiche Gemeinde einerseits eine beträchtliche Zahl von typischen Kretinen, andrerseits aber eine sehr erfreuliche Zahl von übergroßen Individuen (über 180 cm) und von geistig hervorragend begabten Bürgern (Geistlichen, Ärzten, Verwaltungsbeamten usw.) aufweist. Dies (und nicht ein allgemein niedriges durchschnittliches Niveau) dürfte das ursprüngliche, typische Verhalten darstellen.

Je länger ich mich mit dem Kretinenproblem befasse, um so bedeutungsvoller scheint mir diese biologische Betrachtungsweise. Freilich ist die Sache nicht so einfach, daß nun die Kretinen als solche in einer Gruppe den Plusvarianten gegenüberständen, sondern die einzelnen Merkmale treten zueinander in Gegensatz, und es ist für jedes Merkmal eine spezielle Variationskurve zu erstellen. Es ergeben sich dann etwa folgende Reihen:

----

[1]) Das Prävalieren der Minusvarianten kann aber auch so zu deuten sein, daß dieselben von Anfang an den Plusvarianten gegenüber in der Mehrheit waren oder daß den Plusvarianten der unumgänglich nötige kontinuierliche Zufluß fehlte; dann mußten nach dem Gesetz von der Massenwirkung die Minusvarianten progressiv je länger je mehr hervortreten. Vielleicht kommt außerdem dazu auf seiten der Minusvarianten eine größere Fruchtbarkeit.

<table>
<tr><td>Minusvarianten:</td><td>Plusvarianten:</td></tr>
<tr><td>1. Zwergwuchs,</td><td>I. Riesenwuchs,</td></tr>
<tr><td>2. Muskelschwäche,</td><td>II. athletische Muskelentwicklung,</td></tr>
<tr><td>3. Idiotie,</td><td>III. Genie,</td></tr>
<tr><td>4. Hypothyreose,</td><td>IV. Hyperthyreose,</td></tr>
<tr><td>5. Hypogenitalismus, Impotenz,</td><td>V. exzessive Fruchtbarkeit,</td></tr>
<tr><td>6. verspätete Ossifikation,</td><td>VI. Neigung zu prämaturer Synostose,</td></tr>
<tr><td>7. Brachyzephalie,</td><td>VII. Dolichozephalie,</td></tr>
<tr><td>8. dunkle Komplexion,</td><td>VIII. helle Komplexion,</td></tr>
<tr><td>9. konstitutionelle Achylie,</td><td>XI. Hyperazidität,</td></tr>
<tr><td>10. Haarschwund.</td><td>X. Hypertrichose.</td></tr>
</table>

Und so fort; der Umstand, daß einige dieser Merkmale von innersekretorischen Störungen abhängig sind, spricht nicht gegen die hier vertretene Auffassung. Durch typische, korrelative Kombination[1]) einzelner verwandter Merkmale entstehen die bekannten Syndrome, z. B. durch Vereinigung aller oder doch fast aller Minusvarianten in einem Individuum der Kretinismus, oder durch Kombination von 1, II, VI das Bild der Chondrodystrophie usw. Es kann aber ausnahmsweise, falls in dem betreffenden Merkmal die Anlagen von väterlicher und mütterlicher Seite heterozygot sind, auch einmal ein nicht zum typischen Bild des Syndroms gehöriger einzelner Zug von der Gegenseite sich dahin verirren, (Crossing over nach Morgan); so gibt es z. B. in seltenen Fällen echt chondrodystrophische Individuen mit Idiotie, oder ebensolche mit Schilddrüsenstörungen; und ich bemerke ausdrücklich, daß auch mitten im Endemiegebiet gelegentlich einmal bei normalen und sogar bei kretinös belasteten Menschen Neigung zu prämaturem Auftreten von Knochenkernen beobachtet werden kann.

Es wird behauptet und wohl nicht mit Unrecht, daß im Endemiegebiet Plusvarianten im ganzen selten sind, und für einzelne (z. B. Dolichozephalie, Riesenwuchs, Hyperthyreose) scheint es gar, als ob allmählich darin die Normalen sich den Kretinen immer mehr annähern wollten; es bleibe dahingestellt, ob sich darin eine wirkliche Deteriorierung der Rasse oder nicht eher eine Anpassung ausspricht. Jedenfalls aber scheinen die Regeln der Vererbungslehre zur Erklärung solcher Erscheinungen besser geeignet zu sein als etwa hydrotellurische oder gar infektiöse Momente.

Daß auch die im ersten Teil aufgeführten Besonderheiten der räumlichen und zeitlichen Ausbreitung des Kretinismus mit dieser biologischen Auffassung der Degeneration sehr gut vereinbar sind, fällt doch sehr ins Gewicht.

Faßt man die gesamte Bevölkerung des Endemiegebietes ins Auge, so ergibt sich als wesentliche biologische Eigentümlichkeit die Tatsache, daß (— dies freilich nur, wo die ursprünglichen Verhältnisse nicht sekundär verwischt sind! —) für zahlreiche und wichtige Merkmale eine abnorme Vairabilität (abnormes Maximum, jedenfalls aber abnormes Minimum) nachweisbar ist. Die Frage nach der Ätiologie der kretinischen Degeneration löst sich dann auf in die weitern Fragen:

[1]) Vgl. Verh. SNG. 1917, S. 62; Gruber und Rüdin (62); Erwin Bauer.

I. unter welchen Bedingungen nimmt die Variationskurve einzelner Merkmale oder einer ganzen Bevölkerung eine weitgestreckte, flache Gestalt an? Antwort: bei Rassenmischung;

II. wie kommt es, daß an einzelnen (recte: an den meisten) Endemieorten die Variationskurve nur einseitig entwickelt ist, indem der eine Schenkel derselben (die Plusvarianten) verkümmert? Antwort: durch Selektion;

III. welche Umstände begünstigen die Entstehung der anlagemäßig vorhandenen Minusvarianten? (Dies ist im engern Sinne die Frage nach den Ursachen der kretinischen Degeneration.)

Auch die weitere Frage ist hier anzutönen: läßt sich die allenthalben nachweisbare relative Immunität der Städte und der größeren Ortschaften mit dieser Anschauung vereinigen und verstehen? und ich glaube darauf wohl mit Ja! antworten zu dürfen. Auch hier sind wohl selektive Vorgänge tätig gewesen; hier aber war der Endeffekt ein anderer, gerade entgegengesetzter, nämlich Ausmerzung der Minusvarianten und Begünstigung der Plusvarianten. Nehmen wir an, daß ursprünglich das Stadtvolk gleich zusammengesetzt gewesen sei wie das zugehörige Landvolk, so mußten doch die Existenzbedingungen in der Stadt eine ganz anders geartete Auslese bewirken, dies besonders in der neueren Zeit mit ihren allseitig gesteigerten Ansprüchen an die körperliche, geistige und ökonomische Leistungsfähigkeit. Zwerge und Schwachsinnige (auch solche mit nur mäßigen Defekten) können in der Stadt unmöglich auf einen grünen Zweig kommen, — und sie werden bei der geschlechtlichen Zuchtwahl einfach übergangen. Anderseits erhält die Stadt unaufhörlichen Zuzug an gut qualifizierten Elementen, und der intensive Sportbetrieb in Verbindung mit besserer Hygiene und Körperpflege, nicht minder auch die unzähligen Veranstaltungen, welche die geistige Kultur zu heben bestimmt sind, all das muß notwendig in der Stadt die Entstehung von Plusvarianten begünstigen, und es ist darum nicht zu verwundern, daß die Variabilitätskurve hier eine prinzipiell andere ist als in abgelegenen Weilern auf dem Lande. — Mit solchen Überlegungen glaube ich freilich das Wesen und sogar die Ursachen der kretinischen Degeneration schon genügend erklärt zu haben, und nur der Vollständigkeit halber ist nun noch zu untersuchen, was etwa als Ätiologie oder Ursache der Endemie im gewöhnlichen Sinne des Wortes in Betracht kommt (als Antwort auf obige Frage III).

Ursachen der kretinischen Entartung.

Im konkreten Falle die Frage zu entscheiden, warum nun gerade dieses Individuum ein Kretin werden mußte, kann auf sehr große Bedenken stoßen und gar oft überhaupt unmöglich sein. Wohl aber vermögen wir im allgemeinen die Ursache zu erkennen, aus der heraus die Entartung zu verstehen ist; inwieweit solche Ursache nun auf einzelne Kretinengegenden, -familien und -individuen anwendbar und zutreffend sei, darüber habe ich mich nicht auszusprechen.

Freilich: *eine* Ursache anzunehmen, das wäre wohl voreilig und unbefriedigend. Wenn noch St. Lager schreiben konnte: „la doctrine des causes multiples n'explique rien", so wissen wir heute aus der Geschichte der Lehre vom Kretinismus, daß bisher noch jede Theorie kläglich Fiasko machen mußte, wenn sie nur eine Ursache des Kretinismus aufzustellen wußte. Ich darf vielleicht aus meiner frühern kleinen Abhandlung (13) den Satz anführen:

„Es liegt mir gänzlich ferne, sagen zu wollen, daß nun die Heredität die alleinige Ursache des Kretinismus sein soll. Es ist überhaupt undenkbar und ganz unmöglich, daß eine so komplexe Erscheinung wie der Kretinismus bloß eine einzige Ursache, sei es geologischer, pathologischer oder hereditärer Art haben könne. Vielmehr kann man sagen, daß es in der ganzen Natur nicht eine einzige Erscheinung gibt, die bloß einseitig und eindeutig determiniert wäre. Wer vermag zu sagen, was im konkreten Falle schuld ist, daß ein bestimmtes Individuum ein Kretin geworden ist: Heredität, Ernährung, Erziehung, Alkoholismus der Erzeuger usw., vielleicht noch andere, unbekannte Umstände. Jedenfalls ist es aber logisch ganz unannehmbar, wenn versucht wird, den Kretinismus als eine Infektion und weiter nichts als das auszugeben."

Dieser Satz stammt aus einer Zeit, als das berühmte Buch VON HANSEMANNS „über das konditionale Denken in der Medizin und seine Bedeutung für die Praxis" noch nicht erschienen war. Später haben E. BIRCHER bezüglich Kretinismus und Prof. SAHLI bezüglich Basedowscher Krankheit eine Auffassung der Ätiologie nach VON HANSEMANNS Prinzipien gefordert. Es hat keinen Sinn, „die" Ursache der kretinischen Entartung aufsuchen zu wollen; aber es ist nützlich und nötig, sich darüber klar zu werden, unter welchen Bedingungen es zum Auftreten einer Endemie (d. h. zum Überwiegen der Minusvarianten) kommen kann.

Von diesem Gesichtspunkt aus erscheint auch die alte Unterscheidung von Krankheitsanlage (Disposition) und Veranlassung (causa remota et causa proxima) in bezug auf Kretinismus als von untergeordneter Bedeutung. Wenn man bei dem viel zitierten Beispiel vom Gewehrschuß von den Bedingungen, unter denen ein Schuß möglich ist, und von der endlichen Veranlassung (dem Abdrücken) reden kann; und wenn man noch bei der Schwindsucht von einer Disposition und der eigentlichen Infektion spricht, so scheint mir bei der kretinischen Entartung die Situation insofern eine ganz andere zu sein, als man von einer „Veranlassung" im eigentlichen Sinne des Wortes, also von einer causa proxima, individuell gar nicht reden kann. Der Kretinismus ist kein zeitlich mehr oder weniger scharf begrenztes Ereignis, wie ein Unfall, eine Pneumonie oder auch noch die Rachitis, sondern hier handelt es sich um einen Zustand und um die Eigenschaft einer ganzen Familie, ja einer ganzen Landesgegend. Faßt man die Endemie als Ganzes ins Auge (ohne Rücksicht auf den einzelnen Kretin), so wäre als „Disposition" oder als unerläßliche Bedingung für die Entstehung der Endemie vielleicht der Umstand in erster Linie namhaft zu machen, daß bei der fraglichen Bevölkerung Rassenmischung (und zwar spezifische Rassenmischung mit Einschluß primitiver Rassenelemente) vorausgegangen sein muß; sie hat ein stärkeres Variieren (nach beiden Seiten) im Gefolge und schafft dadurch die Disposition (die Möglichkeit) einer einseitigen Auslese und Bevorzugung der Minusvarianten. Als spezielle Ursachen der Entartung kämen dann alle die Momente in Betracht, welche ein Verschwinden der Plusvarianten und eine Begünstigung der Minusvarianten und der Entstehung von Minusvarianten im Gefolge haben: also eine unrichtige Bevölkerungspolitik im weitesten Sinne, Krieg, Alkoholismus, dörfliche Inzucht, Verwahrlosung usf. In bezug auf die Ätiologie ist unbedingt der Kretinismus am ehesten mit seinem Widerspiel, dem

Genie, zu vergleichen. Es wird niemand daran denken, der Ursache nachzuforschen, aus welcher etwa BEETHOVEN zu einem großen Musiker geworden ist; wohl aber kann man die Bedingungen studieren, welche die wunderbare Entwicklung seiner Fähigkeiten möglich gemacht haben.

Gewiß sind diese Fragen damit keineswegs erschöpfend behandelt; ich muß mich aber im Rahmen dieser Abhandlung mit solcher fragmentarischen Darstellung begnügen und gehe nun daran, der Reihe nach diejenigen Umstände kurz zu besprechen, welche man etwa als Ursachen der kretinischen Entartung anführen könnte; und zwar will ich zunächst auf die Umstände eingehen, welche meines Erachtens fälschlicherweise hier zitiert zu werden pflegen.

Da kommen vor allem **Infektionen** in Betracht.

Die **Tuberkulose** ist nach der Meinung vieler Autoren im stande, im Lauf der Generationen auf die Qualität der Nachkommenschaft einen schwer schädigenden Einfluß auszuüben. Und daß Tuberkulose bei den Kretinen als Todesursache obenan steht, habe ich S. 362 angegeben. Es haben darum auch namentlich ältere Autoren den Kretinismus als eine aufs höchste gesteigerte „Skrofelsucht" angesehen. Heute ist man indessen von der Annahme eines ursächlichen Zusammenhangs zwischen Tuberkulose und Kretinismus wohl allgemein ganz abgekommen; es spricht dagegen einmal das total verschiedene pathologisch-anatomische Verhalten beider Erkrankungen und dann namentlich die universelle Verbreitung der Tuberkulose, derzufolge, wenn ein Kausalnexus bestände, alle Welt gleicherweise kretinisch entartet sein müßte. Das ist aber nicht der Fall.

Die **Syphilis** verschlechtert ebenfalls zweifellos (in der Form der Lues hereditaria) die Progenitur aufs nachhaltigste; aber sie ist auf dem Lande, wo doch Kretinismus sehr gemein, von außerordentlicher Seltenheit und praktisch ganz ohne alle Bedeutung.

Eine **spezifische Infektion** als Ursache des Kretinismus anzunehmen, dafür fehlt jede Veranlassung; ich habe dies in der Einleitung ausführlich nachgewiesen und kann mir ein weiteres Eingehen auf diesen Punkt füglich ersparen. Es ist erstaunlich, daß man den tiefgehenden Unterschied zwischen Krankheit (Infektion!) und Entartung immer wieder verkennen kann.

Nicht besser als um die Infektionstheorien steht es mit der **hydrotellurischen Hypothese** (vgl. S. 2); daß der Boden oder der Standort, der Wohnort, imstande sein sollte, die Rasse im Sinne der Degeneration völlig umzuwandeln, wie dies beim Kretinismus angenommen werden müßte, ist mir wenigstens absolut unfaßbar. Warum verfallen denn auch im schwärzesten Endemiegebiet nie alle, sondern immer nur ein relativ geringer Bruchteil der Bewohner dieser Entartung? Der Boden ist doch allen gemeinsam! Genug davon.

Die **Hypothyreosetheorie** des Kretinismus (vgl. S. 10) vermag das Problem auch nicht zu lösen; sie setzt einfach eine „Pars pro toto". Wenn Kretinismus, Myxödem und A- (bzw. Hypo-) thyreose identisch sind, wozu den alten, dann überflüssigen Namen Kretinismus noch weiterschleppen? Aber jeder unbefangene Beobachter muß eben erkennen, daß hier noch beträchtliche Unterschiede klaffen.

Der **Alkoholismus** spielt bei den Rassenhygienikern (besonders soweit sie selbst Abstinenten sind), und bei den Psychiatern als Ursache der Degeneration eine hervorragende Rolle, und man kann sich der Erkenntnis nicht verschließen, daß es sich hier tatsächlich um eine wegen ihrer deletären Folgen beklagenswerte Begleiterscheinung unserer vielgerühmten Kultur handelt. Wir können nicht umhin, uns die Frage zu stellen und zu beantworten:

1. kann der Alkohol an der kretinischen Entartung (dem endemischen Überwiegen der Minusvarianten) schuldig (bzw. mitschuldig) sein?

2. könnte oder müßte der Kretinismus verschwinden, wenn es gelänge, den Alkohol endgültig abzuschaffen?

Ad 1. Es ist einwandfrei nachgewiesen und nachgerade bekannt genug (vgl. WILKER, 620; JÖRGER, 619; LAITINEN, 618, und viele andre), daß aus Trinkerfamilien eine an Qualität sehr geringwertige Nachkommenschaft hervorgeht. Die Kinder sind körperlich (Tukerkulose) und namentlich geistig wenig widerstandsfähig, intellektuell und moralisch schwach und verwahrlost; sie verfallen in hohem Maße dem Verbrechen und der Armut. Dagegen pflegt (trotz der sicher nachgewiesenen Keimschädigung durch Alkohol) die Quantität, d. h. die Kinderzahl, besser: die Geburtenzahl nicht unbeträchtlich zu sein; infolge größerer Kindersterblichkeit findet aber hier doch ein gewisser Ausgleich statt. Wichtiger als diese ungenügende körperliche und geistige Entwicklung, die ja mit Kretinismus noch nichts zu tun hat, scheint mir die Angabe von SCHLESINGER (622), daß sich bei etwa zwei Dritteln aller Trinkerkinder Stigmata der Degeneration nachweisen lassen: Assymmetrie, fliehende Stirn, Supraorbitalwülste, Hydrozephalie, Turmschädel, Prognathie, Progenie, Besonderheiten der Ohrmuschel. Das wäre allerdings sehr verdächtig; von da scheint der Weg zum Kretinismus nicht mehr weit.

Über die Intensität des Alkoholmißbrauchs im Endemiegebet liegen mir keine speziellen Zahlenangaben vor. Aus eigener Beobachtung kann ich aber bestätigen, daß es sich hier um recht ungünstige Verhältnisse handelt. Als Hausgetränk findet sich z. B. in der Ostschweiz durchgehends Obstwein (Most und Saft), der von jung und alt in erheblichen Mengen genossen wird (das Getränk ist etwa gleich stark an Alkoholgehalt wie ein schwaches Bier). Beständig steht der Mostkrug auf dem Tisch oder im Wandkasten, und wer Durst hat, nimmt davon. Einer meiner Patienten machte mir einst auf Befragen die Angabe, daß er per Jahr etwa 60 Eimer (à 40 Liter) einkellere und damit für 1 Jahr eben reiche; seine Familie besteht aus den Eltern, 5 unerwachsenen Kindern, 1 Kostgänger und im Sommer 1 bis 2 Taglöhnern. Andre bestätigten mir, daß sie einen ähnlichen Verbrauch nicht für abnorm halten. Aus den Obstrestern wird Branntwein hergestellt und auch dieser zu einem Teil im Haushalt verbraucht; auch Steinobst wird in ertragreichen Jahren in ziemlichen Quantitäten gebrannt. Das bedenklichste scheint mir aber der sonntägliche Wirtshaushock, wobei Wein und Bier getrunken wird. Wenn wirklich der Alkoholkonsum ernsthaft vermindert werden soll, so wäre hierzu meines Erachtens Abschaffung des Sonntags ein viel wirksameres Mittel als Begrenzung der Zahl der Wirtshäuser. Es ist absolut unmöglich, den Sonntagnachmittag auf dem Lande anders als im Wirtshaus und beim Kartenspiel zuzubringen; — es sei denn, daß in ausgiebigem Maße am Sonntagnachmittag gestattet würde zu arbeiten. Ebenso verderblich sind natürlich die Markttage und die zahllosen Sänger-, Schützen- und andre Feste[1]).

Ich verstehe nicht recht, wie man die Zeugung im Rausch, welche das Volk selbst (allerdings ein unzuverlässiger Kronzeuge) als Ursache des kindlichen Schwachsinnes gelten läßt, bezweifeln und zum Gegenstand weitläufiger gelehrter Untersuchungen machen kann [vgl. Näcke (629)]. Ob der Alkohol noch Einfluß habe auf das in den Samenblasen angesammelte Sekret? (dieses wird doch bei der ersten Ejakulation verbraucht; später muß unter allen Umständen ein Sperma zur Verwendung kommen, das noch im Hoden selbst der Alkoholwirkung unterstand). Wie wolle man beweisen, daß der Koitus im Rausch auch wirklich die fragliche Konzeption zur Folge gehabt habe? (dem Urteil von Mehrgebärenden darf diesbezüglich wohl eine gewisse Geltung zugesprochen werden). Ob überhaupt im Rausch eine Kohabitation möglich sei? (Gewiß; mittlere und bei daran Gewöhnten auch größere Alkoholmengen wirken direkt als Aphrodisiaca; wohl durch Gefäßerweiterung). Alle diese scharfsinnigen Bedenken sind gegenstandslos, wenn es sich nicht um Leute handelt, die bloß alle Vierteljahr einmal einen Rausch haben, sondern um Leute, die nie betrunken, aber noch viel weniger jemals wirklich vollständig nüchtern sind; und solche Leute gibt es in großer Zahl.

Es handelt sich hier überhaupt weniger um die Frage, ob der Alkoholismus des Vaters bei den Kindern Schwachsinn usw. im Gefolge habe, sondern um die Frage, ob es denkbar und möglich sei, daß ein während Tausenden von Jahren (schon die alten Germanen tranken ihren Meth!) und während zahllosen Generationen auf die Rasse einwirkendes Gift, wie es der Alkohol ist, an dieser Rasse wirklich spurlos vorübergehen und ohne schädliche Folgen bleiben könne. Experimentell ist dieser Frage nicht beizukommen, und sie mag darum manchem als unlösbar erscheinen; praktisch und empirisch ist die Sache aber längst entschieden.

Es ist daher meine feste Überzeugung, daß der Alkohol an der kretinischen Entartung in wesentlichem Maße mitschuldig zu erklären ist. In dieser Annahme weiß ich mich eins mit zahlreichen alten Autoren, deren gesundem,

---

[1]) Diese Stelle ist natürlich schweren Mißdeutungen ausgesetzt. Wie kann es einer wagen, auf Abschaffung des Sonntags (und Ersatz durch zusammenhängende Ferien von 30—60 Tagen jedes Jahr) zu plädieren? Dazu ist vorerst zu bemerken, daß ich, wie aus dem Kapitel „Kretinentherapie" hervorgeht, durchaus keine überspannten Forderungen aufstelle und die Bedeutung des Kretinenproblems überhaupt nicht als gar so hoch einschätze. Wo ich Vorschläge mache, sind sie rein akademischer Natur. Um alle Gefühle zu schonen, könnte man sich übrigens auf Abschaffung des Sonntagsnachmittags beschränken. Daß aber der Sonntag eine öffentliche Gefahr darstellt, das lehrt jede Unfallstatistik, und daß ein Leben ohne regelmäßigen Sonntag wohl möglich wäre, das lehrt (abgesehen vom heidnischen Altertum) die Erfahrung des Weltkrieges, wo viele Millionen jahrelang ohne Sonntag existieren mußten; schließlich haben auch wir Ärzte vielenorts gänzlich auf diese Einrichtung verzichten müssen.

Ich muß mich auch von vornherein dagegen verwahren, auf Grund obiger Ausführungen nun etwa als Anhänger der Prohibition und Trockenlegung nach amerikanischem Muster angesehen zu werden. Man kann die Bedeutung des Alkoholismus für die Entstehung des Kretinismus voll anerkennen (vielleicht sogar überschätzen!) und doch aus praktischen Gründen und aus Mißtrauen gegen die ausführenden Organe ein überzeugter Feind jeder gesetzlichen Regelung solcher Fragen sein.

unvoreingenommenem Urteil die Bedeutung des Alkohols nicht verborgen blieb.

Daß die Gewohnheit, den kleinen Kindern (zur Beruhigung) geistige Getränke zu verabfolgen, deren Entwicklung nur schädlich beeinflussen kann, darüber sind wohl alle Ärzte einig; ob diese Gewohnheit im Endemiegebiet mehr verbreitet sei als außerhalb desselben, das steht noch nicht fest.

Ad 2. Obschon ich entschieden der Ansicht bin, daß der Abusus spirituosorum für die Entstehung des Kretinismus durchaus nicht ohne Bedeutung ist, so muß ich doch die Frage verneinen, ob nach vollständiger Elimination des Alkohols der Kretinismus spontan und automatisch verschwinden müßte. Gegen eine solche Annahme spricht einmal die leidige, fast tragikomische Erfahrungstatsache, daß auch die Familien strenger Anhänger der Abstinenzbewegung von dem Auftreten schwachsinniger und degenerierter Geschöpfe nicht völlig verschont bleiben; und das Auftreten der Degeneration im Tierreich und vielleicht sogar bei den Pflanzen, wo doch Alkoholismus absolut keine Rolle spielen kann, beweist einwandfrei, daß hier noch andre Faktoren hineinspielen. Wenn übrigens die Entartung auch die Pflanzen nicht verschont, so kann auch die Bedeutung der Struma hierfür nur unerheblich sein; dies zu konstatieren, will ich nicht unterlassen.

Ich weiß wohl, daß ich mich mit der Annahme einer dem Kretinismus vergleichbaren Entartung bei einzelligen Wesen auf ein höchst gefährliches Glatteis begebe, besonders nachdem ich mich im I. Teil über das Vorkommen von echtem Kretinismus bei Tieren sehr skeptisch ausgesprochen habe (S. 44). Ich habe jedoch dieses Vorkommen nicht prinzipiell als undenkbar erklärt, sondern nur darauf hingewiesen, daß die vorliegenden spärlichen Beobachtungen hierüber zu keinen weitgehenden Schlüssen berechtigen. Theoretisch ist die Möglichkeit echter kretinischer Entartung nicht allein bei den Tieren, sondern ebensowohl bei den Pflanzen nicht zu leugnen

Die Beobachtung, auf die ich mich im folgenden beziehe, stammt von einem französischen Zoologen, MAUPAS (615/6), und wurde von diesem keineswegs als Kretinismus gedeutet. Es handelt sich um Studien und Experimente über die Teilung und die geschlechtliche Konjugation gewisser Ziliaten. Damit kommen wir nun zu einem Beispiel wirklicher Entartung bei einzelligen Organismen.

Stylonichia pustulata, um welche sich die Untersuchungen drehen, vermehrt sich durch Teilung auf agame Art; von Zeit zu Zeit muß aber, um das Infusorium lebensfähig zu erhalten, eine geschlechtliche Konjugation stattfinden. Diese Konjugation dient nicht etwa der Vermehrung, sondern lediglich der Verjüngung des Stammes, und MAUPAS stellte sich die Aufgabe, experimentell festzustellen, was geschehe, wenn die Stylonichia konsequent an der Konjugation verhindert werde. Am Anfang, d. h. in den ersten Generationen nach erfolgter Konjugation, sind die Tiere von großer Lebhaftigkeit und zeigen bis etwa zur 130. Generation kein Verlangen nach geschlechtlicher Vereinigung. Erst jetzt beginnt das Sich-suchen und Verfolgen, ein aufgeregtes Liebesspiel, das ja schon oft genug beschrieben wurde. Wird immer wieder die Konjugation verhindert, so geht in verlangsamtem Tempo die geschlechtslose Teilung dennoch weiter, aber weniger lebhaft und die jetzt erzeugten Generationen sind kleiner als die ersten; es handelt sich offenbar um eine Art von Altersschwäche, aber nicht eigentlich um eine Alterserscheinung der einzelnen Individuen, sondern des ganzen Stammes. Dabei nimmt merkwürdigerweise das Verlangen nach Konjugation nicht zu, sondern (auch dies eine charakteristische Alterserscheinung!) es erlischt allmählich, und wenn es trotzdem gelegentlich noch zu einer Vereinigung kommt, so sind die Ergebnisse derselben je länger je mehr unbefriedigend. Von der 230. Generation an hört die Konjugation ganz auf, auch wenn die Gelegenheit dazu nicht mangelt; MAUPAS konnte den Stamm noch bis zur 316. Generation verfolgen, dann aber war es damit endgültig aus.

Abnahme der gesamten Vitalität, kleine, unansehnliche Körperform, Trägheit aller Lebensäußerungen, senile Indifferenz und Impotenz: hier haben wir meines Erachtens bei diesen Infusorien unzweifelhaft die wesentlichen Merkmale einer Entartung, welche mit unserm Kretinismus ohne weiteres vergleichbar ist. Und zwar kann in diesem Fall weder eine Infektion noch eine Hypothyreose und kein Abusus spirituorum als Ursache der Entartung angeschuldigt werden, sondern die Gründe des Niedergangs und der Erschöpfung liegen im entarteten Stamme selbst und in dem Ausfall der neu belebenden Reize, welche offenbar bei der Konjugation und dem dabei stattfindenden Austausch von Kernmaterial eine Verjüngung des Geschlechts bedingen.

Vom Infusorium zum Menschen ist allerdings ein weiter Schritt, und die Verhältnisse sind nicht identisch. Aber wenn man die agame Vermehrung durch Teilung mit der im Endemiegebiet so gebräuchlichen fortgesetzten Endogamie und dörflichen Inzucht in Parallele setzt, so ist es gewiß nicht unvernünftig, sich zu fragen: „was geschieht, wenn ohne Zufuhr frischen Blutes von auswärts die Einwohner einer Gemeinde ausschließlich unter sich heiraten?“ Und die Antwort auf diese Frage kann wohl kaum zweifelhaft sein; das Resultat muß dem bei der Stylonichia entsprechen, und es wird vermutlich keine 316 Generationen dauern, bis die Gemeinde vollständig der Entartung (dem Kretinismus) und dem Stammestod verfallen ist. Gar so schlimm kann es freilich in keiner menschlichen Gemeinschaft werden, und auch die blödsinnigsten (vgl. S. 382 unten) menschlichen „Gesetze“ vermögen nicht, den instinktiven Trieb zur Blutauffrischung völlig zu unterdrücken.

Muß ich nun wirklich hier weitläufig auf die Bedeutung der Inzucht eingehen? Es genügt wohl, auf das bekannte Buch von ROHLEDER (494) zu verweisen und nur ganz summarisch zu sagen: Inzucht befestigt und verfeinert die vorhandenen Anlagen, was, sofern es sich um wertvolles Ausgangsmaterial handelt, in den ersten Inzuchtgenerationen unbestreitbare Vorteile mit sich bringt. Da aber vorhandene Fehler und Mängel ebenfalls konsolidiert werden, und da beim Menschen (wegen Ausschaltung des Kampfes ums Dasein) Fehler häufiger sind als Vorzüge, so sind einer erfolgreichen und nützlichen Inzucht enge Schranken gesetzt; und unter allen Umständen führt fortgesetzte Inzucht zu Überfeinerung und Degeneration, namentlich auch zu Impotenz. Während Geisteskranke bei Kindern aus Verwandtenehen keine abnorme Häufung aufweisen, so sind bezeichnenderweise Idioten hier doppelt so zahlreich wie bei normalen Ehen (nach MAYER, zitiert nach ROHLEDER, S. 106). Von Zeit zu Zeit ist bei allen, auch den besten Rassen, eine Auffrischung des Blutes erforderlich.

Es erhebt sich nun die Frage: „läßt sich beweisen oder mit guten Gründen vermuten, daß im Endemiegebiet Inzucht oder Endogamie vorherrsche?“ und diese Frage glaube ich allerdings herzhaft mit Ja beantworten zu sollen. Bekanntlich sind Verwandtenehen allgemein in ländlichen Verhältnissen häufiger als in den Städten (wieder nach ROHLEDER).

Einmal kann ich mich auf das Zeugnis namentlich der älteren Autoren berufen, RÖSCH (vgl. I. Teil, S. 35), GUGGENBÜHL u. a., denen es ganz geläufig ist, daß Kretinismus besonders da vorkommt, wo wenige Familien immer wieder untereinander heiraten und nur selten frisches Blut in den alten Stamm kommt; ich verweise auf meine früheren Zitate.

Dann aber habe ich mir die Mühe genommen, den Stammbaum der Einwohner eines Dorfes, in welchem Kretinismus nicht gerade selten ist, auszuarbeiten. Es handelt sich um kaum ein halbes Dutzend Geschlechter, die schon dann, wenn die Untersuchung sich rückwärts nur über 4 bis 5 Generationen erstreckt, fast alle miteinander verwandt sind. Geschriebene Urkunden konnte ich zur Feststellung der Verwandtschaft nicht benützen, sondern ich war auf Tradition und mündliches Nachforschen angewiesen. In den älteren Generationen sind meine Angaben naturgemäß unvollständig und in der jüngsten Generation puncto Kinderzahl usw. noch in der Entwicklung begriffen. Eine Anzahl von Tatsachen lassen sich aber heute schon ziemlich klar erkennen. Einmal sind die meisten Familien durch eine große Kinderzahl (und, was sich aus dem Stammbaum nicht entnehmen läßt, durch eine lange Lebensdauer) ausgezeichnet. Die Mehrzahl der Kinder heiraten selbst wieder, und mehrfache Ehen sind nicht selten. Ehen mit Fremden (meist freilich aus benachbarten Dörfern oder mit fremden Ortsansässigen) bilden zahlenmäßig die Mehrheit, aber doch kann ich schon unter diesen unvollständig bekannten 3 bis 4 letzten Generationen zehn Ehen zwischen Ortsbürgern nachweisen. Unter mehreren Geschwistern heiratet fast immer etwa eines „im Dorf", und es gibt einzelne Familien, bei denen diese Gewohnheit ganz besonders hervortritt und mit denen auf diese Weise fast die ganze Einwohner- und Bürgerschaft versippt und verschwägert wird.

Diese Ehen der Bürgergeschlechter untereinander sind nun nicht ohne weiteres als „Verwandtenehen" zu erkennen. Aber wenn wir bedenken, daß die heutigen Bürgergeschlechter schon in Urkunden aus dem XV. Jahrhundert nachweisbar sind und daß die Gewohnheit, unter sich zu heiraten, in der Vergangenheit gewiß womöglich noch stärker ausgeprägt war als heute, so halte ich mich doch zu der Behauptung berechtigt, daß Heirat zwischen Bürgergeschlechtern in kleinen Ortschaften immer auch Heirat zwischen Blutsverwandten bedeute. Den Beweis dafür, daß in früheren Zeiten Heiraten zwischen Bürgern häufiger waren als jetzt, erblicke ich einmal in der Tatsache, daß solche „Bürgerehe" unter der heute lebenden „Elterngeneration" zweimal, unter der „Großelterngeneration" jedoch siebenmal vorkommt; ferner in der mehrfach zitierten Angabe der ältern Schriftsteller (vgl. S. 35) über diesen Gegenstand, und endlich in der sehr charakteristischen Bestimmung der Offnung (Dorfverfassung) von 1452 für Sulgen, deren Art. 54 lautet:

„Es ist auch gewohnlich und von alter recht, daß jeder St. Polayen-Gottshausmann das Recht und die Freiheit hat, in den dreizehnthalb Gotteshäusern zu weiben. Darum soll ihn Niemand strafen. Würde er aber das überführen, so mag ihn jeder Herr und Probst des Tages ohne Gnade dreimal strafen und ihn dazu auf die Hausschwelle legen und ihm auf dem Rücken einen Riemen aus der Haut schneiden."

Ob diese barbarische Strafbestimmung jemals vollstreckt wurde, ist unbekannt. Sie beweist aber einwandfrei, daß die damaligen Herren mit aller Strenge darauf hielten, daß ihre Hörigen immer nur unter sich heirateten; sie verlangten dies nicht etwa aus rassenhygienischen Gründen, sondern einzig darum, weil bei „ungenossamen" Ehen der Herr auf die Nachkommenschaft keinen Rechtsanspruch hatte (die Kinder folgten dem Stand der Mutter), wenn er nicht die Mutter auskaufte.

Es kann somit als bewiesen gelten, daß auf dem Dorf jede „Bürgerehe" eine Ehe zwischen Blutsverwandten ist. Gesetzlich sind (und waren schon früher, vor Inkrafttreten des Schweizer ZGB.) im fraglichen Gebiet Ehen zwischen Vettern (Geschwisterkindern) gestattet, nicht aber zwischen Onkel und Nichte bzw. Tante und Neffe. Über die Häufigkeit von Verwandtenehen in andern Orten und im endemiefreien Gebiet liegen keine Zahlenangaben vor; es ist aber wohl erlaubt, anzunehmen, daß überall an kleinen Orten die Verhältnisse ähnlich sind wie in dem von mir geschilderten Dorf, und daß je größer eine Ortschaft oder Stadt ist, die Verwandtenehen darin immer mehr zurücktreten; die Auswahl ist in großen Orten eben größer. Wenn das städtische Patriziat ebenfalls Inzucht treibt, wie man Grund hat anzunehmen, so steht dem die bekannte Tatsache vom Aussterben eben dieses Patriziates nicht unerklärlich gegenüber.

Bis jetzt habe ich freilich erst bewiesen, daß im Endemiegebiet Ehen zwischen entfernten Blutsverwandten relativ häufig sind. Sind sie aber wirklich die Ursache der kretinischen Entartung? Eine genaue Durchmusterung der Stammbäume ergibt zunächst, daß dies anscheinend direkt nicht der Fall ist. Bei einem typischen Fall von Heirat naher Verwandter finden wir trotz (oder wegen?) der nahen Verwandtschaft von Mutter und Großmutter eine Reihe von acht Kindern, eins gesünder und schöner als das andre, und alle acht deutlich mit dem „Modell" des väterlichen Stammes. In einem andern Fall finden sich mehrere Kretinen als Abkömmlinge einer Verwandten- (bzw. Bürger-)Ehe; ob aber nicht in diesem Fall noch andre Momente (ungünstiges Altersverhältnis der Eltern? Potus?) mitgewirkt haben? Immer läßt sich bei Geschwistern und Eltern von Kretinen ein minderer Grad von Degeneration auch nachweisen (Kleinheit, Langsamkeit, leichte geistige Beschränktheit usw.), und in allen meinen hiesigen Fällen ausnahmslos handelt es sich um eine Ehe eines Mannes aus dem Endemiebezirk mit einer Frau, die entweder selbst schon Zeichen der Entartung aufweist oder ebenfalls aus belasteter Familie stammt. Dies scheint mir recht eigentlich des Pudels Kern und des Rätsels Lösung zu sein; nicht in dem Sinne, daß unter solchen Umständen die Nachkommenschaft unweigerlich kretinisch sein müsse (das Vorkommen von mehr oder weniger normalen Kindern auch in solchen Familien beweist, daß dies nicht der Fall ist); aber die Gefahr von Minusvarietäten ist doch in solchen Fällen sehr zu fürchten. Das haben ja auch die Alten schon erkannt und vor solchen Ehen gewarnt. MAFFEI allerdings bestreitet, daß die Kretinen eine „eigene Menschengattung" seien, denn er hält sie für unfähig, Nachkommen sui generis zu erzeugen; im Lichte der modernen Vererbungslehre sind aber seine Ausführungen (vgl. S. 145 seines Buches) nicht aufrecht zu erhalten, — so wenig als seine Angaben über Kretinismus bei Nachkommen von allerlei Kranken (S. 146).

Wenn nun auch Verwandtenehen nicht als solche schon genügen, um Kretinismus zu erzeugen, so wäre es gewiß ebenso unberechtigt, sie für völlig bedeutungslos zu erklären[1]. Mag anfänglich während einigen Generationen ihr Schaden nicht groß sein, so ändert sich die Situation, wenn die Inzucht und Endogamie jahrhundertelang fortgesetzt wird; darüber kann nach den Experimenten von MAUPAS und den Forschungen von ROHLEDER gar kein Zweifel sein. Und wenn die von mir durchsuchte Bevölkerung nur in etwa 2% mit echtem Kretinismus behaftet ist, so mag das wohl daher kommen, daß trotz weitgetriebener Endogamie doch immer noch der Großteil aller Heiraten auf Exogamie beruht. Wenn ich recht zähle, so stehen den zehn Bürgerehen immerhin 120 Ehen mit Ortsfremden gegenüber.

Und in Anbetracht der von mir bei den Kretinen nachgewiesenen Primitivmerkmale und der zahlreichen Anklänge an gewisse arktische Polarvölker halte ich mich berechtigt, anzunehmen, daß echter Kretinismus nur bei den Familien vorkommen könne, bei denen die tatsächlichen Voraussetzungen für eine solche Rassenmischung im Stammbaum vorhanden sind, — eine Annahme, die ich freilich nicht genealogisch oder auch nur historisch exakt zu beweisen vermag; — eine Annahme jedoch, der logisch zwingende Kraft kaum abgesprochen werden kann[2]. Ich verweise auf meine Epikrise zum osteologischen Teil.

Ich habe das dunkle Gefühl, daß hier ein Exkurs in die Mathematik am Platze wäre, um an Hand der MENDELschen Regeln meine „Annahme" in eine ellenlange algebraische Formel zu bringen. Ich muß mich leider hierzu außerstande erklären[3].

Man könnte mir den Einwand entgegenhalten: zugegeben, daß Endogamie und Verwandtenehe am Entstehen des Kretinismus mitschuldig sei, so wäre dann das unbestreitbare Vorkommen von gesunden Menschen im Endemiegebiet nicht mehr möglich, da ja die Endogamie alle Bürger gleichermaßen belastet! Darauf entgegne ich: die Belastung ist wegen der nicht in allen Geschlechtern gleichmäßig geübten Blutauffrischung doch nicht durchwegs einheitlich; und damit die Belastung wirklich zur Geltung komme und Kretinismus nach sich ziehe, scheint eine Kumulation derselben stattfinden zu müssen in dem Sinne, daß beide (unter sich nicht verwandten) Gameten die Belastung aufweisen müssen, oder daß akzessorische Momente (Alkoholismus u. dgl.) hinzutreten. Mit einer einzigen Ursache kommen wir beim Kretinismus niemals ans Ziel.

---

[1] Ein strikter Beweis dafür liegt in der von mir im Nollengebiet nachgewiesenen Tatsache, daß dort die seßhaften Ortsbürger sehr viel mehr Kretinen aufweisen als die Fremden.

[2] Bei der intensiven Durchheiratung ist diese Voraussetzung freilich für den ganzen Clan gegeben, sobald nur eine einzige Familie das fremde Blut wirklich in sich aufgenommen hat.

[3] Der einfachste mathematische Ausdruck für diese Theorie dürfte das Binomialtheorem sein (ist darin a = b, so haben wir den klassischen Mendelfall!), bezw. bei Vermischung zahlreicher und unter sich ungleicher Elemente die Lehre vom Polynom.

Betrachten wir noch kurz einige weitere Umstände, welche nach den Lehren der Rassenhygiene Entartung zu erklären vermögen.

Die Entartung kommt vielleicht bei einzigen Kindern, oder in Familien mit nur sehr wenig Kindern oder dann bei den letzten Kindern in kinderreichen Familien etwas häufiger zur Beobachtung, und der Fall, daß nur eines mitten heraus aus einer großen Reihe von Kindern ein Kretin ist, möchte nach meiner Schätzung etwas seltener sein. Dies vielleicht darum, weil die Fruchtbarkeit in Kretinenfamilien überhaupt nicht groß ist und weil die Natur der Frau durch eine lange Reihe von Geburten (besonders bei kleinem Intervall) erschöpft wird. Diese Erscheinung ist uns ja unter dem Namen der „BREHMERschen Belastung" bei der Schwindsucht ganz geläufig. Nach BOAS sind in ein und derselben Familie die Erstgeborenen größer als die Spätgeborenen; ältere Mütter bringen aber größere Kinder.

Das Alter der Eltern hat jedenfalls keinen großen Einfluß. KOLLER nimmt für das Appenzellerland an, daß zu große Jugend der Eltern einen ungünstigen Einfluß habe; für die herwärtige Gegend könnte ich diese Erfahrung nicht bestätigen, da hier im allgemeinen die wohlhabenden Leute (eben die Bürger) erst spät heiraten. Hohes Alter des Vaters ist an und für sich, wenn andre schädliche Momente fehlen, belanglos; hohes Alter der Mutter (jenseits des 40. Jahres etwa, nahe vor dem Klimakterium) scheint etwas ungünstiger zu sein, was vielleicht auch eine etwas größere Kretinenhäufigkeit am Ende einer langen Kinderreihe zu erklären vermöchte. Meine persönlichen Erfahrungen sind aber nicht so groß, daß ich mir ein sicheres Urteil bilden könnte.

Es ist auch schon oft genug behauptet worden, Kropf der Mutter erzeuge kretinische Nachkommen; daß damit nichts anzufangen ist, habe ich schon in der Einleitung, S. 11, angedeutet.

Außer hereditären Momenten im weitesten Sinne des Wortes kommt nun aber ätiologisch beim Kretinismus noch etwas andres in Betracht, nämlich die **Verwahrlosung** solcher Kinder. Gerade wie die Resultate der häuslichen Wundbehandlung so häufig unbefriedigend sind und immer hinter den Resultaten der Krankenhausbehandlung zurückstehen, so verhält es sich ähnlich (ja meist noch viel ungünstiger) mit der häuslichen Aufzucht kretinöser Kinder. Auch in sonst wohlhabenden Familien fehlt den Leuten die hierzu nötige Erfahrung, die Geduld und vor allem die Zeit; man hat anderes, besseres zu tun, als sich den lieben langen Tag mit Schwachsinnigen zu plagen, man verzichtet auf aussichtslose Bemühungen, und so kommt es, daß der angehende Kretin eben je länger um so mehr sich selbst überlassen bleibt. In roher, unvernünftiger Umgebung steht es um die „Erziehung" noch schlimmer; halbgewachsene Geschwister machen sich ein Vergnügen daraus, das arme Geschöpf zu hänseln, durch Grobheit einzuschüchtern; von Schulbesuch ist ohnehin keine Rede. Da ist es wahrlich kein Wunder, wenn auch die wenigen vorhandenen Keime einer besseren Vernunft sich nicht entwickeln können, wenn sie unbeachtet ersticken.

Unter Verwahrlosung verstehe ich aber nicht nur die Vernachlässigung der pädagogischen, moralischen wie intellektuellen Erziehung, sondern ebensosehr das Verkommen im Schmutz, im Müßiggang und in allen möglichen Krankheiten; hier kommt nun wohl vornehmlich die Tuberkulose in allen ihren Abarten in Frage, auch die Skrofulose und die Rachitis. Durch den ständigen

Aufenthalt in unreinlichen, nie gelüfteten Räumen verschlimmern sich solche Leiden bekanntlich immer mehr. Ärztliche Behandlung der Krankheiten von Kretinen erscheint vielen Leuten (nicht nur den Armen) als zwecklose Verschwendung.

Endlich ist bei der Verwahrlosung noch an ungenügende oder unzweckmäßige Ernährung zu denken: Verabfolgung von alkoholischen Getränken, einseitige Aufpäppelung mit Mehlbrei u. dgl., nicht minder auch chronische Unterernährung. Sind auch die Rassenmerkmale beim Menschen in hohem Grade von der Ernährung unabhängig, so lehrt doch die alltägliche Erfahrung in der Tierzucht, daß zum allermindesten die Entwicklungsgeschwindigkeit von der Qualität und Quantität des Futters abhängt; in dieser Hinsicht scheinen besonders jene Tiere benachteiligt zu sein, welche die Milch der eignen Mutter entbehren müssen. ABDERHALDEN hat in einer Basler Preisarbeit gezeigt, daß die Wachstumsgeschwindigkeit der Säuglinge zahlreicher Tierspezies in einem ganz bestimmten Verhältnis zur Zusammensetzung der Milch ihrer Mutter steht. PFAUNDLER (453) hat in einem Aufsatz über „hungernde Kinder" die herrschenden Ansichten hierüber referiert; er sagt, Ernährung habe auf den Wachstumstrieb fast gar keinen Einfluß und Überfütterung sei nicht imstand, die Körpergröße zu steigern; eine Ernährung, welche eben den Wachstumsbedarf deckt, sei quantitativ eine optimale, da sie eine vorzeitige und nutzlose Erschöpfung des Wachstumstriebes vermeide. Er verweist auf die Versuche von ARON, der junge Tiere bei „Erhaltungsdiät" trotz ständiger Größenzunahme außerordentlich abmagern sah, „sie wuchsen sich zu Tode"; erst kurz vor dem Exitus hörte auch das Längenwachstum auf; intermittierendes partielles Hungern wirke prinzipiell anders als habituelle Unterernährung und begünstige sogar die Gesamtentwicklung. Auch unterernährte Kinder können eine positive N-Bilanz haben; Säuglinge reagierten bei Unterernährung eher mit Puls- und Temperaturherabsetzung als mit Gewichtsverminderung. (Ich bin nicht in der Lage, diese Versuche erfolgreich kritisieren zu können; hoffentlich bleiben aber diese Ansichten den Vorstehern von Erziehungsanstalten usw. unbekannt, denn es wäre gewiß außerordentlich bedauerlich, wenn diese Leute aus der reinen Wissenschaft die praktischen Konsequenzen zögen!) — Diesen Theorien gegenüber muß aber doch betont werden, daß die soziale Lage der Eltern (nach Lehrbuch, S. 235) auf die Entwicklung der Kinder von unbestreitbarem Einfluß ist, indem die ärmeren Kinder im Mittel um den ganzen Betrag eines Jahres hinter den reichen zurückstehen, und indem ferner die Kinder aus kinderreichen Familien besonders ungünstig dastehen (vgl. Erfahrungen der Nachkriegszeit).

Es fällt mir nicht ein, zu behaupten, daß immer Kretinismus eine Folge von Verwahrlosung sei; das sei ausdrücklich betont, um Mißverständnissen vorzubeugen[1]). Wohl aber glaube ich, daß Verwahrlosung dazu beitragen könne, schon vorhandenen angeborenen Kretinismus zu verschlimmern. Dieser Gesichtspunkt ist für die Therapie von Bedeutung; er begründet die Notwendigkeit einer rationellen Anstaltsbehandlung.

Damit glaube ich die Reihe der bisher erkennbaren Ursachen der kretinischen Degeneration aufgezählt zu haben. Die Hauptsache ist, um dies noch

---

[1]) Die zahlreichen verwahrlosten Stadtkinder verfallen wohl der Tuberkulose und dem Verbrechertum, aber nicht dem Kretinismus.

einmal hervorzuheben, die Herkunft aus Endemiegebiet, d. h. die Abstammung aus einer Bevölkerung, in welcher altertümliche primitive Elemente vorhanden sind. Diese kommen unter der Herrschaft fortgesetzter Endogamie und sekundärer Schädlichkeiten (Alkoholismus, Verwahrlosung) in der Form von Kretinen wieder ans Tageslicht.

Zur Diagnose des Kretinismus.

Die Erkennung des Kretinismus sollte wahrlich keine Schwierigkeiten bieten, ist doch im Endemiegebiet jeder Laie dazu befähigt. Schwierig, ja unmöglich wird die Diagnose nur dann, wenn in doktrinärer Weise irgendein bestimmtes Symptom als Conditio sine qua non erklärt wird; wenn man z. B. die Idiotie in den Mittelpunkt der Betrachtung stellt, oder (mit H. BIRCHER) eine „prämature Synostose" fordert, oder endlich, wenn man (mit BAYON) einzig den Schilddrüsenmangel als wirklichen und wahrhaftigen Kretinismus gelten läßt. Aber das alles sind Künsteleien; nicht irgendein einzelnes Symptom macht den Kretinismus aus, sondern nur deren charakteristische Kombination. Kein einziges Symptom gibt es, welches ausschließlich dem Kretinismus zukäme und für diesen also unbedingt pathognomonisch wäre. Gewiß sind nicht alle Symptome unter sich gleichwertig; ein Symptom, welches, wie die Idiotie, bei den allerverschiedensten Zuständen vorkommen kann, ist für die Diagnose des Kretinismus ebensowenig ausschlaggebend wie etwa ein Symptom, das (wie z. B. das Myxödem) nur bei einer ganz bestimmten Funktionsstörung anzutreffen ist. Trotz alledem bin ich überzeugt, daß in den meisten Fällen eine präzise Diagnose möglich sein muß; zum mindesten eine klinische Diagnose.

Eine bakteriologische Diagnose des Kretinismus gibt es freilich nicht und wird es vermutlich nie geben, so wenig als etwa beim Karzinom. Aber während uns beim Karzinom wenigstens das histologische Präparat volle Sicherheit zu geben vermag, so ist beim Kretinismus auch

eine pathologisch-anatomische Diagnose noch kaum möglich. Man kennt bis heute keine makroskopischen und keine mikroskopischen Veränderungen, welche nur bei Kretinen, bei diesen aber ausnahmslos anzutreffen wären. Die Schilddrüsenveränderungen jedenfalls können diagnostisch nicht verwertet werden; sind auch Strumen und Gewebsatrophien bei Kretinen nicht selten, so handelt es sich doch um degenerative Vorgänge, wie sie auch sonst oft genug zu finden sind. Eine spezifische Kretinenstruma gibt es nicht, hat doch E. BIRCHER gelegentlich bei Kretinen typische Basedowschilddrüsen gesehen! — Auch die entzündlichen und degenerativen Prozesse im Gehirn der Kretinen haben nach dem Zeugnis von SCHOLZ nichts spezifisches; sie sind allen Idioten gemein. — Man könnte ferner an die histologischen Befunde von LANGHANS (31) denken: ödematöse endo- und perineurale Quellungen, „Blasenzellen" und „Spindeln", vorzugsweise motorische, fast nie sympathische Nerven betreffend; ödematöse Quellung und Verfettung der weißlichen, abnorm gewulsteten Muskelbäuche (ähnliches komme aber auch bei CO- und bei P-Vergiftung vor); ferner Fettmark in allen Röhrenknochen (ausgenommen Klavikula) schon bei kretinischen Kindern, wie sonst nur bei alten Leuten zu beobachten, und endlich atrophische Degeneration der Keimdrüsen. Würde es wirklich jemand wagen, daraufhin in einem konkreten Fall die unfehlbare Diagnose Kretinismus zu stellen? LANG-

HANS selbst hat später seine diesbezüglichen Angaben zum Teil direkt als irr-tümlich erklärt.

Die alten Autoren haben in ihren im ganzen spärlichen Sektionsprotokollen immer die Schädelbasis besonders eingehend beschrieben, ohne aber hier patho-gnomonisch absolut einwandfreie Merkzeichen finden zu können. Immerhin kann man soviel sagen, daß auf dem Gebiet des Knochensystems noch am ehe-sten und am häufigsten charakteristische und vielleicht spezifische Merkmale anzutreffen sein werden. Ich denke bei dieser Behauptung nicht sowohl an das abnorm lange Offenbleiben der Epiphysenfugen (eine prämature Synostose hat freilich mit Kretinismus nichts zu tun), als vielmehr an jene charakteristische Kombination von primitiven Merkmalen mit Anzeichen unverkennbarer De-generation, wie ich sie im osteologischen Teil bei jedem einzelnen Knochen ein-gehend beschrieben habe. Ich verweise auf meine früheren Ausführungen; wer sich eingehend mit der Osteologie der Kretinen beschäftigt hat, sollte allerdings fähig sein, aus einer Sammlung von Skeletten die Kretinen herauszufinden. Eine osteologische Diagnose, welche in gewissem Sinne eine anthro-pologische Rassendiagnose ist, sollte wohl auch beim Kretinismus möglich sein; aber leicht und einfach ist sie nicht und aus dem Schädel allein jedenfalls nicht zu stellen; der Satz VIRCHOWS, daß es eine bestimmte kretinische Schädel-form nicht gebe, gilt heute noch. Sicher diagnostisch verwertbar scheint mir die Kleinheit der Hände, Füße und Kniescheiben der Kretins. — So wichtig nun auch eine genaue Kenntnis des Kretinenskelettes sein mag, so hilft sie uns zur Diagnose des Kretinismus am lebenden Patienten nur wenig.

Die klinische Erkennung des Kretinismus und seine differentialdia-gnostische Abgrenzung von verwandten Krankheiten und Zuständen ist in dem Werk von SCHOLZ eingehend abgehandelt, so daß ich mich hier kurz fassen kann, ich will nur ganz kurisorisch rekapitulieren, auf welche Symptome ich die Diagnose des Kretinismus vorzugsweise stützen würde. Ich würde sagen: kleine, häßliche, schwächliche Menschen, von langsamem Temperament, mit dem typischen Gesichtsausdruck (eingezogene Nasenwurzel, breites Gesicht, großer Mund usw.) und der unverkennbaren Körperhaltung, dem unsichern watscheln-den Gang, Idioten mit lallender, kreischender Sprache, mit unentwickeltem Sexualismus und nicht selten mit Störungen der innern Sekretion, das sind die Kretinen. Von „endemischem" Kretinismus kann selbstverständlich nur bei Leuten die Rede sein, welche aus notorischen „Endemie"gebieten herstammen. Ob ein hierher gehöriges Individuum taubstumm ist oder einen Kropf hat, tut wenig zur Sache, auch der Zustand der Haut (Myxödem, Schweißsekretion, Ab-schilferung usw.) gibt gewiß nicht den Ausschlag, so wenig als eine kreidige Gesichtsfarbe (Anämie, niedrige Körpertemperatur). Belastungsdeformitäten (auch Skoliosen) können bei Kretinen ab und zu vorkommen, deuten aber wohl immer auf Komplikation mit Rachitis und haben direkt mit Kretinismus nichts zu tun. Ebenso muß jede auf Enzephalitis beruhende und mit Krämpfen einher-gehende Form der Idiotie mißtrauisch machen; solche Störungen können recht wohl bei echten Kretinen vorkommen (warum denn auch nicht!), aber mit dem eigentlichen Wesen dieser Entartungsform haben sie nichts zu tun. Die Men-talität der echten Kretinen ist, wie mir scheinen will, mehr eigen- und anders-artig, primitiv, als im eigentlichen Sinne des Wortes idiotisch. Primitive, fremdartige Züge scheinen überhaupt neben den unverkennbaren Anzeichen von degenerativer Minderwertigkeit sowohl in der äußeren Erscheinung wie im Knochenbau und sogar im psychischen Verhalten der Kretinen das Wesentliche zu sein. Bei dieser Sachlage ist es nicht verwunderlich, daß es bei den echten Kretinen der verschiedenen Endemiegebiete regionale Unterschiede geben kann und geben muß; es ist in Anbetracht der doch recht verschiedenartigen Rassen-mischung gar nicht zu erwarten, daß beispielsweise die Berner Kretinen mit den Kretinen der Steiermark in allen Punkten genau übereinstimmen; und die Cagots können echte Kretinen sein (oder gewesen sein; ich weiß nicht, ob es heute noch Cagots gibt), auch wenn sich herausstellen sollte, daß sie in dem oder jenem Punkt von den alpenländischen Kretinen abweichen. Und wenn es in exotischen Ländern ebenfalls wirklichen Kretinismus gibt, so dürfen auch die davon befallenen Menschen ruhig ihre besonderen Rasseneigentümlichkeiten darbieten; dasselbe gilt natürlich vom Kretinismus bei Tieren. Das Wesentliche ist immer nur die Kombination von Entartungsmerkmalen mit Rückschlags-bildungen und funktioneller Minderwertigkeit.

Den Ausdruck „sporadischer Kretinismus" würde man sicher am besten ganz aufgeben und durch die Namen „Myxödem" oder „Athyreose" ersetzen. Ob und inwiefern die „mongoloide Idiotie" mit dem endemischen Kretinismus ver-wandt ist, das müssen erst noch genauere anthropologische Messungen an „Mongoloiden" dartun.

Die Unterscheidung der Kretinoiden (mit annähernd normaler Intelligenz) und der total geh- und sprechunfähigen Vollkretinen (Kretinen mit Schild-drüsenmangel?) von den „echten" Kretinen dürfte weiter auf keine Schwierig-keiten stoßen.

Bei Intelligenzprüfung nach der Methode BINET-SIMON (Th. Geg. 1913, S. 322) ist der Rückstand in der Intelligenz meist größer als in der Ossifi-kation oder in der Länge (auf Jahre berechnet und verglichen).

Die radiologische Diagnose hat sich schon sehr bald nach Erfindung der Röntgenstrahlen als wichtiges Hilfsmittel zur Trennung aller mit Ossifikations-störungen einhergehenden Knochenleiden erwiesen. In der Tat ist kein anderes Verfahren gleichermaßen befähigt, uns über den Zustand der Epiphysen Auf-schluß zu geben, wie die Radioskopie. Viel mehr als Aufschluß über den Stand der Ossifikation darf man freilich nicht vom Röntgenbild erwarten; namentlich darf man abnorme, primitive Verbiegungen und Krümmungen im Röntgenbild nicht aufzufinden hoffen, solche sind mit Sicherheit nur am osteologischen Prä-parat zu erkennen. Aber unter allen Umständen ist bei jugendlichen Individuen der erreichte Grad von Verknöcherung ein differentialdiagnostisch sehr wert-volles Merkmal. Erst kürzlich sah ich ein Mädchen mit großem Kopf und aus-gesprochen mikromelem Typus und freute mich schon, einen Fall von Chondro-dystrophie vor mir zu haben; das Radiogramm ergab jedoch offene Epiphysen und damit die Diagnose: kretinoide bzw. benigne Hypothyreose. Wenn auch in seltenen Fällen (beim sogenannten PALTAUFschen Zwergwuchs) offene Epi-physen bei normaler Thyreoidea vorkommen mögen, so darf man für die Praxis doch an der Regel festhalten, daß offene Epiphysen meistens auf Schilddrüsen-mangel beruhen.

Was zeigen uns nun ordentliche Röntgenbilder bei den hauptsächlich in

Frage kommenden Knochenkrankheiten? Man hat sich aus Gründen der praktischen Einfachheit gewöhnt, vorzugsweise (fast ausschließlich) die Handgelenksgegend zu studieren, und man findet dabei etwa folgende Bilder:

Rachitis ist im floriden Stadium an den kugelig aufgetriebenen Epiphysen, welche in becherförmigen Exkavationen der Diaphysenenden zu sitzen scheinen und nur ganz wenige Knochenkerne enthalten, leicht kenntlich (leider kann ich keine Bilder selbst beibringen). Der Knochenschatten ist bei Rachitis immer auffallend schwach, während hier die Weichteile sich relativ dunkel abheben (kontrastlose Bilder!); es kann vorkommen, daß der Epiphysenkern innerhalb des Knorpels geradezu als heller Fleck erscheint. Diese Bilder sind niemals mit Kretinismus zu verwechseln, ebensowenig die Bilder bei abgelaufener Rachitis, welche nur noch an den charakteristischen Verbiegungen der langen Knochen zu erkennen ist; die beiden Vorderarmknochen scheinen ohne alle eigne Widerstandskraft wie umeinander herumgeschlungen, und immer zeigen sie gleichsinnige, parallele Biegungen, es fehlt die normale, sich gegenseitig stützende Architektonik (vgl. den Atlas von REYHER).

Chondrodystrophie kennzeichnet sich durch eine dem Alter entsprechend zu weit vorgeschrittene Ossifikation und durch verbreiterte, „pilzförmig" ausgewachsene Epiphysen (besonders am distalen Humerusende). Bei jungen Individuen erscheinen Metakarpen und Phalangen auffallend verkürzt, fast würfelförmig, und sklerosiert. Auch diese Bilder sind unmöglich mit Kretinismus zu verwechseln.

Athyreose charakterisiert sich im Röntgenbild durch das fast völlige Fehlen der Knochenkerne in den Epiphysen und durch die zuerst von LANG-HANS und DIETERLE beschriebenen scharfen Abschlußlinien an den Diaphysenenden der langen Knochen, nicht minder auch an den Mittelhand- und Fingerknochen. Die Knochen sind sklerosiert (darum treten sie auf der Photographie sehr deutlich und scharf hervor) und lassen irgend erhebliche Verbiegungen völlig vermissen.

Mongolismus scheint im Röntgenverfahren durchaus normale Bilder mit einer dem Alter entsprechenden Ossifikation zu liefern; es wird an der Basis der Metakarpalia eine Knopfbildung mit ringförmiger Abschnürung gegen die Diaphyse beschrieben, und es wird die Kürze des ersten und fünften Fingers besonders hervorgehoben; die Endphalanx V soll radialwärts abgebogen sein. Ob auf diese Angaben hin eine Röntgendiagnose möglich ist, weiß ich nicht; ich habe noch keinen hierher gehörigen Fall zu Gesichte bekommen.

Kretinismus dokumentiert sich bei Kindern durch einen manchmal recht bedeutenden Rückstand in der Ossifikation, der aber wohl nie so hochgradig ist wie bei Athyreose; es fehlen bei Kretinen die scharfen Grenzlinien an den Schaftenden, diese haben vielmehr eine zackige und unscharfe Begrenzung. Differentialdiagnostisch verwertbar ist eine typische Radiuskrümmung, sowie an Bildern vom Kniegelenk in Vorder- wie in Seitenansicht die charakteristische Form der distalen Femurepiphyse.

Zur richtigen Beurteilung des Ossifikationsrückstandes bei Athyreose, Kretinismus, eventuell bei Rachitis ist natürlich eine genaue Kenntnis der normalen Ossifikationsreihenfolge vonnöten. Man vergleiche darüber die Literatur halte sich aber immer vor Augen, daß im Endemiegebiet auch bei anscheinend normalen Kindern die Verknöcherung etwas später eintritt als z. B. in Norddeutschland; dies ergibt schon ein Vergleich der Angaben von Dieterle mit denen von Gegenbauer.

Damit glaube ich die wichtigsten Elemente zur Begründung einer wirklich zuverlässigen Diagnostik des Kretinismus vollzählig angeführt zu haben und will nur noch einmal hervorheben, daß selbstverständlich nur die wesentlichen Merkmale diagnostisch brauchbar sind, und wesentlich können im Sinne vorstehender Ausführungen nur die Symptome der Degeneration bei den Kretinen sein, nicht aber zufällige Komplikationen wie Anämie, Ohrenleiden, Kröpfe und ähnliches.

Die Prognose des Kretinismus.

Der Kretinismus gilt heute noch, trotz Anstaltsbehandlung und trotz Thyreoidin, als ein unheilbares Leiden, und es ist klar, daß die rassenartige Minderwertigkeit nicht zu beeinflussen sein kann. Ein Mulatte bleibt ein Mulatte, auch wenn er in die denkbar besten Verhältnisse versetzt wird.

Trotzdem ist die Prognose des Kretinismus nicht so schlimm, wie man meinen möchte. Quoad vitam bildet der Kretinismus keine große Gefahr; Kretinen können ein recht ordentliches Alter erreichen, und am Kretinismus selbst ist noch niemand gestorben! Quoad valetudinem completam ist freilich zu sagen, daß ein Kretin nie und unter keinen Umständen ein körperlich und geistig völlig normaler Mensch werden kann; gegenteilige ältere Angaben (z. B. die Reihe von berühmten Männern bei Guggenbühl) müssen auf irrtümlicher Diagnose (Verwechslung mit Rachitis?) beruhen. Aber man darf sicher daran festhalten, daß der Kretinismus nicht zu den Leiden gehört, welche sich progressiv entwickeln (ausgenommen etwa Verschlimmerung durch Puerperium usw.); sondern es ist mit aller Sicherheit zu erwarten, daß mit dem Alter in den allermeisten, nicht allzu hochgradigen Fällen eine merkliche spontane Besserung bis zu relativer sozialer Brauchbarkeit eintritt, eine Besserung, die man gerne, jedoch mit Unrecht auf Rechnung einer inzwischen durchgeführten Behandlung setzt.

Vierter Teil.
Bestrebungen zur Ausrottung des Kretinismus[1]).

Wenn wir den Kretinismus im biologischen Sinne als einen Ausdruck der
Variabilität ansehen, so könnte es a priori ungereimt erscheinen, an eine „Behandlung" auch nur zu denken. Freilich, ganz beseitigen läßt sich die Variabilität wohl nicht; allein sie ist auch keine absolut unveränderliche Größe, und
wenn die Bedingungen bekannt sind, welche ein Flacherwerden, bzw. andrerseits eine größere Geschlossenheit der Kurve bewirken, so muß es auch möglich
sein, diese Bedingungen zweckentsprechend zu modifizieren. Dann ist nicht
die Theorie ein Hemmschuh für die Therapie, sondern dann vermag gerade die
Theorie die Therapie in aussichtsreiche Wege zu lenken und sie vor fruchtlosen
oder gar schädlichen Versuchen zu behüten. Und schließlich hat die STEIGER-
sche Erklärung der Refraktionsanomalien gewiß keinen Augenarzt gehindert,
eine Myopie kunstgerecht zu behandeln.

Bevor wir uns an die Behandlung der Kretinen heranmachen, ist es freilich
am Platz, die Frage zu beantworten: hat die ärztliche Behandlung in diesen Fällen
überhaupt einen Sinn und eine richtige Indikation? Jeder, der mit Kretinen
zu tun gehabt hat, weiß, daß dieselben gar nicht behandelt sein wollen; Schmerzen haben sie keine, die Idiotie tut nicht weh; sie sind, wenn sie nur quantitativ
ordentlich ernährt werden, mit ihrem Los durchaus zufrieden. Ich möchte
sogar behaupten, daß ein gewisser Grad von Idiotie ganz allgemein eine unerläßliche Vorbedingung des Glücksgefühles auf Erden ist; kritischer Verstand
ist mit Glück unvereinbar. Warum nun also mit aller Gewalt die Kretinen aus
ihrem glückseligen Stumpfsinn herausreißen? im allerbesten Falle kommen
sie doch höchstens dazu, von ihrem Unvermögen eine Einsicht zu erhalten, und
sie werden dadurch bedrückt.

Nun weiß ich wohl, daß man sagt, die Behandlung der Kretinen sei nicht
in erster Linie um ihrer selbst willen nötig, sondern es liege hier eine soziale Indikation vor; die Allgemeinheit müsse davor bewahrt werden, unnütze, arbeits-
unfähige Glieder der Gesellschaft zu erhalten, und namentlich müsse eine
weitere Ausbreitung des Übels verhindert werden. Dagegen ist zu erwidern,
daß auf dem Lande die Hungerleiderei noch nicht so arg ist, daß nicht eine
Anzahl harmloser Kretinen noch mit durchgebracht werden könnten. Und
wenn man sich auf den Boden der hier vorgetragenen Ansichten stellt, wonach
wir in den Kretinen die letzten entarteten Ausläufer einer einstmaligen Urbevölkerung zu erblicken haben; einer Urbevölkerung, welche in barbarischen
Zeiten sich jede Unbill gefallen lassen mußte und schonungslos ausgerottet

---

[1]) Dieses Kapitel erschien separat unter dem Titel „Kretinenbehandlung und Rassenhygiene" in der Ther. d. Gegenw. 1920, mit einigen unwesentlichen Abänderungen.

wurde (oder doch ausgerottet werden sollte), so beginnen wir zu verstehen, warum in gewissen Gegenden heute noch (vgl. JEGERLEHNER, S. 60) die Kretinen quasi als Heilige betrachtet werden, denen Daseinsberechtigung abzusprechen, keinem Menschen einfällt. Werden doch sogar in Amerika räuberischen Indianerstämmen Reservationen eingeräumt; sollten nicht auch bei uns die Kretinen das Interesse der „Heimatschutz"bewegung verdienen?

Ich will diesen Gedanken hier nicht weiter verfolgen, sondern nur feststellen, daß mir die Notwendigkeit einer radikalen Kretinenbehandlung gar nicht von vornherein festzustehen scheint. —

Die Aufgaben der Therapie bewegen sich beim Kretinismus wie bei andern Krankheiten in zweierlei Richtungen: einmal sollen die vorhandenen Kretinen in normale Individuen umgewandelt, also „geheilt" werden, und zum andern gilt es, Prophylaxe zu treiben und die Entstehung neuer Fälle zu verhüten. Es ist klar, daß die Mittel zur Erreichung dieser beiden Ziele ganz verschieden sein müssen, je nach der Ansicht, die wir uns vom Wesen der Endemie bilden; und wenn irgendwo, so könnte hier „ex juvantibus" auf die Natur der Endemie geschlossen werden. Leider aber ist zu sagen, daß dem Kretinismus gegenüber bisher jede Therapie versagt hat.

A. Behandlung der kretinischen Individuen.

1. Die Infektionstheorie müßte, wenn sie richtig wäre, imstande sein, uns ein spezifisches Mittel zur Bekämpfung der Endemie und auch zur Prophylaxe an die Hand zu geben. In Wirklichkeit verlautet davon aber bis heute noch kein Sterbenswörtchen. Mittelst Hekatomben von Versuchstieren hat man nachgerade herausgebracht, wie man es anstellen muß, um Ratten kropfig zu machen; den Kropf anders als mit dem Messer oder nach Väter Sitte mit einer mehr oder weniger zielsicheren Jod-Medikation wieder wegzubringen, ist anscheinend noch nicht gelungen, und für die Kretinenbehandlung sind die Rattenversuche ohnehin wertlos. Die Vakzinetherapie nach MAC CARRISON ist meines Wissens wohl bei Kropf, aber noch nicht gegen Kretinismus versucht worden.

2. Eine Zeitlang schien es, als ob die Boden- und Trinkwassertheorie einer therapeutischen Anwendung fähig wäre. „Änderung der Wasserleitung! Jurawasser, kein Wasser aus marinen Sedimenten!" so lautete die siegessicher ausgegebene Losung; die Ergebnisse kritischer Nachprüfung findet der Leser auf S. 9 hiervor, — sie sind desolat! Auf diese Art ist der Kretinismus nicht zu beseitigen.

3. Und dann kam die berühmte Schilddrüsenbehandlung, auf die ich mit einigen Worten eingehen muß, ohne aber im entferntesten auf Vollständigkeit Anspruch zu erheben. Wer sich für die Anfänge dieser Bewegung interessiert, findet eine ausgezeichnete Darstellung derselben bei SCHOLZ im IX. Kapitel. Ich will nur den gegenwärtigen Stand dieser Frage skizzieren.

a) Behandlung mit Thyreoidintabletten.

Es ist sicher, daß in Fällen von wirklichem Ausfall der Schilddrüsenfunktion (also beim Myxödem und bei der postoperativen Cachexia strumipriva) durch Schilddrüsenmedikation die Ausfallssymptome zum großenTeil beseitigt werden

können; es ist nicht ernsthaft bestritten, daß auch bei Kretinen gewisse hierhergehörige Ausfallserscheinungen vorkommen können, und es ist daher nicht zu
verwundern, daß auch hier die Tabletten mit einem gewissen Anfangserfolg gegeben werden, nämlich so lange, bis die Schilddrüsenstörungen nachgeholt und
ausgeglichen sind. Es wäre aber ganz falsch, zu glauben, daß nicht auch ohne
Schilddrüsenbehandlung der Rückstand der Entwicklung später noch einigermaßen eingeholt werden könnte (vgl. die III. Streckung S. 54), und es wäre
ein großer Irrtum, zu glauben, daß ein Kretin nach Verschwinden der Schild-
drüsensymptome nun kein Kretin mehr wäre! Ganz im Gegenteil! Erst nach-
Abschluß der Wachstumsperiode und nach Abklingen der Schilddrüsensym-
ptome treten bei den älteren Kretinen mit dem Übergang vom grazilen ins
massive Stadium die typischen Rassenmerkmale unverkennbar hervor, nämlich
die charakteristische Kretinenphysiognomie, die Knochenverbiegungen, die
primitive Mentalität, welche nicht ohne weiteres als Idiotie zu bezeichnen ist,
und so fort.

Auch an dieser Stelle muß ich noch einmal darauf hinweisen, daß kretinische
Kinder eine richtige Wachstumskurve darbieten (Details darüber findet der
Leser auf S. 51—55 hiervor) und daß man kein Recht hat, jede Größenzunahme
ohne weiteres der Schilddrüsenbehandlung gutzuschreiben.

Schilddrüsenbehandlung großen Stils und mit gutem Erfolg scheint zuerst
in Nordamerika geübt worden zu sein, — ob aber wirklich an echten Kretinen
und nicht vielmehr an Hypothyreosen und Myxödemfällen? Denn ob in den
Vereinigten Staaten endemischer Kretinismus in größerer Ausdehnung vorkommt, ist nicht so ganz sicher. Die Versuche wurden dann während genügend
langer Zeit auf Veranlassung von WAGNER und von KUTSCHERA in Steiermark
und Tirol auf Staatskosten in großem Umfang durchgeführt und nach einigen
überschwenglich gepriesenen Anfangserfolgen in aller Stille wieder aufgegeben
(NB. schon vor dem Krieg!). Es hat sich eben gezeigt, daß wohl einzelne Hypo-
thyreosemerkmale, die ja beim Kretinismus nicht so selten sind, beseitigt werden
konnten; die Kinder wuchsen, lernten vielleicht auch etwas besser reden, im
ganzen blieben sie aber Kretinen wie zuvor. TAUSSIG (42) hat die Situation in
den Satz zusammengefaßt: „Die großen Erfolge, die viele Forscher durch die
Tablettenbehandlung erzielt zu haben glauben, sind Selbsttäuschungen." Es
konnte ja gar nicht anders sein. Die Schilddrüse ist nicht allein gestört beim
Kretinismus; wie beim Basedow, so ist auch bei Kretinen an andre Drüsen mit
innerer Sekretion zu denken: Thymus, Keimdrüse, Nebenniere, vielleicht ferner
an die Hypophyse, Pankreas usf. Man könnte mit einer „polyvalenten Organtherapie" einen Versuch machen; aber auch dadurch dürfte eine schlechte Erb-
anlage nicht zu korrigieren sein. — Und was nützt es denn, wenn es gelingt,
einen Kretin zum Wachsen zu bringen? Er braucht mehr Tuch zur Kleidung
und ein größeres Quantum Nahrung, ohne daß seine Leistungen besser würden;
lohnt dieser Erfolg wirklich auch nur die mindeste Bemühung? Vergessen wir
auch nicht die Gefahren der Thyreoidinbehandlung und die nicht so seltenen
Todesfälle, die ihr nach SCHOLZ zur Last fallen; so gestaltet sich die Bilanz
immer ungünstiger.

Ich möchte die Sachlage heute so zusammenfassen: zeigen sich bei einem
Kretin deutliche Hypothyreosesymptome, so mag man immerhin einen Versuch

mit der Thyreoidinbehandlung in vorsichtiger Dosierung wagen. Man soll aber nie hoffen, dadurch wirkliche, bleibende Heilung zu erzielen.

b) Schilddrüsenimplantation.

Schon ziemlich früh (KOCHER 1892, KUMMER 1896, CHRISTIANI 1901) (zitiert nach SCHOLZ, S. 496) versuchten schweizerische Chirurgen statt der sonst üblichen Verabfolgung per os die Schilddrüse direkt in den Körper zu überpflanzen; auf dem Chirurgenkongreß 1914 in Wiesbaden hat dann KOCHER ausführlich über Technik und Erfolge dieser Behandlungsmethode referiert und ich entnehme seinen Darlegungen das folgende. Es handelt sich um eine homöoplastische Implantation von Schilddrüsengewebe (am besten von Basedowschliddrüsen) in Milz, Knochenmark, Thymuskapsel, Peritoneum; am besten gelang die Überpflanzung bei jungen, blutsverwandten und gleichgeschlechtigen Tieren und es erwies sich als nützlich, die „Immunität" des Wirtsorganismus durch vorgängige Thyreoidinbehandlung (per os) abzuschwächen und die „Virulenz" des Transplantates zu steigern; zu diesem Zweck wurde die zu transplantierende Schilddrüse durch Jodmedikation vorerst aktiviert. Es handelte sich also um eine sehr ingeniöse, aber nichts weniger als einfache Methode, die schon darum einer Anwendung in großem Stil zur Ausrottung der Endemie wohl kaum fähig ist. Die Deutung der Resultate ist insofern nicht einfach, als neben der chirurgischen auch die Tablettenbehandlung geübt wurde; letztere scheint nach der Implantation bessere Resultate geliefert zu haben, indem man mit geringeren Mengen Thyreoidin auskam. Die Hauptsache in theoretischer und praktischer Beziehung scheint mir aber in dem Geständnis zu liegen, daß die besten Ergebnisse bei Myxödem und Cachexia strumipriva beobachtet wurden, während Kretine und Kretinoide sich meistens refraktär verhielten. Bei Kretinen ist nach KOCHER die Blutbeschaffenheit chemisch von derjenigen normaler Menschen so different, daß die Transplantation nicht mehr homöo- sondern heteroplastisch wirkt. Ich möchte mir hier die Zwischenfrage erlauben: wie weit ist es von der Konstatierung dieses wichtigen prinzipiellen Unterschiedes zwischen Kretinen und normalen Menschen bis zur Annahme einer rassenmäßigen Differenz? Und nicht nur vom normalen Menschen unterscheiden sich die Kretinen, sondern auch ebensosehr vom Myxödem.

Von andrer Seite (MÜLLER, ENDERLEN) wurde bei Nachuntersuchungen konstatiert, daß das implantierte Organ verschwunden war, und MÜLLER machte noch besonders darauf aufmerksam (was anscheinend nicht als selbstverständlich betrachtet wurde!), daß auch bei nicht behandelten Kretinen mit zunehmendem Alter Besserung eintritt (ref. Ther. d. Gegenw. 1914, S. 234). PAYR war der Ansicht: wenn die interne Medikation keinen Erfolg brachte, hilft auch die Operation nicht viel, und er fragte sich, ob es nicht angezeigt wäre, zu gleicher Zeit noch andre Drüsen zu implantieren (vgl. oben, polyvalente Organtherapie).

Wenn jemand hofft, daß durch Schilddrüsenimplantation der Kretinismus ausgerottet werden könne, so verfügt er über einen sehr starken und leider unberechtigten Optimismus.

Auf andre, mehr oder weniger moderne Behandlungsmethoden des Kretinismus (Jodmedikation nach HUNZIKER, BAYARD u. a.; Ersatz des Kochsalzes durch Meersalz nach Taussig [42]; Verabfolgung von Chlornatrium und von alkoholischen Getränken nach Allara[2]) brauche ich wohl nicht näher einzugehen. Wenn jemand sich eine vergnügte Stunde machen will, so kann ihm immerhin die Lektüre des IX. Teils bei Allara (etwa von S. 365 an) recht wohl empfohlen werden. Die Therapie ist allerdings dasjenige Kapitel aus der Lehre vom Kretinismus, an dem sich der Wert einer Theorie am unzweideutigsten erweist und an welchem leider die meisten Autoren gescheitert sind. Auch mir gegenüber hat man in erster Linie den Einwand erhoben, daß meine Theorie, wenn sie überhaupt richtig wäre, schon darum nicht angenommen werden könnte, weil dann jede Behandlung aussichtslos würde und wir nichts weiter zu tun vermöchten, als tatenlos uns in unser Schicksal, nämlich die Entartung, zu ergeben. Ich bin freilich der Ansicht, daß praktische Verwertbarkeit bei einer wissenschaftlichen Hypothese nur von untergeordneter Bedeutung sein kann; ich behaupte auch nicht, daß ich imstand sei, Kretinen zu heilen. Denn als praktischer Arzt habe ich die noch vielfach unbekannte Tatsache erkannt und mich darein zu schicken gelernt, daß es leider auf dieser unvollkommenen Welt unheilbare Krankheiten und Zustände wirklich gibt. Aber dennoch bedingt die von mir verfochtene Auffassung vom Wesen der kretinischen Degeneration keineswegs den Verzicht auf jeden Behandlungsversuch; sehen wir von prophylaktischen Maßnahmen hier noch ab, so bleibt uns als eine recht wirksame Individualtherapie

die Anstaltsbehandlung des Kretinismus.

Hans Jakob Guggenbühl (21/3), einem jungen, vielleicht etwas schwärmerisch veranlagten Schweizerarzt, gebührt das unbestreitbare Verdienst, durch seine berühmte (eine Zeitlang hieß es: berüchtigte) Gründung auf dem Abendberg bei Interlaken im Jahr 1840 die Anstaltsbehandlung inauguriert zu haben. Wenn er früher vielen als ein Charlatan galt, so läßt sich dieser Vorwurf heute nicht mehr aufrecht erhalten (vgl. Vortrag von K. Altherr (71) auf der VII. Konferenz für das Idiotenwesen 1909 in Altdorf); er wandte sich mit seinen Ideen ursprünglich an seine Kollegen und an die Schweizer Naturforschende Gesellschaft, fand aber hier nicht die erwartete nachhaltige Unterstützung. Da ist es ihm kaum zu verdenken, daß er im Interesse seiner Pfleglinge später Hilfe annahm, wo er sie eben fand, nämlich bei pietistischen Kreisen; unredliche Motive haben ihm ferngelegen. Seine Idee, kretinische Kinder in Anstalten zu vereinigen und hier deren geringe Fähigkeiten allseitig aufs Bestmögliche zu entwickeln, um womöglich brauchbare Menschen aus ihnen zu erziehen, stieß vielfach auf Spott und Unverstand, ist aber heute zur Selbstvertändlichkeit geworden. Besonders in den letztvergangenen Jahrzehnten hat sich die Zahl der Anstalten rasch vermehrt; während anfangs private und charitative Institute überwogen, werden neuerdings staatliche Anstalten immer häufiger. 1897 bestanden in der Schweiz 13 Anstalten mit 411 Pfleglingen, 1909 waren es schon 30 Häuser mit 1366 Schülern und insgesamt hatten seit der Gründung dieser Anstalten etwa 5000 Kinder solche Anstalten besucht. Hier handelt es sich offenbar um eine Bewegung, an der man nicht achtlos vorbeigehen darf. Ein Besuch in einer solchen Anstalt vermag die Überzeugung zu wecken, daß die Arbeit an diesen Kindern nicht nutzlos ist, wenn auch eine vollständige Heilung nicht erzielt werden kann.

Was leistet nun die Anstaltsbehandlung?

Durch Entfernung aus einem ungeeigneten Milieu entlastet sie die Familie, wie auch die Schule von Geschöpfen, mit denen diese nichts anzufangen weiß, und den kretinischen Kindern selbst bietet sie eine zusagende Umgebung, wo sie nicht verspottet und nicht (in Anwendung ungeeigneter Erziehungsmittel) roh behandelt, dadurch verschüchtert und vollends unbrauchbar gemacht werden. Die Kinder erhalten eine passende Ernährung, körperliche Leiden werden vom Anstaltsarzt behandelt (in der Hauspflege werden sehr oft die Krankheiten der Kretinen einer ärztlichen Behandlung nicht teilhaftig), und die geistigen Fähigkeiten, so gering sie auch sein mögen, werden entwickelt; da die Anstalten fast ausnahmslos auf dem Lande gelegen sind, so ergibt sich von selbst eine Beschäftigung mit landwirtschaftlichen Arbeiten, Gartenbau usw. Es ist klar, daß eine solche Erziehung niemals in einer gewöhnlichen Armenanstalt oder in einem Waisenhaus gleich zweckmäßig durchgeführt werden kann, schon darum nicht, weil den Lehrkräften hier Zeit und Erfahrung zur Lösung dieser Aufgabe fehlen. Die Spezialanstalten sind gleichsam die Refugien und Reservationen, in denen die Kretinen ein beschauliches und ihren Fähigkeiten angemessenes Leben führen. Die Kosten sind meist nicht so sehr erheblich und durch den Nutzen dieser Anstalten wohl begründet.

Nur ein Mittel zur allgemeinen Kräftigung zurückgebliebener Kinder will ich hier noch besonders hervorheben: nämlich das Turnen. Daß die „edle Turnerei" auf die Entwicklung unsrer Jungmannschaft den wohltätigsten Einfluß auszuüben vermag, das wußte man ja schon lange[1]); zahlenmäßig nachgewiesen wurde dieser Einfluß aber doch erst[2]) durch E. MATHIAS (449), der im Auftrag des Eidgenössischen Turnvereins auf die Landesausstellung hin (1914) an etwa 6—700 Turnern genaue Messungen und Wägungen ausführen ließ. Diese Frage ist von solcher Wichtigkeit, daß ich mir gestatte, die Arbeit etwas ausführlicher zu referieren. Es ergab sich, um die Hauptsache gleich vorweg zu nehmen, daß die Turner in allen Merkmalen (Körpergröße, Brustumfang, Arm- und Beinumfang, Gewicht) gleichaltrige Nichtturner weit übertreffen[3]), und daß die Unterschiede sich mit dem Alter und der Turnzeit progressiv akzentuieren; je jünger ein Bursche ist, wenn er anfängt zu turnen, um so mehr Nutzen hat er davon, aber auch bei 20jährigen bleibt die Wirkung noch nicht völlig aus. Am deutlichsten ist die Wirkung in bezug auf den Brustumfang (91 gegen 85) und auf das Gewicht (63,1 gegen 58,4 kg) bei Vergleichung 21jähriger Jünglinge beider Kategorien.

---

[1]) Vgl. Korr. Bl. 1910 (Mil. Beil., S. 27).

[2]) Es ist in diesem Zusammenhang auch an Untersuchungen „über den Einfluß gesteigerter Marschleistungen auf die Körperentwicklung in den Pubertätsjahren schwächlicher Kinder" (Dr. FELIX MEYER (632)) zu erinnern. Es ergab sich, daß wandernde Schüler schon während der Fußwanderung, noch mehr aber nachher bedeutendere Gewichtszunahmen verzeigten als nicht wandernde Schüler gleichen Alters und gleicher Konstitution. Das wird so erklärt, daß der Mehrverbauch bei Muskelarbeit überkompensiert wird; Herz und Atmung erstarken wie bei der Oertelkur, Brustumfang nimmt zu. Auch dort schien dem Beobachter das psychische Moment (Lust, Frohsinn, Tatkraft usw.) beim Zustandekommen der Wirkung durchaus nicht nebensächlich.

[3]) Die Zunahmen beruhen selbstverständlich nicht auf Fettbildung oder Ödem, sondern auf Entwicklung der Muskulatur und des Skelettes.

In bezug auf die drei in der Schweiz gepflegten Arten des Turnens ergab sich: die Nationalturner (Ringer, Schwinger, Steinstoßer) stehen schon mit 16 Jahren über dem Mittel (weil sie schon früh begonnen haben zu turnen? oder weil sich überhaupt nur gut entwickelte Burschen diesem Sport zuwenden?); nachher verzeigen sie aber nur relativ geringe Zunahmen. Umgekehrt weisen die Kunst-(Geräte-)turner geringe Anfangsmaße, aber gewaltige Zunahmen auf; beim volkstümlichen Turnen (Leichtathletik) sind Ausgangswerte und Zunahmen nicht sehr groß. Es scheint also namentlich das Kunstturnen in erster Linie empfohlen werden zu sollen.

Im Vergleich mit Rekruten gleichen Alters hatten die Turner weniger Kleine und etwas mehr Große in ihren Reihen; ihr Brustumfang war bloß bei 8% (gegen 24% bei den Rekruten) unter 50% der Körpergröße, bei 54% (gegen 30%) aber mehr als 53% Körpergröße; ihr Oberarm war nie kleiner als $^1/_7$ Körpergröße (wohl aber war dies bei 20% Rekruten der Fall) und in 31% (gegen 14%) größer als $^1/_6$. Dabei ist freilich zu bedenken, daß die Turner im Vergleich mit den Rekruten ein ausgesuchtes Material darstellen; wenn aber Stadtrekruten allgemein größer sind als Landrekruten und wenn überall von Jahr zu Jahr die mittlere Rekrutengröße zunimmt, so hat man guten Grund, dies der Turnerei anzurechnen. Leider ist die Lage heute so, daß namentlich diejenigen turnen, welche es nicht so sehr nötig hätten, nämlich die kräftigen Jünglinge; die Schwächlinge, die vom Turnen den größten Nutzen hätten, bleiben weg.

Endlich wurden Turner mit Mitgliedern eines Seminarturnvereins und mit nichtturnenden Seminaristen verglichen und auch da überall als bevorzugt angetroffen. Es entwickelt sich hauptsächlich Oberarm- und Brustumfang, und das Winterwachstum, das sonst bei Seminaristen viel geringer ist als im Sommer, hält beim Turnen an; das Gewicht nimmt zu. Es wird also nicht allein die Länge verbessert, sondern noch mehr die Fülle (Gewicht, Umfang).

Nicht zahlenmäßig nachweisbar ist die Zunahme der körperlichen Geschicklichkeit, des Selbstvertrauens, der Lebensfreude, welche das Turnen bewirkt. Wenn (woran kaum zu zweifeln) das Turnen nicht nur bei Gesunden, sondern auch bei Entarteten und von der Entartung Gefährdeten die gleiche Wirkung ausübt: um wieviel, wie unendlich viel steht dann der Nutzen des Turnens höher, als eine eventuell durch Thyreoidin erzielte Heilwirkung! Beim Thyreoidin eine Anregung des Knorpelwachstums, beim Turnen eine Zunahme der Körpergröße, der Fülle, der Muskelkraft, der gesamten Lebensenergie! Ich kenne zwei Brüder eines Kretins, eifrige und geschickte Turner, an denen trotz Abstammung und alkoholischer Belastung nur geringfügige Spuren der Entartung zu finden sind. Möchte doch überall in den Anstalten ein Versuch mit planmäßigem Turnbetrieb gemacht werden.

Die Aufgaben der Behandlung von kretinischer Entartung verfallener Individuen läßt sich somit in die Worte zusammenfassen:

  Vereinigung der Kretinen in besondern Anstalten;
  intensiver Turnbetrieb;
  eventuell unterstützende Organtherapie.

Gehen wir nun an den zweiten Teil unsres Themas heran und überlegen wir, ob und inwiefern es möglich sei, die Bevölkerung durch

B. Prophylaktische Maßnahmen gegen den Kretinismus

zu schützen[1]). Zu allen Zeiten hat diese Seite des Problems als wichtiger und mehr Erfolg versprechend gegolten, wie die trostlose Individualtherapie, und es muß betont werden, daß namentlich die ältern Autoren hierüber sehr gesunde Ansichten entwickelt haben. Es lohnt sich wohl, diese alten, aber nicht veralteten Vorschläge und Forderungen der Vergessenheit zu entreißen.

GUGGENBÜHL (23) schreibt S. 6: „Ursache des Kretinismus ist alles was schwächt und die Lebenstätigkeit depotenziert; Vorbeugungsmittel dagegen alles was den physischen und moralischen Charakter des Volkes hebt", nämlich

1. sorgfältige Bodenkultur, Drainagearbeiten usw.,
2. bessere Wohnungen; Baugesetze, Baupolizei (!),
3. abwechslungsreiche Nahrung, Schnapsverbot, gutes Trinkwasser,
4. „Verhinderung der blutsverwandtschaftlichen Ehen und Verbindungen von Individuen, die bereits Spuren des Kretinismus an sich tragen; Begünstigung der Rassenkreuzung (!), Verbesserung der physischen Erziehung (!) und Einführung von Kleinkinderschulen."

Weiterhin wird die Gründung von Musterdörfern angeregt und dann natürlich der Anstaltsbehandlung das Wort geredet. Es ist geradezu erstaunlich, wie vernünftig und richtig dieser lange Zeit als Charlatan verschrieene Arzt die Endemie und die Mittel zu ihrer Bekämpfung beurteilte. Besseres vermögen wir hierüber auch heute noch nicht zu sagen.

DEMME (8) steht auf dem gleichen Standpunkt; er verweist darauf, daß (schon damals!) die Endemie, namentlich die schwersten Formen der Entartung, unaufhaltsam zurückging. „Der Kretinismus hat seine Akme überschritten: die Natur selbst strebt nach endlichem Erlöschen und unterstützt die Gewalt durchbrechender Kultur", in der Annahme eines völligen und spontanen Erlöschens der Endemie hat er sich aber doch wohl getäuscht. Richtig jedoch ist seine Forderung, daß nur der Staat allein die wirksamen Mittel zur Abhilfe besitze. „Redliche Sorge für das Wohl des Landes; gewissenhafte Förderung der Volksbildung; umsichtige Erforschung schädlicher Einflüsse und beharrliche Versuche möglicher Abhilfe" nennt er als Mittel zu Erreichung des Ziels und sagt:

„Ein Hauptmittel: Verhinderung von Ehen in kretinischen Geschlechtern, ist bis dahin nur wohlgemeinter Wunsch geblieben und wird aus höhern Rücksichten für die persönliche Freiheit Aller es auch ferner bleiben müssen." Diese „höhere Rücksicht für die persönliche Freiheit" ist ein sehr ehrenwertes Charakteristikum der damaligen Zeit; sie spielt aber heute keine Rolle mehr. Persönliche Freiheit gibt es wohl noch in exotischen Ländern und in tropischen Kolonien, aber im zivilisierten West- und Mitteleuropa ist für irgendwelche, wenn auch noch so rudimentäre „persönliche Freiheit" kein Platz mehr. Tempi passati . . .

RÖSCH (37) meint, wenn wirklich der Kretinismus an gewisse Örtlichkeiten gebunden wäre, so bliebe nichts anderes übrig, als solche Wohnplätze zu verlassen. Im einzelnen wird vorgeschlagen:

1. Bodenverbesserung, Entwässerung, Flußkorrektionen,
2. baupolizeiliche Vorschriften;
3. Bäume dürfen nicht zu nahe bei den Wohnungen stehen;
4. gutes Trinkwasser;
5. Abstinenz von geistigen Getränken (Branntwein!);
6. bessere Ernährung; Entlastung von drückenden Abgaben (!), Steuernachlaß (!), Übernahme des Straßenunterhalts durch den Staat, Beförderung des Wohlstands durch innere Kolonisation und Industrie;

---

[1]) Ganz allgemein läßt sich vielleicht sagen: Aufgabe der Individualtherapie ist Ausrottung des Kretinismus; wirksameres Mittel der Prophylaxe wäre die Ausrottung der Kretinen!

7. passende Hautpflege (Bäder, Kleidung usw.);

8. sorgfältigere Erziehung der Kinder, Kleinkinderschulen;

9. Schwangere sollen nicht Dreschen (!), Schneiden, Nähen, schwere Lasten tragen, nicht jeder Unbill der Witterung und nicht psychischer Mißhandlung (!) ausgesetzt sein, nicht Branntwein trinken;

10. die Fortpflanzung des Menschen soll nicht mehr nur dem Zufall überlassen sein wie bisher, sondern

    a) Mädchen aus Endemiegegenden sollen auswärtige Burschen aus gesunder Gegend heiraten;

    b) Abkömmlinge von Kretinenfamilien sollen nie, auch nicht wenn sie selbst gesund sind, unter sich heiraten;

    c) kretinische Individuen sollen selbst nicht heiraten, auch wenn sie selbst bloß etwas vierschrötig, geistesschwach oder mit lallender Sprache begabt wären;

    d) ist bloß der eine der Nupturienten leicht kretinoid, so ist eine Ehe dann allenfalls zulässig, wenn der Mann der gesunde Teil ist;

    e) bei tuberkulöser Belastung ist der Ehekonsens nicht ohne weiteres zu erteilen.

Einige dieser Vorschläge sind immerhin heute schon verwirklicht, aber vieles bleibt noch zu tun. Man muß sich aber darüber vollständig klar sein, daß eine unentwegte Durchführung der hier empfohlenen Maßregeln aufs allertiefste in unser ganzes Leben einschneiden würde, (man denke nur an ein wirklich ernsthaft durchgeführtes Alkoholverbot) und daß darum auch heute noch eine wirksame Prophylaxe des Kretinismus aus dem Stadium des „frommen Wunsches" noch nicht heraus ist. Aber daß sie möglich wäre und daß tatsächlich die vollständige Ausrottung des Kretinismus sehr wohl wenigstens denkbbar ist, das scheint mir heute schon sicher. Die Frage ist bloß die, ob die Ausrottung des Kretinismus so dringend und so nützlich wäre, daß sie die Anwendung so drakonischer. ja geradezu revolutionärer Maßregeln rechtfertigen würde. Ich persönlich bin der Ansicht, daß dies nicht der Fall ist und daß ein weiteres Bestehenlassen des Kretinismus keine unerträgliche Last für uns bedeutet. Nur der wissenschaftlichen Vollständigkeit halber will ich hier die Maßregeln skizzieren, mit denen eine Eindämmung und sogar eine Ausrottung der Endemie erreicht werden könnte.

Im einzelnen kommt prophylaktisch in Frage:

I. Erforschung des Kretinismus.

Bevor man den Feind angreifen und vernichten kann, muß man über seine Stärke und über seine Stellung, über seine Absichten usw. im Klaren sein; gestehen wir nur ruhig, daß unsre heutigen Kenntnisse von der kretinischen Entartung noch viel zu lückenhaft sind. Wenn wir wirklich vorwärts kommen wollen, so müssen wir, das ist meine feste Überzeugung, mit aller Ausschließlichkeit einmal den Kretinismus und nichts andres in Angriff nehmen; das Studium des Kropfes, der Taubstummheit, der Idiotie soll keinem verwehrt sein, aber man glaube nicht, damit für die Aufhellung des Kretinismus etwas geleistet zu haben. Folgende Aufgaben scheinen zunächst ihrer Lösung zugeführt werden zu sollen:

1. Zählung der Kretinen in der Schweiz (viel weniger wichtig als Ziel 2 bis 5!) (eventuell in Verbindung mit Rekrutenstatistik);

2. anthropologische Messung sämtlicher Anstaltskretinen der Schweiz;

3. „normale" Anatomie der Kretinen (Muskelabnormitäten; Verlauf von Gefäßen und Nerven; Gelenke und Bänder);

4. Nachprüfung der Osteologie mit Ausschluß rachitischer Formen;

5. Materialsammlung über Ergologie, Sage und Geschichte.

Da an eine ersprießliche Arbeit nicht zu denken ist, solange uns normales (!)

Vergleichsmaterial fehlt, so ist auch diesem Punkt alle Aufmerksamkeit zu schenken (vgl. S. 80 hiervor) und es ist in erster Linie das Extremitäten-skelett der europäischen Menschenrassen, nicht minder aber auch exotisches Material (namentlich von arktischen und von Pygmäenstämmen) in vermehrtem Umfang durchzuarbeiten. Das sind Arbeiten, welche noch manche Generation von Anatomen und Anthropologen in Atem zu halten vermögen. Dann aber freilich wird man mit Erfolg die Frage nach der rassenmäßigen Stellung der Kretinen zu lösen imstande sein. Ob dann das Resultat meine hier ausge-sprochenen Anschauungen bestätigt oder widerlegt, ist ohne alle Bedeutung; die Ethnologie des europäischen Menschen wird unter allen Umständen durch solche Arbeiten gefördert, und es wäre geradezu traurig, wenn dabei nicht mehr und besseres herauskäme, als bei den mit mangelhaften Mitteln unternommenen tastenden Versuchen eines gewöhnlichen Landarztes.

Nehmen wir nun an, bei solcher Nachprüfung ergebe sich im großen und ganzen eine Bestätigung der hier vorgebrachten Meinungen, und überlegen wir, auf welche Punkte dann eine rationelle Prophylaxe hauptsächlich zu achten hätte.

Man kann die prophylaktischen Maßregeln in zwei Gruppen einrangieren, je nachdem sie in der Umgebung des Menschen oder beim Menschen selbst an-setzen und angreifen. In der ersten Gruppe sind

II. Kulturelle Verbesserungen

zu erwähnen, und da ist zu sagen, daß das Programm der älteren Autoren in diesen Punkten größtenteils verwirklicht ist, ohne daß aber dadurch ein völliges Verschwinden der Endemie bewirkt worden wäre. Entsumpfung und Boden-verbesserungen aller Art sind heute durchgeführt und die meisten Gemeinden verfügen hierzulande über ein gutes Trinkwasser (in den Bergdörfern des Jura sind die Trinkwasserverhältnisse, wie sich bei der Mobilisation zum schweize-rischen Grenzschutz gezeigt hat, vielfach ungenügend; aber Kretinismus spielt dort keine Rolle); jede Ortschaft hat ihre eigne Gesundheitskommission, und organisatorisch dürfte hier wenig zu verbessern sein. Auch die Wohnungen sind in den Neubauten der letzten Jahrzehnte mit den Anforderungen einer ziem-lich strengen Baupolizei theoretisch wohl vereinbar; theoretisch sage ich, näm-lich soweit der Baumeister in Frage kommt. Praktisch, was den Unterhalt durch die Hausfrau anbelangt, treffen wir freilich noch oft genug elende Ver-häitnisse, und ich weiß nichts öderes und abstoßenderes, als eine große, un-saubere Stube in einem neuerbauten Hause, kalt, stinkend und feucht, mit alten muffigen Möbeln, in Unordnung, mit mehr oder weniger idiotischen Kindern, all das durch die viel zu großen Fenster leider allzu grell beleuchtet. Da lob ich mir die gemütliche, niedrige und warme Bauernstube mit dem riesigen bemalten Kachelofen und den Blumen an den Fenstern. Und der langen Rede kurzer Sinn: es hat keinen Zweck, unordentlichen Leuten moderne Häuser zu über-geben; jede Wohnung ist gesund, wenn sie gut unterhalten wird, und sie ist unfreundlich und ungesund, wenn sie in schlechte Hände kommt. Gewiß mag das Abbrennen eines Hauses unter Umständen im hygienischen Sinne zu be-grüßen sein (KUTSCHERA); aber eine Kretinenfamilie in einem Neubau: mir graust davor.

III. Prophylaxe beim Menschen selbst

leisten wir bei den wirklichen Infektionskrankheiten schon dadurch, daß wir die **Erkrankten behandeln** und durch deren Heilung die Ansteckungsquellen beseitigen. Beim Kretinismus kann diese Art der Prophylaxe nicht in Frage kommen. Eine erfolgreiche Behandlung der Kretinen, welche diese instand setzt, sich ihren Lebensunterhalt selbst zu verdienen und eine Familie zu begründen, würde sehr wahrscheinlich nicht zur Verminderung, sondern gerade im Gegenteil zu einer Vermehrung des Kretinismus führen; denn nach aller Erfahrung ist die Deszendenz eines Kretinoiden in hohem Grade gefährdet und suspekt. Das rationelle Ziel der Prophylaxe kann nicht sein, den Kretinen die Familiengründung zu ermöglichen, sondern im Interesse der Prophylaxe muß darnach gestrebt werden, alle von der Endemie auch nur gestreiften Individuen von der Fortpflanzung auszuschließen.

Als prophylaktisch wirksame Maßnahmen wären zu unterstützen

a) Bestrebungen für bessere Lebenshaltung.

Ich denke hierbei nicht an Verbesserung und Erleichterung der Lebenshaltung für diejenigen, welche der Endemie schon erlegen sind, (diese können höchstens noch charitativer Wohltätigkeit teilhaftig werden), sondern in erster Linie für die Gesunden. Man lese nach, was Rösch in Ziffer 6 gefordert hat. Wenn ich mich über den Wert neuer Häuser für unordentliche Menschen sehr skeptisch ausgesprochen habe, so soll damit die Bedeutung einer richtigen Baupolizei nicht herabgemindert, sondern nur die dringende Notwendigkeit einer **bessern Ausbildung der zukünftigen Hausfrau** betont werden. Was jetzt nur einzelnen zugute kommt, nämlich die Absolvierung einer Haushaltungsschule, das soll allen jungen Mädchen zugänglich gemacht werden und könnte dies auch, wenn die heute schon (bei uns in der Schweiz) bestehende Fortbildungsschule obligatorisch erklärt und als richtige Haushaltungsschule organisiert würde. Die jungen Töchter würden hier nicht allein die Führung eines Haushaltes, sondern (was ebenso wichtig und ihnen meist gänzlich unbekannt), die Zubereitung einer schmackhaften Kost, den Gemüsebau, die Krankenpflege u. dgl. erlernen. Ist auch die allgemeine obligatorische Haushaltungsschule noch nicht der Inbegriff der Kretinenprophylaxe, so ist sie doch ein Glied in der ganzen Kette.

Im Zusammenhang mit einer zweckmäßigeren Ernährung ist hier noch einmal auf die prophylaktische Bedeutung eines wirklich und konsequent durchgeführten **Alkoholverbots** hinzuweisen (vgl. S. 378). Gewiß bedeutet auch dieses für sich allein noch nicht die Ausrottung der Endemie; aber es würde einer Ausrottung immerhin vorarbeiten können und jedenfalls ein gewaltiges Hindernis der endgültigen Sanierung aus dem Wege räumen. Arbeit und Erholung würden völlig neu geregelt.

b) Bessere Körperpflege.

Daß damit schon bei den Ungeborenen zu beginnen sei, ist ohne weiteres klar, aber die Forderung 9 bei Rösch (Fürsorge für die Schwangeren) ist mir unendlich viel sympathischer, als z. B. etwa das Taussigsche Postulat einer systematischen Kropfbekämpfung bei den graviden Frauen.

Da eine rationelle Körperpflege ohne Bad undenkbar ist, so muß für jede Gemeinde die Errichtung eines Brausebades gefordert werden, in welchem jedermann zu sehr niedrigem Preise, so wie in den Städten eingeführt ist, eine einladende Badegelegenheit fände. Das scheint vielleicht manchem übertrieben und unmöglich; aber wenn eine Gemeinde von kaum 50 (noch dazu recht bescheidenen) Steuerzahlern imstande ist, ein luxuriöses und unnötiges Schulhaus für etwa 150 000 Franken zu bauen, so sollte die Errichtung eines Brausebades wenigstens nicht auf finanzielle Schwierigkeiten stoßen, denn das Brausebad vermöchte sich wohl mit geringer Subvention selbst zu erhalten. Es könnte (wie auch die für den Haushaltungsunterricht nötige Schulküche) mit dem Schulhaus oder der Turnhalle in Verbindung gebracht werden und müßte einladend, aber durchaus nicht luxuriös ausgestattet sein. Schulküchen und Schulbäder gibt es übrigens schon an mehr als einem Orte, und im Mittelalter hatte jedes Dorf seine Badestube.

Von allergrößter Bedeutung für die Volksgesundheit wäre es, wenn es gelingen könnte, die Vorteile eines regelrechten Turnbetriebes der gesamten Jugend zugänglich zu machen. Heute turnen leider fast nur diejenigen, welche es nicht nötig haben. Das Schulturnen wird in Nichtachtung klarer Gesetzesbestimmungen auf dem Lande meistens ungebührlich vernachlässigt und auf eine Besserung ist in diesem Punkte wohl kaum zu hoffen (nicht jeder Lehrer ist zum Turnlehrer geeignet, mancher zu alt, mancher nicht gelenkig genug); wirkliche Resultate ließen sich wohl nur dadurch erzielen, daß das Vereinsturnen für die gesamte Jugend von der Schule weg bis zum Rekrutenalter obligatorisch erklärt würde. Auch diese Forderung ist keineswegs so utopistisch, als sie auf den ersten Blick aussieht; sie reduziert sich in praxi auf die längst geplante Einführung des obligatorischen militärischen Vorunterrichtes, welcher ohnehin kommen wird und sicher für die körperliche Entwicklung unsrer Jugend unentbehrlich ist. Die einzige Gefahr besteht darin, daß möglicherweise dabei dem Alkoholismus wieder Vorschub geleistet wird; diese Gefahr, rechtzeitig erkannt, sollte sich aber wohl umgehen lassen. Nur keine Vereinsmeierei! — Es sei mir gestattet, an dieser Stelle auf einen Aufsatz von Herrn Oberst HINTERMANN (im Dezemberheft 1916 der Schweizer. Monatsschrift für Offiziere aller Waffen) hinzuweisen; er weist ebenfalls den Turnvereinen für die körperliche Ertüchtigung der Jugend eine hervorragende Rolle zu und möchte „aus ihnen soziale Organisationen machen in dem Sinne, daß sie ihren jungen Mitgliedern bei der in diesen Jahren einsetzenden sprachlichen und beruflichen Ausbildung helfend beistehen.“ Ich glaube nicht, daß ich mir durch dieses Zitat den Vorwurf zuziehe, vom Thema abgegangen zu sein. — Ausdrücklich betonen möchte ich, daß nicht nur die jungen Männer, sondern selbstverständlich auch die jungen Mädchen von der Teilnahme an obligatorischen und systematischen Turnübungen (NB. nicht bloß Reigen usw.) größten Nutzen hätten und dazu verpflichtet sein sollten.

c) Rassenhygiene und Eugenik.

So wichtig die bisher geschilderten Maßnahmen zur Verhütung des Kretinismus sein mögen und so dringend ihre Verwirklichung im Interesse der Volksgesundheit angestrebt werden muß, so ist doch klar, daß sie den eigentlichen

Kern des Problems einer wirksamen Prophylaxe kaum berühren. Die Frage: „Wie kann die Entstehung des Kretinismus verhütet werden?" — diese Frage gehört durchaus ins Gebiet der Rassenhygiene. Leider ist es schwierig, fast unmöglich, bei der Beantwortung dieser Frage sich aller theoretischen Spekulationen streng zu enthalten, unmöglich darum, weil praktische Erfahrungen darüber bisher beim Menschen noch fast gänzlich fehlen und wir im wesentlichen auf die Erfahrungen der Tierzüchter angewiesen sind. Die Anwendung dieser Grundsätze auf den Menschen muß für manchen etwas Stoßendes an sich haben, sie läßt sich aber, wollen wir bis zum Ende der Frage auf den Grund gehen, nicht vermeiden.

Nehmen wir einmal an, unter irgendeiner Haustierart wäre eine dem Kretinismus vergleichbare Entartung aufgetreten; was wäre da zu tun? Würde man sich tatenlos in ein unabwendbares Schicksal ergeben? Würde man Abhilfe für unmöglich oder auch nur für schwierig ansehen? Quod non! Jeder simple Landwirt wäre überzeugt, daß mit den allgemein bekannten und erprobten Züchterregeln innerhalb weniger Generationen die Gesundung der betreffenden Rasse erreicht werden könnte. Welches sind nun diese Züchterregeln? Sie sind sehr einfach und lassen sich auf die Formel reduzieren: es werden bloß diejenigen Individuen zur Zucht zugelassen, welche die dem vorgesetzten Züchtungsziel entsprechenden Eigenschaften besitzen (Selektion); ungeeignete Individuen werden eliminiert oder sterilisiert. Reinzucht, Inzucht und systematische Blutauffrischung würden die erhaltenen Resultate befestigen: Prämierungen, sorgfältige Haltung (Fütterung, Dressur usw.) dienen dem gleichen Zweck.

Vorbedingung bei jeder rationellen Tierzucht ist, daß man sich über das zu erreichende Ziel vollständig im klaren ist. Die Tierzüchter verfolgen dabei von Fall zu Fall ganz verschiedene, immer aber klar erkannte und einfache Zwecke. Sie gehen einmal aus auf schöne Formen, auf Größe, auf reine Rassenmerkmale; oder sie wollen die Arbeitsleistung in einer ganz bestimmten Richtung erhöhen (Rennpferd! Jagdhund!), oder endlich haben sie den Fleisch- oder Fettertrag speziell im Auge und scheuen zur Erreichung dieses Zieles auch vor der Züchtung richtiger Krankheiten (Adipositas) nicht zurück. Ich wiederhole: das ist das Punctum saliens, nämlich das klar erkannte und konsequent verfolgte Ziel der Züchtung.

Was der bewußte Wille des Tierzüchters bei den vom Menschen gehegten Haustieren erreicht, das ist bei den frei lebenden Tieren der Auslese durch den unerbittlichen Kampf ums Dasein überlassen. Der Mensch ist, wie es scheint, das einzige Wesen, bei dem eine zweckdienliche Auslese überhaupt nicht stattfindet: Zuchtwahl ist strengstens verpönt, geschlechtliche Selektion bestimmt sich nicht nach körperlichen, sondern nach kulturellen Eigenschaften (Verstand, gesellschaftliche Stellung, Vermögen), und der Kampf ums Dasein ist in zivilsierten Ländern ausgeschaltet, indem unsre soizalen Einrichtungen die Schwachen in jedem Sinn begünstigen; wer will sich wundern, wenn das Resultat der Zivilisation unbefriedigend ist und körperliche Degeneration bedeutet? Diese Zustände können und wollen wir gar nicht ändern; es schadet aber nichts, sich darüber eine klare Anschauung zu bilden. Nur rein theoretisch, ohne jeden Wunsch nach praktischer Verwirklichung, wollen wir uns einmal überlegen: in welchem Sinne könnte auch beim Menschen bewußte Selektion getrieben werden?

Die Schwierigkeiten beginnen schon bei der Festsetzung eines Zieles; allein schon die Frage: Quantität oder Qualität, ist derart, daß eine Einigung darüber von vornherein ausgeschlossen erscheinen muß. So selten heutzutage reine Rassentypen bei uns sind, so kann doch nicht daran gezweifelt werden, daß es möglich (und jedenfalls nicht einmal besonders schwierig) sein müßte, die drei Rassentypen des nordischen, mittelländischen und des alpinen Europäers durch geeignete Selektion wieder rein zu züchten. Auch auf Leistung könnte man ausgehen und einmal den muskelstarken Typus des Soldaten, Landwirts und Industriearbeiters, andrerseits den Gelehrten und Künstler besonders entwickeln (frevelhafter Gedanke!). — Als Gegenstück hierzu müßte es selbstverständlich auch möglich sein, die Entstehung von Kretinismus willkürlich in die Wege zu leiten: man hätte kretinoide und womöglich der Trunksucht ergebene Abkömmlinge aus schwer belasteten Familien auszuwählen und unter sich zu verheiraten; man müßte die Sprößlinge solcher Ehen im Elend, ohne Wartung, bei unzweckmäßiger Ernährung und in erbärmlicher Wohnung verkommen lassen, — und falls nicht ein allzu früher Tod die armen Geschöpfe erlöst, so würde man auf diese Art gewiß das erwartete Resultat erlangen. Unbedingt nötig wäre ein solches experimentum crucis freilich nicht; die Theorie steht auch ohnedem schon fest genug, — denn unfreiwillig wiederholt sich das Experiment ja schon alle Tage.

Soviel über die möglichen Ziele einer planmäßigen Selektion beim Menschen; sind sie schon problematisch genug, so sind gar die zur Erreichung des Zieles unvermeidlichen Mittel derart, daß man kaum wagen darf, davon auch nur zu sprechen. Und doch liegen über die Anwendung dieser Mittel, Elimination oder Sterilisation der ungeeigneten Rassenelemente, schon praktische Erfahrungen vor. Es ist bekannt, daß die Spartaner nicht davor zurückschreckten, schwächliche oder mißgebildete Kinder im Taygetos auszusetzen; und schließlich dienten die barbarisch grausamen Ausrottungskriege, mit denen zu allen Zeiten und überall die Urbevölkerung von seiten des weißen Mannes verfolgt wurde, auch nur dem gleichen Endzweck, nämlich der Reinhaltung der weißen Rasse, und ganz im gleichen Sinne möchte ich die massenhaften Hexenverbrennungen im Mittelalter auffassen. Und wenn noch in nicht allzu weit zurückliegenden Zeiten Landstreicher wegen läppischer Bagatellen und Diebstählen „von Rechts wegen" gehängt wurden, so befreite sich die damalige Gesellschaft auf solche radikale Art und Weise von Alkoholikern und von allerhand unerwünschten Rassenelementen, welche heutzutage die Strafanstalten und Besserungshäuser (meist in nutzloser Weise) bevölkern. Nichts liegt mir ferner, als jene brutalen Methoden einer sadistischen Justiz etwa zur Nachahmung empfehlen zu wollen, aber freilich bin ich der Überzeugung, daß sie in gewissem Sinne der Rassenhygiene gedient haben mögen.

Die moderne Auffassung der Rassenhygiene verlangt nicht die Elimination der Minusvarianten aller Art, sondern sie stellt nur das Postulat auf, daß solche Elemente nicht zur Fortpflanzung zugelassen werden dürfen; und sie verlangt zu diesem Behufe nicht einmal die Kastration, welche ja wegen der in ihrem Gefolge unvermeidlichen Störungen der inneren Sekretion immer eine bedenkliche Verstümmelung ist, sondern sie begnügt sich mit der Vasektomie oder mit der Röntgenisierung der Keimdrüsen, wobei sowohl die Potentia coeundi, wie

die sekundären Geschlechtsmerkmale erhalten bleiben.   Dieses Verfahren ist
bekanntlich in mehreren Staaten der Union gesetzlich bei Verbrechern eingeführt
und wird ab und zu auch schon in der Schweiz geübt, wobei aber noch auf die
Zustimmung des „Patienten" bzw. der Behörden in jedem Einzelfalle abgestellt
wird.   Es erübrigt sich, auf diese Frage weiter einzutreten.

Es herrscht aber allgemein die Ansicht, daß dieses Problem, wenn auch nicht
speziell für die Kretinenprophylaxe, so doch für die gesamte Eugenik von grund-
legender Bedeutung sei und daß wir es hier mit Anfängen einer Bewegung zu tun
haben, deren weitere Entwicklung noch lange nicht abgeschlossen und noch gar
nicht einmal zu überschauen ist.   Die Möglichkeit, daß in einer vielleicht noch
sehr fernen Zukunft auch die Prophylaxe der kretinischen Degeneration auf
diesen Weg gedrängt werde, ist immerhin gegeben.

Hier höre ich einen Einwand: wozu denn Kretinen „sterilisieren", sind sie
doch ohnehin schon impotent? Selbstverständlich hat es keinen rechten Sinn,
die Operation bei echten Kretinen vorzunehmen, obschon daran erinnert werden
darf,, daß echte kretine Weiber immerhin lebensfähige Kinder bekommen
können. Wohl aber wären alle in geringerem Grade von der Endemie gestreiften
Individuen als Kandidaten für die Operation in Betracht zu ziehen, nämlich
alle die, von denen mit einiger Wahrscheinlichkeit eine degenerierte Nachkommenschaft zu erwarten ist.   Die Schwierigkeit liegt nicht etwa im Erkennen
dieser Individuen, sondern einzig in deren großer Zahl . . .!

Noch einen andern Einwand gilt es zu entkräften, nämlich: gehen durch die
konsequent durchgeführte Sterilisation aller in Frage kommenden gefährdeten
Bevölkerungselemente dem Staat nicht auch eine ganze Anzahl brauchbarer
Sprößlinge verloren? Und es ist so sicher, daß aus Kretinengegenden, ja sogar
aus richtigen Kretinenfamilien unbedingt nur Kretinen hervorgehen können?
Ich habe zu meiner eigenen Überraschung in meinem Aufsatz (15) über „Kretinismus im Nollengebiet" die sichere Beobachtung vereinzelter ganz normaler
Nachkommen aus schwer kretinoider Familie anführen müssen.   Also der eben
genannte Einwand ist durchaus berechtigt. Aber hier gilt es eben, sich zu entscheiden, und wer den Zweck: eine vollkommene Ausrottung des Kretinismus
will, der darf auch das hierzu taugliche Mittel nicht scheuen, sogar auf die Gefahr
hin, daß die Bevölkerungsvermehrung zeitweise und vorübergehend in Frage
gestellt wird. Und es ist nicht außer acht zu lassen, daß auch selbst anscheinend
normale Abkömmlinge aus Kretinenfamilien wenigstens die Disposition zur
Entartung weiter zu vererben vermögen.

Sehen wir zum Schluß noch rasch zu, ob ohne allzu eingreifende gesetzliche
Maßnahmen durch eine wohlüberlegte Regelung des Ehewesens eine gewisse
Besserung der Verhältnisse zu erzielen wäre.

Die Bestrebungen und Bewegungen, welche allmählich den Kretinismus ein-
zudämmen vermögen, kann man in zwei große, ungleichwertige Gruppen ein-
teilen.   Es handelt sich dabei einmal um gesetzgeberische Maßnahmen (von
meist illusorischer Wirksamkeit!); ihnen stehen die spontanen, sehr langsam aber
dafür unwiderstehlich wirksamen Entwicklungen gegenüber, als deren wichtigste
Faktoren das Verkehrswesen und der Krieg zu nennen sind. Betrachten wir
beide Gruppen der Reihe nach.

Aufgaben der Gesetzgebung.

Es herrscht wohl ziemlich allgemein der Eindruck vor, daß heute bei uns die Eheschließung allzu leicht gemacht ist und es scheinen verschiedene Anzeichen darauf hinzudeuten, daß in dieser Beziehung sich eine Wandlung vorbereitet. Auch da, wie in der Frage der Kastration unsozialer Elemente, sind es wieder einige Staaten der Union, welche mit dem Entschluß dem alten Europa voraneilen und die Ehe nur gegen Vorweisung eines Gesundheitsscheines gestatten. Das schweizerische Zivilgesetzbuch verlangt von den Nupturienten nur, daß sie nicht in nahem Grade blutsverwandt und nicht geisteskrank, sondern „urteilsfähig" seien. Der Entscheid über diese Fragen liegt beim Zivilstandesbeamten, eventuell kann „jedermann, der ein Interesse hat, Einsprache . . . erheben" und muß dieselbe in Form einer gerichtlichen Klage verfechten. Aber auch dann liegt wieder der Entscheid über die Urteilsfähigkeit beim Gericht, d. h. also bei einer durchaus nicht sachverständigen Instanz, welche an Expertengutachten nicht gebunden ist. Sicher würde kein Gericht bei uns es wagen, einen Kretinoiden, der einigermaßen fähig ist, seinen Lebensunterhalt selbst zu bestreiten, für „urteilsunfähig" zu erklären. Theoretisch und praktisch ist also bei uns die Ehefähigkeit der Kretinoiden unangefochten, ein Zustand, der, will man wirksame Prophylaxe treiben, unbedingt geändert werden müßte.

Als erste gesetzliche Maßnahme zur prophylaktischen Einengung der Endemie wäre also eine Erschwerung der Eheschließung in dem Sinne zu stipulieren, daß die Eheschließung nur gegen Vorweisung eines Gesundheitsscheines zu gestatten wäre. Wenn man aber einmal sich zu diesem schwerwiegenden Entschluß durchgearbeitet hat, so erhellt sofort, daß nicht allein auf Anlage zu Kretinismus, sondern dann gleich auch auf andre leicht vererbliche Leiden zu achten wäre: vor allem auf die Tuberkulose, dann auf Lues und Geisteskrankheiten; und es erhebt sich sofort die Frage: ob nicht auch gewisse finanzielle und moralische Garantien von den Nupturienten zu fordern wären, in dem Sinne, daß nur bei Nachweis eines einigermaßen gesicherten Lebensunterhaltes und eines guten Leumundes die Ehe zu gestatten bliebe? Heute ist dies nicht der Fall; es können Leute heiraten, von denen mit aller denkbaren Sicherheit vorauszusehen ist, daß sie nicht imstande sein werden, für ihren Unterhalt selbst aufzukommen, sondern daß sie samt ihrem Anhang bald der Öffentlichkeit zur Last fallen müssen. Werden aber finanzielle und moralische Vorbehalte in die Kretinenprophylaxe einbezogen, so kompliziert sich die Geschichte bald dermaßen, daß die Unmöglichkeit ihrer Durchführung ohne weiteres zutage tritt. Und wer soll die Atteste ausstellen? Der Hausarzt? er ist zu sehr an seiner Klientel interessiert; eine fremde Ärztekommission? sie kennt die Kandidaten nicht und wird betrogen. Und wenn man von einer gesetzlichen Regelung absieht und die Lösung der Frage auf dem Boden der Freiwilligkeit sucht, etwa so, daß kein Mädchen einem Manne Gehör schenkt, wenn er nicht im Besitz eines Attestes ist, — so steht einer solchen Lösung die Blindheit der Leidenschaft gegenüber. Wie oft wird auch heute schon trotz aller gut gemeinten (auch ärztlichen) Ratschläge blindlings ins Verderben gerannt, — um des Geldes willen. Da ist nichts zu machen.

Die sehr beachtenswerten Vorschläge von Rösch (Punkt 10 c und b) erscheinen also leider auch heute noch unausführbar, dies schon darum, weil die in Betracht kommenden Individuen im Endemiegebiet allzu zahlreich sind. Wenn im Endemiegebiet selbst gesunde Abkömmlinge aus Kretinenfamilien nicht unter sich und alle auch nur etwas vierschrötigen, beschränkten und sprachlich ungeschickten Individuen überhaupt nicht heiraten dürften, so kommt die Durchführung dieses Grundsatzes hier fast einem generellen Eheverbot gleich.

Es wird empfohlen, sich den Lebensgefährten aus weit entfernter (womöglich endemiefreier) Gegend zu wählen; der Gesetzgeber hätte also die Rassendurchkreuzung zu begünstigen und die Niederlassung frischer Elemente zu erleichtern, z. B. durch zielbewußte Industrialisierung typischer Endemiebezirke. Aber durch welche gesetzlichen Vorkehren ist eine solche Rassendurchkreuzung zu bewirken? Verkehr und Industrie sind privatwirtschaftliche Gebiete, denen die staatlichen Eingriffe immer nur schaden. Es wäre vielleicht daran zu denken, durch Steuerprivilegien die Niederlassung der Industrie im Endemiegebiet zu begünstigen; ob aber die Industrialisierung einer bisher rein landwirtschaftlichen Gegend für diese wirklich einen so großen Vorteil bedeutet? (vgl. BACHMANN (624)).

Eine gewisse Besserung könnte auch von einer weitgehenden Erleichterung der Einbürgerung erhofft werden. Es wären überhaupt die Niedergelassenen den Ortsbürgern mehr gleich zu stellen. Wenn die Gemeinden nicht einmal ihren ortsabwesenden Mitbürgern den Mitgenuß des sogenannten „Bürgernutzens" (gewisse Naturalleistungen an Brennmaterial, Pflanzland, Bürgertrunk usw.) gestatten, so begünstigen sie dadurch in gewissem Maße auch die Endogamie. Auch die Verdrängung des Heimatprinzips durch das Territorialprinzip in der Armenfürsorge wäre geeignet, die Freizügigkeit und Rassendurchmischung zu befördern. Aber in allen diesen Punkten ist auf irgendwelches Entgegenkommen seitens der ländlichen Bürgergemeinden absolut nicht zu rechnen.

Man könnte ferner an eine weitere Verschärfung der heute schon bestehenden gesetzlichen Ehehindernisse aus Blutsverwandtschaft denken; man könnte sogar alle Ehen zwischen Ortsbürgern verbieten, — und würde damit weit übers Ziel hinaus schießen! So verderblich auch ein während Jahrhunderten geübtes Ineinanderheiraten sein kann, so steht doch andrerseits auch fest, daß bei ganz gesunden Familien Inzucht nicht schädlich, sondern im Gegenteil nützlich und veredelnd wirken kann, wenn nur von Zeit zu Zeit für Zufuhr frischen Blutes gesorgt wird.

Wenn man (vgl. Korr.-Bl. 1911, Mil.-Beilage, S. 13) der Ansicht ist, daß eine allzu frühe Eheschließung die Ursache alles Übels ist, so hätte es der Gesetzgeber allerdings in seiner Hand, durch Heraufsetzen des Heiratsalters Abhilfe zu schaffen. Aber das Heiratsalter ist heute schon in der Schweiz gesetzlich beim Mann auf 20, beim Weib auf 18 Jahre festgesetzt und es ist mehr als fraglich, ob man damit noch höher gehen dürfe. Jede Erschwerung der Eheschließung begünstigt doch bloß die illegitimen Verbindungen, welche gewiß für die Endemie kein Palladium bedeuten. Hierzulande wird übrigens allgemein recht spät geheiratet und Kretinismus ist nicht selten! Es könnte wohl daran gedacht werden, daß eine allzu lange Abstinenz die Potenz schließlich herabzusetzen vermöchte; auf dem Land sind kinderlose Ehen (neben solchen mit abnorm hoher Kinderzahl) sehr gewöhnlich, obschon hier die Geschlechtskrankheiten sehr selten sind und als Ursache der Kinderlosigkeit kaum in Frage kommen.

Die Gefahr bei der allzu frühen Eheschließung liegt ganz anderswo, nämlich darin, daß in solchen Fällen die Kinderzahl abnorm groß wird und dadurch eine vorzeitige Erschöpfung des Keimmaterials herbeigeführt werden kann; aber welcher Gesetzgeber würde und könnte sich zu einer Beschränkung der Kinderzahl entschließen?

Man hat auch schon vorgeschlagen (SCHALLMAYER), durch eine Wehrsteuer, welche nur die vom aktiven Dienst Befreiten trifft die Wehrfähigen als die durchschnittlich rassetüchtigeren zu begünstigen. Nun; in der Schweiz haben wir eine solche „Militärpflichtersatzsteuer"; diese müßte aber, soll sie den hier genannten Zweck erreichen, von so unerträglicher Höhe sein, daß den Untauglichen dadurch überhaupt jede Existenzmöglichkeit genommen würde — was aber ausgeschlossen erscheinen muß. Unter den Untauglichen befinden sich denn doch auch noch sehr wertvolle Rassenelemente, die man nicht ohne großen Schaden für die Allgemeinheit so stark zurücksetzen darf. Der Soldat ist schließlich nicht der einzige und vermutlich nicht einmal der idealste Typus des Menschen.

Einfluß der natürlichen Entwicklung.

So wenig die Gesetzgebung im Kampf gegen die Entartung zu leisten vermag, um so höher ist die Wirksamkeit der vom Willen des Menschen (mit seinem so sehr beschränkten Gesichtskreis!) unabhängigen Faktoren der natürlichen Entwicklung anzuschlagen, als deren wichtigste Verkehr und Krieg schon angeführt worden sind.

Es wurde schon mehrfach im Lauf dieser Untersuchung darauf hingewiesen, daß die kretinische Entartung in größeren Ortschaften und bei lebhaftem Verkehr sozusagen unbekannt ist (vgl. S. 35). Wird eine bisher unberührte Gegend dem Verkehr erschlossen, so bedeutet dies mit andern Worten Industrialisierung dieser Gegend. Und wenn wir uns fragen, auf was denn nun der sanierende Einfluß von Verkehr und Industrie in bezug auf unsre Endemie beruhe, so erhellt wohl ohne weiteres, daß es nicht die Eisenbahn, oder die Maschine als solche (als totes Eisen), auch nicht das vermehrte Hin- und Herlaufen (das der Ausbreitung von Seuchen bekanntlich nur förderlich ist) oder gar die Fabrikarbeit an und für sich sein kann, nicht einmal die bessere Lebenshaltung ist dafür maßgebend. Wesentlich für die Umwandlung des Bevölkerungscharakters ist vielmehr die Zufuhr frischen Blutes in bisher stagnierende Sippschaften. Darum wirkt auch Verkehr und Industrie nicht plötzlich, sondern erst im Lauf mehrerer Generationen; darum auch ist ihr Einfluß so schwer abzuschätzen, denn wer von uns vermag beim Menschen mehrere Generationen zu überblicken? (bei den kurzlebigen Objekten der Pflanzen- und Tierzüchter ist es dagegen leicht, solche Entwicklungen zu überschauen).

Darüber kann kein Zweifel sein, daß die Entwicklung von Verkehr und Industrie seit etwa 100 Jahren gewaltige (manchmal sogar gewaltsame) Fortschritte gemacht hat und daß wir heute in dieser Entwicklung, deren Ende noch lange nicht abzusehen ist, mitten drin stehen. Hat diese Entwicklung im sezialen Sinne beklagenswerte Zustände im Gefolge, so ist andrerseits nicht zu bezweifeln, daß sie im Kampf gegen die kretinische Entartung eine wichtige Etappe bedeutet (welch magerer Trost!).

Eine zunehmende Industrialisierung und damit im Zusammenhang stehend eine unaufhaltsame Überfremdung beobachten wir wenigstens in der Schweiz heute schon als eine spontane Erscheinung, welche allmählich Charakter und Struktur unsres Volkes umwandelt; vom Standpunkt der Kretinenprophylaxe aus ist diese Rassenmischung jedenfalls nur zu begrüßen. Abgesehen von der rapiden (einige sagen: beängstigenden) Zunahme der Ausländer (meistens Deutsche und Italiener) beruht die Überfremdung noch darauf, daß die Schweizer selbst innerhalb unsres Staatsgebietes heute weniger seßhaft sind, als um die Mitte des vorigen Jahrhunderts. Es betrug nämlich (zitiert nach GUBLER, interkant. Armenrecht, Zürich 1917)

	Bei einer Bevölkerung von Total	die Zahl der kantonsfremder Schweizer
1850	etwa 2 393 000 E.	147 000 = 6,1 %
1860	,, 2 500 000 ,,	226 000 = 9,0 %
1870	,, 2 670 000 ,,	292 000 = 10,9 %
1880	,, 2 846 000 ,,	368 000 = 12,9 %
1888	,, 2 933 000 ,,	439 000 = 15,0 %
1900	,, 3 315 000 ,,	613 000 = 18,5 %
1910	,, 3 753 000 ,,	741 000 = 20,0 %

Es ist wohl nicht ungereimt, einmal die starke Bevölkerungszunahme überhaupt, und dann auch die Abnahme der Kretinen (wenn eine solche wirklich stattgefunden hat) in dem genannten Zeitraum zum guten Teil wenigstens auf Rechnung der vermehrten Rassendurchmischung und Blutauffrischung zu setzen.

Es ist leicht einzusehen, daß außer dem Verkehr auch der Krieg in nachhaltiger Weise die Zusammensetzung der Völker zu beeinflussen und dadurch auf die Ausbreitung des Kretinismus einzuwirken vermag. Auch darauf hatte ich im vorhergehenden schon wiederholt Gelegenheit, hinzuweisen. Zunächst ist freilich zu bedenken, daß der Krieg in blindem Wüten gerade die besten Elemente der Nationen hinmordet und daß dadurch rein zahlenmäßig die zurückbleibenden Minusvarianten ein bedenkliches Übergewicht bekommen müssen. Dieser Verlust wird zur Hälfte schon dadurch ausgeglichen, daß ja beim weiblichen Teil der Bevölkerung (solange wenigstens die Menschen nicht auch noch die allgemeine Dienstpflicht für das weibliche Geschlecht einführen) eine solche Auslese nach negativen Gesichtspunkten entfällt. Die relativ zu große Zahl ehefähiger Frauenzimmer ermöglicht den wenigen übrig bleibenden Männern eine bessere Auswahl.

Aber der Krieg kommt nie allein. Seine fürchterlichen Gesellen sind (und waren zu allen Zeiten) Hungersnot und Pestilenz. Wir haben Grund zu der Annahme, daß durch diese Landplagen nun umgekehrt die Schwachen und Minusvarianten aller Art und beider Geschlechter in erster Linie dezimiert werden; — eine ausgleichende Selektion im positiven Sinne! Dadurch wird also das frühere Zahlenverhältnis der Plus- und Minusvarianten einigermaßen wieder hergestellt (womit freilich gegen früher noch nichts gewonnen ist).

Ein moderner Krieg ist eine wahre Völkerwanderung. Nie gesehene Völker drängen sich zur Walstatt, aber nicht nur um dort ihr Leben zu lassen, sondern um nach Möglichkeit vorher ihr Leben zu genießen. Das Resultat davon sind nicht nur Geschlechtskrankheiten; auch für die Rassenkreuzung muß dabei ein positives Ergebnis herausschauen. Und dann ist der Gefangenen zu gedenken, welche jahrelang unter den Fremden wohnen und arbeiten; nicht allzu selten resultieren daraus bleibende Erwerbungen, die mit Unrecht gering eingeschätzt werden. Auch die Neutralen haben von dieser Völkerwanderung allerlei zu spüren bekommen. In bezug auf die Endemie können sich derartige Einflüsse selbstverständlich erst nach langer Zeit geltend machen; sie können aber unmöglich ausbleiben.

Schließlich hat jeder Krieg für Sieger und Besiegte regelmäßig noch nachträglich tiefgehende Verschiebungen in der sozialen Struktur im Gefolge. (Revolutionen; Auswanderungswesen usw.), und auch diese können, ja müssen früher oder später für die Endemie von Bedeutung werden. Die Umwälzung aller gesellschaftlichen Zustände ist fähig, den Keim der Erneuerung in alle Gaue zu tragen. Und folgt dann, wie einige versprechen, dem Krieg ein wirtschaftlicher Aufschwung, so liegt darin auch für die Rasse eine Verheißung auf bessere Zeiten.

Es ergibt sich somit das Resultat, daß eine zielbewußte Rassenhygiene wohl imstande sein müßte, die kretinische Degeneration im Lauf einiger Generationen sozusagen vollständig auszumerzen; daß aber hierzu, soll ein voller Erfolg erreicht werden, so tief einschneidende gesetzliche Maßregeln erforderlich wären, daß an deren praktische Durchführung allerdings einstweilen nicht zu denken ist. Einzelne palliative Maßnahmen (bessere Ausbildung der Hausfrauen, bessere Körperpflege, Ausdehnung des Turnens usw.) vermögen wohl die Volksgesundheit im ganzen günstig zu beeinflussen, können jedoch den Kretinismus nicht zum Verschwinden bringen. Es ist mir wohl bewußt, daß ich mit meinen Ausführungen den Gegenstand keineswegs erschöpfend behandelt habe; das lag auch nicht in meiner Absicht. Ich wollte nur in großen Zügen andeutungsweise zeigen, welche Punkte bei einer zielbewußten Prophylaxe des Kretinismus etwa in Betracht fallen und welches die entgegenstehenden Schwierigkeiten sind. Es kam mir nicht so sehr darauf an, positive Vorschläge und unfehlbare Rezepte anzugeben, als vielmehr den geneigten Leser zu eigenem Nachdenken über das Kretinenproblem anzuregen.

Literaturverzeichnis.

A. Degeneration.

I. Kretinismus.

1. ACKERMANN, J. F.: Über die Kretinen, eine besondere Menschenabart in den Alpen. Gotha 1790.
2. ALLARA, VINCENZO, Der Kretinismus, seine Ursachen und seine Heilung; übersetzt von HANS MERIAN. Leipzig 1894.
3. BAYON, G. P.: Zur Diagnose und Lehre vom Kretinismus. Würzb. Verh. 1904.
4. BIRCHER, EUGEN: Die Entwicklung und der Bau des Kretinenskeletts im Röntgenbild. Hamburg: L. Gräfe & Sillem 1909.
5. — Humerus varus cretinosus. Fortschr. a. d. Geb. d. Röntgenstr. Bd. 16.

6. BIRCHER, EUGEN: Beitrag zur Kenntnis der Schilddrüsen und Nebenschilddrüsen bei Kretinen. Frankf. Zeitschr. f. Pathol. 2 u. 3. 1912.
7. — Neandertalmerkmale bei Kretinen? Zeitschr. f. Kindheilk. 1912.
8. DEMME, HERMANN: Über endem. Kretinismus. Bern 1840.
9. DIETERLE, THEOPHIL: Über endem. Kretinismus und dessen Zusammenhang mit andern Formen von Entwicklungsstörung. Jahrb. f. Kindheilk. Bd. 64. 1906.
10. DIVIAK, ROMAN, und WAGNER VON JAUREGG: Über Entstehung des Kretinismus nach Beobachtungen in den ersten Lebensjahren. Wiener klin. Wochenschr. Nr. 6. 1918.
11. EWALD, C. A.: Die Erkrankungen der Schilddrüse, Myxödem und Kretinismus. Wien u. Leipzig 1909.
12. FAESCH, EMANUEL: Kiefermessungen an Idioten. I.-D. Zürich 1917.
13. FINKBEINER: Neandertalmerkmale bei Kretinen. Zeitschr. f. Kindheilk. 1912.
14. — Nochmals zur Kretinenfrage. Ibidem.
15. — Kretinismus im Nollengebiet. Korr.Bl. S. 607. 1918.
16. FLINKER, A.: Zur Pathogenese des Kretinismus. Wiener klin. Wochenschr. Nr. 18. 1910.
17. — Zur Frage der Kontaktinfektion des Kretinismus. Wiener med. Wochenschr. Nr. 51. 1911.
18. — Körperproportionen bei Kretinen. Wiener klin. Wochenschr. Nr. 6. 1911.
19. — Kretinismus bei Juden. Umschau Nr. 11. 1911.
20. GALLI - VALERIO, B.: Pour la lutte contre le goître et le crétinisme. Korr.Bl. 1918.
21. GUGGENBUHL, HANS JAKOB: Briefe über den Abendberg. Zürich 1846.
22. — Die Kretinenheilanstalt auf dem Abendberg. Bern 1853.
23. — Die Heilung und Verhütung des Kretinismus und ihre neusten Fortschritte. Mitt. Schweiz. Natf. Ges. 1853.
24. KLEBS, EDWIN: Studien über die Verbreitung des Kretinismus in Österreich. Prag 1877.
25. KUTSCHERA VON AICHBERGEN, ADOLF: Über Kretinismus und Kropf in Tirol und Vorarlberg. Wiener klin. Wochenschr. Nr. 26. 1912.
26. — Die Tostenhuben in der Gemeinde Sirnitz in Kärnten. Ibid. Nr. 48.
27. — Die Bekämpfung des Kretinismus. Naturf. Vers. Wien 1913.
28. — Gegen die Wasserätiologie des Kropfes und des Kretinismus. Münch. med. Wochenschr. Nr. 8; Nr. 16. 1913.
29. — Ätiologie des Kropfes und des Kret. Prag. med. Wochenschr. 13. 1914.
30. LANGHANS, THEODOR: Anatomische Beiträge zur Kenntnis der Kretinen. Virch. Arch. Bd. 149.
31. — Über Veränderungen in den peripheren Nerven bei Cachexia strumipriva des Menschen und Affen, sowie bei Kretinen. Virchows Arch. f. pathol. Anat. u. Physiol. Bd. 128.
32. MAC CARRISON, ROBERT: Etiology of endemic cretinism, congenital Goitre and parathyreoid disease. Lanc. Nr. 11 u. 12. 1914.
33. MAFFEI: Der Kretinismus in den Norischen Alpen. Erlangen 1844.
34. MAYRHOFER, Kretinismus und Gebiß. Ergebn. d. ges. Zahnheilk. 4, H. 2. 1914.
35. OSWALD, ADOLF: Zur Behandlung des endem. Kretinismus. Korr.Bl. S. 737. 1914.
36. RAMOND DE CARBONNIERES: Observations faites dans les Pyrénées. Paris 1789.
37. ROESCH: Untersuchungen über den Kretinismus in Württemberg. Erl. 1844.
38. SAINT-LAGER, J.: Étude sur les causes du crétinisme et du goître endémique. Paris 1867.
39. SCHOLZ, WILHELM: Klinische und anatomische Untersuchungen über den Kretinismus. Berlin 1906.
40. — Kretinismus (in KRAUS u. BRUGSCH, Spez. Path. u. Ther. inn. Kht.).
41. STOCCADA, FABIO: Untersuchungen über die Synchondrosis sphenooccipital. und den Ossifikationsprozeß bei Kretinismus und Athyreose. Zieglers Beitr. 1915.
42. TAUSSIG, SIEGMUND: Kropf und Kretinismus. Jena 1912.
43. — Über Kropf und Kretinismus in Bosnien. Ref. Münch. med. Wochenschr. Nr. 1. 1912.

44. TROXLER: Der Kretinismus und seine Formen als endemische Menschenentartung in unserm Vaterlande. Dschr. Schw. Naturf. Ges. Bd. 1. 1830.
45. VIRCHOW, RUDOLF: Fötale Rachitis, Kretinismus und Zwergwuchs. Virchows Arch. f. pathol. Anat. u. Physiol. Bd. 94.
46. VIRCHOW, PUDOLF: Knochenwachstum und Schädelformen mit besonderer Berücksichtigung des Kretinismus. Virchows Arch. f. pathol. Anat. u. Physiol. Bd. 13.
47. WAGNER VON JAUREGG, Myxödem und Kretinismus (Hdb. d. Psych., v. ASCHAFFENBURG).
48. WEGELIN, CARL: Über die Ossifikationsstörungen beim endem. Kretinismus und Kropf. Korr.Bl. S. 603. 1916.
49. WEYGANDT: Weitere Beiträge zur Lehre vom Kretinismus. Würzb. Verh. Bd. 37.

II. Taubstummheit.

50. FRÖSCHELS, E.: Über die Gründe der Hör- und Sprachstörungen beim Kretinismus. Monatsschr. f. Ohrenheilk. u. Laryngo-Rhinol. H. 5. 1911.
51. GALLUSSER, EMIL: Ergebnisse der Taubstummenuntersuchungen in der Taubstummenanstalt St. Gallen. Korr.Bl. S. 801. 1913.
52. MESITSCHEK: Behandlung der Taubstummen mit Pilocarpin. Casop. lek. cesk. Nr. 29. 1912.
53. NAGER, FELIX: Über Ziele und Ergebnisse der Taubstummenuntersuchung (Vortrag). Ref. Korr.Bl. S. 423. 1910.
54. — Neuere Gesichtspunkte zu Diagnose und Therapie der Schwerhörigkeit. Korr.Bl. S. 289, 435. 1915.
55. — Zur Anatomie der endemischen Taubstummheit. Zeitschr. f. Ohrenheilk. u. f. Krankh. d. Luftwege. Juni 1917.
56. — Über die endemische Hörstörung und die dabei beobachteten Gehörveränderungen. Schw. Rdsch. f. Med. 9. 1919.
57. SCHÖNEMANN: Zur Pathologie der kongenitalen Taubstummheit. Ref. Korr.Bl. S. 38. 1910.
58. — Beitrag zur path. Anatomie der angeborenen Taubstummheit (in „Anatomie der Taubstummheit". Wiesbaden 1910).
59. SCHWENDT und WAGNER, Untersuchungen von Taubstummen. Basel 1899.
60. SIEBENMANN, FRITZ: Taubstummheit und Taubstummenzählung in der Schweiz. Korr.Bl. f. Schw. Ärzte S. 1. 1918.

III. Idiotie.

61. FREY: Wassermann bei Idioten. Korr.Bl. 311. 1913.
62. FREY und JAFFE: Über die Ätiologie der Idiotie. Festschr. Bircher.
63. GANTNER: Über Degenerationszeichen bei Idioten und Gesunden. Allg. Zschr. f. Psych. Bd. 70; Umschau Nr. 47. 1913.
64. KELLNER: Über Idiotie. (Vortrag im Ä.V. Hamb. 12. u. 26. 10. 09.)
65. - Über Sterblichkeit der Idioten. Ibid. 3. 12. 12 u. ö.
66. KOLLER, A.: Die Zählung der geistig gebrechlichen Kinder im Kanton Appenzell A. Rh. Zschr. f. Erf. u. Beh. d. jug. Schwachsinns Bd. 4.
67. SCHESINGER, EUGEN: Die Trinkerkinder unter den schwachbegabten Schülern. Münch. med. Wochenschr. Nr. 12. 1912.
68. — Schwachbegabte Kinder. Arch. f. Kindheilk. Bd. 60 u. 61.
69. SOKOLOW, PAUL, und SPAKOWSKA, REGINA: Die sozialen Gefühle und Triebe bei den Dementen. Korr.Bl. S. 1281. 1916.
70. TESTUT, L., Contribution à l'étude anatomique de l'idiotie congénitale. L'anthropologie 24, Nr. 6. 1913.
71. Verhandlungen der VII. Schweizer Konferenz für das Idiotenwesen 1909.
72. Die Zählung der schwachsinnigen Kinder im schulpflichtigen Alter. Schweizer. Statistik, Lief. 114. Bern 1897.

IV. Mongolismus.

73. BERNHEIM-KARRER: Über Myxödem und Mongolismus im Kindesalter. (Vortr.) Ref. Korr.Bl. S. 121, 1906.

74. BOGEN: Mongoloide Idiotie. Ref. Dtsch. med. Wochenschr. Nr. 12. 1910.
75. FREY: 4 Fälle von Mongolismus (Demonstr.). Ref. Korr.Bl. S. 820. 1911.
76. JÖDICKE, P.: Nachweis von organabbauenden Fermenten im Blut von Mongoloiden. Wien. klin. Rundschau. S. 38. 1913.
77. KASSOWITZ, MAX: Infantiles Myxödem, Mongolismus und Mikromelie. Wien. med. Wochenschr. Nr. 22 ff. 1902.
78. KELLNER: Die mongoloide Idiotie. Münch. med. Wochenschr. Nr. 14. 1913.
79. LURJE, A.: Über Stoffwechsel und Therapie bei mongol. Idiotie. Wratschesnaia Gaz. Nr. 46. 1913.
80. MATHES: 2 Fälle von mongol. Idiotie. Ref. Münch. med. Wochenschr. Nr. 4. 1912.
81. TUGENDREICH: Zum Mongolismus. Ref. Münch. med. Wochenschr. Nr. 46. 1913.

V. Zwergwuchs.

82. KEHRER, F. A.: Zwergwuchs. Hegars Beitr. H. 3. 1911.
83. LOMMEL: 2 26jährige nur 1,25 m große Zwillinge. Dtsch. med. Wochenschr. Nr. 11. 1912.
84. ROTHMANN: Über familiäres Vorkommen von Friedreichscher Ataxie. Mxyödem und Zwergwuchs. Berliner klin. Wochenschr. Nr. 1 u. 2. 1915.
85. WEYGAND: Schwachsinn und Hirnkrankheit mit Zwergwuchs. Münch. med. Wochenschr. 1913.
— Über Zwergwuchs (Ä.V. Hamb. 10. 11. 14). Münch. med. Wochenschr. Nr. 12. 1914.
85a. HUNZIKER, HCH.: Kropf und Längenwachstum. Schweizer med. Wochenschr. S. 209. 1920.
85b. BLEULER, Pituglandol gegen Zwergwuchs. Schweizer med. Woshenschr. S. 703. 1922.

VI. Chondrodystrophie.

86. BIRCHER, HEINR.: 2 Fälle von Chondrodystrophie (Demonstr.). Korr.Bl. S. 467. 1906.
87. JANSEN, MURK: Das Wesen und das Werden der Achondroplasie. Stuttgart 1913.
88. KAUFMANN, EDUARD: Untersuchungen über die sogenannte fötale Rachitis (Chondrodystrophia foetalis). Berlin 1892.
89. PANCOAST, HENRY K.: X-ray diagnosis of achondroplasia and Cretinism. (Ref. Fortschr. a. d. Geb. d. Röntgenstr. Bd. 15, S. 177.)
90. SUMITA, MASAO: Über die angebliche Bedeutung von Schilddrüsenveränderungen bei Chondrodystrophia foetalis und Osteogenesis imperfecta. Jahrb. f. Kindheilk. Bd. 73.
91. VILLINGER, Demonstr. zur Chondrodystrophie. Altona Ä.V. (Münch med. Wochenschr. Nr. 10. 1914).
92. WAGNER, G. A.: Familiäre Chondrodystrophie. Arch. f. Gynäkol. Bd. 100.

VII. Rachitis und Osteomalacie.

93. GOTTSCHALK: Multiple kartilaginäre Exostosen, Rachitis und rarefizierende Ostitis. Fortschr. a. d. Geb. d. Röntgenstr. Bd. 13.
94. KASSOWITZ, MAX: Zur Pathogenese und Ätiologie der Rachitis. Dtsch. med. Wochenschr. Nr. 5 ff. 1913.
95. — Rachitis bei Neugeborenen. Jabrb. f. Kindheillk. Bd. 76.
96. KINDBORG: Beobachtungen über das natürliche Vorkommen von Rachitis bei Hunden. Ä.V. Bonn (Ref. Dtsch. med. Wochenschr. Nr. 25, 1914).
97. KOCH, JOSEPH: Experimentelle Rachitis bei Hunden. Vortrag in der Berl. med. Ges. am 14. 1. 14; Ref. Dtsch. med. Wochenschr. Nr. 5. 1914 und Med. Klinik S. 2091. 1913.
98. VON RECKLINGHAUSEN: Untersuchungen über Rachitis und Osteomalacie. Jena, G. Fischer, 1910.
99. SCHIRMER: Über Osteomalacie. Fortschr. a. d. Geb. d. Röntgenstr. Bd. 9.
100. STOCKER, SIEGFRIED: Über die Ätiologie und Therapie der Osteomalacie und Rachitis. Korr.Bl. S. 1202, 1911 und S. 257, 1913.

VIII. Infantilismus usw.

101. ALBRECHT, HANS: Der asthenische Infantilismus des weiblichen Geschlechts. Med. Klinik. S. 628, 1914.
102. BAUER, JULIUS: Über Zwergwuchs, Infantilismus und verwandte Vegetationsstörungen. (Ges. f. inn. Med. u. Kindhlk. Wien.) Med. Klinik S. 568, 1917.
103. VON BERGMANN: Demonstr. zum Eunuchoidismus. Altona Ä.V. Münch. med. Wochenschr. Nr. 10. 1914.
104. DUTOIS, A.: Der Infantilismus. Übersichtsreferat, Korr.Bl. S. 336, 1913.
105. FRANKEL: Über Eunuchoidismus. Ä.V. Hamb., Ref. Dtsch. med. Wochenschr. Nr. 13, 1914.
106. GOLDSTEIN: Eunuchoide. Arch. f. Psych., Bd. 53.
107. — Genitale Hypoplasie usw. (Demonstr.). Münch. med. Wochenschr. Nr. 47. 1912.
108. HASS: Coxa vara und Genitalhypoplaise (Demonstration, Ges. f. inn. Med. u. Kindhlk. Wien, 20. 6. 1912). Ref. Münch. med. Wochenschr. Nr. 27. 1912.
109. MAC CRUDDEN und FALES: Ursache der Entwicklungsstörung bei Infantilismus. Journ. of exp. med. Vol. 17.
110. MATHES, PAUL: Der Infantilismus, die Asthenie und deren Beziehungen zum Nervensystem. Berlin 1912.
111. VON STAUFFENBERG: Über Begriff und Einteilung des Infantilismus. Münch. med. Wochenschr. Nr. 45. 1914.
112. WASSERMANN, FRITZ: Über Infantilismus. Ref. Münch. med. Wochenschr. 1912, Nr. 38.
113. WEYGANDT: Demonstr. zum Infantilismus. Ä.V. Hamb., cf. Münch. med. Wochenschr. Nr. 16, 1913.
114. — Gruppierung der jugendlichen Defektzustände (Jvers. D. Psych., Breslau 13./14. 5. 1913. Ref. Ther. d. Gegenw., S. 321. 1913).
115. WOLFF, BRUNO: Über Infantilismus. (Ä.V. Rostock.) Ref. Münch. med. Wochenschr. Nr. 27. 1912.
116. — Zur Begriffsbestimmung des Infantilismus. Arch. f. Kindheilk. Bd. 5.
Äußerst sorgfältige und lückenlose Zusammenstellung der gesamten internationalen Literatur über alle Störungen des Knochenwachstums findet sich bei:
117. FRANGENHEIM, PAUL: Die Krankheiten des Knochensystems im Kindesalter. Neue Deutsche Chir. Stuttgart 1913.

IX. Endemische Struma.

1. Epidemiologie.

118. BAUER, JULIUS: Klinische Untersuchungen über den endem. Kropf in Tirol (29. Kongreß f. inn. Med.; Ref. Dtsch. med. Wochenschr. 1912/19).
119. BIRCHER, HEINRICH: Der endem. Kropf. Basel 1883.
120. BREITNER, B.: Kropfbrunnen in Niederösterreich. (Ref. Münch. med. Wochenschr. 1912/13.)
121. DAVIDSOHN: Über den schles. Kropf. Virchows Arch. f. pathol. Anat. u. Physiol. Bd. 205/2.
122. DEDICHEN, LUZIEN: Untersuchungen aus einer Strumagegend ... Festschr. Bircher.
123. DIETERLE, HIRSCHFELD und KLINGER: Epidemiologische Untersuchungen über den endem. Kropf. Arch. f. Hyg. Bd. 81. 1913.
124. — — — Studien über den endem. Kropf; 1. epidemiologischer Teil. Münch. med. Wochenschr. Nr. 33. 1913
125. — — —, Zum Kropfproblem; Antwort an BIRCHER. Korr.Bl. S. 621. 1914.
126. FJELLANDER: Endem. Struma im Husby-Bezirk. Hygiea Nr. 7. 1911.
127. HUNZIKER, HEINR.: Vom Kropf in der Schweiz. Korr.Bl. S. 220. 1918.
128. KLINGER und MONTIGEL: Weitere epidemiologische Untersuchungen über den endem. Kropf. Korr.Bl. S. 525. 1915.

129. KOCHER, THEODOR: Vorkommen und Verbreitung des Kropfes im Kt. Bern. Dtsch. Zeitschr. f. Chirurg. Bd. 18. 18.

130. KRAUS und ROSENBUSCH: Kropf, Kretinismus und die Krankheit von Chagas. Wien. klin. Wochenschr. Nr. 35. 1917.

131. LOBENHOFFER, W., Die Verbreitung des Kropfes in Unterfranken. Ref. Münch. med. Wochenschr. Nr. 17. 1912.

132. MAC CARRISON, ROBERT: Endemic Goitre. Lanc. 1913.

133. MEISEL: Kropf in Konstanz. Chir. Kongr. 1913 (Ref. Ther. d. Gegenw. S. 216. 1913.)

134. PAGENSTECHER: Über das Vorkommen des Kropfes … am Mittelrhein und in Nassau. Wiesbaden 1915.

135. PFEIFENBERGER: Schulkinderuntersuchungen im Bezirk Imst (Tirol). Naturf. Vers. Wien 1913.

136. SCHIÖTZ, CARL: Die Strumafrage. Nord. med. Arkiv 11, H. 2. 1913.

137. — Geschlechtsdisposition für Struma in Nes. Ref. Münch. med. Wochenschr. 1913/16.

138. SCHITTENHEIM und WEICHARDT: Über den endem. Kropf in Bayern. Berlin 1912.

139. WEICHARDT und WOLFF: Weitere Untersuchungen über den endem. Kropf (in Bayern). Münch. med. Wochenschr. Nr. 9. 1916.

140. VON ZUR MÜHLEN; Kropf in Esthland. Petersb. med. Zschr. 1912/10.

2. Ätiologie.

141. BAUER, JULIUS: Fortschritt in der Klinik der Schilddrüsenerkrankungen. Med. Klinik. Beih. 5. 1913.

142. — Organabbauende Fermente im Serum bei endem. Kropf. Wien. klin. Wochenschr. 1913/16.

143. BERNHARD: Kurze Mitteilungen zur Ätiologie und Prophylaxis des Kropfes. Korr.Bl. S. 65, 1918.

144. BIRCHER, EUGEN: Das Kropfproblem. Festschr. Bircher (Bruns Beitr. z. klin. Chirurg. Bd. 89).

145. — Zum Kropfproblem; Antwort an DIETERLE, HIRSCHFELD und KLINGER (Schw. Rdsch. f. Med. Nr. 15. 1914).

146. — Zum Kropfproblem; Duplik. (Korr.Bl. 910. 1914.)

147. BREITNER, B.: Die Frage nach dem Wesen des Kropfes. (Ref. Münch. med. Wochenschr. 1912/17.)

148. FARRANT, RUPERT: Ursache, Verhütung und Heilung der endem. und exophth. Struma. Brit. med. J. 18. July. 1914.

149. GRUMME: Zur Theorie von Morb. Basedow, Myxödem, Kretinismus und Gebirgskropf. Berl. klin. Wochenschr. Nr. 16. 1914.

150. — Zur Joddarreichung bei Kropf. Korr.Bl. S. 494. 1916.

151. HUNZIKER, HEINRICH: Der Kropf, eine Anpassung an jodarme Ernährung. Bern 1915.

151a. — 3 Jahre Schilddrüsenmessungen. Schweiz. med. Wochenschr. S. 1009. 1920.

151b. — Abhängigkeit des Kropfvorkommens bei Rekruten von der mittleren Jahrestemperatur. Schweiz. med. Wochenschr. S. 337. 1921.

152. ISENSCHMID, RUD.: Die Ursache des endem. Kropfes (Übersichtsreferat). Med. Klinik S. 1122. 1917.

153. KLINGER, RUD: Zur Prophylaxe des endem. Kropfes. Korr.Bl. S. 546. 1918.

154. KLINGER und HIRSCHFELD: Der gegenwärtige Stand der Kropfforschung (Vortrag). Ref. Korr.Bl. S. 340. 1914.

155. KOLLE, WILH.: Über Ziele, Wege und Probleme der Erforschung des endem. Kropfes. Korr.Bl. S. 577. 1909.

156. — Über das sog. kropferzeugende Trypanosoma (Schizotryp. Cruzi). Ref. Korr.Bl. S. 795. 1912.

157. KUTSCHERA: Gegen die Wasserätiologie des Kretinismus und Kropfes. (Vortrag in München.) Ref. Münch. med. Wochenschr. Nr. 8 und 16. 1913.

158. MAC CARRISON, ROBERT: The etiology of endemic goitre. London 1913.

159. MacCarrison, Robert: Die Ätiologie des endem. Kretinismus, des angeborenen Kropfs und der angeborenen Erkr. d. Parathyr. The Ind. J. of med. Research. 1/3.
159a. Hotz, G.: Beiträge zur Kropfoperation. Schweiz. med. Wochenschr. S. 6. 1920.
159b. — Zur Kropffrage. Schweiz. med. Wochenschr. S. 1153. 1921.
159c. Curschmann: Über die Einwirkung der Kriegskost auf Basedow. Kl.W. S. 1296, 1922.
159d. Wölz, Emilie: Häufigkeit der verschiedenen Kropfformen in Basel und Bern. Schweiz. med. Wochenschr. S. 625. 1921.

3. Histologie.

160. Bircher, Eugen: Weitere histologische Befunde bei ... Rattenstrumen und Kropfherzen. Dtsch. Zeitschr. f. Chirurg. H. 4—6. Bd. 112.
161. Kloeppel, Franz C.: Vergleichende Untersuchungen über Gebirgs- und Tiefland-strumen. Zieglers Beitr. Bd. 49.
162. Langhans: Epitheliale Struma. Virchows Arch. f. pathol. Anat. u. Physiol. Bd. 206/3.
163. Wegelin, Carl: Zur Histogenese des endem. Kropfes. Korr.Bl. S. 321. 1912.
164. de Werdt: Lymphfollikel in Strumen. Frankf. Zschr. f. Path. Bd. 8.

4. Experimente.

165. Aschoff: Künstliche Erzeugung von Kröpfen bei Fischen und Hunden. Demonstr. in Frbg. med. Ges. 3. 6. 12.
166. Bircher, Eugen: Weitere Beiträge zur experimentellen Erzeugung des Kropfes. Zeitschr. f. exp. Path. u. Ther. Bd. 9, H. 1.
167. Blauel und Reich: Versuche über künstliche Kropferzeugung. Bruns Beitr. z. klin. Chirurg. 83.
168. Breitner: Krit. und exper. Untersuchungen über die kropfige Entartung der Schilddrüse. Grenzgebiete Bd. 25. 1913.
169. Farrant, Rupert: Experim. Hyperthyreoidism. Brit. med. J. 22. 11. 1913.
170. Hirschfeld und Klinger: Studien über den endem. Kropf; II. experiment. Teil. Münch. med. Wochenschr. Nr. 33. 1913.
171. — — Experiment. Untersuchungen über den endem. Kropf. Arch. f. Hyg. Bd. 85, S. 139. 1916.
172. Klinger: Experiment. Untersuchungen über den endem. Kropf. Arch. f. Hyg. Bd. 85, S. 212.
173. — Epidemiologisches und Experimentelles über den Kropf. Ref. Korr.Bl. S. 1075. 1913.
174. Sasaki: Zur experiment. Erzeugung der Struma. Dtsch. Zeitschr. f. Chirurg. Bd. 119.
175. Wagner von Jauregg: Versuche über die Kropfätiologie (Vortrag). Ref. Med. Klinik S. 465. 1915.
176. Wegelin, Carl: Die experimentelle Kropfforschung. Mitt. d. Naturf. Ges. Bern 1917.
177. Wilms: Experimentelle Erzeugung und Ursache des Kropfes. Dtsch. med. Wochen-schr. Nr. 13. 1910.

5. Allgemeines.

178. Aschoff: Zur Strumafrage. Ref. Dtsch. med. Wochenschr. Nr. 12. 1910.·
179. Asher: Innere Sekretion der Schilddrüse und deren sekretorische Innervation (Vorträge). Ref. Korr.Bl. S. 1047. 1910 und S. 274. 1914.
180. — Neue Ergebnisse ... über Schilddrüse und Nebenniere (Vortr.). Ref. Korr.Bl. S. 492, 1911.
181. Bauer, Julius und Marianne: Blutgerinnung mit besonderer Berücksichtigung des endem. Kropfes. Zeitschr. f. klin. Med. Bd. 79.
182. Bauer und Hinteregger: Über das Blutbild bei endem. Kropf. Ibid. Bd. 76.
183. Beccari: Beziehungen zwischen Nebenschilddrüse und Schilddrüse. Ref. Dtsch. med. Wochenschr. Nr. 26. 1912.

184. Bircher, Eugen: Fortfall und Änderung der Schilddrüsenfunktion als Krankheitsursache. Lub. u. Ostrt. Ergbn. Bd. 15. 1911.
185. Clerc, Eduard: Die Schilddrüse im hohen Alter. Frankf. Zeitschr. f. Path. Bd. 10.
186. Dünner: Über die Wirkungen der Schilddrüsenpräparate (Übersichtsreferat). Ther. d. Gegenw. 310. 1916.
187. Farrant, Rupert: Die pathologischen Veränderungen der Thyr. in verschiedenen Krankheiten. Brit. m. J. 28. 11. 1914.
188. — Thyr.-Veränderungen bei Leberzirrhose (Vortrag). Ref. Münch. med. Wochenschr. Nr. 26. 1914.
189. Firth, St. C. D.: Enuresis noct. und Thyr.-Extrakt. Ref. Münch. med. Wochenschr. Nr. 16, 1912.
190. Hagen: Über Strumitis und Thyreoiditis. Ä.V. Nürnb. 21. 11. 1912.
191. Herzfeld und Klinger: Zur Funktion der Schilddrüse. Münch. med. Wochenschr. S. 647. 1918.
192. Hesse, Erich: Kropfendemie und Radioaktivität. Dtsch. Arch. f. klin. Med. Bd. 110.
193. Jakunin: Schilddrüse und Arthritis deformans. Med. Obosren. Nr. 20. 1913.
194. Kocher, Theodor: Das Blutbild bei Cachexia thyreopr. Dtsch. med. Wochenschr. Nr. 18. 1912; Arch. f. klin. Chir. Bd. 99. 1912; Chir. Kongr. 1912.
195. Kolb, Carl: Beiträge zu den Knochentumoren thyreogenen Ursprungs. Bruns Beitr. z. klin. Chirurg. Bd. 82.
196. Konczalowski, M.: Über die thyreogene Pathogenese des Rheumatismus. Medizinskoie Obosrenje Nr. 2. 1910.
197. Kottmann: Beziehungen zwischen Schilddrüse und Blutgerinnung (Vortrag). Ref. Korr.Bl. S. 553. 1910.
198. Kraus, O. (Semmering): Alterthyreoidismus. Kongr. f. inn. M. 1914.
199. Lindemann: Vom Verhalten der Schilddrüse beim Ikterus. Virchows Arch. f. pathol. Anat. u. Physiol. 149.
200. Longmead, Fred.: Die Beziehungen zwischen Schilddrüse und aliment. Toxämie. Lanc 10. 5. 13.
201. Marx: Organveränderungen bei Störungen der Schilddrüsentätigkeit. Ä.V. Frankf. 5. 5. 13. (Ref. Münch. med. Wochenschr. Nr. 22. 1913.)
202. von Noorden: Thyreogene Fettsucht. Ref. Ther. d. Gegenw. S. 155. 1909.
203. Oswald, Adolf: Neue Forschungen über den Kropf; eine Entgegnung. N. Z. Z. S. 29. 1912.
204. — Die Schilddrüse und ihre Rolle in der Pathologie. Zbl. S. 675. 1913.
205. Strubell: Nachschwankung des Elektrokardiogramms bei Kropf. Kongr. f. inn. M. 1912.
206. Strümpell: Haarwechsel bei Struma. Ref. Münch. med. Wochenschr. Nr. 5, 1913.
207. Turin, M.: Blutveränderungen unter dem Einfluß von Schilddrüse und Schilddrüsensubstanz. Dtsch. Zschr. f. Chirurg. Bd. 107.
208. Walter, F. K.: Schilddrüse und Regeneration. Arch. f. Entw. Mech. Bd. 3; Umschau H. 3. 1911.
209. Leonhardt: Experim. Untersuchungen über die Bedeutung der Schilddrüse für das Wachstum im Organismus. Virchows Arch. f. pathol. Anat. u. Physiol. Bd. 149.
210. Thompson and Swarts: Einfluß der Schilddrüse auf Frakturheilung. J. of Amer. Assoc. 26. 8. 1911.
211. Heller, Emil: Über den Ablauf der Ossifikation im kropfendemischen und kropffreien Gebiet. Festschr. Bircher.
212. Finkbeiner: Kretinismus und endem. Ossifikationsstörungen. M.Kl. 1922.
213. Saathoff, L.: Thyreose und Tuberkulose. Münch. med. Wochenschr. Nr. 5. 1913.
214. Rothschild: Chemother. Erfahrungen bei Tuberkulose. Dtsch. med. Wochenschr. Nr. 25. 1913.

6. Kropfherz.

215. Bauer und Helm: Röntgenbefund bei Kropfherzen. Dtsch. Arch. f. klin. Med. Bd. 109.

216. BIGLER, WALTER: Über Herzstörungen bei endem. Kropf.   Festschr. Bircher.
217. STROEBEL: Über Kropfherz.   Chir. Kongr. 1913.

7. Beziehungen zum Geschlechtsleben.

218. VON BECK, B.: Struma und Schwangerschaft. Bruns Beitr. z. klin. Chirurg. Bd. 80.
219. ENGELHORN: Über Schilddrüsenveränderungen in der Gravidität. Kongr. D. Ges.
    f. Gyn. 1911; Münch. med. Wochenschr. Nr. 27. 1911.
220. FREUND, HERM. WOLFG.: Die Beziehungen der Schilddrüse zu den weiblichen
    Geschlechtsorganen. Dtsch. Zeitschr. f. Chirurg. Bd. 18.
221. GRAFF und NOVAK: Schilddrüse und Gestation. Gyn. Kongr. 1913.
222. MOSBACHER: Thyr. und Wehentätigkeit. Zeitschr. f. Gebh. u. Gyn. Bd. 75.
223. — Über Schilddrüse und Konzeption. Ref. Münch. med. Wochenschr. Nr. 22. 1913.
224. MÜLLER, B.: Das Verhalten der Gland. thyr. im endem. Kropfgebiet des Kt. Bern
    zu Schwangerschaft, Geburt und Wochenbett. Zeitschr. f. Gebh. u. Gyn. Bd. 75.
225. ROSENTAL und SCHWENK, Wechselwirkung von Schilddrüse und Geschlechtsdrüsen
    im Stoffwechsel. Dtsch. med. Wochenschr. Nr. 13. 1912.
226. RÜBSAMEN, WILH.: Über Schilddrüsenerkrankungen in der Schwangerschaft. Arch.
    f. Gyn. Bd. 98. 1913.
227. SCHMAUCH: Die Schilddrüse der Frau und ihre Bedeutung für Menstruation und
    Schwangerschaft. Ref. Münch. med. Wochenschr. Nr. 44. 1913.
228. SEHRT, E.: Zur thyr. Ätiologie der hämorrhagischen Metropathien. Münch. med.
    Wochenschr. Nr. 18. 1913.
229. — Die Beziehungen der Schilddrüseninsuffizienz zu den nervösen Beschwerden
    und der spast. Obstipation der Frauen. Münch. med. Wochenschr. Nr. 8. 1914.
230. — Die Schilddrüsenbehandlung der hämorrhagischen Metropathien. Münch.
    med. Wochenschr. Nr. 6. 1918.
231. WARD, G. G.: Neue Mitteilungen über Beziehungen des Thyreoidismus zur Schwan-
    gerschaftstoxämis. Surg. Gyn. and Obsttr. 15.
232. WINTER, G.: Struma in der Gravidität. Med. Klinik 932. 1917.

8. Therapie.

233. BIRCHER, EUGEN: Zur nichtoperativen Therapie des Kropfes. Korr.Bl. 1236. 1918.
234. BOSSART, A.: Über 1400 Strumaoperationen. Bruns Beitr. z. klin· Chirurg. Bd. 89.
235. FORDYCE, A. D.: Veränderungen der Thyreoidea bei Schilddrüsenfütterung. Edinb.
    med. J. 4. 1912.
236. GEREDA: Vaccinetherapie des Kropfes. El siglo med. 1913.
237. KOCHER, THEODOR: Über Kropfoperationen bei gewöhnlichen Kröpfen nebst
    Bemerkungen zur Kropfprophylaxis. Korr.Bl. 1917. 1633.
238. — Dauerrresultate der Schilddrüsentransplantation beim Menschen. Chir. Kongr.
    Berlin 1914. (Reff. Ther. d. Gegenw. 232. 1914 und M.Kl. 873. 1914.)
239. — Über Kropf und Kropfbehandlung. Dtsch. med. Wochenschr. Nr. 27/28. 1912.
240. MACCARRISON: Vaccinebehandlung. Ref. Münch. med. Wochenschr. Nr. 15. 1912.
241. MESSERLI, F.: Le traitement du goître par la desinfection intestinale continue
    R. méd. Suisse rom. 20. 3. 1915.
242. RADWANSKI: Die Behandlung des Kropfes mit Alivalinjektionen. Ther. d. Gegenw.
    S. 443. 1916.
243. WAGNER VON JAUREGG: Chir. Behandlung der Hypothyreose. Wien. klin. Wochen-
    schr. Nr. 39. 1913.

Jodbehandlung der endemischen Struma.

650. BAYARD: Beiträge zur Schilddrüsenfrage. Basel 1919.
651. ROUX: La prophylaxie du goître. Schweiz. med. Wochenschr. S. 383. 1921.
652. HUNZIKER und VON WYSS: Über systematische Kropftherapie und Prophylaxe.
    Schweiz. med. Wochenschr. S. 49. 1922.
653. KLINGER: Die Prophylaxe des endem. Kropfes. Schweiz. med. Wochenschr. S. 12.
    1921.

654. KLINGER: Zur Kropfprophylaxe durch Jodtabletten. Ibid. S. 315. 1922.
655. — und HERZFELD: Untersuchungen über den Jodgehalt der Schilddrüse. Ibid. S. 724. 1922.
656. BAUMANN: Zur Prophylaxe und Therapie usw. Ibid. S. 280. 1922.
657. OSWALD: Zur Kropfprophylaxe. Ibid. S. 313. 1922.
658. BIRCHER, EUGEN: Die Jodtherapie des endem. Kropfes und ihre Geschichte. Ibid. S. 713. 1922.
659. MESSERLI: Le problème du goître endém. Ibid. S. 631. 1922.
660. HEDINGER: Über das Kropfproblem. S. N. G. S. 75.1920.
661. Kropfkommission, schweizer.; Sitzung vom 21. 1. 22. Beilage zum Bulletin des schweiz. Gesundheitsamts 1922. (Ref. von SILBERSCHMIDT, WEGELIN, MESSERLI, DE QUERVAIN.) Sitzg. vom 24. VI. 22. (Bull. 1923, No. 5.)

X. Schilddrüsenmangel.

244. BOURNEVILLE: Fin de l'histoire d'un idiot mxyoedémateux. Arch. Neur. 1903.
245. DIETERLE, THEOPHIL: Die Athyreosis. Virchows Arch. f. pathol. Anat. u. Physiol. Bd. 186. 1906.
246. EICHHORST, HERMANN: Infant. Myxödem. Ref. Korr.Bl. S. 501. 1912.
247. VON EISELSBERG: a) Kongenitaler Athyreoidismus; b) Tetania parathyreopriva. Naturf. Vers. Wien 1913.
248. FEER, EMIL: Demonstrationen zur Athyreose. Ref. Korr.Bl. S. 163. 1912.
249. GOLDSTEIN: Myxidiotie ohne Thyreoidea-Veränderungen. Dtsch. Zschr. f. Nervenheilk. Bd. 49.
250. HENSCHEN: Thyreoplastische Myxidiotie. Ref. Korr.Bl. S. 503. 1912.
251. KELLNER: Athyreosis congenita sporadica. Ref. Dtsch. med. Wochenschr. Nr. 21. 1912.
252. VON KORCZYNSKI, L. R.: Beiträge zur Klinik infantiler Hypothyreose. Med. Klinik S. 858. 1915.
253. SCHEMENSKY, W.: Die Thyreoaplasie und ihre Behandlung. Med. Klinik S. 1265. 1914.
254. SCHOLZ, WILH.: Myxödem. (KRAUS und BRUGSCH: Spez. Path. u. Ther.)
255. SIEGERT: Zur Pathologie des angeborenen und erworbenen Myxödems im Kindesalter. Naturf. Vers. Wien 1913.
256. STERN: Diagnose der Hypothyreose. Berl. klin. Wochenschr. Nr. 9. 1914.
257. STIRNIMANN, F.: Hypothyreoidismus und verwandte Entwicklungsstörungen (Vortrag). Ref. Korr.Bl. S. 1201. 1911.
258. STUBENRAUCH: Knochenveränderungen bei Myxödem. Bruns Beitr. z. klin. Chirurg. Bd. 76/3.
259. — Beziehungen zwischen Athyreose und Knochenveränderungen (Vortrag). Ref. Münch. med. Wocüenschr. Nr. 27. 1911.
260. TAYLOR, F.: Über Schläfrigkeit bei Myxödem und Akromegalie. (Hunt. Soc.) Ref. Münch. med. Wochenschr. Nr. 52. 1912.
261. VEIL: Verhalten der genitalen Funktionen des Weibes im Myxödem. Arch. f. Gyn. Bd. 107/2. Ref. Med. Klinik S. 976. 1917.
262. VORONOFF: Implantation einer Affenthyreoidea bei einem mxyödematösen Kind. Bull. Acad. méd. Nr. 26. 1914; Ref. Korr.Bl. S. 154. 1915.
263. WIELAND: Demonstrationen über Athyreose usw. Korr.Bl. S. 543, 873. 1912.
264. — Hypothyreot. Konstitution und frühzeitig erworbene Athyreose. Zeitschr. f. Kindheilk. Bd. 4.
     S. auch „Neotenie", Nr. 640—644.

XI. Morbus Basedowi.

265. EDMUNDS: Behandlung des Basedow mit Milch schilddrüsenloser Ziegen. Ref. Münch. med. Wrchenschr. Nr. 16. 1912.
266. EPPINGER und HESS: Zur Pathologie der Basedowschen Krankheit. Kongr. f. inn. Med. Wiesbaden. (Ref. Ther. d. Gegenw. S. 288. 1909.)
267. FLESCH, MAX: Über den Blutzuckergehalt bei Basedow. Bruns Beitr. z. klin. Chirurg. Bd. 82.

268. HART: Über die Basedowsche Krankheit. Med. Klinik S. 388. 1915.
269. HOLMGREN, J.: Über den Einfluß des Basedow ... auf das Längenwachstum. I.-D. Leipzig 1909.
270. HOSEMANN: Über Basedow. Chir. Kongr. 1913. (Ther. d. Gegenw. S. 216. 1913.)
271. KRESS, W.: Über die Viskosität des Blutes bei Morbus Basedowi. Bruns Beitr. z. klin. Chirurg. Bd. 82.
272. KOCHER, THEODOR: Zur Frühdiagnose der Basedowschen Krankheit. Korr.Bl. 145. 1910.
— Über Basedow. Arch. f. klin. Chirurg. Bd. 96/2. 1911.
273. KRECKE: Über die Stellung des Basedow in der Reihe der Thyreosen. Ref. Münch. med. Wochenschr. Nr. 15. 1912.
274. KUHN: Die große Verbreitung der Thyreotoxikosen bei Gestellungspflichtigen. 29. Kongr. f. inn. Med. 1912.
275. LAMPE: Die Blutveränderungen bei Basedow im Licht neurer Forschungen. Dtsch. med. Wochenschr. Nr. 24. 1912.
276. MOEBIUS, P. J.: Basedowsche Krankheit. Wien und Leipzig: Hölder.
277. Naturforscher-Versammlung Karlsruhe. Reff. von GOTTLIEB, SIMMONDS, STARK, REHN. (Korr.Bl. S. 1046. 1911.)
278. OSWALD, ADOLF: Über den M. Basedow. Korr.Bl. S. 1130. 1912.
279. PORTER, MILES: Hyperthyreoidism. J. of Amer. Ass. 12. 2. 1913.
280. SIMMONDS: Über die Basedow-Schilddrüse. Münch. med. Wochenschr. Nr. 51. 1911.
281. STERN: Temperaturerhöhung bei Hyperthyreose. Berlin. klin. Wochenschr. Nr. 12. 1912.
282. ZANDER, PAUL: Zur Histologie der Basedow-Struma. Grenzgeb. Bd. 25.

B. Innere Sekretion.

Allgemein: pl[u]riglanduläre Beziehungen.

283. ASHER, LEO: Innervation der Drüsen mit innerer Sekretion. Korr.Bl. S. 251. 1912.
284. BIEDL, ARTHUR: Innere Sekretion. Berlin und Wien 1910.
285. — Über innere Sekretion. Intern. Kongr. London 1913.
286. BIELING, R.: Einwirkung von Drüsenextrakten auf den Stoffwechsel bei rachit. Säuglingen (Vortrag). Ref. Münch. med. Wochenschr. Nr. 20. 1914.
287. FALTA: Die Erkrankungen der Blutdrüsen. Berlin 1913.
288. GLEY: Über innere Sekretion. Intern. Kongr. London 1913.
289. HARE: Die therapeutische Verwendung der Drüsen ohne Ausführgang. Amer. J. of obstetr. Oktober 1912.
290. KEHRER: Über Ausfallserscheinungen. Zentralbl. f. Gynäkol. Nr. 31. 1913.
291. KORANYI: Innere Sekretion (chemisch). Intern. Kongr. London 1913.
292. KOTTMANN, K.: Über innere Sekretion und Autolyse. Korr.Bl. S. 1128. 1910.
293. KRAUS, CARL: Jod, Schilddrüse, Arteriosklerose. Ther. d. Gegenw. S. 45. 1917.
294. KRAUS, FR.: Pathologie der Schilddrüse, der Beischilddrsüse, des Hirnanhangs und deren Wechselwirkung. Dtsch. med. Wochenschr. Nr. 40 u. 41. 1913.
295. MAURER: Schilddrüse, Thymus und ihre Nebendrüsen. Ref. Münch. med. Wochenschr. Nr. 13. 1913.
296. OLLINO, G.: Einwirkung von Schilddrüsen-, Nebennieren- und Hypophysenextrakt auf das Knochenmark. Riforma med. Nr. 13 u. 14. 1914.
297. OSWALD, ADOLF: Über die Beziehungen der endokrinen Drüsen zum Blutkreislauf. Korr.Bl. S. 257. 1916.
298. REINHARDT, LUDWIG: Der heutige Stand unsres Wissens über die Organe mit innerer Sekretion. Ref. Korr.Bl. S. 209. 1907.
299. SCHULZE, FRITZ: Über alimentäre Glykosurie usw. Bruns Beitr. z. klin. Chirurg. Bd. 82.

Genitalorgane.

300. ALBRECHT: Zur Frage der innern Sekretion der Mamma. Gyn. Kongr. 1913.
301. BELL, W. BLAIR: Weiblicher Organismus und innere Sekretion. Brit. m. J. Nov. 1913.

302. BELL, W: Genitalfunktion der Drüsen mit innerer Sekretion. Lanc. Nr. 3. 1913.

303. BENTHIN, W.: Ovarium und innere Sekretion. Ref. Ther. d. Gegenw. Nr. 5. 1914.

304. COHN, FRANZ: Die Beziehungen der inneren Sekretion zu den Genitalfunktionen der Frauen (Vortrag). Ref. Med. Klinik S. 737. 1915.

305. — Beziehungen zwischen Mamma und Ovarium. Ref. Dtsch. med. Wochenschr. Nr. 47. 1912.

306. FRANKL, OTTO: Ovarialfunktion bei M. Basedow. a) Gyn. Kongr. 1913. b) Gyn. Rdsch. Jg. 7.

307. GUGGISBERG: Blutgerinnung bei Gravidität. Gyn. Kongr. 1913.

308. — Wirkung der innern Sekrete auf die Tätigkeit des Uterus. Ref. Korr.Bl. S. 1712. 1913.

309. Gynäkologenkongreß in Halle 1913: Die innersekretorischen Drüsen und deren Erkrankungen in ihren Beziehungen zu Schwangerschaft, Geburt und Wochenbett. Reff. Ther. d. Gegenw. S. 314/361. 1913.

310. HERZ, M.: Kropfherz, Myomherz, Klimax. Wien. med. Wochenschr. Nr. 22. 1913.

311. HOFFMANN, E.: Zur Blutgerinnung und zum Blutbild bei normalen, hyper- und hypothyreotischen Schwangeren und Wöchnerinnen. Zeitschr. f. Geburtsh. u. Gynäkol. 75.

312. LANDSBERG: Kastration bei Graviden. Gyn. Kongr. 1913.

313. LENZ: Vorzeitige Menstruation, Geschlechtsreife und Entwicklung. Arch. f. Gynäkol. Bd. 99.

314. LOMER, GEORG: Über einige Beziehungen zwischen Gehirn, Keimdrüsen und Gesamtorganismus. Arch. f. Psych. Bd. 51. 1913.

315. MOHR, LEO: Innere Sekretion der Speicheldrüsen und ihre Beziehungen zu den Genitalorganen. Zeitschr. f. Gebh. u. Gynäkol. Bd. 74.

316. NÄGELI: Über den Antagonismus zwischen Chlorose und Osteomalacie als Hypo- und Hypergenitalismus. Münch. med. Wochenschr. S. 609. 1918.

317. POSNER, C.: Geschlechtliche Potenz und innere Sekretion. Ther. d. Gegenw. S. 283. 1916.

318. SAJOUS: Physiologie der Drüsen ohne Ausführgang in ihren Beziehungen zur Geburtshilfe. Amer. J. of Ostetr. Oct. 1912.

319. SCHICKELE, G.: Einfluß des Ovariums auf das Wachstum der Brustdrüsen. Zeitschr. f. Gebh. u. Gynäkol. Bd. 74.

320. SCHMITT, A.: Über Störung der innern Sekretion bei Chlorose. Münch. med. Wochenschr. Nr. 24. 1914.

321. SEITZ: Störungen der innern Sekretion in ihren Beziehungen zu Schwangerschaft, Geburt und Wochenbett. Gyn. Congr. 1913.

322. SELLHEIM, HUGO: Einfluß der Kastration auf das Knochenwachstum des geschlechtsreifen Organismus und Beziehungen der Kastration zur Osteomalacie. Zeitschr. f. Geburtsh. u. Gynäkol. Bd. 74.

323. STEIGER, MAX: Einfluß von Klima und Rasse auf das weibliche Geschlechtsleben. Korr.Bl. S. 869. 1913.

324. STEINACH, E.: Umwandlung von Säugetiermännchen in Tiere mit weiblichen Geschlechtscharakteren und weiblicher Psyche. Naturw. Rundschau S. 20. 1912.

325. — und LICHTENSTERN, R.: Umstimmung der Homosexualität durch Austausch der Pubertätsdrüsen. Münch. med. Wochenschr. Nr. 6. 1918.

326. TANDLER, JULIUS, und GROSS, SIEGFRIED: Die biologischen Grundlagen der sexuellen Geschlechtsmerkmale Berlin: Julius Springer. 1913.

327. WALLER, EWAN: Beziehungen der Schilddrüse zu andern Hormonen sexuellen Ursprungs. Practitioner. Aug. 1912.

328. WÄLSCH: Hypersekretion der Schweißdrüsen in Gravidität und Puerperium. Ref. Dtsch. med. Wochenschr. Nr. 31. 1912.

329. ZILOCHI: Über 1 Fall von Gynaecomastie. Il Morgagni. 5. 1912.

Thymus.

330. ADLER, LEO: Beziehungen des Thymus zur Schilddrüse und zum Wachstum. Ä.V. Frankf. Ref. Med. Klinik S. 491. 1917.

331. BARBANS: Die normale Involution des Thymus. Virchows Arch. f. pathol. Anat. u. Physiol. Bd. 207.

332. BASCH, KARL: Über die Thymusdrüse. Dtsch. med. Wochenschr. Nr. 30. 1913.
333. — Beziehungen des Thymus zur Thyreoidea. Zeitschr. f. exper. Pathol. u. Therap. Bd. 12.
334. CAPELLE, W., und BAYER, R.: Thymus und Schilddrüse ... bei Basedow. Bruns' Beitr. z. klin. Chirurg. Bd. 86. 1913.
335. DUTOIT, A.: Neue Ergebnisse der Thymusforschung. Korr.Bl. S. 942. 1912.
336. VON HABERER, HANS: Über die klinische Bedeutung der Thymusdrüse. Med. Klinik S. 1087. 1914.
337. HART: Thymusstudien. Virchows Arch. f. pathol. Anat. u. Physiol. Bd. 207 u. Bd. 214.
338. HEIMANN: Lymphocytose, Thymus und Ovarium. Gynäkol. Kongr. 1913.
339. KLOSE: Demonstr. zur Pathologie des Thymus .Ref. Münch. med. Wochenschr. Nr. 14. 1913.
340. — und VOGT: Klinik und Biologie der Thymusdrüse. Bruns Beitr. z. klin. Chirurg. Bd. 69.
341. MATTI, HERMANN: M. Basedow und Thymushyperplasie. Dtsch. Zeitschr f. Chirurg. Bd. 116.
342. — Über die Komobination von M. Basedow mit Thymushyperplasie. Festschr. Kocher; Ref. Korr.Bl. S. 1345. 1912.
343. — Demonstration zur Wirkung experimenteller Ausschaltung des Thymus. Ref. Korr.Bl. S. 303. 1911.
344. STIEDA: Über Thymusstenose. Ref. Münch. med. Wochenschr. Nr. 12. 1912.

Hypophysis.

345. ASCHNER: Hypophysis und Genitale. Arch. f. Gynäkol. Bd. 97. H. 2.
346. ASCHOFF: Altersveränderungen der Hypophysis. Ref. Münch. med. Wochenschr. Nr. 14. 1913.
347. BAB, HANS: Akromegalie und Ovarialtherapie. Naturf. Vers. Wien 1913.
348. BAUER, TH., und WASSING: Adipositas hypophysaria. Wiener klin. Wochenschr. Nr. 30. 1913.
349. BENEDICT und HOMANS: Der Stoffwechsel des hypophysektomierten Hundes. J. med. research. Nr. 3. Boston 1912.
350. EICHHORST, HERMANN: Über Veränderungen in der Hypophysis cerebri bei Kretinismus und Myxödem. Dtsch. Arch. f. klin. Med. Bd. 124. S. 207.
351. EXNER, A.: Beiträge zur Pathologie der Hypophyse. Naturf. Vers. Salzburg 1909.
352. FALTA und NOWACZYNSKI: Harnsäureausscheidung bei Erkrankung der Hypophysis. Berl. klin. Wochenschr. Nr. 38. 1912.
353. FLIESS, WILHELM: Ein neuer Symptomenkomplex der Hypophysis cerebri. Med. Klinik Nr. 36. 1917.
354. KOLDE: Hypophysis bei Schwangerschaft und nach Kastration. Arch. f. Gynäkol. Bd. 98.
355. LEOTTA: Hypoplasie der Hypophysis mit Akromegalie. Il Policl. 1912.
356. SALLE: Angeborene Akromegalie mit Sektionsbefund. Dtsch. med. Wochenschr. Nr. 10. 1912.
357. SCHÄFER: Vergrößerung der Hypophysis nach Strumektomie und Kastration. R. S. of Med., London, 5./12. 3. 1913.
358. SCHÖNFELD, ALEXANDRA: Stoffwechselversuche bei Akromegalie. Wien. klin. Rundschau Nr. 30/31. 1913.
359. SIMMONDS: Hypophysis und Diabetes insipidus. Münch. med. Wochenschr. Nr. 3. 1913.
360. STRAUB: Wirksame Alkaloide der Hypophysis. Ref. Münch. med. Wochenschr. Nr. 14. 1913.
361. WEYGANDT: Demonstr. zur Hypophysis. (Ä.V. Hamb. Ref.) Münch. med.Wochenschr. Nr. 23. 1912.
362. WIEDERSHEIM: Über Hypophysis cerebri. Ref. Münch. med. Wochenschr. Nr. 14. 1913.

Zirbeldrüse.

363. CRISTEA, GRIGORIU: Exstirpation der Zirbel. Ref. Münch. med. Wochenschr. Nr. 19. 1913.
364. GOLDZIEHER: Zirbeldrüsengeschwülste. Virchows Arch. f. pathol. Anat. u. Physiol. Bd. 213.
364. HIJMANS VAN DEN BERGH, A. A.: Tumor der Glandula pinealis. Tijdschr. voor Geneesk. Nr. 19. 1913.
366. RORSCHACH, HERMANN: Pathologie und Operabilität der Zirbeldrüse. Bruns Beitr. z. klin. Chirurg. Bd. 83.
367. NOVAK: Nebenniere und Genitale. Gynäkol. Kongr. 1913.
368. MEYER, ROBERT: Nebenniere und Anencephalie. Virchows Arch. f. pathol. Anat. u. Physiol. Bd. 210.

Epithelkörperchen.

369. BAUER, TH.: Über das Verhalten der Epithelkörperchen bei Osteomalacie. Frankf. Zeitschr. f. Pathol. Bd. 7.
370. ERDHEIM, J.: Zur Kenntnis der parathyreopriven Dentinveränderungen. Ibid.
371. — Über den Ca-Gehalt des wachsenden Knochens und des Callus nach Epithelkörperchenexstirpation. Ibid.
372. — Über Dentinverkalkung im Nagetierzahn bei Eppithelkörperchentransplantation. Ibid.
373. GEORGOPULOS, M.: Über die entgiftende Tätigkeit der Parathyreoidea in der Nephritis. Zeitschr. f. klin. Med. Bd. 76.
374. GJESTLAND, G.: Epithelkörperchen bei Paralysis agitans. Ibid. (1912).
375. ISELIN, HANS: Operative Entfernung der Epithelkörperchen und Epithelkörperchenverpflanzung (Vortrag). Ref. Korr.Bl. S. 362. 1911.
376. LUST, F.: Pathogenese der Tetanie im Kindesalter. Dtsch. med. Wochenschr. Nr. 23. 1913.
377. MAC CARRISON: Endemische Tetanie im Gilgittale. Ref. Münch. med. Wochenschr. Nr. 1. 1912.
378. MÖLLER, HEINRICH: Zur Lehre der Epithelkörperchen. Korr.Bl. S. 578. 1911.
379. SIMMONDS: Geschwülste der Karotisdrüse. Ref. Dtsch. med. Wochenschr. Nr. 27. 1913.
380. TOYOFUKU, TAMKI: Über die parathyreoprive Veränderung des Rattenzahns. Frankf. Zeitschr. f. Pathol. Bd. 7.
381. WERELIUS: Funktioniert die Parathyreoidea während des intrauterinen Lebens? Surg. Gyn. Obstetr. Vol. 26.

Nachtrag.

382. BREUS, C., und KOLISKO, ALEX.: Die pathologischen Beckenformen. Leipzig und Wien 1901.
383. BAILLARGER: Enquête sur le goître et le crétinisme. Paris 1873.
384. HOFMEISTER, FR.: Über die Störungen des Knochenwachstums bei Kretinismus. Fortschr. a. d. G. d. Röntgenstr. Bd. 1. 1897.
385. VON WYSS, H.: Beitrag zur Kenntnis der Entwicklung des Skeletts bei Kretinen und Kretinoiden. Fortschr. a. d. Geb. d. Röntgenstr. 3, 1899.
386. HOESSLI, H.: Zur Frage der Belastungsdeformitäten. Med. Klinik S. 373. 1919.
387. FRÖSCH: Zur Pathologie der Coxa vara. Med. Klinik S. 375. 1919.
388. KLOSE, HEINR.: Chirurgie der Thymusdrüse. Neue Dtsch. Chirurg. Bd. 3.
389. GAUTIER, A.: Menstruation und Schilddrüse. Therap. Monatsh. 1901.
390. MÜLLER, PETER: Zur Frequenz und Ätiologie des allgemein verengten Beckens. Arch. f. Gynäkol. Bd. 16. 1880.
391. OSWALD, ADOLF: Die Gefahren der Jodbehandlung. Korr.Bl. S. 641. 1915.
392. DE QUERVAIN, FRITZ: Die akute und nicht eitrige Thyreoiditis. Jena 1904.
393. WALKO, KARL: Über Hyperthyreoidismus und akute Basedowsche Krankheit nach typhöser Schilddrüsenentzündung. Med. Klinik S. 357. 1917.

394. Warburg, F.: Über Scapula scaphoidea. Med. Klinik S. 1851. 1913.
395. Koller, A.: Die Zählung der geistig gebrechlichen Kinder ... im Kanton Appenzell A.-Rh. Zeitschr. f. Erf. u. Behandl. d. jugendl. Schwachsinns. Bd. 4.
396. Steiger, Max: Über den Einfluß des Klimas und der Rasse auf das weibliche Geschlechtsleben. Korr.Bl. S. 869. 1913.
397. Lepsius (Gutachten zur Bircherschen Geologie). D. in W. Nr. 16. 1910.
398. Ullmann, K.: Über Enuresis militarium. Wien. klin. Wochenschr. Nr. 40. 1916.
399. Wollenberg, R.: Wesen und Behandlung der Kriegsneurosen. Med. Klinik. S. 1356. 1916.

C. Anthropologie.

I. Allgemeines (Methoden, Wachstum usw.)

400. von Arx: Das Promontorium und seine Entstehung, oder Ursachen und Folgen des Lendenknicks. Zeitschr. f. Geburtsh. u. Gynäkol. Bd. 79, H. 2.
401. Algyoayi: Mißbildung. Fortschr. a. d. Geb. d. Röntgenstr. Bd. 16.
402. Ahlfeld: Riesenkinder. Zeitschr. f. Geburtsh. u. Gynäkol. Bd. 72.
403. Aron, H.: Beeinflussung des Wachstums durch die Ernährung. Berlin. klin. Wochenschr. Nr. 21. 1914.
404. Berger, Cl.: Über Knochenwachstumsstörungen. Fortschr. a. d. Geb. d. Röntgenstr. Bd. 11.
405. Boas, Franz: Einfluß von Erblichkeit und Umwelt auf das Wachstum. Zeitschr. f. Ethnol. 1913.
406. — Veränderungen der Körperform der Nachkommen von Einwanderern in Amerika. Zeitschr. f. Ethnol. 1913.
407. Bondi, J.: Das Gewicht der Neugeborenen und die Ernährung der Mutter. Wien. klin. Wochenschr. Nr. 25. 1913.
408. Bormann, Wilhelm: Ist die Frühreife der Haustiere eine Degenerationserscheinung oder ist sie ein normaler Zustand hochgezüchteter Rassen? Vet. I.-D. Bern 1911.
409. Brandes, Max: Typische Fraktur des atrophischen Femur. Bruns Beitr. z. klin. Chirurg. Bd. 82.
410. — Über den zeitlichen Beginn der Inaktivitätsatrophie. Ref. Münch. med. Wochenschr. Nr. 35. 1913.
411. Brückner: Über Scapula scaphoidea. Ref. Dtsch. med. Wochenschr. Nr. 33. 19' '.
412. Brüning, Hermann: Wachstum von Tieren jenseits der Säuglingsperiode bei verschiedener künstlicher Ernährung. Jahrk. f. Kindheilk. Bd. 79.
413. Cunningham, D. J.: The Lumbar Curve in Man and the Apes. R. Irish Acad. 1886.
314. Dietz: Radio-ulnare Synostose. Fortschr. a. d. G. d. Röntgenstr. Bd. 16.
415. Fischer, Eugen: Zur vergleichenden Osteologie der Vorderarmknochen. Korr.Bl. f. Anthr. 1903.
416. — Über die Haarfarbe (A.-Kongr. 1907). Ibid. 1907.
417. Francke, Carl: Das Gesetz der Umformung der Beine und die X-Beine unsrer Frauen. Münch. med. Wochenschr. Nr. 17. 1912.
418. Godin, Paul: La Croissance pendant l'âge scolaire. Neuchâtel 1913.
419. Guldberg, Gustaf: Anatom.-anthropolog. undersøgelser af de lange Extremitetknokler. Christiania 1901.
420. Gundermann: Über eine häufige Anomalie der untern Brustwirbelsäule. Dtsch. med.Wochenschr. Nr. 33. 1913.
421. Hambruch, P.: Der Oberkiefer in der Konferenz von Monaco. Korr.Bl. f. A. 1907.
422. Hasebroek, Carl: Über infantile Muskelspannungen und deren phylogenetische Bedeutung für pathologische Kontrakturen. a) Kongr. f. inn. Med. 1909; b) Dtsch. Arch. f. klin. Med. Bd. 97.
423. — Schlechte Haltung und schlechter Gang der Kinder im Lichte der Abstammungslehre. Umschau Nr. 8. 1911.
424. — Die Bedeutung des Schultergürtels für Haltungsanomalien und Rückgratsverkrümmungen. Münch. med. Wochenschr. Nr. 18. 1912.
425. Henle, Jakob: Anthropologische Vorträge. Braunschweig 1880.

426. Horst, Maurus: Die natürlichen Grundstämme der Menschheit. Beitr. z. Rassenk.
     H. 12.
427. Jamin: Über Störungen des Knochenwachstums. Ref. Med. Klinik S. 748. 1918.
428. Jansen, Murk: Die physiologische Skoliose und ihre Ursachen. Zeitschr. f. orth. Chir.
     Bd. 33.
429. Josefson, A.: Dentition, Haarentwicklung und innere Sekretion. Hygiea (Stockh.)
     Nr. 4 und 5. 1914.
430. — Dentition und Haarentwicklung unter dem Einfluß der inneren Sekretion.
     Arch. f. klin. Med. Bd. 113.
431. Kienbock: Radio-ulnare Synostose. Fortschr. a. d. G. d. Röntgenstr. Bd. 15.
432. Klaatsch: Menschenrassen und Menschenaffen. Umschau Nr. 36/37. 1910.
433. — (das gleiche Thema im) Korr.Bl. f. Anthr. 1910.
434. — Der kurze Kopf des M. biceps fem. K. Preuß. Akad. 1900.
435. — Über Steinartefakte aus Australien und Tasmanien. Zeitschr. f. Ethnol. 1908.
436. — Ergebnisse meiner austral. Reise. Korr.Bl. f. Anthr. 1907.
437. — Kraniomorphologie und Kraniotrigonometrie. Arch. f. Anthropol. N. F. Bd. 8.
438. — Über die Variationen am Skelett der jetzigen Menschheit. Korr.Bl. f. Anthropol.
     1902.
439. Klatt, B.: Über Korrelationen und das Problem der Vererbung erworbener Eigen-
     schaften. Monatsh. f. naturw. Unterr. Nr. 12. 1912.
440. — Einfluß der Gesamtgröße auf das Schädelbild. Arch. f. Entw. Mech. 1913.
441. Kollmann, Julius: Neue Gedanken über das alte Problem von der Abstammung
     des Menschen. Globus 1905; Korr.Bl. f. Anthropol. 1905.
442. Kranz, P.: Über innere Sekretion, Kieferbildung und Dentition. Bruns Beitr.
     z. klin. Chirurg. Bd. 82.
443. Kuttner, Hermann: Der angeborene Turmschädel. Münch. med. Wochenschr.
     Nr. 40. 1913.
444. Laumonier: Dénationalisation. Gaz. d. hôp. Nr. 38. 1913.
445. Lewis, Warren Hannon: The development of the Arm in Man. Amer. Journ.
     of Anat. 1902.
446. Loth: Plantaraponeurose. Korr.Bl. f. Anthropol. 1907.
447. Maass, H.: Die kongenitale Vorderarmsynostose. Dtsch. med. Wochenschr. Nr. 15. 1913.
448. Martin, Rudolf: Lehrbuch der Anthropologie. Jena 1914.
449. Mathias, E.: Körpermessungen an Schweizer Turnern. Arch. s. d'Anthr. 1914.
450. Michel, Rudolf: Eine neue Methode zur Untersuchung langer Knochen und ihre
     Anwendung auf das Femur. Arch. f. Anthropol. N. F. Bd. 1.
541. Mollison: Zyklometer. Korr.Bl. f. Anthropol. 1907.
452. Konferenz von Monaco. Korr.Bl. f. Anthropol. 1906.
453. Pfaundler, M.: Hungernde Kinder. Münch. med. Wochenschr. Nr. 5. 1912.
454. Ranke, J.: Zur Anthropologie des Schulterblattes. Korr.Bl. f. Anthropol. 1904.
455. Reche, Otto: Wachstum und Geschlechtsreife bei melanesischen Kindern. Korr.Bl.
     f. Anthr. Nr. 7. 1910.
456. Retzius, Gustaf: Das Menschenhirn. Ref. Arch. f. Anthropol. N. F. Bd. 1.
457. Reyher, Paul: Das Röntgenverfahren in der Kinderheilkunde. Berlin 1912.
458. Schlaginhaufen, Otto: Beiträge zur Kenntnis des Reliefs der Planta der Pri-
     maten und der Menschenrassen. Korr.Bl. f. Anthropol. 1905.
459. Schmidt, Emil: Anthropologische Methoden. Leipzig 1888.
460. Schöne, G.: Über Farbenwechsel des Haarkleides. Ref. Dtsch. med. Wochenschr.
     Nr. 34. 1913
461. Schulthess, Wilhelm: Über Formveränderungen der Knochen an gelähmten
     Extremitäten. Korr.Bl. f. Schweiz. Ä. S. 949, 1914 und S. 1558. 1916.
462. — Über orthopädische Gymnastik. Ibid. S. 170. 1913.
463. Schultze, O.: Mann und Weib in anthropologischer Beziehung. Korr.Bl. f. Anthropol.
     1907.
464. Schumann, Albert: Die Affenmenschen Carl Vogts. Leipzig 1868.
465. Schwarzenbach, E.: Embryonale Beckenentwicklung. Korr.Bl. f. Schweiz. Ä.
     S. 602. 1914 nud Zeitschr. f. Geburtsh. u. Gynäkol. Bd. 62.

466. SERGI, G.: Die Variationen des menschlichen Schädels und die Klassifikation der Rassen. Arch. f. Anthropol. N. F. Bd. 3.
467. SPULER: Über Knochenbildung unter normalen und pathologischen Verhältnissen (Ä.-V. Erlangen). Ref. Münch. med. Wochenschr. Nr. 11. 1914.
468. STEINER, GABRIEL: Physiologie und Pathologie der Linkshändigkeit. Münch. med. Wochenschr. Nr. 20. 1913.
469. STOLTE, K.: Über Störungen des Längenwachstums der Säuglinge. Jahrb. f. Kindheilk. Bd. 78, 4.
470. STRATZ, C. H.: Die Darstellung des menschlichen Körpers in der Kunst. Berlin 1914.
471. — Das Verhältnis zwischen Gesichts- und Gehirnschädel beim Menschen und Affen. Arch. f. Anthropol. N. F. Bd. 3.
472. — Atavismus des menschlichen Ohres. Arch. f. Anthropol. N. F. Bd. 8.
473. TOLDT, CARL: Über einige Struktur- und Formverhältnisse des menschlichen Unterkiefers. Korr.Bl. f. Anthropol. 1904 und 1906.
474. VON TÖRÖK, AUREL: Versuch einer systematischen Charakteristik des Kephalindex. Arch. f. Anthropol. N. F. Bd. 4.
475. TUGENDREICH: Ein Fall von angeborenem partiellem, halbseitigem Riesenwuchs. Dtsch. med. Wochenschr. Nr. 10. 1912.
476. VIRCHOW, HANS: Die anthropologische Untersuchung der Nase. Zeitschr. f. Ethnolog. 1912.
477. WALDEYER, WILHELM: Das Skelett eines Scheinzwitters. Preuß. Akad. d. W. 1913.
478. WALKHOFF: Zur Frage der Phylogenie des menschlichen Kinns. Korr.Bl. f. Anthropol. 1906.
479. — Das Femur des Menschen und der Anthropomorphen in seiner funktionellen Gestalt. Korr.Bl. f. Anthropol. 1904.
480. WEGELIN, CARL: Über eine erbliche Mißbildung des kleinen Fingers. Berl. klin. Wochenschr. Nr. 12. 1917.
481. VAN WESTRIENEN, ANNA F. A. S.: Das Kniegelenk der Primaten. Petrus Camper Di. IV afl. 1/2.
482. WIELAND, EMIL: Fortschreitender Riesenwuchs im Säuglingsalter (Vortrag). Ref. Korr.Bl. f. Schweiz. Ä. S. 76. 1907.
483. Schweizer Aushebungsstatistik. Korr.Bl. f. Schweiz. Ä. 1909—1912.

II. Vererbungswissenschaft.

484. BAUER, JULIUS: Einige Grundlagen der Lehre von der konstitutionellen Krankheitsdisposition. Med. Klinik S. 554. 1917.
485. — Die konstitutionelle Disposition zu innern Krankheiten. Berlin 1917.
486. FISCHER, EUGEN: Über das Problem der Rassenkreuzung beim Menschen. Naturf. Vers. Wien 1913.
487. FREY: 2 Stammbäume von hered. Ataxie. Ref. Korr.Bl. f. Schweiz. Ä. S. 885. 1911.
488. FRIEDENTHAL, HANS: Über die Anwendung des Gesetzes von der Massenwirkung in der Erbforschung. Zeitschr. f. Ethnol. 1915.
489. VON GRUBER, M., und E. RÜDIN: Fortpflanzung, Vererbung, Rassenhygiene. München 1911.
490. HACKER, V.: Über Regelmäßigkeiten im Auftreten erblicher Normaleigenschaften, Anomalien und Krankheiten. Med. Klinik S. 977. 1918.
491. LUNDBORG: Med.-biolog. Familienforschungen. Jena 1913.
492. PLATE, L.: Vererbungslehre. Leipzig 1913.
493. RÉVÉSZ, BELA: Rassen und Geisteskrankheiten. Arch. f. Anthropol. N. F. Bd. 6.
494. ROHLEDER, HERMANN: Die Zeugung unter Blutsverwandten. Leipzig 1912.
495. SCHLATTER, CARL: Die Mendelschen Vererbungsgesetze an Hand zweier Syndaktylie-Stammbäume. Korr.Bl. f. Schweiz. Ä. S. 225. 1914.
496. SONNENBERGER, M.: Die Hauptlehren der Vererbungswissenschaft. Würzb. Abh. Bd. 16, H. 8/9. 1917.
497. STEIGER, ADOLF: Die Entstehung der sphärischen Refraktionen des menschlichen Auges. Berlin 1913.

498. Steiger, Adone: Die Variabilität als Grundlage einer neuen Myopietheorie. Korr.-Bl. f. Schweiz. Ä. S. 1249. 1914.
499. Uhlenhut: Ein neuer biologischer Beweis für die Verwandtschaft zwischen Menschen und Affengeschlecht. Korr.Bl. f. Anthropol. 1904.

III. Prähistorische Menschenrassen.

500. Bächler, Emil: Das Wildkirchli. Ver. f. Gesch. d. Bodensees. H. 41. 1912.
501. Bartels, Paul: Wirbelkaries in der j. Steinzeit. Arch. f. Anthropol. N. F. Bd. 6.
502. Boule und Anthony: Das Gehirn des fossilen Menschen von la Chapelle aux Saints. Comptes rendus 1910.
503. Branca, Wilhelm: Der Stand unsrer Kenntnisse vom fossilen Menschen. Leipzig 1910.
504. Classen, K.: Die Völker Europas zur j. Steinzeit. Stuttgart 1912.
505. Edinger: Ein diluviales Gehirn. Ref. Med. Klinik S. 1956. 1913.
506. Franke, Carl: Die mutmaßliche Sprache des Eiszeitmenschen. Halle 1913.
507. Friedemann, Max: Vorlage eines Gipsabgusses des Schädeldaches von Diprothomo plat. Ameghino. Zeitschr. f. Ethnol. 1910.
508. Gorjanowicz-Kramberger: Der diluviale Mensch von Krapina. Wiesbaden 1906.
509. — Über die 1905er Resultate in Krapina. Korr.Bl. f. Anthropol. 1905.
510. — 4 Aufsätze, referiert Naturw. Rundschau S. 229. 1910.
511. Hilzheimer, Max: Unsere Kenntnis vom fossilen Menschen. Monatsh. f. naturw. Unterr. 1911.
512. Hörnes, Moritz: Natur und Urgeschichte des Menschen. Wien 1909.
513. — Der diluviale Mensch in Europa. Braunschweig 1903.
514. Jakob, Kral Hermann: Der diluviale Mensch und seine Zeitgenossen aus dem Tierreich. Leipzig 1913. (Quellenbücher Nr. 28.)
515. Karsten, H.: Studie der Urgeschichte des Menschen. Antiqu. Ges. Zürich 1874.
516. Klaatsch, Hermann: Occipitalia und Temporalia von Spy verglichen mit denen von Krapina. Zeitschr. f. Ethnol. 1902.
517. — Das Gliedmaßenskelett des Neandertalmenschen. Anat. Anz. Bd. 19.
518. — Die fossilen Menschenrassen und ihre Beziehungen zu den rezenten. Korr.Bl. f. Anthropol. 1909.
519. — Die neuesten Ergebnisse der Paläontologie des Menschen und ihre Bedeutung für das Abstammungsproblem. Zeitschr. f. Ethnol. 1909.
520. — Die Aurignacrasse und ihre Stellung im Stammbaum des Menschen. Z. f. E. 1910.
521. — Neuer Fund eines Neandertalers. Umschau Nr. 51. 1911.
522. — Eoanthropus Dawsoni Smith Woodward. Umschau. Nr. 36. 1913 (ibid. Nr. 11: Der Mensch von Sussex).
523. — und Hauser, Otto: H. Mousteriénsis Hauseri. Arch. f. Anthropol. N. F. Bd. 7.
524. — — H. Aurignacensis. Prähist. Zeitschr. 1909.
525. Kollmann, Julius: Die Gräber von Abydos. Korr.Bl. f. Anthropol. 1902.
526. — Der Schädel von Klein-Kembs und die Neandertal-Spy-Gruppe. Arch. f. Anthropol. N. F. Bd. 5.
527. Mauer, der Unterkiefer von. Globus Nr. 3. 1909.
528. Michelis, H.: Unsere ältesten Vorfahren usw. Himmel und Erde 1910.
529. Obermaier, Hugo: Der Mensch der Vorzeit. Berlin-Wien 1912.
530. — Ein neues Moustérien-Skelett. Prähist. Zeitschr. 1909.
531. Oetteking, Bruno: Kraniologische Studien an Altägyptern. Arch. f. Anthropol. Bd. 8.
532. Penck, Albrecht: Die alpinen Eiszeitbildungen und der prähistorische Mensch. Ibid. Bd. 1.
533. — Über das Alter des Menschengeschlechts. Zeitschr. f. Ethnol. 1908.
534. Pfeiffer, L.: Die beiden Ehringsdorfer Unterkiefer vom N-Typus. Zeitschr. f. Ethnol. 1917.
535. Reche, Otto: Zur Anthropologie der jüngern Steinzeit in Schlesien und Böhmen. Arch. f. Anthropol. N. F. Bd. 7.

536. REINHARDT, LUDWIG: Die älteste menschliche Bevölkerung Europas zur Eiszeit. Frankfurt 1910.
537. RUTOT, ALFRED: L'état actuel de la question de l'antiquité de l'homme. Bruxelles 1903.
538. RZEHAK: Über den Unterkiefer von Ochos. Korr.Bl. f. Anthropol. 1905.
539. SCHLIZ: Die steinzeitlichen Schädel des Museums Schwerin. Arch. f. Anthropol. Bd. 7.
540. — Die vorgeschichtlichen Schädeltypen der deutschen Länder. Ibid. Bd. 7 (S. 85) und Bd. 8 (S. 61).
541. SCHLIZ: Beiträge zur prähistorischen Ethnologie. Prähist. Zeitschr. Bd. 4.
542. SCHWALBE: Über die spezifischen Merkmale des Neandertalschädels. Anat. Anz. Bd. 19.
543. — Das Schädelfragment von Brüx. Korr.Bl. f. Anthr. 1905.
544. STOLYHWO, KASIMIERZ: Zur Frage einer polygenistischen Abstammung des Menschen. Zeitschr. f. Ethnol. 1912.
545. — Über den Schädel von Nowosiolka. Globus Nr. 23. 1908.
546. WERTH, EMIL: Das geologische Alter ... des H. Heidelberg. Globus 1909.
547. — Die Auflösung des Eoanthropus Dawsoni. Zeitschr. f. Ethnol. 1916.
548. WILSER, LUDWIG: Leben und Heimat des Urmenschen. Leipzig 1910.

549. KELLER, CONRAD: Studien über die Haustiere ... Neue Denkschr. Schweiz. Naturf. Ges. Bd. 46.
550. MENZEL, HANS: Geologische Entwicklung der ältern Postglazialzeit. Zeitschr. f. Ethnol. 1914.
551. MONTELIUS, OSKAR: Der Handel in der Vorzeit. Prähist. Zeitschr. 1910.
552. MOSSO, ANGELO: Escursioni ne Mediterraneo e gli Scavi di Creta. Mil. 1910.
553. SARAUW, GEORG F. L.: Maglemose. Prähist. Zeitschr. 1910.
554. HAHN, EDUARD: Menschenrassen und Haustiereigenschaften. Zeitschr. f. Ethnol. 1915.

IV. Kleinwüchsige Menschenrassen.

a) Neolitische Pygmäen.

555. KOLLMANN, JULIUS: Das Schweizersbild bei Schaffhausen und Pygmäen in Europa Zeitschr. f. Ethnol. 1894.
556. — Die Pygmäen und ihre systematische Stellung innerhalb des Menschengeschlechts Festschr. Hagenbach 1912 (Basel). .
557. — Ein dolichocephaler Schädel aus dem Dachsenbühl. Korr.Bl. f. Anthropol. 1908.
558. — Die in der Höhle von Dachsenbühl gefundenen Skelettreste des Menschen. Neue Denkschr. Schweiz. Naturf. Ges. Bd. 39.
559. NÜESCH, JAKOB: Das Schweizersbild. Ibid. Bd. 35.
560. — Das Keßlerloch. Ibid. Bd. 39.
561. — Der Dachsenbühl. Ibid. Bd. 39.
562. — Neue Grabungen und Funde im Keßlerloch. Korr.Bl. f. Anthropol. 1903.
563. SCHENK, ALEXANDRE: Étude sur les ossements humains des sépultures neolithiques de Chamblandes etc. Arch. Sc. phys. et nat. Genève 1898.
564. — Matériaux pour l'anthropologie des populations primitives de la Suisse. Bull. Soc. Neuchâtel de Géographie 1901.
565. SCHLAGINHAUFEN, OTTO. Mitt. über das neolithische Pfahlbauskelett von Egolzwil. Verh. Schweiz. Naturf. Ges. 1915.
566. — Über einige Merkmale eines neolithischen Pfahlbau-Unterkiefers. Anat. Anz 1915.
567. SCHWERZ, FRANZ: Versuch einer anthropologischen Monographie des Kantons Schaffhausen. Neue Denkschr. Schweiz. Naturf. Ges. Bd. 45, 2.
568. SINGER: Die Zwergsagen in der Schweiz. Ibid. Bd. 39.

b) Exotische Pygmäen.

569. VAN DEN BROEK, A. J. P.: Über Pigmäen in Niederländisch Süd-Neuguinea. Zeitschr. f. Ethnol. 1913.
570. KUHN, PHILALETHES: Pygmäen am Sanga. Ibid. 1914.

571. VON LUSCHAN, FELIX: Über Pygmäen in Melanesien. Ibid. 1910.
572. — Die Verwandtschaft der Buschleute und der zentralafrikanischen Pygmäen. Ibid. 1914 und 1915.
573. MOSZKOWSKI, MAX: Über die Völkerstämme am Mamberano in Holländisch Neuguinea. Ibid. 1911.
573a. — Die Urstämme Ost-Sumatras. Korr.Bl. f. Anthropol. 1908.
574. NEUHAUSS: Die Pygmäen in Deutsch-Neuguinea und das Haar der Papua. Zeitschr. f. Ethnol. 1911.
575. SARASIN, PAUL und FRITZ: Versuch einer Anthropologie der Insel Celebes. Wiesbaden 1905.
576. — — Die Wedda. Wiesbaden 1893.
577. — FRITZ: Über die niedersten Menschenformen des südöstlichen Asiens. Schweiz. Naturf. Ges. Bd. 90. 1907.
578. SCHLAGINHAUFEN, OTTO: Pygmäenrassen und Pygmäenfragen. Naturf. Ges. Zürich 1916.
579. — Pygmäen in Melanesien. Arch. Suisses d'anthr. 1914.
580. SCHMIDT, P. WILHELM: Die Pygmäen.
581. THURNWALD, RICHARD: Im Bismarckarchipel und auf den Salomoninseln. Zeitschr. f. Ethnol. 1910.

V. Rezente Völkerschaften.

582. ARBO, C. O. S.: Zur Anthropologie und Ethnologie des südöstlichen Norwegens. Arch. f. Anthropol. N. F. Bd. 3.
583. BERRY, ROBERTSON und CROSS: Tasmanier. Ref. ibid. Bd. 10.
584. BUSCHAN, GEORG: Die Sitten der Volker. Stuttgart 1915.
585. CRAHMER, WILHELM: Ethnographische Arbeiten aus Lappland. Zeitschr. f. Ethnol. 1914.
586. CZEKANOWSKI, Jan: Beiträge zur Anthropologie der Polen. Arch. f. Anthropol. Bd. 10.
587. DAAE, A.: Augen- und Haarfarbe in Norwegen. Norsk Mag. f. Laegevid. Nr. 3.
587a. VON DÜBEN, G.: Crania lapponica Holmiae. 1910.
588. FISCHER, EUGEN: Beboachtungen am Bastardvolk in Deutsch-Südwest. Korr.Bl. f. Anthropol. 1909.
589. FRITSCH, G.: Entwicklung und Verbreitung der Menschenrassen. Zeitschr. f. Ethnol. 1910.
590. HOESSLY, H.: Kraniologische Studien an einer Schädelserie aus Ost-Grönland. Neue Denkschr. Schweiz. Naturf. Ges. Bd. 53.
591. KOLLMANN, JULIUS: Die statistischen Erhebungen über die Farbe der Augen, der Haare und der Haut in den Schulen der Schweiz. Ibid. Bd. 28. 1881.
592. — Die Ungarn: eine anthrop. Skizze. Zeitschr. f. Ethnol. 1918.
593. LUSCHAN, FELIX VON: Beiträge zur Anthropologie von Kreta. Zeitschr. f. Ethnol. 1913.
594. MARTIN, RUDOLF: Zur physischen Anthropologie der Feuerländer. Arch. f. Anthropol. Bd. 22.
595. NANSEN, FRIDTJOF: Eskimoleben. Berlin 1891.
596. — Nebelheim. Leipzig 1911.
597. REICHER, MICHAEL: Untersuchungen über die Schädelform der alpenländischen und mongolischen Brachycephalen. Zschr. f. Morphol. u. Anthropol. Bd. 15/16.
598. RETZIUS, GUSTAF: Crania suecica. Ref. Arch. f. Anthropol. N. F. Bd. 1.
599. — und FURST, CARL M.: Anthropologia suecica. Ibid. Ref.
600. RIKLI, M. und HEIM, ALBERT: Sommerfahrten in Grönland. Frauenfeld 1911.
601. SCHMIDT, EMIL: Beiträge zur Anthropologie Südindiens. Arch. f. Anthropol. Bd. 8.
602. SCHWERZ, FRANZ: Die Völkerschaften der Schweiz. Stuttgart 1915.
603. TREBITSCH, RUDOLF: Die blauen Geburtsflecken bei den Eskimos. Arch. f. Anthropol. N. F. Bd. 6.
604. TSCHEPOURKOWSKI, ETHYME: Anthropologische Studien. Arch. f. Anthropol. N. F. Bd. 10.
605. WACKER, R.: Zur Anthropologie der Walser. Zeitschr. f. Ethnol. 1912.
606. ZBINDEN, FRITZ: Beiträge zur Anthropologie der Schweiz. Arch. f. Anthropol. Bd. 10.

VI. Nachtrag.

607. Gegenbaur, C.: Lehrbuch der Anatomie des Menschen. Leipzig 1895.
608. Hoffa, Albert: Lehrbuch der orthopädischen Chirurgie. Stuttgart 1891.
609. Bumüller: Das menschliche Femur. Diss. München 1899.
610. Schmey: Gliederung der Familie „Homo“. Prometheus Nr. 43/44. 1911.
611. Harms, W.: Exper. Untersuchungen über die innere Sekretion der Keimdrüsen und deren Beziehungen zum Gesamtorganismus. Jena 1912.
612. Oetteking, Bruno: Beitrag zur Kraniologie der Eskimo. Abh. Ber. K. zool. anthr.-ethn. Mus. Bd. 12. Dresden 1908.
613. Virchow, Rudolf: Über Zwergrassen. Mitt. Anthropol. Ges. Wien. Bd. 24.
614. Brodmann, K.: Neuere Forschungsergebnisse der Gehirnrindenanatomie mit besonderer Berückischtigung anthrop. Fragen. Naturf. Vers. Wien 1913. Ref. Med. Klinik S. 1951. 1913.
615. Maupas: Recherches expér. sur la multiplication des Infusoires ciliés. Arch. de zool. exper. 1888.
616. — Le rajeunissement karyogamique chez les ciliés. Ibid. 1889.
617. Statistische Mitteilungen des Kantons Basel-Stadt. Basel 1904/05.
618. Laitinen, Taav.: Der Einfluß des Alkohols auf die Nachkommenschaft des Menschen. Intern. Mon. z. Erf. d. Alk. Bd. 20, S. 193.
619. Jörger, J.: Die Familie Zéro. Arch. f. Rassen- u. Ges. Biologie. Bd. 2. S. 494.
620. Wilker, Karl: Alkoholismus, Schwachsinn und Vererbung in ihrer Bedeutung für die Schule. Pädagog. Mag. H. 482.
621. Schlesinger, E.: Schwachbegabte Kinder. Arch. f. Kindheilk. Bd. 60/61.
622. — Die Trinkerkinder unter den schwachbegabten Schülern. Münch. med. Wochenschr. Nr. 12. 1912.
623. Jung, C. G.: Statistisches von der Rekrutenaushebung. Korr.Bl. S. 129. 1906.
624. Bachmann, E.: Die Rekrutentauglichkeit der letzten 25 Jahre. Korr.Bl. f. Schweiz. Ärzte 1910 (mil. Beil. S. 47).
625. Nilsson, Sven: Die Ureinwohner des skand. Nordens. Hamburg 1863.
626. Tobler, Alfred: Appezeller Naregmäänd. Heiden 1909.
627. Jegerlehner, J.: Sagen aus dem Unterwallis. Basel 1909.
628. Täuber, C.: Ortsnamen und Sprachwissenschaft. Zürich 1908.
629. Näcke: Zeugung im Rausch. Dtsch. med. Wochenschr. Nr. 28. 1913.
630. Verzar: Neue Untersuchungen über Isohämagglutinine. Klin. Wochenschr. S. 929. 1922.
631. Herxheimer: Wirkung von Turnen und Sport auf die Körperbildung erwachsener junger Männer. Klin. Wochenschr. S. 725. 1922.
632. Meyer, Felix: Über den Einfluß gesteigerter Marschleistungen auf die Körperentwicklung. Med. Klinik S. 946. 1912.

Neotenie usw.

640. Sarasin, Fr.: Über die genetischen Beziehungen der lebenden Homibiden. S. N. G. S. 35. 1921.
641. Schulze: Weitere Untersuchungen über die Wirkung innersekretorischer Drüsensubstanzen auf die Morphogenie. Klin. Wochenschr. S. 895. 1922.
642. Allen, B. M.: The thyroid and parathyroid glands of bufo tadboles deprived of the pituitary gland. Anat. Rec. Vol. 17.
643. Abelin: Bedeutung des Jodes für die Metamorphose der Froschlarven. Schweiz. med. Wochenschr. S. 306. 1921.
644. Javisch: Wirkung der Schilddrüse auf Kaulquappen. Pflügers Arch. f. d. ges. Physiol. 1920.
645. Hotz: Über endem. Struma, Kretinismus und ihre Prophylaxe. Klin. Wochenschr. 1922. S. 2027.
646. Enderlen: Über den Kropf. Klin. Wochenschr. 1922. S. 457.
647. de Quervain: Zur patholog. Physiologie der verschiedenen Kropfarten. Schweiz. med. Wochenschr. 1923. S. 10.
Nr. 650 bis 661 s. S. 419.

Erklärung der Tafeln.

Tafel I. Humerus von vorn, alle 8 Vergleichsobjekte auf die Kondylentangente eingestellt, mit eingezeichneter Längsachse. — NB. Wegen der Torsion ist es unmöglich, an der so aufgenommenen Zeichnung den Kollodiaphysenwinkel nachzumessen (gleiches gilt auch für Tafel III).

Tafel II. Vorderarmknochen:

1. Radius, in Vorderansicht, auf eine Kapitulumtangente eingestellt; die eingezeichnete Axe ist eine Senkrechte auf die Mitte dieser Tangente.
2. Ulna, in Seitenansicht, eingestellt auf die Querachse (Senkrechte durch den untern Rand der Incisura rad. auf die Längsachse des proximalen Knochenabschnittes, cf. Lehrbuch S. 912 Z. 4).
3. Ulna von vorn, ebenfalls auf die subkoronoidale Querachse orientiert (vgl. S. 178).

Tafel III. Femur von vorn, auf die Kondylentangente eingestellt; Längsachse = Lot, errichtet im cond. lat.

Tafel IV. Femur von der med. Seite, auf die Längsachse des cond. med. eingestellt; Schaftachse geschätzt (Verbindungslinie der Mittelpunkte des obern und untern Diaphysendurchmessers), ausgezogene Linie. Die gestrichelte Linie verbindet den höchsten Punkt des Kaput mit dem tiefsten Punkt des cond. med.

Tafel V. Tibia von vorn; als gemeinsame Achse ist eine Tangente vom höchsten medialen zum höchsten lateralen Kondylenrand angenommen.

Tafel VI. Tibia in Seitenansicht, eingestellt auf die Längsachse des cond. med.; Diaphysenachsen nach Lehrbuch S. 932.

Auf allen Tafeln bedeutet N = Neandertalmensch (event. Spy), A = Aurignacensis, P = neolithische Pygmäen und zwar nach dem Peggauer Fund (einzig Tafel III und IV nach Schweizersbild Nr. 12, verdankenswerterweise für mich aufgenommen durch Herrn Prof. Schlaginhaufen). K bedeutet Kretin, Km dessen massive und Kg dessen grazile Abart; Km durchwegs von 1894.345, Kg mit Ausnahme von Tafel II (wo Graz 4595 als Vorlage diente) immer 1910.343. R = Rachitis, durchwegs vom Fall 3842, Ch = Chrondrodystrophie, durchwegs 2668. M = Myxödem (Athyreose), auf Tafel II 1918.64, sonst überall der Fall Graz 28. — Einigemal mußte statt eines nicht vorhandenen rechten das Spiegelbild eines linken Knochens verwendet werden, um von der einheitlichen Orientierung nicht abweichen zu müssen.

Der Gebrauch der Tafeln

soll durch deren doppelte Beigabe (einmal auf starkem und dann noch auf durchsichtigem Papier) erleichtert werden; durch Aufeinanderlegen von Bild und Schablone lassen sich alle einzelnen Abbildungen mühelos vergleichen und zwar nicht nur unter sich, sondern auch mit Abbildungen von anderweitiger Herkunft und sogar mit natürlichen Objekten. Man braucht dazu bloß die zu untersuchenden Knochen auf der Mattscheibe eines nicht zu kleinen Stativapparates bei möglichst heller Beleuchtung (direktes Sonnenlicht!) einzustellen, so kann man sie sofort und direkt mit jeder einzelnen Abbildung der Schablone vergleichen. Diese technische Neuerung, so einfach sie ist, dürfte bei osteologischen Arbeiten eine wesentliche Erleichterung bilden.

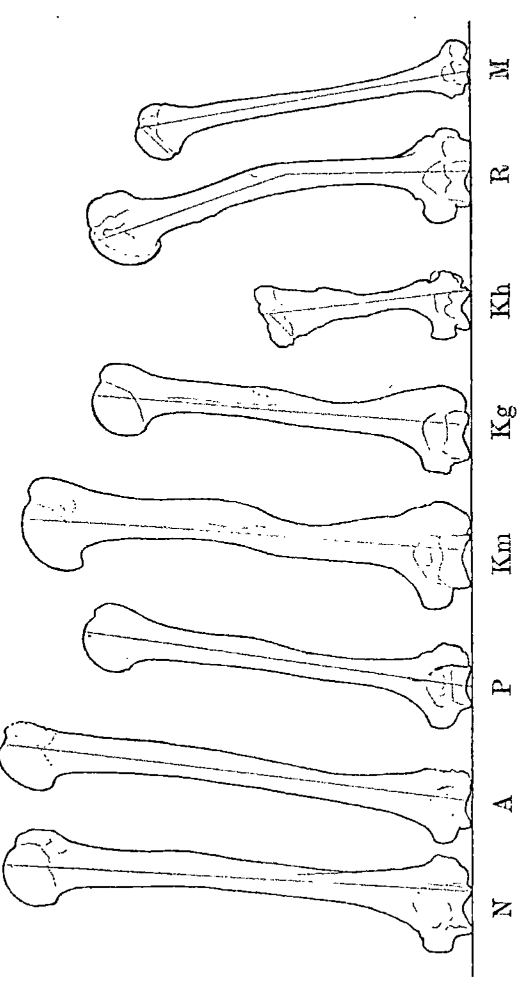
M
R
Kh
Kg
Km
P
A
N

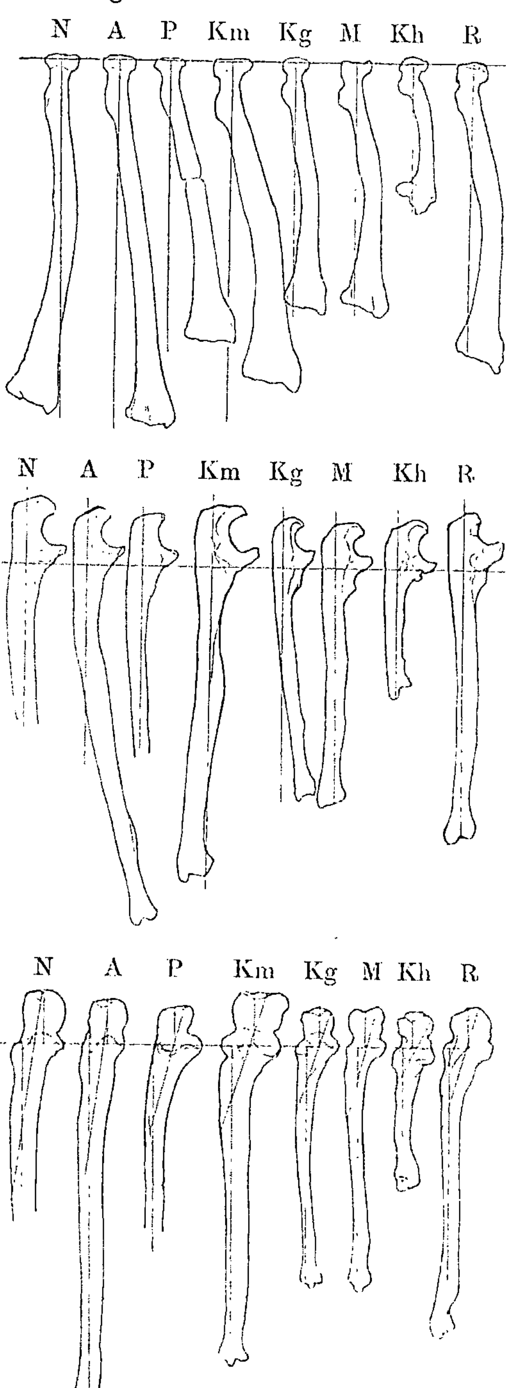

Verlag von Julius Springer in Berlin.

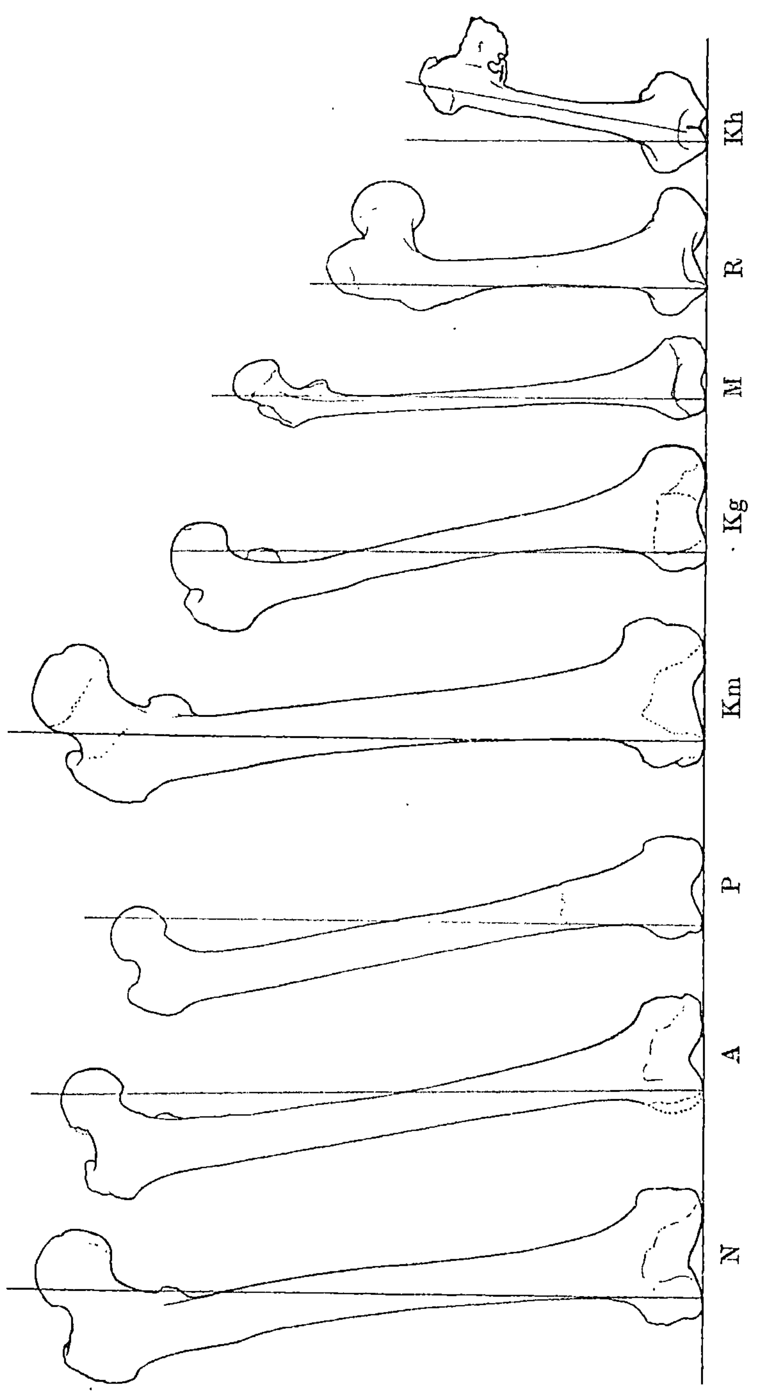

Verlag von Julius Springer in Berlin.

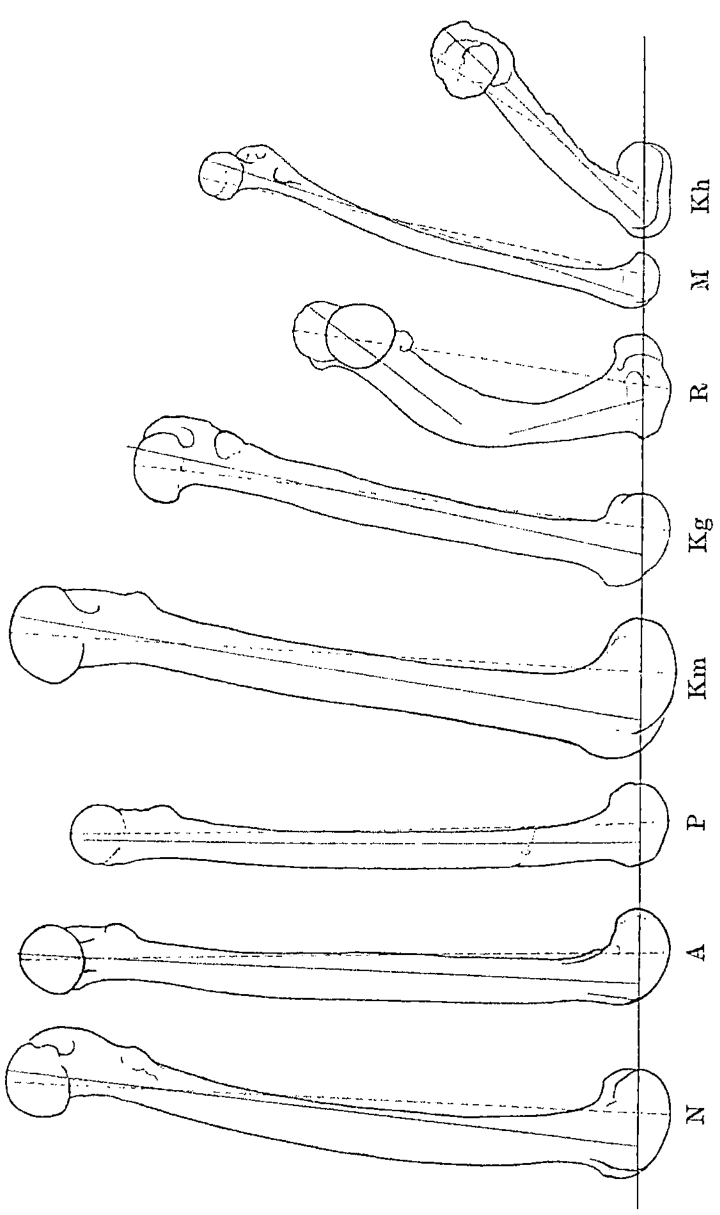

Verlag von Julius Springer in Berlin.

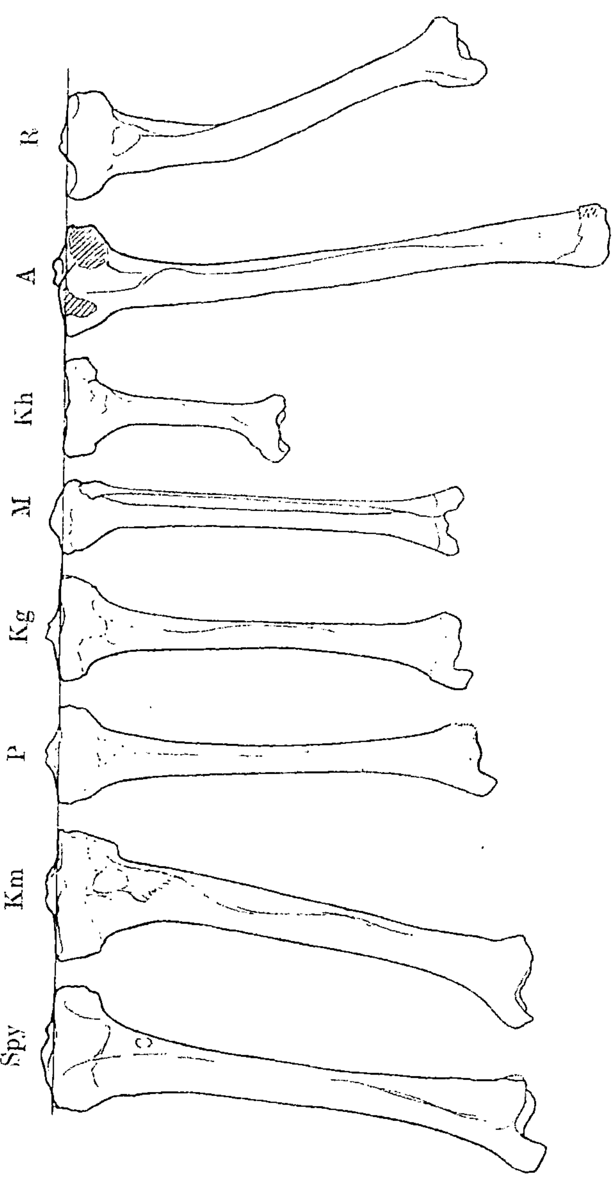
R
A
Kh
M
Kg
P
Km
Spy.

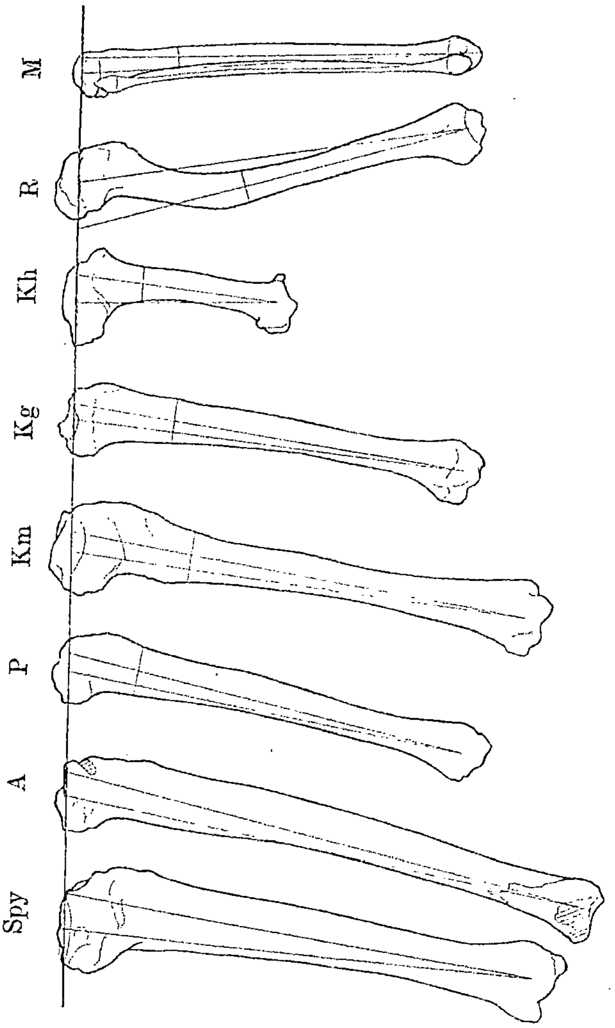

Verlag von Julius Springer in Berlin.